第5版

物理学基礎

筑波大学名誉教授 原 康夫 著

学術図書出版社

まえがき

本書は理工系学部教育の基礎教育としての物理学の教科書，参考書である．

最近，理工系の教育に対して，実際的な問題の発見と解決に応用できる能力の養成が求められている．

物理学の建設は，速度，加速度，質量，仕事，エネルギー，温度，電荷，電流，電場，磁場，… などの物理量（概念）と分子，原子，電子などの実体を導入して自然現象を考察し，物理量の数学的関係である物理法則を発見するという過程を通じて行われてきた．この視点に立って物理学を学ぶことは，物理学の知識を単に習得するだけでなく，物理学的な見方，考え方も学ぶことになる．

数学は，いろいろな現象の数理的な面を抽象することによって誕生し，発展してきた学問である．抽象的な数学の概念を理解するには，具体的な事例に関連して数学の概念を知ることが有効であり，数学の応用能力を養成するには，物理学的内容と使われている数学的手法を統合して学ぶことが重要であることは，物理学と数学の発展の歴史を振り返れば明らかである．

上記の 2 つの視点に立ち，物理学の基礎知識と応用能力が養成されるとともに，物理学における数学的方法も理解できるようになってほしいと願いつつ執筆したのが本書である．

本書の執筆に際しては，理工系学部の基礎物理教育の国際的な水準を十分に超える内容であるが，高校で物理の学習が不十分であったがやる気のある学生諸君であれば十分に理解できるよう，初等的事項から出発し，できるかぎり論理と数式の両面で平易に表現するよう努めた．説明は具体的な現象に結びつけて行い，物理学の有効性が実感できるように努めた．

本書の特徴は，

(1)　重要な概念（物理量）と法則が丁寧に説明してある，

(2)　例と例題を豊富に使って，法則とその適用の仕方の理解を助けるようにした，

(3)　各章のおわりに多くの演習問題（A は比較的やさしく，B は比較的難しい）と巻末にその詳しい解答を付して，各章の理解が深まるようにした，

(4)　式の導出と計算を丁寧に行い，単位の計算を含め計算の途中を省略しない，

(5)　高度の数学の不必要な使用は避け，必要な数学的事項は本文の中で説明し，数学的な困難のために物理学の理解が妨げられることのないように配慮した，

(6)　物理学の全体像が整理された形で系統的に理解できるように努めた，

(7)　本書の内容が講義には多すぎる場合があるかもしれないので，各章の前半に基本的事項，後半にオプション的事項を配置するよう努めた（節などの見出しの右肩に✣印の付いた箇所は読まなくても，本書のその後の学習に困難がないよう配慮して執筆した），

ことなどである．

学生諸君は本書によって，基礎物理学を深く理解し，応用する力をつけられると思う．さらに学びたい諸君には，拙著『物理学通論 I, II』（学術図書出版社）を読むことをお勧めする．

私が物理学の授業をはじめて担当したのは東京教育大学（現在の筑波大学）の助教授に就任した 50 年前のことですが，その当時，研究室での雑談のなかで，朝永振一郎博士が「原クン，法則は導くものではないので，自分が理解しやすいと思うように基本法則を提示すればよいのだよ」と教えてくださった言葉は，それ以来，私が講義をする際にも，教科書を執筆する際にもつねに念頭にあった言葉です．物理学の学習に際しても参考になる言葉だと信じ，読者の方々にご紹介します．

『物理学基礎』の第 1 版は 1986 年に，改訂版は 1993 年に刊行されました．幸いにも多くの学校で教科書として採用していただくことができました．この間，私は教育現場での経験を重ね，国内外の優

れた教育者の方々との交流の機会に恵まれて，物理学と物理教育の理解を深めることができました．この経験を生かして，改訂を重ねてきました．

2004 年に刊行された『第 3 版 物理学基礎』では，内容に加え，体裁を一新し，フルカラー化し，写真を大幅に取り入れました．高校までカラー印刷の教科書を使用してきた学生諸君にとってフルカラーの紙面は，親しみやすく，取り付きやすいとの評価を頂きました．

このたび 4 度目の改訂を行い，『第 5 版 物理学基礎』をお届けすることになりました．章の構成は『第 4 版 物理学基礎』と同じですが，改訂に際しては，何人かの専門家の方々に貴重なご教示と有益なご助言をいただきました．おかげでよりよい改訂ができました．ご教示とご助言に心から感謝しています．なかでも，右近修治博士には折に触れて物理教育に関するご意見をうかがい，適切なご教示をいただき，感謝しています．なお，第 1 章のコラム「相似則」は，右近博士と私の共著の『日常の疑問を物理で解き明かす』（サイエンス・アイ新書）に右近博士が書かれた文章を使用させていただいたものです．ご厚意に感謝します．

本書では，内容をわかりやすくするために，次のように色を使用しました．

(1)　本書では別表に示すように，位置，力，速度，加速度などをそれぞれ別の色の矢印で表してあります．

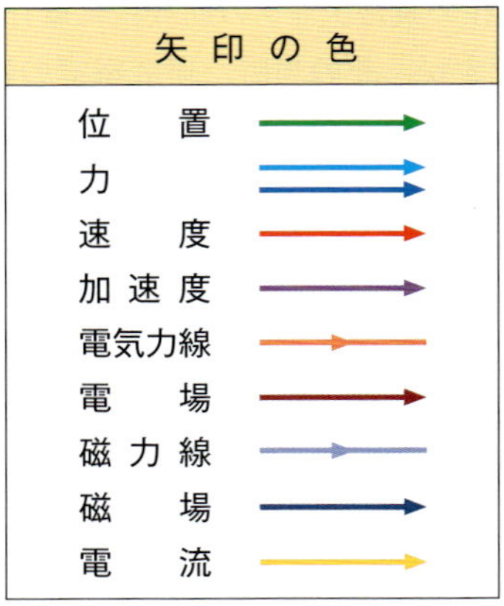

(2)　重要な結論や定義などは青色で印刷してあります．

(3)　重要な式は黄色で印刷してあります．

このような色の利用で，めりはりの効いた，学びやすい紙面になっているとすれば幸いです．

また，読者が親しみをもてるよう多くのカラー写真を掲載しました．出典は Photo Credits に記しました．写真を提供してくださった大学，研究所，財団，企業，研究者その他の方々に深く感謝します．

写真の収集は学術図書出版社の発田孝夫さん，高橋秀治さん，杉村美佳さんにお願いしました．お三人には編集作業でもお世話になりました．厚く感謝します．

本書の内容に疑問をお持ちの方は，遠慮なく編集部

info@gakujutsu.co.jp

にご連絡下さい．

2016 年 10 月

著　者

も く じ

右ページの写真の説明

高周波電場を用いて重イオンを直線的に加速する「理研重イオン線形加速器」(RILAC).

2004年7月，この加速器を使って森田浩介研究員(現九州大学教授，理研グループディレクター)のチームが原子番号113番の新元素の合成に成功した(306ページ参照). この113番元素の元素名をニホニウム(nihonium)(元素記号Nh)とすることが，2016年に国際純正・応用化学連合(IUPAC)で決定された.

第5版 物理学基礎

原 康夫 著

序

物理学（physics）とは何だろうか？

物理学は自然現象を実証的かつ論証的に理解しようとする人間の試みである．物理学は人間の眼に見える現象を理解しようとする努力から始まり，その結果，人間の眼では直接に見ることのできない原子や電場と磁場（工学では電界と磁界）などの存在を明らかにした．物理学の研究を通じて自然の理解が深まったばかりでなく，物理学の研究成果は人類に新しいエネルギー源，情報通信手段などを提供してきた．

この序章では，自然現象が生起する空間と時間についての簡単な説明，実証的でかつ数理的な科学としての物理学における物理量と物理法則の役割の説明，物理学で使用される国際単位系の紹介などを行う．

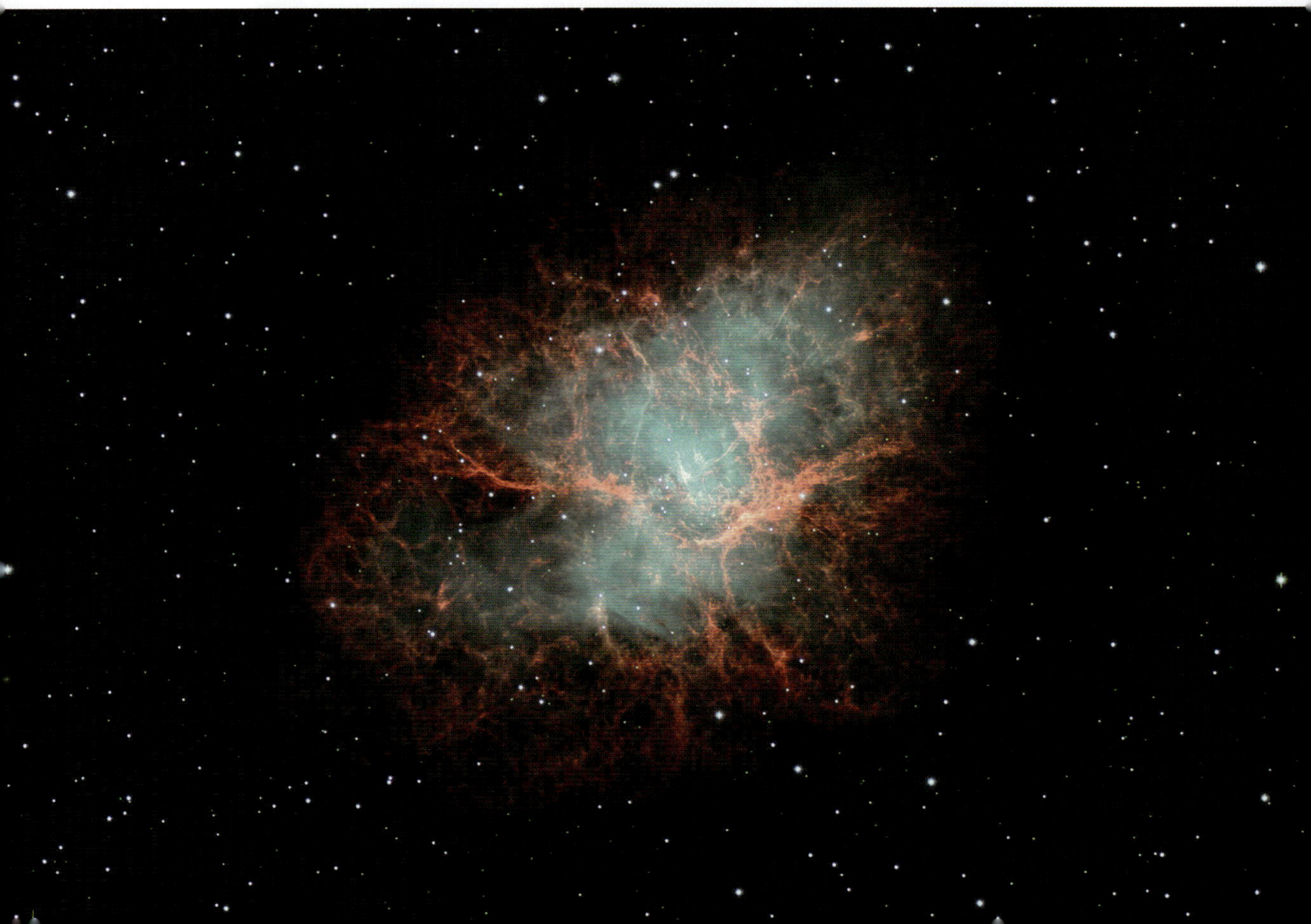

すばる望遠鏡が撮影したかに星雲の姿．中心にある中性子星は高速で回転しながらX線やγ線などのパルスを周期0.33秒で放射しているため「かにパルサー」とよばれている．

0.1 物理学とは

物理学は実証科学で，論証科学　物理学とはどのような学問なのだろうか．物理学は時代とともに変化してきたが，近代的な物理学の特徴は，実証科学であり，論証科学であることである．つまり，われわれをとりかこむ自然界に生起する現象を支配する法則を，観測事実と実験事実に基づいて追及し，見出した法則を数学的に表現し，もっとも基本的な法則から他の法則が導き出されるような体系をつくる．これが物理学の目標である．

物理学は論証的であり，体系的であることを目指すといっても，幾何学のように，常識的にもっともだと考えられるいくつかの公理を仮定し，それから論証によって定理を導きだすタイプの学問ではない．実験技術の進歩などによって，絶えず新しい現象や物質が発見され，幾何学の公理に相当する物理学の基本法則には一般に適用限界があることがわかった．そして，適用限界が発見されると，それまでの法則体系を超える新しい法則体系が探求される．これが物理学の実態である．

物理学の発展のあらまし　観測事実に拠りどころを求めながら自然法則を追及するという近代的な物理学は，目で見たり，手で触ったりできる現象の探求から始まった．目で見ることのできる物体の落下運動，天体の運行，手に感じる熱，目に見える光，耳に聞こえる音，ピリッと感じる摩擦電気，そういう現象が物理学者の興味の対象であった．

しかし，物理学の研究の進展によって，日常生活で経験する光，熱現象，電磁気現象，物質の物理的・化学的性質などの，目に見え，手で触れられる世界の性質を本当に理解するには，電気力線と磁力線（電場と磁場）で満たされた空間や原子の世界という直接は目にも見えず手にも触れられない世界を知らなければならないことが明らかになった．

19 世紀に完成した電磁気学によって，目に見える光は電場と磁場の振動が絡み合って光速で波として空間を伝わる電磁波の 1 種類であることがわかった．また，電磁気学の法則を応用してモーター（電動機），発電機，変圧器などが発明され，電磁気学の成果は，人類に新しい動力源，エネルギー源，夜間の照明，情報通信手段などを提供し，社会生活に大きな影響を及ぼしてきた．

図 0.1　すばる望遠鏡．標高 4200 m のハワイ島マウナケア山頂にある大型光学赤外線望遠鏡．散開星団「すばる」と木星が夜空に輝いている．

20 世紀には，固体の構造，原子核と電子からなる原子の構造，陽子と中性子からなる原子核の構造，クォークからなる陽子や中性子の構造などが明らかにされた．物質の構成要素である電子，陽子，中性子，原子核，原子，分子などは，光と同じように，常識では両立しない粒子の性質と波の性質の両方を示し，ニュートン力学ではなく，量子力学にしたがうことがわかった．原子核の研究が進み，太陽からの放射や火山活動，地殻変動，地震などのエネルギー源が判明した．

最近の情報化社会では，半導体とレーザーなどが重要な役割を演じている．これらは量子力学の応用であり，これらの技術の研究には量子力

図 0.2　ハッブル宇宙望遠鏡．アメリカが 1990 年に地球周回軌道上に運んだ光学望遠鏡．長さ 13.1 m，重さ 11 t，主鏡の直径 2.4 m.

学の知識は不可欠である．

ミクロな世界の研究ばかりでなく，宇宙論とよばれる宇宙の構造と発展の歴史の研究が進み，人工衛星に搭載されたハッブル望遠鏡や地上のすばる望遠鏡などによる観測データから，宇宙は今から約 138 億年前に誕生し，それ以来膨張し続けてきたことが明らかにされた．

物理学の進展によって自然現象の基礎に存在する法則や物質の構造が明らかになってきた．しかし，それと同時に，宇宙を構成する物質のうちわれわれの知っている原子（陽子，中性子，電子など）は約 2 割で，物質の残りの 8 割はダークマターとよばれる未知の物質であることがわかった．このように自然には未知の部分が多い．これからも物理学の研究が進み，新しい研究成果が生み出されつづけ，自然界の理解が進むと同時に，新しい未知の世界が発見されると期待されている．

現代社会を生きるわれわれには，物理学の成果に基づいたエネルギー供給システム，交通システム，情報通信システム，工業製品などが不可欠である．したがって，すべての人間にとって，物理学的な見方と考え方，それに物理学の知識は，多少の差はあっても必要であるし，社会にとっては，物理学の基礎の上に科学技術の分野で新しい発見や発明を行う人材の存在が不可欠である．

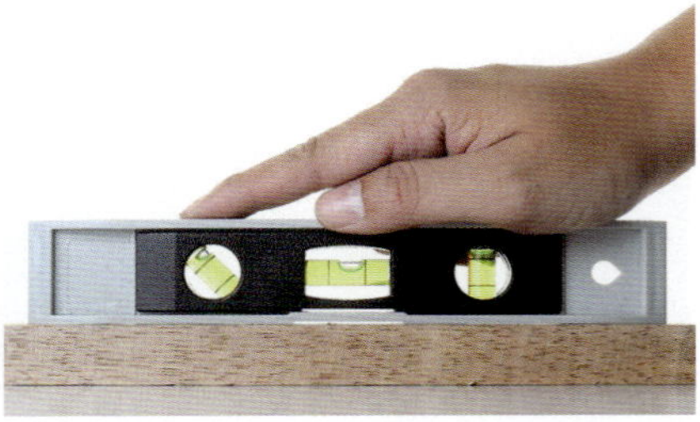

図 0.3　水平方向を示す水準器

0.2　空間と時間

「われわれをとりかこむ自然界に生起する現象」という表現は，われわれをとりかこむ「空間」と現象が生起する「時間」が存在することを意味する．空間には前後・左右・上下の 3 方向への広がりがある事実を，空間は 3 次元であるという．上下方向は鉛のおもりを糸につけてぶら下げたときの糸の方向なので鉛直方向という．四方は静止した水面の方向なので水平方向という（図 0.3）．

空間の数学は幾何学　地球上で生起する現象に関して，鉛直方向と水平方向は異質な方向である．これに対して，地表付近ばかりでなく太陽系を含む宇宙にも適用される物理学として建設されたのがニュートン力学であり，ニュートン力学では宇宙には特別な方向はないと考える．

空間についての常識的な理解を数学にしたものが中学や高校で学んだユークリッド幾何学である．ニュートンは空間をユークリッド幾何学にしたがうと考えて力学を建設した．

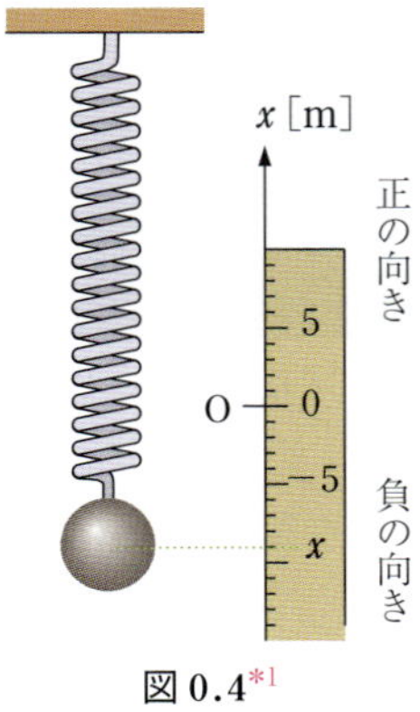

図 0.4[*1]

*1　本書では，x [m] は m を単位として測った x の数値部分である．$x = -9$ m なら x [m] $= -9$．x [m] $= x/\mathrm{m}$ である．

座標軸と座標　空間の中の物体の位置を指定するには，座標軸を導入する．図 0.4 のばねに吊るされたおもりの上下方向の振動のように，物体が直線に沿って運動する場合には，この直線を座標軸（x 軸）に選び，原点 O と x 軸の正の向きを定め，長さの単位を決めると，物体の位置は $x = 2.0$ m のように，座標によって表される．

3 次元運動の場合には，図 0.5 のように，空間にたがいに直交する 3

本の座標軸を導入すると，物体の位置を $x = 1$ m，$y = 2$ m，$z = 2$ m のように3つの座標で指定できる．おのおのの数値は $-\infty$（無限大）から $+\infty$ までのすべての実数に対応していると考えるので，ニュートン力学での空間は，すべての方向にどこまでも広がる連続な空間である．

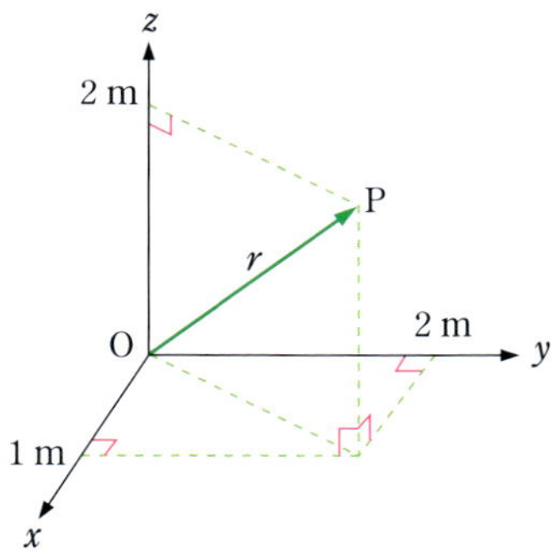

図 0.5

長さの単位のメートル［m］　長さの国際単位はメートル［m］である．歴史的には，1 m は地球の北極から赤道までの子午線の長さの1千万分の1の長さと規定され*，これに基づいた国際メートル原器がつくられ，原器によって1 m の長さが定義された．

* 地球を1周すると約4千万 m = 4万 km である．

ところが，科学技術の精密化に伴って，この定義は不適当になった．多くの精密な実験の結果，真空中の光速の測定値は一定なことがわかったので，1983 年から真空中の光速は測定で決めるものではなく，299 792 458 m/s と定義している．そして，この定義値と原子時計で精密に測定できる時間を使って，長さの単位の1 m を『光が真空中で1秒間に進む距離の 299 792 458 分の1の長さ』と定義している．

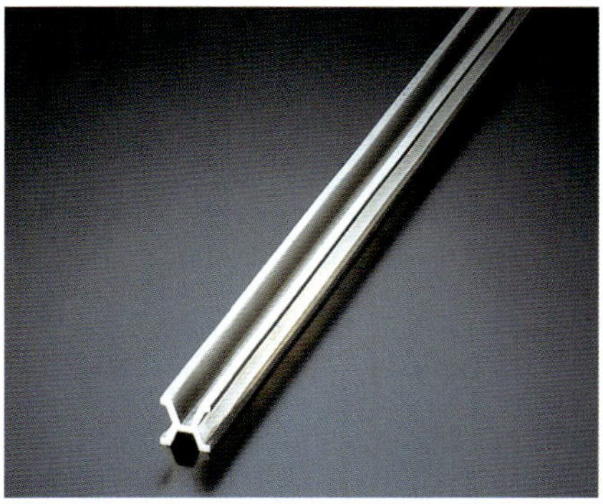
図 0.6　1889 年（明治 22 年）の第1回国際度量衡総会において 30 本のメートル原器のうち No. 6 原器を「国際メートル原器」とすることが承認された．日本にはメートル原器 No. 22 が配布された．

時間　時間を測定する装置を時計とよぶ．時計はある決まった時間（周期）ごとに同じ運動が繰り返す周期運動を利用して，周期運動の周期を単位にして時間を測定する．時間を正確に測るためには，周期が正確に一定であり，しかも短い必要がある．われわれが日常生活で使うクォーツ時計では電圧をかけた人工水晶の振動を利用している．この振動の周期はきわめて正確に一定であり，しかも温度の変化ではほとんど変わらない．しかし，原子から放射される光の振動の周期はさらに正確に一定なので，現在では時間の基準として原子時計を使っている．

ニュートンが創始した力学では，物体が2つの点 A と B の間を移動する場合（図 0.7），物体は道筋のすべての点を連続的に通過するように，時は出発時刻と到着時刻の間のすべての時刻を連続的に経過すると考える．時は一様に流れ，はじめも終わりもないと考えるのである．

図 0.7

しかし，運動する物体の位置の測定と記録はとびとびの時刻にしか行えない．たとえば，映画撮影は1秒間に 24 回の割合で撮影した時間的に不連続な測定結果の記録である．技術の進歩によって，測定の時間間隔を短くはできてもゼロにはできない．

時間の矢　時の流れは止められず，戻せないように思われる．この印象は，自然現象の時間的経過には向きがあることに基づく．たとえば，熱は高温の物体から低温の物体に伝わるが，低温の物体から高温の物体には伝わらない．また，容器から地面にこぼれた水は，地面から容器には戻らない．このような事実から時間の矢という言葉が生まれた．

時の流れに始まりはあるのだろうか．無限の過去から無限の未来に流れているのだろうか．現在では，宇宙，つまり，時間も空間も約 138 億年前に始まったと考えられている．この事実は，宇宙の観測結果と時間と空間の物理学であるアインシュタインの一般相対性理論に基づく研究で発見された．

時間の単位の秒 [s]　　時間の国際単位は秒 [s] である．もともとは，1 秒は太陽が南中してから翌日に南中するまでの 1 日の長さ* の $\frac{1}{24} \times \frac{1}{60} \times \frac{1}{60} = \frac{1}{86\,400}$ と定義されていたが，地球の自転の速さは一定ではなく，きわめてわずかであるが徐々に遅くなっているので，現在ではセシウム 133 原子 (^{133}Cs) の放射する特定の電磁波が 9 192 631 770 回振動する時間を 1 秒と定めている．

* 地球の公転軌道は円ではなく楕円なので，1 日の長さは変化する．そこで，1 日の長さとして平均値の平均太陽日を使う．

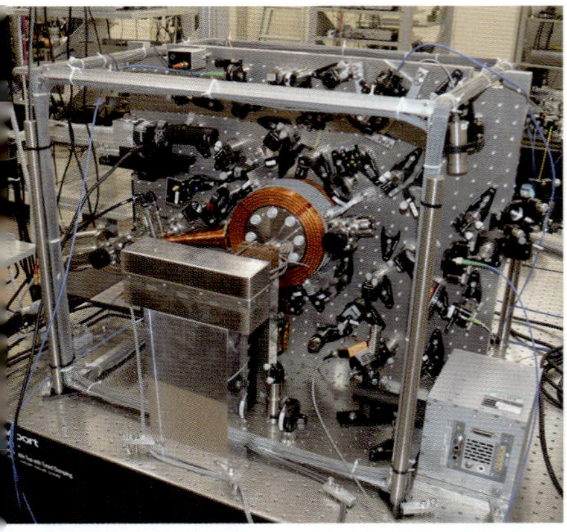

図 0.8　光格子時計．100 万個の原子をレーザー光によって空間に巧みに捕捉することで，1 秒の精度を現在の定義であるセシウム原子時計の精度 15 桁を 18 桁台にまで向上させることが可能とされる．

0.3　物理量と物理法則

自然現象を理解する鍵になる物理量　　観測事実と実験事実に基づいて物理法則を追及するときに，まず観測事実と実験事実を理解する鍵になる概念を探す．その結果，質量，速度，加速度，力，仕事，エネルギー，… などが見出された．「概念」とは，個々の物質や現象などの特殊性を問題にしないで，共通性だけを取り出したものである．

物理学の概念は，個々の物質や現象においては，基準の大きさである単位と比較して，1 kg[キログラム]，5 m[メートル]，3 s[秒] のように，「数値」×「単位」という形で数量的に表されるので，物理量とよばれる．つまり，自然を理解する鍵は物理量である．

物理法則は物理量のしたがう数学的な関係式　　物理学の法則は物理量のしたがう数学的な関係式である．ガリレオが，「自然という書物は数学という言葉で書かれている」と表現したように，自然現象がしたがう物理学の法則は，物理量やその時間変化率のしたがう比例関係，反比例関係などの数式として表される．

たとえば，ニュートンは，すべての運動では質量と加速度と力が重要であると見抜き，3 つの物理量の数学的関係（数式）である

$$質量 \times 加速度 = 力 \tag{0.1}$$

という運動の法則を発見した（**2.1** 節参照）．この式は，質量が一定ならば加速度は力に比例し，力が一定ならば加速度は質量に反比例することを表す．そこで運動の法則は，言葉では「力が物体に作用するとき，物体の加速度は力に比例し，物体の質量に反比例する」と表される．

物理学では，物理量の呼び名として，力や仕事のような日常用語を使うことがある．日常用語としての力や仕事は定性的な言葉であるが，物理量の呼び名としての力や仕事は，物理法則にしたがい，単位を使って大きさが表される定量的な言葉である．したがって，物理量を理解するときには，その物理量を含む物理法則が成り立つ具体的な現象と物理量の定義を結び付けて理解することをお勧めする．

物理学では数量である物理量を，質量は m，加速度は a，力は F などの記号で表し，物理法則を

$$ma = F \qquad (0.2)$$

と記号の式で表す．しかし，(0.2) 式のような記号の式を見たら，まず，(0.1) 式のような日本語の式として読み，さらに「力が作用するとき，加速度は力に比例し，質量に反比例する」という日本語の文章で表された法則に翻訳してほしい[*1]．

*1　m は mass，a は acceleration，F は force の頭文字である．

0.4 単　位

物理量は「数値」×「単位」という形をしている　物理学では実験結果や観察結果を速さ，力，質量，エネルギー，電場，… のような**物理量**とよばれる物理概念を使って理解し，記述する．物理学は物理量とその関係を探る学問で，これらの関係が**物理法則**である．物理量を表すときは，物理量を測るときの基準となる量の**単位**と比較して，その何倍であるかを表す．たとえば，塔の高さは，長さの基準である 1 m の物指しの長さと比べて，50 m とか 60 m と表される．つまり，物理量は「数値」×「単位」という形をしている．したがって，物理学の問題を定量的に考えるときに理解しておかなければならないのが単位である．

物理学では，物理量をローマ字またはギリシャ文字の記号で代表させる．物理量を表す記号も「数値」×「単位」を表す．

図 0.9　日本国キログラム原器（産業技術総合研究所）
2018 年まで使用されていた国際キログラム原器のコピー．

国際単位系　日本の計量法は国際単位系（略称 SI）を基礎にしている．国際単位系は，長さの単位のメートル (m)，質量の単位のキログラム (kg)，時間の単位の秒 (s)，電流の単位アンペア (A)，温度の単位のケルビン (K)，光度の単位のカンデラ (cd)，および物質量の単位のモル (mol) の 7 つの単位を基本単位として構成されている．

長さの単位　m
質量の単位　kg
時間の単位　s
電流の単位　A

基本単位以外の物理量の単位は，定義や物理法則を使って，基本単位から組み立てられ，**組立単位**とよばれる．たとえば，長さの単位は m，時間の単位は s なので，

「速さ」=「移動距離」÷「移動時間」の国際単位は，
長さの単位 m を時間の単位 s で割った m/s，
「加速度」=「速度の変化」÷「変化時間」の国際単位は，
速度の単位 m/s を時間の単位 s で割った $\mathrm{m/s^2}$，

である．A/B は $A \div B$ を表す．第 2 章で学ぶように，

「力」=「質量」×「加速度」なので，力の国際単位は
質量の単位 kg に加速度の単位 $\mathrm{m/s^2}$ を掛けた $\mathrm{kg \cdot m/s^2}$

である[*2]．力学の創始者ニュートンに敬意を払い，この $\mathrm{kg \cdot m/s^2}$ をニュートンとよび，N という記号を使う．こう表しても，力の国際単位ニュートンが基本単位だというわけではない．表 0.1 に本書で使用する固有の名称をもつ SI 組立単位を示す．

*2　$A \cdot B$ は $A \times B$ を表す．

なお，本書では，教育的に重要だと考えられる場合には，実用単位とよばれる国際単位ではない単位もいくつか使う．

* 電流の単位アンペア A は，電気素量 e を正確に，1.602 176 634×10^{-19} C と定めることによって設定される．

熱力学温度の単位ケルビン K は，ボルツマン定数 k を正確に，1.380 649×10^{-23} J/K と定めることによって設定される．

物質量の単位モル mol は，正確に 6.022 140 76×10^{23} 個の要素粒子を含む，と定義された．

単位の基準は原器から物理定数の時代へ　質量の国際単位の 1 kg は，歴史的には 1 気圧，水の密度が最大になる温度（約 4 ℃）における水 1000 cm^3（1 L）の質量と定義され，1889 年，フランスの国際度量衡局に保管されている白金-イリジウム合金製の国際キログラム原器の質量が 1 kg と規定された．しかし，原器という人工物を単位の値とすることに限界が訪れ，2019 年から「1 kg は，プランク定数 h を正確に 6.626 070 15×10^{-34} J・s と定めることによって設定される」ことになった*．

表 0.1　本書に出てくる固有の名称をもつ SI 組立単位

量	単位	単位記号	他の SI 単位による表し方	SI 基本単位による表し方	本書に出てくるページ
周波数，振動数	ヘルツ	Hz		s^{-1}	55，132，279
力	ニュートン	N	J/m	$\mathrm{m \cdot kg \cdot s^{-2}}$	26
圧力，応力	パスカル	Pa	$\mathrm{N/m^2}$	$\mathrm{m^{-1} \cdot kg \cdot s^{-2}}$	115
エネルギー，仕事	ジュール	J	N・m，C・V	$\mathrm{m^2 \cdot kg \cdot s^{-2}}$	63，158
仕事率，電力	ワット	W	J/s	$\mathrm{m^2 \cdot kg \cdot s^{-3}}$	64，238
電気量，電荷	クーロン	C	A・s	s・A	196
電位，電圧	ボルト	V	J/C	$\mathrm{m^2 \cdot kg \cdot s^{-3} \cdot A^{-1}}$	207
静電容量	ファラド	F	C/V	$\mathrm{m^{-2} \cdot kg^{-1} \cdot s^4 \cdot A^2}$	218
電気抵抗	オーム	Ω	V/A	$\mathrm{m^2 \cdot kg \cdot s^{-3} \cdot A^{-2}}$	233
磁束	ウェーバ	Wb	V・s，$\mathrm{T \cdot m^2}$	$\mathrm{m^2 \cdot kg \cdot s^{-2} \cdot A^{-1}}$	244
磁場（磁束密度）	テスラ	T	N/(m・A)，$\mathrm{Wb/m^2}$	$\mathrm{kg \cdot s^{-2} \cdot A^{-1}}$	244，250
インダクタンス	ヘンリー	H	Wb/A	$\mathrm{m^2 \cdot kg \cdot s^{-2} \cdot A^{-2}}$	275
放射能	ベクレル	Bq		s^{-1}	332
吸収線量	グレイ	Gy	J/kg	$\mathrm{m^2 \cdot s^{-2}}$	332
等価線量	シーベルト	Sv	J/kg	$\mathrm{m^2 \cdot s^{-2}}$	332

大きな量と小さな量の表し方（指数，接頭語）　取り扱っている現象に現れる物理量の大きさが，基本単位や組立単位の大きさに比べて，とても大きかったり，小さかったりする場合の表し方には，2 通りある．

1 つは，1 000 000 を 10^6，0.000 001 を 10^{-6} などのように 10 のべき乗を使って表す方法である．つまり，大きな数を $a \times 10^n$（n は正の整数），小さな数を $a \times 10^{-n}$（n は正の整数）と表す方法である．10^n の n や 10^{-n} の $-n$ を指数という．たとえば，地球の赤道半径 6 378 000 m は 6.378×10^6 m と表される．

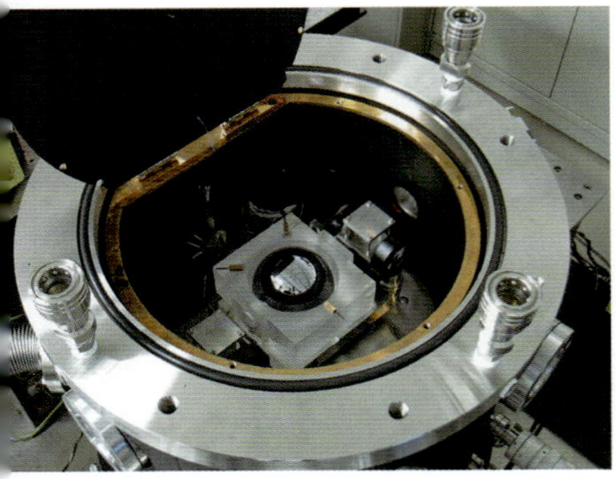

図 0.10　光の波長の精密制御によりシリコン球体の形状をナノメートルの精度で計測するレーザー干渉計．他の研究と組み合わせてアボガドロ定数を高精度に決定できる．

もう 1 つの方法は，表紙の裏見返しに示す，国際単位系で指定された，接頭語をつけた単位を使う方法である．たとえば，

$$10^6\ \mathrm{Hz} = 1\ \mathrm{MHz},\ 1000\ \mathrm{m} = 1\ \mathrm{km},\ 100\ \mathrm{Pa} = 1\ \mathrm{hPa},$$
$$10^{-3}\ \mathrm{m} = 1\ \mathrm{mm},\quad 10^{-3}\ \mathrm{kg} = 1\ \mathrm{g},\quad 10^{-15}\ \mathrm{m} = 1\ \mathrm{fm}$$

などである．振動数の単位 MHz はメガヘルツ，圧力の単位 hPa はヘクトパスカル，長さの単位 fm はフェムトメートルと読む．

なお，質量の基本単位のキログラム kg には接頭語の「キロ」が含まれているので，質量の単位の 10 の整数乗倍の単位の名称は「グラム」という語に接頭語をつけて構成することになっている．

次元　単位と密接な関係がある概念に次元（ディメンション）がある．力学に現れるすべての物理量の単位は，長さの単位 m，質量の単位 kg，時間の単位 s の 3 つの基本単位で表せる．速度や力などの組立単位が基本単位のどのような組合せからできているのかを示すのが次元である．たとえば，物理量 Y の単位が $\mathrm{m}^a\,\mathrm{kg}^b\,\mathrm{s}^c$ だとすると，$\mathrm{L}^a\,\mathrm{M}^b\,\mathrm{T}^c$ を物理量 Y の**次元**という．L は length（長さ），M は mass（質量），T は time（時間）の頭文字である．たとえば，速度の次元は LT^{-1}，力の次元は LMT^{-2} である．

計算の途中や結果にでてくる式 $A=B$ の左辺 A と右辺 B の次元はつねに同じでなければならない．そこで，計算結果の式の両辺の次元が同じかどうかを調べることは，計算結果が正しいかどうかの 1 つのチェックになる．なお，固有の名称をもつ組立単位が含まれている計算で次元がわからなくなった場合は，表 0.1 の「他の SI 単位による表し方」あるいは「SI 基本単位による表し方」の欄を使って調べればよい．

なお，念のため注意するが，次元が異なる 2 つの量の掛け算と割り算はできるが，足し算と引き算はできない．

図 0.11　mc^2 はエネルギーの次元 $\mathrm{L^2MT^{-2}}$ をもつ

0.5 測定値の不確かさと有効数字

有効数字　ある物理量を同じ条件で繰り返し測定すると，測定の結果得られた測定値にはばらつきがある．これらの測定値の平均値は，この物理量の最良推定値である．測定装置の発明や改良によって，測定値のばらつきを減少させることはできるが，ばらつきをゼロにはできない．

多くの場合，測定値は，図 0.12 に示すように，平均値 m のまわりにつりがね形の**正規分布**とよばれる分布をする．統計学では図 0.12 の σ をこの物理量の測定結果の**標準偏差**という．標準偏差とは，$m-\sigma$ と $m+\sigma$ の間の大きさの測定値が全体の 68.3 % になり［図 0.12(a)］，$m-2\sigma$ と $m+2\sigma$ の間の大きさの測定値が全体の 95.4 % になる量である［図 0.12(b)］．測定結果を $m\pm\sigma$ と表し，σ を**標準不確かさ**という．

不確かさがあるので，平均値 m の桁数をむやみに多くして表しても意味がない．たとえば，ある人の身長の測定値の平均値が 161.414 cm，標準偏差が 0.1 cm の場合には，身長の測定結果の平均値として意味があるのは 161.4 cm である．この場合，意味のある 4 桁の数字の 1614 を**有効数字**という．測定値を $a\times10^n$ と表すとき，a として $1\leqq|a|<10$ になるようにした有効数字を使う（たとえば，1.614×10^2 cm）．

本書は，物理現象や法則の物理的意味の理解を主目的にするので，問題の解答などで，有効数字と不確かさについては気にしないことにする．

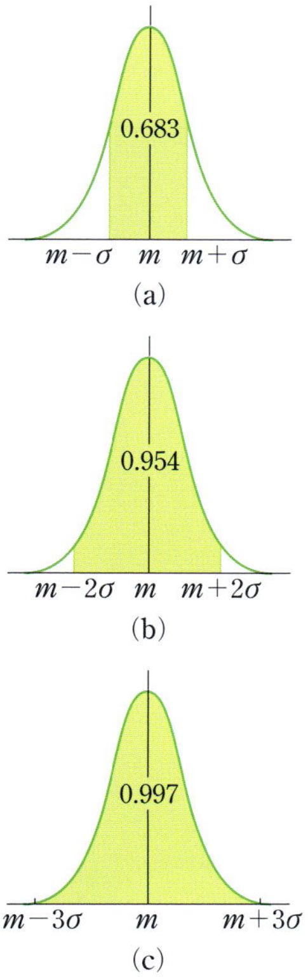

図 0.12　正規分布

1 運　　動

力学は「力と運動」を学ぶ学問である．物体の運動とは物体の位置が時刻とともに変化することであるから，運動を表すにはまず物体の位置を表すことが必要である．物体の運動状態を表す量は速度と加速度である．われわれは自動車や電車に乗った経験から，速度や加速度を体験的に知っている．

本章では，力学を学ぶ準備として，直線運動や平面運動を行う物体の位置，変位，速度，加速度などを学ぶ．速度，加速度と微分（導関数）の関係も学ぶ．

適切なグラフを描いて，グラフから物体の速度と加速度の特徴を読み取ることも重要である．

1.1　直線運動の速度，加速度と微分

学習目標　直線運動をしている物体の速度，加速度の定義と微分（導関数）による表し方を理解する．x-t グラフと v-t グラフから運動のようすを読み取れるようになる．

質点　物体には大きさがあるが，第 7 章までは，物体の大きさが無視でき，質量が 1 点に集中していると考えてよい場合だけを取り扱う．広がりがなく，質量をもつ点であると考えた物体を**質点**とよぶ．

位置　質点が直線に沿って運動する場合には，その直線を座標軸（x 軸）に選び，原点 O と x 軸の正の向きを定め，長さの単位を決めると，質点の位置は座標 x によって $x = 3\,\mathrm{m}$ のように表される（図 1.1）．

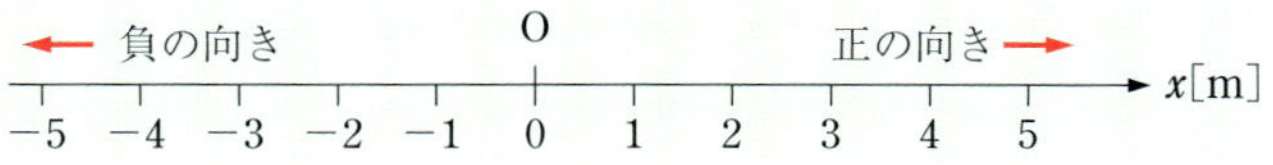

図 1.1　座標軸（x 軸）*1

質点の位置は時間の経過とともに変化するので，時刻 t での質点の位置座標を $x(t)$ と記す*2．質点の位置の時間的な変化は，横軸に時刻 t，縦軸に質点の位置 x を選んで，関数

$$x = x(t) \tag{1.1}$$

を表した **x-t グラフ**で図示できる（図 1.2）．

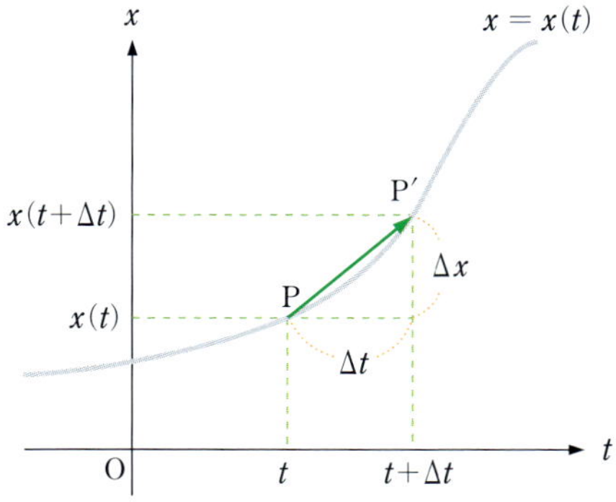

図 1.2　x-t グラフ．有向線分 $\overrightarrow{\mathrm{PP'}}$ の勾配 $\dfrac{\Delta x}{\Delta t}$ は時間 Δt での平均速度である．

直線運動の変位と平均速度　質点の速さ（平均の速さ）は「移動距離」÷「時間」である．直線運動を記述する場合，正の向きに進む質点の速さと負の向きに進む質点の速さを区別するために，速さに運動の向きを表す正負の符号をつけた速度を使う．そのために，移動距離の代わりに，移動距離に移動の向きを表す正負の符号をつけた，変位を使う．

時刻 t に位置が $x = x(t)$ の点 P にあった質点が，それから時間 Δt が経過した時刻 $t+\Delta t$ に位置が $x = x(t+\Delta t)$ の点 P′ に移動したときには，時間 Δt の間に位置が $\Delta x = x(t+\Delta t)-x(t)$ だけ変化した．この位置の変化 Δx を，時刻 t から時刻 $t+\Delta t$ までの質点の**変位**という（図 1.3）*3．そして，「変位」÷「時間」を時間 Δt での平均速度

$$\bar{v} = \frac{\Delta x}{\Delta t} = \frac{x(t+\Delta t)-x(t)}{\Delta t} \tag{1.2}$$

と定義する*4．平均速度 $\bar{v}$ は，図 1.2 の有向線分 $\overrightarrow{\mathrm{PP'}}$ の勾配に等しい．質点が x 軸の正の向きに移動すれば $\Delta x > 0$ なので，平均速度は正（$\bar{v} > 0$）で，有向線分 $\overrightarrow{\mathrm{PP'}}$ は右上がりである．質点が x 軸の負の向きに移動すれば $\Delta x < 0$ なので，平均速度は負（$\bar{v} < 0$）であり，有向線分 $\overrightarrow{\mathrm{PP'}}$ は右下がりである．有向成分 $\overrightarrow{\mathrm{PP'}}$ の傾きが急なほど運動は速い．

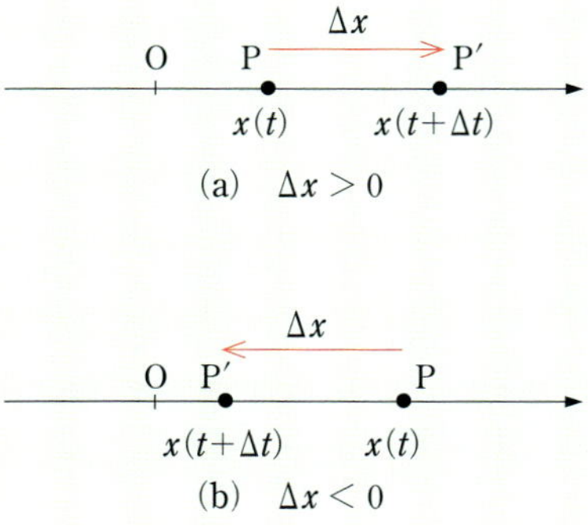

図 1.3　変位 $\Delta x = x(t+\Delta t)-x(t)$

*1　x [m] は m を単位として測った x の数値部分である．$x = 3\,\mathrm{m}$ なら x [m] $= 3$．x [m] $= x/\mathrm{m}$ である．

*2　$x(t)$ という表記は，$x\times t$ という掛け算ではなく，変数 t の関数 x という意味である．詳しくは 14 ページの欄外を参照．

*3　Δx は変位を表すひとまとまりの量であり，Δ（デルタと読む）と x の積ではないことに注意すること．また，Δt も 2 つの時刻の間隔を表すひとまとまりの量であり，Δ と t の積ではない．

*4　平均速度の記号 $\bar{v}$ の v の上のバーとよばれる横棒 − は平均を意味する．

直線運動の速度（瞬間速度）と導関数　速度が時刻とともに変化する場合には，(1.2) 式の平均速度 $\dfrac{\Delta x}{\Delta t}$ の時間 Δt を限りなく 0 に近づけた極限での値

$$v(t) = \lim_{\Delta t \to 0} \frac{\Delta x}{\Delta t} = \lim_{\Delta t \to 0} \frac{x(t+\Delta t) - x(t)}{\Delta t} = \frac{\mathrm{d}x}{\mathrm{d}t} \tag{1.3}$$

を時刻 t での**速度**，あるいは**瞬間速度**という．この式の第 3 辺は関数 $x(t)$ の導関数 $\dfrac{\mathrm{d}x}{\mathrm{d}t}$ の定義式である．したがって，質点の速度 $v(t)$ は位置を表す関数 $x(t)$ を t で微分して得られる導関数である．

時間 Δt を短くしていくと $\Delta t \to 0$ の極限で，x-t グラフの有向線分 $\overrightarrow{\mathrm{PP'}}$ の向きは点 P での x-t グラフの接線の向きに一致する（図 1.4）．つまり，速度 $v(t)$ は時刻 t での x-t グラフの接線の勾配に等しい．接線が右上がりならば $v(t) > 0$ で，x 軸の正の向きの運動であり，右下がりならば $v(t) < 0$ で，x 軸の負の向きの運動であり，接線が水平ならば，その時刻での瞬間速度 $v(t)$ は 0 である（図 1.5）．

速度の単位　m/s

質点の速度の時間的な変化は，横軸に時刻 t，縦軸に速度 v を選んで関数 $v = v(t)$ を表した ***v*-*t* グラフ**で図示できる（図 1.6）．

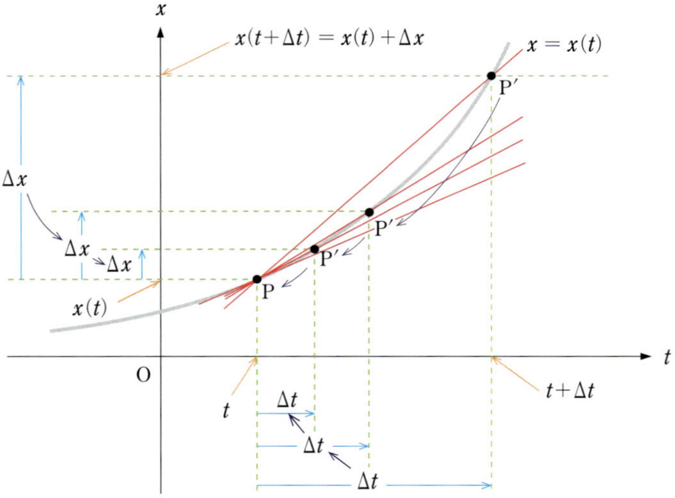

図 1.4　x-t グラフと速度．有向線分 $\overrightarrow{\mathrm{PP'}}$ の勾配 $\dfrac{\Delta x}{\Delta t}$ は時間 Δt での平均速度を表す．有向線分 $\overrightarrow{\mathrm{PP'}}$ の勾配の $\Delta t \to 0$ での極限は，時刻 t での x-t グラフの接線の勾配に一致する．この接線の勾配が時刻 t での速度（瞬間速度）である．

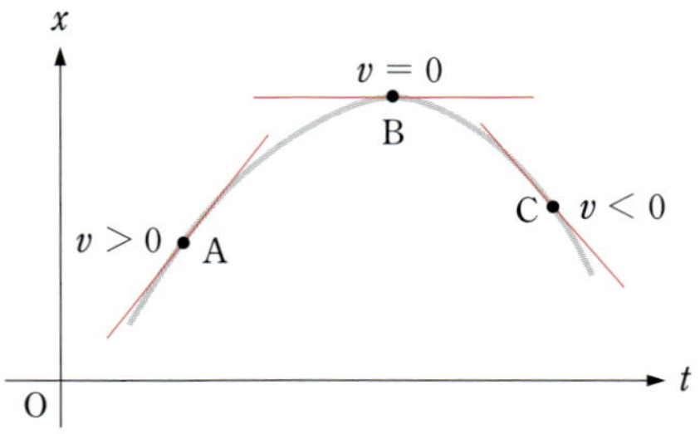

図 1.5　x-t グラフの勾配と速度．点 A では接線は右上がりなので，$v > 0$．点 B では接線は水平なので，$v = 0$．点 C では接線は右下がりなので，$v < 0$．

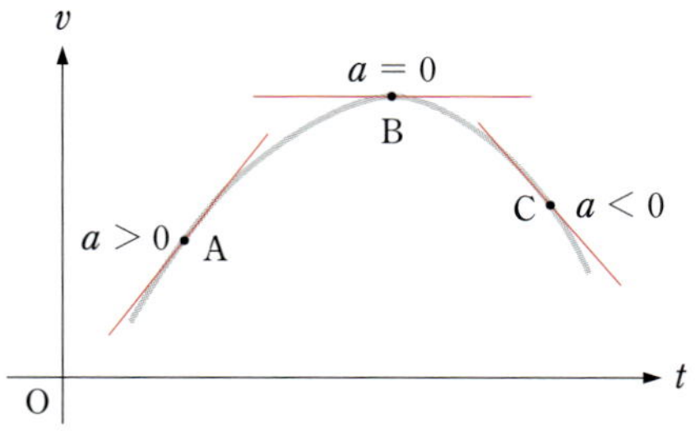

図 1.6　v-t グラフ．v-t グラフの接線の勾配は加速度を表す．

問 1　図 1.7 (a) の 6 つの x-t グラフと図 1.7 (b) の 6 つの v-t グラフを 1 対 1 対応させよ．

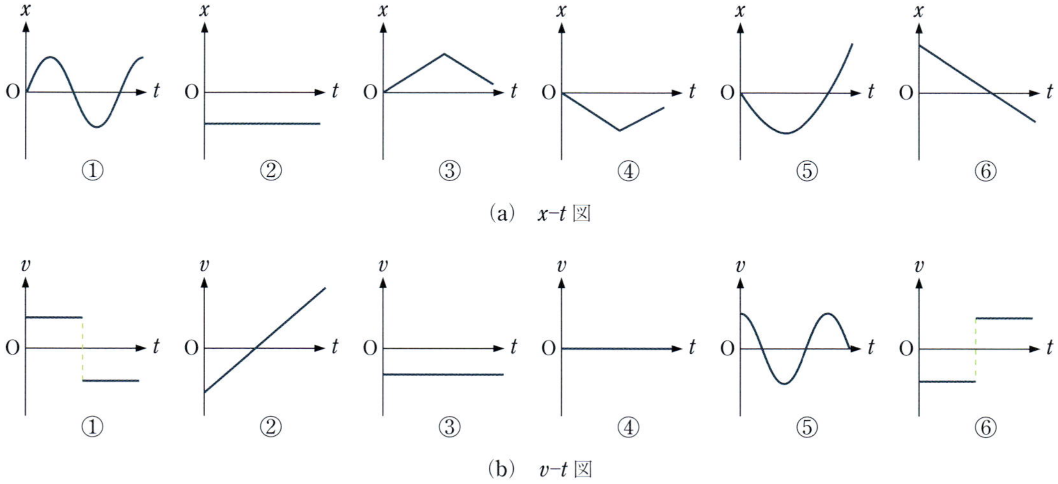

図 1.7

直線運動の加速度　自動車を運転していてアクセルを踏んだり，ブレーキを踏んだりすると，自動車の速度が変化する．速度が時間とともに変化する割合，つまり，単位時間あたりの速度の変化を**加速度**という．

時間 Δt での**平均加速度** $\bar{a}$ は，「速度の変化 Δv」÷「時間 Δt」

$$\bar{a} = \frac{\Delta v}{\Delta t} \tag{1.4}$$

と定義される．加速度が負の場合は，速度の変化が負の場合である．

静止していた自動車が 5 秒間で速度 20 m/s まで加速されるときの平均加速度 $\bar{a}$ は

$$\bar{a} = \frac{(20\ \mathrm{m/s})-(0\ \mathrm{m/s})}{5\ \mathrm{s}} = 4\ \mathrm{m/s^2}$$

である．加速度の国際単位は $\mathrm{m/s^2}$ である．

加速度の単位　$\mathrm{m/s^2}$

時刻 t での**加速度**（瞬間加速度）$a(t)$ は，平均加速度の式 (1.4) の時間 Δt を限りなく 0 に近づけた極限での値の

$$a(t) = \lim_{\Delta t \to 0} \frac{\Delta v}{\Delta t} = \lim_{\Delta t \to 0} \frac{v(t+\Delta t)-v(t)}{\Delta t} = \frac{\mathrm{d}v}{\mathrm{d}t} \tag{1.5}$$

である．したがって，加速度 $a(t)$ は時刻 t での v-t グラフの接線の勾配に等しい（図 1.6）．加速度 $a(t)$ は速度 $v(t)$ の導関数であり，速度 $v(t)$ は位置 $x(t)$ の導関数なので，

$$a(t) = \frac{\mathrm{d}v}{\mathrm{d}t} = \frac{\mathrm{d}}{\mathrm{d}t}\left(\frac{\mathrm{d}x}{\mathrm{d}t}\right) = \frac{\mathrm{d}^2x}{\mathrm{d}t^2} \tag{1.6}$$

である．ある関数の導関数をもう 1 回微分して得られる導関数を 2 次導関数という．つまり，加速度は位置の 2 次導関数である．

図 1.8　新幹線

例題 1　図 1.9 は片側 2 車線の直線道路を走っている 2 台の自動車 A, B の x-t グラフである．次の文章は正しいかどうかを答えよ．

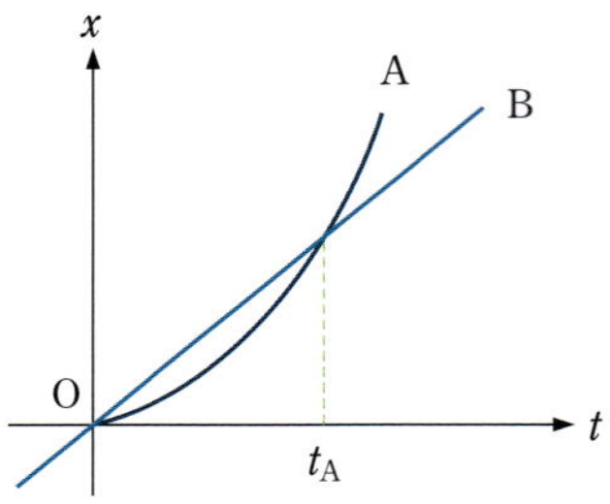

図 1.9

(1)　時刻 t_A で 2 つの自動車の速度は等しい．
(2)　時刻 t_A で 2 つの自動車の位置は等しい．
(3)　2 つの自動車は加速し続けている．
(4)　時刻 t_A より前のある時刻に，2 つの自動車の速度は等しくなる．
(5)　時刻 t_A より前のある時刻に，2 つの自動車の加速度は等しくなる．

解　(1)　×(時刻 t_A での x-t グラフの接線の勾配を比べると，$v_A > v_B$)
(2)　○
(3)　×(B の x-t グラフは直線なので，B は等速度運動)
(4)　○[自動車 A の x-t グラフの接線の勾配が等速運動する自動車 B の x-t グラフの勾配に等しい時刻がある (平均値の定理)]
(5)　×(A の加速度はつねに正，B の加速度はつねに 0)．

重力加速度　実験によると，物体が地表付近の空中を落下する場合，空気の抵抗が無視できれば，あらゆる物体の加速度は鉛直下向きで大きさは一定である．すなわち，落下運動の加速度は，物体の大きさや種類によらず一定であり，物体の落下中に変化しない．この加速度を**重力加速度**とよび，その大きさを記号 g で表す．重力加速度の大きさは地球上の場所によってわずかな違いがあるが，

$$g \approx 9.8\ \mathrm{m/s^2} \tag{1.7}$$

である*．空気抵抗が無視できる場合の落下運動のように，加速度が一定の直線運動を等加速度直線運動という．

例 1　ガリレオは初速が 0 の落下運動である自由落下では，物体の落下距離 x は落下時間 t の 2 乗に比例すること，すなわち

$$x = \frac{1}{2}gt^2 \qquad (g \text{ は定数}) \tag{1.8}$$

という関係があることを発見した (51 頁のコラムと演習問題 3 の A3 参照)．この関係から物体の速度 v と加速度 a は

$$v(t) = \frac{\mathrm{d}x}{\mathrm{d}t} = \frac{\mathrm{d}}{\mathrm{d}t}\left(\frac{1}{2}gt^2\right) = gt \tag{1.9}$$

$$a(t) = \frac{\mathrm{d}v}{\mathrm{d}t} = \frac{\mathrm{d}}{\mathrm{d}t}(gt) = g \tag{1.10}$$

であることが導かれる．したがって，自由落下は物体が一定の加速度 (重力加速度) g で落下する等加速度直線運動である．

なお，$x = \frac{1}{2}gt^2$ という式は，時刻 (落下時間) が t のときの位置

重力加速度 $g \approx 9.8\ \mathrm{m/s^2}$

* $A \approx B$ は「A と B が近似的に等しいこと，あるいは数値的にほぼ等しい」ことを意味する．

$x = x(t)$ について

$x = x(t)$ という式は，時刻 t に物体の位置 x は決まっていて，その値は $x(t)$ であることを意味する．変数 t は一般の時刻を表すとともに，特定の時刻も表す．図 1.2 や図 1.4 の横軸の右端の t は，横軸は一般の時刻を表す変数 t に対応することを示し，横軸の下の t は特定の時刻の値を意味する．また，その右の $t+\Delta t$ は「特定の時刻の値」$+\Delta t$ を意味する．(1.8) 式を

$$x = x(t), \quad x(t) = \frac{1}{2}gt^2 \tag{1.8'}$$

と分けて記すと，第 2 式は，時刻 t での位置を求める計算規則が $x(t) = \frac{1}{2}gt^2$ であることを意味する．時刻 t の値を決めても，$x(t)$ の計算規則が与えられないと位置 x の計算はできない．$x = x(t)$ ではなく，$x = f(t)$ と書いてもかまわないが，$x(t)$ を使う方が，位置 x の計算規則を表すことが明瞭になる．

（落下距離）x は $\frac{1}{2}gt^2$ であることを意味する．左辺の x が時刻 t での位置であることを強調するために，$x(t) = \frac{1}{2}gt^2$ と表してもよい．

問 2　物体が自由落下を始めてから 1 秒後，2 秒後，3 秒後の速さと落下距離を求めよ．簡単のために，$g = 10\,\mathrm{m/s^2}$ とせよ．

（1.8）式から導かれる

$$t = \sqrt{\frac{2x}{g}} = \sqrt{\frac{2x}{9.8\,\mathrm{m/s^2}}} = \sqrt{\frac{x}{4.9\,\mathrm{m}}}\,\mathrm{s} \qquad (1.11)$$

は落下距離が x のときの落下時間を与える式である．

問 3　反射神経の反応時間　図 1.10 のように，A さんが千円札の上端を指ではさみ，B さんが千円札の下端付近で親指と人指し指を開いている．A さんが指を開き，千円札が落下しはじめたのに B さんが気付いた瞬間に指を閉じて千円札をつかむまでの千円札の落下距離 x から，B さんの反射神経の反応時間が計算できる．落下距離 x が 4.9 cm だとすると，反応時間は何秒か．

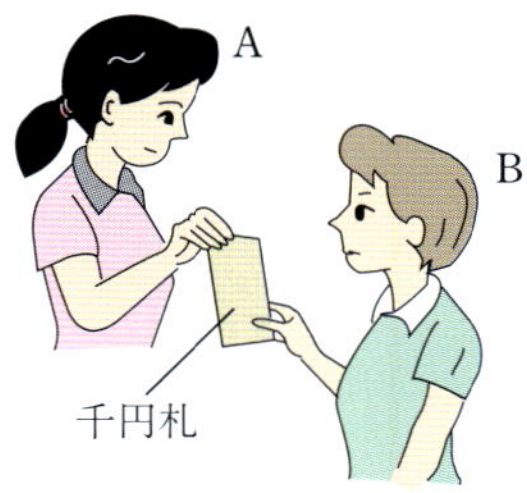

図 1.10

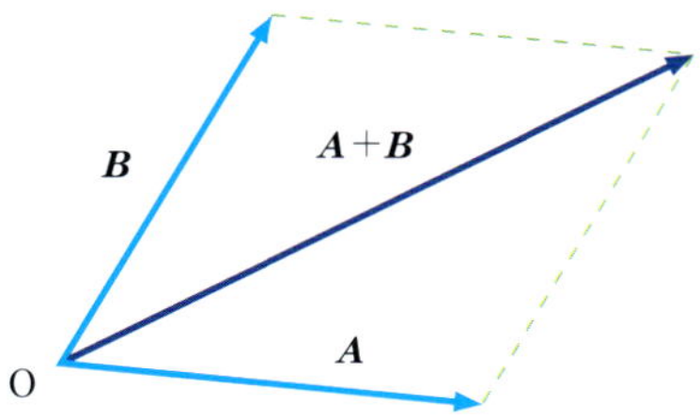

図 1.11　$\boldsymbol{A}+\boldsymbol{B}$

参考　ベクトル

物理量にはベクトル量とスカラー量がある．ベクトル量は大きさと方向をもち，平行四辺形の規則にしたがう和（足し算）が定義されている量である（図 1.11）．スカラー量は大きさをもつが方向をもたない量である．本書ではベクトルを $\boldsymbol{A}$ のように太文字のローマ字で表し，大きさを $|\boldsymbol{A}|$ あるいは A と記す．

直交座標系を導入すると，ベクトル $\boldsymbol{A}$ の大きさと方向は，ベクトル $\boldsymbol{A}$ を表す矢印の終点の座標の組 (A_x, A_y, A_z) によって指定される（図 1.12）．$+x$ 方向，$+y$ 方向，$+z$ 方向を向いた長さが 1 のベクトル（単位ベクトルという）を $\boldsymbol{i}, \boldsymbol{j}, \boldsymbol{k}$ とすると，ベクトル $\boldsymbol{A}$ は

$$\boldsymbol{A} = A_x\boldsymbol{i}+A_y\boldsymbol{j}+A_z\boldsymbol{k} \qquad (1.12)$$

と表される．3 平方の定理を 2 回使うと $[A^2 = ({A_x}^2+{A_y}^2)+{A_z}^2]$，ベクトル $\boldsymbol{A}$ の大きさ $A = |\boldsymbol{A}|$ は次のようになる．

$$A = |\boldsymbol{A}| = \sqrt{{A_x}^2+{A_y}^2+{A_z}^2} \qquad (1.13)$$

2 つのベクトル $\boldsymbol{A} = (A_x, A_y, A_z)$ と $\boldsymbol{B} = (B_x, B_y, B_z)$ の和 $\boldsymbol{A}+\boldsymbol{B}$ の成分は，ベクトルの成分の和

$$\boldsymbol{A}+\boldsymbol{B} = (A_x+B_x, A_y+B_y, A_z+B_z) \qquad (1.14)$$

である．このことは 2 次元の場合の図 1.13 を見ればわかる．

ベクトルのスカラー倍：k を任意のスカラー，$\boldsymbol{A}$ を任意のベクトルとすると，$k\boldsymbol{A}$ は，大きさがベクトル $\boldsymbol{A}$ の大きさ $|\boldsymbol{A}|$ の $|k|$ 倍で，$k>0$ なら $\boldsymbol{A}$ と同じ向き，$k<0$ なら $\boldsymbol{A}$ と逆向きのベクトルである（図 1.14）．$-\boldsymbol{A} = (-1)\boldsymbol{A}$ は，$\boldsymbol{A}$ と同じ大きさをもち，$\boldsymbol{A}$ と逆向きのベクトルである．大きさが 0 のベクトルを**零（ゼロ）ベクトル**とよび，$\boldsymbol{0}$ と

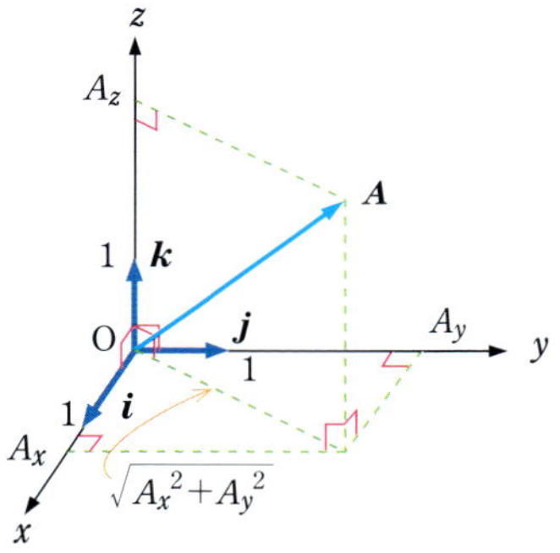

図 1.12　直交座標系とベクトル $\boldsymbol{A} = (A_x, A_y, A_z)$

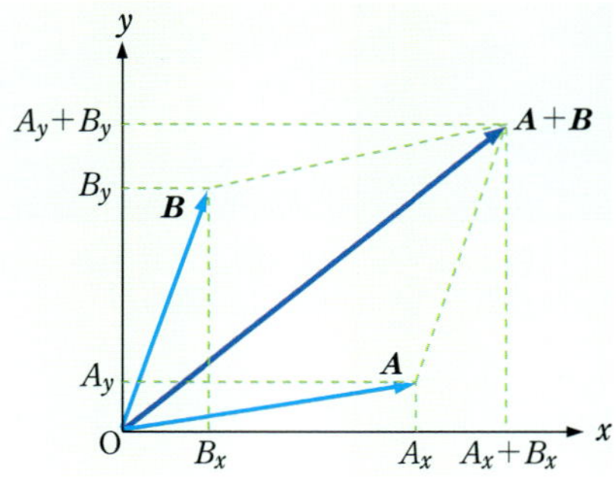

図 1.13　$\boldsymbol{A}+\boldsymbol{B} = (A_x+B_x, A_y+B_y)$
ベクトル $\boldsymbol{A}, \boldsymbol{B}$ が xy 面上にある場合

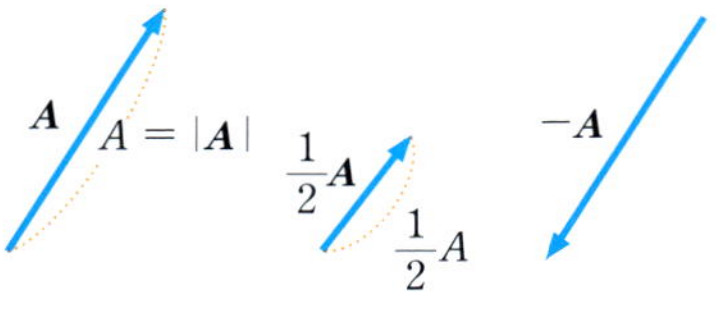

図 1.14　ベクトル $\boldsymbol{A}$ のスカラー倍　$k\boldsymbol{A}$

図 1.15　零ベクトル

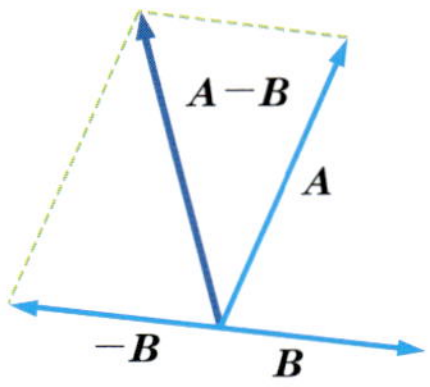

図 1.16　$\boldsymbol{A}-\boldsymbol{B}=\boldsymbol{A}+(-\boldsymbol{B})$

記す（図 1.15）．ベクトル $\boldsymbol{A}$ からベクトル $\boldsymbol{B}$ を引き算した $\boldsymbol{A}-\boldsymbol{B}$ を求めるには，ベクトル $\boldsymbol{B}$ の -1 倍の $-\boldsymbol{B}$ とベクトル $\boldsymbol{A}$ の和を求めればよい $[\boldsymbol{A}-\boldsymbol{B}=\boldsymbol{A}+(-\boldsymbol{B})]$（図 1.16）．

1.2　一般の運動の速度と加速度

学習目標　直線運動以外の一般の運動における速度と加速度の定義を理解する．典型的な速度の変化でどのような加速度が生じるかをイメージできるようになる．

この章の本節以降では，直線運動以外の一般の運動を扱う．このような場合の質点の位置を表す 1 つの方法は，原点 O を始点とし，質点の位置 P を終点とするベクトルを用いることである．ベクトル $\overrightarrow{\mathrm{OP}}$ を質点の**位置ベクトル**とよび，$\boldsymbol{r}$ と記す（図 1.17）．運動する質点の位置は時刻とともに変わるので，時刻 t の位置ベクトルを $\boldsymbol{r}(t)$ と記す．質点の通る道筋を軌道という．

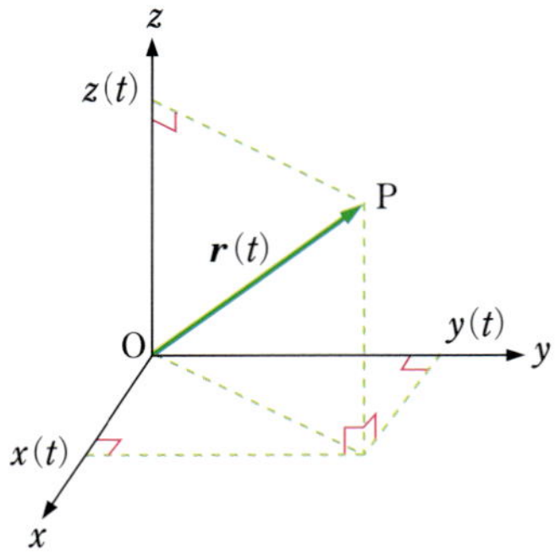

図 1.17　位置ベクトルと直交座標系

時刻 t における質点の直交座標を $[x(t), y(t), z(t)]$ とすると，位置ベクトルを

$$\boldsymbol{r}(t)=x(t)\boldsymbol{i}+y(t)\boldsymbol{j}+z(t)\boldsymbol{k} \tag{1.15}$$

と表せる．原点と質点の距離は

$$r=|\boldsymbol{r}|=\sqrt{x^2+y^2+z^2} \tag{1.16}$$

である．

図 1.18　現在地を原点とした各地の位置ベクトル（方向と距離）．

変位　時刻 t から時刻 $t+\Delta t$ までの時間 Δt での質点の位置ベクトルの変化は，時刻 t での位置 P を始点とし時刻 $t+\Delta t$ での位置 P′ を終点とするベクトル

$$\Delta\boldsymbol{r}=\boldsymbol{r}(t+\Delta t)-\boldsymbol{r}(t) \tag{1.17}$$

である．$\Delta\boldsymbol{r}$ を時間 Δt における質点の**変位**という．成分で表すと，

$$\begin{aligned}\Delta\boldsymbol{r}&=[\Delta x, \Delta y, \Delta z]\\&=[x(t+\Delta t)-x(t), y(t+\Delta t)-y(t), z(t+\Delta t)-z(t)]\end{aligned} \tag{1.18}$$

である（図 1.19）．

速度と速さ　円運動のように質点の運動の向きが変化する場合，同じ速さでも運動の向きが違えば別の運動状態である．そこで，運動方向を向き，長さが速さ v に等しいベクトル $\boldsymbol{v}$ を導入して，これを速度とよぶ．速度 $\boldsymbol{v}$ はベクトルなので，x 成分 v_x，y 成分 v_y，z 成分 v_z をもつ．

平均速度　時間 Δt での質点の平均速度 $\bar{\boldsymbol{v}}$ を「変位」÷「時間」

$$\bar{\boldsymbol{v}}=\frac{\Delta\boldsymbol{r}}{\Delta t}=\left(\frac{\Delta x}{\Delta t}, \frac{\Delta y}{\Delta t}, \frac{\Delta z}{\Delta t}\right) \tag{1.19}$$

と定義する（図 1.19）．$\dfrac{\Delta\boldsymbol{r}}{\Delta t}$ は，変位 $\Delta\boldsymbol{r}$ と同じ向き，つまり移動方向

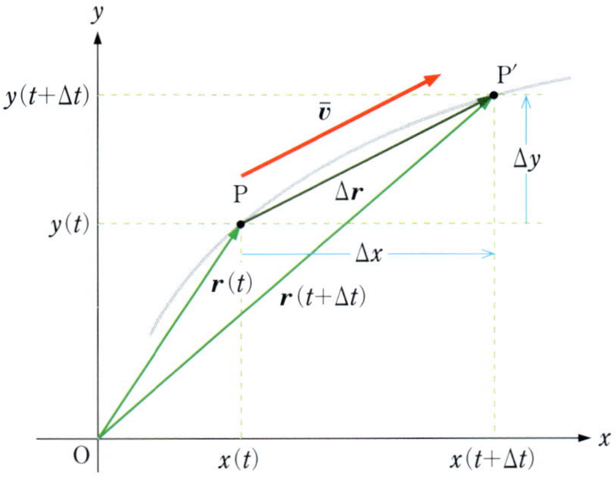

図 1.19 時刻 t から時刻 $t+\Delta t$ の間の変位 $\Delta \boldsymbol{r}$. 平均速度は $\bar{\boldsymbol{v}} = \dfrac{\Delta \boldsymbol{r}}{\Delta t}$.

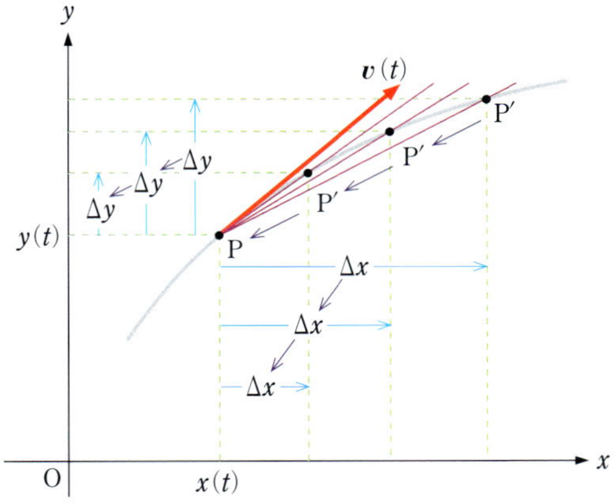

図 1.20 時刻 t での瞬間速度 $\boldsymbol{v}(t)$ は運動の道筋の接線方向を向く.

を向いている，大きさが $\dfrac{|\Delta \boldsymbol{r}|}{\Delta t}$ のベクトルである.

図 1.21 自動車の速度計

速度（瞬間速度）　時刻 t での瞬間速度 $\boldsymbol{v}(t)$ は，(1.19) 式の平均速度の $\Delta t \to 0$ での極限値

$$\boldsymbol{v}(t) = [v_x(t), v_y(t), v_z(t)] = \lim_{\Delta t \to 0} \frac{\Delta \boldsymbol{r}}{\Delta t} = \frac{\mathrm{d}\boldsymbol{r}}{\mathrm{d}t} = \left(\frac{\mathrm{d}x}{\mathrm{d}t}, \frac{\mathrm{d}y}{\mathrm{d}t}, \frac{\mathrm{d}z}{\mathrm{d}t} \right) \tag{1.20}$$

である．図 1.20 から速度 $\boldsymbol{v}(t)$ はベクトルで，その方向は質点が動くときに空間に描く曲線（軌道）の接線方向，向きは運動の向き，大きさは時刻 t での速さ

$$v(t) = |\boldsymbol{v}(t)| = \sqrt{v_x(t)^2 + v_y(t)^2 + v_z(t)^2} \tag{1.21}$$

であることがわかる.

平均加速度　一般の運動では，速度は時間の経過とともに変化する．時刻 t から時刻 $t+\Delta t$ までの時間 Δt に，速度が $\boldsymbol{v}(t)$ から $\boldsymbol{v}(t+\Delta t)$ に

$$\Delta \boldsymbol{v} = \boldsymbol{v}(t+\Delta t) - \boldsymbol{v}(t)$$

だけ変化した場合，この速度の変化 $\Delta \boldsymbol{v} = (\Delta v_x, \Delta v_y, \Delta v_z)$ を時間 Δt で割った

$$\bar{\boldsymbol{a}} = \frac{\Delta \boldsymbol{v}}{\Delta t} = \left(\frac{\Delta v_x}{\Delta t}, \frac{\Delta v_y}{\Delta t}, \frac{\Delta v_z}{\Delta t} \right) \tag{1.22}$$

を，この時間での**平均加速度**という（図 1.22）．速度の変化 $\Delta \boldsymbol{v}$ はベクトルなので，平均加速度 $\bar{\boldsymbol{a}} = \dfrac{\Delta \boldsymbol{v}}{\Delta t}$ は速度の変化 $\Delta \boldsymbol{v}$ の方向を向き，大きさが $\dfrac{|\Delta \boldsymbol{v}|}{\Delta t}$ のベクトルである.

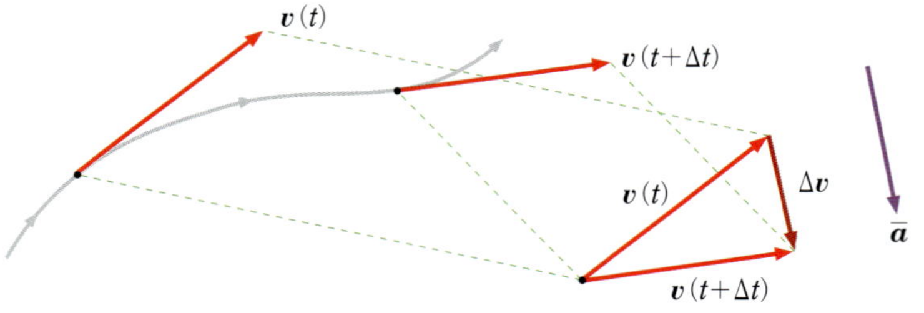

図 1.22　平均加速度 $\bar{\boldsymbol{a}} = \dfrac{\Delta \boldsymbol{v}}{\Delta t}$

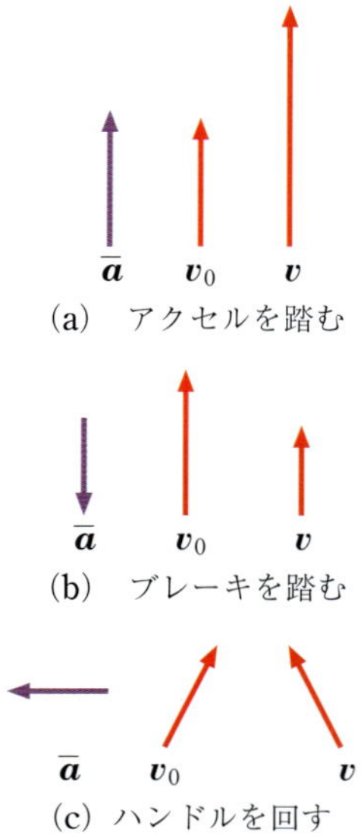

図 1.23　平均加速度 $\bar{\boldsymbol{a}} = \dfrac{\boldsymbol{v}-\boldsymbol{v}_0}{t}$

例 2　時刻 0 での速度を $\boldsymbol{v}_0$，時刻 t での速度を $\boldsymbol{v}(t)$ とすれば，時間 t での平均加速度 $\bar{\boldsymbol{a}}$ は

$$\bar{\boldsymbol{a}} = \frac{\boldsymbol{v}(t)-\boldsymbol{v}_0}{t} \tag{1.23}$$

と表せる．この式を変形すると，$\boldsymbol{v}(t)-\boldsymbol{v}_0 = \bar{\boldsymbol{a}}t$ になるので，次の関係が得られる．

$$\boldsymbol{v}(t) = \bar{\boldsymbol{a}}t+\boldsymbol{v}_0 \tag{1.24}$$

速度が変化すれば加速度が生じる．質点の速さ（速度の大きさ）が時間とともに変化すれば，加速度は $\mathbf{0}$ でない．速さが変化しなくても速度の方向が変化すれば，やはり加速度は $\mathbf{0}$ でない．たとえば，直線道路で自動車のアクセルやブレーキを踏めば加速度が生じる［図 1.23（a），（b）］．また，アクセルもブレーキも踏まずに自動車のハンドルを回してカーブを曲がるときにも加速度は $\mathbf{0}$ でない［図 1.23（c）］．

加速度（瞬間加速度）　時刻 t での**加速度**（瞬間加速度）$\boldsymbol{a}(t)$ は，(1.22) 式の平均加速度 $\bar{\boldsymbol{a}} = \dfrac{\Delta \boldsymbol{v}}{\Delta t}$ の $\Delta t \to 0$ での極限の値の $\dfrac{\mathrm{d}\boldsymbol{v}}{\mathrm{d}t}$ である．すなわち，

$$\begin{aligned}\boldsymbol{a}(t) = (a_x, a_y, a_z) &= \frac{\mathrm{d}\boldsymbol{v}}{\mathrm{d}t} = \left(\frac{\mathrm{d}v_x}{\mathrm{d}t}, \frac{\mathrm{d}v_y}{\mathrm{d}t}, \frac{\mathrm{d}v_z}{\mathrm{d}t}\right) \\ &= \frac{\mathrm{d}^2\boldsymbol{r}}{\mathrm{d}t^2} = \left(\frac{\mathrm{d}^2x}{\mathrm{d}t^2}, \frac{\mathrm{d}^2y}{\mathrm{d}t^2}, \frac{\mathrm{d}^2z}{\mathrm{d}t^2}\right)\end{aligned} \tag{1.25}$$

である．

ベクトル $\boldsymbol{r}$ の微分である速度 $\boldsymbol{v} = \dfrac{\mathrm{d}\boldsymbol{r}}{\mathrm{d}t}$ や加速度 $\boldsymbol{a} = \dfrac{\mathrm{d}\boldsymbol{v}}{\mathrm{d}t} = \dfrac{\mathrm{d}^2\boldsymbol{r}}{\mathrm{d}t^2}$ などの記号に馴染めない読者がいると思う．そのような読者には，これらの記号と日常生活で体験している速度や加速度の物理的なイメージを対応させて読み進むことをお勧めする．なお，速度 $\boldsymbol{v}$ と加速度 $\boldsymbol{a}$ の成分（たとえば x 成分 v_x, a_x）は，質点から対応する座標軸（x 軸）におろした垂線の足が座標軸上で行う直線運動の速度と加速度である（図 1.19）．

例 3　相対速度 ▌無風状態で鉛直に落下する雨滴の速度を $\boldsymbol{v}_1$ とする．静止している人は傘を真上に向けてさせばよい[図 1.24 (a)]．この雨の中を速度 $\boldsymbol{v}_2$ で歩く人 (物体 2) に対する雨滴 (物体 1) の速度は $\boldsymbol{v}_{12} = \boldsymbol{v}_1 - \boldsymbol{v}_2$ なので，傘の先を斜前方 ($-\boldsymbol{v}_{12}$ の向き) に向けて歩けばよい[図 1.24 (b)]．

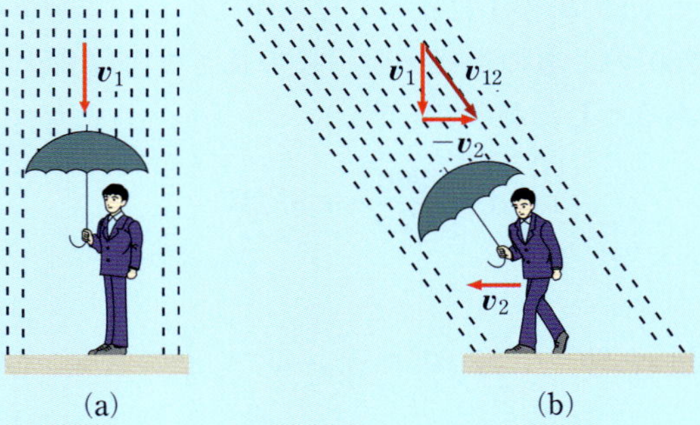

図 1.24　相対速度

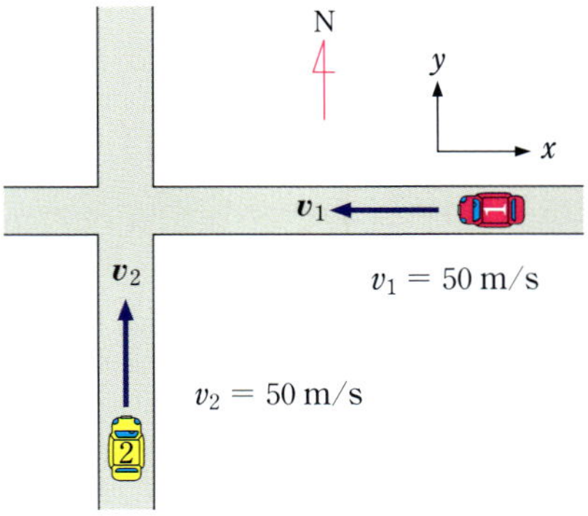

図 1.25

$$\boldsymbol{v}_{12} = \boldsymbol{v}_1 - \boldsymbol{v}_2 \tag{1.26}$$

を物体 2 に対する物体 1 の**相対速度**という．

たとえば図 1.25 の自動車 2 に対する自動車 1 の相対速度は

$\boldsymbol{v}_{12} = \boldsymbol{v}_1 - \boldsymbol{v}_2 = (-50\ \mathrm{m/s}, 0) - (0, 50\ \mathrm{m/s}) = (-50\ \mathrm{m/s}, -50\ \mathrm{m/s})$

なので，大きさは $50\sqrt{2}\ \mathrm{m/s} \approx 71\ \mathrm{m/s}$ で，南西方向を向いている．

1.3　等速円運動

学習目標　等速円運動をする質点の加速度は円の中心を向いていること，大きさは速さの 2 乗に比例し半径に反比例することを理解する．

極座標　質点 P の平面上の運動を記述するには，平面上の直交座標 x, y と

$$x = r\cos\theta, \qquad y = r\sin\theta \tag{1.27}$$

で結ばれている 2 次元の極座標 r, θ を使うのが便利なことがある (図 1.26)．r は原点 O と質点 P の距離である．原点 O から見た質点の方向 (角位置) を表す角 θ には符号があり，$+x$ 軸を角 θ を測る基準の方向とし，質点が円周上を時計の針と逆向きに動くときには角 θ は増加し ($\Delta\theta > 0$)，時計の針と同じ向きに動くときには角 θ は減少する ($\Delta\theta < 0$) と約束する．

本書では，原則として角の単位にラジアン (記号 rad) を使う．ある中心角に対する半径 r の円の弧の長さが r のとき，この中心角の大きさを 1 rad と定義する [図 1.27 (a)]．円の弧の長さは，半径 r と中心角 θ に比例するので，半径 r，中心角 θ rad の扇形の弧の長さ s は

$$s = r\theta \tag{1.28}$$

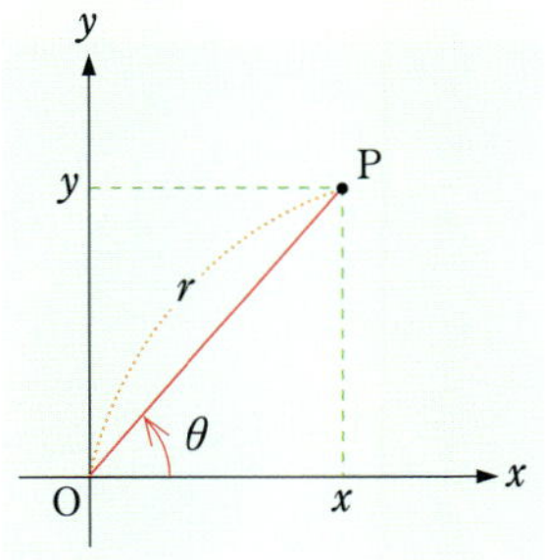

図 1.26　2 次元の極座標 r, θ．$x = r\cos\theta$，$y = r\sin\theta$

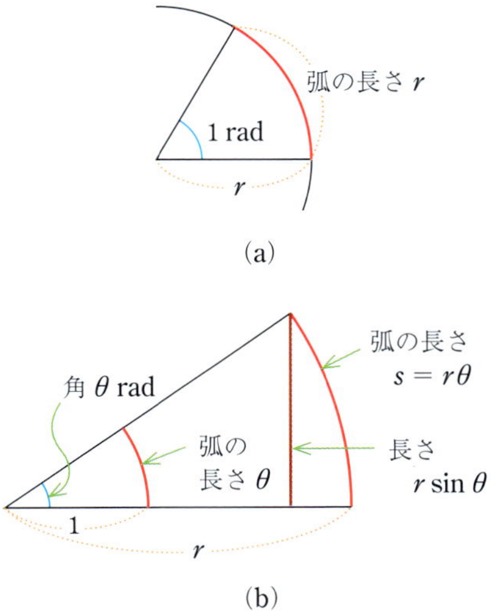

図 1.27　(a) 中心角が 1 rad の扇形の弧の長さは半径に等しい．(b) 半径 r，中心角 θ rad の扇形の弧の長さ s は $s = r\theta$．

である［図 1.27 (b)］．s も r も長さなので，角 $\theta = \dfrac{s}{r}$ の単位 rad は無次元の量である．

図 1.27 (b) を眺めると，中心角 θ が小さい場合，弧の長さ $r\theta$ と垂線の長さ $r\sin\theta$ はほぼ等しいことがわかる．したがって，

$$\sin\theta \approx \theta \qquad (|\theta| \ll 1 \text{ のとき}) \tag{1.29}$$

角の単位　rad

である．$|\theta| \ll 1$ は $|\theta|$ が 1 に比べてはるかに小さいことを示す．

中心角が 360° のときの半径 r の円弧の長さは円周 $2\pi r$ なので，360° $= 2\pi$ rad である．したがって

$$1\ \mathrm{rad} = \frac{360^\circ}{2\pi} \approx 57.3^\circ \tag{1.30}$$

である．

問 4　$180^\circ = \pi$，$90^\circ = \dfrac{\pi}{2}$，$60^\circ = \dfrac{\pi}{3}$，$45^\circ = \dfrac{\pi}{4}$ であることを説明せよ．

問 5　図 1.27 (b) の半径 r，中心角 θ rad の扇形の面積は $\dfrac{1}{2}r^2\theta$ であることを説明せよ．

図 1.28　観覧車

等速円運動　質点 P が原点 O を中心とする半径 r の円周上を一定の速さ v で運動する場合，つまり**等速円運動**を行う場合には，質点 P の角位置 θ は時間とともに一様に増加する．すなわち，時刻 $t = 0$ で $\theta = \theta_0$ ならば，時刻 t での角位置 $\theta(t)$ は

$$\theta(t) = \omega t + \theta_0 \tag{1.31}$$

と表される．角位置 $\theta(t)$ が時刻 t とともに変化する割合（単位時間あたりの回転角）$\omega = \dfrac{\mathrm{d}\theta}{\mathrm{d}t}$ を**角速度**という．(1.31) 式を (1.27) 式に代入すれば，半径 r の等速円運動を行う質点の時刻 t での位置は

$$x(t) = r\cos(\omega t + \theta_0), \quad y(t) = r\sin(\omega t + \theta_0) \tag{1.32}$$

と表される．三角関数の微分の公式を使って，(1.32) 式を t で微分すれば，質点の速度 $\boldsymbol{v}(t)$ と加速度 $\boldsymbol{a}(t)$ の成分は，

$$\begin{aligned} v_x &= \frac{\mathrm{d}x}{\mathrm{d}t} = \frac{\mathrm{d}}{\mathrm{d}t}[r\cos(\omega t + \theta_0)] = -\omega r\sin(\omega t + \theta_0) \\ v_y &= \frac{\mathrm{d}y}{\mathrm{d}t} = \frac{\mathrm{d}}{\mathrm{d}t}[r\sin(\omega t + \theta_0)] = \omega r\cos(\omega t + \theta_0) \end{aligned} \tag{1.33}$$

$$a_x = \frac{\mathrm{d}v_x}{\mathrm{d}t} = -\omega^2 r\cos(\omega t + \theta_0) = -\omega^2 x$$

$$a_y = \frac{\mathrm{d}v_y}{\mathrm{d}t} = -\omega^2 r\sin(\omega t + \theta_0) = -\omega^2 y \tag{1.34}$$

であることがわかる．なお，三角関数の微分の公式を暗記していない場合は，(1.33) 式を三角関数の微分の公式だと考えればよい．

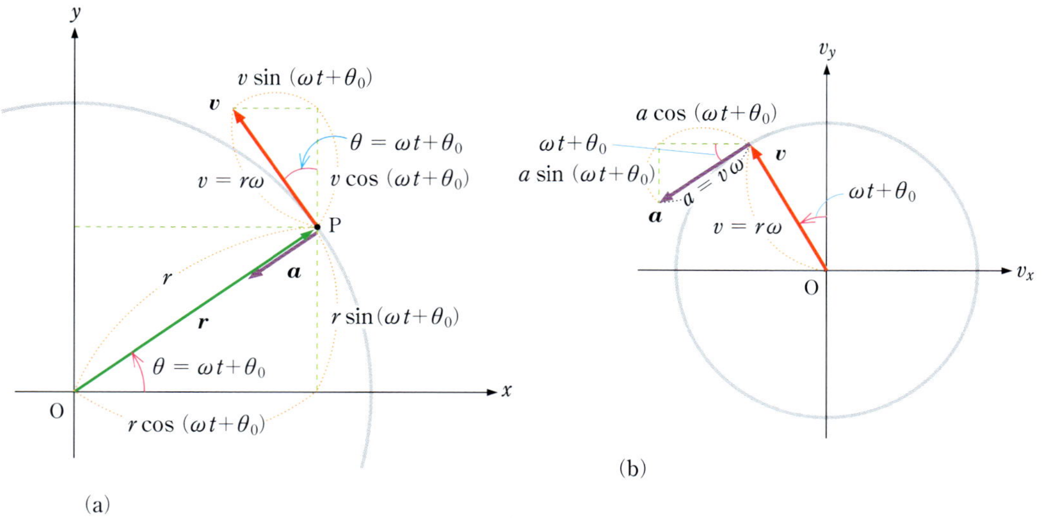

図 1.29　等速円運動．(a) 等速円運動の速度 $\boldsymbol{v}$．(b) 等速円運動で速度 $\boldsymbol{v}$ が左図の場合の加速度 $\boldsymbol{a}$．

この計算結果とそれを図示した図 1.29 を見れば，速さ v は

$$v=\sqrt{{v_x}^2+{v_y}^2}=r\omega \tag{1.35}$$

で，速度 $\boldsymbol{v}$ は動径（位置ベクトル）$\boldsymbol{r}$ に垂直（つまり，円の接線は半径に垂直），

$$\boldsymbol{v}\perp\boldsymbol{r} \tag{1.36}$$

であること，加速度の大きさ a は

$$a=\sqrt{{a_x}^2+{a_y}^2}=r\omega^2=v\omega=\frac{v^2}{r} \tag{1.37}$$

であり，加速度 $\boldsymbol{a}$ は速度 $\boldsymbol{v}$ に垂直で，位置ベクトル $\boldsymbol{r}$ に逆向きで，

$$\boldsymbol{a}=-\omega^2\boldsymbol{r} \tag{1.38}$$

であることがわかる．等速円運動の加速度は円の中心を向いているので，**向心加速度**という*．

* 等速でない円運動をしている質点の場合，つまり角速度 $\omega=\dfrac{d\theta}{dt}$ が変化し角加速度 $\alpha=\dfrac{d\omega}{dt}=\dfrac{d^2\theta}{dt^2}\neq 0$ の場合，質点の加速度 $\boldsymbol{a}$ には半径方向を向いた成分のほかに接線方向を向いた成分 a_t があり，$a_t=r\alpha$ という関係を満たす．

問 6　図 1.30 のような水平な道路を一定の速さで走っている自動車がある．1 → 2，2 → 3，3 → 4，4 → 1 の 4 つの部分で，(1) 加速度の大きさが最大の部分はどこか．(2) 加速度の大きさが最小の部分はどこか．

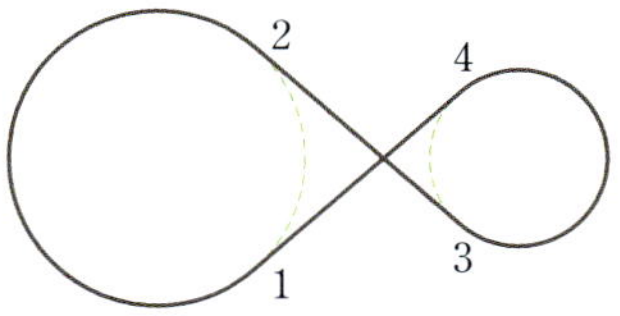

図 1.30

角速度 ω は単位時間あたりの回転角である．質点が円周上を 1 回転するときの回転角は 2π rad なので，円周上での物体の単位時間あたりの回転数を f とすると，

$$\omega=2\pi f \tag{1.39}$$

という関係がある．

等速円運動のように，一定の時間が経過するたびに同じ状態を繰り返す運動を周期運動といい，この一定の時間を**周期**という．等速円運動の周期 T は質点が円周上を 1 周する時間である．周期は単位時間あたり

の回転数 f の逆数で，

$$T = \frac{1}{f} = \frac{2\pi}{\omega} \tag{1.40}$$

である．長さが $2\pi r$ の円周上を単位時間あたり f 回転している質点の速さ v は $v = 2\pi rf = r\omega$ である．

演習問題1

各章の最後にある演習問題は A, B に分かれている．問題 B は問題 A よりも少し難しい．

A

1．(1)　1 km = 1000 m と 1 h = 3600 s を利用して，$1\,\mathrm{km/h} = \frac{1}{3.6}\,\mathrm{m/s}$，$1\,\mathrm{m/s} = 3.6\,\mathrm{km/h}$ を導け．

(2)　1 m/s = 3.6 km/h という式は，1 秒あたり 1 m の割合で 1 時間歩けば，3.6 km 進むことを意味することを説明せよ．

2．東海道新幹線の「こだま」には，東京-新大阪間を各駅に停車して，4 時間 12 分で走行するものがある．東京-新大阪間の距離を営業キロ数の 552.6 km として，この「こだま」の平均の速さを求めよ．

3．東西方向に水平に伸びている直線道路を走っている自動車がある．東を $+x$ 方向，西を $-x$ 方向として，次の状況に対応する v-t 図の例を描け．

(1)　自動車は東向きに一定の速さで動いている．

(2)　西向きに動いていた自動車が速度を一様に変化させ，向きを東向きに変えた．

(3)　東向きに動いている自動車が一定の割合で速さを増加している．

4．x 軸上を運動する物体の位置が図 1 (a)～(f) に示されている．机の角の上で手を動かして，おのおのの場合を示してみよ．

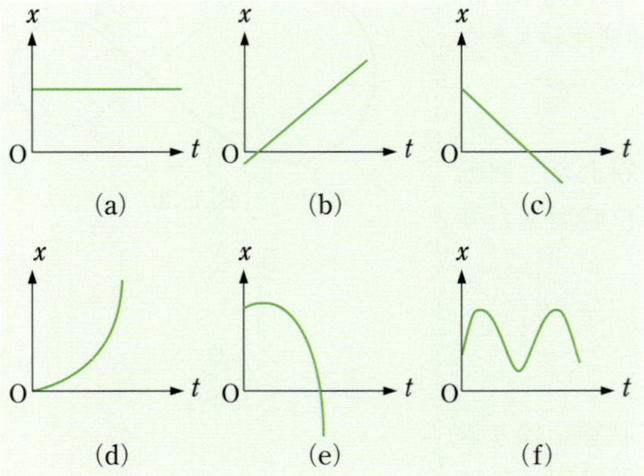

図 1

5．x 軸上を運動する 2 つの物体 A, B の x-t 図が図 2 である．2 つの物体の衝突地点と衝突時刻を求めよ．

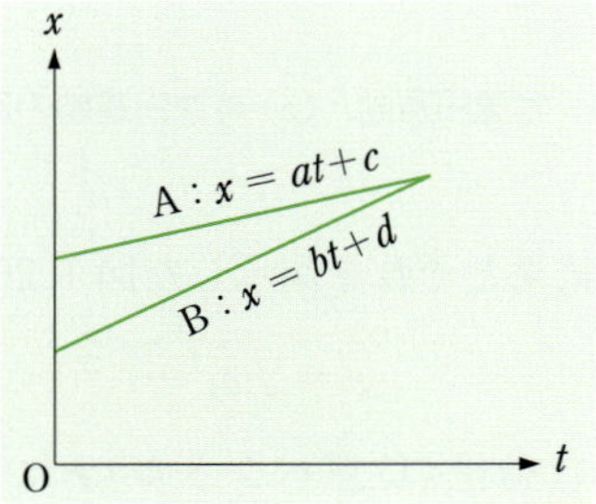

図 2

6．ある「こだま」は駅を発車後，198 km/h の速さに達するまでは，速さが 1 秒あたり 0.25 m/s の割合で一様に加速される．つまり，加速度は一定で $a = 0.25\,\mathrm{m/s^2}$ である．速さが 198 km/h = 55 m/s になるまでの時間を求めよ．

7．図 3 は自由落下する球に 1/30 秒ごとに光をあてて写したストロボ写真で，ものさしの目盛は cm である．このストロボ写真を利用して，自由落下運動（初速 0 の等加速度運動）の加速度 g を計算し，$g \approx 9.8\,\mathrm{m/s^2}$ であることを確かめよ．(1.8) 式を使え．

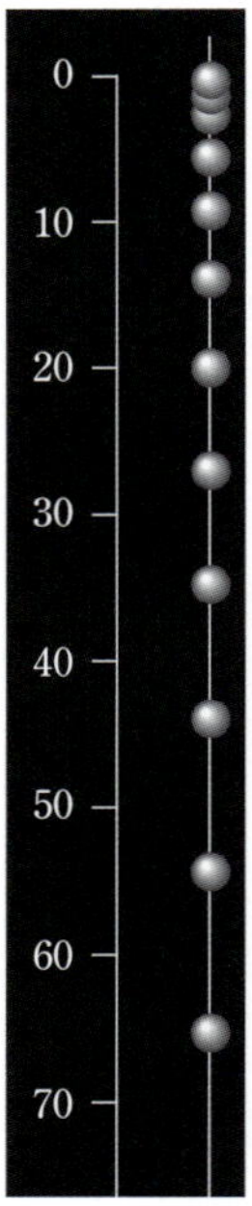

図 3

8．x 軸上を運動する質点の速度が $v = V_0(1-bt)$，$v = V_0(1-bt)^2$ の場合の加速度 a を計算せよ．V_0 と b は定数である．

9．次の関数を t で微分せよ．さらにもう一度 t で微分せよ．t 以外はすべて定数である．

(1)　$x = at^2+bt+c$　　(2)　$x = a\sin(bt+c)$

(3)　$x = a\cos(bt+c)$　　(4)　$x = a\log(bt+c)$

（5）　$x = a\,\mathrm{e}^{mt} + b\,\mathrm{e}^{-nt}$

10．水平方向に対して30°の方向に20 m/sの速さでボールを投げた．このボールの初速度の水平方向成分と鉛直方向成分を求めよ．

11．地球が24時間に1回転しているとすると，角速度はいくらか．

12．円軌道を回っているおもちゃの自動車は，向心加速度がおよそ重力加速度以上になると脱線する．軌道の半径が0.5 mだと，脱線するときの自動車の速さはどのくらいか．

13．半径5 mのメリーゴーラウンドが周期10秒で回転している．

（1）　1秒あたりの回転数fと角速度ωを求めよ．

（2）　中心から4 mのところにある木馬の速さvを求めよ．

（3）　この木馬の加速度の大きさaを求めよ．この加速度は重力加速度gの何倍か．

B

1．列車が曲がっている軌道上を20 m/sの速さで走っており，1秒について0.01 radの割合で進行方向を変えている．乗客の加速度を求めよ．

2．x軸に沿って初速度v_0，加速度a_0の等加速度直線運動をする物体の位置$x(t)$は図4のようになることを説明せよ．$t=0$での位置を$x_0=0$とした．

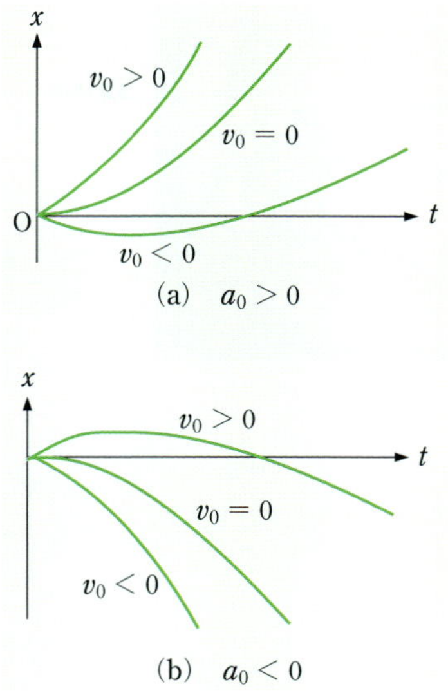

図4

3．x軸に沿って直線運動する物体の速度vと加速度aの符号が次の場合の運動のようすを定性的に述べよ．

（1）$v > 0$，$a > 0$　　（2）$v > 0$，$a < 0$

（3）$v < 0$，$a > 0$　　（4）$v < 0$，$a < 0$

相似則

巨大な怪獣が都市を破壊しまくる「怪獣映画」の撮影では，撮影所に街の縮小模型を作り，そこで怪獣のぬいぐるみを着た俳優が暴れまわる．しかし，そのようすをそのまま撮影した映像を見ても，模型の街で怪獣のぬいぐるみが暴れているとしか見えない．たとえば，実物の16分の1の模型の街で，怪獣が民家の模型を2 mの高さまで持ち上げて，手を放したようすを撮影して，それを観客に見せても，観客には民家の模型が32 mの高さから落ちたようには見えない．観客は物が32 m落下する時間はもっと長いことを知っているからである．

そこで怪獣映画ではスローモーション撮影をする．自由落下する物体は，その質量に関係なく，

$$落下距離 = \frac{1}{2}(重力加速度\ g)\times(落下時間)^2$$

を満たす．落下距離は落下時間の2乗に比例するのだから，落下距離が16倍（＝4×4倍）になるように見せるには，落下時間を4倍に引き伸ばすようなスローモーション撮影をすればよい．一般に，実物のN^2分の1の模型（$1/N^2$倍模型）の世界を現実の世界に対応させるには，時間の経過をN倍に引き伸ばす必要がある．

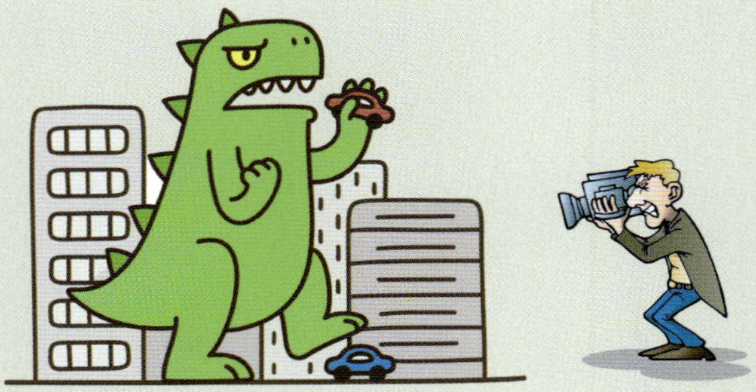

図1.A

このような手法は相似則に基づいているという．

2 運動の法則と力の法則

物体にはいろいろな力が作用する．物体に作用する力がしたがうのが，重力や電磁気力などの力の法則であり，力の作用によって物体がどのように運動するのかを決めるのが，運動の法則である．

いまから約 350 年前にニュートンは，それまでの常識をくつがえして，天体の運動と地上での物体の運動が同一の法則にしたがうことを示した．地表から発射された宇宙船を月面に軟着陸させられるのは，ニュートンの発見した運動の法則と万有引力（重力）の法則が地表から月面までのいたるところで，正確に成り立っているからである．われわれの周囲で起こる物体の運動ばかりでなく，惑星や月などの天体の運動もニュートンの理論で見事に説明がつくので，ニュートンが 1687 年に出版したプリンキピアとよばれている『自然哲学の数学的諸原理』の中で提案した運動に関する 3 つの規則をニュートンの運動の法則という．

2.1 運動の法則

学習目標 ニュートンの運動の3法則（慣性の法則，運動の法則，作用反作用の法則）とはどのような法則なのかを十分に理解し，簡単な具体例を使って内容を説明できるようになる．

運動の第1法則（慣性の法則） 最初の法則は，作用している力の合力が0の物体の運動に関する法則である．

机の上の本を押すと本は動く．もっと強い力で押すともっと速く動くが，押すのをやめると止まる．このような日常生活の経験から，物体は力が作用している間だけ運動し，力が作用しなくなるとただちに運動をやめて静止するという印象を受ける．そこで，物体の速度は物体に作用する力に比例すると考えたくなる．しかし，この仮説と矛盾する現象がある．たとえば，平らな道で軽い台車を押していくときに，同じ強さの力で押しつづけると速さは増していくし，押すのをやめて力を作用させなくなっても台車は少し走りつづける．速さと力の強さが比例するのならば，力を抜いた瞬間に速さは0になるはずである．

図 2.1 自転車レースの風景

力が作用しなくても物体が運動しつづける場合のあることは，古代の人たちも気づいていた．弓で矢を放つ場合である．矢は弦の弾力で運動し始めるが，弦から離れて力が作用しなくなっても運動しつづける．昔の学者の中には，これを見て運動している物体はその運動を持続しようとする性質をもつと考えた人がいて，この性質を**慣性**と名づけた．

ニュートンは，すべての物体に慣性があると考えて，**運動の第1法則**あるいは**慣性の法則**とよばれる次のような規則を提唱した．

第1法則 物体に作用している力の合力が0であれば，静止している物体は静止したままであり，運動している物体は等速直線運動をつづける．逆に，物体が静止しつづけているかまたは等速直線運動をしていれば，物体に作用している力の合力は0である*.

* 速度が0の静止状態を続ける物体や等速直線運動を続ける物体の速度は一定であり，加速度は0なので，第1法則は「物体に作用している力の合力が0の物体の速度は一定で，加速度は0である」とも表せる．

床の上の物体を移動させるときに押しつづけなければならないのは，物体の移動を妨げる向きに摩擦力が作用するからである．重力や摩擦力の存在のために，地表付近では運動している物体に力が作用しない状態は考えにくい．しかし，床の作用する摩擦力を減少させると，水平方向の力は無視できるようになる．たとえば，なめらかで水平な床の上にあるドライアイスの薄い円板を指ではじくと，円板はまっすぐに一定の速さで滑っていく．昇華した炭酸ガスのためにドライアイスと床の間の摩擦が小さくなり，ドライアイスに作用する水平方向の力がほぼ0になるからである．

ニュートンの運動の法則はすべての座標系で成り立つわけではない．第1法則と第2法則が成り立つ座標系を慣性座標系あるいは慣性系という（第9章参照）．地球の自転や公転の影響を無視できる場合は，地面を慣性系と近似できる．

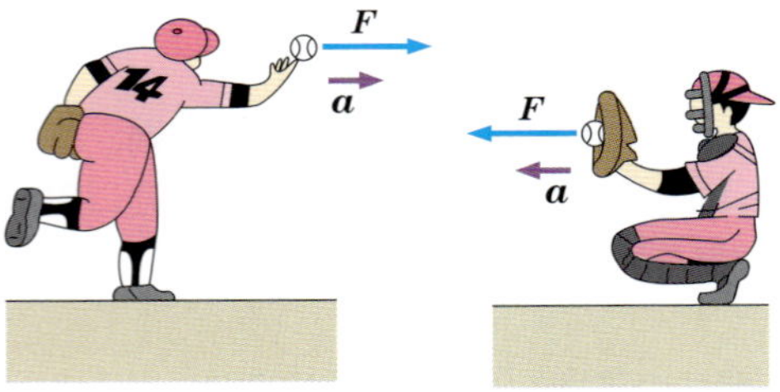

図 2.2　物体の加速度 $\boldsymbol{a}$ は物体に作用する力 $\boldsymbol{F}$ と同じ向きで，大きさは比例する．

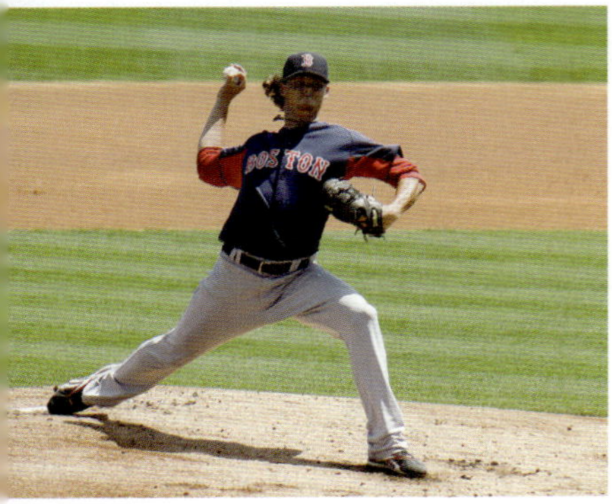

図 2.3　野球のピッチャー

運動の第 2 法則（運動の法則）　運動の第 1 法則は，物体の運動状態が変化し加速度が生じているときには，物体に力が作用していることを意味している．

ボールを投げたり，受け止めたりするには，手がボールに力 $\boldsymbol{F}$ を作用しなければならない．手がボールに作用する力 $\boldsymbol{F}$ の向きはボールの加速度 $\boldsymbol{a}$ の向きと同じ向きである（図 2.2）．

地面を同じ速さで転がっている砲丸投げの砲丸と野球のボールを止めようとすると，質量の大きな砲丸投げの砲丸を停止させるための力の方が大きい．つまり，質量の大小は慣性の大小を表す．

これらの事実を，力と加速度と質量の定量的関係として示したのが，ニュートンの**運動の第 2 法則**で，**運動の法則**ともいわれる．

第 2 法則　物体に力が作用するとき，物体には力（合力）の向きに加速度が生じる．加速度の大きさは力（合力）の大きさに比例し，物体の質量 m に反比例する．

式で表すと，$\boldsymbol{a} \propto \dfrac{\boldsymbol{F}}{m}$ となる．国際単位系では比例定数が 1 になるので，運動の第 2 法則は，「質量 m」×「加速度 $\boldsymbol{a}$」＝「力 $\boldsymbol{F}$」，すなわち，

$$m\frac{\mathrm{d}^2\boldsymbol{r}}{\mathrm{d}t^2} = \boldsymbol{F} \tag{2.1}$$

と表される．これを**ニュートンの運動方程式**という．成分に分けると，

$$m\frac{\mathrm{d}^2x}{\mathrm{d}t^2} = F_x, \quad m\frac{\mathrm{d}^2y}{\mathrm{d}t^2} = F_y, \quad m\frac{\mathrm{d}^2z}{\mathrm{d}t^2} = F_z \tag{2.1$'$}$$

となる．F_x, F_y, F_z は力 $\boldsymbol{F}$ の x 成分，y 成分，z 成分である．

国際単位系で運動方程式が $m\boldsymbol{a} = \boldsymbol{F}$ という形になるのは，質量の単位に kg，加速度の単位に $\mathrm{m/s^2}$ を使い，力の単位に $\mathrm{kg \cdot m/s^2}$，すなわち質量 1 kg の物体に作用して 1 $\mathrm{m/s^2}$ の加速度を生じさせる力の大きさを使うからである．この力の国際単位をニュートンとよぶ（記号 N）．

力の単位　$\mathrm{N = kg \cdot m/s^2}$

$$\mathrm{N = kg \cdot m/s^2} \tag{2.2}$$

1 N は水 100 g（1/2 カップ）に作用する重力の大きさにほぼ等しい．

広がりのある物体の場合には，（2.1）式は重心の運動方程式である．つまり，加速度 $\boldsymbol{a}$ は物体の重心の加速度である．重心については第 7 章で詳しく学ぶ*．

*　広がりのある物体の重心のまわりの回転を考える場合には，第 7, 8 章を参照すること．

例 1 一直線上を 15 m/s の速さで走っている質量 30 kg の物体を 3 秒間で停止させるには，平均どれだけの力を加えればよいか．

$$\text{平均加速度 } \bar{a} = \frac{v-v_0}{t} = \frac{(0\,\mathrm{m/s})-(15\,\mathrm{m/s})}{3\,\mathrm{s}} = -5\,\mathrm{m/s^2}$$

$$F = m\bar{a} = (30\,\mathrm{kg})\times(-5\,\mathrm{m/s^2}) = -150\,\mathrm{kg\cdot m/s^2} = -150\,\mathrm{N}$$

したがって，150 N．負符号は，力の向きと運動の向きが逆向きであることを示す．

例 2 4 kg の物体に 16 N ＝ 16 kg·m/s² の力が作用すると加速度 a は

$$a = \frac{F}{m} = \frac{16\,\mathrm{kg\cdot m/s^2}}{4\,\mathrm{kg}} = 4\,\mathrm{m/s^2}$$

となる．加速度の向きは力の向きと同じである．

合力 いくつかの力が 1 つの物体に作用しているとき，これらの力と同じ効果を与える 1 つの力をこれらの力の**合力**という．実験によると，作用線* が交わる 2 力 $\boldsymbol{F}_1$ と $\boldsymbol{F}_2$ の合力 $\boldsymbol{F}$ は，$\boldsymbol{F}_1$ と $\boldsymbol{F}_2$ を相隣る 2 辺とする平行四辺形の対角線に対応する力なので（図 2.4），ベクトル和の記法を使って，

$$\boldsymbol{F} = \boldsymbol{F}_1+\boldsymbol{F}_2 \tag{2.3}$$

と表す．逆に，力 $\boldsymbol{F}$ と同じ作用を及ぼす 2 つの力 $\boldsymbol{F}_1$ と $\boldsymbol{F}_2$ を $\boldsymbol{F}$ の**分力**という．

合力 $\boldsymbol{F}$ の成分は 2 力 $\boldsymbol{F}_1, \boldsymbol{F}_2$ の成分の和

$$\boldsymbol{F} = \boldsymbol{F}_1+\boldsymbol{F}_2 = (F_{1x}+F_{2x}, F_{1y}+F_{2y}, F_{1z}+F_{2z}) \tag{2.3$'$}$$

である．

3 つ以上の力 $\boldsymbol{F}_1, \boldsymbol{F}_2, \boldsymbol{F}_3, \cdots$ が作用している場合の合力は

$$\boldsymbol{F} = \boldsymbol{F}_1+\boldsymbol{F}_2+\boldsymbol{F}_3+\cdots \tag{2.4}$$

である（図 2.5）．

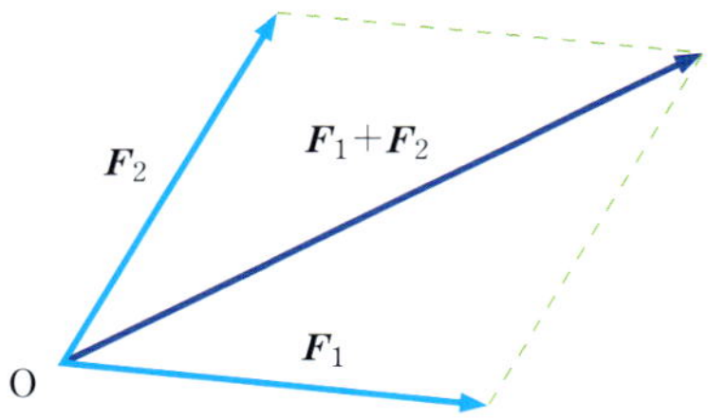

図 2.4 $\boldsymbol{F} = \boldsymbol{F}_1+\boldsymbol{F}_2$

* 力が物体に作用する点を通り，力の方向を向いている直線．

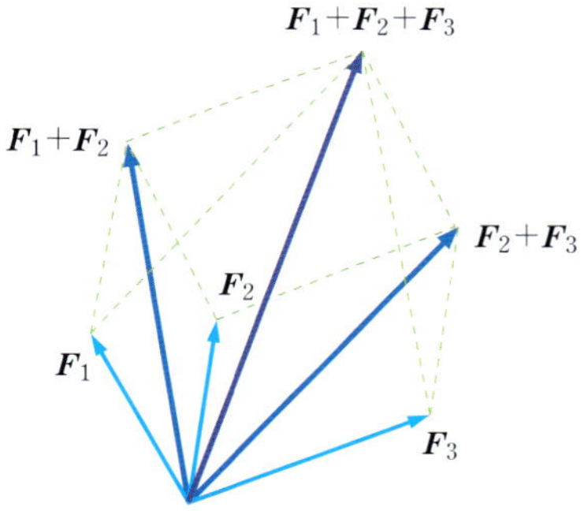

図 2.5 3 つのベクトル $\boldsymbol{F}_1, \boldsymbol{F}_2, \boldsymbol{F}_3$ の和．$\boldsymbol{F}_1+\boldsymbol{F}_2+\boldsymbol{F}_3$

3 つのベクトル $\boldsymbol{F}_1, \boldsymbol{F}_2, \boldsymbol{F}_3$ の和を求めるには，まず $\boldsymbol{F}_1$ と $\boldsymbol{F}_2$ の和を平行四辺形の規則を使って求め，次に，この和 $\boldsymbol{F}_1+\boldsymbol{F}_2$ と $\boldsymbol{F}_3$ のベクトル和を，平行四辺形の規則を使って，$(\boldsymbol{F}_1+\boldsymbol{F}_2)+\boldsymbol{F}_3$ として求めればよい．2 つのベクトル $\boldsymbol{F}_2, \boldsymbol{F}_3$ の和の $\boldsymbol{F}_2+\boldsymbol{F}_3$ をまず求め，次に $\boldsymbol{F}_1$ と $\boldsymbol{F}_2+\boldsymbol{F}_3$ のベクトル和を $\boldsymbol{F}_1+(\boldsymbol{F}_2+\boldsymbol{F}_3)$ として求めても同じ結果が得られる．このようにして求めた 3 つのベクトル $\boldsymbol{F}_1, \boldsymbol{F}_2, \boldsymbol{F}_3$ の和を $\boldsymbol{F}_1+\boldsymbol{F}_2+\boldsymbol{F}_3$ と記す．

向心加速度と向心力 1.3 節で学んだように，半径 r の円周上を速さ v，角速度 ω で等速円運動する質量 m の物体の加速度は，円の中心を向き，大きさが $a = \dfrac{v^2}{r} = r\omega^2$ である．したがって，運動の第 2 法則によって，この物体には円の中心を向いた大きさが

$$F = mr\omega^2 = \frac{mv^2}{r} \quad (\boldsymbol{F} = -m\omega^2\boldsymbol{r}) \tag{2.5}$$

の力が作用している．これを**向心力**という（図 2.6）．

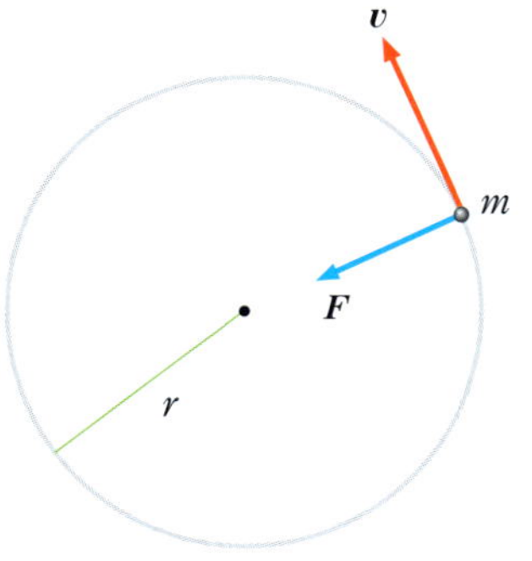

図 2.6 向心力 $F = mr\omega^2 = \dfrac{mv^2}{r}$

問 1 図 2.7 の曲線上を一定な速さで動く自動車が点 A, B, C を通過するときに作用される力の方向と相対的な大きさを矢印で示せ．

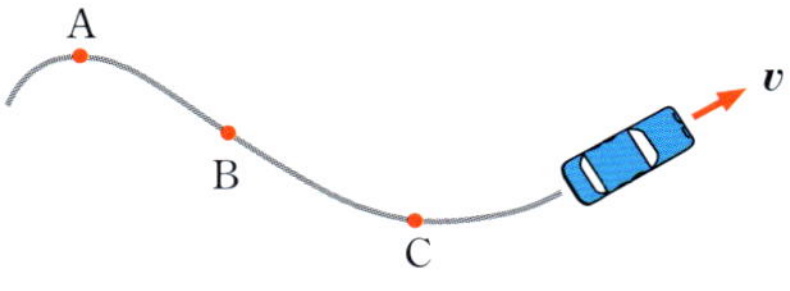

図 2.7

運動の第 3 法則（作用反作用の法則） 荷物を持ち上げるとき，手は荷物に引っ張られる．ボートに乗ってオールで岸を押すと，岸はオール

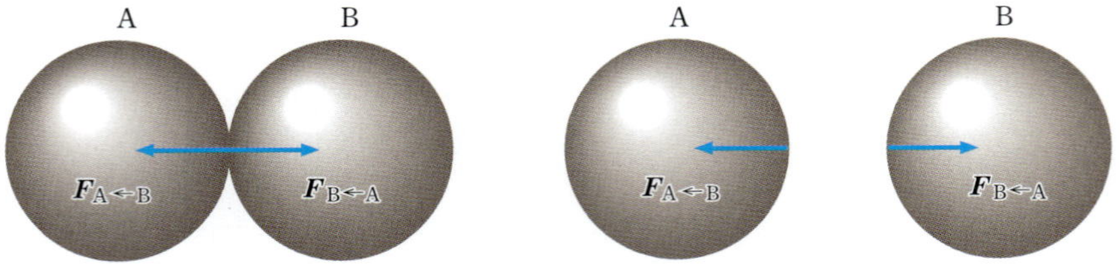

(a)　力 $\boldsymbol{F}_{B\leftarrow A}$ と力 $\boldsymbol{F}_{A\leftarrow B}$，$\boldsymbol{F}_{B\leftarrow A} = -\boldsymbol{F}_{A\leftarrow B}$　(b)　B が A に作用する力 $\boldsymbol{F}_{A\leftarrow B}$　(c)　A が B に作用する力 $\boldsymbol{F}_{B\leftarrow A}$

図 2.8

を押し返す．われわれが前に歩きだせるのは，足が地面を後ろに押すと，地面が足を前に押し返すからである．このように力は2つの物体の間で作用し，物体 A が物体 B に力を作用すれば，物体 B も物体 A に力を作用する．これを**作用**と**反作用**という．作用と反作用の関係を表すのが**運動の第 3 法則**で，**作用反作用の法則**ともいう（図 2.8）．

第 3 法則　物体 A が物体 B に力 $\boldsymbol{F}_{B\leftarrow A}$ を作用していれば，物体 B も物体 A に力 $\boldsymbol{F}_{A\leftarrow B}$ を作用している*1．2つの力はたがいに逆向きで，大きさは等しい*2．

$$\boldsymbol{F}_{B\leftarrow A} = -\boldsymbol{F}_{A\leftarrow B} \tag{2.6}$$

問 2　大人と幼児が押し合うと，大人は前進する．このときにも作用反作用の法則が成り立つことを説明せよ（図 2.9）．

＊1　接触している 2 物体の場合，反作用は作用のしばらくあとに生じるのではなく，時間的に同時に起こる．路面が滑りやすいと，路面による反作用が生じないので，足は路面に作用を及ぼせない．

＊2　電磁気力には作用反作用の法則にしたがわないものがある（演習問題 20 の B6 参照）．その理由は，電磁気力を仲立ちする電磁場が運動量をもつためである（**22.3** 節参照）．

図 2.9

例題 1　内力と外力　図 2.10 (a) のように水平でなめらかな床の上の台車 A, B を連結し，台車 A を $F = 40\,\mathrm{N}$ の力で引っ張ると，2 台の台車は動き出す．A と B の共通の加速度 $\boldsymbol{a}$ の大きさ a を求めよ．台車 A, B の質量は $m_A = 10.0\,\mathrm{kg}$, $m_B = 6.0\,\mathrm{kg}$ とする．

解　台車 A の水平方向の運動方程式は，

$$m_A\boldsymbol{a} = \boldsymbol{F} + \boldsymbol{F}_{A\leftarrow B} \quad [\text{図 } 2.10\,(\text{c})]$$

台車 B の水平方向の運動方程式は，

$$m_B\boldsymbol{a} = \boldsymbol{F}_{B\leftarrow A} \quad [\text{図 } 2.10\,(\text{b})]$$

2 式の左右両辺をそれぞれ加え，作用反作用の法則 $\boldsymbol{F}_{A\leftarrow B} + \boldsymbol{F}_{B\leftarrow A} = \boldsymbol{0}$ を使うと，

$$m_A\boldsymbol{a} + m_B\boldsymbol{a} = (m_A + m_B)\boldsymbol{a} = \boldsymbol{F}$$

という式が得られるので，台車の加速度の大きさ a は，

$$a = \frac{F}{m_A + m_B} = \frac{40\,\mathrm{N}}{16.0\,\mathrm{kg}} = 2.5\,\mathrm{m/s^2}$$

水平方向の運動方程式 $(m_A + m_B)\boldsymbol{a} = \boldsymbol{F}$ は，2 つの台車を質量 $m_A + m_B$ の 1 まとまりの物体と考えた場合，外部から作用する水平方向の力が $\boldsymbol{F}$ だけである事実からただちに導ける [図 2.10 (a)]．2 つの台車 A, B がたがいに作用し合う力の $\boldsymbol{F}_{A\leftarrow B}$ と $\boldsymbol{F}_{B\leftarrow A}$ は打ち消し合う．この場合の $\boldsymbol{F}_{A\leftarrow B}$ と $\boldsymbol{F}_{B\leftarrow A}$ のように，物体系の構成要素の間で作用する力を**内力**といい，物体系の外部から物体系の構成要素に作用する力を**外力**という．物体系の全体としての運動は外力だけで決まり，内力は無関係である．

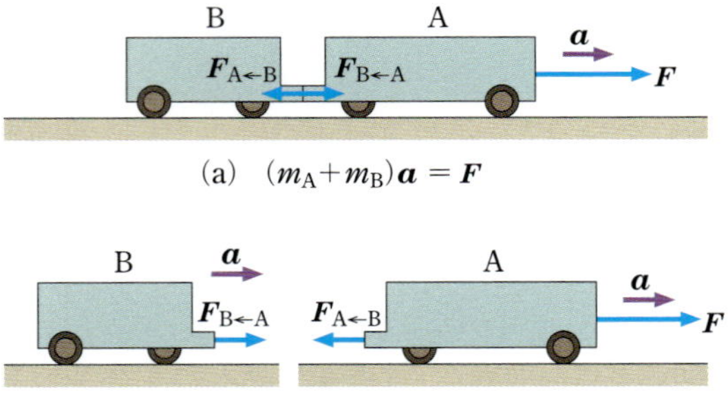

(a)　$(m_A + m_B)\boldsymbol{a} = \boldsymbol{F}$
(b)　$m_B\boldsymbol{a} = \boldsymbol{F}_{B\leftarrow A}$　(c)　$m_A\boldsymbol{a} = \boldsymbol{F} + \boldsymbol{F}_{A\leftarrow B}$

図 2.10

問 3　止まっている車の乗客がフロントガラスを押すと車は動くか．

問 4　水平な力 $\boldsymbol{F}$ の作用によって，図 2.11 の質量 m と $2m$ の物体は動いている．2 つの物体の間に作用する力 $F_{m\leftarrow 2m}$ を求めよ．物体と床の間の摩擦力は無視できるものとする．

問 5　例題 1 の 2 台の台車 A, B が軽いひもで結ばれている場合 ($m_{\text{ひも}} \approx 0$)，ひもが台車 A を引く張力 $\boldsymbol{F}_{\text{A}\leftarrow\text{ひも}}$ とひもが台車 B を引く張力 $\boldsymbol{F}_{\text{B}\leftarrow\text{ひも}}$ の大きさは近似的に等しいこと ($F_{\text{A}\leftarrow\text{ひも}} \approx F_{\text{B}\leftarrow\text{ひも}}$) を，ひもの運動方程式 $m_{\text{ひも}}\boldsymbol{a}_{\text{ひも}} = \boldsymbol{F}_{\text{ひも}\leftarrow\text{A}} + \boldsymbol{F}_{\text{ひも}\leftarrow\text{B}}$ を利用して示せ．

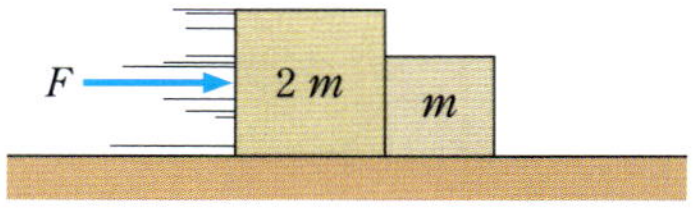

図 2.11

2.2　いろいろな力と力の法則

学習目標　物体にはいろいろな力が作用すること，そして，地表付近ではすべての物体 (質量 m) に大きさが mg で鉛直下向きの重力が作用すること，地球の作用する重力の原因は基本的な力の万有引力であることを理解する．

摩擦力の性質，摩擦力と垂直抗力の関係を理解する．

ニュートンの運動の法則を物体の運動に適用するには，物体に作用する力の法則を知る必要がある．力は物体の運動状態を変化させたり，変形させる原因になったりする作用である．

物体にはいろいろな力が作用する[*1]．すべての物体に地球が重力を作用する．校庭を転がっているボールには，地面が接触面に垂直に垂直抗力を作用し，接触面に平行に摩擦力を作用する．このボールには空気の抵抗力も作用する．飛行中のジェット機には空気が揚力と抵抗力を作用し，放出されたジェットが前向きの推進力を作用する．液体や気体はその中の物体に圧力を作用する．電気を帯びた物体の間には電気力が作用し，磁石と鉄釘の間には磁気力が作用する．そのほかさまざまな物体にさまざまな力が作用する．

*1　日本語では，力が働く，力を及ぼす，力を加える，力を受けるなどの表現が多く使われるが，英語では act (作用する) という単語が多用されるので，本書では「力は物体に作用する」という表現を多用する．

基本的な力と現象論的な力　これらの力は基本的な力と現象論的な力に分類される．基本的な力とは物質の基本的な構成要素である電子，陽子，中性子などの間に作用する力である．力学に登場する基本的な力は重力 (万有引力)，電気力，磁気力の 3 種類だけである．電気力と磁気力はたがいに関係し合っているので，あわせて電磁気力ということが多い．電磁気力について電磁気学で学ぶ．

*2　最近では万有引力を単に重力とよぶことが多い．

万有引力　太陽のまわりの惑星の公転運動と地球が地上の物体に作用する重力の研究から，ニュートンは，すべての 2 物体の間に作用する万有引力を発見した[*2]．

万有引力の法則　すべての 2 物体の間には，2 物体の質量の積に比例し，距離の 2 乗に反比例する引力が作用する (図 2.12)．

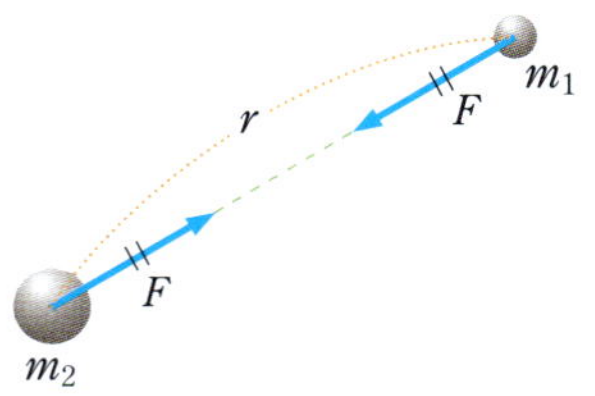

図 2.12　万有引力 $F = G\dfrac{m_1 m_2}{r^2}$

$$F = G\frac{m_1m_2}{r^2} \tag{2.7}$$

重力定数
$G = 6.674 \times 10^{-11}\ \mathrm{m^3/kg \cdot s^2}$

比例定数 G は**重力定数**とよばれ，地上の実験室内の2つの大きな鉛球の間に作用する万有引力の測定によって，キャベンディッシュが1798年に最初に測定に成功した．最近の測定値は

$$G = 6.674 \times 10^{-11}\ \mathrm{m^3/kg \cdot s^2} \tag{2.8}$$

である．この G の値は小さいので，万有引力は質量が巨大な物体が関係するときにのみ重要である．万有引力は天体を結びつけて，恒星，太陽系，銀河系などをつくる力であり，地表付近では物体を落下させる力である．

広がりのある2つの物体の間に作用する万有引力は，物体を微小な部分の和だと見なし，各部分の間に作用する万有引力の合力だと考えればよい．そうすると，太陽と地球の間に作用する万有引力の場合のように，球対称な2つの物体AとBの間に作用する万有引力は，A, Bの質量がそれぞれの中心に集まっている場合に作用する万有引力と同じであることが証明できる（演習問題16のB5参照）．

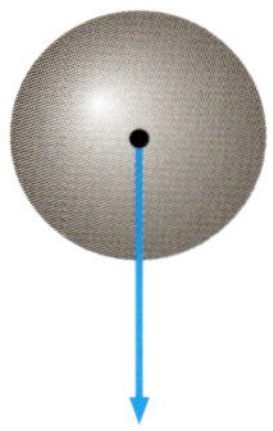

図2.13　質量 m の物体に作用する地球の重力 $\boldsymbol{W} = m\boldsymbol{g}$

地球の重力 $\boldsymbol{W} = m\boldsymbol{g}$　地表付近の空中で物体が落下するのは，地球が物体に引力を作用するからである．この引力を**重力**という．

1.1節で学んだように，空気抵抗が無視できるときには，重力による落下運動の加速度である重力加速度 g は物体によらず一定で，

$$g \approx 9.8\ \mathrm{m/s^2} \tag{2.9}$$

である*1．そこで，ニュートンの運動の法則(2.1)によると，物体に作用する重力 $\boldsymbol{W}$ は物体の質量 m と鉛直下向きの重力加速度 $\boldsymbol{g}$ の積の $m\boldsymbol{g}$,

$$\boldsymbol{W} = m\boldsymbol{g} \tag{2.10}$$

である（図2.13）*2．つまり，物体に作用する重力の大きさは質量に比例する．**質量**は慣性の大きさを表すが，同時に重力を生じさせる原因になるものである．質量の国際単位はkgである．

*1　重力加速度 g の値は，高さ，緯度，付近の地殻構造などにより少し変化する．

力の実用単位
重力キログラム　kgf
キログラム重　kgw

*2　ニュートンの運動の法則 $m\boldsymbol{a} = \boldsymbol{F}$ は質量 m と加速度 $\boldsymbol{a}$ から力 $\boldsymbol{F}$ を求める式でもある．

大きさが1Nの力といっても，ピンとこない．そこで，質量が1kgの物体に作用する重力の大きさを1**重力キログラム**（記号kgf）あるいは1**キログラム重**（記号kgw）とよび，力の実用単位として使っていた．$g \approx 10\ \mathrm{m/s^2}$ なので，1kgfは約10Nである．1Nは約0.1kgf，つまり，約100gfである．重力キログラム（キログラム重）はわかりやすい単位であるが，地球の重力の大きさは場所によってわずかな違いがあるので，厳密性が必要な場合には使えない．そこで，工学では重力キログラムを次のように定義している．

重力キログラム
1 kgf = 9.80665 N

$$1\ \mathrm{kgf} = 9.80665\ \mathrm{N} \tag{2.11}$$

図2.14　月面で作業する宇宙飛行士

重力の大きさは場所によって異なるが，慣性の大きさは場所によって変化しない物体に固有の量である．たとえば，月面では，重力加速度は地球上の約1/6になり，鉄球に作用する重力の大きさは地球上の約1/6

になる．しかし，月面上を転がっている鉄球（質量 m）を地球上と同じ加速度 $\boldsymbol{a}$ で停止させるために必要な力の大きさ（$F = ma$）は地球上と同じ大きさである．

広がった物体に対しては，その各部分に重力が作用する．しかし，硬い物体の場合，その合力が（第 7 章で学ぶ）重心とよばれる点に作用すると見なすことができる．

地球の表面付近にある質量 m の物体に作用する地球の重力 mg は，半径が R_E で質量が M_E の地球の各部分が物体に作用する重力の合力なので，半径 R_E の地球の全質量 M_E が地球の中心にある場合に，地表付近の物体に作用する重力 $G\dfrac{mM_E}{{R_E}^2}$ に等しい（図 2.15）．したがって，

$$mg = G\frac{mM_E}{{R_E}^2} \quad \therefore \quad g = G\frac{M_E}{{R_E}^2} \tag{2.12}$$

である．この式から導かれる，$M_E = g{R_E}^2/G$ という関係に，地球の半径 R_E の値の 6.37×10^6 m と重力加速度 g の値の 9.8 m/s^2 を代入すると，地球の質量 M_E は 6.0×10^{24} kg であることがわかる．

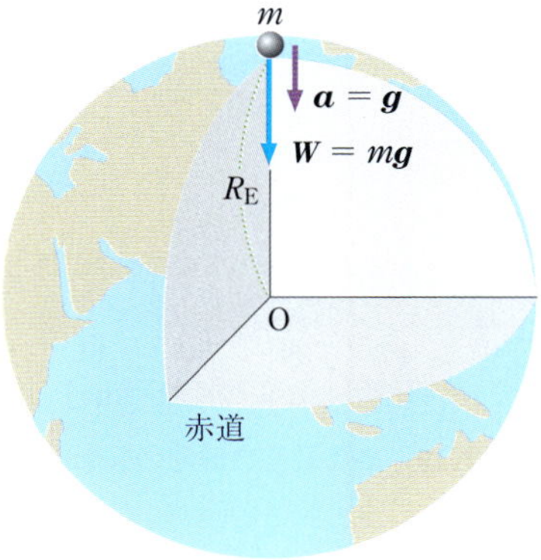

図 2.15　地球の作用する重力

人工衛星　ニュートンは人工衛星の可能性を予想していた．ニュートンは「高い山の上から水平に物体を投射すると，投射速度が小さい間は，物体は放物線を描いて地上に落下する．しかし，投射速度を大きくしていくと，地球は丸いので，物体の軌道は放物線からずれて図 2.16 の B，C，D のようになる．さらに投射速度を大きくすると，物体は地球のまわりで円軌道を描いて回転するだろう」と書いている．

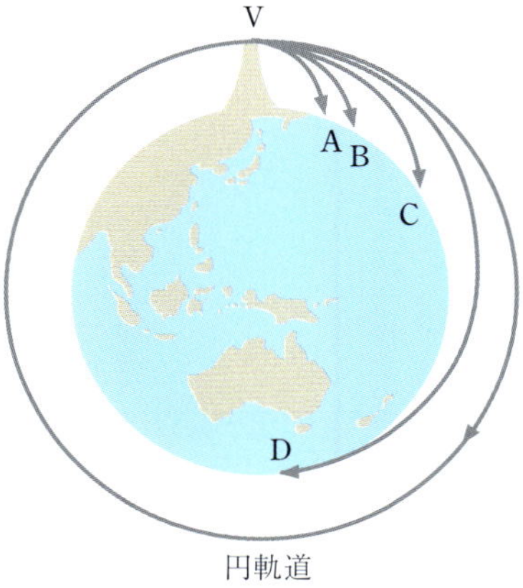

図 2.16　人工衛星の存在に対するニュートンの予想

この場合，人工衛星に作用する向心力は地球の重力 mg なので，運動方程式 (2.5) は

$$m\frac{v^2}{r} = mg \tag{2.13}$$

となる（図 2.17）．この式から導かれる $v^2 = rg$ という式の r に，地球の半径 $R_E = 6370$ km を代入すると，地表にすれすれの円軌道を回転する人工衛星の速さ v は

$$v = \sqrt{R_E\, g} = \sqrt{(6.37\times10^6\ \text{m})\times(9.8\ \text{m/s}^2)} = 7.9\times10^3\ \text{m/s} \tag{2.14}$$

つまり，この人工衛星は秒速 7.9 km (7.9 km/s) で地球のまわりを回転する．回転の周期 T は，

$$T = \frac{2\pi R_E}{v} = \frac{2\pi\times6.37\times10^6\text{m}}{7.9\times10^3\text{m/s}} = 5.06\times10^3\ \text{s} = 84\ \text{min}. \tag{2.15}$$

なので，周期は 84 分である．ただし，地表にすれすれの軌道を回る人工衛星は，空気抵抗のため減速し，すぐに落下する．

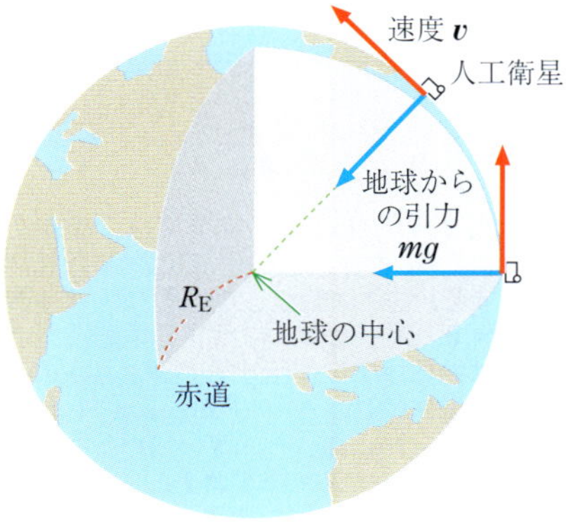

図 2.17　地表すれすれの人工衛星の運動方程式は $m\dfrac{v^2}{R_E} = mg$

例 3　ダークマター　恒星の集団が円盤状に分布し渦を巻いて回転しているように見えるので渦巻き銀河とよばれる銀河がある（図 2.18）．この銀河の各部分が放射する光のドップラー効果の観測によって，銀河の中心から離れたところにある恒星やガスの回転速度 $v(r)$ を知る

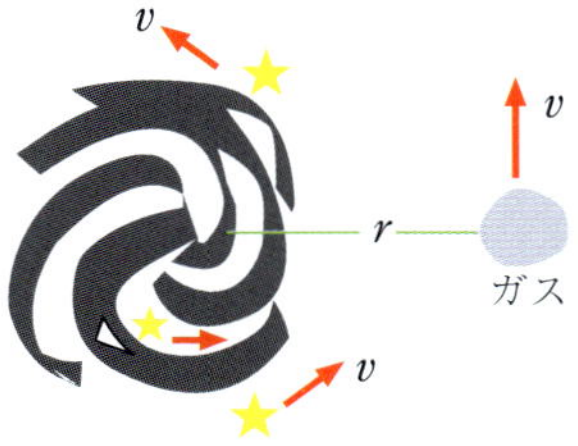

図 2.18　渦巻き銀河

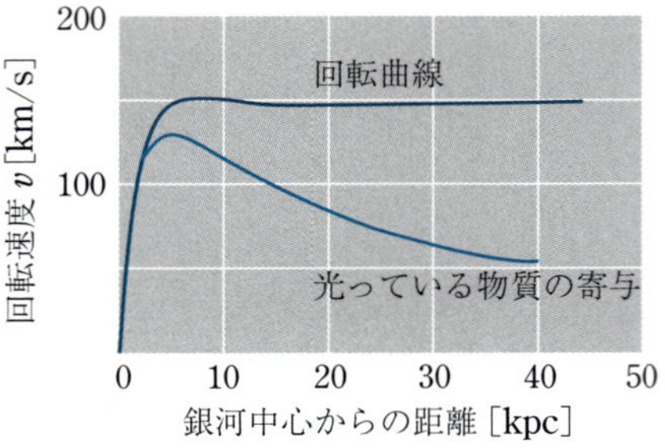

図 2.19　ある渦巻き銀河の回転曲線

ことができる（図 2.19）．銀河の質量分布が球対称だとして，銀河中心から半径 r の球面の内部の全質量を $M(r)$ だとすると，銀河中心から距離 r の恒星やガスの運動方程式は

$$\frac{mv(r)^2}{r} = G\frac{mM(r)}{r^2} \tag{2.16}$$

なので*1，恒星やガスの回転速度 $v(r)$ は

$$v(r) = \sqrt{\frac{GM(r)}{r}} \tag{2.17}$$

であるが，観測結果によれば，$v(r)$ はほぼ一定なので，

$$M(r) = \frac{v(r)^2 r}{G} \propto r \tag{2.18}$$

となり，渦巻き銀河の外側の光っていない部分にも質量をもつ物質が大量に存在することがわかった．これを**ダークマター**という．現在宇宙のエネルギーの 4％ を原子などのふつうの物質が担い，24％ を未知の物質のダークマターが担い，72％ を未知のエネルギーのダークエネルギーが担っていると推定されている．

*1　204 頁の（16.21）式を参照．

現象論的な力（巨視的に見た力）　物質の基本的な構成要素の原子は正電荷を帯びた原子核と負電荷を帯びた電子から構成されている．原子核や電子の間に作用して原子，分子，結晶をつくる力は電気力である．したがって，物体と物体の間に作用する摩擦力と垂直抗力，ばねの弾力，のりの粘着力，空気や水の抵抗力などの原因は，基本的には原子核と電子の間に作用する電気力である．すなわち，多数の原子や分子の集合体である物体の間に作用する力は，微視的に見れば物体の構成要素間に作用する電気力の合力である．しかし，摩擦力，垂直抗力，弾力などのような日常生活で経験する力を巨視的な現象論的な力として扱う方が便利である．空気や水の抵抗力については第 3 章で学ぶ．

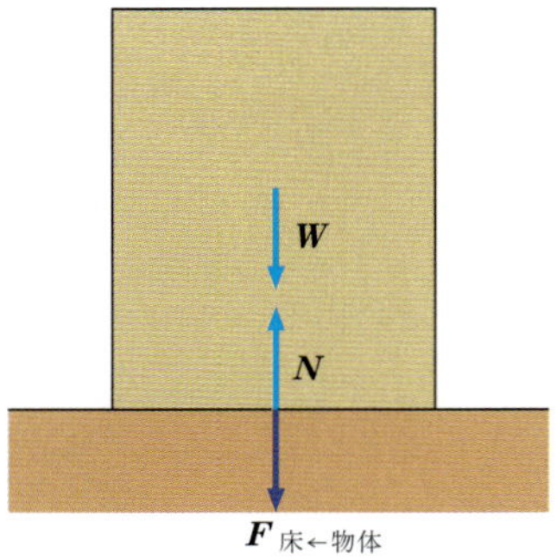

$\boldsymbol{F}_{床\leftarrow物体}$

図 2.20　床の上の物体には，地球の重力 $\boldsymbol{W}$ と床からの垂直抗力 $\boldsymbol{N}$ が作用する．物体は静止しているので $\boldsymbol{W}+\boldsymbol{N} = \boldsymbol{0}$．床が物体に作用する垂直抗力 $\boldsymbol{N}$ は物体が床に作用する力 $\boldsymbol{F}_{床\leftarrow物体}$ の反作用なので，$\boldsymbol{N} = -\boldsymbol{F}_{床\leftarrow物体}$．したがって，$\boldsymbol{F}_{床\leftarrow物体} = -\boldsymbol{N} = \boldsymbol{W}$ となるので，物体が床を押す力 $\boldsymbol{F}_{床\leftarrow物体}$ は物体に作用する地球の重力 $\boldsymbol{W}$ に等しいことがわかる．

垂直抗力　われわれは地面の上に立つことはできるが，水面や泥沼の上に立つことはできない．その理由は，われわれに作用する地球の重力につり合う力を地面は作用できるのに，水面や泥沼は作用できないからである．2 つの物体（固体）が接触しているときに，接触面を通して面に垂直に相手の物体に作用する力を**垂直抗力**という（図 2.20）．本書では垂直抗力（normal force）を記号 $\boldsymbol{N}$ で表す*2．

*2　立体文字で表される力の単位 N と混同しないこと．

静止摩擦力　床の上の物体を水平方向の力 $\boldsymbol{f}$ で押すと，力 $\boldsymbol{f}$ が小さい間は物体は動かない．物体の運動を妨げる向きに床が物体に力 $\boldsymbol{F}$ を作用するからである．接触する 2 物体が，相手の運動を妨げる向きに，たがいに接触面に平行に作用し合う力を**摩擦力**という．物体が床の上で静止している場合のように，2 物体の速度に差がない場合の摩擦力を**静止**

摩擦力という．物体は静止しているので，物体に水平方向に作用する力のつり合いの条件から，人間が物体を押す力 $\boldsymbol{f}$ と床が物体に作用する静止摩擦力 $\boldsymbol{F}$ は大きさが等しく，反対向きである（図 2.21）．つまり，$\boldsymbol{F} = -\boldsymbol{f}$ である．

物体を押す力 $\boldsymbol{f}$ をある限度の大きさ $F_{\max}$ 以上に大きくすると，物体は動き始め，静止摩擦力は動摩擦力に代わる．この限度の静止摩擦力の大きさ $F_{\max}$ を**最大摩擦力**という．最大摩擦力 $F_{\max}$ の大きさは垂直抗力の大きさ N にほぼ比例する．

$$F_{\max} = \mu N \tag{2.19}$$

比例定数の μ を**静止摩擦係数**という．μ は接触する 2 物体の材質，粗さ，乾湿，塗油の有無などの状態によって決まる定数で，接触面の面積が変わってもほとんど変化しない．

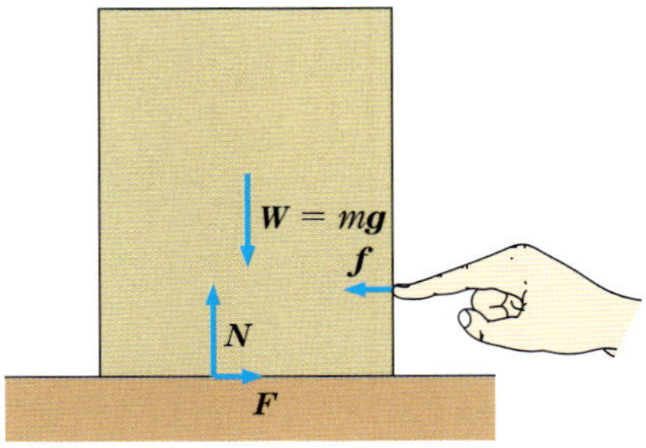

図 2.21　静止摩擦力 $F \leqq \mu N$．物体は静止しているので，手の押す力の大きさ f と静止摩擦力の大きさ F は等しい．$f = F$．床は物体との接触面全体に垂直抗力を作用するが，この場合には左側の方の垂直抗力は右側の方の垂直抗力より大きいので，垂直抗力 $\boldsymbol{N}$ の矢印を中央より左側に描いた（**8.1** 節参照）．

動摩擦力　床の上を動いている物体と床との間のように，速度に差がある 2 つの物体の間には，速度の差を減らすような摩擦力が接触面に沿って作用する．この摩擦力を**動摩擦力**という（図 2.22）．実験によれば，動摩擦力の大きさ F も垂直抗力の大きさ N にほぼ比例する．

$$F = \mu' N \tag{2.20}$$

比例定数 μ' を**動摩擦係数**という．μ' は接触している 2 物体の種類と接触面の材質，粗さ，乾湿，塗油の有無などの状態によって決まり，接触面の面積や滑る速さにはほとんど無関係な定数である．一般に動摩擦係数 μ' は静止摩擦係数 μ より小さい．

$$\mu > \mu' > 0 \tag{2.21}$$

表 2.1 に摩擦係数の例を示す．

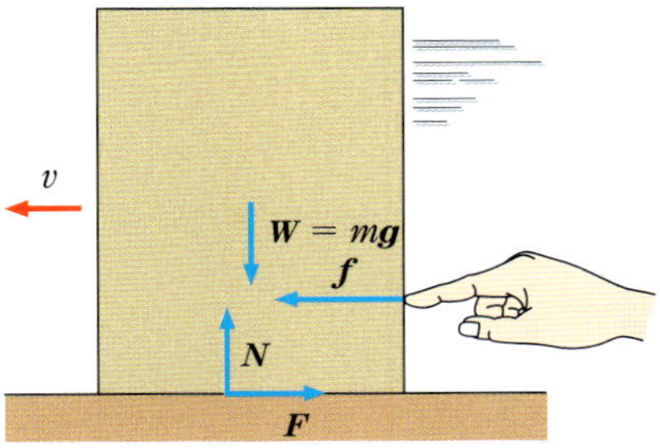

図 2.22　動摩擦力 $F = \mu' N$

表 2.1　摩擦係数の例

物体 I	物体 II	静止摩擦係数	動摩擦係数
鋼鉄	鋼鉄	0.8	0.4
木	木	0.6	0.5
木	ぬれた木	0.4	0.2
ゴム	木	0.7	0.5
ガラス	ガラス	0.9	0.4
銅	ガラス	0.7	0.5

物体 I が物体 II の上で静止または運動する場合
実教出版　物理 IB（1995 年）の表の小数点以下 2 桁のデータを 4 捨 5 入

問 6　図 2.23 で物体 A の質量は 25 kg，物体 B の質量は 10 kg である．2 つの物体は等加速度 $a = 2\ \mathrm{m/s^2}$ で右に運動している．2 物体間の静止摩擦係数は $\mu_{\mathrm{s}} = 0.8$ である．2 物体間に作用する静止摩擦力を求めよ．

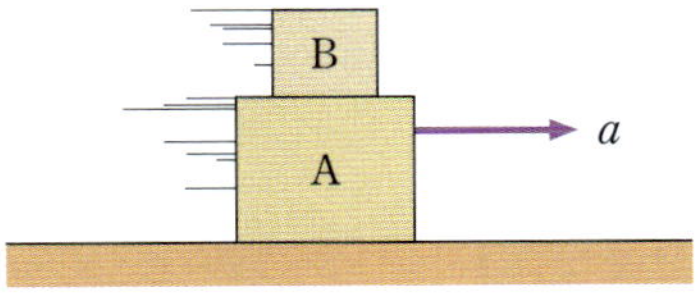

図 2.23

自動車と摩擦力　自動車が前進する原動力はエンジンの動力である．しかし，ニュートンの運動の法則によれば，静止している自動車が前進

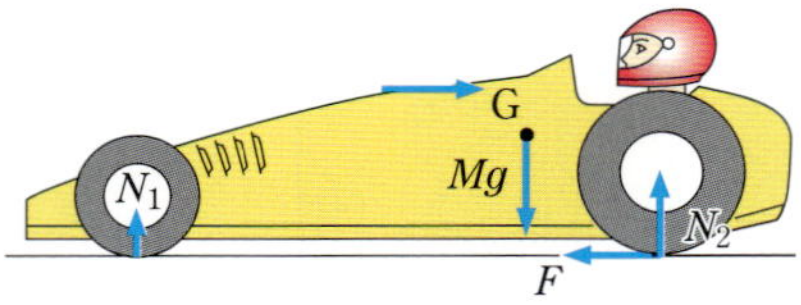

図 2.24

するのは，外部から自動車に前方を向いた力が作用するからである．この前向きの力は，エンジンの働きによって誘起された，道路が駆動輪のタイヤに作用する摩擦力である（図 2.24）．その証拠に，雪国の凍結路面とタイヤの間のように摩擦力が働かない場合には，自動車のエンジンをかけてアクセルを踏んでも車輪が空転するだけで，自動車は前進しない．

自動車を停止させるにはブレーキをかけるが，自動車を停止させる力は，ブレーキの働きによって誘起された，道路がタイヤに作用する後ろ向きの摩擦力である．

自動車がカーブを曲がるときには向心力が作用する．この向心力も，路面がタイヤに横向きに作用する摩擦力である．高速道路のカーブでは内側の方の路面が低いように作られている．路面が自動車に作用する垂直抗力が水平方向成分をもち，曲がるために必要な中心方向を向いた摩擦力の大きさを減らし，横方向へのスリップの危険性を減らすためである．

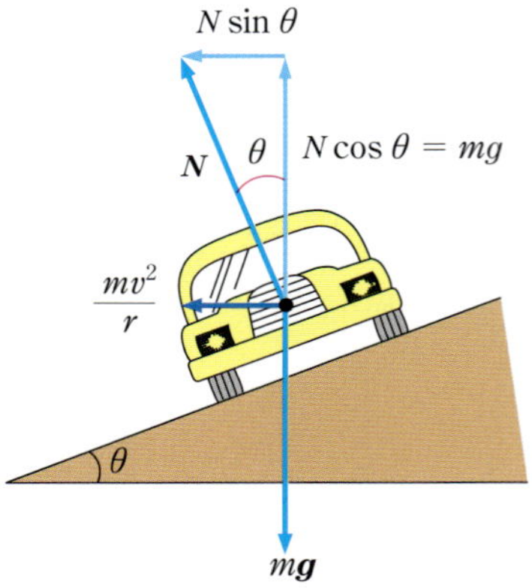

図 2.25　垂直抗力の水平方向成分 $N\sin\theta$ が向心力 $\dfrac{mv^2}{r}$ である．

図 2.26　カーブを曲がる自動車

半径 100 m のカーブを時速 72 km（秒速 20 m）で走るときに摩擦力が 0 になるような路面の傾きの角 θ を求めてみよう（図 2.25）．この場合の向心加速度 $a = \dfrac{v^2}{r}$ は

$$a = \frac{v^2}{r} = \frac{(20\ \mathrm{m/s})^2}{100\ \mathrm{m}} = 4\ \mathrm{m/s^2} \tag{2.22}$$

である．鉛直方向のつり合い条件から，重力 $\boldsymbol{mg}$ と垂直抗力 $\boldsymbol{N}$ の鉛直方向成分 $N\cos\theta$ がつり合うという関係，$N\cos\theta = mg$，が導かれる．垂直抗力 $\boldsymbol{N}$ の水平方向成分 $N\sin\theta$ が円運動を行うために必要な中心を向いた力 $\dfrac{mv^2}{r}$ に等しいという条件，

$$m\frac{v^2}{r} = N\sin\theta = mg\tan\theta \tag{2.23}$$

が摩擦力が 0 になるという条件である．したがって，重力加速度 g の $\tan\theta$ 倍が向心加速度 $\dfrac{v^2}{r}$ に等しい場合，つまり，

$$\frac{v^2}{r} = g\tan\theta \qquad \therefore\ \ \tan\theta = \frac{v^2}{rg} = 0.4 \tag{2.24}$$

の場合に摩擦力が 0 になる．路面の傾きの角 θ は $\theta = 22°$ である．

演習問題2

A

1. 質量 30 kg の物体に力が作用して，物体が 4 m/s^2 の加速度で運動している．物体に作用している力を求めよ．
2. 一直線上を 30 m/s の速さで走っている質量 20 kg の物体を 6 秒間で停止させるには，平均どれだけの力を加えればよいか．
3. 2 kg の物体に 12 N の力が作用すると加速度はいくらになるか．
4. 静止していた質量が 2 kg の物体に 20 N の力が 3 秒間作用したときのこの物体の速度を求めよ．
5. まっすぐな道路を走っている質量 1000 kg の自動車が 5 秒間に 20 m/s から 30 m/s に一様に加速された．
   (1) 加速されている間の自動車の加速度はいくらか．
   (2) このとき作用した力の大きさはいくらか．
6. 図 1 の ① 番ホームから出発した電車がポイント P を通過するとき，乗客は横方向の大きな衝撃を感じる．理由を説明せよ．

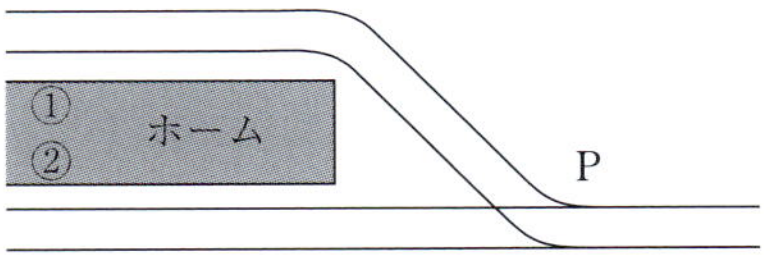

図 1

7. 図 2 の (a) と (b) では，台車はどちらが速く動くか．(a) では 400 g の台車をばね秤の値が 100 g になるように一定の力で水平に引きつづけ，(b) では 400 g の台車と 100 g のおもりを軽い滑車にかけた糸で結び，手を静かに放す．

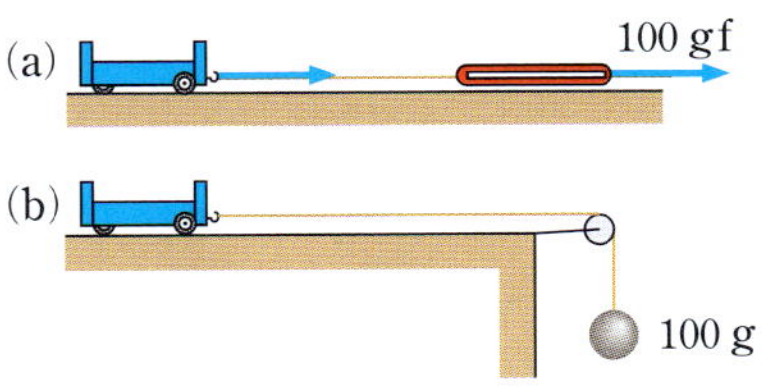

図 2

8. 質量 M のエレベーターが質量 m の人を乗せて，ロープから張力 T を受けて上昇している．加速度はいくらか．

B

1. 図 3 の質量 m_A と m_B の物体を結ぶひもに作用する張力 S は，落下している物体 A に作用する重力 $m_A g$ より大きいか，小さいか．m_B が大きくなると，張力 S は大きくなるか，小さくなるか．

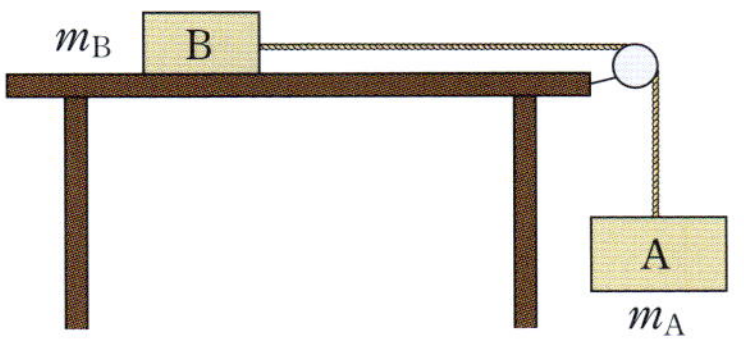

図 3

2. 質量 1 kg の 2 個の金の球の中心を 5 cm 離しておくと，球の間に作用する万有引力の大きさ F は 2.7×10^{-8} N であることを示せ．なお，1 kg の金の球の半径は 2.31 cm である．
3. 図 4 のように，水平面から 30° の方向に綱でそりを引いた．そりと地面の間の静止摩擦係数を 0.25，そりと乗客の質量の和を 60 kg とすると，そりが動き始めるときの綱の張力 F の大きさは何 kgf か．

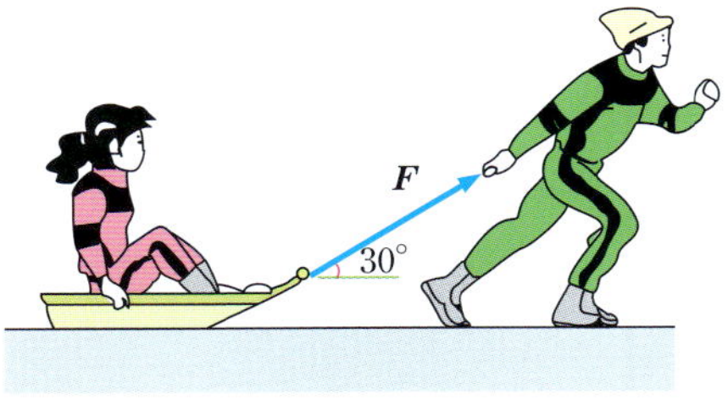

図 4

4. 図 5 で 20 kg の直方体が動き始めるために必要な力の大きさ F を求めよ．

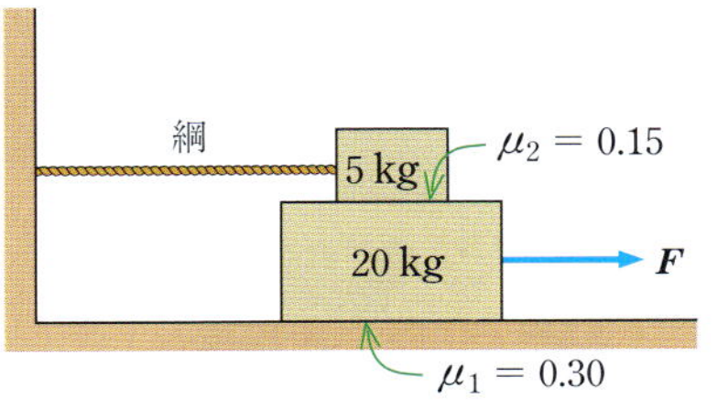

図 5

3 力と運動

運動の法則を物体の運動に適用するには，物体に作用する力の法則を知る必要がある．力の法則が発見されれば，これを運動方程式に代入し，微分方程式としての運動方程式を解けば，力 $\boldsymbol{F}$ が作用する質量 m の物体の運動を知ることができる．

本章では簡単な微分方程式の解き方を学び，放物運動および粘性抵抗がある場合の落下運動に応用する．物体の運動の勢いを表す量である運動量の変化と力積の関係についても学ぶ．

3.1 微分方程式と積分

学習目標 微分方程式である運動方程式を解く準備として，不定積分と定積分の定義を確認する．微分積分学の基本定理を使って，力積と運動量変化の関係，速度と変位の関係，加速度と速度変化の関係を導けるようになる．

微分方程式　未知の導関数(微分)を含む方程式を**微分方程式**という．微分方程式に含まれる最高次の導関数の次数をその微分方程式の階数という．運動方程式

$$m\frac{\mathrm{d}^2\boldsymbol{r}}{\mathrm{d}t^2} = \boldsymbol{F} \tag{3.1}$$

は，位置ベクトル $\boldsymbol{r}(t)$ の時刻 t についての 2 次の導関数を含むので，2 階の微分方程式である．微分方程式を満たす関数を求めることを，その微分方程式を解くといい，求められた関数を解という．微分方程式 (3.1) の解 $\boldsymbol{r}(t)$ は力 $\boldsymbol{F}$ が作用する質量 m の物体の運動を表す．

積分　微分方程式 (3.1) を解く前に，積分の復習をしておこう．積分は微分の逆演算である．直線運動をしている物体の位置 $x(t)$ を微分すれば物体の速度 $v(t)$ が求められるが，逆に物体の速度 $v(t)$ を積分すれば物体の位置 $x(t)$ が求められる．積分には不定積分と定積分がある．

不定積分　微分すると $f(t)$ になる関数を $f(t)$ の**原始関数**という．したがって，

$$\frac{\mathrm{d}}{\mathrm{d}t}F(t) = f(t) \tag{3.2}$$

ならば，関数 $F(t)$ は $f(t)$ の原始関数である．$F(t)$ に任意定数 C を足した $F(t)+C$ も微分すれば $f(t)$ になるので，$F(t)+C$ も関数 $f(t)$ の原始関数である．そこで，関数 $f(t)$ の無数にある原始関数をひとまとめにして $f(t)$ の**不定積分**といい，記号

$$\int f(t)\,\mathrm{d}t \qquad \text{あるいは} \qquad \int \mathrm{d}t\, f(t) \tag{3.3}$$

で表す．したがって，

$$\int f(t)\,\mathrm{d}t = F(t)+C \qquad (C\text{ は任意定数}) \tag{3.4}$$

である．本書で使用する関数の不定積分は付録 (p. 343) に示してある．

例 1 $$\frac{\mathrm{d}}{\mathrm{d}t}\left(\frac{1}{2}at^2+bt+c\right) = at+b \qquad (a, b, c\text{ は定数}) \tag{3.5}$$

なので

$$\int (at+b)\mathrm{d}t = \frac{1}{2}at^2+bt+C \qquad (C\text{ は任意定数}) \tag{3.6}$$

定積分　関数 $x = f(t)$ のグラフを描いたとき，曲線 $x = f(t)$ と 3

本の直線 $t=a$，$t=b$，$x=0$（t 軸）で囲まれた領域［図 3.1（a）の■の部分］の面積 A を，関数 $f(t)$ の区間 $[a,b]$ での**定積分**という．定積分は，数学的に次のように定義される．

区間 $[a,b]$ を N 等分し，この区間を幅 $\Delta t=\dfrac{b-a}{N}$ の N 個の細長い部分に分割する［図 3.1（b）］．左から k 番目の部分の左端の t 座標を t_k とすると（$k=1,2,\cdots,N$，$t_1=a$，$t_N+\Delta t=b$），左から k 番目の部分の面積は幅 Δt，高さ $f(t_k)$の長方形の面積 $f(t_k)\,\Delta t$ で近似できる．細長い長方形の数 N を限りなく増やし，幅 Δt を限りなく小さくしていくと，細長い長方形の面積の和は図 3.1（a）の■の部分の面積に限りなく近づく．したがって，関数 $f(t)$ の区間 $[a,b]$ での定積分は次のように定義される*.

$$\int_a^b f(t)\,\mathrm{d}t \equiv \lim_{N\to\infty}\sum_{k=1}^{N} f(t_k)\,\Delta t \tag{3.7}$$

ただし，この定積分の定義では，t 軸の下の $f(t)<0$ の部分の面積は負なので，図 3.2 の場合の定積分は A_1-A_2 である．

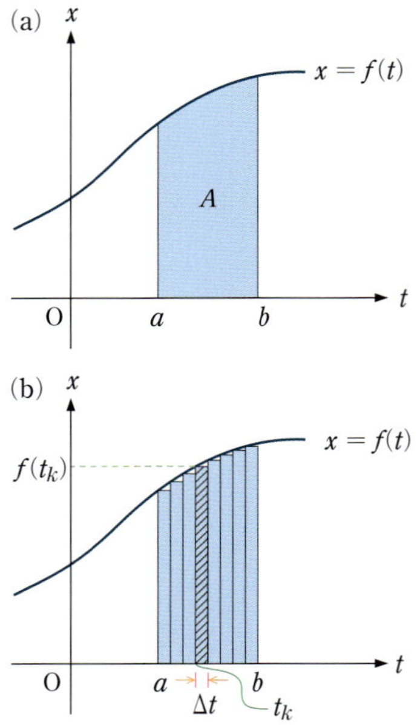

図 3.1　(a)　$A=\int_a^b f(t)\,\mathrm{d}t$.
(b)　斜線部の面積は $f(t_k)\,\Delta t$. ■の部分の面積が $\sum_{k=1}^{N} f(t_k)\,\Delta t$.

*　$\sum_{k=1}^{N} A_k \equiv A_1+A_2+\cdots+A_N$
$A\equiv B$ は A と B は定義によって等しいことを意味する．

$f(t)$ の 1 つの原始関数を $F(t)$ とすると，$\dfrac{\mathrm{d}F}{\mathrm{d}t}=f(t)$，つまり，

$$\frac{F(t_k+\Delta t)-F(t_k)}{\Delta t}\approx f(t_k)$$

なので，

$$f(t_k)\,\Delta t \approx F(t_k+\Delta t)-F(t_k) \tag{3.8}$$

である．したがって，

$$\sum_{k=1}^{N} f(t_k)\,\Delta t \approx \sum_{k=1}^{N}\{F(t_k+\Delta t)-F(t_k)\} = F(b)-F(a) \tag{3.9}$$

となるので，関数 $f(t)$ の定積分は，$f(t)$ の不定積分 $F(t)$ を使って，

$$\int_a^b f(t)\,\mathrm{d}t = \int_a^b \frac{\mathrm{d}F}{\mathrm{d}t}\,\mathrm{d}t = F(b)-F(a) \equiv F(t)\Big|_a^b \tag{3.10}$$

と表せる．これを**微分積分学の基本定理**という．この式から導かれる次の 2 つの関係は重要である．

$$F(t)=\int_{t_0}^{t}\frac{\mathrm{d}F(t)}{\mathrm{d}t}\,\mathrm{d}t+F(t_0) \tag{3.11}$$

$$\frac{\mathrm{d}}{\mathrm{d}t}F(t)=0 \qquad \text{ならば} \qquad F(t)=\text{一定} \tag{3.12}$$

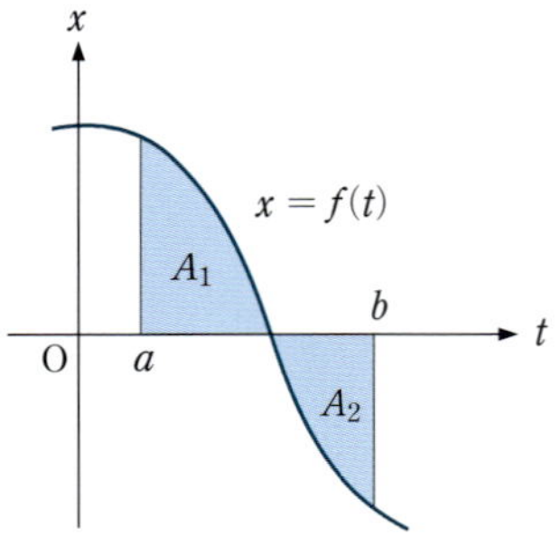

図 3.2　$\int_a^b f(t)\,\mathrm{d}t = A_1-A_2$

運動量　物体の運動の勢いを表す物理量として，質量 m と速度 $\boldsymbol{v}$ の積の**運動量**（記号 $\boldsymbol{p}$）

$$\boldsymbol{p}=m\boldsymbol{v} \tag{3.13}$$

がある．運動方向を向いているベクトル量である．

質量 m は一定なので，運動の法則を使うと，

$$\frac{\mathrm{d}(m\boldsymbol{v})}{\mathrm{d}t}=m\frac{\mathrm{d}\boldsymbol{v}}{\mathrm{d}t}=\boldsymbol{F}$$

$$\therefore \quad \frac{\mathrm{d}\boldsymbol{p}}{\mathrm{d}t} = \boldsymbol{F} \tag{3.14}$$

であり，「運動量の時間変化率は，その物体に作用する力に等しい」ことがわかる．(3.14) 式は運動の第 2 法則の別な表現である．

力積と運動量変化の関係　運動方程式 (3.14) を時刻 t_1 から t_2 まで積分すると，

$$\int_{t_1}^{t_2} \frac{\mathrm{d}\boldsymbol{p}}{\mathrm{d}t}\,\mathrm{d}t = \boldsymbol{p}(t_2) - \boldsymbol{p}(t_1) = \int_{t_1}^{t_2} \boldsymbol{F}\,\mathrm{d}t \tag{3.15}$$

となる．右辺の「力と力の作用した時間の積」を表す積分を力積とよぶので，

運動量の変化はその間に作用した力の力積に等しい

ことを意味する (3.15) 式を**力積と運動量変化の関係**とよぶ．

時刻 t_1 から t_2 までの短時間 $\Delta t = t_2 - t_1$ に大きな力が作用して，運動量の変化 $\Delta \boldsymbol{p} = m\cdot\Delta \boldsymbol{v}$ が生じた場合，作用した力の平均を $\bar{F}$ とすると (図 3.3)，

$$\Delta \boldsymbol{p} = m\cdot\Delta \boldsymbol{v} = \bar{F}\Delta t \tag{3.16}$$

となる．同じ運動量変化 $\boldsymbol{p}(t_2) - \boldsymbol{p}(t_1) = \Delta \boldsymbol{p} = m\cdot\Delta \boldsymbol{v}$ を引き起こす力の大きさ $\bar{F}$ は，力の作用時間 Δt に反比例することがわかる．

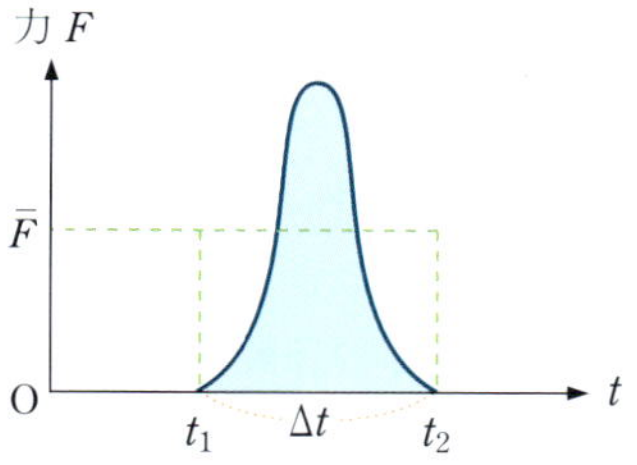

図 3.3

問 1　一定の力 $\boldsymbol{F}$ が時間 $T = t_2 - t_1$ 作用する場合の力積は

$$\int_{t_1}^{t_2} \boldsymbol{F}\,\mathrm{d}t = \boldsymbol{F}(t_2 - t_1) = \boldsymbol{F}T \tag{3.17}$$

であることを示せ．

シートベルトは，身体に加わる力の作用時間を長くすることによって，加わる力の大きさを弱める装置である．

スポーツでも運動量の変化と力積の関係は利用されている．野球でバッターがボールを遠くに飛ばすためにも，投手が速いボールを投げるためにも，なるべく長い時間ボールに強い力を加え続ける必要があるのはその例である．

図 3.4　野球のバッター

問 2　高い台の上から飛び降りるとき，ひざを曲げながら着地すると，身体への衝撃が減少する理由を説明せよ．

例題 1　速さ 20 m/s で走っていた自動車が壁に衝突した．シートベルトを着けていない助手席の乗客がフロントガラスに額をぶつけて，0.0005 秒後に止まった．

(a)　頭の質量 m を 5 kg，額とフロントガラスの接触面積 A を 4 cm^2 とすると，頭に作用した平均の力の大きさ $\bar{F}$ と，額の衝突箇所の単位面積あたりの力の強さ $\bar{P}$ を求めよ．

(b)　この体重 50 kg の乗客が肩から胸へシートベルトをつけていた場合，0.2 秒で止まる．この場合，乗客に作用する平均の力 $\bar{F}$ を求めよ．シートベルトと身体の接触面積が 0.02 m^2 の場合の単位面積あたりの力の強さ $\bar{P}$ を求めよ．

解　(a)　衝突直前の頭の速さは 20 m/s，衝突直後の速さは 0 m/s なので，力積と運動量変化の関係 $\bar{F}\,\Delta t = \Delta p = m\cdot\Delta v$ から

$$\bar{F} = \frac{m\cdot\Delta v}{\Delta t} = \frac{5\ \mathrm{kg}\cdot 20\ \mathrm{m/s}}{0.0005\ \mathrm{s}} = 2\times10^5\ \mathrm{N}$$

$$\bar{P} = \frac{\bar{F}}{A} = \frac{2\times10^5\ \mathrm{N}}{4\ \mathrm{cm}^2} = 5\times10^8\ \mathrm{N/m}^2$$

(b)　$$\bar{F} = \frac{m\cdot\Delta v}{\Delta t} = \frac{50\ \mathrm{kg}\cdot 20\ \mathrm{m/s}}{0.2\ \mathrm{s}} = 5000\ \mathrm{N}$$

$$\bar{P} = \frac{\bar{F}}{A} = \frac{5000\ \mathrm{N}}{0.02\ \mathrm{m}^2} = 2.5\times10^5\ \mathrm{N/m}^2$$

この結果，シートベルトを着けると，運動量が変化する時間が長くなるので，作用する平均の力が弱くなると同時に，体に力が作用する面積が大きく増えるので，単位面積当たりに作用する力の大きさは激減する．

例題 2　質量1000 kgの自動車が時速72 km ($v_0 = 20$ m/s) で壁に正面衝突して，大破して速さ $v = 3.0$ m/s で跳ね返された（図3.5）．衝突時間を0.10秒とする．壁が自動車に0.10秒間作用した力の大きさの平均 $\bar{F}$ を求めよ．

解　自動車の運動量変化 Δp は

衝突直前 $p_0 = mv_0 = (1000\ \mathrm{kg})(-20\ \mathrm{m/s}) = -2.0\times10^4\ \mathrm{kg\cdot m/s}$

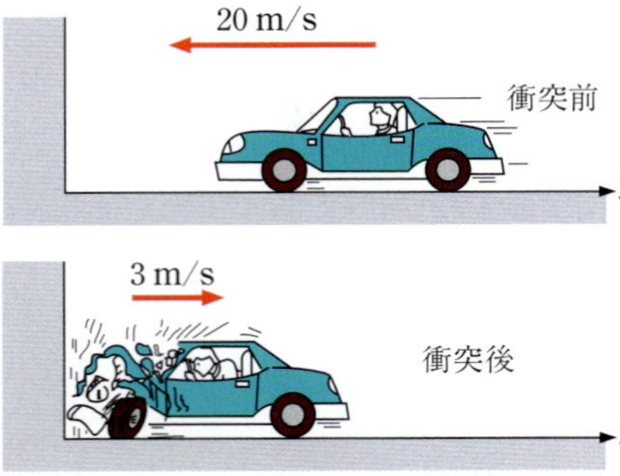

図 3.5

衝突直後 $p = mv = (1000\ \mathrm{kg})(3.0\ \mathrm{m/s}) = 3.0\times10^3\ \mathrm{kg\cdot m/s}$

から

$$\Delta p = p - p_0 = [0.3\times10^4 - (-2.0\times10^4)]\ \mathrm{kg\cdot m/s} = 2.3\times10^4\ \mathrm{kg\cdot m/s}$$

したがって，壁が自動車に0.10秒間作用した力の大きさの平均 $\bar{F}$ は

$$\bar{F} = \frac{\Delta p}{\Delta t} = \frac{2.3\times10^4\ \mathrm{kg\cdot m/s}}{0.1\ \mathrm{s}} = 2.3\times10^5\ \mathrm{N}$$

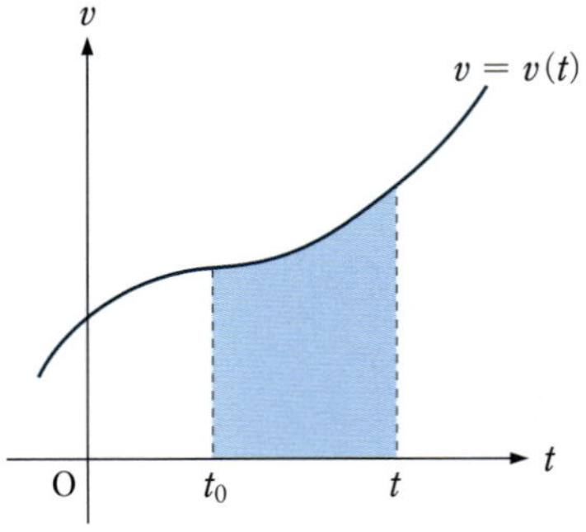

図 3.6　$x(t)-x(t_0) = \int_{t_0}^{t} v(t)\,\mathrm{d}t$

直線運動での速度と変位の関係　x 軸上を運動する物体の位置を $x(t)$ とすると，速度は $v(t) = \dfrac{\mathrm{d}x(t)}{\mathrm{d}t}$ である．(3.11) 式の $F(t)$ として $x(t)$ を選ぶと，時刻 t_0 から時刻 t までの物体の変位 $x(t)-x(t_0)$ は，速度 $v(t)$ の定積分として

$$x(t)-x(t_0) = \int_{t_0}^{t} v(t)\,\mathrm{d}t \tag{3.18}$$

と表されることがわかる．変位は図3.6に示す縦軸に速度 v，横軸に時刻 t を選んだ v-t グラフの■の部分の面積に等しいことが導かれた．

等速直線運動の場合の変位　一定の速度を v_0 とすると，時刻 t_0 から時刻 t までの物体の変位 $x(t)-x(t_0)$ は，(3.18) 式を使って，次のように求められる（図3.7）．

$$x(t)-x(t_0) = \int_{t_0}^{t} v_0\,\mathrm{d}t = v_0 t\Big|_{t_0}^{t} = v_0(t-t_0) \tag{3.19}$$

つまり，「変位」=「速度」×「時間」である．$v_0 > 0$ の場合には $+x$ 方向への移動であり，$v_0 < 0$ の場合には $-x$ 方向への移動である．

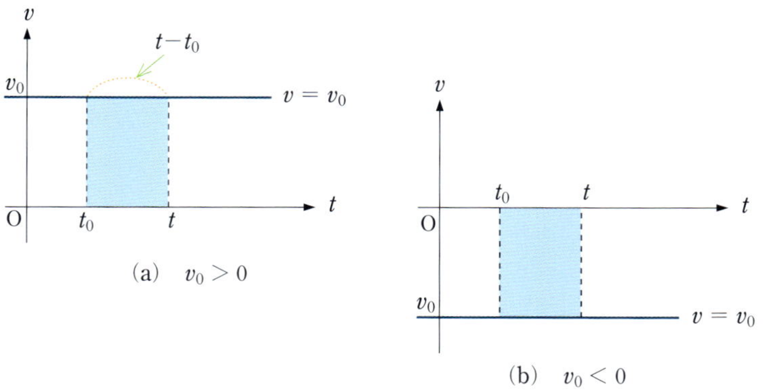

図 3.7　等速直線運動の v-t グラフ．
（a）$v_0>0$ の場合．■の部分の面積が時刻 t_0 から t までの変位
$x(t)-x_0=v_0(t-t_0)>0$
（b）$v_0<0$ の場合．
$x(t)-x_0=v_0(t-t_0)<0$
$|v_0|(t-t_0)$ は $-x$ 方向への移動距離．

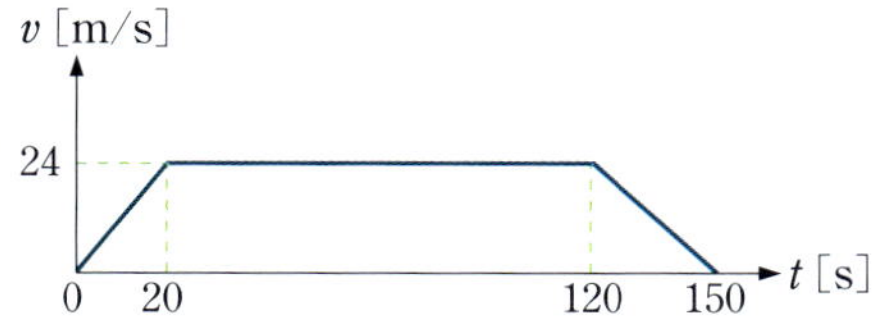

図 3.8

問 3　定積分と v-t グラフの面積の関係を使って，図 3.8 の場合の時刻 0 s から時刻 $t=150$ s までの変位を計算せよ．

直線運動での加速度と速度変化の関係　x 軸上を運動する物体の速度を $v(t)$ とすると，加速度は $a(t)=\dfrac{\mathrm{d}v(t)}{\mathrm{d}t}$ である．(3.11) 式の $F(t)$ として $v(t)$ を選ぶと，時刻 t_0 から時刻 t までの物体の速度の変化 $v(t)-v(t_0)$ は，加速度 $a(t)$ の定積分

$$v(t)-v(t_0)=\int_{t_0}^{t}a(t)\,\mathrm{d}t \tag{3.20}$$

として表されることがわかる．速度の変化は図 3.9 に示す a-t グラフの■の部分の面積に等しい．

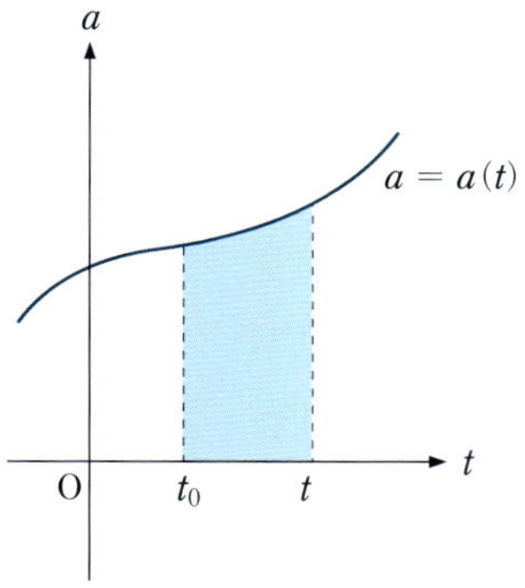

図 3.9　$v(t)-v(t_0)=\int_{t_0}^{t}a(t)\,\mathrm{d}t$

3.2　簡単な微分方程式の解

学習目標　放物運動および粘性抵抗がある場合の落下運動を例として，簡単な微分方程式の解き方を理解する．初期条件が与えられれば，力の作用を受けている物体の運動は，運動方程式の解として求められることを理解する．

等加速度直線運動　物体が x 軸上を一定の加速度 a で運動しているとき，すなわち，

$$\frac{\mathrm{d}^2x(t)}{\mathrm{d}t^2}=\frac{\mathrm{d}v(t)}{\mathrm{d}t}=a=\text{一定} \tag{3.21}$$

ならば，(3.20) 式を使うと，

$$\frac{\mathrm{d}x(t)}{\mathrm{d}t}=v(t)=v_0+\int_0^t a\,\mathrm{d}t=at+v_0\quad(v_0=v(0)) \tag{3.22}$$

となる．(3.18) 式を使うと，この式から，

$$x(t)=\int_0^t(at+v_0)\,\mathrm{d}t+x_0=\frac{1}{2}at^2+v_0t+x_0\quad(x_0=x(0)) \tag{3.23}$$

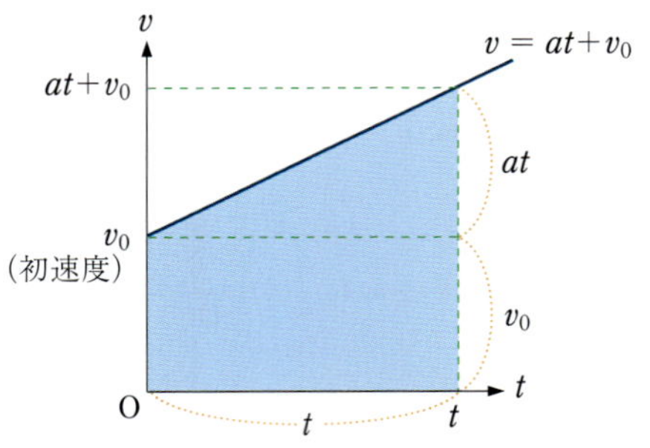

(a)　$a>0$ の場合

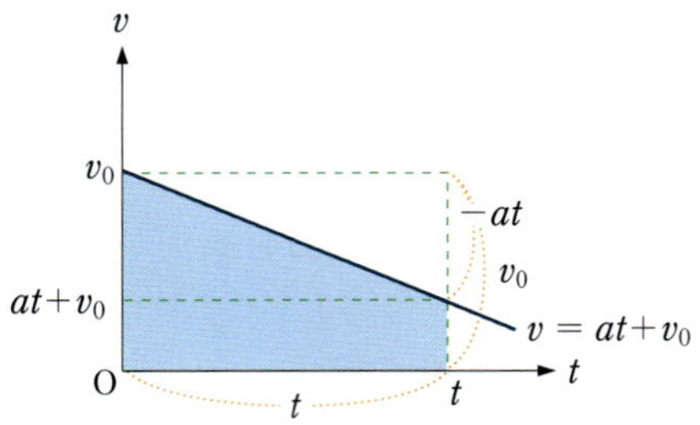

(b)　$a<0$ の場合

図 3.10　等加速度直線運動．■の部分の面積 $v_0t+\frac{1}{2}at^2$ が変位 $x(t)-x_0$ である．

が導かれる．ただし，v_0 と x_0 は $t=0$ における物体の速度 $v(0)$ と位置 $x(0)$ である．

問 4　定積分と v-t グラフの面積の関係を使って，$v(t)=at+v_0$ の場合の変位 $x(t)-x_0$ に対する (3.23) 式を導け．図 3.10 を参考にせよ．

(3.22) 式から導かれる $t=\dfrac{v(t)-v_0}{a}$ を，(3.23) 式を変形した

$$x(t)-x_0 = \frac{1}{2}t(at+2v_0) = \frac{1}{2}t\{v(t)+v_0\}$$

の第 3 辺の t に代入すると，次の関係が得られる．

$$v(t)^2-{v_0}^2 = 2a\{x(t)-x_0\} \tag{3.24}$$

$v_0=0$，$x_0=0$ ならば，(3.22)〜(3.24) 式は次のようになる．

$$v(t)=at, \qquad x(t)=\frac{1}{2}at^2, \qquad v(t)^2=2ax(t) \tag{3.25}$$

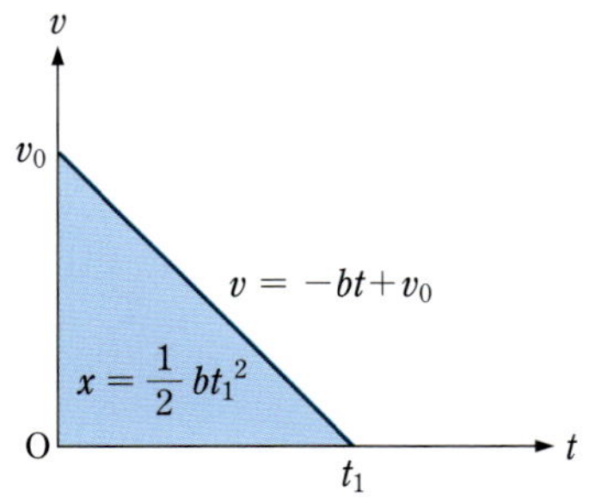

図 3.11　移動距離 $x=\frac{1}{2}b{t_1}^2$

問 5　$t=0$ で速さが v_0 $(v_0>0)$ の物体が一定の加速度 $-b$ $(b>0)$ で一様に減速し，距離 x 移動して時刻 t_1 に静止するときには，次の関係が成り立つことを示せ（図 3.11）．

$$v_0=bt_1, \qquad x=\frac{1}{2}v_0t_1=\frac{1}{2}b{t_1}^2, \qquad {v_0}^2=2bx \tag{3.26}$$

問 6　図 3.12 の左端の図のように，点 A に静止していた質量 m の物体が斜面を滑り降りた後，水平面を滑走する．区間 ABC はなめらかで，点 C より先は一様な摩擦があるとする．物体に作用する力による加速度を

求め，物体の v-t グラフとしてもっとも適切なものを選べ．

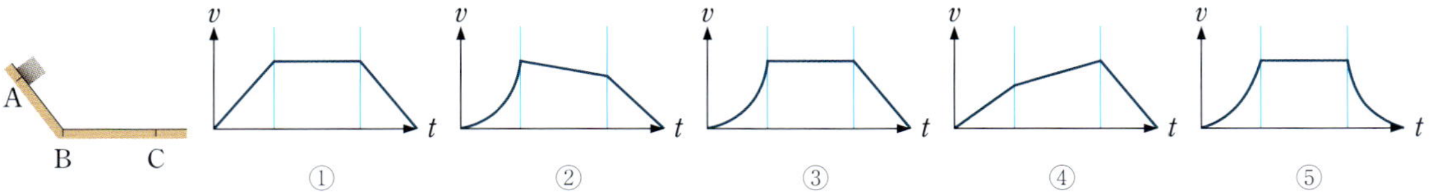

図 3.12

微分方程式の解で，微分方程式の階数と同じ個数の独立な任意定数を含むものを**一般解**という．微分方程式の一般解の任意定数に特定の値を与えて得られる関数はもとの微分方程式の解で，**特殊解**という．微分方程式の一般解の任意定数を定める条件を物理学では**初期条件**（あるいは**境界条件**）という．

2 階の微分方程式 (3.21) の場合，時刻 $t=0$ における物体の位置 $x(0)=x_0$ と速度 $v(0)=v_0$ を与えれば，それ以後におけるこの物体の運動 $x(t)$ は完全に決まる．x_0 と v_0 は初期条件である．初期条件を与えれば，その後の運動が完全に決まることを**因果律**という（因果律とは，原因が与えられると結果が決まるという原理である）*．

*　運動方程式を解けば未来は完全に決まる．多くの運動では初期条件がすこし変われば，未来の運動は少し変わるが似た運動である．しかし，作用する力によっては，初期条件をわずかに変えると，わずかな違いが時間とともに急速に拡大して未来の状態が予想できないほど変わる**カオス**という現象が起こる場合がある．

例題 3　放物運動　質量 m の物体を地上の 1 点から水平面に対して角 $\theta_0 (0<\theta_0<90^\circ)$ の方向に初速 v_0 で時刻 $t=0$ に投げるとき，物体はどのような運動をするか．空気の抵抗は無視せよ．

解　運動方程式を解くために，まず，運動方程式を見いださなければならない．そのために，座標軸を決める必要がある．座標軸を決める際には，運動方程式を解く場合に簡単になるように注意する．

水平面を xy 面とし，$+z$ 軸（z 軸の正の向き）を鉛直上方にとり，物体を原点 O から $+x$ 軸の方向に投げることにする（図 3.13）．この物体に作用する力は $-z$ 方向（z 軸の負の向き）を向いている重力 $m\boldsymbol{g}$ だけである．運動方程式 $m\boldsymbol{a}=m\boldsymbol{g}$ の両辺を m で割ると，物体の加速度は

$$\frac{\mathrm{d}^2x}{\mathrm{d}t^2}=0,\quad \frac{\mathrm{d}^2y}{\mathrm{d}t^2}=0,\quad \frac{\mathrm{d}^2z}{\mathrm{d}t^2}=-g \qquad (3.27)$$

であることがわかる．つまり，この物体の運動は，水平方向の等速運動と鉛直方向の等加速度運動を重ね合わせた運動である．

さて，(3.18) 式，(3.20) 式と

$$\int(-g)\,\mathrm{d}t=-gt+\text{任意定数}$$

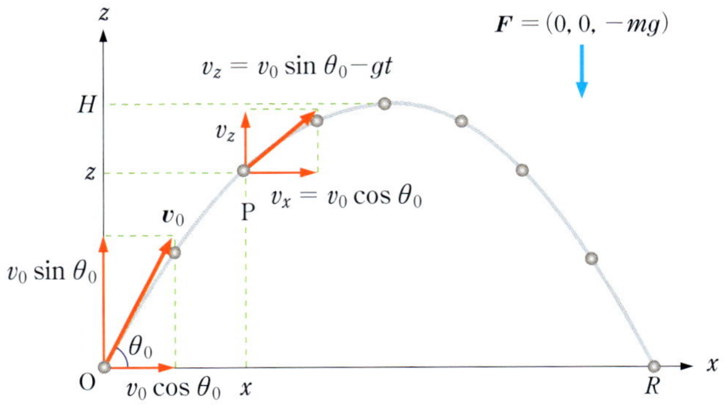

(a)　放物運動の軌道

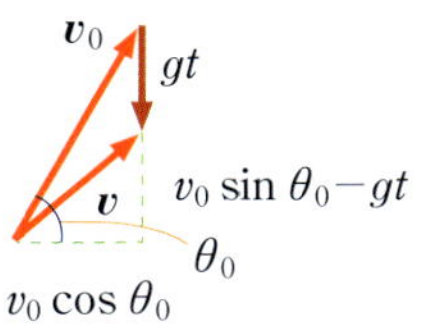

(b)　$v_x=v_0\cos\theta_0$
$v_z=v_0\sin\theta_0-gt$

図 3.13　放物運動

$$\int(-gt+v_{0z})\,\mathrm{d}t = \int(-gt)\,\mathrm{d}t+\int v_{0z}\,\mathrm{d}t$$
$$= -\frac{1}{2}gt^2+v_{0z}t+\text{任意定数}$$

を利用して，(3.27) 式の両辺を $t=0$ から t まで積分すると

$$v_x = \frac{\mathrm{d}x}{\mathrm{d}t} = v_{0x}, \qquad v_y = \frac{\mathrm{d}y}{\mathrm{d}t} = v_{0y},$$
$$v_z = \frac{\mathrm{d}z}{\mathrm{d}t} = -gt+v_{0z} \tag{3.28}$$
$$x = v_{0x}t+x_0, \qquad y = v_{0y}t+y_0,$$
$$z = -\frac{1}{2}gt^2+v_{0z}t+z_0, \tag{3.29}$$

となる．左辺の v_x, v_y, v_z, x, y, z は時刻 t での値，$v_x(t), v_y(t), v_z(t), x(t), y(t), z(t)$ であるが簡単のため略記した．積分の任意定数の $\boldsymbol{r}_0 = (x_0, y_0, z_0)$ と $\boldsymbol{v}_0 = (v_{0x}, v_{0y}, v_{0z})$ は，$t=0$ での物体の位置と速度なので，$\boldsymbol{r}_0 = (0,0,0)$，$\boldsymbol{v}_0 = (v_0\cos\theta_0, 0, v_0\sin\theta_0)$ である．したがって，(3.28)，(3.29) 式は

$$v_x = v_0\cos\theta_0, \qquad v_y = 0,$$
$$v_z = v_0\sin\theta_0-gt \tag{3.30}$$
$$x = v_0t\cos\theta_0, \qquad y = 0,$$
$$z = -\frac{1}{2}gt^2+v_0t\sin\theta_0 \tag{3.31}$$

となる．(3.31) 式の第 1 式から得られる $t = \dfrac{x}{v_0\cos\theta_0}$ を第 3 式に代入すると，物体の軌道を表す式

$$z = -\frac{gx^2}{2{v_0}^2\cos^2\theta_0}+(\tan\theta_0)x \tag{3.32}$$

が導かれる．これは xz 平面内にある「上に凸な放物線」である［図 3.13 (a)］．したがって，投げられた物体は放物線上を運動することがわかった．

地面が水平な場合には，落下点 ($z=0$) は，(3.32) 式で $z=0$ とおいたときの 2 つの解のうちの $x=0$ (投げ上げた点) でない方の解，

$$x = R = \frac{2{v_0}^2\sin\theta_0\cos\theta_0}{g} = \frac{{v_0}^2\sin 2\theta_0}{g} \tag{3.33}$$

である．ただし，三角関数の加法定理

$$2\sin\theta_0\cos\theta_0 = \sin 2\theta_0$$

を使った．同じ初速 v_0 で投げるとき，落下点までの距離 R が最大なのは，$\sin 2\theta_0 = 1$ のとき，つまり $\theta_0 = 45°$ のときで，そのときの到達距離 R は

$$R = \frac{{v_0}^2}{g} \qquad (\theta_0 = 45° \text{ のとき}) \tag{3.34}$$

最高点に到達する時刻 t_1 は，速度の鉛直方向成分 $v_z = v_0\sin\theta_0-gt$ が 0 になる，

$$t_1 = \frac{v_0\sin\theta_0}{g} \tag{3.35}$$

で，最高点の高さ H は，(3.35) 式の t_1 を (3.31) 式の第 3 式に代入すると，

$$H = \frac{(v_0\sin\theta_0)^2}{2g} \tag{3.36}$$

であることがわかる．

問 7　例題 3 で物体の滞空時間は $\dfrac{2v_0\sin\theta_0}{g}$ であることを示せ．

問 8　水平な地上で，球を水平と角 θ_0 の方向に投げる場合と，同じ速さで角 $90°-\theta_0$ の方向に投げる場合には，同じ距離のところまで届くことを示せ (空気の抵抗は無視できるものとせよ)．球の滞空時間も同じだろうか．

問 9　到達距離 100 m のホームランになるためには，打者の打ったボールの初速は何 m/s 以上でなければならないか．

問 10　走り幅跳びの世界記録はどのくらいまで更新できる可能性があるだろうか．

空気や水の抵抗力　例題 3 で放物運動を考えたときには，空気の抵抗を無視した．しかし，身のまわりの運動では，空気の抵抗が無視できな

い場合が多い．雨滴の落下やスカイダイビングはその例である．空気や水の抵抗とは，空気の中や水の中で物体の運動を妨げる向きに作用する力をさす．

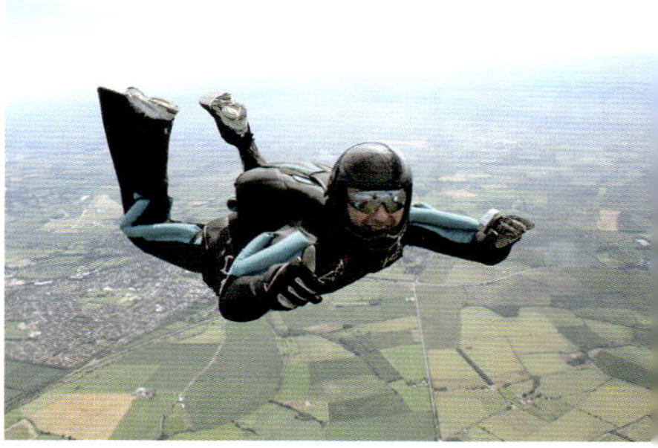

図 3.14 スカイダイビング

液体や気体の中を運動する物体（固体）の受ける抵抗力は複雑である．速さが小さな間は，抵抗力の大きさ F は速さ v に比例するので，

$$F = bv \qquad (b \text{ は定数}) \tag{3.37}$$

と表される．速さ v に比例する抵抗を粘性抵抗という．**11.4** 節で学ぶ粘性力が原因だからである．

半径 R の球状の物体に対する粘性抵抗は

$$F = 6\pi\eta Rv \tag{3.38}$$

と表される．これを**ストークスの法則**という．η は粘度とよばれ，気体あるいは液体ごとに決まっている定数である（**11.4** 節参照）．

密度 ρ の液体や気体の中を運動する物体の速さ v が大きくなり，運動する物体の後方に渦ができるようになると，運動する物体の受ける抵抗力の大きさ F は速さ v の 2 乗に比例するようになり，

$$F = \frac{1}{2}C\rho Av^2 \tag{3.39}$$

と表される．A は運動する物体の断面積で，抵抗係数 C は球の場合には約 0.5 であり，流線型ならもっと小さい．(3.39) 式で表される抵抗を**慣性抵抗**（あるいは圧力抵抗）という（**11.4** 節参照）．自動車が高速で走る場合に空気から受ける抵抗は慣性抵抗である．

例題 4 雨滴の落下 風のない空気中を，速さ v に比例する抵抗力 bv を受けながら鉛直下方に落下する質量 m の雨滴の運動方程式を書き，雨滴の運動を定性的に議論せよ．空気の浮力は無視してよい．

解 鉛直下向きに $+x$ 方向をとる．雨滴に作用する力は，鉛直下向きの重力 mg と鉛直上向きの粘性抵抗 bv なので，合力は $F = mg - bv$ である（図 3.15）．したがって，運動方程式は

$$m\frac{\mathrm{d}^2x}{\mathrm{d}t^2} = m\frac{\mathrm{d}v}{\mathrm{d}t} = mg - bv \tag{3.40}$$

である．落下し始めは雨滴の速さは遅いので粘性抵抗は無視できる（$F = mg - bv \approx mg$）．したがって，雨滴は重力加速度の等加速度直線運動を行う．雨滴の速さ v が増すのにつれて粘性抵抗が増すので，雨滴に下向きに作用する合力の大きさは減少し，加速度も減少していく．やがて速さ v が

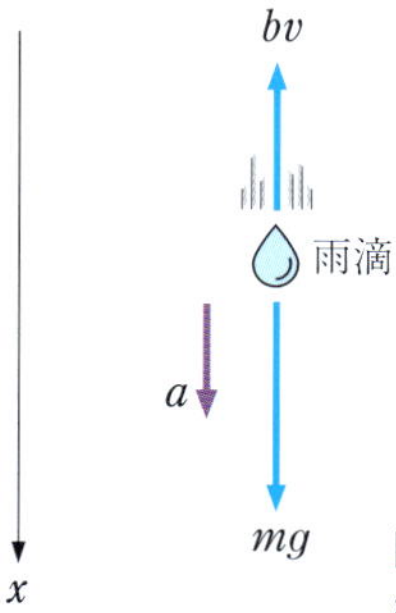

図 3.15 雨滴の落下
$ma = mg - bv$.

$$v_\mathrm{t} \equiv \frac{mg}{b} \tag{3.41}$$

になると，雨滴に作用する合力 F は 0 になるので，雨滴は一定の速さ v_t で落下しつづけるようになる．この速さ v_t を**終端速度**という．運動方程式 (3.40) は次の例題 5 で解く．雨滴が地面に落ちてくるとき等速運動をしているのは，終端速度に達しているためである．

問 11　粘性抵抗を受けて水の中を終端速度で落下しているいくつかの球状の物体がある．大きさが同じなら，終端速度は物体の質量に比例することを示せ．

問 12　風のない空気中を速さ v の 2 乗に比例する抵抗力 $\frac{1}{2}C\rho Av^2$ を受けながら鉛直下方に落下する質量 m の物体の運動方程式を書き，物体の運動を定性的に議論せよ．この物体の終端速度は

$$v_{\mathrm{t}} = \sqrt{\frac{2mg}{C\rho A}} \tag{3.42}$$

であることを示せ．

図 3.16

例 2　鉛のおもりと弁当のおかず入れに使うような紙製カップを使うと，落下速度と空気抵抗の関係がわかる．図 3.16 のようにカップ 1 枚のものから 4 枚重ねのものまで 4 通り用意する．これらを静かに落とすと，図 3.17 に示す v-t グラフが得られる．

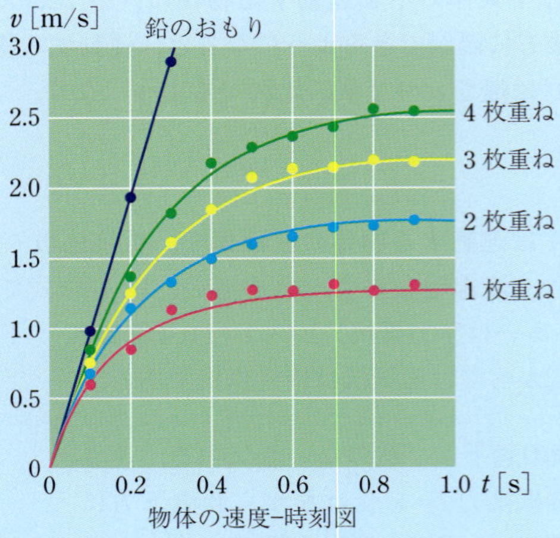

図 3.17*

*　v [m/s] は m/s を単位として表した速度 v の数値部分で，t [s] は s を単位として表した時刻 t の数値部分である．

(1)　鉛のおもりの実験データは $v = (9.8\ \mathrm{m/s^2})t = gt$ という直線に載っているので，おもりは重力による等加速度運動を行うことがわかる．

(2)　カップも，落ち始めの速さが遅く空気抵抗が無視できる間は，鉛のおもりと同じように，重力による等加速度運動を行うが，速さの増加とともに空気の抵抗が増加し，速さの増加の割合は減少し，やがて空気抵抗と重力がつり合い，終端速度での等速運動を行うことが読み取れる．

(3)　終端速度の比は $1 : \sqrt{2} : \sqrt{3} : \sqrt{4} = 1 : 1.41 : 1.73 : 2$ なので，枚数の平方根にほぼ比例している．カップの質量は枚数に比例するので，この実験結果は終端速度がカップの質量の平方根に比例していることを示す．この事実はカップが慣性抵抗を受けていることを示す [(3.42) 式参照]．なお，空気抵抗が粘性抵抗だとすると，(3.41) 式から終端速度はカップの質量（枚数）に比例する．

変数分離形の微分方程式

$$f(y)\frac{\mathrm{d}y}{\mathrm{d}x} = g(x) \tag{3.43}$$

という形をした微分方程式を**変数分離形の微分方程式**という．この微分方程式の一般解は，この式を $f(y)\,\mathrm{d}y = g(x)\,\mathrm{d}x$ と変形し，両辺を積分した

$$\int f(y)\,\mathrm{d}y = \int g(x)\,\mathrm{d}x \tag{3.44}$$

である（$\frac{\mathrm{d}y}{\mathrm{d}x}$ は $\mathrm{d}y$ を $\mathrm{d}x$ で割った商と考えてよい）．

例題 5 空気中で質量 m の雨滴が速さに比例する抵抗力を受けて落下するとき，速さ v は微分方程式

$$m\frac{\mathrm{d}v}{\mathrm{d}t} = mg - bv \tag{3.40}$$

を満たす（例題 4）．$t=0$ での雨滴の速さを 0 として（3.40）式を解け．また，雨滴の終端速度 $v_\mathrm{t} = \lim_{t\to\infty} v(t)$ を求めよ．

解 $\frac{\mathrm{d}v}{\mathrm{d}t}$ は $\Delta v \div \Delta t$ の $\Delta t \to 0$ の極限なので，$\frac{\mathrm{d}v}{\mathrm{d}t} = \mathrm{d}v \div \mathrm{d}t$ と見なして，（3.40）式を

$$\frac{\mathrm{d}v}{\frac{mg}{b} - v} = \frac{b}{m}\,\mathrm{d}t$$

と変形して，両辺を積分すると，

$$\int \frac{\mathrm{d}v}{\frac{mg}{b} - v} = \frac{b}{m}\int \mathrm{d}t$$

となる．$-\log|A-v|$ は $\frac{1}{A-v}$ の原始関数であることを使うと，

$$-\log\left|\frac{mg}{b} - v\right| = \frac{b}{m}t + C \quad (C\text{ は任意関数}) \tag{3.45}$$

となる．本書では log は e を底とする対数（自然対数）を意味する*．$A = \mathrm{e}^B$ と $B = \log A$ は同じ関係を表すので，（3.45）式は

$$\left|\frac{mg}{b} - v(t)\right| = \mathrm{e}^{-C}\mathrm{e}^{-\frac{bt}{m}} \tag{3.46}$$

となる．時刻 $t=0$ に落下し始めるので，$v(0) = 0$ である．$t=0$ で（3.46）式は $\mathrm{e}^{-C} = \frac{mg}{b}$ となるので，任意定数 C が決まる．そこで，（3.46）式から雨滴の速さ $v(t)$ は

$$v(t) = \frac{\mathrm{d}x}{\mathrm{d}t} = \frac{mg}{b}\left(1 - \mathrm{e}^{-\frac{bt}{m}}\right) \tag{3.47}$$

であることがわかる（図 3.18）．$t\to\infty$ で $\mathrm{e}^{-t}\to 0$ なので，

$$v_\mathrm{t} = \lim_{t\to\infty} v(t) = \frac{mg}{b} \tag{3.48}$$

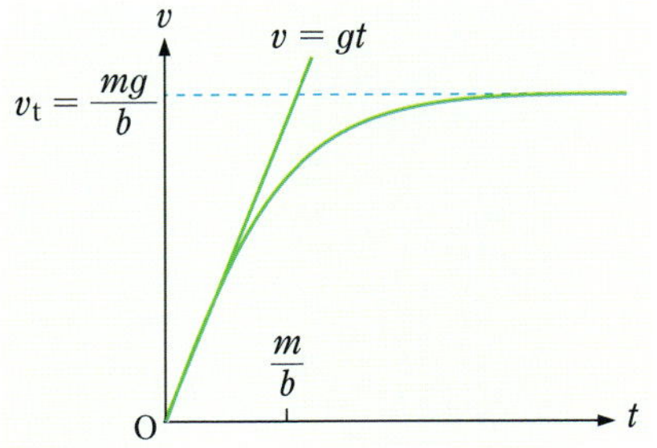

図 3.18 雨滴の落下速度 v と終端速度 $v_\mathrm{t} = \frac{mg}{b}$

* 関数電卓や欧米の多くの物理教科書では，自然対数（natural logarithm）$\log_\mathrm{e} x$ を $\ln x$ と表している．

問 13 $|bt| \ll 1$ では $\mathrm{e}^{-bt} \approx 1 - bt$ であることを使って，$v \approx gt$ を示せ．

問 14 （3.47）式と速度と変位の関係（3.18）から，雨滴の落下距離 $x(t)$ を求めよ．

未知関数とその導関数の 1 次方程式という形の微分方程式，たとえば，

$$\frac{\mathrm{d}^2x}{\mathrm{d}t^2}+a\frac{\mathrm{d}x}{\mathrm{d}t}+bx=f(t) \qquad (a, b\text{ は定数}) \tag{3.49}$$

$$\frac{\mathrm{d}v}{\mathrm{d}t}+\frac{b}{m}v=g \qquad (b, m, g\text{ は定数}) \tag{3.50}$$

を線形微分方程式という．係数 $a, b, \dfrac{b}{m}$ は定数なので，これらの微分方程式を定係数の微分方程式という．これらの方程式は，未知関数とその導関数を含まない項（非斉次項）である $f(t)$ や g を含むので，これらの方程式を非斉次方程式という．

非斉次の定係数の線形微分方程式の一般解は，微分方程式の1つの特殊解と非斉次項を0とおいた斉次方程式の一般解の和である．たとえば，非斉次の1階線形微分方程式(3.50)の一般解は，1つの特殊解

$$v=\frac{mg}{b} \tag{3.51}$$

（終端速度での等速直線運動を表す解）と，非斉次項を0とおいた

$$\frac{\mathrm{d}v}{\mathrm{d}t}+\frac{b}{m}v=0 \tag{3.52}$$

の一般解

$$v=C\,\mathrm{e}^{-\frac{bt}{m}} \qquad (C\text{ は任意定数}) \tag{3.53}$$

との和*

$$v=\frac{mg}{b}+C\,\mathrm{e}^{-\frac{bt}{m}} \tag{3.54}$$

である．(3.40)式の解(3.47)は，一般解(3.54)の任意定数 C が $-\dfrac{mg}{b}$ の場合である．

* $\dfrac{\mathrm{d}}{\mathrm{d}t}(C\,\mathrm{e}^{kt})=k(C\,\mathrm{e}^{kt})$ を使った．

演習問題3

A

1. 次の不定積分を計算せよ．t 以外は定数である（任意定数を C とせよ）．

(1) $\int\left(at^2+bt+c+\dfrac{d}{t}+\dfrac{e}{t^2}\right)\mathrm{d}t$

(2) $\int a\sin(\omega t+b)\,\mathrm{d}t$

(3) $\int a\cos(\omega t+b)\,\mathrm{d}t$

2. 高さ 122.5 m のところから物体を落とした．地面に届くまでの時間と地面に到着直前の速さを求めよ．空気の抵抗は無視できるものとする．

3. ガリレオ・ガリレイは，「初速度が 0 の等加速度運動では，一定時間ごとの落下距離は，1：3：5：7：… という等差数列で増加する」と推論し，斜面上の球の落下距離の等差数列的増加を確かめることによって，初速度が 0 の落下運動は等加速度運動であることを確かめた．図 1 を使って，かれの推論を説明せよ．

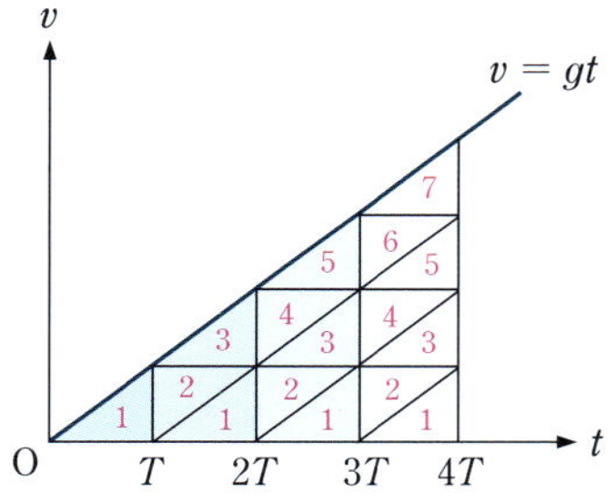

図 1

4. (1) 自動車を運転しているとき，前方に子どもが飛び出すなどの緊急事態では急ブレーキを踏んで車を停止させる．時速 50 km で走っている車の運転手が危険を発見してからブレーキを踏むまでの時間（空走時間）が 0.5 秒だとする．この間に自動車が移動する距離（空走距離）を計算せよ．

(2) 性能のよいブレーキとタイヤのついたある自動車では，ブレーキをかけると，約 7 m/s^2 で減速できる．時速 100 km で走っていた自動車が停止するまでに，どのくらい走行するか．ブレーキを踏んでからの走行距離を制動距離という．

5. x 方向に -10 m/s^2 の等加速度直線運動をしている物体がある．時刻 $t=0$ での速度は 20 m/s であった．

(1) 時刻 t での速度を表す式を求めよ．

(2) 時刻 $t=0$ から $t=5$ s までの移動距離と変位を求めよ．

6. 屋上から地面に金属球を自由落下させたら，落下時間は 3.0 秒だった．空気の抵抗は無視できるものとして，次の問に答えよ．

(1) 地上に到達する直前の金属球の速さ

(2) 屋上の高さ

(3) 金属球が落下する平均の速さ．

7. 物体が図 2 の軌道を放物運動する場合，

(1) 飛行時間を比較せよ．

(2) 初速度の鉛直方向成分を比較せよ．

(3) 初速度の水平方向成分を比較せよ．

(4) 初速度の大きさを比較せよ．

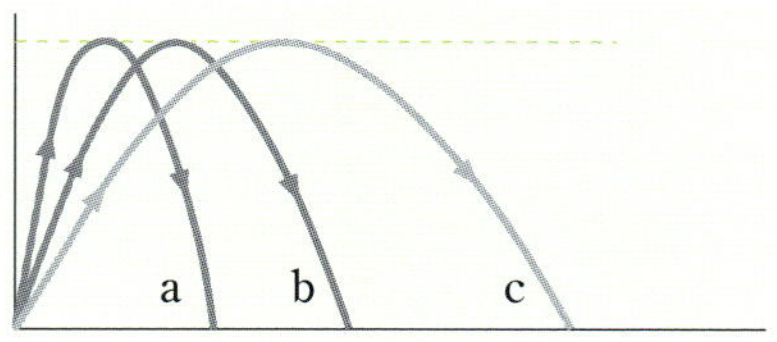

図 2

8. 地上 2.5 m のところで，テニスボールを水平に 36 m/s の速さでサーブした．ネットはサーブ地点から 12 m 離れていて，その高さは 0.9 m である．このボールはネットを越えるか．このボールの落下地点までの距離はいくらか．

B

1. ある物体の x-t グラフ，v-t グラフ，a-t グラフを図 3 に示す．

(1) 加速の際の加速度 a_1，減速の際の加速度 $-a_2$ を v, t_1, t_2, t_3 で表せ．

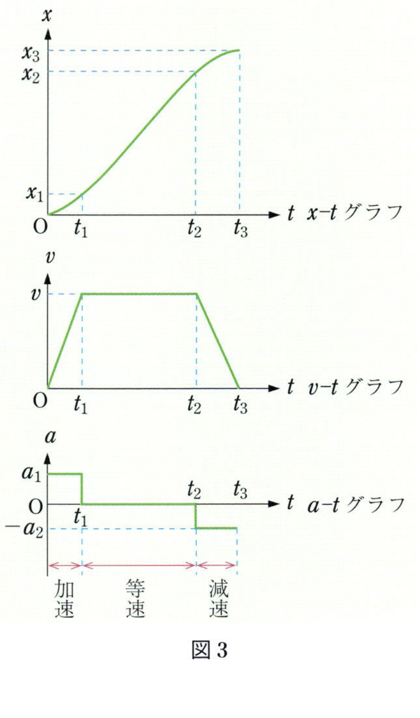

図 3

(2)　位置 x_1, x_2, x_3 を v, t_1, t_2, t_3 で表せ．

(3)　$t_2 < t < t_3$ での位置 x は

$$x = x_2 + v(t-t_2) - \frac{a_2(t-t_2)^2}{2}$$

であることを示せ．

2．質量 $m = 10\,\mathrm{kg}$ の物体が一定な力 F を受けて，x 軸上を運動している．

(1)　$+x$ 方向に $F = 20\,\mathrm{N}$ の力が作用するときの加速度を求めよ．

(2)　原点に静止していた物体に，$t = 0$ から $F = 10\,\mathrm{N}$ の力が作用した．$t = 10\,\mathrm{s}$ における位置 x と速度 v を求めよ．

(3)　$t = 0$ での位置 x_0 と速度 v_0 が $x_0 = 0$，$v_0 = 20\,\mathrm{m/s}$ の物体に，$F = -20\,\mathrm{N}$ の力が作用している．物体の速度が 0 になる時刻とそれまでの移動距離 x を求めよ．

(4)　$t = 0$ での速度が $v_0 = 20\,\mathrm{m/s}$ で，$t = 5\,\mathrm{s}$ での速度が $v = 40\,\mathrm{m/s}$ であった．この間に物体に作用していた力の大きさ F を求めよ．

3．ロケット内での大きな加速度に耐えるための訓練用の乗り物が，宇宙飛行士を乗せて距離 d を走る間に，速さ $200\,\mathrm{m/s}$ から静止した．宇宙飛行士の受ける加速度が重力加速度の 6 倍を越えないためには，d の最小値はいくらか．

4．高さ $3\,\mathrm{m}$ のがけの上から飛び下りる人がいる．足ががけの下の地面に触れると，すぐにひざを曲げ始め，胴体が一様に減速されるようにする．

(1)　人の足が着地したときの人の速さはいくらか．

(2)　減速している間，足が $40\,\mathrm{kg}$ の胴体（腕と頭も含めた）に及ぼす力を求めよ．足の長さは $60\,\mathrm{cm}$ とせよ．

5．高い塔の上からスカイダイビングした人が重力と慣性抵抗を受けて落下する速さは，

$$v(t) = v_\mathrm{t}\frac{1-\exp\left(-\dfrac{2gt}{v_\mathrm{t}}\right)}{1+\exp\left(-\dfrac{2gt}{v_\mathrm{t}}\right)}$$

であることを示せ．t は落下開始後の時間で，v_t は終端速度である．なお，$v(t=0) = 0$ とする．

6．水平面と角度 θ をなす斜面に対して角度 α で物体を初速 v_0 で時刻 $t = 0$ に投げるとき，図 4 のように x, y 座標を選ぶと，

$$x = -\frac{1}{2}gt^2\sin\theta + v_0 t\cos\alpha,$$

$$y = -\frac{1}{2}gt^2\cos\theta + v_0 t\sin\alpha$$

となることを示し，斜面に到達するときの時刻 T と到達点の x 座標 X は

$$T = \frac{2v_0\sin\alpha}{g\cos\theta},$$

$$X = \frac{{v_0}^2}{g\cos^2\theta}\{\sin(2\alpha+\theta)-\sin\theta\}$$

であることを示せ．もっとも遠くに到達させるための角度 α はいくらか．

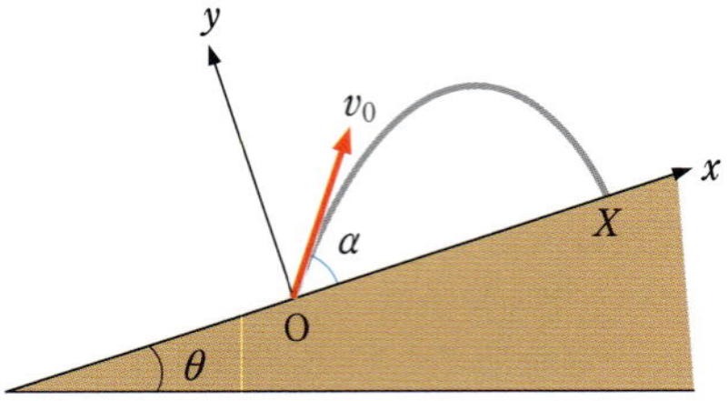

図 4

7．速度に比例する抵抗 $bv = m\beta v$ を受ける放物体（質量 m）の運動方程式は

$$m\frac{\mathrm{d}v_x}{\mathrm{d}t} = mg - bv_x \qquad (+x\text{ 軸は鉛直下向き})$$

$$m\frac{\mathrm{d}v_y}{\mathrm{d}t} = -bv_y \qquad (y\text{ 軸は水平方向})$$

である（図 5）．$t = 0$ で $x = y = 0$，$v_x = v_{x0}$，$v_y = v_{y0}$ とすると，運動方程式の解は

$$v_x = \left(v_{x0} - \frac{g}{\beta}\right)\mathrm{e}^{-\beta t} + \frac{g}{\beta}, \qquad v_y = v_{y0}\,\mathrm{e}^{-\beta t}$$

$$x = +\frac{g}{\beta}t + \frac{1}{\beta}\left(v_{x0} - \frac{g}{\beta}\right)\left(1-\mathrm{e}^{-\beta t}\right),$$

$$y = \frac{v_{y0}}{\beta}(1-\mathrm{e}^{-\beta t})$$

であることを示せ．$t\to\infty$ で $v_x \to v_{x\mathrm{t}} = \dfrac{g}{\beta}$，$y \to y_\mathrm{t} = \dfrac{v_{y0}}{\beta}$ を示せ．

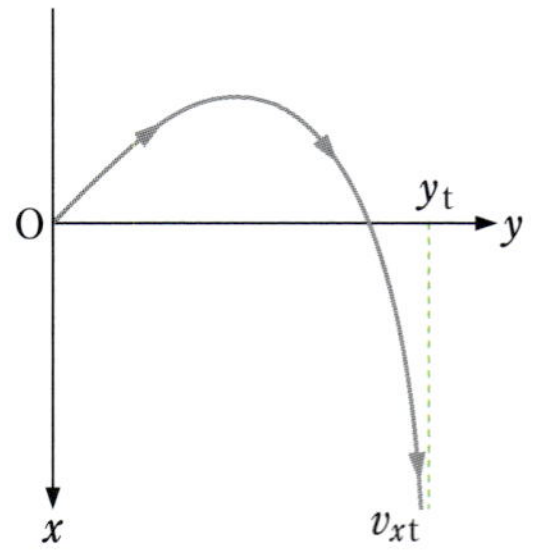

図 5

物理学の創始者ガリレオ（1564–1642 年）

物理学の創始者はガリレオだといわれる．その理由は，現代的な科学研究の方法によって物理学の研究を最初に行ったのはガリレオだったからである．ガリレオは望遠鏡を製作して木星の衛星や太陽の黒点を発見して，その運動を観測し，地動説を確立したばかりでなく，「自然現象を見て，仮説を立て，仮説に基づいて推論を行い，推論結果を実験で検証して自然法則を見つける」という現代の科学研究で使われている研究方法で自由落下の研究を行い，「空気の抵抗が無視できる場合にはすべての物体は同じ加速度で落下する」ことを発見したのである．

ガリレオの時代には「すべての物体は落下し始めてからすぐに重さに比例する一定の速さ（等速）で落下する」という古代のアリストテレスの理論が信じられていた．これに対してガリレオは「自由落下は等加速度運動である．そして，異なる重さの鉄球を同じ高さから同時に落とすと，2 つの鉄球は地面にほぼ同時に到達する」と主張した．

ガリレオは鉄球の自由落下は等加速度運動であること，つまり，鉄球の速さ v は落下時間 t に比例して，$v = gt$（g は比例定数）のように増加することを次のようにして証明した．演習問題 1 の図 3 のストロボ写真から各時刻での鉄球の位置は良い精度で測定できるが，各時刻での鉄球の速さを良い精度で求めることはできない．この写真から速度を調べようとすると，2 つの時刻での位置のデータから 1/30 秒間の平均速度しか求められないからである．つまり．鉄球を自由落下させて落下速度 v が $v = gt$ という式にしたがうことを示すのは難しい．

さて，落下速度が $v = gt$ の場合には，時間 t の自由落下での平均速度が $\frac{1}{2}gt$ なので，「落下距離」＝「平均速度」×「落下時間」は $\frac{1}{2}gt^2$ である．したがって，時刻 $t = T, 2T, 3T, 4T, \cdots$ での落下距離 d は $d = \frac{1}{2}gT^2, 2gT^2, \frac{9}{2}gT^2, 8gT^2, \cdots$ なので，落下開始後の時間 T ごとの落下距離は，$\frac{1}{2}gT^2$，$2gT^2 - \frac{1}{2}gT^2 = \frac{3}{2}gT^2$，$\frac{9}{2}gT^2 - 2gT^2 = \frac{5}{2}gT^2$，$8gT^2 - \frac{9}{2}gT^2 = \frac{7}{2}gT^2, \cdots$ となり，大きさの比が $1:3:5:7:\cdots$ という等差数列になる．ガリレオはこう推論して，実験を行い，一定時間ごとの落下距離の比が等差数列になることを見いだし，推論が正しいことを確かめた．

ストロボ写真のない時代に自由落下は速すぎたので，角材に溝を掘った斜面の上で金属球を転落させる実験を行った（図 3.A）．斜面と水平のなす角 θ が小さいときには球がゆっくり落ちるので，実験がしやすいからである．ガリレオは斜面の傾きを変えても，一定の落下時間ごとの落下距離の比が等差数列になることを確かめた．ガリレオは，この結果は角 θ が 90° のときにも成り立つと推論した．

また，重さの異なる球が同一の斜面を転がり落ちるときは同じ加速度で落ちることを確かめた．

ガリレオは各時刻での落下運動の速度を測定して，落下運動が等加速度運動であることを直接的に示すことはできなかった．しかし，一定の落下時間ごとの落下距離の比が等差数列になることを実験的に確かめて，落下運動が等加速度運動であることを間接的に証明することに成功したのである．

ガリレオは空気の抵抗が無視できればすべての物体は同時に地面に落下すると考えていた．ガリレオの死後間もなく真空ポンプが発明され，真空容器中を鳥の羽と貨幣が同じ速さで落下することをボイルが 1660 年に示し，ガリレオの考えの正しさが示された．

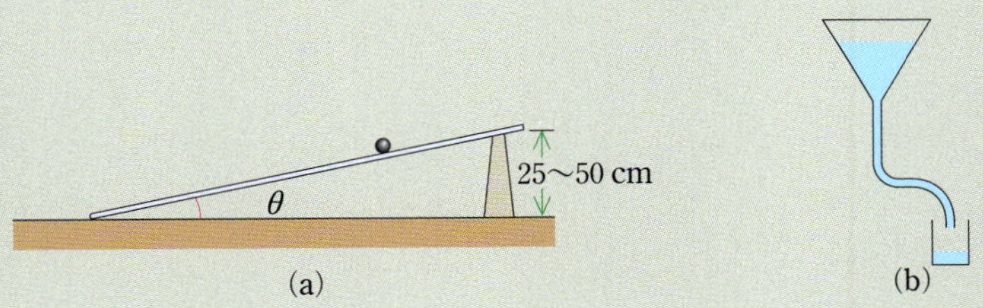

図 3.A　ガリレオの実験．(a) 長さが約 6 m の角材に溝を切り，この溝の上で金属球を転がした．(b) 時間を測るために，水が入った大きな容器を高い所に置き，この容器の底に細い管を接着して，管から細い水流が噴出するようにし，この水をコップに集め，その水の重さを精密な天秤で測定した．

振　　　　動

振動というと，弦楽器の弦や太鼓の膜や音さなどの広がっている物体の振動が思い浮かぶ．この章では，振り子のおもりのような広がりを無視できる物体（質点）がつり合いの位置からの変位（ずれ）に比例する復元力の作用によって行う単振動とよばれる周期運動を主に学ぶ．

外部からエネルギーを補給しないと，振り子の振幅は小さくなっていく．これを減衰振動という．振動させつづけるには，周期的に振動する力を振り子に作用させればよい．振り子に周期的に振動する力を作用させたときの，力と同じ振動数での振動を強制振動という．

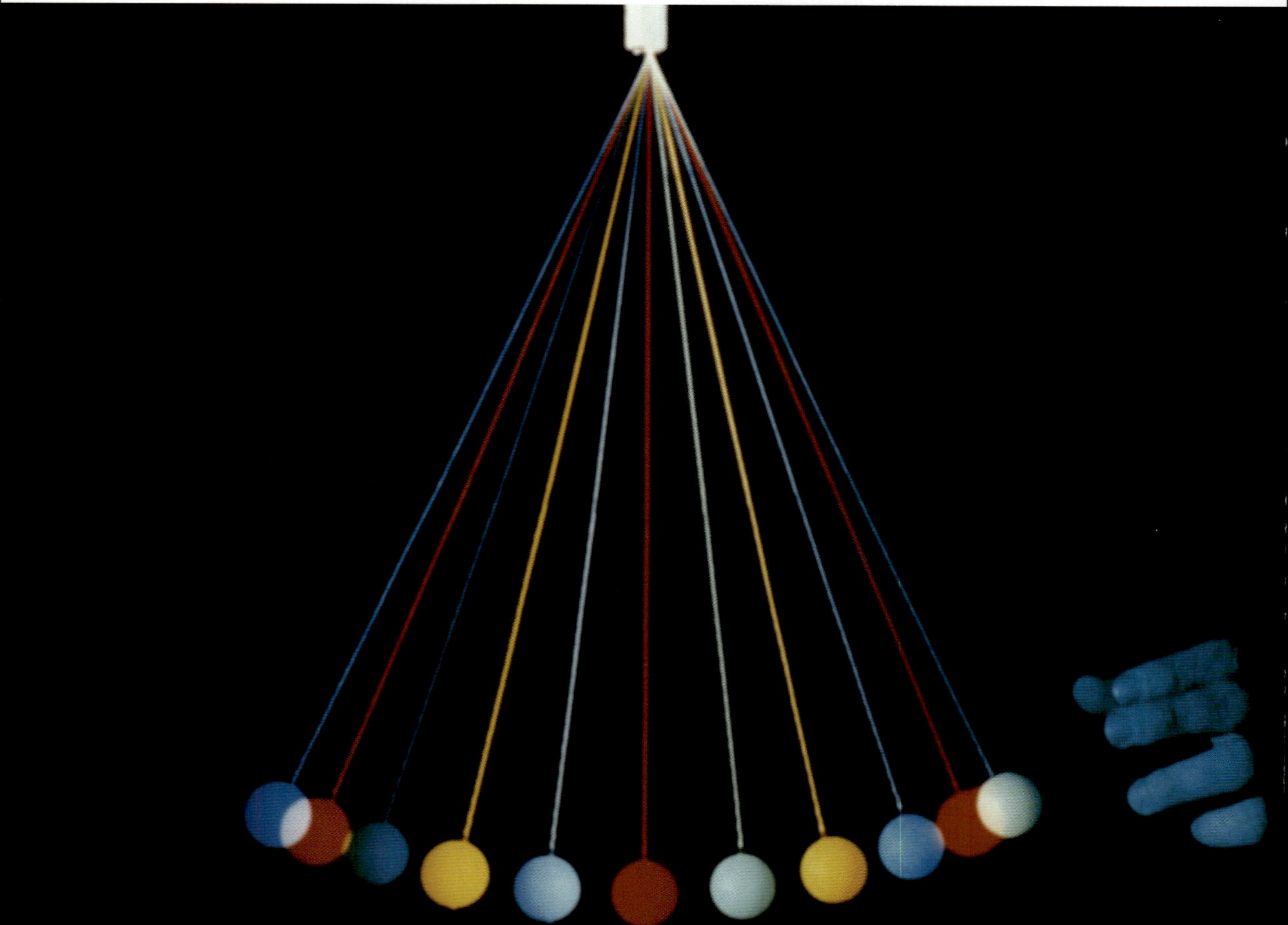

4.1 単　振　動

学習目標　ばね振り子と単振り子の単振動を，微分方程式としての運動方程式を解くことによって理解する．

弾力　固体を変形させると変形をもとに戻そうとする復元力が作用する．外力が加わっていない自然な状態からの変形の大きさ（たとえば，ばねの伸び縮み）が小さいときには，復元力の大きさは変形の大きさに比例する．これを**フックの法則**といい，この復元力を**弾力**（あるいは弾性力）という．弾力を F，変形量を x とすると，フックの法則は

$$F = -kx \tag{4.1}$$

と表せる．正の比例定数 k を**弾性定数**（ばねの場合は**ばね定数**）という．負符号をつけた理由は，復元力の向きと変形の向きは逆だからである．たとえば，復元力は伸びているばねを縮ませようとし，縮んでいるばねを伸ばそうとする．弾力については第 10 章で詳しく説明する．

図 4.1　ばね

単振動　フックの法則にしたがう復元力による振動を**単振動**という．単振動はもっとも簡単な振動である．単振動の例を示そう．図 4.2 (a) のように，ばねの一端を固定して鉛直に吊す．ばねの下端に質量 m のおもりをつけると，ばねの長さが x_0 だけ伸びて，下向きの重力 mg と上向きの弾力 $f = kx_0$ がつり合う（$mg = kx_0$）．したがって，ばねの伸び x_0 は

$$x_0 = \frac{mg}{k}$$

である．つり合いの状態でのおもりの位置を原点 O に選び，鉛直下向きを $+x$ 方向に選ぶ [図 4.2 (b)]．おもりに作用する力 F は，重力 mg

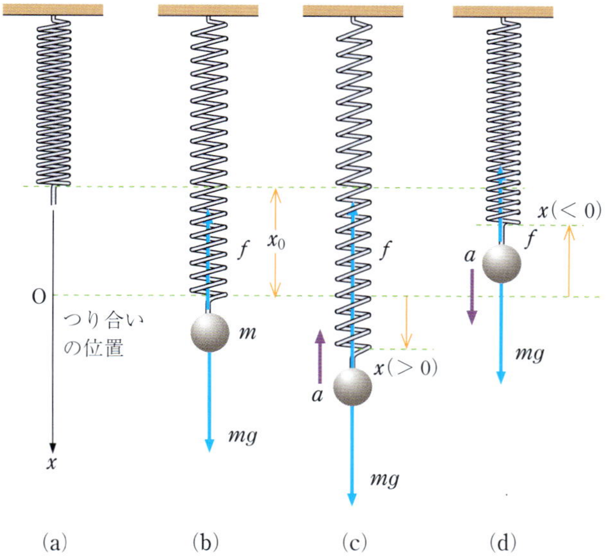

図 4.2　ばね振り子．おもりに作用する力は重力 mg とばねの弾力 $f = -k(x+x_0)$ の合力であり

$$F = mg - k(x+x_0) = -kx$$

となる．これがおもりをつり合いの位置（原点 O）に戻そうとする力（復元力）である．

とばねの弾力 $f = -k(x+x_0)$ の合力なので，

$$F = mg - k(x+x_0) = -kx \tag{4.2}$$

であり，つり合いの状態からの変位 x に比例する復元力である．おもりを下に引き下げて，手を放すと，おもりは上下に振動する．この振動はフックの法則にしたがう復元力による振動なので単振動である．

単振動の運動方程式とその解　力 $F = -kx$ の作用を受けて x 軸上で振動する質量 m のおもりの運動方程式は

$$m\frac{\mathrm{d}^2x}{\mathrm{d}t^2} = -kx \tag{4.3}$$

である．そこで，$\dfrac{k}{m} = \omega^2$，すなわち，

$$\omega = \sqrt{\frac{k}{m}} \tag{4.4}$$

とおくと，(4.3) 式は，

$$\frac{\mathrm{d}^2x}{\mathrm{d}t^2} = -\omega^2 x \tag{4.5}$$

となる．これが単振動のしたがう微分方程式の標準の形である．

微分方程式 (4.5) を解くということは，(4.5) 式に代入すると左右両辺が等しくなるような変数 t の関数 $x(t)$ を探すことである．つまり，(4.5) 式は，t で 2 回微分すると元の関数の $-\omega^2$ 倍になる関数 $x(t)$ を探すことを指示している．このような条件を満たす関数として

$$x(t) = A\cos(\omega t + \theta_0) \tag{4.6}$$

がある．この場合，速度 $v(t)$ は

$$v(t) = \frac{\mathrm{d}x}{\mathrm{d}t} = -\omega A\sin(\omega t + \theta_0) \tag{4.7}$$

で，加速度 $a(t)$ は，$x(t)$ の $-\omega^2$ 倍の，

$$a(t) = \frac{\mathrm{d}^2x}{\mathrm{d}t^2} = -\omega^2 A\cos(\omega t + \theta_0) = -\omega^2 x(t) \tag{4.8}$$

だからである．したがって，(4.6) 式は単振動の微分方程式 (4.5) の解である．

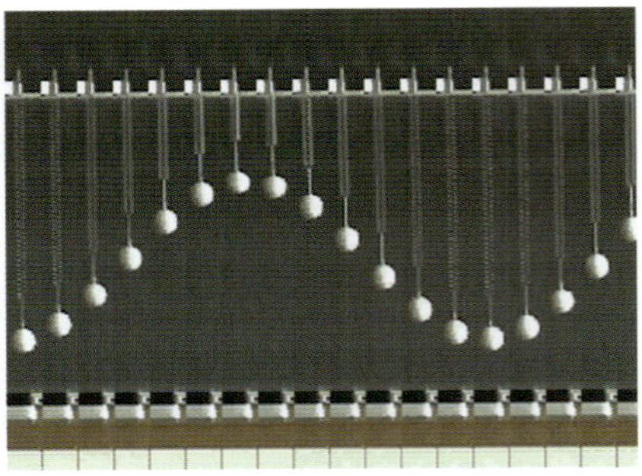

図 4.3　ばね振り子の合成写真

振動するおもりの位置を表す解 (4.6) を図示すると，図 4.4 (a) のようになる．この振動はおもりが 2 点 $x = A$ と $-A$ の間を往復する振動である．変位の最大値 A を**振幅**という．図 4.4 (a) を見ると，(4.6) 式は，半径 A，角速度 ω の等速円運動をしている物体の位置の x 成分の運動と同じであることがわかる．等速円運動の場合は ω を角速度とよぶが，単振動の場合は ω を**角振動数**とよぶ．(4.6) 式の右辺の $\omega t + \theta_0$ を振動の**位相**とよび，θ_0 を初期位相とよぶ．位相は振動がどの状態にあるのかを示す．

$\cos(x + 2\pi) = \cos x$ なので，(4.6) 式が表す振動は，$\omega T = 2\pi$ になる時間，

(a) $x = A\cos(\omega t + \theta_0)$

(b) $v = -\omega A \sin(\omega t + \theta_0) = \omega A \cos\left(\omega t + \theta_0 + \frac{\pi}{2}\right)$

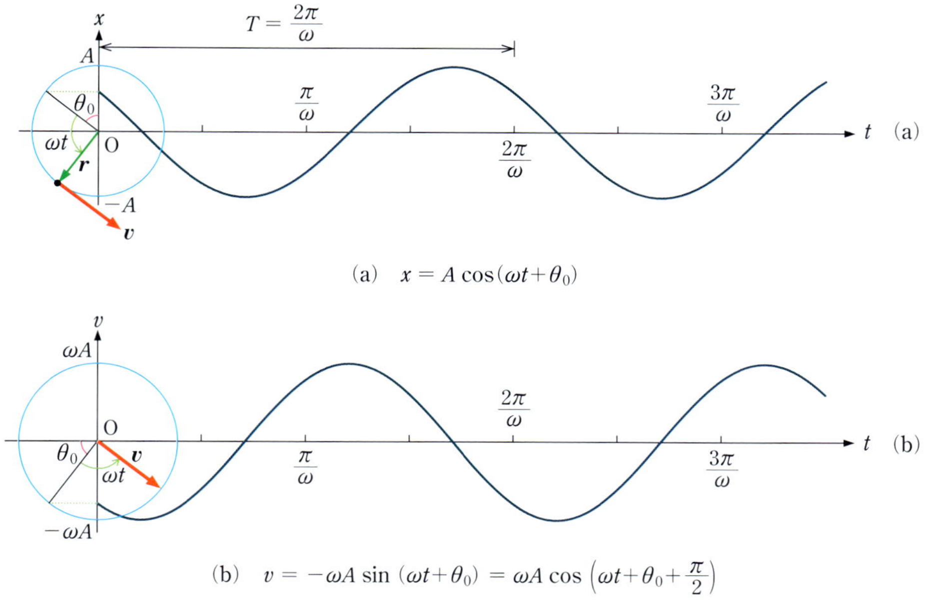

図 4.4 単振動

$$T = \frac{2\pi}{\omega} = 2\pi\sqrt{\frac{m}{k}} \quad \text{(周期)} \tag{4.9}$$

が経過するたびに同じ運動を繰り返す，周期 T の周期運動である．単位時間あたりの**振動数** f は，周期 T の逆数なので ($fT = 1$)，

$$f = \frac{1}{T} = \frac{\omega}{2\pi} = \frac{1}{2\pi}\sqrt{\frac{k}{m}} \quad \text{(振動数)} \tag{4.10}$$

である．振動数の単位は $1/\text{s}$ であるが，これをヘルツとよび Hz と記す．振動数の式 (4.10) を眺めると，振動数 f は $\sqrt{k}$ に比例し，$\sqrt{m}$ に反比例するので，ばねに吊されたおもりの振動は，ばねが強く (k が大きく) おもりが軽い (m が小さい) ほど速く，ばねが弱く (k が小さく) おもりが重い (m が大きい) ほど遅い．単振動の周期は，振幅によって変わらない．この事実は単振動の大きな特徴であり，**等時性**という．

振動数の単位 $\text{Hz} = 1/\text{s}$

解 (4.6) は，2 つの任意定数 A と θ_0 を含むので，2 階の微分方程式 (4.5) の一般解である．任意定数 A と θ_0 の物理的意味を調べるために，(4.6) 式と (4.7) 式で $t = 0$ とおくと，

$$x_0 = x(0) = A\cos\theta_0, \quad v_0 = v(0) = -\omega A \sin\theta_0 \tag{4.11}$$

となる．三角関数の加法定理 $\cos(\alpha + \beta) = \cos\alpha\cos\beta - \sin\alpha\sin\beta$ を使って，(4.6) 式を

$$x(t) = A\cos(\omega t + \theta_0) = A\cos\omega t \cos\theta_0 - A\sin\omega t \sin\theta_0 \tag{4.12}$$

と変形し，(4.11) 式を代入すると，

$$x = x_0 \cos\omega t + \frac{v_0}{\omega}\sin\omega t \tag{4.13}$$

となる．つまり，(4.6) 式の 2 つの任意定数 A と θ_0 は時刻 $t = 0$ でのおもりの位置 x_0 と速度 v_0 に対応していることがわかった．A と θ_0 を

調節すると，時刻 $t=0$ でのおもりの位置 x_0 と速度 v_0 がどのような値でも，(4.6) 式がおもりの運動を正しく表すようにできる．これが (4.6) 式は一般解であることの意味である．

例 1　図 4.2 のおもりを距離 A だけ下に引っ張って，そっと手を放すときには，$x_0=A$，$v_0=0$ なので，(4.13) 式は次のようになる．

$$x = A\cos\omega t \tag{4.14}$$

例題 1　図 4.2 (a) のばねに 0.10 kg のおもりを吊したら，ばねの長さが 0.02 m 伸びた．このおもりが上下に振動するときの周期と振動数を求めよ．

解　ばねの伸びを x_0 とすると，関係 $mg=kx_0$ から，ばね定数 k は

$$k = \frac{mg}{x_0} = \frac{(0.10\,\mathrm{kg})\times(9.8\,\mathrm{m/s^2})}{0.02\,\mathrm{m}} = 49\,\mathrm{kg/s^2}$$

なので，(4.9) 式と (4.10) 式から

$$T = 2\pi\sqrt{\frac{m}{k}} = 2\pi\sqrt{\frac{0.1\,\mathrm{kg}}{49\,\mathrm{kg/s^2}}} = 0.28\,\mathrm{s}$$

$$f = \frac{1}{T} = 3.5\,\mathrm{Hz}$$

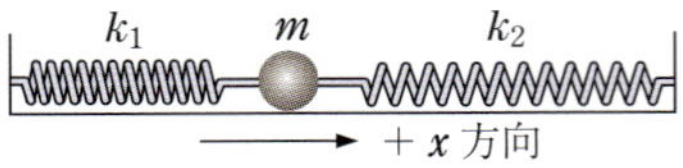

図 4.5

問 1　図 4.5 のように，質量 m のおもりの両側にばね定数が k_1 と k_2 のばねを付け，なめらかな水平面上に置き，ばねの他端を固定する．静止の状態では，ばねの長さは自然の長さとする．おもりを矢印の方向に距離 x だけずらして手を放した場合のおもりの振動数 f を求めよ．

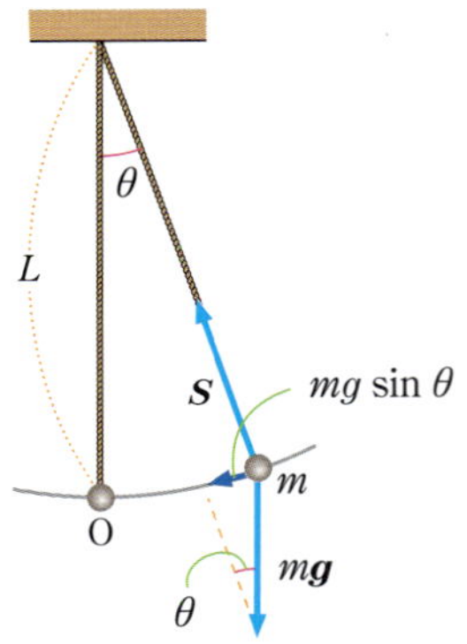

図 4.6　単振り子

図 4.7　単振り子の合成写真

単振り子　単振動の第 2 の例として，単振り子の振動がある．長い糸 (長さ L) の一端を固定し，他端におもり (質量 m) をつけ，鉛直面内でおもりに振幅の小さな振動をさせる装置を**単振り子**という．おもりは糸の張力 $\boldsymbol{S}$ と重力 $m\boldsymbol{g}$ の作用を受けて，半径 L の円弧上を往復運動する．糸の張力の向きはおもりの運動方向に垂直なので，おもりを運動させる力は重力 $m\boldsymbol{g}$ の軌道の接線方向成分 F である．振り子が鉛直線から角 θ だけずれた状態では

$$F = -mg\sin\theta \quad (g \text{ は重力加速度}) \tag{4.15}$$

である (図 4.6)．負符号は，力の向きがおもりのずれの向きと逆向きであることを示す．この力 F によって，おもりは円弧上を往復運動する．

鉛直軸と糸のなす角を θ とすると，最低点 O からのおもりの移動距離 (弧の長さ) は $L\theta$ なので [(1.28) 式参照]，おもりの加速度の円の接線方向成分は $\dfrac{\mathrm{d}^2(L\theta)}{\mathrm{d}t^2} = L\dfrac{\mathrm{d}^2\theta}{\mathrm{d}t^2}$ である．したがって，円の接線方向のおもりの運動方程式は次のようになる．

$$mL\frac{\mathrm{d}^2\theta}{\mathrm{d}t^2} = -mg\sin\theta \tag{4.16}$$

$$\therefore\quad \frac{\mathrm{d}^2\theta}{\mathrm{d}t^2} = -\frac{g}{L}\sin\theta \tag{4.17}$$

振り子の振れが小さい場合 ($|\theta|$ が 1 に比べてはるかに小さい場合) には，$\sin\theta \approx \theta$ なので [(1.29) 式参照]，(4.17) 式は

$$\frac{\mathrm{d}^2\theta}{\mathrm{d}t^2} = -\frac{g}{L}\theta \tag{4.18}$$

となる．(4.18) 式で

$$\omega = \sqrt{\frac{g}{L}} \tag{4.19}$$

とおくと，(4.5) 式と同じ形になるので，(4.18) 式の一般解は，単振動

$$\theta = \theta_{\max}\cos(\omega t + \beta) \tag{4.20}$$

である．振れの角の最大値 $\theta_{\max}$ と β は任意定数である．

単振り子の振動数 f と周期 T は，

$$f = \frac{1}{2\pi}\sqrt{\frac{g}{L}}, \qquad T = 2\pi\sqrt{\frac{L}{g}} \tag{4.21}$$

である．糸の長さ L が短いほど単振り子の周期は短い．単振り子の振動の周期が振幅 $\theta_{\max}$ によらずに一定であることを単振り子の**等時性**という．なお，振幅が大きくなると復元力の大きさは $mg|\sin\theta| < mg|\theta|$ なので，周期 T は $2\pi\sqrt{\frac{L}{g}}$ よりも長くなる．

図 4.8　ピサの大聖堂のランプ

伝説によると，単振り子の等時性はピサの大聖堂のランプがゆれるのを見ていたガリレオによって 1583 年に発見された．ピサ大学の学生であった 19 歳のガリレオは，大聖堂の天井から吊してある大きな青銅製のランプを寺男が点灯した際に，ランプがゆれるのをじっと見ていて，振幅がだんだん小さくなっていっても，ランプが往復する時間は一定であることに気づいたということである．ガリレオは脈拍を数えることによって，振動の周期が変わらないことを確かめたといわれている．

単振り子の周期 T は正確に測定できる．この測定値を使うと重力加速度 g は

$$g = \frac{4\pi^2 L}{T^2}$$

から正確に決められる．自由落下では運動が速すぎて g の正確な測定が困難なのと好対照である．

例題 2　糸の長さ $L = 1\,\mathrm{m}$ の単振り子の周期はいくらか．

解　(4.21) 式の第 2 式から

$$T = 2\pi\sqrt{\frac{L}{g}} = 2\pi\sqrt{\frac{1\,\mathrm{m}}{9.8\,\mathrm{m/s^2}}} = 2.0\,\mathrm{s}$$

例題 3　周期が 1 秒の単振り子の糸の長さは何 m か．

解　(4.21) 式の第 2 式から

$$L = \frac{gT^2}{4\pi^2} = \frac{(9.8\,\mathrm{m/s^2})\times(1\,\mathrm{s})^2}{4\pi^2} = 0.25\,\mathrm{m}$$

問 2　糸の長さ $L = 2\,\mathrm{m}$ の単振り子の周期はいくらか．

問 3　単振り子の糸の方向の運動方程式は次のようになることを示せ．

$$mL\left(\frac{\mathrm{d}\theta}{\mathrm{d}t}\right)^2 = S - mg\cos\theta \tag{4.22}$$

問 4　振り子のおもりが a → b → c → d → e と運動するとき，おもりの加速度を最もよく表すのは図 4.9 の ①，②，③，④，⑤ のどれか．接線加速度と向心加速度があることに注意せよ．

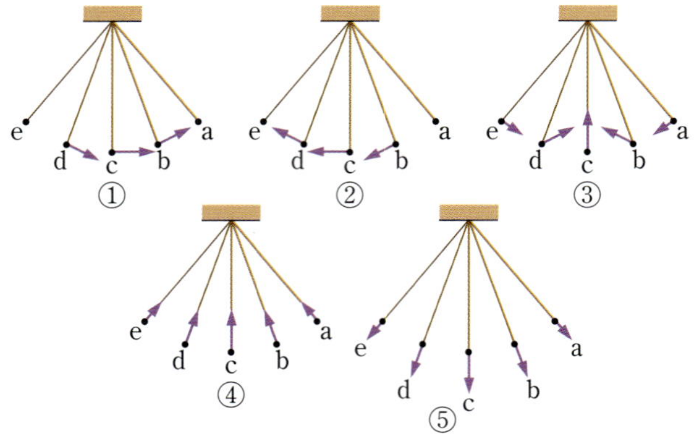

図 4.9

4.2 減衰振動と強制振動

学習目標　減衰振動，強制振動および共振は，それぞれどのような現象かを説明できるようになる．

減衰振動　単振動は一定の振幅でいつまでもつづく振動であるが，現実の振動では空気の抵抗や摩擦などで振動のエネルギーが失われ，振幅が時間とともに減衰していく．振幅が減衰していく振動を減衰振動という．図 4.2 のおもりを長さ A だけ下に引き下げてそっと手を放したときのおもりの運動を示すと図 4.10 のようになる．空気抵抗による減衰を大きくするには，おもりの下に円板をつけて振動させればよい．

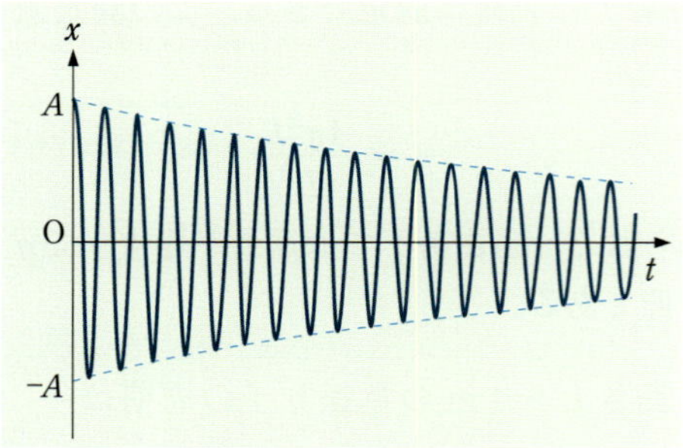

図 4.10　減衰振動．外部からエネルギーを補給しないと，振動は減衰していく．

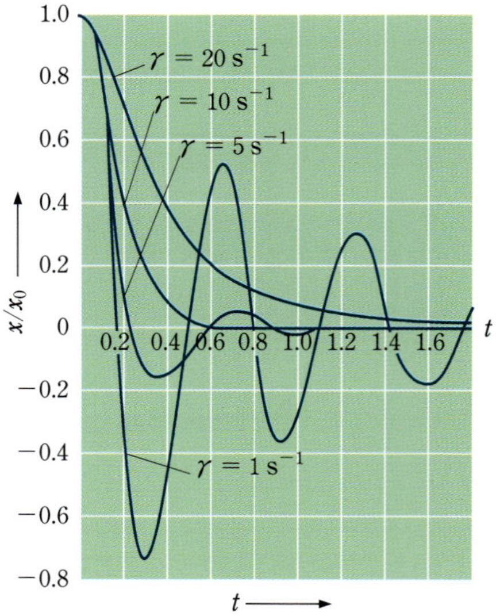

図 4.11　初期条件が $x=x_0$，$v=0$ の場合の，$\omega=10\,\mathrm{s}^{-1}$ の振り子の振動．$\gamma<10\,\mathrm{s}^{-1}$ の場合は減衰振動，$\gamma=10\,\mathrm{s}^{-1}$ の場合は臨界減衰，$\gamma>10\,\mathrm{s}^{-1}$ の場合は過減衰．

減衰振動の例として，復元力 $-kx=-m\omega^2x$ を受けて単振動する質量 m の物体に，速さに比例する抵抗（粘性抵抗）$-2m\gamma v$ が作用する場合を考えよう．γ は正の定数である．

減衰振り子のおもりを長さ x_0 だけ下に引き下げて，$t=0$ にそっと手を放した場合の運動の例を図 4.11 に示す．粘性抵抗が小さい間は，振幅が減衰していく振動の**減衰振動**であるが，粘性抵抗が大きいと，おもりの運動は振動ではなくなる．これを**過減衰**という．減衰振動と過減衰の境界の場合を**臨界減衰**という．

例題 4 減衰振動 運動方程式

$$m\frac{\mathrm{d}^2x}{\mathrm{d}t^2} = -kx-2m\gamma\frac{\mathrm{d}x}{\mathrm{d}t} = -m\omega^2x-2m\gamma\frac{\mathrm{d}x}{\mathrm{d}t} \quad (4.23)$$

したがって，

$$\frac{\mathrm{d}^2x}{\mathrm{d}t^2}+2\gamma\frac{\mathrm{d}x}{\mathrm{d}t}+\omega^2x = 0 \quad (4.24)$$

の解を求めよ．

解

$$x = y\,\mathrm{e}^{-\gamma t} \quad (4.25)$$

とおくと，

$$\frac{\mathrm{d}x}{\mathrm{d}t} = \frac{\mathrm{d}y}{\mathrm{d}t}\mathrm{e}^{-\gamma t}-\gamma y\,\mathrm{e}^{-\gamma t}$$

$$\frac{\mathrm{d}^2x}{\mathrm{d}t^2} = \frac{\mathrm{d}^2y}{\mathrm{d}t^2}\mathrm{e}^{-\gamma t}-2\gamma\frac{\mathrm{d}y}{\mathrm{d}t}\mathrm{e}^{-\gamma t}+\gamma^2y\,\mathrm{e}^{-\gamma t}$$

となるので，これを (4.24) 式に代入すると，

$$\frac{\mathrm{d}^2y}{\mathrm{d}t^2}+(\omega^2-\gamma^2)y = 0 \quad (4.26)$$

となる．

(1) $\omega > \gamma$ の場合（**減衰振動**） 抵抗が小さく $\omega > \gamma$ の場合，(4.26) 式は角振動数 $\sqrt{\omega^2-\gamma^2}$ の単振動の方程式なので，その一般解は，$y = A\cos(\sqrt{\omega^2-\gamma^2}\,t+\theta_0)$ であり，(4.23) 式の一般解は

$$x(t) = A\mathrm{e}^{-\gamma t}\cos(\sqrt{\omega^2-\gamma^2}\,t+\theta_0) \quad (4.27)$$

この解は振幅が $A\mathrm{e}^{-\gamma t}$ のように減衰していく減衰振動を表す．振動の周期 T は

$$T = \frac{2\pi}{\sqrt{\omega^2-\gamma^2}} \quad (4.28)$$

で，抵抗のない場合の周期 $\dfrac{2\pi}{\omega}$ に比べ長い．

(2) $\omega = \gamma$ の場合（**臨界減衰**） $\omega^2-\gamma^2 = 0$ なので，(4.26) 式は $\dfrac{\mathrm{d}^2y}{\mathrm{d}t^2} = 0$ となる．この方程式の一般解は，$y = A+Bt$ なので，(4.23) 式の一般解は

$$x(t) = (A+Bt)\mathrm{e}^{-\gamma t} \quad (A, B \text{ は任意定数}) \quad (4.29)$$

(3) $\omega < \gamma$ の場合（**過減衰**） 抵抗が大きく $\omega < \gamma$ の場合には，$p = \sqrt{\gamma^2-\omega^2}$ とおくと，(4.26) 式は $\dfrac{\mathrm{d}^2y}{\mathrm{d}t^2} = p^2y$ となる．この一般解は，$y = A\mathrm{e}^{pt}+B\,\mathrm{e}^{-pt}$ なので，

$$x(t) = A\mathrm{e}^{-(\gamma-p)t}+B\,\mathrm{e}^{-(\gamma+p)t} \quad (A, B \text{ は任意定数}) \quad (4.30)$$

減衰振動を利用した例に，ドアクローザがある．空気ばねの復元力と油の粘性を利用した減衰装置によって，開けたドアからそっと手を放したときに，ドアが音を立てることなく閉じるようにする装置で，ドアが臨界減衰するように調節されている．

図 4.12 ドアクローザ

強制振動と共振 外部からエネルギーを供給しないと，振動の振幅は時間とともに減少していく．振動を減衰させる抵抗力や摩擦力が作用する場合に，一定の振幅の振動をつづけさせるには，外部から一定な周期で振動する外力を作用させて，エネルギーを補給しなければならない．一定の周期で振動する外力の作用による，外力と同じ周期での振動を強制振動という*.

強制振動の例として，単振り子の糸の上端を固定せずに，水平方向に振動させる場合がある．単振り子の上端を手で持って，単振り子の振動数の $f = \dfrac{1}{2\pi}\sqrt{\dfrac{g}{L}}$ よりもはるかに小さな振動数で水平方向に振動させると，おもりは手の動きに遅れて小さな振幅で振動する．手の往復運動の振動数を増加させると，おもりの振幅は大きくなる．手の往復運動の振動数が単振り子の振動数とほぼ同じときにおもりの振動の振幅は最大

* 強制振動以外に，バイオリンの弦を弓で弾く場合のように，振動的でない外力でエネルギーが供給され，振動がつづく自励振動とよばれる場合がある．

になる．このときおもりの振動は外力と**共振**（あるいは**共鳴**）するという．手の振動数をさらに増していくと，おもりは手の動きと逆向きに動くようになっていき，おもりの振幅は小さくなっていく．自分で実験して確かめてみよう．

図 4.13　超長大橋の全橋模型試験

一般に，振動する物体には，その物体に固有の振動数があり，外力の振動数がこの固有振動数に一致するときには，強制振動の振幅が大きくなる共振が起こる．共振（共鳴）は日常生活でよく見かける現象である．たとえば，浅い容器に水を入れて運ぶ場合，容器の中の水の固有振動と同じ足並みで歩くと水は大きくゆれ動くのは共振の例である．多くの人間が登山道で渓谷に架かる簡易な吊り橋を渡る際には，足並みを乱して歩かなければならない．足並みをそろえると，足並みと吊り橋の固有振動が一致したとき，共振で橋が壊れる心配があるからである．建物や橋などの建造物を設計する際には，地震との共振や強風の引き起こす自励振動で壊れないように注意する必要がある．

強制振動の数学的導出法　(4.23) 式にしたがって減衰振動を行う物体が周期的に変化する力

$$F(t) = F_0 \cos \omega_{\mathrm{f}} t = m f_0 \cos \omega_{\mathrm{f}} t \qquad (F_0 = m f_0) \tag{4.31}$$

の作用を受けている場合の運動を調べよう．この場合の運動方程式は

$$\frac{\mathrm{d}^2 x}{\mathrm{d}t^2} + 2\gamma \frac{\mathrm{d}x}{\mathrm{d}t} + \omega^2 x = f_0 \cos \omega_{\mathrm{f}} t \qquad (\omega > \gamma) \tag{4.32}$$

である．この運動方程式の一般解は，2つの任意定数 A と θ_0 を含む

$$x(t) = \frac{f_0}{\sqrt{(\omega_{\mathrm{f}}^2 - \omega^2)^2 + 4\gamma^2 \omega_{\mathrm{f}}^2}} \cos(\omega_{\mathrm{f}} t - \phi) + A\mathrm{e}^{-\gamma t} \cos(\sqrt{\omega^2 - \gamma^2}\, t + \theta_0) \tag{4.33}$$

$$\sin \phi = \frac{2\gamma \omega_{\mathrm{f}}}{\sqrt{(\omega_{\mathrm{f}}^2 - \omega^2)^2 + 4\gamma^2 \omega_{\mathrm{f}}^2}}, \qquad \cos \phi = \frac{\omega^2 - \omega_{\mathrm{f}}^2}{\sqrt{(\omega_{\mathrm{f}}^2 - \omega^2)^2 + 4\gamma^2 \omega_{\mathrm{f}}^2}} \tag{4.34}$$

であることは，(4.33) 式を (4.32) 式に代入し，加法定理 $\cos(\omega_{\mathrm{f}} t - \phi) = \cos \omega_{\mathrm{f}} t \cos \phi + \sin \omega_{\mathrm{f}} t \sin \phi$ を使えば容易に確かめられる．角 ϕ は外力の位相 $\omega_{\mathrm{f}} t$ に対する振動の位相の遅れを表す．(4.33) 式の右辺の第2項は外力が作用しないときの減衰振動を表す．

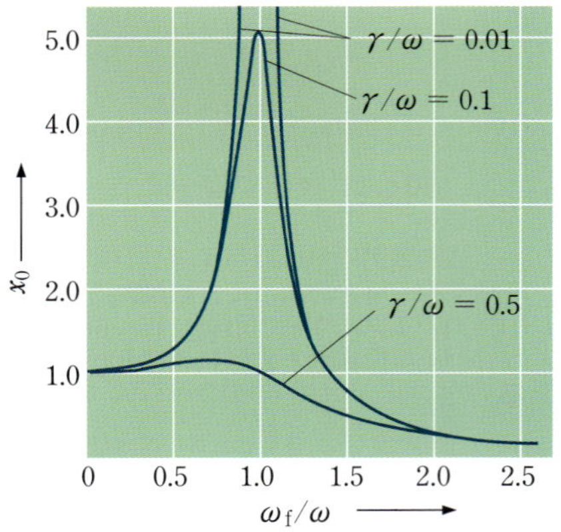

図 4.14　外力の角振動数 ω_{f} と強制振動の振幅 x_0 の関係．縦軸の単位は $\dfrac{f_0}{\omega^2}$.

(4.33) 式の右辺の第1項は外力による強制振動で，その振幅

$$x_0 = \frac{f_0}{\sqrt{(\omega_{\mathrm{f}}^2 - \omega^2)^2 + 4\gamma^2 \omega_{\mathrm{f}}^2}} \tag{4.35}$$

は，外力の角振動数 ω_{f} とともに変化し（図 4.14），共振角振動数

$$\omega_{\mathrm{R}} = \sqrt{\omega^2 - 2\gamma^2} \tag{4.36}$$

のときに最大になり，最大値は

$$(x_0)_{\max} = \frac{f_0}{2\gamma\sqrt{\omega^2 - \gamma^2}} \tag{4.37}$$

である．外力の角振動数 ω_f が ω_R の付近で，強制振動の振幅が著しく大きくなる現象が共振である．

演習問題4

A

1. 一端が固定されて鉛直に吊されているばね（ばね定数 k）の先に取り付けられている質量 m のおもりの位置 x について運動方程式

$$ma = -kx$$

が成り立つとき，次の問に答えよ．

(1)　$x = 0$ のときの加速度はいくらか．

(2)　おもりが静止しつづけているときの x の値はいくらか．

(3)　この方程式の解はどのような振動を表すか．

2. ばねに吊した質量 2 kg の物体の鉛直方向の振動の周期が 2 秒であった．ばね定数はいくらか．

3. 図 4.2 の実験で，質量 $m = 1.0$ kg のおもりを吊したところ，ばねの伸び x_0 は 10 cm であった．

(1)　ばね定数 k を求めよ．

(2)　ばね振り子の周期を求めよ．

(3)　おもりが振幅 $A = 5$ cm の単振動を行っているとき，おもりの加速度の最大値 a_{max} はいくらか．これは重力加速度 g の何倍か．

4. 月の表面での重力加速度は，地球の表面での 0.17 倍である．同じ単振り子を月の表面で振らしたときの振動の周期は地表での周期の何倍か．

5. 図 4.2 のばね振り子を月面上で振動させると，周期は変わるか．

B

1. 質量 2 t のトラックは，4 つの車輪につけられた 4 か所のばねで支えられている（図 1）．ばね 1 つあたりが支えるトラックの質量を 500 kg とし，ばね定数を 5.0×10^4 N/m とする．ばねがつり合いの位置から 1.0 cm 変位したために振動が生じたとして，このばねによる

(1)　振動の振動数 f と周期 T,

(2)　速さの最大値 v_{max},

(3)　加速度の最大値 a_{max},

を求めよ．実際には，振動を減衰させる装置のために，振動は急速に小さくなる．

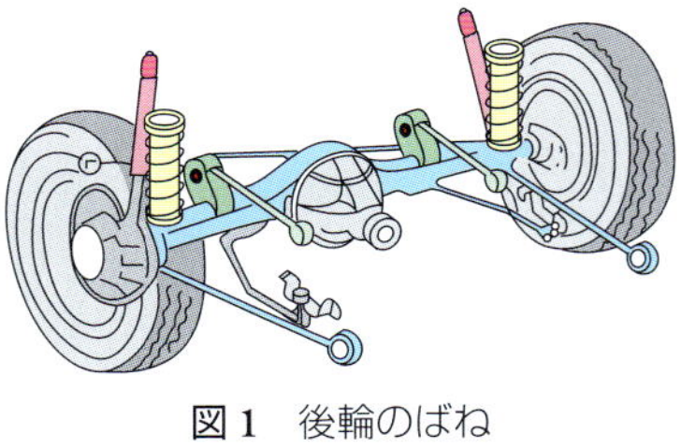

図1　後輪のばね

2. ニュートンは中空のおもりをつけた単振り子をつくり，その中に木材，鉄，金，銅，塩，布などを入れて実験を行ったところ，単振り子の周期に測定にかかるような差は生じないことを見いだした．この事実は何を意味するか．

3. ばね定数が同じで，自然な状態での長さも同じばね 2 本で質量 M のおもりを吊した図 2(a) と図 2(b) のばね振り子をつくる．

(1)　つり合いの位置からのおもりの変位が x のとき，2 本のばねによる復元力はいくらか

(2)　図 2(a) の場合の周期は図 2(b) の場合の周期の何倍か．

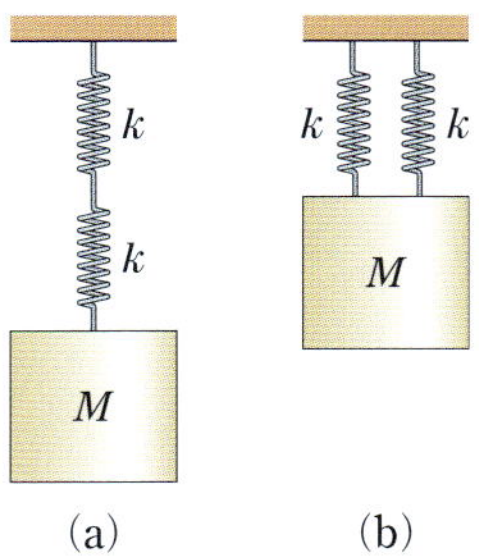

図2

4. 図 4.2 の実験で，おもりをつける前の，ばねの下端を鉛直下向きの x 座標の原点に選ぶと，運動方程式は

$$m\frac{\mathrm{d}^2x}{\mathrm{d}t^2} = mg - kx$$

となる．この微分方程式の解を求めよ．

仕事とエネルギー

物理学には，力と運動，電気と磁気，熱などいろいろな対象がある．物理学では，これらの対象を，力学，電磁気学，熱学などで別々に学ぶのが慣例である．しかし，これらの現象は無関係ではない．物理学は自然を，少数の法則に基づいて，統一的に理解しようとする人類の努力の成果である．自然を統一的に理解する鍵はエネルギーである．

エネルギーは日常用語として使用されているが，語源はギリシャ語で仕事を意味するエルゴンである．物理用語としてのエネルギーの意味は「仕事をする能力」だと考えてよい．エネルギーにはいろいろなタイプのものがあるが，どのタイプのエネルギーも他のタイプのエネルギーに変わり，エネルギーの存在場所は移動する．エネルギーの形態が変わる場合には，力のする仕事が仲立ちをすることが多い．

5.1 仕事と仕事率

学習目標 物理用語としての仕事は，「力の移動方向成分」×「移動距離」を意味することを理解する．したがって，力のする仕事の値は，正の値，負の値，あるいは0の場合があることを理解する．仕事率の定義を理解する．

仕事 日常生活では「仕事」という言葉はいろいろな意味で使われるが，物理学では一定な力 $\boldsymbol{F}$ の作用を受けている物体が一定の方向に移動するとき，「力 $\boldsymbol{F}$ がする仕事 W」は「力 $\boldsymbol{F}$ の移動方向成分 $F_t = F\cos\theta$」と「移動距離 s」の積

$$W = F_t s = Fs\cos\theta \tag{5.1}$$

として定義される．θ は力 $\boldsymbol{F}$ と移動方向のなす角である（図 5.1）．$W = F\times(s\cos\theta)$ なので，「力 $\boldsymbol{F}$ がする仕事」は「力の大きさ」×「力の方向への移動距離」でもある（図 5.2）．

仕事の単位は，力の単位 $\mathrm{N = kg{\cdot}m/s^2}$ と長さの単位 m の積 $\mathrm{N{\cdot}m = kg{\cdot}m^2/s^2}$ で，これをジュールという（記号 J）．ジュールはエネルギーの単位でもある．

$$\mathrm{J = N{\cdot}m = kg{\cdot}m^2/s^2} \tag{5.2}$$

物体の変位（出発点を始点とし到達点を終点とするベクトル）を $\boldsymbol{s}$ とすると，一定な力 $\boldsymbol{F}$ のする仕事 W は，付録で説明するスカラー積（内積）を利用して，

$$W = \boldsymbol{F}\cdot\boldsymbol{s} \tag{5.3}$$

と表される．ベクトル $\boldsymbol{A} = (A_x, A_y, A_z)$，$\boldsymbol{B} = (B_x, B_y, B_z)$ のなす角を θ とすると，$\boldsymbol{A}, \boldsymbol{B}$ のスカラー積は

$$\boldsymbol{A}\cdot\boldsymbol{B} = \boldsymbol{B}\cdot\boldsymbol{A} = AB\cos\theta = A_xB_x + A_yB_y + A_zB_z \tag{5.4}$$

だからである（図 5.3）．

単振り子の糸がおもりに作用する張力や地面がその上の物体に作用する垂直抗力などのように，力の方向と速度の方向が垂直な場合には $\cos 90° = 0$ なので，これらの力は仕事をしない（$W = 0$）．坂道で人が重い車を一定の力 $\boldsymbol{F}$ で押して登ろうとするが，力が足りなくて車が動かない場合には距離 s が 0 なので仕事は 0 であり，車が距離 s だけずり落ちる場合には，力の向きと移動の向きが逆向きで $\cos 180° = -1$ なので，力 $\boldsymbol{F}$ がする仕事はマイナスの量の $-Fs$ である．人は自分の筋肉に対してはプラスの仕事をしているが，車に対しては正の仕事をしていないのである．

物体に作用する力は1つとは限らない．図 5.1 の場合には，物体には力 $\boldsymbol{F}$ のほかに床の垂直抗力，重力，摩擦力などが作用する．(5.1) 式はそのうちの1つの力 $\boldsymbol{F}$ がする仕事である*.

物体が点 A から点 B まで移動する間に，力 $\boldsymbol{F}$ の大きさと向きの一方

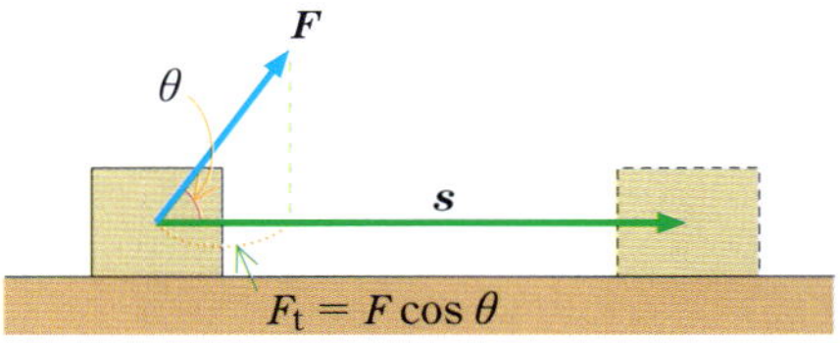

図 5.1 $W = F_t s = Fs\cos\theta = \boldsymbol{F}\cdot\boldsymbol{s}$

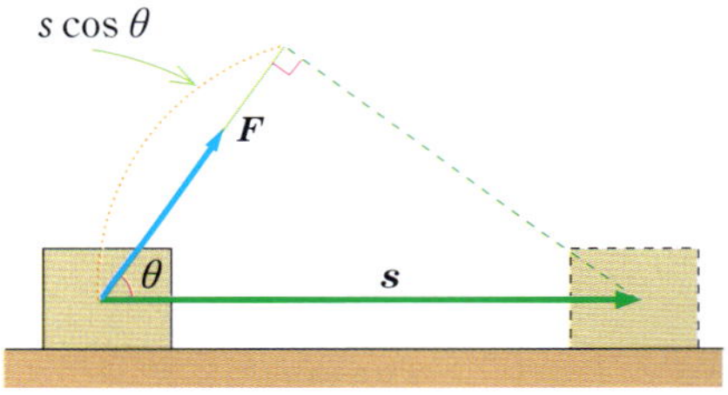

図 5.2 $W = F\times(s\cos\theta)$

仕事の単位
$\mathrm{J = N{\cdot}m = kg{\cdot}m^2/s^2}$
エネルギーの単位
$\mathrm{J = N{\cdot}m = kg{\cdot}m^2/s^2}$

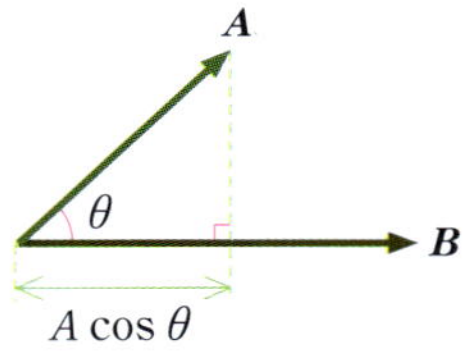

図 5.3 $\boldsymbol{A}\cdot\boldsymbol{B} = AB\cos\theta$

* 物体が全体として並進運動しない場合には，(5.1) 式の「移動距離 s」は「(力の作用点の) 移動距離 s」である．

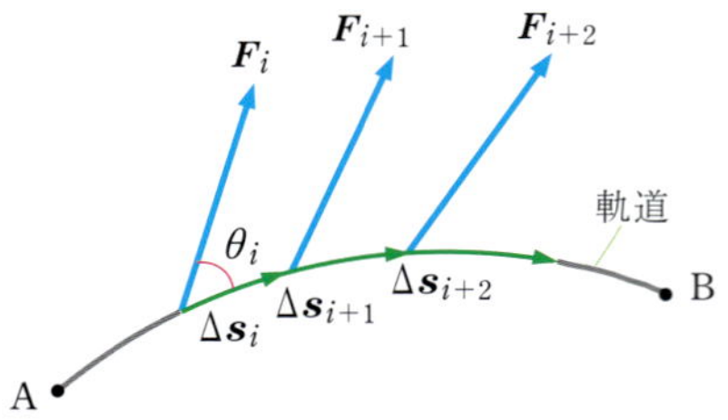

図 5.4　微小仕事の和．物体が点 A から点 B まで移動するときに，力 $\boldsymbol{F}$ のする仕事 $W_{A\to B}$ は，各微小区間での力のする微小仕事
$\Delta W_i = \boldsymbol{F}_i \cdot \Delta \boldsymbol{s}_i = F_i \Delta s_i \cos\theta_i$
の和である．

あるいは両方が変化したり，道筋が直線でない場合がある．この場合に力 $\boldsymbol{F}$ がする仕事 $W_{A\to B}$ は，物体の動く道筋 A → B を N 個の微小区間に区切り，各微小区間で力 $\boldsymbol{F}$ がする微小な仕事を足し上げたものである（図 5.4）．i 番目の微小区間の始点を出発点としその終点で終わる微小な変位ベクトルを $\Delta \boldsymbol{s}_i$ とする．$\Delta \boldsymbol{s}_i$ が短ければ，力 $\boldsymbol{F}$ はこの区間で一定だと見なせるので，それを $\boldsymbol{F}_i$ とすると，この微小区間で力 $\boldsymbol{F}$ がする微小な仕事 ΔW_i は

$$\Delta W_i = \boldsymbol{F}_i \cdot \Delta \boldsymbol{s}_i = F_i \Delta s_i \cos\theta_i = F_{it} \Delta s_i \quad (5.5)$$

と近似できる．したがって，$W_{A\to B}$ は次式で定義される積分

$$W_{A\to B} = \lim_{N\to\infty} \sum_{i=1}^{N} \boldsymbol{F}_i \cdot \Delta \boldsymbol{s}_i = \int_A^B \boldsymbol{F} \cdot d\boldsymbol{s} = \int_A^B F_t \, ds \quad (5.6)$$

で与えられる[*1]．F_t は力 $\boldsymbol{F}$ の道筋の接線方向成分である．積分記号 $\int_A^B$ は図 5.4 の A → B の経路（曲線）に沿っての積分（線積分）であることを意味している．この線積分の式は第 2 辺に記した手順で $W_{A\to B}$ を計算することを表す記号だと理解すればよい．

＊1　積分の道筋が x 軸上にある場合には，(5.6) 式は $W_{A\to B} = \int_{x_A}^{x_B} F_x \, dx$ と表される．

仕事率（パワー）の単位
W ＝ J/s

仕事率（パワー）　単位時間あたりに行われる仕事を仕事率あるいはパワーという．つまり，時間 t に行われる仕事を W とすると，平均の仕事率 $\bar{P}$ は

$$\bar{P} = \frac{W}{t} \quad (5.7)$$

である．したがって，仕事率（パワー）の単位は，「仕事の単位 J」÷「時間の単位 s」の J/s で，これをワットという（記号 W）[*2]．

$$\mathrm{W = J/s = kg{\cdot}m^2/s^3} \quad (5.8)$$

＊2　仕事の記号 W と仕事率の単位記号ワット W を混同しないこと．

力 $\boldsymbol{F}$ の作用を受け，速度 $\boldsymbol{v}$ で動いている物体が，微小な時間 Δt に微小な変位 $\Delta \boldsymbol{s}$ を行った場合に受ける微小な仕事は，$\Delta W = \boldsymbol{F} \cdot \Delta \boldsymbol{s}$ なので，（瞬間の）仕事率 P は次のように表される．

$$P = \lim_{\Delta t\to 0} \frac{\Delta W}{\Delta t} = \lim_{\Delta t\to 0} \frac{\boldsymbol{F} \cdot \Delta \boldsymbol{s}}{\Delta t} = \lim_{\Delta t\to 0} \boldsymbol{F} \cdot \frac{\Delta \boldsymbol{s}}{\Delta t} = \boldsymbol{F} \cdot \boldsymbol{v} \quad (5.9)$$

なお，一定な力 $\boldsymbol{F}$ の作用を受けている物体が，力の方向に一定の速度 $\boldsymbol{v}$ で動いている場合，この力の仕事率 P は次のように表される．

$$P = Fv \quad (5.10)$$

図 5.5　クレーン

例題 1　(1)　あるクレーンが 1000 kg のコンテナを 20 秒間で 25 m の高さまで吊り上げた．このクレーンの平均仕事率 $\bar{P}$ を計算せよ．
(2)　このクレーンにパワーが 10 kW のモーターをつけると，1000 kg のコンテナを 25 m の高さまで持ち上げるには何秒かかるか．

解　(1)　クレーンが行った仕事 W は，

$$W = mgh = (1000\ \mathrm{kg}) \times (9.8\ \mathrm{m/s^2}) \times (25\ \mathrm{m}) = 2.45 \times 10^5\ \mathrm{J}$$

$$\therefore \quad \bar{P} = \frac{W}{t} = \frac{2.45 \times 10^5\ \mathrm{J}}{20\ \mathrm{s}} = 1.2 \times 10^4\ \mathrm{W} = 12\ \mathrm{kW}$$

(2)

$$t = \frac{W}{P} = \frac{245\ \mathrm{kJ}}{10\ \mathrm{kW}} = 24.5\ \mathrm{s}$$

5.2 仕事とエネルギー

学習目標 質点に作用する力（合力）$\boldsymbol{F}$ のする仕事 W は質点の運動エネルギー $K = \dfrac{1}{2}mv^2$ の増加量に等しいという，仕事と運動エネルギーの関係

$$W_{A \to B} = K_B - K_A = \frac{1}{2}mv_B{}^2 - \frac{1}{2}mv_A{}^2$$

の意味を理解する．

保存力とは 2 点間で行う仕事が途中の道筋によらない力であること，保存力に対してポテンシャルエネルギー $U(\boldsymbol{r})$ が定義でき，保存力 $\boldsymbol{F}_{保}$ のする仕事 $W^{保}{}_{A \to B}$ は力 $\boldsymbol{F}_{保}$ のポテンシャルエネルギー $U(\boldsymbol{r})$ の減少量に等しいこと，$W^{保}{}_{A \to B} = U(\boldsymbol{r}_A) - U(\boldsymbol{r}_B)$，を理解する．

運動エネルギー　質量 m の物体の速さが v のとき，この物体の運動エネルギーを

$$K = \frac{1}{2}mv^2 \tag{5.11}$$

と定義する．

仕事と運動エネルギーの関係　ニュートンの運動の法則によれば，「力 $\boldsymbol{F}$」＝「質量 m」×「加速度 $\boldsymbol{a}$」なので，力が物体に作用すれば，加速度が生じ，物体の速度は変化する．図 5.6 のように，水平な床の上を運動しているドライアイスを運動の向きに押すと，ドライアイスの速さは大きくなり，運動エネルギーは増加する．このとき力がした仕事 W は正 ($W > 0$) である．逆に，ドライアイスに運動とは逆向きの力を作用すると，速さは小さくなり，運動エネルギーは減少する．このとき力がした仕事 W は負 ($W < 0$) である．

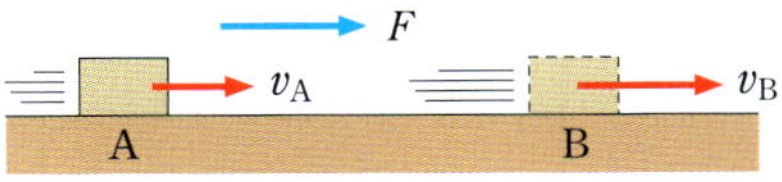

図 5.6　仕事をされると運動エネルギーは増加する．
$\dfrac{1}{2}mv_B{}^2 - \dfrac{1}{2}mv_A{}^2 = W_{A \to B}$

一般に，質点に作用する力（すべての力の合力）$\boldsymbol{F}$ が質点にする仕事の量 $W_{A \to B}$ だけ質点の運動エネルギーが増加する．式で表すと，

$$W_{A \to B} = \int_A^B \boldsymbol{F} \cdot d\boldsymbol{s} = \frac{1}{2}mv_B{}^2 - \frac{1}{2}mv_A{}^2 \tag{5.12}$$

である（図 5.6）．この関係を**仕事と運動エネルギーの関係**という．ここで，v_A, v_B は点 A, B での質点の速さである．

証明　まず，直線運動の場合を証明する．運動方程式

$$m\frac{dv}{dt} = F$$

の両辺に，$v = \dfrac{dx}{dt}$ を掛けて，時刻 t_A から t_B まで積分すると

$$m\int_{t_A}^{t_B} v\frac{\mathrm{d}v}{\mathrm{d}t}\,\mathrm{d}t = \frac{m}{2}\int_{t_A}^{t_B}\frac{\mathrm{d}v^2}{\mathrm{d}t}\,\mathrm{d}t = \frac{mv^2}{2}\bigg|_{t_A}^{t_B} = \frac{1}{2}mv_B{}^2 - \frac{1}{2}mv_A{}^2$$
$$= \int_{t_A}^{t_B} F\frac{\mathrm{d}x}{\mathrm{d}t}\,\mathrm{d}t = \int_{x_A}^{x_B} F\,\mathrm{d}x = W_{A\to B}$$

ここで，x_A, x_B, v_A, v_B は時刻 t_A, t_B での位置と速度である．

3次元運動の場合は，運動方程式 $m\dfrac{\mathrm{d}\boldsymbol{v}}{\mathrm{d}t} = \boldsymbol{F}$ の両辺と $\boldsymbol{v} = \dfrac{\mathrm{d}\boldsymbol{r}}{\mathrm{d}t}$ のスカラー積をつくり，

$$v_x\frac{\mathrm{d}v_x}{\mathrm{d}t} + v_y\frac{\mathrm{d}v_y}{\mathrm{d}t} + v_z\frac{\mathrm{d}v_z}{\mathrm{d}t} = \frac{1}{2}\frac{\mathrm{d}(v_x{}^2+v_y{}^2+v_z{}^2)}{\mathrm{d}t}$$

に注意すると，直線運動の場合と同じように (5.12) 式が証明できる．

保存力のする仕事とポテンシャルエネルギー　点 $\boldsymbol{r}$ にある質点に作用する力 $\boldsymbol{F}$ が質点の位置 $\boldsymbol{r}$ だけで決まる $\boldsymbol{F}(\boldsymbol{r})$ という形の場合を考える．重力 $\boldsymbol{F} = m\boldsymbol{g}$，ばねの弾力 $F = -kx$，万有引力などはこの形の力である．動摩擦力は，向きが速度 $\boldsymbol{v}$ の逆向きなので，$\boldsymbol{F}(\boldsymbol{r})$ という形の力ではない．質点が点 A から点 B まで移動するとき，力 $\boldsymbol{F}(\boldsymbol{r})$ がする仕事 $W_{A\to B}$ は，(5.6) 式の $\boldsymbol{F}$ を $\boldsymbol{F}(\boldsymbol{r})$ で置き換えた

$$W_{A\to B} = \int_A^B \boldsymbol{F}(\boldsymbol{r})\cdot\mathrm{d}\boldsymbol{s} = \int_A^B F_t(\boldsymbol{r})\,\mathrm{d}s \qquad (5.13)$$

で与えられる．

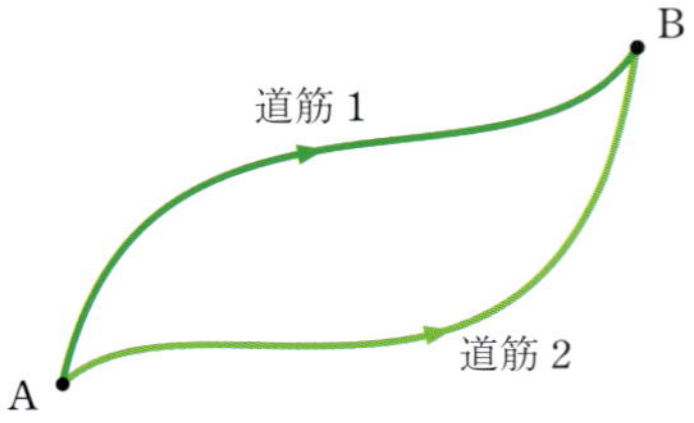

図 5.7　点 A から点 B への 2 つの道筋

任意の点 A から任意の点 B までの積分 (5.13) が，途中の道筋に関係せず，両端の点 A と B の位置だけで決まる場合がある（図 5.7）．このような力を**保存力**という．すなわち，

保存力とは，質点が任意の点 A を出発して任意の点 B に行く間に，力の行う仕事が途中の道筋によらず一定な力である．

保存力 $\boldsymbol{F}_{保}$ の場合には，基準点 $\boldsymbol{r}_0$ を決めて，位置ベクトルが $\boldsymbol{r}$ の点での**ポテンシャルエネルギー***（あるいは**位置エネルギー**）を

$$U(\boldsymbol{r}) = -\int_{\boldsymbol{r}_0}^{\boldsymbol{r}} \boldsymbol{F}_{保}(\boldsymbol{r})\cdot\mathrm{d}\boldsymbol{s} = \int_{\boldsymbol{r}}^{\boldsymbol{r}_0} \boldsymbol{F}_{保}(\boldsymbol{r})\cdot\mathrm{d}\boldsymbol{s} \qquad (5.14)$$

によって定義する．(5.14) 式の右辺は，積分の道筋によらず，終点の位置 $\boldsymbol{r}$ だけで決まるので，これを点 $\boldsymbol{r}$ でのポテンシャルエネルギー $U(\boldsymbol{r})$ と定義できるのである．基準点 $\boldsymbol{r}_0$ では $U(\boldsymbol{r}_0) = 0$ である．(5.14) 式では $W^{保}{}_{A\to B} = -W^{保}{}_{B\to A}$ を使った．

* 保存力のポテンシャルエネルギー (potential energy) $U(\boldsymbol{r})$ とは，点 $\boldsymbol{r}$ にある質点に対して保存力がもつ潜在的な仕事をする能力という意味である．

問 1　$W^{保}{}_{A\to B} = -W^{保}{}_{B\to A}$ であることを説明せよ．

力 $\boldsymbol{F}$ には，対応するポテンシャルエネルギーをもつ保存力 $\boldsymbol{F}_{保}$，もたない非保存力 $\boldsymbol{F}_{非}$，束縛力 $\boldsymbol{F}_{束}$ の 3 種類がある．束縛力は，垂直抗力のように運動の向きと力の向きが垂直なので仕事をしない力である．

$$\boldsymbol{F} = \boldsymbol{F}_{保} + \boldsymbol{F}_{非} + \boldsymbol{F}_{束} \qquad (5.15)$$

例1 重力ポテンシャルエネルギー 質量 m の質点が任意の点A（位置ベクトル $\boldsymbol{r}_A$）を出発して任意の点B（位置ベクトル $\boldsymbol{r}_B$）に着く間に，重力 $\boldsymbol{F}(\boldsymbol{r}) = m\boldsymbol{g}$ がする仕事

$$W^{重力}_{A\to B} = \int_{\boldsymbol{r}_A}^{\boldsymbol{r}_B} m\boldsymbol{g}\cdot d\boldsymbol{s} = m\boldsymbol{g}\cdot\int_{\boldsymbol{r}_A}^{\boldsymbol{r}_B} d\boldsymbol{s} = m\boldsymbol{g}\cdot(\boldsymbol{r}_B - \boldsymbol{r}_A) \tag{5.16}$$

は，始点と終点の位置 $\boldsymbol{r}_A$ と $\boldsymbol{r}_B$ だけで決まり，途中の道筋によらない*．したがって，重力 $m\boldsymbol{g}$ は保存力で，ポテンシャルエネルギーをもつ．$+x$ 軸は鉛直上向きだとすると，$m\boldsymbol{g} = (-mg, 0, 0)$ なので，

$$U(\boldsymbol{r}) = -\int_{\boldsymbol{r}_0}^{\boldsymbol{r}} m\boldsymbol{g}\cdot d\boldsymbol{s} = -m\boldsymbol{g}\cdot(\boldsymbol{r}-\boldsymbol{r}_0) = mg(x-x_0) \tag{5.17}$$

である．基準点では $x_0 = 0$ だとすると，重力ポテンシャルエネルギーは

$$U(x) = mgx \quad（重力ポテンシャルエネルギー） \tag{5.18}$$

となる．ここで x は基準点からの高さなので，(5.18) 式を mgh と記憶するとよい．

* $\int_{\boldsymbol{r}_A}^{\boldsymbol{r}_B} d\boldsymbol{s} = \boldsymbol{r}_B - \boldsymbol{r}_A$ を使った．

(5.14) 式の定義によって保存力 $\boldsymbol{F}_{保}$ のポテンシャルエネルギー $U(\boldsymbol{r})$ は，

$$U(\boldsymbol{r}) = W^{保}{}_{\boldsymbol{r}\to\boldsymbol{r}_0} \tag{5.19}$$

なので，$U(\boldsymbol{r})$ は質点が点 $\boldsymbol{r}$ から基準点 $\boldsymbol{r}_0$ に移動するときに保存力 $\boldsymbol{F}_{保}$ が行う仕事に等しい．

保存力に対する (5.13) 式の積分の A → B の道筋は任意に選べるので，A → $\boldsymbol{r}_0$ → B と選べば，

$$W^{保}{}_{A\to B} = \int_{\boldsymbol{r}_A}^{\boldsymbol{r}_B} \boldsymbol{F}_{保}(\boldsymbol{r})\cdot d\boldsymbol{s} = \int_{\boldsymbol{r}_A}^{\boldsymbol{r}_0} \boldsymbol{F}_{保}(\boldsymbol{r})\cdot d\boldsymbol{s} + \int_{\boldsymbol{r}_0}^{\boldsymbol{r}_B} \boldsymbol{F}_{保}(\boldsymbol{r})\cdot d\boldsymbol{s}$$
$$= U(\boldsymbol{r}_A) - U(\boldsymbol{r}_B) \tag{5.20}$$

$$\therefore\ W^{保}{}_{A\to B} = U(\boldsymbol{r}_A) - U(\boldsymbol{r}_B) \tag{5.21}$$

が導かれるので，「保存力 $\boldsymbol{F}_{保}$ のする仕事 $W^{保}{}_{A\to B}$ は力 $\boldsymbol{F}_{保}$ のポテンシャルエネルギー $U(\boldsymbol{r})$ の減少量に等しい」．

図 5.8 ジェットコースターの線路は閉曲線である．

円のように端がない線を閉曲線という．閉曲線C上の1点Aから線に沿って1周して点Aまで質点が移動する際に保存力がする仕事は，(5.21) 式の右辺が $U(\boldsymbol{r}_A) - U(\boldsymbol{r}_A) = 0$ なので，0である（図5.9）．

$$\oint_C \boldsymbol{F}(\boldsymbol{r})\cdot d\boldsymbol{s} = 0 \qquad（力 \boldsymbol{F}(\boldsymbol{r}) が保存力の場合） \tag{5.22}$$

$\oint_C$ は閉曲線Cを1周する積分を表す記号である．(5.22) 式は力 $\boldsymbol{F}(\boldsymbol{r})$ が保存力であるための必要十分条件である．$\boldsymbol{F}(\boldsymbol{r})$ という形の力でも，(5.22) 式を満たさなければ，非保存力である．

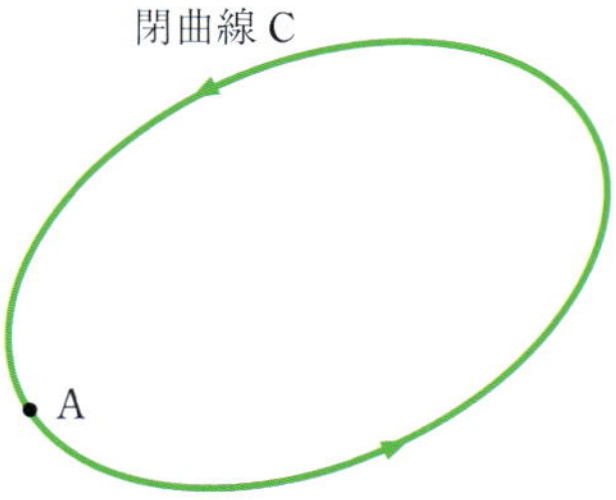

図 5.9 閉曲線C

1次元問題でのポテンシャルエネルギー x 軸に平行で大きさが x 座標だけで決まる力 $\boldsymbol{F}(\boldsymbol{r}) = [F(x), 0, 0]$ の作用を受け，x 軸に沿って運動している質点の場合，$d\boldsymbol{s} = [dx, 0, 0]$ なので，(5.13) 式は定積分

$$W_{A \to B} = \int_{r_A}^{r_B} \boldsymbol{F}(\boldsymbol{r}) \cdot d\boldsymbol{s} = \int_{x_A}^{x_B} F(x)\, dx \tag{5.23}$$

になる．この定積分は始点と終点の x 座標 x_A と x_B だけで決まるので，力 $\boldsymbol{F}(\boldsymbol{r}) = [F(x), 0, 0]$ は保存力である．この場合，力 $\boldsymbol{F}(\boldsymbol{r})$ のポテンシャルエネルギー (5.14) 式は

$$U(x) = -\int_0^x F(x)\, dx \tag{5.24}$$

である．ここで $x = 0$ を基準点に選んだ．(3.11) 式と比べると，力 $F(x)$ はポテンシャルエネルギー $U(x)$ から次のように導かれることがわかる．

$$F(x) = -\frac{dU}{dx} \tag{5.25}$$

問2　図5.10に示すポテンシャルエネルギーをもつ保存力 $F(x)$ の大きさと向きを求めよ．

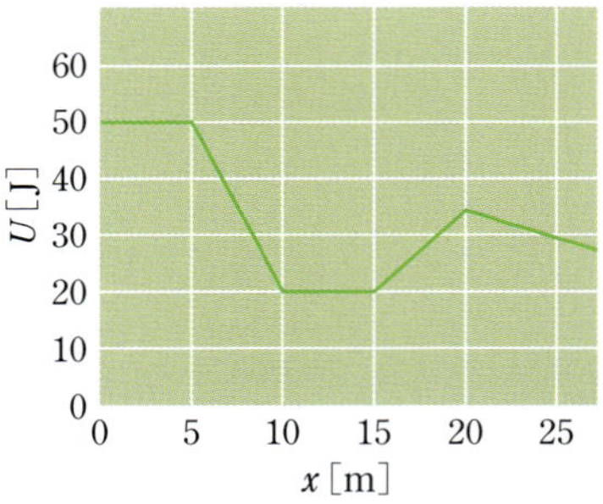

図5.10

例2　ばねの弾性ポテンシャルエネルギー　1次元問題で，$F(x) = -kx$ の場合が，ばねの弾力である（図5.11）．したがって，ばねの弾力 $F = -kx$ は保存力で，自然の長さ ($x = 0$) を基準点に選ぶと，弾力のポテンシャルエネルギー $U(x)$ は，

$$U(x) = -\int_0^x (-kx)\, dx = \frac{1}{2} kx^2 \tag{5.26}$$

である．伸縮されたばねに蓄えられているのでばねの**弾性ポテンシャルエネルギー**とよばれる．

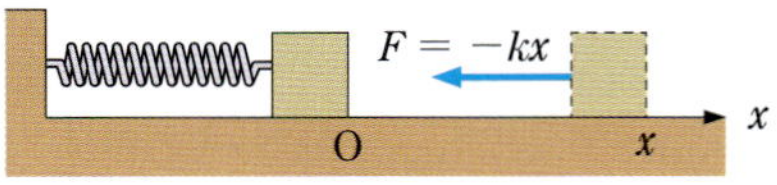

図5.11　ばねの弾力 $F = -kx$

万有引力ポテンシャルエネルギー　原点Oに質量 m_1 の物体があり，点 $\boldsymbol{r}$ にある質量 m_2 の物体に万有引力

$$\boldsymbol{F}(\boldsymbol{r}) = -G\frac{m_1 m_2}{r^2}\frac{\boldsymbol{r}}{r} \tag{5.27}$$

を作用しているとする*．図5.12からわかるように

$$\boldsymbol{r} \cdot d\boldsymbol{s} = r\, ds \cos\theta = r\, dr \tag{5.28}$$

なので，2つの物体をゆっくり引き離して，距離を無限大にする場合に万有引力がする仕事は，途中の道筋に無関係で，

$$W_{r \to \infty} = \int_r^\infty \boldsymbol{F}(\boldsymbol{r}) \cdot d\boldsymbol{s} = -\int_r^\infty G\frac{m_1 m_2}{r^2}\frac{\boldsymbol{r}}{r} \cdot d\boldsymbol{s} = -\int_r^\infty G\frac{m_1 m_2}{r^2} dr$$

である．したがって，質量が m_1 と m_2 の物体の距離が無限大の場合を基準点に選べば，万有引力ポテンシャルエネルギー $U(r) = W_{r \to \infty}$ は，

$$U(r) = -\int_r^\infty G\frac{m_1 m_2}{r^2} dr = G\frac{m_1 m_2}{r}\Big|_r^\infty = -G\frac{m_1 m_2}{r} \tag{5.29}$$

である．なお，物体に広がりがあるが，それぞれの物体の質量分布が球対称な場合の万有引力ポテンシャルエネルギーは，(5.29) 式で r を2物体の中心の距離としたものである．万有引力は2物体の間に作用するので，万有引力ポテンシャルエネルギーは2物体の系がもつエネルギー

＊　$\dfrac{\boldsymbol{r}}{r}$ は $\boldsymbol{r}$ の方向を向いた長さが1のベクトル．

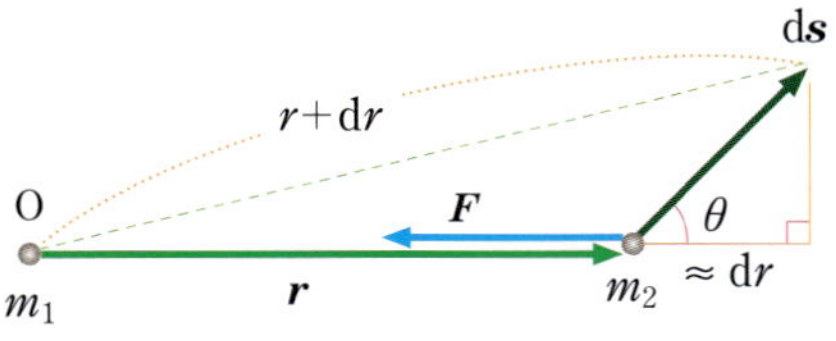

図5.12　$\boldsymbol{r} \cdot d\boldsymbol{s} = r\, ds \cos\theta = r\, dr$

である．

参考 保存力をポテンシャルエネルギーから導く

一般の保存力 $\boldsymbol{F}$ の場合，1 次元問題での関係 (5.25) に対応する，保存力とポテンシャルエネルギーの関係は

$$F_x = -\frac{\partial U}{\partial x}, \qquad F_y = -\frac{\partial U}{\partial y}, \qquad F_z = -\frac{\partial U}{\partial z} \tag{5.30}$$

である．$\dfrac{\partial U}{\partial x}$ は，y と z を一定に保って x で微分した，x による偏微分で，

$$\frac{\partial U}{\partial x} = \lim_{\Delta x \to 0} \frac{U(x+\Delta x, y, z) - U(x, y, z)}{\Delta x} \tag{5.31}$$

である．(5.30) 式は，$U(\boldsymbol{r}+\Delta\boldsymbol{r}) - U(\boldsymbol{r}) = W_{\boldsymbol{r}+\Delta\boldsymbol{r}\to\boldsymbol{r}} \approx -\boldsymbol{F}\cdot\Delta\boldsymbol{r}$ および偏微分の定義からすぐに導かれる．たとえば，$\Delta\boldsymbol{r} = (\Delta x, 0, 0)$ の場合は $-\boldsymbol{F}\cdot\Delta\boldsymbol{r} = -F_x\,\Delta x$ なので，(5.31) 式を使えば，(5.30) 式の第 1 式が導かれる．

ナブラとよばれる記号 ∇ で表されるベクトルの微分演算子

$$\nabla = \left(\frac{\partial}{\partial x}, \frac{\partial}{\partial y}, \frac{\partial}{\partial z}\right) \tag{5.32}$$

を導入すれば，(5.30) 式は

$$\boldsymbol{F}(\boldsymbol{r}) = -\nabla U(\boldsymbol{r}) \tag{5.33}$$

と表される．ベクトル積の性質 $\nabla \times \nabla = 0$ を使うと，(5.33) 式から関係

$$\nabla \times \boldsymbol{F}(\boldsymbol{r}) = 0 \qquad (\text{力 } \boldsymbol{F} \text{ が保存力の場合}) \tag{5.34}$$

が導かれる．この式は力 $\boldsymbol{F}(\boldsymbol{r})$ が保存力であるための必要十分条件で，積分形の条件 (5.22) 式の微分表示である．

5.3 エネルギー保存則

学習目標 質点に作用する力が非保存力を含まない場合には，力学的エネルギーが保存すること，つまり「力学的エネルギー」＝「運動エネルギー」＋「ポテンシャルエネルギー」＝一定，を理解し，いくつかの場合に適用できるようになる．非保存力が質点に作用する場合には，質点の力学的エネルギーは非保存力のする仕事だけ変化すること，力学的エネルギーは非保存力のする仕事を仲立ちにして，化学エネルギー，内部エネルギーなどと変換し合うことを理解する．

力学的エネルギー保存則 質点に作用する力 $\boldsymbol{F}$ が非保存力を含まない場合，つまり，$\boldsymbol{F} = \boldsymbol{F}_{保} + \boldsymbol{F}_{束}$ の場合には，仕事と運動エネルギーの関係 (5.12) 式と保存力のする仕事とポテンシャルエネルギーの関係 (5.21) 式から導かれる

$$\frac{1}{2}mv_B{}^2 - \frac{1}{2}mv_A{}^2 = W^{保}{}_{A\to B} = U(\boldsymbol{r}_A) - U(\boldsymbol{r}_B) \tag{5.35}$$

図 5.13 島根県の八戸川第三発電所（最大出力 240 kW）

から，「力学的エネルギー」＝「運動エネルギー」＋「ポテンシャルエネルギー」＝一定

$$\frac{1}{2}mv_B{}^2+U(\boldsymbol{r}_B)=\frac{1}{2}mv_A{}^2+U(\boldsymbol{r}_A)=一定 \tag{5.36}$$

という**力学的エネルギー保存則**が導かれる．

重力と束縛力だけの作用を受けて運動する質量 m の質点の力学的エネルギー，つまり，重力ポテンシャルエネルギーと運動エネルギーの和は一定である（図 5.14）．

$$\frac{1}{2}mv^2+mgh=一定 \tag{5.37}$$

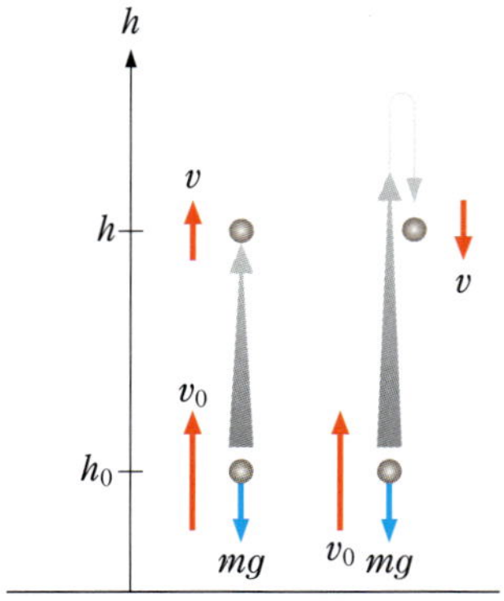

図 5.14　$\frac{1}{2}mv^2+mgh=\frac{1}{2}mv_0{}^2+mgh_0$．同じ速さ v_0 で投げ上げた物体が同じ高さのところを上昇するときと落下するときの速さは同じ．

例 3　自転車で高さ $h=5\,\mathrm{m}$ の丘の上から，初速 0 でこがずに降りてくると，丘の上での重力ポテンシャルエネルギー mgh が丘の下では運動エネルギー $\frac{1}{2}mv^2$ になるので，丘の下での速さ v は

$$v=\sqrt{2gh}=\sqrt{2\times(9.8\,\mathrm{m/s^2})\times 5\,\mathrm{m}}=10\,\mathrm{m/s}$$

である（図 5.15）．

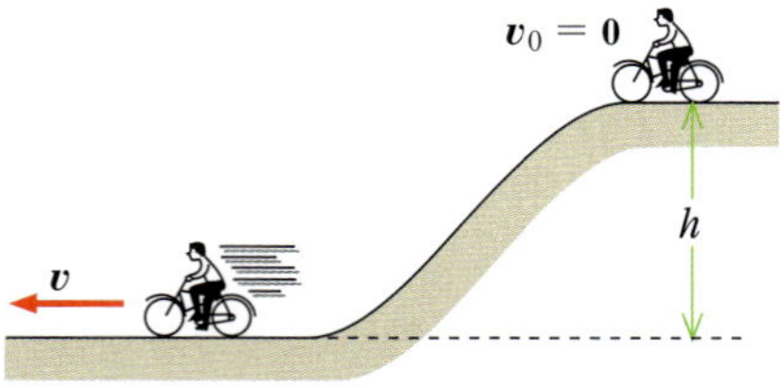

図 5.15　坂の下での速さ

例題 2　脱出速度　ロケットを発射して，地球の重力圏から脱出させて，無限の遠方まで到達させたい．打ち上げる際のロケットの初速 v の最小値を求めよ．ロケットは 1 段ロケットで，地球の自転による効果は無視できるものとせよ．

解　地球（半径 R_E，質量 M_E）の表面での質量 m の物体の万有引力ポテンシャルエネルギー $U(R_E)$ は，(5.29) 式と (2.12) 式から

$$U(R_E)=-G\frac{M_Em}{R_E}=-mgR_E \tag{5.38}$$

である（図 5.16）．したがって，地表で質量 m のロケットを初速 v で打ち上げると，そのときのロケットの力学的エネルギーは

$$E=\frac{1}{2}mv^2+U(R_E)=\frac{1}{2}mv^2-mgR_E \tag{5.39}$$

である．

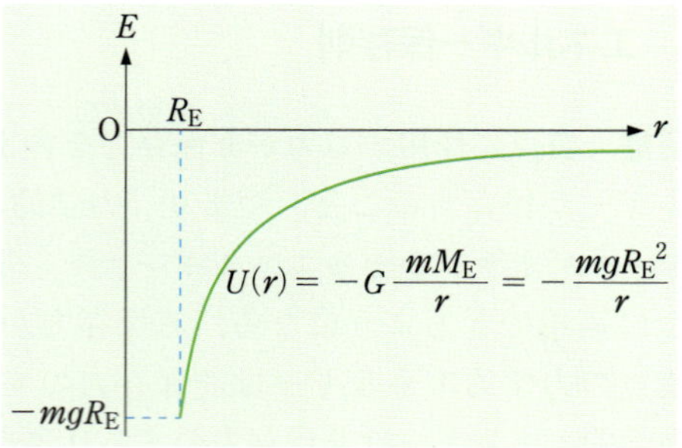

図 5.16　地球の万有引力ポテンシャルエネルギー $U(r)=-G\frac{mM_E}{r}=-\frac{mgR_E{}^2}{r}$

このロケットが宇宙空間を運動する際には力学的エネルギーは一定である．ポテンシャルエネルギーが 0 の無限の遠方に，ロケットが速さ v_∞ で到達すると，力学的エネルギーは運動エネルギー

$\frac{1}{2}mv_\infty{}^2$ だけなので，ロケットが地球の重力圏を脱出できるための条件は，

$$E = \frac{1}{2}mv^2 - mgR_E = \frac{1}{2}mv_\infty{}^2 \geqq 0 \qquad (5.40)$$

したがって，ロケットの最小速度（脱出速度）は，$\frac{1}{2}mv^2 - mgR_E = 0$ から，

$$v = \sqrt{2gR_E} = \sqrt{2 \times (9.8\ \mathrm{m/s^2}) \times (6.37 \times 10^6\ \mathrm{m})}$$
$$= 1.12 \times 10^4\ \mathrm{m/s} = 11.2\ \mathrm{km/s} \qquad (5.41)$$

弾力による単振動での力学的エネルギー保存則　ばねの弾力 $F = -kx$ によって振幅 A の単振動

$$x(t) = A\cos(\omega t + \theta_0) \qquad (5.42)$$

を行う物体の速度は

$$v(t) = -\omega A \sin(\omega t + \theta_0) \qquad (5.43)$$

である．(5.42) 式と (5.43) 式から

$$\frac{1}{2}mv^2 + \frac{1}{2}kx^2 = \frac{1}{2}A^2(m\omega^2)\sin^2(\omega t + \theta_0) + \frac{1}{2}A^2k\cos^2(\omega t + \theta_0)$$
$$= \frac{1}{2}kA^2 = \frac{1}{2}m\omega^2A^2 = 一定 \qquad (5.44)$$

「運動エネルギー」+「弾性ポテンシャルエネルギー」= 一定

という**力学的エネルギー保存則**が導かれる（$m\omega^2 = k$ と $\sin^2 x + \cos^2 x = 1$ を使った）（図 5.17）．この場合の力学的エネルギー $\frac{1}{2}m\omega^2A^2$ は，振幅 A の 2 乗と角振動数 ω の 2 乗にそれぞれ比例している．

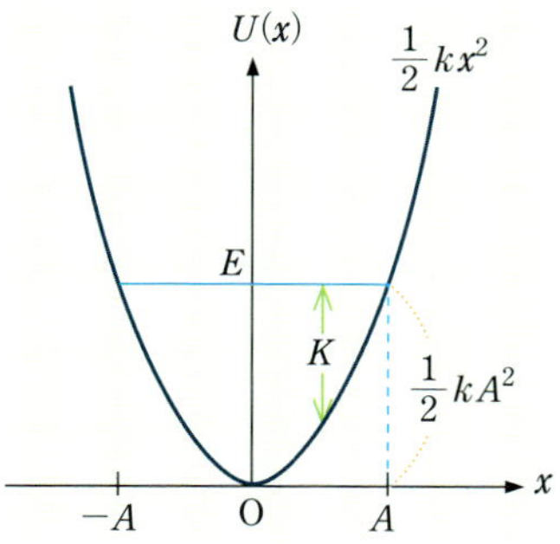

図 5.17　単振動のエネルギー
ばねの伸び縮みの際におもりがばねにする仕事がばねの弾性ポテンシャルエネルギー $U(x)$ になり，伸びたばねが縮み，縮んだばねが伸びる際にばねの弾力がおもりに行う仕事がおもりの運動エネルギー K になる．

問 3　単振動する物体の速度の最大値 $v_{\max}$ と変位の最大値 $x_{\max}$ の関係，

$$v_{\max} = \omega x_{\max} = 2\pi f x_{\max}$$

を導け．

非保存力のする仕事と力学的エネルギー　手の力や摩擦力は $\boldsymbol{F}(\boldsymbol{r})$ というタイプの力ではないので非保存力である．質点に非保存力 $\boldsymbol{F}_{非}$ が作用する場合，仕事と運動エネルギーの関係 (5.12) 式に保存力のする仕事とポテンシャルエネルギーの関係 (5.21) 式を代入すると，

$$\frac{1}{2}mv_B{}^2 - \frac{1}{2}mv_A{}^2 = W^{保}{}_{A\to B} + W^{非}{}_{A\to B} = U(\boldsymbol{r}_A) - U(\boldsymbol{r}_B) + \int_A^B \boldsymbol{F}_{非} \cdot d\boldsymbol{s}$$
$$\therefore \quad \frac{1}{2}mv_B{}^2 + U(\boldsymbol{r}_B) = \frac{1}{2}mv_A{}^2 + U(\boldsymbol{r}_A) + \int_A^B \boldsymbol{F}_{非} \cdot d\boldsymbol{s} \qquad (5.45)$$

が導かれる．つまり，非保存力 $\boldsymbol{F}_{非}$ のする仕事量 $W^{非}{}_{A\to B}$ だけ質点の力学的エネルギーが増加する（$W^{非}{}_{A\to B}$ が負の場合には力学的エネルギーは減少する）．

非保存力 $\boldsymbol{F}_{非}$ のする仕事量 $W^{非}{}_{A\to B}$ がプラスの場合の例として，質量 m の物体を手に持って，重力に逆らって，ゆっくり高さ h のところに持ち上げる場合がある．このとき手が作用する力の大きさはほぼ mg で，手の力がする仕事 W はほぼ mgh である．この仕事が重力ポテンシャルエネルギーの増加 mgh になる．手のする仕事の源は腕の筋肉の化学エネルギーである．

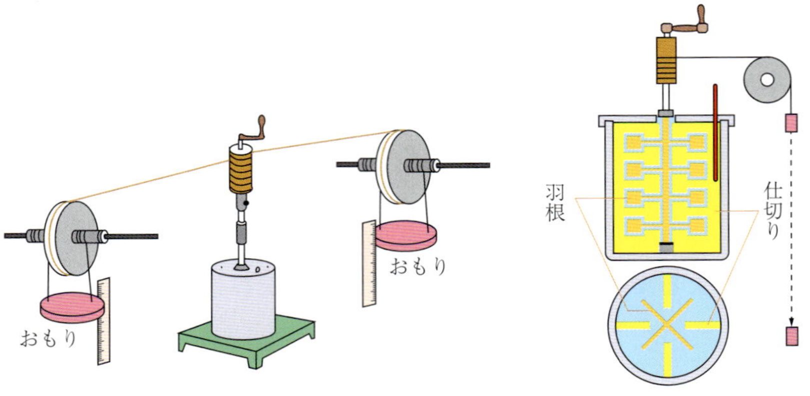

(a)　ジュールの実験　　(b)　概念図

図 5.18　ジュールの実験．おもりの降下によって回転する羽根車が水をかき混ぜると水の温度が上昇する．水 1 g の温度を 1 °C 上昇させるのに必要な熱量である 1 cal が 4.2 J に等しいとすると，「おもりの重力ポテンシャルエネルギー」+「熱」は一定であることをジュールは確かめた．

非保存力 $\boldsymbol{F}_{非}$ のする仕事量 $W^{非}{}_{\mathrm{A \to B}}$ がマイナスの場合の例として，粘性抵抗を受けながら空気中を一定の速さ（終端速度）v_{t} で落下している雨滴がある．雨滴は等速運動をしているので，運動エネルギーは一定である．したがって，質量 m の雨滴が高さ h 落下すると，雨滴の重力ポテンシャルエネルギーも力学的エネルギーも mgh だけ減少する．この原因は，雨滴に作用する粘性抵抗 $bv_{\mathrm{t}}(=mg)$ の向きが雨滴の運動方向とは逆向きなので，粘性抵抗が雨滴にする仕事はマイナスの量 $-bv_{\mathrm{t}}h=-mgh$ だからである．この場合，空気の作用する抵抗力の行った負の仕事によって失われた力学的エネルギーは熱になる．厳密にいうと，雨滴中の水分子や空気分子の熱運動のエネルギーである内部エネルギーになるのである．なお，熱の実用単位の 1 カロリー（cal）を約 4.2 ジュール（J）だとすると，内部エネルギーと力学的エネルギーの和が保存することは，図 5.18 に示す実験で，1843 年にジュールが確かめた．この実験では，おもりの重力ポテンシャルエネルギーは，羽根車が水にする仕事が仲立ちして，容器の中の水の運動エネルギーになり，最終的に水温の上昇，つまり，水の内部エネルギーになる（**14.1** 節参照）．

熱の実用単位　1 cal = 4.2 J

エネルギー保存則　　熱とともにわれわれの日常生活に関係深いのが，電気エネルギーと化学エネルギーである．電気エネルギーはモーターが行う力学的仕事によって力学的エネルギーに変換され，あるいは電熱器によって熱（内部エネルギー）に変換される．また，力学的エネルギーは発電機に対する力学的仕事を通じて電気エネルギーに変換される．エネルギー源としての石油や石炭は，燃焼によって熱を発生するが，燃焼は化学変化なので，石油や石炭のもつエネルギーは**化学エネルギー**とよばれる．人間のする仕事は筋肉に蓄えられた化学エネルギーによる．

相対性理論によれば，質量はエネルギーの一形態であり，質量 m が他の形態のエネルギー E に変わるとき，その量は $E=mc^2$ である（c は真空中の光の速さ）．原子力発電では，ある種の原子核反応で質量が減少し，その分のエネルギーが反応生成物の運動エネルギーになることを利用している．

図 5.19　四日市市の石油化学コンビナート

このように，いろいろな形態のエネルギーを考えると，エネルギーの形態は変化し，存在場所も移動するが，その総量はつねに一定で，増加したり減少したりすることはないことが実験によって確かめられている．この事実を**エネルギー保存則**という．ある量が保存するとは，その量が時間の経過とともに変化せず，一定であるという意味である．エネルギー保存の考えは，19 世紀の中ごろまでに，マイヤー，ジュール，ヘルムホルツなどによって提案された．その後，エネルギー保存則は実験的に確かめられ，現在では物理学のもっとも基本的な法則の 1 つとして認められている．

エネルギー保存則の表し方　ある過程の前後での，物体系（1 つの物体あるいは複数の物体の集まり）の運動エネルギーの増加分を $\Delta K(=K_{後}-K_{前})$，ポテンシャルエネルギーの増加分を $\Delta U^{保}$，内部エネルギー（物体系を構成する分子の熱運動の運動エネルギーとポテンシャルエネルギーの和）の増加分を ΔU，化学エネルギーの増加分を $\Delta E_{化学}$，外部から物体系に作用する非保存力のした仕事 $W^{非}_{系\leftarrow外部}$ を W，外部から物体系に移動した熱 $Q_{系\leftarrow外部}$ を Q とすると，エネルギー保存則は

$$\Delta K+\Delta U^{保}+\Delta U+\Delta E_{化学} = W+Q \tag{5.46}$$

と表せる．これら以外のエネルギーが変化すれば左辺に追加する．右辺の W は，系に作用する外力（非保存力）$\boldsymbol{F}_{非}$ の作用点の移動距離 s と作用点の移動方向への $\boldsymbol{F}_{非}$ の成分 $F_{非\,\mathrm{t}}$ の積，$W = F_{非\,\mathrm{t}}\,s$ である．

物体系が外部と仕事や熱のやりとりをする場合には，外部の相手も系に含めると，$W = Q = 0$ なので，(5.46) 式は

$$\Delta K+\Delta U^{保}+\Delta U+\Delta E_{化学} = 0 \tag{5.47}$$

となり，外部から孤立した物体系のエネルギー保存則になる．

例 4　自動車の運動とエネルギー保存則*　自動車に作用する外力のうち非保存力は，空気の抵抗力と路面がタイヤに作用する摩擦力である．路面とタイヤの接触点でタイヤが滑らないとすると，作用点が動かないので，路面がタイヤに作用する摩擦力はタイヤに仕事をしない．そこで，外部から自動車への熱の移動 Q と空気の抵抗を無視すると，自動車のエネルギー保存則 (5.46) は

$$\Delta K+\Delta U^{保}+\Delta U = -\Delta E_{化学} \tag{5.48}$$

となる．この式は自動車の運動エネルギーの増加 ΔK と重力ポテンシャルエネルギーの増加 $\Delta U^{保}$ および自動車の温度上昇による内部エネルギーの増加 ΔU はエンジンで消費された燃料の化学エネルギーの減少 $-\Delta E_{化学}$ によるものであることを示す．物体系に地球と大気を含めると，この系には非保存力の外力は作用しないので，タイヤが路面上で滑っても，空気の抵抗が無視できなくても，(5.48) 式はそのままの形で成り立つ．ただし，この場合の ΔU には，空気と路面の温度上昇による内部エネルギーの増加分が含まれる．

*　図 2.24 の自動車に作用する前向きの力は，エンジンの動力によって誘起された道路が駆動輪に作用する摩擦力 $F_{摩擦}$ である．しかし，路面と車輪の接点で車輪は移動していないので摩擦力は仕事をしていない．車輪を回転させる仕事をするのはエンジンの動力である．この場合の (5.45) 式の非保存力の積分 $\int_A^B \boldsymbol{F}_{非}\cdot d\boldsymbol{s}$ の意味については 106 頁のコラム「自動車のしたがう運動方程式」を参照．

図 5.20　走っている自動車には，空気から抵抗力が，路面から摩擦力が作用する．

演習問題5

A

1. (1)　重量挙げの選手が質量 $m = 80$ kg のバーベルを高さ 2.0 m までゆっくりと持ち上げるときに，選手がバーベルにする仕事は何 J か．
   (2)　この選手がバーベルを持ち上げたまま横に 5 m 動いた．選手がバーベルにした仕事は何 J か．
   (3)　この選手がバーベルを静かに床に下ろした．選手がバーベルにした仕事は何 J か．
2. 投手が 0.15 kg の野球のボールを 144 km/h の速さで投げた．このボールの運動エネルギーはいくらか．投手がボールにした仕事は何 J か．
3. ジェット・コースターがコースを1周する間に，重力が乗客にする仕事はいくらか．
4. 建物の屋上から2個の同じボールを同じ速さで別の方向に投げた．ボールが地面に到達したときの速さは違うか．空気の抵抗は無視せよ．
5. 図1のような摩擦のない斜面上の点Aから球を静かに放した．図1の点Bから飛び出した物体の軌道は a, b のどちらになるか．理由を述べよ．

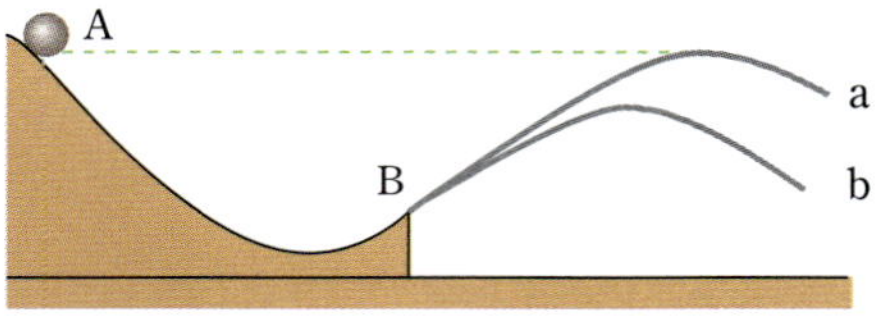

図1

6. ひもの長さが L，おもりの質量が m の振り子のひもを水平にして，初速度0で放した．ひもが鉛直になったときのひもの張力 S を求めよ．
7. 図2のように天井から長さ 1 m の糸でおもりを吊して，鉛直と角 30° の状態にして静かに放す．高さが 50 cm の吊り戸棚に糸が接触してからおもりが最高点に到達した状態で，糸が鉛直となす角 θ を求めよ．

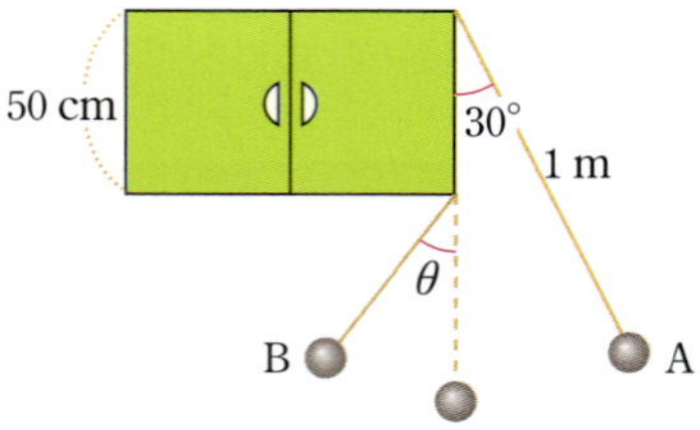

図2

8. 体重が 50 kg の人間が階段を，1秒あたり高さ 2 m の割合で駆け上がっている．この人間が自分に対して行う仕事の仕事率を求めよ．
9. 質量 1 t の鋼材を1分間あたり 10 m 引き上げたい．摩擦などによる損失がない場合，クレーンのモーターの出力は何 W 以上あればよいか．
10. 群馬県にある須田貝発電所では，毎秒 65 m^3 の水量が有効落差 77 m を落ちて，発電機の水車を回転させ，46000 kW の電力を発電する．この発電所では，水の重力ポテンシャルエネルギーの何 % が電気エネルギーになるか．
11. 40 kg の人間が 3000 m の高さの山に登る．
    (1)　この人間のする仕事はいくらか．
    (2)　1 kg の脂肪は約 3.8×10^7 J のエネルギーを供給するが，この人間が 20 % の効率で脂肪のエネルギーを仕事に変えるとすると，この登山でどれだけ脂肪を減らせるか．
12. **ジュールの実験**▌図5.18の装置では，おもりの降下によって回転する羽根車が水をかき混ぜると水の温度が上昇する．0.5 kg の水と合計 3.0 kg のおもりを用いて実験した．3.0 m の高さからおもりを10回降下させると，水温は何度上昇するか．容器の熱容量は無視できるものとせよ．
13. 図3のように，ゴムを使ってパチンコで玉を飛ばす．このとき，伸びたゴムの弾性ポテンシャルエネルギーのすべてが玉の運動エネルギーに変わるとする．ゴムを2倍引き伸ばすと玉の初速は何倍になるか．この玉を真上に飛ばすと4倍の高さまで届くか，水平に飛び出させると何倍の距離まで届くか．

図3

B

1. 乗る人も含めて質量 75 kg の自転車が，傾斜角 5° の直線道路を 10.8 km/h の速さで2分間上がった場合，上がった高さ h を求め，この高さまで上がるのに必要なパワー（仕事率）を求めよ．$\sin 5^\circ = 0.087$ とせよ．
2. 速球投手が投げたボールをバッターが同じ速さで打ち返すときに，運動エネルギーは変化しない．このときバッターがボールにする仕事はいくらか．

3．天井から長さ L の糸でおもりが吊してある．図4のように糸を水平にして静かに手を放す．糸が鉛直になったとき，糸は棒Pに接触して，おもりは半径 r の円弧上を運動する．糸がたるまないで，おもりが棒Pのまわりの半径 r の円周上を運動する条件は，図4の $d = L - r \geqq \frac{3}{5}L$ であることを示せ．

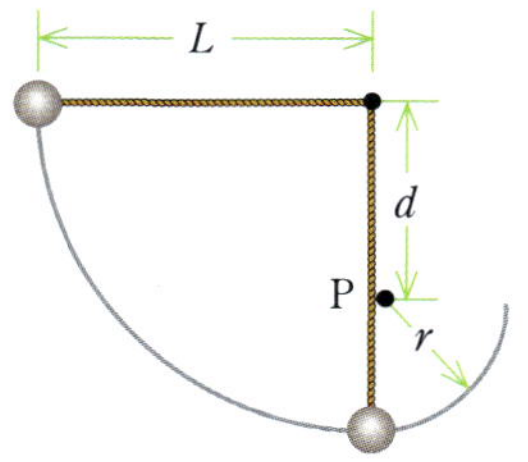

図4

4．ある自動車は，80.5 km/h (22.4 m/s) で走行するときに，空気抵抗に打ち勝つために 4.85×10^3 W，路面との摩擦と力学的損失を補うために 3.1×10^3 W が必要である．

(1)　この自動車を 80.5 km/h で1 m 動かすために必要な仕事は 3.6×10^2 J であることを示せ．

(2)　この自動車の質量は 1.02×10^3 kg である．水平な道路を 22.4 m/s で走行しているときの路面の作用する摩擦力と重力の比は 0.036 であることを示せ．

(3)　このときのガソリン消費は 17 km/L である．ガソリンの化学エネルギーは 3.3×10^7 J/L である．ガソリンの化学エネルギーの何% が力学的仕事に変わったか．

人間は筋力で1日にどのくらいの仕事ができるか？

エネルギー保存則を学んだので，エネルギーを供給すると仕事をする機械として人間を見てみよう．

栄養学ではエネルギーの単位としてキロカロリー (kcal) を使う．普通の労働に従事する成人男性が1日に食品として摂取する必要のあるエネルギーは 2400 kcal 程度で十分なようである．この食品のエネルギーは化学エネルギーで，食品が燃焼（酸化）するときに発生する熱量である．2400 kcal は，1000万 J で，2.8 キロワット時 (kWh．1 kWh = 3.6×10^6 J)，つまり 2800 Wh である．そこで，このエネルギーがすべて人間の筋肉労働に使われるとして，人間が24時間連続で働きつづけられるとすれば，人間はパワーが約 120 W の作業機械ということになる (2800 Wh/24 h = 120 W)．

しかし人間は寝ているだけでも，呼吸や血液の循環その他の活動にエネルギーを消費する．人間が筋肉労働するときのパワーは，平均して 100 W 以下（1秒あたりにする仕事が平均 100 J 以下）で，1年間にできる仕事はせいぜい 100 kWh くらいにしかならないといわれている．

100 W の仕事とは，10 kg の荷物を1秒間に1 m の割合で真上に吊り上げているときの仕事である．かりに富士山とほぼ同じ高さの 3600 m の塔が平地に立っていて，この塔の先端まで 10 kg の荷物を吊り上げた場合の仕事が 100 Wh，つまり，0.1 kWh である．1 kWh の電気代を30円とすると，電気代にすれば3円である．人間が1年間にできる 100 kWh の筋肉労働のすべてを電気器具が効率よくできれば，電気代は3000円である．

人類はいまから約200年前までは，動力源として，主として人間や牛馬の筋力に頼ってきた．自然がもたらす風力や水力は，帆船や水車のような空間的に限定された利用しかできなかった．馬の筋力を使っても1頭で人間の15人分くらいの力しか出せない．

ところが，科学技術の発展によって蒸気機関，発電機，モーターなどの新しい動力源が発明され，産業革命が起こってからは大きく変化した．日本の1人あたりの年間発電電力量は約1万 kWh である．人間の筋肉労働量は1年間に 100 kWh だとすると，電力の使用を通じて，日本人は1人あたり約100人の奴隷を使用していることに相当する．

この大量のエネルギー消費は社会生活に大きな影響を与えた．家族が，大家族から核家族になったのも，エネルギーの大量消費で省力化が進んだためである．20世紀後半以降の日本社会の変化を理解する大きな鍵は，エネルギーの大量消費である．エネルギーの大量消費は環境破壊につながる．また，資源は有限である．エネルギー問題は人類の直面している大問題である．

質点の角運動量と回転運動の法則

物体の運動の勢いを表す量である運動量を変化させる原因は力である．しかし，物体の運動をある点のまわりを回る運動だと考える場合には，回転運動の勢いを表す量として角運動量を考え，角運動量を変化させる原因として力のモーメントを考える．

本章では角運動量と力のモーメントと回転運動の法則を学ぶ．まず，質点の平面運動，つまり，xy 平面に平行な力 $\boldsymbol{F} = (F_x, F_y, 0)$ の作用を受けている質点が xy 平面上を運動する場合を考える．回転運動では，力が物体に作用する点である作用点と力の作用点を通り力の方向を向いている直線の作用線が重要である．

6.1 質点の回転運動 —— 平面運動の場合

学習目標 回転運動の勢いを表す量としての角運動量と角運動量を変化させる原因としての力のモーメント，および角運動量の時間変化率は力のモーメントに等しいという回転運動の法則を理解する．

中心力とはどのような力か理解し，質点が中心力だけの作用を受けて運動する場合には，力の中心のまわりの角運動量は一定であるという角運動量保存則が成り立つことを理解する．

力 $\boldsymbol{F}$ のモーメント シーソーで遊んだり，てこで重い物を持ち上げた経験から，物体に作用する力が物体を支点（回転軸）のまわりに回転させる能力は，

「力の大きさ F」×「支点 O から力の作用線までの距離 l」

であることはよく知られている（図 6.1）．この

$$N = Fl \tag{6.1}$$

を点 O のまわりの力 $\boldsymbol{F}$ の**モーメント**または**トルク**とよぶ．図 6.2 のように角 θ を定義すると，点 O から力の作用線までの距離は $l = r\sin\theta$ なので，(6.1) 式は

$$N = Fr\sin\theta \tag{6.2}$$

と表される．力のモーメントの単位は N·m である．

力 $\boldsymbol{F}$ が物体を回転させようとする向きの違いを，力のモーメントに正負の符号をつけて区別する．回転させようとする向きが反時計回りの場合には正符号をつけ（$N = Fl$），時計回りの場合には負符号をつける（$N = -Fl$）（図 6.3）．

図 6.4 のように，xy 平面に平行な力 $\boldsymbol{F}$ が xy 平面上の点 $(x, y, 0)$ に作用している場合，力 $\boldsymbol{F}$ の原点 O のまわりのモーメント N は

$$N = xF_y - yF_x \tag{6.3}$$

である．力 $\boldsymbol{F}$ の分力 $\boldsymbol{F}_x$ の寄与は $-yF_x$，分力 $\boldsymbol{F}_y$ の寄与は xF_y だからである．

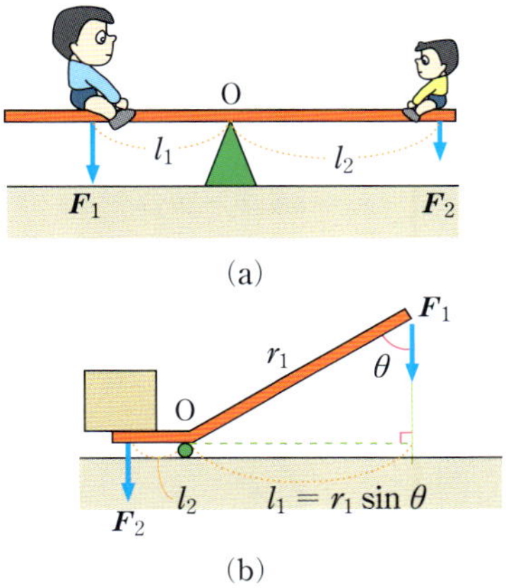

図 6.1 (a) $F_1l_1 = F_2l_2$ ならシーソーはつり合う．
(b) $F_1l_1(= F_1r_1\sin\theta) > F_2l_2$ なら荷物を持ち上げられる．

力のモーメントの単位 N·m

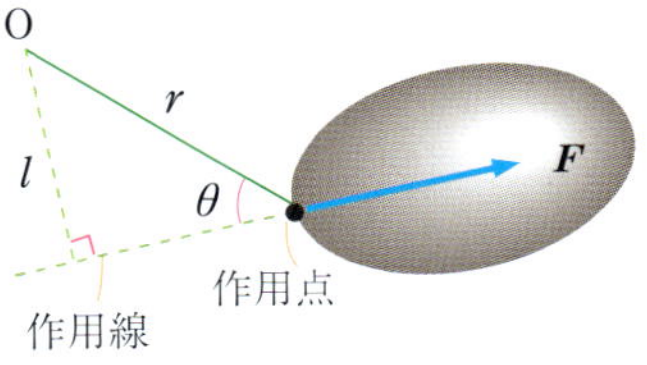

図 6.2 点 O のまわりの力 $\boldsymbol{F}$ のモーメント $N = Fl = Fr\sin\theta$

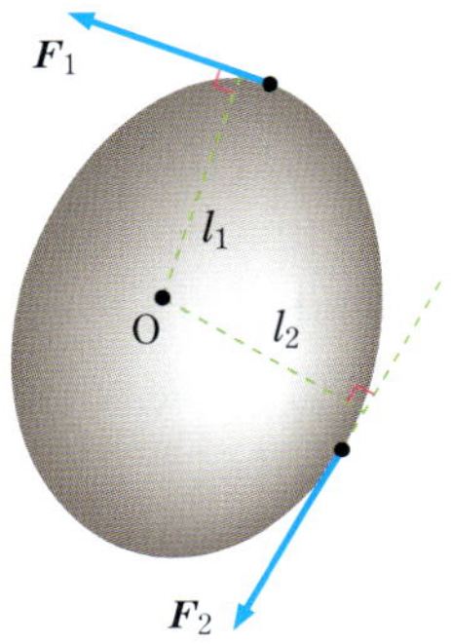

図 6.3 $N = F_1l_1 - F_2l_2$

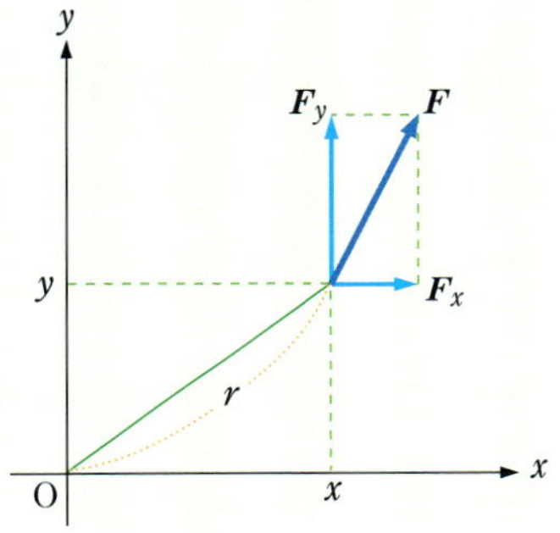

図 6.4 原点 O のまわりの力 $\boldsymbol{F}$ のモーメント N
$N = xF_y - yF_x$

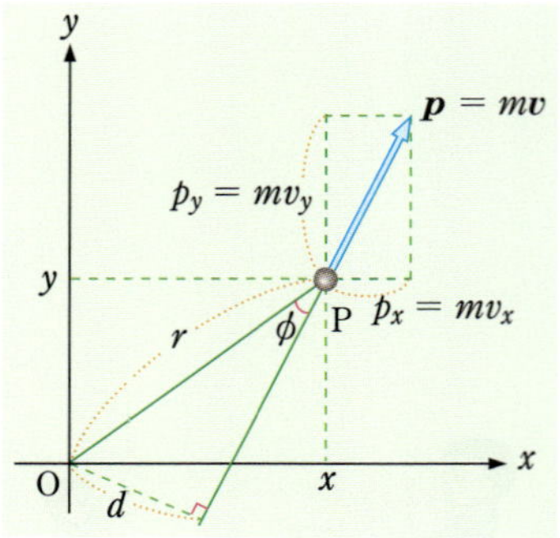

図 6.5　点 O のまわりの角運動量
$L = pd = mvd = pr \sin \phi$
$L = m(xv_y - yv_x)$

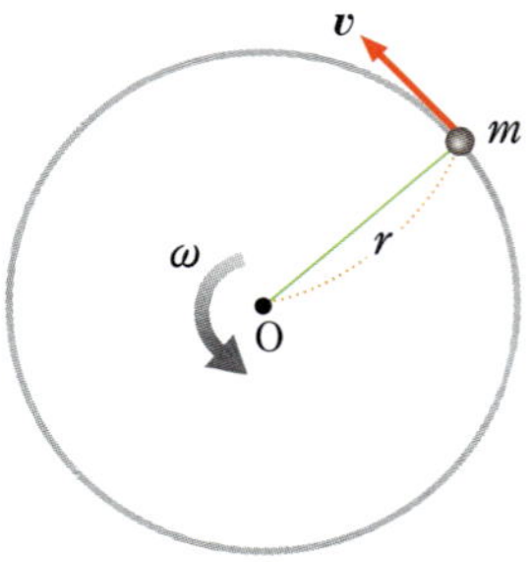

図 6.6　等速円運動の場合.
$L = mvr = mr^2\omega$

図 6.7　円柱のまわりを回るブランコ. 張力と重力の合力は中心力なので，ブランコに座った人は等速円運動を行う.

角運動量　力のモーメントに対応する，点 O のまわりの運動量 $\boldsymbol{p} = m\boldsymbol{v}$ のモーメントを点 O のまわりの**角運動量**という．図 6.5 に示した点 P にある質量 m，速度 $\boldsymbol{v}$，運動量 $\boldsymbol{p} = m\boldsymbol{v}$ の質点の点 O のまわりの角運動量 L の大きさは，「運動量の大きさ $p = mv$」と「点 O から質点 P を通る速度ベクトル $\boldsymbol{v}$ におろした垂線の長さ $d = r \sin \phi$」の積

$$L = mvd = mvr \sin \phi \tag{6.4}$$

である．角運動量 L にも，力のモーメントの場合と同じように，正負の符号をつける．角運動量は回転運動の勢いを表す量である．

(6.3) 式に対応して，xy 平面上を運動している質量 m の質点の原点 O のまわりの角運動量 L は

$$L = m(xv_y - yv_x) \tag{6.5}$$

と表せる．

例 1　質量 m の質点が，点 O を中心とする半径 r の円周上を，角速度 ω，速さ $v = r\omega$ で等速円運動している場合，この質点の点 O のまわりの角運動量 L は

$$L = mvr = mr^2\omega \tag{6.6}$$

である (図 6.6).

回転運動の法則　(6.5) 式の両辺を t で微分すると，

$$\frac{\mathrm{d}L}{\mathrm{d}t} = m\frac{\mathrm{d}}{\mathrm{d}t}(xv_y - yv_x) = m(v_xv_y + xa_y - v_yv_x - ya_x)$$
$$= x(ma_y) - y(ma_x) = xF_y - yF_x = N,$$
$$\therefore \quad \frac{\mathrm{d}L}{\mathrm{d}t} = N \tag{6.7}$$

という**回転運動の法則**が導かれる．すなわち，

質点の角運動量の時間変化率は，その質点に作用する力のモーメントに等しい．

ここで，角運動量と力のモーメントは原点のまわりのものでなくても，両者が同一の点のまわりのものであれば，この法則は成り立つ．

中心力　ある質点に作用する力の作用線がつねに一定の点 O と質点を結ぶ直線上にあり，その強さが点 O と質点の距離 r だけで決まる場合，この力を**中心力**といい，点 O を力の中心という．太陽が惑星に作用する万有引力や荷電粒子が他の荷電粒子に作用する電気力は中心力である．また，ひもに石をくくりつけて水平に振り回し，石を等速円運動させる場合のひもの張力は中心力である．

角運動量保存則　ある質点が点 O を力の中心とする中心力だけの作用を受けて運動する場合は，この力の作用線は点 O を通るので，点 O

と力の作用線の距離は 0 である．したがって，点 O のまわりの力のモーメントは 0 なので，この質点の点 O のまわりの角運動量を L とすると，(6.7) 式から

$$\frac{\mathrm{d}L}{\mathrm{d}t} = 0 \qquad \text{（中心力の場合）} \tag{6.8}$$

となり，角運動量 L の時間変化率は 0 である．したがって，

$$L = \text{一定} \qquad \text{（中心力の場合）} \tag{6.9}$$

という関係が導かれる．つまり，

質点が中心力だけの作用を受けて運動する場合には，力の中心のまわりの角運動量は一定である．

これを**角運動量保存則**という．なお，質点が中心力だけの作用を受けて運動する場合，この質点は力の中心を含む平面上を運動する [(6.15) 式参照]．質点に中心力以外の力が作用すると，質点の角運動量は時間とともに変化する．

点 O と質点を結ぶ線分が単位時間に通過する面積を，この質点の点 O に対する**面積速度**という．次の問 1 で確かめるように，面積速度は角運動量に比例する．したがって，角運動量保存則を次のように表すこともできる．

中心力の作用のみを受けて運動する質点の，力の中心に対する面積速度は一定である．

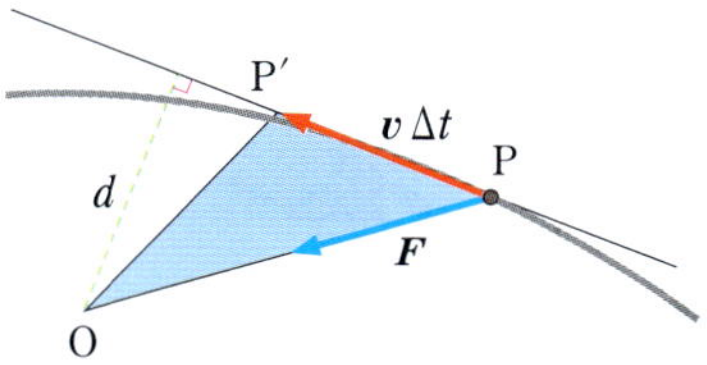

図 6.8

問 1　図 6.8 を使って，

$$\text{（角運動量 } L = mvd\text{）} = 2(\text{質量 } m) \times \left(\text{面積速度 } \frac{dv\,\Delta t}{2\,\Delta t}\right) \tag{6.10}$$

を確かめよ．

例題 1　鉛直な細い管を通したひもの先端に質量 m の小石をつけ，水平面内で半径 r_0，速さ v_0 の等速円運動をさせる (図 6.9)．小石に作用する重力は無視し，ひもと管の間に摩擦はないとする．

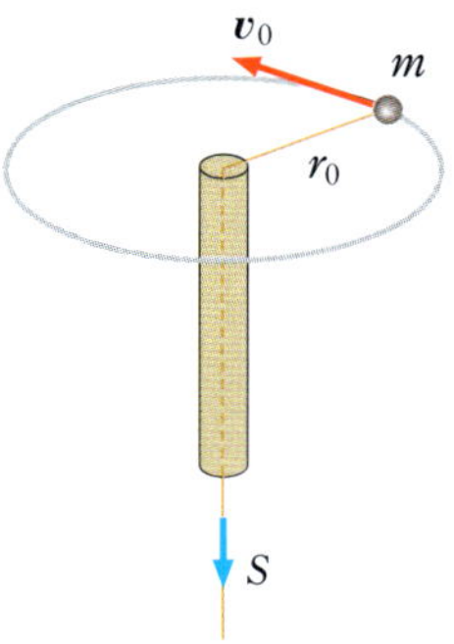

図 6.9

(1)　このひもをゆっくり引っ張って，円運動の半径を r_1 に縮めたときの速さ v_1 を求めよ．このとき小石の運動エネルギーはどのように変化したか．この変化は何によって生じたか．

(2)　このとき円運動の角速度はどのように変化したか．

解　(1)　小石に作用するひもの張力は中心力なので，小石の角運動量 L は保存し，

$$L = mr_0v_0 = mr_1v_1$$

したがって

$$v_1 = \frac{r_0}{r_1}v_0$$

$r_1 < r_0$ だから $v_1 > v_0$ なので，小石の運動エネルギーは増加する．

$$\frac{1}{2}m{v_1}^2 - \frac{1}{2}m{v_0}^2 = \frac{L^2}{2m{r_1}^2} - \frac{L^2}{2m{r_0}^2} > 0$$

である．この運動エネルギーの増加はひもの張力 $S = \dfrac{mv^2}{r} = \dfrac{L^2}{mr^3}$ のする仕事 $-\displaystyle\int_{r_0}^{r_1}\frac{L^2}{mr^3}\mathrm{d}r$ による．

(2)　$v_0 = r_0\omega_0$，$v_1 = r_1\omega_1$ なので，(6.6) 式から

$$L = m{r_0}^2\omega_0 = m{r_1}^2\omega_1$$

$$\therefore\quad \omega_1 = \frac{{r_0}^2\omega_0}{{r_1}^2} > \omega_0$$

したがって，物体の円運動の角速度 ω も増加する．

参考　ベクトル積で表した回転運動の法則

回転軸には方向があり，回転軸のまわりの回転の向きは2通りあるので，力のモーメントと角運動量は大きさと方向と向きがあるベクトルであり，付録で説明するベクトル積を使って表される．点 $\boldsymbol{r}$ にある質量 m，速度 $\boldsymbol{v}$ の質点に力 $\boldsymbol{F}$ が作用しているとき，原点Oのまわりの力 $\boldsymbol{F}$ のモーメント $\boldsymbol{N}$ と角運動量 $\boldsymbol{L}$ は，

$$\boldsymbol{N} = \boldsymbol{r}\times\boldsymbol{F} \tag{6.11}$$

$$\boldsymbol{L} = \boldsymbol{r}\times\boldsymbol{p} = \boldsymbol{r}\times m\boldsymbol{v} \tag{6.12}$$

と定義される（図6.10，図6.11）．$\boldsymbol{N}$ と $\boldsymbol{L}$ の成分は

$$\left.\begin{aligned} N_x &= yF_z - zF_y \qquad & L_x &= m(yv_z - zv_y) \\ N_y &= zF_x - xF_z \qquad & L_y &= m(zv_x - xv_z) \\ N_z &= xF_y - yF_x \qquad & L_z &= m(xv_y - yv_x) \end{aligned}\right\} \tag{6.13}$$

である．したがって，この節のはじめに考えた z 軸のまわりの回転運動の場合の定義の一般化になっている．

原点Oのまわりの角運動量 $\boldsymbol{L}$ の時間変化率は，(6.12) 式を t で微分して，$\boldsymbol{v}\times m\boldsymbol{v} = 0$ と $m\boldsymbol{a} = \boldsymbol{F}$ を使うと得られる

$$\frac{\mathrm{d}\boldsymbol{L}}{\mathrm{d}t} = \boldsymbol{N} \tag{6.14}$$

である．この式は $\boldsymbol{L}$ と $\boldsymbol{N}$ が平行でない場合にも成り立つ．

中心力 $\boldsymbol{F}$ しか作用しない場合には，力の中心に関する力 $\boldsymbol{F}$ のモーメント $\boldsymbol{N}$ は $\boldsymbol{0}$ なので，力の中心に関する角運動量 $\boldsymbol{L}$ は一定である．

$$\boldsymbol{L} = \boldsymbol{r}\times m\boldsymbol{v} = 一定 \qquad （中心力の場合） \tag{6.15}$$

したがって，この質点の位置ベクトル $\boldsymbol{r}$ は一定のベクトル $\boldsymbol{L}$ に垂直な平面上にあるので，中心力だけの作用を受けて運動する質点は，力の中心を含む平面上を運動する（図6.11参照）．

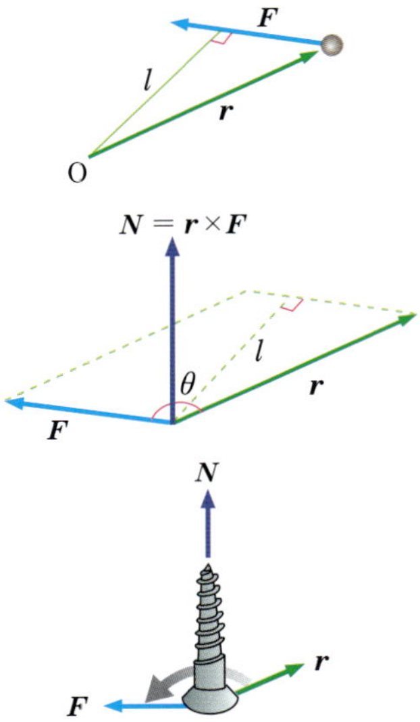

図6.10　力のモーメント $\boldsymbol{N} = \boldsymbol{r}\times\boldsymbol{F}$．2つのベクトル $\boldsymbol{r}, \boldsymbol{F}$ のベクトル積 $\boldsymbol{r}\times\boldsymbol{F}$ はベクトルで，大きさは $\boldsymbol{r}, \boldsymbol{F}$ を隣り合う2辺とする平行四辺形の面積 $rF\sin\theta$，方向は $\boldsymbol{r}, \boldsymbol{F}$ の両方に垂直，向きは $\boldsymbol{r}$ から $\boldsymbol{F}$ へ（180° より小さい角を通って）右ねじを回すときにねじの進む向き．

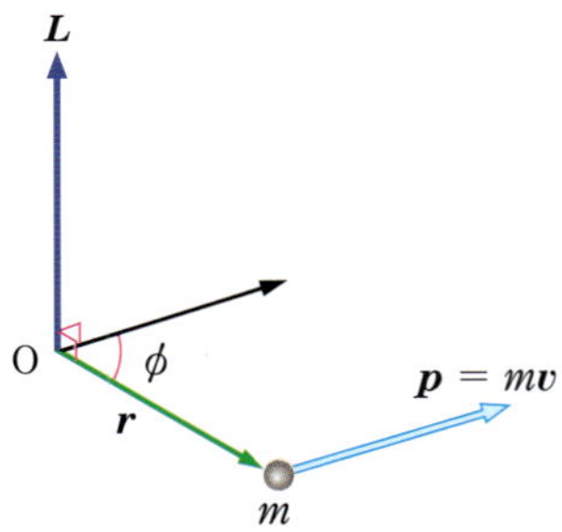

図6.11　角運動量 $\boldsymbol{L} = \boldsymbol{r}\times\boldsymbol{p} = \boldsymbol{r}\times m\boldsymbol{v}$，$L = rp\sin\phi = rmv\sin\phi$

参考　偶力

たがいに平行で異なる2本の作用線上で作用し，大きさが等しく，逆向きの1対の力 $\boldsymbol{F}, -\boldsymbol{F}$ を偶力という（図6.12）．$\boldsymbol{d}$ を力 $-\boldsymbol{F}$ の作用点を始点とし，力 $\boldsymbol{F}$ の作用点を終点とするベクトルとするとすべての点に関する偶力のモーメント $\boldsymbol{N}$ は

$$\boldsymbol{N} = \boldsymbol{d}\times\boldsymbol{F} \tag{6.16}$$

である．偶力と同じ効果を与える1つの力（合力）は存在しない．

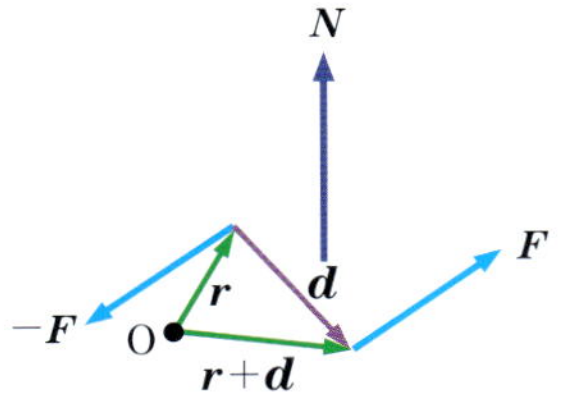

図6.12　偶力 $\boldsymbol{F}, -\boldsymbol{F}$ のモーメント
$\boldsymbol{N} = (\boldsymbol{r}+\boldsymbol{d})\times\boldsymbol{F}+\boldsymbol{r}\times(-\boldsymbol{F}) = \boldsymbol{d}\times\boldsymbol{F}$

参考　惑星，衛星の運動とケプラーの法則

16世紀後半にティコ・ブラーエは恒星，太陽，月，惑星などの位置を前例のない正確さで長期間にわたって観測した．彼の助手であったケプラーは，この観測結果から，試行錯誤の末に，**ケプラーの法則**とよばれる次の3つの法則を発見した（図6.13）．

第1法則　惑星の軌道は太陽を1つの焦点とする楕円である．
第2法則　太陽と惑星を結ぶ線分が一定時間に通過する面積は等しい（面積速度一定の法則）．
第3法則　惑星が太陽を1周する時間（周期）T の2乗と軌道の長軸半径 a の3乗の比は，すべての惑星について同じ値をもつ．

ケプラーの法則が発見されてから約100年後に，ニュートンは，すべての天体の間には万有引力が作用すると仮定して，運動の法則を使ってケプラーの法則を証明した．また逆に，運動の法則とケプラーの法則から万有引力の法則を導いた．

太陽と惑星の間に作用する万有引力は，太陽を力の中心とする中心力なので，角運動量保存則，つまり面積速度一定の法則が成り立つ．

円は楕円の2つの焦点が一致した場合である．惑星の軌道が円の場合には，質量 m の惑星に対するニュートンの運動方程式は

$$mr\omega^2 = mr\left(\frac{2\pi}{T}\right)^2 = \frac{GmM_\mathrm{S}}{r^2} \qquad \therefore \frac{r^3}{T^2} = \frac{GM_\mathrm{S}}{4\pi^2} = \text{一定} \tag{6.17}$$

が導かれるので（M_S は太陽の質量），「周期 T の2乗と軌道半径 r の3乗とが比例する」というケプラーの第3法則が証明できた．

ケプラーの第1法則と楕円運動の場合の第3法則の証明は省略する．

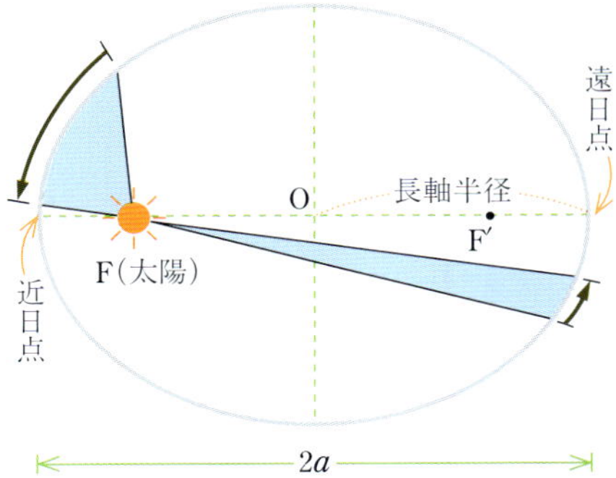

図6.13　惑星の楕円軌道と面積速度一定．惑星は太陽を焦点の1つ（F）とする楕円軌道上を運動する．太陽と惑星を結ぶ線分が同じ時間に通過する面積は一定である．その結果，太陽から遠い遠日点付近では惑星は遅く，太陽に近い近日点付近では速い．

演習問題6

A

1．周期が70年の彗星の軌道の長軸半径は地球の軌道の長軸半径の何倍か．

2．人工衛星の打ち上げには多段ロケットを使い，次々に加速するとともに軌道を修正して，人工衛星を所定の軌道にのせる．多段ロケットを使わず，1段ロケット（＝人工衛星）を打ち上げて軌道修正しない場合に，人工衛星（＝1段ロケット）はどうなるか．

3．2010年も2011年も春分の日は3月21日，秋分の日は9月23日である．近日点の時期について何かいえるか．

B

1．単振り子の運動方程式（4.18）を回転運動の法則（6.7）から導け．

2．中心力 $\boldsymbol{F}(\boldsymbol{r}) = -k\boldsymbol{r}$ の作用を受ける物体の運動を考える（k は正の定数）．次のことを示せ．
（1）　軌道は力の中心を中心とする楕円である．
（2）　角運動量は一定である．
（3）　周期は軌道によらず一定である．

質点系の力学

これまでは，1つの小さな物体（質点）の運動を調べてきた．しかし，力は2つの物体の間に作用する．地表付近での放物運動のように，一方の物体（この場合は地球）が大きい場合には，大きな物体は動かないと考えてかまわないが，同じくらいの質量の物体が衝突する場合には両方の物体の運動を考える必要がある．また，現実の物体には大きさがあり，変形したり，回転したりする．広がりのある物体の運動を考える場合には，物体を微小な部分に分割して，おのおのを**質点**，つまり，質量をもった点として取り扱えばよい．質点の集まりを質点系という．

この章では，まず質点系の重心を学び，つづいて重心の運動方程式，質点系の運動量と2質点の衝突などを学ぶ．質点間の距離が変化しない質点系である剛体に固有な問題は次章で学ぶ．

7.1 質点系と剛体の重心

学習目標　質点系の重心は質点系を構成する質点に作用する重力の合力の作用点として定義されること，したがって，質点系の重心は質点系を構成する質点に作用する重力のモーメントの和が **0** の点として定義されることを理解する．

剛体の重心の 2 つの性質　物体には鉄や石のように硬い物体もあれば，ゴムのように軟らかい物体もある．硬い物体とは，力を加えた場合に変形がごくわずかな物体である．外から力を加えたときに変形が無視できる硬い物体を考えて，これを剛体とよぶ．

質点系の運動や剛体のつり合いを考える際に，**重心**が重要な役割を演じる．質点系の重心は，質点系を構成する質点に作用する重力の合力の作用点として定義される．したがって，質点系の重心は質点系を構成する質点に作用する重力のモーメントの和が **0** の点として定義される．この性質を使うと，剛体の重心の位置が図 7.1 のように求められる．

質量が物体の受ける重力の強さと慣性の両方に関係しているように，質量の和が M の質点系の重心は，質点系を構成する質点に作用するすべての外力のベクトル和が作用する質量 M の質点と同じ運動を行う，という性質をもつが，この性質については次節で学ぶ．

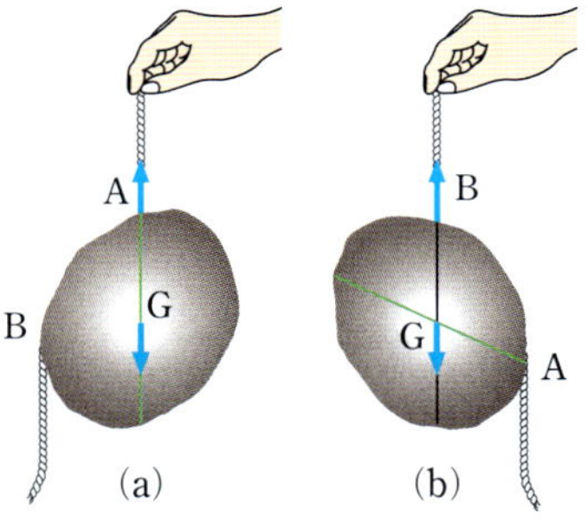

図 7.1　剛体の各部分に作用する重力の合力は重心 G に作用するので，図のように剛体を吊して静止させると，重心 G は糸の支点の真下にある．

2 つの質点の重心　図 7.2 に示す軽い棒の両端 P, Q に 2 つの重いが小さな球（質量 m_1 と m_2）がついている剛体を考える．2 つの球には鉛直下向きの重力 $\boldsymbol{W}_1 = m_1\boldsymbol{g}$ と $\boldsymbol{W}_2 = m_2\boldsymbol{g}$ が作用する．この棒の 1 点を支えて静止させておくには，2 つの球に作用する重力のモーメントの和が **0** になる点，つまり，線分（棒）$\overline{\mathrm{PQ}}$ を $m_2 : m_1$ に内分する点 G を大きさが $(m_1+m_2)g$ の力 $\boldsymbol{F}$ で支えればよい．したがって，棒の両端に固定された 2 つの球に作用する重力 $\boldsymbol{W}_1, \boldsymbol{W}_2$ の効果は，点 G を通り鉛直下向きで，大きさが $(m_1+m_2)g$ の 1 つの力 $\boldsymbol{W}$ と同じである．この力 $\boldsymbol{W}$ を 2 つの球から構成された剛体に作用する重力 $\boldsymbol{W}_1, \boldsymbol{W}_2$ の合力とよび，点 G を 2 つの球の**重心**あるいは質量中心とよぶ．

質量 m_1 の質点の位置ベクトルを $\boldsymbol{r}_1 = (x_1, y_1, z_1)$，質量 m_2 の質点の位置ベクトルを $\boldsymbol{r}_2 = (x_2, y_2, z_2)$ とすれば，2 つの質点の重心 G の位置ベクトル $\boldsymbol{R} = (X, Y, Z)$ は，

$$\boldsymbol{R} = \frac{m_1\boldsymbol{r}_1 + m_2\boldsymbol{r}_2}{m_1+m_2} \tag{7.1}$$

で，重心の位置座標は

$$X = \frac{m_1x_1 + m_2x_2}{m_1+m_2}, \quad Y = \frac{m_1y_1 + m_2y_2}{m_1+m_2}, \quad Z = \frac{m_1z_1 + m_2z_2}{m_1+m_2} \tag{7.1'}$$

である．(7.1) 式の証明は図 7.3 に示されている．

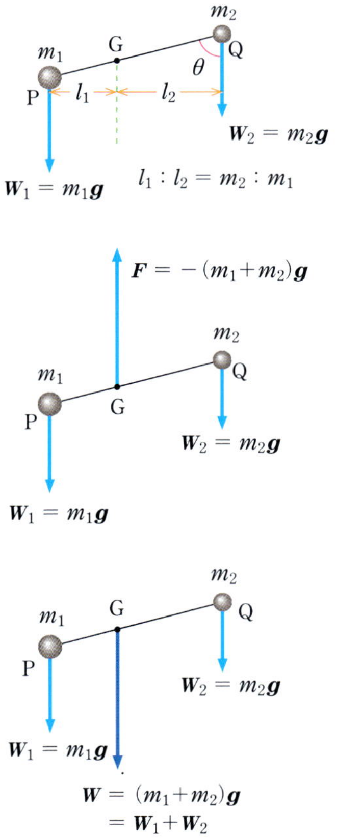

図 7.2　軽い棒に固定された 2 つの球に作用する重力 $\boldsymbol{W}_1, \boldsymbol{W}_2$ の合力は重心 G を通る鉛直下向きの力 $\boldsymbol{W}_1 + \boldsymbol{W}_2$ である．重心 G のまわりの重力のモーメントの和は **0** でなければならないので，重心 G は $\overline{\mathrm{PQ}}$ を $m_2 : m_1$ に内分する点，つまり，$\overline{\mathrm{PG}} : \overline{\mathrm{GQ}} = m_2 : m_1$ の点である．

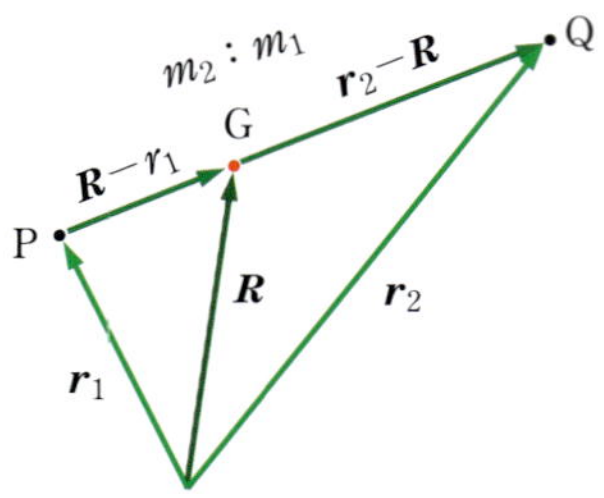

図 7.3　重心の位置ベクトル $\boldsymbol{R}$ は
$$\boldsymbol{R} = \frac{m_1\boldsymbol{r}_1+m_2\boldsymbol{r}_2}{m_1+m_2}$$
であることは,
$(\overrightarrow{PG} = \boldsymbol{R}-\boldsymbol{r}_1) : (\overrightarrow{GQ} = \boldsymbol{r}_2-\boldsymbol{R}) = m_2 : m_1$
つまり, $m_1(\boldsymbol{R}-\boldsymbol{r}_1) = m_2(\boldsymbol{r}_2-\boldsymbol{R})$ を解けばわかる.

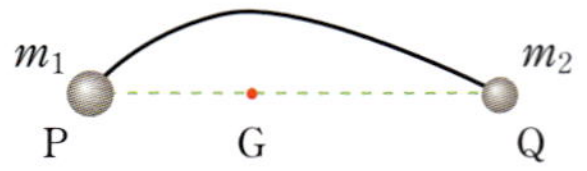

図 7.4　重心 G は物体の外部に存在することもある.

なお, 図 7.2 の 2 つの物体をつけた軽い棒が, 図 7.4 のように曲がっていて, 線分 $\overline{PQ}$ を $m_2 : m_1$ に内分する点 G が棒の外部にあっても, 点 G は 2 つの物体の重心であり, 重心の位置は (7.1) 式で与えられる.

問 1　長さが 6 m の丸太がある. その一端 A を持ち上げるには 80 kgf の力が必要であり, 他端 B を持ち上げるには 70 kgf の力が必要である. この丸太の質量と重心の位置を求めよ.

3 つ以上の質点の重心　質量 $m_1, m_2, m_3, \cdots$ の質点が点 $\boldsymbol{r}_1 = (x_1, y_1, z_1)$, $\boldsymbol{r}_2 = (x_2, y_2, z_2)$, $\boldsymbol{r}_3 = (x_3, y_3, z_3), \cdots$ にある場合には, この剛体の重心の位置ベクトル $\boldsymbol{R} = (X, Y, Z)$ は,

$$\boldsymbol{R} = \frac{m_1\boldsymbol{r}_1+m_2\boldsymbol{r}_2+m_3\boldsymbol{r}_3+\cdots}{M} \tag{7.2}$$

で, 重心の位置座標は

$$X = \frac{m_1x_1+m_2x_2+m_3x_3+\cdots}{M},$$
$$Y = \frac{m_1y_1+m_2y_2+m_3y_3+\cdots}{M},$$
$$Z = \frac{m_1z_1+m_2z_2+m_3z_3+\cdots}{M} \tag{7.2′}$$

である. ここで,

$$M = m_1+m_2+m_3+\cdots = \sum_i m_i \tag{7.3}$$

は質点系の全質量である.

質点系に作用する重力の合力が, (7.2) 式で指定された重心 G を通る鉛直下向きの力 $M\boldsymbol{g} = (m_1+m_2+m_3+\cdots)\boldsymbol{g}$ であることは, まず $m_1\boldsymbol{g}$ と $m_2\boldsymbol{g}$ の合力をつくり, 次に $m_1\boldsymbol{g}$ と $m_2\boldsymbol{g}$ の合力と $m_3\boldsymbol{g}$ との合力をつくり, … という合成をつづけていくことによって示せる [(7.2) 式で定義された重心 G のまわりの重力のモーメントは **0** であることの証明は演習問題 7 の B4 を参照)].

例 1　材質が一様で厚さが一定な薄い円板の重心は円の中心で, 材質が一様で厚さが一定な薄い三角形の板の重心は三角形の 3 本の中線 (頂点と対辺の中点を結ぶ線分) の交点である三角形の重心である (図 7.5).

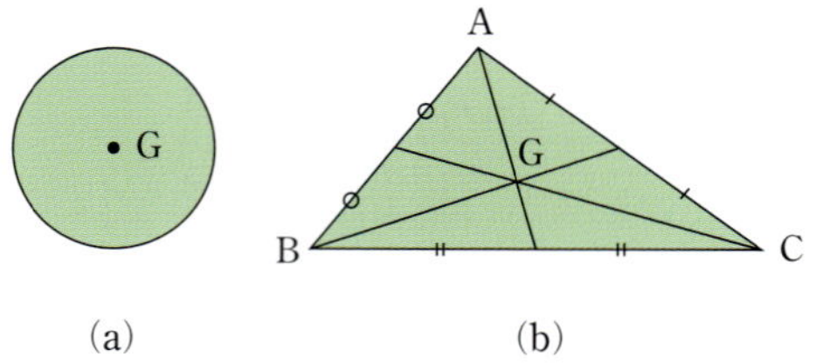

図 7.5　重心
(a) 薄くて一様な円板の重心は円の中心である.
(b) 薄くて一様な三角形板の重心は 3 本の中線の交点である.

7.2 質点系の運動

学習目標 質点系の重心の運動方程式は $M\boldsymbol{A}=\boldsymbol{F}$ であること，すなわち，全質量が M の質点系の重心は，質点系を構成する質点に作用するすべての外力のベクトル和 $\boldsymbol{F}$ が作用する質量 M の質点と同じ運動を行うことを理解する．質点系に外力が作用しない場合，運動量保存則が成り立ち，質点系の重心は等速直線運動を行うことを理解する．運動量保存則は衝突現象に有効であることを理解する．

質点系の重心の運動方程式 質点系を構成する各質点に作用する力には，質点系外の物体からの力（外力）と質点系内の他の質点からの力（内力）の2種類がある（図7.6）．i 番目の質点に作用する外力を $\boldsymbol{F}_i$，i 番目の質点に j 番目の質点が作用する力（内力）を $\boldsymbol{F}_{i\leftarrow j}$ と記す．作用反作用の法則によって，内力は $\boldsymbol{F}_{i\leftarrow j}=-\boldsymbol{F}_{j\leftarrow i}$ という関係を満たす．

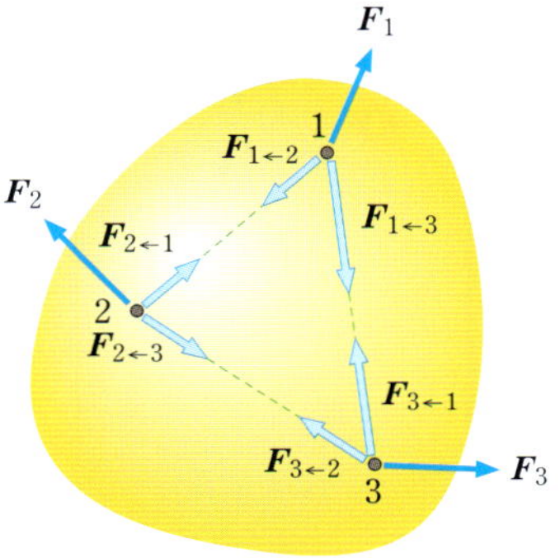

図 7.6 内力と外力

簡単のために，まず2個の質点1,2からなる2質点系を考える．質点1,2の運動方程式

$$m_1\frac{\mathrm{d}^2\boldsymbol{r}_1}{\mathrm{d}t^2}=\boldsymbol{F}_1+\boldsymbol{F}_{1\leftarrow 2},\qquad m_2\frac{\mathrm{d}^2\boldsymbol{r}_2}{\mathrm{d}t^2}=\boldsymbol{F}_2+\boldsymbol{F}_{2\leftarrow 1}\tag{7.4}$$

の両辺の和をとり，作用反作用の法則 $\boldsymbol{F}_{1\leftarrow 2}+\boldsymbol{F}_{2\leftarrow 1}=\boldsymbol{0}$ を使うと，

$$\frac{\mathrm{d}^2}{\mathrm{d}t^2}(m_1\boldsymbol{r}_1+m_2\boldsymbol{r}_2)=\boldsymbol{F}_1+\boldsymbol{F}_2=\boldsymbol{F}\tag{7.5}$$

が導かれる．$\boldsymbol{F}$ は2個の質点1,2に作用する外力のベクトル和で**外力**という．(7.1)式の両辺を $M=(m_1+m_2)$ 倍した関係，$m_1\boldsymbol{r}_1+m_2\boldsymbol{r}_2=M\boldsymbol{R}$ を使うと，(7.5)式は

$$M\frac{\mathrm{d}^2\boldsymbol{R}}{\mathrm{d}t^2}=\boldsymbol{F}\quad(M\boldsymbol{A}=\boldsymbol{F})\quad\text{（重心の運動方程式）}\tag{7.6}$$

になる．$\dfrac{\mathrm{d}^2\boldsymbol{R}}{\mathrm{d}t^2}=\boldsymbol{A}$ は重心の加速度である．(7.6)式が2質点系の重心の運動方程式である．(7.6)式を成分に分けると，

$$M\frac{\mathrm{d}^2X}{\mathrm{d}t^2}=F_x,\qquad M\frac{\mathrm{d}^2Y}{\mathrm{d}t^2}=F_y,\qquad M\frac{\mathrm{d}^2Z}{\mathrm{d}t^2}=F_z\tag{7.6$'$}$$

となる．

3個以上の質点から構成された質点系の場合にも，質点系の重心の位置ベクトルを $\boldsymbol{R}$，質点系の全質量を M，質点系に作用する外力のベクトル和（外力とよぶ）$\boldsymbol{F}_1+\boldsymbol{F}_2+\boldsymbol{F}_3+\cdots$ を $\boldsymbol{F}$ とすると，(7.6)式が成り立つ．(7.6)式は**質点系の重心の運動方程式**である．この式は，質点系の各質点が複雑に運動していても，

質点系の重心は質量 $M=\sum\limits_i m_i$ の質点が外力 $\boldsymbol{F}=\sum\limits_i\boldsymbol{F}_i$ の作用を受けている場合と同一の運動を行う

ことを意味している（図7.7）．

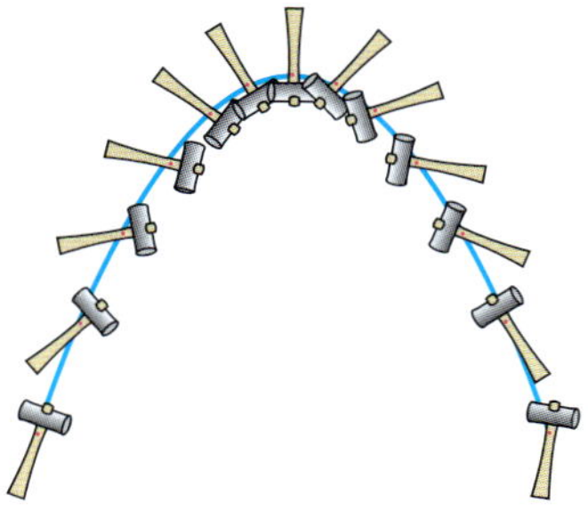
図 7.7 金槌の重心は放物運動を行う

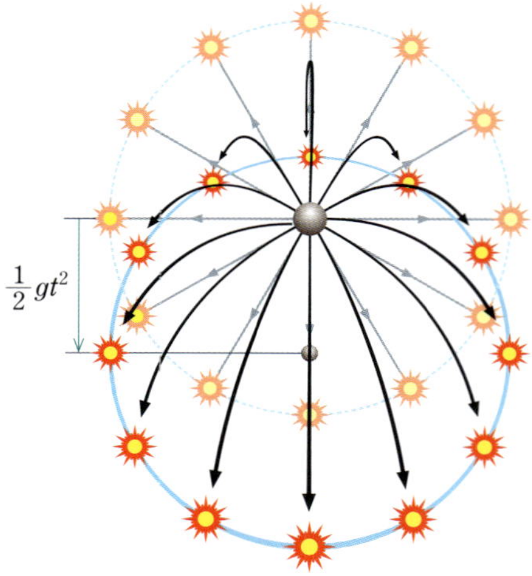

図 7.8

問 2　真上に打ち上げられた花火の玉が最高点で爆発した．花火の美しい球が落下していくようすを考察せよ（図 7.8）．

質点系の運動量　第 3 章で質点の質量 m と速度 $\boldsymbol{v}$ の積 $\boldsymbol{p} = m\boldsymbol{v}$ を運動量とよんだ．質点系を構成する各質点の運動量の和

$$\boldsymbol{P} = m_1\boldsymbol{v}_1 + m_2\boldsymbol{v}_2 + m_3\boldsymbol{v}_3 + \cdots \tag{7.7}$$

を質点系の全運動量という．(7.2) 式の両辺を M 倍すると得られる

$$M\boldsymbol{R} = m_1\boldsymbol{r}_1 + m_2\boldsymbol{r}_2 + m_3\boldsymbol{r}_3 + \cdots \tag{7.8}$$

を t で微分する．$\dfrac{\mathrm{d}\boldsymbol{R}}{\mathrm{d}t} = \boldsymbol{V}$ は重心の速度であり，$\dfrac{\mathrm{d}\boldsymbol{r}_i}{\mathrm{d}t} = \boldsymbol{v}_i$ なので，

$$M\boldsymbol{V} = m_1\boldsymbol{v}_1 + m_2\boldsymbol{v}_2 + m_3\boldsymbol{v}_3 + \cdots = \boldsymbol{P}$$

つまり，「質点系の全運動量」＝「質点系の全質量」×「重心速度」

$$\boldsymbol{P} = M\boldsymbol{V} \tag{7.9}$$

である．質点と広がりのある物体には，運動方程式が $m\boldsymbol{a} = \boldsymbol{F}$ と $M\boldsymbol{A} = \boldsymbol{F}$，運動量が $\boldsymbol{p} = m\boldsymbol{v}$ と $\boldsymbol{P} = M\boldsymbol{V}$ という対応関係がある．

(7.9) 式の両辺を t で微分し，$\dfrac{\mathrm{d}M}{\mathrm{d}t} = 0$，$\dfrac{\mathrm{d}\boldsymbol{V}}{\mathrm{d}t} = \boldsymbol{A}$ であることに注意すれば，

$$\frac{\mathrm{d}\boldsymbol{P}}{\mathrm{d}t} = \frac{\mathrm{d}}{\mathrm{d}t}(M\boldsymbol{V}) = M\frac{\mathrm{d}\boldsymbol{V}}{\mathrm{d}t} = M\boldsymbol{A} = \boldsymbol{F} \tag{7.10}$$

すなわち，

$$\frac{\mathrm{d}\boldsymbol{P}}{\mathrm{d}t} = \boldsymbol{F} \tag{7.11}$$

が導かれる．これは重心の運動法則 (7.6) の別の表現である．

運動量保存則　質点系に外力が作用しない場合，つまり $\boldsymbol{F} = \boldsymbol{0}$ の場合，(7.11) 式から

$$\frac{\mathrm{d}\boldsymbol{P}}{\mathrm{d}t} = \boldsymbol{0} \quad \text{すなわち} \quad \boldsymbol{P} = M\boldsymbol{V} = \text{一定} \tag{7.12}$$

という，質点系の**運動量保存則**が成り立つ．したがって，

外力が作用していない質点系の全運動量 $\boldsymbol{P}$ と重心速度 $\boldsymbol{V}$ は一定で，重心は等速直線運動を行う．

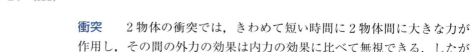

図 7.9　国際宇宙ステーション（ISS）と地球

例 2　宇宙船　宇宙空間に孤立しているので外力の作用を受けない宇宙船の本体と燃料の全体の重心は等速直線運動をつづける．しかし，宇宙船が燃料を後方に噴射すると，その反作用で宇宙船の本体は前方へ加速される．また，燃料を横向きに噴射すると，宇宙船は向きを変えられる．

衝突　2 物体の衝突では，きわめて短い時間に 2 物体間に大きな力が作用し，その間の外力の効果は内力の効果に比べて無視できる．したが

って，「2 物体の衝突直前と直後の全運動量は等しい」

$$m_A \boldsymbol{v}_A + m_B \boldsymbol{v}_B = m_A \boldsymbol{v}_A' + m_B \boldsymbol{v}_B' \tag{7.13}$$

という運動量保存則が成り立つ（図 7.10）．

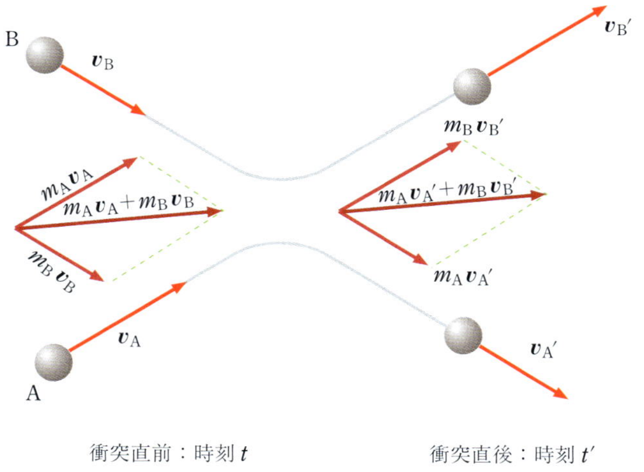

図 7.10

弾性衝突　堅い木の球どうしの衝突では球はへこまず，熱，音，振動などの発生に伴うエネルギー損失は無視できる．この場合には衝突で力学的エネルギーが保存するので，衝突の直前と直後で運動エネルギーが変化しない．したがって，図 7.10 に示した衝突では，次の関係，

$$\frac{1}{2}m_A v_A{}^2 + \frac{1}{2}m_B v_B{}^2 = \frac{1}{2}m_A v_A'^2 + \frac{1}{2}m_B v_B'^2 \quad \text{（弾性衝突）} \tag{7.14}$$

が成り立つ．運動エネルギーが保存する衝突を**弾性衝突**という．弾性衝突では運動量と運動エネルギーの両方が保存する．

図 7.11　ビリヤード

例題 1　図 7.12 のようなおもちゃがある．同じ大きさで同じ質量の 2 つの金属球 A, B を，同じ長さの細い針金で吊ってある．球 A を高さ h だけ持ち上げて静かに手を放すと，球 A は静止していたもう 1 つの球 B に衝突する．すると，球 A はほとんど静止し，球 B が動きだしてほぼ同じ高さ h まで上昇する．この現象を運動量保存則とエネルギー保存則で説明せよ．

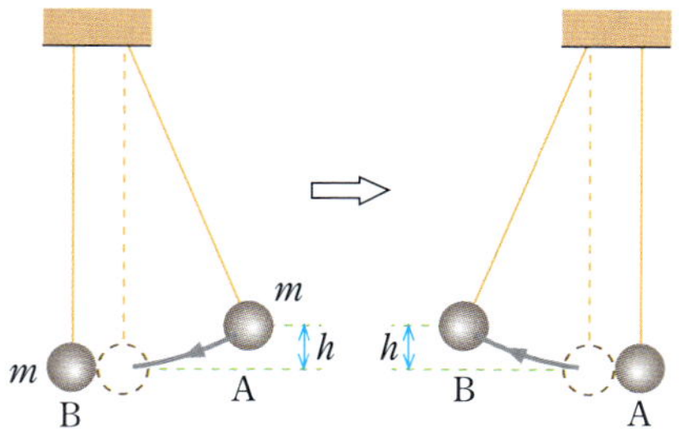

図 7.12

解　球の質量を m，衝突直前の球 A の速度を v_A，衝突直後の球 A, B の速度を v_A', v_B' とすると，

運動量保存則　$mv_A = mv_A' + mv_B'$　(7.15)

運動エネルギー保存則

$$\frac{1}{2}mv_A{}^2 = \frac{1}{2}mv_A'^2 + \frac{1}{2}mv_B'^2 \tag{7.16}$$

が成り立つ．(7.15) 式から得られる $v_A' = v_A - v_B'$ を (7.16) 式に代入すると，

$$(v_A - v_B')^2 + v_B'^2 - v_A{}^2 = 2v_B'^2 - 2v_A v_B' = 0$$

$$\therefore \ v_B'(v_B' - v_A) = 0$$

が得られる．$v_B' = 0$，$v_B' = v_A$ という解は，球 A が球 B を通りぬけて進むという物理的に不可能な解なので，

$$v_B' = v_A, \qquad v_A' = 0 \qquad (7.17)$$

が導かれる．したがって，$v_A' = 0$ なので，衝突後に球 A は静止することが導かれた．また，$v_B' = v_A$ と力学的エネルギー保存則から球 B が高さ h まで上昇することが説明される．

静止している物体 B に同じ質量の物体 A が正面衝突すると，物体 A は静止するという結果は，原子炉で中性子の減速に利用されている．中性子を静止させるには，中性子とほぼ同じ質量をもつ陽子（水素原子核）を多く含む物質に中性子を入射させればよいからである．

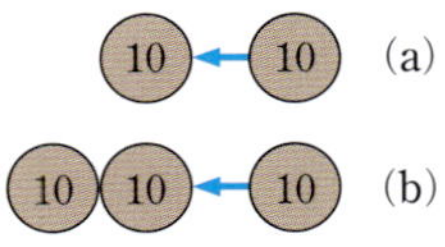

図 7.13

問 3　10 円玉を図 7.13 のように並べて，右の 10 円玉を矢印の方向に弾いてぶつけるとどうなるか．実験してみて，その結果を物理的に解釈せよ．

非弾性衝突　衝突で熱が発生したり変形したりして，系の運動エネルギーが減少する場合を非弾性衝突という．つまり，非弾性衝突は，全運動量は保存するが，全運動エネルギーは保存しない衝突である．

2 体問題（2 質点系）　外力は作用せず，内力で作用し合っている 2 質点系の場合，2 つの質点の運動方程式は

$$m_1 \frac{d^2\boldsymbol{r}_1}{dt^2} = \boldsymbol{F}_{1\leftarrow 2}, \qquad m_2 \frac{d^2\boldsymbol{r}_2}{dt^2} = \boldsymbol{F}_{2\leftarrow 1} \qquad (7.18)$$

である．第 1 式の両辺を m_1 で割った式から第 2 式の両辺を m_2 で割った式を引き，$\boldsymbol{F}_{1\leftarrow 2} = -\boldsymbol{F}_{2\leftarrow 1}$ に注意すると，

$$\frac{d^2\boldsymbol{r}_1}{dt^2} - \frac{d^2\boldsymbol{r}_2}{dt^2} = \frac{d^2}{dt^2}(\boldsymbol{r}_1 - \boldsymbol{r}_2) = \frac{1}{m_1}\boldsymbol{F}_{1\leftarrow 2} + \frac{1}{m_2}\boldsymbol{F}_{1\leftarrow 2} = \frac{m_1+m_2}{m_1 m_2}\boldsymbol{F}_{1\leftarrow 2} \qquad (7.19)$$

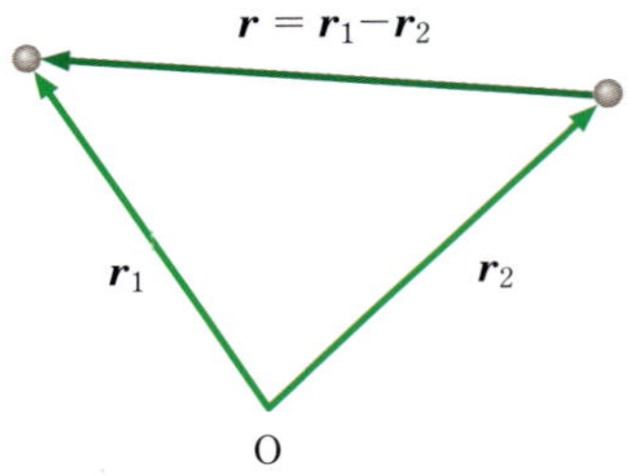

図 7.14　相対位置ベクトル $\boldsymbol{r} = \boldsymbol{r}_1 - \boldsymbol{r}_2$

が得られるので，2 つの質点の**相対位置ベクトル**（質点 2 を始点とし質点 1 を終点とするベクトル，図 7.14）

$$\boldsymbol{r} = \boldsymbol{r}_1 - \boldsymbol{r}_2 \qquad (7.20)$$

の運動方程式として

$$m \frac{d^2\boldsymbol{r}}{dt^2} = \boldsymbol{F}_{1\leftarrow 2} \qquad (7.21)$$

が得られる．つまり，2 質点の内力だけによる相対運動は，静止している質点 2 のまわりを質量 m の質点 1 が力 $\boldsymbol{F}_{1\leftarrow 2}$ の作用を受けて行う運動と同一である．ここで

$$m = \frac{m_1 m_2}{m_1 + m_2} \qquad (7.22)$$

は**換算質量**とよばれる．この場合には外力が作用しないので，2 質点系の重心は等速直線運動を行う．惑星（質量 m_1）と太陽（質量 m_2）の場合のように一方の質量が他方の質量よりはるかに大きい $m_1 \ll m_2$ のときには，換算質量 m は軽い方の質量にほぼ等しい（$m \approx m_1$）．

例 3　連星　質量が m_1 と m_2 の 2 つの恒星が重心のまわりを円運動している連星の質量 × 向心加速度 = 万有引力という運動方程式は

$$m\frac{v^2}{r} = G\frac{mM}{r^2} \qquad (M = m_1 + m_2) \qquad (7.23)$$

問 4 質点 2 に対する質点 1 の**相対速度**（質点 2 から見た質点 1 の速度）$\boldsymbol{v}_1-\boldsymbol{v}_2$ を $\boldsymbol{v}$ と表すと（$\boldsymbol{v}=\boldsymbol{v}_1-\boldsymbol{v}_2$），2 質点系の運動エネルギーは

$$\frac{1}{2}m_1{v_1}^2+\frac{1}{2}m_2{v_2}^2=\frac{1}{2}MV^2+\frac{1}{2}mv^2 \tag{7.24}$$

と重心運動と相対運動の運動エネルギーの和として表せることを示せ．

問 5 一般の質点系の運動エネルギーは，重心の運動エネルギーと重心に対する各質点の相対運動の運動エネルギーの和

$$\sum_i\frac{1}{2}m_i{v_i}^2=\frac{1}{2}MV^2+\sum_i\frac{1}{2}m_i|\boldsymbol{v}_i-\boldsymbol{V}|^2 \tag{7.25}$$

と表せることを示せ．

7.3 質点系の角運動量✧

学習目標 質点系の角運動量と回転運動の法則を理解する．

質点系を構成する質点 i の角運動量を $\boldsymbol{L}_i$，質点 i に作用する力のモーメントを $\boldsymbol{N}_i$ とすると，**6.1** 節で学んだ回転運動の法則

$$\frac{\mathrm{d}\boldsymbol{L}_i}{\mathrm{d}t}=\boldsymbol{N}_i \tag{7.26}$$

が成り立つ．質点系を構成する質点の角運動量の和

$$\boldsymbol{L}=\boldsymbol{L}_1+\boldsymbol{L}_2+\boldsymbol{L}_3+\cdots \tag{7.27}$$

を**質点系の角運動量**，質点に作用する力のモーメントの和

$$\boldsymbol{N}=\boldsymbol{N}_1+\boldsymbol{N}_2+\boldsymbol{N}_3+\cdots \tag{7.28}$$

を**外力のモーメント**という*．上の 3 つの式から質点系の角運動量 $\boldsymbol{L}$ の時間変化率は外力のモーメント $\boldsymbol{N}$ に等しい

$$\frac{\mathrm{d}\boldsymbol{L}}{\mathrm{d}t}=\boldsymbol{N} \tag{7.29}$$

という**質点系の角運動量の運動法則**が導かれる．この回転運動の法則は，任意の点のまわりの角運動量 $\boldsymbol{L}$ と力のモーメント $\boldsymbol{N}$ に対して成り立つ．次章で学ぶ斜面を滑らずに転がり落ちる球と斜面の接触点の場合のように瞬間的に静止している点についても成り立つ．

* (7.28) 式の $\boldsymbol{N}_i$ には質点間に作用する内力のモーメントも含まれているが，作用反作用の法則によって，和をとると打ち消し合う（演習問題 7 の B5 参照）．

角運動量保存則 (7.29) 式で $\boldsymbol{N}$ が $\mathbf{0}$ ならば $\dfrac{\mathrm{d}\boldsymbol{L}}{\mathrm{d}t}=\mathbf{0}$ なので $\boldsymbol{L}=$ 一定，したがって，

ある点に関する外力のモーメントが $\mathbf{0}$ ならば，その点に関する質点系の角運動量 $\boldsymbol{L}$ は時間によらず一定である．

これを**角運動量保存則**という．

例 4 フィギュアスケーター 爪先だって，両手を大きく広げてゆっくりスピンしているフィギュアスケーターが両腕を縮めていくと回転の角速度 ω が増していく（図 7.15）．爪先だって回転しているフィギュアスケーターに作用する外力（重力と垂直抗力）の鉛直軸（z 軸）

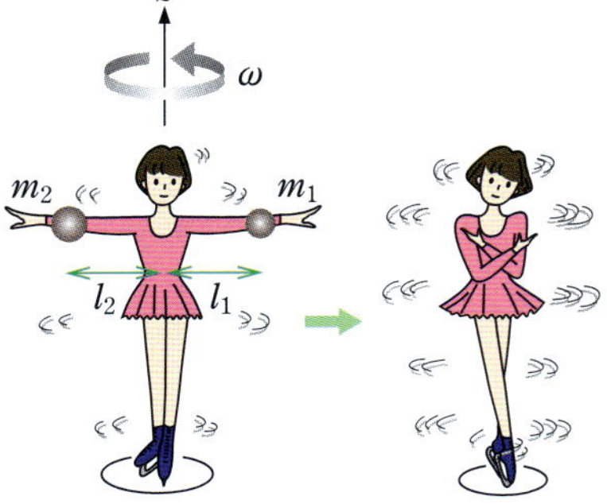

図 7.15 フィギュアスケーター

図 7.16　フィギュアスケーター

のまわりのモーメント N_z は 0 なので，スケーターの鉛直軸のまわりの角運動量 $L_z = \omega\sum_i m_i l_i^2$ は一定である．ここで，l_i は質量 m_i の身体の部分 i の回転半径である．スケーターが伸ばしていた両腕を縮めると，腕の部分の回転半径 l_i が減少するので $\sum_i m_i l_i^2$ も減少し，その結果，角速度 ω が増加する．腕を縮めると，回転運動のエネルギー $\dfrac{1}{2}\omega^2\sum_i m_i l_i^2$ が増加するが，この増加は腕が行った仕事による．

原点のまわりの重心の回転と重心のまわりの回転の分離　原点のまわりの質点系の角運動量 $\boldsymbol{L}$ は，「質点系の全質量 M が重心に集まっていると考えたときの重心運動の原点のまわりの角運動量 $\boldsymbol{L}_{\mathrm{G}}$」と「重心のまわりの質点系の角運動量 $\boldsymbol{L}'$」の和

$$\boldsymbol{L} = \boldsymbol{L}_{\mathrm{G}} + \boldsymbol{L}'$$
$$\sum_i \boldsymbol{r}_i \times m_i \boldsymbol{v}_i = \boldsymbol{R} \times M\boldsymbol{V} + \sum_i (\boldsymbol{r}_i - \boldsymbol{R}) \times m_i (\boldsymbol{v}_i - \boldsymbol{V}) \tag{7.30}$$

である．太陽のまわりの地球の回転運動の場合には，$\boldsymbol{L}_{\mathrm{G}}$ は地球の公転運動の角運動量で，$\boldsymbol{L}'$ は地球の自転運動の角運動量である．

一方，外力のモーメント $\boldsymbol{N}$ は「外力（外力のベクトル和）$\boldsymbol{F}$ が重心に作用するとしたときの $\boldsymbol{F}$ の原点のまわりのモーメント $\boldsymbol{N}_{\mathrm{G}}$」と「重心のまわりの外力のモーメント $\boldsymbol{N}'$」の和

$$\boldsymbol{N} = \boldsymbol{N}_{\mathrm{G}} + \boldsymbol{N}'$$
$$\sum_i \boldsymbol{r}_i \times \boldsymbol{F}_i = \boldsymbol{R} \times \boldsymbol{F} + \sum_i (\boldsymbol{r}_i - \boldsymbol{R}) \times \boldsymbol{F}_i \tag{7.31}$$

である．2 つの角運動量 $\boldsymbol{L}_{\mathrm{G}}$ と $\boldsymbol{L}'$ の運動方程式は

$$\frac{\mathrm{d}\boldsymbol{L}_{\mathrm{G}}}{\mathrm{d}t} = \boldsymbol{N}_{\mathrm{G}} \tag{7.32}$$

$$\frac{\mathrm{d}\boldsymbol{L}'}{\mathrm{d}t} = \boldsymbol{N}' \tag{7.33}$$

である．すなわち，質点系の重心が複雑な運動をしていても，

重心のまわりの質点系の角運動量 $\boldsymbol{L}'$ の時間変化率は，重心のまわりの外力のモーメント $\boldsymbol{N}'$ に等しい．

問 6　$\boldsymbol{L}_{\mathrm{G}} = \boldsymbol{R} \times \boldsymbol{P} = \boldsymbol{R} \times M\boldsymbol{V}$，$\boldsymbol{N}_{\mathrm{G}} = \boldsymbol{R} \times \boldsymbol{F}$ を使って，原点のまわりの重心の回転運動の法則

$$\frac{\mathrm{d}\boldsymbol{L}_{\mathrm{G}}}{\mathrm{d}t} = \boldsymbol{N}_{\mathrm{G}} \tag{7.34}$$

を導け．重心の運動方程式 $M\boldsymbol{A} = \boldsymbol{F}$ を使え．

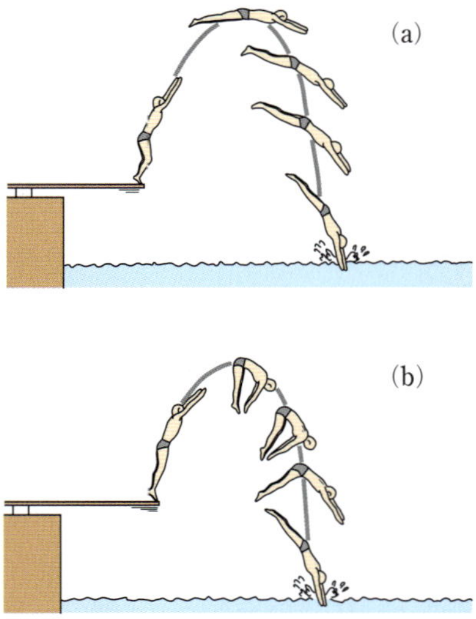

図 7.17　飛び込みの選手が同じ力で板を蹴って，同じ方向にジャンプした場合，選手の重心は同じ放物線上を運動する．ただし，空気の抵抗は無視できるものとした．

例 5　プールへの飛び込み　飛び込みの選手がプールの水面に垂直に飛び込むには，図 7.17 (a) のようにではなく，図 7.17 (b) のように途中で身体を丸めた方が角度の調節がしやすい．これは身体の中心から身体の各部分への距離が小さくなると回転の角速度が大きくなるためである．なお，2 つの場合の重心の軌道は同じである．

演習問題7

A

1. 体重 M_A, M_B の2人がなめらかな氷上で静止している．A が質量 m のボールを（氷に対して）水平速度 v で投げ，B がこれをつかんだ．2人はどのような運動をするか．
2. 宇宙飛行士（宇宙服＋体重 ＝ 約 100 kg）が 30 m のつなで 900 kg の宇宙船と結ばれている．飛行士がつなをたぐり寄せると宇宙船はこの間にどれだけ動くか（無重量状態とする）．
3. 走高跳びで，選手の重心が棒より上を通過しなくても，棒を飛び越すことは可能か．
4. **完全非弾性衝突** 速度 $\boldsymbol{v}_A$，質量 m_A の物体 A が速度 $\boldsymbol{v}_B$，質量 m_B の物体 B に衝突して付着した．付着した物体の衝突直後の速度 $\boldsymbol{v}'$ を求めよ．このような付着する衝突を完全非弾性衝突という（図1）．

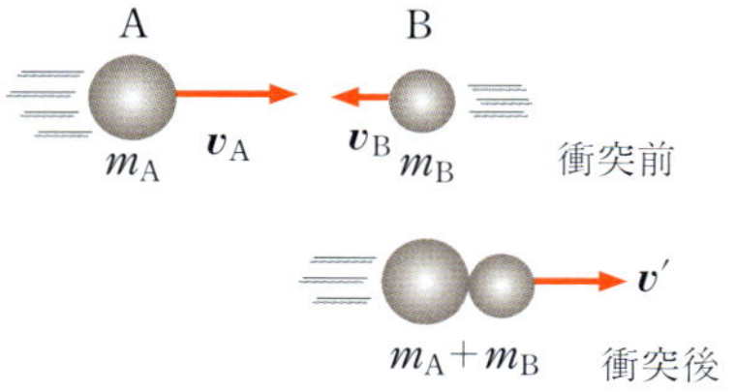

図1

5. 木の枝に質量 $M = 1$ kg の木片が軽いひもでぶら下げられている．質量 $m = 30$ g の矢が速さ $V = 30$ m/s で水平に飛んできて木片に刺さった（図2）．
   (1) その直後の木片と矢の速さ v を計算せよ．
   (2) 矢の刺さった木片は枝を中心とする円弧上を運動する．最高点の高さ h を求めよ．

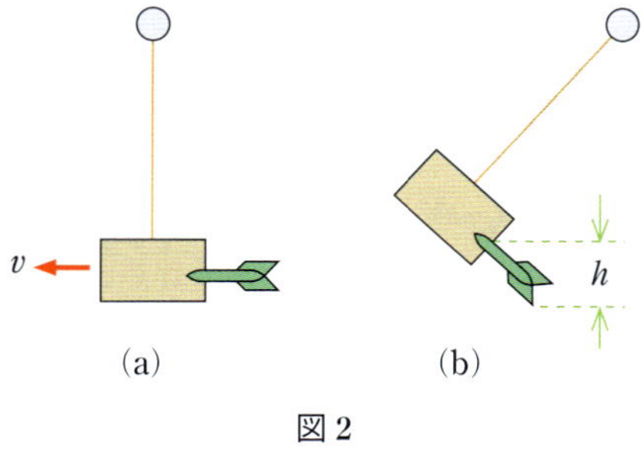

図2

B

1. ブランコをこぐときには，最高点付近ではかがみ，最低点付近では立ち上がる（図3）．理由を説明せよ．

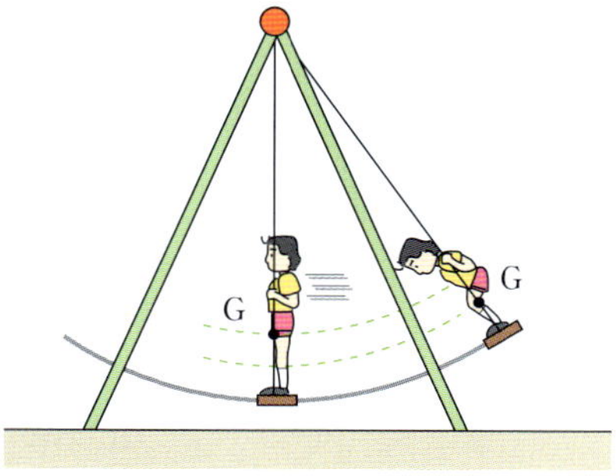

図3

2. 変形できる物体の場合，ある点のまわりの外力のモーメントが0でも，物体はその点のまわりを回転できる．重い球を1つずつ両手に持って回転椅子に座り，両腕を左右に伸ばして身体を右にねじると椅子は左に回る．両手を下ろして身体を左に戻すと，椅子と人間は左側に回転したことになる．この事実と角運動量保存則の関係を議論せよ．
3. 莫大な数の恒星から構成されている銀河を遠くから眺めると，恒星は円盤状に分布し，恒星は全体として円盤に垂直な対称軸のまわりを回転している．銀河系は初期には球状だったと考えられる．球状分布が円盤状分布に変化した理由を，角運動量保存則を利用して考えよ．
4. 点 $\boldsymbol{r}_i$ にある質量 m_i の質点に作用する重力は $m_i\boldsymbol{g}$ で，原点 O のまわりのモーメントは $\boldsymbol{r}_i \times m_i\boldsymbol{g}$ である．したがって，質点系に作用するすべての重力の原点 O のまわりのモーメントは
$$\boldsymbol{N} = \sum_i \boldsymbol{r}_i \times m_i\boldsymbol{g} = \left(\sum_i m_i\boldsymbol{r}_i\right) \times \boldsymbol{g}$$
$$= M\boldsymbol{R} \times \boldsymbol{g} = \boldsymbol{R} \times M\boldsymbol{g} \tag{1}$$
と表されるので，全質量 $M = \sum_i m_i$ が重心にあるとしたときの重力 $M\boldsymbol{g}$ の原点のまわりのモーメントに等しい．重力の重心のまわりのモーメントは $\boldsymbol{0}$ であることを示せ．
5. 図7.6に示すように，内力 $\boldsymbol{F}_{i\leftarrow j}$ が2質点 i, j を結ぶ線分に沿って作用すれば，つまり，$\boldsymbol{F}_{i\leftarrow j} \parallel (\boldsymbol{r}_i - \boldsymbol{r}_j)$ ならば，(7.28) 式の右辺への内力の寄与は作用反作用の法則によって打ち消し合うことを示せ．

剛体の力学

前章で導いた質点系に対する運動法則を，質点間の距離が変化しない質点系である，剛体に適用する．剛体の力学には日常生活に結びついた応用が多い．たとえば，剛体のつり合いを考える問題はその一例である．

本章では，剛体の運動方程式，剛体のつり合い，固定軸のまわりの剛体の回転運動，剛体の平面運動などを学ぶ．なお，剛体の各部分に作用する重力の合力の作用点は剛体の重心である．

秋田竿燈まつり

8.1 剛体の運動方程式と剛体のつり合い

学習目標 剛体の重心の運動法則と回転運動の法則を学び，静止している剛体が動き始めないという条件から導き出された剛体のつり合いの2条件を理解し，つり合い条件に基づいて，剛体のつり合いの問題が解けるようになる．

剛体の運動は重心の運動と重心のまわりの回転運動に分解できる．剛体の運動エネルギーは，重心の運動エネルギーと重心のまわりの回転運動のエネルギーの和である［(7.25) 式参照］．

剛体の重心運動の法則 剛体の重心の運動方程式は，質点系の重心の運動方程式 (7.6)

$$M\frac{\mathrm{d}^2\boldsymbol{R}}{\mathrm{d}t^2} = \boldsymbol{F} \quad (M\boldsymbol{A} = \boldsymbol{F}) \tag{8.1}$$

である．ここで $\boldsymbol{F}$ は剛体に作用するすべての外力のベクトル和である．

質点の場合に，仕事と運動エネルギーの関係 (5.12) が運動方程式 $m\boldsymbol{a} = \boldsymbol{F}$ から導かれるのに対応して，重心の運動方程式 (8.1) から「外力 $\boldsymbol{F}$ が剛体の重心にする仕事 W_{cm} は剛体の重心運動エネルギー $K_{\mathrm{cm}} = \frac{1}{2}MV^2$ の増加量に等しい」という関係

$$W_{\mathrm{cm}} = \int_{\boldsymbol{R}_{\mathrm{A}}}^{\boldsymbol{R}_{\mathrm{B}}} \boldsymbol{F}\cdot\mathrm{d}\boldsymbol{R} = \frac{1}{2}M{V_{\mathrm{B}}}^2 - \frac{1}{2}M{V_{\mathrm{A}}}^2 \tag{8.2}$$

が導かれる．$\mathrm{d}\boldsymbol{R}$ は重心の変位なので，W_{cm} は外力 $\boldsymbol{F}$ が剛体の重心に作用すると考えたときに外力が重心にする見かけの仕事であることに注意する必要がある．エネルギー保存則を考えるときには，各外力 $\boldsymbol{F}_i$ のする仕事 W_i としては力 $\boldsymbol{F}_i$ の作用点の変位 $\boldsymbol{s}_i$ に伴う仕事 $\boldsymbol{F}_i\cdot\boldsymbol{s}_i$ を使わなければならない．

図 8.1 ヨーヨー

例 1 ひもを円板 (質量 M) に巻きつけ，ひもの端を持って円板をヨーヨーのように落下させる場合，円板には鉛直下向きの重力 $M\boldsymbol{g}$ と鉛直上向きのひもの張力 $\boldsymbol{S}$ が働く (図 8.2)．したがって，円板を落下させる力は，鉛直下向きの合力 $F = Mg - S$ である．そこで，(8.2) 式から円板の重心の落下運動のエネルギー K_{cm} の増加量は合力 $Mg - S$ が重心にする仕事であることがわかる．ひもを持たずに円板を落下させるときの K_{cm} の増加量は重力 Mg だけのする仕事なので，糸の端を持つと円板の落下速度は遅くなる．

このヨーヨーの高さ h の落下運動をエネルギー保存の視点で考える．各瞬間での円板の運動は，ひもと円板の接点のまわりでの回転運動なので，ひもは仕事をしない．円板の重力ポテンシャルエネルギーの減少量 Mgh は，重力が円板にする仕事 Mgh を媒介にして，円板の重心運動のエネルギーと回転運動のエネルギーになる．

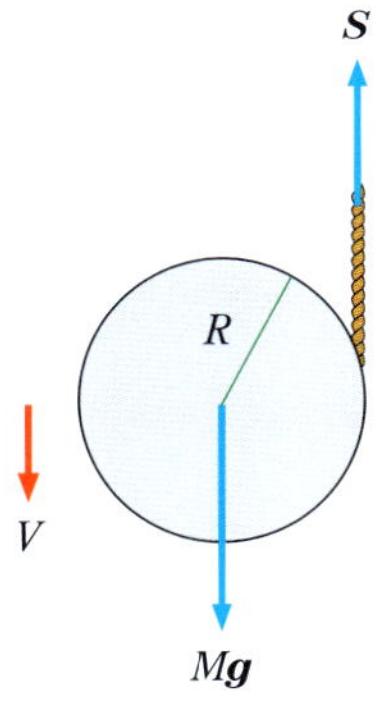

図 8.2

図 8.3　オートレース

例 2　外力が重心にする仕事と重心運動の関係 (8.2) 式は，剛体ではない一般の広がりのある物体に対しても成り立つ．自動車が水平な道路の上を動く場合，運動方程式 $M\boldsymbol{A} = \boldsymbol{F}$ の右辺に現れる外力 $\boldsymbol{F}$ は路面が前向きに作用する摩擦力である．路面とタイヤの摩擦係数を μ とすると，摩擦力 $\boldsymbol{F}$ の大きさは μMg 以下である．したがって，自動車の加速度の大きさ A は μg 以下であることがわかる ($A < \mu g$)．そこで，自動車が距離 d だけ移動する場合の運動エネルギーの増加量は μMgd 以下であることが (8.2) 式から導かれる．なお，大きな加速度で発進するには，タイヤの摩擦係数が大きくなるように工夫しなければならない．

タイヤが路面との接触点で滑らない場合には，摩擦力はタイヤに対して仕事をしない．したがって，(8.2) 式の左辺の摩擦力のする仕事 Fd は見かけの仕事である．自動車の運動エネルギーの増加は，エンジンで消費されたガソリンの化学エネルギーによるものである．

剛体の回転運動の法則　空間の任意の点のまわりの角運動量を $\boldsymbol{L}$，外力のモーメントを $\boldsymbol{N}$ とすると，(7.29) 式から

$$\frac{\mathrm{d}\boldsymbol{L}}{\mathrm{d}t} = \boldsymbol{N} \quad (\text{空間の任意の点のまわり}) \tag{8.3}$$

剛体の重心 G のまわりの角運動量を $\boldsymbol{L}'$，外力のモーメントを $\boldsymbol{N}'$ とすると，(7.33) 式から

$$\frac{\mathrm{d}\boldsymbol{L}'}{\mathrm{d}t} = \boldsymbol{N}' \quad (\text{重心のまわり}) \tag{8.4}$$

という 2 つの法則が導かれる．

なお，本章の (こまのみそすり運動以外の) 学習では，剛体の回転軸の向きが一定で，z 軸に平行な場合しか考えないので．(8.3) 式，(8.4) 式の代わりに，(8.3) 式，(8.4) 式の z 方向成分の式である，

$$\frac{\mathrm{d}L}{\mathrm{d}t} = N \quad (\text{空間の任意の点のまわり}) \tag{8.3$'$}$$

$$\frac{\mathrm{d}L'}{\mathrm{d}t} = N' \quad (\text{重心のまわり}) \tag{8.4$'$}$$

を利用する．

剛体のつり合い　いくつかの力が作用している剛体が静止しつづけている場合，これらの力はつり合っているという．剛体に作用する力 $\boldsymbol{F}_1$, $\boldsymbol{F}_2$, … がつり合うための条件を求めよう．

剛体が静止しつづけていれば剛体の重心の加速度 $\boldsymbol{A} = \dfrac{\boldsymbol{F}_1+\boldsymbol{F}_2+\cdots}{M} = \boldsymbol{0}$ なので [(8.1) 式]，剛体に作用する外力のベクトル和は $\boldsymbol{0}$ である．したがって，

$$(\text{条件 1}) \qquad \boldsymbol{F}_1+\boldsymbol{F}_2+\cdots = \boldsymbol{0} \tag{8.5}$$

第2の条件は，任意の1つの点Pのまわりの外力のモーメントの和 $\boldsymbol{N}$ が $\boldsymbol{0}$ という条件，

$$\text{（条件 2）}\quad \boldsymbol{N}_1+\boldsymbol{N}_2+\cdots=\boldsymbol{0}\quad\text{（任意の 1 点のまわり）}\tag{8.6}$$

である．これは点Pのまわりの角運動量が変化しないという条件である[(8.3)式]．条件(8.6)が満たされていれば，静止している剛体が点Pのまわりに回転し始めることはない．重心が静止しつづけ，1つの点Pのまわりに回転し始めなければ，剛体は静止しつづける．したがって，2つの条件(8.5)と(8.6)が剛体に作用する力がつり合うための条件である．なお，外力のベクトル和 $\boldsymbol{F}$ が $\boldsymbol{0}$ のときには，外力のモーメントの中心となる点をどこに選んでも外力のモーメント $\boldsymbol{N}$ は等しい．

なお，本章で学ぶ剛体のつり合いの問題は，1平面上にある剛体がこの平面に平行な力の作用を受けている場合なので，条件2は(8.3′)式から導き出される，

$$\text{（条件 2′）}\quad N_1+N_2+\cdots=0\quad\text{（任意の 1 点のまわり）}\tag{8.6′}$$

となる．この場合，剛体に作用する i 番目の力 $\boldsymbol{F}_i$ の点Pのまわりのモーメント $\boldsymbol{N}_i$ は，力の大きさ F_i と点Pから力 $\boldsymbol{F}_i$ の作用線までの距離 l_i の積 $F_i l_i$ に，力の向きによって正符号あるいは負符号を掛けたものである．なお，剛体の各部分に作用する重力の合力の作用点は，剛体の重心である．

例3　斜面の上に角柱が静止している．この角柱には垂直抗力 $\boldsymbol{N}$，摩擦力 $\boldsymbol{F}$ および重力 $\boldsymbol{W}$ が作用している(図8.4)．垂直抗力は角柱の底面全体に作用するが，その合力を $\boldsymbol{N}$ としている．重力の作用線と斜面の交点をAとする．角柱が点Aのまわりで回転しない条件から，垂直抗力 $\boldsymbol{N}$ の作用線は点Aを通ることがわかる．したがって，この角柱が倒れない条件は，点Aが角柱と斜面の接触面の中にあることである．

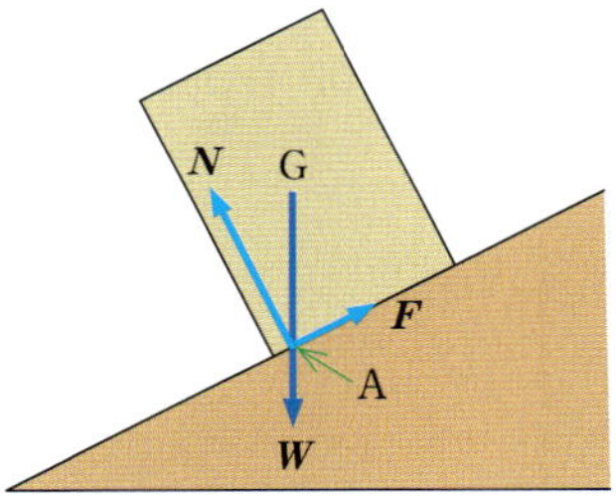

図8.4

例題1　長さが $L=4\,\text{m}$ のはしごが壁に立てかけてある(図8.5)．壁とはしごの上端の摩擦は無視でき，床とはしごの下端の静止摩擦係数を $\mu=0.40$ とする．はしごの質量は20 kgで，重心Gははしごの中央にある．はしごと床の角度が60°のとき，このはしごを体重60 kgの人が登り始めた．この人は，はしごの上端まで到達できるか．

解　はしごと人間の受ける重力を $\boldsymbol{W}_1$, $\boldsymbol{W}_2$ とすると，$\boldsymbol{W}_2=3\boldsymbol{W}_1$ である．人間が下端から距離 x のところにいる場合，図8.5を参考にすると，つり合い条件(8.5)は

$$W_1+W_2=N_1\qquad\therefore\quad 4W_1=N_1\quad\text{（鉛直方向）}$$
$$N_2=F_1\qquad\text{（水平方向）}$$

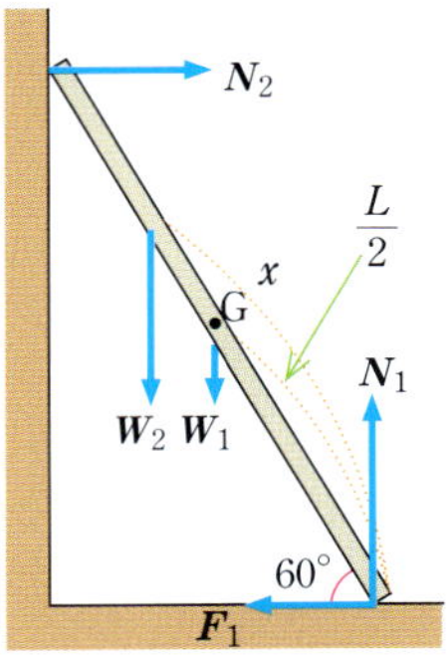

図8.5

はしごの下端のまわりでのつり合い条件 (8.6) は

$$W_1 \frac{1}{2} L \cos 60° + W_2 x \cos 60° - N_2 L \sin 60° = 0$$

となる．$\sin 60° = \frac{\sqrt{3}}{2}$，$\cos 60° = \frac{1}{2}$ なので，この式は

$$\frac{1}{16} N_1 L + \frac{3}{8} N_1 x - \frac{\sqrt{3}}{2} F_1 L = 0$$

$$\therefore \quad \frac{F_1}{N_1} = \frac{1}{8\sqrt{3}L}(L+6x)$$

静止摩擦係数 $\mu = 0.40$ なので，$\frac{F_1}{N_1} \leqq \mu = 0.40$．したがって

$$\therefore \quad \frac{L+6x}{8\sqrt{3}L} \leqq 0.40, \qquad L+6x \leqq 5.54L$$

$$\therefore \quad x \leqq 0.76L$$

はしごの下端から約 $\frac{3}{4}$ (3.0 m) 登ったところではしごは倒れる．

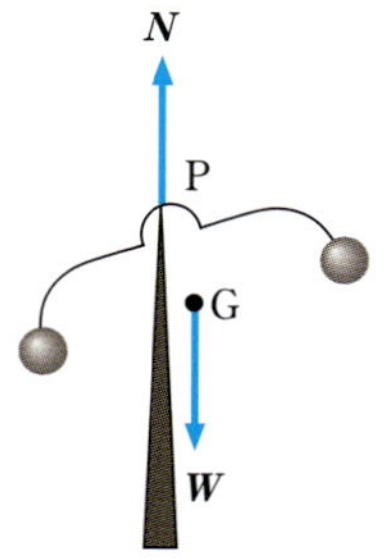

図 8.6　やじろべえ．やじろべえの重心 G は支点 P より低いので，やじろべえを傾けた場合，抗力 ***N*** と重力 ***W*** の作用にやじろべえを水平に戻そうとする復元力になる．やじろべえの重心は外部にあることに注意．

安定なつり合いと不安定なつり合い　ある物体に作用する力がつり合っている場合に，安定なつり合いと不安定なつり合いがある．物体をつり合いの状態から少しずらせたときに復元力が作用する場合を安定なつり合いといい，そうでない場合を不安定なつり合いという．図 8.6 のやじろべえは安定なつり合いの例である．

8.2　固定軸のまわりの剛体の回転運動と慣性モーメント

学習目標　慣性モーメント I と質量 m，力のモーメント N と力 F，角位置 θ と位置座標 x を対応させると，固定軸のまわりの剛体の回転運動を質点の直線運動と対応させて理解できることを学ぶ．

図 8.7 に示すように，長さ l の軽い棒の一端に質量 m の重いおもりをつけ，もう一方の端の点 O を通る回転軸のまわりで角速度 ω，速さ $v = l\omega$ の回転をさせる．(6.6) 式を使うと，回転軸のまわりのおもりの角運動量 L は $L = ml^2\omega$ である．これを

$$L = I\omega \tag{8.7}$$

$$I = ml^2 \tag{8.8}$$

と表し，I を回転軸のまわりのおもりの慣性モーメントという．おもりの運動エネルギー K は $K = \frac{1}{2}mv^2 = \frac{1}{2}ml^2\omega^2$ なので，

$$K = \frac{1}{2}I\omega^2 \tag{8.9}$$

と表せる．

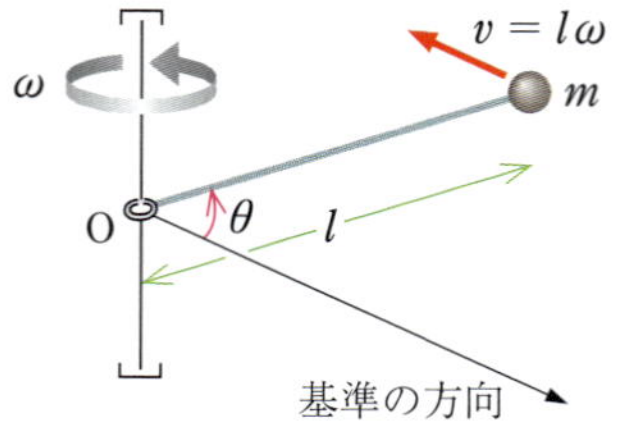

図 8.7

図 8.8 (a) に示すような，軸が軸受けによって z 軸上に固定されている，固定軸のある剛体の回転を考える．軸は軸受けによって固定されているので，剛体の各点は軸に垂直な平面（xy 面に平行な平面）の上で，この平面と軸の交点を中心とする円運動を行う．

剛体の位置は角位置 θ で決まる．剛体のすべての点の角速度 $\omega = \dfrac{\mathrm{d}\theta}{\mathrm{d}t}$ と角加速度 $\alpha = \dfrac{\mathrm{d}\omega}{\mathrm{d}t} = \dfrac{\mathrm{d}^2\theta}{\mathrm{d}t^2}$ は同じである．

剛体を微小部分に分割して，剛体をこれらの微小部分の集まりだと考える．図 8.8 (b) の質量 m_i をもつ i 番目の微小部分と回転軸（z 軸）の距離を l_i とすると，速さは $v_i = \omega l_i$ なので，角運動量は $m_i l_i^2 \omega$ である．したがって，剛体全体の回転軸のまわりの角運動量は

$$L = m_1 l_1^2 \omega + m_2 l_2^2 \omega + \cdots = \omega \sum_i m_i l_i^2 \tag{8.10}$$

と表される．(8.10) 式を

$$L = I\omega \tag{8.11}$$

と書き，

$$I = m_1 l_1^2 + m_2 l_2^2 + \cdots = \sum_i m_i l_i^2 \tag{8.12}$$

をこの剛体の回転軸のまわりの**慣性モーメント**とよぶ．

外力の回転軸に関するモーメントを N とすれば，(8.3′) 式から，固定軸のまわりの剛体の回転運動の法則

$$\frac{\mathrm{d}L}{\mathrm{d}t} = I\frac{\mathrm{d}\omega}{\mathrm{d}t} = I\frac{\mathrm{d}^2\theta}{\mathrm{d}t^2} = N \tag{8.13}$$

が導かれる．

この剛体の回転運動の運動エネルギー K は，各微小部分の運動エネルギーの和の

$$K = \frac{1}{2}\sum_i m_i v_i^2 = \frac{1}{2}\sum_i m_i l_i^2 \omega^2 = \frac{1}{2}\omega^2 \sum_i m_i l_i^2 = \frac{1}{2}I\omega^2 \tag{8.14}$$

である．

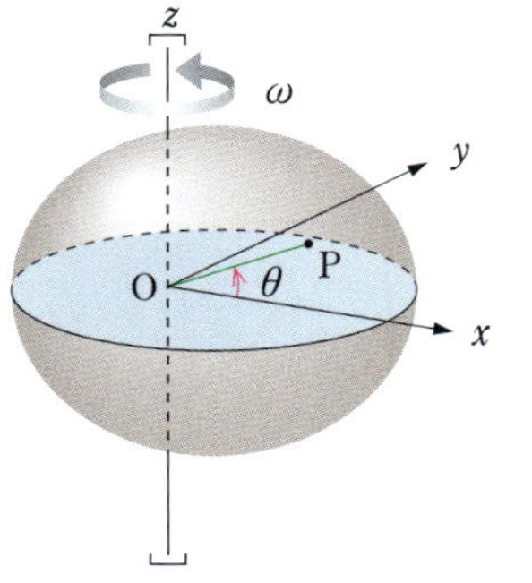

(a) 剛体の位置は角 θ で決まる

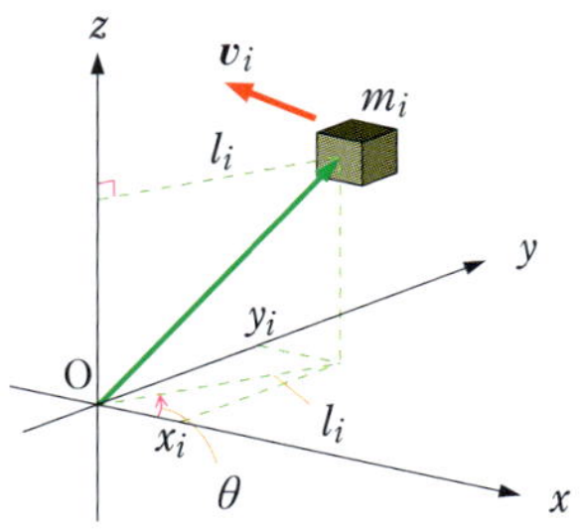

(b)

図 8.8 固定軸のある剛体の運動

固定軸のまわりの剛体の回転運動と質点の直線運動との対応　x 軸に沿っての直線運動の方程式 $ma = m\dfrac{\mathrm{d}v}{\mathrm{d}t} = m\dfrac{\mathrm{d}^2x}{\mathrm{d}t^2} = F$ と固定軸のまわりの回転運動の方程式 $I\alpha = I\dfrac{\mathrm{d}\omega}{\mathrm{d}t} = I\dfrac{\mathrm{d}^2\theta}{\mathrm{d}t^2} = N$ を比べると，

慣性モーメント I	$\Longleftrightarrow$	質量 m
角位置 θ	$\Longleftrightarrow$	位置座標 x
力のモーメント（トルク）N	$\Longleftrightarrow$	力 F
角速度 $\omega = \dfrac{\mathrm{d}\theta}{\mathrm{d}t}$	$\Longleftrightarrow$	速度 $v = \dfrac{\mathrm{d}x}{\mathrm{d}t}$
角加速度 $\alpha = \dfrac{\mathrm{d}^2\theta}{\mathrm{d}t^2}$	$\Longleftrightarrow$	加速度 $a = \dfrac{\mathrm{d}^2x}{\mathrm{d}t^2}$

図 8.9 古時計

角運動量 $L = I\omega$　$\Longleftrightarrow$　運動量 $p = mv$

という対応関係がある．この他，直線運動で成り立つ関係式に対応する回転運動の関係式は，上の置き換えで下記のように得られる．

運動エネルギー $\frac{1}{2}I\omega^2$	$\Longleftrightarrow$	運動エネルギー $\frac{1}{2}mv^2$
仕事 $W = N\theta$	$\Longleftrightarrow$	仕事 $W = Fx$
仕事率 $P = N\omega$	$\Longleftrightarrow$	仕事率 $P = Fv$
等角加速度運動の角速度 $\omega = \omega_0 + \alpha t$	$\Longleftrightarrow$	等加速度運動の速度 $v = v_0 + at$
等角加速度運動の角変位 $\theta - \theta_0 = \omega_0 t + \frac{1}{2}\alpha t^2$	$\Longleftrightarrow$	等加速度運動の変位 $x - x_0 = v_0 t + \frac{1}{2}at^2$

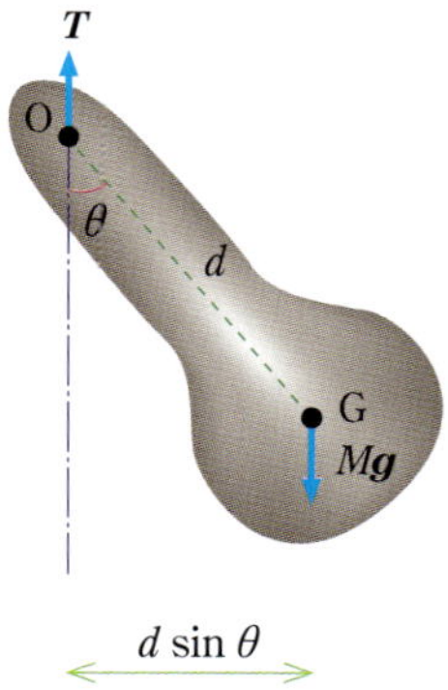

図 8.10　剛体振り子

例 4　剛体振り子　水平な固定軸のまわりに自由に回転でき，重力の作用によって振動する剛体を剛体振り子という（図 8.10）．剛体振り子に作用する外力は，固定軸に作用する軸受けの抗力 $\boldsymbol{T}$ と重力 $M\boldsymbol{g}$ である．抗力の作用線は固定軸を通るので，固定軸のまわりの抗力のモーメントは 0 である．**7.1** 節で示したように，剛体に作用する重力の効果は，質量 M の剛体に作用する全重力 $M\boldsymbol{g}$ が重心 G に作用する場合と同じである．そこで，固定軸 O から重心 G までの距離を d とし，$\overline{\mathrm{OG}}$ が鉛直線となす角を θ とすると，固定軸 O から重心 G を通る重力の作用線までの距離は $d\sin\theta$ である．したがって，固定軸のまわりの重力 $M\boldsymbol{g}$ のモーメント $N = Fl$ は $F = Mg$，$l = d\sin\theta$ なので，$N = -Mgd\sin\theta$ である（負符号は，重力が振り子の振れを復元する向きに作用することを意味する）．したがって，固定軸のまわりの慣性モーメントが I の剛体振り子の運動方程式は

$$I\frac{\mathrm{d}^2\theta}{\mathrm{d}t^2} = -Mgd\sin\theta \qquad \therefore \quad \frac{\mathrm{d}^2\theta}{\mathrm{d}t^2} = -\frac{Mgd}{I}\sin\theta \tag{8.15}$$

この式は単振り子の運動方程式 (4.18) の $\frac{g}{L}$ を $\frac{Mgd}{I}$ で置き換えたものなので，剛体振り子の微小振動の角振動数 ω は $\sqrt{\frac{Mgd}{I}}$ で，周期 $T = \frac{2\pi}{\omega}$ は次のようになる．

$$T = 2\pi\sqrt{\frac{I}{Mgd}} \tag{8.16}$$

慣性モーメントの計算例　慣性モーメントの計算例を図 8.11 に示す．同じ剛体でも回転軸が異なると，慣性モーメントの大きさは異なる（図 8.11 の上 3 列の右と左の慣性モーメントを比較せよ）．

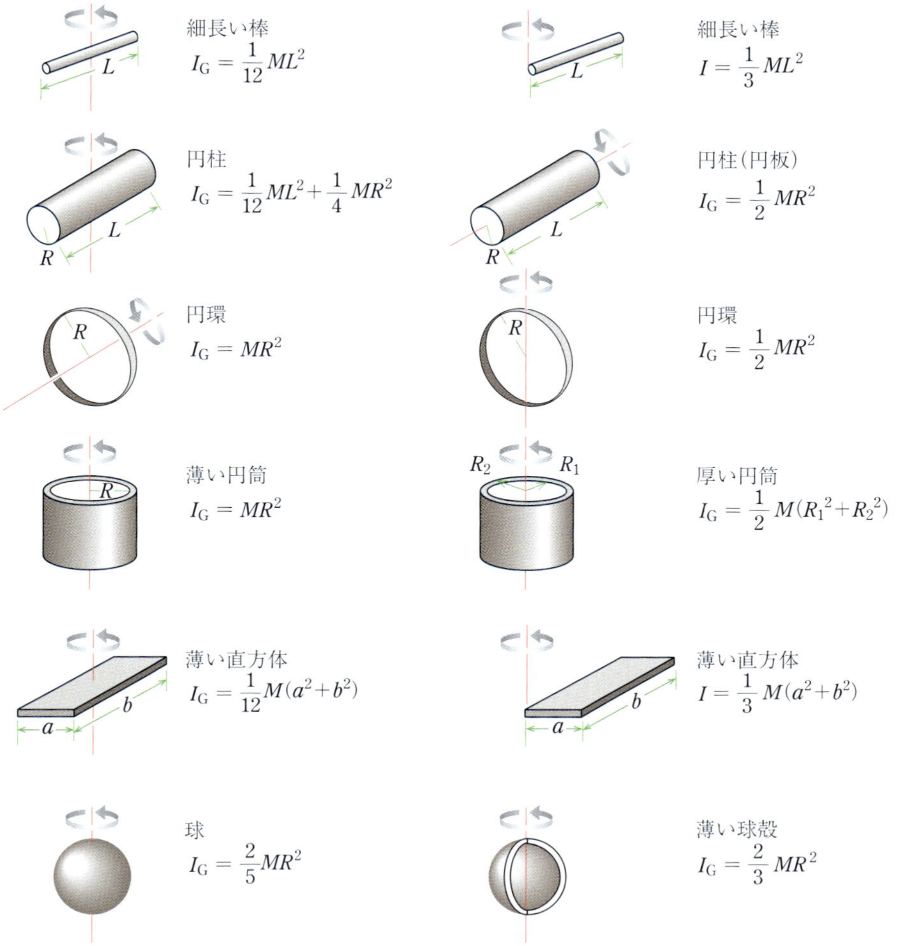

図 8.11 慣性モーメントの計算例．剛体の質量を M とする．I_G は回転軸が剛体の重心を通る場合の慣性モーメントである．質量 M の剛体のある軸のまわりの慣性モーメントを $I = Mk^2$ とおいて，k をその剛体の回転軸のまわりの回転半径ということがある．

問 1 図 8.12 (a)，(b) のどちらの棒の慣性モーメントが大きいか．

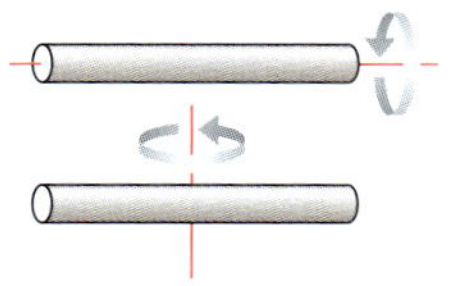

図 8.12

例 5 長さ $l = 30$ cm のものさしの一端を持って，鉛直面内で振動させるときの周期を求めてみよう (図 8.13)．

$$I = \frac{1}{3}Ml^2, \qquad d = \frac{l}{2} \tag{8.17}$$

なので，(8.16) 式から

$$T = 2\pi\sqrt{\frac{I}{Mgd}} = 2\pi\sqrt{\frac{2l}{3g}} = 2\pi\sqrt{\frac{2\times(0.30\text{ m})}{3\times(9.8\text{ m/s}^2)}} = 0.90\text{ s}$$

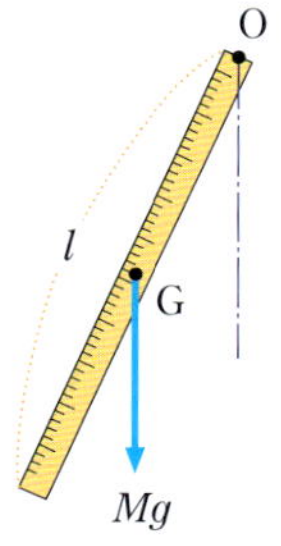

図 8.13

剛体には回転させやすいものと，させにくいものがある．回転させにくいとは，同じ角速度 ω で回転させるために大きな仕事が必要なことを意味する．この仕事は $\frac{1}{2}I\omega^2$ なので，慣性モーメント I に比例する．慣性モーメント I は剛体の回転させにくさを表す量である．回転しているこまの例からわかるように，回転している剛体は同一の回転状態をつづけようとする性質をもつ．慣性モーメントの大きい剛体ほど回転状態を変化させにくい．そのために慣性という言葉がついている．

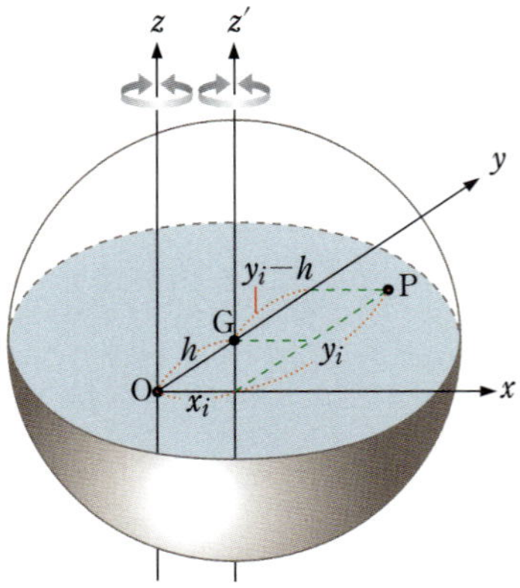

図 8.14　平行軸の定理．$I = I_G+Mh^2$

平行軸の定理　質量 M の剛体内の1点Oを通る回転軸（z 軸とする）のまわりの慣性モーメントを I，重心Gを通り z 軸に平行な軸のまわりの慣性モーメントを I_G とすると，

$$I = I_G+Mh^2 \tag{8.18}$$

という関係がある．h は重心Gと z 軸の距離である（図 8.14）．

証明　重心の座標が $(0, h, 0)$ となるように座標軸を選ぶ（重心は y 軸上にある）

$$\begin{aligned} I &= \sum_i m_i l_i^2 = \sum_i m_i(x_i^2+y_i^2) \\ &= \sum_i m_i\{x_i^2+(y_i-h)^2+2hy_i-h^2\} \\ &= \sum_i m_i\{x_i^2+(y_i-h)^2\}+2h\sum_i m_i y_i - h^2\sum_i m_i \\ &= I_G+2h(Mh)-h^2M = I_G+Mh^2 \end{aligned}$$

［点 (x_i, y_i, z_i) と重心を通る軸の距離は $\{x_i^2+(y_i-h)^2\}^{1/2}$，$h = \dfrac{1}{M}\sum_i m_i y_i$，$M = \sum_i m_i$ を使った．］

問 2　図 8.11 のいちばん上の場合に (8.18) 式が成り立つことを示せ．

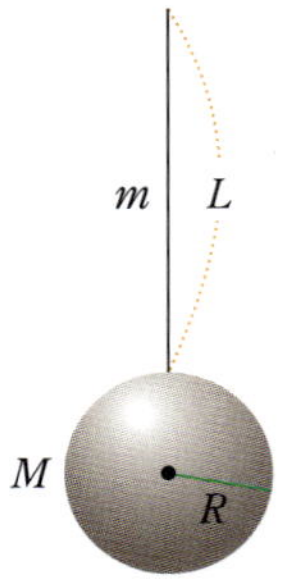

図 8.15　ボルダの振り子

例 6　ボルダの振り子　半径 R，質量 M の金属球を，長さ L，質量 m の細い針金（$L \gg R$）で吊した振り子をボルダの振り子という（図 8.15）．針金と球の相対運動を無視して全体を剛体と見なして，この振り子の慣性モーメント I を計算する．金属球の慣性モーメント I_1 は，平行軸の定理を使うと，$I_G = \dfrac{2}{5}MR^2$，$h = L+R$ なので，

$$I_1 = \frac{2}{5}MR^2+M(L+R)^2$$

針金の慣性モーメント I_2 は

$$I_2 = \frac{1}{3}mL^2$$

$$I = I_1+I_2 = \frac{2}{5}MR^2+M(L+R)^2+\frac{1}{3}mL^2 \tag{8.19}$$

8.3　剛体の平面運動

学習目標　斜面を滑らずに転がり落ちる剛体の運動とヨーヨーの運動のしたがう方程式が書けるようになり，重心の直線運動と重心のまわりの回転運動の関係式を使って運動を求められるようになる．

剛体のすべての点が一定の平面に平行な平面上を動く運動を剛体の平面運動という．円柱が平らな斜面を転がり落ちる運動はその一例である．この一定の平面を xy 平面に選ぶと，剛体の位置を定めるには，重心 G の x, y 座標の X, Y のほかに，重心を含む xy 平面内にある剛体のもう 1 つの点 P の位置を知る必要があるが，これは有向線分 $\overrightarrow{\mathrm{GP}}$ が $+x$ 軸となす角 θ から決められる（図 8.16）．したがって，剛体の平面運動を調べるには，重心 G の座標 X, Y と重心のまわりの回転角 θ のしたがう運動法則が必要である．

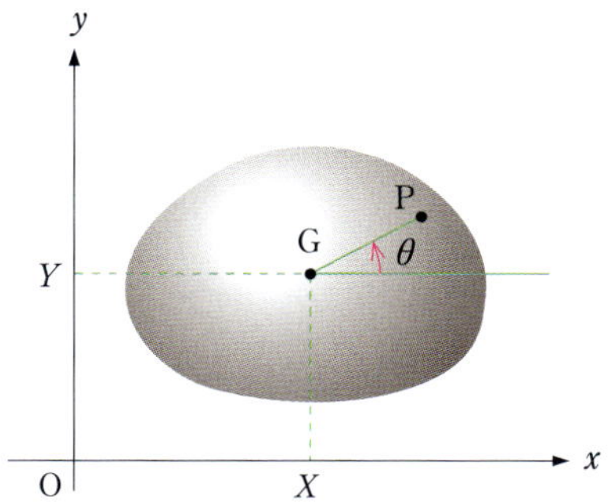

図 8.16 剛体の平面運動．剛体の位置は，重心座標（X, Y）と重心のまわりの回転角 θ がわかれば決まる．

外力 $\boldsymbol{F}$ の作用している質量 M の剛体の重心の運動方程式は，(8.1) 式

$$M\frac{\mathrm{d}^2X}{\mathrm{d}t^2} = F_x, \qquad M\frac{\mathrm{d}^2Y}{\mathrm{d}t^2} = F_y \tag{8.20}$$

である．F_x, F_y は外力 $\boldsymbol{F}$ の x 成分と y 成分である．

重心を通り z 軸に平行な直線のまわりの剛体の慣性モーメントを I_{G}，同じ直線に関する外力のモーメントを N' とすると，重心のまわりの回転運動の方程式は，(8.4′) 式で $L' = I_{\mathrm{G}}\omega$ とおけば求められる．

$$I_{\mathrm{G}}\frac{\mathrm{d}\omega}{\mathrm{d}t} = I_{\mathrm{G}}\frac{\mathrm{d}^2\theta}{\mathrm{d}t^2} = N' \tag{8.21}$$

剛体に作用する摩擦力などの非保存力が仕事をせず，熱が発生しない場合には，力学的エネルギー保存則が成り立つ．つまり，剛体の重心の高さを h とすると，重力ポテンシャルエネルギー Mgh と剛体の重心運動のエネルギー $\frac{1}{2}MV^2$ と重心のまわりの回転運動のエネルギー $\frac{1}{2}I_{\mathrm{G}}\omega^2$ の和が一定である．

$$\frac{1}{2}MV^2+\frac{1}{2}I_{\mathrm{G}}\omega^2+Mgh = 一定 \tag{8.22}$$

例題 2 斜面の上を滑らずに転がり落ちる剛体球の運動 質量 M，半径 R の球が水平面と角 β をなす斜面の上を滑らずに転がり落ちる場合の運動を調べよ（図 8.17）．

解 球に作用する力は，重心 G に作用する重力 $M\boldsymbol{g}$，斜面との接触点で作用する垂直抗力 $\boldsymbol{T}$ と摩

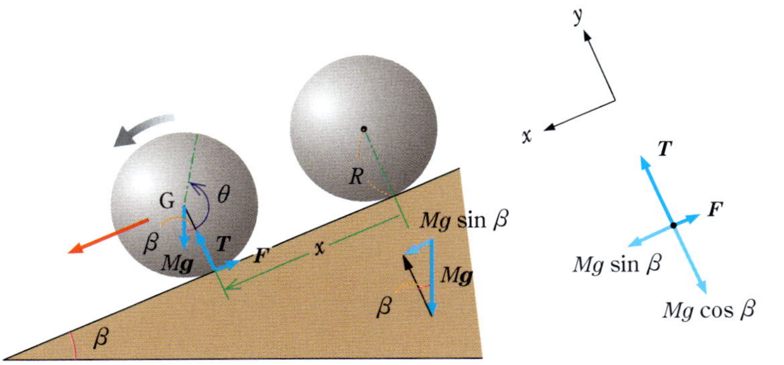

図 8.17 斜面を転がり落ちる剛体球

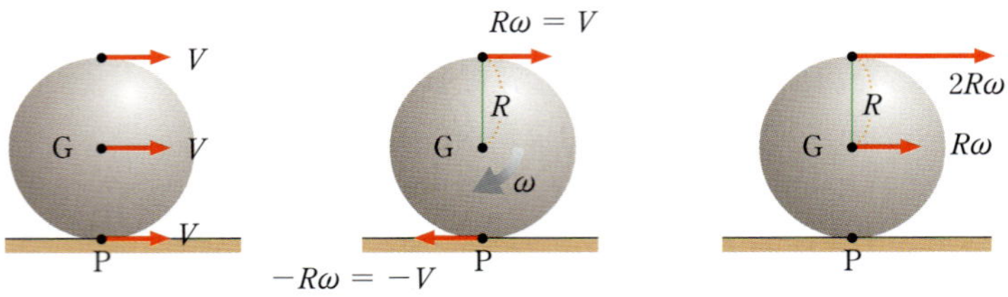

(a)　速度 V の並進運動　(b)　重心のまわりの角速度 $\omega = V/R$ の回転運動　(c)　(a)+(b)

図 8.18　球が平面上を滑らずに転がる場合 (c) は，(a) と (b) を合成したものである．速度 V の並進運動と重心のまわりの角速度 ω の回転運動を合成すると，接触点 P での速度 $V-R\omega$ は 0 なので，重心の速度は $V = R\omega$．各瞬間での球の運動は球と斜面との接触点 P を中心とする角速度 $\omega = V/R$ の回転運動である．

擦力 $\boldsymbol{F}$ である．したがって，斜面に沿って下向きに x 軸，斜面に垂直に y 軸を選ぶと，(8.20)，(8.21) 式は

$$M\frac{\mathrm{d}^2X}{\mathrm{d}t^2} = Mg\sin\beta - F, \tag{8.23}$$

$$0 = T - Mg\cos\beta \qquad \therefore \quad T = Mg\cos\beta$$

$$I_G\frac{\mathrm{d}^2\theta}{\mathrm{d}t^2} = FR \tag{8.24}$$

斜面との接触点で球が滑らない場合，図 8.18 に示すように，球の重心速度 V と回転の角速度 ω の間に

$$V = R\omega \qquad \text{すなわち} \qquad \frac{\mathrm{d}X}{\mathrm{d}t} = R\frac{\mathrm{d}\theta}{\mathrm{d}t} \tag{8.25}$$

という関係があるので，その両辺を t で微分すると

$$\frac{\mathrm{d}^2X}{\mathrm{d}t^2} = R\frac{\mathrm{d}^2\theta}{\mathrm{d}t^2} \tag{8.26}$$

という関係が導かれる．(8.23) 式と (8.24) 式から F を消去し，(8.26) 式を使うと

$$Mg\sin\beta = M\frac{\mathrm{d}^2X}{\mathrm{d}t^2} + \frac{I_G}{R^2}\frac{\mathrm{d}^2X}{\mathrm{d}t^2} = \left(M + \frac{I_G}{R^2}\right)\frac{\mathrm{d}^2X}{\mathrm{d}t^2}$$

$$\therefore \quad \frac{\mathrm{d}^2X}{\mathrm{d}t^2} = \frac{g\sin\beta}{1+\dfrac{I_G}{MR^2}} \tag{8.27}$$

が導かれる．つまり，球の重心は，球と斜面の間に摩擦がなく，球が回転せずに滑り落ちるときの加速度 $g\sin\beta$ の $\dfrac{1}{1+(I_G/MR^2)}$ 倍の加速度で運動する．一般に $\dfrac{I_G}{MR^2}$ が小さいものは速く落ち，$\dfrac{I_G}{MR^2}$ が大きいものは遅く落ちることがわかる．図 8.11 によれば，球の I_G は $\dfrac{2}{5}MR^2$ なので，加速度は $\dfrac{5}{7}$ 倍になる．

問 3　例題 2 の場合，重心運動のエネルギーと回転運動のエネルギーの比は $1 : \dfrac{I_G}{MR^2}$ になることを示せ．

問 4　例題 2 の場合，同じ落下距離での重心の速さは，斜面を転がらずに滑り落ちる場合の $\dfrac{1}{\sqrt{1+\dfrac{I_G}{MR^2}}}$ 倍であることを示せ．

薄い円筒，薄い球殻，円柱の中心軸のまわりの慣性モーメント I_G は，それぞれ，MR^2，$\dfrac{2}{3}MR^2$，$\dfrac{1}{2}MR^2$ である．したがって，水平面と角 β

をなす斜面の上を薄い円筒，薄い球殻と円柱が滑らずに転がり落ちる場合には（図 8.19），重心の落下加速度の $\dfrac{g\sin\beta}{1+(I_G/MR^2)}$ は，

$$\text{薄い円筒：}\frac{1}{2}g\sin\beta,\ \text{薄い球殻：}\frac{3}{5}g\sin\beta,\ \text{円柱：}\frac{2}{3}g\sin\beta,$$

となるので，転がり落ちる速さは，この順に速くなる．球の落下加速度は $\frac{5}{7}g\sin\beta$ なので，球はこれらの剛体よりも速く転がり落ちる．

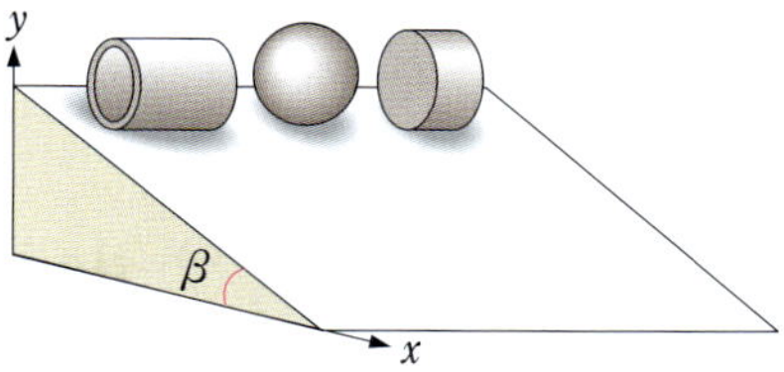

図 8.19　斜面を転がり落ちる剛体

生卵とゆで卵を比べると，生卵は殻が回転しても白身と黄身は殻と同じ角速度で回転しないので，生卵はゆで卵に比べて慣性モーメントが実質的に小さい．したがって，生卵はゆで卵よりも斜面を速く転がり落ちる．この方法を使えば，卵を割らなくても生卵とゆで卵を区別できる．

例題 3　一様な円板（半径 R，質量 M）のまわりに糸を巻きつけ，糸の他端を固定し，円板に接していない糸の部分を鉛直にして放したときの運動を調べよ（図 8.20 参照）．糸の張力 S を求めよ．

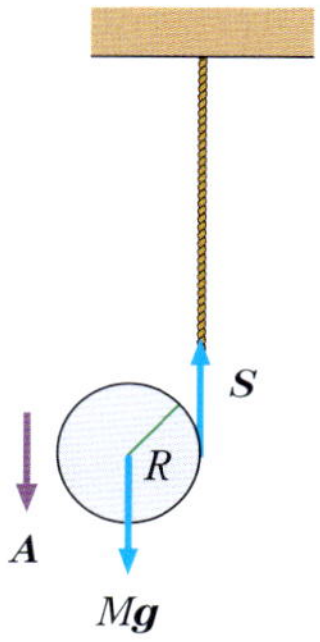

図 8.20

解　鉛直下向きを $+x$ 方向とすると，(8.20)，(8.21) 式は

$$M\frac{d^2X}{dt^2} = Mg - S \tag{8.28}$$

$$I_G\frac{d^2\theta}{dt^2} = SR \tag{8.29}$$

である．加速度と角加速度の関係 (8.26) 式，$\dfrac{d^2X}{dt^2} = R\dfrac{d^2\theta}{dt^2}$ $(A = R\alpha)$ を使って，加速度 $A = \dfrac{d^2X}{dt^2}$ と張力 S を求めると

$$A = \frac{d^2X}{dt^2} = \frac{g}{1+\dfrac{I_G}{MR^2}} \tag{8.30}$$

$$S = \frac{I_G}{MR^2+I_G}Mg \tag{8.31}$$

円板の場合 $I_G = \frac{1}{2}MR^2$ なので，

$$A = \frac{d^2X}{dt^2} = \frac{2}{3}g,\quad S = \frac{1}{3}Mg \tag{8.32}$$

例題 4　図 8.21 に示すヨーヨー（質量 M，慣性モーメント I_G，軸の半径 R_0）の落下運動での重心の加速度 A を求めよ．

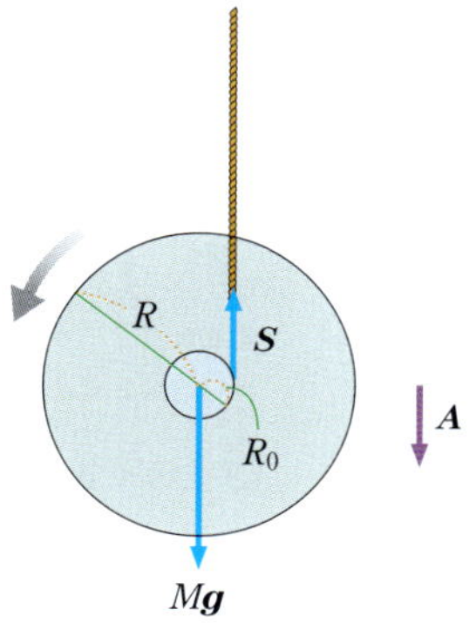

図 8.21　ヨーヨー

解　ヨーヨーには鉛直下向きに重力 $M\boldsymbol{g}$ と鉛直上向きに糸の張力 $\boldsymbol{S}$ が作用する．重心の鉛直方向の運動方程式とヨーヨーの軸のまわりの回転運動の方程式は

$$MA = Mg - S \tag{8.33}$$

$$I_G\alpha = SR_0 \tag{8.34}$$

である．関係 $A = R_0\alpha$ を使い，(8.33) 式と (8.34) 式から S を消去すると，

$$A = \frac{g}{1+\dfrac{I_G}{MR_0{}^2}} \tag{8.35}$$

が得られる．軸を細くして（R_0 を小さくして），$\dfrac{I_G}{MR_0{}^2}$ を大きくすると，落下の加速度 A は重力加速度 g に比べてはるかに小さくなり，ヨーヨーはゆっくり落下する．図 8.21 のヨーヨーの軸の部分の質量が無視できる場合には，ヨーヨーの慣性モーメントは $I_G = \frac{1}{2}MR^2$ なので

$$A = \frac{2R_0{}^2}{2R_0{}^2+R^2}g \tag{8.36}$$

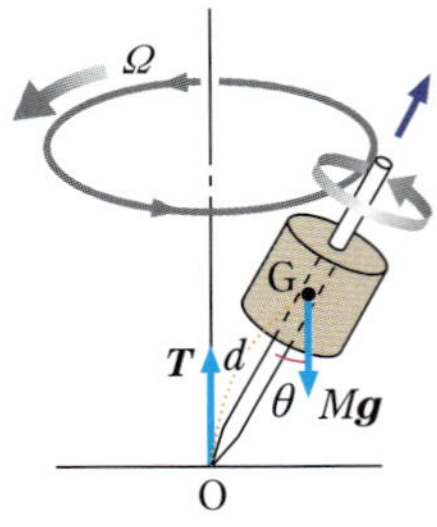

(a)

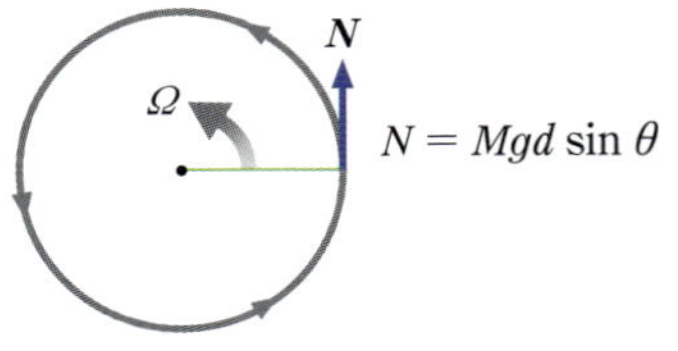

(b)

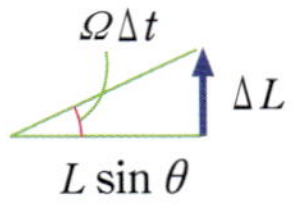

(c)

図 8.22　こまのみそすり運動

参考　こまのみそすり運動（歳差運動）

図 8.22 (a) に示すこまのみそすり運動の周期 T を求める．大きな角速度 ω_0 で回転しているこまの軸が鉛直方向となす角を θ とし，軸のまわりの慣性モーメントを I とする．こまには重心 G に重力 $M\boldsymbol{g}$，地面との接点 O に抗力 $\boldsymbol{T}$ が作用している．点 G と点 O の距離を d とすると，外力の点 O に関するモーメント $\boldsymbol{N}$ の大きさは $N = Mgd\sin\theta \equiv N_0\sin\theta$ で，$\boldsymbol{N}$ は水平面内にあり角運動量 $\boldsymbol{L}$ と垂直な方向を向いている［図 8.22 (b)］．したがって，ベクトル $\boldsymbol{L}$ の大きさ $L \approx I\omega_0$ は変わらず，ベクトル $\boldsymbol{L}$ の先端が水平面内で半径 $L\sin\theta$ の円を描いて運動する．角速度を Ω とすると，

$$\Delta L = L\sin\theta\,\Omega\,\Delta t = I\omega_0\Omega\sin\theta\,\Delta t \tag{8.37}$$

なので［図 8.22 (c)］，(8.3) 式から

$$\Delta L = I\omega_0\Omega\sin\theta\,\Delta t = N\,\Delta t = N_0\sin\theta\,\Delta t \tag{8.38}$$

$$\therefore\quad \Omega = \frac{N_0}{I\omega_0} = \frac{Mgd}{I\omega_0},$$

$$T = \frac{2\pi}{\Omega} = \frac{2\pi I\omega_0}{Mgd}\quad（周期） \tag{8.39}$$

こまの回転が上から見て反時計回りであれば，こまの上端は水平面内で上から見ると反時計回りに角速度 $\dfrac{Mgd}{I\omega_0}$ の等速円運動を行う．

演習問題 8

A

1．ある種類の木の実を割るには，その両側から 3 kgf 以上の力を加える必要がある．図 1 の道具を使うと，木の実を割るために必要な力はいくらか．

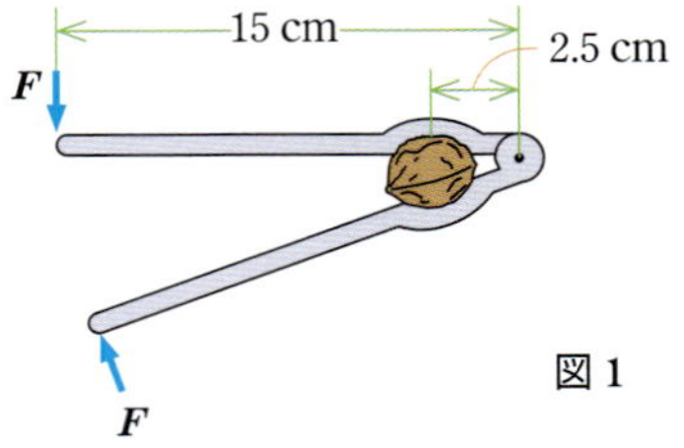

図 1

2．縦 2.0 m，横 2.4 m，質量 40 kg の一様な長方形の板を，図 2 のように，長さ $l = 3.0$ m の水平な棒につける．棒は壁に固定したちょうつがいと綱で固定されている．

(1)　綱の張力 S を求めよ．

(2)　ちょうつがいが棒に作用する力を求めよ．

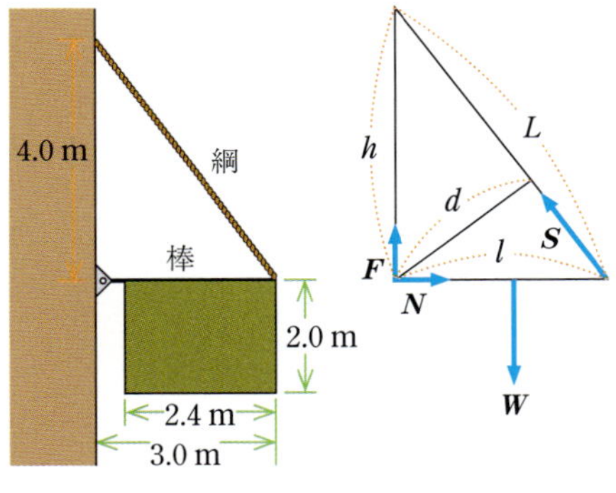

図 2

3．人間が前にかがんで質量 M の荷物を持ち上げるときに脊柱に作用する力の概念図が図 3 である．体重を W とすると，胴体の重さ W_1 は約 0.4 W である．頭と腕の重さ W_2 は約 0.2 W である．$\boldsymbol{R}$ は仙骨が脊柱に作用する力，$\boldsymbol{T}$ は脊椎挙筋が脊柱に作用する力である．W, M, θ を使って T を表せ，$W = 60$ kgf，$M = 20$ kg，$\theta = 30°$ のとき，T は何 kgf か，$\sin 12° = 0.208$ を使え．

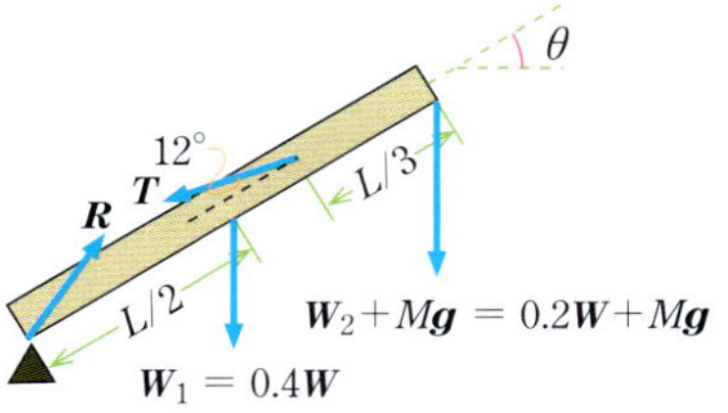

図3

4. 半径 1 m，高さ 1 m の鉄製（比重は 8 g/cm^3）の円柱が中心軸のまわりを毎分 600 回転している．回転運動のエネルギーを求めよ．

5. あるヘリコプターの 3 枚の回転翼はいずれも長さ $L = 5.0$ m，質量 $M = 200$ kg である（図 4）．回転翼が 1 分間に 300 回転しているときの回転運動のエネルギーを求めよ．

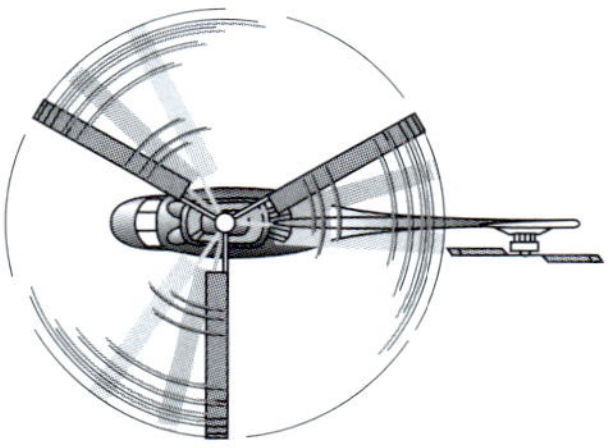

図4

6. 同じ長さで同じ太さの鉄の棒とアルミニウムの棒を図 5 のように接着した．点 O のまわりに回転できる (a) の場合と点 O′ のまわりに回転できる (b) の場合，どちらが回転させやすいか．

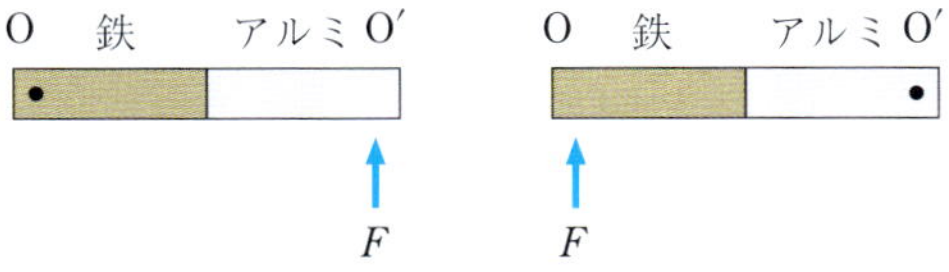

(a)　(b)

図5

7. 高い塀の上を歩くとき，なぜ両腕を左右に伸ばすのか．

8. 軽業師が長い棒を持って綱渡りをしている．
(1) 身体が右側に傾き始めたら棒をどちらへ傾ければよいか．
(2) 棒の両端のおもりはどのような働きをするか．

9. 摩擦のない坂を球が回転せずに滑り落ちる場合と，同じ傾斜の坂を，この球が同じ高さから滑らずに転がり落ちる場合とでは，坂の下に達したときの球の速さの関係はどのようになっているか．

10. ビールの入ったビール缶，中のビールを凍らせたビール缶，空のビール缶の 3 つを斜面の上から静かに転がすと，どのビール缶がもっとも速く斜面を転がり落ちるか．

B

1. 半径 R，質量 M の半球の重心は円の中心から距離 $\frac{3}{8}R$ の点にある．

この半球に質量の無視できる軽い棒をつけ，それに質量 m のおもりをつけた（図 6）．このおもりの位置を高くすると不安定になる．このことを調べよ．

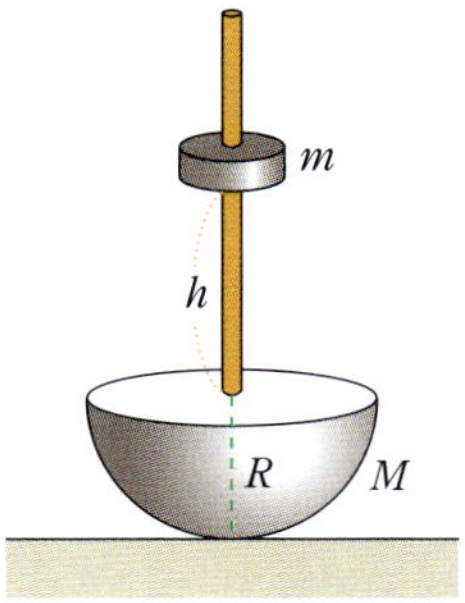

図6

2. 図 7 は競走用自動車の概念図である．この自動車の出しうる最大加速度 $A_{\max}$ は μg であり，この加速度を出すためには $l_2 = \mu h$ でなければならないことを示せ．μ はタイヤと道路の静止摩擦係数である．

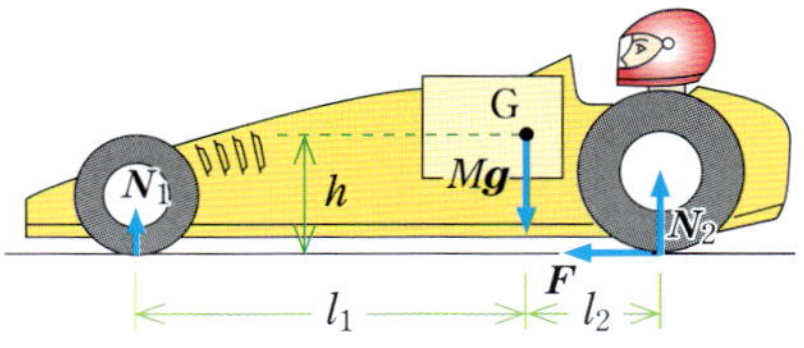

図7　競走用自動車の概念図

3. 図 8 のような 3 辺の長さが a, b, c で質量が M の直方体の長さ c の辺のまわりの慣性モーメント I は

$$I = \frac{1}{3}M(a^2+b^2)$$

である．図に示した軸のまわりにこの直方体を剛体振り子として振動させたときの周期 T を求めよ．

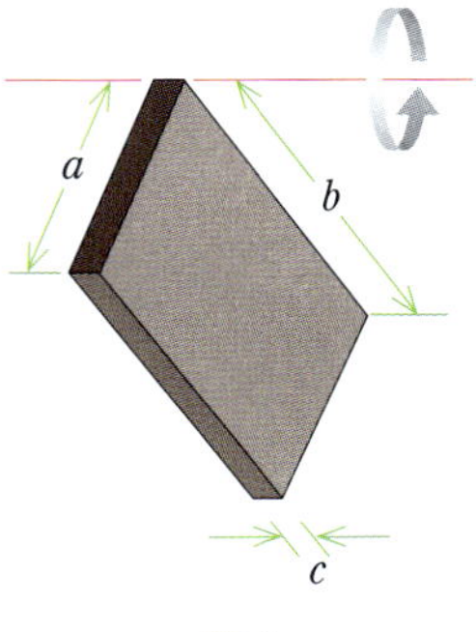

図8

4．ビリヤードで，半径 R の球の中心より $\frac{2}{5}R$ だけ上のところを水平に突くと，球は滑らずに転がるという．この事実を説明せよ．

5．図9のように糸巻きの糸を引くとき，引く方向によって糸巻きの運動方向は異なる．図9の $\boldsymbol{F}_1, \boldsymbol{F}_2, \boldsymbol{F}_3$ の場合はどうなるか．床との接触点のまわりの外力のモーメントを考えてみよ．

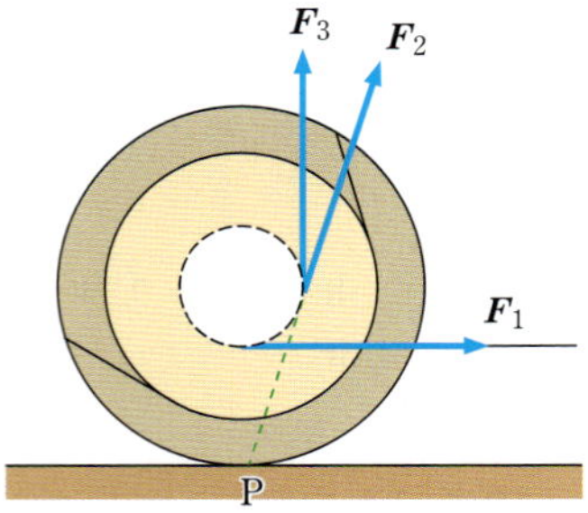

図9

自動車のしたがう運動方程式

自動車（質量 M）の重心Gは，自動車に作用するすべての外力のベクトル和が作用する質量 M の質点と同じ運動方程式にしたがう［(8.1)式］．自動車が水平な直線道路を走行する場合には，水平方向を向いた外力 $\boldsymbol{F}$ は（空気の抵抗を無視すれば）路面が駆動輪のタイヤに接点で作用する摩擦力だけである．つまり，運動方程式は，

$$M\frac{\mathrm{d}\boldsymbol{V}}{\mathrm{d}t} = \boldsymbol{F} \quad (\boldsymbol{F}\text{は摩擦力}) \qquad (1)$$

であり，エンジンの駆動力が現れない．

そこで，モーターが車軸（半径 r）に作用する偶力 $(\boldsymbol{K}, -\boldsymbol{K})$ によるトルク $2Kr$ で車輪（慣性モーメント I_{G}，半径 R）を回転させる電気自動車を考える（図8.A）．車輪の回転運動の方程式は

$$I_{\mathrm{G}}\frac{\mathrm{d}\omega}{\mathrm{d}t} = 2Kr - FR \qquad (2)$$

である．右辺の第2項の $-FR$ は回転を妨げる摩擦力のトルクである．

タイヤが路面との接触点で滑らない条件

$$\boldsymbol{V} = R\omega \qquad (3)$$

を使うと，(1)式と(2)式から，モーターの駆動力 $2\frac{r}{R}K$ によって前進する見かけの質量 $M+\frac{I_{\mathrm{G}}}{R^2}$ をもつ自動車の運動方程式

$$\left(M+\frac{I_{\mathrm{G}}}{R^2}\right)\frac{\mathrm{d}V}{\mathrm{d}t} = 2\frac{r}{R}K \qquad (4)$$

が導かれる．

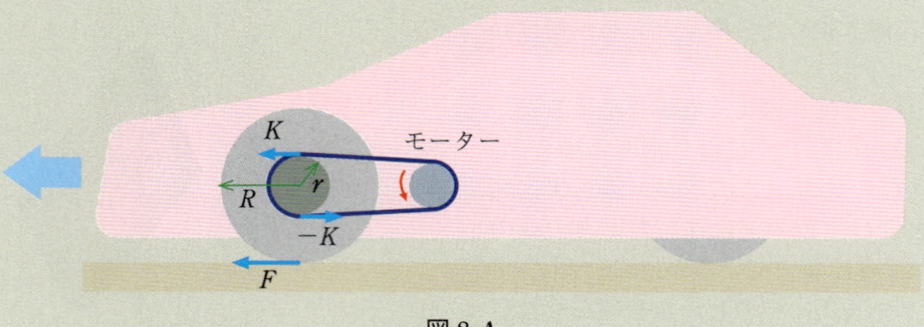

図8.A

走っている自転車はなぜ倒れない

静止しているこまを床の上に立てようとすると倒れるが，勢いよく回っているこまはなかなか倒れない．同じように，静止している自転車は支えないと倒れるのに，走っている自転車は倒れにくい．どちらの場合も，回転している物体は回転しつづけようとする慣性をもつからである．回転しているこまを倒そうとすると，こまは倒れずに，こまの軸の上端は歳差運動とよばれる円運動をする（**8.3** 節の参考を参照）．自転車の場合はどうなのだろうか．

この問題を考える前に，ベクトルで表した回転運動の法則

$$\frac{\mathrm{d}\boldsymbol{L}}{\mathrm{d}t} = \boldsymbol{N} \tag{1}$$

を復習しよう．この式には，角運動量 $\boldsymbol{L}$ と外力のモーメント（トルク）$\boldsymbol{N}$ が現れる．

角運動量 $\boldsymbol{L}$ は，物体の回転運動の勢いと向きを表す量で，大きさ L は「慣性モーメント I」×「角速度 ω」で，物体が回転する向きにねじを回したときにねじが進む向きを向いている（図 8.B）．

トルク $\boldsymbol{N}$ は物体に作用する力が物体を回転させる働きを表す量である．図 8.C のように，作用線の距離が d の偶力 $\boldsymbol{F}$，$-\boldsymbol{F}$ のトルクは，大きさが Fd で，2 つの力がねじを回すときにねじが進む向きを向いている．

回転運動の法則 (1) 式を $\Delta\boldsymbol{L} = \boldsymbol{N}\,\Delta t$ と変形すると，「角運動量 $\boldsymbol{L}$ の回転運動をしている物体にトルク $\boldsymbol{N}$ の力が時間 Δt のあいだ加わると，物体は角運動量が $\boldsymbol{L}+\Delta\boldsymbol{L} = \boldsymbol{L}+\boldsymbol{N}\,\Delta t$ の回転状態になる」と表されることがわかる．ここで $\boldsymbol{N}\,\Delta t$ はトルク $\boldsymbol{N}$ の方向を向き，大きさが「トルクの大きさ N」×「時間 Δt」をもつ矢印で表される量である．

回転している自転車の車輪の角運動量 $\boldsymbol{L}$ は（車輪の回る向きにねじを回せばわかるように）右から左の方を向いている（図 8.D）．自転車の乗り手が身体を右に傾けると，乗り手と自転車に作用する重力と地面の垂直抗力のトルク $\boldsymbol{N}$ は（この力で回るねじの進む向きの）後ろから前の方を向いている．その結果，車輪の角運動量 $\boldsymbol{L}+\boldsymbol{N}\,\Delta t$ は左前方を向くので，車輪は右折の向きに回る．

この理論的な結論が事実であることは，自転車に乗っているときにハンドルから手を放して，身体を少し右に傾けてみれば，体験できる．自転車は倒れず，進路は右に変わっていく．

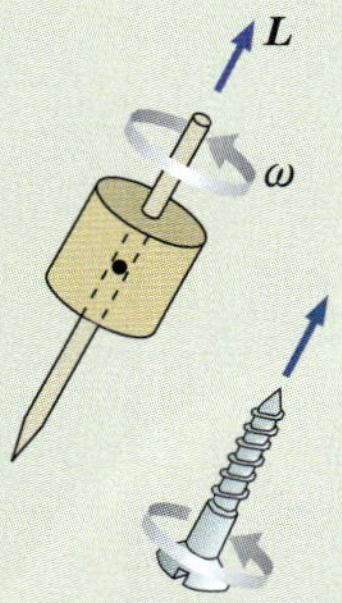

図 8.B

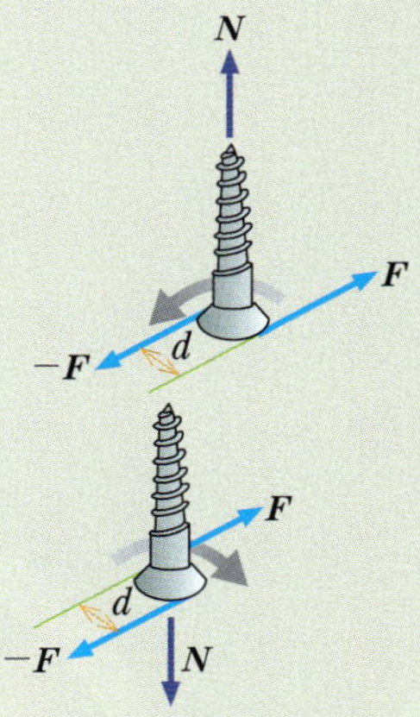

図 8.C

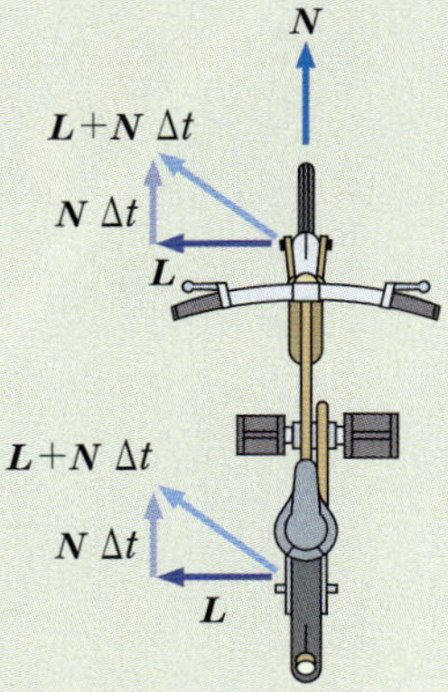

図 8.D

9 慣　性　力

物体の位置や速度を測定するには，基準になる座標軸（座標系）を選ばなければならない．電車の乗客が電車の中の現象を記述する場合には電車の床や壁に固定した座標軸が便利である．ニュートンの運動の第1法則は任意の座標系で成り立つのではない．第1法則は，力の作用を受けていない物体が静止の状態をつづけるか等速直線運動を行う座標系が存在すると主張しているのである．慣性の法則（第1法則）の成り立つ座標系を**慣性系**，成り立たない座標系を**非慣性系**という．運動の第2法則（運動の法則）は慣性系でのみ成り立つ．非慣性系でも運動の法則を成り立たせようとすると，**慣性力**とよばれる見かけの力を導入しなければならない．

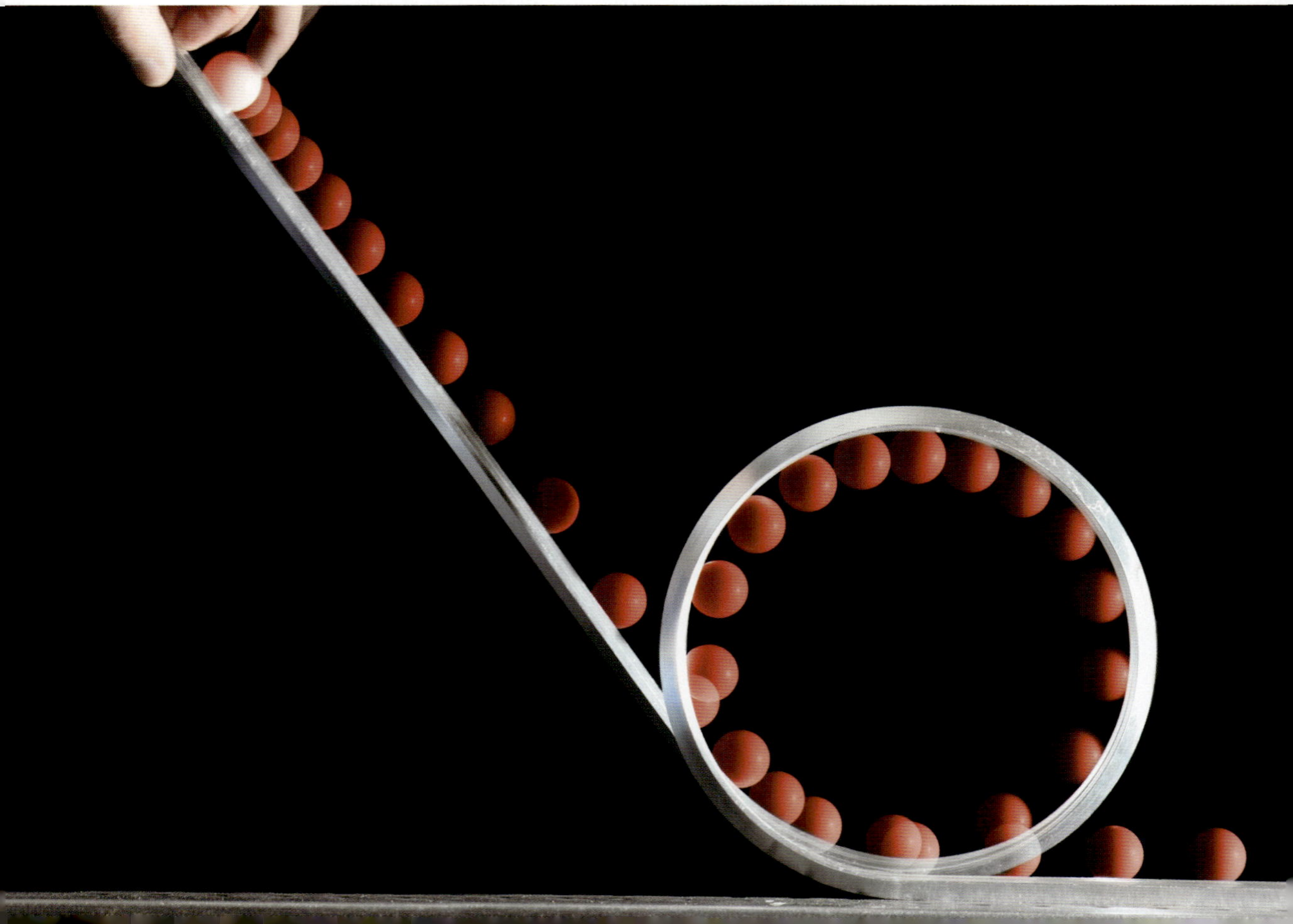

9.1 非慣性系と慣性力（見かけの力）

学習目標　慣性の法則が成り立つ座標系を慣性系とよぶこと，慣性系に対して一定の加速度 $\boldsymbol{a}_0$ の加速度運動をしている座標系は非慣性系であり，運動の法則を見かけの上で成り立たせようとすると慣性力とよばれる見かけの力 $-m\boldsymbol{a}_0$ を導入しなければならないことを理解する．

非慣性系と慣性力　電車の床にキャスターつきのトランクが進行方向に平行に置いてある（図 9.1）．電車が発車すると，トランクは電車の進行方向と逆方向に床の上を移動していく．このトランクをプラットホームから見ていると，電車は動き始めても，トランクはプラットホームに対しては（後ろの壁に衝突するまでは）動かないように見える（摩擦が無視できる場合を想定している）．プラットホーム上の観測者は，この現象を『このトランクには力が作用しないので，電車が停車中にプラットホームに対して静止していたトランクは，電車が発車してもプラットホームに対して静止の状態をつづける』と理解する．すなわち，このトランクの運動方程式は，

$$m\boldsymbol{a} = \boldsymbol{0} \tag{9.1}$$

である．

ところが，電車の加速度を $\boldsymbol{a}_0$ とすると，電車の乗客に対してトランクは逆向きの加速度 $\boldsymbol{a}' = -\boldsymbol{a}_0$ で動く*．したがって，電車の床や壁を基準とする座標系（電車に固定した座標系）は，力が作用していない物体が加速度運動をするので非慣性系である．しかし，人間は自分を中心に考えると便利なので，電車の乗客は，電車に固定した座標系（非慣性系）でもニュートンの運動の法則が成り立つと考えたくなる．そこで，電車の乗客は『トランクには後ろ向きの「力」が作用するので，トランクは後ろ向きに動き始める』と感じる．この「力」を慣性力という．すなわち，加速度運動をしている非慣性系で運動の法則を形式的に成り立たせようとするときに導入しなければならない，力の原因になる物体が存在しない力を**慣性力**という．

発車直後の電車に固定した座標系では，トランクの運動方程式は，

$$m\boldsymbol{a}' = \text{慣性力} \tag{9.2}$$

であるが，$\boldsymbol{a}' = -\boldsymbol{a}_0$ なので，一定の加速度 $\boldsymbol{a}_0$ の加速度運動をしている座標系では

$$\text{慣性力} = -m\boldsymbol{a}_0 \tag{9.3}$$

である．

多くの場合，地球に固定された座標系を慣性系と考えてよい．しかし，地球は自転と公転を行っているので，厳密には地球は慣性系ではない．地球規模の大きな運動や高精度の実験では地球の自転に伴う慣性力を考えなければならない．

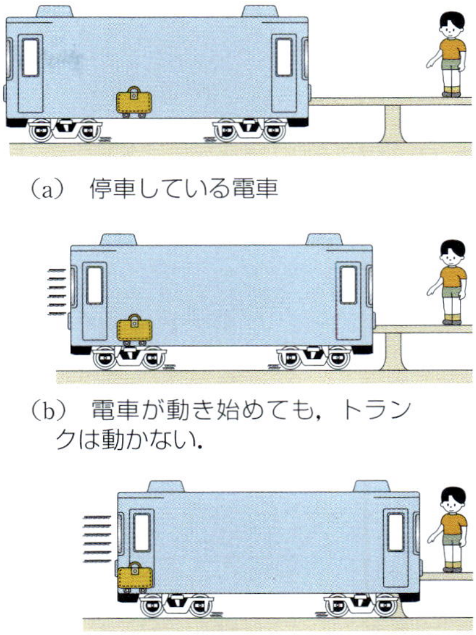

(a)　停車している電車

(b)　電車が動き始めても，トランクは動かない．

(c)　壁にぶつかると，それ以降は電車と一緒に動いていく．

図 9.1　プラットホームから見たトランク

*　電車に固定した座標系での位置ベクトル $\boldsymbol{r}'$ と地面に固定した座標系での位置ベクトル $\boldsymbol{r}$ の関係は

$\boldsymbol{r}' = \boldsymbol{r} - \frac{1}{2}\boldsymbol{a}_0 t^2$ なので，電車に固定した座標系での速度 $\boldsymbol{v}'$ と加速度 $\boldsymbol{a}'$ は

$\boldsymbol{v}' = \boldsymbol{v} - \boldsymbol{a}_0 t,\quad \boldsymbol{a}' = \boldsymbol{a} - \boldsymbol{a}_0.$

$\boldsymbol{a} = \boldsymbol{0}$ なので，$\boldsymbol{a}' = -\boldsymbol{a}_0$

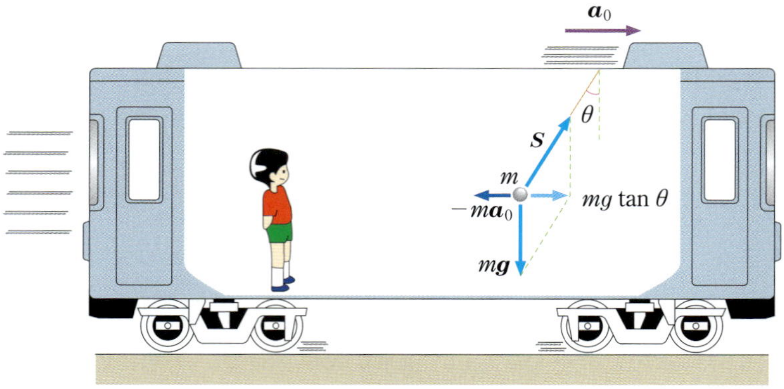

図 9.2　加速度 a_0 の電車

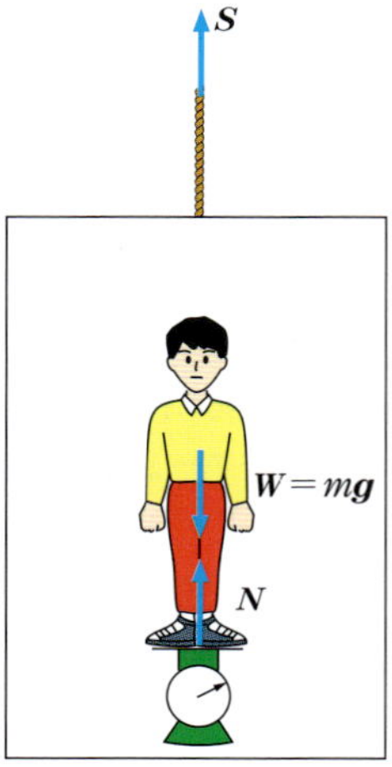

図 9.3　エレベーターが加速すると体重計の針が振れ，体重は軽くなったり，重くなったりする．このとき，体重計の踏み板の重さも変化するので，人が載っていない体重計の針も振れる．その分の補正が必要である．

図 9.4　エレベーターに乗っている人は体重が軽くなったり重くなったような気持ちになる．

問 1　図 9.2 のように，等加速度 a_0 で運動している電車がある．

(1)　電車の天井におもりをつけたひもを吊すと，ひもは鉛直方向を向いていない．この現象を地上の観測者と電車の中の観測者はどう説明するか．

(2)　ひもが切れると，おもりは落下する．車内で観測した落下方向と鉛直方向のなす角 θ を求めよ．電車の中の観測者は，落下方向を向いている見かけの重力によって，自由落下すると考えるかもしれない．

(3)　風船につけたひもの端を電車の床に固定すると，ひもはどのような向きに傾くだろうか．風船に作用する見かけの浮力を使って考えよ．

問 2　高層ビルの最上階からエレベーターで降りるとき，スタート直後には身体が軽くなったような気持ちになる（図 9.3）．下向きの加速度が 1 $\mathrm{m/s^2}$ の場合に，静止状態で体重が 50 kg の人がエレベーターの床から受ける垂直抗力は何 N か，何 kgf か．人間が自分の重さ（体重）に対して感じる感覚は，自分を支えてくれる力からきている．エレベーターの綱が切れて自由落下を始めれば，中の乗客は無重量状態になるという．その意味を説明せよ．

ガリレオの相対性原理　電車が等速直線運動をしている場合には事情は別である．長いトンネルの中を走っているときに，乗客は電車がどちら向きに走っているのかわからないことがある．等速直線運動をしている電車の加速度は $a_0 = 0$ なので，乗客に慣性力は作用せず，電車に固定された座標系は慣性系だからである．

力学では，「慣性系に対して等速直線運動する座標系は慣性系であり，すべての慣性系で，加速度も質量も力も同じで，同じ運動の法則 $ma = F$ が成り立つ」と考える．これを**ガリレオの相対性原理**という．「地球が動いていると，物体は空中を真下に落下しないはずだ」という地動説への反対者に対して，ガリレオは動いている船のマストの上から石が真下の甲板に落ちることを示したといわれているからである．

9.2　遠心力とコリオリの力

学習目標　慣性系に対して一定の角速度で回転している座標系は非慣性系であり，運動の法則を回転座標系で形式的に成り立たせようとすると，遠心力とコリオリの力とよばれる2種類の慣性力を導入する必要があることを理解する．

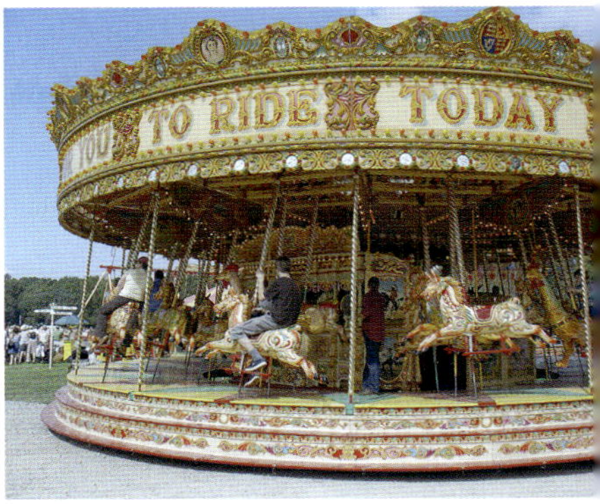

図 9.5　メリーゴーランド

遠心力　半径 r，速さ v で，角速度 $\omega = \dfrac{v}{r}$ の等速円運動をしている質量 m の質点には，大きさが $\dfrac{v^2}{r} = r\omega^2$ の向心加速度があり，この加速度は大きさが $\dfrac{mv^2}{r} = mr\omega^2$ の向心力によって生じる．

そこで，角速度 ω で回転しているメリーゴーランドの中央の柱に長さ r のひもで結ばれて床といっしょに角速度 ω の等速円運動をしている質量 m の物体 P をメリーゴーランドの上に静止している人が観察すると，「自分に対してこの物体が静止しているのは，向心力（ひもの張力）とつり合う

$$\text{大きさが } mr\omega^2 \text{ で外向きの力（遠心力）} \tag{9.4}$$

が作用するためだ」と感じる（図 9.6）．メリーゴーランドのように，慣性系（地表）に対して回転運動している物体に固定された座標系（**回転座標系**）は非慣性系であり，回転座標系でニュートンの運動の法則を成り立たせようとすると，外向きの**慣性力**を導入しなければならないのである．この慣性力は，円運動をしている物体を円の中心から遠ざける向きに作用するので**遠心力**という．

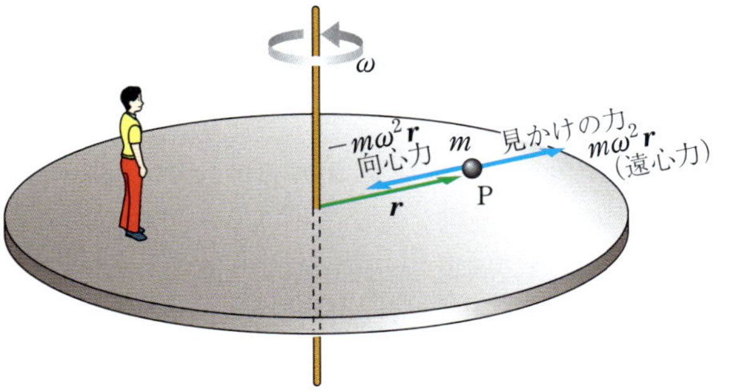

図 9.6　角速度 ω で回転する回転座標系（非慣性系）に対して静止している質量 m の物体 P に作用する見かけの力の遠心力（大きさ $m\omega^2 r$）

地球は地軸のまわりに自転しているので，地球といっしょに回転しているわれわれは，地表上に静止している物体には遠心力が作用していると感じている．しかし，物体に作用する遠心力も万有引力も物体の質量に比例するので，われわれは区別できない．したがって，物体に作用する重力は，厳密には地球の万有引力と遠心力との合力である（図 9.7）．

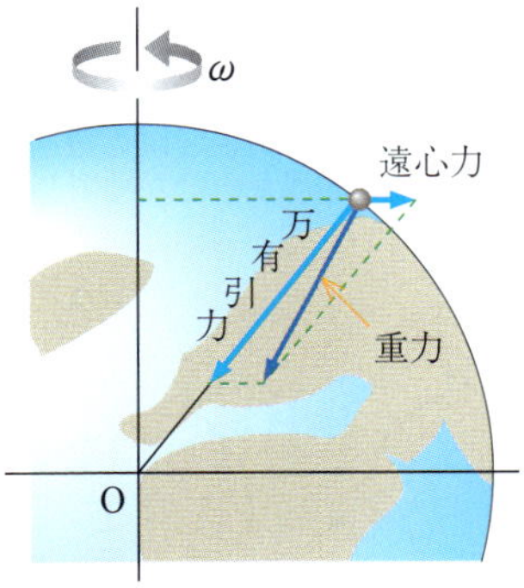

図 9.7　地表での重力は，万有引力と遠心力の合力である．遠心力の大きさは緯度によって異なるが，万有引力の 0.4％以下である．

コリオリの力　慣性系に対して一定の角速度 ω で回転している座標系（回転座標系）で見たとき，この系に静止している物体には慣性力の遠心力が作用する．回転座標系に対して物体が運動しているときには，遠心力のほかに，もう1つの慣性力の**コリオリの力**が現れる．

図 9.8 の回転台の中央から台の端の点 P に向かってボールを投げる

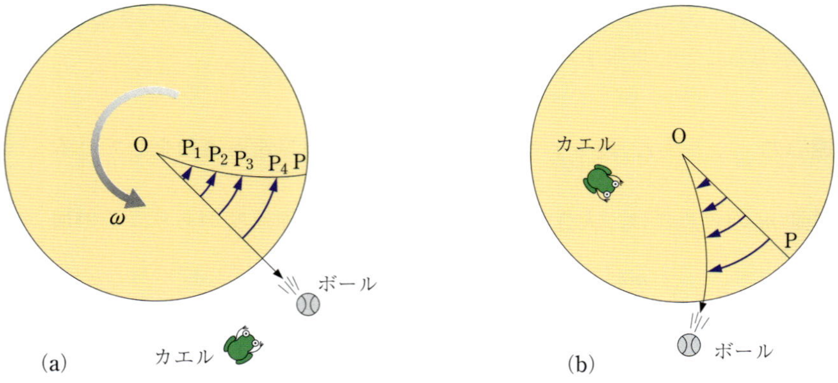

図 9.8　回転台の中心 O から台の端の点 P を目指してボールを投げる.
(a)　地面の上から見ると，ボールはまっすぐ進んでいくが，線分 OP は回転していく.
(b)　台の上から見ると，ボールは線分 OP から右の方にどんどんずれていく.

と，ボールは台の上に引いてある線分 OP の上を運動せず，この線から右の方にずれていく．地上で見ればボールは直進するのだが［図 9.8(a)］，その間に線分 OP が回転するので，台の上で見ればボールは線分 OP の右の方にずれていくのである［図 9.8(b)］．このずれの原因になる慣性力をコリオリの力という．つまり，回転している座標系に対して物体が運動しているとき，慣性力として遠心力とコリオリの力が現れる．

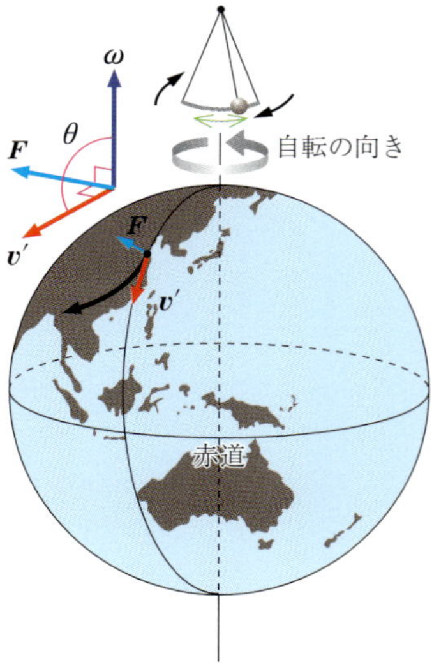

図 9.9　コリオリの力．南向きに速度 $\boldsymbol{v}'$ で発射すると，右の方へずれていく．その理由は，自転による速さは北の方より南の方が大きいからである．

角速度 ω で回転している座標系に対して速度 $\boldsymbol{v}'$ で運動している質量 m の物体に作用するコリオリの力 $\boldsymbol{F}$ の方向は回転軸と速度 $\boldsymbol{v}'$ の両方に垂直で，大きさ F は

$$F = 2m\omega v' \sin\theta \tag{9.5}$$

である．θ は回転軸と速度 $\boldsymbol{v}'$ のなす角である（図 9.9）．ベクトル積を使うと，コリオリの力 $\boldsymbol{F}$ は

$$\boldsymbol{F} = 2m\boldsymbol{v}' \times \boldsymbol{\omega} \tag{9.6}$$

と表される．$\boldsymbol{\omega}$ は，大きさが角速度 ω で，回転軸に平行で，回転の向きに右ねじを回すとねじが進む向きを向いているベクトルである．

地球は自転しているので，地球に固定した座標系で大規模な運動を扱うときには，慣性力を考慮しなければならない．貿易風や，高気圧・低気圧付近の気流は，コリオリの力の影響が顕著に見られる例である．地球の赤道付近は，太陽からの熱を他の地域より余分に受けている．暖かい空気は上昇し，その後へ温帯からの風が吹き込む．北半球では赤道へ向かって南方に吹く風は，コリオリの力の影響で西へそれる．これが南西に向かって吹いている貿易風とよばれる風である．

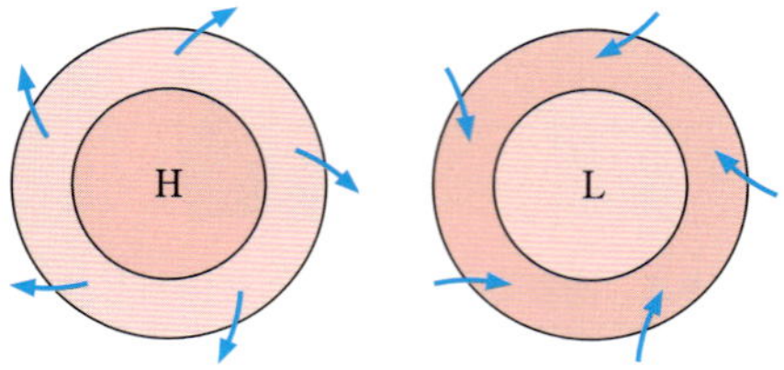

図 9.10　北半球での風の向き

高気圧（H）から吹き出す風や低気圧（L）に吹き込む風の向きを気象衛星から観測すると，風の向きは等圧線に垂直ではなく，北半球では図 9.10 のように進行方向の右の方にそれ，南半球では左の方にそれるのも，コリオリの力が原因である．台風の目の付近では，気圧の差による力はコリオリの力と遠心力の合力とほぼつり合っており，風は等圧線にほぼ平行に吹く．

参考　(9.6) 式の証明

慣性系(静止系)の原点に原点が固定され，角速度 $\boldsymbol{\omega}$ で一様に回転している回転座標系を考える．ある質点の速度と加速度は，静止系では $\boldsymbol{v}$ と $\boldsymbol{a}$，回転座標系では $\boldsymbol{v}'$ と $\boldsymbol{a}'$ とする．質点Pの位置ベクトルを $\boldsymbol{r}$ とする．点Pで回転座標系は静止系に対して速度 $\boldsymbol{\omega}\times\boldsymbol{r}$ で運動しているので(図9.11)，2つの座標系での速度には

$$\boldsymbol{v} = \boldsymbol{v}'+\boldsymbol{\omega}\times\boldsymbol{r} \tag{9.7}$$

という関係がある．加速度 $\boldsymbol{a}$ は速度 $\boldsymbol{v} = \boldsymbol{v}'+\boldsymbol{\omega}\times\boldsymbol{r}$ の回転座標系での時間変化率と回転座標系の回転に伴う速度 $\boldsymbol{v} = \boldsymbol{v}'+\boldsymbol{\omega}\times\boldsymbol{r}$ の変化率の和である．角速度ベクトル $\boldsymbol{\omega}$ は一定なので，

$$\begin{aligned}\boldsymbol{a} &= (\boldsymbol{a}'+\boldsymbol{\omega}\times\boldsymbol{v}')+\boldsymbol{\omega}\times(\boldsymbol{v}'+\boldsymbol{\omega}\times\boldsymbol{r})\\ &= \boldsymbol{a}'+2\boldsymbol{\omega}\times\boldsymbol{v}'+\boldsymbol{\omega}\times(\boldsymbol{\omega}\times\boldsymbol{r})\end{aligned} \tag{9.8}$$

である．慣性系での運動方程式 $m\boldsymbol{a} = \boldsymbol{F}$ は，回転座標系では

$$\begin{aligned}m\boldsymbol{a}' &= m\boldsymbol{a}-2m\boldsymbol{\omega}\times\boldsymbol{v}'-m\boldsymbol{\omega}\times(\boldsymbol{\omega}\times\boldsymbol{r})\\ &= \boldsymbol{F}+2m\boldsymbol{v}'\times\boldsymbol{\omega}-m\boldsymbol{\omega}\times(\boldsymbol{\omega}\times\boldsymbol{r})\end{aligned} \tag{9.9}$$

と表される．右辺の第2項がコリオリの力で第3項が遠心力である*．

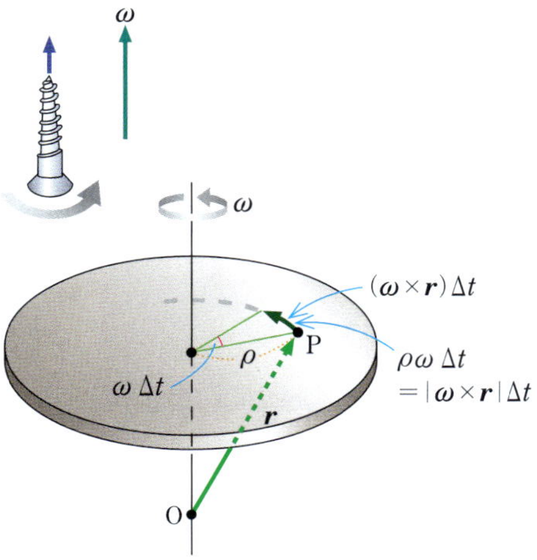

図9.11　点 $\boldsymbol{r}$ で回転座標系は慣性系に対して速度 $\boldsymbol{\omega}\times\boldsymbol{r}$，速さ $\rho\omega = |\boldsymbol{\omega}\times\boldsymbol{r}|$ で動いている．

* $-m\boldsymbol{\omega}\times(\boldsymbol{\omega}\times\boldsymbol{r}) = m\omega^2\boldsymbol{r}-m\boldsymbol{\omega}(\boldsymbol{\omega}\cdot\boldsymbol{r}) = m\omega^2\boldsymbol{\rho}$

演習問題9

A

1. 質量 100 g の物体の重さをエレベータの中でばね秤を使って測ったら 120 gf であった．このエレベータの加速度を求めよ．
2. 次の観測者に対して運動の第1法則が成り立つかどうかを述べよ．
   (1) 等速度で落下しているパラシュート乗り．
   (2) 飛行機から飛び出した直後のパラシュート乗り．
   (3) 滑走路に着地後，逆噴射しているジェット機のパイロット．
3. 電車の中におもりが吊してある．この電車が半径 800 m のカーブを 30 m/s の速さで走るとき，おもりを吊した糸は鉛直線からおよそ何度傾くか．
4. 赤道上の港に停泊している船のマストの先端から鉛の球を初速度なしに落とした．無風状態で，船は完全に静止しているとすれば，球はマストの先端の直下に落ちるだろうか．

B

1. メリーゴーランドの床の上に，鉄球が軽いひもで中心の柱に結ばれて，床といっしょに動いている．ある瞬間にひもが切れた．その後の鉄球の運動を，地面の上の人とメリーゴーランドの上の人がそれぞれどう解釈するかを説明せよ．メリーゴーランドの上の人は鉄球の運動を遠心力だけで説明できるだろうか．
2. 北極から南へロケットを発射すると西へそれ，赤道から北へ発射すると東へそれる理由を説明せよ(図9.9参照)．[ヒント：地球は西から東へ自転している．この自転によって，緯度 θ の地点は西から東に向かって $\omega R\cos\theta$ の速さで動いていることを使え(緯度 θ によって速さが違う)．R は地球の半径.]
3. 地球の北極点で振り子を鉛直面内で振らせると，地球の自転のために振り子の振動面は地球の自転と逆まわりに周期24時間の回転を行うことを説明せよ(図9.9参照)．この振り子の振動面の回転という現象は，緯度 θ の地点では，(地球の自転の角速度 $\boldsymbol{\omega}$ の鉛直成分は $\omega\sin\theta$ なので)周期 $T = 24/\sin\theta$ 時間で起こる．1851年にフーコーは長さ 67 m の細いワイヤーに 28 kg のおもりを吊した振り子(フーコー振り子)をつくってこの実験を行い，地球自転の証拠とした．

弾性体の力学

固体に外から力を加えると変形するが，このとき変形をもとに戻そうとする復元力が作用する．変形が小さいときは，外からの力を取り除くと固体は復元力によってもとの形に戻る．この性質を**弾性**という．このような変形を**弾性変形**といい，弾性変形する固体を**弾性体**という．固体の弾性変形には伸び，縮み，ずれなどがある．

身のまわりの固体がその形を保っているのは弾性のためである．

本章では，弾性体の弾性変形について学ぶ．

一般に外からの力が小さく，弾性変形が小さいときには，

変形の大きさは加えられた外力の大きさに比例する．

これをフックの法則という．

変形が大きくなりすぎると，外からの力を取り除いても固体はもとの形に戻らない．この性質を**塑性**という．弾性だけが現れる限界を**弾性限界**とよぶ．フックの法則にしたがう限界を比例限界という．塑性が現れるようになってさらに外力を加えると固体は破壊される（図 10.1）．

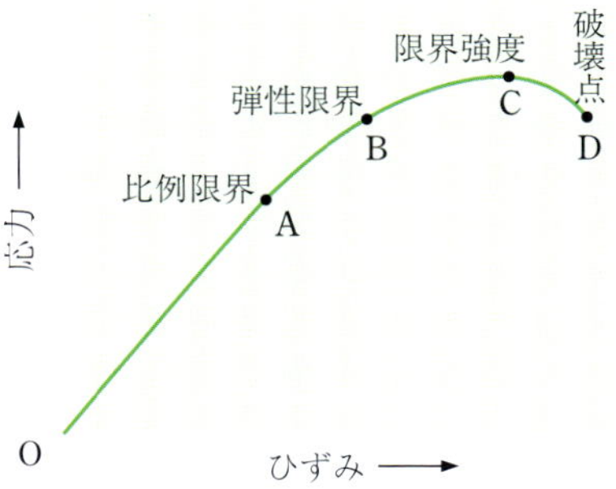

図 10.1　延びやすい金属（延性金属）の応力とひずみの関係

10.1 応　　力

学習目標　物体に外力が作用するとき物体の内部の隣接している部分の間に働く力は応力として表されること，応力には法線応力（引っ張り応力と圧縮応力）と接線応力（ずれ応力）があることを理解する．

弾性体に外から力を作用すると，弾性体の内部の隣り合う部分は力を及ぼし合う．例として，棒の両端 A, B を同じ大きさの力 F で引っ張る．任意の断面 C で棒を 2 つの部分に分けると，面 C の両側の部分はたがいに反対側を力 F で引っ張り合っている．この事実は，棒の AC の部分と CB の部分がそれぞれ静止していることから，つり合いの条件を使って示される（図 10.2 参照）．

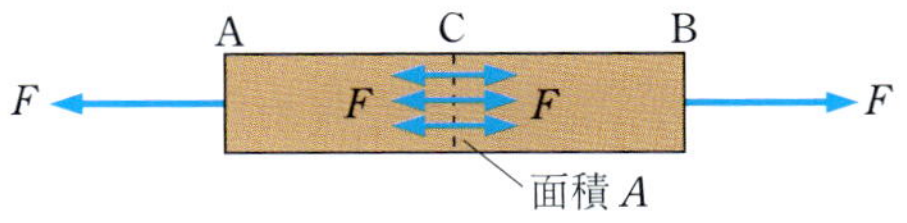

図 10.2　面 C における応力 F/A．棒の左の部分 AC は静止しているので，AC 部分に作用する力のつり合い条件から，右の部分 CB は面積 A の面 C を通して左の部分 AC に右向きで大きさが F の力を作用していることがわかる．同様に左の部分 AC は，面 C を通して右の部分 CB に左向きで大きさが F の力を作用している．

一般に弾性体に外から力が作用しているとき，弾性体の内部の任意の 1 点 P を通る任意の面を考えると，面の両側の部分はこの面を通してたがいに等しい大きさで逆向きの力を及ぼし合う．この面上の点 P を含む単位面積を通して作用する力を，点 P でのこの面に関する**応力**という．応力の面に垂直な成分を**法線応力**，面に平行な成分を**接線応力**という．接線応力をずれ応力ともいう．法線応力には**張力**（引っ張り応力）の場合と**圧力**（圧縮応力）の場合がある．応力の単位は「力の単位」÷「面積の単位」の N/m^2 で，これをパスカルとよび Pa と記す*．

応力の大きさの例として，いろいろな材料が耐えられる限界での応力

表 10.1　（単位：$kgf/cm^2 \approx 10^5$ Pa）

	木	石	鉄	人間の大腿骨
圧力に対して	500	1 000	4 000	1 600
張力に対して	400	60	4 000	1 200

応力の単位　$Pa = N/m^2$

＊　圧力の単位　圧力は「面に垂直に加わる力」÷「面積」なので国際単位系における圧力の単位は N/m^2 = Pa であるが，次のような単位も使われる．重力加速度 g が 9.80665 m/s^2（標準重力加速度）の場所で，密度 13.5951 g/cm^3 の水銀の，高さ 1 mm の柱によって生じる圧力を 1 水銀柱ミリメートル（mmHg）あるいは 1 トル（Torr）とよぶ．

$$1\ \text{mmHg} = 1\ \text{Torr} = 133.322\ \text{Pa}$$

高さ 760 mm の水銀柱によって生じる圧力をかつては 1 気圧（1 atm）とよんでいた．現在は，Pa に基づいて $1\ \text{atm} = 1.01325 \times 10^5$ Pa と定義されている．

$$1\ \text{atm} = 760\ \text{mmHg} = 1.01325 \times 10^5\ \text{Pa}$$

天気予報では気圧の単位として 1 hPa（ヘクトパスカル）= 10^2 Pa が使われる．

の大きさを表 10.1 に示す．単位はすべて $\mathrm{kgf/cm^2} \approx 100\,000\ \mathrm{Pa}$ である．同じ鉄でもピアノ線は約 $15\,000\ \mathrm{kgf/cm^2}$ の張力まで耐えられる．

問 1　図 10.3 の場合，点線で示す断面 D $\left(\text{面積}\ \dfrac{A}{\cos\theta}\right)$ での法線応力は $\dfrac{F\cos^2\theta}{A}$ で，接線応力は $\dfrac{F\sin\theta\cos\theta}{A}$ であることを示せ．同じ点でも応力を指定するには考える面の向きも指定する必要があることに注意せよ．

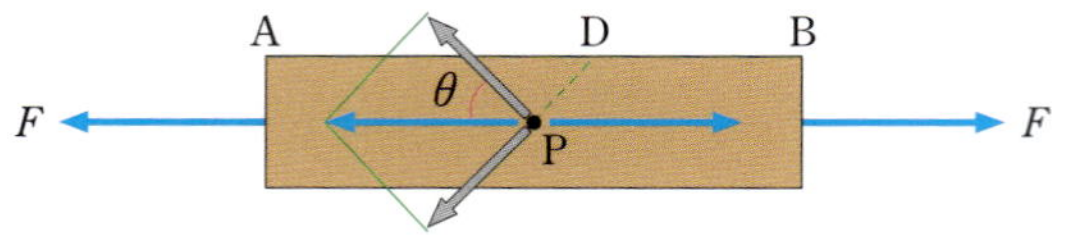

図 10.3　法線応力 $\dfrac{F\cos^2\theta}{A}$，接線応力 $\dfrac{F\sin\theta\cos\theta}{A}$

10.2　弾性定数

学習目標　物体に外力が作用した場合の応力とひずみの比例定数が弾性定数であることと，ヤング率とずれ弾性率の定義を理解する．

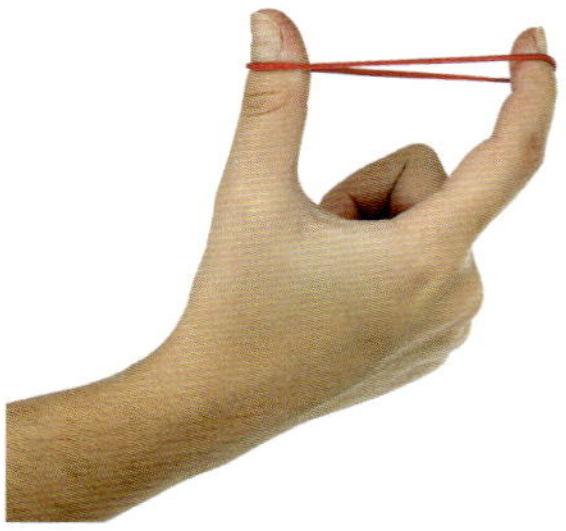

図 10.4　ゴムひもを引っ張ると伸びる．

ひずみ　弾性体に外から力が作用すると，弾性体の内部に応力が作用し，応力に応じて弾性体は変形するが，変形の大きさは弾性体の大きさに比例する．たとえば，ゴムひもを引っ張ると伸びるが，同じ力で引っ張るとき，20 cm のゴムひもの伸びは 10 cm のゴムひもの伸びの 2 倍である．そこで，物体の大きさに無関係な量の「弾性体の変形量」÷「弾性体の大きさ」を考え，これを弾性体の**ひずみ**という．フックの法則は

ひずみが小さいときには，応力とひずみは比例する

と表され，比例定数を**弾性定数**という．重要な弾性定数を説明する．

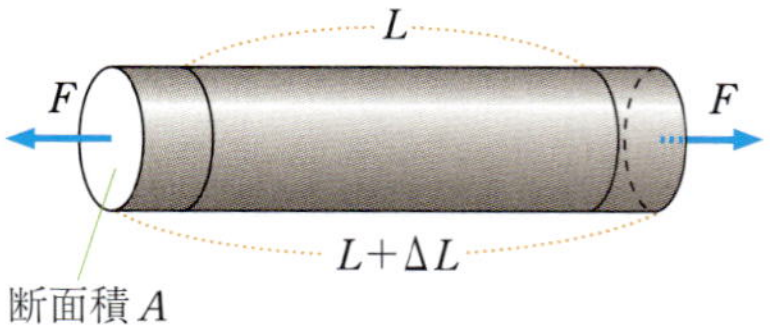

図 10.5　$\Delta L = \dfrac{1}{E}\dfrac{FL}{A}$

ヤング率（伸び弾性率）の単位
$\mathrm{Pa} = \mathrm{N/m^2}$

ヤング率　長さ L，断面積 A の一様な棒の両端に力 F を加えて引っ張るとき，棒の長さが ΔL 伸びたとすると，ひずみは $\dfrac{\Delta L}{L}$ で，応力は $\dfrac{F}{A}$ なので，フックの法則は

$$\frac{F}{A} = E\frac{\Delta L}{L} \tag{10.1}$$

となる（図 10.5）．比例定数 E は物質によって決まる定数で**ヤング率**または**伸び弾性率**という．単位は $\mathrm{Pa} = \mathrm{N/m^2}$ である．(10.1) 式を

$$\Delta L = \frac{1}{E}\frac{FL}{A} \tag{10.2}$$

と変形すると，棒の伸び ΔL は，引っ張る力の大きさ F と棒の長さ L にそれぞれ比例し，棒の断面積 A に反比例することがわかる．

ポアッソン比　一様な棒を引っ張って縦方向に伸ばす（$L \to L+\Delta L$）と，横方向には縮む（$w \to w+\Delta w$, $h \to h+\Delta h$, ΔL が正のとき $\Delta w, \Delta h$ は負の量，図 10.6）．横方向の縮みの割合 $\varepsilon' = -\dfrac{\Delta w}{w} = -\dfrac{\Delta h}{h}$ と，縦方向の伸びの割合 $\varepsilon = \dfrac{\Delta L}{L}$ との比 σ，つまり，

$$\varepsilon' = -\frac{\Delta w}{w} = -\frac{\Delta h}{h} = \sigma\varepsilon = \sigma\frac{\Delta L}{L} \tag{10.3}$$

で定義される量 σ を**ポアッソン比**という．σ は物質によって決まる正の定数で，無次元の量である[*1]．

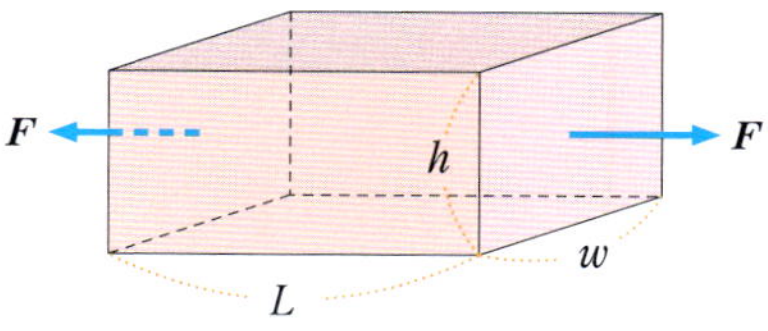

図 10.6

*1　体積が変化しなければ $\sigma = 0.5$ である．ほとんどの物質は $\sigma > 0$ で，多くの材料では $\sigma \approx 0.3$ である．しかし，泡構造をもつポリマーなどには $\sigma < 0$ のものがある．

体積弾性率　圧縮率　弾性体の表面に一様な圧力 p を作用させると，弾性体の体積は V から $V+\Delta V$ に変化する．圧力が正のとき体積は減少するので，ΔV は負である．そこでフックの法則を

$$p = -k\frac{\Delta V}{V} \tag{10.4}$$

と表す[*2]．比例定数 k は物質によって決まる定数で**体積弾性率**とよばれる．単位は Pa である．また，$\dfrac{1}{k}$ を**圧縮率**とよぶ．

*2　厳密には，圧力 p は（大気圧などからの）圧力の変化 Δp と記すべきものである．

ずれ弾性率　正四角柱の 4 つの側面に，図 10.7 のように大きさが τ の接線応力を加えると，底面の正方形は変形してひし形になる．このような，体積の変化を伴わない変形を**ずれ変形**（あるいは**ずり変形**）という[*3]．ひし形の頂角を $\dfrac{\pi}{2} \pm \theta$ とすると，フックの法則は

$$\tau = G\theta \tag{10.5}$$

と表される．比例定数 G を**ずれ弾性率**あるいは**剛性率**とよぶ．単位は Pa である．

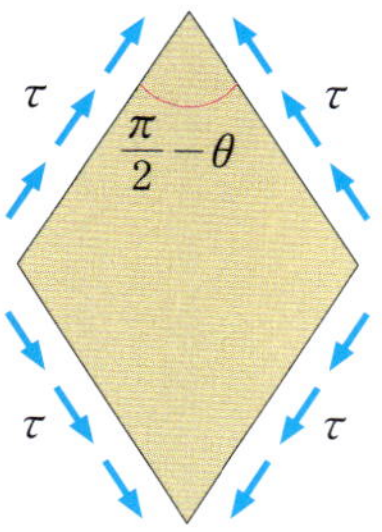

図 10.7

*3　演習問題 10 の B2 の図 2 で $\overline{\mathrm{AH}} \times \overline{\mathrm{AE}} \approx \overline{\mathrm{A'H'}} \times \overline{\mathrm{A'E'}}$

弾性定数の関係　4 個の弾性定数 E, σ, k, G は次の 2 つの関係

$$k = \frac{E}{3(1-2\sigma)}, \qquad G = \frac{E}{2(1+\sigma)} \tag{10.6}$$

で結ばれているので，独立なものは 2 個である（証明は演習問題 10 の

表 10.2　主な物質の弾性定数

物　質	E [Pa]	G [Pa]	σ	k [Pa]
	$\times 10^{10}$	$\times 10^{10}$		$\times 10^{10}$
アルミニウム	7.03	2.61	0.345	7.55
銅	12.98	4.83	0.343	13.78
鉄（鋼）	20.1〜21.6	7.8〜8.4	0.28〜0.30	16.5〜17.0
銀	8.27	3.03	0.367	10.36
ポリエチレン	0.04〜0.13	0.026	0.458	—
ゴム（弾性ゴム）	$(1.5\sim5.0)\times10^{-4}$	$(5\sim15)\times10^{-5}$	0.46〜0.49	—

B3, 4 を参照)．表 10.2 にいくつかの物質の弾性定数を示す．ほとんどの物質は $\sigma > 0$ なので，$E > G$ である．

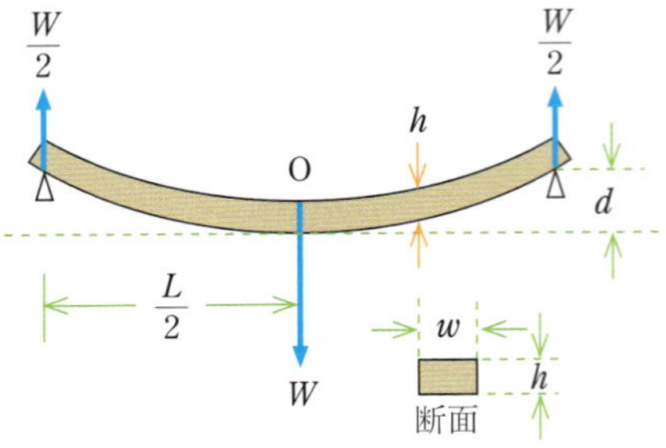

図 10.8　ヤング率 $E = \dfrac{WL^3}{4h^3wd}$

図 10.9　力をかけると棒や板はたわむ．

棒のたわみ　図 10.8 のように，長さ L，高さ h，幅 w の直方体の棒の両端を支えて，棒の中央におもりを吊す．おもりに作用する重力が W のとき，棒のたわみが d だとすると，この物体のヤング率 E は

$$E = \frac{WL^3}{4h^3wd} \qquad \left(d = \frac{WL^3}{4Eh^3w}\right) \tag{10.7}$$

であることが計算によって示せる．この方法はヤング率 E の測定に使われる．たわむ際には中間面は伸び縮みしないが，中間面より上は縮み，下は伸び，伸び縮みの量は中間面からの距離に比例する．

この物体が圧力よりも張力に対して弱ければ，おもりの重さを増していくと，下面の伸びがある限度を越すと下面に裂け目が入る．破壊される際には，変形量が弾性限界を越えているので (10.7) 式は使えない．しかし，このときの下面の伸びと上面の縮みのひずみは，(高さ)^2×(幅) = h^2w に反比例することが (10.7) 式から示唆される．h^3w ではなくて，h^2w に反比例する理由は，同じたわみ d でも，上面と下面の伸び縮みの量が h に比例するからである．したがって，同じ断面積の棒の場合 (hw が同じ場合)，このようなたわみに対する強さは h に比例する．そこで，同じ材木でも置き方でたわみに対する強さが変わり (図 10.10)，貼り合わせて合板にすると貼り合わせる枚数の 2 乗に比例して強くなる (図 10.11)．

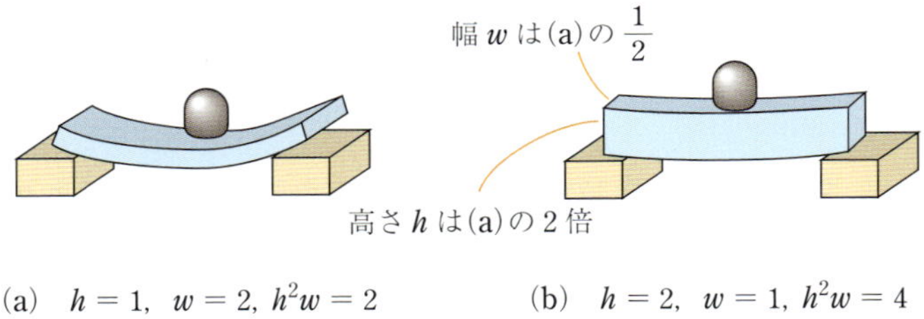

図 10.10　(b) は (a) の 2 倍の強さである．

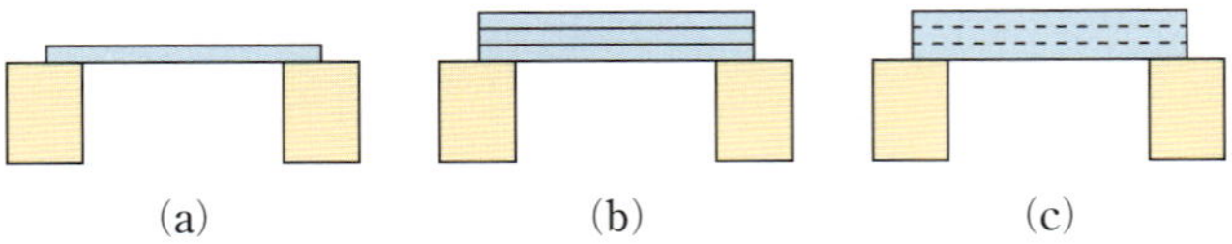

図 10.11　(a) 1 枚の板．(b) 3 枚の板を重ねると強さは 3 倍になる．(c) 3 枚の板を貼り合わせて合板にすると，強さは 9 倍になる．

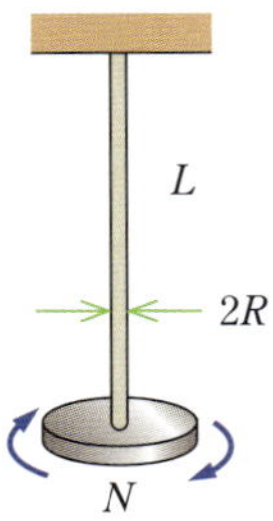

図 10.12

円柱のねじれ　半径 R，長さ L の細い針金の上端を固定して鉛直に吊し，下端におもりを固定して，おもりに力のモーメントが N の偶力を作用させてねじるとき (図 10.12)，針金の下端のねじれの角 θ は

$$\theta = \frac{2LN}{\pi G R^4} \tag{10.8}$$

であることが計算によって導かれる．この事実は，ずれ弾性率 G の測定に使われる．

演習問題10

A

1. 同じ力をもつ2人の人間が1本のロープを引き合ったとき，ロープが切れた．これと同じロープの一端を壁に固定し，もう一方の端を引っ張ってロープを切ろうとするとき，この人間と同じ力をもつ人が何人必要か．
2. 長さ1m，直径0.2mmの鋼鉄製の針金に1kgのおもりを吊すと，針金はどれだけ伸びるか．ヤング率は 2×10^{11} Paである．
3. 1辺の長さが30cmのゼラチンの立方体の各面に図1のように0.1kgf（0.1×9.8 N $=0.98$ N）の力を加えたら，立方体の面が平行に1.0cmずれた．
   (1) ずれの角 θ はどれだけか．
   (2) ずれの応力はどれだけか．
   (3) このゼラチンのずれ弾性率を求めよ．

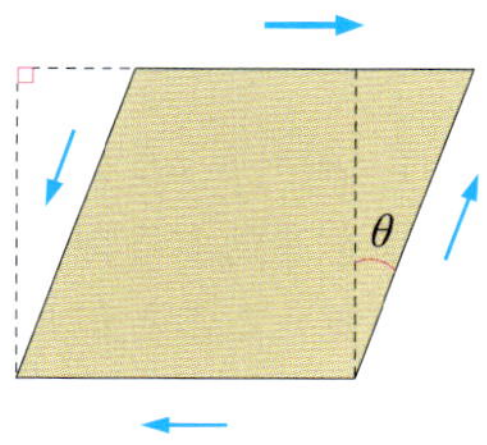

図1

4. 人間の大腿骨は 1.6×10^8 Pa以上の圧力，1.2×10^8 Pa以上の張力で破断する．ヤング率は張力の場合 1.7×10^{10} Pa，圧力の場合 0.9×10^{10} Paである．
   (1) 大人の大腿骨のもっとも細い部分の断面積を $6\,\mathrm{cm}^2$ として，大腿骨を破断する張力の大きさを計算し，kgfで表せ．
   (2) 破断するまでにどのくらい伸びるか．
5. 直径20cmの鋼鉄製の球を深さ10 000mの海底に沈めると，球の直径 D はどれだけ変わるか．体積弾性率は 1.7×10^{11} Paである．直径が ΔD 増加すると，体積の増加 ΔV は $\dfrac{\Delta V}{V}\approx3\dfrac{\Delta D}{D}$ という関係を満すことを使え．

B

1. 長さ L，断面積 A，ヤング率 E の一様な棒に力を作用して ΔL だけ伸ばしたときに，棒に蓄えられるエネルギーはいくらか（力のした仕事 W を計算せよ）．
2. 弾性体の1方向に張力を作用して伸ばすと，横方向に縮む．横方向の長さが変わらないようにして，弾性体を1方向に引っ張る場合の伸び弾性率は
$$k+\frac{4}{3}G=\frac{(1-\sigma)E}{(1+\sigma)(1-2\sigma)}$$
であることを示せ．(10.6)式を使え．
3. 1辺の長さが L の立方体のすべての面に一様な圧力 p を作用して体積弾性率に対する関係式 $k=\dfrac{E}{3(1-2\sigma)}$ を導け．
4. 図2を参考にして $G=\dfrac{E}{2(1+\sigma)}$ を導け．

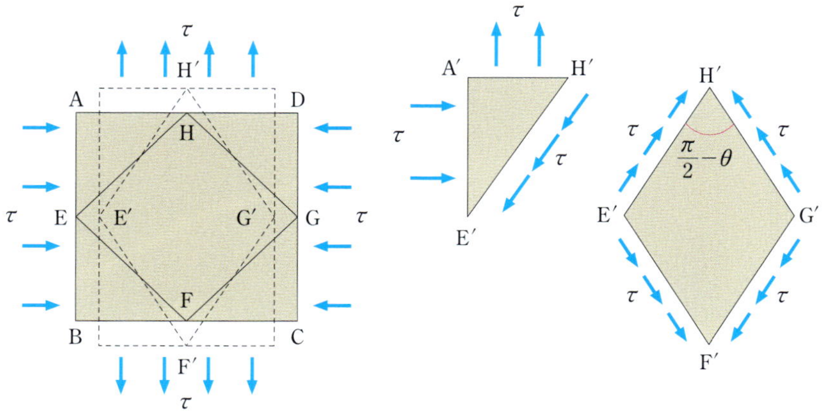

図2　立方体ABCDの変形

流体の力学

空気や水のような気体や液体は，一定の形をもたず，容器の形に応じて自由に変形するので，まとめて**流体**とよぶ．日常生活で経験する運動は，空気中や水中で起こるので，流体は身近な存在であるが，多くの人が気づいていない事実もある．たとえば，天気予報に気圧という言葉が出てくる．気圧は，空気が作用する圧力というベクトル量に結びついているが，実はスカラー量である．

この章では，まず静止流体中の圧力を学び，ベルヌーイの法則と運動する流体中の圧力を学ぶ．次に，流体中を運動する物体に作用する揚力と抵抗力を学ぶ．流体は運動中に温度を変えることがあるが，この章では流体の温度が一定の場合を考える．

風洞室で車のまわりの空気の流れを調べている．

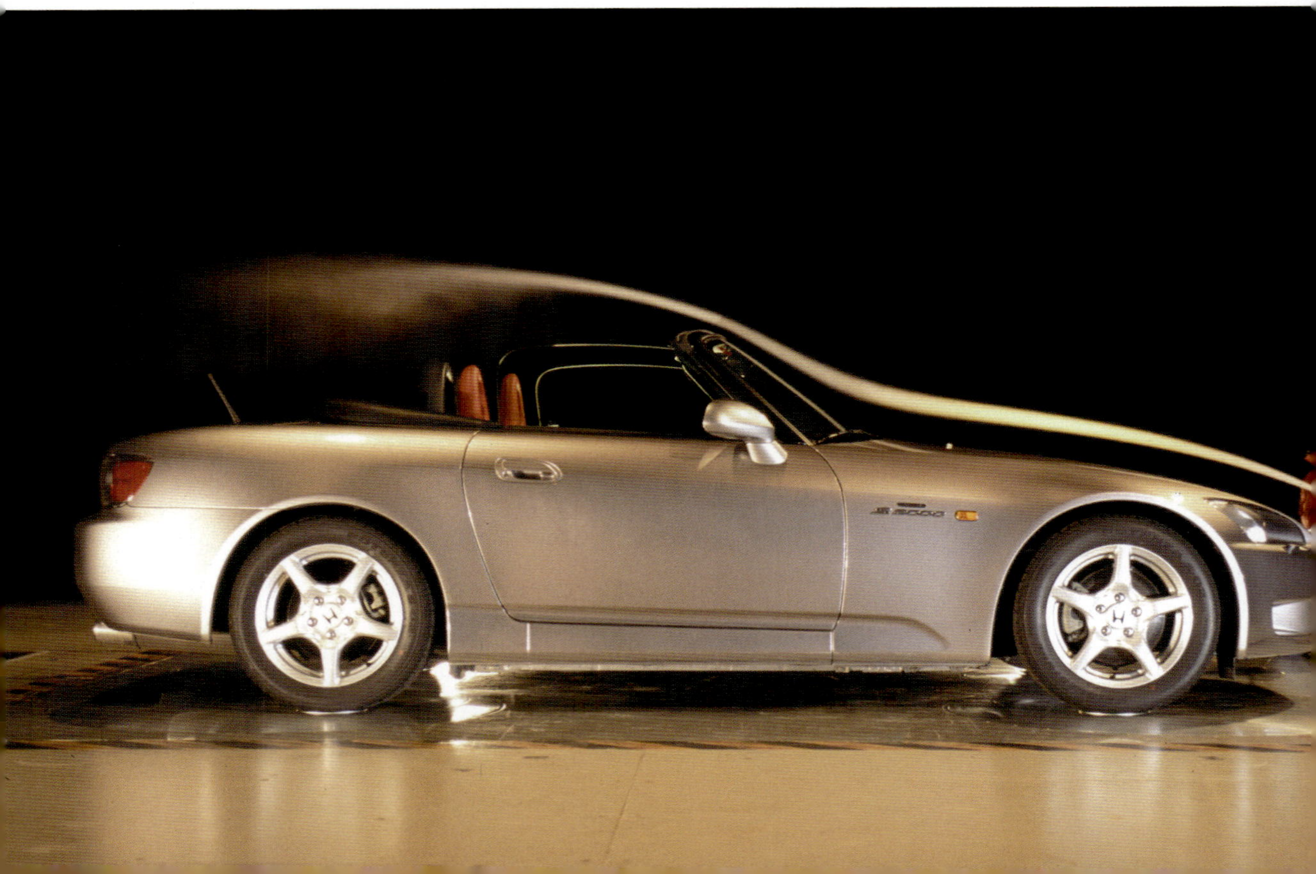

流体が自由に変形する性質を前章で学んだ応力という言葉を使うと，

静止状態の流体では，応力は考える面に垂直な圧力である

と表現される．静止流体中のある面に平行な接線応力が存在すれば，この面に沿った流れが生じることになり，矛盾が生じるからである．

運動流体中では，応力は考えている面に平行な成分をもてる．たとえば，ティーカップの中の紅茶をスプーンでかきまぜると，紅茶はティーカップの中でぐるぐる回り始める．スプーンを紅茶の外に取り出すと，紅茶の回転速度は徐々に小さくなり，やがて静止する．現実の流体では，隣り合う部分が異なる速度をもつ場合には，速度差をなくそうとする接線方向の応力が作用するためである．速度差があれば接線応力を生じる性質を流体の**粘性**とよぶ．分子間に作用する力のために一般の流体には粘性があるが，粘性のない仮想的な流体を**完全流体**とよぶ．水や空気などは粘性が小さいので，多くの場合に完全流体として扱ってよい．

図 11.1　ミルクを入れた紅茶

11.1　静止流体中の圧力

学習目標　静止流体中の圧力は静水圧とよばれる高さで決まるスカラー量で記述されることを理解する．浮力のアルキメデスの原理を理解する．

地面に大きな石を置くと，石は地面に大きな力を作用するが，横の空気に大きな力を作用することはない．ところが，地面の上に水を蓄えようとすると，水槽を設置してその中に水を入れる必要がある．水槽の中の水は水槽の底に力を作用するが，水槽の側面にも力を作用する．水の中に潜ると皮膚は水の圧力を感じる．同じ点では皮膚をどの方向に向けても圧力は同じ大きさである．つまり，静止流体には次の性質がある．

静止流体中の任意の点を通る1つの面を考えるとき，この面についての応力はつねに面に垂直な圧力で，しかも同一の点では考える面の向きによらず等しい値をもつ．

この応力をその点の**静水圧**という．静水圧はスカラー量である．

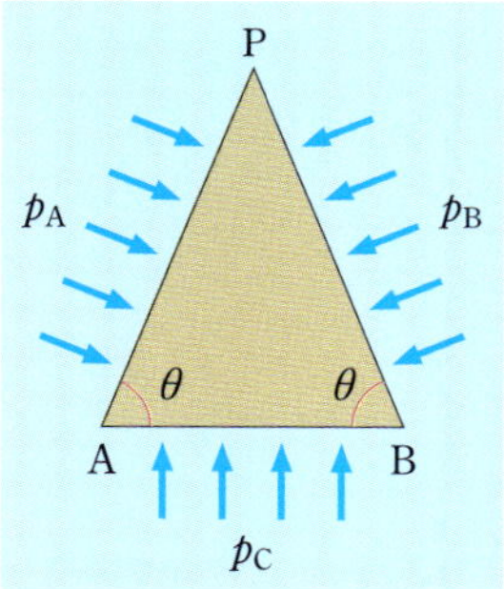

図 11.2　二等辺三角柱 PAB のつり合い

$\overline{PA}\ p_A \sin\theta = \overline{PB}\ p_B \sin\theta$

$\therefore\ p_A = p_B$

$2\overline{PA}\ p_A \cos\theta = \overline{AB}\ p_C$

$\therefore\ p_A = p_C$

流体中の同一の点では面の向きによらず圧力が一定という性質は，図 11.2 の小さな二等辺三角柱の 3 つの長方形に作用する圧力のつり合いから導かれる．どのような向きの面に作用する圧力も水平な面に作用する圧力（図の p_C）に等しいことが示されるからである．この三角柱には重力も作用するが，重力は体積に比例する．小さな物体の場合，体積に比例する重力は表面積に比例する圧力に比べて無視できる．

静水圧と高さの関係　図 11.3 のように，静止流体中の高さ h，底面積 A の円柱の部分を考える．この円柱内の流体は静止しているので，この円柱内の流体に作用する力はつり合っている．側面に作用する力の

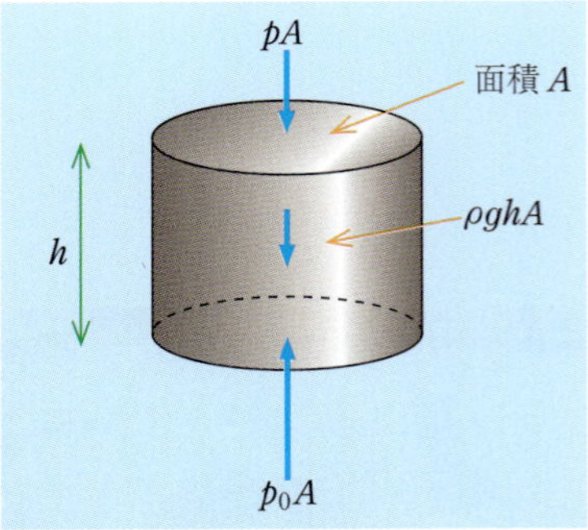

図 11.3　高さ h とともに圧力 p は減少する．

$$p = p_0 - \rho gh$$

＊「面に作用する力」＝「静水圧」×「面積」

つり合いから，同じ高さでの流体の静水圧は等しいことがわかる（円柱でなく角柱を使う方がわかりやすい）．この円柱の上面での静水圧を p，下面での静水圧を p_0 とすると，円柱の面積 A の上面に下向きに作用する力の大きさは pA，下面に上向きに作用する力の大きさは p_0A である＊．流体の密度 ρ は一定とすると，体積 hA，質量 ρhA の流体に作用する重力は ρghA なので，つり合いの条件 $pA+\rho ghA-p_0A=0$ から

$$p = p_0 - \rho gh \qquad (p+\rho gh = \text{一定，密度}\ \rho\ \text{は一定の場合}) \tag{11.1}$$

という，非圧縮性流体とよばれる圧縮を無視できる流体に対する静水圧と高さの関係が導かれる．したがって，

静止流体中の静水圧は高さとともに減少していくが，同じ高さでは等しい

ことがわかる．

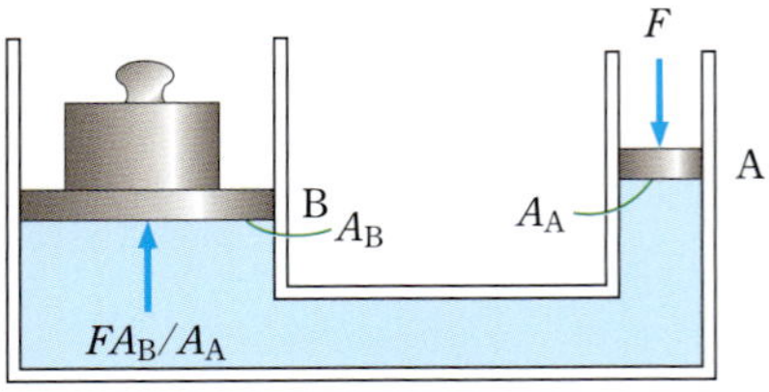

図 11.4　水圧ジャッキ

パスカルの原理

(11.1) 式から密閉した容器の中で静止している非圧縮性流体の 1 点の圧力（静水圧）をある大きさだけ増すと，流体内のすべての点の圧力は同じ大きさだけ増加することが導かれる．この事実はパスカルが 1653 年に発見したので，**パスカルの原理**という．

パスカルの原理はいろいろな機械に応用されている．たとえば，図 11.4 の水圧ジャッキでは，面積 A_A の小さな面 A を力 F で押すと，流体の圧力は $\dfrac{F}{A_A}$ 増加するので，面積 A_B の大きな面 B には力

$$\frac{F}{A_A}\times A_B = F\frac{A_B}{A_A}$$

が作用する．A_B を A_A よりはるかに大きくすれば，$F\dfrac{A_B}{A_A}$ は F よりもはるかに大きくできるので，面 A にそれほど大きな力を加えなくても，面 B の上の重い物を持ち上げられる．自動車のブレーキペダルを足で踏むと，足の圧力は車輪とともに回転しているドラムにシュー（またはディスクにパッド）を密着させるが，このときペダルを踏む力をブレーキに伝えるのに油圧が利用されている．

問 1　潜水夫が潜水すると，肺の中の空気の圧力は身体をおす海水の圧力と同じになることを説明せよ．

図 11.5　死海．ヨルダンとイスラエルの境界にある湖の死海は塩分を多く含み，密度 $\rho = 1.17\ \mathrm{g/cm^3}$ なので浮力が大きく，人間や卵は沈まない．

浮力とアルキメデスの原理

プールに入ると，体が軽く感じられる．木片を水の中に入れると浮く．石を水の中に入れると底に沈むが，石を水の中で持ち上げる場合は，空気の中で持ち上げる場合よりも軽い．流体の内部にある物体の表面には流体からの圧力が作用する．圧力は深いほど大きいので，流体の中の物体に作用する圧力の合力は上向きになる（図 11.3 参照）．この上向きの合力を**浮力**という．浮力は物体のところにあった流体に作用する重力とつり合っていたので，

流体中の物体に作用する浮力の大きさはその物体が押しのけた流体に作用する重力の大きさに等しい．

これをアルキメデスの原理という．紀元前 220 年頃シシリー島のシラクサでアルキメデスが発見したからである．

11.2 ベルヌーイの法則

学習目標　連続方程式とベルヌーイの法則を理解し，簡単な応用問題が解けるようになる．

定常流　完全流体は粘性がなく接線応力が作用しないので，流体が運動している場合でも，任意の点での圧力は面の方向によらず等しい値をとる．流体の速度や密度は一般に時間とともに変化するが，各点での流体の速度と密度が時間とともに変わらない流れを**定常流**という．この流れの中にインクを点々とたらすとインクが流れて何本もの線ができる．このような流れを表す線を**流線**という．流線とは，その上の各点の速度ベクトルが接線方向を向く，向きのある曲線である．

定常流の中に閉じた曲線を考え，この閉曲線を通るすべての流線の群を考えると，1 つの管ができる．これを**流管**という．

図 11.6　墨流し．かき混ぜると流体が動き，墨汁や顔料が模様をつくる．

連続方程式　細い流管の 2 つの垂直な断面 A と B を考え，断面積を A_A, A_B とする (図 11.7)．流体の A での密度を ρ_A，速さを v_A とし，B での密度を ρ_B，速さを v_B とする．そうすると，微小時間 Δt に断面 A を通過する流体の体積は $A_A v_A \Delta t$ で質量は $\rho_A A_A v_A \Delta t$ であり，断面 B を通過する流体の体積は $A_B v_B \Delta t$ で質量は $\rho_B A_B v_B \Delta t$ である．2 つの断面 A と B の間で流体が湧き出したり吸い込まれたりすることがなければ，入ってくる質量と出ていく質量は同じなので，

$$\rho_A A_A v_A \Delta t = \rho_B A_B v_B \Delta t \quad \text{つまり} \quad \rho_A A_A v_A = \rho_B A_B v_B$$

という関係がある．すなわち 1 本の流管に沿って，すべての断面で

$$\rho A v = \text{一定} \tag{11.2}$$

という関係がある．この関係を流体の**連続方程式**という．

非圧縮性流体では，密度 ρ は一定なので，1 本の流管に沿ってすべての断面で

$$A v = \text{一定} \quad (\text{非圧縮性流体}) \tag{11.3}$$

である (図 11.8)．この関係も流体の連続方程式という．

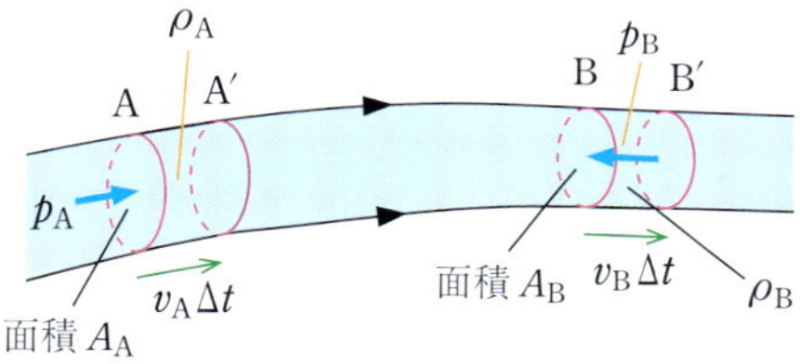

図 11.7　連続方程式
$\rho_A A_A v_A = \rho_B A_B v_B$

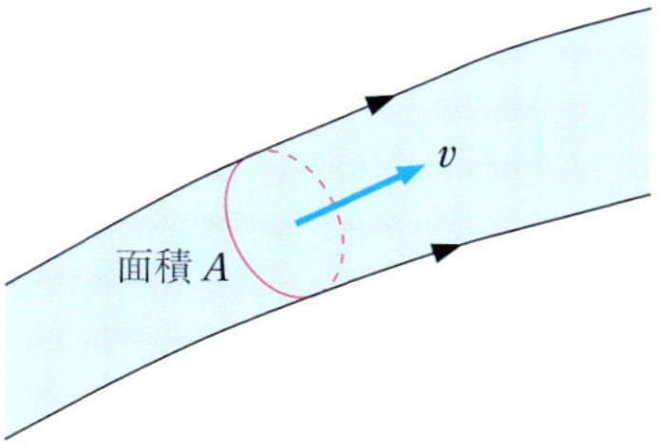

図 11.8　連続方程式　Av = 一定

ベルヌーイの法則　非圧縮性完全流体の定常流を考える．すなわち，

(1)　流体の密度は一定で変化しない．

(2)　流体内には粘性力が作用しない．すなわち，流体内で摩擦による力学的エネルギーの損失はない．

(3)　あらゆる点で流体の速度は時間的に一定で，流線は時間的に変化しない（**11.4** 節で説明する乱流は起こらない）.

このような条件のもとで，流体が移動するときにされる仕事は力学的エネルギーの増加分に等しいという原理［(5.45) 式］を適用すると，非圧縮性完全流体の定常流の 1 本の流線上のすべての点に対して（図 11.9），

$$p+\frac{1}{2}\rho v^2+\rho gh = 一定 \tag{11.4}$$

という関係が成り立つ．これを**ベルヌーイの法則**という．任意の 1 本の流線上の圧力 p は高さ h が高いほど，また流速 v が大きいほど小さい．

ベルヌーイの法則を静止流体に適用すると，(11.4) 式で $v=0$ とおけばよいので，(11.1) 式が得られる．

次にベルヌーイの法則の適用例を示す．

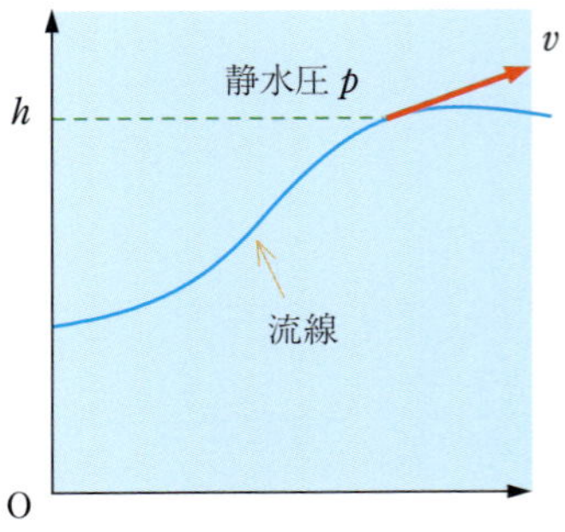

図 11.9　ベルヌーイの法則
$p+\frac{1}{2}\rho v^2+\rho gh = 一定$

例 1　トリチェリの法則　深さ h の水槽の底の近くにある小さな孔から流れ出る水の流出量が少なく水面の降下速度が小さいときは，流れは定常流と見なせるので，ベルヌーイの法則が使える（図 11.10）．大気圧を p_0，水の流出速度を v とすると，ベルヌーイの法則から水面と孔での次の関係が導かれる．

$$p_0+\rho gh = p_0+\frac{1}{2}\rho v^2 \tag{11.5}$$

$$\therefore\quad v=\sqrt{2gh} \tag{11.6}$$

水面が下がり h が小さくなると，水の流出速度 v は減少する．

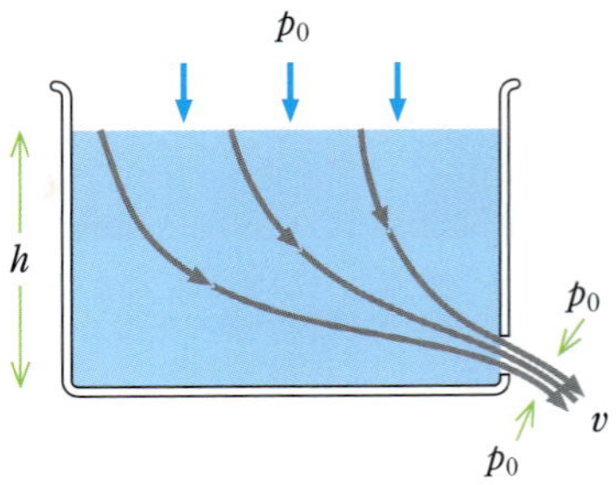

図 11.10　トリチェリの法則
$v=\sqrt{2gh}$

例 2　ベンチュリ管　密度 ρ の非圧縮性流体が流れている図 11.11 に示すベンチュリ管では，流れの高さ h が一定なので，ベルヌーイの法則は

$$p_A+\frac{\rho v_A{}^2}{2} = p_B+\frac{\rho v_B{}^2}{2} \tag{11.7}$$

となり，連続方程式は

$$A_A v_A = A_B v_B \tag{11.8}$$

である．断面積が小さく流れの速い A では圧力 p_A は低く，断面積が大きく流れの遅い B では圧力 p_B は高い．(11.8) 式を (11.7) 式に代入して，v_B あるいは v_A を消去すると，

$$p_B-p_A = \rho v_A{}^2\frac{A_B{}^2-A_A{}^2}{2A_B{}^2} = \rho v_B{}^2\frac{A_B{}^2-A_A{}^2}{2A_A{}^2} \tag{11.9}$$

が得られる．(11.1) 式を利用すると，2 点 A, B での圧力差は，液体柱の高さの差 y_B-y_A から

$$p_B-p_A = \rho g(y_B-y_A) \tag{11.10}$$

と決められる．(11.9) 式を使うと，流体の速度が求められる．

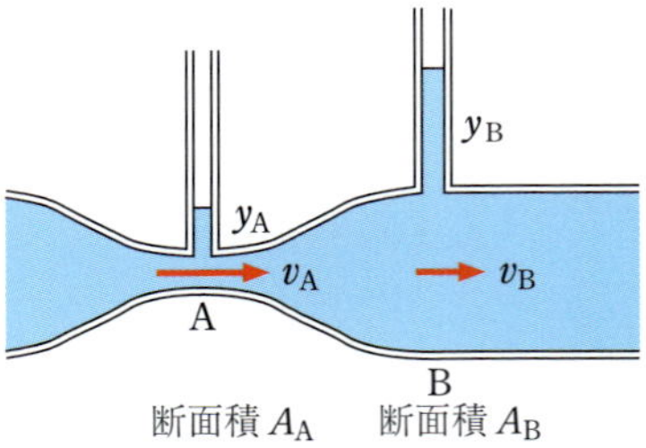

図 11.11　ベンチュリ管

参考　ベルヌーイの法則 (11.4) の証明

図 11.7 の流管の AB 間の流体が A′B′ 間に移動するときに周囲の流体からされる仕事は，A で $p_A A_A v_A \Delta t$，B で $-p_B A_B v_B \Delta t$ である．流管の形は時間的に不変なので側面は動かず，側面に作用する圧力は仕事をしない．流体の運動エネルギーの増加は，質量が $\rho A_B v_B \Delta t$ の BB′ の部分と質量が $\rho A_A v_A \Delta t$ の AA′ の部分の運動エネルギーの差の $\frac{1}{2}\rho v_B{}^2 A_B v_B \Delta t - \frac{1}{2}\rho v_A{}^2 A_A v_A \Delta t$ で，面 A の高さを h_A，面 B の高さを h_B とすると重力ポテンシャルエネルギーの増加は BB′ での増加と AA′ での減少による $\rho g h_B A_B v_B \Delta t - \rho g h_A A_A v_A \Delta t$ である．したがって，力学的エネルギーと仕事の関係 (5.45) 式から導かれる

$$\frac{1}{2}\rho v_B{}^2 A_B v_B \Delta t - \frac{1}{2}\rho v_A{}^2 A_A v_A \Delta t + \rho g h_B A_B v_B \Delta t - \rho g h_A A_A v_A \Delta t = p_A A_A v_A \Delta t - p_B A_B v_B \Delta t \tag{11.11}$$

に連続方程式 $v_A A_A = v_B A_B$ を使って整理すると，

$$p_A + \frac{1}{2}\rho v_A{}^2 + \rho g h_A = p_B + \frac{1}{2}\rho v_B{}^2 + \rho g h_B \tag{11.12}$$

が導かれる．

11.3 揚　　力

学習目標　揚力の発生機構のあらましを理解する．

飛行機が一定の速さで水平飛行するとき，操縦士が機外を見ると，前方からやってくる空気の流れは時間的に一定な流れである．前方からやや上昇しながらやってきた気流は，主翼を過ぎるとやや下降気味に流れる (図 11.12)．この空気の流れは，前方からくる一様で水平な流れと主翼のまわりを時計回りに循環する流れが重なった流れである．したがって，翼の上の気流は翼の下の気流より速い．そこで，ベルヌーイの法則によって，翼の下面を上向きにおす空気の圧力 $p_{下}$ が，翼の上面を下向きにおす空気の圧力 $p_{上}$ より大きい．これが主翼に作用する**揚力**である．

揚力の原因である翼のまわりを循環する気流はなぜ流れるのだろうか．滑走路で動き始めた飛行機の翼のまわりの気流は，翼の後端 T の近くの背面の点 S によどみ点 (速度が 0 の点) がある循環のない流れである [図 11.13 (a)]．離陸するために滑走路で加速すると，流れは後端 T を回り込めず [図 11.13 (b)]，反時計回りの渦になってはがれて後方に離れ，よどみ点 S は後退し，後端まできたとき気流は定常的になる．したがって揚力の原因である，翼のまわりを時計回りに流れる循環気流は，離陸するときに，翼の後端で生じる渦とペアで発生したものである [図 11.13 (c)]．逆向きに回る渦 (出発渦) は滑走路付近に残してきた

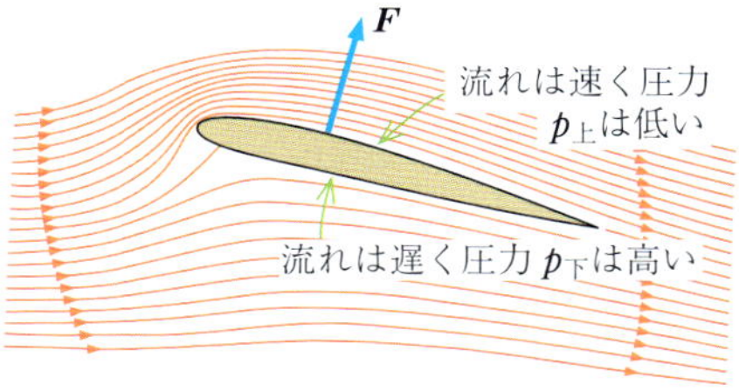

図 11.12　操縦士が見る気流は，前方からくる一様で水平な流れに，主翼のまわりを時計回りに循環する気流が重ね合わさった流れ．流体が翼に作用する力 F の鉛直上向き成分が揚力 F_L．

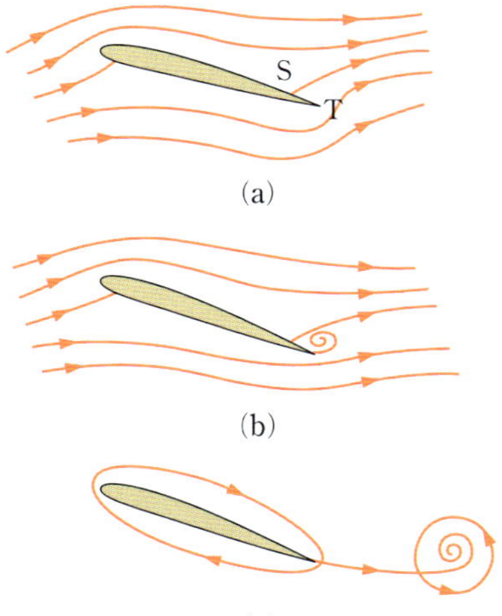

図 11.13　渦とペアで翼のまわりに循環気流が生じる．

が，空気の粘性によって消滅する．

翼に作用する揚力 F_L は，翼の上下での圧力差 $p_下 - p_上$ によって生じるので，翼の上面と下面の面積をどちらも A とすれば，

$$F_L = (p_下 - p_上)A = \frac{1}{2}\rho({v_上}^2 - {v_下}^2)A \tag{11.13}$$

となることが図 11.12 の定常流にベルヌーイの法則を使うと導かれる．翼の上と下での気流の速さ $v_上$ と $v_下$ の両方とも遠方での気流の速さ（翼の速さ）v に比例すると考えられるので，揚力の大きさは

$$F_L = \frac{1}{2}C\rho A v^2 \tag{11.14}$$

と表される．比例定数 C は**揚力定数**とよばれ，翼の形と迎え角（進行方向に対する翼の傾きの角）α に関係する．迎え角 α が小さい間は，揚力定数は α にほぼ比例するが，迎え角が大きくなると，翼の背後に渦が生じ，揚力は減少し，抵抗が急に増加して失速する．

図 11.14　プロペラ機

問 2　低速のプロペラ機の方が高速のジェット機よりも翼の面積と質量の比が大きい．なぜか．

11.4　粘性抵抗と慣性抵抗

学習目標　粘性力を理解し，流体中を運動する物体に作用する流体の抵抗力には粘性抵抗と慣性抵抗があることとその原因を理解する．

粘性力　流れの速さは一般に場所によって違う．図 11.15 に示すように，x 軸に平行な流れの速さ v が高さ y とともに変わっているとする．$\frac{dv}{dy}$ は速度勾配である．この流れの中の任意の 1 点を通り流れに平行な平面を考えると，面の上の部分と下の部分の間に，面に平行な接線応力が速度勾配を減らし速度が一様になるように作用する．この接線応力を**粘性力**とよぶ．単位面積あたりの粘性力を τ とすると，水，空気，油などの低分子（分子量の小さな分子）の流体の場合，実験によれば

$$\tau = \eta\frac{dv}{dy} \tag{11.15}$$

という比例関係が成り立つ．比例係数 η は物質によって決まる定数で，その物質の**粘度**（あるいは**粘性係数**）という．粘度の単位は $N\cdot s/m^2 = Pa\cdot s$ である．いくつかの物質の粘度を表 11.1 に示す．

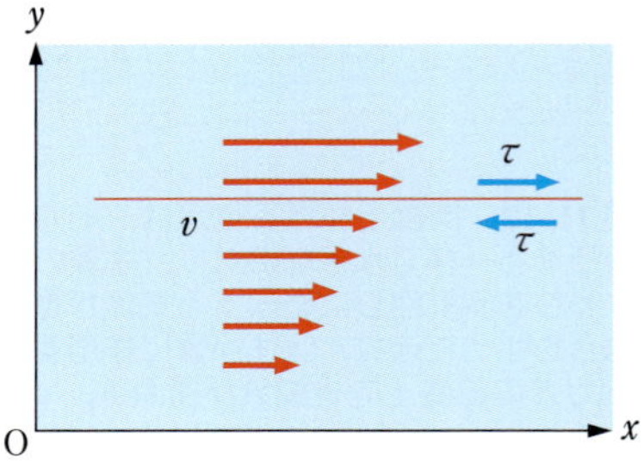

図 11.15　粘性力 $\tau = \eta\frac{dv}{dy}$．流れの速い上の部分は流れの遅い下の部分に右向きの力，流れの遅い下の部分は流れの速い上の部分に左向きの力を作用する．

粘度の単位　$N\cdot s/m^2 = Pa\cdot s$

表 11.1　いくつかの物質の粘度 ［Pa·s］

空　　気	1.82×10^{-5}
二酸化炭素	1.47×10^{-5}
水	1.002×10^{-3}
水銀	1.56×10^{-3}
エタノール	1.197×10^{-3}
グリセリン	1.495×10^{3}

（20 °C，1 気圧）

粘性力の行う仕事が流体の力学的エネルギーの変化に比べて無視できない場合には，ベルヌーイの法則は適用できない．

粘性の 1 つの性質として**滑りなしの条件**がある．これは，流体と固体の接触面では，流体は固体と同じ速度で運動する，すなわち，固体の表面とそこに接触している流体の相対速度は 0 であるという実験事実である．このため，管のなめらかな壁が何で作られていても，その中を流れる流体の粘性的な振る舞いには何の違いも生じないことになる．

例 3 水平な床の上の厚さ Δy が 1 mm の空気のクッションの上を速さが 1 m/s で等速直線運動している底面積 A が 500 cm^2 のエア・トラックに作用する粘性力の大きさ F を計算する．空気の粘度 η は 1.8×10^{-5} Pa·s なので，

$$F = \tau A = \eta \frac{\Delta v}{\Delta y} A$$
$$= (1.8\times10^{-5}\ \mathrm{Pa\cdot s})\times\frac{1\ \mathrm{m/s}}{10^{-3}\ \mathrm{m}}\times(0.05\ \mathrm{m^2})$$
$$= 9\times10^{-4}\ \mathrm{Pa\cdot m^2} = 9\times10^{-4}\ \mathrm{N}$$

ハーゲン-ポアズイユの法則　粘性のある流体の流れている内径 R，長さ L の水平な円管の両端 A, B に圧力 p_A, p_B ($p_A > p_B$) が加わっているとき，管を A から B の向きに，単位時間に流れる流体の体積 Q は

$$Q = \frac{\pi R^4}{8\eta L}(p_A - p_B) \tag{11.16}$$

である（図 11.16）．これをハーゲン-ポアズイユの法則という．この法則を利用して粘度 η を実験的に求められる．(11.16) 式は水道管や血管の中の層流に対して成り立つ．

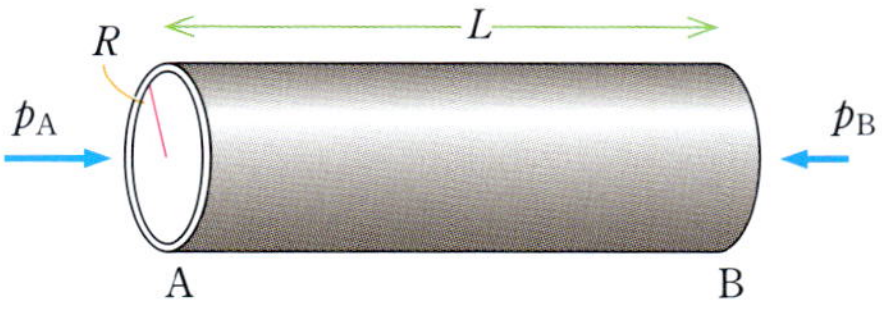

図 11.16 ハーゲン-ポアズイユの法則
$Q = \dfrac{\pi R^4}{8\eta L}(p_A - p_B)$

粘性抵抗　粘性流体中で小さな速さ v で運動している長さ L の物体を考える（長さとは半径，対角線などの物体の代表的な長さである）．滑べりなしの条件のために，物体の表面とそこに接触している流体の相対速度は 0 である．したがって，流体中を物体が運動する場合には，物体は表面付近の流体を引きずるので，流体中に速度勾配が生じ，粘性力が作用して，物体の運動を止めようとする．これを**粘性抵抗**とよぶ．

粘性抵抗 F は「流体の粘度 η」×「速度勾配」×「物体の表面積」に比例する．相似形の物体の表面積は L^2 に比例し，速度勾配は $\dfrac{v}{L}$ に比例すると考えられるので，粘性抵抗は

$$F \propto \eta \frac{v}{L} L^2 = \eta v L \tag{11.17}$$

となる．詳しい計算の結果，半径 r の球状の物体が粘度 η の流体の中を速さ v で動くときの粘性抵抗 F は

$$F = 6\pi\eta r v \tag{11.18}$$

である．これを**ストークスの法則**とよぶ．この法則は物体が流体の中をきわめてゆっくり運動するときに適用できる．

慣性抵抗　物体の速さ v が大きくなると事情は変わる．滑りなしの条件のために，物体の表面付近の流体には速度勾配の非常に大きな部分ができる．この部分は薄い層になっているので**境界層**とよばれる．境界層の外側では速度勾配が小さいので完全流体としてよい．物体とともに移

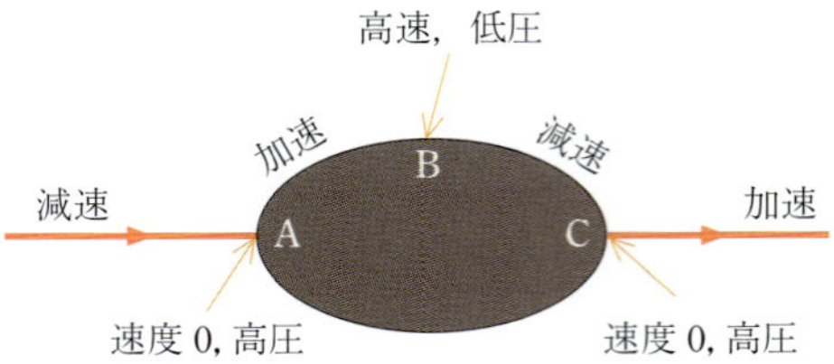

図 11.17　物体のまわりの完全流体の流れ

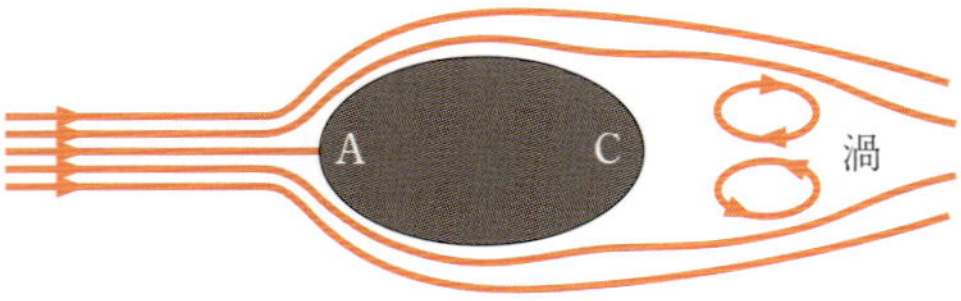

図 11.18　渦の生成．速度勾配がきわめて大きい境界層の内部の流体は回転しているので，境界層がはがれると角運動量の保存によって渦が生じる．

動する座標系で見たまわりの完全流体の流れを考える（図 11.17）．減速して物体の最前部 A で速さが 0 になった流体は物体の肩の部分を通る間に加速され，点 B で速さが最大になり，ふたたび減速されて物体の最後部 C で速さが 0 になる．しかし，実際の流体では，流体の速さ v が大きくなると粘性のために流れは減速して，最後部 C に達する前に流れの速さは 0 になり（失速），境界層は物体の表面からはがれ，物体の後部には渦ができる（図 11.18）．

渦ができた物体後部での流体の圧力は，物体から遠く離れた場所での圧力 p_∞ とだいたい等しい．遠方での流体は速さ v で流れているのに対し，物体の前面の点 A での流速は 0 なので，ベルヌーイの法則によって，点 A での圧力 $p = p_\infty + \frac{1}{2}\rho v^2$ である．したがって，密度 ρ の流体中を速さ v で運動する断面積 A の物体に作用する流体の抵抗は

$$F = \frac{1}{2}C\rho v^2 A \tag{11.19}$$

と表される．抵抗係数 C は球の場合，約 0.5 である．この抵抗を**慣性抵抗**あるいは圧力抵抗という．

肩から最後部にかけての圧力上昇の割合をゆるやかにして，境界層をはがれにくくし，慣性抵抗が減るようにした形を**流線形**という．

図 11.19　カルマン渦

層流と乱流　流れには，層流とよばれるなめらかで規則正しい流れと，乱流とよばれる乱調で不規則な流れの 2 種類がある．層流では，流体粒子はなめらかで規則的な軌道を描いて下流に動き，異なる流体層の間で混合はあまり起こらない．乱流では，流体の平均的な下流方向への運動に不規則で乱雑な運動が重なり，異なる平均流線の間で運動量の交換が行われる．

力学的相似則とレイノルズ数　相似形の物体が流体から受ける抵抗を考えよう．流れが遅いときには大きさが $\eta v L$ に比例する粘性抵抗が効き，流れは層流である．流れが速くなると大きさが $\rho v^2 L^2$ に比例する慣性抵抗が効き，流れは乱流となる．そこで慣性抵抗と粘性抵抗の比

$$Re = \frac{\rho v^2 L^2}{\eta v L} = \frac{\rho v L}{\eta} \tag{11.20}$$

は流れのようすを特徴づける数で，この比が同じならば流れ方が同じだろうと考えられる．これを**力学的相似則**という．この比 Re は無次元の

数で**レイノルズ数**とよばれる．層流から乱流への移行は $Re \approx 3000$ 程度で起こる．船や飛行機の模型実験は，実物の場合とレイノルズ数が同じになるようにして行う．

演習問題11

A

1. 質量 1 t の自動車の 4 つのタイヤの圧力が 2 気圧であるとき，各タイヤの地面との接触面積はいくらか(この場合，タイヤの空気の圧力は実際には 3 気圧である)．
2. 1 atm，0 °C での空気とヘリウムの密度は 1.29 kg/m^3 と 0.178 kg/m^3 である．容積 1 m^3，質量 200 g の気球にヘリウムを詰めると，気球が持ち上げられる質量はいくらか．気温は 0 °C とせよ．
3. ビニール管を水で満たし，両端を閉じ，一端を水の入ったタンクの水面下 0.20 m のところに置き，他端をタンクの外側で水中の端よりも 0.30 m だけ下のところに置いた．両端を開いたとき，管から外へ流れ出す水の速さはいくらか(この管をサイフォン管とよぶことがある)．
4. 細い部分の半径が 1 cm，太い部分の半径が 3 cm のベンチュリ管がある．太い部分での水の速さが 0.2 m/s のとき，(1) 細い部分での速さ，(2) 圧力降下を計算せよ．
5. 1654 年にマグデブルク市長だったゲーリッケはマグデブルグで，直径 40 cm の 2 つの銅の中空の半球のふちをぴったりと重なるようにして，半球を合わせた中空の球の内部から空気を抜き取り，この球を両側から各 8 頭の馬で引かせる実験を行い，2 つの半球を引き離せないことを示した．2 つの半球を引き離すには両側から 1300 kgf 以上の力で引かなければならないことを示せ．
6. トラックの真後ろを自転車で走るとき，流体力学的に見て有利な点はあるか．
7. トップスピンをかけて左方へ投げられたボールは空気から下向きの力を受けることを，ボールと同じ速度で運動する観測者が見た図 1 を利用して説明せよ．流体中を回転しながら進む物体には流れの方向に垂直な力が作用する．これを**マグヌス効果**という．

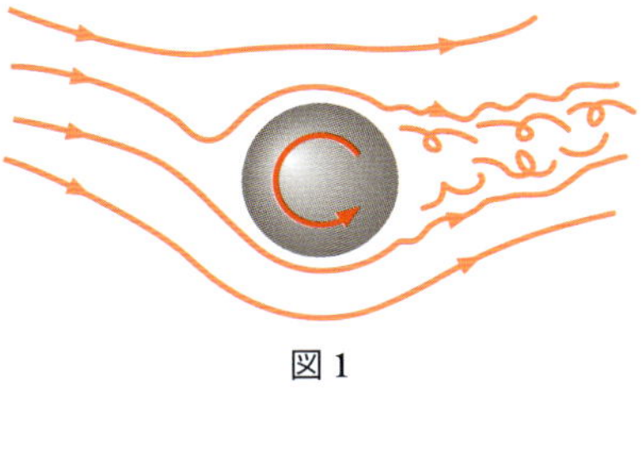

図 1

B

1. 潜水艦が海底で土や砂の上に着地すると，自分自身では浮上できなくなることがある．その原因は何か．
2. 図 2 は航空機の速さの測定に使われるピトー管である．小さな孔 B のすぐ外側での流速が航空機の速さ u に等しいと考えると，$u = \sqrt{\dfrac{2\rho_0 gh}{\rho_{\text{air}}}}$ であることを示せ．ρ_0 は U 字管内の液体の密度である．

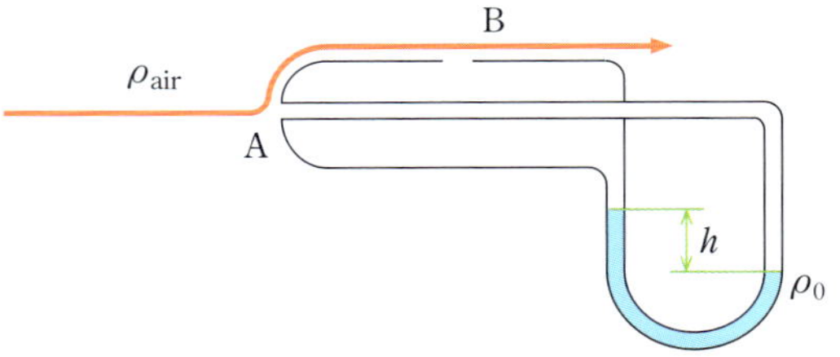

図 2

3. 底面積が A の円筒型のタンクの底に面積 S の小孔があいている．このタンクに深さ H の水が入っているとき，水が排水されるまでの時間は $T = \sqrt{\dfrac{2H}{g}}\dfrac{A}{S}$ であることを示せ．
4. 前問のタンクをからっぽの状態にして，底の小孔に栓をして給水蛇口から一定の割合で水を入れると 20 分で満杯になった．満杯状態のタンクの底の孔の栓を抜くと 10 分で空になる．給水しながら栓を抜くと何分で満杯のタンクは空になるか．
5. 空気中で大きな鉄球と小さな鉄球を同じ高さから同時に自由落下させると，2 つの鉄球はほぼ同時に地面に到着する．この 2 つの鉄球を海面から同時に自由落下させると，2 つの鉄球は同時に海底に届くだろうか．
6. 水の中に手を差し込んでもそれほど抵抗は感じない．しかし飛行機が海に墜落するときには，海水は硬いという．同じ水でも，速さの違いで対応する性質が違うのはなぜか．

波　　動

静かな水面に石を投げ込むと，水面は振動し始める．水面の振動は，石の落ちた点を中心とする同心円の波紋になって周囲に広がっていく．このように，連続体のある場所（波源）に生じた振動がその周囲の部分での振動を引き起こし，次々と隣の部分に振動が伝わっていく現象を波動あるいは波という．

水の波の場合の水のように，波を伝える性質をもつものを媒質という．波が媒質を伝わるときに，媒質の各部分はもともとの位置の近くで振動するが，媒質が波といっしょに移動することはない．しかし，媒質の振動とともにエネルギーが伝わっていく．

本章では媒質の力学的振動の伝搬としての波を学ぶ．

12.1 波 の 性 質

学習目標 縦波と横波の違いを理解する．振動数，波長，周期，速さなどの波を表す量とその関係を説明できるようになり，波の三角関数による表し方を理解する．

縦波と横波 長いひもを水平にして一端を固定し，他端をひもに垂直な方向に往復運動させると，ひもの端に生じた振動は，次々に隣の部分へ速さ v で伝わっていく（図 12.1）．このように，媒質（ひも）の振動方向が波の進行方向に垂直であるとき，この波を横波という．

長いつる巻きばねの一端を固定し，他端をばねの方向に往復運動させると，ばねの中を振動が速さ v で伝わっていく（図 12.2）．このように，波の進行方向と媒質（ばね）の振動方向が一致するとき，この波を縦波という．縦波では，媒質のまばらな（疎な）ところと媒質のつまった（密な）ところが生じ，媒質の疎密な状態が伝わっていくので，縦波を**疎密波**ともいう．

バイオリンの弦を伝わる波，地震のＳ波（初期微動の後にくる主要動とよばれる振動の波）などは横波で，音波，地震のＰ波（初期微動の波）などは縦波である．

縦波は，媒質の圧縮と膨張の変化の伝搬なので，固体，液体，気体のすべての中を伝わる．横波の伝搬には隣り合う部分の間での接線応力が必要である．横波は固体の中を伝わるが，流体（気体，液体）の中には接線応力がないので，横波は流体の中を伝われない．

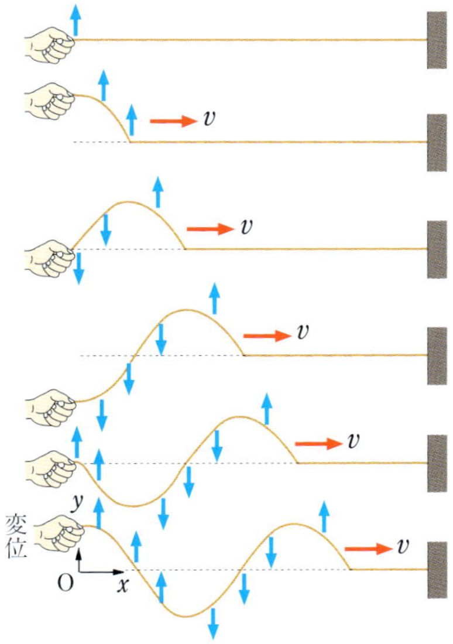

図 12.1 ひもを伝わる波（横波）．

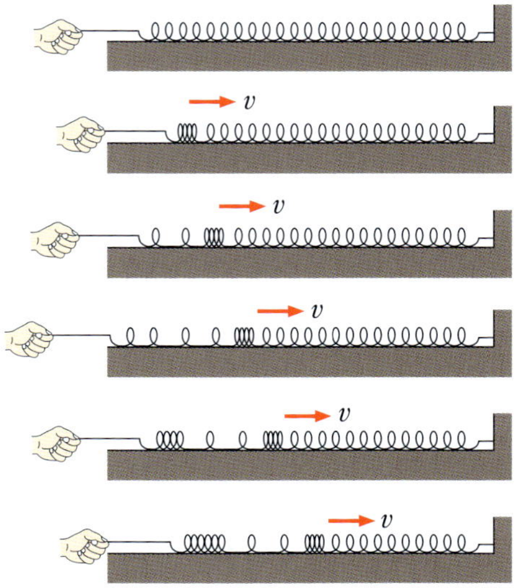

図 12.2 つる巻きばねを伝わる波（縦波）．

波の速さ 波の速さは，媒質の変形をもとに戻そうとする復元力と，変形が変化するのを妨げようとする慣性つまり媒質の密度で決まる．波

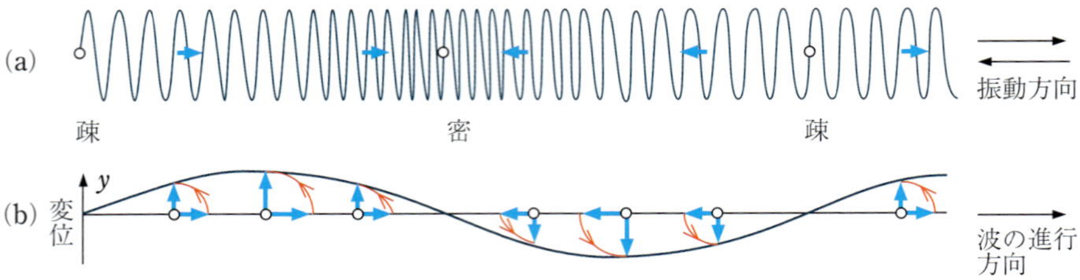

図 12.3　つる巻きばねを伝わる縦波の表現. (a) ある時刻での媒質の変位 (矢印は変位を示す). (b) 縦波の波形 (媒質が密なところも疎なところも媒質の変位が 0 であることに注意).

の速さは復元力が大きいほど大きく，密度が小さいほど大きい.

波の表し方　波を表すには，横軸に媒質のもともとの位置，縦軸に媒質の変位を選べばよい. 縦波を表すには，図 12.3 に示すように，媒質の変位の方向を 90° 回転させ，変位が波の進行方向に垂直になるようにすればよい (この場合，右方向への変位を正の変位として表している).

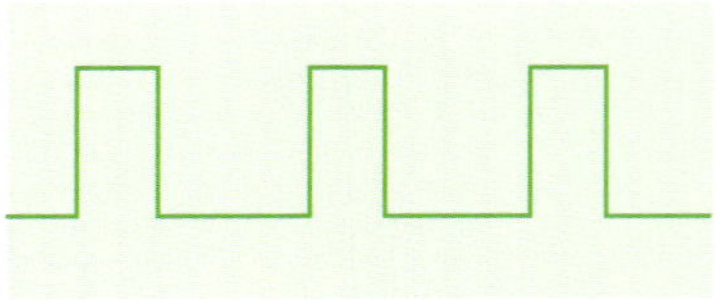

図 12.4　パルスの列

波形　図 12.3 (b) のように，ある時刻 t での，媒質の各点の変位を連ねた曲線を**波形**という. 波形のもっとも高いところを**山**，もっとも低いところを**谷**という. 波形が正弦 (サイン) 曲線の場合，この波を**正弦波**という. 媒質の変位の最大値を波の**振幅**という. 波形が山ひとつの場合のように孤立した波を**パルス**という (図 12.4).

波の性質を表す量　波の列をつくるためには波源が連続的に振動しなければならない. 波源が 1 秒間に f 回振動すると，媒質のすべての点も次々に 1 秒間に f 回振動する. 単位時間あたりの振動回数 f を波の**振動数**または**周波数**とよぶ. 振動数の単位は 1/s でこれを**ヘルツ** (記号 Hz) という.

振動数，周波数の単位
1/s = Hz

媒質の各点が 1 振動する時間 T

$$T = \frac{1}{f} \tag{12.1}$$

を波の**周期**とよぶ.

波源の 1 回の振動でつくられる山と谷ひと組の波の長さ λ を**波長**という.

波源が 1 秒間に f 回振動すると，長さ λ の山と谷の組が f 個発生する. したがって，1 秒間に発生する波の長さは λf である. これは山または谷が 1 秒間に進む距離なので，**波の速さ**である. そこで波の速さ v，波長 λ，振動数 f，周期 T の間には次の関係がある.

$$v = \lambda f = \frac{\lambda}{T} \tag{12.2}$$

正弦波の式　図 12.1 で，ひもの左端の振動の中心を原点 O とし，右向きを x 軸の正の向きにとる. ひもの左端 (波源) を y 軸に沿って振幅 A，振動数 $f = \dfrac{\omega}{2\pi}$，周期 T の単振動

$$y = A\sin\omega t = A\sin 2\pi ft = A\sin\frac{2\pi t}{T} \tag{12.3}$$

をさせる（ω を角振動数という）．

波源 O が振動し始めると，ひもの各部分も次々に同じ振動数 f で振動し始める．波の速さを v とすると，波源から距離 x の点 P まで波が伝わる時間は $\dfrac{x}{v}$ なので，点 P の時刻 t での変位 y は時間 $\dfrac{x}{v}$ だけ前の時刻 $t-\dfrac{x}{v}$ における波源の変位に等しい．すなわち，ひもの各点の変位 y と時刻 t の関係は

$$y = A\sin\omega\left(t-\frac{x}{v}\right) = A\sin 2\pi f\left(t-\frac{x}{v}\right) \tag{12.4}$$

である．(12.1)，(12.2) 式を使うと，(12.4) 式は

$$y = A\sin 2\pi\left(\frac{t}{T}-\frac{x}{\lambda}\right) \tag{12.5}$$

と表される．$2\pi\left(\dfrac{t}{T}-\dfrac{x}{\lambda}\right)$ を時刻 t，位置 x での波の**位相**という*．

図 12.5 に時刻 $t=0$，$\dfrac{1}{4}T$，$\dfrac{1}{2}T$，$\dfrac{3}{4}T$，T における波形（正弦曲線）を示した．(12.5) 式を $x=$ 一定で，t の関数と考えると，この式は点 P が波源に比べて時間 $\dfrac{x}{v}$ だけ遅れた単振動をすることを示す．また，(12.5) 式を $t=$ 一定で，x の関数と考えると，この式は時刻 t での波形を表す．すなわち，波源が単振動すると正弦波が生じる．

* 波の位相は，周期的変化をする波の状態が波の周期のどこにあるかを示す．2 つの波が同じときに同じ動きをするとき，2 つの波は同位相であるという．2 つの波が同じときにまったく逆の動きをするとき，2 つの波は逆位相であるという．

サイン関数 $\sin x$ は周期 2π の周期関数 $[\sin(x+2\pi)=\sin x]$ なので，位相が 2π の整数倍（n を整数として $2n\pi$）だけ異なっている場合は同位相で，位相が $(2n+1)\pi$ だけ異なっている場合は逆位相である．

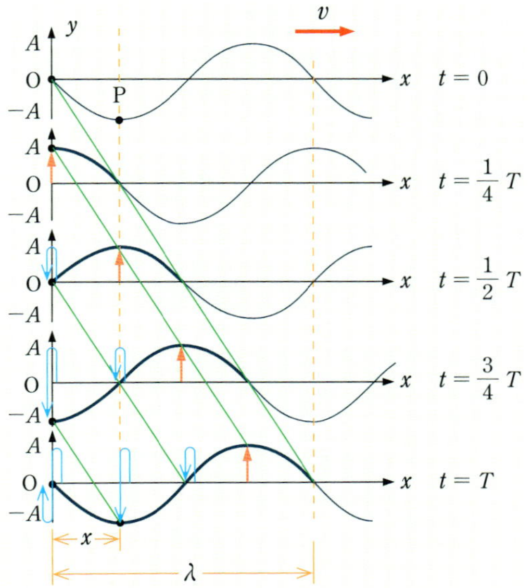

図 12.5　正弦波の伝わるようす

波のエネルギー　波が伝わると静止していた媒質が振動し始め，媒質の運動エネルギーと変形によるポテンシャルエネルギーが生じる．波は

媒質の振動の移動であるが，エネルギーの移動でもある．波の進行方向に垂直な単位面積を単位時間に通過するエネルギー I を波の強さという．単位は $\mathrm{W/m^2}$ である．

波の強さの単位　$\mathrm{W/m^2}$

波の伝搬に伴って，媒質の各点の運動エネルギーと媒質の変位の勾配を復元する力のポテンシャルエネルギーは同期して周期的に変化するので，各点での波の強さは一定ではない*1．密度 ρ の媒質の中を伝わる振幅 A，振動数 f，速さ v の正弦波の強さは，時間的に平均すると，

$$I = 2\pi^2 f^2 A^2 \rho v = \frac{1}{2}\omega^2 A^2 \rho v \qquad (\omega = 2\pi f) \tag{12.6}$$

である*2．波の強さは振幅の2乗と振動数の2乗の積に比例する．

波のエネルギーが媒質に吸収される場合には，波の振幅は減少する．

*1　図12.3が表す波動の場合，媒質が密なところと疎なところでは媒質の速さと変位の勾配が最大なので，運動エネルギーもポテンシャルエネルギーも最大であり波の強さも最大である．これに対して変位の大きさが最大のところでは，媒質の速さも媒質の変位の勾配もゼロなので，運動エネルギーもポテンシャルエネルギーも波の強さもゼロである．

波の強さの周期的変化は，外力 F が媒質に対して波源で行う仕事率 Fv の周期的変化によって生じる（v は波源の速さ）．

*2　おもりの質量が m のばね振り子の力学的エネルギーの式

$$\frac{1}{2}m\omega^2 A^2 \tag{5.44}$$

の m に ρv を代入せよ．

12.2　波動方程式と波の速さ

学習目標　波の伝わり方は(12.5)式の $y(x, t)$ のような媒質の変位を表す関数で記述されること，この関数のしたがう運動方程式が波動方程式であること，波動方程式を導くと波の速さが求まることを理解する．

弦を伝わる横波の波動方程式と速さ　長さ L，線密度（単位長さあたりの質量）μ の弦が x 軸に沿って張力 S で張ってある（図12.6）．この弦の2点 x と $x+\Delta x$ の間の長さ Δx の微小部分（質量 $\mu\,\Delta x$）に対するニュートンの運動方程式を導こう．弦の各点の振動方向は弦に垂直なので，これを y 方向とすると，弦の変位は $y(x, t)$ と表される．したがって，弦の加速度は，x を一定に保って，$y(x, t)$ を t で2度微分（つまり偏微分）したものである．これを $\dfrac{\partial^2 y}{\partial t^2}$ と記す．弦の微小部分の「質量」×「加速度」は

$$\mu\,\Delta x \frac{\partial^2 y}{\partial t^2} \tag{12.7}$$

である（∂ はデルあるいはラウンドディーと読む）．

曲線 $y = y(x)$ の点 x での接線の勾配は $\dfrac{\mathrm{d}y}{\mathrm{d}x}$ なので，点 x での弦の勾配は，$y(x, t)$ を，t を一定に保ったまま，x で微分（偏微分）した

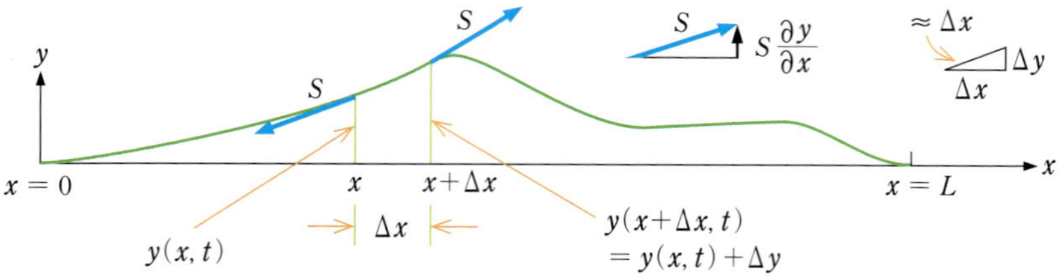

図12.6

$\dfrac{\partial y(x,t)}{\partial x}$ である．勾配が小さく $\sin\theta \approx \tan\theta$ の場合を考えると，弦の張力 $\boldsymbol{S}$ の y 成分は $S\dfrac{\partial y}{\partial x}$ となる．したがって，弦の微小部分に両側から作用する張力の合力の y 成分は

$$S\frac{\partial y}{\partial x}(x+\Delta x,t)-S\frac{\partial y}{\partial x}(x,t) \tag{12.8}$$

である．

$$\frac{\partial y}{\partial x}(x+\Delta x,t)=\frac{\partial y}{\partial x}(x,t)+\Delta x\frac{\partial^2 y(x,t)}{\partial x^2}+O((\Delta x)^2)$$

を利用すると*，微小部分に作用する y 軸方向の合力は

$$S\,\Delta x\frac{\partial^2 y}{\partial x^2} \tag{12.9}$$

である．したがって，(12.7) 式と (12.9) 式から，微小部分の運動方程式は

$$\frac{\partial^2 y}{\partial x^2}=\frac{1}{v^2}\frac{\partial^2 y}{\partial t^2}\qquad\left(v=\sqrt{\frac{S}{\mu}}\right) \tag{12.10}$$

となる．これを弦の**波動方程式**という．

波動方程式 (12.10) の一般解は，f と g を2つの任意関数として，

$$y(x,t)=f(x-vt)+g(x+vt) \tag{12.11}$$

と表せる．これが解であることは

$$\frac{\partial f(x-vt)}{\partial x}=f'(x-vt),\qquad \frac{\partial f(x-vt)}{\partial t}=-vf'(x-vt) \tag{12.12}$$

という性質を利用すれば確かめられる．ただし，$f'(u)=\dfrac{\mathrm{d}f(u)}{\mathrm{d}u}$ である．解 (12.11) は，時刻 $t=0$ における波形 $f(x)$ と $g(x)$ の波が，速さ

$$v=\sqrt{\frac{S}{\mu}}\qquad\text{(弦を伝わる横波の速さ)} \tag{12.13}$$

で x 軸の正の向きと負の向きにそれぞれ進んでいることを表している．

問1　図 12.8 のように長さ 4 m，質量 0.3 kg のゴムひもに 1 kg のおもりで張力が加えてある．このゴムひもを伝わる横波の速さを計算せよ．

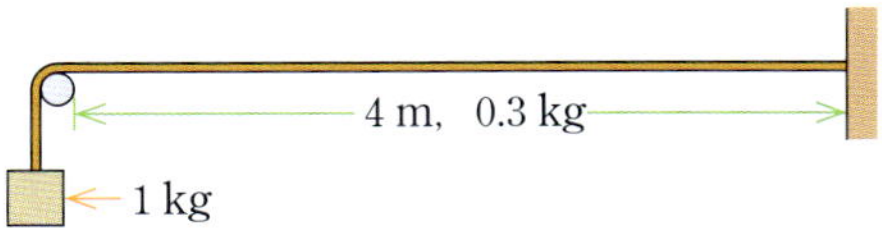

図 12.8

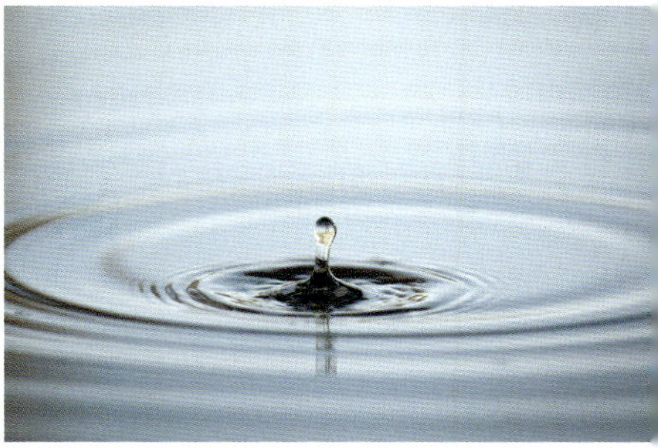
図 12.7　水面にできた波紋．

*　$O((\Delta x)^2)$ は，$\Delta x\to 0$ で $(\Delta x)^2$ に比例して減少する量であることを意味する．

弾性体の棒を伝わる縦波の波動方程式と速さ　図 12.9 のように，一端を固定した弾性体の棒（密度 ρ，断面積 A）の固定していない方の端を金槌で棒の方向にたたくと弾性体の中を縦波が伝わる．

棒の方向を x 方向とし，静止しているとき点 x にある棒の部分の変位

(a)

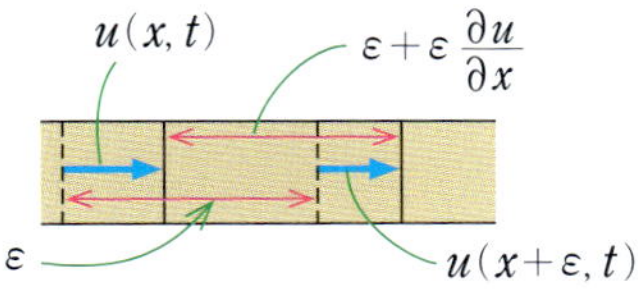

(b)

図 12.9　棒に縦波を発生させる．

を $u(x, t)$ と表す．静止しているときに両端が x と $x+\varepsilon$ の部分（長さ ε）の伸びは

$$u(x+\varepsilon, t)-u(x, t) \approx \varepsilon \frac{\partial u}{\partial x}(x, t) \tag{12.14}$$

である［図 12.9(b)］．したがって，弾性体のヤング率を E とすると，点 x を含む断面を通して両側の部分が及ぼし合う弾力 $F(x, t)$ は，(10.1) 式を使うと，

$$F(x, t) = AE\frac{\Delta L}{L} = AE\frac{1}{\varepsilon}\left[\varepsilon\frac{\partial u}{\partial x}(x, t)\right] = AE\frac{\partial u}{\partial x}(x, t) \tag{12.15}$$

であることがわかる．

したがって，静止しているときに両端が x と $x+\Delta x$ にある長さが Δx，質量が $\rho\,\Delta x\,A$ の部分の運動方程式から，密度 ρ の弾性体の棒を伝わる縦波の波動方程式と波の速さ v が次のように導かれる．

$$\rho\,\Delta x\,A\frac{\partial^2 u}{\partial t^2} = F(x+\Delta x, t)-F(x, t)$$

$$= AE\left[\frac{\partial u}{\partial x}(x+\Delta x, t)-\frac{\partial u}{\partial x}(x, t)\right] = AE\,\Delta x\frac{\partial^2 u}{\partial x^2}$$

$$\therefore\quad \frac{\partial^2 u}{\partial x^2} = \frac{1}{v^2}\frac{\partial^2 u}{\partial t^2} \tag{12.16}$$

$$v = \sqrt{\frac{E}{\rho}} \tag{12.17}$$

弾性体の棒を伝わる横波の速さ　この場合は縦波のヤング率 E をずれ弾性率 G で置き換えればよい．

$$v = \sqrt{\frac{G}{\rho}} \quad (\text{横波}) \tag{12.18}$$

(10.6) 式から $E > G$ なので，縦波の方が横波よりも速く伝わる．

無限に広い弾性体を伝わる波の速さ　弾性体の中では変形と応力の状態は波動として伝搬する．これを**弾性波**という．弾性波の中で簡単なものは，波の進行方向に垂直な平面内の変形と応力の状態がすべて同じ場合である．これを平面波という．縦波の速さは，棒を伝わる縦波と同じようにして求められる．棒の場合には縦方向の圧縮と膨張に伴いポアッソン比に対応する横方向の膨張と圧縮が起こるが，無限に広い弾性体では横方向の膨張と圧縮は起こらない．したがって，(12.17) 式の中のヤング率の代わりに，横方向の変形が起きないとしたときの伸び弾性率 $\dfrac{1-\sigma}{(1+\sigma)(1-2\sigma)}E = k+\dfrac{4}{3}G$ を使えばよい（演習問題 10 の B2 参照）．したがって，密度 ρ の無限に大きな弾性体を伝わる縦波の速さは

$$v_{\text{縦波}} = \sqrt{\frac{1-\sigma}{(1+\sigma)(1-2\sigma)}}\sqrt{\frac{E}{\rho}} \tag{12.19}$$

である．

横波の速さは同じ弾性体の棒を伝わる横波の速さと同じである．

$$v_{\text{横波}} = \sqrt{\frac{G}{\rho}} = \frac{1}{\sqrt{2(1+\sigma)}}\sqrt{\frac{E}{\rho}} \quad (\therefore \quad v_{\text{縦波}} > v_{\text{横波}}) \tag{12.20}$$

12.3 波の重ね合わせの原理と干渉

学習目標 波の重ね合わせの原理と波の干渉を理解する．

静かな池の水面に石を2個同時に投げ込むと，図12.11のように石の落ちた2点A, Bから同心円状の波が出ていく．2つの波が出会うので，図12.11のような縞模様ができる．2つの波が同時にきたときの媒質の変位は，それらの波が単独にきたときの媒質の変位を合成したものになるからである．つまり，2つの波 $y_1(\boldsymbol{r}, t)$，$y_2(\boldsymbol{r}, t)$ が波動方程式(12.10)の解である場合，2つの波を合成した

$$y(\boldsymbol{r}, t) = y_1(\boldsymbol{r}, t) + y_2(\boldsymbol{r}, t) \tag{12.21}$$

も波動方程式(12.10)の解である．これを**波の重ね合わせの原理**という．波の振幅が小さい間は重ね合わせの原理はよく成り立つ*．波の振幅が小さいとは，たとえば，弾性体の中を伝わる波の場合には弾性体の変形が比例限界以下というようなことを意味する．

2つ以上の波が出会うとき，合成波はそれらの波を重ね合わせたものになり，強め合ったり弱め合ったりする現象を**波の干渉**という．

図 12.10　2つの波の干渉

* 重ね合わせの原理にしたがわない波動を非線形波動という．非線形波動として，ソリトンとよばれる安定なパルス状の孤立波や衝撃波がある．

例1 図12.11で点A, Bからある点までの距離を l_1, l_2，波長を λ とする．点Pのように，距離 l_1, l_2 の差が半波長の偶数倍（波長の整数倍）

$$|l_1 - l_2| = \frac{\lambda}{2}\cdot 2n = n\lambda \quad (n = 0, 1, 2, \cdots) \tag{12.22}$$

のところでは，山と山，谷と谷というように，2つの波の位相が同じなので，振幅が1つの波の振幅の2倍の大きさの振動をする．

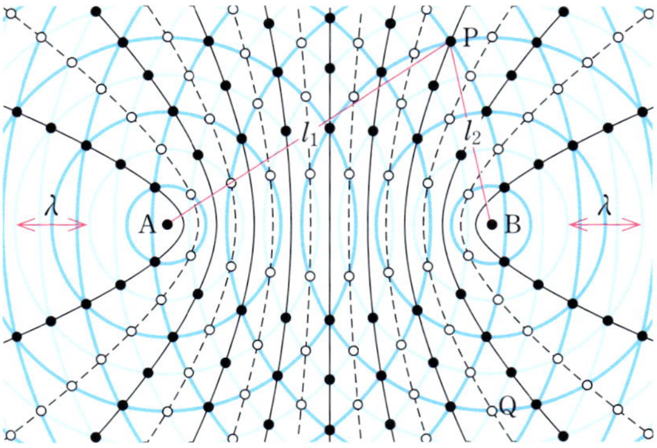

図 12.11　水面波の干渉

点Qのように，距離 l_1, l_2 の差が半波長の奇数倍

$$|l_1-l_2| = \frac{\lambda}{2}(2n+1) \qquad (n = 0, 1, 2, \cdots) \qquad (12.23)$$

のところでは，山と谷，谷と山というように，2つの波の変位はつねに打ち消し合うので振動しない．この場合，2つの波の位相は逆であるという．

図 12.12　海岸の波

12.4 波の反射と屈折

学習目標　波が媒質の境界にやってきて，境界で反射したり境界を透過して屈折したりする際の，反射の法則と屈折の法則を理解する．

波面　空間を波が伝わるとき，波の位相が同じ点を連ねてできる面を**波面**という．波面が平面の波を**平面波**，球面の波を**球面波**という．波面は波の速さ v で伝わる．波面の各点での波の進行方向は波面に垂直である．

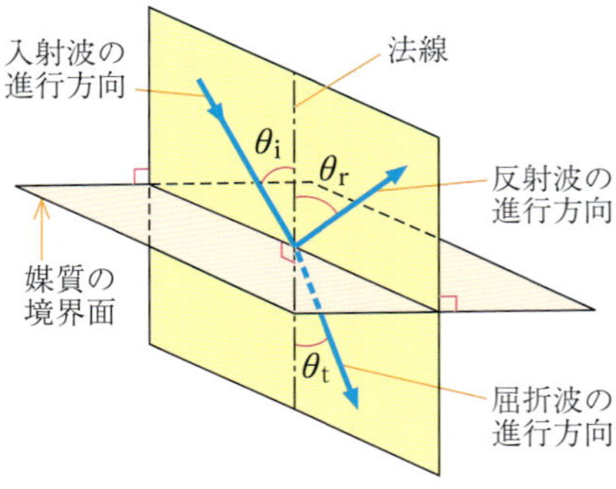

図 12.13　反射と屈折

反射の法則　プールの水面を伝わる波は，プールのふちにあたると反射する．境界面（プールのふち）に入射する波（入射波）と反射する波（反射波）の振動数，速さ，波長は等しい．入射波の進行方向と境界面に垂直な直線（法線）のなす角 θ_i を**入射角**といい，反射波の進行方向と境界面の法線のなす角 θ_r を**反射角**という（図 12.13）．波の反射では**反射の法則**が成り立つ．

$$入射角\ \theta_i = 反射角\ \theta_r \qquad (12.24)$$

屈折の法則　海岸の砂浜に向かって遠くから斜めに寄せてくる波は，岸に近づくと波面が海岸線に平行になってくる．海面を進む波は水深 (h) が浅くなるほど遅く進むからである（波長 $\lambda > h$ の場合 $v \approx \sqrt{gh}$，g は重力加速度）．このように，波が速さの違うところへ進むときに，波の進行方向が変化する現象を**波の屈折**という．

一般に波が2種類の媒質の境界面に入射すると，一部分は境界面で反射されるが，残りは境界面を透過する．透過するときには波は屈折する．屈折の際に振動数は変化しない．したがって，波長は波の速さに比例する．屈折した波（屈折波）の進行方向と境界面の法線のなす角 θ_t を**屈折角**という．波が媒質1（波の速さ v_1，波長 λ_1）から媒質2（波の速さ v_2，波長 λ_2）へ屈折して進むとき，次の**屈折の法則**が成り立つ（図 12.14）．

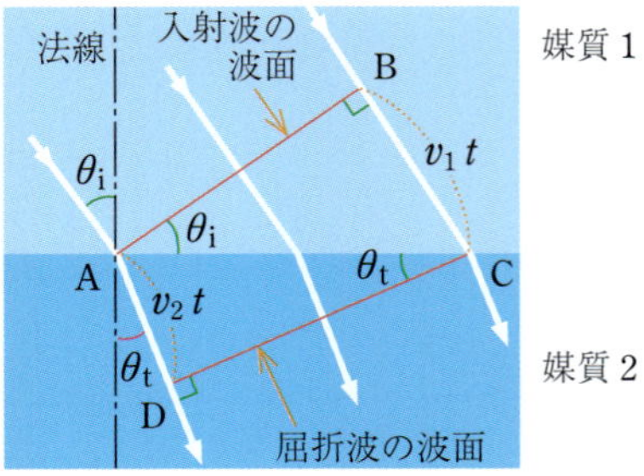

図 12.14　屈折の法則

$v_1 t = \overline{BC} = \overline{AC}\sin\theta_i$

$v_2 t = \overline{AD} = \overline{AC}\sin\theta_t$

$\therefore\ \dfrac{\sin\theta_i}{\sin\theta_t} = \dfrac{v_1}{v_2}$

$$\frac{\sin\theta_i}{\sin\theta_t} = \frac{v_1}{v_2} = \frac{\lambda_1}{\lambda_2} = n_{1\to2} \quad （一定） \qquad (12.25)$$

定数 $n_{1\to2}$ を**媒質1に対する媒質2の屈折率（相対屈折率）**という．

$$n_{1\to2} = \frac{1}{n_{2\to1}} \qquad (12.26)$$

である．

問 2　媒質 1 から媒質 2 ($n_{1\to2} = 1.41$) へ，波が入射角 $\theta_i = 45°$ で入射した．屈折角 θ_t はいくらか．

回折　音波は物の陰にも伝わる．海面の波は防波堤の陰に回り込む．波の進路に障害物があるときには，波は直進せず，直進すれば陰になる場所に波が回り込む（図 12.15）．この現象を**回折**という．回折現象は，波長が障害物や隙間の大きさとほぼ同じかそれより長い場合に著しい．

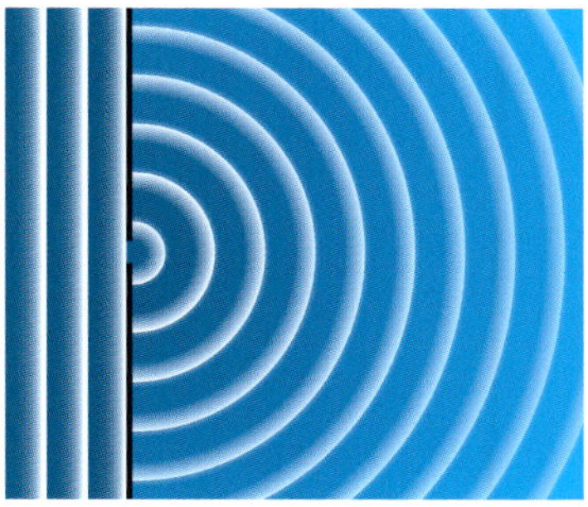

図 12.15　波の回折

12.5 定　在　波

学習目標　定在波ができる仕組みを理解する．

反射波の位相　波が媒質の境界面にくると，入射波のエネルギーの一部は反射されて反射波のエネルギーになり，残りは境界面で吸収されたり，あるいは境界面を通り過ぎていく．図 12.1 の弦の右端のように媒質が境界面で固定されている場合（**固定端**）と，図 12.9 の棒の左端のように媒質が境界面で振動方向に自由に振動できる場合（**自由端**）には，入射波のエネルギーは完全に反射される．したがって，これらの場合には，入射波と反射波の振幅は等しい．

(1)　固定端での反射　固定端における媒質の変位は 0 である．図 12.16 (a) のように，媒質の固定端に速さ v の入射波が届いて，固定端が媒質から力を受けると，媒質は固定端から逆向きで同じ大きさの力（反作用）を受ける．そのため，入射波と逆向きで速さ v の反射波が発生する．媒質の端に向かう波（入射波）と反射波は重ね合わせの原理にしたがう．入射波を $y_I(vt-x)$，反射波を $y_R(vt+x)$ とすると，合成波は $y(x,t) = y_I(vt-x)+y_R(vt+x)$ である．固定端を $x=0$ とすると，固定端では変位 $y(0,t)=0$ なので，$y_I(vt) = -y_R(vt)$ を満たす．したがって，反射波は次のように表される．

$$y_R(vt+x) = -y_I(vt+x) \qquad (12.27)$$

固定端による反射波は，図 12.16 (a)に示すように入射波が固定端を越

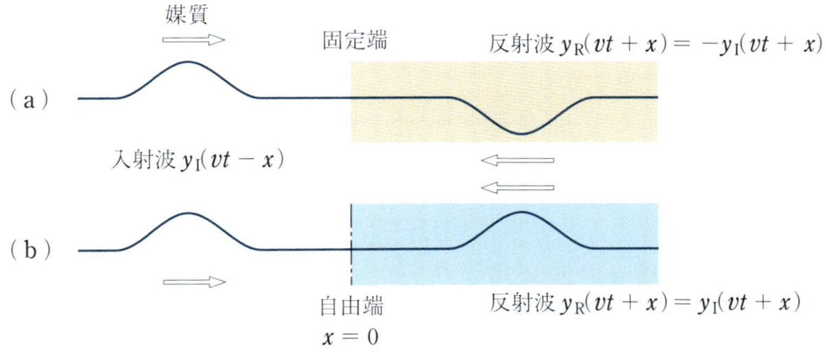

図 12.16　入射波と反射波の合成波を描くには，入射波は媒質の端を越えて右の方まで進むと仮想し，また図のような反射波が媒質のないところから媒質の方に左に進むと仮想して，媒質上で合成すればよい．図は入射波がまだ境界まで到達せず，反射波が媒質上に発生していない状況を示す．

えて進んでいくと考えた仮想の波を，固定端に関して点対称に移した波である．入射波と反射波を合成した波が，媒質を実際に伝わる波になる．

例 2　入射波が波長 λ の正弦波 $-A\sin\left\{\frac{2\pi}{\lambda}(vt-x)+\alpha\right\}$ の場合，$x=0$ の固定端での反射波は $A\sin\left\{\frac{2\pi}{\lambda}(vt+x)+\alpha\right\}$ となるので，合成波は

$$y(x,t) = -A\left[\sin\left\{\frac{2\pi}{\lambda}(vt-x)+\alpha\right\}-\sin\left\{\frac{2\pi}{\lambda}(vt+x)+\alpha\right\}\right]$$
$$= 2A\cos\left(\frac{2\pi vt}{\lambda}+\alpha\right)\sin\frac{2\pi x}{\lambda} \qquad (12.28)$$

となる．ただし $\sin(A\pm B)=\sin A\cos B\pm\cos A\sin B$（複号同順）を使った．弦の各点は振幅が $2A\sin\frac{2\pi x}{\lambda}$ で位相のそろった単振動を行う．

(2)　自由端での反射　図 12.16(b) に示すように，波が自由端に向かって速さ v で進んでいって自由端に届いたとき，自由端は自由端の右側の部分から力を受けない．そこで，自由端付近での媒質の変位が一定になるように，速さ v の反射波が発生して，媒質も自由端に力を作用しないように変形する．このために**自由端における波形の勾配は 0** である．

この事実は図 12.17 の場合を考えると理解しやすい．ばねの自由端 C の付近の隣接した 2 つの小部分 AB と BC を考える．$\overline{\mathrm{BC}}$ の長さが微小だとその質量は無視できる．小部分 BC には境界（右の方）から力は作用しない．もし BC に左側の小部分 AB から力が作用すると，小部分 BC の加速度はきわめて大きくなるという困難が生じる．したがって，小部分 AB は BC に力を作用しない．もし 2 点 A, B の変位に図 12.17(a) のような差が生じると，小部分 AB は圧縮されているので膨張しようとして BC に右向きの力 F を及ぼす．一方，図 12.17(b) のように 2 点 A, B の変位が等しいと BC は AB から力を受けない．したがって，2 点 A, B の変位は等しく，自由端における波形の勾配は 0 である*.

このような条件を満たす反射波は，入射波が自由端を越えて進んでいくと考えた仮想の波を，境界面に関して対称に移した波である[図 12.16(b)]．入射波を $y_{\mathrm{I}}(vt-x)$，反射波を $y_{\mathrm{R}}(vt+x)$ とすると，反射波は次のように表される．

$$y_{\mathrm{R}}(vt+x) = y_{\mathrm{I}}(vt+x) \qquad (12.29)$$

例 3　入射波が波長 λ の正弦波 $A\sin\left\{\frac{2\pi}{\lambda}(vt-x)+\alpha\right\}$ の場合，$x=0$ の自由端での反射波は $A\sin\left\{\frac{2\pi}{\lambda}(vt+x)+\alpha\right\}$ となるので，合成波は

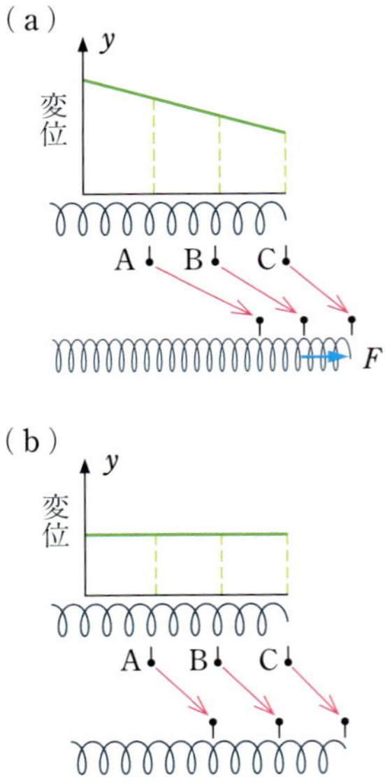

図 12.17

* 応力 = (弾性定数) $\dfrac{y(0,t)-y(-\Delta x,t)}{\Delta x}$ なので，自由端 $x=0$ での境界条件は $\left.\dfrac{\partial y(x,t)}{\partial x}\right|_{x=0}=0$ である．

$$y(x,t) = 2A\sin\left(\frac{2\pi vt}{\lambda}+\alpha\right)\cos\frac{2\pi x}{\lambda} \tag{12.30}$$

となる．この場合は，媒質の各点は振幅が $2A\cos\dfrac{2\pi x}{\lambda}$ で位相のそろった単振動を行う．

定在波　弦を伝わってきた正弦波（波長 λ，周期 T）が，固定端および自由端で反射される場合を考える．図 12.16 に示した方法を使って，時刻 0，$\frac{1}{8}T$，$\frac{2}{8}T$，$\frac{3}{8}T$，$\frac{4}{8}T$ での波形を描いたのが図 12.18 である（――が入射波，……が反射波，――が合成波）．この波形を見ると，最下段に示したように，**場所によって決まった一定の振幅で振動する**ことがわかる．これらの合成波のように，波長も振動数も振幅も等しい 2 つの正弦波が反対向きに進んで重なり合い，その結果生じる同じところで振動して進まない波を**定在波**（または**定常波**）という．定在波の振幅の大きいところを**腹**（はら），まったく振動しない点を**節**（ふし）という．図 12.18 から明らかなように，固定端は節，自由端は腹となる．定在波に対して，進んでいく波を**進行波**という．定在波の隣り合う節と節，腹と腹の

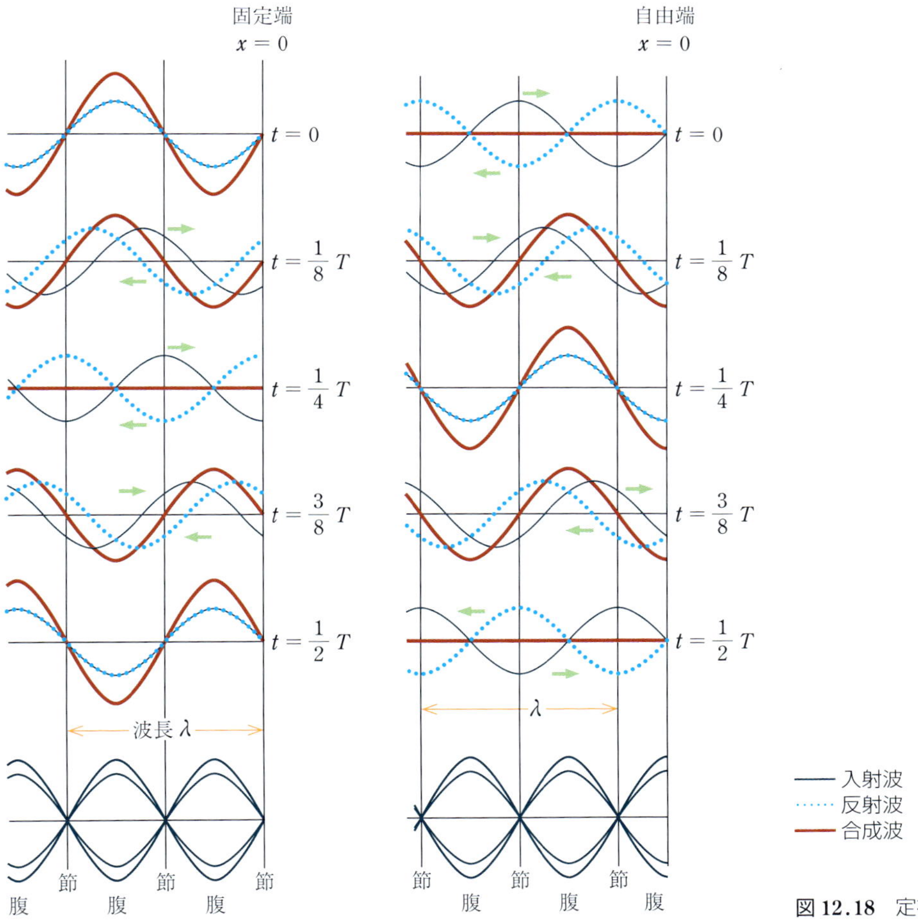

図 12.18　定在波

間隔は，入射波，反射波の波長の半分である．

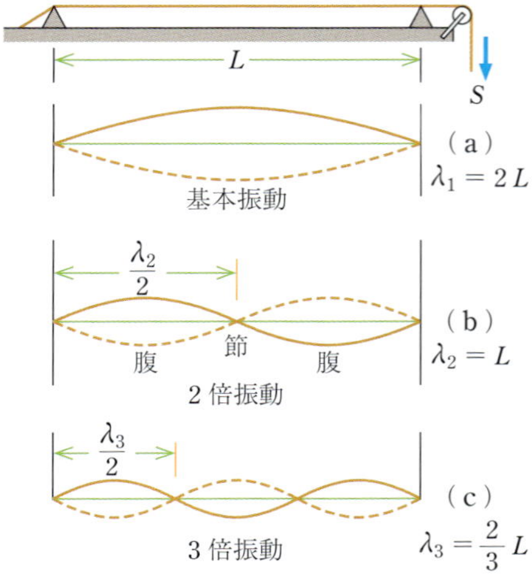

図 12.19　弦の固有振動

弦の固有振動　長さ L のバイオリンの弦をはじくと，図 12.19 からわかるように，一般に，$n\lambda = 2L$ $(n = 1, 2, \cdots)$ という条件を満たす両端が節で n 個の腹をもつ定在波，つまり，波長が

$$\lambda_n = \frac{2L}{n} \qquad (n = 1, 2, \cdots) \tag{12.31}$$

の定在波を重ね合わせた振動が生じる．定在波の振動を**固有振動**，その振動数を**固有振動数**という．$f_n \lambda_n = v$ なので，(12.13) 式を使うと，n 個の腹をもつ定在波の振動数 f_n は

$$f_n = \frac{n}{2L}\sqrt{\frac{S}{\mu}} \qquad (n = 1, 2, \cdots) \tag{12.32}$$

である．$n = 1$ の場合の $\lambda_1 = 2L$ の振動を**基本振動**といい，$n = 2$ の $\lambda_2 = L$，$n = 3$ の $\lambda_3 = \frac{2}{3}L$，… の振動を **2倍振動**，**3倍振動**，… とよび，基本振動以外を倍振動とよぶ．

例題 1　長さ 50 cm，質量 5 g のピアノ線が張力 400 N で張ってある．基本振動数を計算せよ．

解　$\mu = \dfrac{5\times10^{-3}\,\mathrm{kg}}{0.5\,\mathrm{m}} = 10^{-2}\,\mathrm{kg/m}$ なので，

$$f_1 = \frac{1}{2L}\sqrt{\frac{S}{\mu}} = \frac{1}{2\times(0.5\,\mathrm{m})}\sqrt{\frac{400\,\mathrm{N}}{10^{-2}\,\mathrm{kg/m}}}$$
$$= \frac{1}{1\,\mathrm{m}}\sqrt{\frac{(200)^2\,\mathrm{kg\cdot m/s^2}}{\mathrm{kg/m}}} = 200\,\mathrm{s^{-1}}$$
$$= 200\,\mathrm{Hz}$$

参考　弦の固有振動の波長 (12.31) の数学的導出法

x 軸に沿って置いた弦の両端を $x = 0$，$x = L$ とすると，これらの点は固定端なので，$y(0, t) = y(L, t) = 0$ を満たす．そこで $y(0, t) = 0$ を満たす (12.28) 式に $y(L, t) = 0$ という条件をつけると，

$$\sin\frac{2\pi L}{\lambda}\cos\left(\frac{2\pi vt}{\lambda} + \alpha\right) = 0 \tag{12.33}$$

という条件が導かれる．この条件が任意の時刻で成立するためには，

$$\sin\frac{2\pi L}{\lambda} = 0 \qquad \therefore \quad \frac{2\pi L}{\lambda} = n\pi \qquad (n\text{ は整数}) \tag{12.34}$$

という条件が必要なので，両端を固定された長さ L の弦には，波長が

$$\lambda_n = \frac{2L}{n} \qquad (n = 1, 2, \cdots) \tag{12.35}$$

の波だけが伝わることになる．

したがって，(12.28) 式と (12.35) 式から，この弦の振動としては

$$y(x, t) = A_n \cos\left(\frac{n\pi vt}{L} + \alpha_n\right)\sin\frac{n\pi x}{L} \qquad (n = 1, 2, \cdots) \tag{12.36}$$

および，これらの振動を重ね合わせたものだけが可能である．すなわち

$$y(x,t) = \sum_{n=1}^{\infty} A_n \sin\frac{n\pi x}{L}\cos\left(\frac{n\pi vt}{L}+\alpha_n\right) \tag{12.37}$$

と表される[*1]．A_n, α_n は任意定数である．

(12.37) 式が，境界条件

$$y(0,t) = y(L,t) = 0 \qquad (x=0,\ L \text{ は固定端}) \tag{12.38}$$

のもとでの，波動方程式

$$\frac{\partial^2 y}{\partial x^2} = \frac{1}{v^2}\frac{\partial^2 y}{\partial t^2} \tag{12.39}$$

の一般解である．

＊1　長さ L の弦に生じる波形のように，$x=0$ と $x=L$ で境界条件，

$$y(0) = y(L) = 0$$

を満たす，領域 $0 \leqq x \leqq L$ での任意の連続関数 $y(x)$ は，サイン関数

$$\sin\left(\frac{n\pi x}{L}\right) \qquad (n = 1, 2, 3, \cdots)$$

に定数 A_n を掛けたものを重ね合わせた，無限級数

$$y(x) = \sum_{n=1}^{\infty} A_n \sin\left(\frac{n\pi x}{L}\right)$$

として表せる．この級数をフーリエ級数といい，フーリエ級数への展開をフーリエ展開という．

12.6 音　　波

学習目標　空気中を伝わる縦波で，日常生活で親しみのある音波を例にして，波の性質の理解を深める．運動物体の速さの測定に使われるドップラー効果を理解する．

太鼓の皮，ピアノの弦などの音源（発音体）が振動すると，まわりの空気が圧縮と膨張を繰り返すので，空気中を疎密波（縦波）が伝わる．これが音波である．音波が人間の耳に入ると鼓膜を振動させ，聴覚器官に音として聞こえる[*2]．音は水中でも，薄い壁越しでも聞こえるので，音波は液体や固体中も伝わることがわかる．しかし，物質の存在しない真空中では，音波は伝わらない．

＊2　人間が聞くことのできる音（可聴音）の振動数は，およそ 20～20000 Hz の範囲である．可聴音より振動数の大きな音を**超音波**という．超音波の伝わる速さはふつうの音波の速さと同じである．

音波の速さ　空気中の音波の速さは，気圧と振動数には無関係で，気温によって変わる．0 °C 付近での実験結果によると，気温 t [°C]，1 気圧の乾燥した空気中の音波の速さは

$$V = 331.45 + 0.607t\ [\text{m/s}] \tag{12.40}$$

と表される[*3]．気温が 14 °C の場合，音波の速さは約 340 m/s である．

理論計算によると，分子量 M，定圧モル熱容量と定積モル熱容量[*4]の比 $C_p/C_v = \gamma$，絶対温度 T の理想気体を伝わる音波の速さは

$$V = \sqrt{\frac{\gamma RT}{M}} \quad (\text{理想気体}) \tag{12.41}$$

である（R は気体定数[*5]）（演習問題 15 の B5 参照）．空気を理想気体とすると，$M = 28.8$ g/mol，$\gamma = 1.40$，$R = 8.31$ J/(mol·K) なので，$T = 300$ K，すなわち 26.85 °C のときには，音波の速さは理論的に

$$V = 348 \text{ m/s} \qquad (T = 300 \text{ K} = 26.85\ ^\circ\text{C})$$

となる．(12.41) 式からわかるように，気体の中の音波の速さは，気圧と振動数に無関係で，絶対温度 T の平方根に比例して増加する．

液体中の音波の速さは，わずかな例外を除いて，1000～1500 m/s である．

固体中を伝わる縦波の速さの式は **12.2** 節で求めた．

＊3　本書では空気中の音速を記号 V で表す．

＊4　気体の定圧モル熱容量 C_p と定積モル熱容量 C_v については **15.2** 節を参照せよ．

＊5　気体定数 R については **14.3** 節を参照せよ．

表 12.1　音の速さ

物　質	密度（0 °C）(kg/m^3)	音速（0 °C）(m/s)
空気（乾燥）(1 atm)	1.2929	331.45
水素（1 atm）	0.08988	1269.5
蒸留水（25 °C）	1000	1500
海水（20 °C）	1021	1513
水銀（25 °C）	1.36×10^4	1450
アルミニウム[1]	2.69×10^3	6420
鉄[1]	7.86×10^3	5950

[1] 自由固体中の縦波の速さ．

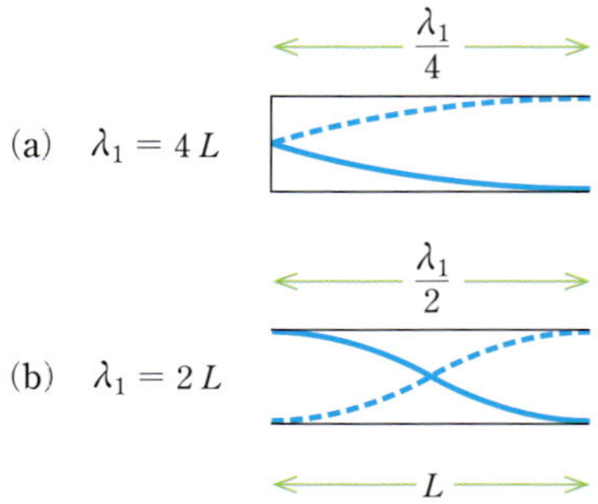

図 12.20　気柱の固有振動
(a)　閉管：倍振動の振動数は基本振動数の奇数倍
$\lambda_n = \frac{4L}{2n-1}$,　$f_n = \frac{(2n-1)V}{4L}$
(b)　開管：倍振動の振動数は基本振動数の整数倍
$\lambda_n = \frac{2L}{n}$,　$f_n = \frac{nV}{2L}$
$n = 1, 2, 3, \cdots$

表 12.1 にいくつかの物質の中での音の速さを示す．

音波は媒質に対して一定の速さで伝わり，音源の動く速さにはよらない．したがって，風が吹いているときに，音は風下に速く伝わる．

気柱の振動　試験管のふちに唇をあてて強く吹くと，管に特有の音が出る．管の中の気柱に（縦波である）音波の定在波が生じるからである．音波は管の閉じている端（閉端）と開いている端（開端）のどちらでも反射される．閉端では，気体は管の方向に振動できないので閉端は固定端となり，定在波の節になる．開端では，気体は自由に運動できるので開端は自由端となり，定在波の腹になる．実際には，開端から管の外部へ音波が放射されるので，定在波の腹の位置は開端から少しずれて，腹は開端の少し外側に出る．このずれ（**開口端補正**）ΔL は管の半径 r に比例し，細い管では $\Delta L \approx 0.6r$ である．

一方の端が閉じている管を**閉管**，両端の開いている管を**開管**という．図 12.20 に閉管と開管に生じる基本振動の定在波を示す．

問 3　気柱に生じる n 個の節をもつ固有振動の波長 λ_n と振動数 f_n は

$$\text{閉管の場合，}\lambda_n = \frac{4L}{2n-1},\quad f_n = \frac{(2n-1)V}{4L} \tag{12.42}$$

$$\text{開管の場合，}\lambda_n = \frac{2L}{n},\quad f_n = \frac{nV}{2L} \tag{12.43}$$

であることを示せ．

図 12.21　騒音

音圧と音圧レベル　音波の量的な大小を表す値として，気体の圧力 p と静止時の圧力 p_0 との差である音圧 $\Delta p(= p-p_0)$ の実効値 P_e（Δp の最大値の $\frac{1}{\sqrt{2}}$ 倍）が使われる．

1 kHz の音を，耳のよい若い人が両耳を使って聞くことができる最小の音圧の実効値 P_{e0} は，ほぼ

$$P_{e0} = 2\times10^{-5}\ \mathrm{N/m^2} \tag{12.44}$$

である．われわれの感覚上での音の大小は音圧の対数に近いと考えられるので，音の大小を表す量として，音圧の実効値 P_e と P_{e0} の比から

$$L_p = 20\log_{10}\frac{P_e}{P_{e0}} \tag{12.45}$$

と定義される**音圧レベル**が用いられる．単位をデシベルとよぶ（記号 dB）．

音圧レベルの単位　dB

人間が聞く音の音圧は $0.1\,\mathrm{N/m^2}$ くらいのものが多いが，これは $20\log_{10}5000 = 74\,\mathrm{dB}$ である．音圧レベルが 20 dB 増加すると，音圧は 10 倍になる．人間の感覚が感じる音の大小は，主として音波の音圧の大小に関係するが，音の振動数などにも関係し簡単ではない．

問 4　74 dB の音の場合，音圧は 10^{-6} 気圧であることを示せ．

ドップラー効果　高速道路の対向車線をサイレンを鳴らしながら走ってきたパトカーが通り過ぎると，サイレンの音の高さは急に低くなる．音源と音を聞く人間の一方あるいは両方が運動しているときに聞こえる音の高さ（振動数）は，一般に音源の振動数とは違う．この現象は，1842 年に光と音の波に対して起こる可能性を指摘したドップラーにちなんで，**ドップラー効果**とよばれる．

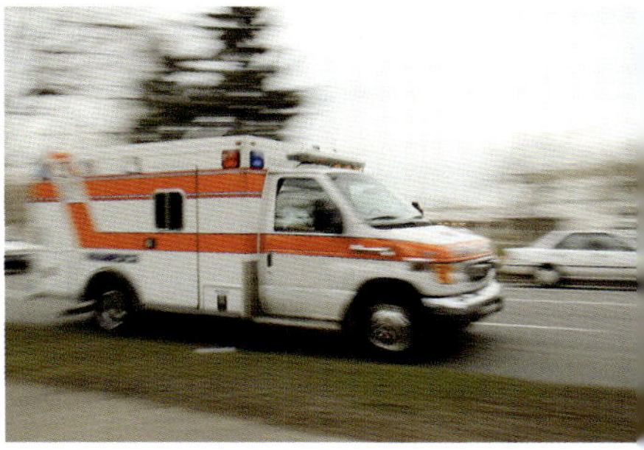

図 12.22　サイレン

簡単のために，音源 S の速度 $\boldsymbol{v}_S$ と音を聞く人間（観測者）L の速度 $\boldsymbol{v}_L$ が図 12.23 のように一直線上にある場合を考える．音源と観測者の速度を正，負の値をとる記号 v_S, v_L で表し，その符号は，音源と観測者がたがいに近づく方向を向いているとき（図 12.23 の場合）がプラスとする．無風状態で音の媒質の空気は静止しているものとする．

図 12.23 で，時刻 $t = 0$ に点 A にあった音源は，時間 t に距離 $v_S t$ だけ動き，点 B にくる．音は，音源や観測者の運動状態には関係なく，媒質（空気）中を媒質に対して一定の速さ V（符号はつねに正）で伝わるので，音源が $t = 0$ に点 A で出した音の波面は時間 t が経過すると点 A を中心とする半径 Vt の球面になる．音源の振動数を f_S とすると，音源が 2 点 A, B の間で出す $f_S t$ 個の波が，長さ

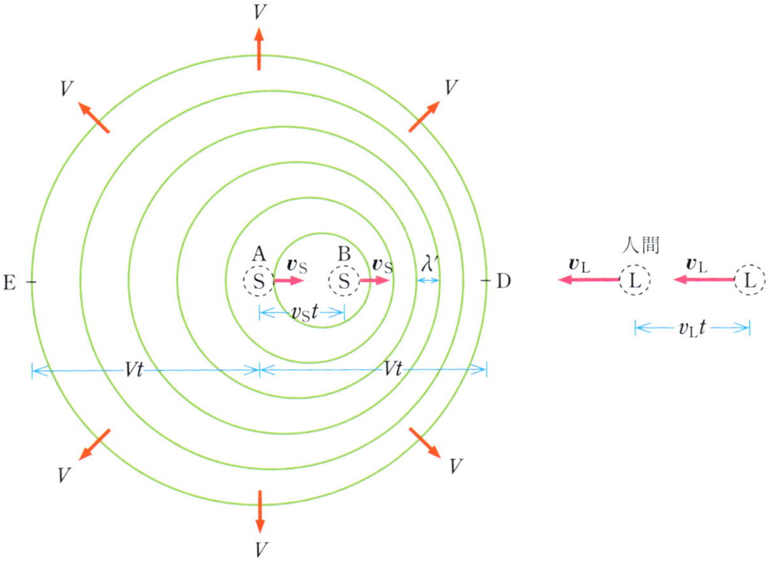

図 12.23　ドップラー効果

$$\overline{\mathrm{BD}} = (V - v_{\mathrm{S}})t$$

の区間 BD に入っている．したがって，音波の波長 λ' は

$$\lambda' = \frac{(V - v_{\mathrm{S}})t}{f_{\mathrm{S}}t} = \frac{V - v_{\mathrm{S}}}{f_{\mathrm{S}}} \tag{12.46}$$

となる．これが音源が動くときに媒質を伝わる音波の波長である．図 12.23 から明らかなように，区間 BD では波は密になっていて波長は短い．観測者は媒質に対して速さ v_{L} で運動しているので，観測者に対する音波の相対的な速さは $V + v_{\mathrm{L}}$ である．これを (12.46) 式の波長 λ' で割ると，観測者の観測する音波の振動数 f_{L} が次のように求められる．

$$f_{\mathrm{L}} = \frac{V + v_{\mathrm{L}}}{\lambda'} = \frac{V + v_{\mathrm{L}}}{V - v_{\mathrm{S}}} f_{\mathrm{S}} \tag{12.47}$$

音源と観測者の一方または両方の運動方向が図 12.23 とは逆向きの（遠ざかる向きの）場合の f_{L} は，(12.47) 式で v_{S} と v_{L} の一方または両方の符号が負の場合である．観測者が音源に近づく場合 ($v_{\mathrm{L}} > 0$) と音源が観測者に近づく場合 ($v_{\mathrm{S}} > 0$) には，観測者の観測する振動数 f_{L} は音源の振動数 f_{S} より大きくなることがわかる．

空気（媒質）が音源から観測者の方向に速さ v で移動している場合（風が吹いている場合）には，(12.47) 式の V を $V + v$ で置き換えて

$$f_{\mathrm{L}} = \frac{V + v + v_{\mathrm{L}}}{V + v - v_{\mathrm{S}}} f_{\mathrm{S}} \tag{12.48}$$

とすればよい．風が観測者から音源の方向に吹いていれば，v を $-v$ で置き換えればよい．

例題 2　運動している物体による反射音の示すドップラー効果　図 12.24 のように，直線道路を速度 $\boldsymbol{v}_{\mathrm{r}}$ で等速運動している自動車に向けて，道路のそばの地面に設置されている超音波源 S から振動数 f_{S} の超音波を発射した．自動車に反射された超音波を音源のところにある受信機で検出する．検出された反射波の振動数 f_{L} はいくらか．検出された反射波を反射したときの自動車の位置を R とし，$\overrightarrow{\mathrm{RS}}$ と $\boldsymbol{v}_{\mathrm{r}}$ はほぼ平行で，無風状態とする*．

解　速さ v_{r} で走っている自動車に設置された検出器が測定する超音波の振動数 f_{R} は (12.47) 式で $v_{\mathrm{S}} = 0$，$v_{\mathrm{L}} = v_{\mathrm{r}}$ とおいた

$$f_{\mathrm{R}} = \frac{V + v_{\mathrm{r}}}{V} f_{\mathrm{S}}$$

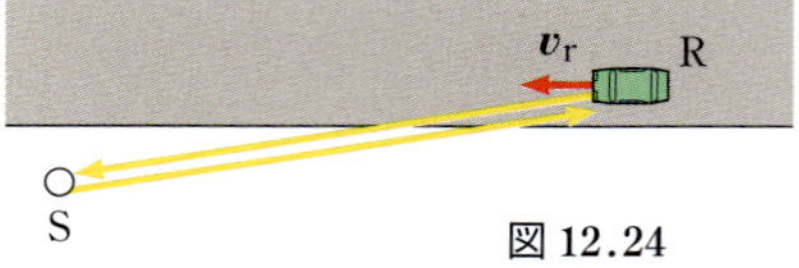

図 12.24

である．自動車が発射する反射音の振動数も f_{R} である．

静止している検出器に対して反射音源は速さ v_{r} で近づくので，(12.47) 式で $v_{\mathrm{S}} = v_{\mathrm{r}}, v_{\mathrm{L}} = 0$ とおくと

$$\therefore\quad f_{\mathrm{L}} = \frac{V}{V - v_{\mathrm{r}}} f_{\mathrm{R}} = \frac{V + v_{\mathrm{r}}}{V - v_{\mathrm{r}}} f_{\mathrm{S}} \tag{12.49}$$

なお，$\overrightarrow{\mathrm{RS}}$ と $\boldsymbol{v}_{\mathrm{r}}$ のなす角が θ のときは，(12.49) 式の v_{r} を $v_{\mathrm{r}} \cos\theta$ とおけばよい．

反射音と発射音の振動数の差 $\Delta f = f_{\mathrm{L}} - f_{\mathrm{S}}$,

$$\Delta f = \frac{2v_{\mathrm{r}}}{V - v_{\mathrm{r}}} f_{\mathrm{S}} \approx \frac{2v_{\mathrm{r}}}{V} f_{\mathrm{S}}$$

の測定値から，近づいてくる物体の速さ v_{r} が求められる．

超音波血流計では，超音波を血管内の赤血球で反射させ，ドップラー効果を利用して血液の流速を測定する．血管中の音速は $V = 1570\ \mathrm{m/s}$ である．

*　市販のスピードガンは 2.4×10^{10} Hz の電磁波（マイ

クロ波）のドップラー効果を利用し，

$$\Delta f = f_L - f_S \approx \frac{2v_r}{c} f_S$$

を使って，近づいてくる物体の速さ v_r を測定している．c は光の速さである．スピードガンで，マイクロ波の代わりに超音波を使えば，音速 V は気温によって変化し，測定結果は風にも影響される．

12.7 群速度，うなり

学習目標 うなりの振動数が計算できるようになる．

正弦波は無限に長い波である．実際の波の長さは有限で，有限な長さの波を波束という．波束は振動数の異なる無数に多くの正弦波を合成したものである．

簡単のために，x 軸の正方向に進む，振幅の等しい2つの波

$$\left.\begin{aligned} y_1 &= A\sin(\omega_1 t - k_1 x) \\ y_2 &= A\sin(\omega_2 t - k_2 x) \end{aligned}\right\} \tag{12.50}$$

を考えよう．ω_1, ω_2 $(\omega = 2\pi f)$ は角振動数，k_1, k_2 $\left(k = \dfrac{2\pi}{\lambda}\right)$ は波数である*．三角関数の関係

$$\sin a + \sin b = 2\sin\frac{a+b}{2}\cos\frac{a-b}{2}$$

を使うと，重ね合わせの原理のために，2つの波 y_1, y_2 の合成波は

$$\begin{aligned} y(x,t) &= A\{\sin(\omega_1 t - k_1 x) + \sin(\omega_2 t - k_2 x)\} \\ &= \left[2A\cos\left\{\left(\frac{\omega_1-\omega_2}{2}\right)t - \left(\frac{k_1-k_2}{2}\right)x\right\}\right] \\ &\quad \times\sin\left\{\left(\frac{\omega_1+\omega_2}{2}\right)t - \left(\frac{k_1+k_2}{2}\right)x\right\} \end{aligned} \tag{12.51}$$

となる．図12.25に $x=0$ での2つの波 y_1, y_2 と合成波 $y = y_1 + y_2$ を描いた．図12.25(b)と(12.51)式に示した振動は無限に長い時間にわたってつづくので，この振動によって生じる波の長さは有限ではない．しかし，(12.51)式の[ ]の中で表される図12.25(b)の破線で囲まれた波のかたまりの1つを波束と考えてみよう．このかたまりを表す[ ]の中は，速さ

* 波長 λ の逆数 $\dfrac{1}{\lambda}$ は単位長さの間にある波の数なので**波数**というが，その 2π 倍の $k = \dfrac{2\pi}{\lambda}$ をここでは波数とよぶ．

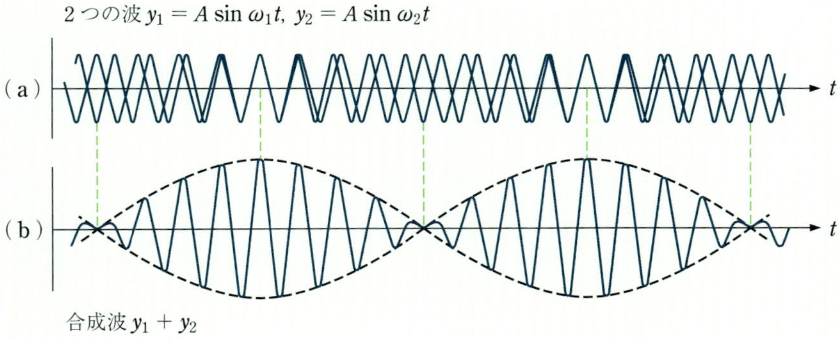

図12.25

$$v = \frac{\omega_1 - \omega_2}{k_1 - k_2} \tag{12.52}$$

で空間を動く．ω_1 と ω_2 の差が小さいと (12.52) 式は，

$$v = \frac{d\omega}{dk} \tag{12.53}$$

となるが，これは波束の伝わる速さで，**群速度**という．これに対して，個々の正弦波の伝わる速さの $v = \frac{\omega}{k} = f\lambda$ を**位相速度**という．

いままでは，波の速さは波長によらず一定だと考えてきた．しかし，一般に波の速さは波長によって異なることが多い．波長が水の深さに比べて短い波が水面を伝わる場合は一例である．このような場合に，無数に多くの正弦波を重ね合わせて有限な長さの波束を作ると，波束の伝わる速さである群速度は位相速度とは異なり，波束の長さは時間とともに徐々に長くなり，振幅は徐々に小さくなっていくことが示される．波がエネルギーを運ぶ速度は群速度である．

波長によって波の速さが異なる媒質を分散性の媒質といい，そのために起こる現象を一般に分散という．分散の名前の起源は，次章で学ぶ，プリズムによる光の分散である．

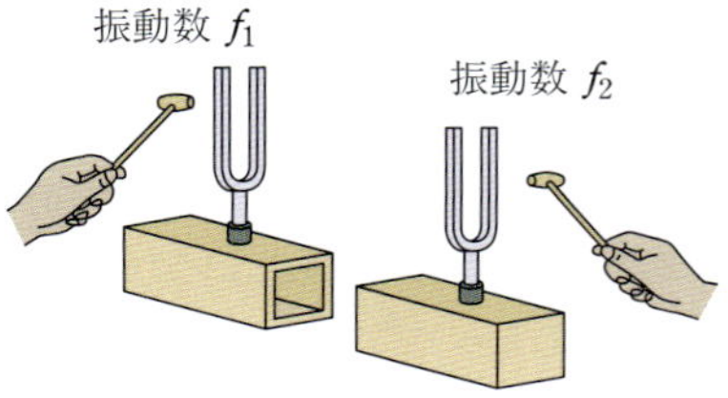

図 12.26

うなり　振動数が同じぐらいの 2 つのおんさを同時にたたくと (図 12.26)，そのどちらでもない振動数のうなるような音が聞こえる．この**うなりは，2 つの音の合成音の強さが大きくなったり小さくなったりするために起こる現象**である．

2 つのおんさの振動数を f_1，f_2 とする．2 つの振動が重なり合うと，合成された空気の振動は図 12.27 に示すように周期的に強弱を繰り返す．これがうなりとして聞こえる．うなりの周期を T_0 とすると，1 周期 T_0 の間の振動数 f_1 の波の山の数 f_1T_0 と振動数 f_2 の波の山の数 f_2T_0 は，ちょうど 1 つだけ違うので，$|f_1T_0 - f_2T_0| = 1$ となる．1 秒間あたりのうなりの回数 F は $F = \frac{1}{T_0}$ なので，

$$F = |f_1 - f_2| \tag{12.54}$$

という関係が成り立つ．単位時間あたりのうなりの回数は 2 つの音の振動数の差に等しい．

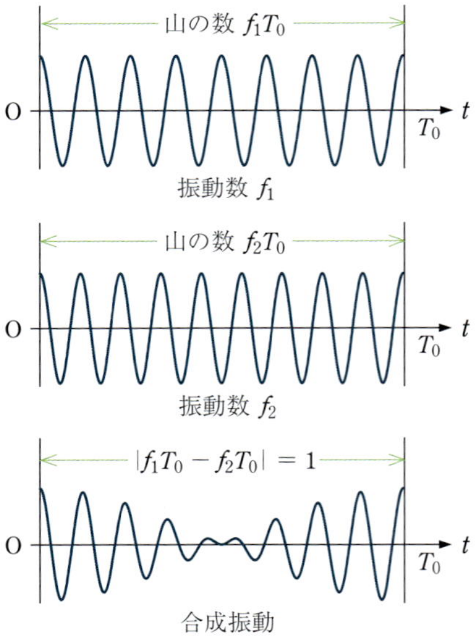

図 12.27　振動数 f_1, f_2 の振動が重なり合うときのうなりの振動数 F は $F = |f_1 - f_2|$

演習問題12

A

1. ある波動は

$$y = (3\ \mathrm{cm})\sin 2\pi\left(\frac{t}{0.2\ \mathrm{s}} - \frac{x}{20\ \mathrm{cm}}\right)$$

と表される．

(1) 振幅　(2) 振動数　(3) 波長

(4) 波の速さ

を求めよ．x, y, t の単位は cm，cm，s である．

2. **衝撃波** 媒質の中を波の速さ V よりも大きい速さ v で波源が動くときは，波面は波源を頂点とする円錐面となる．この波面は大きなエネルギーをもって伝わるので，障害物にぶつかると大きな衝撃を与えるために衝撃波とよばれる．超音速機が超音速飛行を行うときにつくる衝撃波面が地面に到達すると圧力が瞬間的に急上昇するために引き起こす現象はソニックブームとして知られている（$M = \dfrac{v}{V}$ をマッハ数とよぶ）．この円錐波面の頂角を 2θ として（図1），

(1) $\sin\theta$ を求めよ．

(2) $V = 340\ \mathrm{m/s}$，$\theta = 30°$ のとき波源の速さ v を求めよ．

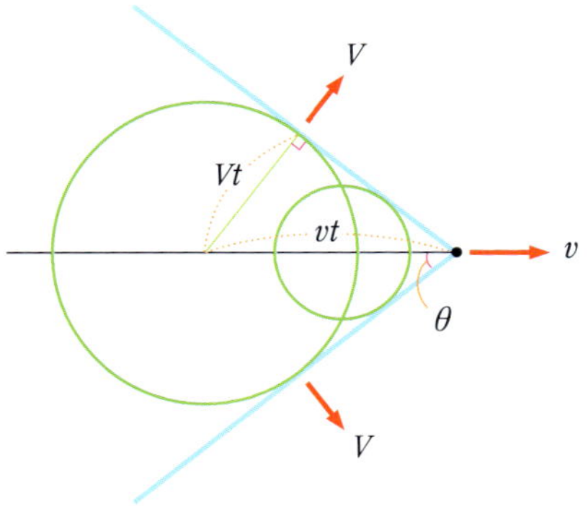

図1

3. 図 12.18（右）で，$t = \dfrac{1}{2}T$ では波は消えている．波のエネルギーはどうなったか．

4. バイオリンの弦と 440 Hz の音叉を同時に鳴らしたら，6 Hz のうなりが聞こえた．弦の張力を少し減少させたら，うなりの振動数は減少した．弦の振動数はいくらか．

5. 稲妻（いなずま）が見えて 3.0 秒後に雷鳴を聞いた．雷雲までの距離はいくらか．音速を 340 m/s とせよ．

6. どちらも時速 72 km で走ってきた電車がすれ違った．一方の電車が振動数 500 Hz の警笛を鳴らしていた．もう一方の電車の乗客は何 Hz の音として聞いたか．音速を 340 m/s とせよ．

B

1. 図 12.3 の状態における媒質の振動の速度を図示せよ．

2. 媒質の変位が (12.5) 式で表されるとき，媒質の各点の振動の速さ v は

$$v = \frac{2\pi A}{T}\cos 2\pi\left(\frac{t}{T} - \frac{x}{\lambda}\right)$$

と表されることを説明せよ．

3. 図2の円柱の下端のおもりをねじると，ねじれは瞬間的に円柱の上端に伝わるか．

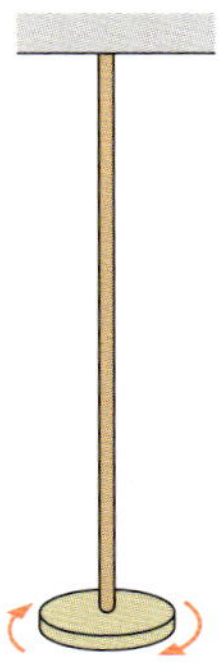

図2

4. 人間の耳にがまんのできる音圧の最大値 P は約 28 Pa である．

(1) この音圧は何 dB か．

(2) この音圧は何気圧か．

光

現在の情報通信は，光を含む電磁波の応用に基づいている．前章で学んだ波動は，弾性体や弦や空気などの中を力学的振動が波として伝わる現象である．これに対して電磁波は電場と磁場の振動が波として伝わる現象である．

人間の視覚器官は波長が $(3.8 \sim 7.7) \times 10^{-7}$ m で振動数が $(3.9 \sim 7.9) \times 10^{14}$ Hz の電磁波を光として感じる．光の波長はふつうの物体の大きさに比べると非常に短いので，光はほぼ直進するように見え，反射，屈折，回折がわかりやすく起こる．そこで本章では，前の章で学んだ波の反射，屈折，回折の理解を深める目的を含め，光の波動性を学ぶ．

回折格子で回折されたレーザー光．

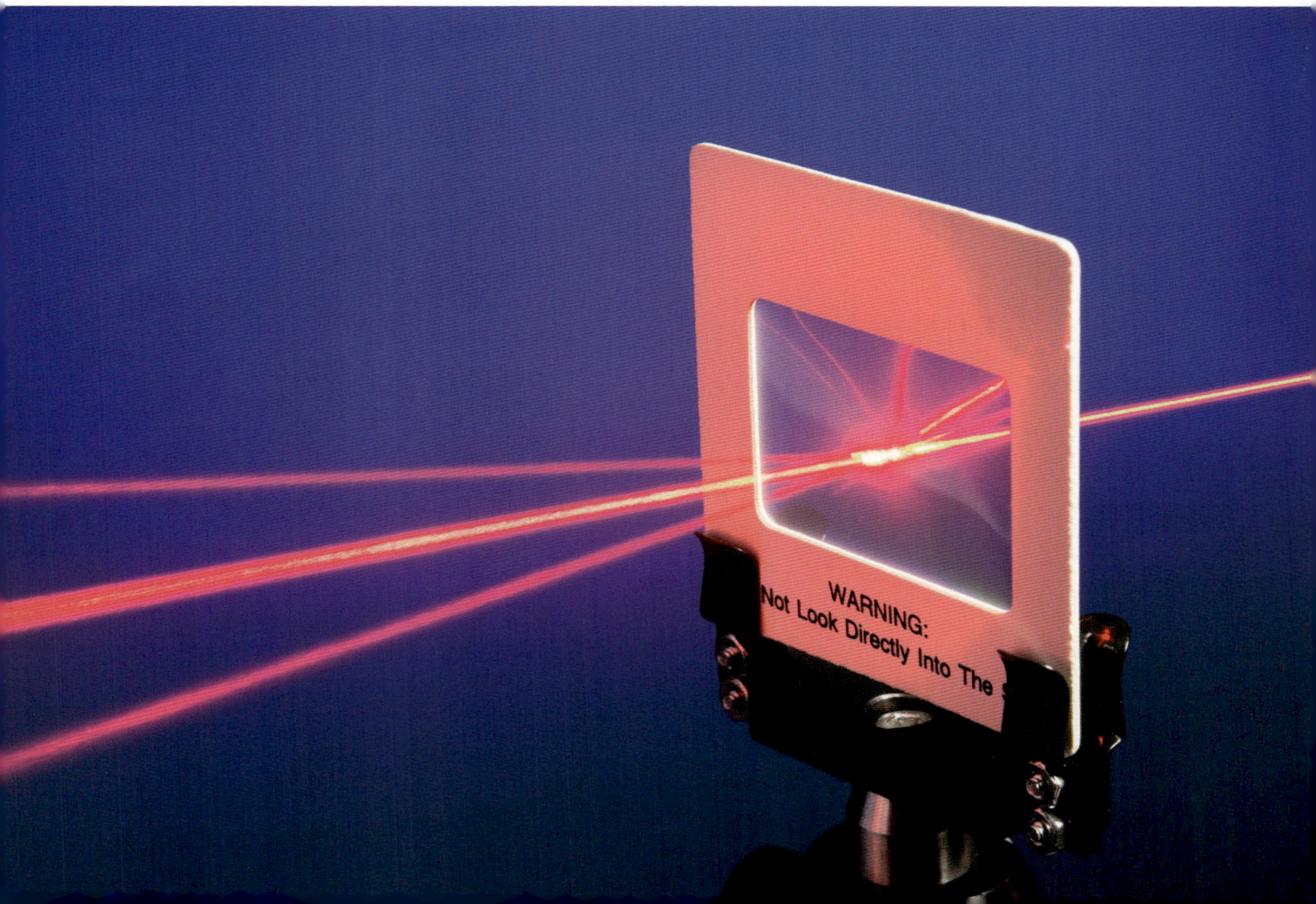

電場，磁場，電磁波などは本書の後半の電磁気学で学ぶが，直観的には，電磁波とは，電場と磁場の振動が絡み合いながら空間を伝わっていく現象だと理解すればよい（図 22.4，図 22.5 参照）．電磁波の発生源は，アンテナの中や原子の中で振動する電流である．

媒質としての物質の中を力学的振動が伝わる波と電磁波の大きな違いは，力学的な波は物質の存在しない真空中を伝われないが，電磁波は真空中も伝わることである．そして，力学的な波は媒質に対して一定の速さで伝わるが，電磁波は真空中をすべての観測者に対して一定の速さで伝わる*．この問題は第 23 章で学ぶ．

もう 1 つの大きな違いは，電磁波は空間を波として伝わるが，単なる波ではなく，物質によって吸収されたり，放射されたりする場合には粒子的性質を示すことである．この問題は第 24 章で学ぶ（図 24.8 参照）．

* このため音波に対するドップラー効果の式 (12.47) は光波に対しては成り立たない．真空中の光波のドップラー効果の式は，光の速さ c と光源と観測者の相対速度 v だけが現れる式，

$$f_L = f_S\sqrt{\frac{c+v}{c-v}} \quad (近づくとき)$$

$$f_L = f_S\sqrt{\frac{c-v}{c+v}} \quad (遠ざかるとき)$$

である．

13.1 光の反射と屈折

学習目標 長さの単位 1 m の定義を理解する．光の屈折の法則を理解する．全反射はどのようなときに起こるのかを説明できるようになる．光がプリズムで分散する理由が説明できるようになる．

真空中での光の速さ 光は 1 秒間に約 30 万 km も伝わるので，日常生活では瞬間的に伝わると感じられ，光の速さを測定するのは難しかった．しかし，演習問題 22 の B2, 3 に示す方法やその他の方法で空気中や真空中の光の速さが測定され，波長，光源の運動状態，観測者の運動状態に関係なく，真空中の光の速さ（記号 c）はつねに

$$c = 2.997\,924\,58 \times 10^8 \text{ m/s} \quad (定義) \tag{13.1}$$

という値になることが確かめられている（**23.1** 節参照）．

真空中の光の速さ
$c = 2.997\,924\,58 \times 10^8$ m/s

そこで，1983 年からこの数値が光の速さの定義として使われることになった．そして，原子時計を使って精密に測定できる時間と精密に測定できる真空中の光の速さを使って，長さの単位の 1 m は「光が真空中で 1/299 792 458 秒の間に進む距離」と定義されている．

光の反射と屈折 細いレーザー光線や光を狭い孔を通して細い束にした光線を水や透明なプラスティックの板に入射すると，光線は境界面で反射と屈折を行うことがわかる．

図 13.1 光の反射と屈折

光波は境界面で反射の法則 (12.24)

$$\theta_i = \theta_r \quad (入射角 = 反射角) \tag{13.2}$$

にしたがって反射する．

光速が c_1 の物質 1 から光速が c_2 の物質 2 へ光波が屈折して進むときには屈折の法則 (12.25)

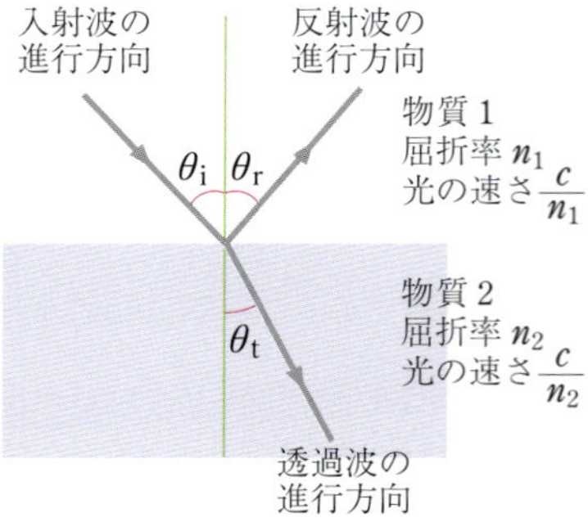

図 13.2　光の反射と屈折

表 13.1　屈折率（ナトリウムの黄色い光（波長 5.893×10^{-7} m）に対する）

気体（0 °C，1 atm）		液体（20 °C）		固体（20 °C）	
空気	1.000292	水	1.333	ダイヤモンド	2.42
二酸化炭素	1.000450	エタノール	1.362	氷（0 °C）	1.31
ヘリウム	1.000035	パラフィン油	1.48	ガラス	約 1.5

［注］　屈折率は波長によってわずかに変化する．

$$\frac{\sin\theta_i}{\sin\theta_t} = \frac{c_1}{c_2} = n_{1\to2} \qquad (一定) \qquad (13.3)$$

にしたがう（図 13.2）．定数 $n_{1\to2}$ は物質 1 に対する物質 2 の屈折率であるが，光の場合には真空に対する物質 2 の屈折率 $n_{真空\to2}$ を物質 2 の屈折率といい，n_2 と記す．真空の屈折率は 1 である．表 13.1 にいくつかの物質の屈折率を記す．

物質 1 を真空とし*，真空中の光の速さを c と記すと，(13.3) 式から $\frac{c}{c_2} = n_2$ が導かれる．そこで，屈折率が n の物質中での光の速さを c_n と記せば，

$$c_n = \frac{c}{n} \qquad (屈折率が n の物質中での光の速さ) \qquad (13.4)$$

である．相対性理論によれば，情報交換の速さは真空中の光の速さを超えることはできないので，物質中の光の速さ c_n は真空中の光速より遅く，したがって，物質の屈折率 $n>1$ である．

* 真空は物質ではないが，都合上このように記した．

光が屈折率 n_1 の物質 1 から屈折率 n_2 の物質 2 へ入射するときの屈折の法則は，光の速さの比が $\frac{c_1}{c_2} = \frac{c/n_1}{c/n_2} = \frac{n_2}{n_1}$ なので，(13.3) 式は次のようになる．

$$\frac{\sin\theta_i}{\sin\theta_t} = \frac{n_2}{n_1} \qquad (13.5)$$

光が屈折率 n_1 の物質から屈折率 n_2 の物質との境界面に垂直に入射するときの**反射率** R は

$$R = \left(\frac{n_2-n_1}{n_2+n_1}\right)^2 \qquad (13.6)$$

である．この式は両方の媒質の比透磁率 μ_r が 1 の場合に成り立つ．

問 1　空気中から屈折率が約 1.5 のガラス板に光が垂直に入射するときの反射率はいくらか．

図 13.3　シャボン玉

全反射　水やガラスから空気へ光が入射する場合のように，屈折率の大きな物質から屈折率の小さな物質へ光が進むときには，屈折角 θ_t は入射角 θ_i より大きい．入射角が増していくと，入射角が

$$\sin\theta_c = n_{1\to2} = \frac{n_2}{n_1} < 1 \quad (n_1>n_2 のとき) \qquad (13.7)$$

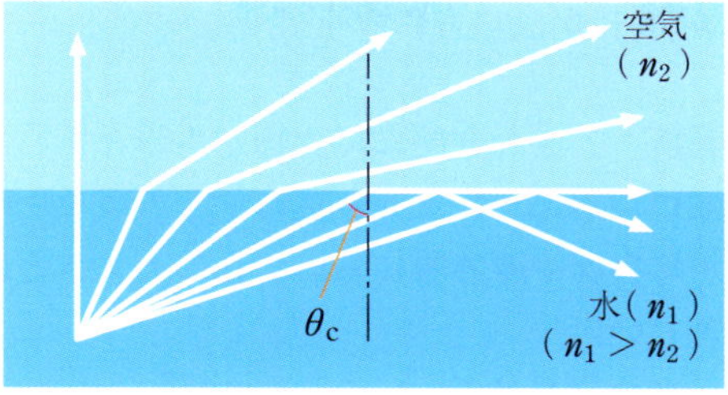

図 13.4 全反射

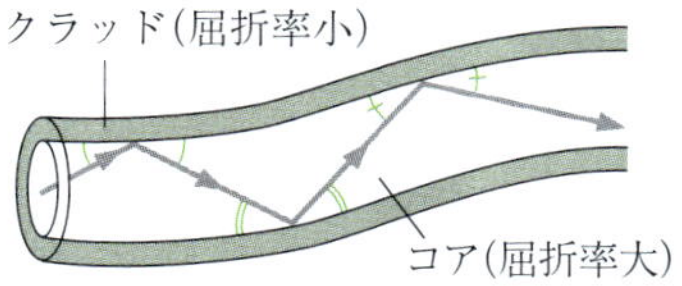

図 13.5 光ファイバーの概念図

で与えられる**臨界角**(屈折角が 90° になるときの入射角) θ_c より大きくなると屈折光はなくなり,入射光はすべて反射される(図 13.4).この現象を**全反射**という.全反射はすべての波に見られる現象である.

光を遠方に伝える**光ファイバー**は光の全反射を利用している.細長いガラス線である光ファイバーの太さは人間の髪の毛の太さ位(100 μm 程度)であるが,中心部(コア)の屈折率は外側(クラッド)の屈折率より大きくしてある.そのため光ファイバーの一端から入った光はコアの中から外に出ることなく他端まで伝わっていく(図 13.5).光ファイバーは光通信に利用されており,胃カメラなどの内視鏡にも利用されている.

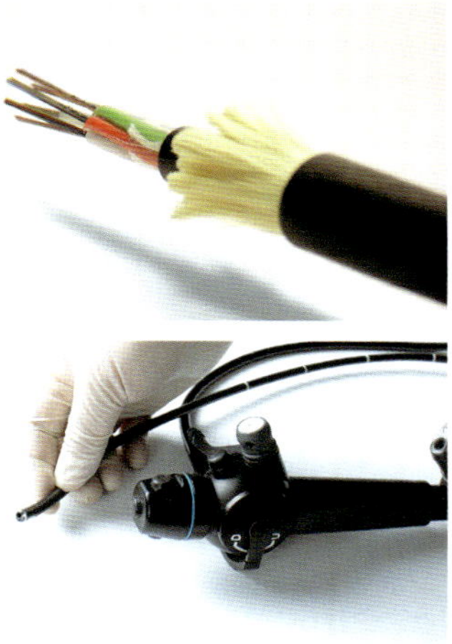

図 13.6 光ファイバー(上)と胃カメラ(下).

光の分散 ガラスや水の屈折率は,光の波長によってわずかではあるが異なっていて,波長の短い光ほど屈折率が大きい.図 13.7 のように,太陽光をスリットを通してプリズムにあてて屈折させ,出てきた光をスクリーンにあてると,小さく屈折した方から順に,赤橙黄緑青紫の色模様,つまり,**スペクトル**が生じる.この実験によって,光の色の違いは波長の違いであることがわかった.このように,波長による物質中の速さ(屈折率)の違いのために,屈折によっていろいろな波長(色)の光に分かれる現象を光の**分散**という.

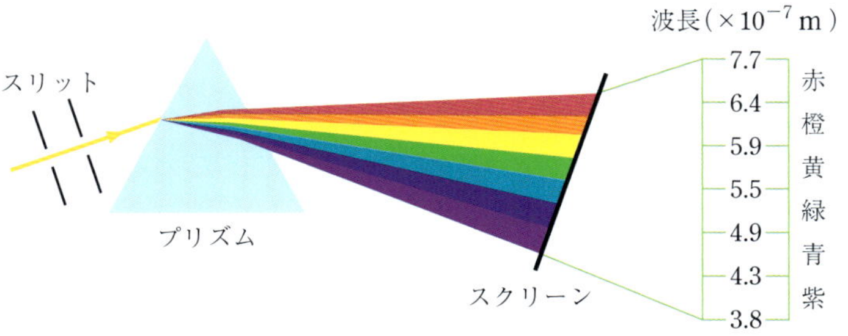

図 13.7 光の分散とスペクトルの波長と色

図 13.8 虹は空気中の水滴による太陽光線の分散によって生じる

13.2 光波の回折と干渉

学習目標 光は直進するが,波として空間を伝わるという波動説の根拠を説明できるようになる.障害物にあいた孔やスリットの大きさと回折角の関係を理解する.回折格子の原理を理解し,回折格子で光波の波長が決められる事実を説明できるようになる．

図 13.9　CD による反射と干渉．CD のトラックの間隔は 1.6 μm で，1 mm あたり 625 本である．

回折　波の進路に障害物があるときには，波は直進せず，直進すれば陰になる場所にも回り込む．この現象を回折という．回折現象は，波長が障害物や障害物にあいた孔の大きさとほぼ同じかそれより長いときに著しい．

光の波長は $(3.8\sim7.7)\times10^{-7}$ m でふつうの物体の大きさに比べると非常に短いので，ふつう回折は目立たず，光は直進するように見える．しかし，点光源からの光を幅が 0.01 mm 程度以下の細いスリットを通すと，光は左右に回折して明暗の縞（しま）ができる．このように，光は回折するので，波として伝わることがわかる．

スリットによる回折　入射光線が幅 D のスリットに垂直に入射すると，光が直進するのならば $\theta=0$ 以外の方向に光は回折しないはずであるが，図 13.10 に示すように，$\theta\neq0$ の方向でも光の強さ $I(\theta)\neq0$ である．つまり，光の回折が起こる．入射光が波長 λ の単色光の場合，スリットから遠く離れたスクリーン上での光の強さは

$$I(\theta)=(\text{定数})\frac{\sin^2\left(\dfrac{\pi D}{\lambda}\sin\theta\right)}{\left(\dfrac{\pi}{\lambda}\sin\theta\right)^2} \tag{13.8}$$

となる*1．

＊1　このような場合の回折を**フラウンホーファーの回折**という．スリットとスクリーンの距離がそれほど大きくない場合の回折を**フレネルの回折**という．

(13.8) 式と図 13.10 は，$\dfrac{\lambda}{D}$ が大きくなるほど，すなわちスリットの幅 D が小さくなるほど回折が大きくなることを示している．

スリットの両端への距離の差が光の波長 λ の整数倍になる角度 θ

$$D\sin\theta=m\lambda \qquad (m=\pm1,\pm2,\cdots) \tag{13.9}$$

のところでは $I(\theta)=0$ となり暗くなるのは，スリットの各部分からくる波の位相が 0 から 2π までのすべての位相を示すので，それらが重ね合わさって打ち消し合うからである．

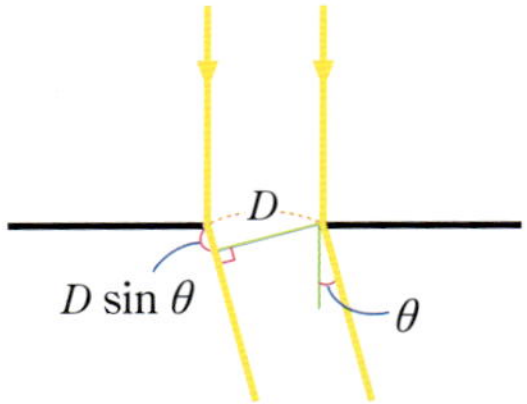

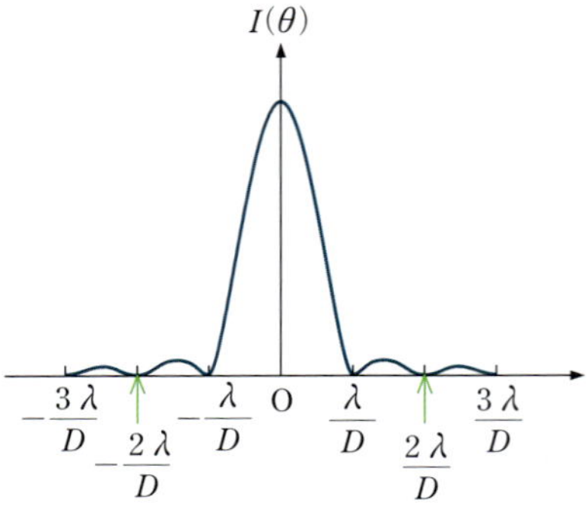

図 13.10　幅 D のスリットによる光の回折

円孔による回折　障害物の板にあいている半径 R の円い孔に波長 λ の単色光が垂直に入射する場合にも回折が起こる．回折角 θ は

$$\theta\lesssim0.61\frac{\lambda}{R} \tag{13.10}$$

である．

回折格子　いろいろな波長の波の混ざった光を単色光に分解する装置として回折格子がある．**回折格子**は，ガラス板の片面に，1 cm につき 500〜10000 本の割合で，多数の平行な溝（格子）を等間隔に刻んだものである*2．溝の部分では乱反射してしまい不透明になるので，溝と溝の間の透明な部分（幅 D）がスリットの働きをする．

＊2　ガラス板に Al などの金属を蒸着し，その表面に等間隔に溝を刻線したものも使う．

平行光線（波長λ）を回折格子（格子間隔d，格子数N）のガラス面に垂直に入射させる（図13.11）．このとき，透過光の進行方向と格子面の法線のなす角θが，

$$d\sin\theta = m\lambda \qquad (m = 0, \pm 1, \pm 2, \cdots) \tag{13.11}$$

を満たす場合には，遠方にあるスクリーン上の点Pから隣り合うスリットまでの距離の差$d\sin\theta$は波長λの整数倍なので，すべてのスリットから点Pへ到達する光波の位相は一致し，点Pでの光波の振幅はスリットが1本の場合のN倍になる．したがって，点Pでの光波の強さは，スリットが1本の場合のN^2倍になり，きわめて明るくなる．

格子数がNの回折格子の全体を通過する光の強さはNに比例するので，明るい線の幅はNに反比例して狭くなる$\left(\dfrac{N}{N^2} = \dfrac{1}{N}\right)$．角$\theta$が(13.11)式を満たす角度からわずかにずれると，たちまち多くのスリットからの光波は打ち消し合うので，明るい線の幅はきわめて細くなるのである．このため，回折格子による回折角θを測定して光の波長を正確に決められる．波長が異なると回折光が強め合う回折角は異なるので，太陽光のように波長の異なった波の混ざった光を回折格子にあてると，回折によって分光する．

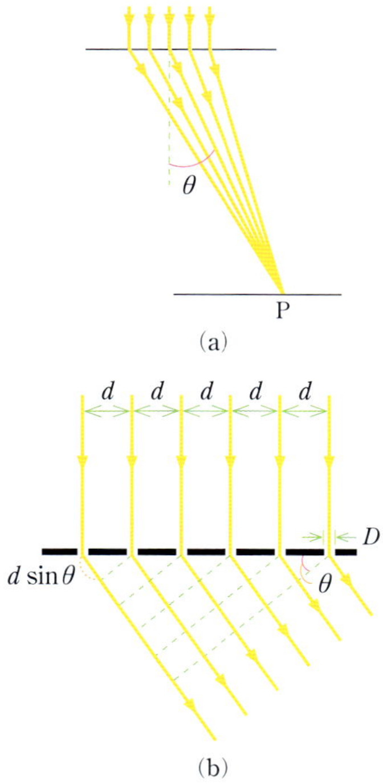

図13.11　回折格子による光の回折．回折格子からスクリーンまでの距離がNdに比べて大きいと，点Pに集まる光は平行と考えてよい．

演習問題13

A

1. 図1で人Aは，ガラスの直方体の反対側にある物体Bがどのような方向にあると感じるか．

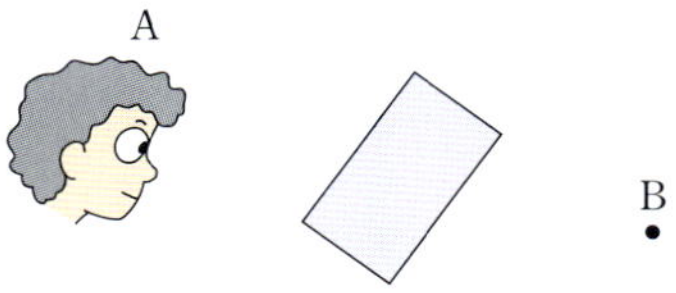

図1

2. 音波が空気（$V_1 = 340$ m/s）から水（$V_2 = 1500$ m/s）へ入射する場合，臨界角はいくらか．
3. 空気中にあるダイヤモンド（$n = 2.42$）の全反射の臨界角はいくらか．
4. 幅10^{-5} mの1本のスリットを波長5×10^{-7} mの光で照らした．1 m離れたスクリーン上の中央の回折光の幅はいくらか．
5. 回折格子に垂直に波長0.5 μmの単色光をあてたところ，法線と30°の角の方向に最初の明るい線が見えた．回折格子のスリットは1 cmに何本引いてあるか．

B

1. 水中の魚は太陽の動きをどう観測するか．
2. 波長5.00×10^{-7} mの光が半径10^{-4} mの円形の孔に垂直に入射した．1 m離れたスクリーンの上につくられる斑点の大きさはいくらか．
3. ふつう，ステレオ装置の2つのスピーカーからの音の干渉効果は検出されない．なぜか．

熱

われわれは日常生活の経験を通じて，熱と温度に関する事実をいろいろ知っている．温度は熱平衡状態にある物体のもつ物理量の１つである．高温の物体と低温の物体を接触させると，高温の物体の温度は下がり，低温の物体の温度は上がって，やがて２つの物体の温度は同じになる．これは熱平衡状態である．このとき高温の物体から低温の物体に熱が移動したという．熱の実体は何だろうか．

この章では，まず熱平衡，相と相転移，熱容量と比熱容量，熱膨張，熱の移動（熱伝導，対流，熱放射）などの熱と温度に関する諸事実を学び，つづいて気体の物理的性質を分子論の立場で理解する．

14.1 熱と温度

学習目標 熱平衡，温度，熱，転移熱，内部エネルギー，熱容量，比熱容量，モル熱容量などがどういう物理量かを理解する．

熱平衡と温度 物体の熱さ，冷たさの状態を表す物理量として温度がある．熱い湯を冷たいティーカップに入れたときのように，高温の物体と低温の物体を接触させると，高温の物体は温度が下がり，低温の物体は温度が上がって，やがて2つの物体の温度は同じになる．このとき熱が高温の物体から低温の物体に移動したという．接触している2つの物体の温度が同じになると熱の移動は止まる．これを**熱平衡状態**といい，2つの物体はたがいに熱平衡にあるという．

熱平衡について，次の経験則が成り立つ．

3つの物体A,B,Cがある場合，AとBが熱平衡にあり，BとCが熱平衡にあれば，AとCを直接接触させるとき必ず熱平衡にある．

これを**熱力学の第0法則**とよぶ．このとき，A,B,Cの温度は等しい．また，AとCを直接に接触させなくても，物体Bを温度計として使い，AとCの温度が等しいかどうかを調べることができる．

温度が変化すれば物質の内部状態も変化し，体積，圧力などの変化が生じ，また，特定の温度では融解，蒸発，凝固，凝縮などの固体(固相)⇄液体(液相)，液体⇄気体(気相)の相転移が起こるので，これらの現象を利用して，温度を数値で表す温度目盛が定められている．セルシウスが1気圧のもとの水の氷点を0 °C，沸点を100 °Cとして目盛ったものを**セルシウス(セ氏)温度目盛**という．ボイル-シャルルの法則にしたがう希薄な気体(理想気体)の体積変化を利用するのが絶対温度目盛(温度の単位はケルビン，記号はK)である*(163,185頁参照)．

気体と液体の間の相転移は，臨界温度(次頁参照)以下では体積変化を伴い，熱(蒸発熱，凝縮熱)の出入りがある．これを**転移熱**という．このように転移熱の出入りのある相転移を**1次相転移**という．固体-液体，固体-気体の相転移はつねに1次相転移である．1次相転移で物質が吸収する転移熱(融解熱，蒸発熱)は，物質の中の分子が分子間引力に打ち勝って自由になるために必要なエネルギーである．逆過程では，物質は同じ量の転移熱(凝固熱，凝縮熱)を外部に放出する．

相と相転移 ある物質がいろいろな温度や圧力のときに，気体(気相，gas)，液体(液相，liquid)，固体(固相，solid)のどの相にあるのかを示す図を**相図**という．図14.3にその例を示す．気体，液体，固体と書いてある領域はそれらの相が安定な領域である．固体と気体の領域の境界線のSG曲線は，固体と気体が共存する状態に対応する．液体と気体の領域の境界線のLG曲線は，液体と気体が共存する状態に対応する．SG曲線を固体の蒸気圧曲線，LG曲線を液体の蒸気圧曲線という．

図14.1 融解した銑鉄は1500〜1600 °Cになる．

* セ氏温度 T_C と絶対温度 T の関係は

$$T_C = T - 273.15$$

である．たとえば，30 °Cは303.15 Kである．この注では，簡単のため T_C と T は数値部分のみを表しているものとする．

表14.1 いろいろな温度(°C)
(沸点，融点は1気圧での値)

太陽の中心温度	約 1.55×10^7
太陽の表面温度	約 5800
金の凝固点	1064.18
銀の凝固点	961.78
亜鉛の凝固点	419.527
スズの凝固点	231.928
水の沸点[1]	99.974
水の三重点[2]	0.01
窒素の沸点	−195.8
水素の沸点	−252.87
ヘリウムの沸点	−268.934

1) 国際単位系では，水の1気圧での沸点は100 °Cではなくなった(p.185参照)．
2) 三重点とは気相，液相，固相の3相が共存している状態．

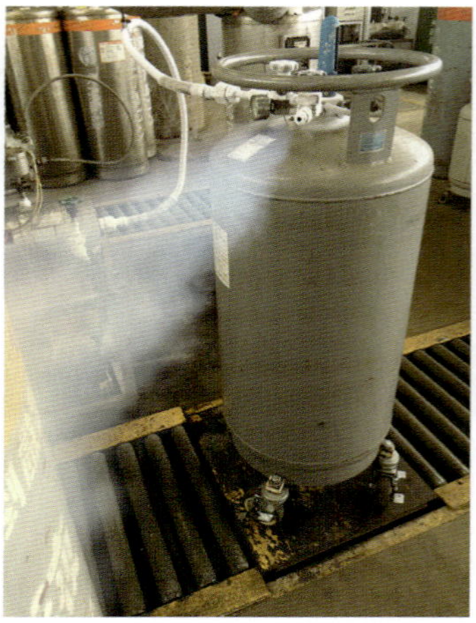

図 14.2　液体窒素を容器に充填しているところ．-196 °C の冷気が空気中の水蒸気を白く目で見える形にしている．

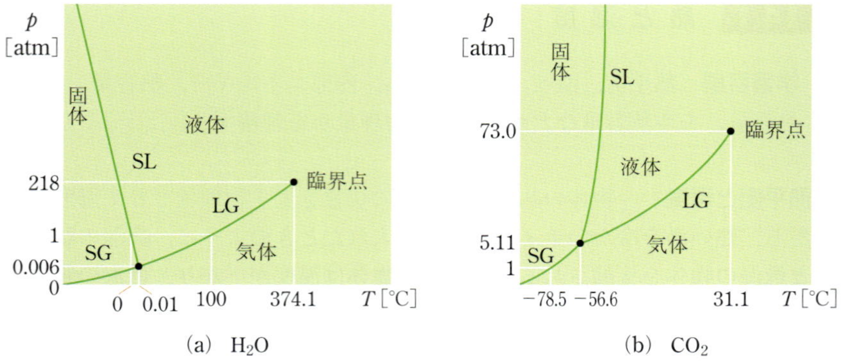

図 14.3　相図

SL 曲線は固体と液体が共存する状態に対応する．固体と液体の領域の境界線の SL 曲線と圧力 $p=$ 一定の直線の交点は，圧力 p での融点を示す．水の場合，0.01 °C，0.0060 気圧では水と氷と水蒸気の 3 相が平衡状態にある．このような点を**三重点**とよぶ[*1]．

LG 曲線は右端の**臨界点**と書いてあるところで切れている．臨界点の温度と圧力を臨界温度と臨界圧という．臨界温度以上の温度では，温度を一定にして圧力を変化させても，また臨界圧以上の圧力では，圧力を一定にして温度を変化させても，物質の性質は（低密度で高圧縮性の）気体的性質の状態と（高密度で低圧縮性の）液体的状態の間を連続的に変化するだけで，不連続な変化は見られない．

＊1　水の三重点は 273.16 K である．

熱と分子運動，内部エネルギー　ガスや電気ポットでお湯を沸かすことができる．また，2 つの硬い板切れをすり合わせると，接触面が熱くなる．これらの事実は，化学エネルギー，電気エネルギー，力学的仕事が熱に転換したこと，したがって，熱はエネルギーの一形態であることを示している．

図 14.4　長い滑り台．滑り台を滑って降りると，摩擦でお尻が熱くなる．

すべての物体は分子から構成されており，物体の中で分子は熱運動とよばれる乱雑な運動を行っている．物体の温度とは，その物体を構成している分子 1 個あたりの熱運動のエネルギーの大きさを表す物理量なのである．したがって，物体を加熱すると，外部から加えられたエネルギーは分子の熱運動のエネルギーになるので，温度は上昇する．また，分子の熱運動が激しくなれば，物質は膨張し，やがて，固体は融解して液体になり，液体は蒸発して気体になる．

熱学では，物体を構成する分子の熱運動の運動エネルギーとポテンシャルエネルギーの総和をその物体の**内部エネルギー**とよぶ[*2]．そして，高温の物体（あるいは高温の部分）から低温の物体（あるいは低温の部分）にエネルギーが移動するとき，この移動するエネルギーを**熱**とよぶ．

＊2　物体の重心運動と重心のまわりの回転運動のエネルギーや物体の重力ポテンシャルエネルギーなどの巨視的なエネルギーは内部エネルギーには含まれない．

熱量の単位　J
熱量の実用単位　cal
熱容量の単位　J/K = J/°C

熱容量と比熱容量　熱は移動するエネルギーなので，移動した熱の量（熱量）の単位は J である．歴史的には熱量の単位として 1 g の水を温度 1 °C 上げるために必要な熱量をとり，これを 1 カロリー（cal）とよ

んだ．計量法では，カロリーの使用は，栄養学的熱量と基礎代謝で消費される熱量に限定して認められ，この場合

$$1\ \mathrm{cal} = 4.184\ \mathrm{J} \tag{14.1}$$

を使うように定められている．

ある熱量を与えたとき，物体の温度がどれだけ上昇するかは，物体の種類や質量によって異なる．物体の温度を 1 °C 上げるために必要な熱量をその物体の**熱容量**という．熱量 ΔQ を与えたときの温度上昇が ΔT ならば，熱容量 C は

$$C = \frac{\Delta Q}{\Delta T} \tag{14.2}$$

である．熱容量の単位は J/K = J/°C である．

熱容量は物体の質量に比例する．そこで，一定量の物質の熱容量をその物質の**比熱容量**という．圧力を一定にして温度を上昇させたときの比熱容量を定圧比熱容量，体積を一定にして温度を上昇させたときの比熱容量を定積比熱容量とよぶ．比熱容量はふつう 1 g の物質の熱容量として定義される．この場合，「熱容量」=「比熱容量」×「質量（グラム数）」である．約 6×10^{23} 個の分子を含む 1 mol の物質の熱容量を**モル熱容量**という．同じ物質でも比熱容量は温度によって異なる．たとえば，固体のモル熱容量は，常温では物質によらずおよそ 25 J/(K・mol) であるが，低温ではそれより小さい値をとる（図 14.5 参照）．

熱膨張　物体を熱すると，ふつうはその体積が膨張する．一般に，物体の温度変化 $T \to T+\Delta T$ と長さの変化 $L \to L+\Delta L$ の間には

$$\Delta L = \alpha L\,\Delta T \tag{14.3}$$

という関係がある．定数 α を**線膨張率**という．物体の温度変化 $T \to T+\Delta T$ と体積の変化 $V \to V+\Delta V$ の間には

$$\Delta V = \beta V\,\Delta T \tag{14.4}$$

という関係がある．定数 β を**体膨張率**という．α と β の間には

$$\beta = 3\alpha \tag{14.5}$$

という関係がある（演習問題 14 の B2 参照）．

水の熱膨張は特別である．水は 3.98 °C 以下では体膨張率が負で，水温が 0 °C から上昇すると水は収縮する．3.98 °C で密度は最大（1.000 g/cm^3）になり，さらに温度が上昇すると水は膨張する．原因は，氷の場合には隣り合う水分子（H_2O）は水素結合によってたがいに結びついているので，空間の中に余裕をもって並んでいて密度は小さいが，温度が上がって液体になると，隣り合う水分子の間の水素結合が切れるので，多くの分子を狭いところに詰められるようになるからである*．

表 14.2　物質の比熱容量 [J/(g・K)]

物　質	比熱容量
鉄（0 °C）	0.437
銅（0 °C）	0.380
銀（25 °C）	0.236
ケイ素（25 °C）	0.712
硫黄（斜方，25 °C）	0.705
水（15 °C）	4.19
海水（17 °C）	3.93
メタノール（12 °C）	2.5
水蒸気（100 °C）（定圧）	2.051
空気（20 °C）（定圧）	1.006
水素（0 °C）（定圧）	14.191

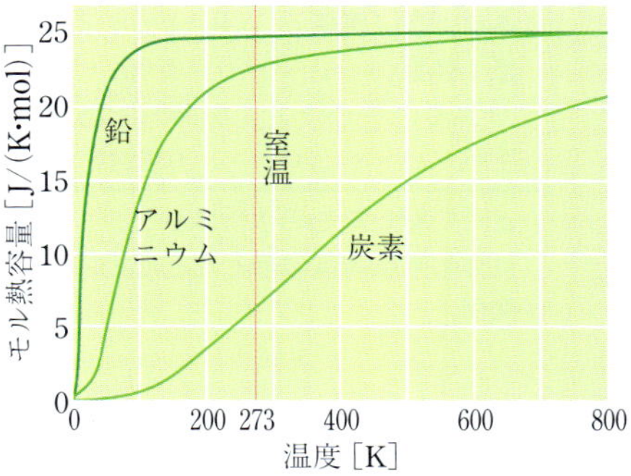

図 14.5　固体のモル熱容量（Pb, Al, C）．温度が上昇すると 3 元素のモル熱容量は $3R \approx 25$ J/(K・mol) になる（**15.2** 節参照）．

表 14.3　物質の線膨張率（20 °C）

物　質	α [K^{-1}]
アルミニウム	2.31×10^{-5}
銅	1.65×10^{-5}
鉄	1.18×10^{-5}
白金	$8.8\ \times10^{-6}$
ガラス（平均）	$(8\sim10)\times10^{-6}$
ガラス（耐熱）	$2.8\ \times10^{-6}$

* 0 °C の氷の密度 0.917 g/cm^3 は 0 °C の水の密度 0.99984 g/cm^3 より小さい．水の密度が最大となる 3.98 °C での密度は正確には 0.999973 g/cm^3 である．

14.2 熱の移動

学習目標　2つの物体の間，あるいは1つの物体の内部に温度差があるときの熱の3種類の移動方法である熱伝導，対流，熱放射の機構を理解する．プランクの法則，ウィーンの変位則，シュテファン-ボルツマンの法則はそれぞれどのような法則かを理解する．

表 14.4　熱伝導率

物　質	k [W/(m·K)]
アルミニウム	236
銅	403
ステンレス	15
水 (80 °C)	0.673
木材 (乾) (常温)	0.14～0.18
紙 (常温)	0.06
ガラス (ソーダ)	0.55～0.75
空気	0.0241

とくに記したもの以外は 0 °C．
気体の熱伝導率はほとんど圧力に無関係．

熱伝導　**熱伝導**は，高温部の原子の熱運動のエネルギーが，原子間力の作用によって次々と隣の原子に伝えられて低温部まで到達することによって生じる接触している物体間あるいは物体内部での熱の移動である．この場合には原子やイオンは移動しないが，金属では電子は移動できるので，一般に金属は熱伝導が大きい．

温度 T_1, T_2 ($T_1 < T_2$) の2つの物体を，長さ L，断面積 A の棒で結ぶと，この棒を伝わる熱の流れ H は

$$H = \frac{\Delta Q}{\Delta t} = kA\frac{T_2 - T_1}{L} \tag{14.6}$$

と表される．k はこの棒の熱伝導率とよばれる比例定数である．

空気は熱の不良導体である．衣服は布地の中に空気をとらえ，その空気が断熱材の働きをする．

対流　液体や気体では熱は熱伝導によってもいくらかは伝わるが，大部分は流体自身の運動によって伝わる．高温の部分と低温の部分の密度の差によって生じる流体の運動を**対流**という．

図 14.6　ガスバーナーの炎

熱放射　高温の物体から，光，赤外線，紫外線などの電磁波（第22章参照）が放射され，空間を伝わって低温の物体にあたって吸収されることによってエネルギーが移動する．電磁波は真空中を光の速さ $c = 3 \times 10^8$ m/s で伝わるので，熱放射の場合にはエネルギーは光速で伝わる．

鉄をアセチレン・バーナーで加熱する場合，温度が上がるとまず赤くなり，さらに温度が上がると青白く光る．このように高温の物体は光を放射するが，放射する光の色は温度とともに変化し，温度が高くなるほど物体は波長が短い電磁波を放射する（赤外線 → 赤色光 → 紫色光 → 紫外線の順に波長が短くなる）．気体を高温に加熱すると気体の種類に特有な色の光を放射するので，ここでは固体と液体だけを考える．

1900年にプランクは，いろいろな温度の炉から出る可視光線，赤外線，紫外線などの電磁波について，波長ごとにエネルギーを測定した実験結果（図14.7）をうまく表す公式を発見した．図14.7の絶対温度 T の曲線に対する波長が λ と $\lambda+\Delta\lambda$ の間の斜線の部分の面積は，絶対温度 T の物体の表面 1 m^2 から波長が λ と $\lambda+\Delta\lambda$ の間の電磁波によって1秒間に放射されるエネルギー量を表すが，この量は

$$I(\lambda, T)\,\Delta\lambda = \frac{2\pi hc^2}{\lambda^5}\frac{1}{e^{hc/\lambda kT}-1}\Delta\lambda \tag{14.7}$$

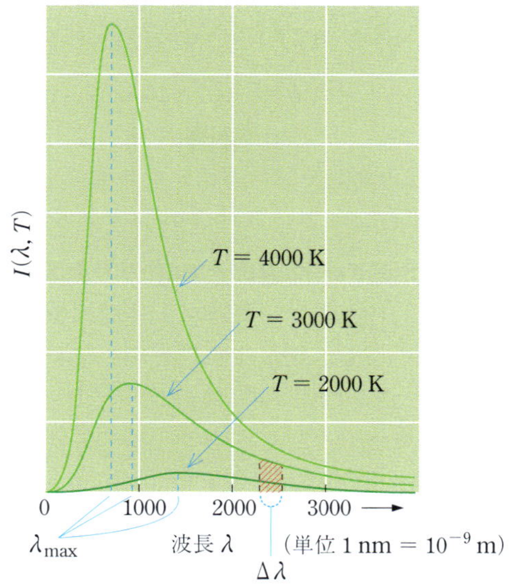

図 14.7 プランクの法則．波長 λ と放射されるエネルギー量 $I(\lambda, T)$ の関係．

と表される．これを**プランクの法則**という．厳密には，この法則は入射する電磁波を完全に吸収する物体からの放射についてのみ成り立つので，**黒体放射の法則**ともよばれる．k はボルツマン定数（次節参照）で，h はプランク定数とよばれる定数で，

$$h = 6.626 \times 10^{-34}\ \mathrm{J \cdot s} \tag{14.8}$$

である．

プランク定数
$h = 6.626 \times 10^{-34}$ J·s

電磁波を完全に吸収せず，吸収率 a が 1 より小さい物体の場合には，放射されるエネルギーは (14.7) 式の a 倍になり小さくなる．

プランクの法則から 2 つの重要な結論が導かれる．第 1 の結論は，各温度でもっとも強く放射される電磁波の波長，つまり図 14.7 の曲線のピークに対応する波長 λ_{max} は絶対温度 T に反比例し，

$$\lambda_{max} T = 2.9 \times 10^{-3}\ \mathrm{m \cdot K} \tag{14.9}$$

という関係である．つまり，高温の物体ほど波長の短い電磁波を放射するので，われわれの経験と一致している．この関係は，プランクの法則が発見される前にウィーンが発見していたので，**ウィーンの変位則**という．

太陽や遠方の星のような非常に高温な物体の温度は，放射される電磁波のエネルギーを波長ごとに測定してプランクの法則と比較して決めることができる．太陽の場合，λ_{max} は緑色に対応する 500 nm，つまり 5×10^{-7} m なので，太陽の表面温度は 5800 K であることがわかる．電灯のタングステンフィラメントの温度は約 2000 K なので，電灯からは光よりも赤外線の方が多く放射され，光源としては効率が悪い．

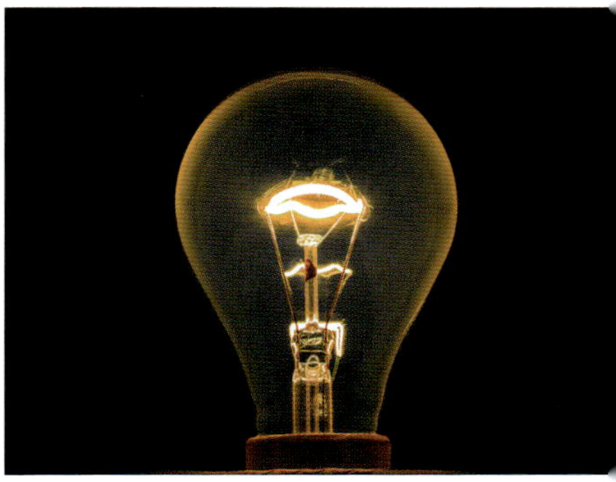

図 14.8 白熱電球．フィラメントから放射される光を利用している．

第 2 の重要な結論は，図 14.7 の曲線の下の面積は，絶対温度 T の物体の表面 1 m^2 から 1 秒間に放射される電磁波の全エネルギー W を表すことで，

$$W(T) = \int_0^\infty I(\lambda, T)\,d\lambda = \sigma T^4 \tag{14.10}$$

$$\sigma = 5.67\times10^{-8}\ \mathrm{W/(m^2\cdot K^4)} \tag{14.11}$$

である．W は絶対温度 T の 4 乗に比例するという関係は，やはりプランクの法則が発見される前にシュテファンとボルツマンによって発見されたので，**シュテファン-ボルツマンの法則**という．

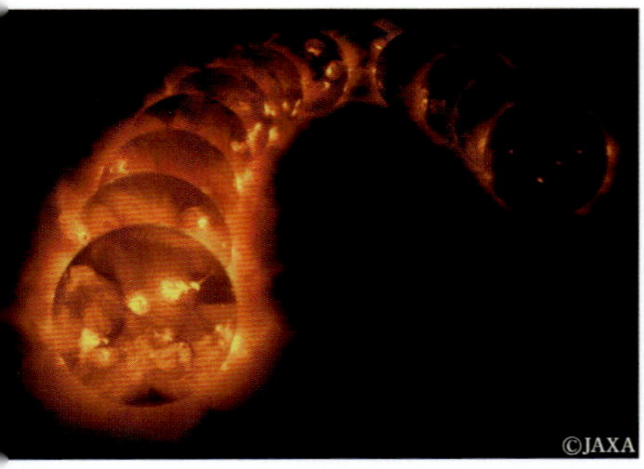

図 14.9　太陽観測衛星「ようこう」の軟 X 線望遠鏡で撮影した打ち上げ直後（1991 年 11 月：左）から 1995 年末（右）までの太陽（81 日おきに並べてある）．

例 1　太陽の表面温度と地球の表面温度　太陽の表面温度がわかると，(14.10) 式から太陽が 1 秒間に放射する全エネルギー量がわかり，そのうち地球に到達するエネルギー量も計算できる．太陽の表面温度を 5800 K とすると，太陽表面の 1 $\mathrm{m^2}$ から 1 秒間に放射されるエネルギー量は

$$W = 5.67\times10^{-8}\times5800^4\ \mathrm{W/m^2} = 6.4\times10^7\ \mathrm{W/m^2}$$

である．半径が 70 万 km の太陽から 1 億 5000 万 km 離れた地球まで，このエネルギーがやってくると，エネルギー密度は距離の 2 乗に反比例して減少するので，地球上で太陽に正対する面積が 1 $\mathrm{m^2}$ の面が 1 秒間に受ける太陽からのエネルギー量は，6400 万 J の (70 万/15000 万)^2 = 1/46000 倍の 1400 J になる．

実際の測定によると，地球の大気圏外で太陽に正対する面積 1 $\mathrm{m^2}$ の面が 1 秒間に受けるエネルギー量は 1.37 kJ である（1 $\mathrm{cm^2}$ が 1 分間に受ける太陽の放射の総量は約 2 cal である）．これを**太陽定数**という．

地球の半径を R_E とすると，太陽から見た地球の面積は半径 R_E の円の面積の $\pi R_E{}^2$ であるが，地球の表面積は半径 R_E の球の表面積の $4\pi R_E{}^2$ なので，地球の表面 1 $\mathrm{m^2}$ が太陽から受け取る太陽の放射は，平均すると，上の値の 1/4 である．

地球と宇宙空間との熱の収支はバランスがとれているので，地球の表面の 1 $\mathrm{m^2}$ は，平均すると 1 秒間に 1.37 kJ の 1/4，つまり，343 J を外部に放射する．この値を (14.10) 式の左辺に入れると，右辺の T は 279 K，つまり，約 6 °C になる．太陽からの放射のかなりの部分は大気圏の表面などで反射される．反射率を 30 % とすると $T \approx 255$ K，つまり，−18 °C になる．地球表面の平均温度は 15 °C で，大気圏の平均温度は −18 °C だとされている*．

* 地球表面の平均気温が高い原因は，太陽光を通しやすいが，赤外線を通しにくいという，大気中の水蒸気や二酸化炭素などの働きによる温室効果である．なお，日照量の多い熱帯地方と日照量の少ない寒帯地方の温度差が少ないのは，地球規模の大気の循環や海水の循環による熱の移動があるからである．

例 2　宇宙の温度　宇宙の温度は −270 °C，つまり 3 K である．この宇宙の温度は，大陸間通信のための送受信機の雑音を減らそうとどのように努力しても，あるレベル以下には減らせず，アンテナをどの方向に向けても同じレベルの雑音が受信される，つまり，宇宙のすべての方向から一様で等質なマイクロ波が届くという事実から導かれた．図 14.11 の科学衛星 COBE などの観測結果が示すように，このマイクロ波の波長分布は絶対温度が 2.73 K のプランクの法則にしたがう（λ_{max} が 1.1 mm）．恒星を除く，宇宙のいたるところが宇宙背景放

図 14.10　マイクロ波のアンテナ

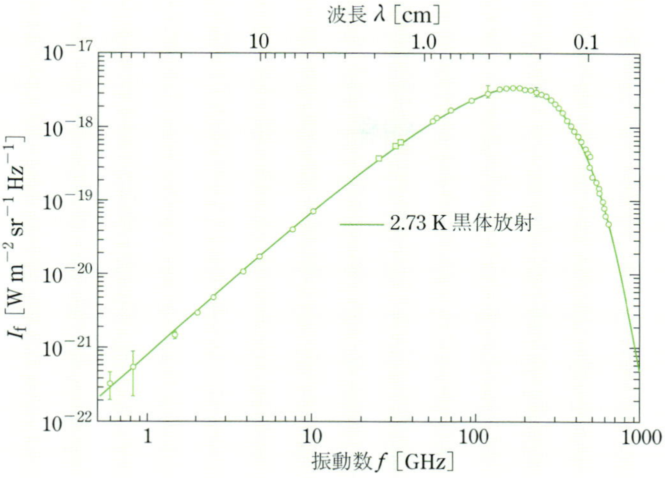

図 14.11 宇宙の温度は 2.73 K (宇宙背景放射). 横軸は振動数 (下側) および波長 (上側). 曲線は 2.73 K の黒体放射 (プランクの法則) の理論値. 縦軸の I_f は $I_f \Delta f$ が振動数 f と $f+\Delta f$ の間に放射される光のエネルギー量.

射とよばれるマイクロ波で満たされているのである.

14.3 気体の分子運動論

学習目標 理想気体の圧力, 体積, 温度, モル数の関係を表す状態方程式を理解する. 分子論を気体に適用すると, 理想気体の内部エネルギーが導かれることを理解する.

理想気体の状態方程式 われわれは気体に関するいくつかの事実を知っている.

温度が一定のとき, 気体の体積 V と圧力 p は反比例する (図 14.12).

$$pV = 一定 \qquad (温度は一定) \tag{14.12}$$

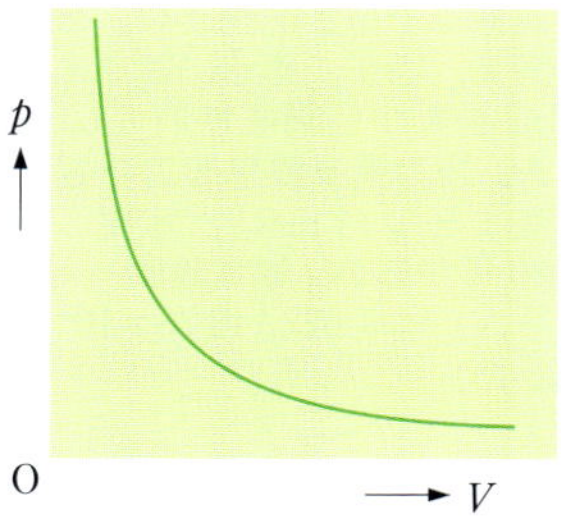

図 14.12 ボイルの法則 pV = 一定.

この関係はボイルによって発見されたので, **ボイルの法則**という.

圧力を一定に保ちながら, 気体を温めると, 気体は膨張して体積が増す. 気体の温度を 1 °C 上昇させると, 体積は 0 °C のときの体積 V_0 の 1/273.15 だけ増加し, 1 °C 低下させると, 体積は V_0 の 1/273.15 だけ減少する (図 14.13). したがって, t °C のときの体積 V は

$$V = \left(1+\frac{t}{273.15}\right)V_0 \qquad (圧力は一定) \tag{14.13}$$

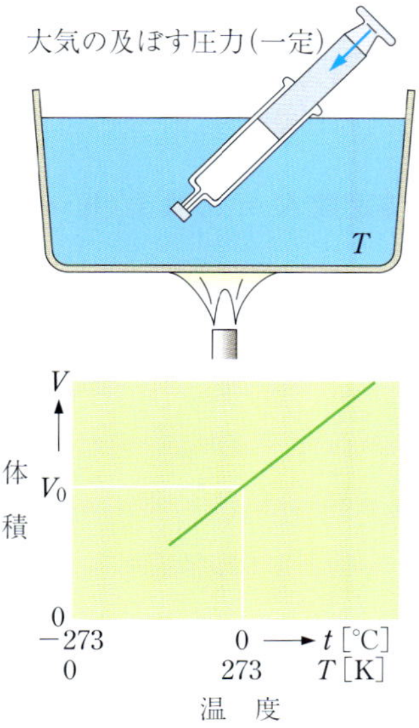

図 14.13 シャルルの法則 $\dfrac{V}{T}$ = 一定.

と表される. この関係はシャルルによって発見されたので, **シャルルの法則**という.

気体は分子の集団で, 温度が上がると分子の運動が激しくなり, 気体がピストンを押す圧力が増え, 気体の体積は増加する. 逆に温度が下がると, 分子の運動は弱くなるので, 気体がピストンを押す圧力が減り, 気体の体積は減少するのである.

そこで, セ氏温度 T_C に 273.15 を加えた**絶対温度** (単位はケルビン, 記号は K),

絶対温度の単位 K

$$T = T_C + 273.15 \qquad (14.14)$$

を導入すると*1，シャルルの法則は

$$V = \frac{T}{273.15} V_0 \qquad (\text{圧力は一定}) \qquad (14.15)$$

と表され，圧力 p が一定の場合，気体の体積 V は絶対温度 T に比例する．

*1　絶対温度は，厳密には熱力学温度として定義される（**15.4** 節参照）．

同温，同圧，同体積の希薄気体の中には，どのような気体でもつねに同じ数の分子が含まれている．これを**アボガドロの法則**という．

ボイル，シャルル，アボガドロの法則にしたがう気体を理想気体という．標準状態（1 気圧 $= 1.01325 \times 10^5\ \mathrm{N/m^2}$，$0\ ^\circ\mathrm{C} = 273.15\ \mathrm{K}$）では，22.414 L の理想気体の中に 1 モル（mol）の分子，つまり，個数が

$$N_A = 6.022 \times 10^{23}/\mathrm{mol} \qquad (14.16)$$

の分子が含まれている．N_A を**アボガドロ定数**という*2．

アボガドロ定数
$N_A = 6.022 \times 10^{23}/\mathrm{mol}$

*2　歴史的に，アボガドロ定数 N_A は 0.012 kg（12 g）の ^{12}C に含まれている炭素原子数と定義され，ある 1 種類の分子，原子，あるいはイオンなどの構成要素から構成されている物質が，N_A 個の構成要素を含む場合の物質量を 1 モル（1 mol）と定義した．
2019 年から N_A は定義値
$N_A = 6.022\,140\,76 \times 10^{23}/\mathrm{mol}$
になった．

1 mol の物質の質量をグラムを単位として表した数を，その物質の分子量という．したがって，1 気圧，273.15 K で 22.414 L の気体の質量をグラムで表すと，この気体の分子量に等しい．

さて，容器（シリンダー）の中の理想気体の体積 V は，絶対温度 T とモル数 n が一定のときはボイルの法則によって圧力 p に反比例し，圧力 p とモル数 n が一定のときは絶対温度 T に比例し，圧力 p と絶対温度 T が一定のときはモル数 n に比例する．そこで，この 3 つの関係をまとめると，n mol の気体の圧力 p，体積 V，絶対温度 T の間には，

$$V = \text{定数} \times \frac{nT}{p} \qquad (14.17)$$

という関係がある．定数を R とおくと，(14.17) 式は

$$pV = nRT \qquad (14.18)^{*3}$$

*3　この式以降，T は単位の K を含み，n は単位の mol を含む．

となる．これを**ボイル-シャルルの法則**という．R は**気体定数**とよばれる定数で，気体の種類によらず，

$$R = 8.31\ \mathrm{J/(K \cdot mol)} \qquad (14.19)$$

気体定数 $R = 8.31\ \mathrm{J/(K \cdot mol)}$

である $\left[\dfrac{(1.013 \times 10^5\ \mathrm{N/m^2}) \times (2.24 \times 10^{-2}\ \mathrm{m^3})}{(273\ \mathrm{K}) \times (1\ \mathrm{mol})} = 8.31\ \mathrm{N \cdot m/(K \cdot mol)}\right]$．

現実の気体は，低温や高密度のときに (14.18) 式からずれるが，高温低密度の希薄な気体の場合には (14.18) 式は気体の状態をよく表す．(14.18) 式をつねに満足する気体の存在を想定して，これを**理想気体**とよぶ．(14.18) 式は理想気体の圧力，体積，温度，モル数などの気体の状態を表す量の関係式なので，**理想気体の状態方程式**という．

気体の分子運動論　ボイル-シャルルの法則を分子論の立場で説明できる．容器の中の気体が壁に及ぼす圧力を，壁に衝突する気体分子の作用としてミクロな立場で理解しよう．図 14.14 の 1 辺の長さ L の立方体の容器に n mol の気体，つまり nN_A 個の気体分子が入っているとする．これらの分子は壁に衝突するか他の分子に衝突すると運動状態を変

えるが，簡単のために，気体は希薄なので分子同士の衝突は無視できるものとする．さて，図 14.14 の右側の壁に速度 $\boldsymbol{v} = (v_x, v_y, v_z)$ で弾性衝突する1つの分子に注目しよう．この弾性衝突で，速度 $\boldsymbol{v}$ の壁に平行な成分の v_y と v_z は変化しないが，壁に垂直な x 成分は v_x から $-v_x$ に変わる．そこで，質量 m の分子の運動量 $m\boldsymbol{v}$ は壁に垂直な成分が $(-mv_x)-(mv_x) = -2mv_x$ だけ変化する．これは運動量変化と力積の関係によって，衝突の際に分子が受けた左向きの力積(「力」×「作用時間」)に等しい．また，作用反作用の法則によって，この分子が壁に及ぼす力積は右向きの $2mv_x$ である．この分子は他の壁に衝突して，ふたたびこの右側の壁に戻ってくる．1往復する時間は $\dfrac{2L}{v_x}$ なので，時間 t にこの分子が同じ壁に衝突する回数は $\dfrac{t}{2L/v_x} = \dfrac{v_x t}{2L}$ であり，この間に1個の分子が壁に及ぼす力積は

$$2mv_x \times \frac{v_x t}{2L} = \frac{m{v_x}^2}{L}t \tag{14.20}$$

である．

これを全分子について加え合わせれば，気体が壁に及ぼす力積が求められる．nN_A 個の分子の ${v_x}^2$ の平均値を $\langle {v_x}^2 \rangle$ と記すと，${v_x}^2$ を全分子について加え合わせれば $nN_A\langle {v_x}^2 \rangle$ になる．そこで，全分子が時間 t に壁に及ぼす力積は $\dfrac{nN_A m\langle {v_x}^2 \rangle}{L}t$ である．一方，全分子が壁に及ぼす平均の力を F とすると，時間 t の間の力積は Ft なので，平均の力 F は

$$F = \frac{nN_A m\langle {v_x}^2 \rangle}{L} \tag{14.21}$$

となる(図 14.15)．壁の面積は L^2 なので，気体の圧力 p は

$$p = \frac{F}{L^2} = \frac{nN_A m\langle {v_x}^2 \rangle}{V} \tag{14.22}$$

となる．ここで $V = L^3$ を使った．

気体分子の運動は全体としては等方的で，$\langle {v_x}^2 \rangle = \langle {v_y}^2 \rangle = \langle {v_z}^2 \rangle$ だと考えられる．三平方の定理によって，$v^2 = {v_x}^2 + {v_y}^2 + {v_z}^2$ なので，その平均値について，

$$\langle v^2 \rangle = \langle {v_x}^2 \rangle + \langle {v_y}^2 \rangle + \langle {v_z}^2 \rangle = 3\langle {v_x}^2 \rangle \tag{14.23}$$

という関係が得られる．この関係を使うと，(14.22)式は

$$pV = \frac{1}{3}nN_A m\langle v^2 \rangle = \frac{2}{3}E \tag{14.24}$$

と表せる．ここで

$$E = \frac{1}{2}m\langle v^2 \rangle nN_A \tag{14.25}$$

は気体分子の全運動エネルギーである．

(14.24)式とボイル-シャルルの法則(14.18)を比較すると，

$$\frac{1}{2}nN_A m\langle v^2 \rangle = E = \frac{3}{2}nRT \tag{14.26}$$

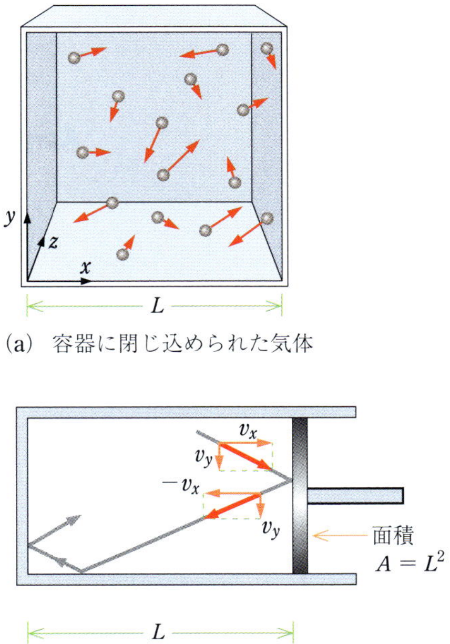

(a) 容器に閉じ込められた気体

(b) 気体分子の壁との衝突

図 14.14 気体分子の運動．

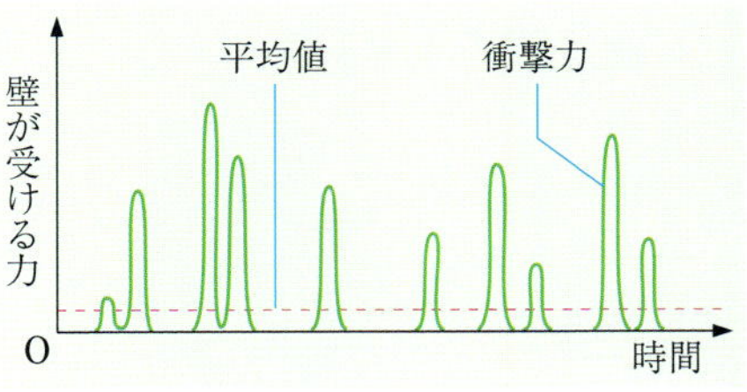

図 14.15 壁が気体分子から受ける衝撃力と平均値(平均の力)

なので，気体分子の全運動エネルギー E は絶対温度 T に比例することがわかる．また，(14.26) 式から，気体分子1個あたりの平均の運動エネルギーは

$$\frac{1}{2}m\langle v^2\rangle = \frac{3}{2}\frac{R}{N_A}T \qquad (14.27)$$

である．右辺に出てくる $\frac{R}{N_A}$ という定数は分子論ではよく出てくるので，**ボルツマン定数**とよび k（あるいは k_B）と記す．

ボルツマン定数
$k\,(=k_B) = 1.38\times10^{-23}$ J/K

$$k = 1.38\times10^{-23}\ \mathrm{J/K} \qquad (14.28)$$

ボルツマン定数 k を使うと，(14.27) 式は

$$\frac{1}{2}m\langle v^2\rangle = \frac{3}{2}kT \qquad (14.29)$$

と表される．

このようにして，気体分子の運動エネルギー E は絶対温度 T に比例することが示された．逆に，絶対温度 T を (14.29) 式で定義すると，気体分子運動論からボイル-シャルルの法則が導かれることになる．

例3　気体分子の平均の速さ　300 K (27 °C) における水素分子 H_2（質量 $m(H_2) = 3.35\times10^{-27}$ kg）と水銀分子 Hg（質量 $m(\mathrm{Hg}) = 3.33\times10^{-25}$ kg）の平均の速さ（厳密には，速さの2乗の平均値の平方根）は，(14.29) 式を使うと

$$\sqrt{\langle v^2\rangle} = \sqrt{\frac{3kT}{m}} = \sqrt{\frac{3\times(1.38\times10^{-23}\ \mathrm{J/K})\times(300\ \mathrm{K})}{3.35\times10^{-27}\ \mathrm{kg}}}$$
$$= 1.93\times10^3\ \mathrm{m/s} \qquad (H_2)$$

$$\sqrt{\langle v^2\rangle} = \sqrt{\frac{3kT}{m}} = \sqrt{\frac{3\times(1.38\times10^{-23}\ \mathrm{J/K})\times(300\ \mathrm{K})}{3.33\times10^{-25}\ \mathrm{kg}}}$$
$$= 1.93\times10^2\ \mathrm{m/s} \qquad (\mathrm{Hg})$$

となる．

温度の異なる酸素気体を混合するとどうなるだろうか．温度が異なるので，最初のうちは速さの大きな酸素分子と速さの小さな酸素分子が混ざっているが，やがて分子どうしの衝突によって，酸素分子の速さが平均化し，中間の速さに落ち着くことになる．これが温度の異なる気体を混合したときの熱の移動と熱平衡状態の実態である．このように，気体を分子の集合と考えることによって理想気体の性質を理解できる．

気体分子の速さは平均値のまわりにばらついている．この気体分子の速度分布も理論的に計算できる．気体分子の速さを測定したとき，速さが v と $v+\Delta v$ の間にある確率は，

$$Nv^2\exp\left(-\frac{mv^2}{2kT}\right)\Delta v, \qquad N = \sqrt{\frac{2m^3}{\pi k^3T^3}} \qquad (14.30)$$

である（図14.16）．ここで，$\exp(x) = e^x$ である．この速度分布はマクスウェルが理論的に導いたので，**マクスウェル分布**という．

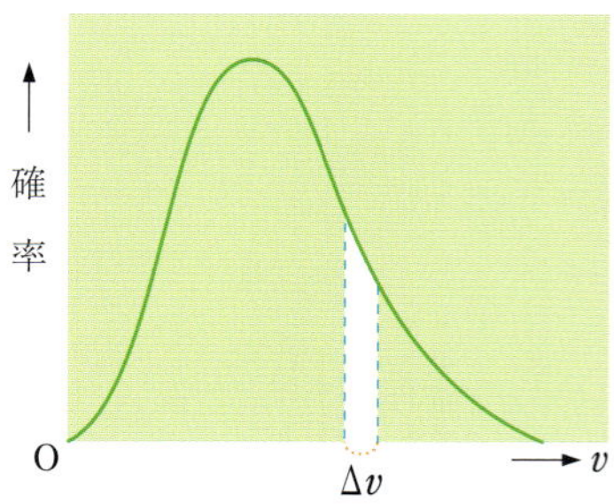

図14.16　マクスウェルの速度分布

参考　ボルツマン分布

(14.30) 式は

$$\frac{N}{4\pi}\exp\left\{-\frac{m(v_x{}^2+v_y{}^2+v_z{}^2)}{2kT}\right\}\Delta v_x\,\Delta v_y\,\Delta v_z \tag{14.31}$$

と表せる．この分布関数の中に分子のエネルギー $E=\dfrac{1}{2}mv^2$ は

$$\mathrm{e}^{-E/kT} \tag{14.32}$$

という形で現れる．一般に，温度 T の熱平衡状態にある物質の中の分子がエネルギー E をもつ確率は $\mathrm{e}^{-E/kT}$ に比例することを，力学と確率論から導くことができる．この分布を**ボルツマン分布**という．この確率分布を仮定して，物質の性質を研究する学問を**統計力学**という．

ボルツマン分布に基づく古典統計力学では，各分子に 1 自由度あたり $\dfrac{1}{2}kT$ の運動エネルギーが平均として与えられる．これを**エネルギー等分配の法則**という．低温になり量子の効果が重要になると，量子統計力学を使わなければならないので，等分配の法則は成り立たなくなる (章末のコラムを参照)．

平均自由行程　液体の中では分子がたがいに接触し合っていると考えられる．液体が気体に変わると体積が著しく増すので，気体の中での分子の平均間隔は分子の直径よりかなり大きくなる．常温常圧の気体では，分子はその直径の 10 倍程度の間隔をおいて散らばり，他の分子に衝突するか容器の壁に衝突すると運動方向を変えるが，衝突と衝突の間は毎秒数百 m の速さで直進する．ある気体分子が他の分子と衝突して次に別の分子と衝突するまでに移動する平均距離 L を気体分子の**平均自由行程**という．

直径 d の気体分子が単位体積中に N 個含まれている場合の平均自由行程は

$$L=\frac{1}{\sqrt{2}\pi Nd^2} \tag{14.33}$$

である．気体分子の中心から距離 d の範囲に他の分子の中心があれば衝突するので，底面積 πd^2，長さ L の円柱の中に他の分子が平均 1 個含まれているという条件 $N(\pi d^2L)=1$ から $L=\dfrac{1}{\pi Nd^2}$ が導かれる (図 14.17)．この式を導くとき，気体分子が相対運動していることを無視した．正確な式は (14.33) 式である．

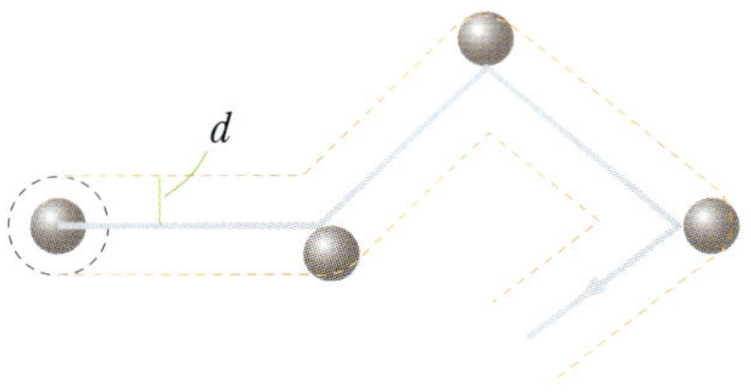

図 14.17　直径 d の気体分子が距離 L だけ移動する間に，体積 πd^2L の折れ曲がった円柱内部の平均 πNd^2L 個の気体分子と衝突するので，1 回衝突するまでの平均移動距離 $L=\dfrac{1}{\pi Nd^2}$.

標準状態では $N=N_{\mathrm{A}}/0.0224\,\mathrm{m}^3=2.7\times10^{25}$ 個/m^3 なので，空気分子の直径を約 4×10^{-10} m とすると，標準状態の空気中の平均自由行程 L は

$$L=\{\sqrt{2}\pi\times2.7\times10^{25}\times(4\times10^{-10})^2\}^{-1}\ \mathrm{m}=5\times10^{-8}\ \mathrm{m}$$

問1　$-182.5\,°C$ の液体酸素の密度は $1.12\,g/cm^3$ である．(1) 酸素分子の直径 d は約 $4\times10^{-10}\,m$ であることを示せ．(2) 標準状態 (1 気圧 $= 1.01325\times10^5\,Pa$，$0\,°C = 273.15\,K$) の 22.4 L (正確には 22.41402 L) の理想気体中には 1 mol の気体分子が含まれていることから，標準状態での酸素ガスの密度 ρ を計算し，気体中の酸素分子の平均間隔と酸素分子の直径の比は約 10：1 であることを示せ．酸素の分子量は 32.0 である．

理想気体の内部エネルギー　物質中の分子の熱運動の運動エネルギーとポテンシャルエネルギーの総和を，その物質の**内部エネルギー**とよぶ．われわれの気体分子運動論では分子間の力を無視しているので，気体分子は熱運動のポテンシャルエネルギーをもたない．これまで考えてきた運動エネルギーは気体分子の重心運動の運動エネルギーである．

構成原子数が 1 の分子である単原子分子の運動は重心運動だけなので，(14.26) 式の E はヘリウム He，ネオン Ne，アルゴン Ar のような単原子分子から構成された n mol の気体分子の熱運動の全エネルギー，つまり，内部エネルギー (記号 U) を表す．つまり，

$$U = \frac{1}{2}m\langle v^2\rangle nN_A = \frac{3}{2}nRT \qquad (\text{単原子分子気体}) \tag{14.34}$$

ということになる．

分子が 2 個の原子からつくられている 2 原子分子，3 個の原子からつくられている 3 原子分子などでは，分子の回転や振動も考えられるので，このような分子から構成されている気体の内部エネルギーは (14.34) 式よりも大きいことが予想される．そこで，(14.34) 式の代わりに

$$U = \frac{f}{2}nRT \tag{14.35}$$

と書く．**15.2** 節で示すように，実験によれば，低温でないかぎり，単原子分子 (He, Ar など) の場合には理論のとおり $f = 3$ で，2 原子分子 (O_2, N_2, CO など) の場合には $f \approx 5$ で，3 原子分子 (CO_2, SO_2 など) の場合 $f \gtrsim 6$ である．この事実は，分子の回転運動のエネルギーのためだと解釈されている．2 原子分子の場合には 2 つの原子を結ぶ軸のまわりの回転運動のエネルギーは無視できるので，3 原子分子の場合よりも回転運動のエネルギーは少ない．分子の中で原子の振動は非常な高温にならないと起こらない．逆に高温になるといろいろな新しいタイプの熱運動が生じるので，f の値は温度とともに増加する (図 15.8 参照)．

14.4　ファン・デル・ワールスの状態方程式

学習目標　密度が大きい気体のしたがう状態方程式のモデルであるファン・デル・ワールスの状態方程式を学び，気体と液体の相転移に触れる．

気体の分子運動論で $pV = nRT$ という状態方程式を導いたときに，

気体分子の体積を無視した．しかし，気体の密度が大きくなると，気体分子の体積も無視できなくなる．クラウジウスは気体の入っている容器の容積 V の代わりに $V-nb$ を使うべきだと指摘した．b は 1 mol の気体分子の体積（つまり，およそ 1 mol の液体の体積）だと考えてよい．

また，$pV=nRT$ という状態方程式を導くときに分子間力の効果は無視した．分子の位置が容器の壁のすぐそばでないときには，周囲にはほぼ一様に他の分子が存在するので，これらの分子からの力は打ち消し合って，その合力は 0 になると考えられる．しかし，分子の位置が容器の壁のすぐそばであると，容器の内部の方だけに分子が存在するので，それらの分子からの力の合力は 0 にはならず，容器の中心部を向いた力になる．このために，分子が壁に衝突したときに分子の運動量を変化させる力は，壁の及ぼす力と分子間力の合力になるので，壁が分子との衝突で受ける力は分子間力を無視した場合に比べて小さくなる．したがって，分子間力を考慮すると壁の受ける気体の圧力も減少する．この圧力の減少は，壁から一定の距離以内に存在して容器の中心部を向いた合力を受ける分子の数と，この分子から一定の距離以内に存在してこの分子に力を及ぼす分子の数との積に比例する．この分子の数はどちらも分子の密度 $\dfrac{nN_A}{V}$ に比例するので，圧力 p の減少は $-\dfrac{an^2}{V^2}$ と表せるとファン・デル・ワールスは考えた．

そこで，この 2 つの効果を取り入れると，$p=\dfrac{nRT}{V}$ は

$$p=\frac{nRT}{V-nb}-\frac{an^2}{V^2} \tag{14.36}$$

すなわち，

$$\left(p+\frac{an^2}{V^2}\right)(V-nb)=nRT \tag{14.37}$$

となる．これを**ファン・デル・ワールスの状態方程式**という．この状態方程式は現実の気体についてよく成り立っている．

(14.36) 式で，温度 $T=$ 一定とおいたときの圧力 p と体積 V の関係を表す**等温曲線**を図示したのが図 14.18 である．温度が高い場合，等温曲線には極小も極大もない．また，温度 T を一定にして圧力 p を変化させると，低密度の気体的状態と高密度の液体的状態の間を連続的に変化する．

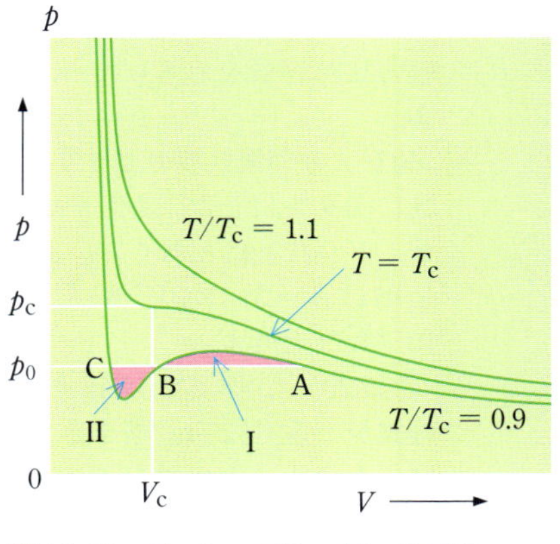

図 14.18 ファン・デル・ワールスの状態方程式の等温曲線

温度を下げると，等温曲線は温度が

$$T_C=\frac{8a}{27bR} \tag{14.38}$$

のときに，体積 V_C のところで停留値 p_C をもつ．この温度 T_C を**臨界温度**といい，p_C を**臨界圧**という．

$$V_C=3nb, \qquad p_C=\frac{a}{27b^2} \tag{14.39}$$

である［(14.38)，(14.39) 式の証明は演習問題 14 の B4 を参照］．

臨界温度 T_C 以下の温度では，等温曲線には極大と極小があるので，この等温曲線と水平線は，ある範囲の p に対しては 3 点 A, B, C で交わる．等温曲線と水平線で囲まれた領域 I の面積が領域 II の面積よりも大きければ A が安定，小さければ C が安定，B はつねに不安定な状態である．I と II の面積が等しくなるような圧力 p_0 が温度 T における飽和蒸気圧を与える．これを**マクスウェルの規則**という（演習問題 15 の B8 参照）．温度 T を一定に保って気体を圧縮すると，圧力が p_0 の点 A で液化が始まり，点 C で液化が完了する．A と C の間の水平な部分は，気体の状態と液体の状態がある割合で共存している状態である．

等温曲線の点 C より左の高密度側は液体を表すが，この液体の状態方程式は現実の液体に対してはよい近似式ではない．臨界温度 T_C 以下の温度での気相と液相の間の相転移は体積変化と転移熱の出入りを伴う 1 次相転移である．

演習問題 14

A

1. 湖の水が冷却すると，湖面から凍り始める理由を説明せよ．
2. 赤い星と青い星がある．この事実から 2 つの星について何がわかるか．
3. 地下に 1 辺 4.5 km の高温の立方体の岩体があり，そこから温度差 100 °C に相当するエネルギーを取り出せば，どれだけのエネルギーになるか．これを日本の 1 年間の発電電力量約 1 兆 kWh と比較せよ．岩の比熱容量を 0.8 J/(g·K)，密度を 3 g/cm^3 とせよ．
4. 60 L 入りの鋼鉄製のガソリン・タンクを 10 °C のときに満タンにした．もしその温度が 30 °C 上昇すると，ガソリンはどれくらいあふれるか．鋼鉄の体膨張率は $\beta = 3.8\times10^{-5}\,\mathrm{K}^{-1}$，ガソリンは $\beta = 9.5\times10^{-4}\,\mathrm{K}^{-1}$ とせよ．
5. 面積 20 m^2，厚さ 0.05 m の木の壁の内側が 20 °C，外側が −5 °C なら，壁を通して 1 秒間に熱がどれだけ伝わるか．木の熱伝導率 $k = 0.15$ J/(m·s·K) とせよ．
6. 温度 T，圧力 p の理想気体の分子の平均自由行程 L は

$$L = \frac{kT}{\sqrt{2}\pi p d^2}$$

であることを示せ（$N = \dfrac{nN_A}{V} = \dfrac{pN_A}{RT} = \dfrac{p}{kT}$ を使え）．

B

1. 固体の二酸化炭素 CO_2（ドライアイス）は室温で融けても液体にならない事実を図 14.3（b）の相図を使って説明せよ．
2. 線膨張率 α と体膨張率 β の関係，$\beta = 3\alpha$ を証明せよ．
3. 人間（表面積 A，体温 T_1）が裸で室温 T_2 の部屋の中に立っている．1 秒あたり人間は $a\sigma A{T_1}^4$ の熱を放射し，$a\sigma A{T_2}^4$ の熱を吸収する．$A = 1.2\,\mathrm{m}^2$，$T_1 = 36$ °C，$T_2 = 20$ °C，$a = 0.7$ として，人間が 1 秒間に失う熱を計算せよ．
4. （14.38）式と（14.39）式を導け．

プランクの法則の発見と現代物理学の誕生

本書の第 22 章までに出てくる法則は 19 世紀末までに発見された．これらの法則に基づいて 19 世紀末までに完成した力学，電磁気学，熱力学などから構成された物理学は古典物理学とよばれている．さて，本章で学んだプランクの法則は 19 世紀の最後の年である 1900 年に発見された．ところが，高温物体からの光の放射を見事に説明するこの法則を古典物理学から導くことはできない．この法則を理論的に導くことができれば，なぜ温度の低い星が赤く光り，温度の高い星が青く光るのかを説明できることになる．赤い光は青い光よりも波長が長く振動数が小さい電磁波であるが，波長の違いに温度に関わる違いがあるのだろうか．

プランクは自分の発見した法則を理論的に導き出すには，『振動数 f の光がもつことのできるエネルギーの大きさ E は，「プランク定数 h」×「振動数 f」の整数倍，

$$E = nhf \qquad (n = 0, 1, 2, \cdots)$$

に限られる』と仮定しなければならないことを発見した．振動数 f の光は大きさが hf のエネルギーの粒の集まりだというのである．

古典物理学では，波の振幅はいくらでも小さくできるので，光波のエネルギーはいくらでも小さい値をとることができるはずである．数学用語を使えば，光のエネルギーの値は連続なはずである．しかし，現実には連続に見える物質に最小単位の原子が存在するように，連続に見える光のエネルギーにも最小単位があるというのである．このエネルギーの最小単位をエネルギー量子という．エネルギー量子の発見が，量子論という現代物理学および現代社会の基礎にあるエレクトロニクスの発展の第 1 歩だったのである．

光のエネルギー量子のエネルギー hf は振動数 f によって異なり，振動数 f が大きいほど大きい．さて，物体は高温になるほど大きな内部エネルギーをもつので，高温になるほど大きなエネルギーの粒が取り出せる．したがって，高温の物体ほど振動数 f が大きく波長 λ が短い電磁波を放射するのである．

気体分子運動論で絶対温度 T の気体の単原子分子の平均運動エネルギーは $\frac{3}{2}kT$ であることを学んだ．絶対温度 T の物体が吸収，放出するエネルギー量の目安は kT である．kT 程度より大きなエネルギーの粒を原子は吸収，放出できない．この事実を朝永振一郎博士は図 14.A のように図解した．光の放射強度の図の横軸を図 14.7 のように波長 λ ではなく，図 14.11 のように振動数 f を選んだ場合の曲線のピークに対応する振動数の値を f_{max} とすると，ウィーンの変位則 (14.9) 式は

$$hf_{\mathrm{max}} = 2.82\,kT$$

と書き換えられるのは，この事実に対応している．

なお，第 24 章では光の振動数を表す記号に f ではなく，ν（ニュー）を使っていることに注意すること．

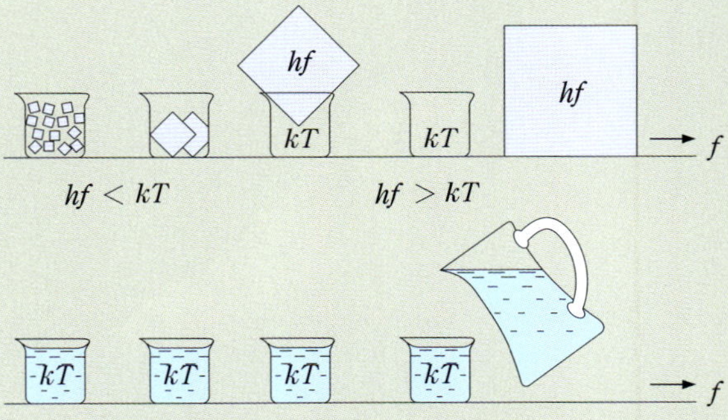

図 14.A　絶対温度 T の物質の原子によるエネルギーの吸収，放出．上段は量子論の場合で，下段は古典論の場合．

熱　力　学

物質の分子構造とは無関係な形で，熱に関する一般的性質をいくつかの法則にまとめ，それらを出発点にして具体的な問題を扱う学問が**熱力学**である．熱力学では，外部（環境）と熱および仕事をやりとりする物体（系）の状態変化でのエネルギー保存則を熱力学の第１法則とよぶ．

熱は高温の物体から低温の物体へ自然に移動するが，熱が低温の物体から高温の物体へ自然に移動することはない．このように逆の変化が自然には生じない状態変化を**不可逆変化**という．状態変化の起こる向きについての法則が熱力学の第２法則で，「エントロピーはつねに増大する」という形で定量的に定式化される．蒸気機関などの熱機関で燃料の化学エネルギーの一部しか仕事に変換できないのも，仕事の熱への変化は不可逆変化だからである．

15.1 熱力学の第 1 法則

学習目標 熱が関係する場合のエネルギー保存則である熱力学の第 1 法則を，エネルギーが保存するという原理から導けるようになる．定圧変化，定積変化，等温変化，断熱変化などの変化では，この法則がどのように表されるのかを理解する．

状態量と状態方程式 熱平衡状態にある物体（系）を表す物理量として，温度，圧力，体積，内部エネルギーなどがある．このような物体の状態を表す物理量を**状態量**あるいは**状態変数**という．理想気体のしたがう方程式 $pV = nRT$ のような状態変数の関係式を**状態方程式**という．(14.35) 式のような内部エネルギーと温度の関係式も状態方程式である．状態方程式のために物体の体積 V，圧力 p，温度 T，内部エネルギー U などの状態変数の全部を勝手に変えることはできない．

熱力学の第 1 法則 物体（系）が外部（環境）と熱のやりとりをしたり，外部に仕事をしたりされたりしている場合のエネルギー保存則を**熱力学の第 1 法則**という．熱の実体は高温の物体から低温の物体に移動しているエネルギーであるから，物体に外部から熱 $Q_{系\leftarrow外}$ が入ったり外部が物体に仕事 $W_{系\leftarrow外}$ をすると物体を構成する原子・分子のエネルギーである内部エネルギー U は増加する．

熱力学の第 1 法則 外部から物体に熱 $Q_{系\leftarrow外}$ が入り，外部が物体に仕事 $W_{系\leftarrow外}$ をした場合に，その前と後での物体の内部エネルギー U の変化は

$$U_{後} - U_{前} = Q_{系\leftarrow外} + W_{系\leftarrow外} \tag{15.1}$$

である．

物体から外部に熱 $Q_{外\leftarrow系}$ が出た場合は $Q_{系\leftarrow外} = -Q_{外\leftarrow系} < 0$，物体が外部に仕事 $W_{外\leftarrow系}$ をした場合は，作用反作用の法則によって，$W_{系\leftarrow外} = -W_{外\leftarrow系} < 0$ である．(15.1) 式を微小量の形で表すと，

$$\Delta U = \Delta Q_{系\leftarrow外} + \Delta W_{系\leftarrow外} \tag{15.2}$$

となる．なお，熱 $Q_{系\leftarrow外}$ と仕事 $W_{系\leftarrow外}$ は状態ごとにその値が決まっている状態量ではない．物体が状態 A から状態 B へ変化するとき出入りする熱と仕事は A と B の間の状態変化の経路によって異なるので，熱 $Q_{系\leftarrow外}$，$\Delta Q_{系\leftarrow外}$ と仕事 $W_{系\leftarrow外}$，$\Delta W_{系\leftarrow外}$ は始状態と終状態だけでは決まらないことを注意しておく*.

熱力学の第 1 法則は，熱を含めた「エネルギー」という保存する物理量の発明という形で，イギリスのジュール，ドイツのマイヤー，ヘルムホルツによって 1840 年代に独立に発見された（**5.3 節参照**）．

物体と外部の作用の仕方にはいろいろな形がある．以下では定圧変化，定積変化，等温変化，断熱変化などで，熱力学の第 1 法則がどのように表されるのかを学ぶ．

* $\Delta Q_{系\leftarrow外}$ と $\Delta W_{系\leftarrow外}$ が状態量の変化ではないことを強調するために，$\Delta' Q_{系\leftarrow外}$，$\Delta' W_{系\leftarrow外}$ と記す教科書もある．

定圧変化　物体の圧力が一定な状態で起こる温度と体積の変化を定圧変化という．

例題 1　図 15.1 のように気体をピストンのついたシリンダーに入れ，体積を ΔV だけゆっくりと増加させた場合に，外部が気体にした仕事は

$$\Delta W_{系\leftarrow外} = -p\,\Delta V \tag{15.3}$$

であることを示せ．p は気体の圧力である．

解　ピストンの面積を A とすると，ピストンが気体を押す力は pA である．ピストンが Δx だけ右にゆっくりと動くとき，ピストンが気体に作用する力とピストンの移動方向は逆向きなので，「外部（ピストン）が気体にする仕事 $\Delta W_{系\leftarrow外}$」＝「力 pA」×「力の方向に動いた距離 $-\Delta x$」＝ $-pA\,\Delta x$ である．$A\Delta x$ は気体の体積の増加 ΔV なので，$\Delta W_{系\leftarrow外} = -p\,\Delta V$．

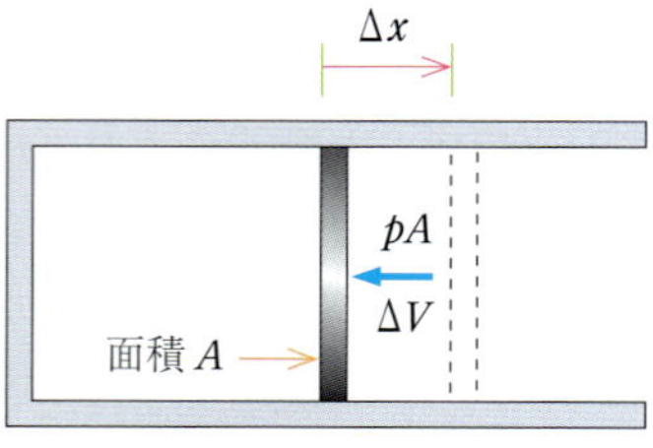

図 15.1　$\Delta W_{系\leftarrow外} = -p\,\Delta V$

例題 1 より (15.2) 式は

$$\Delta U = \Delta Q_{系\leftarrow外} - p\,\Delta V \tag{15.4}$$

となる．

定圧変化で気体の体積が V_1 から V_2 まで変化すると，$\Delta V = V_2 - V_1$ なので，外部が気体にする仕事 $W_{系\leftarrow外}$ は

$$W_{系\leftarrow外} = -p(V_2 - V_1) \tag{15.5}$$

である．気体が膨張する場合 ($V_2 > V_1$) には $W_{系\leftarrow外} < 0$，圧縮される場合 ($V_2 < V_1$) には $W_{系\leftarrow外} > 0$ である．気体が外部にする仕事 $W_{外\leftarrow系}$ は $p(V_2 - V_1)$ である．

定圧変化以外では，圧力 p は体積 V の変化によって変わるので，体積の変化の過程を細かく分けて考えなければならない．気体の体積が V_1 から V_2 へゆっくりと増加するとき，外部が気体にする仕事 $W_{系\leftarrow外}$ は，各微小変化での仕事の和

$$W_{系\leftarrow外} = -\sum_i p_i\,\Delta V_i \tag{15.6}$$

の $\Delta V_i \to 0$ での極限，すなわち図 15.2 の「■の部分の面積」の (−1) 倍の

$$W_{系\leftarrow外} = -\int_{V_1}^{V_2} p\,\mathrm{d}V \tag{15.7}$$

である．

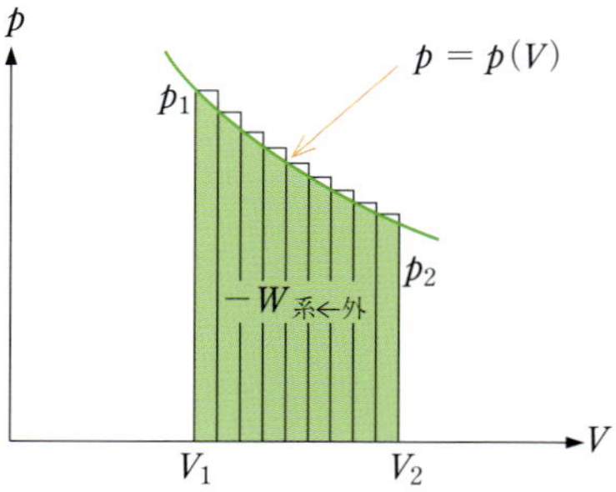

図 15.2　気体の体積が V_1 から V_2 まで膨張する場合，外部が気体にする仕事 $W_{系\leftarrow外} = -\int_{V_1}^{V_2} p\,\mathrm{d}V$ は「■の部分の面積」の (−1) 倍であり，負の量である．気体が圧縮される $V_2 < V_1$ の場合には，$\Delta V < 0$ で，$p\,\Delta V < 0$ なので，$\int_{V_1}^{V_2} p\,\mathrm{d}V < 0$ であり，$W_{系\leftarrow外} = -\int_{V_1}^{V_2} p\,\mathrm{d}V > 0$ である．

定積変化　物体の体積が一定な状態で起こる温度と圧力の変化を定積変化という．気体では可能だが，液体や固体の場合には体積を変えずに温度を変えることは困難である．定積変化では体積が変化しないので，外部は物体に仕事をしない ($W_{系\leftarrow外} = 0$)．したがって，(15.2) 式と (15.1) 式は次のようになる．

$$\Delta U = \Delta Q_{系\leftarrow外}, \qquad U_{後} = U_{前} + Q_{系\leftarrow外} \qquad （定積変化） \tag{15.8}$$

等温変化 物体を大きな恒温槽(温度が一定な容器)の中に入れておき，物体の温度が一定に保たれているように注意しながらゆっくりと体積や圧力を変化させる場合を等温変化という．

例題 2 等温変化の際に 1 mol の理想気体が外部に行う仕事 $W = W_{外\leftarrow系}$ を計算せよ．

解 温度 T_0 の熱源と接触し，理想気体が状態 (p_1, V_1, T_0) から状態 (p_2, V_2, T_0) へ等温変化したとする．理想気体の状態方程式はこの場合には $pV = RT_0 =$ 一定なので，理想気体が外部にする仕事は

$$W_{外\leftarrow系} = \int_{V_1}^{V_2} p\,\mathrm{d}V = \int_{V_1}^{V_2} \frac{RT_0}{V}\mathrm{d}V = RT_0\int_{V_1}^{V_2}\frac{\mathrm{d}V}{V}$$

$$= RT_0(\log V_2 - \log V_1) = RT_0 \log\frac{V_2}{V_1}$$

$$= RT_0 \log\frac{p_1}{p_2} \tag{15.9}$$

となる．等温変化なので内部エネルギーは変化しない(後述するように，理想気体の内部エネルギーは温度だけの関数である)．したがって，理想気体が熱源から吸収した熱量 $Q_{系\leftarrow外} = -W_{系\leftarrow外} = W_{外\leftarrow系}$ である．理想気体が熱を吸収すると $W_{外\leftarrow系} = Q_{系\leftarrow外} > 0$ で，体積は増加し $(V_2 > V_1)$，熱を放出すると $W_{外\leftarrow系} = Q_{系\leftarrow外} < 0$ で，体積は減少する．

断熱変化 物体が断熱材で囲まれている場合のように外部との熱の移動が無視できる状況での物体の状態変化を断熱変化という．$\Delta Q_{系\leftarrow外} = 0$ なので，(15.2) 式と (15.1) 式は次のようになる．

$$\Delta U = \Delta W_{系\leftarrow外}, \quad U_{後} = U_{前} + W_{系\leftarrow外} \quad (断熱変化) \tag{15.10}$$

気体を断熱圧縮すると，外部が気体に仕事をするので $(W_{系\leftarrow外} > 0)$，気体の内部エネルギーが増加して，気体の温度は上昇する．気体を断熱膨張させると，気体が外部に仕事をするので $(W_{系\leftarrow外} < 0)$，内部エネルギーが減少して，気体の温度は下がる．気体が断熱的に体積を変えるときの圧力の変化は，温度も変化するため，温度が一定のときより激しい (図 15.3)．

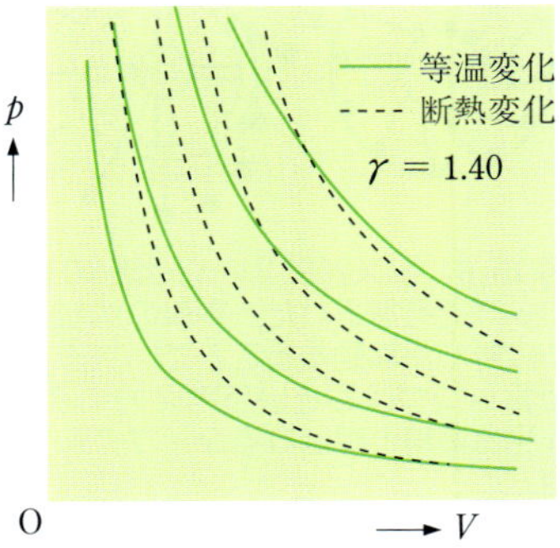

図 15.3 理想気体の等温変化 ($pV =$ 一定) と断熱変化 ($pV^\gamma =$ 一定)．$\gamma = \dfrac{C_\mathrm{p}}{C_\mathrm{V}}$ で，空気の場合は $\gamma = 1.40$．なお，断熱変化の場合，T と V の関係は $TV^{\gamma-1} =$ 一定．

夏，地上で湿った空気が熱されると，膨張して密度が小さくなり，上昇気流が生じる．上空は圧力が低いから，空気は断熱膨張を起こし，温度が下がる．このとき空気中の水蒸気が凝結して氷の粒になる．これが夏にできる積乱雲である．

図 15.4 積乱雲

理想気体の断熱変化では，次の関係が成り立つ(証明は次節末参照)．

$$pV^\gamma = 一定, \quad TV^{\gamma-1} = 一定, \quad \frac{T^\gamma}{p^{\gamma-1}} = 一定 \tag{15.11}$$

γ は定圧モル熱容量 C_p と定積モル熱容量 C_V の比，$\gamma = \dfrac{C_\mathrm{p}}{C_\mathrm{V}}$ である．

問 1 10 °C の空気を断熱容器の中で断熱圧縮してその温度を 100 °C にするにはもとの体積の何 % に圧縮すればよいか．空気の γ は 1.40 である．

気体の断熱自由膨張 図 15.5 のように中央に扉のついた容器の一方に気体を入れて，容器全体を断熱材で囲む．この容器の中央の扉を回転させて気体をもう一方の真空の部分に膨張させる．この現象を気体の断

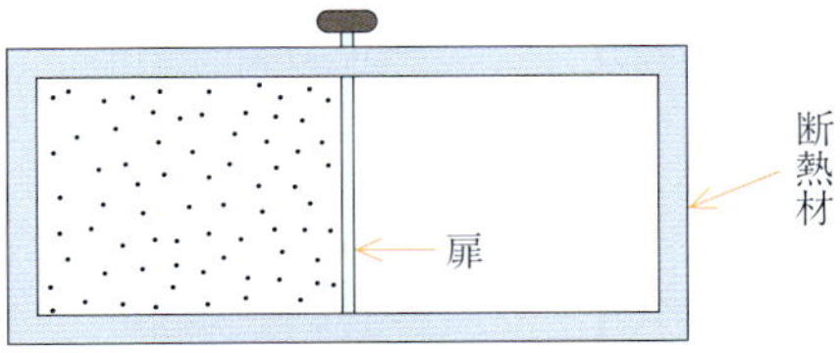

図 15.5 気体の断熱自由膨張

熱自由膨張という．

気体の断熱自由膨張は断熱変化（$Q_{外\leftarrow系} = Q_{系\leftarrow外} = 0$）で，しかも気体は外部に仕事をしない（$W_{外\leftarrow系} = W_{系\leftarrow外} = 0$）ので，(15.1) 式は $U_{前} = U_{後}$ となり，気体の内部エネルギーは変化しない．気体の内部エネルギーが温度だけの関数であり，圧力や体積にはよらないとすると，すなわち $U = U(T)$ だとすると，$U_{前} = U(T_{前}) = U_{後} = U(T_{後})$ から気体の断熱自由膨張では温度が変化しないこと（$T_{前} = T_{後}$）が導かれる．

実際の気体の断熱自由膨張では温度が少し変化するが，無視できる程度の変化である．理想気体とは，状態方程式 $pV = nRT$ を満たし，内部エネルギーが温度だけの関数である仮想の気体と定義する．

参考　永久機関

外部からエネルギーを供給しなくても，いつまでも仕事をつづける機関があれば都合がよい．このような機関を昔から多くの人が発明しようと努力してきたが，だれも成功しなかった．熱力学の第1法則によれば，同じ過程を繰り返す熱機関が，1サイクルの運転を行った場合には，$U_{後} = U_{前}$ なので，運転中に「熱機関に外から供給された正味の熱量 $Q_{熱機関\leftarrow外部}$」＝「熱機関が外にした正味の仕事 $W_{外部\leftarrow熱機関}$」である．したがって，外部に仕事を行う以外に何の作用も行わない第1種の永久機関とよばれる熱機関は存在しない．

ひとつの熱源から熱を取って，これをすべて仕事に変え，他には何の変化も生じないような熱機関があれば便利である．たとえば，海水から熱をとって，これをスクリューを回す仕事に変えられれば，船に燃料を積む必要はない．**第2種の永久機関**とよばれるこのような熱機関は，熱力学の第1法則（エネルギー保存則）には矛盾しないが，日常生活での経験とは矛盾する．第2種の永久機関を禁止するのが，**15.3** 節で学ぶ熱力学の第2法則である．

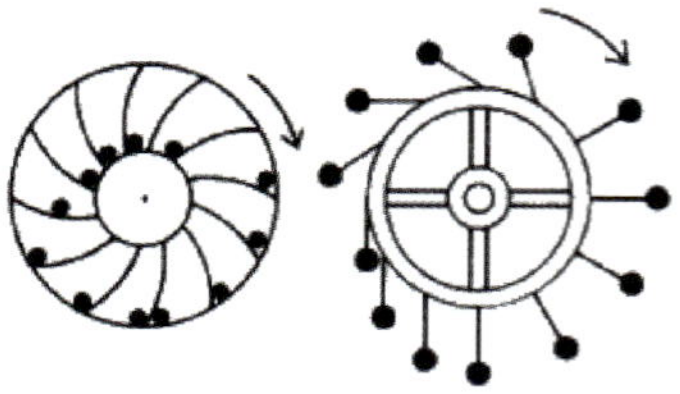

図 15.6　永久機関？　13世紀のヨーロッパで考案された，車輪の回転とともに重心が移動することでいつまでも回転しつづけるという考え方による，非平衡車輪と呼ばれるタイプの永久機関．

15.2　理想気体のモル熱容量

学習目標　理想気体の定積モル熱容量 C_{V} と定圧モル熱容量 C_{p} の導き方および C_{V} と C_{p} の関係を理解する．

定積モル熱容量　体積を一定にして 1 mol の気体に熱 ΔQ を加えて温度を ΔT 上昇させる場合には，外部は気体に仕事をしないので（$\Delta W = 0$），内部エネルギーの増加 $\Delta U = \Delta Q$ である*．この式の両辺を ΔT で割ると，「熱容量」＝「加えた熱 ΔQ」÷「温度上昇 ΔT」なので，1 mol の気体の熱容量である定積モル熱容量 C_{V} は

$$C_{\mathrm{V}} = \left(\frac{\Delta Q}{\Delta T}\right)_{定積} = \frac{\Delta U}{\Delta T} \tag{15.12}$$

となる（ここで U は 1 mol の気体の内部エネルギー）．

*　15.2 節では
$\Delta Q = \Delta Q_{気体\leftarrow外}$
$\Delta W = \Delta W_{気体\leftarrow外}$
である．

定圧モル熱容量　気体に熱 ΔQ を加えると温度が ΔT 上昇し，体積が ΔV 増加するので，外部は気体に仕事 $-p\,\Delta V$ をする．(15.2) 式は，

$$\Delta U = \Delta Q - p\,\Delta V \tag{15.13}$$

となる［(15.4) 式参照］．1 mol の気体の状態方程式は $pV = RT$ なので，圧力 p を一定に保って熱 ΔQ を加えると，

$$p(V+\Delta V) = R(T+\Delta T)$$

という関係が成り立つ．これと $pV = RT$ から

$$p\,\Delta V = R\,\Delta T \quad （理想気体の定圧変化） \tag{15.14}$$

という関係が導かれるので，(15.13) 式は

$$\Delta U = \Delta Q - R\,\Delta T \quad （理想気体の定圧変化） \tag{15.15}$$

となり，この両辺を ΔT で割ると，1 mol の気体の熱容量である定圧モル熱容量 C_p は次のように表される．

$$C_p = \left(\frac{\Delta Q}{\Delta T}\right)_{定圧} = \frac{\Delta U}{\Delta T} + R = C_V + R \tag{15.16}$$

したがって，定圧モル熱容量 C_p と定積モル熱容量 C_V の間の

$$C_p - C_V = R = 8.31\ \mathrm{J/(K\cdot mol)} \tag{15.17}$$

というマイヤーの関係が得られる（図 15.7）．表 15.1 にいくつかの気体のモル熱容量を示すが，どの気体も (15.17) 式を満たしている．

問 2　定圧モル熱容量 C_p は定積モル熱容量 C_V より大きい理由を説明せよ．

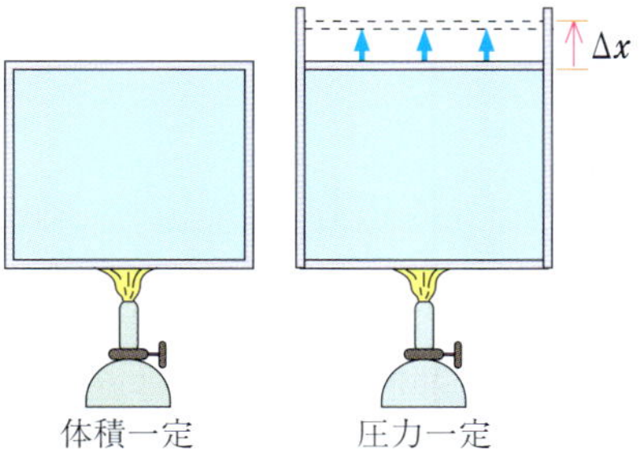

図 15.7　定積モル熱容量 C_V と定圧モル熱容量 C_p
$C_p - C_V = R$

気体分子運動論では，1 mol の気体の内部エネルギーは，(14.35) 式に示したように $U = \frac{f}{2}RT$ なので，$C_V = \frac{\Delta U}{\Delta T} = \frac{f}{2}R$ となる．単原子分子の気体の場合には $f = 3$ なので，

$$C_V = \frac{\Delta U}{\Delta T} = \frac{3}{2}R = 12.5\ \mathrm{J/(K\cdot mol)} \quad （単原子分子気体） \tag{15.18}$$

となる．表 15.1 を見ると，単原子分子気体の場合には (15.18) 式は正確に成り立つことがわかる．2 原子分子気体や 3 原子分子気体では (15.18) 式は成り立たない．その理由は，**14.3** 節で述べたように，温度が上昇すると気体分子の回転運動などによる内部エネルギーが増加する

表 15.1　気体のモル熱容量
（1 気圧，15 °C での値，単位は J/(K･mol)）

気体	C_p	$\gamma = \frac{C_p}{C_V}$	$C_p - C_V$
He	20.94	1.66	8.3
Ar	20.9	1.67	8.4
O_2	29.50	1.396	8.37
N_2	28.97	1.405	8.35
CO_2	36.8	1.302	8.5
SO_2	40.7	1.26	8.4

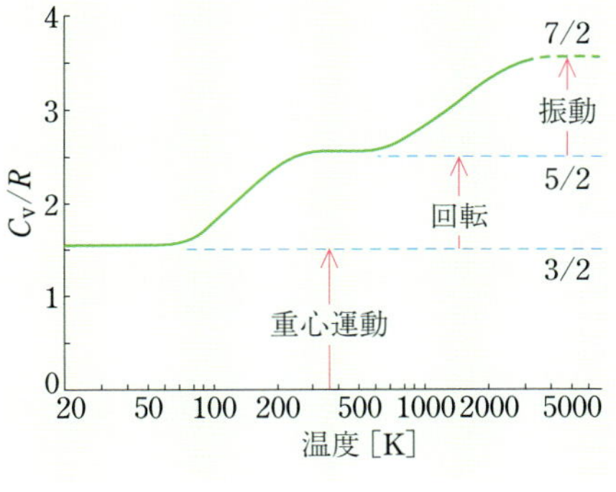

図 15.8　水素ガス H_2 の $\frac{C_V}{R}$ の温度変化．温度が上昇すると分子の回転と振動のためにモル熱容量が上昇する．

ためだと考えられる（図 15.8）．表の 2 原子分子気体では $C_\mathrm{V} \approx \frac{5}{2}R$ なので $f \approx 5$，3 原子分子気体では $C_\mathrm{V} \gtrsim 3R$ なので $f \gtrsim 6$ となる．

デュロン-プティの法則　1819 年にデュロンとプティは，固体元素のモル熱容量は構成原子の種類によらず $3R \approx 25\ \mathrm{J/(K\cdot mol)}$ であることを発見した．これを**デュロン-プティの法則**という．この現象は，各原子の熱振動によるポテンシャルエネルギーと運動エネルギーの平均値がそれぞれ $\frac{3}{2}kT$ になるためである．低温になると量子効果のためにモル熱容量は $3R$ より減少する．炭素，ホウ素などは常温でもすでにこの法則からずれている（図 14.5 参照）．

参考　理想気体の断熱変化の（15.11）式の証明

1 mol の理想気体を考える．断熱変化では $\mathrm{d}Q_{系\leftarrow外} = 0$ なので，熱力学の第 1 法則は $\mathrm{d}U = \mathrm{d}W_{系\leftarrow外}$ となるが，外部が気体にする仕事は $\mathrm{d}W_{系\leftarrow外} = -p\,\mathrm{d}V$ で，$C_\mathrm{V} = \dfrac{\mathrm{d}U}{\mathrm{d}T}$ から $\mathrm{d}U = C_\mathrm{V}\,\mathrm{d}T$ となるので，

$$C_\mathrm{V}\,\mathrm{d}T = -p\,\mathrm{d}V \tag{15.19}$$

という関係が得られる．状態方程式 $pV = RT$ は，p, V, T が $p+\mathrm{d}p$, $V+\mathrm{d}V, T+\mathrm{d}T$ に変化すると，

$$(p+\mathrm{d}p)(V+\mathrm{d}V) = R(T+\mathrm{d}T)$$

$$\therefore\quad pV+p\,\mathrm{d}V+V\,\mathrm{d}p+\mathrm{d}p\cdot\mathrm{d}V = RT+R\,\mathrm{d}T$$

となるが，$\mathrm{d}p\cdot\mathrm{d}V$ はきわめて小さい量なので無視し，$pV = RT$ を使うと，

$$p\,\mathrm{d}V+V\,\mathrm{d}p = R\,\mathrm{d}T \tag{15.20}$$

となる．

（15.19）式から $\mathrm{d}T = -\dfrac{p}{C_\mathrm{V}}\mathrm{d}V$ なので，これと（15.17）式を使うと $R\,\mathrm{d}T$ は

$$R\,\mathrm{d}T = -\frac{R}{C_\mathrm{V}}p\,\mathrm{d}V = \frac{C_\mathrm{V}-C_\mathrm{p}}{C_\mathrm{V}}p\,\mathrm{d}V = \left(1-\frac{C_\mathrm{p}}{C_\mathrm{V}}\right)p\,\mathrm{d}V \tag{15.21}$$

と表せる．C_p と C_V の比を γ

$$\gamma = \frac{C_\mathrm{p}}{C_\mathrm{V}} \tag{15.22}$$

と書くことにする（$C_\mathrm{V} = \dfrac{f}{2}R$ を使うと，$\gamma = \dfrac{C_\mathrm{V}+R}{C_\mathrm{V}} = \dfrac{f+2}{f}$ なので，1 原子分子（$f = 3$）では $\gamma = 1.67$，2 原子分子（$f \approx 5$）では $\gamma \approx 1.40$，3 原子分子（$f \gtrsim 6$）では $\gamma \lesssim 1.33$ である）．（15.21）式，（15.22）式を使うと（15.20）式は $\gamma p\,\mathrm{d}V + V\,\mathrm{d}p = 0$ となるので，これを

$$\frac{\mathrm{d}p}{p}+\gamma\frac{\mathrm{d}V}{V}=0 \tag{15.23}$$

と変形して，積分すると（$\frac{1}{x}$ の原始関数は $\log|x|$ なので）[*1]，

$$\log p+\gamma\log V=\log p+\log V^{\gamma}=\log pV^{\gamma}=\text{定数}$$

すなわち，断熱変化では

$$pV^{\gamma}=\text{一定} \tag{15.24}$$

という関係のあることがわかる．$pV=RT$ を使うと，(15.24) 式から

$$TV^{\gamma-1}=\text{一定},\qquad \frac{T^{\gamma}}{p^{\gamma-1}}=\text{一定} \tag{15.25}$$

という関係が導かれる．

*1 $\log x$ は e を底とする対数関数である．関数電卓や欧米の多くの物理教科書では，自然対数（natural logarithm）$\log_e x$ を $\ln x$ と表している．

15.3 熱力学の第 2 法則

学習目標 不可逆変化のいくつかの例を挙げられるようになる．熱の関与する不可逆変化の起きる方向に関する法則である熱力学の第 2 法則の 2 つの表現を理解する．

可逆変化と不可逆変化 空気の抵抗や摩擦が無視できる場合の振り子の振動のように，ビデオで撮影して逆回転で再生すると，映像が現実に実現される運動である場合，この現象は可逆であるという．摩擦のある床の上を滑っている物体は減速して静止するが，この運動をビデオで撮影して逆回転で再生すると静止していた物体がひとりでに動きだし，加速していくように見える．このように逆回転して再生した映像が実際に実現しない運動である場合，この現象は不可逆であるという．

図 15.9 床の上に横たわっているこまが自然に起き上がって回り出すことはない．

厳密に可逆な変化は，摩擦や空気抵抗のないときの運動のように，理想化された状況でしか起こらない．

高温の物体と低温の物体を接触させると，高温の物体から低温の物体への熱の移動が必ず起こる．低温の物体から高温の物体への熱の移動は，エネルギー保存則からは禁止されないが，自然には決して起こらない．低温の物体から高温の物体へ熱を移動させて，低温の物体をさらに低温にし，高温の物体をさらに高温にするには，冷蔵庫のように外部から仕事をする必要がある．したがって，高温の物体から低温の物体への熱伝導は不可逆変化である[*2]．

摩擦による熱の発生の逆過程は，一つの熱源から熱を取り出して，それをすべて仕事に変える過程であるが，これも自然には決して起こらない．

*2 なお，熱力学では無限に小さな温度差の物体間での熱伝導や無限に小さな圧力差による膨張のように，温度差や圧力差の無限に小さな変化で逆向きの変化が起きる場合は可逆変化という．つまり，変化がゆっくりと起こり，途中ではつねに熱平衡状態にあると見なせる準静的変化とよばれる変化は可逆変化と見なす．

熱力学の第 2 法則 熱が関与する不可逆変化の起こる向きを示す法則が，熱力学の第 2 法則であり，上に示した 2 つの不可逆変化に基づいた，次の 2 つの表現がある．

クラウジウスの表現　熱が，他のところでの変化を伴わずに，低温の物体から高温の物体に移ることはない．
トムソンの表現　1つの熱源から取り出された熱が，他のところでの変化を伴わずに，すべて仕事に変換されることはない．

一方の表現からもう一方の表現を導けるので（演習問題15のB6参照），2つの表現は同等である．

15.4 熱機関とその効率

学習目標　熱機関は高温熱源，低温熱源，作業物質の3つの構成要素からなり，作業物質が循環過程を行って，高温熱源が供給する熱の一部を仕事に変える装置であることを理解する．熱機関の効率の上限の理論値を記憶する．

図 15.10　蒸気機関車

熱機関　動力用の装置を英語でエンジン，日本語で機関という．外部から熱を供給されて仕事を行う装置が**熱機関**である．歴史的には，石炭を燃焼させて化学エネルギーを熱に変え，それを力学的な仕事に変える蒸気機関がまず発達した．現在，火力発電所では石油や石炭を燃焼させて化学エネルギーを熱に変え，原子力発電所ではウラン原子核が核分裂を起こす際に解放される核エネルギーを熱に変え，これらの熱をタービンのする仕事に変えている．船や自動車ではディーゼル・エンジンやガソリン・エンジンが使われている．熱機関は産業や日常生活になくてはならないものである．

熱機関としては，熱 Q をなるべく多くの仕事 W に変えるものが望ましい．熱 Q が仕事 W になる割合の $\dfrac{W}{Q}$ を**熱機関の効率**という．熱機関の効率はどこまで高くできるだろうか．1にまで高めることはできるのだろうか．この問題を最初に研究したのはカルノーであった．18世紀に始まった産業革命は，人の力や馬の力に代わって蒸気機関を動力として使えるようになったことが原動力であった．カルノーは熱から動力を

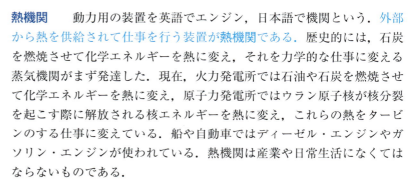

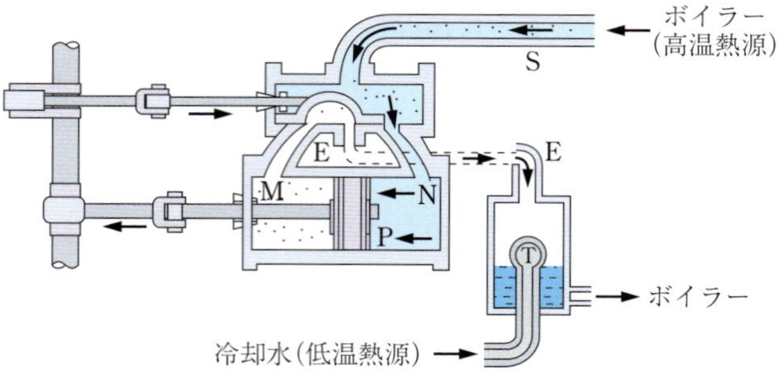

図 15.11　蒸気機関．ボイラーから管Sを通って入ってきた高温高圧の蒸気は管N（あるいはM）を通ってピストンPを動かす．反対側の蒸気はM（あるいはN），Eを通って外部に排出される．Tは冷却水を使った凝縮器で，排出される蒸気を冷却し，凝縮させる．

つくる技術的な方法を科学の段階に高めるには，個々のエンジン，機械などに関係なく，全体の現象を一般的な見地から研究しなければならないと考えた．

蒸気機関を考えよう．図 15.11 に蒸気機関の断面が示してある．この蒸気機関の動作については図の下に説明してある．蒸気機関には水を加熱して高温高圧の水蒸気にするボイラーと水蒸気を冷却して水に戻す凝縮器（復水器）がある．一般に，熱機関には，(1) ボイラーのように熱を放出する**高温熱源**と，(2) 水蒸気を冷却する凝縮器のように熱を吸収する**低温熱源**の 2 つの熱源がある．さらに，(3) 水蒸気のように膨張と収縮を行って外に仕事をする**作業物質**があるので，熱機関には高温熱源，低温熱源，作業物質の 3 つの構成要素がある．

この 3 つの要素は，蒸気機関以外の熱機関もすべてもっている．ガソリン・エンジンやディーゼル・エンジンでは，作業物質として空気を使っていて，作業物質の加熱はエンジンの中で燃料を燃やして直接に加熱し，作業物質を冷却せずに大気中に放出しているが，大気が低温熱源だとして，やはり 3 つの構成要素をもっていると考えてよい*．

つまり，熱機関には高温熱源（温度 T_H），低温熱源（温度 T_L）と作業物質の 3 要素があり，作業物質はある状態から出発してふたたびもとの状態に戻るという**循環過程（サイクル）**を行う．その間に作業物質は高温熱源から熱 Q_H を受け取り，その一部を仕事 W に変え，残りの $Q_L = Q_H - W$ は熱として低温熱源に放出する（図 15.12）．したがって，この熱機関の効率 η は

$$\eta = \frac{W}{Q_H} = \frac{Q_H - Q_L}{Q_H} \tag{15.26}$$

である．

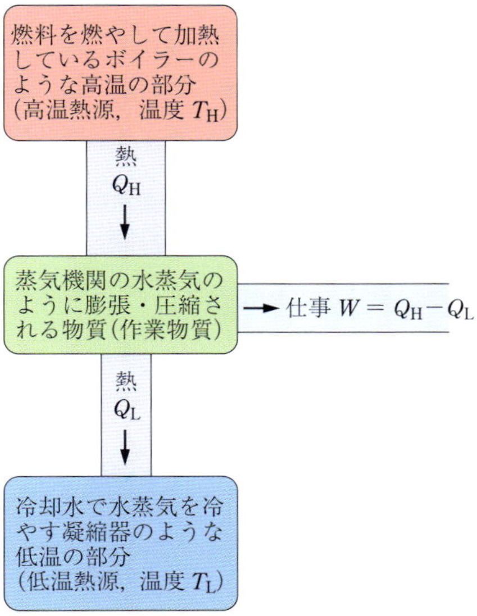

図 15.12　熱機関の 3 つの構成要素．W は作業物質が外部に行う仕事である．

*　熱力学の第 2 法則のトムソンの表現は低温熱源の必要性を示す．

カルノー・サイクル　それでは，熱機関の効率の限界を調べるためにカルノーが研究した思考実験を説明しよう．これはカルノーが 1819 年に執筆し，1824 年に出版された『火の動力およびこの動力を発生させるのに適した機関についての考察』に出ている研究である．

カルノーは熱機関の作業物質として理想気体を選び，これを摩擦のないピストンのついたシリンダーに入れて，一定温度 T_H の大きな高温熱源と一定温度 T_L の大きな低温熱源（$T_H > T_L$）を使って，等温膨張，断熱膨張，等温圧縮，断熱圧縮を組み合わせた可逆循環過程を考えた（図 15.13）．簡単のために理想気体の量は 1 mol とする．

(1)　シリンダーを温度 T_H の高温熱源に接触させながらゆっくりと作業物質を膨張させると，作業物質は熱 Q_H を受け取って，状態 (p_1, V_1, T_H) から状態 (p_2, V_2, T_H) へ等温膨張する（$V_2 > V_1$）．このとき状態方程式は $pV = RT_H$ なので，圧力は減少する（$p_2 < p_1$）．等温変化なので理想気体の内部エネルギーは変化せず，作業物質が外部にした仕事 W_1 は Q_H に等しく，**15.1** 節の例題 2 から

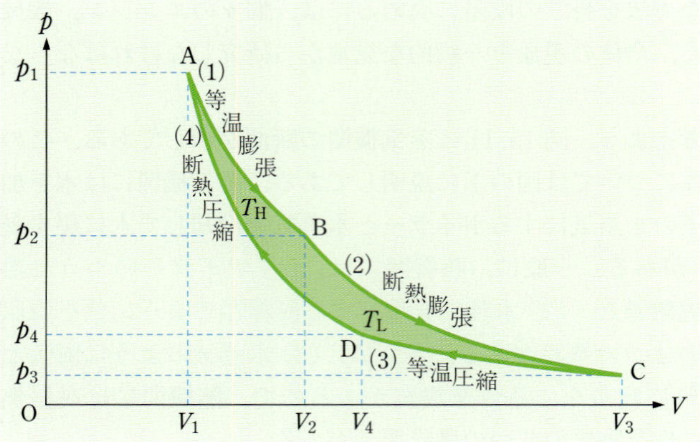

図 15.13　カルノー・サイクル．■の部分の面積は，カルノーの熱機関が1サイクルに外部に行う正味の仕事に等しい［曲線 A→B→C の下の部分の面積は，熱機関が (1) の等温膨張と (2) の断熱膨張で外部に行う仕事を表し，曲線 C→D→A の下の部分の面積は，熱機関が (3) の等温圧縮と (4) の断熱圧縮で外部からされる仕事を表す．］

$$Q_H = W_1 = RT_H \log \frac{V_2}{V_1} \tag{15.27}$$

(2)　シリンダーを高温熱源から離して，作業物質をゆっくり断熱膨張させて状態 (p_2, V_2, T_H) から状態 (p_3, V_3, T_L) へ変化させる．作業物質は外部に仕事 W_2 をするので温度は下がる $(T_H > T_L)$．熱の出入りはないので，

$$W_2 = U(T_H) - U(T_L) \tag{15.28}$$

(3)　シリンダーを温度 T_L の低温熱源に接触させながらゆっくりと作業物質を圧縮すると，作業物質は熱 Q_L を放出して，状態 (p_3, V_3, T_L) から状態 (p_4, V_4, T_L) へ等温圧縮する．体積が減少するので $(V_4 < V_3)$，作業物質が外部にする仕事 W_3 は負で $(W_3 = -Q_L < 0)$

$$-Q_L = W_3 = RT_L \log \frac{V_4}{V_3} \tag{15.29}$$

(4)　シリンダーを低温熱源から離して，ゆっくりと作業物質を断熱圧縮すると，作業物質は状態 (p_4, V_4, T_L) から最初の状態 (p_1, V_1, T_H) に戻る．熱の出入りはないので，温度が T_L から T_H まで上昇するのは，外部が作業物質に正の仕事をするためである．したがって，この変化では作業物質が外部にする仕事 W_4 はマイナス $(W_4 < 0)$ で，

$$W_4 = U(T_L) - U(T_H) \tag{15.30}$$

これで1サイクルが終わった．これを**カルノー・サイクル**という．断熱変化では (15.11) 式が成り立つので，

$$T_H {V_2}^{\gamma-1} = T_L {V_3}^{\gamma-1}, \qquad T_H {V_1}^{\gamma-1} = T_L {V_4}^{\gamma-1}$$

が導かれ，T_H と T_L を消去して得られる $\dfrac{{V_2}^{\gamma-1}}{{V_1}^{\gamma-1}} = \dfrac{{V_3}^{\gamma-1}}{{V_4}^{\gamma-1}}$ から

$$\frac{V_2}{V_1} = \frac{V_3}{V_4} \tag{15.31}$$

が得られる．したがって，(15.29) 式と (15.31) 式から

$$Q_L = -W_3 = -RT_L \log \frac{V_4}{V_3} = RT_L \log \frac{V_2}{V_1} \tag{15.32}$$

が導かれる．

したがって，カルノーが考えた可逆機関が可逆循環過程を 1 回行うと，外部に対して行う仕事の和 W は，

$$W = W_1 + W_2 + W_3 + W_4 = Q_H - Q_L = R(T_H - T_L)\log\frac{V_2}{V_1} \quad (15.33)$$

となる．カルノーの熱機関が 1 サイクルに行う仕事 W は図 15.13 の■の部分の面積に等しい．

カルノーの熱機関が高温熱源から受け入れる熱 Q_H は (15.27) 式なので，カルノーの可逆機関の効率 $\eta = \frac{W}{Q_H}$ は

$$\eta = \frac{W}{Q_H} = \frac{T_H - T_L}{T_H} = 1 - \frac{T_L}{T_H} \quad (15.34)$$

となる．T_H は高温熱源の温度，T_L は低温熱源の温度である．

熱機関の効率とカルノーの原理　理想気体 R 以外の物質を作業物質に使うともっと効率の高い熱機関がつくれないだろうか．別の作業物質 R′ を使った熱機関（不可逆機関でもよい）を高温熱源 T_H と低温熱源 T_L の間で運転したところ，高温熱源から熱 Q_H を受け取って外部に仕事 W' をして，低温熱源に残りの $Q' = Q_H - W'$ を熱として放出したとしよう．カルノーの熱機関は可逆機関なので，逆に運転すると，外部から仕事 W をしてもらって，低温熱源から熱 Q_L を受け取り，高温熱源に熱 Q_H を放出する．そこで，図 15.14 に示したような，この 2 つの熱機関を組み合わせた複合熱機関をつくると，これは低温熱源から熱 $Q_L - Q'$ を受け取り，それをすべて外部に対する仕事 $W' - W = Q_L - Q'$ に変えるだけである．したがって，もし $W' - W > 0$ だとすると熱力学の第 2 法則（トムソンの表現）に矛盾するので，$W' \leqq W$，すなわち，カルノーの可逆機関よりも効率の高い熱機関は存在しないことが証明された．

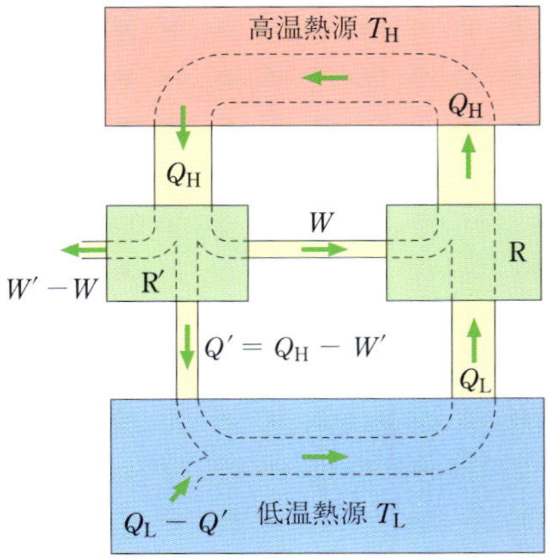

図 15.14　別の作業物質 R′ を使ってカルノーの可逆機関より効率の高い熱機関がつくられたとすると….

この効率 $\frac{W'}{Q_H}$ の熱機関が可逆機関だとすると，この複合熱機関を逆に運転させると，今度は $W \leqq W'$ が証明できる．したがって，$W = W'$ になるので，どのような作業物質を使った可逆機関をつくっても，その効率は同じであることが証明された．高温熱源から低温熱源への熱伝導による熱の損失や摩擦熱の発生などが起こるので，現実の熱機関は不可逆機関であり，その効率は可逆機関の効率より低い．以上の結果をまとめると，

カルノーの原理　一定温度の熱源（高温熱源，温度 T_H）から熱 Q_H を受け取り，一定温度の熱受け（低温熱源，温度 T_L）に熱 Q_L を放出して仕事 W をする熱機関のうちで，もっとも効率の高いものは可逆機関で，その効率は

$$\eta = \frac{W}{Q_H} = \frac{Q_H - Q_L}{Q_H} = \frac{T_H - T_L}{T_H} \quad (15.35)$$

である．

図 15.15　発電所で使われるタービン

力学的エネルギーと電気エネルギーは効率100％で仕事に変えられるが，熱機関の効率は100％にはできない．現在では，図15.11のような蒸気機関より，高温高圧の蒸気でタービンの羽を回転させる蒸気タービンが使用される場合が多いが，蒸気タービンの効率の上限も(15.35)式である．

大きな熱機関を運転し，大きな仕事をさせようとすると，大量の石油，天然ガス，石炭，核燃料などで大量の熱を発生しなければならない．しかし，その熱の一部しか仕事にならないので，大量の熱が大気，河川，海などの環境（低温熱源）に放出される．また，化石燃料を使用する場合には，二酸化炭素の排出量を減らすためにも，効率を上げることが望まれる．

熱機関の効率を高くするには $\dfrac{T_L}{T_H}$ を小さくする必要がある．つまり，低温熱源の温度 T_L を低くし，高温熱源の温度 T_H を高くする必要がある．ところで，低温熱源は作業物質を冷却する冷却水や大気なので，その温度 T_L を270〜300 K以下にはできない．そこで効率を上げるには高温熱源の温度 T_H を上げる可能性しかない．高温熱源の温度を上げると，高温熱源での作業物質の圧力 p_1 が高くなるので，高温高圧に耐えられる材料で熱機関をつくらなければならない．

高性能の火力発電プラントの蒸気は約600℃で，効率は約43％である．もっと効率が高い方式として，都市ガスを燃焼させて発生したガスの力で回転するガスタービンと，その高温排気でつくった蒸気の力で回転する蒸気タービンの両方で発電機を回して発電するコンバインドサイクル発電がある．ガスタービンの入口でのガスの温度が約1600℃の場合，発電効率は約60％である．

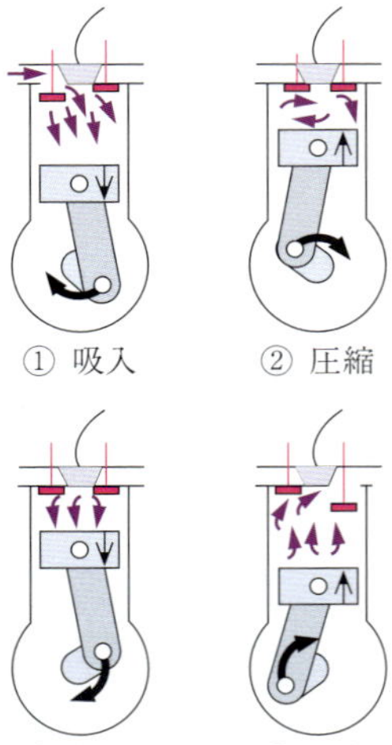

図15.16　オットー・サイクル

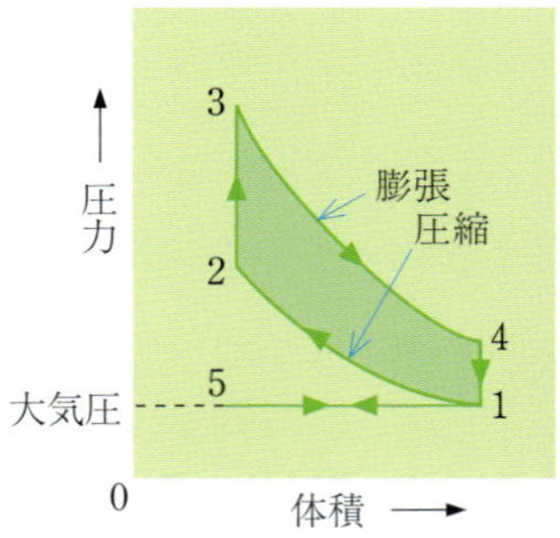

図15.17　オットー・サイクルの体積(V)-圧力(p)図

例1　図15.16は**オットー・サイクル**とよばれるガソリン・エンジンの動作を示す．このエンジンは，① ピストンの外向き運動の間に気体をシリンダーに入れ，② 内向き運動の間に気体を圧縮し，③ 圧縮しきったときに点火し，次の外向き運動の間に膨張させ，④ 燃えた気体を次の内向き運動の間に外に出す，という動作を繰り返す．

エンジンの作業物質である空気の体積と圧力の変化のようすを図15.17に示す．図15.17の5→1は①の吸入過程で，1→2は②の圧縮過程，2で点火し，2→3→4は③の爆発過程，4→1→5が④の排気過程である．

冷蔵庫，暖房機　カルノーの熱機関は作業物質が高温熱源から熱 Q_H を受け取って，その一部 W を力学的仕事に変え，残りのエネルギー $Q_L = Q_H - W$ を熱として低温熱源に放出する機械である．カルノーの熱機関を逆に運転して，作業物質に外部から仕事 W をすると，作業物質は低温熱源から熱 Q_L を受け入れ，高温熱源に熱 $Q_H = Q_L + W$ を放出する（図15.18）．この機械は，低温熱源に注目すれば，低温熱源から熱をくみ出して温度をさらに下げる冷蔵庫(冷凍機)や冷房機であり，高温熱源に注目すれば，熱を渡してくれる(ヒート・ポンプ型)暖房機である．たとえば，冷蔵庫では食料品や製氷室の水が低温熱源で高温熱源は室内の空気である．冷房機の場合には室内の空気が低温熱源で，屋外の空気が高温熱源である．ヒート・ポンプ型の暖房機の場合は室内の空気が高温熱源で，屋外の空気が低温熱源である．

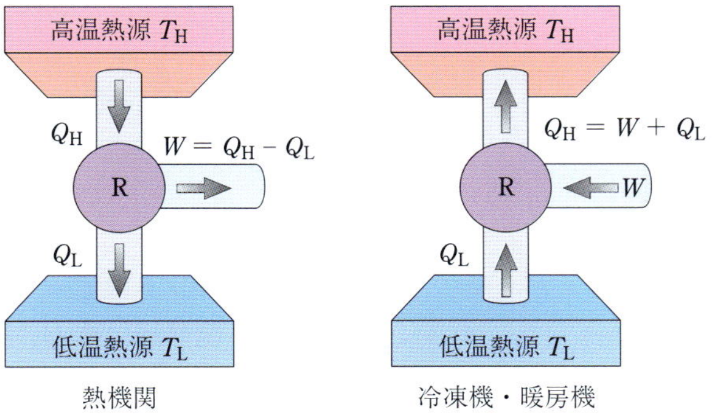

図 15.18 熱機関と冷凍機・暖房機

冷蔵庫(冷凍機，冷房機)の性能を $\dfrac{Q_L}{W}$ と定義すると

$$\text{冷蔵庫の性能}\ \frac{Q_L}{W} = \frac{Q_L}{Q_H - Q_L} \leqq \frac{T_L}{T_H - T_L} \tag{15.36}$$

で，ヒート・ポンプ型の暖房機の性能を $\dfrac{Q_H}{W}$ と定義すると，

$$\text{暖房機の性能}\ \frac{Q_H}{W} = \frac{Q_H}{Q_H - Q_L} \leqq \frac{T_H}{T_H - T_L} \tag{15.37}$$

である．ニクロム線に電流を流してジュール熱を発生させる電気ヒーターでは，消費電力量と同じ熱量が発生するだけだが，ヒート・ポンプ型暖房機の場合には低温熱源から熱を高温熱源にもってくるので，消費電力量 W よりも大きな熱量 Q_H が得られる．

ほとんどの冷暖房機(エアコン)では，作業物質が断熱圧縮と断熱膨張を繰り返している．この過程の原動力はコンプレッサーで，コンプレッサーがする仕事が外からの仕事である．

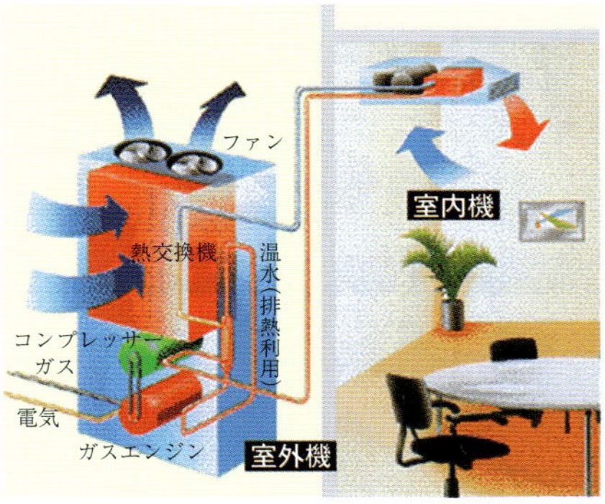

図 15.19 ヒート・ポンプのしくみ

問 3 気温が $-5\,°\mathrm{C}$ で室温が $25\,°\mathrm{C}$ のとき，ヒート・ポンプ型暖房機で室内に 1 J の熱を送り込むために，最小限何 J の仕事が必要か．

熱力学温度 カルノーの原理によって，どのような作業物質を使って可逆機関をつくっても，温度 T_H の高温熱源で受け取る熱 Q_H と温度 T_L の低温熱源で放出する熱 Q_L の間には

$$\frac{Q_H}{Q_L} = \frac{T_H}{T_L} \tag{15.38}$$

という関係がある．そこで，基準の温度 T_0 の物体と未知の温度 T の物体の 2 つを熱源として可逆機関を運転したときに，温度 T_0 および T の物体と受け渡す熱量の大きさを Q_0, Q とすると，未知の温度 T を $T = \dfrac{Q}{Q_0} T_0$ と決めることができる．このように可逆機関を使ってケルビンが定義した温度を **熱力学温度** という．この温度は温度計(すなわち可逆機関の作業物質)の種類によらない温度である．国際単位系では，基準の温度 T_0 として水の三重点の温度を 273.16 K に選んでいた*．熱力学温度は理想気体の状態方程式 $pV = nRT$ に出てくる絶対温度 T と同じものである．

* 現在は，熱力学温度の単位ケルビン K は，(14.32) 式に現れるボルツマン定数 k を正確に，$1.380\,649 \times 10^{-23}$ J/K と定めることによって設定される．

15.5 エントロピー増大の原理

学習目標　熱力学の第2法則は，エントロピーとよばれる状態量を導入することによって，「エントロピーはつねに増大する」という形で定量的に定式化されることを理解する．

エントロピー　温度 T_1 の高温熱源から熱 Q_1 を吸収し，温度 T_2 の低温熱源に熱 Q_2 を放出する可逆機関では，

$$\frac{Q_1}{T_1} = \frac{Q_2}{T_2} \tag{15.39}$$

という関係がある．この事実は，可逆変化では $\dfrac{Q}{T}$ が重要な役割を演じていることを示す． そこでクラウジウスは**エントロピー**（記号 S）という次の3つの性質をもつ物理量を導入した．

(1)　温度 T の系から熱量 Q が可逆的に放出されると系のエントロピーは $\dfrac{Q}{T}$ だけ減少する．

(2)　温度 T の系が熱量 Q を可逆的に吸収すると系のエントロピーは $\dfrac{Q}{T}$ だけ増加する．

(3)　系のエネルギーが仕事として系の外部に可逆的に移動しても，系のエントロピーは変化しない．

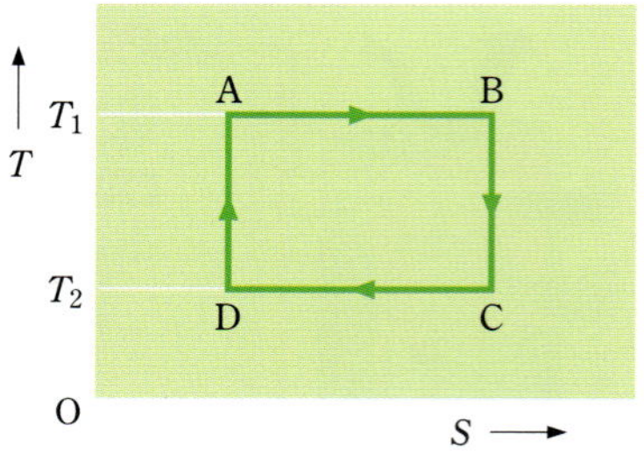

図 15.20　エントロピー(S)-温度(T)図

そうすると図 15.13 のカルノー・サイクルでのエントロピーの変化は図 15.20 のようになる．系が状態 A から状態 C に移る場合に，A → B → C と変化しても，A → D → C と変化しても，エントロピーの変化は同一$\left(\dfrac{Q_1}{T_1} = \dfrac{Q_2}{T_2}\right)$なので，状態 A のエントロピー S_A を基準に選ぶと，状態 C のエントロピー S_C を $S_C = S_A + \dfrac{Q_1}{T_1} = S_A + \dfrac{Q_2}{T_2}$ と一義的に決めることができる．

一般に，ある系が，いくつかの熱源 ($T_1, T_2, \cdots$) から熱 $Q_1, Q_2, \cdots$ を可逆変化で受け取って（これからは放出する場合 Q_i は負の量だと定義する）*，状態 A から状態 B に移る場合，2つの状態 A と B のエントロピーの差 $S_B - S_A$ は

$$S_B - S_A = \sum_i \frac{Q_i}{T_i} \qquad (\text{可逆変化}) \tag{15.40}$$

である．系が状態 A と B の間を可逆的に変化する場合には，A から B への変化の仕方に無関係に (15.40) 式が成り立つことが，すなわち，A → B の任意の可逆変化については (15.40) 式の右辺を計算すると途中の経路によらず一定であることが，カルノーの原理とカルノー・サイクルを使って証明できる．したがって，状態の関数，すなわち状態量，としてのエントロピーが定義できる．

*　$Q_i = Q_{系 \leftarrow i}$

系が状態 A から状態 B まで不可逆変化する場合には，(15.40) 式は成り立たない．したがって，理想気体の真空への断熱自由膨張のように，系が不可逆変化する場合には，外部との熱の受け渡しがないので $(Q = 0)$，エントロピーは変化しないように見えても，不可逆変化では (15.40) が成り立たないので，実際には $S_A \neq S_B$ である．

このようにして，2 つの状態を結ぶ可逆変化を考えることによって，新しい状態量の**エントロピー**を定義できた．エントロピーの語源は変化という意味のギリシャ語である．エントロピーの単位は J/K である．

エントロピーの単位　J/K

原子論ではエントロピーは系を構成する分子集団の乱雑さを表す量である．(1) と (2) は，熱を吸収すれば分子集団の乱雑さは増加し，熱を放出すれば分子集団の乱雑さは減少し，乱雑さの変化は温度が低いほど著しい事実を反映している．(3) は仕事が分子の整然とした運動によるものである事実を反映している．

例題 3　1 kg の 0 ℃ の水を 100 ℃ に温めるときのエントロピーの変化を計算せよ．

解　比熱容量 C，質量 m の物体の温度を $\mathrm{d}T$ 上昇させるために必要な熱量は $\mathrm{d}Q = mC\,\mathrm{d}T$ なので，この物体の温度を T_A から T_B まで上昇させたとき，この物体のエントロピーの変化は，

$$S_B - S_A = \int_A^B \frac{\mathrm{d}Q}{T} = mC\int_{T_A}^{T_B} \frac{\mathrm{d}T}{T} = mC \log T\Big|_{T_A}^{T_B} = mC \log \frac{T_B}{T_A} \tag{15.41}$$

である．したがって，$T_A = 273\ \mathrm{K}$，$T_B = 373\ \mathrm{K}$，$m = 1000\ \mathrm{g}$，$C = 4.2\ \mathrm{J/(g \cdot K)}$ のときは，

$$S_B - S_A = (10^3\ \mathrm{g}) \times (4.2\ \mathrm{J/(g \cdot K)}) \times \log \frac{373\ \mathrm{K}}{273\ \mathrm{K}} = 1.3 \times 10^3\ \mathrm{J/K}$$

エントロピー増大の原理　いままでは系が可逆変化する場合の系のエントロピーの変化を考えてきた．これらの系は外部の熱源と熱の受け渡しを可逆的に行う．系が温度 T の熱源から等温可逆変化で熱 Q を受け取ると系のエントロピーは $\dfrac{Q}{T}$ だけ増加するが，熱 Q を放出した熱源のエントロピーは $\dfrac{Q}{T}$ だけ減少する $\left(-\dfrac{Q}{T}\text{ だけ増加する}\right)$ ので，系と熱源の全体のエントロピーは変化しない．

今度は，外部と熱や仕事のやりとりをしない孤立した系が不可逆的に状態 B から状態 A に変化する場合を考える．この変化は不可逆変化なので，系が孤立している場合には，逆向きの状態 A から状態 B への変化は起こらない．不可逆変化では終状態のエントロピー S_A の方が始状態 B のエントロピー S_B より大きいこと，すなわち

$$S_A > S_B \quad (\text{不可逆変化 B} \to \text{A}) \tag{15.42}$$

を示そう．

添字 H を 1，L を 2 としたカルノーの原理 (15.35) の Q_2 の符号を変えた

$$\frac{Q_1 + Q_2}{Q_1} < \frac{T_1 - T_2}{T_1} \quad (\text{不可逆機関}) \tag{15.43}$$

[低温熱源では熱 Q_2 $(Q_2 < 0)$ を吸収するとしているので，(15.35) 式

と比べて Q_2 の符号が変わっている] を変形すると,

$$\frac{Q_1}{T_1}+\frac{Q_2}{T_2}<0 \quad （不可逆機関） \tag{15.44}$$

となる．3つ以上の熱源と熱の交換をする熱機関では，1サイクルについて

$$\sum_i \frac{Q_i}{T_i}<0 \quad （不可逆機関） \tag{15.45}$$

となる（Q_i は熱機関が温度 T_i の熱源から吸収する熱量）．これを**クラウジウスの不等式**という．可逆変化の場合には熱源の温度 T_i は系の温度でもある．

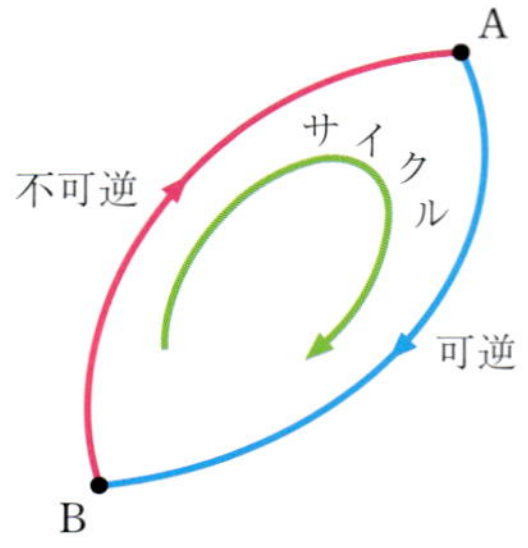

図 15.21

外部から孤立した系が状態Bから状態Aまで不可逆変化し，それから孤立状態をやめて系の外部の熱源と熱の交換をしながら状態Aから状態Bに可逆過程で移るとしよう（図15.21）．不等式（15.45）は，

$$\sum_{i(\mathrm{B}\to\mathrm{A})}^{（不可逆）} \frac{Q_i}{T_i}+\sum_{i(\mathrm{A}\to\mathrm{B})}^{（可逆）} \frac{Q_i}{T_i}<0 \tag{15.46}$$

となる．状態A→状態Bは可逆変化なので，左辺の第2項は（15.40）式から $S_\mathrm{B}-S_\mathrm{A}$ となる．状態B→状態Aでは系は孤立していて外部と熱の交換はないので $Q_i=0$ で，左辺の第1項は0である．したがって，（15.46）式は $0+(S_\mathrm{B}-S_\mathrm{A})<0$

$$\therefore \quad S_\mathrm{A}>S_\mathrm{B} \quad （可逆変化なら等号） \tag{15.47}$$

つまり，外部から孤立した系が状態Bから状態Aへ不可逆変化する場合には，系のエントロピーは増加する．孤立した系が可逆変化する場合には系のエントロピーは変化しないが（$S_\mathrm{A}=S_\mathrm{B}$），可逆変化は摩擦や高温部から低温部への熱伝導が無視できる極限という理想化された場合で，現実には存在しない変化である．したがって，**エントロピー増大の原理**が導かれた．

孤立した系のエントロピーはつねに増大する．

エントロピー増大の原理は，不可逆変化の方向を示しており，熱力学の第2法則の定量的表現である．（15.44）式が不等式になるのは不可逆機関では低温熱源に放出する熱が可逆機関のときに比べて多すぎるためである．したがって，エントロピーが増大するのは熱の無駄遣いをしていることを意味する．

例題4　20 °C の水 1 kg と 80 °C の水 1 kg を混合すると，50 °C の水 2 kg になる．このときのエントロピーの変化を計算せよ．

解　（15.41）式を使うと，温度 T の水 m kg のエントロピーは，

$$S=(m\times 4.2\times 10^3\ \mathrm{J/K})\log\frac{T}{T_0}$$

である．T_0 はエントロピーを測る基準の温度で，任意に選んでよい．そこで，$T_0=293\ \mathrm{K}$ と選ぶと，始状態のエントロピー S_i は，

$$S_\mathrm{i}=(4.2\times 10^3\ \mathrm{J/K})\log\frac{353\ \mathrm{K}}{293\ \mathrm{K}}=782\ \mathrm{J/K}$$

終状態のエントロピー S_f は，

$$S_\mathrm{f}=(8.4\times 10^3\ \mathrm{J/K})\log\frac{323\ \mathrm{K}}{293\ \mathrm{K}}=819\ \mathrm{J/K}$$

$$\therefore \quad S_\mathrm{f}-S_\mathrm{i}=37\ \mathrm{J/K}>0$$

例題 5 理想気体が真空中へ断熱自由膨張した場合のエントロピーの変化を計算せよ．

解 前に述べたように，この変化では $Q=0$ だが，不可逆変化なので，$S_f \neq S_i$ である．始状態と終状態の温度は同じなので，始状態は (T, V_i)，終状態は (T, V_f) と表せる $(V_f > V_i)$．$S_f - S_i$ を計算するためには，始状態と終状態を可逆変化で結びつける必要がある．この可逆変化として，理想気体を温度 T の熱源に接触させて等温可逆膨張させる変化を選ぶことにする（図 15.22）．理想気体の内部エネルギーは温度だけの関数なので，等温過程では $dU=0$．したがって，熱力学の第 1 法則から，

$$0 = dU = dQ + dW = dQ - p\,dV$$

すなわち，$dQ = p\,dV$ となる．理想気体の状態方程式 $pV = nRT$ を使うと，

$$S_f - S_i = \int_{i \to f} \frac{dQ}{T} = \int_{V_i}^{V_f} \frac{p\,dV}{T}$$

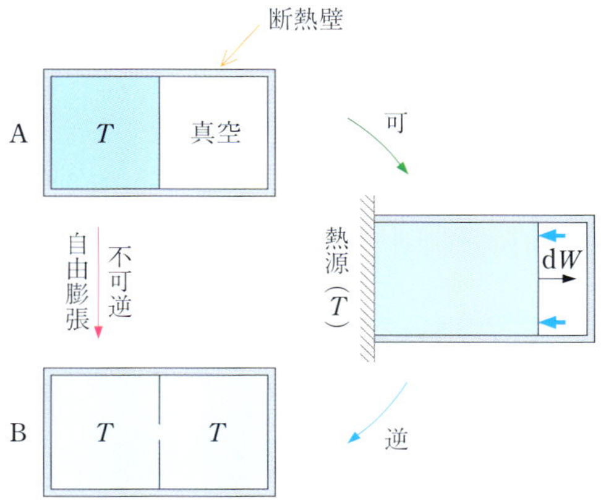

図 15.22

$$= nR \int_{V_i}^{V_f} \frac{dV}{V} = nR \log \frac{V_f}{V_i} \qquad (15.48)$$

となる．$V_f > V_i$ なので，$S_f > S_i$ である．

温度の違う 2 つの物質の混合と気体の自由膨張を扱った例題 4，例題 5 の両方とも，外部と熱および仕事のやりとりのない孤立した系のエントロピーは不可逆変化によって増大することを示している．

孤立した系では不可逆変化を通じてエントロピーが増大する．物質的にもエネルギー的にも孤立した系のエントロピーが最大の状態は，系の内部で熱の移動も物質の移動も起こらない，もっとも乱雑で無秩序な状態の熱平衡状態である．

しかし，われわれの身のまわりでは生物の生命活動や人間の生産活動や社会活動によって局所的に秩序が形成されている．また，水の落下は不可逆変化であるが，水力発電が継続的に可能なのは，自然界にも秩序形成過程が存在することを意味する．秩序形成過程はエントロピーが減少する変化である．

さて，地球を 1 つの系としてみると，物質に関しては出入りのない孤立した系と見なせる．しかし，エネルギーについては，表面温度が 5800 K の太陽から電磁波によってエネルギーを受け取り，約 270 K の地球の表面から電磁波（赤外線）を宇宙空間に放出しているので，孤立系ではなく，開放系である．地球系では，太陽放射から宇宙への放熱にいたる間のエネルギーの流れが駆動力になって，大気や水の循環が生じ，また生物が生活しているのである．太陽から流入するエネルギーと地球が放射するエネルギーは等量であるが，高温の太陽からの熱に伴うエントロピーは低温の地球が放出する熱に伴うエントロピーよりはるかに小さいので，地球上での局所的な秩序形成過程が可能なのである．

図 15.23 国際宇宙ステーションから撮影された写真．太陽が地球を照らしているようすがわかる．地上と違って大気層を通していないため，太陽は真っ白に見える．

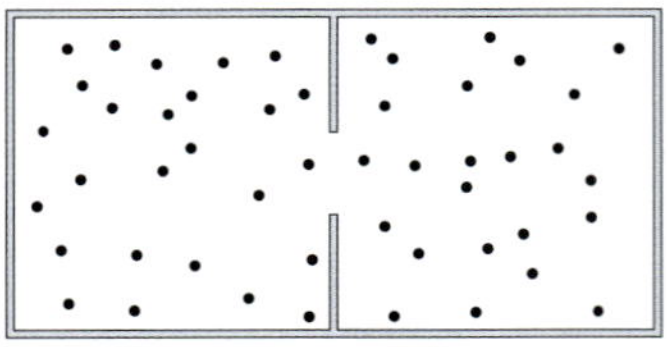

(a)

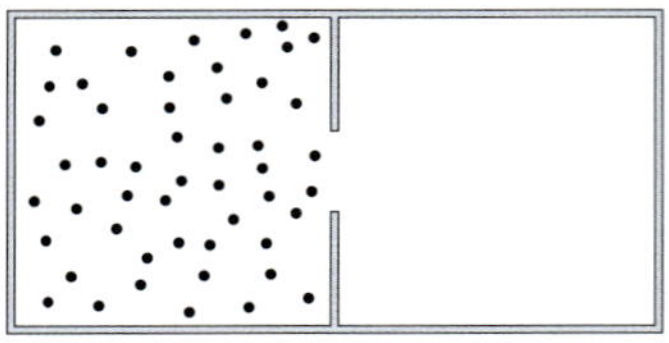

(b)

図 15.24

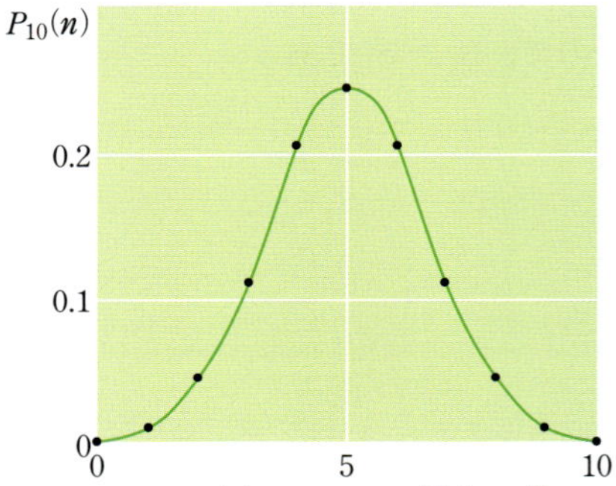

(a) $N=10$ の場合

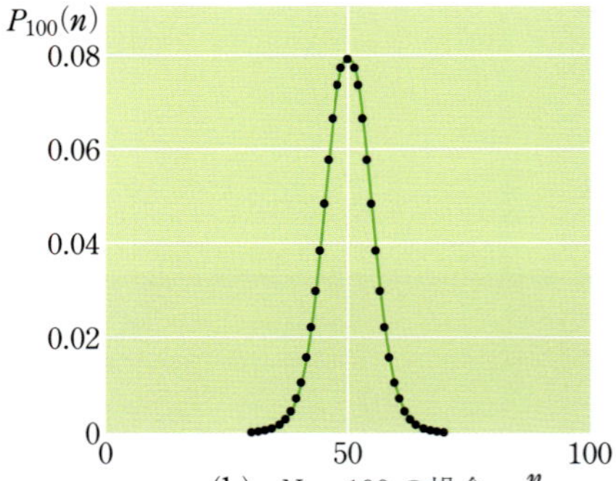

(b) $N=100$ の場合

図 15.25 気体分子の総数が N の場合に左側の領域に n 個の気体分子が存在する確率 $P_N(n)$

参考 統計力学とエントロピー

エントロピーは，物質の分子構造とは無関係に，熱力学で導入された状態量である．物質を構成する分子の運動に確率論を適用して，物質の諸性質を分子集団の示す統計的法則として導くのが統計力学である．ボルツマンは，統計力学ではエントロピー S は，系のエネルギー，体積，温度，粒子数などの巨視的な状態量が与えられたときの可能なミクロな状態数 W を用いて，

$$S = k \log W \tag{15.49}$$

と表せることを示した．ミクロな状態数 W が大きい方が乱雑さの度合が大きいが，統計力学によれば，系はミクロな状態数 W が大きい巨視的な状態にある確率が大きい．W の大きい状態は，(15.49) 式によればエントロピー S の大きい状態である．これがエントロピーの確率的な意味である．

例として，図 15.24 に示す，N 個の分子を含む気体を考える．時間平均をとると，各分子が右側の領域にいる確率は $\frac{1}{2}$，左側の領域にいる確率も $\frac{1}{2}$ である．分子の運動には相関がないとすると，左側の領域に n 個の分子が存在する確率 $P_N(n)$ は，2 項分布の確率

$$P_N(n) = \frac{N!}{n!\,(N-n)!}\left(\frac{1}{2}\right)^N \tag{15.50}$$

である．この分布の確率変数 n の期待値は $\frac{N}{2}$ で，標準偏差（ゆらぎ）は $\frac{\sqrt{N}}{2}$ である（図 15.25）．したがって，6×10^{23} 個の分子を含む 1 mol の気体の場合，左右の領域の相対的な質量差は $\frac{1}{\sqrt{N}} \approx 10^{-12}$ 程度なので，無視できる．図 15.24 (b) のように右側の領域が真空になる確率は $\left(\frac{1}{2}\right)^N \approx 0$ である．

15.6 熱力学的現象の進む方向 ── 等温過程と自由エネルギー

学習目標 等温定積変化ではヘルムホルツの自由エネルギーは必ず減少し，等温定圧変化ではギブスの自由エネルギーは必ず減少することを理解する．

前節では，外部と熱および仕事のやりとりのない孤立している系が不可逆変化を行う場合，系のエントロピーが増大することを示した．系の高温の部分から低温の部分への熱の伝導，系の内部での摩擦による熱の発生，系内に圧力差のある場合の高圧の部分から低圧の部分への気体の自由膨張などは不可逆変化である．現実の熱力学的現象では，このような現象は避けられないので，孤立した系のエントロピーは増大する．す

なわち，孤立した系で起こる熱力学的現象の進む方向は，系のエントロピーが増大する方向である．これがエントロピー増大の原理である．

しかし，実際には，外部と熱や仕事のやりとりを行う変化が問題であることが多いので，これでは不便である*．この節では，系が孤立しておらず，温度 T の大きな熱源と熱のやりとりをしながら等温変化を行う場合に，系で起こる熱力学的現象の進む方向を調べよう．

* 系と環境（外部）の全エントロピーが増加すれば，系のエントロピーが減少することがあり得る．

状態 B から状態 A への不可逆変化 B → A に対して，クラウジウスの不等式 (15.46) から次の不等式

$$\sum_{i(\mathrm{B}\to\mathrm{A})} \frac{Q_i}{T_i} < S_\mathrm{A} - S_\mathrm{B} \tag{15.51}$$

が導かれるが，微小変化 ($T_\mathrm{A} \approx T_\mathrm{B} = T$)

$$S_\mathrm{A} - S_\mathrm{B} \approx \mathrm{d}S, \qquad \sum_{i(\mathrm{B}\to\mathrm{A})} \frac{Q_i}{T_i} \approx \frac{\mathrm{d}Q}{T} \tag{15.52}$$

の場合には，この不等式は

$$\mathrm{d}Q < T\,\mathrm{d}S \tag{15.53}$$

となる．$\mathrm{d}Q$ は系が（外部の）熱源から吸収する熱なので，熱力学の第 1 法則 $\mathrm{d}U = \mathrm{d}Q + \mathrm{d}W_{系\leftarrow外}$ を (15.53) 式に代入すると

$$\mathrm{d}U - T\,\mathrm{d}S < \mathrm{d}W_{系\leftarrow外} \tag{15.54}$$

となる．

等温変化 ($\mathrm{d}T = 0$) では，$\mathrm{d}(TS) = (T + \mathrm{d}T)(S + \mathrm{d}S) - TS \approx T\,\mathrm{d}S + S\,\mathrm{d}T = T\,\mathrm{d}S$ なので，(15.54) 式は

$$\mathrm{d}(U - TS) < \mathrm{d}W_{系\leftarrow外} = -\mathrm{d}W_{外\leftarrow系} \quad （等温変化） \tag{15.55}$$

となる．

等温定積変化とヘルムホルツの自由エネルギー　(15.55) 式の中の

$$F \equiv U - TS \tag{15.56}$$

を**ヘルムホルツの自由エネルギー**という．F を使うと，(15.55) 式は

$$-\mathrm{d}F > \mathrm{d}W_{外\leftarrow系} \quad （等温変化） \tag{15.57}$$

と表される．すなわち，**等温変化で系が外部にする仕事 $\mathrm{d}W_{外\leftarrow系}$ はヘルムホルツの自由エネルギーの減少高 $-\mathrm{d}F$ より必ず小さい**．このように，等温変化では仕事として利用できるのは内部エネルギーではなく，ヘルムホルツの自由エネルギーである．仕事として自由に利用できるエネルギーという意味で自由エネルギーとよぶのである．

系に作用する力が一様な圧力だけの場合，$\mathrm{d}W_{外\leftarrow系} = p\,\mathrm{d}V$ である．系が等温定積変化を行えば，$\mathrm{d}V = 0$ なので，$\mathrm{d}W_{外\leftarrow系} = p\,\mathrm{d}V = 0$ であり，(15.57) 式は

$$\mathrm{d}F < 0 \quad （等温定積変化） \tag{15.58}$$

となり，系のヘルムホルツの自由エネルギーは必ず減少し，系のヘルムホルツの自由エネルギーが極小になる状態が平衡状態である．

等温定圧変化とギブズの自由エネルギー　次に等温で定圧（圧力が一定）の変化を考えよう．この場合，系が外部にする仕事 $\mathrm{d}W_{外\leftarrow系}$ は，系

の体積変化に伴って一様な圧力 p のする仕事 $p\,\mathrm{d}V$ とそれ以外の力のする実質的な仕事 $\mathrm{d}W^{実質的}_{外\leftarrow系}$ の和なので，(15.55) 式は

$$\mathrm{d}(U-TS) < -\mathrm{d}W^{実質的}_{外\leftarrow系} - p\,\mathrm{d}V \quad （等温変化） \tag{15.59}$$

となる．定圧変化では，$\mathrm{d}p = 0$ なので，

$$\mathrm{d}(pV) = (p+\mathrm{d}p)(V+\mathrm{d}V) - pV \approx p\,\mathrm{d}V + V\,\mathrm{d}p = p\,\mathrm{d}V$$

を使うと，(15.59) 式は

$$\mathrm{d}(U-TS+pV) < -\mathrm{d}W^{実質的}_{外\leftarrow系} \quad （等温定圧変化） \tag{15.60}$$

と表せる．

$$G \equiv U-TS+pV = F+pV \tag{15.61}$$

を**ギブズの自由エネルギー**という．したがって，(15.60) 式は

$$-\mathrm{d}G > \mathrm{d}W^{実質的}_{外\leftarrow系} \quad （等温定圧変化） \tag{15.62}$$

と表されるので，系が等温定圧変化で外部にする実質的な仕事 $\mathrm{d}W^{実質的}_{外\leftarrow系}$ はギブズの自由エネルギーの減少高 $-\mathrm{d}G$ より必ず小さい．このように，等温定圧変化では仕事として実質的に利用できるのは内部エネルギーではなく，ギブズの自由エネルギーである．

演習問題15

A

1. ナイアガラの滝は高さが約 50 m，平均水流は $4\times10^5\ \mathrm{m^3}$/分である．
 (1) 滝の上と下とでの水温の差は何 °C か．
 (2) 水の約 20 % が水力発電に用いられるとして，発電所の出力電力を求めよ．
2. 図 1 はある気体 (1 mol) の p-V 曲線を示す．この気体を ABCDA という順序で変化させた．
 (1) 等温変化したのはどこか．
 (2) 等圧変化したのはどこか．
 (3) この気体が仕事をされたのはどこか．
 (4) この変化のうち，内部エネルギーに変化があったのはどこか．
 (5) A から B の変化で，この気体のした仕事はいくらか．また，この変化で気体に与えられた熱量はいくらか．定圧モル熱容量を C_p とせよ．

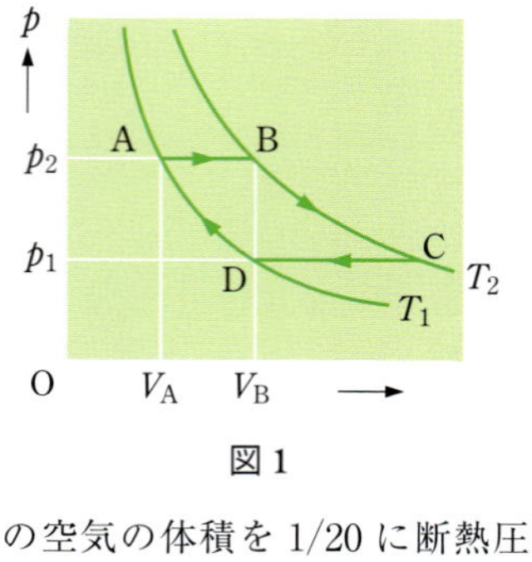

図 1

3. 27 °C での空気の体積を 1/20 に断熱圧縮すると何 °C になるか．
4. 平地で 20 °C の乾いた空気のかたまりが上昇気流にのって数千 m の上空まで吹き上げられて，体積が 2 倍に断熱膨張した．空気の温度はいくらになるか．
5. 400 °C の高温熱源と 50 °C の低温熱源の間で働く熱機関の最大の効率はいくらか．

B

1. 1 kg の 0 °C の氷が融解して 0 °C の水となった．このときのエントロピーの変化を計算せよ．1 g の氷の融解熱を 80 cal とせよ．
2. 絶対温度 T の物体内に摩擦によって熱 Q が発生した．このときのエントロピーの変化を求めよ．物体の熱容量は大きくて，温度の変化は無視できるものとせよ．
3. 理想気体のエントロピーについて次の問に答えよ．
 (1) 体積が一定な容器の中の理想気体 (n モル) を加熱して温度が T_A から T_B になったときのエントロピーの変化は
 $$S_\mathrm{B}-S_\mathrm{A} = nC_\mathrm{v}\log\frac{T_\mathrm{B}}{T_\mathrm{A}}$$
 であることを示せ．
 (2) 理想気体の状態 $(p_\mathrm{A}, V_\mathrm{A}, T_\mathrm{A})$ と状態 (p, V, T) は，体積 V_A の定積変化 $(p_\mathrm{A}, V_\mathrm{A}, T_\mathrm{A}) \to (p_\mathrm{B}, V_\mathrm{A}, T)$ と温度 T の等温変化 $(p_\mathrm{B}, V_\mathrm{A}, T) \to (p, V, T)$ の 2 段階の可逆変化で結ばれていることを使って，n モルの**理想気体のエントロピー**は
 $$S = nC_\mathrm{v}\log T + nR\log V + 定数$$
 であることを示せ．
4. ある物質 (1 mol) のエンタルピーを $H = U+pV$

と定義すると，この物質の定圧モル熱容量は $C_{\mathrm{p}} = \left(\dfrac{\Delta H}{\Delta T}\right)_{\text{定圧}}$ と表せることを示せ．

5．気体の体積弾性率を $B = -V\dfrac{\Delta p}{\Delta V}$，静止気体の密度を ρ_0 とすると，音波の速さは $c = \sqrt{\dfrac{B}{\rho_0}}$ である．可聴音の場合には圧縮，膨張は速いので，等温変化ではなく断熱変化である．$pV^{\gamma} =$ 一定，$pV = nRT, \rho_0 = \dfrac{nM}{V}$ から

$$B = -V\left(\frac{\mathrm{d}p}{\mathrm{d}V}\right)_{\text{断熱}} = \gamma p \qquad \therefore \quad c = \sqrt{\frac{\gamma RT}{M}}$$

を導け．等温変化なら $c = \sqrt{\dfrac{RT}{M}}$ となることも示せ．

6．図2(a)，(b)を見て，熱力学の第2法則の2つの表現の1つが成り立たなければ，残りの表現も成り立たないこと，すなわち2つの表現が等価であることを示せ．

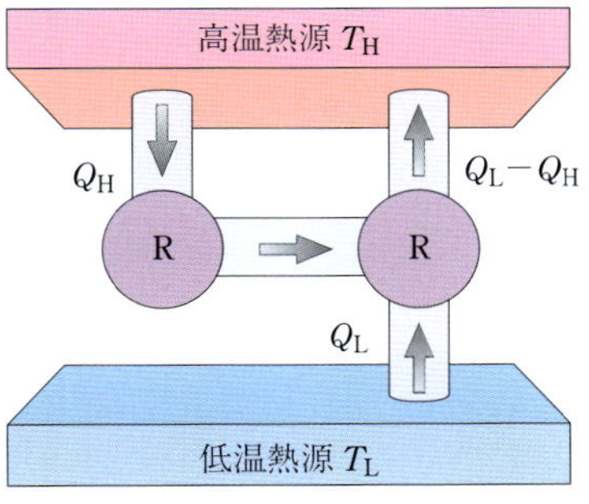

冷凍機・暖房機

(a) トムソンの表現が成り立たなければ(左)，冷凍機・暖房機(右)を利用してクラウジウスの表現が成り立たないことが示される．

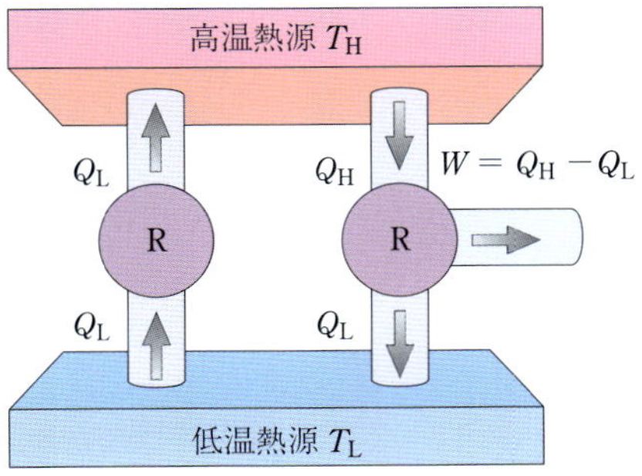

熱機関

(b) クラウジウスの表現が成り立たなければ(左)，熱機関(右)を利用してトムソンの表現が成り立たないことが示される．

図2

7．ある熱機関が図3のエントロピー–温度図に示されている循環過程を行っている．この熱機関の効率はいくらか．

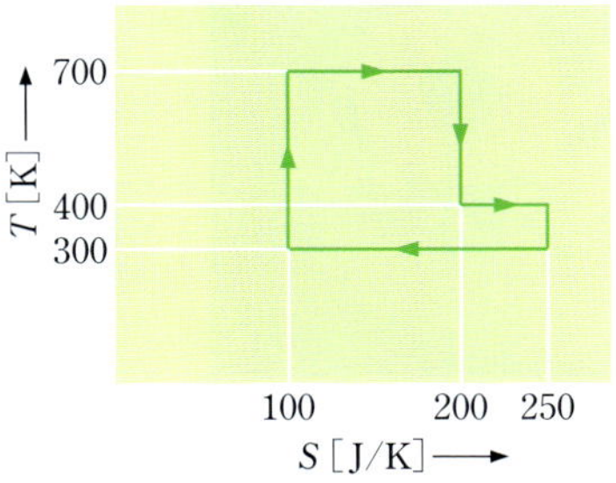

図3

8．ひとつの系が等温可逆循環過程を行う場合，系が外部に行う仕事は0であることを示せ．この結果を使って，ファン・デル・ワールスの状態方程式で記述される物質の気相と液相が共存する圧力 p_0 を求めるには，図4の領域IとIIの面積が等しくなるように水平線を引けばよいことを示せ（マクスウェルの規則）．

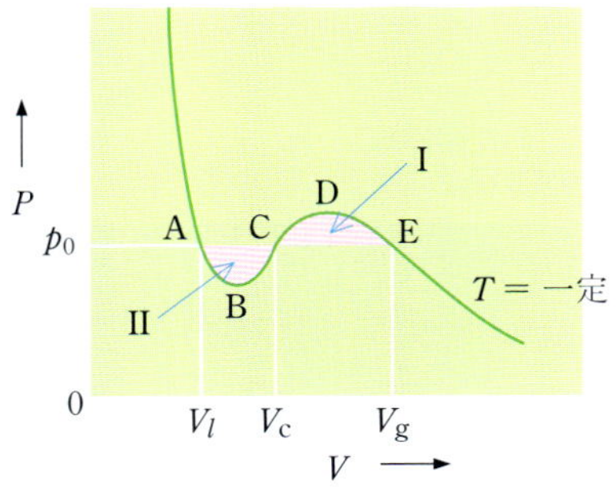

図4

真空中の静電場

日常生活に電気がなくてはならないことは，発電機や電池が供給する電気エネルギーがなければどうなるかを考えてみれば，明らかであろう．19 世紀の後半に発電機が実用化され，発電機の供給する電力は電球を点灯させ，モーターを回転させるのにまず使われた．1888 年にヘルツが電磁波の発生と検出に成功し，情報伝達の手段に電磁波を利用することが可能になった．発電機とモーターの発明，電磁波の応用はどれも電磁気学の研究の成果であり，電場と磁場（工学では電界と磁界）という考えの理解が不可欠であった．

本章から第 22 章までの 7 章では，電荷と電流，電場と磁場が主役を演じる電磁気学の基礎を学ぶ．

2 つの電極間に吊された帯電球．
一方の電極に寄っている．

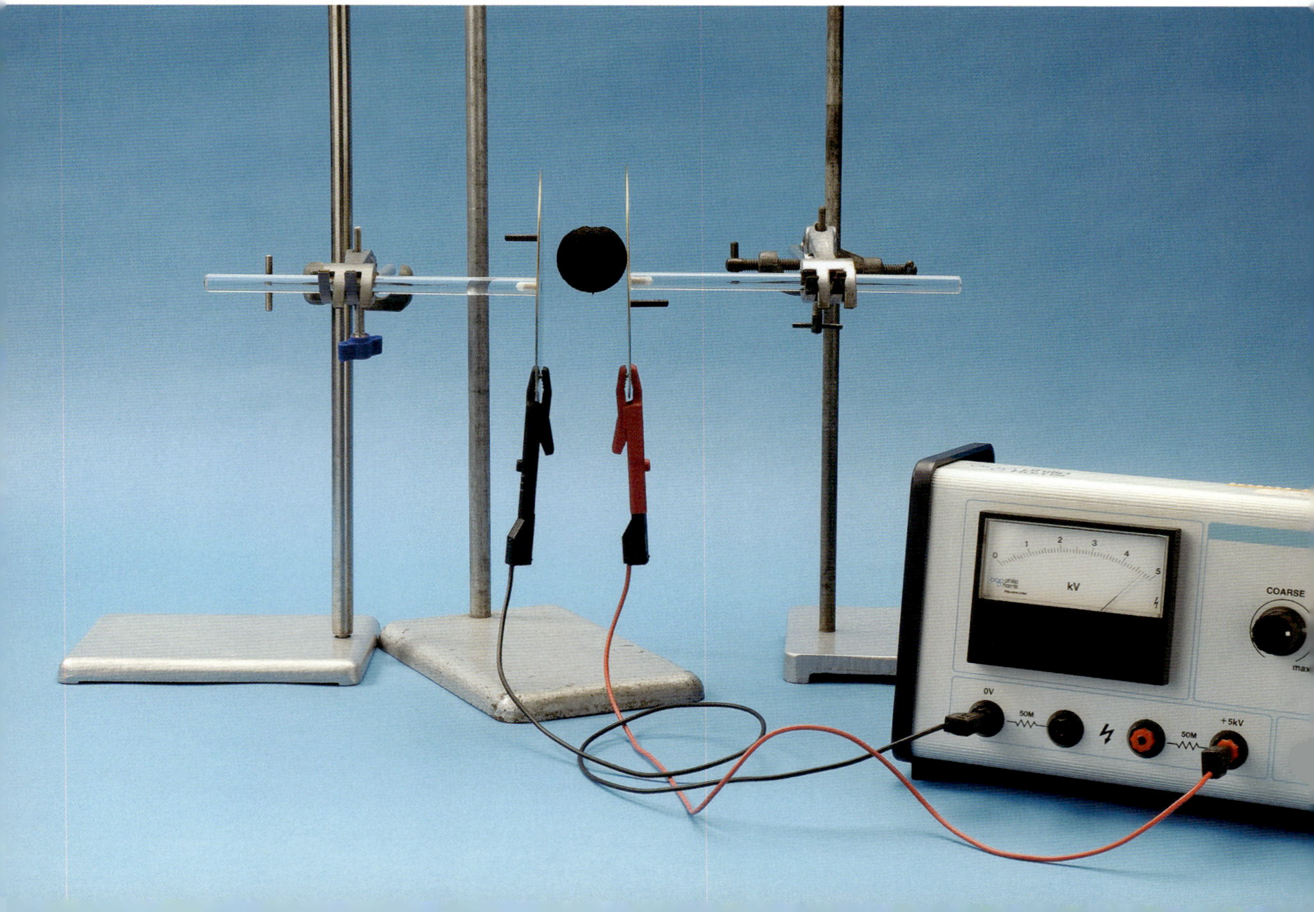

電磁気現象を理解する鍵になる物理量は，物体の帯びている**電荷**(charge)と空間の性質である**電場**(electric field)と**磁場**(magnetic field)である．電磁気学の基本法則は，電荷は周囲にどのような電場と磁場をつくりだすかを示す法則であり，電場と磁場の運動法則でもある4つの法則から構成される**マクスウェル方程式**および電場と磁場が荷電粒子に作用する力(**ローレンツ力**)の法則である．

力学を学んだ際には，基本法則であるニュートンの運動の法則を出発点にした．本書の電磁気学の学習では，電磁気現象がしたがう電場と磁場の諸法則を系統的に学びつつ，すべての電磁気現象を統一的に記述し，電磁波の存在を示す，電磁気学の基本法則であるマクスウェルの法則(マクスウェル方程式)に到達することを目指す．

本章では，真空中に静止している電荷間に作用する電気力を学び，つづいて真空中に静止している電荷がつくる電場の性質を学び，最後に単位正電荷あたりの電気ポテンシャルエネルギーである電位を学ぶ．

16.1 電荷と電荷保存則

学習目標 電荷には正電荷と負電荷があり，電荷は保存することを，物質が陽子，中性子と電子から構成されている事実と結びつけて理解する．

電磁気現象の根源にある物体の帯びている物理量を**電荷**(charge)という．電荷とは何だろうか．いろいろな電磁気現象で電荷はどのように振舞うかの学習を通じて，電荷を理解してほしい．

人類が最初に出会った電気現象は摩擦電気であった．2000年以前から，毛皮で擦られたコハク(松の樹脂の化石)の棒が，近くのほこりや髪の毛などの軽い物を引きつけることが知られていた．英語のエレクトリック(electric)の語源はコハクのギリシャ語のエレクトロンである．英語の電気という言葉は『擦られたものが軽い物を引き付ける原因になるもの』という意味であった．

帯電した物体の間に作用する電気力の研究から，

(1) 電荷には正電荷と負電荷の2種類があり，同種類の電荷の間には反発力が作用し，異種類の電荷の間には引力が作用すること，

(2) 帯電していない2種類の物体をこすり合わせると，一方の物体は正電荷を帯び，もう一方の物体は等量の負電荷を帯びること，正電荷を帯びた物体と等量の負電荷を帯びた物体を接触させると正電荷と負電荷は中和すること

がわかった(図16.2，図16.3)．

したがって，正負の符号を考えた電荷の和を全電荷とよぶと，

閉じた系の全電荷は一定である．

これを**電荷保存則**という．自然界の基本的な法則の1つである．

図16.1 静電気

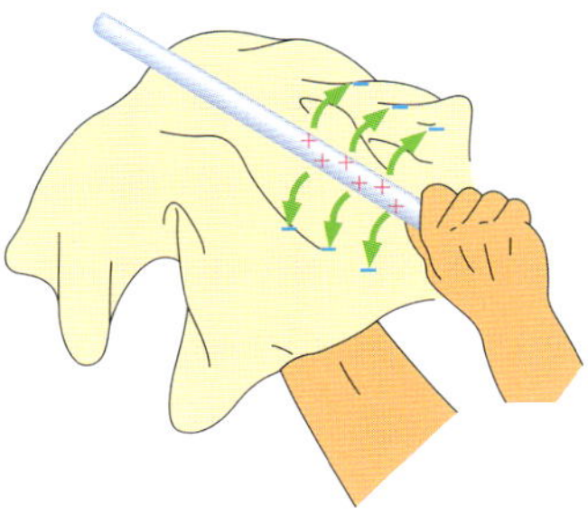

図16.2 ガラス棒を絹布でこするとガラス棒は正に帯電し，絹布は負に帯電する．ゴム棒を毛皮でこするとゴム棒は負に帯電し，毛皮は正に帯電する．

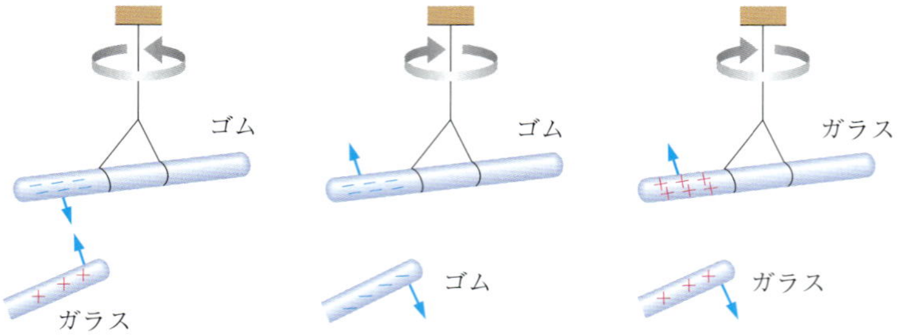

図 16.3

電荷保存則は，物質構造から理解できる．物質は原子から構成され，原子番号 Z の原子は中心にある正電荷 Ze を帯びた原子核とそのまわりの負電荷 $-e$ を帯びた Z 個の電子から構成され，原子核は正電荷 e を帯びた陽子と電荷を帯びていない中性子から構成されている．そこで，

「物質の全電荷」＝「陽子の総数」$\times e+$「電子の総数」$\times(-e)$

である．摩擦や化学反応では，陽子や電子の消滅や生成は起こらない．したがって，電荷保存則は，これらの現象では陽子の総数も電子の総数も不変だという事実で説明できる．なお，原子核の β（ベータ）崩壊のように，陽子や電子が生成，消滅する場合にも電荷は保存する．

電荷の単位　C

電気素量（素電荷）
$e\approx 1.60\times10^{-19}$ C

電荷の単位**クーロン**（記号 C）は，電子と陽子の電荷の大きさである**電気素量** e を正確に，$1.602\,176\,634\times10^{-19}$ C と定めることによって設定される．

電子は原子核よりもはるかに軽く，電子は物体の表面に薄い雲のようになって滲み出している．物質によって，電子を物体に結びつける力が違うので，物体を摩擦したとき，物体表面では電子の移動が起こり，一方が正，他方が負に帯電する．

16.2　クーロンの法則

学習目標　電荷と電荷の間に作用する電気力に関する法則であるクーロンの法則と重ね合わせの原理を理解する．

1785年にクーロンは感度のよい捩れ秤（ねじればかり）を使用して，帯電した小さな球の間に作用する電気力を測定し，「2つの小さな帯電物体の間に作用する電気力の大きさ F は，2つの帯電物体のもつ電荷 q_1, q_2 の積に比例し，距離 r の2乗に反比例する」ことを発見した（図16.4）．

$$F=\frac{q_1q_2}{4\pi\varepsilon_0 r^2}\qquad\text{（真空中）}\tag{16.1}$$

これを**クーロンの法則**という．クーロンの法則にしたがう電気力を**クーロン力**という．右辺の $\dfrac{1}{4\pi\varepsilon_0}$ は，電荷の単位をクーロン（C），長さの単位をメートル（m），力の単位をニュートン（N）とする国際単位系での比例定数の表し方で，

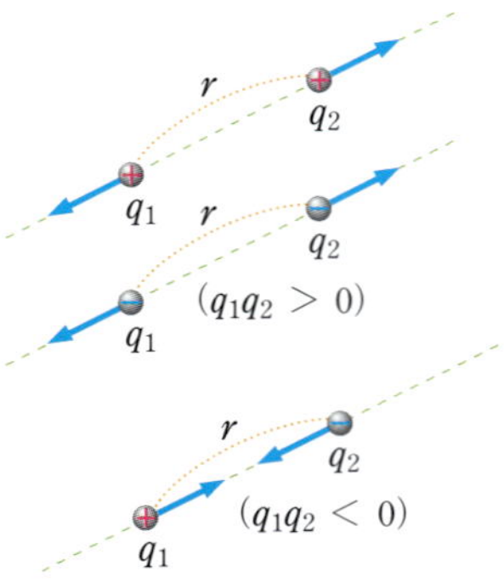

図 16.4　クーロンの法則
$F=\dfrac{q_1q_2}{4\pi\varepsilon_0 r^2}$
作用反作用の法則を満たす．

$$\frac{1}{4\pi\varepsilon_0} \approx 8.988\times10^9\ \mathrm{N\cdot m^2/C^2} \tag{16.2}$$

である．これは真空中の場合であるが，空気中でも比例定数はほとんど同じ値である．定数 ε_0（イプシロン・ゼロと読む）

$$\varepsilon_0 \approx 8.854\times10^{-12}\ \mathrm{C^2/(N\cdot m^2)} \tag{16.3}$$

を**電気定数**という[*1]．電気定数は独立に定義された力学的単位 [m]，[kg]，[s] と電磁気学的単位 [A] で測定された数値を整合させるための変換係数である．$\frac{1}{4\pi\varepsilon_0}$ の数値の部分 8.988×10^9 は，より正確には，真空中の光速 $2.997\,924\,58\times10^8$ m/s の数値の部分 c を使って，$c^2/10^7$ と表される（**22.2** 節参照）．

電気定数（真空の誘電率）
$\varepsilon_0 \approx 8.854\times10^{-12}\ \mathrm{C^2/(N\cdot m^2)}$

*1 電気定数 ε_0 は歴史的に真空の誘電率とよばれてきたが，真空の誘電体としての性質を表す定数ではない．

小さな帯電物体とは，他の帯電物体への距離に比べて帯電物体の大きさが小さいので，次章で学ぶ，静電誘導の効果が無視できる物体である．このような場合の電荷を理想化して**点電荷**という[*2]．クーロンの法則は，点電荷の間に作用する電気力の法則である．クーロン力に対しても作用反作用の法則が成り立つ．

*2 本書では，電荷の記号に Q と q を使う．原則として，点電荷の記号には q を使う．

例 1 10 cm の間隔で，それぞれが 1 μC（$= 10^{-6}$ C）の正電荷を帯びた 2 つの小さなガラス玉がある．その間に作用する電気力の大きさは

$$F = (9\times10^9\ \mathrm{N\cdot m^2/C^2})\times\frac{(10^{-6}\ \mathrm{C})^2}{(0.1\ \mathrm{m})^2} = 0.9\ \mathrm{N} \qquad \text{（反発力）}$$

である．この電気力の大きさは約 90 g の物体に作用する重力の大きさに等しい．

この計算から 1 C はきわめて大きな電荷であることがわかる．大きな電荷をもつ物体は異符号の電荷をもつ物体を引きつけたり，放電したりするので，大きな電荷を保ちつづけることは難しい．なお，ファラデー定数とよばれる 1 mol の 1 価イオンの電気量は 96485 C である．

ファラデー定数
$F = eN_{\mathrm{A}} = 96485\ \mathrm{C/mol}$

ベクトル形でのクーロンの法則　(16.1) 式には力の向きが示されていない．ベクトルを使って力の向きを表そう．電気力の方向は 2 つの電荷を結ぶ線分の方向である．点電荷 q_1 の位置ベクトルを $\boldsymbol{r}_1$，点電荷 q_2 の位置ベクトルを $\boldsymbol{r}_2$ とすると，電荷 q_2 を始点とし電荷 q_1 を終点とするベクトルは $\boldsymbol{r}_{12} = \boldsymbol{r}_1 - \boldsymbol{r}_2$ である（図 16.5）．電荷 q_1 と電荷 q_2 の距離は $r_{12} = |\boldsymbol{r}_1 - \boldsymbol{r}_2|$ なので，電荷 q_2 から電荷 q_1 の方向を向いた単位ベクトル（長さが 1 のベクトル）は $\hat{\boldsymbol{r}}_{12} = \frac{\boldsymbol{r}_{12}}{r_{12}} = \frac{\boldsymbol{r}_1 - \boldsymbol{r}_2}{|\boldsymbol{r}_1 - \boldsymbol{r}_2|}$ である．したがって，点電荷 q_2 が点電荷 q_1 に作用する電気力 $\boldsymbol{F}_{1\leftarrow2}$ は，向きまで含めて，

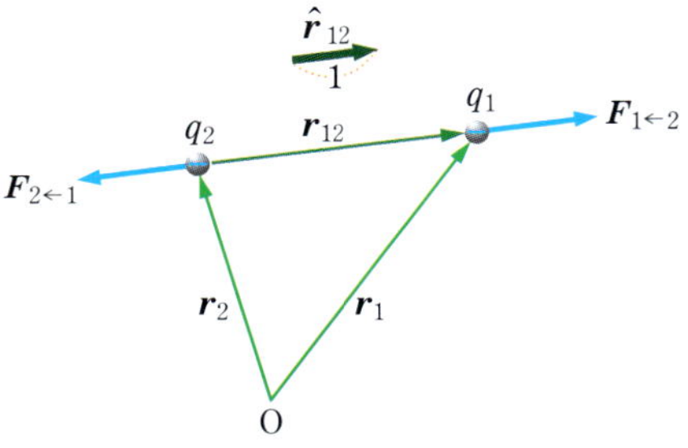

図 16.5 クーロンの法則（$q_1 q_2 > 0$ の場合）

$$\boldsymbol{F}_{1\leftarrow2} = F\hat{\boldsymbol{r}}_{12} = \frac{1}{4\pi\varepsilon_0}\frac{q_1 q_2}{{r_{12}}^2}\hat{\boldsymbol{r}}_{12} = \frac{1}{4\pi\varepsilon_0}\frac{q_1 q_2}{|\boldsymbol{r}_1 - \boldsymbol{r}_2|^2}\frac{\boldsymbol{r}_1 - \boldsymbol{r}_2}{|\boldsymbol{r}_1 - \boldsymbol{r}_2|} \tag{16.4}$$

と表される（図 16.5）．これがベクトル形でのクーロンの法則である．$\boldsymbol{F}_{2\leftarrow1} = -\boldsymbol{F}_{1\leftarrow2}$ なので，クーロン力は作用反作用の法則を満たす．

ベクトル $\boldsymbol{r}_1 - \boldsymbol{r}_2$ の x 成分，y 成分，z 成分は，それぞれ，$x_1 - x_2$, $y_1 - y_2$, $z_1 - z_2$ なので，電気力 $\boldsymbol{F}_{1\leftarrow 2}$ の各成分は，(16.4) 式の分子の $\boldsymbol{r}_1 - \boldsymbol{r}_2$ を各成分で置き換えた式である．

3 つ以上の電荷がある場合の電気力　3 つの点電荷 q_1, q_2, q_3 がある場合，電荷 q_1 に作用する電気力 $\boldsymbol{F}_1$ は，電荷 q_1 と q_2 だけがある場合の電荷 q_2 からの電気力 $\boldsymbol{F}_{1\leftarrow 2}$ と，電荷 q_1 と q_3 だけがある場合の電荷 q_3 からの電気力 $\boldsymbol{F}_{1\leftarrow 3}$ のベクトル和

$$\boldsymbol{F}_1 = \boldsymbol{F}_{1\leftarrow 2} + \boldsymbol{F}_{1\leftarrow 3} \tag{16.5}$$

であることが実験的にわかっている［図 16.6 (a) 参照］．これを**電気力の重ね合わせの原理**とよぶ．(16.5) 式を成分で表すと，

$$\begin{aligned} F_{1x} &= (F_{1\leftarrow 2})_x + (F_{1\leftarrow 3})_x, \\ F_{1y} &= (F_{1\leftarrow 2})_y + (F_{1\leftarrow 3})_y, \\ F_{1z} &= (F_{1\leftarrow 2})_z + (F_{1\leftarrow 3})_z \end{aligned} \tag{16.6}$$

となる［図 16.6 (b) 参照］．4 つ以上の点電荷が存在する場合にも，電気力の重ね合わせの原理が成り立つ．

問 1　図 16.7 のように，1 辺の長さが L の正方形の各頂点に電荷 q, $-q$ が置かれている．左上の電荷 q に作用する力 $\boldsymbol{F}$ を求めよ．

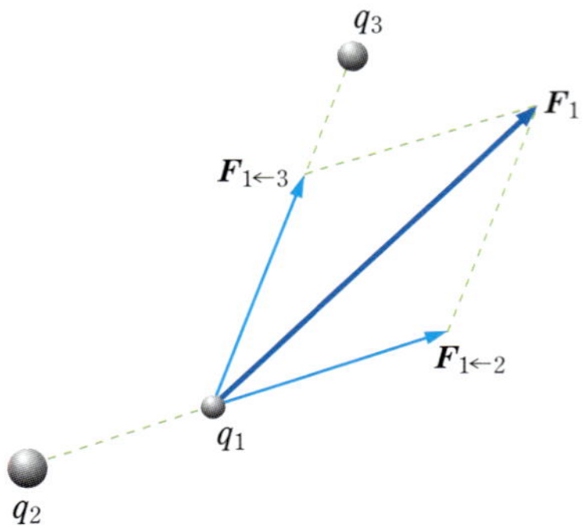

(a)　$\boldsymbol{F}_1 = \boldsymbol{F}_{1\leftarrow 2} + \boldsymbol{F}_{1\leftarrow 3}$

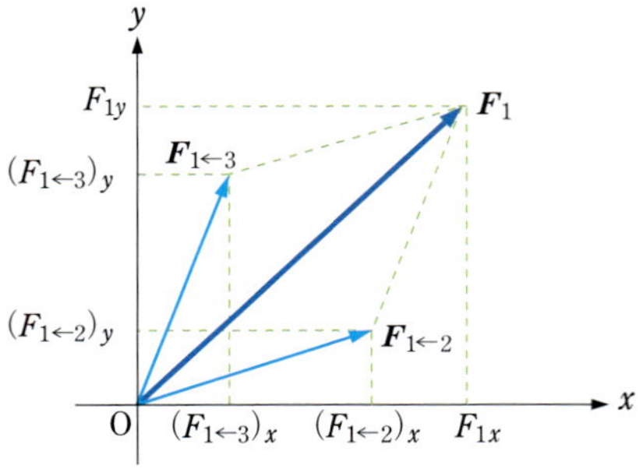

(b)　$F_{1x} = (F_{1\leftarrow 2})_x + (F_{1\leftarrow 3})_x$,
$F_{1y} = (F_{1\leftarrow 2})_y + (F_{1\leftarrow 3})_y$

図 16.6　電気力の重ね合わせの原理（点電荷 q_1, q_2, q_3 がすべて xy 平面上にあり，$q_1 q_2 > 0$ で，$q_1 q_3 < 0$ の場合）

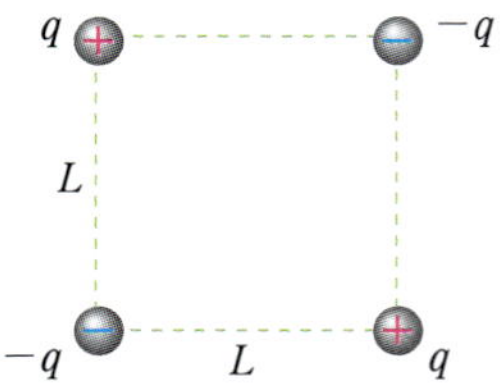

図 16.7

16.3　電　場

学習目標　電気力は電荷の間で直接に作用するのではなく，電荷はまわりに電場とよばれる電気的性質をもつ状態をつくり，電場がそこにあるほかの電荷に電気力を作用すると考える，ことを理解する．電場のようすを表す電気力線の性質を理解する．

物理学では，各点に「物理量」が指定されている空間をその物理量の場（ば）という．たとえば，大気圏の各点では各時刻に温度，気圧，風の速度などが決まっているので，大気圏を温度の場，気圧の場，そして風の速度の場と見なせる（図 16.8）．

物理学では，電気力は電荷の間で直接に作用するのではなく，

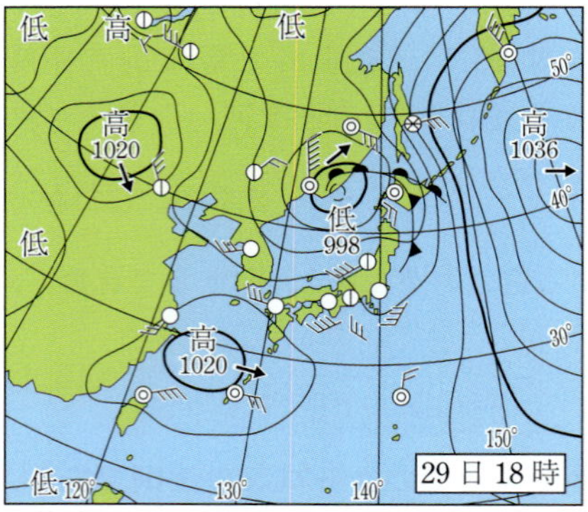

○快晴 ◐晴 ◎曇 ●雨 ⊗雪 ⊙霧 風向風力

図 16.8　天気図
等圧線は地表付近の気圧（スカラー量）の場（スカラー場）を表し，風の向きと風速を表す矢印は地表付近の風の速度の場（ベクトル場）を表す．

第 1 の電荷がその周囲に電場とよばれる電気的性質をもつ状態をつくり，第 2 の電荷のところの電場が第 2 の電荷に電気力を作用し，電荷の位置の変化などによる電場の変化は空間を光速で伝わる，

と考える．

本章では，**静電場**とよばれる，静止している電荷が周囲につくる電場と電場がその中に静止している電荷に作用する電気力を考える．電場は真空中にも物質中にもあるが，この章では真空中の静電場を考える．

クーロン力の性質によって，点 $\boldsymbol{r}$ に点電荷 q を持ち込んだ場合，この電荷に作用する電気力は持ち込んだ電荷 q に比例するので

$$\boldsymbol{F} = q\boldsymbol{E}(\boldsymbol{r}) \tag{16.7}$$

と表せる．q に無関係なベクトル場 $\boldsymbol{E}(\boldsymbol{r})$，

$$\boldsymbol{E}(\boldsymbol{r}) = \frac{\boldsymbol{F}}{q} \tag{16.8}$$

を点 $\boldsymbol{r}$ の電場とよぶ[*1]．つまり，電荷 $+1$ C あたりに作用する電気力がその点の電場である．電場の単位は N/C である．

電場の単位　N/C

[*1] 点電荷 q を持ち込んだために周囲の電荷分布が変化しない場合を考えている．

(16.7) 式から，正電荷は電場と同じ向きの電気力を受け，負電荷は電場と逆向きの電気力を受けることがわかる（図 16.9）．

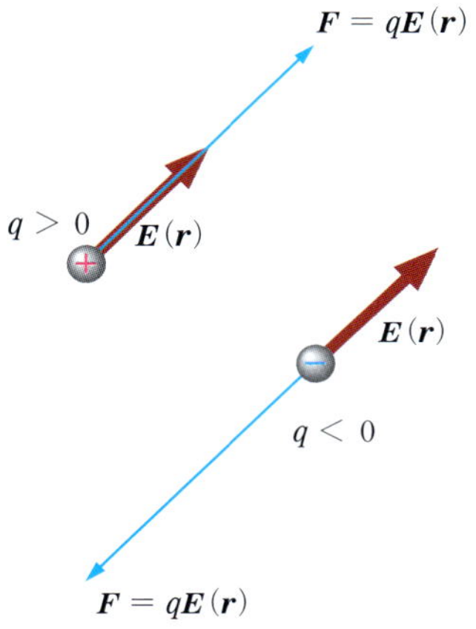

図 16.9　点 $\boldsymbol{r}$ の電場 $\boldsymbol{E}(\boldsymbol{r})$ と点 $\boldsymbol{r}$ にある電荷 q に作用する電気力 $\boldsymbol{F}$ の関係，$\boldsymbol{F} = q\boldsymbol{E}(\boldsymbol{r})$．

例 2　(16.4) 式と (16.8) 式から点電荷 q_0 が原点にある場合に位置ベクトル $\boldsymbol{r}$ の点 P の電場 $\boldsymbol{E}(\boldsymbol{r})$ は

$$\boldsymbol{E}(\boldsymbol{r}) = \frac{q_0}{4\pi\varepsilon_0 r^2}\hat{\boldsymbol{r}} = \frac{q_0}{4\pi\varepsilon_0 r^2}\frac{\boldsymbol{r}}{r} \tag{16.9}$$

である（$\hat{\boldsymbol{r}}$ は $\boldsymbol{r}$ の方向を向いた単位ベクトル）．電場は

$$E(r) = \frac{q_0}{4\pi\varepsilon_0 r^2} \tag{16.10}$$

と $\hat{\boldsymbol{r}}$ の積なので，電場 $\boldsymbol{E}(\boldsymbol{r})$ の方向は原点から放射状の方向（$\boldsymbol{r}$ の方向）で，向きは $q_0 > 0$ なら外向き，$q_0 < 0$ なら内向きである（図 16.10）．

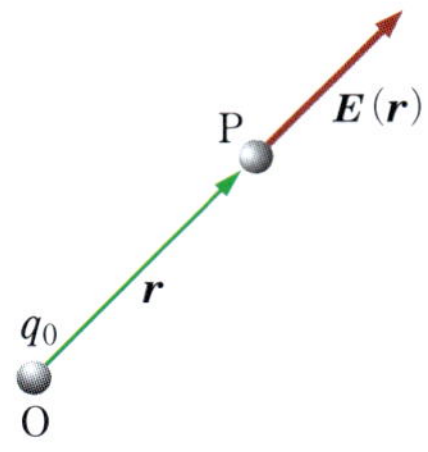

図 16.10　原点にある点電荷 q_0 が点 $\boldsymbol{r}$ につくる電場（$q_0 > 0$ の場合，$q_0 < 0$ の場合の $\boldsymbol{E}$ は逆向き）．

$$\boldsymbol{E}(\boldsymbol{r}) = \frac{q_0}{4\pi\varepsilon_0 r^2}\hat{\boldsymbol{r}}$$

問 2　位置ベクトルが $\boldsymbol{r}_\mathrm{P}$ の点にある点電荷 q_P が，位置ベクトルが $\boldsymbol{r}$ の点につくる電場 $\boldsymbol{E}(\boldsymbol{r})$ は

$$\boldsymbol{E}(\boldsymbol{r}) = \frac{1}{4\pi\varepsilon_0}\frac{q_\mathrm{P}}{|\boldsymbol{r}-\boldsymbol{r}_\mathrm{P}|^2}\frac{\boldsymbol{r}-\boldsymbol{r}_\mathrm{P}}{|\boldsymbol{r}-\boldsymbol{r}_\mathrm{P}|}$$

であることを示せ．

例 3　10^{-6} C の電荷から 1 m 離れた点での電場の強さは

$$E = (9.0\times10^9\ \mathrm{N\cdot m^2/C^2})\times\frac{10^{-6}\ \mathrm{C}}{(1\ \mathrm{m})^2} = 9.0\times10^3\ \mathrm{N/C}$$

点電荷 q_1 だけがあるときに点電荷 q_1 のつくる電場を $\boldsymbol{E}_1(\boldsymbol{r})$，点電荷 q_2 だけがあるときに点電荷 q_2 のつくる電場を $\boldsymbol{E}_2(\boldsymbol{r})$ とすると[*2]，2 つ

[*2] 「電荷 q のつくる電場」と書いたが，電荷が全く存在しない場合にも，$\boldsymbol{E}(\boldsymbol{r}) = \boldsymbol{0}$ という電場が存在することに注意すること．

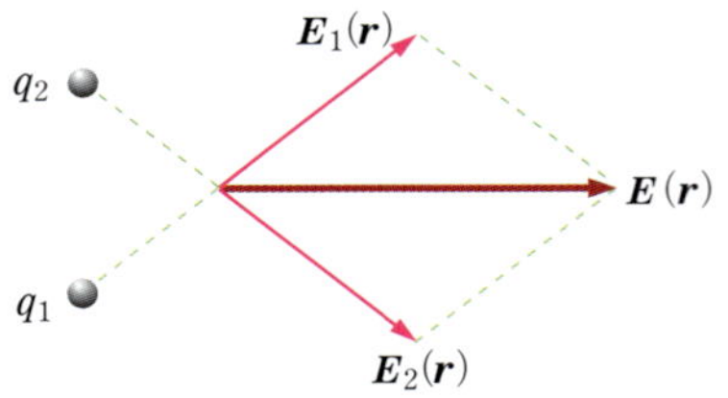

図 16.11　$\boldsymbol{E}(\boldsymbol{r}) = \boldsymbol{E}_1(\boldsymbol{r}) + \boldsymbol{E}_2(\boldsymbol{r})$

＊　したがって，物体の帯びている電荷は電場をつくる能力を表し，電場の作用を受ける能力を表す量だといえる．

の点電荷 q_1 と q_2 があるときの電場 $\boldsymbol{E}(\boldsymbol{r})$ は，電気力の重ね合わせの原理によって，

$$\boldsymbol{E}(\boldsymbol{r}) = \boldsymbol{E}_1(\boldsymbol{r}) + \boldsymbol{E}_2(\boldsymbol{r}) \tag{16.11}$$

である（図 16.11）．これを**電場の重ね合わせの原理**という．

電気力線　空間の各点に，その点の電場を表す矢印を描き［図 16.12(a)］，線上の各点で電場を表すベクトルの矢印が接線になるような向きのある曲線を描くと，これが電気力線である［図 16.12(b)］．正電荷は電気力線の始点であり，負電荷は電気力線の終点である＊．電気力線を描くときには，電気力線の密度が電場の強さに比例するように図示する．電気力線を使うと，電気力線の向きで電場の向きを知り，電気力線の密度を比べて電場の強さの大小を比べられる．つまり，電場のようす

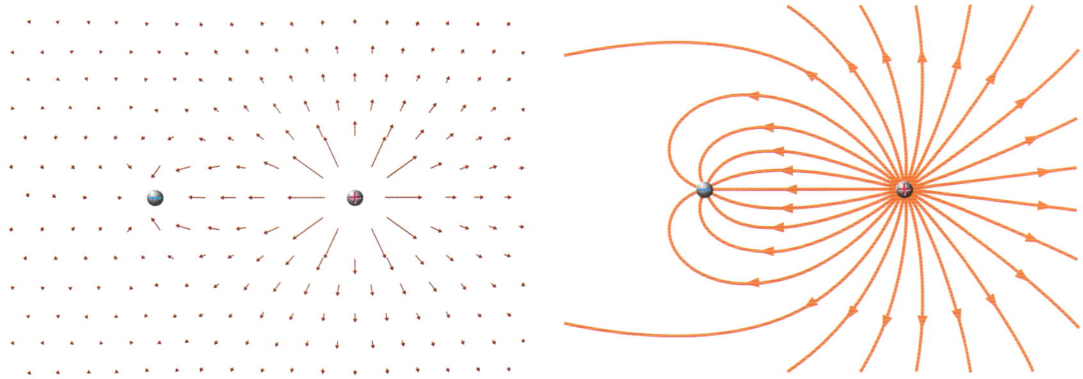

(a)　電場　　　(b)　電気力線

図 16.12　正負の点電荷 +3 C と −1 C がつくる電場と電気力線

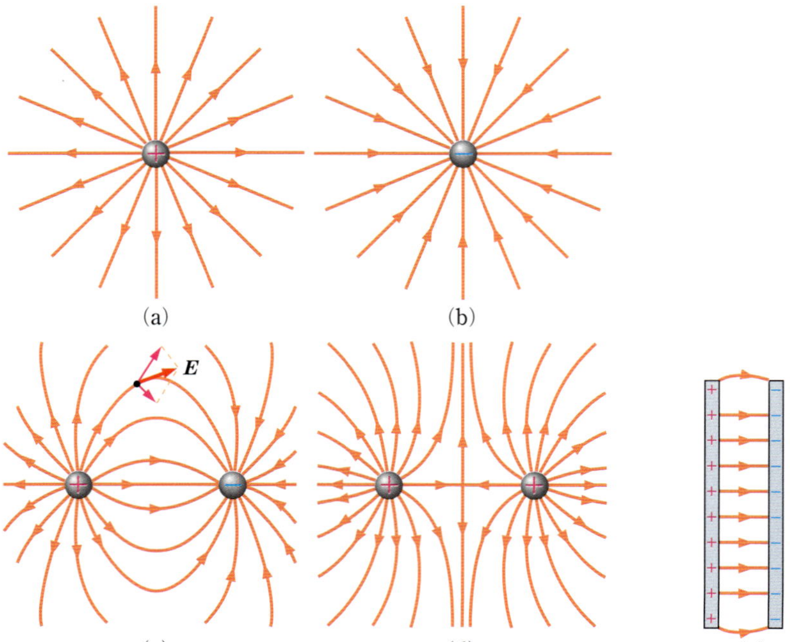

図 16.13　電気力線の例

(d) では電気力線が交わっているように描かれているが，交点では電場が 0 である．2 本の電気力線が交わると，交点で電場の方向が 2 方向あることになるので，電荷のあるところと電場が 0 のところを除いて，電気力線は決して交わらないし，枝別れしない．

は電気力線によって図示できる．いくつかの場合の電気力線を図 16.13 に示す．

2 本の電気力線が交わると，交点で電場の方向が 2 方向あることになるので，電荷のあるところと電場が **0** のところを除いて，電気力線は決して交わらないし，枝別れしない．つまり，電気力線は正電荷で発生し，負電荷で消滅するが，途中で途切れたり，新しく発生したりはしない．ただし，電荷の和が 0 でない場合には，どこまでも伸びている電気力線がある［図 16.13 (a), (b), (d)］．

向きも強さも場所によらない一定な電場を**一様な電場**という．一様な電場の電気力線は平行で，間隔が一定である［図 16.13 (e) 参照］．

16.4　電場のガウスの法則とその応用

学習目標　面を貫く電気力線束の定義を理解する*．閉曲面から出てくる電気力線束は閉曲面内部の全電気量の $\dfrac{1}{\varepsilon_0}$ であるという電場のガウスの法則を理解し，電荷分布が球対称な場合の電場と電荷が無限に広い平面に一様に分布している場合の電場が導けるようになる．

* 電気力線束は本書の造語で，電場の流束，電場束，電束などとよぶ本もある．

この節では，電場 $\boldsymbol{E}$ に垂直な面の単位面積を E 本の電気力線が貫くような密度で電気力線を描くとき，面 S を貫く電気力線の本数に対応する量である電気力線束をまず定義する．電気力線の始点と終点は正電荷と負電荷なので，電場の中に風船のような閉曲面があるとき，この閉曲面の内部から外へ出てくる電気力線の正味の本数（「出ていく本数」−「入る本数」）に対応する電気力線束は，閉曲面内部の正味の電気量（「正電荷」−「負電荷」）に比例している．この比例関係が，電場のガウスの法則である．

電気力線束　一様な電場 $\boldsymbol{E}$ の中に，面積 A の表と裏の定義された平面 S が電場に垂直に置かれている場合，平面 S の法線ベクトル $\boldsymbol{n}$ の向きと電場 $\boldsymbol{E}$ の向きが同じなら，

$$\Phi_{\mathrm{E}} = EA \tag{16.12}$$

を平面 S を貫く**電気力線束**という［図 16.14 (a)］．法線ベクトルとは，面に垂直で，裏から表を向いた，長さが 1 のベクトルである．

平面 S の法線ベクトル $\boldsymbol{n}$ と電場 $\boldsymbol{E}$ が同じ向きでなく，角 θ をなすときには，平面 S を裏から表に貫く電気力線束 Φ_{E} を

$$\Phi_{\mathrm{E}} = EA\cos\theta \tag{16.13}$$

と定義する［図 16.14 (b)］．$E_{\mathrm{n}} = E\cos\theta$ は電場 $\boldsymbol{E}$ の法線方向成分なので［図 16.14 (c)］，(16.13) 式は

$$\Phi_{\mathrm{E}} = E_{\mathrm{n}}A \tag{16.14}$$

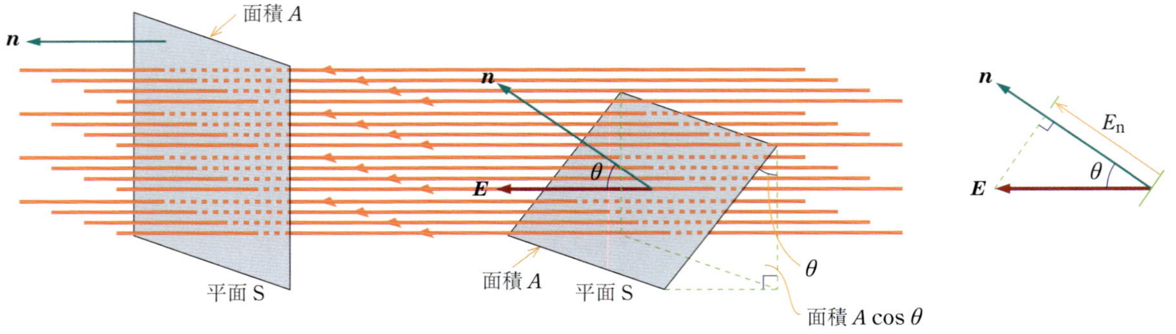

(a)　$\Phi_E = EA$　　(b)　$\Phi_E = EA\cos\theta$　　(c)　$E_n = E\cos\theta$

図 16.14　電気力線束 Φ_E

と表せる．$\Phi_E < 0$ の場合には，$E_n < 0$ なので，電気力線が平面 S を表→裏の向きに通り抜けることを意味する．

面 S が平面ではなく，また電場 $\boldsymbol{E}$ が一様でない場合の，面 S を貫く電気力線束は，曲面 S を多数の微小な部分（微小平面）に分割したとき，各微小平面を貫く電気力線束の和として定義される．微小平面に 1, 2, … の番号をつけ，i 番目の微小平面 S_i の面積を ΔA_i，法線ベクトルを $\boldsymbol{n}_i$，電場を $\boldsymbol{E}_i$，電場の法線方向成分を E_{in} とすると（図 16.15），この微小平面 S_i を貫く電気力線束 $\Delta\Phi_{E_i}$ は，(16.14) に対応して，

$$\Delta\Phi_{E_i} = E_{in}\,\Delta A_i \qquad (16.15)$$

と表される．面 S 全体を貫く電気力線束 Φ_E は，各微小平面を貫く電気力線束の和 $\Delta\Phi_{E_1}+\Delta\Phi_{E_2}+\cdots$ をとり，各微小平面の大きさを限りなく小さくし，微小平面の数 N を無限大にする極限での和の値である．この値を，面積分記号を使って，次のように表す．

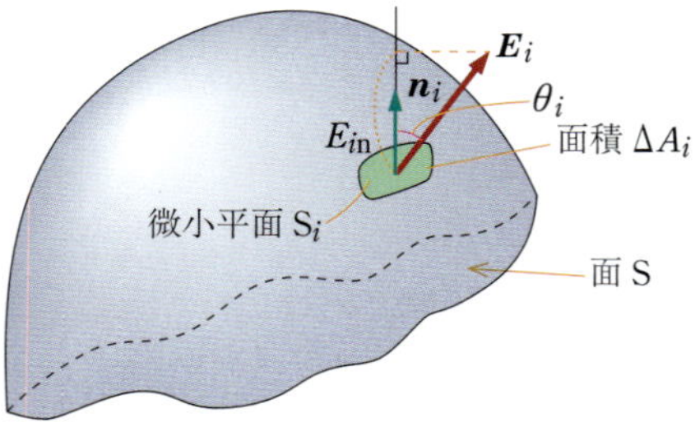

図 16.15　面 S を微小曲面（近似的に微小平面）に分割したときの i 番目の微小平面を貫く電気力線束 $\Delta\Phi_{E_i} = E_{in}\,\Delta A_i\,(E_{in} = E_i\cos\theta_i)$

$$\Phi_E = \lim_{\Delta A_i\to 0,\,N\to\infty}\sum_{i=1}^{N} E_{in}\,\Delta A_i = \iint_S E_n\,dA \qquad (16.16)$$

この積分には微小線分の長さ dx の代わりに，微小平面の面積 dA が現れるので，面積分という．xy 平面上の点が 2 つの数 x, y で指定されるように，曲面上の点も 2 つの数で指定されるので，2 重積分記号を使う．積分記号の右下の S は積分領域が面 S であることを示す．

点電荷 q を中心とする球面を貫く電気力線束は $\Phi_E = \dfrac{q}{\varepsilon_0}$　点電荷 q がつくる電場では，点電荷 q から距離 r の点での電場の強さは $E = \dfrac{|q|}{4\pi\varepsilon_0 r^2}$ である（図 16.16）．点電荷を中心とする半径 r の球面の法線 $\boldsymbol{n}$ の向きは球の内側から外側を向いていると約束する．この球面上での電場 $\boldsymbol{E}$ は球面に垂直なので，電場の法線方向成分 E_n は符号まで含めて，

$$E_n = \frac{q}{4\pi\varepsilon_0 r^2} \qquad (16.17)$$

である．したがって，半径 r の球の表面積 $A = 4\pi r^2$ の球面を内側から外側に貫く電気力線束 Φ_E は，

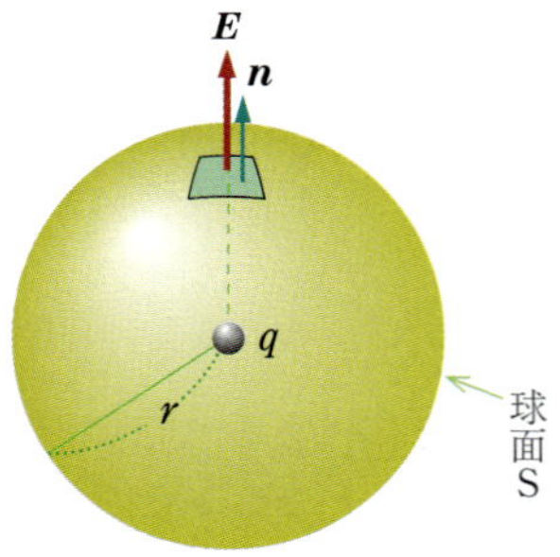

図 16.16　点電荷 q を中心とする半径 r の球面上の電場 $\boldsymbol{E}$（$q > 0$ の場合）

$$\Phi_{\mathrm{E}} = \iint_{\text{球面}} E_{\mathrm{n}}\,\mathrm{d}A = E_{\mathrm{n}} \iint_{\text{球面}} \mathrm{d}A$$
$$= E_{\mathrm{n}} \times (\text{球の表面積}) = \frac{q}{4\pi\varepsilon_0 r^2}(4\pi r^2) = \frac{q}{\varepsilon_0} \qquad (16.18)$$

であり，球面の半径によらず一定である．この事実は，正電荷 q は $\dfrac{q}{\varepsilon_0}$ 本の電気力線の始点であり，負電荷 q は $\dfrac{|q|}{\varepsilon_0}$ 本の電気力線の終点であること，そして電気力線は電荷のないところで発生したり消滅したりしないことを意味する．

電場のガウスの法則　電磁気学の基本法則の 1 つは，閉曲面の内部の全電気量と閉曲面を貫く電気力線束を関係づける**電場のガウスの法則**，

「閉曲面 S の内部から外へ出てくる正味の電気力線束 Φ_{E}」

$$= \frac{\text{「閉曲面 S の内部の全電気量 } Q_{\mathrm{in}}\text{」}}{\varepsilon_0}$$

$$\iint_{\mathrm{S}} E_{\mathrm{n}}\,\mathrm{d}A = \frac{Q_{\mathrm{in}}}{\varepsilon_0} \qquad (16.19)$$

である．Φ_{E} が負の場合は，電気力線は全体として閉曲面 S の外から内部へ入ることを意味する．閉曲面とは，球面や浮袋のように，空間をその内側の領域と外側の領域にはっきりと分離し，その結果，一方の領域から他の領域に移動するには，必ずその面を通過しなければならない面である（本節の図では閉曲面を ■ で示す）．

(16.18) 式は電場のガウスの法則の一例である．閉曲面 S の内部に 2 つ以上の電荷が存在する場合は，(16.18) 式と電場の重ね合わせの原理から，閉曲面の中から出てくる正味の電気力線数（電気力線束）は閉曲面 S の内部の全電気量 Q_{in} の $\dfrac{1}{\varepsilon_0}$ 倍に等しい（図 16.17）．

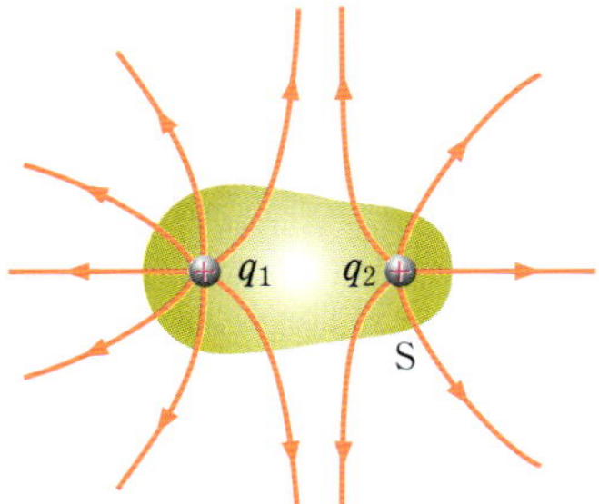

図 16.17　閉曲面 S の内部から外部に出てくる全電気力線束 $= \dfrac{q_1+q_2}{\varepsilon_0}$

問 3　図 16.18 に示す正電荷 Q と負電荷 $-Q$ のつくる電場にガウスの法則を適用すると，閉曲面 S_1 の場合は $\Phi_{\mathrm{E}} = \dfrac{Q}{\varepsilon_0}$，閉曲面 S_2 の場合は $\Phi_{\mathrm{E}} = -\dfrac{Q}{\varepsilon_0}$，閉曲面 S_3 と S_4 の場合は $\Phi_{\mathrm{E}} = 0$ であることを示せ．

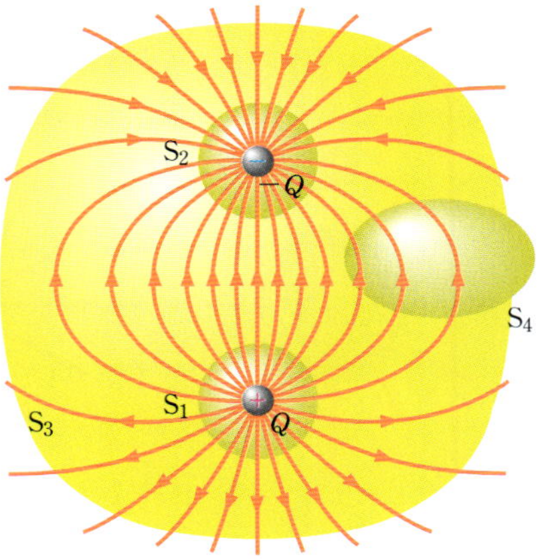

図 16.18

電場のガウスの法則をクーロンの法則から厳密に導くことができるが，電場のガウスの法則はマクスウェル方程式とよばれる電磁気学の 4 つの基礎法則の 1 つであり，どのような状況でも成り立つ基本的な法則と位置づけられている．逆に，2 つの静止している電荷の間に作用する電気力のクーロンの法則は，理論上は，マクスウェル方程式から導かれる立場の法則である．

電場のガウスの法則の応用　物理学では対象の対称性を利用すると問題が簡単に解ける場合がある．電磁気学でも，電荷分布が球対称な場合

や電荷が無限に広い平面上に一様に分布している場合などには，電場のガウスの法則を利用すると，電場の計算が簡単にできる．

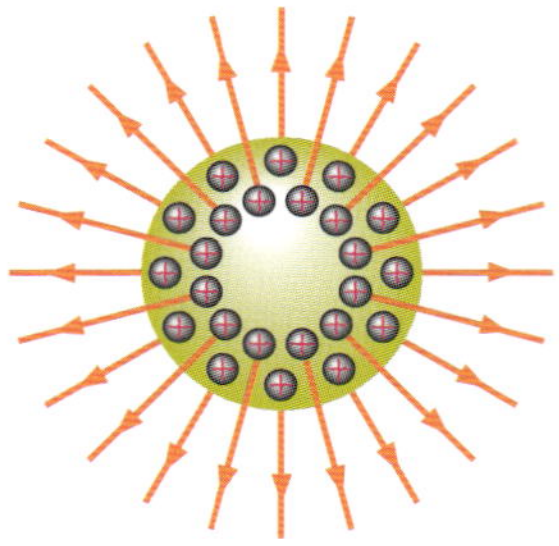

図 16.19　球対称な電荷分布がつくる電場

電荷分布が球対称な場合　電荷分布が球対称な場合には，電気力線の始点と終点が電荷である事実と回転対称性から，電気力線は図 16.19 のように放射状に分布する．そこで，対称の中心から半径 r の球面をガウスの法則の閉曲面に選ぶ．球面上で電場の強さは一定で，電場は球面に垂直なので，半径 r の球面上での電場の外向き法線方向成分を $E_n = E(r)$ と表せる．表面積 $A = 4\pi r^2$ の球面を貫く電気力線束は $\Phi_E = E_n A = E(r)(4\pi r^2)$ である．半径 r の球面の内部の全電気量を $Q(r)$ とすると，電場のガウスの法則は

$$\Phi_E = E_n A = E(r)(4\pi r^2) = \frac{Q(r)}{\varepsilon_0} \tag{16.20}$$

となるので，

$$E(r) = \frac{Q(r)}{4\pi\varepsilon_0 r^2} \tag{16.21}$$

となる（図 16.20）．$Q(r) > 0$ なら電場の向きは外向きで，$Q(r) < 0$ なら電場の向きは内向きである．これらの事実から

「原点のまわりに球対称な電荷分布が点 $\boldsymbol{r}$ につくる電場は，原点を中心とする半径 r の球面内にある全電荷が原点にあるとした場合の電場に等しい．」

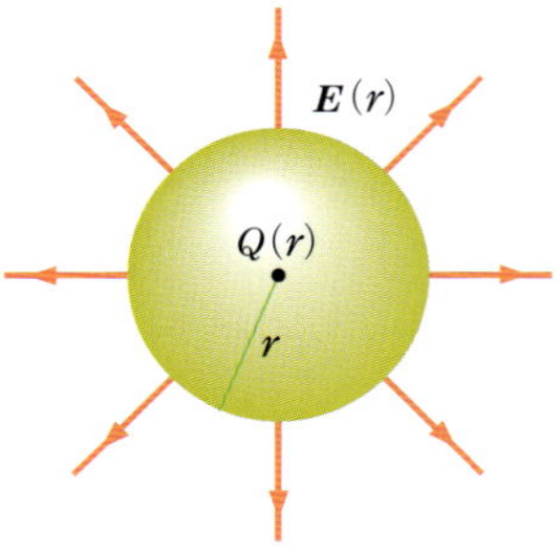

図 16.20　電荷分布が球対称な場合
$E(r) = \dfrac{Q(r)}{4\pi\varepsilon_0 r^2}$
$Q(r) > 0$ なら $\boldsymbol{E}(\boldsymbol{r})$ は矢印の向き，
$Q(r) < 0$ なら矢印と逆向き

例 4　半径 R の球面上に電荷 Q が一様に分布している場合には

$$Q(r) = \begin{cases} 0 & r < R \\ Q & r > R \end{cases} \tag{16.22}$$

である．したがって，(16.22) 式を (16.21) 式に代入すると，

(1)　球面の内部では，$Q(r) = 0$ なので，電場は $\mathbf{0}$ であり［図 16.21 (a)］，

(2)　球面の外部では，$Q(r) = Q$ なので，球面上の全電荷 Q が球面の中心にある場合の電場と同じである［図 16.21 (b)］．

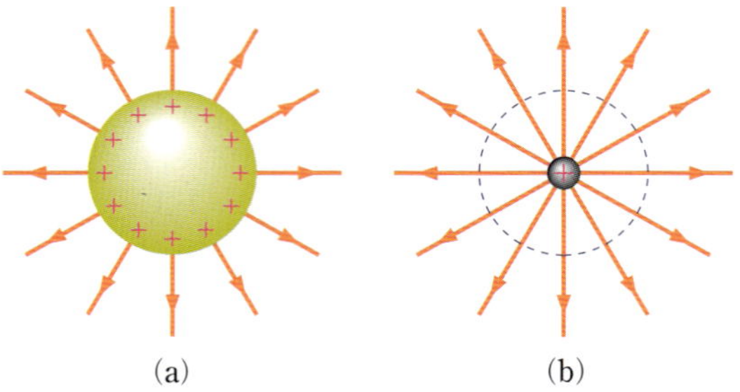

図 16.21　(a)　電荷 Q ($Q > 0$) が球面上に一様に分布している場合の電場．球面内部の電場は $\mathbf{0}$．球面外部の電場は，球の中心に全電荷 Q がある場合の電場と同じ．(b)　電荷 Q ($Q > 0$) が球の中心にある場合の電場．

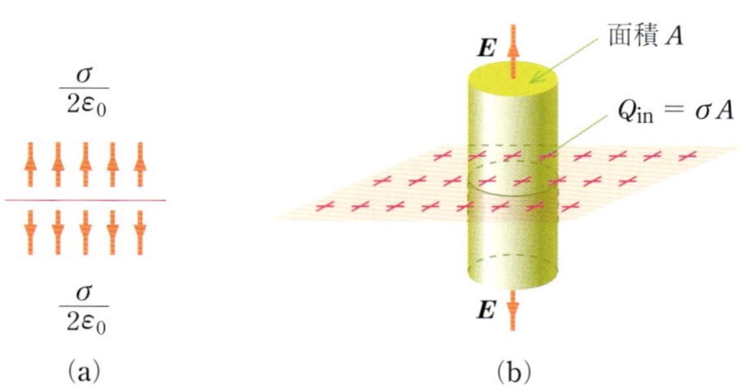

図 16.22　無限に広がった平面の上に一様な面密度 σ で分布している電荷のつくる電場（$\sigma > 0$ の場合）

例 8　点電荷 q による電位　原点に点電荷 q がある場合の点 $\boldsymbol{r}$ の電位は，(5.28) 式，(16.9) 式を使うと，

$$V(r) = -\int_{\infty}^{r} \frac{q}{4\pi\varepsilon_0 r^2} \frac{\boldsymbol{r}}{r} \cdot \mathrm{d}\boldsymbol{s} = -\int_{\infty}^{r} \frac{q}{4\pi\varepsilon_0 r^2} \mathrm{d}r = \frac{q}{4\pi\varepsilon_0 r} \tag{16.43}$$

点 $\boldsymbol{r}_0$ に点電荷 q がある場合の点 $\boldsymbol{r}$ の電位 $V(\boldsymbol{r})$ は，(16.43) 式で $r = |\boldsymbol{r}-\boldsymbol{r}_0|$ とおいた

$$V(\boldsymbol{r}) = \frac{q}{4\pi\varepsilon_0 |\boldsymbol{r}-\boldsymbol{r}_0|} \tag{16.44}$$

例 9　点電荷 $q_1, q_2, \cdots, q_N$ による電位　いくつかの電荷が点 $\boldsymbol{r}$ につくる電場は各電荷が点 $\boldsymbol{r}$ につくる電場の和である．したがって，この場合の電位は，各電荷がつくる電場の電位の和である．点 $\boldsymbol{r}_1, \boldsymbol{r}_2, \cdots, \boldsymbol{r}_N$ に点電荷 $q_1, q_2, \cdots, q_N$ があるとき，点 $\boldsymbol{r}$ の電位は，

$$V(\boldsymbol{r}) = \frac{1}{4\pi\varepsilon_0} \sum_{i=1}^{N} \frac{q_i}{|\boldsymbol{r}-\boldsymbol{r}_i|} \tag{16.45}$$

等電位面　電位の等しい点を連ねたときできる面を**等電位面**といい，等電位面上の任意の曲線を**等電位線**という．等電位面上のすべての点は電位が等しいので，等電位面の上を電荷が動くとき，電気力は仕事をしない．したがって，電気力は等電位面の方向に成分をもたないので，

電場と等電位面は直交する．電場は等電位線とも直交する．

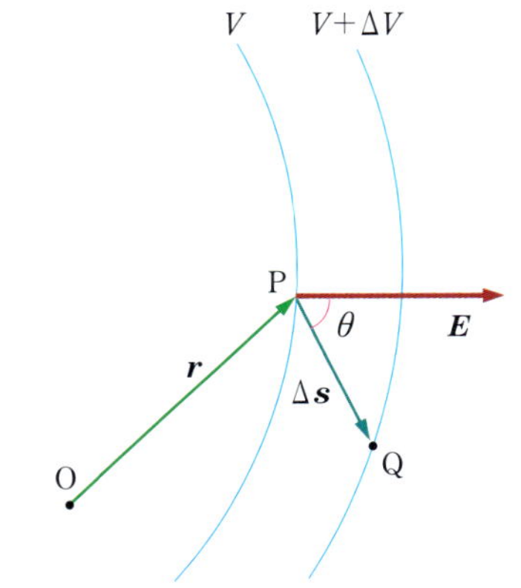

図 16.29　電場 $\boldsymbol{E}$ の $\Delta\boldsymbol{s}$ 方向成分の E_t は $E_\mathrm{t} = -\dfrac{\Delta V}{\Delta s} = E\cos\theta$（この図の ΔV は負である）．

図 16.29 の点 P（位置ベクトル $\boldsymbol{r}$）と点 Q（位置ベクトル $\boldsymbol{r}+\Delta\boldsymbol{s}$）の電位差 $\Delta V = V_\mathrm{Q}-V_\mathrm{P}$ は，単位正電荷が点 Q から点 P まで $-\Delta\boldsymbol{s}$ だけ変位するときに電場 $\boldsymbol{E}$ がする仕事 $-\boldsymbol{E}\cdot\Delta\boldsymbol{s} = -E_\mathrm{t}\,\Delta s$ に等しい．つまり，

$$\Delta V = V_\mathrm{Q}-V_\mathrm{P} = V(\boldsymbol{r}+\Delta\boldsymbol{s})-V(\boldsymbol{r}) = -E_\mathrm{t}\,\Delta s \tag{16.46}$$

と表されるので，電場 $\boldsymbol{E}$ の変位 $\Delta\boldsymbol{s}$ 方向成分 E_t は

$$E_\mathrm{t} = -\frac{\Delta V}{\Delta s} \qquad (\text{一般の } \Delta\boldsymbol{s} \text{ の場合}) \tag{16.47}$$

である．電場 $\boldsymbol{E}$ の向きに変位すれば $E_\mathrm{t} = E$ なので，電場の強さ E は

$$E = -\frac{\Delta V}{\Delta s} \qquad (\boldsymbol{E}\,/\!/\,\Delta\boldsymbol{s} \text{ の場合}) \tag{16.48}$$

と表される．電場は等電位線に垂直で，電位の高い方から低い方を向いているので，電場は下り勾配のもっとも急な方向を向き，勾配の大きさがその点の電場の強さである．

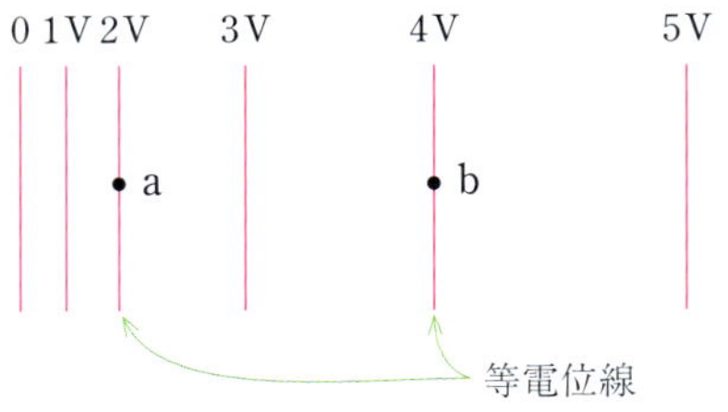

図 16.30

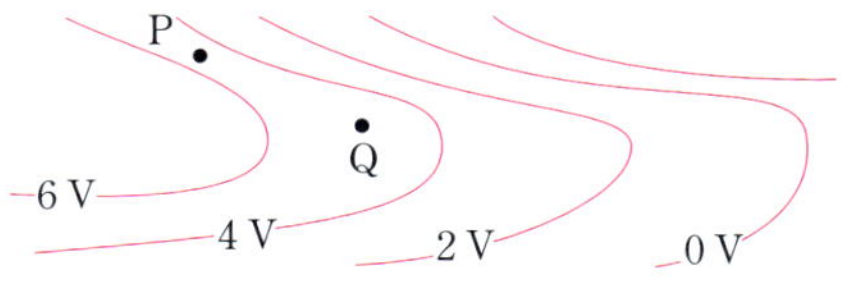

図 16.31

問 4　図 16.30 の点 a と点 b での電場の向きを示せ．どちらの点での電場が強いか．

問 5　図 16.31 の点 P と点 Q の電場はどちらが強いか．また，各点での電場の向きを図示せよ．

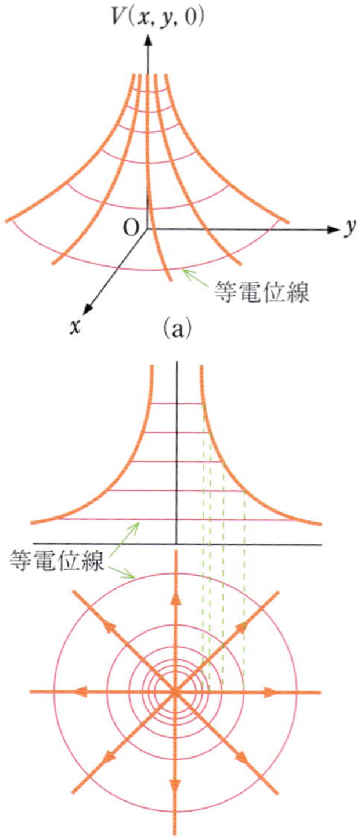

(b)　等電位線の密度は電場の強さに比例する．電気力線は等電位線に直交する．

図 16.32　原点に正の点電荷がある場合の xy 面上の電位 $V(x, y, 0)$

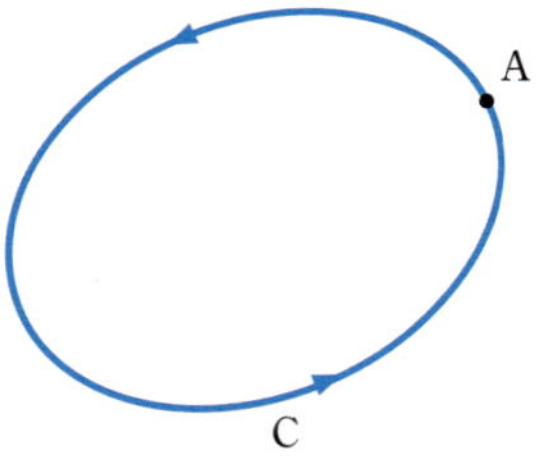

図 16.33　$\oint_{\mathrm{C}} \boldsymbol{E}\cdot \mathrm{d}\boldsymbol{s} = \oint_{\mathrm{C}} E_{\mathrm{t}}\, \mathrm{d}s = 0$

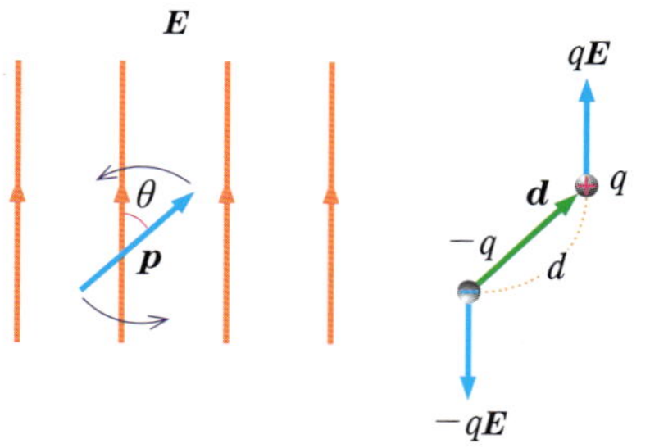

図 16.34　電気双極子に作用する電気力
$\boldsymbol{N} = \boldsymbol{p}\times\boldsymbol{E}$　　$(N = pE\sin\theta)$

5.2 節では，保存力はポテンシャルエネルギーを偏微分することによって導かれることを示した[(5.30) 式]．同じように，電場は電位を偏微分することによって導かれる．

$$E_x = -\frac{\partial V}{\partial x},\quad E_y = -\frac{\partial V}{\partial y},\quad E_z = -\frac{\partial V}{\partial z} \tag{16.49}$$

(16.49) の 3 式は，(16.47) 式の Δs が $\Delta x, \Delta y, \Delta z$ の場合に対応している．

電位差 ΔV が一定の値になるたびに等電位面を描くと，等電位面の接近している (Δs の小さな) ところでは電場は強く，間隔の開いている (Δs の大きな) ところでは電場は弱い．(16.47) 式は (16.39) 式を一般化した式である．図 16.32 に原点に正の点電荷がある場合の xy 平面上の電位 $V(x, y, 0)$ を図示した．この図の等電位線は地図の等高線に対応する．

図 16.33 のように閉曲線 C を 1 周すると，始点 A と終点 A の電位が等しいので，(16.33) 式から，単位正電荷 (1 C) が閉曲線 C を 1 周するときに静電場がする仕事の和は 0，つまり，

$$\oint_{\mathrm{C}} \boldsymbol{E}\cdot \mathrm{d}\boldsymbol{s} = \oint_{\mathrm{C}} E_{\mathrm{t}}\, \mathrm{d}s = 0 \tag{16.50}$$

が導かれる．(16.50) 式は電位が定義できる必要十分条件であるとともに，静止している電荷のつくる電場の電気力線には始点も終点もない閉じた曲線のものは存在しないことを意味する条件である．磁場が時間的に変動する場合に誘起される電場は (16.50) 式を満たさない．したがって，誘導電場が生じる場合には，電位を定義できない (第 21 章参照)．

電気双極子　　きわめて接近している正負の電荷 $q, -q$ の対を**電気双極子**とよび，$\boldsymbol{p} = q\boldsymbol{d}$ を**電気双極子モーメント**とよぶ．$\boldsymbol{d}$ は負電荷を始点とし正電荷を終点とするベクトルである．

例 10　一様な電場が電気双極子に作用する電気力　電気双極子モーメントが $\boldsymbol{p} = q\boldsymbol{d}$ の電気双極子を一様な電場 $\boldsymbol{E}$ の中に置くと，正電荷 q には電気力 $q\boldsymbol{E}$，負電荷 $-q$ には電気力 $-q\boldsymbol{E}$ が作用する．したがって，この電気双極子に作用する電気力は，力のベクトル和が $\boldsymbol{0}$ で，偶力である．(6.16) 式を参照すると偶力のモーメント $\boldsymbol{N}$ は

$$\boldsymbol{N} = \boldsymbol{p}\times\boldsymbol{E} \qquad (N = pE\sin\theta) \tag{16.51}$$

と表されることがわかる (図 16.34)．この偶力は電気双極子モーメント $\boldsymbol{p}$ の向きを電場 $\boldsymbol{E}$ の向きに回すよう作用する．

この場合の電気双極子の電気力ポテンシャルエネルギー V は

$$V = -\boldsymbol{p}\cdot\boldsymbol{E} \qquad (V = -pE\cos\theta) \tag{16.52}$$

と表すことができ，$\boldsymbol{p}$ と $\boldsymbol{E}$ が同じ向きのときに最小である．

演習問題16

A

1. 万有引力とクーロン力の類似点と相違点を述べよ．陽子と電子の間に作用する万有引力の強さは電気力に比べて無視できるほど弱いが，天体どうしの間では万有引力が重要で，電気力は無視できる．その理由を述べよ．

2. 3つの電荷が図1のように一直線上に置いてある．真中の電荷に作用する電気力の合力は0である．距離 x を求めよ．

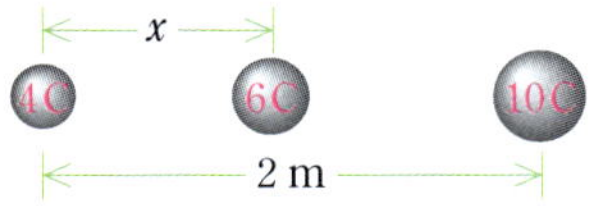

図1

3. 空間のある点に 3.0×10^{-6} C の点電荷を置いたら 6.0×10^{-4} N の力が作用した．
 (1) この点の電場の強さはいくらか．
 (2) 同じ点に -6.0×10^{-6} C の電荷を置くと，どのような力が作用するか．

4. x 軸上の点 $x=9.0$ cm に 1.0 μC，原点に 4.0 μC の電荷がある（図2）．

図2

 (1) 電場 $E=0$ の点はどこか．
 (2) x 軸上の点 $x=15$ cm の電場を求めよ．

5. 電子の電荷は -1.6×10^{-19} C で，質量は 9.1×10^{-31} kg である．
 (1) 電子に 9.8 m/s^2 の加速度を与える電場の強さを求めよ．
 (2) 電子が 10000 N/C の一様な電場の中にあるときの電気力による加速度を求めよ．

6. 地球が中空の球殻だとすると，人間は球殻の内壁に立てるか．

7. 一様に帯電した中空の無限に長い円筒の内部では電場が $\mathbf{0}$ であることを示せ．

8. 2枚の無限に広い平らな板が，それぞれ面密度 σ で一様に帯電している．この2枚の板を平行に並べたときの電場を求めよ．またこの場合，1つの板の上の単位面積上の電荷が，もう1つの板の電荷から受ける力は $\dfrac{\sigma^2}{2\varepsilon_0}$（反発力）であることを示せ．

9. **電気力管**▌電場の中の閉曲線を通る電気力線は電場の中に1つの管をつくる［図3(a)］．この管を電気力管という．図3(b)のように，この力管の2つの断面の間に電荷が存在しなければ，「断面1を通って入ってくる電気力線束 $(-E_{1n}A_1)$ は断面2を通って出ていく電気力線束 $(E_{2n}A_2)$ に等しい」ことを示せ．

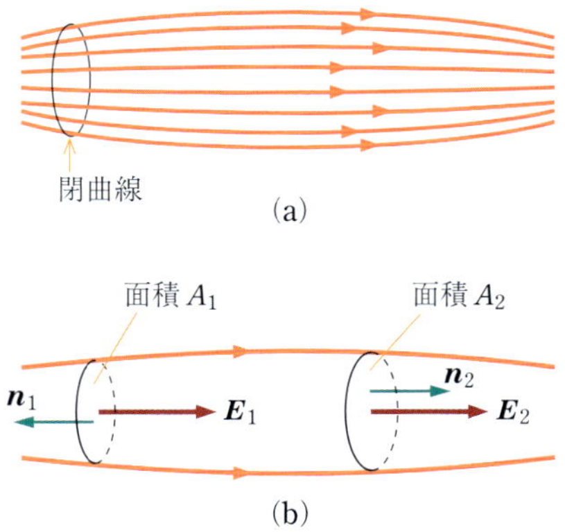

図3

10. (1) 図4(a),(b),(c)のそれぞれで，点Aと点Bでの電場の向きとそこに −1 μC の電荷を持ち込んだときに作用する電気力の向きを示せ．
 (2) (a),(b),(c)での点Bの電場の強さを比べよ．

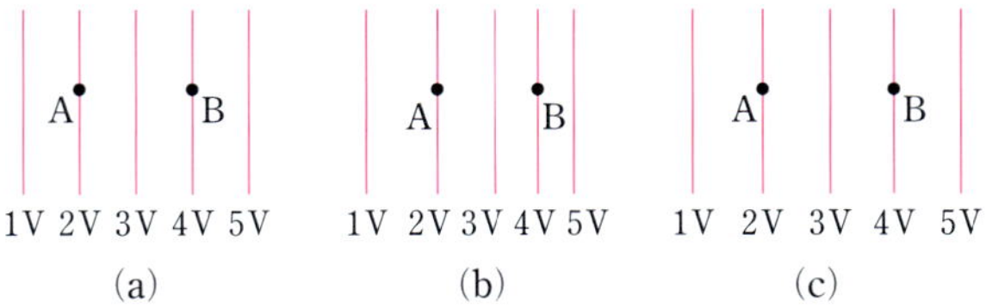

図4

11. 図5の2点A,Bの電位差 V_A-V_B を求めよ．

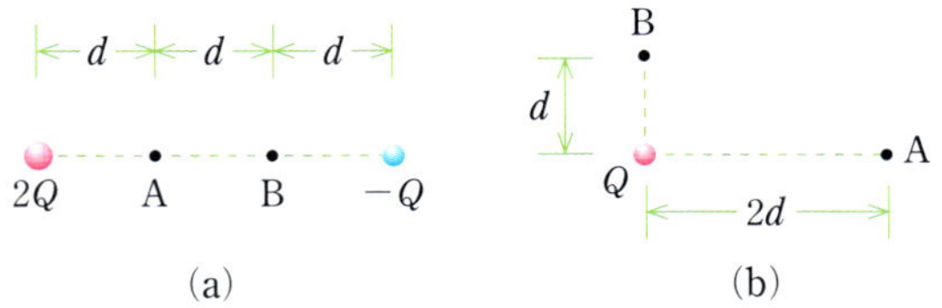

図5

12. 図6のように平行な2枚の金属板がある．間隔は8 cm である．これに24 V の電圧をかけた．

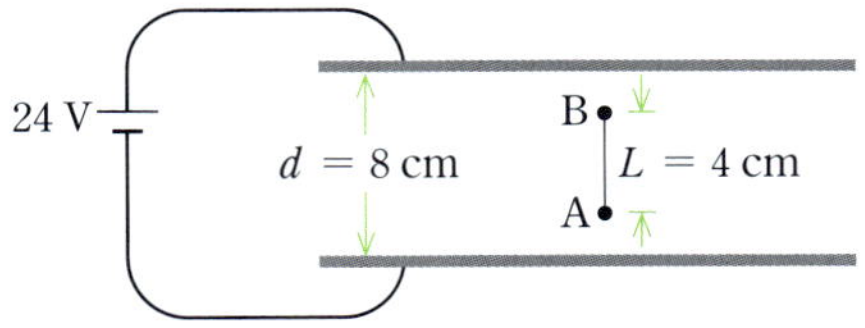

図6

(1)　この平行な金属板間の電場の強さはいくらか．
(2)　点 A に 3×10^{-6} C の電荷を置いた．この電荷に作用する電気力はいくらか．
(3)　この電荷を点 A から点 B まで運ぶのに必要な仕事はいくらか．
(4)　点 B と点 A の電位差 $V_B - V_A$ はいくらか．

B

1．半径 $r = 10$ cm の半円形の細い棒に 10 μC の電荷が一様に分布している．この半円の中心 O での電場を求めよ（図 7）．

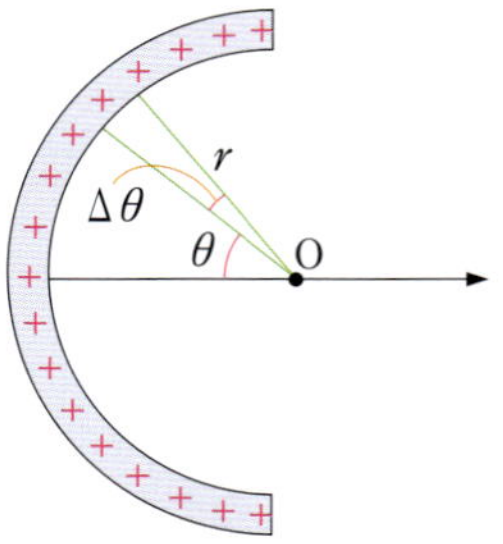

図 7

2．原点を中心とする半径 R の球に正電荷 $Q = \frac{4\pi}{3}\rho R^3$ が密度 ρ で一様に分布している．

(1)　この球の中の点 $\boldsymbol{r}$ の電場 $\boldsymbol{E}(\boldsymbol{r})$ は

$$\boldsymbol{E}(\boldsymbol{r}) = \frac{\rho r}{3\varepsilon_0}\frac{\boldsymbol{r}}{r} = \frac{\rho \boldsymbol{r}}{3\varepsilon_0} \qquad (r \leqq R)$$

であることを示せ．

(2)　この球の中に置かれた負電荷 $-q$ をもつ質点のつり合いの位置を求めよ．質点に電気力以外の力は作用しないものとする．

(3)　この質点をつり合いの位置から少しずらしてそっと放すと，質点はどのような運動をするか．質点の質量を m とせよ．

3．(1)　半径 R の球に，正負の電荷が同じ量だけ電荷密度 $\rho, -\rho$ で一様に分布し重なっているとする．この正電荷の分布を x 方向に δ だけ平行移動させるとき，内部の電場は一様になることを前の問題の結果を使って示せ．

(2)　ずれ δ が十分小さいとして，表面に現れる電荷を求めよ（図 8）．

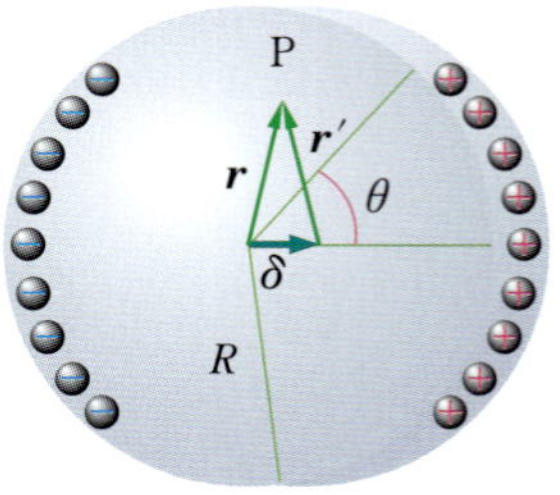

図 8

4．無限に広い絶縁体の薄い板が 2 枚，平行に置いてある．電荷が一方の板には面密度 2σ，もう一方の板には面密度 $-\sigma$ で一様に分布している．電場を求めよ．

5．質量が m_A, m_B で質量分布が球対称な物体 A, B の間に作用する万有引力の強さ F は，2 つの物体の中心距離が r ならば，$F = G\frac{m_A m_B}{r^2}$ であることを証明せよ．

6．原点に点電荷 q がある場合の電位は

$$V(r) = \frac{q}{4\pi\varepsilon_0 r}$$

である［(16.43) 式］．(16.49) 式を使って，電場を求めよ．

7．**電気双極子の周囲の電位**｜点 $(a, 0, 0)$ と $(-a, 0, 0)$

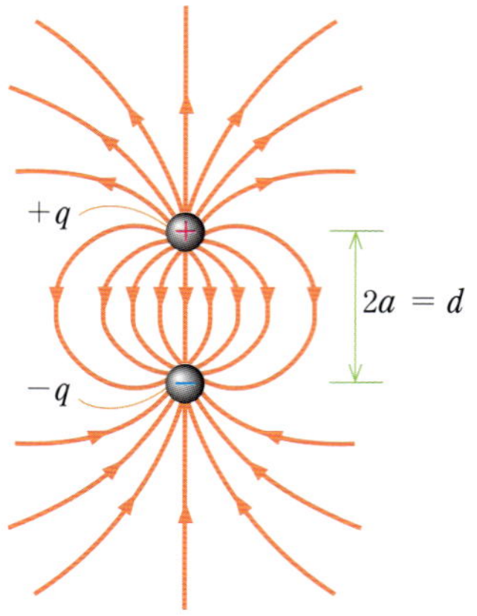

(a)　電気双極子

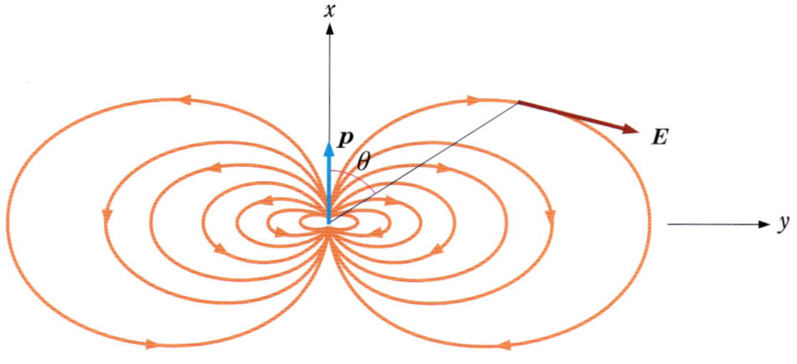

(b)　電気双極子のつくる電場
（x, y 軸の向きがふつうとは異なることに注意）

図 9　電気双極子のつくる電場

にそれぞれ電荷 q と $-q$ を置いたとき［図 9(a)］，点 (x, y, z) における電位は

$$V(x, y, z) = \frac{px}{4\pi\varepsilon_0(x^2+y^2+z^2)^{3/2}} = \frac{p\cos\theta}{4\pi\varepsilon_0 r^2} \qquad (p = 2aq) \qquad (1)$$

となることを示せ．ただし，$r^2 = x^2+y^2+z^2$，$x = r\cos\theta$ である（θ は $+x$ 方向と位置ベクトル $\boldsymbol{r}$ のなす角）．ここで，$|a| \ll x$，$(y^2+z^2)^{1/2}$ とした．

この結果と (16.49) 式を使って，電気双極子が xy 平面上につくる電場を導け．この電場を図 9(b) に示す．

電磁気学の基礎を築いたフランクリンとファラデー

電気と磁気の研究の基礎を築いたフランクリンとファラデーには二人とも幼少の頃から労働に従事し，小学校も卒業していないという共通点がある．

ベンジャミン・フランクリン（1706-1790）

フランクリンは英国の植民地時代のアメリカに生まれ，幼少の頃から労働に従事し，印刷業で成功し，科学研究に専念するために 42 歳で実業から引退したが，40 代後半からは独立運動に深く関わり，政治家，外交官として活躍した．

1746 年に電気の実験について話を聞き，強い興味をそそられてその実験に着手した．かれはただちにガラスびんの内側と外側に金属箔を貼った電荷を蓄える装置のライデンびん（キャパシター）の働きを正しく理解し，ガラスの内側と外側が逆に帯電し，この 2 つが相殺する現象が放電であることを知った．このようにして，それまで使われていたガラス電気と樹脂電気を正電気，負電気と命名したのである．

放電と雷の現象の類似性に注目し，稲妻は電気現象であり，雷雲が帯電した雲であることを確かめた凧を使った実験（1752 年）は有名である．帯電した金属球にアースした金属製の針を近づけると，離れている金属球から電気を吸い取ることを発見し，この現象を利用した避雷針を発明した．米国の最初の物理学者といわれる．

文章家としても優れ，

”God helps them that help themselves.”

神は自ら助けるものを助ける．

”Keep your eyes wide open before marriage, half shut afterwards.”

結婚前は目を大きく開いてよく観察し，結婚後は目を半ば閉じよ．

などの格言は有名である．

遠近両用レンズを発明したのも 82 歳のフランクリンであった．フランクリンはこのレンズの入った眼鏡をディナーの席でかけると，相手の表情と料理の両方がよく見えると宣伝したそうである．

マイケル・ファラデー（1791-1867）

貧しい鍛冶屋の子として生まれ，受けた初等教育は読み書きと算数の手ほどき程度だった．12 歳で学校と縁が切れ，製本屋の小僧になったが，余暇に科学の啓蒙書を読んだり，簡単な実験を試みたりしていた．たまたま，王立研究所で開催された公開講演の切符をもらい，科学の世界に魅され，講演者であった王立研究所のデービーに手紙を書いて，1813 年に王立研究所の助手として採用され，そこで一生研究をつづけた．

ファラデーは電磁誘導の発見や電気力線と磁力線の発明をはじめとする電磁気学の研究を行った物理学者であるとともに，有機化学，分析化学，電気化学，磁気化学の創始者の一人である．ファラデーは数学をまったく知らなかったので，かれの 450 に及ぶ論文には微分方程式は 1 つもでてこない．

王立研究所は 1799 年に創設された科学の啓蒙を目的とする機関である．1826 年にファラデーは科学の普及と大衆の科学知識向上のために，小さな子ども向けのクリスマス講演と王立研究所の会員とその招待客向けの金曜講演を開始し，たいへんな成功を収めた．ファラデーは毎年約 6 回の金曜講演をしているがその演題の幅広いことは驚くべきである．また，かれは 19 回のクリスマス講演に登場したが，その中のもっとも有名なシリーズの「ロウソクの科学」は岩波文庫で読むことができる．

導体と静電場

物質には電気を伝える導体と電気を伝えない絶縁体（あるいは不導体）がある．**導体**にはその中を自由に動ける電荷である**自由電荷**が存在する．

導体を帯電させたり，静電場の中に持ち込んだりすると，自由電荷のために導体の電荷分布や導体の周囲の電場は特徴的な性質を示す．

本章では，真空中の帯電している導体の内部および表面付近の静電場を学ぶ．

ファラデーケージ．
2 つの電極間の電気力線．右の環状の電極の中には電気力線が入れない．

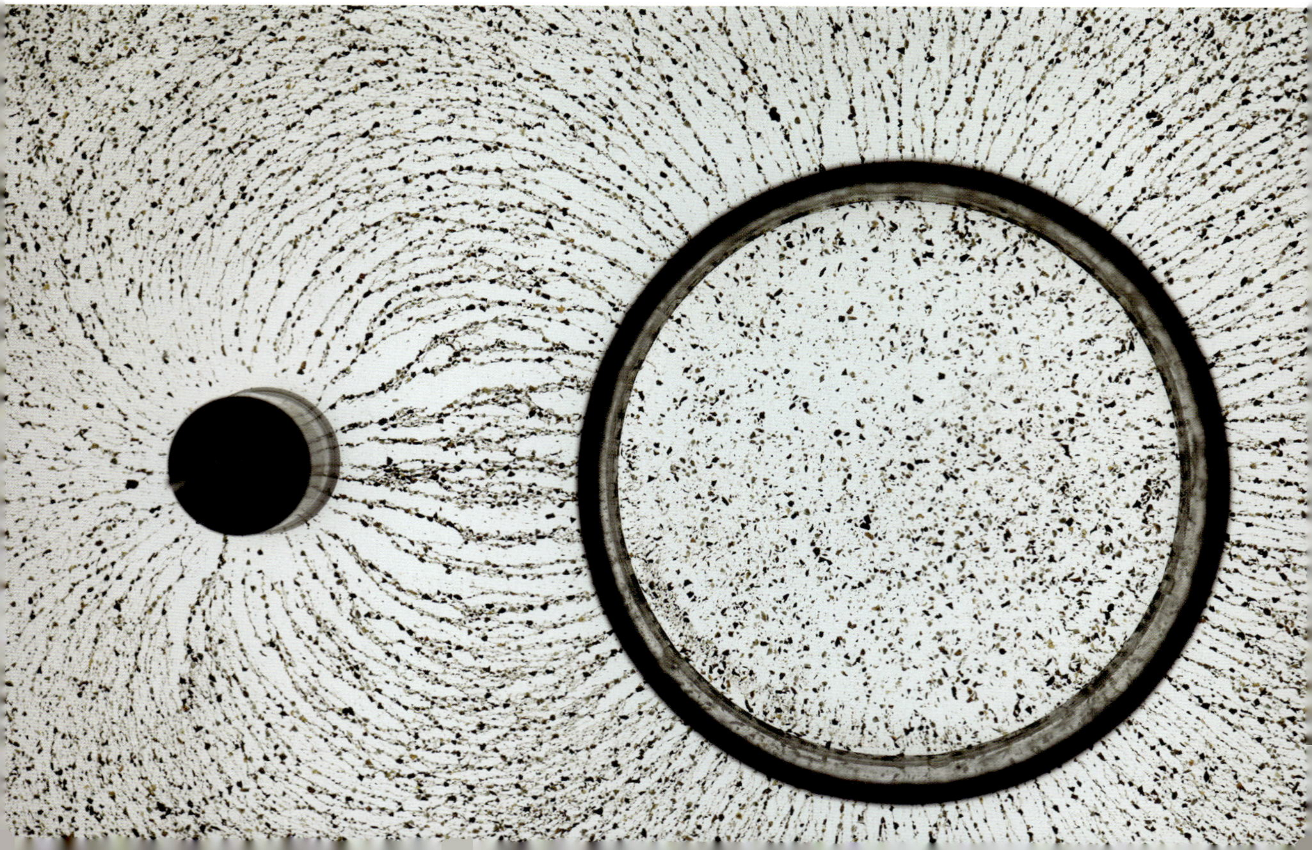

金属と電解質溶液は導体の代表的な例である．金属の中では一部の電子は原子に束縛されているが，一部の電子は原子を離れて，正イオンが規則正しく配列した中を動き回れる（図 17.1）．この電子を**自由電子**あるいは**伝導電子**とよぶ．電解質溶液には溶液中を自由に動ける正イオンと負イオンが存在する．

物質は正イオンと電子あるいは正イオンと負イオンから構成されているので，物質の内部で電場は激しく変化している．巨視的な世界を対象にする電磁気学では，原子のスケールで激しく変化している微視的な電場（ミクロな電場）を，人間の目には見えないほど小さいが原子の大きさよりはるかに大きな巨視的な領域で平均した**巨視的な電場**（マクロな電場）を物質中の電場という．

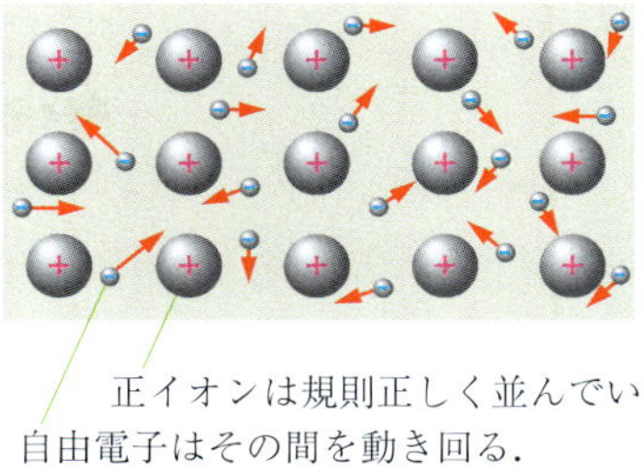

正イオンは規則正しく並んでいる．
自由電子はその間を動き回る．

図 17.1　金属の構造

17.1 導体と電場

学習目標　導体中の電場と導体表面の電場が示すいくつかの特徴的な性質を理解する．

導体を静電場の中に置くと，導体中の正の自由電荷は電場の方向に動き，負の自由電荷は電場と逆の方向に動いて，導体の表面に正，負の自由電荷が現れる．自由電荷の移動は，表面電荷のつくる電場が導体の外部の電荷がつくる電場と打ち消し合って導体内部の電場が **0** になるまでつづく（図 17.2）．この現象を**静電誘導**という．したがって，導体中に電場があると，導体中で自由電荷の移動が起こるので，

平衡状態では，導体中の電場は **0** である：$\boldsymbol{E} = \boldsymbol{0}$

この結果，導体内部の任意の 2 点の電位差は 0 なので，

平衡状態では，ひとつの導体のすべての点は等電位である．

この事実から，電位を測る基準として大地を選べば，大地につないだ導体，つまり，アース（接地）した導体の電位は大地の電位に等しく，つねに 0 であることがわかる（地球には微弱な地電流が流れているが，地球はほぼ等電位の導体であると考えてよい）．

注意　上で示したことは，導体の内部に温度勾配や成分の異なる部分がない場合に成り立つ．温度勾配があると高温部分と低温部分の間に熱起電力が生じる．また，電池の内部のように成分の異なる部分があるとその間に化学的起電力が生じる．平衡状態ではこれらによる力が電気力とつり合うので，$\boldsymbol{E} \neq \boldsymbol{0}$ である．

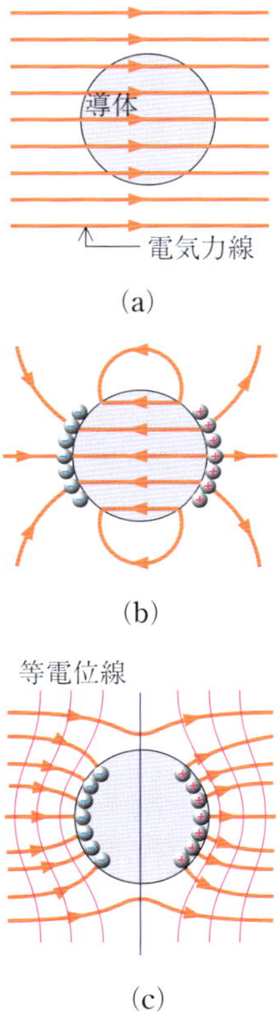

図 17.2　静電誘導．平衡状態の導体の内部の電場は **0** である．(a) 外部から加わる電場，(b) 導体表面に誘起した電荷がつくる電場，(c) 一様な電場中に導体を置いたときの電場．

問 1　正に帯電した導体だけを使って，導体を負に帯電させるにはどうすればよいか（図 17.3 参照）．

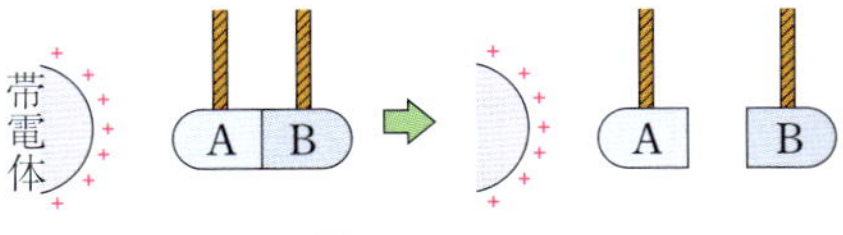

図 17.3

導体内部に任意の 1 つの閉曲面 S を考えて，電場のガウスの法則

(16.19) を適用すると，閉曲面 S 上のすべての点で電場 $\boldsymbol{E}$ は $\mathbf{0}$ なので，

$$\text{「閉曲面 S の内部の全電気量」} = \varepsilon_0 \iint_{\mathrm{S}} E_{\mathrm{n}}\, \mathrm{d}A = 0$$

であり（E_{n} は電場の法線方向成分），したがって，この閉曲面 S の内部の全電荷は 0 であることが導かれる．ガウスの法則の閉曲面 S としては，任意の場所の任意の大きさの閉曲面を選べるので，

導体内部では，正負の電荷が打ち消し合い，電荷密度は 0 である．

導体表面の電場　導体表面は 1 つの等電位面である．**16.5** 節で示したように，電場は等電位面に垂直なので，平衡状態では，

導体表面での電場は導体表面に垂直である．

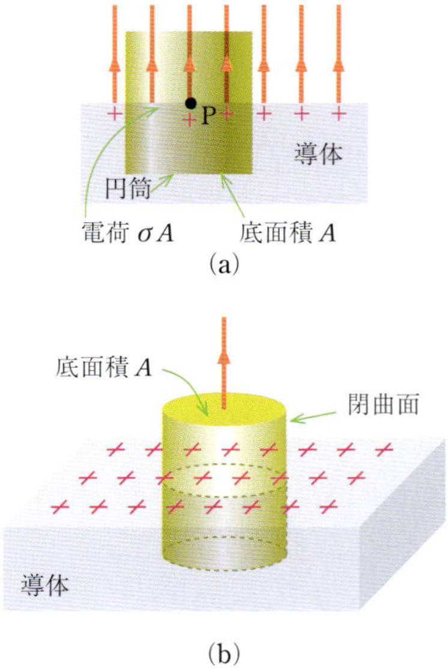

図 17.4　導体表面の電場 $E = \dfrac{\sigma}{\varepsilon_0}$（$\sigma > 0$ の場合）

導体を静電場の中に置くと，導体内部で自由電荷の移動が起こり，導体内部の静電場が $\mathbf{0}$ になるように導体表面に電荷が分布する．導体表面上の点 P での電荷の面密度が σ であれば，点 P の電場の強さは

$$E = \frac{\sigma}{\varepsilon_0} \tag{17.1}$$

である．導体表面の電場とは，導体表面のすぐ外側の電場のことである．

(17.1) 式の証明　図 17.4 に示した円筒にガウスの法則を適用する．導体内部では $\boldsymbol{E} = \mathbf{0}$ で，円筒の側面は電場に平行（$E_{\mathrm{n}} = 0$），面積が A の上底面を貫く電気力線束は EA，円筒内部の電気量 Q_{in} は $Q_{\mathrm{in}} = \sigma A$ なので，電場のガウスの法則は $EA = \dfrac{\sigma A}{\varepsilon_0}$ となり，$E = \dfrac{\sigma}{\varepsilon_0}$ が導かれる．

例 1　地球には電流が流れるので，地球を導体と見なしてよい．地表付近に鉛直下向きで強さが $E = 130\ \mathrm{N/C}$ の電場があると，$E_{\mathrm{n}} = -130\ \mathrm{N/C}$ なので，このときの地表の電荷の面密度 σ は

$$\sigma = \varepsilon_0 E_{\mathrm{n}} = (8.9\times10^{-12}\ \mathrm{C^2/(N\cdot m^2)})\times(-130\ \mathrm{N/C})$$
$$= -1.2\times10^{-9}\ \mathrm{C/m^2}$$

導体の外部に電場があっても，導体内部の電場は $\mathbf{0}$ である．このことは，導体内部に空洞がある場合にも同じで，空洞の中に電荷がない場合には空洞の壁に電荷は現れず，空洞内部でも電場は $\mathbf{0}$ で，空洞と導体は等電位である*．この性質は，導体で囲まれた空間には導体外部の電場が影響しないことを示す．これを**静電遮蔽**（**シールド**）という（図 17.5）．精密な静電気的な測定をする装置では，接地した金属板でこれを包んで，外部の電気的影響を避けている．金属板ではなく，金網で周囲を囲っても，外側の電場の影響がおよぶのを避けられる．鉄筋コンク

* 導体内部の空洞中に電場があれば，その点を通る電気力線の始点 A と終点 B が空洞表面にあり，等電位であるべき空洞表面に電位差（$V_{\mathrm{A}} > V_{\mathrm{B}}$）があるという矛盾が生じる．

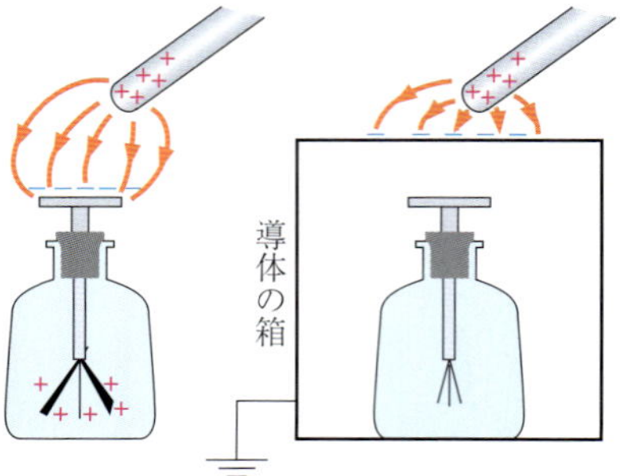

図 17.5　静電遮蔽（シールド）

リートの建物の内部でラジオが聞きにくいのは，この例である．電子機器類の静電誘導を阻止するためのシールド線も静電遮蔽の応用である．

深い缶の中は近似的に導体の空洞の内部と考えられる．フランクリンは図 17.6 のように帯電した金属球を糸で吊して深い空き缶の中に入れ，底に接触させてから引き上げると，金属球と空き缶の間に電気力が作用しないので，この金属球が帯電していないことを示した．金属球の電荷は空き缶の外側の表面へ移動したのである．

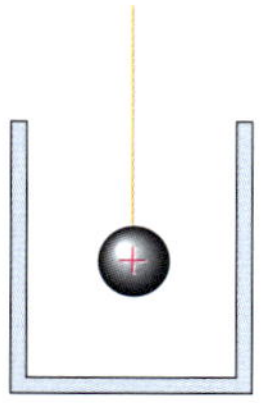
図 17.6

例題 1　半径 R の金属球が電荷 Q を帯びている．この電荷分布のつくる電場と電位を求めよ．

解　電荷 Q は半径 R の球の表面に一様に分布する．**16.4** 節の例 4 の結果を使うと，金属球の外部の電場は，球の中心に電荷 Q がある場合の電場と同じなので，中心からの距離が r の点での強さは，

$$E(r) = \frac{Q}{4\pi\varepsilon_0 r^2} \qquad (r > R) \qquad (17.2)$$

球の外部の電位は，(16.43) 式から

$$V(r) = \frac{Q}{4\pi\varepsilon_0 r} \qquad (r \geqq R) \qquad (17.3)$$

である (図 17.7)．金属球の内部では，電場は 0 で，等電位である．

$$V(r) = V(R) = \frac{Q}{4\pi\varepsilon_0 R} \qquad (r \leqq R) \qquad (17.4)$$

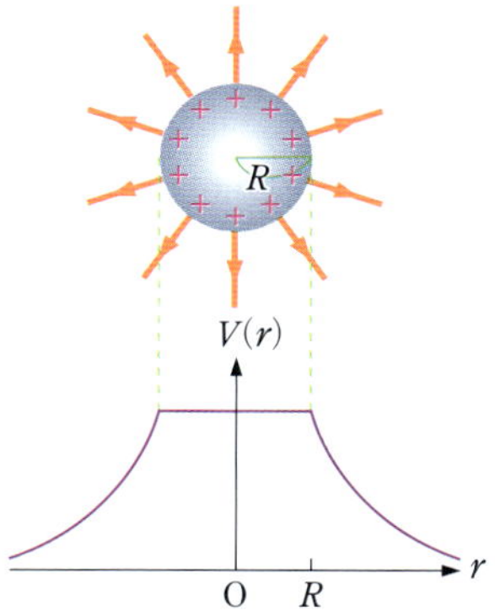

図 17.7　正に帯電した金属球による電位

電荷 Q を帯びた半径 R の導体球の表面での電場の強さは $E = \dfrac{Q}{4\pi\varepsilon_0 R^2}$ で，電位は $V = \dfrac{Q}{4\pi\varepsilon_0 R}$ である．そこで，$E = \dfrac{V}{R}$ なので，同じ電位 V の導体球では，半径 R の小さいものほど，表面での電場が強いことがわかる．また，空間に 1 つの導体が孤立して存在している場合，曲率半径の小さい尖った部分の表面での電場が強い．また $\sigma = \varepsilon_0 E$ なので，尖った部分の表面電荷密度がいちばん大きいことがわかる (図 17.8)．したがって，導体を高電位にすると，放電が起こりやすいのは尖っている部分からである．

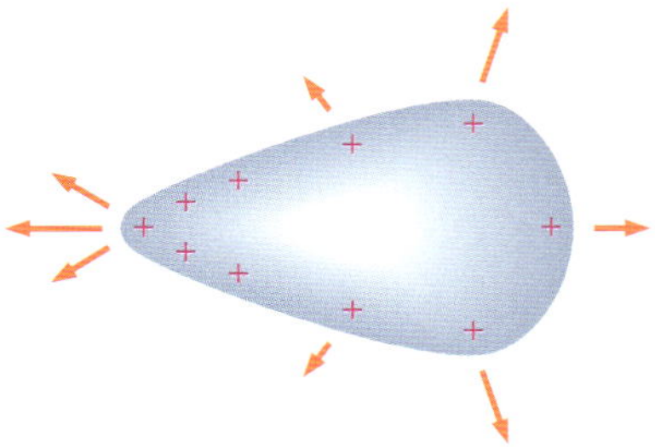
図 17.8　尖った部分の電場がいちばん強い

図 17.9　エッフェル塔に落ちる雷

フランクリンは，電荷は導体の尖った点から外に逃げていくことを発見し，避雷針を発明した．屋根の上に避雷針を設置し，大電流に耐えられる太い導線で接地すると，雷雲によって誘導された電荷は避雷針から外へ逃げていき，落雷が起きにくくなる．落雷したときには，雷雲からの電荷は避雷針から太い導線を通って地面に流れていく．このようにして大きな電流が建物を流れて被害をひき起こすのを防ぐことができる．

17.2　キャパシター

学習目標　コンデンサーとよばれることが多いキャパシターは，正と負の電荷を蓄えるとともに，エネルギーを蓄える装置でもあることを理解する．キャパシターの電気容量は，極板の面積に比例し，極板の間隔に反比例することを理解する．

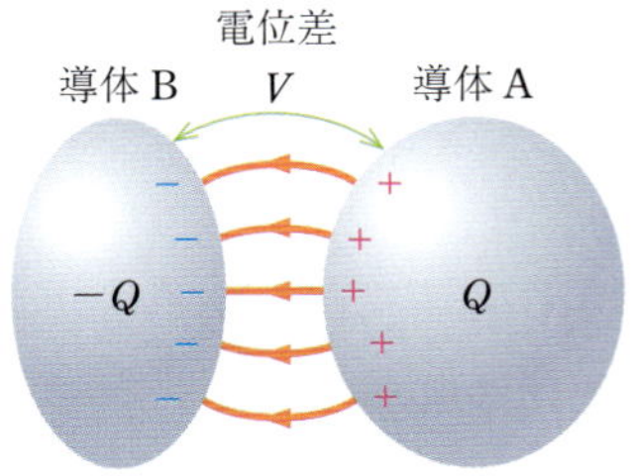

図 17.10　導体 A, B からなるキャパシター．$Q = CV$

導体を帯電させると，電荷がたがいに反発し合うので，1 個の導体に大きな電気量を蓄えることは難しい．しかし，2 個の導体 A, B を向かい合わせに近づけておき，導体 A, B に正負の電荷を与えると，電荷が引き合うので，大きな電気量を蓄えやすい．このような電荷を蓄える装置を**キャパシター**または**コンデンサー**といい，導体 A, B を極板という．

極板 A に正電荷 Q，極板 B に負電荷 $-Q$ を与えると，すべての電気力線は極板 A を始点とし，極板 B を終点とする（図 17.10）．いま，A, B の電荷 $Q, -Q$ を n 倍にすると，空間のすべての点の電場も n 倍になるので，極板 A, B の電位差 V も n 倍になる．したがって，極板 A, B の電荷 $\pm Q$ と電位差 V は比例し，

$$Q = CV \tag{17.5}$$

と表される．比例定数 C をキャパシターの**電気容量**という．電気容量 C の大きなキャパシターほど，同じ電位差で大きな電気量を蓄えられる．電気容量を大きくするために，多くのキャパシターでは，プラスチック膜，セラミックスなどの誘電体（絶縁体）を極板の間に挿入する．電位差がある程度以上に大きくなると，周囲の空気や極板間にはさんである誘電体を通した放電が起き，電荷が逃げていくので，多量の電荷を蓄えるには電気容量を大きくする必要がある．極板間が誘電体で満たされたキャパシターの電気容量 C は，極板間が真空の場合の電気容量 C_0 と誘電体の比誘電率 ε_r の積 $C = \varepsilon_r C_0$ になる（$\varepsilon_r > 1$）（次章を参照）．

電気容量の単位
$\mathrm{F = C/V = C^2/J = C^2/(N \cdot m)}$
$\varepsilon_0 = 8.854 \times 10^{-12}\ \mathrm{C^2/(N \cdot m^2)}$
$= 8.854 \times 10^{-12}\ \mathrm{F/m}$

電気容量の単位は，1 ボルト（V）の電位差によって 1 クーロン（C）の電気量が蓄えられるときの電気容量をとり，これを 1 ファラドという（記号は F）．

$$\mathrm{F = C/V = C/(J/C) = C^2/(N \cdot m)} \tag{17.6}$$

である．1 F という単位は大きすぎるので，実際には 1 μF（マイクロファラド）= 10^{-6} F，あるいは 1 pF（ピコファラド）= 10^{-12} F がよく使われる．

キャパシターの電気容量は，2つの導体の形，大きさ，距離などの幾何学的条件，および極板の間にはさむ誘電体の種類で決まる．

例題 2 平行板キャパシター 2枚の金属板（極板）を平行に向かい合わせたものを平行板キャパシターという．極板の面積が A，間隔が d の平行板キャパシターの電気容量を求めよ（図17.11）．ただし，間隔に比べて極板の大きさははるかに大きいので，極板間の電場は一様だと考えてよいものとせよ．

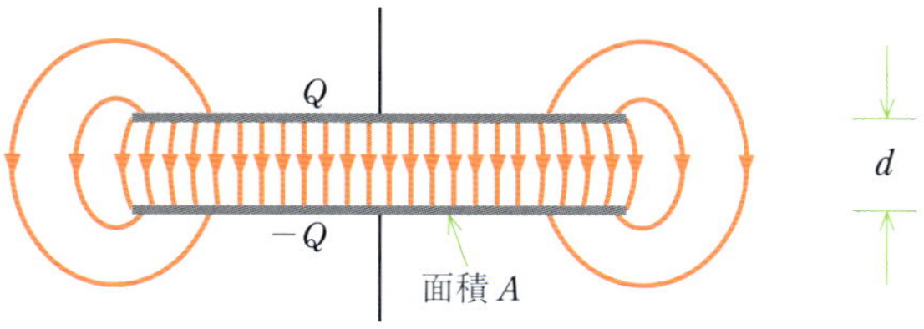

図 17.11 平行板キャパシターの電場

解 極板の帯びている電荷 $\pm Q$ は，面積 A の極板の内側に一様な面密度 $\pm\sigma = \pm Q/A$ で分布している．したがって，(17.1) 式によって，極板間の電場の強さ E は

$$E = \frac{\sigma}{\varepsilon_0} = \frac{Q}{\varepsilon_0 A}$$

である．間隔 d の2枚の極板の電位差は

$$V = Ed = \frac{Qd}{\varepsilon_0 A}$$

である．したがって，平行板キャパシターの電気容量 $C = Q/V$ は

$$C = \frac{\varepsilon_0 A}{d} \tag{17.7}$$

である．極板の面積 A が大きいほど，また間隔 d が小さいほど電気容量 C は大きい．

例 2 1辺の長さが 10 cm の正方形の2枚の金属板を，1 mm 隔てて向かい合わせたキャパシターの電気容量は

$$C = \frac{\varepsilon_0 A}{d} = \frac{(8.85\times10^{-12}\,\mathrm{F/m})\times(0.1\,\mathrm{m})^2}{10^{-3}\,\mathrm{m}} = 8.85\times10^{-11}\,\mathrm{F}$$

例 3 球形キャパシター 図17.12のような，金属球（半径 a）と同心の金属球殻（半径 b）からなるキャパシターを球形キャパシターという．金属球の電荷を Q，球殻の電荷を $-Q$ とする．例題1の結果を使うと，極板の間での電位を $V(r) = \dfrac{Q}{4\pi\varepsilon_0 r}$ + 定数 とおけるので，2枚の極板の電位差 V は

$$V = V(a) - V(b) = \frac{Q}{4\pi\varepsilon_0 a} - \frac{Q}{4\pi\varepsilon_0 b} = \frac{Q(b-a)}{4\pi\varepsilon_0 ab}$$

したがって，$C = \dfrac{Q}{V}$ は

$$C = \frac{4\pi\varepsilon_0 ab}{b-a} \tag{17.8}$$

この結果は，球殻を接地した場合である（演習問題17のB3を参照）．

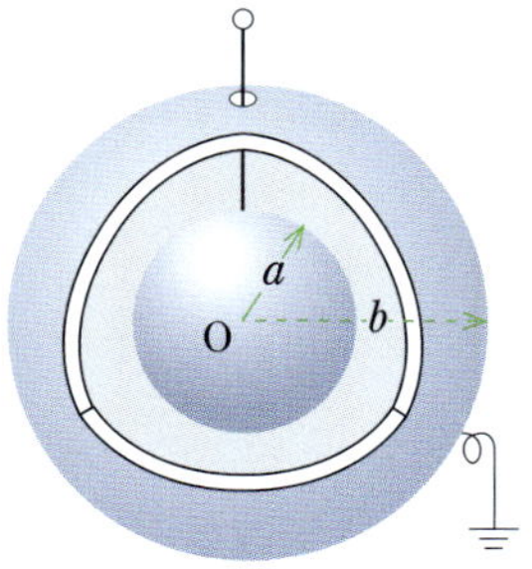

図 17.12 球形キャパシター

例 4 孤立導体球 空間に孤立した1個の導体球（半径 R）も，球形キャパシターの球殻の半径 $b\to\infty$ の極限と考えれば，一種のキャパシターである．球形キャパシターの電気容量の式 (17.8) の $b\to\infty$ の

図 **17.13**　キャパシター

極限をとり，この極限で $\dfrac{ab}{b-a} \to a$ であることを使い，$a = R$ とおけば

$$C = 4\pi\varepsilon_0 R \tag{17.9}$$

が求められる．

地球（半径 $R_{\mathrm{E}} = 6.4\times10^6$ m）をキャパシターと見なしたときの電気容量は

$$C = 4\pi\varepsilon_0 R_{\mathrm{E}} = \frac{6.4\times10^6\ \mathrm{m}}{9.0\times10^9\ \mathrm{N\cdot m^2/C^2}} = 7.1\times10^{-4}\ \mathrm{C^2/(N\cdot m)}$$
$$= 7.1\times10^{-4}\ \mathrm{F}$$

である．地球の電気容量と同じ電気容量の平行板キャパシターの極板の面積は，極板の間隔 d を 1 mm とすると $8.0\times10^4\ \mathrm{m^2}$ である．近接した2つの導体に正と負の電荷を蓄えるのに比べ，孤立した導体に正あるいは負の電荷を蓄えるのははるかに困難なことがわかる．

キャパシターの接続　2個のキャパシターを接続する場合，並列接続と直列接続がある．2個のキャパシター（電気容量 C_1 と C_2）を図 17.14 (a) のように並列に接続したときの電気容量（合成容量）C は

$$C = C_1 + C_2 \tag{17.10}$$

で，図 17.14 (b) のように直列に接続したときの合成容量 C は

$$\frac{1}{C} = \frac{1}{C_1} + \frac{1}{C_2}, \qquad C = \frac{C_1C_2}{C_1+C_2} \tag{17.11}$$

である．

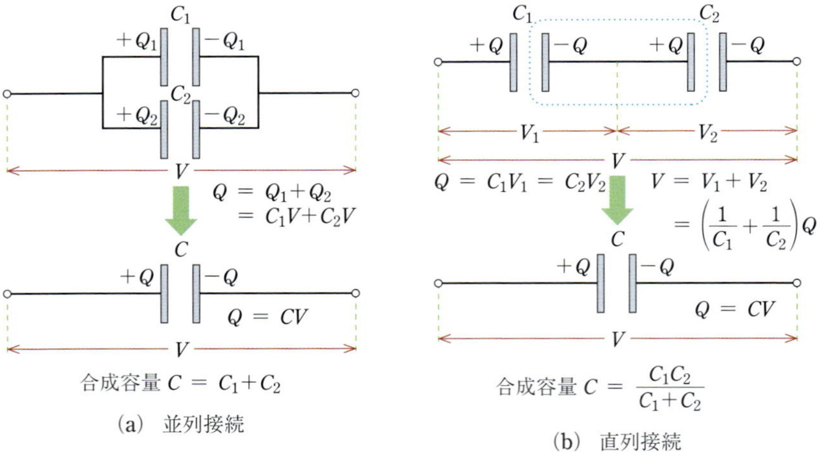

図 **17.14**　キャパシターの接続

キャパシターに蓄えられるエネルギー　電気容量 C のキャパシターの極板 A, B に電荷 Q, $-Q$ を蓄えるには，電場に逆らって極板 B から極板 A へ電荷 Q を移動させなければならない．この移動に必要な仕事

Wが，電気ポテンシャルエネルギー Uとしてキャパシターに蓄えられる．

極板 A, B に蓄えられた電荷が q, $-q$ のとき，極板 A, B の電位差は $v = \dfrac{q}{C}$ である．このとき極板 B から極板 A へ電荷 Δq を移動して，極板 A, B の電荷を $q+\Delta q$, $-(q+\Delta q)$ にするために必要な仕事 ΔW は

$$\Delta W = v\,\Delta q = \frac{q\,\Delta q}{C} \tag{17.12}$$

である（図 17.15）．電荷を移動して $q=0$ から $q=Q$ にするために必要な仕事 Wは，(17.12) 式を積分した，

$$W = \int_0^Q \frac{1}{C}\,q\,\mathrm{d}q = \frac{Q^2}{2C} = \frac{1}{2}VQ = \frac{1}{2}CV^2 \tag{17.13}$$

である．この仕事が電気ポテンシャルエネルギー Uとしてキャパシターに蓄えられる．すなわち，極板間の電位差が Vで，極板に電荷 $\pm Q$ が蓄えられている電気容量が Cのキャパシターには，エネルギー

$$U = \frac{Q^2}{2C} = \frac{1}{2}VQ = \frac{1}{2}CV^2 \tag{17.14}$$

が蓄えられている（$Q=CV$）．

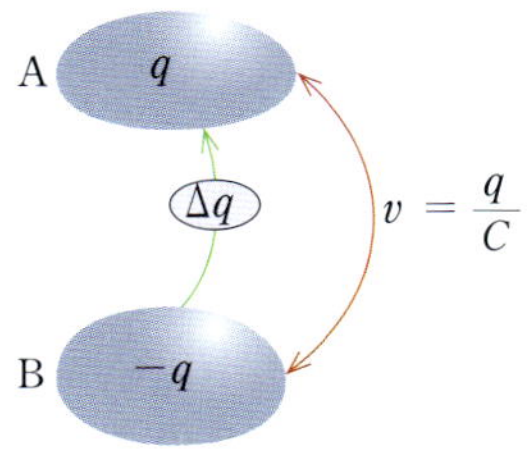

図 17.15 微小電荷 Δq の移動に必要な仕事

$$\Delta W = v\,\Delta q = \frac{1}{C}\,q\,\Delta q$$

キャパシターは電荷を蓄える装置であるが，エネルギーを蓄える装置でもある．アース（接地）されていない洗濯機に触れるとピリッとくるのは，帯電した洗濯機と地球の間に蓄えられたエネルギーが人体（導体）を通して放電されるからである．導体が地球と絶縁されているとき，導体と地球の間の電気容量を浮遊容量という．

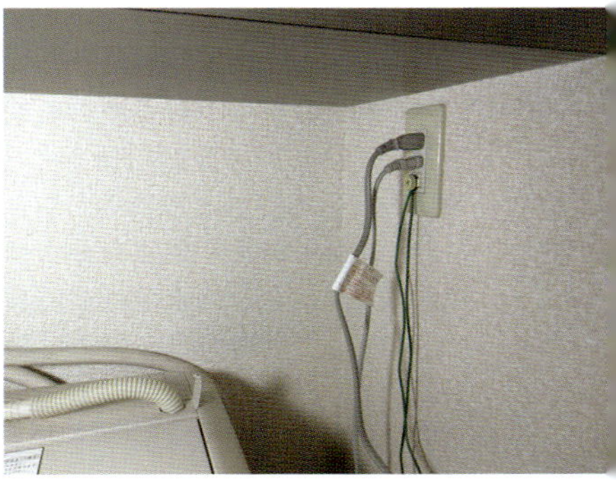
図 17.16 洗濯機のアース線

電場のエネルギー　極板の面積 A，間隔 d の平行板キャパシターの電気容量は，例題 2 で導いた

$$C = \frac{\varepsilon_0 A}{d} \tag{17.7}$$

である．$V = Ed$ なので，平行板キャパシターに蓄えられるエネルギー Uは

$$U = \frac{1}{2}CV^2 = \frac{1}{2}\frac{\varepsilon_0 A}{d}(Ed)^2 = \frac{1}{2}\varepsilon_0 E^2(Ad) \tag{17.15}$$

と表される．平行板キャパシターの内部の体積は Ad なので，(17.15) 式はキャパシターの内部の単位体積あたり

$$u_{\mathrm{E}} = \frac{1}{2}\varepsilon_0 E^2 \qquad \text{（真空中）} \tag{17.16}$$

の電場のエネルギーが蓄えられていることを示す．充電された平行板キャパシターの内部に限らず，一般に，真空中の電場にはエネルギー密度 (17.16) の**電場のエネルギー**が蓄えられている．

演習問題17

A

1. 内部に空洞のある導体では，空洞の内部に電荷を入れれば，その電気量と大きさが等しく異符号の電荷が空洞の壁に現れ，その電気量と大きさが等しく同符号の電荷が導体の外側の表面に現れることを証明せよ．

2. 1775年ごろフランクリンは糸で吊したコルクの球と帯電した金属の缶を使って，図1(a),(b)のような実験を行った．2つの実験で糸の傾きが違う理由を説明せよ．

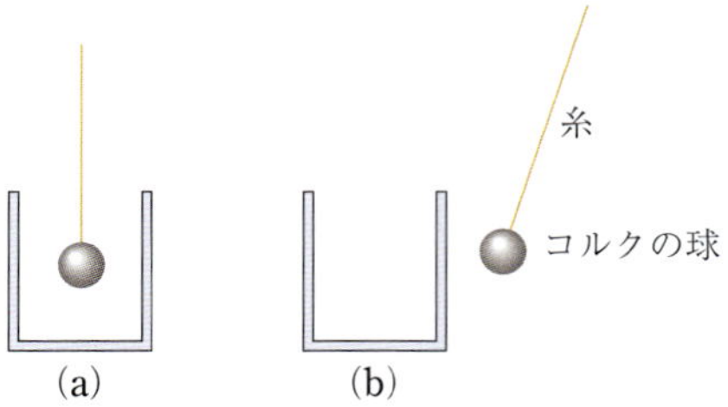

図1

3. 図2は1930年にバン・デ・グラーフが発明したバン・デ・グラーフ発電機の概念図である．絶縁体のベルトがガラス製の円筒をこする（あるいは電気を帯びた金属接点に触れる）ことによって，支持台の下部で集められた負電荷が上部の金属球殻の所に運ばれ，ベルトの負電荷は金属球殻の外側の表面に移動する．金属球殻は多量の負電荷を帯びているので地面に対して，1000万V位までの電位差になる．
(1)　ベルトを回すモーターの仕事はどのようなエネルギーになったか．
(2)　ベルトの電荷はなぜ金属球殻の外側の表面に移るのか．
(3)　金属球殻にさわっている人物の髪の毛が逆立っているのはなぜか．

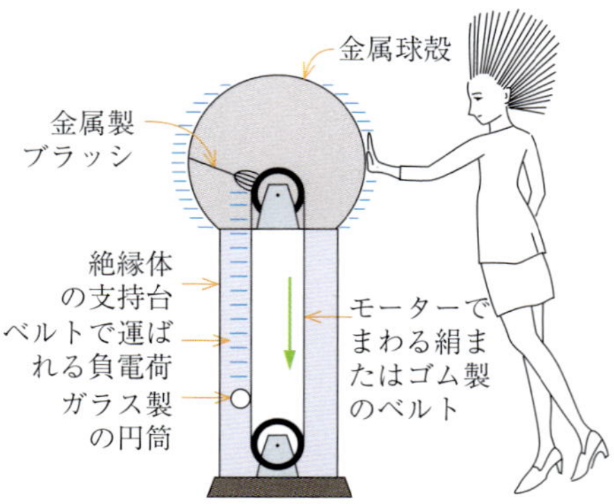

図2

4. 電場の1つの等電位面を導体面で置き換えても導体の外部の電場は変わらないという性質がある（このとき導体面には $\sigma = \varepsilon_0 E$ という面密度の電荷が現れる）．この性質を利用し，図3(a),(b)を比較して，無限に大きな導体板に電荷 Q の帯電体を近づけるときの帯電体と導体板（の静電誘導による異符号の表面電荷）との引力の強さは

$$F = \frac{Q^2}{4\pi\varepsilon_0(2d)^2}$$

であることを示せ．d は帯電体と導体板との距離である．

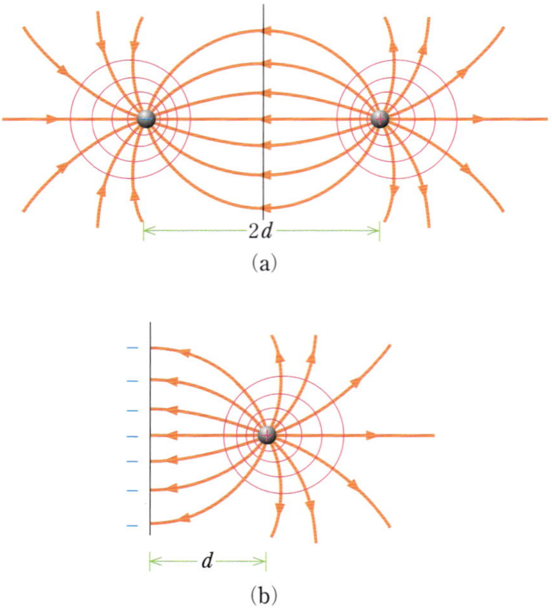

図3

5. 一辺の長さが5 cmの正方形の2枚の金属板を，1 mm隔てて向かい合わせたキャパシターの電気容量を求めよ．

6. 図4のようなサンドウィッチ型のキャパシターの電気容量を求めよ．

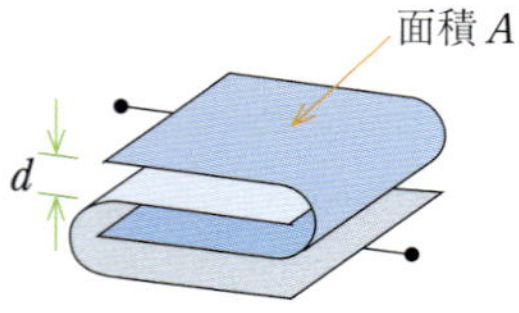

図4

7. 電気容量がそれぞれ40, 20, 20 μFのキャパシターA, B, Cを図5のようにつなぐ．その合成容量はいくらか．両端に10 Vの電位差を与えるとき，Cの極板間の電位差はいくらか．

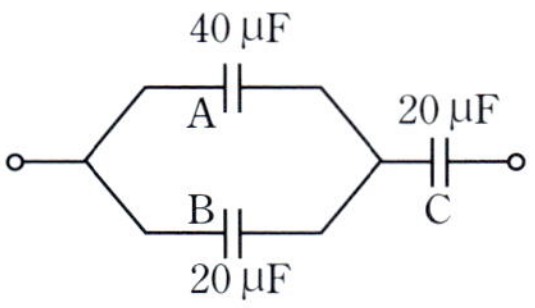

図 5

8．$20\,\mu\mathrm{F}$ のキャパシターを 200 V に充電して，抵抗の大きな導線を通して放電した．この導線内に発生する熱はどれだけか．

B

1．$100\,\mu\mathrm{F}$ のキャパシターが多数ある．これらを接続して $550\,\mu\mathrm{F}$ のキャパシターをつくれ．

2．図 6 の回路の端子 1, 2 の間の合成容量はいくらか．

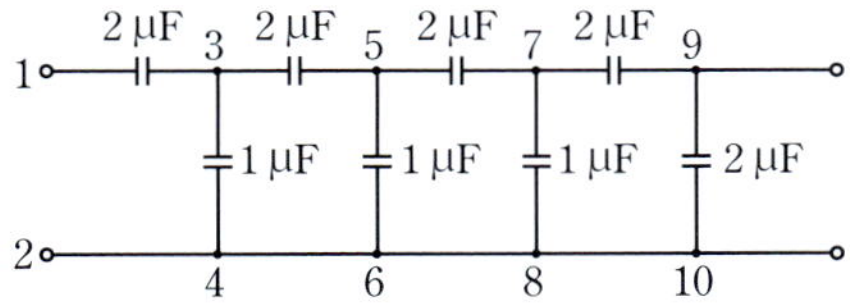

図 6

3．図 7 のように，球形キャパシターの半径 a の内側の導体球を接地した場合の電気容量 C を求めよ．ただし，球殻は地面から十分に遠いものとする．

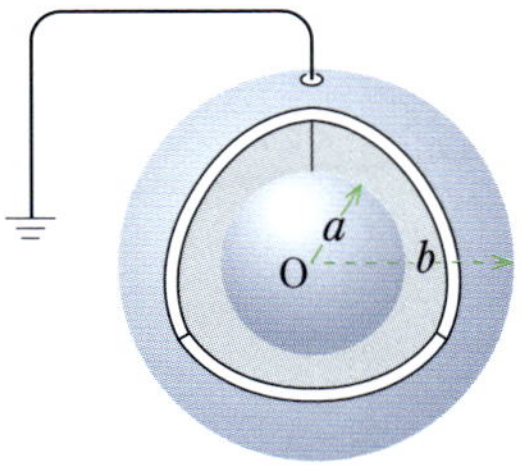

図 7

4．体積 $1\,\mathrm{m}^3$ の空気キャパシターにどのくらいの電場のエネルギーが蓄えられるか．電場の強さは $10^6\,\mathrm{V/m}$ までは可能だとする．

5．100 V に充電してある電気容量 $100\,\mu\mathrm{F}$ のキャパシター A を，同じ電気容量の充電していないキャパシター B に電気抵抗の大きな導線で並列につないだ．このとき，

(1)　A, B の電圧は何 V か．

(2)　A, B のもつ電気ポテンシャルエネルギーの和は何 J か．

(3)　このエネルギーを A がはじめにもっていた電気ポテンシャルエネルギーと比較し，この差に相当するエネルギーがどうなったかを説明せよ．

6．**静電張力**▮導体の表面に面密度 σ で分布している電荷に作用する力を調べる．導体表面上の点 P を中心とする小さな円（面積 A）の内部の電荷 σA は点 P の近傍の表面の両側に強さが $E_1 = \dfrac{\sigma}{2\varepsilon_0}$ の電場をつくる．小円の外部の電荷のつくる電場 $\boldsymbol{E}_2$ は点 P で連続なので，電場の強さは $E_2 = \dfrac{\sigma}{2\varepsilon_0}$ である．このために，小円の内部の電荷 σA に作用する電気力は $F = (\sigma A)E_2 = \dfrac{1}{2}\varepsilon_0 E^2 A$ であり，導体表面の単位面積に作用する電気力の強さは $f = \dfrac{1}{2}\varepsilon_0 E^2$ である．上の文章の内容を説明せよ．この電気力の方向は導体表面に垂直で，電荷を導体の外に押し出そうとする向きに作用するので，この電気力は静電張力とよばれる（図 8 参照．$\sigma > 0$ の場合である）．

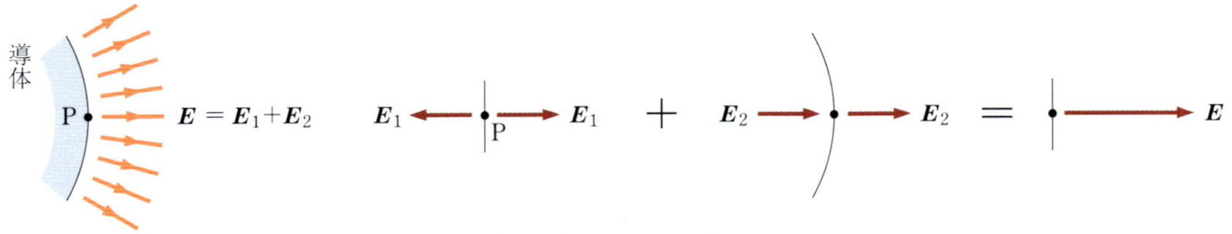

(a)　導体表面の電場 $\boldsymbol{E}$　　(b)　「小円内の電荷による電場 $\boldsymbol{E}_1$」＋「小円外の電荷による電場 $\boldsymbol{E}_2$」＝「導体表面の電場 $\boldsymbol{E}$」

図 8

誘電体と静電場

物質にはガラスやアクリルのような電気を通さない**絶縁体**または**不導体**とよばれる物がある．物質の中を動き回れる自由電荷をもつ導体とは異なり，絶縁体ではすべての電子が物質の中を動き回れない．したがって，絶縁体に帯電した物体を近づけても，絶縁体の全体にわたる電荷の移動は起きない．しかし，分子，原子，あるいは結晶の単位格子のような個々の微視的な構造の単位の中では電子が帯電物体からの電気力を受けて，その分布が一方に偏る．この結果，絶縁体の表面の帯電物体に近い側に帯電物体と異符号の電荷が，遠い側に帯電物体と同符号の電荷が現れる．この現象を**誘電分極**という．絶縁体には誘電分極が生じるために，電気的な性質を議論するときに絶縁体を**誘電体**という．

この章では，誘電体がある場合の静電場を学ぶ．

クリーンルームで微細なトランジスターを組み立てているようす．回路素子には半導体や絶縁体（誘電体）が使われており，さまざまな物質や作製技術が研究されている．

18.1 誘電体と分極

学習目標　誘電体を電場の中に置くと，誘電分極によって生じる電荷のつくる電場のために，誘電体の内部では外部からかかった電場が弱められるので，誘電体をキャパシターの極板の間にはさむと電気容量が増加することを理解する．

誘電体　キャパシターの極板の間に誘電体を挿入すると，キャパシターの電気容量が増大する．その理由を考えよう．極板の間隔が d の平行板キャパシターに起電力 V の電池をつなぐと，2 枚の極板は帯電し，その電位差は V になる［図 18.2 (a)］．そこで，スイッチを開いて電池とキャパシターを切り離す．面積 A の極板上の電荷を $Q, -Q$ とすると，面積 A の極板の電荷密度は $\sigma = \pm\frac{Q}{A}$ で，極板間の電場の強さ E は $E = \frac{\sigma}{\varepsilon_0}$ である［(17.1) 式参照］．

次に，極板間に帯電していないガラスやパラフィンのような誘電体をさし込む［図 18.2 (b)］．誘電体は 2 枚の極板の間をほぼ完全に満たすが，極板には接触しないようにしておく．すると，極板上の電荷は誘電体を差し込む前と同じで $\pm Q$ であるが，電位差を測ると減少している．極板間のほとんどの空間をガラスが満たしている場合には，電位差は半分以下に減少している．減少率 $\frac{1}{\varepsilon_r}$ は物質の種類と温度だけで決まる定数で，極板間の最初の電位差やキャパシターの形にはよらない．ε_r をこの誘電体の **比誘電率** という．比誘電率はつねに 1 より大きい ($\varepsilon_r > 1$)．表 18.1 にいくつかの物質の比誘電率を示す．

誘電体がない場合に電気容量が C_0 のキャパシターの極板間に比誘電率 ε_r の誘電体を挿入すると，極板上の電荷 $\pm Q$ は変わらないのに電位差 V が $\frac{1}{\varepsilon_r}$ 倍の $\frac{V}{\varepsilon_r}$ になるので，電気容量 C は C_0 の ε_r 倍になる．

$$C = \varepsilon_r C_0 \tag{18.1}$$

このように極板上の電荷は変わらないのに，極板間の電位差 $V = Ed$ が減少する事実は，極板間の電場の強さ E が弱まることを意味する．この現象は，以下で示すように，誘電体が誘電分極し，表面に分極

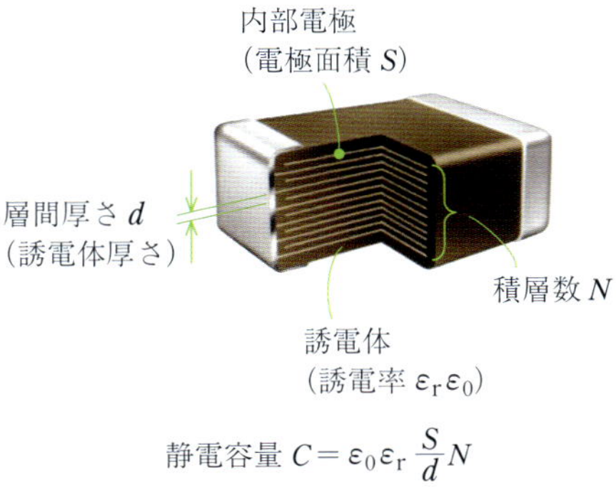

図 18.1　誘電体を利用した積層セラミックチップコンデンサ．ナノテクノロジーを駆使し，薄層化や微細化が進んでいる．

表 18.1　室温における比誘電率 ε_r

物　質	比誘電率
空気 (20 °C，1 気圧)	1.000536
水	~80
ソーダガラス	7.5
パラフィン	2.2
クラフト紙	2.9
ロシェル塩	~4000
チタン酸バリウム	~5000

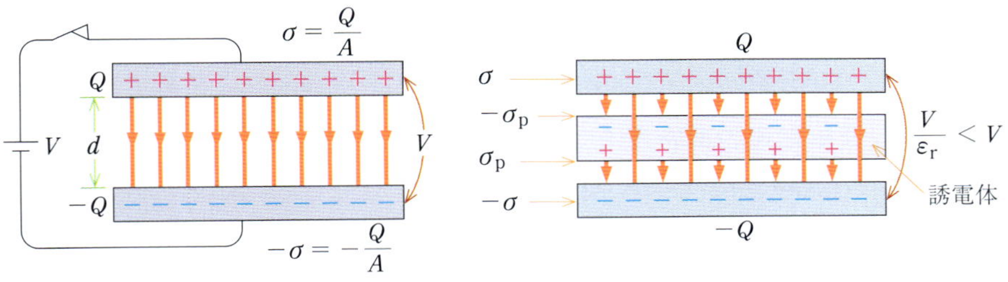

(a)　真空中のキャパシター　　(b)　誘電体を挿入する

図 18.2

電荷が現れることで説明がつく．図18.2 (b) に極板間の電気力線を示す．面密度 σ_p, $-\sigma_p$ の電荷が誘電体の表面に現れ，電気力線が誘電体の表面で消滅，発生するので，誘電体内部の電場が $\dfrac{\sigma-\sigma_p}{\sigma}$ 倍になり，弱まるのである．

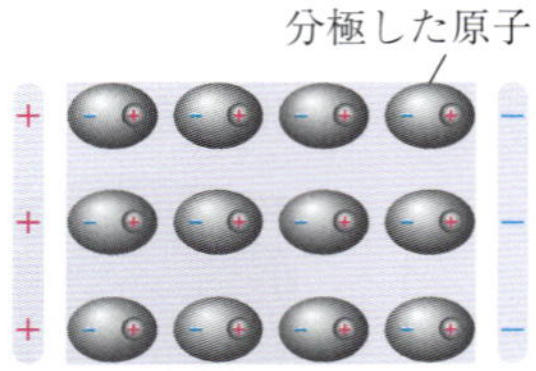

図18.3　誘電分極（誘電体の分極）

分極　誘電体を電場 $\boldsymbol{E}$ の中に置くと，分子，原子，あるいは結晶の単位格子のような微視的な構造単位の中の正電荷をもつ粒子は電場の方向に，負電荷をもつ粒子は電場と逆方向に移動するが，粒子間の引力のために正電荷の粒子と負電荷の粒子はあまり離れられない．ここで移動する荷電粒子は単位格子，あるいは分子の中では正，負のイオンであり，原子の中では電子である（図18.3）．したがって分離した電荷を q, $-q$ とし，その平均的中心の間隔を d とすると，各単位は大きさが

$$p = qd \tag{18.2}$$

の電気双極子モーメントをもつ電気双極子になる．図18.4に示すように，電気双極子モーメント $\boldsymbol{p}$ は，負電荷から正電荷の方を向いた大きさが $p = qd$ のベクトルである．

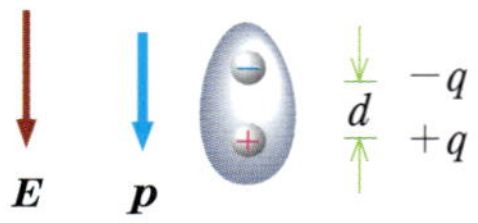

図18.4

微視的な構造単位の大きさはきわめて小さいので，巨視的に物体を見ると，物体の微視的な構造による不連続性は一様に塗りつぶされて見える．単位体積あたりの微視的な構造単位数を N とすると，物体内に密度 $\rho = qN$ と $-qN$ で正負の電荷が一様に分布しているように見える．そして，この物体に電場 $\boldsymbol{E}$ をかけると，正負の電荷は電場 $\boldsymbol{E}$ の方向に距離 d だけずれる．図18.5に示すように，誘電体の面積 A の表面には電荷

$$\rho A d = \pm qNdA = \pm pNA \tag{18.3}$$

が誘起される．これを**分極電荷**といい，この現象を誘電分極という．

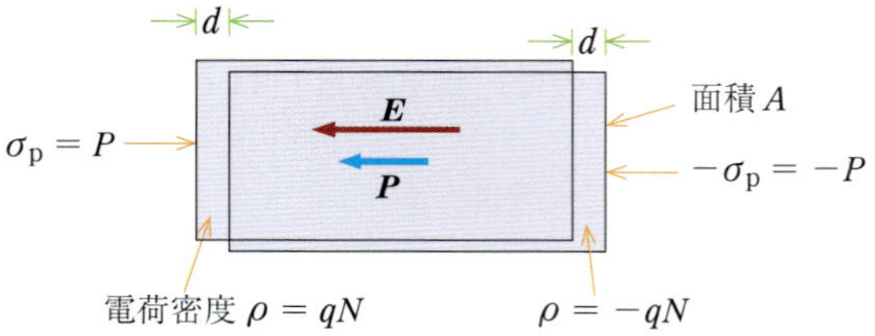

図18.5　「分極の大きさ P」=「分極電荷の密度 σ_p」

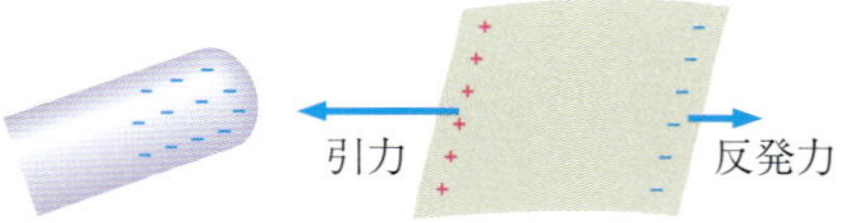

図18.6

問1　帯電した物体が電荷を帯びていない小さな紙片を引きつけるのはなぜか（図18.6参照）．

分極電荷の面密度を $\pm\sigma_p$ とすると，面積 A の表面上の分極電荷 $\pm pNA$ は $\pm\sigma_p A$ と表されるので，

$$\sigma_p = pN \equiv P \tag{18.4}$$

となり，分極電荷の面密度 σ_p は誘電体の単位体積中の微小な電気双極

子モーメント $\boldsymbol{p}_j\,(j=1,2,\cdots,N)$ の和

$$\boldsymbol{P} \equiv \boldsymbol{p}N = \sum_{j\,(\text{単位体積})} \boldsymbol{p}_j \tag{18.5}$$

の大きさに等しいことがわかる．(18.5) 式で定義される誘電体中の巨視的なベクトル場 $\boldsymbol{P}$ を**分極**という．電気双極子モーメントの単位は「電荷の単位 C」×「長さの単位 m」の C·m なので，単位体積 ($1\ \mathrm{m}^3$) あたりの電子双極子モーメントである分極 $\boldsymbol{P}$ の単位は $\mathrm{C/m^2}$ である．

分極の単位　$\mathrm{C/m^2}$

平行板キャパシターの極板の間を比誘電率 ε_r の誘電体で満たすと，その内部での電場の強さは $E = \dfrac{\sigma-\sigma_\mathrm{p}}{\varepsilon_0}$ で，これは極板上の自由電荷だけがつくる電場の強さ $E = \dfrac{\sigma}{\varepsilon_0}$ の $\dfrac{1}{\varepsilon_\mathrm{r}}$ 倍である (図 18.2 参照)．したがって

$$E = \frac{\sigma-\sigma_\mathrm{p}}{\varepsilon_0} = \frac{\sigma}{\varepsilon_\mathrm{r}\varepsilon_0} \tag{18.6}$$

である．この式を $\sigma-\sigma_\mathrm{p} = \varepsilon_0 E$，$\sigma = \varepsilon_\mathrm{r}\varepsilon_0 E$ と変形して，組み合わせると，

$$P = \sigma_\mathrm{p} = \sigma-\varepsilon_0 E = (\varepsilon_\mathrm{r}-1)\varepsilon_0 E \tag{18.7}$$

が導かれる．したがって，分極の大きさ P は電場の強さ E に比例する．

等方的な誘電体では，$\boldsymbol{P}$ は $\boldsymbol{E}$ と同方向を向くので，

$$\boldsymbol{P} = (\varepsilon_\mathrm{r}-1)\varepsilon_0\boldsymbol{E} = \chi_\mathrm{e}\varepsilon_0\boldsymbol{E} \tag{18.8}$$

と表せる．ここで

$$\chi_\mathrm{e} = \varepsilon_\mathrm{r}-1 \tag{18.9}$$

を**電気感受率**という．ある物体の比誘電率と電気定数の積

$$\varepsilon = \varepsilon_\mathrm{r}\varepsilon_0 \tag{18.10}$$

をその物体の誘電率という．

なお，誘電体のなかには，電場がかかっていなくても分極している**強誘電体**という種類のものがある．このような物質では電場と分極の比例関係 (18.8) は成り立たない．

図 18.7　強誘電体であるチタン酸ジルコン酸鉛．薄膜に加工され，メモリなどに用いられる．

電束密度　電場は電荷，つまり自由電荷と分極電荷の両方，によってつくられる．そこで，閉曲面 S の内部にある自由電荷の和を Q_0，分極電荷の和を Q_p とすると，電場のガウスの法則 (16.19) は，

「閉曲面 S の内部から出てくる電気力線束」$\times\varepsilon_0 = Q_0+Q_\mathrm{p}$

$$\varepsilon_0 \iint_\mathrm{S} E_\mathrm{n}\,\mathrm{d}A = Q_0+Q_\mathrm{p} \tag{18.11}$$

となる．さて，自由電荷と分極電荷の両方がつくる電場 $\boldsymbol{E}$ のほかに，自由電荷だけに関係する場を導入すると都合がよい．キャパシターの誘電体中の電場 $\boldsymbol{E}$ は誘電体のない場合の電場 $\boldsymbol{E}_0$ の $\dfrac{1}{\varepsilon_\mathrm{r}}$ 倍なので，$\boldsymbol{E}_0 = \varepsilon_\mathrm{r}\boldsymbol{E}$ がその候補である．ここではその ε_0 倍の $\varepsilon_\mathrm{r}\varepsilon_0\boldsymbol{E}$ を採用し，

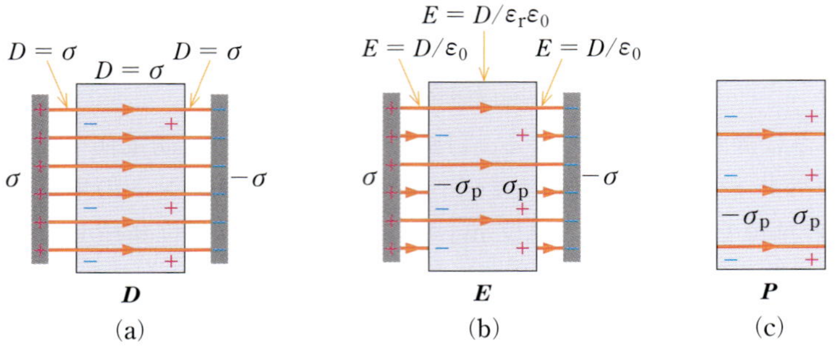

図 18.8　電束密度 $\boldsymbol{D}=\varepsilon_0\boldsymbol{E}+\boldsymbol{P}$
(a)　誘電体中では $D=\varepsilon_r\varepsilon_0 E=\varepsilon_r\varepsilon_0\dfrac{\sigma}{\varepsilon_r\varepsilon_0}=\sigma$．すき間では $D=\varepsilon_0 E=\varepsilon_0\dfrac{\sigma}{\varepsilon_0}=\sigma$ で，キャパシターの中ではどこでも $D=\sigma$．電束線は正の自由電荷で発生し，負の自由電荷で消滅する．
(b)　誘電体中では $E=\dfrac{\sigma-\sigma_p}{\varepsilon_0}$，すき間では $E=\dfrac{\sigma}{\varepsilon_0}$．電気力線は正電荷で発生し，負電荷で消滅する．
(c)　誘電体中では $P=\sigma_p$，すき間では $P=0$．$\boldsymbol{P}$ を表す線は負の分極電荷で発生し，正の分極電荷で消滅する．

$$\boldsymbol{D}=\varepsilon_0\boldsymbol{E}+\boldsymbol{P} \tag{18.12}$$

で定義される新しい場 $\boldsymbol{D}$ を**電束密度**とよぶ [(18.8) 式参照]．電束密度の単位は分極の単位と同じで，$\mathrm{C/m^2}$ である．

電場 $\boldsymbol{E}$ のようすが電気力線で表せるように，電束密度 $\boldsymbol{D}$ のようすは電束線で表せる．電気力線の始点は正電荷で終点は負電荷なので，電気力線には正の分極電荷に始まり負の分極電荷に終わるものがあるが [図 18.8 (b) では自由電荷の電気力線と打ち消し合っている]，これは負の分極電荷から正の分極電荷に向かう分極 $\boldsymbol{P}$ の力線 [図 18.8 (c)] の逆向きである．したがって，電束線は正の自由電荷に始まり負の自由電荷に終わる [図 18.8 (a)]．自由電荷 Q_0 から Q_0 本の電束線が出るので ($\boldsymbol{D}$ の中に $\boldsymbol{E}$ は $\varepsilon_0\boldsymbol{E}$ という形で入っているので $\dfrac{Q_0}{\varepsilon_0}$ 本ではない)，

「閉曲面 S から出てくる電束 ϕ_E」＝「閉曲面 S の内部の全自由電荷 Q_0」

$$\iint_S D_n\, dA = Q_0 \tag{18.13}$$

である．これを**電束密度のガウスの法則**という．D_n は電束密度 $\boldsymbol{D}$ の面 S の法線方向成分である．なお，電束線束といわず，電束という．

多くの物質では分極 $\boldsymbol{P}$ と電場 $\boldsymbol{E}$ は比例し，$\boldsymbol{P}=(\varepsilon_r-1)\varepsilon_0\boldsymbol{E}$ という関係があるので，これらの物質では (18.12) 式は

$$\boldsymbol{D}=\varepsilon_r\varepsilon_0\boldsymbol{E}=\varepsilon\boldsymbol{E} \tag{18.14}$$

と表せる．$\varepsilon=\varepsilon_r\varepsilon_0$ は誘電体の誘電率である．

例題 1　液体 (比誘電率 ε_r) の中の 2 つの点電荷 q_1, q_2 の間に作用する電気力を求めよ．

解　原点に点電荷 q_1 があると，この点電荷から出る電束は (18.13) 式によって q_1 なので，原点から距離 r の点の電束密度の強さ D は「電束」÷「球の表面積」の $\dfrac{q_1}{4\pi r^2}$ となり

$$D=\frac{q_1}{4\pi r^2}=\varepsilon_r\varepsilon_0 E \tag{18.15}$$

である．原点から距離 r の点電荷 q_2 に作用する電気力の強さは $F=q_2E=\dfrac{q_2 D}{\varepsilon_r\varepsilon_0}$ である．したがって，比誘電率 ε_r の液体および気体中の点電荷 q_1, q_2 の間に作用する電気力の強さは，真空中の $\dfrac{1}{\varepsilon_r}$ 倍の

$$F=\frac{q_1q_2}{4\pi\varepsilon_r\varepsilon_0 r^2} \tag{18.16}$$

である．$\varepsilon_r > 1$ なので，誘電体の内部での電場は真空中より弱くなる．弱くなる原因は電荷のまわりに誘起した異符号の分極電荷である（図18.9）．水の比誘電率はきわめて大きく約80である．このため，水の中ではイオン結合の分子の結合力はきわめて弱くなり，正イオンと負イオンに分離しやすい．

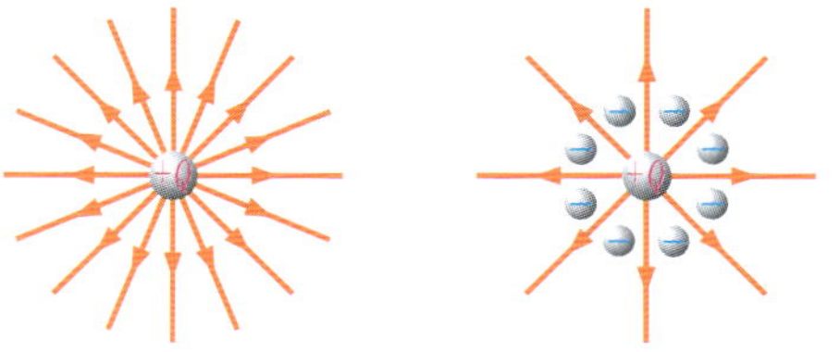

(a)　真空中の電場　　(b)　誘電体中の電場

図 18.9

誘電体中の電場のエネルギー　比誘電率 ε_r の誘電体で内部が満たされたキャパシターの電気容量は内部が真空の場合の ε_r 倍である．そこで，キャパシターの内部には，単位体積あたり (17.16) 式の ε_r 倍の

$$u_E = \frac{1}{2}\varepsilon_r\varepsilon_0 E^2 = \frac{1}{2}ED \quad \text{（誘電体中）} \tag{18.17}$$

の電場のエネルギーが蓄えられている．

演習問題18

A

1. 電気容量 1 μF のキャパシターに電圧 100 V を加えた．極板に蓄えられる電荷はいくらか．
2. C_1 と C_2 は同じ形で同じ大きさのキャパシターとし，C_1 には誘電体の板がはさんである．C_1 を充電して，その電位差 V_1 を測る．次に電池をはずしてから C_1 と C_2 を並列につないで共通の電位差 V_2 を測る．誘電体の比誘電率 ε_r を求めよ（図1参照）．

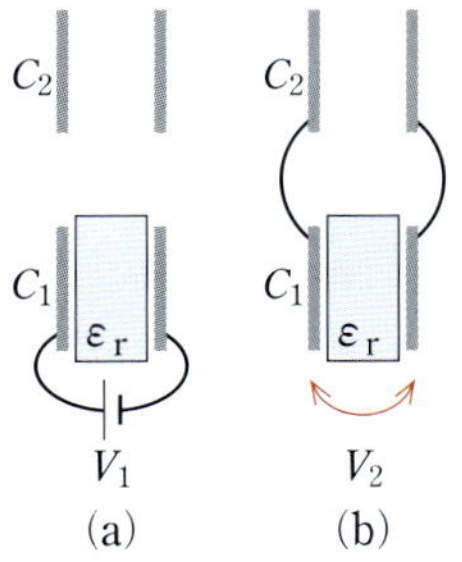

(a)　(b)

図 1

3. 表面積 1 m^2，厚さ 0.1 mm の紙をはさんだ2枚の金属箔でつくられたキャパシターの電気容量はいくらか．紙の比誘電率を3.5とせよ．
4. 細胞の内外にあるイオンが，厚さが 10^{-8} m の平らな細胞膜（比誘電率8）で分離されている（図2）．
   (1)　細胞膜の 1 cm^2 あたりの電気容量を求めよ．

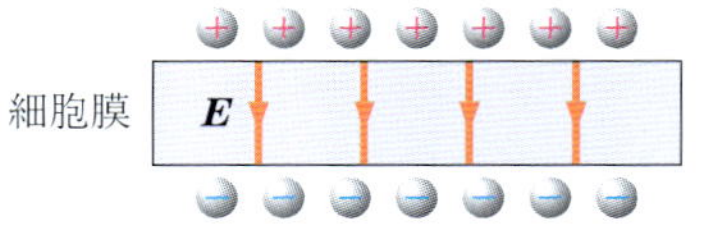

図 2

   (2)　細胞膜の両面の電位差が 0.1 V ならば，1 cm^2 の細胞膜に蓄えられるエネルギーはいくらか．
   (3)　細胞膜の中の電場の強さ E と，膜の両側の層での 1 cm^2 あたりの電荷 Q を求めよ．

B

1. 図3のように，平行板キャパシターの板間距離のうち d_1 が比誘電率 ε_1，残りの d_2 が比誘電率 ε_2 の誘電体で満たされている．このキャパシターの電気容量 C を求めよ．極板の面積を A とせよ．

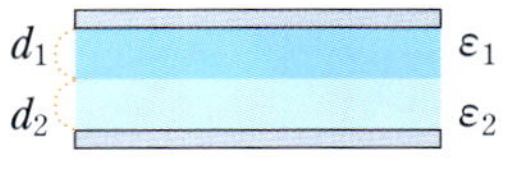

図 3

2. 導体が誘電体と接していると，導体表面での電場の強さの公式 (17.1) はどう変わるか．

電　　流

停電すると社会の活動は麻痺し，日常生活は不便になる．電力は動力源，エネルギー源だからである．発電所で他の形態のエネルギーから転換された電気エネルギーが，導線に沿って家庭や工場に移動し，そこで電灯を点灯させたり，スピーカーをならしたり，モーターを動かしたり，ヒーターで熱を発生させたりして，別の形態のエネルギーに転換する．

この過程で重要な役割を果たすのは電流であり，導線を流れる電流を担うのは電子である．電流が定常的に流れるには電源（起電力）が必要である．

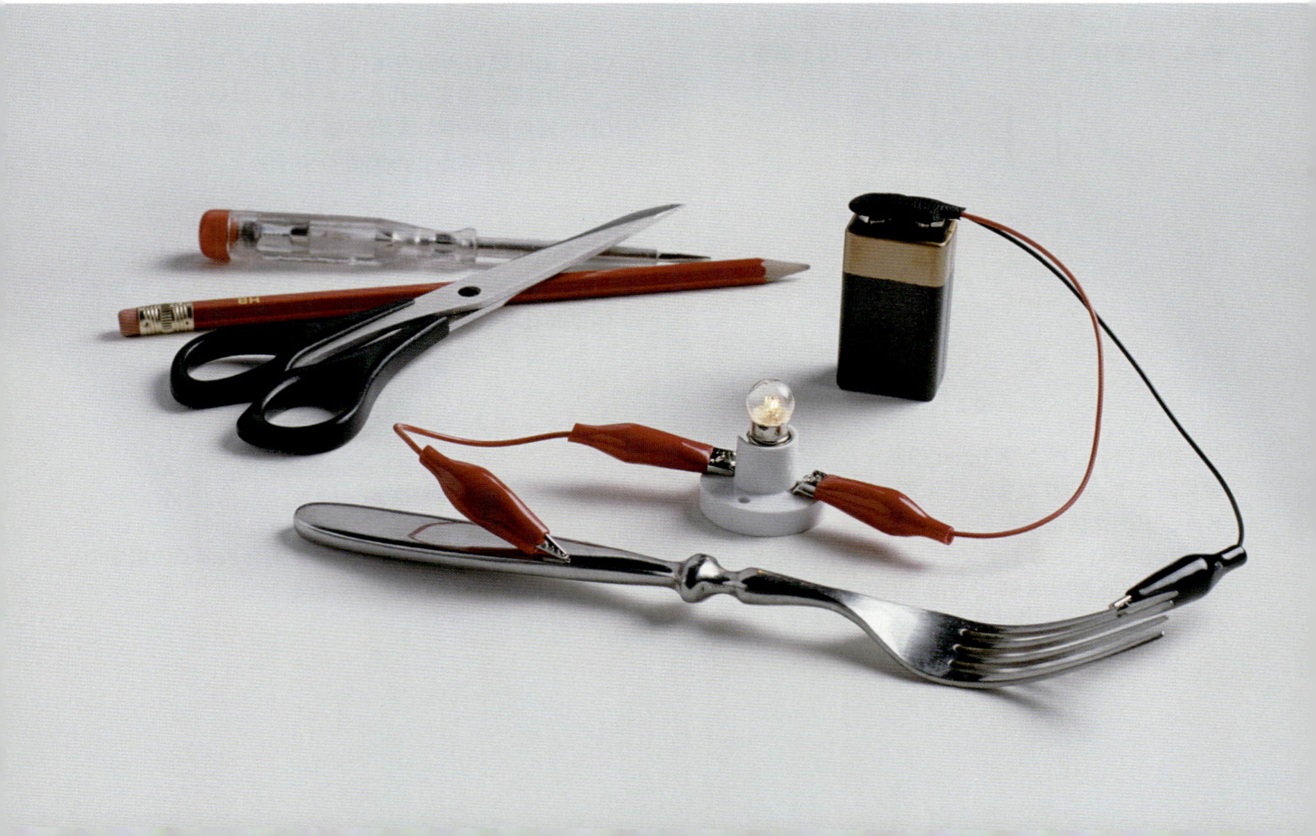

19.1 電流と起電力

学習目標 電流とは荷電粒子の運動に伴う電荷の流れであり，電流が継続的に流れるには起電力（電源）が必要なことを理解する．

電流 電流は荷電粒子の移動によって生じる電荷の流れである．金属の導線の中では負電荷を帯びた自由電子（伝導電子）が移動する．電解質溶液の中では，正イオンと負イオンが移動し，放電管の中では真空中を運動する電子によって電流が流れる．

導線のある断面Sを流れる電流を表すには，まずその場所での導線の正の向きを定める．時間 Δt に面Sを通過する電気量を ΔQ とすると，面Sを正の向きに通過する正味の電流 I を

$$I = \frac{\Delta Q}{\Delta t} \tag{19.1}$$

と定義する*．電流の単位はアンペア（記号 A）で，1秒（s）間に1クーロン（C）の電気量が移動するときの電流の強さ 1 C/s である．

$$\mathrm{A} = \mathrm{C/s} \tag{19.2}$$

(19.1) 式を変形すると，電流 I が時間 Δt 流れたときに導線の断面を通過する電気量 ΔQ は

$$\Delta Q = I\,\Delta t \tag{19.3}$$

と表される．したがって，$\mathrm{C} = \mathrm{A \cdot s}$ である．

電流の向きは正電荷の移動の向きで，負電荷の移動の向きの逆である．電場の中では，正電荷を帯びた正イオンは，電場の方向を向いた電気力を受けて，電場の方向に運動する [図 19.1 (a)]．これに対して，負電荷を帯びた自由電子や負イオンは，電場の逆方向を向いた電気力を受けて，電場の逆方向に運動する [図 19.1 (b)]．したがって，どちらの場合にも電流と電場は同じ向きである．電場の向きに進むと電位は下がるので，電流は高電位から低電位の向きに流れる．

電流が荷電粒子の流れであることを肉眼で見ることはできない．電流が流れていることは，電流による発熱現象や化学現象（電気分解）などによっても知ることができるが，電流がその周囲につくる磁場の磁気作用で正確に知ることができる．したがって，学生実験で導線を流れる電流の測定は，電流の磁気作用の強さが電流の強さに比例する事実を使って行われる（**20.4** 節参照）．電流を担う粒子の電荷が正でも負でも，向きまで含めた電流が同じなら生じる磁場はまったく同一である．なお，電流を担う荷電粒子の電荷の正負はホール効果で知ることができる（p.252 参照）．

SI単位系では，1秒間に1電気素量 e が流れるときの電流が 1.602 176 634 $\times 10^{-19}$ A と定義されている．

導線を流れる電流 単位体積あたりの自由電子数が n の金属で，断

* 導線の正の向きを逆に選べば，電流の正負の符号は逆になる．

電流の単位 A = C/s

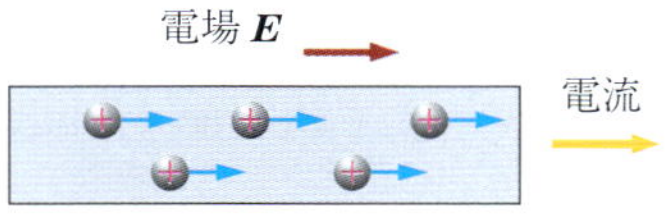

(a) 正イオン

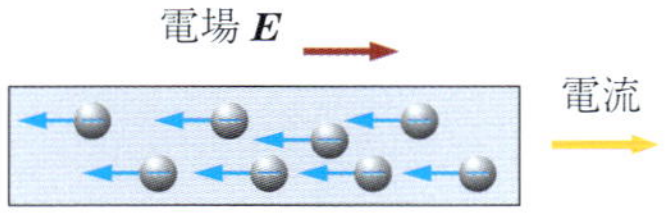

(a) 自由電子，負イオン

図 19.1 電場の向きと電流の向きは同じ

図 19.2 地中送電線の点検（香川県高松市）．暴風雨や雪などの影響を受けにくいが，設備をつくる費用が高い．

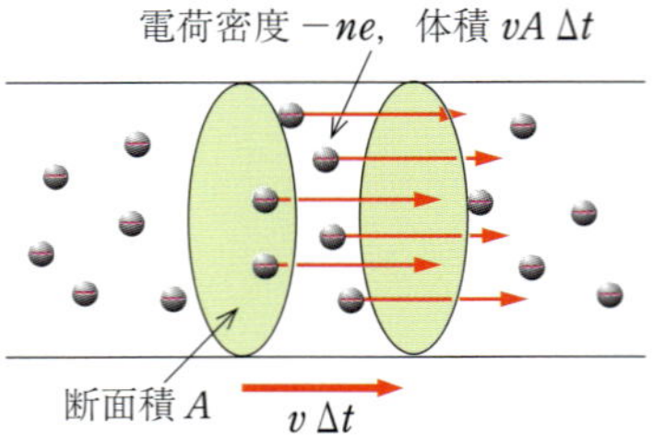

図 19.3　$I = \dfrac{enA(v\,\Delta t)}{\Delta t} = envA$

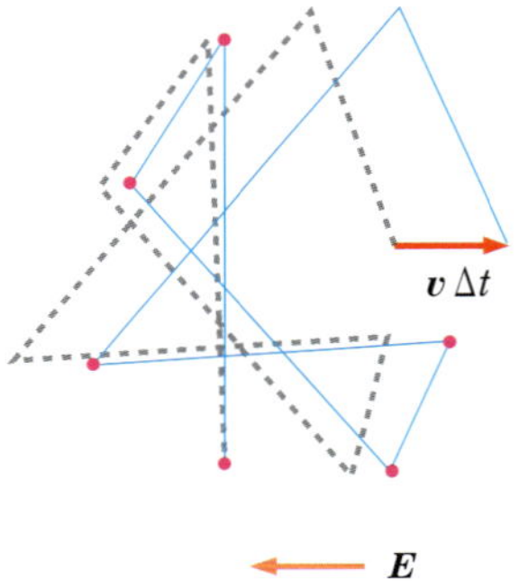

図 19.4　ドリフト速度．導線の中では自由電子が正イオンの間を，加速，熱振動している正イオンとの衝突，散乱，加速，…，という過程を繰り返し，平均としては一定のドリフト速度 $\boldsymbol{v}$ で電場 $\boldsymbol{E}$ の逆方向に移動する．電場のない場合（点線）と電場のある場合（実線）の時間 Δt での自由電子の変位の差が $\boldsymbol{v}\,\Delta t$.

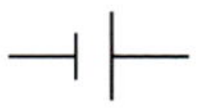

図 19.5　電池の記号．長い棒が正極，短い棒が負極を表す．

面積 A の一様な導線をつくる．この導線を電荷 $-e$ の自由電子が平均速度 v で移動しているとき，時間 Δt に導線の断面を $nA(v\,\Delta t)$ 個の自由電子が通過するので，この電流の強さ I は

$$I = envA \tag{19.4}$$

である（図 19.3）．

$1\ \mathrm{m}^3$ に約 10^{29} 個の自由電子のある銅で，断面積 A が $2\ \mathrm{mm}^2$ の導線をつくり，1 A の電流を流すと，自由電子（電荷 $-e = -1.6\times10^{-19}\ \mathrm{C}$）の平均速度 v は秒速 1/300 cm,

$$v = \frac{I}{neA} = \frac{1\ \mathrm{C/s}}{(10^{29}\ \mathrm{m}^{-3})\times(1.6\times10^{-19}\ \mathrm{C})\times(2\times10^{-6}\ \mathrm{m}^2)}$$
$$\sim 3\times10^{-5}\ \mathrm{m/s} \qquad (\text{秒速 } 1/300\ \mathrm{cm})$$

なので，導線中の自由電子の流れはきわめて遅い．

金属の自由電子は約 $10^6\ \mathrm{m/s}$ の高速でいろいろな向きに直進している．導線中に電場が生じると，電場から電気力を受けて自由電子は加速されるが，すぐに熱振動している正イオンや不純物に衝突して散乱される．自由電子は加速，衝突，散乱を繰り返し，平均して，電場の強さに比例するある一定の速度で移動する（図 19.4）．その結果，導線中を一定の大きさの電流が流れる．衝突，散乱の効果は電気力につり合う抵抗力の役割を演じる．この平均移動速度 $\boldsymbol{v}$ を**ドリフト速度**という．ドリフトとは漂流を意味する．

起電力　時間的に変化しない電流を**定常電流**という．導線に定常電流を流すには，導線の両端に電池のような直流電源を接続して，両端の電位差を一定に保ち，導線の内部に一定な大きさの電場を生じさせる必要がある．回路に電流を流そうとする電源の作用を**起電力**という．起電力の単位は電位差の単位のボルト（記号 V）である．電源には電池（化学電池，太陽電池，燃料電池），発電機，熱電対などがある．電池の記号を図 19.5 に示す．なお，電源の起電力や回路の 2 点間の電位差の大きさを**電圧**とよぶことが多い．

19.2　オームの法則

学習目標　電圧と電流の比例関係であるオームの法則と電気抵抗率を理解する．

抵抗　電流が流れるのを妨げる作用を**電気抵抗**あるいは単に**抵抗**という．どのような導線にもある程度の抵抗はあるが，抵抗の役割を担う部品も使用されていて，**抵抗器**とよぶ．抵抗器を単に抵抗とよぶことが多い．抵抗器はセラミックス，酸化物，炭素，合金のコイルなどからつくられている．抵抗器（抵抗）の記号として，図 19.6 に示すものを使う．

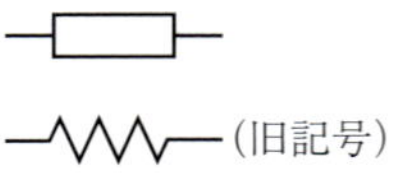

図 19.6　抵抗器（抵抗）の記号

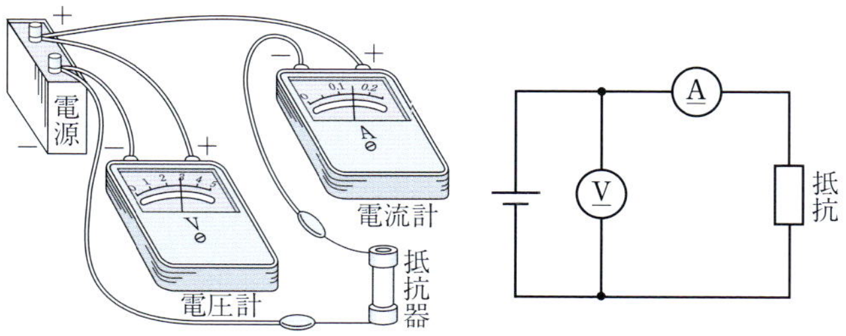

(a) 実験の概念図　(b) 回路図

図 19.7　オームの法則

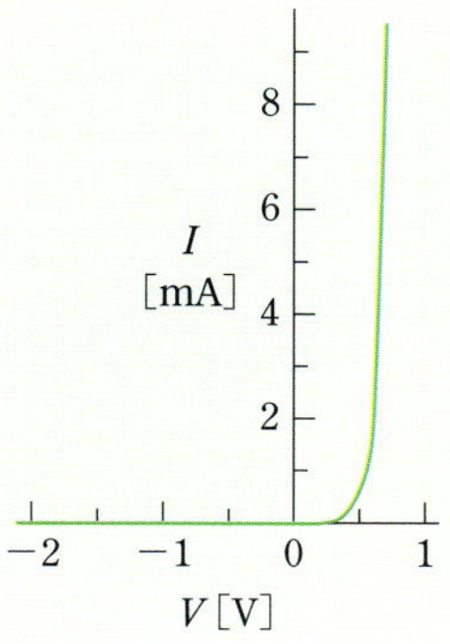

図 19.8　ダイオードの電圧と電流の関係

オームの法則　図 19.7 に示すように，抵抗器の両端に直流電源を接続し，抵抗器の温度が一定になるようにして電源の電圧 V を変化させると，抵抗器を流れる電流 I は電圧 V に比例する．この比例関係は，オームが 1827 年に発見したので，**オームの法則**という．この法則を

$$V = RI \tag{19.5}$$

と表し，比例定数 R を**電気抵抗**または**抵抗**という．抵抗の単位は，「電圧の単位」÷「電流の単位」なので，V/A であるが，これをオームという（記号 Ω）．

オームの法則は金属と合金ではよく成り立つが，電解質溶液，ダイオード，放電管などでは成り立たない．たとえば，ダイオードでは電流と電圧が比例しないばかりでなく，同じ電圧でも電圧をかける向きによって流れる電流の大きさが異なる（図 19.8）．

電気抵抗をもつ物体の内部を電流 I が流れている場合，電流の向きに電位は低くなる．これを**電圧降下**という．電気抵抗が R の部分での電圧降下はもちろん RI である（図 19.9）．

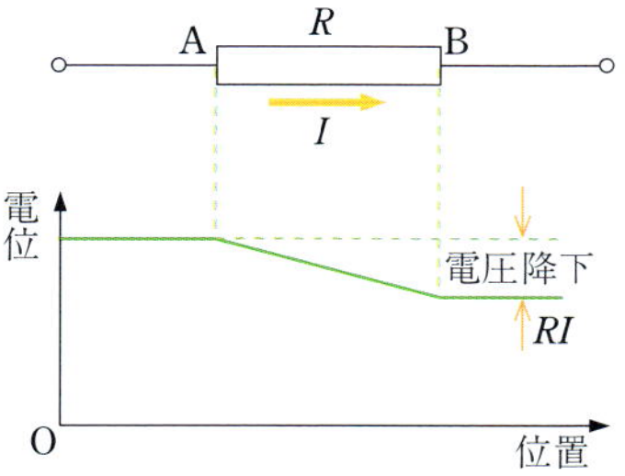

図 19.9　電圧降下，$V = RI$

抵抗の単位　Ω = V/A

電気抵抗率　金属は電気をよく伝えるが，抵抗は 0 ではない．温度が一定の一様な導線の電気抵抗 R は，その長さ L に比例し，断面積 A に反比例するので，導線の電気抵抗 R を

$$R = \rho\frac{L}{A} \tag{19.6}$$

と書くと，比例定数 ρ は導線の材料と温度のみで決まる定数である（図 19.10）．ρ をその物質のその温度での**電気抵抗率**という．電気抵抗率の単位は Ω·m である．

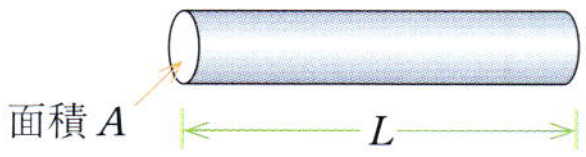

図 19.10　$R = \rho\dfrac{L}{A}$

電気抵抗率の単位　Ω·m

電気抵抗率は温度とともに変化する．0 °C での電気抵抗率を ρ_0 とすると，常温付近の t °C での電気抵抗率 ρ は近似的に

$$\rho = \rho_0(1-\alpha t) \tag{19.7}$$

と表される．α を**電気抵抗率の温度係数**という．なお，電気抵抗率 ρ の逆数の $\sigma = \dfrac{1}{\rho}$ を**電気伝導率**とよぶ（単位は $\Omega^{-1}\cdot m^{-1}$）．

電気伝導率の単位　$\Omega^{-1}\cdot m^{-1}$

電気抵抗率の式 (19.6) をオームの法則 (19.5) に代入すると，

$$\frac{V}{L} = \rho \frac{I}{A} \tag{19.8}$$

となる．$j = \frac{I}{A}$ は導線の断面の単位面積あたりの電流で，**電流密度**という．長さ L の導線の両端の電位差が V のとき，$\frac{V}{L}$ は導体中の電場の強さ E なので，(19.8) 式から電場 $\boldsymbol{E}$ と電流密度 $\boldsymbol{j}$ の関係を表すベクトルの式

$$\boldsymbol{E} = \rho \boldsymbol{j}, \qquad \boldsymbol{j} = \frac{1}{\rho}\boldsymbol{E} = \sigma \boldsymbol{E} \tag{19.9}$$

が導かれる．

図 19.11　銅線

問 1　一様な導線の電気抵抗が銅線の断面積に反比例する事実から，電流は導線の表面だけを流れるのではなく，導線全体を一様に流れることを推論せよ．ヒント「電流」＝「定数」×「断面積」×「電場の強さ」を使え．

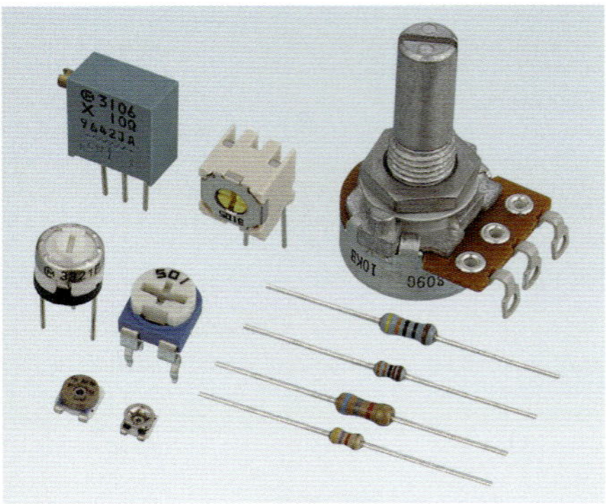

図 19.12　抵抗器

金属や合金の中で，自由電子 (電荷 $-e$，質量 m) は熱振動している正イオンや不純物と衝突して散乱されるが，衝突と次の衝突の間は電場の中で電気力 $-e\boldsymbol{E}$ の作用を受けて加速度 $-\frac{e}{m}\boldsymbol{E}$ の等加速度運動を行う (図 19.4)．自由電子が熱振動している正イオンや不純物と衝突して乱雑に散乱された直後の速度には特定の方向を向く傾向は見られず，そのベクトルとしての平均は $\boldsymbol{0}$ である．したがって，ある衝突から次の衝突までの平均時間 (衝突の時間間隔) を τ とすると，この間の平均速度 $-\frac{e\tau}{m}\boldsymbol{E}$ がドリフト速度 $\boldsymbol{v}$ である (演習問題 19 の B2 参照)．

$$\boldsymbol{v} = -\frac{e\tau}{m}\boldsymbol{E} \tag{19.10}$$

ドリフト速度 (19.10) を (19.4) 式から導かれる電流密度 $\boldsymbol{j} = -en\boldsymbol{v}$ に代入すると，

$$\boldsymbol{j} = -en\boldsymbol{v} = -en\left(-\frac{e\tau}{m}\boldsymbol{E}\right) = \frac{ne^2\tau}{m}\boldsymbol{E} \tag{19.11}$$

となる．(19.9) 式と (19.11) 式を比較すると，金属と合金の電気抵抗率は

$$\rho = \frac{m}{ne^2\tau} \tag{19.12}$$

と表されることがわかる．自由電子の平均速度であるドリフト速度は，約 10^6 m/s という個々の自由電子の速さに比べるとはるかに小さいので，衝突の時間間隔 τ は自由電子の約 10^6 m/s という速さによって決まり，電場の強さによって変化しない．したがって，(19.12) 式によると，金属と合金の電気抵抗率 ρ は電場の強さ E によらず一定である．これが金属と合金でオームの法則が成り立つ理由である．

室温での純金属の電気抵抗率は，

$$\rho \sim 10^{-8}\ \Omega\cdot\text{m}$$

表 19.1 金属と合金の電気抵抗率 (20 °C) とその温度係数

金　　属	電気抵抗率 ρ [Ω·m]	温度係数*) α
銀	1.59×10^{-8}	4.1×10^{-3}
銅	1.68×10^{-8}	4.3×10^{-3}
金	2.21×10^{-8}	4.0×10^{-3}
アルミニウム	2.71×10^{-8}	4.2×10^{-3}
タングステン	5.3×10^{-8}	5.3×10^{-3}
白　金	10.6×10^{-8}	3.9×10^{-3}

*) 0 °C と 100 °C における電気抵抗率を ρ_0 と ρ_{100} として，電気抵抗率の温度係数を $\alpha = \dfrac{\rho_{100}-\rho_0}{100\,\rho_0}$ で定義した.

である．金属と合金の電気抵抗率が小さい理由は，自由電子の質量 m が小さいこと，および，自由電子密度 n が大きいことである．表 19.1 にいくつかの金属と合金の電気抵抗率と温度係数を示す．金属と合金では，温度が高くなると正イオンの熱振動が激しくなり，自由電子と正イオンの衝突が増加するので，(19.12) 式の衝突の時間間隔 τ が減少する．したがって，温度が上昇すると金属と合金の電気抵抗率は増加する．

半導体の電気抵抗率は，室温では

$$\rho = 10^{-4} \sim 10^{7}\ \Omega\cdot\mathrm{m}$$

である．半導体にも自由電子が存在するが，その密度は金属の場合に比べてはるかに小さい．半導体の場合，電流は自由電子のほかに正孔（ホール）によっても伝えられる．半導体では，温度が上昇すると自由電子密度 n が増加するので，電気抵抗率は温度とともに減少する．

絶縁体も少しは電気を伝える．室温での電気抵抗率は

$$\rho = 10^{7} \sim 10^{17}\ \Omega\cdot\mathrm{m}$$

である．金属と絶縁体では，電気抵抗率が 14 桁以上も違う．絶縁体の電気抵抗率が大きい理由は，自由電子が存在しないので，$n = 0$ だからである．絶縁体の電気抵抗率は温度が上昇すると減少する．

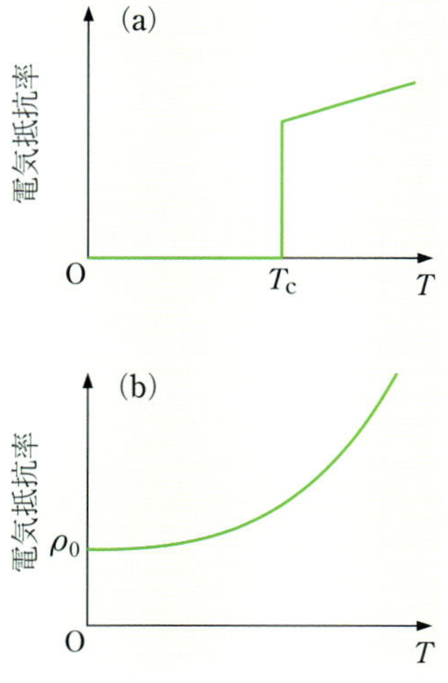

図 19.13 極低温での電気抵抗率
(a) 極低温での超伝導体の電気抵抗率の温度変化の概念図 (T_c は臨界温度).
(b) 極低温での非超伝導体の電気抵抗率の温度変化の概念図．Cu や Ag のように極低温で超伝導にならない金属の電気抵抗は，理論的には絶対零度 (0 K) で消滅するはずであるが，不純物やイオン配列の乱れなどで，約 10 K 以下でほぼ一定になる.

参考　超伝導

原子の世界の力学である量子力学によれば，正イオンが結晶格子上に静止して規則的に並んでいると，電子（の波）はそれに衝突して進行方向が曲げられるということはない．したがって，結晶格子上に並んでいる正イオンの熱振動がなくなる絶対 0 度 (0 K) では，金属の電気抵抗は 0 になることが予想される．しかし，実際には，多くの金属や合金，さらにはセラミックスなどでは，低温で電気抵抗が 0 になることが見いだされている．この現象を**超伝導**という．超伝導はカマリング・オネスによって 1911 年に発見された．彼は水銀を液体ヘリウムで冷やして電気抵抗を測定したところ，電気抵抗が約 4.2 K で急に消失することを発見した.

超伝導になる物質で輪をつくり，超伝導状態（超伝導体）にして電

図 19.14　磁気浮上．超伝導体の上に磁石を持ち込むと，第 21 章で学ぶ電磁誘導現象のために超伝導体の表面に永久電流が流れ，超伝導体は磁石になる．このため磁石と超伝導体の間に反発力が生じ，磁石は空中に浮上しつづける．この写真では浮いているのが磁石で，下の黒い物体が超伝導体．

流を流すと，電気抵抗は 0 なので，電流は減衰することなく，いつまでも流れつづける．これを永久電流という．

オームの法則にしたがう常伝導状態から超伝導状態に変わる温度を臨界温度という［図 19.13 (a)］．金属や合金が超伝導状態になる機構は，バーディーン，クーパー，シュリーファーが提案した「極低温では結晶振動を仲立ちにして，2 個の電子がペアになって運動し，物質中を抵抗なしに通り抜けられる」という BCS 理論で説明される．

1986 年以降，一連の銅酸化物（セラミックス）が超伝導状態になることが発見された．なかには臨界温度が 100 K を超す物質がある．液体窒素の沸点である 77.3 K 以上の臨界温度をもつ物質は安価な液体窒素冷却で超伝導になる．セラミックス系の物質の超伝導は BCS 理論では説明できない．フラーレンとよばれる炭素原子 60 個が結びついている籠（かご）のような構造の分子の結晶も超伝導を示すことが発見されている．

19.3　直流回路

学習目標　電流の流れる回路は，電源が供給する電気エネルギーを回路素子のところに移動させ，他の形態のエネルギーに変換させる装置であることを理解する．2 つの抵抗の直列接続と並列接続による合成抵抗の求め方を理解する．キルヒホッフの法則を理解し，簡単な直流回路を流れる電流を計算できるようになる．

回路　電流の流れる通り路を回路という．回路には，エネルギーを供給する電源と，電気エネルギーを光，熱，音，化学エネルギー，仕事などに変換する電球，電熱器，スピーカー，電解質溶液，モーターなどが含まれている．電流が流れている電気回路は，いろいろな形のエネルギーを別の形のエネルギーに変える装置であるとともに，エネルギーを別の場所に運ぶ装置でもある．電磁気学では，回路を導線で抵抗器，キャパシター，コイル（インダクター），ダイオード，トランジスター，電源などを接続したものと見なし，抵抗器，キャパシター，コイル，ダイオード，トランジスターなどを**回路素子**という．電源から受けた電気エネルギーを他の型のエネルギーに変換する装置を負荷という．

この節では，抵抗と電池だけを接続した回路を考える．この回路には，定常電流とよばれる，一定の向きで一定の大きさの電流が流れ続けるので**直流回路**という．

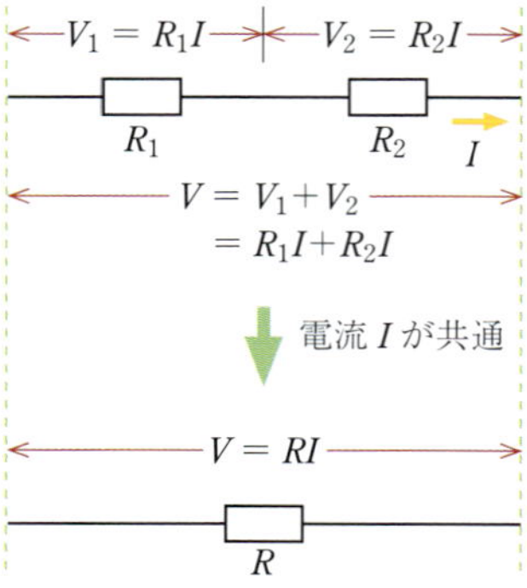

図 19.15　抵抗の直列接続．合成抵抗 $R = R_1 + R_2$

抵抗の接続　2 つ以上の抵抗を接続して，それを 1 つの抵抗と見なすとき，その抵抗を合成抵抗という．2 つの抵抗の接続には直列接続と並列接続がある．

2 つの抵抗 R_1, R_2 を図 19.15 のように直列に接続したものの合成抵抗 R は

$$R = R_1 + R_2 \tag{19.13}$$

で，図 19.16 のように並列に接続したものの合成抵抗 R は

$$\frac{1}{R} = \frac{1}{R_1} + \frac{1}{R_2}, \qquad R = \frac{R_1 R_2}{R_1 + R_2} \tag{19.14}$$

である．

問 2 3 つ以上の抵抗 $R_1, R_2, R_3, \cdots$ を直列接続したときの合成抵抗 R は

$$R = R_1 + R_2 + R_3 + \cdots \tag{19.15}$$

で，3 つ以上の抵抗 $R_1, R_2, R_3, \cdots$ を並列接続したときの合成抵抗 R は

$$\frac{1}{R} = \frac{1}{R_1} + \frac{1}{R_2} + \frac{1}{R_3} + \cdots \tag{19.16}$$

であることを示せ．

問 3 図 19.17 の回路の電池を流れる電流を求めよ．

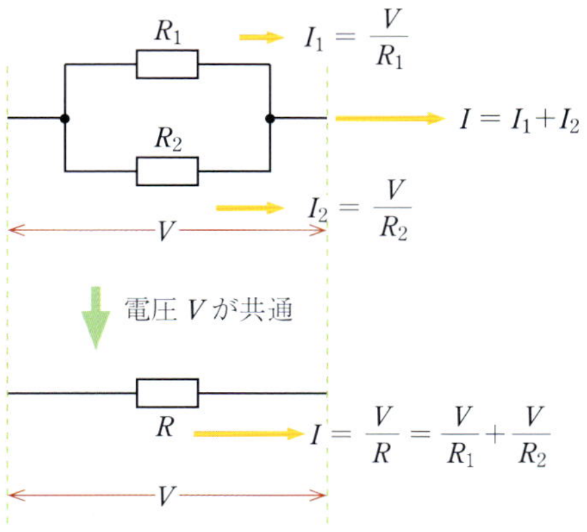

図 19.16 抵抗の並列接続．
合成抵抗 $\frac{1}{R} = \frac{1}{R_1} + \frac{1}{R_2}$

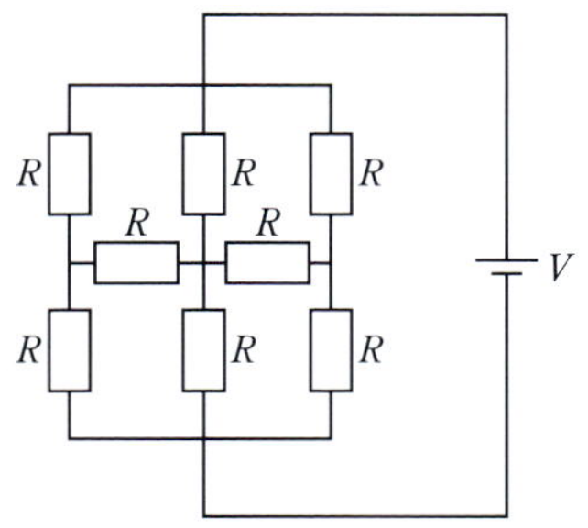

図 19.17

キルヒホッフの法則 複雑な直流回路に流れる電流を求めるには，キルヒホッフの 2 法則

第 1 法則 回路の中の任意の接続点に流れ込む電流の和は，その点から流れ出す電流の和に等しい．

第 2 法則 任意の閉じた道筋に沿って 1 周するとき，電源および抵抗による電位の上昇を正の量，電位の降下を負の量で表すと，電位差の総和はつねに 0 になる．

を使えば求められる．

第 1 法則は電荷の保存則から導かれる法則である．たとえば，図 19.18 の接続点 b では，流れ込む電流が I_1 と I_2 で，流れ出す電流が I_3 なので，

$$I_1 + I_2 = I_3 \tag{19.17}$$

第 2 法則は，回路の中の任意の閉じた道筋を 1 周すると，始点と終点での電位は等しいという事実を述べている法則である．第 2 法則を適用するときには，図 19.19 に示す，電源と抵抗での電位の変化の規則を使うと便利である．たとえば，図 19.18 の fabcdef という閉じた道筋に第 2 法則を適用すると，

$$V_1 - R_1 I_1 + R_2 I_2 - V_2 = 0 \tag{19.18}$$

となる．キルヒホッフの第 2 法則を次のようにも表せる．

第 2 法則 任意の閉じた道筋に沿って 1 周するとき，道筋をたどる向きの電流と起電力を正の量とし，たどる方向と逆向きの電流と起電力を負の量で表すと，回路中の起電力の和は各抵抗での「抵抗」×「電流」の和に等しい．

このようにすると，(19.18) 式は

$$V_1 - V_2 = R_1 I_1 - R_2 I_2 \tag{19.18'}$$

という形で導かれる．

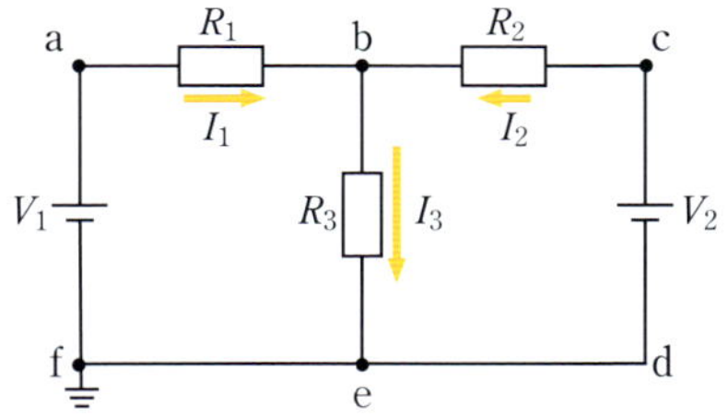

図 19.18

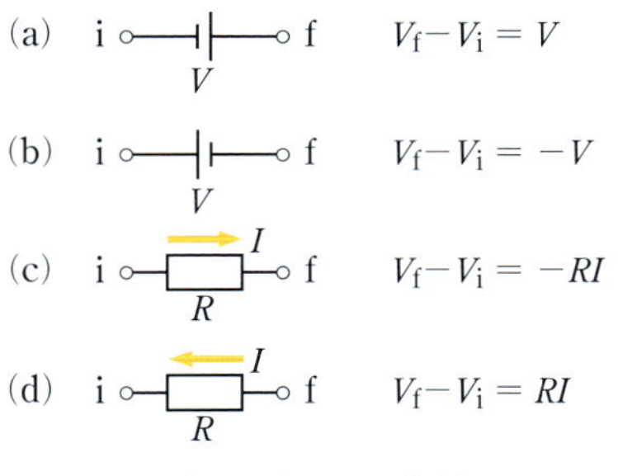

図 19.19 点 f と点 i の電位差 $V_f - V_i$

問4　図19.18の2つの道筋fabefとdcbedに第2法則を適用すると，次の方程式

$$V_1 = R_1 I_1 + R_3 I_3, \qquad V_2 = R_2 I_2 + R_3 I_3 \tag{19.19}$$

が得られることを示し，(19.17)式と(19.19)式から，図19.17の回路を流れる電流 I_1, I_2, I_3 を求めよ．

19.4　電流と仕事

学習目標　電気抵抗 R の導線を起電力 V の電源につないだときの，電源の仕事率と発生するジュール熱の公式の導き方を理解する．

仕事率（パワー）　電源，たとえば電池を回路に接続すると電流が流れる．起電力 V の電池の負極から正極まで電気力に逆らって，電荷 ΔQ を移動させるときに電池がする仕事は $V\,\Delta Q$ である．回路に電流 I が流れるときには，時間 Δt に電荷 $\Delta Q = I\,\Delta t$ が移動するので，仕事 $\Delta W = VI\,\Delta t$ が電源でなされる．電源が単位時間あたりにする仕事

$$P = \frac{\Delta W}{\Delta t} = VI \tag{19.20}$$

仕事率の単位　W = J/s
電力の単位　W = J/s

を電源の仕事率あるいはパワーという．仕事率（パワー）の単位は**ワット**である（記号 W）．

電源のした仕事は，電位差が V の回路を流れる電流 I が行ういろいろなタイプの仕事になる．このとき電流の仕事率（パワー）P も，

$$P = VI \tag{19.21}$$

である．電流の仕事率（単位時間あたりにする仕事）を**電力**という．電力の単位はもちろんワットである．(19.20)式と(19.21)式が同じなのは，電源に起電力を生じさせる過程の仕事は電流が回路で行う仕事に等しいという，エネルギー保存則を意味する．

図19.20　電気ストーブ

ジュール熱　電気抵抗のある導体に電流を流すと，導体の温度が上昇する．電熱器や白熱電灯はこの性質を利用している．電池を導線の両端につなぐ場合，電池の起電力によって導線中に生じた電場の電気力のする仕事は自由電子の加速に使われるのではない．導線中では，自由電子は熱振動している正イオンと衝突を繰り返しながら一定の平均速度で運動している．つまり，電池の化学エネルギーは，導線中の正イオンの熱振動のエネルギーに転化して，導線中で内部エネルギーになり，導線の温度が上昇するのである．

抵抗 R の導線に起電力 V の電源を接続して，導線に電流 I が流れる場合を考える．導線中で単位時間あたりに発生する熱量は，電流の仕事率 $P = VI$ に等しいので，時間 t に発生する熱量 Q は

$$Q = VIt = RI^2 t = \frac{V^2}{R} t \tag{19.22}$$

などと表せる．ここでオームの法則 $V = RI$ を使った．電流によって

発生する熱量が電流の 2 乗に比例することを発見したのはジュールだったので，**ジュール熱**とよぶ．ジュール熱は力学の摩擦熱に対応する．

電流のする仕事を電力量といい，その実用単位として 1 kW の電力が 1 時間にする仕事の 1 **キロワット時**（記号 kWh）を使うことが多い．

$$1\ \mathrm{kWh} = 1000\ \mathrm{W} \times 3600\ \mathrm{s} = 3.6 \times 10^6\ \mathrm{J} \tag{19.23}$$

電力量の実用単位　kWh
$1\ \mathrm{kWh} = 1000\ \mathrm{W} \times 3600\ \mathrm{s} = 3.6 \times 10^6\ \mathrm{J}$

問 5　図 19.21 の回路の 3 つの抵抗の抵抗値は等しいとする．抵抗 A で消費される電力は回路全体で消費される電力の何倍か．

問 6　回路の中にある抵抗器が 1 W の割合で熱を発生させている．この抵抗器にかかっている電圧を 2 倍にすれば，熱の発生率はどうなるか．

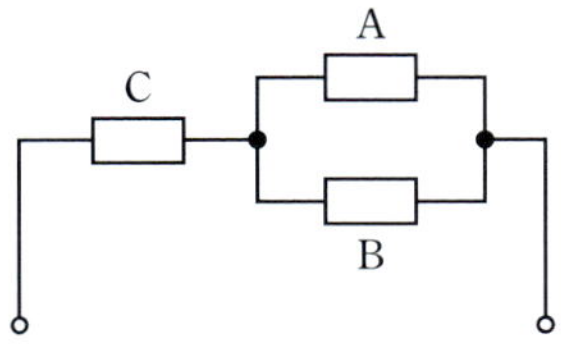

図 19.21

19.5 *CR* 回 路

学習目標　キャパシターの充電を学び，「*CR* 回路の時定数が *CR* である」という文章の意味を説明できるようになる．

電気容量 C のキャパシター，電気抵抗 R の抵抗器，起電力 V の電池からなる ***CR* 回路**［図 19.22 (a)］のスイッチ S を入れて，キャパシターを充電するとき［図 19.22 (b)］，スイッチを入れてから時間 t が経過したときの極板上の電荷 $Q(t)$ と抵抗を流れる電流 $I(t)$ を求める．

CR 回路でも，キルヒホッフの第 1 法則はそのまま成り立つ．第 2 法則には，閉回路に含まれるキャパシター（電気容量 C）の極板間の電位差 $\dfrac{Q}{C}$ を取り入れなければならない（図 19.23 を参照）．

電池の起電力 V は電気抵抗 R での電圧降下 RI と極板間の電位差 $\dfrac{Q}{C}$ の和に等しいので，

$$V = RI + \frac{Q}{C} \tag{19.24}$$

が成り立つ．電流と電荷の関係 $\Delta Q = I\,\Delta t$ から導かれる関係

$$I = \frac{\mathrm{d}Q}{\mathrm{d}t} \tag{19.25}$$

を (19.24) 式に代入すると，次の微分方程式が得られる．

$$\frac{\mathrm{d}Q}{\mathrm{d}t} + \frac{1}{CR}Q = \frac{V}{R} \tag{19.26}$$

(19.26) 式の一般解は，$V=0$ とした斉次微分方程式の一般解

$$Q(t) = c\,\mathrm{e}^{-t/CR} \quad （c\ は任意定数） \tag{19.27}$$

と (19.26) 式の特殊解 $Q(t) = CV$ の和

$$Q(t) = c\,\mathrm{e}^{-t/CR} + CV \tag{19.28}$$

である．$t=0$ で $Q=0$，つまり，$c+CV=0$ なので，任意定数 $c = -CV$．したがって，スイッチを入れてから時間 t が経過したときの極板上の電荷 $Q(t)$ は

$$Q(t) = CV(1-\mathrm{e}^{-t/CR}) \tag{19.29}$$

である［図 19.24 (a)］．$t = CR$ では $Q \approx 0.63CV$，$t = 2CR$ では

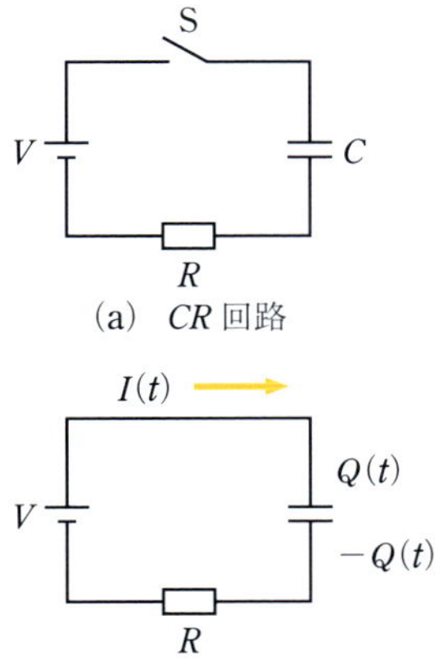

(a)　*CR* 回路

(b)　充電

図 19.22

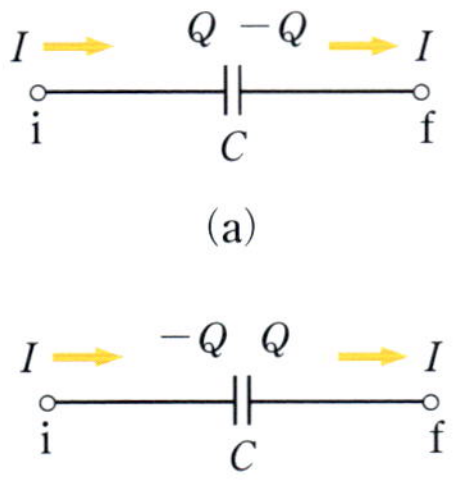

(a)

(b)

図 19.23　点 f と点 i の電位差 $V_\mathrm{f} - V_\mathrm{i}$

(a)　$V_\mathrm{f} - V_\mathrm{i} = -\dfrac{Q}{C}$，$\Delta Q = I\,\Delta t$

(b)　$V_\mathrm{f} - V_\mathrm{i} = \dfrac{Q}{C}$，$\Delta Q = -I\,\Delta t$

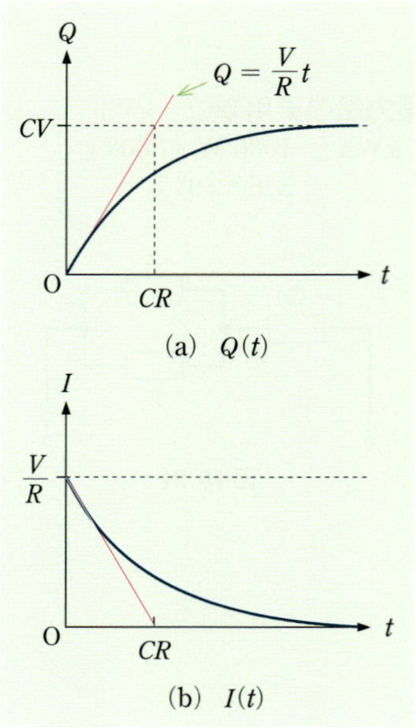

図 19.24

$Q \approx 0.86CV$，$t = 3CR$ では $Q \approx 0.95CV$ なので，CR は電荷が最終的な値の CV になるまでの時間の目安になる．そこで CR を CR 回路の**時定数**という．

(19.29) 式を t で微分して，(19.25) 式を使うと，電流は

$$I(t) = \frac{V}{R}\,\mathrm{e}^{-t/CR} \tag{19.30}$$

であることが導かれる［図 19.24 (b)］．

充電後，電池をはずし，導線を接続すると，キャパシターは放電する．放電の際の時定数も CR である．

問 7　100 pF のキャパシターと 10 kΩ の抵抗器で構成された CR 回路の時定数を求めよ．

演習問題 19

A

1. 断面積 $2.0\,\mathrm{mm}^2$ の銅線 10 m の 20 °C での電気抵抗を求めよ．
2. 直方体のカーボンがある．大きさは 1 cm×1 cm×25 cm である．カーボンの電気抵抗率を $3\times10^{-5}\,\Omega\cdot\mathrm{m}$ として，2つの正方形の面の間の電気抵抗を計算せよ．
3. 電気の良導体が熱の良導体でもある理由を説明せよ．
4. 図1の回路は電位差計とよばれる装置で，AB は太さが一様で均質な抵抗線である．スイッチ S を 1 の側に入れて接触点 C を移動させたところ，AC の長さが L_1 のとき検流計 G の振れが 0 になった．スイッチを 2 の側に入れて同様の操作をすると，AC の長さが L_2 のとき G の振れが 0 になった．2 個の電池の起電力 V_1, V_2 の間に $V_1 : V_2 = L_1 : L_2$ という関係があることを示せ．

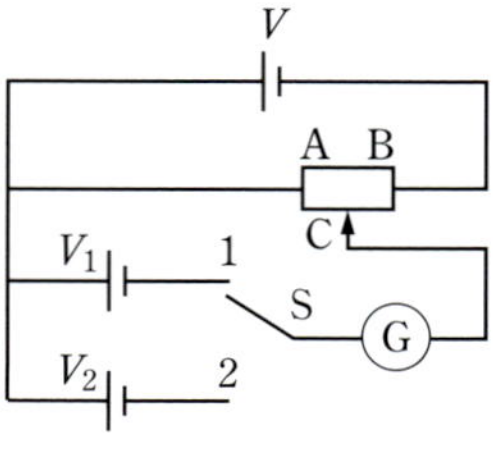

図 1

5. 100 Ω の抵抗 4 本を図 2 のように接続する．AB 間，AC 間の合成抵抗を求めよ．

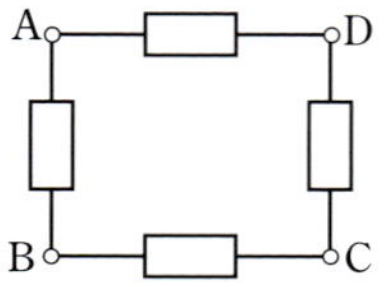

図 2

6. 図 3 の回路の電流 I を求めよ．

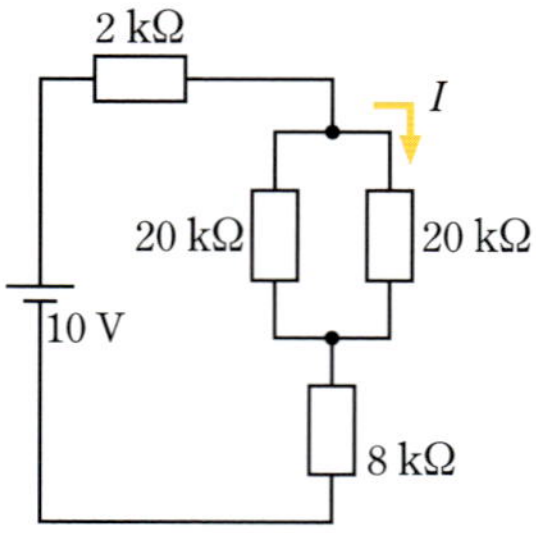

図 3

7. 図4の合成抵抗を求めよ.

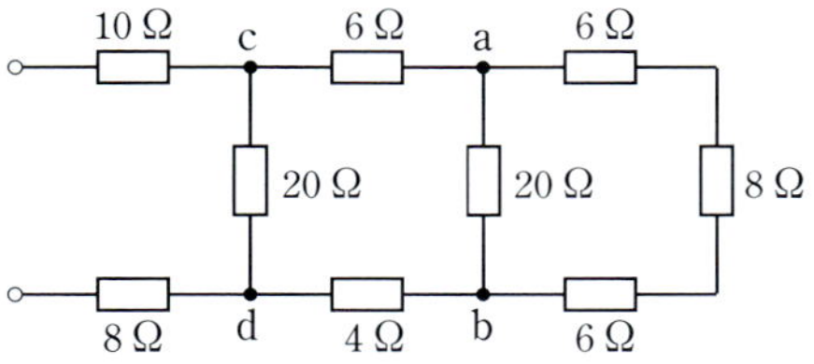

図4

8. 100 V用の100 Wの電球の抵抗は100 Ωだと予想されるが，室温の電球の抵抗を測定したら100 Ω以下であった．その理由を説明せよ.

9. 100 Vの電源から0.10 Ωの導線で，100 Wの電球と500 Wの電熱器を並列につないだものに配線する．導線における電圧降下を求めよ.

10. 100 Wの電球と60 Wの電球ではどちらの方の抵抗が大きいか．フィラメントの長さが同じだとすると，どちらの方のフィラメントが太いか.

11. 図5の回路で，すべての電球の抵抗は2 Ωで，電源の起電力は6 Vである．電球3の消費電力を増加させるのは，次のどれか.

a）電球3の抵抗を減少させる.

b）電球3の抵抗を増加させる.

c）電源の起電力を減少させる.

d）もう1つの抵抗をCに入れる.

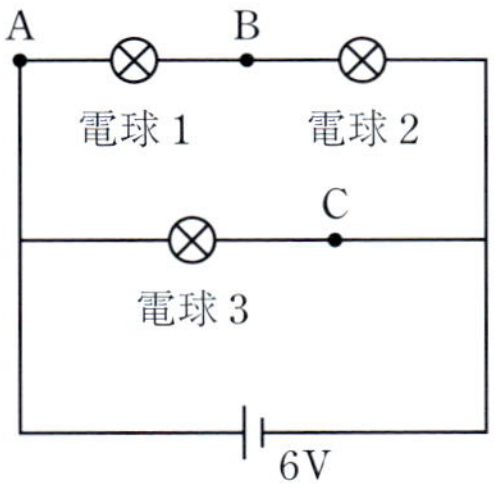

図5

12. **ホイートストーン・ブリッジ** 抵抗値のわかっていない抵抗 R の値を求めるのに，抵抗値のわかっている抵抗 R_1 と R_2，可変抵抗 R_3，電池 V と検流計G，スイッチSを図6のように接続した回路を用いる.

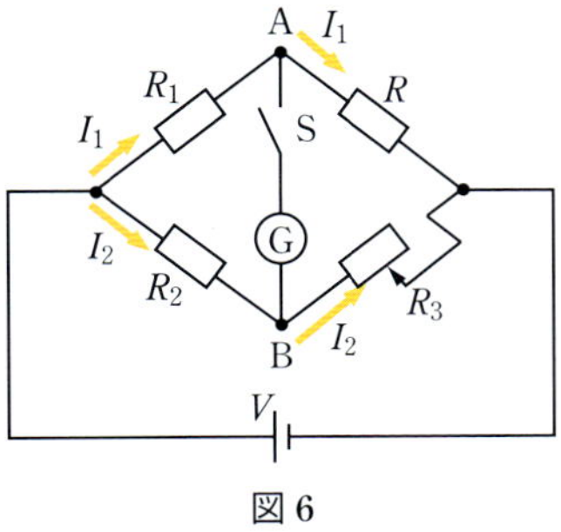

図6

ここで，スイッチSを閉じても検流計の針が振れないように R_3 の値を調整する．未知の抵抗 R の抵抗値は

$$R = \frac{R_1 R_3}{R_2}$$

であることを示せ．この回路をホイートストーン・ブリッジという.

13. ドライヤーを100 Vの電力線につなぐと8 Aの電流が流れる.

(1)　どのくらいの電力が使われるか.

(2)　1 gの水を蒸発させるためには2600 Jが必要だとすると，0.5 kgの水を含んだ湿った洗濯物を乾燥させるのにどのくらい時間がかかるか.

B

1. 薄い雲母で内部を満たした平行板キャパシターの電気容量 C と電気抵抗 R を計算せよ．極板の面積 $A = 10^2\,\mathrm{cm}^2$，雲母の厚さ $d = 10^{-2}\,\mathrm{cm}$，雲母の比誘電率 $\varepsilon_r = 6$，電気伝導率 $\sigma = 6\times10^{-15}\,\Omega^{-1}\cdot\mathrm{m}^{-1}$ とせよ．このキャパシターに電荷 $Q_0, -Q_0$ を時刻 $t = 0$ に充電したら雲母を通して放電し始めた．放電のようすを R, C, t を使って表せ.

2. 導線中の自由電子が，熱振動している正イオンと衝突したあと t 秒後に次の衝突をしないで走りつづけている確率は $P(t) = \mathrm{e}^{-t/\tau}$ である．時刻 t と $t+\mathrm{d}t$ の間に衝突する確率は $-\dfrac{\mathrm{d}P}{\mathrm{d}t}\mathrm{d}t = P(t)\dfrac{\mathrm{d}t}{\tau}$ なので，2回の衝突の間の平均時間は

$$\int_0^\infty \frac{t\,\mathrm{e}^{-t/\tau}}{\tau}\,\mathrm{d}t = \tau$$

である．衝突直後の平均速度が $\mathbf{0}$ の自由電子が2回の衝突の間に走る平均距離が $\dfrac{eE\tau^2}{m}$ で，ドリフト速度が $\boldsymbol{v} = -\dfrac{e\boldsymbol{E}\tau}{m}$ であることを示せ.

3. (1)　地球は負に帯電しているために，地表付近には下向きに約100 V/mの電場ができている．地表での空気の電気抵抗率は約 $3\times10^{13}\,\Omega\cdot\mathrm{m}$ である．大気電場によって地球に下向きに流れ込む電流密度は $j = 3\times10^{-12}\,\mathrm{A/m^2}$．地球全体に流れ込む電流は全部で1500 Aであることを示せ.

(2)　大気電場（$E = 100\,\mathrm{V/m}$）によって地球の表面に誘導される電荷密度 σ は $\sigma = -10^{-9}\,\mathrm{C/m^2}$ であり，したがって，地球の表面全体の電荷は $-500,000\,\mathrm{C}$ であることを示せ.

このままでは地球のもつ電荷は約6分で消えてしまう．負電荷を供給して地球を帯電させているものは落雷である.

20 電流と磁場

磁石は摩擦電気とともに昔から知られていた電磁気現象である．

電荷はその周囲に電場をつくり，電場はほかの電荷に電気力を作用するように，磁石の磁極の磁荷はその周囲に磁場をつくり，磁場はほかの磁荷に磁気力を作用する．しかし，磁荷ばかりでなく，電流も磁場をつくるし，運動している電荷も磁場をつくる．磁場は磁荷ばかりでなく，電流にも磁気力を作用するし，運動している電荷にも磁気力を作用する．つまり，磁場を通じて 3×3 = 9 種類の相互作用が起こる．

本章では，主として時間的に変化しない場合の磁場である静磁場と定常電流の関係について学ぶ．

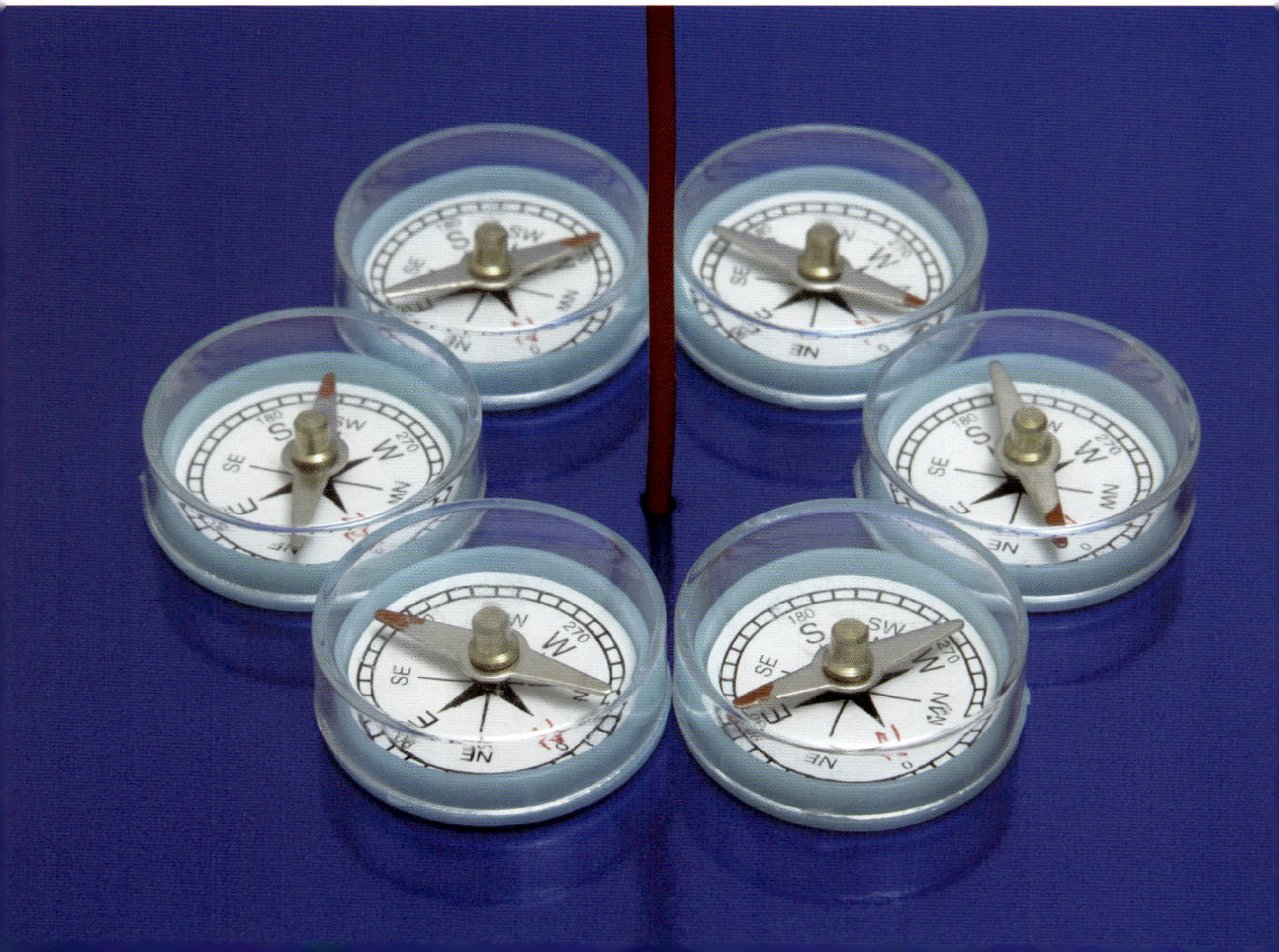

磁気作用のなかで重要なのは，モーターに応用されている「磁場の中にある電流が流れている導線が受ける磁気力」である．モーターは，家庭電化製品には，冷蔵庫，エアコンなどだけでなく，ノートパソコンなどにも組み込まれている．

さて，第 22 章で学ぶように，電磁気学の基本法則であるマクスウェル方程式には，物質がある場合に 2 種類の磁場 **B** と **H** が現れる．多くの教科書や物理学辞典では，**B** を「磁場の磁束密度」とよび，**H** を「磁場の強さ」とよんでいる．本書では，「磁場の磁束密度 **B**」を「磁場 **B**」と記し，「磁場の強さ **H**」を「磁場 **H**」と記す．理由は，真空中の電磁気学は電場 **E** と磁場 **B** だけで記述できるので，まず，磁場 **B** と電流の関係を十分に理解した後で，歴史的な慣習による「磁場の磁束密度 **B**」という呼び名を使うのが教育的だと考えるからである[*1]．

図 20.1　パソコンのハードディスク．磁気ディスクを回転する部品や読み取りを制御する部品にモーターが使われている．

[*1] 米国の高校と大学の物理教育では **B** は magnetic field とよばれている．

20.1　磁場 *B* のガウスの法則

学習目標　磁気力は磁場 **B** を仲立ちにして作用すること，磁場 **B** のようすは始点も終点もない閉曲線の磁力線によって表されることを理解する．磁場 **B** のガウスの法則は単磁極が存在しないことを表す法則であることを理解する．

世界各地で産出される磁鉄鉱が鉄を引きつけることは鉄器時代から知られていた．磁針が南北を指すことは古代の中国人が発見した．磁石には鉄を引きつける力がもっとも強い部分である N 極，S 極とよばれる磁極が両端にある．磁針の北を向く磁極が N 極であり，南を向く磁極が S 極である．棒磁石を 2 つに切ると，切り口に N 極と S 極が現れて，2 本の磁石になり，単磁極（分離された磁極）を取り出せない．そこで，電磁気学は単磁極が存在しないとして構成されている．

磁石が鉄を引きつける力，磁針を南北方向に向ける力などを**磁気力**という．磁極の強さを**磁荷**という[*2]．磁石の両端にある異種類の磁極の強さは等しい．磁極の間に作用する磁気力の大きさ F は，距離 r の 2 乗に反比例し，磁荷 $Q_{\mathrm{m}}, Q_{\mathrm{m}}'$ の積に比例する（図 20.2）．

$$F = k\frac{Q_{\mathrm{m}}Q_{\mathrm{m}}'}{r^2} \tag{20.1}$$

同種の磁極の間には反発力，異種の磁極の間には引力が作用する．N 極の磁荷の符号を正とし，S 極の磁荷の符号を負とする．(20.1) 式の比例定数 k については **20.6** 節で説明する．

[*2] 単磁極は存在しないが，磁石の磁気作用を考える場合に，電荷に対応する磁荷を仮定すると静電気と対応させられるので，磁荷を便宜上導入する．物質の磁気的な性質を担う実体は主として電子の帯びているミクロな磁気双極子であり，磁荷は誘電体の表面に現れる分極電荷に対応する．

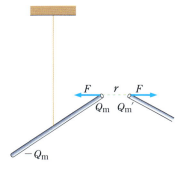

図 20.2　$F = k\dfrac{Q_{\mathrm{m}}Q_{\mathrm{m}}'}{r^2}$（$Q_{\mathrm{m}}Q_{\mathrm{m}}' > 0$ の場合）

磁場と磁力線　磁石に磁気力を作用するのは他の磁石だけではない．電流も近くの磁石に磁気力を作用する．電磁気学では，磁気力は磁極と磁極，あるいは電流と磁極の間で直接に作用するのではなく，磁石や電流はその周囲に**磁場**（工学では**磁界**）**B** をつくり，磁場 **B** が磁石や電流に磁気力を作用すると考える．

第 16 章では，点 $\boldsymbol{r}$ にある点電荷 q には電場 $\boldsymbol{E}(\boldsymbol{r})$ が電気力 $\boldsymbol{F} = q\boldsymbol{E}(\boldsymbol{r})$ を作用するとした．そこで，とりあえず，点 $\boldsymbol{r}$ にある磁石の磁極の磁荷 Q_{m} には磁場 $\boldsymbol{B}(\boldsymbol{r})$ が磁気力

$$\boldsymbol{F} = Q_{\mathrm{m}}\boldsymbol{B} \qquad (\text{真空中}) \tag{20.2}$$

を作用すると考える．磁場 $\boldsymbol{B}$ の単位はテスラ（記号 T）であるが，テスラの定義は，磁場の中を運動する荷電粒子に作用する磁気力を使って，**20.3** 節で行う．

磁場 $\boldsymbol{B}$ のようすを図示するには，電場の電気力線のように，各点での接線がその場所の磁場の向きになるような向きのある曲線を描けばよい．これを磁場 $\boldsymbol{B}$ の**磁力線**とよぶ（磁束線とよぶ教科書もある）．磁場の向きは正磁荷（N 極）に作用する磁気力の向きなので，磁石がその周囲につくる磁場の磁力線は磁石の N 極から出て S 極に入る（図 20.3）．

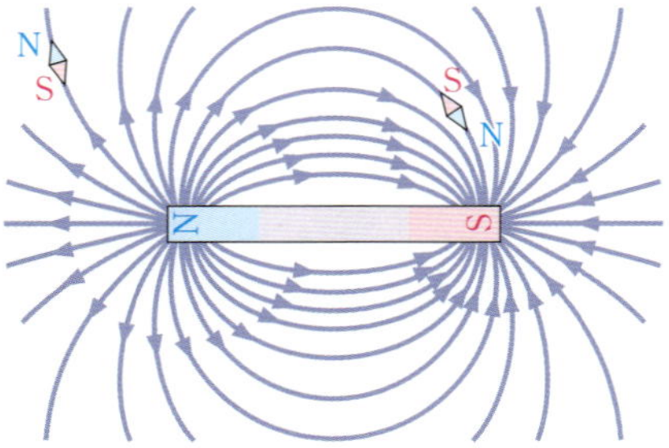

図 20.3　磁力線．磁石のつくる磁場の磁力線のようすは，磁石の上にガラス板をのせ，その上に鉄粉をまいて板をゆすると，鉄粉が磁力線に沿って並ぶことから知られる．

磁場 $\boldsymbol{B}$ の単位　T
磁荷の単位　N/T = A·m

磁石の中の磁力線はどのようなのだろうか．磁力線を発明したファラデーは，電磁誘導現象を引き起こす磁場 $\boldsymbol{B}$ の磁力線は，磁石の中と外でつながっている閉曲線だと考えた．次章で学ぶように，こう考えないと電磁誘導現象が説明できないのである．閉曲線の磁力線が磁石から出るところが N 極で，磁石に入るところが S 極である（図 20.4）．

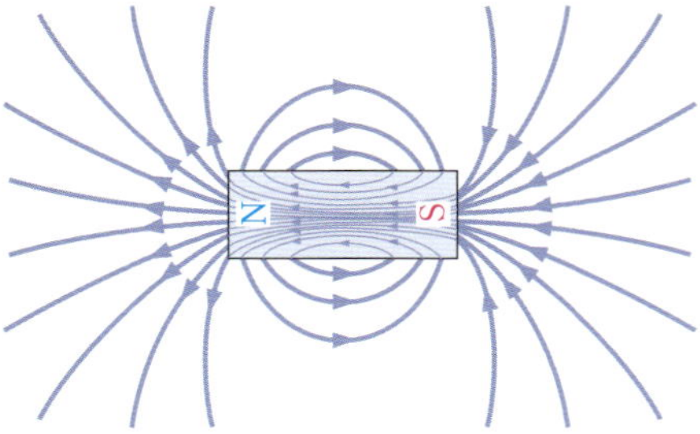

図 20.4　磁場 $\boldsymbol{B}$ のようすを表す磁力線は始点も終点もない閉曲線である．

磁束　図 20.5 のように，一様な磁場 $\boldsymbol{B}$ の中に，面積 A の平面 S がある．この面の法線ベクトル $\boldsymbol{n}$ と磁場 $\boldsymbol{B}$ のなす角を θ とすると，

$$\varPhi_{\mathrm{B}} = BA\cos\theta = B_{\mathrm{n}}A \qquad (B_{\mathrm{n}} = B\cos\theta) \tag{20.3}$$

を平面 S を貫く**磁束**と定義する．B_{n} は磁場 $\boldsymbol{B}$ の平面 S の法線方向成分である［図 20.5 (c)］．磁場 $\boldsymbol{B}$ と面積の単位は T と m^2 なので，磁束の単位は $\mathrm{T\cdot m^2}$ であるが，これをウェーバという（記号 Wb）．

一般の曲面 S を裏から表の方へ貫く正味の磁束 $\varPhi_{\mathrm{B}}$ は，電気力線束 $\varPhi_{\mathrm{E}}$ の場合と同じように，

$$\varPhi_{\mathrm{B}} = \iint_{\mathrm{S}} B_{\mathrm{n}}\,\mathrm{d}A \tag{20.4}$$

と表される．磁場 $\boldsymbol{B}$ に垂直な平面 S の単位面積あたり B 本の割合で磁力線を描くと，磁束 $\varPhi_{\mathrm{B}}$ は面 S を貫く磁力線の本数に等しい．

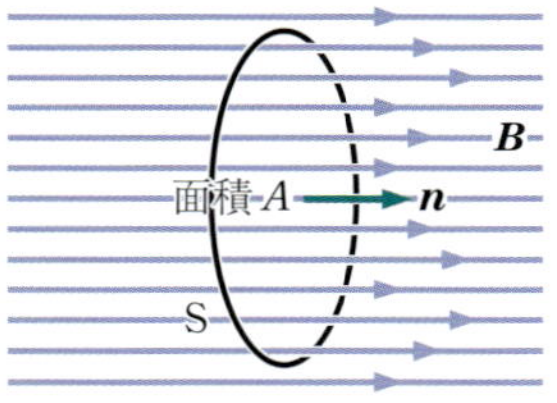

(a)　磁束 $\varPhi_{\mathrm{B}} = BA$

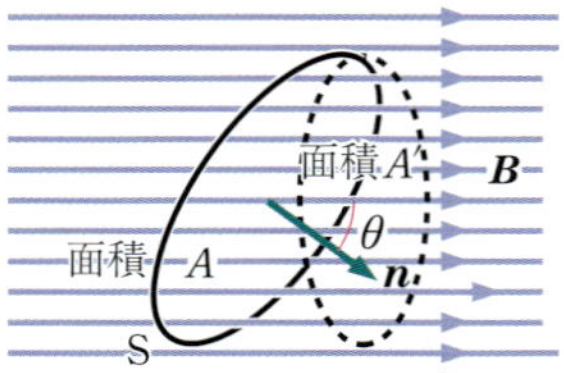

(b)　磁束 $\varPhi_{\mathrm{B}} = BA' = BA\cos\theta = B_{\mathrm{n}}A$

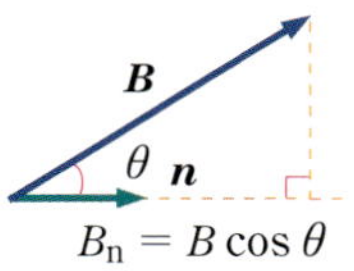

(c)　$B_{\mathrm{n}} = B\cos\theta$

図 20.5　磁束 $\varPhi_{\mathrm{B}}$．

磁束の単位　Wb = T·m²

磁場 $\boldsymbol{B}$ のガウスの法則　磁場 $\boldsymbol{B}$ の磁力線の始点か終点になる単磁極は存在しないので，磁場 $\boldsymbol{B}$ の磁力線は，始点も終点もなく，途中で途切れない閉曲線である．したがって，任意の閉曲面 S の中に入る磁力線の数と外へ出る磁力線の数は同じなので，

「閉曲面 S から出てくる磁束 $\varPhi_{\mathrm{B}}$」= 0

$$\iint_{\mathrm{S}} B_{\mathrm{n}}\,\mathrm{d}A = 0 \qquad (\text{S は閉曲面}) \tag{20.5}$$

これを**磁場 $\boldsymbol{B}$ のガウスの法則**という．この法則は電磁気学の基本法則であるマクスウェルの 4 法則の 1 つで，つねに成り立つ法則である．

20.2 電流のつくる磁場

学習目標　磁場をつくるのは磁石だけでなく，電流のまわりにも磁場ができることを理解する．長い直線電流，円電流，長いソレノイドを流れる電流のつくる磁場の性質を説明できるようになる．

長い直線電流のつくる磁場　長いまっすぐな導線に電流が流れると，そのまわりに磁場が生じることが，1820 年にデンマークのエルステッドによって発見された（図 20.6）．南北方向の電流の下に磁針を置き，N 極が指す向きを調べると，図 20.6 のように，磁極に作用する磁気力の向きは，電流の向きと，磁極から電流に下ろした垂線の向きのどちらにも垂直なことがわかる．

電流の流れている導線に垂直に置いた厚紙の上に砂鉄をまくと，砂鉄は導線を中心とする同心円状につながるので，この場合の磁力線は始点も終点もない円である（図 20.7）．磁場の向きは，電流の流れる向きに進む右ねじの回る向きである．これを**右ねじの規則**という．

長くてまっすぐな導線を流れる電流の周囲の磁場を測定すると，磁場 $\boldsymbol{B}$ の強さ B は，電流の強さ I に比例し，電流からの距離 d に反比例する．比例定数を $\dfrac{\mu_0}{2\pi}$ とすると

$$B = \frac{\mu_0 I}{2\pi d} \tag{20.6}$$

と表される．比例定数の μ_0（ミュー・ゼロと読む）

$$\mu_0 = 4\pi\times10^{-7}\ \mathrm{T\cdot m/A} \tag{20.7}$$

は**磁気定数**とよばれる*．

例 1　単 1 乾電池の両極を少し太めの銅線でショートさせたら 5 A の電流が流れた．銅線から 1 cm 離れたところでの磁場 $\boldsymbol{B}$ の強さ B は

$$B = \frac{(4\pi\times10^{-7}\ \mathrm{T\cdot m/A})\times(5\ \mathrm{A})}{2\pi\times(0.01\ \mathrm{m})} = 10^{-4}\ \mathrm{T}$$

である．地磁気の水平成分の強さは 0.3×10^{-4} T である．$\tan\theta = \dfrac{1}{0.3}$ を満たす角 θ は 73° なので，図 20.6 の場合，磁針の向きは南北方向から 73° 偏る．

ビオ-サバールの法則　電流のまわりには磁場が生じるというエルステッドの発見のニュースを聞いたフランスのビオとサバールは，環状の導線や，円弧と線分の組合せになるように導線を折り曲げたものを使った実験から，任意の形をした導線を流れる電流のつくる磁場を求める規則を発見した（演習問題 20 の B5 参照）．かれらは

定常電流 I が流れている導線の微小部分 $\Delta\boldsymbol{s}$ が，そこから距離 r（相対位置ベクトル $\boldsymbol{r}$）の点 P につくる磁場 $\Delta\boldsymbol{B}$ は，大きさが

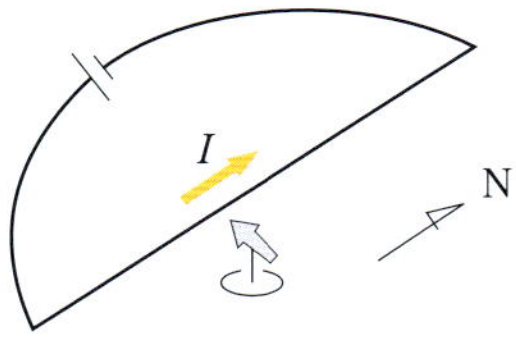

図 20.6　エルステッドの実験．南から北に電流を流すと，導線の下の磁針は図のように振れる．

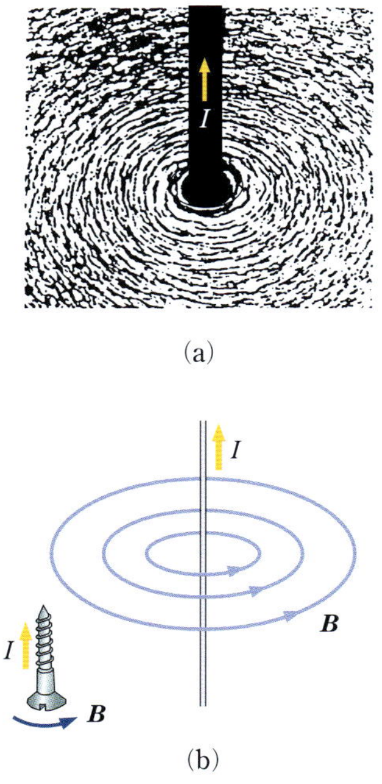

図 20.7　長いまっすぐな電流のつくる磁場の磁力線は電流を中心とする同心円である．電流の向きに進む右ねじの回る向きが磁力線の向きである．

磁気定数（真空の透磁率）
$\mu_0 = 4\pi\times10^{-7}\ \mathrm{T\cdot m/A}$

* 　磁気定数 μ_0 は歴史的に真空の透磁率とよばれてきたが，真空の磁性体としての性質を表す定数ではない．μ_0 は独立に定義された力学的単位 [m]，[kg]，[s] と電磁気学的単位 [A] で測定された数値を整合させるための変換係数である．

2018 年の電流の単位アンペアの定義の改定に伴い，磁気定数の値がわずかに変わったが，簡単のために，本書の数値計算では，(20.7) 式の値を使う．

$$\Delta B = \frac{\mu_0 I\, \Delta s \sin\theta}{4\pi r^2} \tag{20.8}$$

であり，方向は $\Delta \boldsymbol{s}$ と $\boldsymbol{r}$ の両方に垂直で，向きは右ねじを $\Delta \boldsymbol{s}$ の方向から $\boldsymbol{r}$ の方向に回したときにねじの進む方向である

ことを見出した．角 θ は電流の方向を向いた長さが Δs のベクトル $\Delta \boldsymbol{s}$ と $\boldsymbol{r}$ のなす角である（図 20.8）．これを**ビオ-サバールの法則**という．ベクトル積を使うと，

$$\Delta \boldsymbol{B} = \frac{\mu_0 I\, \Delta \boldsymbol{s} \times \boldsymbol{r}}{4\pi r^3} \tag{20.8$'$}$$

と表される．

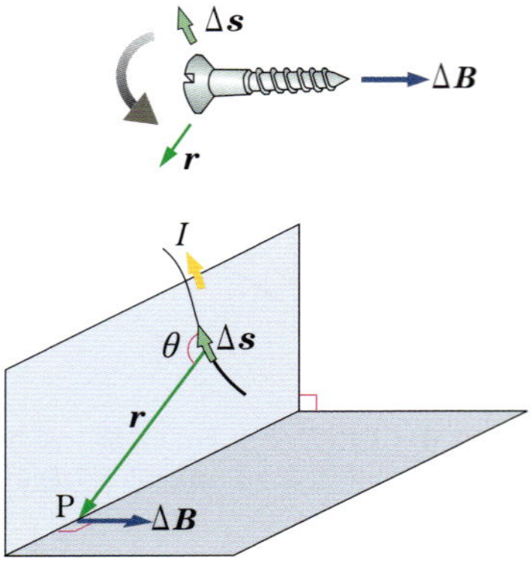

図 20.8　ビオ-サバールの法則

閉回路 C を流れる定常電流 I が点 P（位置ベクトル $\boldsymbol{r}$）につくる磁場 $\boldsymbol{B}(\boldsymbol{r})$ は，導線の微小部分 $\Delta \boldsymbol{r}'$（位置ベクトル $\boldsymbol{r}'$）が，(20.8′) 式にしたがって，点 P につくる磁場 $\Delta \boldsymbol{B}$ を重ね合わせたものである（$\mathrm{d}\boldsymbol{s}$ ではなく $\mathrm{d}\boldsymbol{r}'$ と記した）*．

$$\boldsymbol{B}(\boldsymbol{r}) = \frac{\mu_0 I}{4\pi} \oint_{\mathrm{C}} \frac{\mathrm{d}\boldsymbol{r}' \times (\boldsymbol{r} - \boldsymbol{r}')}{|\boldsymbol{r} - \boldsymbol{r}'|^3} \tag{20.9}$$

* 点 $\boldsymbol{r}'$ にある電荷 q の粒子の速度 $\boldsymbol{v}$ の大きさが光速に比べて十分に小さければ，この荷電粒子が位置ベクトル $\boldsymbol{r}$ の点につくる磁場 $\boldsymbol{B}(\boldsymbol{r})$ は

$$\boldsymbol{B}(\boldsymbol{r}) = \frac{\mu_0 q}{4\pi} \frac{\boldsymbol{v} \times (\boldsymbol{r} - \boldsymbol{r}')}{|\boldsymbol{r} - \boldsymbol{r}'|^3}$$

である（演習問題 23 の B7 参照）．

直線電流のつくる磁場 $\boldsymbol{B}$ の磁力線は円であるが，定常電流がビオ-サバールの法則にしたがってつくる磁場 $\boldsymbol{B}$ の磁力線も始点と終点がない閉曲線である（証明略）．

電流のつくる磁場 $\boldsymbol{B}$ についても重ね合わせの原理が成り立つ．すなわち，何本かの導線に電流が流れている場合に生じる磁場 $\boldsymbol{B}$ は，各導線を流れる電流がつくる磁場 $\boldsymbol{B}$ のベクトル和である．

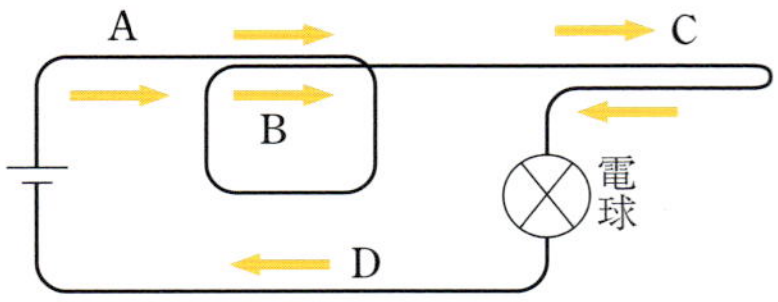

図 20.9

問 1　図 20.9 の点 A, B, C, D での磁場 $\boldsymbol{B}$ の強さを比較せよ．

円電流がつくる磁場　円形の導線（コイル）を流れる電流がつくる磁場 $\boldsymbol{B}$ は図 20.10 のようになる．こうなることは，コイルの微小部分はそのまわりに直線電流の場合と同じような磁場をつくることと，重ね合わせの原理からわかる．コイルを貫く磁場は，回転する電流の向きに右ねじを回すとき，ねじの進む向きを向いている．コイルから十分に離れたところに生じる磁場は，薄い磁石が遠方につくる磁場に似ている．

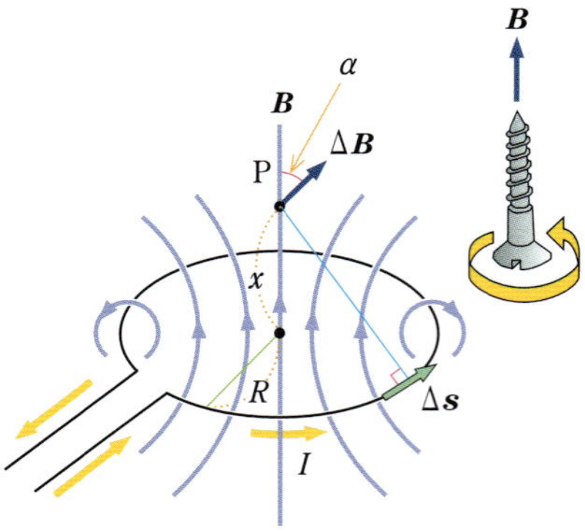

図 20.10　円電流のつくる磁場

電流 I が流れている 1 巻きの円形コイル（半径 R）の中心での磁場 $\boldsymbol{B}$ の強さは

$$B = \frac{\mu_0 I}{2R} \qquad \text{（半径 } R \text{ の円の中心）} \tag{20.10}$$

である．N 巻きのコイルの磁場 $\boldsymbol{B}$ の強さはこの N 倍になる．

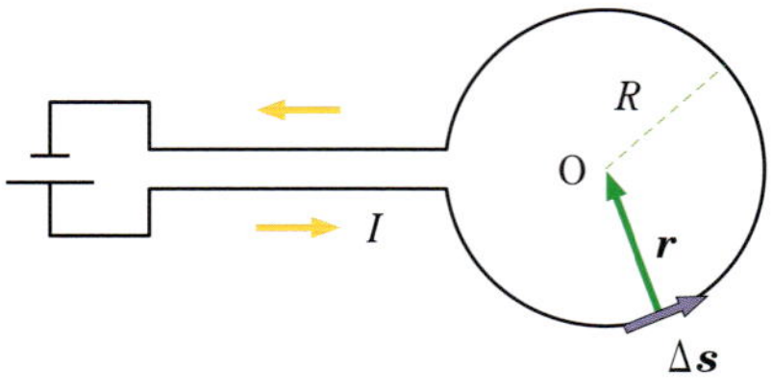

図 20.11　$B = \dfrac{\mu_0 I}{2R}$

証明　図 20.11 の導線の微小部分 $\Delta \boldsymbol{s}$ 上の電流 $I\,\Delta \boldsymbol{s}$ が円の中心 O につくる磁場の強さは，ビオ-サバールの法則を使うと，$\Delta B = \dfrac{\mu_0 I\, \Delta s}{4\pi R^2}$ である．Δs の和は半径 R の円周，つまり，$\sum \Delta s = 2\pi R$ なので，

$$B = \sum \Delta B = \frac{\mu_0 I}{4\pi R^2} \sum \Delta s = \frac{\mu_0 I}{4\pi R^2} \times (2\pi R) = \frac{\mu_0 I}{2R}$$

問 2 図 20.12 の導線を流れる電流 I が点 P につくる磁場を求めよ.

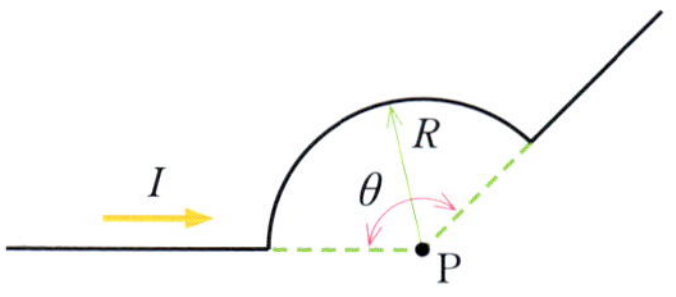

図 20.12

参考

円電流（半径 R）の中心軸上で円の中心から距離 x の点 P の磁場 $\boldsymbol{B}$ の強さが

$$B = \frac{\mu_0 I R^2}{2(R^2+x^2)^{3/2}} \qquad \text{（中心軸上）} \qquad (20.11)$$

であることは，図 20.10 の ΔB は $\dfrac{\mu_0 I\,\Delta s}{4\pi(x^2+R^2)}$ で，B は $\Delta B\cos\alpha = \Delta B \dfrac{R}{(R^2+x^2)^{1/2}}$ の和であることから導ける.

長いソレノイドを流れる電流がつくる磁場　絶縁した導線を密に円筒状に巻いたものをソレノイドあるいはソレノイドコイルという. ソレノイドに電流を流したときに生じる磁場は，多数の円電流による磁場の重ね合わせである. 単位長さあたりの巻き数が n で，内部が真空の長いソレノイドに電流 I を流すときに，ソレノイドの内部に生じる磁場 $\boldsymbol{B}$ は，両端に近いところを除けば，ソレノイドの軸に平行で，強さはどこでも同じで，

$$B = \mu_0 n I \qquad \text{（空心のソレノイドの内部）} \qquad (20.12)$$

であり，向きは，電流の向きに右ねじを回したときに，ねじの進む向きである（図 20.13）. なお，無限に長いソレノイドの外側での磁場 $\boldsymbol{B}$ はどこでも $\mathbf{0}$ である（例題 1 参照）.

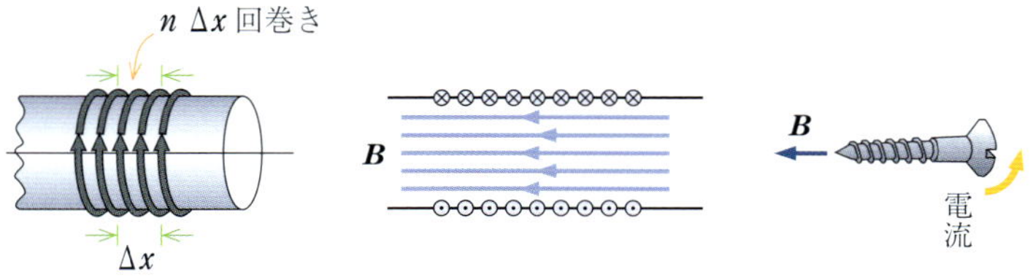

図 20.13　ソレノイドを流れる電流のつくる磁場. 無限に長いソレノイドの内部では $B = \mu_0 n I$. ⊙ 印は紙面の裏から表へ電流が流れ，⊗ 印は紙面の表から裏へ電流が流れることを示す.

ソレノイドに電流を流すと電磁石になるが，このソレノイドに鉄心を入れると鉄心が磁化して磁石になるので，電磁石の内部および外部の磁場 $\boldsymbol{B}$ ははるかに強くなる. 長いソレノイドの内部を物質で満たした場合に磁場 $\boldsymbol{B}$ の強さが μ_r 倍になる場合，μ_r をその物質の**比透磁率**という. この場合には長いソレノイドの内部の磁場 $\boldsymbol{B}$ の強さは次のようになる.

$$B = \mu_r \mu_0 n I \qquad \text{（比透磁率 } \mu_r \text{ の物質で満たした長いソレノイドの内部）} \qquad (20.13)$$

中心軸上での (20.12) 式の証明　ソレノイドは非常に多くの円電流の集まりと見なせる．中心軸上の点Pから距離 x と $x+\Delta x$ の間の微小部分 Δx には $n\,\Delta x$ 個の円電流がある．その1つひとつが点Pにつくる磁場 $\Delta\boldsymbol{B}$ は (20.11) 式で与えられるので，無限に長いソレノイドの中心軸上の点Pでの磁場 $\boldsymbol{B}$ の強さは

$$B = \frac{\mu_0 nIR^2}{2}\int_{-\infty}^{\infty}\frac{\mathrm{d}x}{(R^2+x^2)^{3/2}} = -\int_{\pi}^{0}\frac{\mu_0 nI}{2}\sin\theta\,\mathrm{d}\theta$$

$$= \frac{\mu_0 nI}{2}\cos\theta\Big|_{\pi}^{0} = \mu_0 nI \qquad (20.14)$$

となる．ただし，ソレノイドの中心軸を x 軸に選び (図 20.14)，

$$x = R\cot\theta = R\frac{\cos\theta}{\sin\theta}, \qquad R = (R^2+x^2)^{1/2}\sin\theta$$

とおき，$\mathrm{d}x = -R\dfrac{\mathrm{d}\theta}{\sin^2\theta}$ であることを使った．

長いソレノイドの端の中央での磁場 $\boldsymbol{B}$ の強さは $B = \frac{1}{2}\mu_0 nI$ である．この事実は (20.14) 式の θ についての積分を，π から 0 ではなく，$\pi/2$ から 0 まで行うことによって導ける．

中心軸上以外での (20.12) 式の証明は次節の例題1で行う．

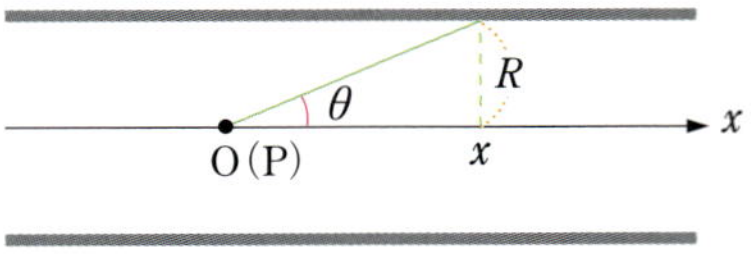

図 20.14

例2　長さ 30 cm，全巻き数 6000 の中空のソレノイドに 3 A の電流を流すとき，内部に生じる磁場 $\boldsymbol{B}$ の強さ B を求める．1 m あたりの巻き数 n は，$n = \dfrac{6000}{0.3\,\mathrm{m}} = 20000/\mathrm{m}$ なので

$$B = \mu_0 nI = (4\pi\times10^{-7}\,\mathrm{T\cdot m/A})\times(20000/\mathrm{m})\times(3\,\mathrm{A}) = 0.075\,\mathrm{T}$$

アンペールの法則　直線電流 I から距離 d の点の磁場 $\boldsymbol{B}$ の強さ B は，どこでも $B = \dfrac{\mu_0 I}{2\pi d}$ である．図 20.15 (a) のように，電流を中心とする半径 d の円を1周する道筋Cを考えると，磁場 $\boldsymbol{B}$ の円の接線方向成分 $B_{\mathrm{t}} = B = \dfrac{\mu_0 I}{2\pi d}$ と道筋Cの長さ $2\pi d$ の積は，磁気定数 μ_0 と道筋を貫く電流 I の積 $\mu_0 I$ に等しく，道筋の半径 d にはよらない．

道筋が円でなく，また直線電流でなくても，図 20.15 (b) に示すように，向きの指定された閉曲線の道筋Cを細かく分け，各部分の長さ Δs_i とその位置での磁場 $\boldsymbol{B}_i$ の閉曲線の接線方向成分 $B_{i\mathrm{t}}$ の積の $B_{i\mathrm{t}}\,\Delta s_i$ を加え合わせたもの，つまり $\sum_i B_{i\mathrm{t}}\,\Delta s_i$ の $\Delta s_i \to 0$ の極限として定義された線積分は，道筋の形によらず，この閉曲線Cを貫く電流の和 I の μ_0 倍に等しい．

$$\oint_{\mathrm{C}} B_{\mathrm{t}}\,\mathrm{d}s = \mu_0 I \qquad (20.15)$$

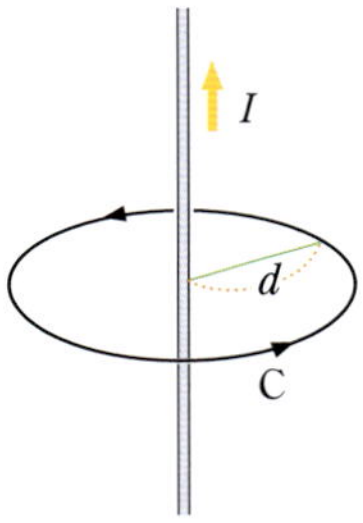

(a)

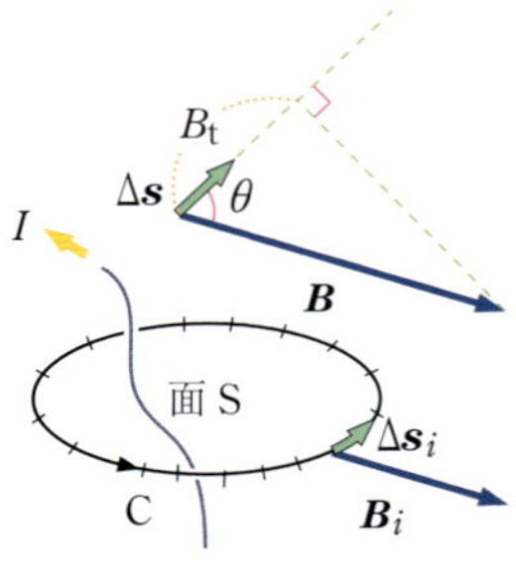

(b)

図 20.15　アンペールの法則
$\oint_{\mathrm{C}} B_{\mathrm{t}}\,\mathrm{d}s = \mu_0 I$

電流の符号は，閉曲線Cの向きに右ねじを回すとき，ねじの進む向きに電流が流れる場合を正とする．この法則を**アンペールの法則**とよぶ．

アンペールの法則　電流のまわりには磁力線が電流を右巻きに巡る磁場が生じ，閉曲線に沿っての磁場 $\boldsymbol{B}$ の接線方向成分の積分は閉曲線を貫く電流の μ_0 倍に等しい．

この法則は，電磁気学の基本法則であるマクスウェルの4法則の1つのマクスウェル-アンペールの法則で電場の時間的変化がない場合になっている*.

＊　歴史的には，アンペールの法則はビオ-サバールの法則から導かれたが，アンペールの法則と磁場 $\boldsymbol{B}$ のガウスの法則からビオ-サバールの法則を導ける．

アンペールの法則を使うと磁場が簡単に計算できる場合がある．

例題1　無限に長い空心のソレノイドを流れる電流 I のつくる磁場 $\boldsymbol{B}$ は

$$B = \mu_0 nI \quad （ソレノイドの内部） \tag{20.16a}$$

$$B = 0 \quad （ソレノイドの外部） \tag{20.16b}$$

であることをアンペールの法則を使って示せ．

解　無限に長いソレノイドを流れる電流のつくる磁場 $\boldsymbol{B}$ は中心軸方向の平行移動で不変なので，磁場 $\boldsymbol{B}$ の方向はソレノイドの中心軸に平行である．

図20.16のように，ソレノイドの中心軸上に1辺PQがのっている長方形PQRSを考え，中心軸上での磁場の強さ B が $\mu_0 nI$ であることを使う．軸に垂直な線分QR, SP上では $B_t = 0$ である．線分RS上での磁場の強さを B とし，有向線分 $\overrightarrow{\mathrm{RS}}$ と磁場 $\boldsymbol{B}$ は逆向きなので $B_t \cdot \overline{\mathrm{RS}} = -B \cdot \overline{\mathrm{RS}}$ であることを使うと，(20.15)式の左辺は

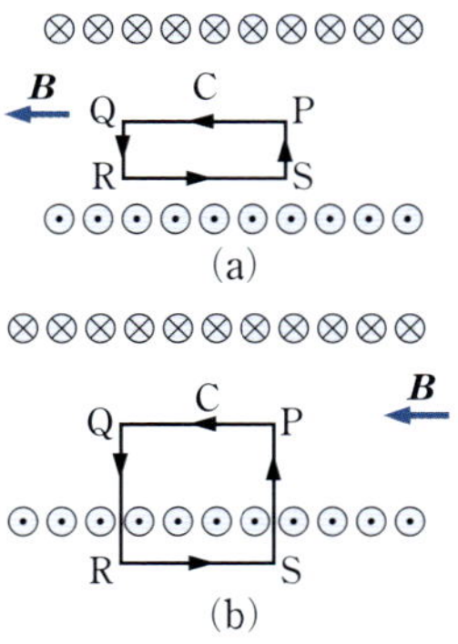

図20.16　ソレノイド

$$\oint_C B_t\, ds = \mu_0 nI \cdot \overline{\mathrm{PQ}} - B \cdot \overline{\mathrm{RS}} \quad (\overline{\mathrm{PQ}} = \overline{\mathrm{RS}}) \tag{20.17}$$

図20.16(a)の場合，長方形PQRSを貫く電流は0なので，(20.15)式の右辺は0である．したがって，アンペールの法則は $\mu_0 nI \cdot \overline{\mathrm{PQ}} - B \cdot \overline{\mathrm{RS}} = 0$ となるので，

$$B = \mu_0 nI \quad （ソレノイドの内部） \tag{20.18}$$

つまり，無限に長いソレノイドの内部で磁場 $\boldsymbol{B}$ は一定で，大きさは $\mu_0 nI$ である．

図20.16(b)の場合，長方形PQRSを貫く電流は $nI \cdot \overline{\mathrm{PQ}}$ なので，(20.15)式の右辺は $\mu_0 nI \cdot \overline{\mathrm{PQ}}$ である．したがって，アンペールの法則は $\mu_0 nI \cdot \overline{\mathrm{PQ}} - B \cdot \overline{\mathrm{RS}} = \mu_0 nI \cdot \overline{\mathrm{PQ}}$ となるので，

$$B = 0 \quad （ソレノイドの外部） \tag{20.19}$$

つまり，無限に長いソレノイドの外部ではどこでも磁場 $\boldsymbol{B}$ は $\boldsymbol{0}$ である．

20.3　荷電粒子に作用する力（ローレンツ力）

学習目標　運動する電荷に作用する磁気力の向きを説明できるようになる．磁気力は運動している荷電粒子に横向きに作用するので，一様な磁場の中で荷電粒子は等速円運動することを理解する．

荷電粒子に作用する力　図20.17に示すように，放電管の負極から正極に向かう電子ビームをはさむようにU字形磁石を近づけると，電子ビームの進路は曲がる．これは，磁石のつくる磁場が，電子に力を作用

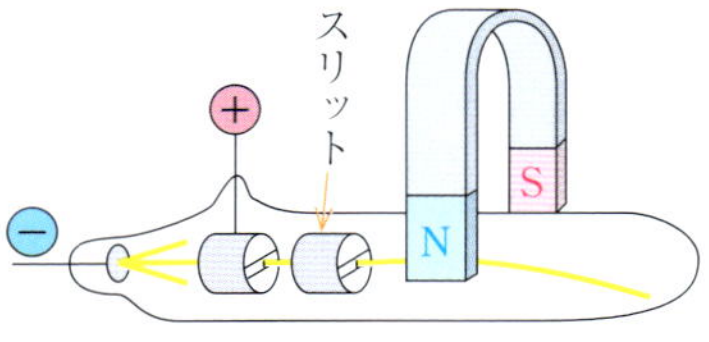

図20.17　放電管の電子ビームに磁石を近づける．

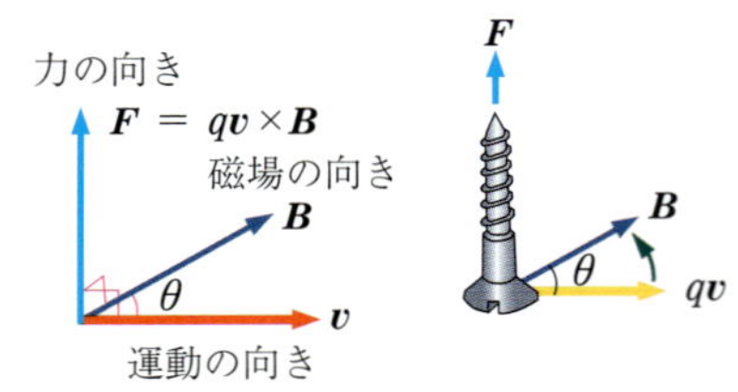

(a)　正電荷の場合($q > 0$)

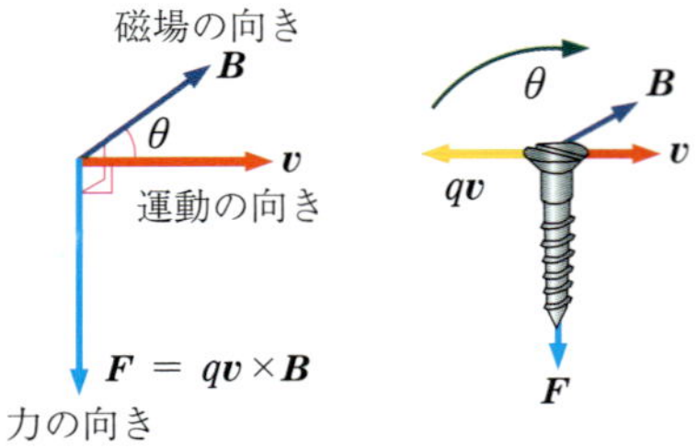

(b)　負電荷の場合($q < 0$)

図 20.18　磁気力 $\boldsymbol{F} = q\boldsymbol{v}\times\boldsymbol{B}$ ($F = qvB\sin\theta$)

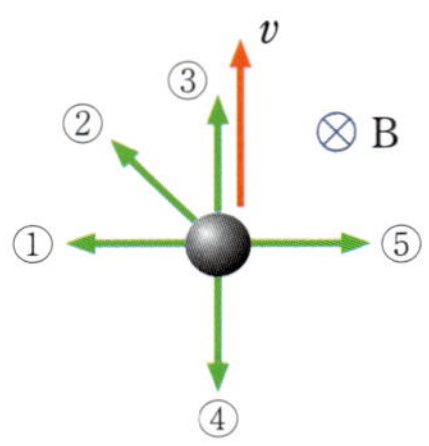

図 20.19

しているからである．電子ビームの曲がり方を調べると，電子には運動の向き（速度 $\boldsymbol{v}$ の向き）と磁場 $\boldsymbol{B}$ の向きのどちらにも垂直な方向を向いた力が作用していることがわかる．なお，磁場は静止している電荷には力を作用しない．

磁場 $\boldsymbol{B}$ の中を速度 $\boldsymbol{v}$ で運動する電荷 q の荷電粒子に作用する磁気力 $\boldsymbol{F}$ の大きさ F は，磁場 $\boldsymbol{B}$ と速度 $\boldsymbol{v}$ のなす角を θ とすると

$$F = qvB\sin\theta \tag{20.20}$$

である．荷電粒子が磁場と垂直に運動するときに磁気力は最大で，荷電粒子が磁場に平行に運動するときには磁気力は作用しない．

磁場 $\boldsymbol{B}$ の中を運動する正電荷に作用する磁気力の向きは，電荷の運動の向き（速度 $\boldsymbol{v}$ の向き）から磁場 $\boldsymbol{B}$ の向きに右ねじを回すときにねじが進む向きである［図 20.18 (a)］．電子のような負電荷の粒子が磁場の中を運動するときに作用する磁気力は，これと逆向きである（$q\boldsymbol{v}$ から $\boldsymbol{B}$ の方へ右ねじを回すときにねじが進む向き）［図 20.18 (b)］．ベクトル積を使うと，磁気力は

$$\boldsymbol{F} = q\boldsymbol{v}\times\boldsymbol{B} \tag{20.20′}$$

と表される．なお，$q = -e$ の電子の場合には，(20.20′) 式は $\boldsymbol{F} = -e\boldsymbol{v}\times\boldsymbol{B}$ となる．

問 3　図 20.19 の紙面の表から裏の向きに一様な磁場 $\boldsymbol{B}$ が存在する中で，電子が紙面に沿って上方に速度 $\boldsymbol{v}$ で動くとき，電子に作用する力の方向は ①, ②, ③, ④, ⑤ のどれか．

点 $\boldsymbol{r}$ にある電荷 q，速度 $\boldsymbol{v}$ の荷電粒子に作用する磁気力 (20.20′) を使って，点 $\boldsymbol{r}$ の磁場 $\boldsymbol{B}$（慣習による呼び名は磁束密度）を定義し，$\boldsymbol{B}(\boldsymbol{r})$ と記す．(20.20) 式から，磁場 $\boldsymbol{B}$ の単位のテスラ T は N/C (m/s) = N/(A·m)，つまり，

磁場 B の単位　T = N/(A·m)

$$\mathrm{T} = \mathrm{N/(A\cdot m)} \tag{20.21}$$

であることがわかる．

磁場 $\boldsymbol{B}$ のほかに電場 $\boldsymbol{E}$ がある場合には，この荷電粒子には電気力 $q\boldsymbol{E}$ も作用する．電場 $\boldsymbol{E}$，磁場 $\boldsymbol{B}$ の中を速度 $\boldsymbol{v}$ で運動する電荷 q の荷電粒子に作用する電場，磁場の力 $\boldsymbol{F}$ は，

$$\boldsymbol{F} = q\boldsymbol{E}+q\boldsymbol{v}\times\boldsymbol{B} \tag{20.22}$$

である．荷電粒子に作用する電磁気力をローレンツ力という（磁気力のみをローレンツ力ともいう）．

問 4　図 20.20 の装置で，電子が一定の速度 $\boldsymbol{v}$ で運動しているところに，電場 $\boldsymbol{E}$，磁場 $\boldsymbol{B}$ をかけたところ，電子は前と同じように直進したという．この電子の速さを求めよ．ただし $\boldsymbol{E}\perp\boldsymbol{B}$，$\boldsymbol{E}\perp\boldsymbol{v}$，$\boldsymbol{B}\perp\boldsymbol{v}$ とする．

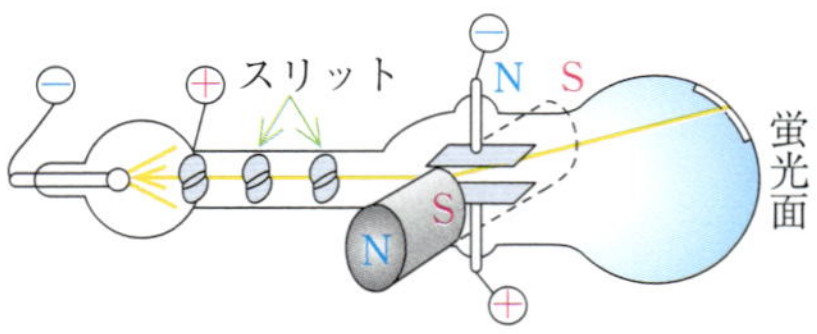

図 20.20

サイクロトロン運動　一様な磁場の中を運動する荷電粒子に作用する磁気力は，運動の方向に垂直に作用するので仕事をしない．そこで，磁気力によって荷電粒子の運動の向きは変わるが，速さは変わらない．し

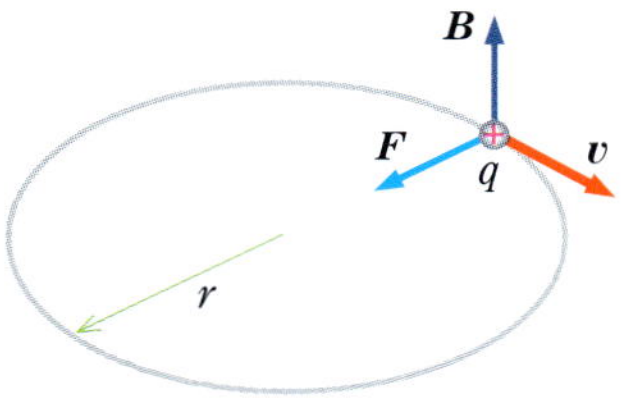

図 20.21　一様な磁場の中の等速円運動（$q > 0$ の場合）

$$\frac{mv^2}{r} = F = qvB$$

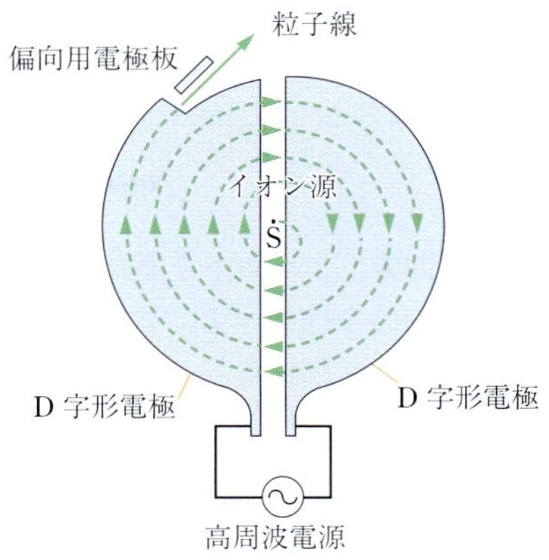

図 20.22　サイクロトロンの中でのイオンの運動．一様な磁場に垂直に置かれた 2 つの D 字形電極の間にサイクロトロン周波数の高周波電場をかける．イオン源 S から出たイオンは電極の間の電場で加速されると，電極の間にくるたびに電場で加速されつづけ，円運動の半径が大きくなっていく．これを偏向用電極板による電気力によって外部へビームとして取り出す．

たがって，一様な磁場の中で，磁場に垂直に運動する荷電粒子には，運動方向に垂直な一定の大きさの磁気力がつねに作用するから，等速円運動を行う（図 20.21）．等速円運動の半径を r，速さを v とすると，向心加速度は $\dfrac{v^2}{r}$ である．質量 m，電荷 q の荷電粒子に磁場 $\boldsymbol{B}$ が作用する磁気力の大きさは qvB なので，運動方程式は

$$\frac{mv^2}{r} = qvB \tag{20.23}$$

である．したがって，この円運動の速さ v と周期 $T = \dfrac{2\pi r}{v}$ は

$$v = \frac{qBr}{m}, \qquad T = \frac{2\pi m}{qB} \tag{20.24}$$

である．そこで，円運動の単位時間あたりの回転数 $f = \dfrac{1}{T}$ は

$$f = \frac{qB}{2\pi m} \tag{20.25}$$

この荷電粒子の等速円運動の単位時間あたりの回転数 f は速さ v や半径 r には無関係なので，この事実を利用してイオンを加速するサイクロトロンでは，磁場の中でイオンを**サイクロトロン周波数**とよばれる周波数 $f = \dfrac{qB}{2\pi m}$ の交流電場で加速する（図 20.22）．

磁場の方向には磁気力が作用しないので，一様な磁場中の荷電粒子の運動は，一般に磁場の方向の等速直線運動と磁場に垂直な平面上の等速円運動を重ね合わせた，らせん運動である（図 20.23）．

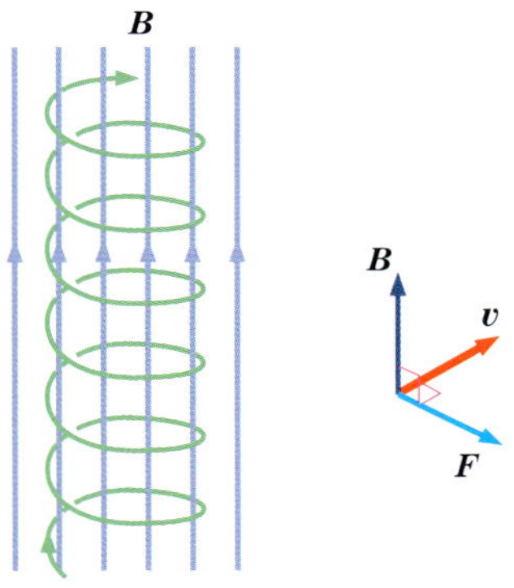

図 20.23　一様な磁場の中での荷電粒子の運動（$q > 0$ の場合）．荷電粒子は磁力線に巻きついて運動する．

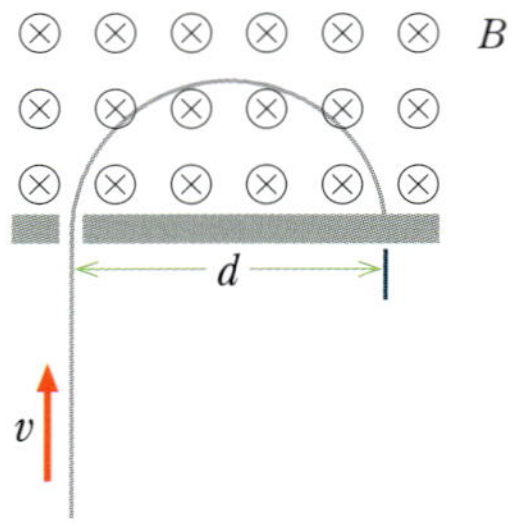

図 20.24

問 5　質量 m，電荷 q で速度 $\boldsymbol{v}$ の粒子が，一様な磁場 $\boldsymbol{B}$ の中に入り，半円を描いて，入り口（隙間）から距離 d の壁に衝突した（図 20.24）．質量と速度は同じだが，電荷が 2 倍の粒子が入り口から入ると，壁のどこに衝突するか．

ホール効果　導体中を運動する荷電粒子に対しても磁場は進行方向に横向きの力を作用する．この現象は 1879 年にホールによって発見されたので，**ホール効果**という．ホール効果によって，導体の内部で移動している荷電粒子の電荷の符号がわかる．

金属や半導体の両端に電位差をかけると，電位の高い方から低い方へ電流が流れる．しかし，電流の磁気作用では，正電荷を帯びた荷電粒子が電場 $\boldsymbol{E}$ の方向に移動しているのか，負電荷を帯びた粒子が電場の逆方向に移動しているのかはわからない．ところが，電場に垂直に磁場 $\boldsymbol{B}$ をかけると，電場 $\boldsymbol{E}$ にも磁場 $\boldsymbol{B}$ にも垂直な方向を向いた磁気力 $\boldsymbol{F}$ が作用し，電流を担う荷電粒子の移動方向が横の方にずれ，導体の側面に荷電粒子が蓄積し，電荷保存則によって反対側の側面に逆符号で等量の電荷が現れる．この蓄積された正負の電荷によって生じた横方向の電場 $\boldsymbol{E}_{\mathrm{H}}$ はホール電場とよばれる．電流を担う荷電粒子の電荷の正，負によってホール電場 $\boldsymbol{E}_{\mathrm{H}}$ は逆方向を向く（図 20.25）．したがって，ホール電場 $\boldsymbol{E}_{\mathrm{H}}$ の向きと強さを測ると，電流を担う荷電粒子の電荷の符号と密度がわかる．

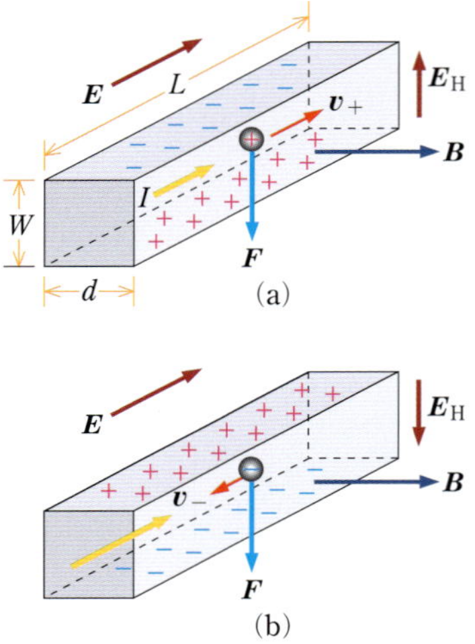

図 20.25　ホール効果．(a) 電流を担う荷電粒子の電荷が正の場合には，導体の下面に正電荷が蓄積する．(b) 電流を担う荷電粒子の電荷が負の場合には，導体の下面に負電荷が蓄積する．

20.4　電流に作用する力

学習目標　磁場は電流にも磁気力を作用することを理解し，電流に作用する磁気力の向きに関するフレミングの左手の法則を説明できるようになる．磁気現象に関する，棒磁石とコイルを流れる電流の対応関係を理解する．モーターの作動原理を説明できるようになる．

図 20.26 に示すように，磁石の両極の間に，磁場に垂直に導線を吊して電流を流すと，導線は磁場と電流のどちらにも垂直な向きに振れる．電流が流れていなくても磁場が力を作用する鉄などの強磁性体以外でつくられた導線の場合には，磁場 $\boldsymbol{B}$ の中の電流が流れている導線に作用する磁気力の強さ F は，電流の強さ I，磁場の強さ B，磁場中の導線の長さ L のそれぞれに比例する．磁場 $\boldsymbol{B}$ に垂直に張った導線の場合には

$$F = IBL \tag{20.26}$$

である．

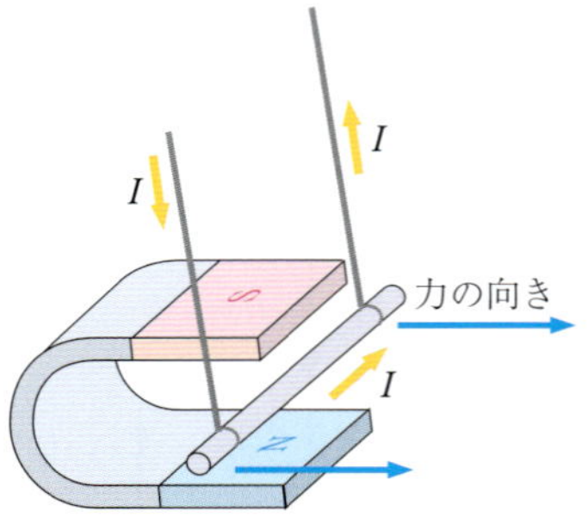

図 20.26　磁場の中の電流には磁気力が作用する．

導線の向きをいろいろ変えて実験すると，導線に作用する磁気力は電流が磁場と垂直なときにもっとも強く，平行なときには 0 である．電流と磁場のなす角が θ のとき，磁場 $\boldsymbol{B}$ の中の導線の長さ L の部分に作用する磁気力の大きさ F は

$$F = IBL \sin \theta \tag{20.27}$$

である(図 20.27).

左手の人差し指を磁場 $\boldsymbol{B}$ の向きに，中指を電流 I の向きに，親指を人差し指と中指の両方に垂直な方向に向けると，電流に作用する力 $\boldsymbol{F}$ の向きは親指の向きである(図 20.28). これを**フレミングの左手の法則**という．左手の FBI の規則と記憶してもよい．

これらの結果をベクトル積を使って表すと，

$$\boldsymbol{F} = I\boldsymbol{L} \times \boldsymbol{B} \qquad (20.27')$$

となる(図 20.29). $I\boldsymbol{L}$ は電流の方向を向いた長さ IL のベクトルである．

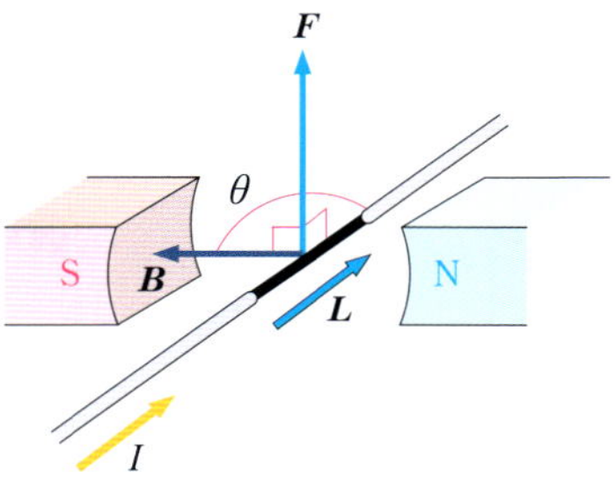

図 20.27 $\boldsymbol{F} = I\boldsymbol{L} \times \boldsymbol{B}$
($F = IBL \sin \theta$)

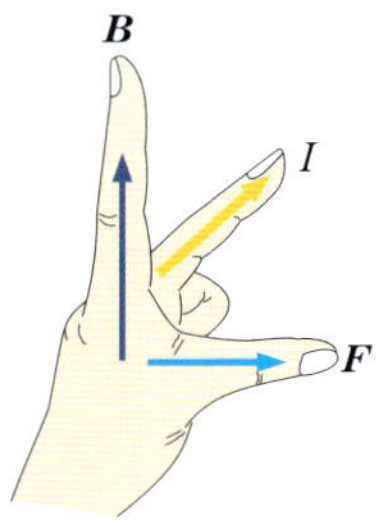

図 20.28 フレミングの左手の法則

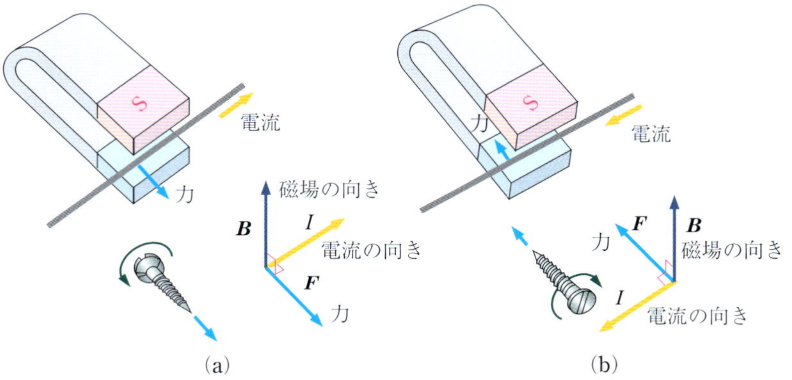

図 20.29 磁場の中の電流に作用する磁気力の向き

例 3 地球の 4.6×10^{-5} T の磁場に垂直に吊ってある銅線に 10 A の電流を流すとき，この銅線の長さ 1 m に作用する磁気力の強さ F は

$$F = ILB = (10\ \mathrm{A}) \times (1\ \mathrm{m}) \times (4.6 \times 10^{-5}\ \mathrm{T}\ (= \mathrm{N/A \cdot m}))$$
$$= 4.6 \times 10^{-4}\ \mathrm{N}$$

である．仮に銅線の断面積が $1\ \mathrm{mm}^2\ (= 10^{-6}\ \mathrm{m}^2)$ とすると，その質量は約 8 g で，それに作用する重力は 8×10^{-2} N である．

電流が流れている導線では，正電荷を帯びた正イオンの間を負電荷 $(-e)$ を帯びた自由電子が電流の向きとは逆向きに動いている．導線は全体としては電荷を帯びていないので，導線に作用する電気力は 0 である．

参考 (20.27′) 式を (20.20′) 式から導く

導線を流れる電流に作用する磁気力 (20.27′) は荷電粒子に作用する磁気力 (20.20′) から次のように導くことができる．導線中の自由電子の密度を n，導線の断面積を A とすれば，この導線の長さ L の部分にある自由電子数は nAL である．磁場 $\boldsymbol{B}$ の中の導線の自由電子の平均速度を $\boldsymbol{v}$ とすると，導線中の自由電子は磁場 $\boldsymbol{B}$ から，平均して，

$$\boldsymbol{f} = -e\boldsymbol{v} \times \boldsymbol{B} \qquad (20.28)$$

の力を受ける．この導線の長さ L の部分に作用する磁気力 $\boldsymbol{F}$ は，nAL 個の自由電子に作用する磁気力 $-e\boldsymbol{v}\times\boldsymbol{B}$ の和なので，

$$\boldsymbol{F} = nAL(-e\boldsymbol{v}\times\boldsymbol{B}) \tag{20.29}$$

である．(19.4) 式によると $I = envA$ なので，電流の向き（$-\boldsymbol{v}$ の向き）を向いた長さが L のベクトルを $\boldsymbol{L}$ とすると，(20.29) 式は

$$\boldsymbol{F} = I\boldsymbol{L}\times\boldsymbol{B} \tag{20.30}$$

となり，(20.27′) 式が導かれた．したがって，磁場の中の導線に作用する磁気力は，導線中の自由電子に作用する磁気力の総和に等しいことがわかった．ただし，導線の材料として，電流が流れていないときにも磁場が磁気力を作用する鉄などを使用していない場合である．

磁場中の電流が流れているコイルに作用する磁気力　図 20.30 のように，一様な磁場 $\boldsymbol{B}$ の中で磁場に垂直な軸 OO′ のまわりに回転できる長方形のコイル ABCD に電流 I を流す．フレミングの左手の法則から，導線 AB の部分には紙面の上 → 下の向きに，CD の部分には紙面の下 → 上の向きに磁気力が作用する．2 つの磁気力は大きさが IBa で等しく逆向きであるが，作用線が距離 $b\sin\theta$ だけ離れているので，モーメント（トルク）N が $(IBa)\times(b\sin\theta) = IabB\sin\theta$ の偶力となって，コイル面が磁場と垂直になるような向きにコイルを回転させる．θ はコイル面の法線ベクトル $\boldsymbol{n}$ と磁場 $\boldsymbol{B}$ のなす角である．コイルの面積 A は $A = ab$ なので，コイルに作用する磁気力のモーメントは

$$N = IAB\sin\theta \tag{20.31}$$

と表される．この力のモーメントをベクトル積を使って表すと，

$$\boldsymbol{N} = IA\boldsymbol{n}\times\boldsymbol{B} \tag{20.31′}$$

となる．(20.31) 式は，面積 A の任意の平面図形の周囲を囲む，電流 I の流れているコイルに対しても成り立つ．法線ベクトル $\boldsymbol{n}$ の向きは，電流の向きに右ねじを回したときにねじが進む向きである．

図 20.31 に示す，磁場中の磁気モーメント

$$\boldsymbol{\mu}_{\mathrm{m}} = Q_{\mathrm{m}}\boldsymbol{d} \tag{20.32}$$

をもつ，磁荷が Q_{m} と $-Q_{\mathrm{m}}$ で長さが d の磁気双極子としての磁石に作

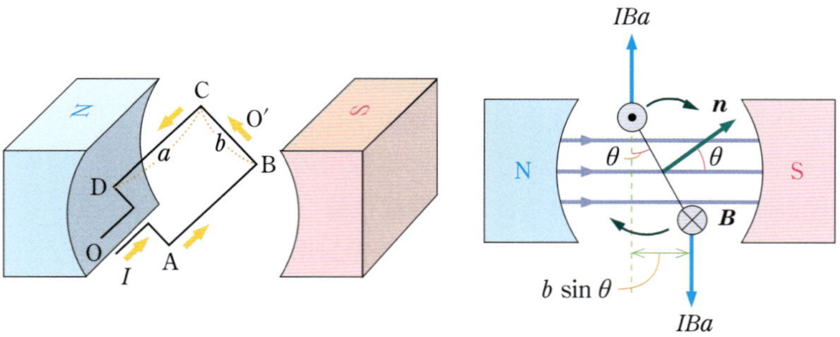

図 20.30　磁場の中のコイルに作用する磁気力

(a)

(b)　⊙印は紙面の裏から表へ電流が流れ，⊗は紙面の表から裏へ電流が流れていることを示す．

用する磁気力のモーメント

$$\boldsymbol{N} = \boldsymbol{\mu}_{\mathrm{m}} \times \boldsymbol{B} \quad (N = \mu_{\mathrm{m}} B \sin\theta)\ (\text{真空中}) \tag{20.33}$$

と (20.31) 式を比べると，面積 A，法線ベクトル $\boldsymbol{n}$ の面のまわりを電流 I が流れている閉回路は，コイル面に垂直な磁気モーメント

$$\boldsymbol{\mu}_{\mathrm{m}} = AI\boldsymbol{n} \qquad (\mu_{\mathrm{m}} = AI) \tag{20.34}$$

をもつ磁石と同じ偶力を磁場から作用されることがわかる．そこで，$AI\boldsymbol{n}$ あるいは AI を，電流が流れているコイルの**磁気モーメント**とよぶ (図 20.32)[210 頁の電気双極子の項を参照]．

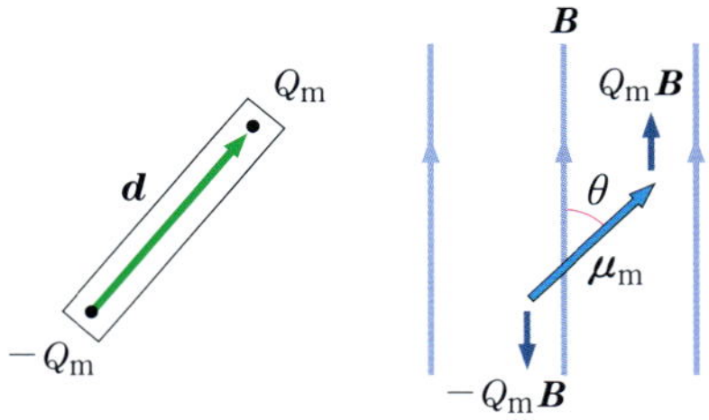

(a)　(b)

図 20.31　磁気双極子．(a) 磁石の磁気モーメント $\boldsymbol{\mu}_{\mathrm{m}} = Q_{\mathrm{m}}\boldsymbol{d}$．(b) 磁石に作用する磁気力のモーメント，$\boldsymbol{N} = \boldsymbol{\mu}_{\mathrm{m}} \times \boldsymbol{B}$ $(N = \mu_{\mathrm{m}} B \sin\theta)$

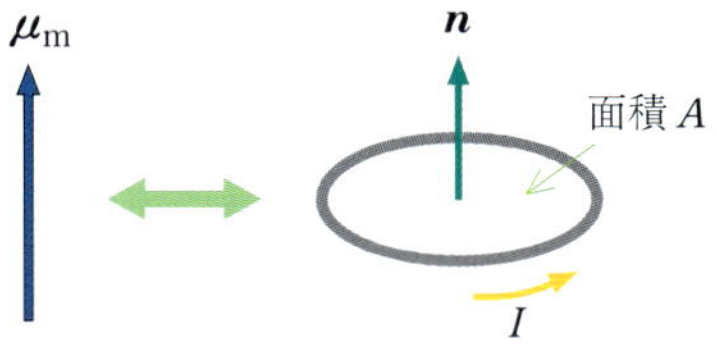

図 20.32　$\boldsymbol{\mu}_{\mathrm{m}} = AI\boldsymbol{n}$
(法線ベクトル $\boldsymbol{n}$ の長さは 1 である)

直流モーター　図 20.33 に示すように，磁石の磁極間のコイルが半回転するたびにコイルの電流の向きを変えるための分割リング整流子をつけ，これがブラシと接するようにしておく．そうすると，コイルの電流の向きは，コイル面が磁場に垂直になるたびに逆転するので，コイルは同じ向きに回転をつづける．これが直流モーターの原理である．

コイルが 1 巻きだと，コイルを軸のまわりに回転させようとする磁気力のモーメント $IAB\sin\theta$ は，コイル面が磁場に平行なとき最大 (IAB) で，コイル面が磁場に垂直なとき 0 になる．これでは，コイルは一様に回転しない．質量の大きいはずみ車をつけてもコイルの回転を一様にできるが，実際のモーターではいろいろな向きの多数のコイルを組み合わせて，一定の角速度で回転するようにしている．

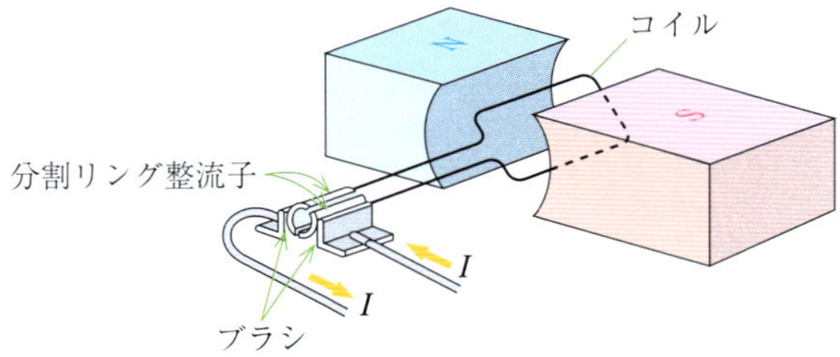

図 20.33　直流モーターの概念図

20.5　電流の間に作用する力

学習目標　磁場を仲立ちにして電流と電流の間に力が作用することを理解する．

電荷と電荷の間に力が作用し，磁極と磁極の間に力が作用するように，2 本の導線を流れる電流の間にも力が作用する．導線を流れる電流はその周囲に磁場をつくり，その磁場が別の導線を流れる電流に力を作用するからである．

図 20.34 に示すように，2 本の長い導線 a, b をまっすぐ平行に張り，電流 I_1, I_2 を流す．2 本の導線の間隔を d とする．導線 a を流れる電流 I_1 が導線 b の位置につくる磁場 $\boldsymbol{B}_1$ の強さは (20.6) 式によって

$$B_1 = \frac{\mu_0 I_1}{2\pi d} \tag{20.35}$$

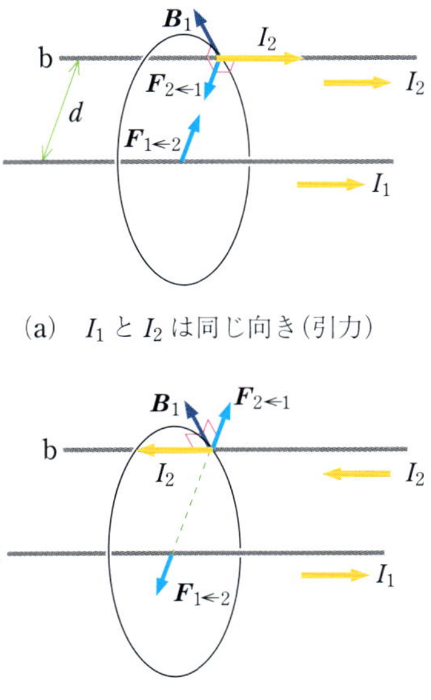

(b)　I_1 と I_2 は逆向き (反発力)

図 20.34　平行電流の間に作用する力

で，その方向は電流 I_2 の流れる方向に垂直で，向きは電流 I_1 が流れる向きに右ねじを進めるときにねじの回る向きである．この磁場 $\boldsymbol{B}_1$ が電流 I_2 の長さ L の部分に作用する磁気力 $\boldsymbol{F}_{2\leftarrow1}$ の大きさ $F_{2\leftarrow1}$ は，(20.26) 式によって $F_{2\leftarrow1}=B_1I_2L$ なので，

$$F_{2\leftarrow1}=B_1I_2L=\frac{\mu_0I_1I_2L}{2\pi d} \tag{20.36}$$

である．力の向きは電流 I_2 の流れる向きから $\boldsymbol{B}_1$ の向きに右ねじを回すときにねじの進む向きなので，I_1 と同じ向きの電流 I_2 には電流 I_1 の方に向かう引力 $\boldsymbol{F}_{2\leftarrow1}$ が作用する［図 20.34 (a)］．同様に，I_2 は I_1 に，I_2 の方へ向かう引力 $\boldsymbol{F}_{1\leftarrow2}$ を作用する．したがって，平行で同じ向きの2つの電流の間には引力が作用する．同様にして，平行で逆向きな2つの電流の間には反発力が作用することがわかる［図 20.34 (b)］．

以上をまとめると，

> 平行な直線電流の間に作用する磁気力の大きさは，導線間の距離 d に反比例し，電流の積 I_1I_2 に比例する．導線の長さ L の部分に作用する磁気力の強さ F は
>
> $$F=\frac{\mu_0I_1I_2L}{2\pi d}\qquad(\mu_0=4\pi\times10^{-7}\ \mathrm{N/A^2})^{*1} \tag{20.37}$$
>
> である．電流の向きが同じなら引力，逆向きなら反発力である．

＊1　T = N/(A・m) なので，
$\mu_0=4\pi\times10^{-7}\ \mathrm{T\cdot m/A}$
$=4\pi\times10^{-7}\ \mathrm{N/A^2}$

この電流の間に作用する力は1820年にアンペールによって発見された．

例 4　2本の平行な導線の間隔を 10 cm とし，それぞれに 100 A の電流が反対向きに流れている．この導線 10 m に作用する力の強さ F は

$$F=\frac{(4\pi\times10^{-7}\ \mathrm{N/A^2})\times(100\ \mathrm{A})\times(100\ \mathrm{A})\times(10\ \mathrm{m})}{2\pi\times(0.1\ \mathrm{m})}=0.2\ \mathrm{N}$$

で反発力である．この力の大きさは 20 g の物体に作用する重力にほぼ等しい．

例 5　つる巻きばねに電流を流すと，ばねの隣り合うコイルに同じ向きに流れている電流間の引力で，ばねは縮む．

電流の単位　A

電磁気の単位　平行な直線電流の間に作用する力の法則 (20.37) 式を使うと，平行電流の間に作用する力の強さを測れば，電流の強さを知ることができる．2018年まで国際単位系では，真空中で 1 m 離して置いた，強さの等しい電流の流れている平行な導線の間に作用する力の強さが，1 m あたり 2×10^{-7} N であるような電流を1アンペア（記号 A）と定義してきた[*2]．

長さの単位 m，質量の単位 kg，時間の単位 s に加えて，電流の単位 A の4つの**基本単位**が定まると，電磁気に関する他の量の単位は，これらの基本単位の組合わせで組立単位として決まる．

＊2　2018年から電流の単位アンペア A は，電気素量 e を正確に，$1.602\,176\,634\times10^{-19}$ C と定めることによって設定されるので，磁気定数 μ_0 の値は $4\pi\times10^{-7}\ \mathrm{N/A^2}$ からわずかにずれることになった．

20.6 磁性体がある場合の磁場

学習目標 物質の単位体積あたりの原子の磁気モーメントの和である巨視的な物理量の磁化 $\boldsymbol{M}$ を理解する．反磁性体，常磁性体，強磁性体という 3 種類の物質の特徴を理解する．

磁場 $\boldsymbol{H}$ は，伝導電流のつくる磁場 $\boldsymbol{B}$ の $\frac{1}{\mu_0}$ 倍の $\boldsymbol{H}^{(\mathrm{c})}$ と磁荷からクーロンの法則を使って計算される $\boldsymbol{H}^{(\mathrm{m})}$ の和であることを理解する．比透磁率 μ_r の磁性体で長いソレノイドを満たすと，磁場 $\boldsymbol{B}$ の強さは μ_r 倍になることを理解する．

磁化 $\boldsymbol{M}$ ソレノイドに電流を流すと電磁石になるが，これに鉄心を入れると，電磁石の強さははるかに強くなる．鉄心が磁化して磁石になるからである．すべての物質は磁場の中で強弱の差はあるが磁化する（磁石的性質をもつ）．磁気的性質に着目するとき物質を**磁性体**という．

すべての物質は原子の集まりである．原子の中では，電子が原子核のまわりを公転したり自転したりしている．原子の中のようなミクロな世界ではニュートン力学は成り立たず，量子力学が支配しているので，公転的運動と自転的運動というべきかもしれない．荷電粒子の電子が原子の中で運動すると，原子の内部に**微視的な電流**が流れ，そのために多くの原子は微小な小磁石（磁気双極子）になり，微小な磁気モーメントをもつ．また，電子は，スピンとよばれる自転的運動のために，ほぼ

$$\mu_\mathrm{B} = \frac{eh}{4\pi m} = 9.27\times10^{-24}\ \mathrm{A\cdot m^2} \tag{20.38}$$

という大きさの固有の磁気モーメントをもつ（m は電子の質量，h はプランク定数）．

個々の原子のもつ磁気モーメントはきわめて小さいが，物体を磁場の中に置くと，原子の磁気モーメントの向きが揃って磁場の向き（強磁性体，常磁性体）あるいは磁場の逆向き（反磁性体）になるので，物体は巨視的な大きさの磁気モーメントをもち，磁化する．磁性体の単位体積あたりの原子の磁気モーメントのベクトル和を磁性体の磁化 $\boldsymbol{M}$ と定義する．つまり，$\boldsymbol{\mu}_j$ を j 番目の原子の磁気モーメントとすると，巨視的な場としての磁化 $\boldsymbol{M}$ が次のように定義される（磁化の単位は A/m）*．

$$\boldsymbol{M} = \sum_{j(\text{単位体積})} \boldsymbol{\mu}_j \tag{20.39}$$

図 20.35 欧州原子核研究機関（CERN）のアトラス検出器の超伝導ソレノイド磁石のコイル部分．磁場をかけることで荷電粒子の軌道を曲げる．

磁化の単位 A/m

* 磁気モーメントの単位は，AI の単位の $\mathrm{A\cdot m^2}$ である．

等価磁石 20.4 節では，面積 A，法線 $\boldsymbol{n}$ の平面を囲む閉回路を流れる電流 I の磁気的性質は，その面上にある磁気モーメント

$$\boldsymbol{\mu}_\mathrm{m} = AI\boldsymbol{n} \tag{20.40}$$

をもつ磁気双極子の磁気的性質と同じであることを示した．したがって，図 20.36 に示す，断面積 A，長さ L，単位長さあたりの巻き数 n のソレノイドに電流 I が流れているとすると，この体積 AL の nL 巻き

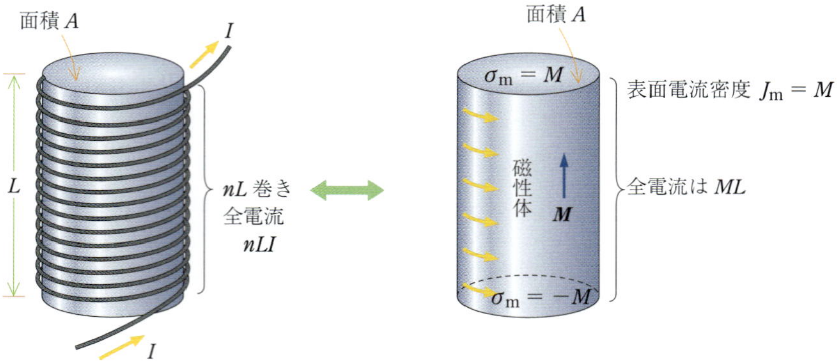

図 20.36　ソレノイドと円柱状磁石（$M = nI$）が外部につくる磁場 $\boldsymbol{B}$ は同じである．

のソレノイドの磁気的性質は，同じ大きさで磁気モーメントが $nLAI$ の円柱状磁石と同じであることが(20.40)式からわかる．すなわち，単位体積あたりの磁気モーメントが nI の磁石と等価である．

磁性体の磁化 $\boldsymbol{M}$ は単位体積あたりの磁気モーメントである．したがって，磁化 $\boldsymbol{M}$ の円柱状磁石と単位長さあたり $nI = |\boldsymbol{M}| = M$ の電流が流れる同形のソレノイドが外部につくる磁場 $\boldsymbol{B}$ は同じである．つまり，磁化 $\boldsymbol{M}$ の磁性体中の微視的な電流のつくる磁場 $\boldsymbol{B}$ を巨視的に見ると，磁性体の側面をめぐって流れる表面電流密度

$$J_{\mathrm{m}} = M \qquad (20.41)$$

の表面電流がビオ-サバールの法則にしたがってつくる磁場 $\boldsymbol{B}$ と同じである．この等価な巨視的な表面電流を**磁化電流**という．

分極 $\boldsymbol{P}$ の誘電体の表面には，単位面積あたり $\sigma_{\mathrm{P}} = \pm P$ の分極電荷が現れるように，磁化 $\boldsymbol{M}$ の磁性体の表面には，面密度が

$$\sigma_{\mathrm{m}} = \pm M \qquad (20.42)$$

の磁荷が現れる．

図 20.37　国際宇宙ステーションから撮影されたオーロラ

磁場 $\boldsymbol{H}$　巨視的な世界を対象にする電磁気学では，原子のスケールで激しく変化している微視的な磁場 $\boldsymbol{B}$ を人間の目には見えないほど小さいが原子よりはるかに大きな領域で平均した，巨視的な場としての磁場 $\boldsymbol{B}$ を考える．磁場 $\boldsymbol{B}$ はすべての電流がつくる磁場である．巨視的な静磁場 $\boldsymbol{B}$ をつくる電流 I には，放電管や導体の中の自由電荷の流れであり巨視的な電流測定装置で測れる伝導電流 I_0 と磁性体中の微視的な電流を巨視的に見た磁化電流 I' の 2 種類がある（$I = I_0 + I'$）．したがって，静磁場 $\boldsymbol{B}$ は伝導電流 I_0 がビオ-サバールの法則にしたがってつくる磁場 $\boldsymbol{B}^{(\mathrm{c})}$ と磁化電流 I' がビオ-サバールの法則にしたがってつくる磁場 $\boldsymbol{B}^{(\mathrm{m})}$ の和，$\boldsymbol{B} = \boldsymbol{B}^{(\mathrm{c})} + \boldsymbol{B}^{(\mathrm{m})}$ である．

磁化電流がつくる磁場 $\boldsymbol{B}^{(\mathrm{m})}$ は，磁性体の表面に現れる磁荷 Q_{m} がクーロンの法則にしたがってつくる磁場

$$\boldsymbol{H}^{(\mathrm{m})}(\boldsymbol{r}) = \frac{Q_{\mathrm{m}}}{4\pi r^2}\frac{\boldsymbol{r}}{r} \qquad \text{（磁荷 } Q_{\mathrm{m}} \text{ が原点にある場合）} \qquad (20.43)$$

と磁化 $\boldsymbol{M}$ の和の μ_0 倍に等しいことが証明できる．つまり，

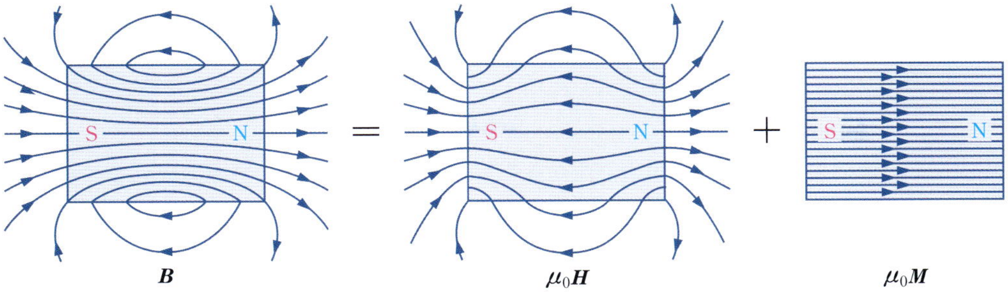

図 20.38　軸方向に一様に磁化した強磁性体の棒のつくる $\boldsymbol{B}$ と $\mu_0\boldsymbol{H}$ と $\mu_0\boldsymbol{M}$

$$\boldsymbol{B}^{(\mathrm{m})} = \mu_0(\boldsymbol{H}^{(\mathrm{m})}+\boldsymbol{M}) \tag{20.44}$$

である．ここでは証明しないが，軸方向に一様に磁化した棒磁石のつくる磁場 $\boldsymbol{B}$ と $\mu_0\boldsymbol{H}$ と $\mu_0\boldsymbol{M}$ を示した図 20.38 を見れば理解できるだろう．磁場 $\boldsymbol{H}^{(\mathrm{m})}$ を表す磁力線は N 極を始点とし S 極を終点とする線であり，磁化 $\boldsymbol{M}$ を表す線は磁石の S 極を始点とし N 極を終点とする線である．

次に，伝導電流による磁場 $\boldsymbol{H}^{(\mathrm{c})}$ を

$$\boldsymbol{B}^{(\mathrm{c})} = \mu_0\boldsymbol{H}^{(\mathrm{c})} \tag{20.45}$$

と定義し，歴史的な理由で「磁場の強さ」とよばれている，巨視的な磁場 $\boldsymbol{H}$ を

$$\boldsymbol{H} = \boldsymbol{H}^{(\mathrm{c})}+\boldsymbol{H}^{(\mathrm{m})} \tag{20.46}$$

と定義する．磁場 $\boldsymbol{H}$ の単位は磁化 $\boldsymbol{M}$ の単位と同じで，A/m である．

磁場 H の単位　A/m

このようにして，磁場 $\boldsymbol{B} = \boldsymbol{B}^{(\mathrm{c})}+\boldsymbol{B}^{(\mathrm{m})} = \mu_0(\boldsymbol{H}^{(\mathrm{c})}+\boldsymbol{H}^{(\mathrm{m})}+\boldsymbol{M})$ は，磁場 $\boldsymbol{H}$ と磁化 $\boldsymbol{M}$ の和，

$$\boldsymbol{B} = \mu_0(\boldsymbol{H}+\boldsymbol{M}) \tag{20.47}$$

として表されることになった．磁場 $\boldsymbol{H}$ は，$\mu_0 = 1$ とおいたビオ-サバールの法則を使って伝導電流から計算される $\boldsymbol{H}^{(\mathrm{c})}$ と磁荷からクーロンの法則 (20.43) を使って計算される $\boldsymbol{H}^{(\mathrm{m})}$ の和である．

磁石の外部では $\boldsymbol{M} = \mathbf{0}$ なので，$\boldsymbol{B} = \mu_0\boldsymbol{H}$ であり，$\boldsymbol{B}$ と $\boldsymbol{H}$ とは比例定数 μ_0 を除けば同じである．

磁場 H のアンペールの法則　アンペールの法則 (20.15) の右辺の電流 I は伝導電流 I_0 と磁化電流 I' の和 $I = I_0+I'$ で，左辺の $\boldsymbol{B}$ は $\mu_0(\boldsymbol{H}+\boldsymbol{M})$ である．左辺の $\boldsymbol{M}$ の寄与は右辺の I' に等しいことが証明できるので，磁場 $\boldsymbol{H}$ のアンペールの法則

$$\oint_{\mathrm{C}} H_{\mathrm{t}}\,\mathrm{d}s = I_0 \tag{20.48}$$

が導かれる（証明略）．H_{t} は磁場 $\boldsymbol{H}$ の閉曲線 C の接線方向成分である．

磁気力のクーロンの法則　真空中で磁場 $\boldsymbol{B}$ は磁荷 Q_{m} に磁気力 $\boldsymbol{F} = Q_{\mathrm{m}}\boldsymbol{B} = \mu_0 Q_{\mathrm{m}}\boldsymbol{H}$ を作用する (**20.1** 節)．したがって，(20.43) 式を使うと，真空中では距離 r の 2 つの磁極 Q_{m} と $Q_{\mathrm{m}}{}'$ の間には**磁気力のクーロンの法則**

$$F = \frac{\mu_0 Q_m Q_m'}{4\pi r^2} \quad （真空中） \tag{20.49}$$

にしたがう磁気力が作用することが導かれる．

磁化率　磁場がかかっていなくても磁化している永久磁石以外のほとんどの磁性体では，磁化 $\boldsymbol{M}$ は磁化を引き起こした磁場と同じ向きか逆向きで，その大きさは引き起こした磁場の強さに比例する．そこで次元の同じ $\boldsymbol{M}$ と $\boldsymbol{H}$ の比例関係を

$$\boldsymbol{M} = \chi_m \boldsymbol{H} \tag{20.50}$$

と書き，磁性体によって決まっている比例定数 χ_m をその物質の**磁気感受率**あるいは磁化率という*．磁気感受率 χ_m は無次元の量である．(20.50) 式を代入すると (20.47) 式は

$$\boldsymbol{B} = \mu_0(1+\chi_m)\boldsymbol{H} \tag{20.51}$$

となる．そこで**比透磁率** μ_r を

$$1+\chi_m = \mu_r \tag{20.52}$$

と定義すると，(20.51) 式は

$$\boldsymbol{B} = \mu_r \mu_0 \boldsymbol{H} \tag{20.53}$$

と表される．$\mu = \mu_r\mu_0$ を透磁率という．

長いソレノイドの内部を磁性体で満たした場合のように，両端に現れる磁荷が遠いので $\boldsymbol{H}^{(m)}$ が無視でき，コイルを流れる電流から磁場 $\boldsymbol{H}^{(c)}(=\boldsymbol{H})$ がわかる場合には，物質中の磁場 $\boldsymbol{B}$ は，$\boldsymbol{B} = \mu_r\mu_0\boldsymbol{H}$ を使って求められる．

* $\boldsymbol{M}$ と $\boldsymbol{B}$ の比例関係を

$$\boldsymbol{M} = \frac{\chi_m}{\mu_0}\boldsymbol{B}$$

と表して，χ_m を磁気感受率ということがある．

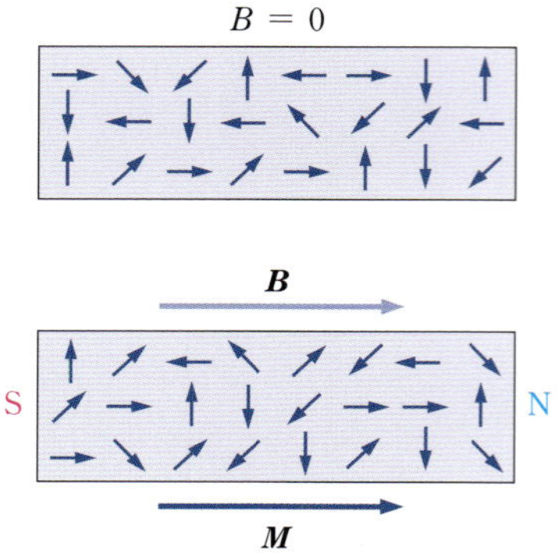

図 20.39　常磁性体の磁化
(a)　常磁性体の分子は，磁場がかかっていないときも微小な磁気双極子であるが，熱運動のために磁気双極子はばらばらな方向を向いている．
(b)　外部から磁場をかけると，一部が磁場の方向を向き，磁化する．

反磁性体　ガラス，アンチモン，ビスマス，金，銀，銅，ふつうの有機物，大部分の塩類，水，酸素以外の多くの気体は，磁場をかけると次章で学ぶ電磁誘導によって誘起される磁化 $\boldsymbol{M}$ が磁場の向きの逆を向き，磁化は弱い．このような $\chi_m < 0$ で $1 \gg |\chi_m| > 0$ の物質を**反磁性体**という．室温では固体の反磁性体の χ_m は -10^{-5} 程度の値（銅は -9.7×10^{-6}）である．

常磁性体　白金，アルミニウム，クロム，マンガンなどの元素，遷移金属とその化合物，酸素，亜酸化窒素などの気体では，磁場の中で誘起される磁化 $\boldsymbol{M}$ の向きは磁場と同じ向きで，磁化 $\boldsymbol{M}$ の大きさは小さい（図 20.39）．このような $\chi_m > 0$ で，$1 \gg \chi_m > 0$ の物質を**常磁性体**という．室温では固体の常磁性体の χ_m は 10^{-5}〜10^{-2} の値（アルミニウムは 2.1×10^{-5}，マンガンは 8.3×10^{-4}）である．

問 6　図 20.40 のように，磁化していない小さな試料を一様でない強い磁場の対称軸上に吊し，電磁石に電流を流すと，強磁場領域に弱い引力で引きつけられる物質［図 (a)］は常磁性体で，強磁場領域から弱い反発力で斥けられる物質［図 (b)］は反磁性体であることを示せ．

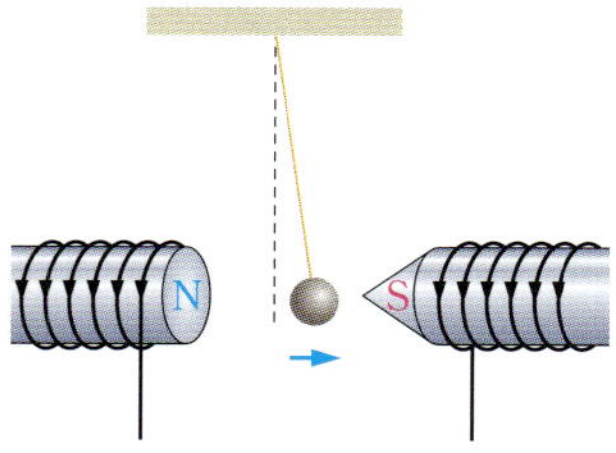

(a)　常磁性体の球

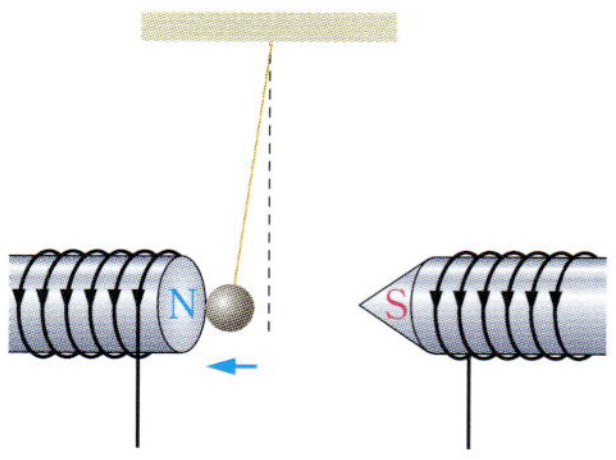

(b)　反磁性体の球

図 20.40　強くて一様でない磁場の中に吊した常磁性体と反磁性体の球．尖っている S 極の近くの方が N 極の近くより磁場が強い．

強磁性体 鉄，コバルト，ニッケルおよびこれらを主成分とする合金や化合物および希土類元素の化合物などは，永久磁石になったり，磁場の中で大きく磁化するので**強磁性体**という．

永久磁石になる鉄のような強磁性体の特徴は，外部から磁場がかかっていなくても，原子の間に交換力とよばれる量子力学的な効果によって生じる力が作用して，原子の磁気モーメントが，自発的に同一の方向を向くことであるが，現実の強磁性体を磁場のないところに置くと，このような状態ではなく，いくつかの異なる向きの強磁性の区域に分かれる．各区域では原子の磁気モーメントが一定の方向を向いているが，強磁性体は全体としては磁化が 0 に近い値になっていることが多い．この小さな区域（10^{-7}〜10^{-2} cm 程度）を**磁区**といい，区域の境界を磁壁という（図 20.41）．磁区ができる原因は，強磁性体の内部エネルギーを低くするためで，磁壁では内部エネルギーが高くなるが，全体としての内部エネルギーは磁区をつくって磁力線が外に出ない方が低くなる．

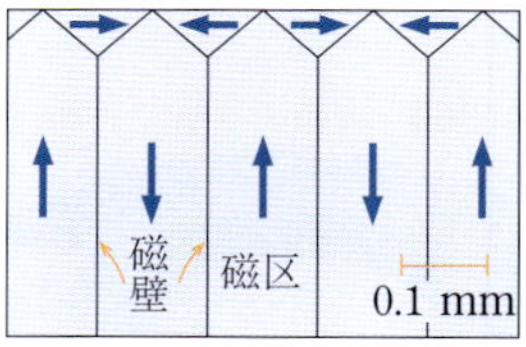

図 20.41 磁区．矢印は磁化の方向を示す．

強磁性体をたとえば空心の長いソレノイドのつくる磁場の中に入れると，磁場の方向に磁化していた磁区が成長し，また磁区の磁化の向きが磁場の向きを向くように回転して，強磁性体の磁化 M は磁場の強さ H（ソレノイドを流れる電流の強さ）とともに増大していく（図 20.42 の O → A の部分）．しかし，すべての分子の磁気モーメントが全部磁場の方向を向いても有限な磁化 M_s しか得られないため，H が非常に大きくなると磁化はほとんど増加しなくなる（図 20.42 の A）．これを磁化が飽和した状態という（実際には，飽和した鉄では平均して 1 原子あたり 2.2 個の電子の固有磁気モーメントが磁場の方向を向いている）．

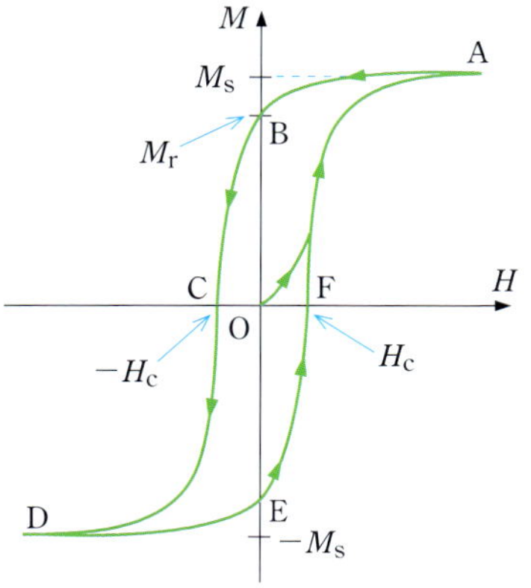

図 20.42 強磁性体の磁化曲線

飽和の状態まで磁化した後，磁場 H を弱めると磁化 M は A → B という道を経由して減少していく．磁場 H が 0 になっても磁化は 0 にならず，ある大きさの磁化 M_r が残る（$M_r = \overline{OB}$）．これを**残留磁化**という．永久磁石はこの残留磁化を利用している．磁場の向き（電流の向き）を逆向きにしても（$H < 0$），図 20.42 の B → C の部分では磁化はまだ残っている．$H = -H_c = -\overline{OC}$ のとき，はじめて $M = 0$ になる．この H_c を**保磁力**という．逆向きの磁場を強くしていくと，D になって逆向きの磁化が飽和する．この磁化 M と磁場 H の関係を表す曲線を**磁化曲線**または**ヒステリシス（履歴）ループ**という．

このように磁化の強さ M が過去の磁化の歴史に関係することを，**磁気ヒステリシス**という．変圧器では鉄心が周期的に磁化するが，磁化曲線の囲む面積の μ_0 倍（$\mu_0 \oint H\,\mathrm{d}M$）を，鉄心の単位体積は 1 周期ごとに熱として失う．これを**ヒステリシス損失**という．ヒステリシス損失の小さい材料がつくられていて，変圧器用の鉄心などに使われている．

飽和状態での磁化の大きさ M_s は温度によって異なる．温度が上がれば M_s は減少し，**キュリー温度**とよばれる（物質によって決まる，ある一定の）温度で $M_s = 0$ となり，これ以上の温度では強磁性はなくなり，常磁性を示す．温度が上昇すると熱運動が激しくなり，熱運動が交換力に打ち勝つためである．鉄のキュリー温度は 1043 K である．

強磁性体は，(1) 磁場をかけてもなかなか磁化されず，また磁場を取り除いても残留磁化の大きなものと，(2) わずかな磁場をかけただけで非常に大きな磁化を示し，残留磁化も保磁力も小さなものの 2 つのグループに大別される．前者を硬磁性材料，後者を軟磁性材料という．硬磁性材料は永久磁石をつくるのに適している．軟磁性材料は変圧器やチョークコイルの鉄心などに用いられる．

強磁性体の残留磁化は，この物質が磁場にさらされたときの記憶を残しているといえる．この磁気記憶は磁気テープ，磁気ディスクなどに応用されている．このような用途には，保磁力がある程度の大きさをもち，磁化曲線が角ばっている材料が望ましい．これを半硬磁性材料あるいは記録材料という．

図 20.43　コンピュータのデータストレージ用磁気テープ

例 6　比透磁率 μ_r の物質で内部が満たされた無限に長いソレノイドに電流 I を流す場合　無限に長いソレノイドの場合には分極磁荷のつくる磁場 $\boldsymbol{H}$ は無視できるので，磁場 $\boldsymbol{H}$ の大きさはコイルを流れる伝導電流 I がビオ-サバールの法則にしたがってつくる

$$H = nI \quad （ソレノイドの内部） \tag{20.54a}$$

$$H = 0 \quad （ソレノイドの外部） \tag{20.54b}$$

である．したがって，(20.53) 式を使うと

$$B = \mu_r\mu_0 H = \mu_r\mu_0 nI \quad （ソレノイドの内部） \tag{20.55a}$$

$$B = 0 \quad （ソレノイドの外部） \tag{20.55b}$$

つまり，磁場 $\boldsymbol{B}$ は内部が真空の場合の μ_r 倍になる．磁場 $\boldsymbol{H}$ および磁場 $\boldsymbol{B}$ の向きは電流の向きから右ねじの規則を使って求められる．

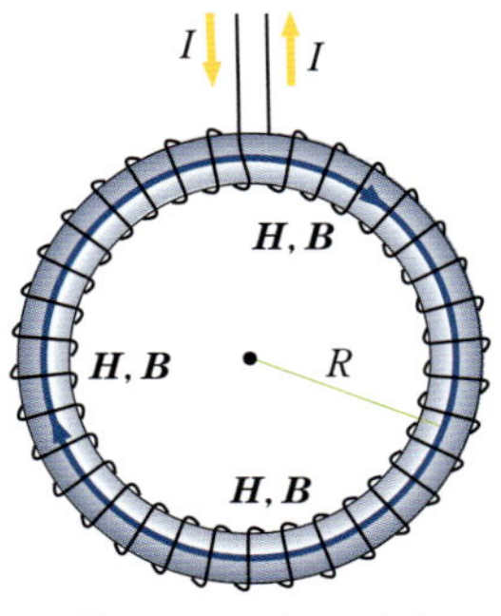

図 20.44　トロイド

例 7　比透磁率 μ_r の物質で内部が満たされたトロイド（N 巻き）に電流 I を流す場合（図 20.44）　トロイドの中心軸を中心とする半径 R の円を閉曲線 C として，磁場 $\boldsymbol{H}$ のアンペールの法則を適用する．対称性から $H_t = H$ なので，(20.48) 式は，トロイドの内部では $2\pi RH = NI$，外部では $2\pi RH = 0$ となり，

$$H = \frac{NI}{2\pi R}, \qquad B = \mu_r\mu_0 H = \frac{\mu_r\mu_0 NI}{2\pi R} \quad （トロイドの内部） \tag{20.56a}$$

$$H = 0, \qquad B = 0 \quad （トロイドの外部） \tag{20.56b}$$

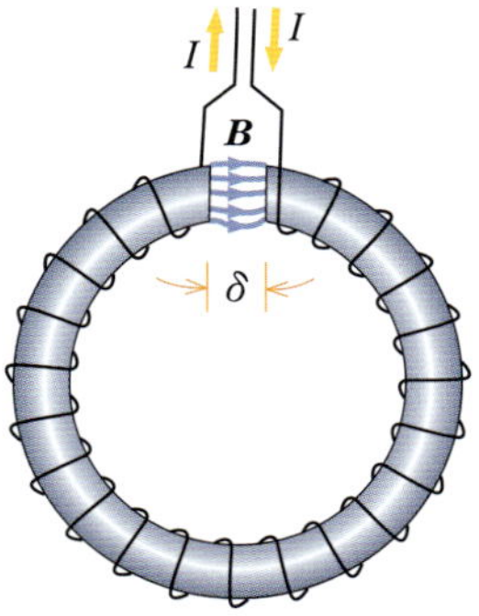

図 20.45　C 字形電磁石

例 8　C 字形電磁石　比透磁率 μ_r の軟鉄で内部が満たされたトロイドの鉄心に長さ δ の短いすき間を入れる（図 20.45）．磁場 $\boldsymbol{B}$ の磁力線には始点も終点もないので，鉄心に小さなすき間を入れても磁力線はほぼ円形であり，磁場 $\boldsymbol{B}$ の強さ B は鉄心の中でもすき間の中でも近似的に一定だと考えられる．磁場 $\boldsymbol{H}$ の強さは，すき間では $H_0 \approx \dfrac{B}{\mu_0}$，鉄心の中では $H_1 \approx \dfrac{B}{\mu_r\mu_0}$ である．長さ $L = 2\pi R$ の鉄心の中心軸に沿って磁場 $\boldsymbol{H}$ のアンペールの法則 (20.48) を適用すると，

$$NI = H_0\delta + H_1 L \approx B\left(\frac{\delta}{\mu_0} + \frac{L}{\mu_r \mu_0}\right) \tag{20.57}$$

$$\therefore \quad B \approx \frac{\mu_r \mu_0 NI}{L + \delta \mu_r} \tag{20.58}$$

すき間 δ が狭く，$\delta \ll \frac{L}{\mu_r}$ の場合には，すき間での磁場 $\boldsymbol{B}$ の強さ(20.58)は，同じ巻き数 N で同じ長さ L の，空心のトロイド内部の磁場 $\frac{\mu_0 NI}{L}$ の μ_r 倍になり，およそ数千倍に増強できる．これが電磁石の原理である．

演習問題20

A

1．図1の2点A,Bのどちらの磁場が強いか．磁力線のようすから判断せよ．磁極の間に置いた磁針にはどのような力が作用するか．

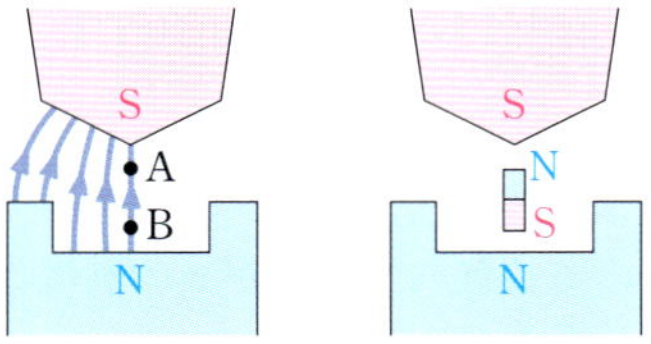

図1

2．地球を大きな磁石と考えると，この磁石のN極は，地球の南極，北極のどちらか．また，地磁気が地球の内部を流れている円電流によるものだとすれば，この円電流はどういう平面上をどちら向きに流れていると考えればよいか．

3．無限に長い導線に10Aの電流が流れている．この導線から距離が1cmの点の磁場の強さ B を求めよ．

4．距離10cmの平行な2つの直線状導線の一方に4A，他方に6Aが逆向きに流れている．2本の導線のちょうど中間での磁場の強さ B はいくらか．

5．光速の1/10の速さ($v \sim 3\times10^7$ m/s)で宇宙空間から日本の上空に飛来した電子(電荷 $-e = -1.6\times10^{-19}$ C，質量 $m = 9.1\times10^{-31}$ kg)に，地球磁場($B \sim 4.5\times10^{-5}$ T)が作用する磁気力の強さを求めよ．この電子に作用する地球の重力も求めよ．この電子が行う地磁気の磁力線のまわりのらせん運動の半径 r を求めよ．

6．一様な磁場がかかっているが，電場はかかっていない物質中での電子の軌跡を調べたところ図2のようになった(物質中で電子は減速する)．

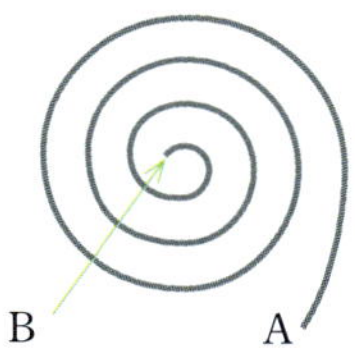

図2

(1)　電子の運動方向はA→Bか，B→Aか．

(2)　磁場の方向は紙面の表→裏か，裏→表か．

7．図3のように2つの磁石の磁極の間に電流が流れている．電流に作用する力と磁極に作用する力の向きを図示せよ．

図3

8．真空中で 3×10^{-5} Tの磁場に垂直な導線に20Aの電流を流すとき，この導線の1mに作用する磁気力を求めよ．

9．栃木での地磁気は，鉛直下方に対して40.5°の角をなし(伏角＝49.5°)，水平方向成分は 3.0×10^{-5} T(磁場の大きさは 4.61×10^{-5} T)である．南北方向の水平な電線に10Aの電流を通じたとき，長さ2mの電線に働く磁気力を求めよ．

10．図4の円電流とその中心を通り円に垂直な直線電流の間にはどのような磁気力が作用し合うか．

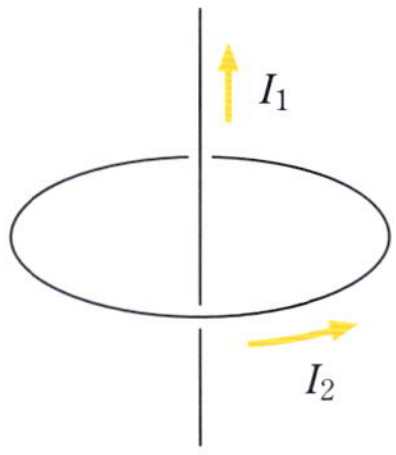

図4

11．半径10cmの1巻きの円形導線が100Ωの抵抗で6Vの電池につながれている．円の中心での磁場の強さ B はいくらか．

12．長さ30cmの円筒に導線を1200回巻いたソレノイドに1Aの電流を流すと，内部の磁場の強さ B はどれくらいか．

13．長さ1kmの導線が，長さ1mで円周が0.2mの紙の管に一様に巻いてある．管の中心部の磁場を0.1Tにするために必要な電流を求めよ．

14．1mあたりの巻き数が4000のソレノイドに比透磁率 $\mu_r = 1000$ の鉄心が入っている．1Aの電流を流すときの鉄心の中の磁場 $\boldsymbol{H}$ の強さと磁場 $\boldsymbol{B}$ の強さを求めよ．

B

1. 陽子を加速して 2 MeV の運動エネルギーをもたせるようなサイクロトロンをつくりたい．磁場の強さは 0.3 T とする．陽子の質量は 1.67×10^{-27} kg である．$1\text{ MeV}=1.6\times10^{-13}$ J である．
   (1) 磁石の磁極の半径はいくら以上でなければならないか．
   (2) 加速用交流電源の周波数はいくらでなければならないか．
2. 図 5 の半径 R の円と半円の中心 c における磁場 $\boldsymbol{B}$ を求めよ．直線部分を流れる電流からの寄与はあるか．

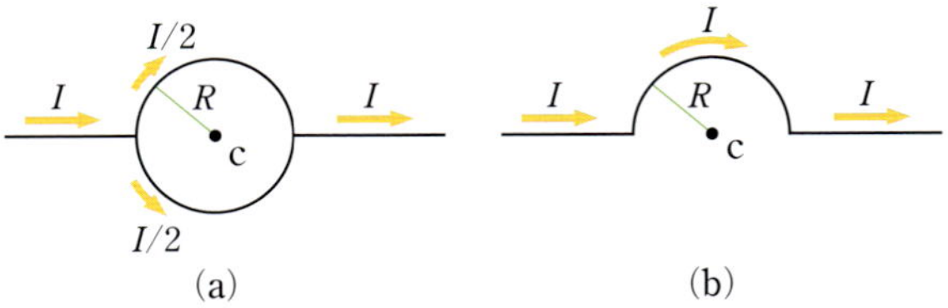

図 5

3. ビオ-サバールの法則を使って，無限に長い直線電流のつくる磁場の強さ B は (20.6) 式で与えられることを示せ．
4. 図 6 のような断面をもつ長いまっすぐな同軸ケーブルがある．2 つの導体に同じ大きさで逆向きの電流 $I, -I$ が一様に流れている．中心からの距離 r とともに磁場 $\boldsymbol{B}$ の強さはどのように変わるか．

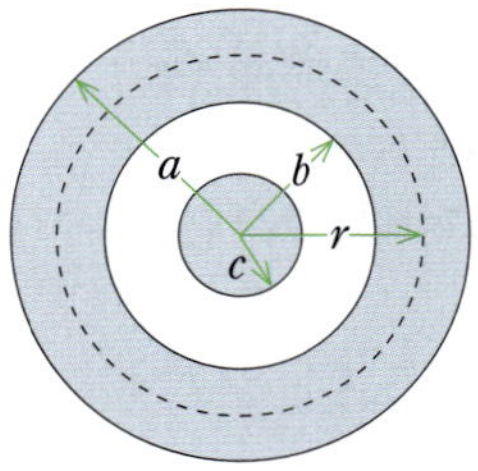

図 6

5. 導線を流れる電流は磁場をつくる．全回路を流れる電流のつくる磁場は観測できるが，その微小部分を流れている電流だけがつくる磁場を直接に観測することはできない．しかし，ビオとサバールは，工夫してこれを観測することに成功した．

   図 7 の導線 ABC を流れる電流 I と導線 A′B′B″C′ を流れる電流 I が点 P につくる磁場の差は，導線の一部分 B′B″ を流れる電流 I が点 P につくる磁場と等しいことを示せ．

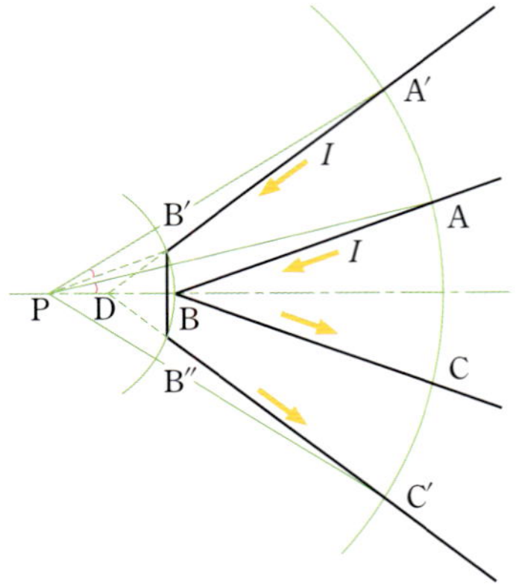

図 7

6. **運動する荷電粒子のつくる磁場** ▌電荷 q の物体の速度 $\boldsymbol{v}$ の大きさが光速に比べて十分に小さければ，電荷 q からの位置ベクトルが $\boldsymbol{r}$ の点にこの荷電物体がつくる磁場 $\boldsymbol{B}$ は，

$$\boldsymbol{B}=\frac{\mu_0 q\boldsymbol{v}\times\boldsymbol{r}}{4\pi r^3} \tag{1}$$

   である．もちろん，この荷電物体は電場もつくる．
   (1) (1) 式とビオ-サバールの法則を比較せよ．
   (2) 電荷 q_1，速度 $\boldsymbol{v}_1$ の荷電粒子 1 と，電荷 q_2，速度 $\boldsymbol{v}_2$ の荷電粒子 2 の間には，磁場 (1) を通じて磁気力

$$\boldsymbol{F}_{1\leftarrow 2}=\frac{\mu_0 q_1 q_2}{4\pi}\frac{[\boldsymbol{v}_1\times\{\boldsymbol{v}_2\times(\boldsymbol{r}_1-\boldsymbol{r}_2)\}]}{|\boldsymbol{r}_1-\boldsymbol{r}_2|^3}$$

$$\boldsymbol{F}_{2\leftarrow 1}=\frac{\mu_0 q_1 q_2}{4\pi}\frac{[\boldsymbol{v}_2\times\{\boldsymbol{v}_1\times(\boldsymbol{r}_2-\boldsymbol{r}_1)\}]}{|\boldsymbol{r}_1-\boldsymbol{r}_2|^3}$$

   が作用し合うことを示し，$\boldsymbol{F}_{2\leftarrow 1}$ と $\boldsymbol{F}_{1\leftarrow 2}$ は作用反作用の法則にしたがわないことを示せ．

放 射 光

静止している電荷はその周囲に時間的に変化しない静電場だけをつくる．したがって，静止している電荷は電磁波を放射しない．一定の速度で等速度運動している電荷はその周囲に電場と磁場をつくるが，この電荷と同じ速度で運動する観測者がこの電荷を見ると静止して見えるので，この電荷も電磁波を放射しない．電磁波を放射するのは加速運動している電荷だけである．したがって，強い電磁波を発生させるための有力な1つの方法は，質量がきわめて小さいので，加速しやすい電子を大量に加速する方法である．

ほぼ光速で直進している電子が，その進行方向を磁石などによって曲げられる際に発生する電磁波を，放射光とよぶ．放射光は電子の進行方向に放射される．電子のエネルギーが大きく，進行方向の変化が大きいほど，より細く絞られた明るい光になり，また，X 線などの短い波長の光を含むようになる．

電子は電荷を帯びているために，その周囲に電場をつくっている．高エネルギーの電子が磁場で進行方向が曲げられると，電子のすぐ近くの電場が振り落とされて軌道の接線方向に電磁波となって放出される（図 20.A）．これが放射光であると考えればよい．

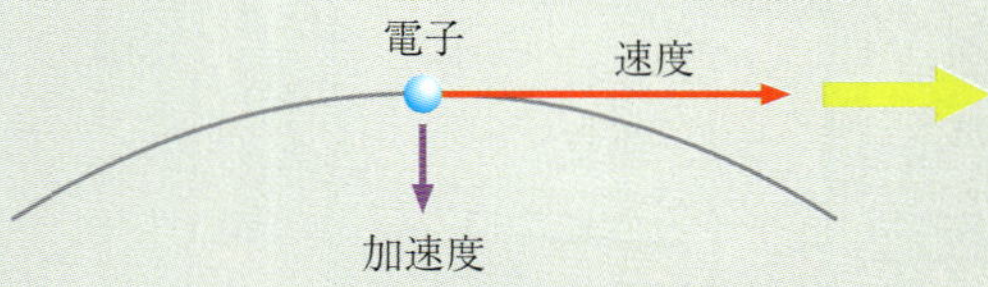

図 20.A 放射光の発生原理

強力な放射光を得る装置として，電子を加速し，電磁石の磁気力でリング状の真空パイプの中に閉じ込めて長い時間にわたって円運動させつづけるための円形加速器でもあり，蓄積リングでもある専用の電子シンクロトロンが建設されている．兵庫県播磨科学公園都市の SPring-8（図 20.B）はその代表例である．

図 20.B SPring-8

この装置では，電子の進行方向を変えるために用いられる磁石のタイプとしては，電子をリング状の加速器に閉じ込めるために用いられる偏向電磁石（図 20.C）のほか，電子の円軌道のそばに挿入して電子の円軌道を細かく振動させるための，図 20.D に示すアンジュレータのような特定の形に組み合わせた磁石の 2 種があり，それぞれ特徴ある放射光が得られる．

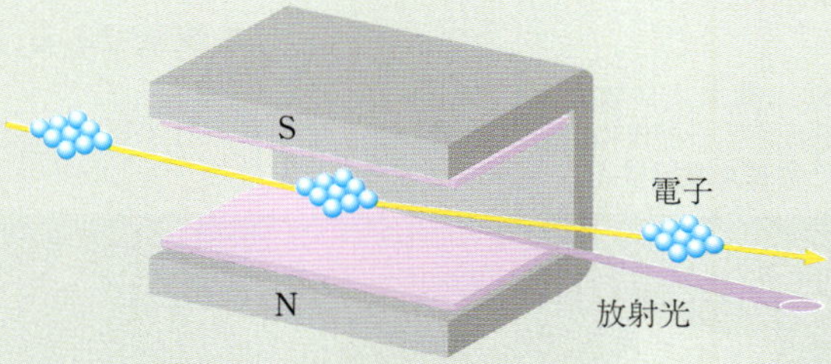

図 20.C 偏向電磁石からの放射光

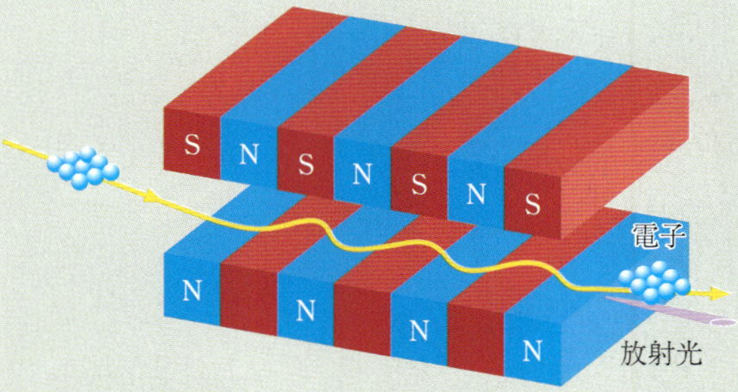

図 20.D アンジュレータからの放射光

放射光は，「極めて明るく，細く絞られて広がりにくく，波長領域が赤外線から X 線まで広く，自然に偏光していて，短いパルスの繰り返しである」などの特徴をもつので，放射光は紫外線から X 線にいたる波長領域のもっとも優れた光源として，科学技術の広い分野で用いられている．

電磁誘導

2つのネオジム（Nd）磁石の一方を鉛直な銅やアルミのパイプの中で自由落下させ，もう一方を同じ高さから同時に空中で自由落下させると，どうなるだろうか．ネオジム磁石をどのように向けて自由落下させても，銅やアルミのパイプの中では空中よりゆっくり落下する．この原因は，運動する磁石によってパイプに電流が流れ，この電流のつくる磁場が磁石の運動を妨げるという電磁誘導である．

本章で学ぶ電磁誘導とは，回路を貫く磁束（磁力線の本数）が変化すれば，回路に起電力が誘起され，磁場が時間的に変化すると電場が生じる現象である．

金属検出機は人や物が開口部（ヘッド）を通過するときの微妙な磁場の揺らぎで金属を検出する．

電磁誘導は変圧器などの身近にある電気機器に広く応用されている現象である．ファラデーが，発見したばかりの電磁誘導について，科学愛好者たちに講演したとき，当時の大蔵大臣が「これは何かの役に立つのですか」と質問したという．これに対して，ファラデーは，「もちろんですとも閣下，まもなく課税できるようになるでしょう」と答えたそうである．1831 年に発見された電磁誘導は，発電機による交流の発生と変圧器による交流電圧の変圧をはじめとして広く応用されている．

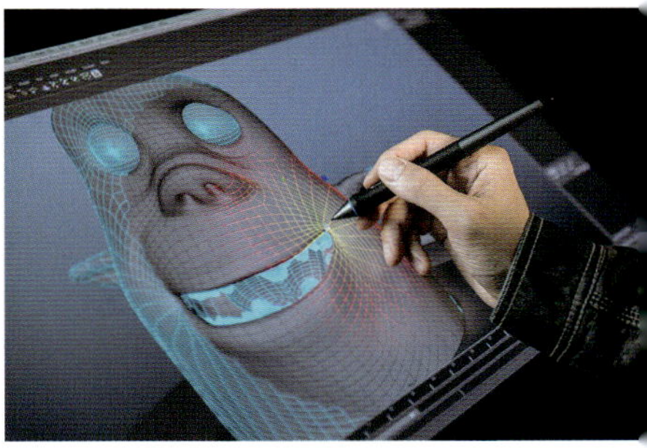

図 21.1 電磁誘導方式の電子ペン．タブレットの表面には磁場が発生している．この磁場のなかを電子ペンが動くと，ペンに内蔵されたコイルに電流が流れ，ペンから誘導信号が発信される．誘導信号を受信することでタブレットがペンの位置や動きを読み取り，このプロセスを高速で繰り返すことで，タブレットの画面にペンの軌跡がなめらかに表示される．

21.1 電磁誘導の発見

学習目標 電磁誘導の発見のいきさつを通じて，電磁誘導とはどのような現象であるのかを理解する．

エルステッドが電流の磁気作用を発見してから約 10 年後の話である．ファラデーは，電流から磁気が生じるように，逆に磁気から電流が得られると感じていた．磁石のそばに鉄棒をもってくると，この鉄棒に磁気が生じ，他の鉄片を引きつける．そこで，ファラデーは，電流の流れているコイルに別のコイルを近づけると，このコイルに電流を発生させられるのではないかと考えた．

1831 年にファラデーは一連の実験を行った．図 21.2 に示すように，軟鉄の環の半分に銅線のコイル A を巻き，他の半分にコイル B を巻いて，その両端を磁針の上に導線を張った電流検出装置につないだ．コイル A の両端を電池につないだとたんに磁針はピクッと動き，それから振動して，やがて最初の位置に静止した．それからあとコイル A に一定の電流が流れつづけている間は磁針は静止していたが，コイル A の電流を切ると，そのとたんに磁針はまたピクッと動き，それから振動した後，最初の位置に静止した．この実験で重要なのは「コイル B に電流が流れ，磁針に力が作用するのは，コイル A に電流を通した瞬間と切った瞬間だけである」ということである．コイル A に電流を通した瞬間と切った瞬間に磁針に作用する力の向きは逆であった．つまり，コイル B に流れた電流の向きは逆であった．

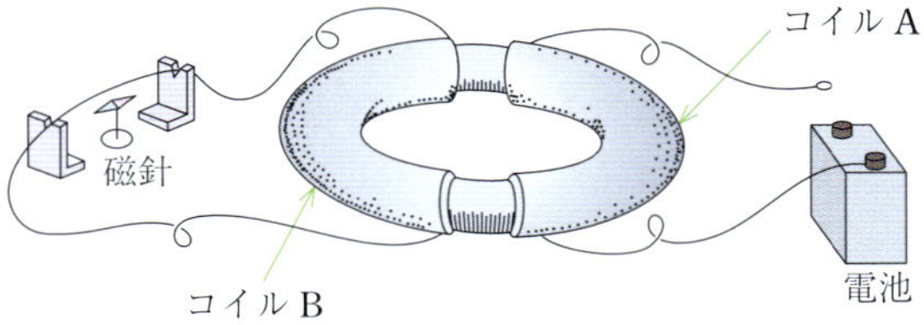

図 21.2 ファラデーの電磁誘導の実験
（磁針は検流計である）

この実験に使われている軟鉄の環はコイル A に流れる電流の磁気作用を強める役割を演じるが，この環を取り除いて，この現象をわかりやすく示すと，図 21.3 のようになる．コイル A に電流 I_A を流した瞬間にコイル B に流れる電流 I_B の向きは I_A と逆で，コイル A の電流 I_A を

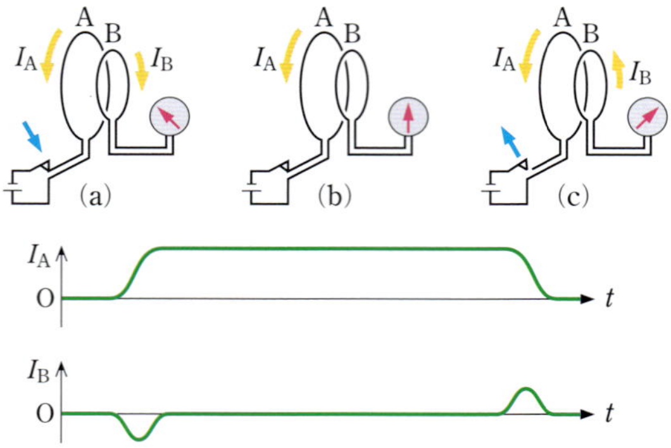

図 21.3　ファラデーの電磁誘導実験の説明図．(a) コイル A に電流を流し始める．(b) コイル A に一定の電流が流れつづけている．(c) コイル A の電流を切る．

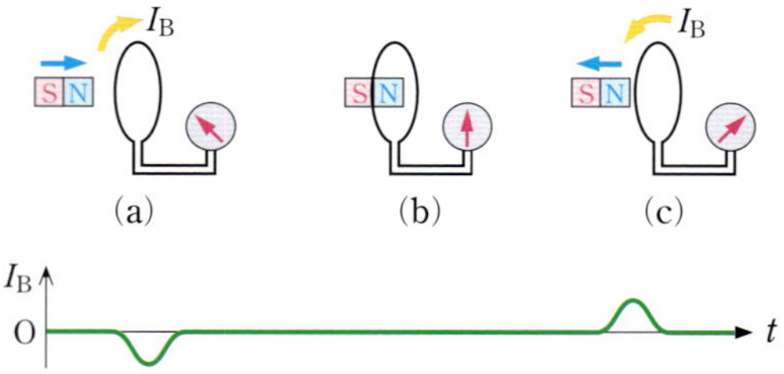

図 21.4　磁石を使った電磁誘導実験．(a) 磁石を右に動かす．(b) 磁石を静止させておく．(c) 磁石を左に動かす．

切った瞬間にコイル B に流れる電流 I_B の向きは I_A と同じである．

コイル B に電流を生じさせるものは何であろうか．コイル A に電流を通じるとコイル B の場所に磁場が生じる．コイル B に電流が流れるのは，コイル A に電流を通じた瞬間と切った瞬間だけである．そこで，コイル B に電流を生じさせる原因は変化する磁場ではないかとファラデーは考えて，磁石を使って図 21.4 に示すような実験を行い，図に示されているような結果を得た．このようにして，コイルの近傍の磁場が変化するとコイルに電流が流れることがわかった．

また，静止しているコイルに磁石を近づける代わりに，静止している磁石にコイルを近づけてもコイルには同じように電流が流れることも発見した (図 21.5 参照)．図 21.4 (a) の実験と図 21.5 の実験では，コイルと磁石の相対運動は同じなので，コイルに同じ電流が流れると考えられる．

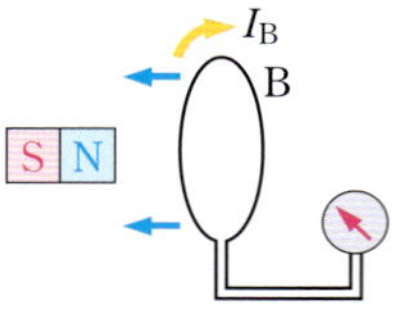

図 21.5　磁石を右に動かす代わりに，静止している磁石に向かってコイル B を左に動かす．

同じコイルに磁石を速く近づけたときとゆっくり近づけたときでは，速く近づけたときの方が電流計は大きく振れる．

コイルの面積を大きくすると電流計の振れは大きくなる．

コイルに誘導電流が流れるのはコイルに誘導起電力が生じたためである．この事実は，電気抵抗の異なる鉄と銅の導線で，同じ半径で同じ巻き数のコイルをつくり，2 つのコイルを逆向きにつないで磁石を近づけると電流計の針が振れないことによって確かめられる (図 21.6)．2 つのコイルに生じる誘導起電力の大きさは等しいが，向きが逆なので，打ち消し合って，結合したコイル全体に生じる正味の誘導起電力は 0 になることが確かめられたからである．

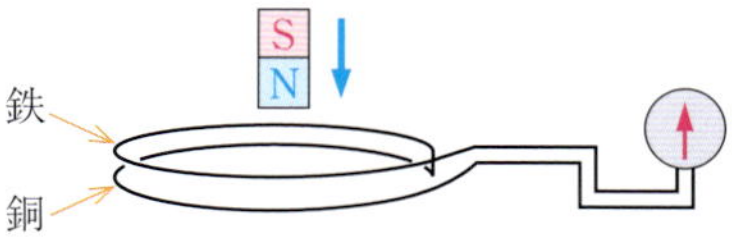

図 21.6　銅線と鉄線で同じ大きさのループをつくり，逆向きにつないだものに磁石を近づけても電流は流れない．

このようにして，ファラデーは

回路 (コイル) を貫く磁束 (磁力線の正味の本数) の変化が回路 (コイル) の中に誘導起電力を発生させる

ことを発見した．この現象を電磁誘導という．電磁誘導は米国のヘンリーによっても 1831 年に独立に発見された．

誘導起電力の向き，したがって誘導電流の流れる向きはどうなってい

るのだろうか．図 21.3，図 21.4 の実験結果を，1834 年にレンツは

電磁誘導によって生じる誘導起電力は，それによって流れる誘導電流のつくる磁場が回路を貫く磁場の変化を妨げる向きに生じる

というわかりやすい形にまとめた．これを**レンツの法則**とよぶ．

21.2 電磁誘導の法則

学習目標 コイルを貫く磁束（磁力線の本数）が変化すると，コイルに誘導起電力が生じる現象に基づいて電磁誘導の法則を理解するとともに，コイルにどの向きに起電力が生じるのかを説明できるようになる．磁場 $\boldsymbol{B}$ が時間的に変化すると，電場が誘起されることを理解する．

磁束を使うと，図 21.2〜21.6 に示した実験結果から，電磁誘導で生じる誘導起電力の大きさと向きについて，次の法則が成り立つことがわかる．

(1) 誘導起電力 V_i は回路を貫く磁束 Φ_B が変化している間だけ生じ，その大きさは回路を貫く磁束 Φ_B の変化する速さ（時間変化率）$\dfrac{\mathrm{d}\Phi_\mathrm{B}}{\mathrm{d}t}$ に比例する．

(2) 誘導起電力は，それによって生じる誘導電流のつくる磁場が，回路を貫く磁束の変化を妨げる向きに生じる（レンツの法則）．

電磁誘導の法則を数式で表すと，

$$V_\mathrm{i} = -\frac{\mathrm{d}\Phi_\mathrm{B}}{\mathrm{d}t} \tag{21.1}$$

となる．ここで，V_i はコイル（向きの指定された閉曲線）C に生じる誘導起電力であり，Φ_B はコイルを縁とする面（閉曲線 C を縁とする裏表のある面）S を貫く磁束

$$\Phi_\mathrm{B} = \iint_\mathrm{S} B_\mathrm{n}\,\mathrm{d}A \tag{21.2}$$

である．磁束の単位は Wb，誘導起電力の単位は V，時間の単位は s である*．面 S の法線ベクトル $\boldsymbol{n}$ の向き（面 S を貫く磁束の正の向き）は，

* (21.1) 式から磁束の単位は Wb = V·s であることがわかる．

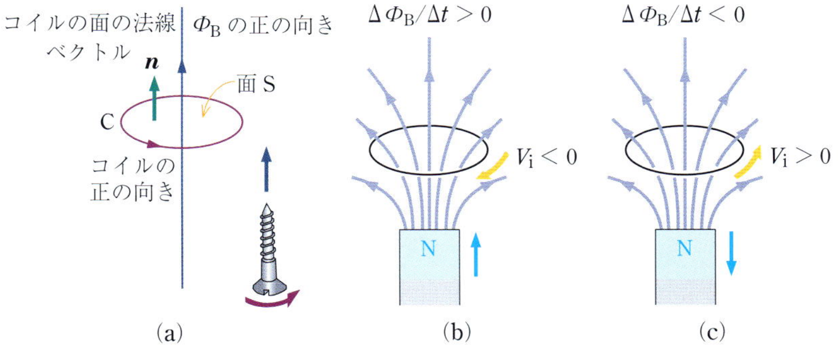

図 21.7 電磁誘導．(a) 磁束の正の向きと誘導起電力の正の向き，(b) 磁石を近づける，(c) 磁石を遠ざける．

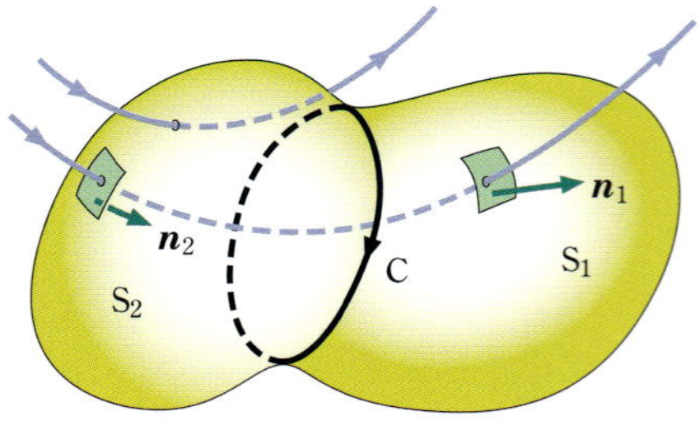

図 21.8　C を縁とする面 S_1 と S_2 に囲まれた領域に磁場 $\boldsymbol{B}$ のガウスの法則を適用する．$\boldsymbol{n}_2$ は閉曲面の内向き法線なので，

$$\iint_{S_1} B_n\,\mathrm{d}A - \iint_{S_2} B_n\,\mathrm{d}A = 0$$

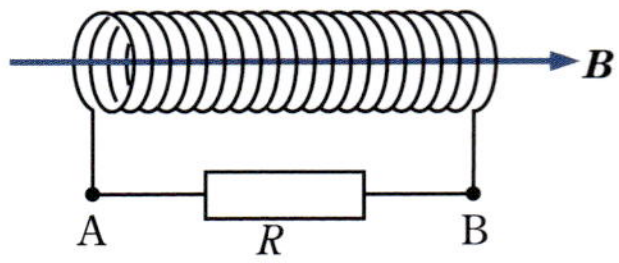

図 21.9

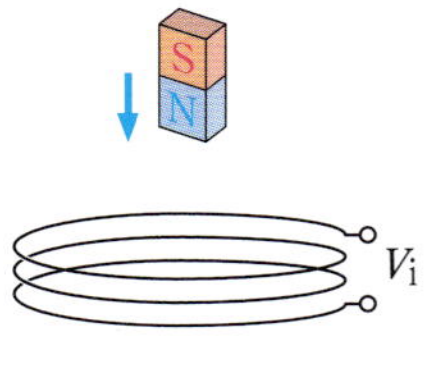

(a)

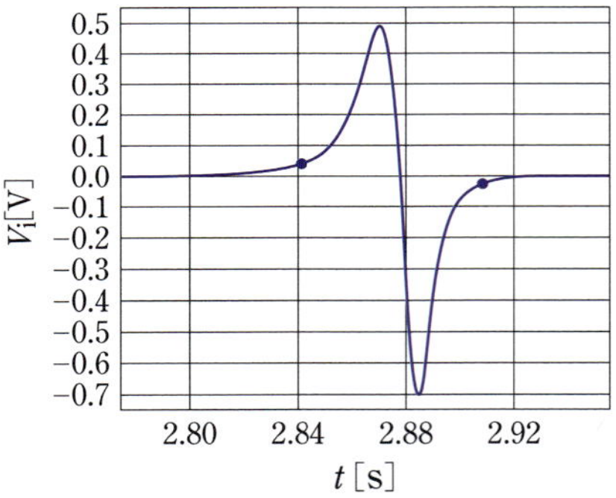

(b)

図 21.10　コイル中の短い棒磁石の落下による誘導起電力

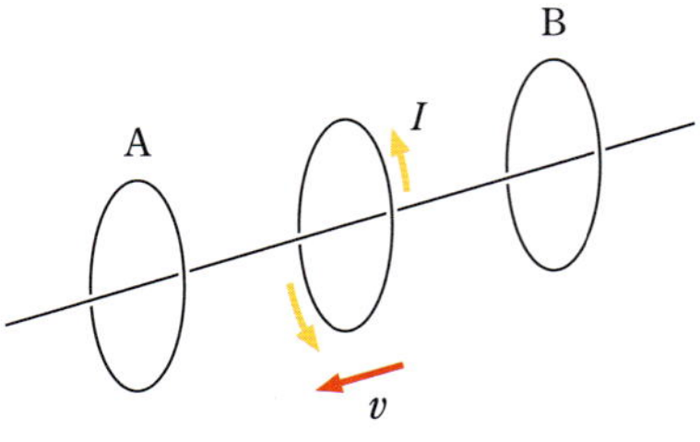

図 21.11

閉曲線 C の向きに右ねじを回したときにねじの進む向きで，誘導起電力の符号は，誘導起電力が閉曲線 C の向きを向いている場合をプラスと約束する［図 21.7(a)］．こう約束すると，(21.1) 式の右辺の負符号の理由がわかる．

閉曲線 C を縁とする面は無数にあるが，磁場 $\boldsymbol{B}$ のガウスの法則 (20.5) のために磁場 $\boldsymbol{B}$ の磁力線には始点も終点もない．そこで，どの面を選んでも貫く磁力線の本数は変わらないので，磁束の値は同じである（図 21.8）．

N 巻きのコイルを貫く磁束 Φ_B が時間的に変化する場合には，コイルの 1 巻きについて (21.1) 式の誘導起電力が生じるから，コイル全体に生じる誘導起電力 V_i は

$$V_i = -N\frac{\mathrm{d}\Phi_B}{\mathrm{d}t} \tag{21.3}$$

となる．

例 1　図 21.9 のような巻き数 2000 のコイルを矢印の向きに貫いている磁束が，1 秒間に 1.0×10^{-3} Wb の割合で減少している．コイルに生じる起電力は

$$V_i = -N\frac{\mathrm{d}\Phi_B}{\mathrm{d}t} = \frac{2000\times1.0\times10^{-3}\ \mathrm{Wb}\ (=\mathrm{V\cdot s})}{1\ \mathrm{s}} = 2.0\ \mathrm{V}$$

で，向きは A → コイル → B の向きに生じる．したがって，コイルにつないだ 100 Ω の抵抗に流れる電流 I は，

$$I = \frac{V_i}{R} = \frac{2.0\ \mathrm{V}}{100\ \Omega\ (=\mathrm{V/A})} = 2.0\times10^{-2}\ \mathrm{A}$$

であり，電流の向きは B → A の向きである．

問 1　図 21.10(a) のようにコイルの中を短い棒磁石を落下させたら，図 (b) のような誘導起電力 V_i が発生した．

(1)　誘導起電力の谷の深さより山の高さが小さい理由を説明せよ．

(2)　山の面積と谷の面積にはどのような関係があるか．

$$\int_{-\infty}^{\infty} V_i\,\mathrm{d}t = -\int_{-\infty}^{\infty}\frac{\mathrm{d}\Phi_B}{\mathrm{d}t}\mathrm{d}t = -\Phi_B(\infty)+\Phi_B(-\infty) \tag{21.4}$$

を使え．

問 2　3 つの導線の輪が図 21.11 のように並んでいる．電流が流れている真ん中の輪は静止している輪 A に近づき，静止している輪 B から遠ざかっている．輪 A と B にはどのような電流が流れているか，それとも流れないか．

電磁誘導でコイルに電流が流れるのは，コイルの中の自由電子（電荷 $-e$）に電気力 $-e\boldsymbol{E}$ と磁気力 $-e\boldsymbol{v}_e\times\boldsymbol{B}$ の一方か両方が作用するためである．コイルの中を運動する自由電子の速度 $\boldsymbol{v}_e$ は，コイルの速度 $\boldsymbol{v}$ とコイルに対する自由電子のドリフト速度 $\boldsymbol{v}_d$ の和，$\boldsymbol{v}_e = \boldsymbol{v}+\boldsymbol{v}_d$ である（図 21.12）．電荷がコイル（閉回路 C）を 1 周するときに，電気力と磁気力が単位正電荷あたりに行う仕事がコイルに生じる誘導起電力 V_i である．この仕事は閉曲線 C に沿っての $\boldsymbol{E}+(\boldsymbol{v}+\boldsymbol{v}_d)\times\boldsymbol{B}$ の接線方向成分

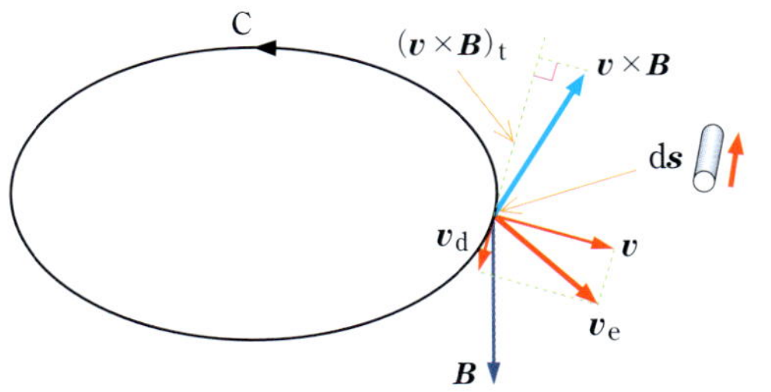

図 21.12 磁場 $\boldsymbol{B}$ の中を速度 $\boldsymbol{v}$ で動く回路

(図 21.12 の回路の微小部分 d$\boldsymbol{s}$ 方向の成分) の線積分である．ところで，$\boldsymbol{v}_d$ は d$\boldsymbol{s}$ に平行なので $(\boldsymbol{v}_d\times\boldsymbol{B})$ は d$\boldsymbol{s}$ に垂直で，$(\boldsymbol{v}_d\times\boldsymbol{B})\cdot d\boldsymbol{s}=0$ である．そこで，一般の場合の電磁誘導による誘導起電力 V_i は，

$$V_i=\oint_C[\boldsymbol{E}+(\boldsymbol{v}\times\boldsymbol{B})]\cdot d\boldsymbol{s} \qquad \text{(誘導起電力)} \tag{21.5}$$

と表せる．ここで，$\boldsymbol{v}$ はコイルの速度である．

回路を貫く磁束の変化は，

(1) 回路は静止していて磁場が時間的に変化する場合，

(2) 磁場は時間的に変化しないが，回路が動く場合，

(3) 磁場が時間的に変化し，回路が動く場合

に起こるが，どの場合にも電磁誘導の法則 (21.1) は成り立つ．電磁誘導でコイルに電流が流れるのは，導線の中の自由電子に電気力か磁気力が作用するためである．(1) の場合には磁場 $\boldsymbol{B}$ の時間的変化に伴って生じた誘導電場 $\boldsymbol{E}$ が作用する電気力 $-e\boldsymbol{E}$ のためで，(2) の場合には動くコイルの中の電子に作用する磁気力のためである．

磁場が時間的に変化すれば電場が生じる　まず，**回路は静止していて磁場が変化する場合**を考える．図 21.4 (a) の実験はこの場合の例である．回路は静止しているので，(21.5) 式で $\boldsymbol{v}=\boldsymbol{0}$．したがって，誘導起電力は，

$$V_i=\oint_C \boldsymbol{E}\cdot d\boldsymbol{s}=\oint_C E_t\, ds \tag{21.6}$$

である．電磁誘導の法則 (21.1) は次のようになる．

$$\frac{d\Phi_B}{dt}=-\oint_C E_t\, ds \tag{21.7}$$

図 21.4 (a) の実験の場合，コイルは静止していて，まわりに帯電物体がないのに誘導起電力が生じる．仮に帯電物体があっても，クーロン力は保存力なので，静電場は関係

$$\oint_C \boldsymbol{E}\cdot d\boldsymbol{s}=\oint_C E_t\, ds=0 \qquad \text{(静電場の場合)} \tag{21.8}$$

を満たす [(16.50) 式]．したがって，コイルに電流を流す誘導起電力は，回路の中に静電場以外の電場が誘起されるために生じる．すなわち，

磁場が時間とともに変化する場合には，電磁誘導によって電場が生じる．

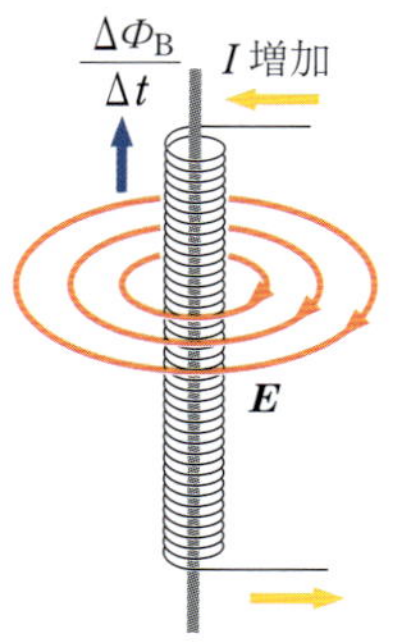

(a)　誘導電場

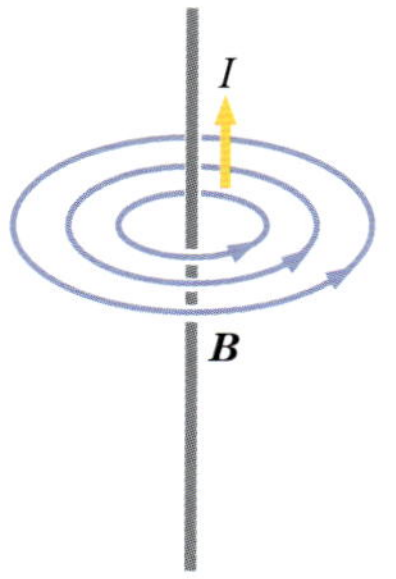

(b)　電流のつくる磁場

図 21.13

ある点の磁場が時間とともに変化する場合には，その点に導体があってもなくても誘導電場が生じる．一般に

電場 E =「電荷のつくる電場」+「電磁誘導による電場」

である．

静止している電荷のつくる電場（静電場）の電気力線は，正電荷を始点とし負電荷を終点とする曲線であって，始点も終点もない閉じた曲線（閉曲線）であることはない．これに対して，コイルを貫く磁束を時間とともに変化させたときに周囲に生じる誘導電場の電気力線は図 21.13 (a) のような閉じた曲線（閉曲線）になる．正電荷をこの電気力線に沿って1周させると，誘導電場は電荷に対して仕事をする．したがって，この閉じた電気力線に沿って置かれたコイルには，電気力線の向きに電流が流れる．誘導電場のようすは電流のつくる磁場のようす［図 21.13 (b)］に似ている．

静電場の場合には，閉曲線に沿っての電場 E の接線方向成分 E_t の線積分は 0 である．したがって，静電場の場合には電位が定義できた．誘導電場がある場合，閉曲線に沿っての E_t の線積分は 0 ではないので，各点の電位あるいは 2 点間の電位差を定義できない．ただし，閉曲線上の 2 点間の一方の経路についての電位差は定義できる．

例 2　図 21.14 の長いソレノイドに交流が流れ，ソレノイドを 1 周している導線に電磁誘導で電流が流れ，豆電球 A, B が点灯している．スイッチ S を入れたときの豆電球 A, B の明るさを考えよう．導線の点 C に電磁誘導による起電力と同じ交流電源を挿入して，「誘導起電力」=「電気抵抗」×「電流」の関係を利用して考察すると，豆電球 A は明るくなり，豆電球 B は消えることがわかる．

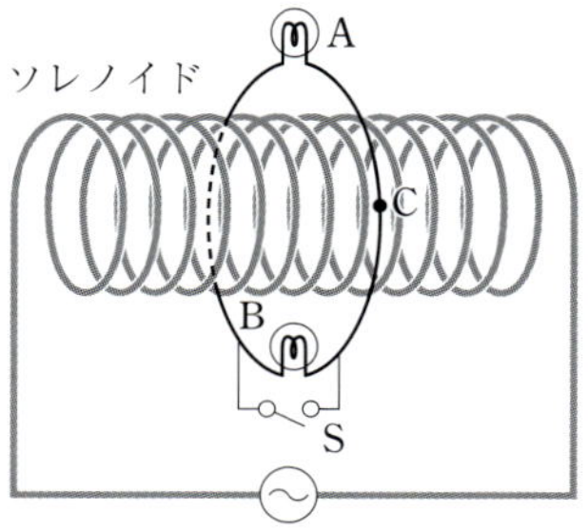

図 21.14

例題 1　単位長さあたり n 巻きの長いソレノイドがある．このソレノイドに電流 I が図 21.15 のように流れ始めたとき，中心軸から距離 r の点での電場 E の向きは図に示した向きであることを示せ．また，この電場の強さは

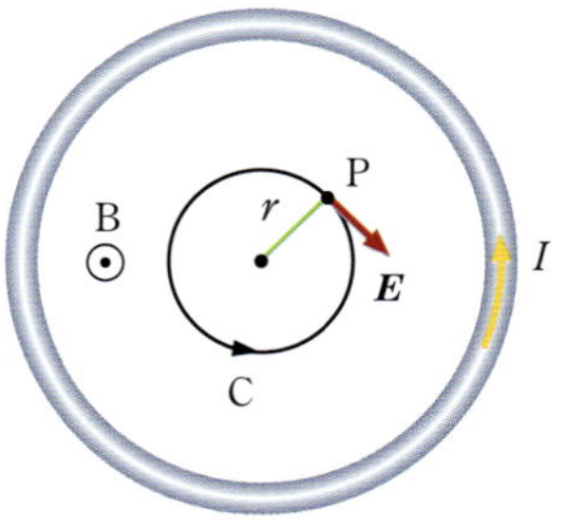

図 21.15

$$E = \frac{1}{2}\mu_0 nr \frac{\mathrm{d}I}{\mathrm{d}t} \tag{21.9}$$

であることを示せ．

長いソレノイドの外側では磁場は 0 である．誘導電場も 0 だろうか．

解　誘導電場の電気力線には始点も終点もない事実と中心軸のまわりの回転対称性から，電気力線は中心軸を中心とする同心円であることがわかる．この円がソレノイドの内部にある場合に，図の半径 r の円を (21.7) 式の閉曲線 C に選ぶと，

$$V_i = \oint_C E_t\,\mathrm{d}s = 2\pi rE = -\frac{\mathrm{d}\Phi_B}{\mathrm{d}t}$$
$$= -\frac{\mathrm{d}(\mu_0 nI\pi r^2)}{\mathrm{d}t} \tag{21.10}$$

なので，誘導電場の強さ E は

$$E = \frac{1}{2}\mu_0 nr \frac{dI}{dt} \quad (21.11)$$

である．(21.10)式の右辺の負符号は，電場の向きは電流と逆向きであることを示す．

ソレノイドの外側では

$$2\pi r E = -\frac{d\Phi_B}{dt} = -\frac{d(\mu_0 n I \pi R^2)}{dt}$$

なので，誘導電場の強さは

$$E = \frac{1}{2r}\mu_0 n R^2 \frac{dI}{dt} \quad (21.12)$$

であり，電場の向きは電流と逆向きである．つまり，長いソレノイドの外部に磁場は存在しないが，ソレノイドの内部の磁場が時間的に変化すれば，ソレノイドの外部にも誘導電場が生じる．

21.3 磁場は変化せずコイルが運動する場合の電磁誘導

学習目標 発電機の作動原理を説明できるようになる．

図 21.5 の実験は，磁場は時間とともに変化しないが，回路が動く場合の例である．この場合，磁場は時間とともに変化しないので誘導電場は生じない．磁場の中を速度 v で動くコイルに生じる起電力は，荷電粒子に作用する磁気力が原因になって発生した

$$V_i = \oint_C (\boldsymbol{v}\times\boldsymbol{B})\cdot d\boldsymbol{s} \quad (21.13)$$

である．磁束の変化は面 S の変化によって生じ，

$$\frac{d\Phi_B}{dt} = -\oint_C (\boldsymbol{v}\times\boldsymbol{B})\cdot d\boldsymbol{s} \quad (21.14)$$

であることが証明できる（証明略）．したがって，磁場が変化せずコイルが動く場合にも電磁誘導の法則 (21.1) は成り立つ．

磁場の中で回転するコイルに生じる起電力 — 交流発電機 一様な磁場 $\boldsymbol{B}$ の中の磁場に垂直な軸 OO′ のまわりで，四角い導線（コイル）を一定の角速度 ω で回転させる［図 21.17 (a)］．コイル面の法線 $\boldsymbol{n}$ と磁場 $\boldsymbol{B}$ のなす角を $\theta = \omega t$ とする．コイルによって囲まれた長方形の面積を A とすると，コイルを貫く磁束 Φ_B は，

$$\Phi_B = BA\cos\theta = BA\cos\omega t \quad (21.15)$$

である．電磁誘導でコイルに生じる誘導起電力 V_i は

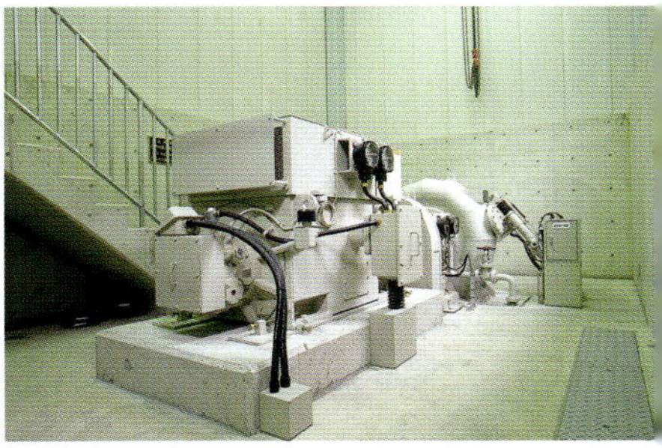

図 21.16 八戸川第三発電所（図 5.13）の交流三相誘導発電機

(a) 一様な磁場の中を角速度 ω で回転するコイル

図 21.17 交流発電機

(b) $\Phi_B = BA\cos\omega t, V_i = BA\omega\sin\omega t$

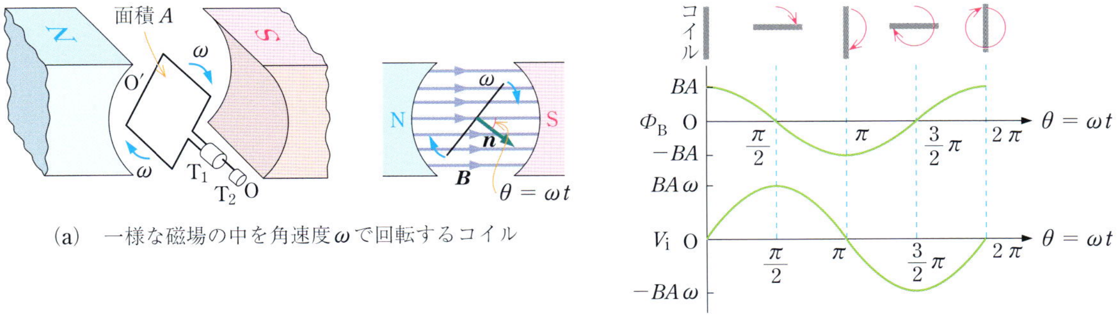

$$V_{\mathrm{i}} = -\frac{\mathrm{d}\Phi_{\mathrm{B}}}{\mathrm{d}t} = BA\omega \sin \omega t \tag{21.16}$$

である．誘導起電力の向きは図の T_1 からコイルを通って T_2 の向きを向いている．起電力が最大になるのは磁場 $\boldsymbol{B}$ がコイル面に平行なときで，磁場がコイル面に垂直なときには起電力は 0 になる．コイルが半回転してコイルの表裏が逆になったときに起電力の向きは逆になる．図 21.17 (b) に示すように，起電力は

$$周期\ T = \frac{2\pi}{\omega}, \qquad 振動数（周波数）f = \frac{\omega}{2\pi} \tag{21.17}$$

の交流起電力（交流電圧）である．これが交流発電機の原理である．交流起電力が導線に流す電流が交流電流である．

参考　図 21.4 (a) の実験と図 21.5 の実験の関係

図 21.4 (a) の実験で回路に電流を流すのは誘導電場による電気力なのに，図 21.5 の実験で回路に電流を流すのは磁場による磁気力なので，一見，両者は無関係に思われる．しかし，図 21.4 (a) の実験と図 21.5 の実験では，磁石とコイルはたがいに近づき合っており，磁石とコイルの相対運動は同一なので，コイルには同じ電流が流れると予想される．

図 21.18 (a) と (b) では磁石と導線の相対運動は同一である．図 21.18 (a) の場合に，磁場 $\boldsymbol{B}$ の中を速さ v で右に運動する導線中の電荷 q の荷電粒子に作用する磁気力の大きさは $f = qvB$ である．図 21.18 (b) の場合に，静止している導線中の電荷 q の荷電粒子に作用する，速さ v で左に移動している磁石の磁場による誘導電場 $\boldsymbol{E}$ の電気力は $q\boldsymbol{E}$ である．そこで両者が同一であるという条件 $qvB = qE$ から，誘導電場の強さは $E = vB$ であることがわかる．つまり，速さ v で移動している磁石の磁極の間には，図 21.18 (b) に示す向きに，大きさが

$$E = vB \tag{21.18}$$

の電場 $\boldsymbol{E}$ が生じる*．この電磁誘導による誘導電場は導線があってもなくても同じように生じる．

* 磁石に固定された座標系（S 系）で観測する電磁場 $\boldsymbol{E}, \boldsymbol{B}$ と導線に固定された座標系（S′ 系）で観測する電磁場 $\boldsymbol{E}', \boldsymbol{B}'$ の関係は相対性理論の (23.14) 式である．図 21.18 の場合は $\boldsymbol{E}' \approx \boldsymbol{v}\times\boldsymbol{B}$, $\boldsymbol{B}' \approx \boldsymbol{B}$．ここで $\boldsymbol{v}$ は S 系に対する S′ 系の速度．

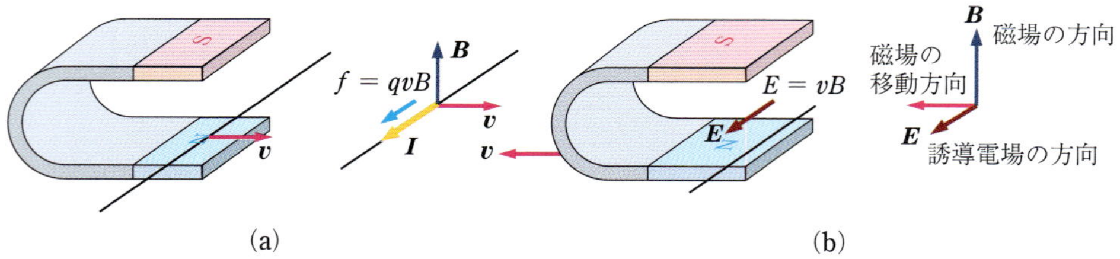

図 21.18　静止している磁石の磁極の間を導線が右に速さ v で移動する場合 (a) と導線は静止していて磁石が左に速さ v で移動する場合 (b) の相対運動は同一である．(a) 磁場の中で導線を右に動かすと，導線の中に誘導起電力が生じる．この起電力は導線中の電荷 q の荷電粒子に作用する磁気力 $f = qvB$ によるものである（$q > 0$ の場合）．(b) 磁石を左に動かすと，電荷 q に作用する電気力は $f = qE = qvB$ なので，誘導電場 $E = vB$ が生じる．この誘導電場は導線がなくても生じるので，導線と電場の記号は離して描いた．

問 3　図 21.18 (a) を見て，「右手の親指を導線の速度 $\boldsymbol{v}$ の向きに，人差し指を磁場 $\boldsymbol{B}$ の向きに向け，中指を親指と人差し指の両方に垂直な方向に向けると，導線に生じる起電力の向き（導線に流れる電流 I の向き）は中指の向きである」という**フレミングの右手の法則**を確認せよ．（導線の速度 $\boldsymbol{v}$ の方向に外力 $\boldsymbol{F}$ が作用していると考えると，この場合は右手の FBI の法則とよべる．）

21.4　自己誘導と相互誘導

学習目標　電磁誘導には 2 つのコイルが関与する相互誘導と，1 つのコイルを流れる電流が変化するとき，電流の変化を妨げる向きに誘導起電力が生じる自己誘導があることを理解する．回路を流れる電流に対する自己誘導の役割を理解する．磁場には磁場のエネルギーが伴うことを理解する．

自己誘導　　コイルを流れる電流 I が変化すると，コイルを貫く磁束が変化するので，コイルには電流の変化を妨げる向きに誘導起電力が生じる．この電磁誘導現象を**自己誘導**という．自己誘導による起電力は，これを生み出すもとになった電流の変化を妨げる向き（反対向き）に生じるので，**逆起電力**ということがある．

コイルを流れる電流のつくる磁場は電流に比例するので，コイルの 1 巻きを貫く磁束 Φ_B は電流 I に比例する．したがって，N 巻きのコイルを貫く全磁束 $N\Phi_\mathrm{B}$ を，$N\Phi_\mathrm{B} = LI$ と表せる*（L は比例定数）．コイルを流れる電流が時間 Δt の間に I から $I+\Delta I$ まで ΔI だけ変化すると，全磁束の変化は $N\,\Delta\Phi_\mathrm{B} = L\,\Delta I$ である．したがって，(21.3) 式によって

* コイルが長くて，コイルを貫く磁束 Φ_B が一定でない場合，その平均値を $N\Phi_\mathrm{B}$ の Φ_B として使え．

閉回路を流れている電流 I が変化すると，閉回路にこの変化を妨げる向きに自己誘導による誘導起電力 V_i

$$V_\mathrm{i} = -L\frac{\mathrm{d}I}{\mathrm{d}t} \qquad (21.19)$$

が生じる．

この比例定数 $L = \dfrac{N\Phi_\mathrm{B}}{I}$ をインダクタンスあるいは自己インダクタンスという．L は閉回路の形と巻き数およびその付近にある磁性体によって決まる定数で，単位は $\mathrm{Wb/A} = \mathrm{T{\cdot}m^2/A} = \mathrm{V{\cdot}s/A}$ であるが，これを自己誘導の発見者のヘンリーにちなんで，ヘンリー（記号 H）とよぶ．自己誘導による起電力は電流の変化を妨げる向きに生じるので，L はつねに正である．

$$L > 0 \qquad (21.20)$$

インダクタンスの単位
$\mathbf{H = Wb/A = T{\cdot}m^2/A = V{\cdot}s/A}$

図 21.19 のように，コイル L と電気抵抗 R と起電力 V の電池を直列につないで，スイッチを入れると，回路に電流が流れるが，コイルに自己誘導による逆起電力が生じて，電流が一瞬の間にオームの法則 V

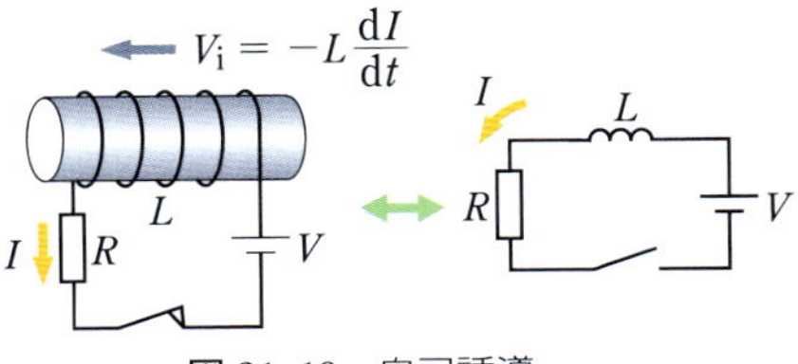

図 21.19　自己誘導

$=RI$ から導かれる値の $\frac{V}{R}$ になるのを妨げる．電流 $I=\frac{V}{R}$ の流れている回路のスイッチを切っても，切った瞬間に電流が0にならないのも自己誘導のためである．

例題2　*LR* 回路　図21.19の回路のスイッチを入れてから時間 t が経過したときの電流を求めよ．

解　回路の起電力は，電池の起電力 V と自己誘導による起電力 $-L\frac{dI}{dt}$ の和なので．オームの法則は

$$V-L\frac{dI}{dt}=RI \qquad (21.21)$$

となる．この微分方程式の一般解は，(21.21)の1つの解 $I=\frac{V}{R}$ と(21.21)式で $V=0$ とおいた $\frac{dI}{dt}=-\frac{R}{L}I$ の一般解 $I=ce^{-Rt/L}$ の和の

$$I=\frac{V}{R}+ce^{-Rt/L} \qquad (c\text{ は任意定数}) \quad (21.22)$$

である．$t=0$ にスイッチを入れた瞬間には $I=0$ なので，$c=-\frac{V}{R}$．したがって，スイッチを入れてから時間 t が経過したときの電流 $I(t)$ は

$$\therefore \quad I(t)=\frac{V}{R}(1-e^{-Rt/L}) \qquad (21.23)$$

のように増加して，$\frac{L}{R}$ の数倍程度の時間が経過すると，最終的な値の $\frac{V}{R}$ に近づく(図21.20)．$\frac{L}{R}$ を *LR* 回路の**時定数**という．

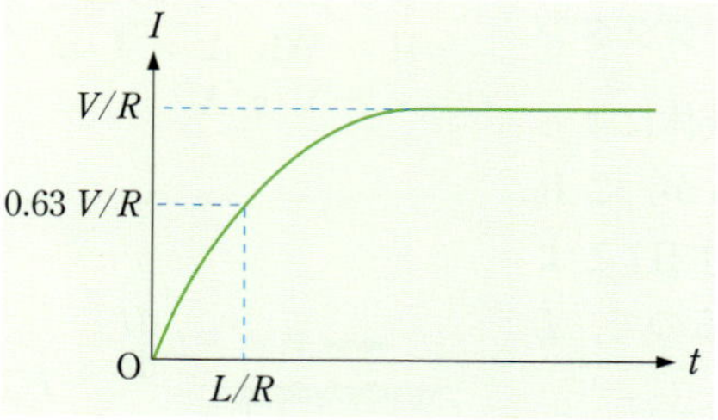

図21.20　時刻 $t=0$ に図21.19の回路のスイッチを入れたときに流れる電流

電流 $I_0=\frac{V}{R}$ が流れているこの *LR* 回路の電池の両極をショートすると，*LR* 回路を流れる電流はただちに0にはならず，

$$I=I_0\,e^{-Rt/L} \qquad (21.24)$$

のように減少する．

例題3　(1)　空心の長いソレノイドの自己インダクタンスを求めよ(図21.21)．

(2)　ソレノイドが比透磁率 μ_r の鉄心に巻いてあるときの自己インダクタンスは空心の場合の μ_r 倍である．断面積 $8\,cm^2$，長さ10 cmの鉄心(比透磁率 $\mu_r=1000$)に導線が一様に1000回巻いてあるソレノイドの自己インダクタンスを求めよ．

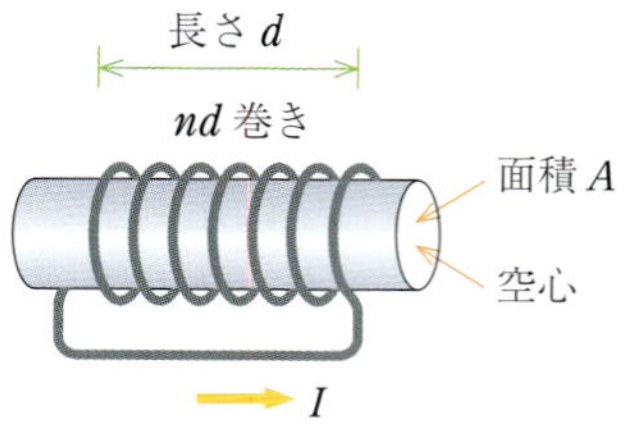

図21.21　空心のソレノイド

解　(1)　ソレノイドが十分に長いと，その内部での磁場の強さ B は $\mu_0 nI$ なので，面積 A のコイル1巻きを貫く磁束 Φ_B は

$$\Phi_B=BA=\mu_0 nIA \qquad (21.25)$$

したがって，全巻き数 $N=nd$ のソレノイドの自己インダクタンス L は

$$L=\frac{N\Phi_B}{I}=\frac{nd\Phi_B}{I}=\mu_0 n^2 Ad \qquad (\text{空心}) \qquad (21.26)$$

(2)　鉄心が入っているときの自己インダクタンスは(21.26)式の μ_r 倍の

$$L=\mu_r\mu_0 n^2 Ad \qquad (\text{鉄心入り}) \qquad (21.27)$$

$$\therefore \quad L=1000\times(4\pi\times10^{-7}\,T\cdot m/A)\times\left(\frac{1000}{0.1\,m}\right)^2\times(8\times10^{-4}\,m^2)\times(0.1\,m)$$
$$=10\,T\cdot m^2/A=10\,H$$

磁場のエネルギー　コイルに流れる電流を増すには，電源が自由電子に力を作用し，逆起電力 $-L\dfrac{\Delta I}{\Delta t}$ にさからってコイルを通過させる仕事をしなければならない．このとき電源がする仕事が，電流の流れているコイルにエネルギーとして蓄えられる．短い時間 Δt に電流を I から $I+\Delta I$ まで増すとき，移動する電気量は $\Delta Q = I\,\Delta t$ なので，電流を ΔI だけ増加させるのに必要な仕事 ΔW は

$$\Delta W = L\frac{\Delta I}{\Delta t}I\,\Delta t = LI\,\Delta I \tag{21.28}$$

である．したがって，電流を 0 から I まで増すときに必要な仕事 W は

$$W = \int_0^I LI\,\mathrm{d}I = \frac{1}{2}LI^2 \tag{21.29}$$

である．電流 I の流れている自己インダクタンス L のコイルには，これだけの仕事に等しい量の磁気的なエネルギー

$$U = \frac{1}{2}LI^2 \tag{21.30}$$

が蓄えられている．

長いソレノイドに蓄えられたエネルギー　空心の長いソレノイド（長さ d，断面積 A，単位長さあたり n 巻き）に電流 I を流すと，ソレノイドの内部での磁場の強さ B は

$$B = \mu_0 nI$$

で，ソレノイドの自己インダクタンス L は

$$L = \mu_0 n^2 Ad$$

である [(21.26) 式]．したがって，ソレノイドに蓄えられた磁気的なエネルギー U は

$$U = \frac{1}{2}LI^2 = \frac{1}{2\mu_0}B^2(Ad) \tag{21.31}$$

と書き直せる．Ad はソレノイドの内部の体積なので，(21.31) 式は磁場 $\boldsymbol{B}$ の強さが B のソレノイドの内部には単位体積あたり

$$u_{\mathrm{B}} = \frac{1}{2\mu_0}B^2 \quad （真空中） \tag{21.32}$$

という大きさの**磁場のエネルギー**が存在していることを示す．

長いソレノイドの内部が比透磁率 μ_{r} の鉄心で満たされている場合には，$L = \mu_{\mathrm{r}}\mu_0 n^2 Ad$，$B = \mu_{\mathrm{r}}\mu_0 nI$ なので，(21.32) 式は次のようになる．

$$u_{\mathrm{B}} = \frac{1}{2\mu_{\mathrm{r}}\mu_0}B^2 \quad （比透磁率\ \mu_{\mathrm{r}}\ の物質中） \tag{21.33}$$

相互誘導　2 つのコイルが近接していたり，同じ鉄心に巻かれている場合には，変化する磁場を通じて，各コイルは他のコイルとの間でたがいに電磁誘導現象を起こす．図 21.23 に示すように，2 つのコイル L_1，

図 21.22　p.257 のソレノイドの据えつけ作業．

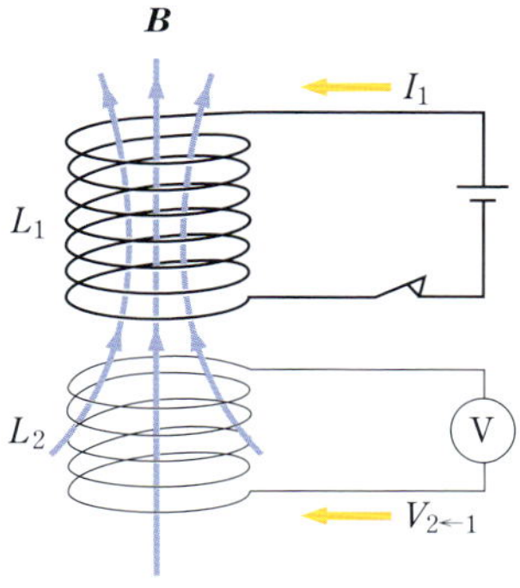

図 21.23　相互誘導

L_2 を近接させておき，第１のコイル L_1 に電流 I_1 を流すと，磁場が生じ，第２のコイル L_2 の１巻きを磁束 $\Phi_{2\leftarrow1}$ が貫く．磁束 $\Phi_{2\leftarrow1}$ はコイル L_1 を流れる電流 I_1 に比例する．したがって，N_2 巻きのコイル L_2 を貫く全磁束 $N_2\Phi_{2\leftarrow1}$ を $N_2\Phi_{2\leftarrow1}=M_{21}I_1$ と表せる*（M_{21} は比例定数）．コイル L_1 を流れる電流 I_1 が時間 Δt の間に I_1 から $I_1+\Delta I_1$ まで変化すると，コイル L_2 を貫く全磁束の変化は $N_2\,\Delta\Phi_{2\leftarrow1}=M_{21}\,\Delta I_1$ である．したがって，第１のコイル L_1 を流れる電流 I_1 が変化すると，(21.3) 式によって，第２のコイル L_2 には誘導起電力

$$V_{2\leftarrow1}=-M_{21}\frac{\mathrm{d}I_1}{\mathrm{d}t} \tag{21.34}$$

が生じて，第２のコイル L_2 に電流を生じさせ，磁束 $\Phi_{2\leftarrow1}$ の変化を妨げようとする．このように，１つの閉回路の電流が変化すると，他の閉回路に誘導起電力が生じる現象を**相互誘導**という．比例定数 M_{21}

$$M_{21}=\frac{N_2\Phi_{2\leftarrow1}}{I_1} \tag{21.35}$$

を２つのコイルの**相互インダクタンス**という．M_{21} は２つのコイル L_1, L_2 のそれぞれの形と巻き数，相対的な位置およびその付近にある磁性体などによって決まる定数である．相互インダクタンスの単位もヘンリー（記号 H）である．図 21.2 の実験でファラデーが発見したのは相互誘導である．

* コイル L_2 が長くて，コイル L_2 を貫く磁束 $\Phi_{2\leftarrow1}$ が一定でない場合，その平均値を $N_2\Phi_{2\leftarrow1}$ の $\Phi_{2\leftarrow1}$ として使え．

相互インダクタンスの単位　H

同様に，第２のコイル L_2 を流れる電流 I_2 の変化によって第１のコイル L_1 に誘導起電力 $V_{1\leftarrow2}$ が生じるが，これは

$$V_{1\leftarrow2}=-M_{12}\frac{\mathrm{d}I_2}{\mathrm{d}t} \tag{21.36}$$

と表せる．この場合の相互インダクタンス M_{12} は

$$M_{12}=\frac{N_1\Phi_{1\leftarrow2}}{I_2} \tag{21.37}$$

である．$\Phi_{1\leftarrow2}$ は電流 I_2 によって第１のコイル L_1 の１巻きを貫く磁束である．M_{12} と M_{21} の間に

$$M_{12}=M_{21} \tag{21.38}$$

という関係があり，**相互インダクタンスの相反定理**とよばれている．

21.5　交　流

学習目標　交流電圧と交流電流の表し方，とくに実効値，交流回路のインピーダンス Z と位相のずれ ϕ の定義を説明できるようになる．Z と ϕ に対する抵抗，キャパシターとコイルの寄与の仕方を理解する．RLC 回路を流れる電流のしたがう方程式を書けるようになる．変圧器の原理を理解する．

交流　電池から得られる電流のように，流れの向きが時間とともに変わらない電流を直流（DC）という．これに対して，一様な磁場の中で一定の角速度 ω で回転するコイルには，時間とともに

$$V(t) = V_{\mathrm{m}} \sin \omega t = \sqrt{2}\, V_{\mathrm{e}} \sin \omega t \tag{21.39}$$

のように振動する起電力が生じる（**21.3** 節参照）．このように時間とともに流れの向きが絶えず交替しつづける起電力を**交流起電力**あるいは**交流電圧**という．

抵抗 R の両端に交流電圧 $V(t)$ を加えると，オームの法則

$$V(t) = RI(t) \tag{21.40}$$

によって，**交流電流（交流）**（AC）

$$I(t) = I_{\mathrm{m}} \sin \omega t = \sqrt{2} I_{\mathrm{e}} \sin \omega t \tag{21.41}$$

$$V_{\mathrm{m}} = RI_{\mathrm{m}}, \qquad V_{\mathrm{e}} = RI_{\mathrm{e}} \tag{21.42}$$

が流れる（図 21.24）．V_{m} と I_{m} は振動する電圧と電流の最大値で，V_{e} と I_{e} は電圧と電流の**実効値**である．実効値は最大値の $\dfrac{1}{\sqrt{2}}$ 倍である．

$$V_{\mathrm{e}} = \frac{V_{\mathrm{m}}}{\sqrt{2}}, \qquad I_{\mathrm{e}} = \frac{I_{\mathrm{m}}}{\sqrt{2}} \tag{21.43}$$

交流用の電圧計や電流計に表示される値は，実効値である．家庭用の 100 V の電力は電圧の実効値 V_{e} が 100 V で，最大値 V_{m} は 141 V である．

交流の場合，ジュール熱として消費される電力

$$V(t)I(t) = V_{\mathrm{m}}I_{\mathrm{m}} \sin^2 \omega t = 2V_{\mathrm{e}}I_{\mathrm{e}} \sin^2 \omega t = V_{\mathrm{e}}I_{\mathrm{e}}(1-\cos 2\omega t) \tag{21.44}$$

は時間とともに変動する．時間について平均すると，

$$\langle P \rangle = V_{\mathrm{e}}I_{\mathrm{e}} = RI_{\mathrm{e}}{}^2 = \frac{V_{\mathrm{e}}{}^2}{R} \tag{21.45}$$

となるので，V, I として実効値 $V_{\mathrm{e}}, I_{\mathrm{e}}$ を使えば，ジュール熱の公式 (19.22) とオームの法則 (19.5) は，交流でも成り立つ．ここで，$\cos 2\omega t$ の時間平均 $\langle \cos 2\omega t \rangle = 0$ を使った*．

交流電圧と交流電流は振動する．周期 T は，$\omega T = 2\pi$ を満たすので，$T = \dfrac{2\pi}{\omega}$ である．ω を交流の**角周波数**という．

$$f = \frac{1}{T} = \frac{\omega}{2\pi} \tag{21.46}$$

は単位時間あたりの振動数であるが，これを交流の**周波数**という．サイン関数の中の ωt を交流電圧の**位相**という．ここでは $t = 0$ で位相が 0 であるとした．周波数の単位は 1/s であるが，これをヘルツ（記号 Hz）という．電力会社が供給する電力の周波数は，東日本では 50 Hz，西日本では 60 Hz である．

コイルやキャパシターが含まれている回路に交流電圧 $V(t) = \sqrt{2}\, V_{\mathrm{e}} \sin \omega t$ を加えると，

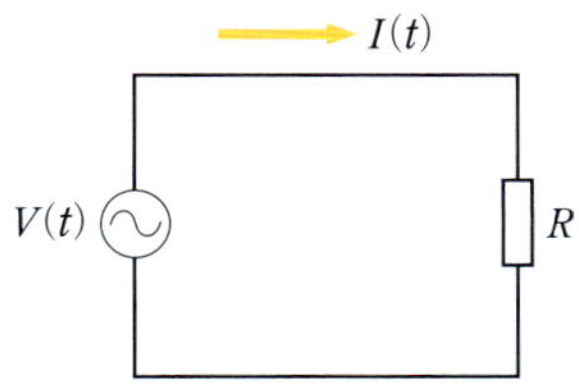

(a)　抵抗での電圧降下は $RI(t)$, $V(t) = RI(t)$

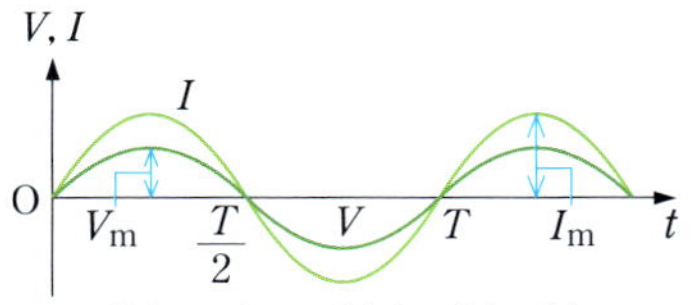

(b)　電圧 $V(t)$ と電流 $I(t)$

図 21.24　交流電源と抵抗だけがある回路

*　交流電圧 $V(t)$ の 2 乗と交流電流 $I(t)$ の 2 乗の時間についての平均値は

$$\langle V(t)^2 \rangle = V_{\mathrm{e}}{}^2$$
$$\langle I(t)^2 \rangle = I_{\mathrm{e}}{}^2$$

周波数の単位　Hz = 1/s

$$I(t) = \sqrt{2}\, I_e \sin(\omega t - \phi) \tag{21.47}$$

のように，電圧と同じ角周波数で位相の異なる交流電流が流れる．電圧に比べて電流の位相がどれだけ遅れているかを表す角 ϕ を**位相のずれ**という．V_e と I_e の比 $\dfrac{V_e}{I_e}$ を**インピーダンス**とよび，Z と記す．

$$V_e = ZI_e \tag{21.48}$$

交流回路のインピーダンスは直流回路の抵抗に対応し，単位はオーム(Ω)である．

交流のインピーダンスの単位
Ω

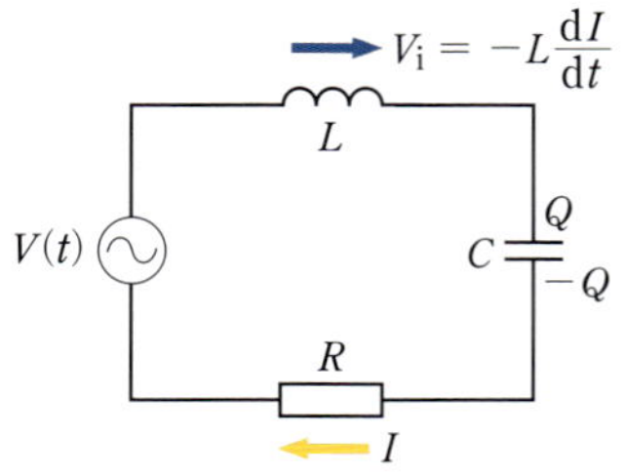

図 21.25 *RLC* の直列回路

RLC 直列回路　図 21.25 のように，電気抵抗 R の抵抗器，自己インダクタンス L のコイル，電気容量 C のキャパシターを直列に接続し，両端に交流起電力

$$V(t) = \sqrt{2}\, V_e \sin \omega t \tag{21.49}$$

を加えた交流回路を ***RLC* 直列回路**という．この場合，

「電気抵抗での電圧降下 RI」+「キャパシターでの電圧降下 $\dfrac{Q}{C}$」

=「回路に含まれている起電力 $V(t)$」

+「コイルに生じる誘導起電力 $-L\dfrac{dI}{dt}$」

$$RI + \frac{Q}{C} = \sqrt{2}\, V_e \sin \omega t - L\frac{dI}{dt} \tag{21.50}$$

という関係が成り立つ．この式を t で微分して $I = \dfrac{dQ}{dt}$ を使うと，

$$L\frac{d^2 I}{dt^2} + R\frac{dI}{dt} + \frac{1}{C}I = \sqrt{2}\,\omega V_e \cos \omega t \tag{21.51}$$

となる．この方程式は，周期的に変化する力 $F = F_0 \cos \omega t$ と速度に比例する抵抗 $-2m\gamma v$ とばねの力 $-kx$ が作用している質量 m の質点の運動方程式

$$m\frac{d^2 x}{dt^2} + 2m\gamma\frac{dx}{dt} + kx = F_0 \cos \omega t \tag{21.52}$$

と同じ形をしている [**4.2** 節の (4.32) 式．(4.32) 式では外力は $F_0 \cos \omega_f t$]．

微分方程式 (21.52) の解には，時間とともに指数関数的に減少する減衰振動を表す解と，周期 $T = \dfrac{2\pi}{\omega}$ の周期運動を表す解の 2 種類がある．回路のスイッチを入れたり切ったりするときに生じる過渡的現象を考える際には指数関数的に変化する解を考えなければならないが，ここでは強制振動に対応する，振幅が一定な周期運動を表す解だけを考える．(21.51) 式の解は，回路のインピーダンス

$$Z = \left\{R^2 + \left(\omega L - \frac{1}{\omega C}\right)^2\right\}^{1/2} \tag{21.53}$$

と位相のずれ ϕ

$$\sin\phi = \frac{1}{Z}\left(\omega L - \frac{1}{\omega C}\right), \qquad \cos\phi = \frac{R}{Z} \tag{21.54}$$

を使って (図 21.26)，

$$I(t) = \frac{1}{Z}\sqrt{2}\,V_e \sin(\omega t - \phi) \tag{21.55}$$

と表されることは，(21.55) 式を (21.51) 式に代入することによって確かめられる．回路に電源とコイルだけがある場合，$\phi = 90°$ で，電流は電圧より位相が 90° 遅れる．回路に電源とキャパシターだけがある場合，$\phi = -90°$ で，電流は電圧より位相が 90° 進む．

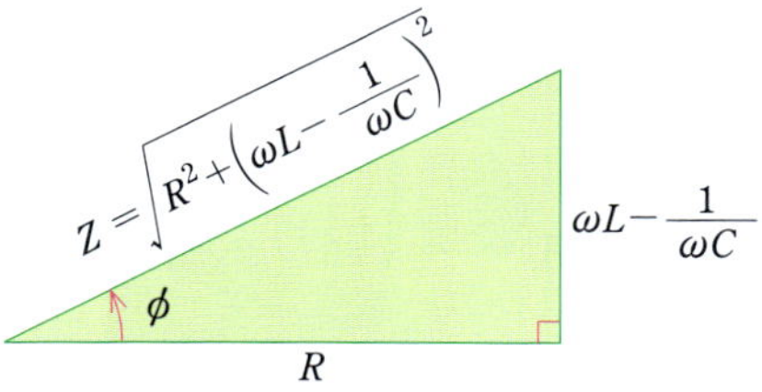

図 21.26　インピーダンス Z と位相のずれ ϕ.

回路のインピーダンスは外部から加えた交流起電力の角周波数 ω の値によって変化し，

$$\omega L - \frac{1}{\omega C} = 0$$

$$\therefore \quad \omega = \omega_R = \frac{1}{\sqrt{LC}} \tag{21.56}$$

のときに最小になる ($Z = R$)．このとき電流は最大になり，回路に**共振**が起こるという．

$$f_R = \frac{\omega_R}{2\pi} = \frac{1}{2\pi\sqrt{LC}}$$

を**共振周波数**あるいは固有周波数という．この事実を使うと，いろいろな周波数の混ざった電流から特定の周波数の成分だけを取り出すことができる．このためラジオやテレビの受信機が特定の周波数での放送を選び出すための**同調回路**に利用されている (図 21.27)．

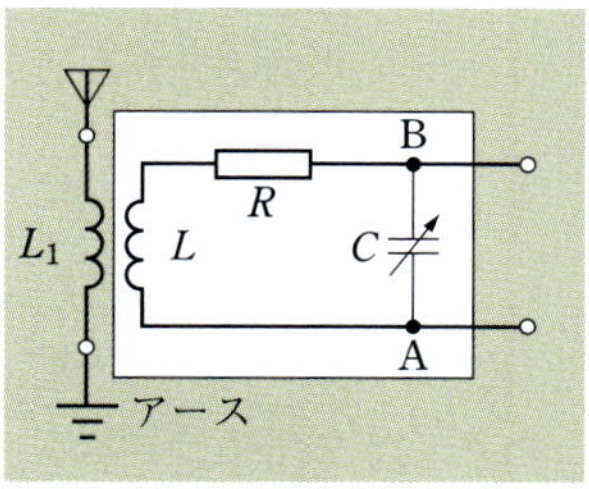

図 21.27　同調回路

RLC 回路で消費される電力は，単位時間あたり平均

$$\langle P\rangle = V_e I_e \cos\phi = R{I_e}^2 \tag{21.57}$$

である．したがって，RLC 回路の電気抵抗では，平均して $\langle P\rangle = R{I_e}^2$ の割合で，ジュール熱として電力を消費する．直流回路で消費する電力は $V_e I_e$ なので，交流回路で消費する平均電力 $\langle P\rangle = V_e I_e \dfrac{R}{Z}$ は**力率**とよばれる因子 $\dfrac{R}{Z}$ を含む．(21.57) 式の導出では，

$$\begin{aligned} 2\langle\sin(\omega t-\phi)\sin\omega t\rangle &= \cos\phi\,\langle(1-\cos 2\omega t)\rangle - \sin\phi\,\langle\sin 2\omega t\rangle \\ &= \cos\phi \end{aligned}$$

を使った．

変圧器　相互誘導を利用して，交流の電圧を上げたり下げたりするための図 21.28 のような装置が**変圧器**である．変圧器はロの字型の鉄心に 1 次コイルと 2 次コイルを巻いたものである．

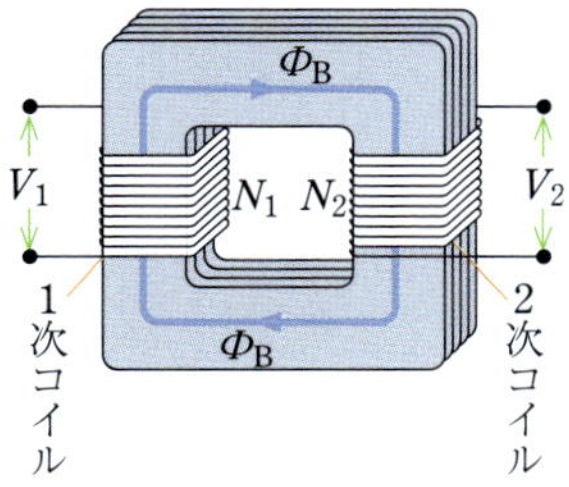

図 21.28

1 次コイルと 2 次コイルの巻き数をそれぞれ N_1, N_2 とする．1 次コイルに交流電圧 V_1 をかけると，コイルに流れる交流電流によって，鉄心の中に変化する磁束 Φ_B が生じる．磁束は鉄心からはほとんど漏れず

図 21.29　発電所からの送電など，身のまわりでは多くの変圧器が使用されている．写真は工場内で使用されている変圧器（161 kV/13.2 kV）．

に，2 次コイルの中を通る．ここでは，1 次コイルで発生した磁束がすべて 2 次コイルを貫く理想的な変圧器を考える．磁束が微小時間 Δt に $\Delta\Phi_{\mathrm{B}}$ だけ変化すると，1 次コイルに自己誘導で生じる逆起電力 V_{i1} と 2 次コイルに生じる誘導起電力 V_2 は

$$V_{\mathrm{i1}} = -N_1\frac{\Delta\Phi_{\mathrm{B}}}{\Delta t}, \quad V_2 = -N_2\frac{\Delta\Phi_{\mathrm{B}}}{\Delta t} \tag{21.58}$$

である．1 次コイルの抵抗は無視できるとすると，1 次コイルに生じる逆起電力 V_{i1} は外から加えた交流電圧 V_1 につり合うので $(V_1+V_{\mathrm{i1}}=0)$，(21.58) 式から 1 次コイルと 2 次コイルの電圧，巻き数の間には

$$\frac{|V_2|}{|V_1|} = \frac{N_2}{N_1} \tag{21.59}$$

という関係がある．したがって，1 次コイルに加える交流電圧の実効値 V_{1e} と 2 次コイルに生じる誘導起電力の実効値 V_{2e} の間には

$$\frac{V_{\mathrm{2e}}}{V_{\mathrm{1e}}} = \frac{N_2}{N_1} \tag{21.60}$$

という関係が成り立つ．つまり，2 次コイルの巻き数を 1 次コイルの巻き数より多くすれば電圧を高くできるし，2 次コイルの巻き数を 1 次コイルの巻き数より少なくすれば電圧を低くできる．関係 (21.60) は磁束が鉄心から外にもれないという条件を使って導かれた．この場合，1 次コイル，2 次コイルの自己インダクタンス L_1, L_2 と相互インダクタンス M は関係 $L_1L_2 = M^2$ を満たす．

2 次コイルに抵抗 R を接続すると，2 次コイルに電流 I_2 が流れ，抵抗で電力が消費される．鉄心やコイルでエネルギーが消費されない理想的な変圧器では，エネルギー保存則のために，2 次コイル側で消費される電力は，1 次コイル側で加えられた電力に等しい．したがって，この場合，1 次コイル，2 次コイルを流れる電流の実効値を $I_{\mathrm{1e}}, I_{\mathrm{2e}}$ とすれば，エネルギー保存則から

$$I_{\mathrm{1e}}V_{\mathrm{1e}} = I_{\mathrm{2e}}V_{\mathrm{2e}} \tag{21.61}$$

すなわち，

$$\frac{I_{\mathrm{2e}}}{I_{\mathrm{1e}}} = \frac{N_1}{N_2} \tag{21.62}$$

という関係が成り立つ．なお，この場合

$$I_{\mathrm{1e}} = \frac{I_{\mathrm{2e}}N_2}{N_1} = \frac{V_{\mathrm{2e}}}{R}\frac{N_2}{N_1} = \frac{V_{\mathrm{1e}}}{R}\left(\frac{N_2}{N_1}\right)^2 \tag{21.63}$$

である．

(21.58) 式からわかるように，磁束が変化しなければ，変圧器に電圧は発生しない．磁束が変化するには流れる電流の変化が必要である．すなわち，変圧器は交流で動作する．変圧器に直流を流すと，2 次側には少しも電流が流れないばかりか，1 次側の巻線が発熱し，変圧器が燃える恐れがある．

演習問題21

A

1. (1)　面積が$0.25\ \mathrm{m^2}$の正方形を囲む導線$(R = 20\ \Omega)$が$B = 0.30\ \mathrm{T}$の磁場に垂直に置いてある．この正方形を貫く磁束はいくらか．
(2)　この磁場が$0.01\ \mathrm{s}$の間に0になった．この間に生じる誘導電場の平均誘導起電力を求めよ．平均電流も求めよ．

2. $0.010\ \mathrm{T}$の一様な磁場の中で面積$25\ \mathrm{cm^2}$のコイルを毎秒100回転させると，誘導起電力の振幅はいくらか．回転軸は磁場に垂直だとする(図21.17参照)．

3. 既知の角周波数ωで振動している磁場の強さを測定するために**さぐりコイル**の面を磁場に垂直に置く．コイルの断面積をA，巻き数をNとしたとき，コイルの両端の電圧が$V_0 \sin \omega t$であった．磁場の時間的変化はどのように表されるか．

4. $L = 0.1\ \mathrm{H}$のソレノイドを流れる電流が0.01秒間に100 mAずつ増加している．誘導起電力の大きさはいくらか．

5. 導線の両端を接続したコイルの中に電磁石を押し込もうとすると抵抗を感じる．この抵抗はコイルの巻き数が多いほど大きい．なぜか．

6. (1)　断面積$10\ \mathrm{cm^2}$，長さ10 cmの鉄心(比透磁率$\mu_r = 1000$)に導線が1000回一様に巻いてあるソレノイドの自己インダクタンスを求めよ．
(2)　このソレノイドを流れる電流が0.01秒間に0から10 mAに増加した．ソレノイドに生じた平均誘導起電力はいくらか．

7. $L = 0.5\ \mathrm{H}$のコイルと$R = 100\ \Omega$の抵抗が直列につながれ，$V_e = 100\ \mathrm{V}$，$f = 50\ \mathrm{Hz}$の交流電源につながれている(図1)．電流の実効値I_eと位相のずれϕを求めよ．

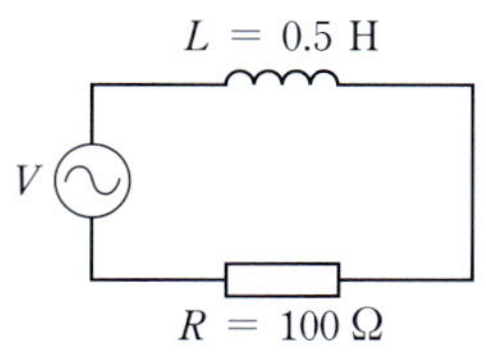

図1

8. ラジオ受信器のコイルのインダクタンスが200 μHだとすると，周波数500 kHzから2000 kHzまでのAM放送の電波を受信するには，キャパシターの電気容量の変わりうる範囲をどう選べばよいか．

B

1. 空気中の$4.6 \times 10^{-5}\ \mathrm{T}$の磁場内で，これに垂直な1 mの長さの導線を，磁場と導線の向きの両方に垂直な方向に速さ10 m/sで動かすときに，導線の両端に生じる電位差を求めよ．

2. 超伝導物質で$L = 40\ \mathrm{H}$の巨大なコイルをつくる．
(1)　$V = 7.5\ \mathrm{V}$の直流電源をつないだとき，このコイルに流れる電流Iが1500 Aになるまでの時間を求めよ(超伝導物質は電気抵抗が0である)．
(2)　このコイルで体積$27\ \mathrm{m^3}$の真空中に1.8 Tの磁場をつくった．このときの磁場のエネルギーUを求めよ．

3. 図2の2つの同心の1巻きの円形のコイルL_1, L_2の相互インダクタンスを求めよ．

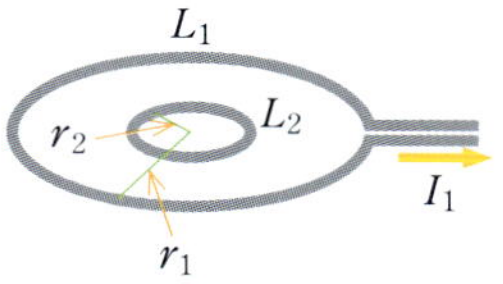

図2

4. (1)　1 MV/m $(= 10^6\ \mathrm{V/m})$の電場のかかっている空間$1\ \mathrm{m^3}$に蓄えられているエネルギーを求めよ．
(2)　10 Tの磁場のかかっている空間$1\ \mathrm{m^3}$に蓄えられているエネルギーを求めよ．

マクスウェル方程式と電磁波

これまでに学んだ電磁気学のほとんどの法則はいまから 180 年前までに知られていた．とはいっても，電場，磁場という概念はまだ知られていなかった．ファラデーは磁力線と電気力線を使って電磁気現象を理解していた．電場，磁場という概念を導入して，電磁気に関する法則を整理し，マクスウェル方程式と総称される，電場と磁場に対する基本法則を選びだし，電磁気学を確立したのは，マクスウェルだった．

かれはマクスウェル方程式から電磁波の存在を導き出し，光は電磁波であることを示した．本章では，マクスウェル方程式と電磁波を学ぶ．

東京都小笠原村にある VERA（天の川銀河の精密な立体地図を作るプロジェクトで，全国 4 か所に直径 20 m の電波望遠鏡を設置し，昼夜観測をしている）小笠原観測局の電波望遠鏡と南の空．夏の夜空に這うさそり座と，天の川の対岸からさそりを狙ういて座が写っている．望遠鏡の周りの明るい星は土星，スピカ，火星．

電磁気についての多くの法則を学んだ．ここで振り返ってみよう．

電磁気学の主役は，電場 $\boldsymbol{E}$ と磁場 $\boldsymbol{B}$ および電荷 q と電流 I である．電荷 q は電場 $\boldsymbol{E}$ から電気力 $q\boldsymbol{E}$，磁場（磁束密度）$\boldsymbol{B}$ から磁気力 $q\boldsymbol{v}\times\boldsymbol{B}$ の作用を受け，電流 I の流れている導線の長さ L の部分は磁場 $\boldsymbol{B}$ から磁気力 $I\boldsymbol{L}\times\boldsymbol{B}$ の作用を受ける．誘電体や磁性体が登場する場合には，微視的な電荷や電流は分極 $\boldsymbol{P}$ と磁化 $\boldsymbol{M}$ という巨視的な場で表される．

電荷のまわりには電場 $\boldsymbol{E}$ が生じ，電流のまわりには磁場 $\boldsymbol{B}$ ができる．静止している電荷がつくる電場はクーロンの法則にしたがう．電場の電気力線は正電荷を始点とし負電荷を終点とする途中で切れ目のない線であり，電荷 Q からは $\dfrac{Q}{\varepsilon_0}$ 本の電気力線が出ることを表すのが，電場のガウスの法則である．

定常電流のまわりにできる磁場はビオ-サバールの法則から導かれ，磁場 $\boldsymbol{B}$ のガウスの法則とアンペールの法則を満たす．磁場 $\boldsymbol{B}$ のガウスの法則は，磁場 $\boldsymbol{B}$ の磁力線は始点も終点もない閉曲線であること，したがって，分離した単磁極が存在しないことを表す．

電場は，電荷の周囲に生じるばかりでなく，変動する磁場の周辺にも生じる．これが電磁誘導である．電磁誘導で生じる電場の電気力線は始点も終点もない閉曲線である．

22.1 マクスウェル方程式

学習目標　電場 $\boldsymbol{E}$ が時間とともに変化すれば磁場 $\boldsymbol{B}$ が生じることを理解する．マクスウェル方程式と総称される，電磁気学の基本法則である4つの方程式が，それぞれどのような物理的内容を表すのかを説明できるようになる．

電磁気学の基礎法則がほぼ現在の形式になったのは，1865年に刊行されたマクスウェルの『電磁場の動力学的理論』と題する論文によるとされている*．かれはそれまでに得られた電磁気現象に関する多くの法則を整理して，電場と磁場に対する次の4つの基本法則を選び出した．

＊　最初のマクスウェル方程式は20の式から構成されていた．それを今日の4つのベクトル形式の式に直したのはヘビサイドで1884年のことであった．

最初の3つは，次の3法則である．

(1)　電場 $\boldsymbol{E}$ のガウスの法則：

$$\text{「閉曲面 S から出てくる電気力線束 } \Phi_{\mathrm{E}}\text{」} = \frac{\text{「閉曲面 S の内部の全電気量 } Q_{\mathrm{in}}\text{」}}{\varepsilon_0} \tag{16.19}$$

$$\iint_{\mathrm{S}} E_{\mathrm{n}}\,\mathrm{d}A = \frac{1}{\varepsilon_0} Q_{\mathrm{in}} \tag{22.1a}$$

(2)　磁場 $\boldsymbol{B}$ のガウスの法則： 分離された単磁極は存在しない．

$$\text{「閉曲面 S から出てくる磁束 } \Phi_{\mathrm{B}}\text{」} = 0 \tag{20.5}$$

$$\iint_{\mathrm{S}} B_{\mathrm{n}}\,\mathrm{d}A = 0 \tag{22.1b}$$

(3)　ファラデーの電磁誘導の法則：磁場 $\boldsymbol{B}$ が時間的に変化すると電場 $\boldsymbol{E}$ が生じる．

「閉曲線Cに沿っての電場 $\boldsymbol{E}$ の接線方向成分の線積分（起電力）」
＝－「閉曲線Cを縁とする面Sを貫く磁束 Φ_B の時間変化率」　(21.7)

$$\oint_C E_t \, ds = -\frac{d\Phi_B}{dt} = -\iint_S \frac{\partial B_n}{\partial t} dA \tag{22.1c}$$

最後の法則の候補として，定常電流がつくる磁場 $\boldsymbol{B}$ のアンペールの法則(20.15)

「閉曲線Cに沿っての磁場 $\boldsymbol{B}$ の接線方向成分の線積分」
＝μ_0×「閉曲線Cを縁とする面Sを貫く電流 I」

$$\oint_C B_t \, ds = \mu_0 I$$

を取り上げて，図22.1の実験に適用してみよう．充電したキャパシターを放電すると，導線には電流が流れ，そのまわりに磁場が生じるが，極板の間には電流は流れない．そこで，図22.1の閉曲線Cを縁とする面Sとして導線と交わる面を選べば，アンペールの法則の右辺の I は $I = -\dfrac{dQ}{dt}$ である．しかし，面Sとして2枚の極板の間を通る面を選ぶと $I = 0$ になる．この右辺の不定性のために，アンペールの法則は，電流が時間的に変化する場合には成り立たない．

そこで，マクスウェルは，磁場が時間的に変化すると電場が生じる電磁誘導に対応して，**電場が時間的に変化するとそのまわりに磁場が誘起される**はずであると考えた．極板の間に電流は流れないが，そこでは電場が変化し，電気力線束 Φ_E の時間変化率は $\varepsilon_0 \dfrac{d\Phi_E}{dt} = -\dfrac{dQ}{dt}$ という関係を満たす［この関係は，電荷が $-Q$ の右側の極板を囲む閉曲面に(22.1a)式を適用して得られる $\varepsilon_0 \Phi_E = -Q$ を t で微分し，極板の右側では $\boldsymbol{E} = \boldsymbol{0}$ であることを使うと導かれる．極板の間は真空とした］．

マクスウェルは，「電場が変化すると，電気力線束 Φ_E の時間変化率 $\dfrac{d\Phi_E}{dt}$ の ε_0 倍に等しい電流が流れているときと同じ磁場が生じる」と考え*，電流のまわりには，磁力線が電流を右巻きに巡る磁場が生じると

＊　マクスウェルは $\varepsilon_0 \dfrac{d\Phi_E}{dt}$ を変位電流とよんだ．

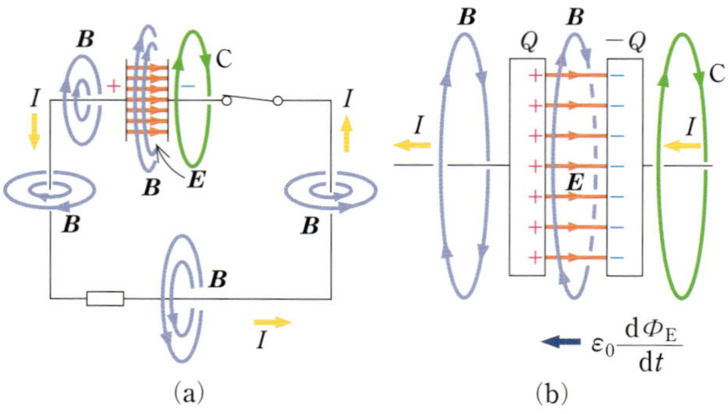

図22.1　放電しているキャパシターの極板の間に生じる誘導磁場．
(b)　キャパシター付近の拡大図．極板間の $\dfrac{d\boldsymbol{E}}{dt}$ は左向き．

いうアンペールの法則 (20.15) を拡張した次の法則を追加した.

(4) アンペール-マクスウェルの法則：電流のまわりには，磁力線が電流を右巻きに巡る磁場が生じる．電場が時間的に変化すると磁場が生じる．

「閉曲線 C に沿っての磁場 $\boldsymbol{B}$ の接線方向成分の線積分」
$= \mu_0 \times$「閉曲線 C を縁とする面 S を貫く電流 I」
$+\varepsilon_0\mu_0 \times$「閉曲線 C を縁とする面 S を貫く電気力線束 $\Phi_{\rm E}$ の時間変化率」

$$\oint_{\rm C} B_{\rm t}\,{\rm d}s = \mu_0 I + \mu_0\varepsilon_0 \frac{{\rm d}\Phi_{\rm E}}{{\rm d}t}$$

$$= \mu_0 I + \mu_0\varepsilon_0 \iint_{\rm S} \frac{\partial E_{\rm n}}{\partial t}\,{\rm d}A \qquad (\text{真空中}) \qquad (22.1\text{d})$$

電流 I が途切れるところでは等量の変位電流 $\varepsilon_0 \dfrac{{\rm d}\Phi_{\rm E}}{{\rm d}t}$ が発生するので，(22.1d) 式の右辺は閉曲線 C を縁とする面 S の選び方によって変化することはない．電場の時間的変化で生じる誘導磁場の磁力線は，電流磁場の磁力線と同じように，閉曲線である (図 22.2).

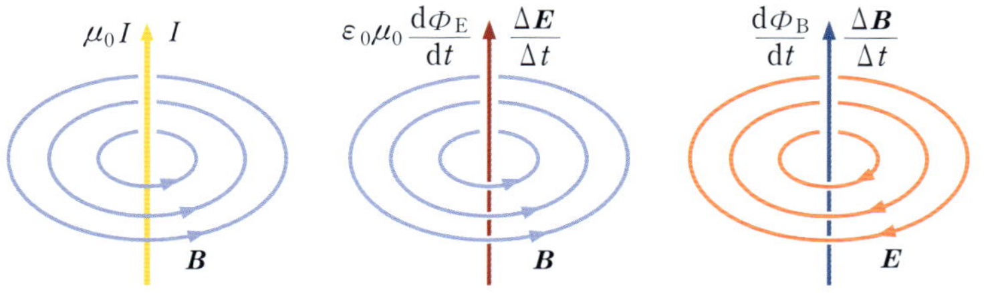

(a) 電流のまわりには磁場が生じる　(b) 電場が時間的に変化すれば磁場が生じる　(c) 磁場が時間的に変化すれば電場が生じる

図 22.2

4 つの法則 (22.1a)～(22.1d) 式をまとめて**マクスウェル方程式**という．マクスウェル方程式は，

(1) 電荷 Q と電流 I はどのような電場 $\boldsymbol{E}$ と磁場 $\boldsymbol{B}$ を生み出すか，

(2) 磁場 $\boldsymbol{B}$ が変化するとどのような電場 $\boldsymbol{E}$ が生じるか，

(3) 電場 $\boldsymbol{E}$ が変化するとどのような磁場 $\boldsymbol{B}$ が生じるか

などを示す方程式である．たとえば，静止した電荷のつくる電場のしたがうクーロンの法則は，(22.1a) 式と右辺を 0 とおいた (22.1c) 式 [つまり，電位の存在を保証する (16.50) 式] から導かれる (証明略)．また，定常電流のつくる磁場のしたがうビオ-サバールの法則は，(22.1b) 式と右辺の $\dfrac{{\rm d}\Phi_{\rm E}}{{\rm d}t}$ を 0 とおいた (22.1d) 式 [つまり，アンペールの法則 (20.15) 式] から導かれる (証明略)．歴史的には，電場のガウスの法則は電場のクーロンの法則から導かれ，磁場 $\boldsymbol{B}$ のガウスの法則とアンペールの法則はビオ-サバールの法則から導かれた．しかし，電磁気学の理論体系では，クーロンの法則とビオ-サバールの法則はマク

スウェル方程式から導かれるという位置づけになっている．

電場と磁場は (22.1c) 式と (22.1d) 式によって密接に関連し合っているので，まとめて**電磁場**ということがある．

電荷と電流から電場と磁場が生じるが，逆に，電場 $\boldsymbol{E}$ と磁場 $\boldsymbol{B}$ は電荷と電流に電気力と磁気力を作用する，つまり，

(1)　電場 $\boldsymbol{E}$ は電荷 Q の帯電物体に電気力 $\boldsymbol{F} = Q\boldsymbol{E}$ を作用し，
(2)　磁場 $\boldsymbol{B}$ は電荷 Q，速度 $\boldsymbol{v}$ の帯電物体に磁気力 $\boldsymbol{F} = Q\boldsymbol{v}\times\boldsymbol{B}$ を作用し，
(3)　磁場 $\boldsymbol{B}$ はその中を流れる電流 I の長さ L の部分に磁気力 $\boldsymbol{F} = I\boldsymbol{L}\times\boldsymbol{B}$ を作用する．

参考　物質がある場合のマクスウェル方程式

誘電体や磁性体がある場合には，分極 $\boldsymbol{P}$ と磁化 $\boldsymbol{M}$ を導入し，

$$\boldsymbol{D} = \varepsilon_0\boldsymbol{E}+\boldsymbol{P} \tag{22.2}$$

$$\boldsymbol{B} = \mu_0(\boldsymbol{H}+\boldsymbol{M}) \tag{22.3}$$

によって電束密度 $\boldsymbol{D}$ と磁場（磁場の強さ）$\boldsymbol{H}$ を定義すると，(22.1 a) 式と (22.1d) 式は

$$\iint_{\mathrm{S}} D_{\mathrm{n}}\,\mathrm{d}A = Q_0 \tag{22.1a'}$$

$$\oint_{\mathrm{C}} H_{\mathrm{t}}\,\mathrm{d}s = I_0+\frac{\mathrm{d}\phi_{\mathrm{E}}}{\mathrm{d}t} = I_0+\iint_{\mathrm{S}}\frac{\partial D_{\mathrm{n}}}{\partial t}\,\mathrm{d}A \tag{22.1d'}$$

となる*．Q_0 は閉曲面 S の内部にある真空中や物質内部を自由に移動できる自由電荷で，I_0 は導線中や真空中を自由に移動できる自由電荷の流れの伝導電流である．誘電体や磁性体がある場合のマクスウェル方程式は，(22.1a′)，(22.1b)，(22.1c)，(22.1d′) の組である．

*　ϕ_{E} は閉曲線 C を縁とする面 S を貫く電束である（**18.1** 節参照）．

参考　電場が時間的に変化すれば磁場が生じる例

平行板キャパシターの 2 枚の極板（面積 A）に正負の電荷 $Q = \sigma A$，$-Q = -\sigma A$ を蓄えると，極板の間には強さが $E = \dfrac{\sigma}{\varepsilon_0}$ の電場が生じる（**17.2** 節参照）．この平行板キャパシターの横で静止している観測者 a には，極板の間にはこの電場しか存在しない［図 22.3 (a)］．

ところが，このキャパシターの横を速度 $\boldsymbol{v}$ で動いている観測者 b は，極板上には電流密度 $\boldsymbol{j} = \pm\sigma\boldsymbol{v}$ の電流が流れているので，極板の間には，電場のほかに強さが

$$B = \mu_0 j = \mu_0\sigma v = v\mu_0\varepsilon_0 E \tag{22.4}$$

の磁場を観測する（定性的に理解すればよい．**23.5** 節参照）．

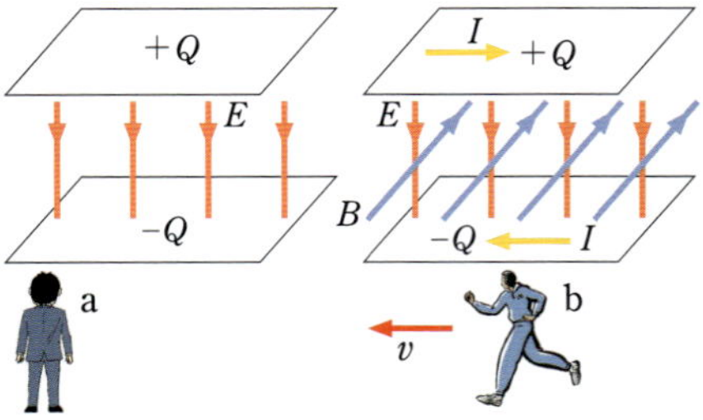

図 22.3　(a) 電場だけを観測する (b) 電場の他に強さが $B = v\mu_0\varepsilon_0 E$ の磁場も観測する

22.2　電　磁　波

学習目標　マクスウェル方程式の解として電磁波が存在する理由を説明できるようになる．光が横波であることを偏光現象に基づいて説明

できるようになる．ヘルツがどのようにして電磁波を発生，検出し，電磁波であることを確認したのかを説明できるようになる．

図 22.4 のようなコイルとアンテナ（キャパシター）から構成された回路に電気振動を起こすと，アンテナの周辺に振動電場が生じる．マクスウェルの理論によると振動する電場のまわりには振動する磁場が生じる．電磁誘導によって，振動する磁場のまわりには振動する電場が生じる．このように，アンテナのまわりには振動する電磁場が生じ，電磁場の振動はアンテナを波源として外向きに波として空間を伝わっていくことになる（図 22.5）．つまり，電場と磁場の振動が波として伝わっていく電磁波が存在することになる．

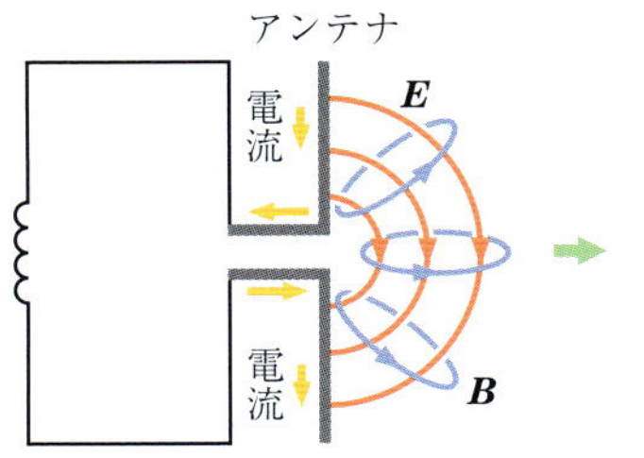

図 22.4　電磁波の発生の概念図

マクスウェルは真空中での電磁波の速さを計算すると，後で示すように，秒速 30 万 km（3×10^8 m/s）になり，これが空気中での光の速さに等しいことにすぐ気づいた．空気中の光の速さは 1849 年にフィゾーが測定し，秒速約 30 万 km という結果を得ている（演習問題 22 の B2 参照）．マクスウェルは

光は電場，磁場の振動の伝搬，すなわち電磁波である

という驚くべき結論を得たのである．

マクスウェルは 1864 年の論文にこう書いている．「この速さは光の速さにきわめて近いので，放射熱（赤外線）や（もし存在すれば）その他の放射を含め，光は電磁気学の法則にしたがって電場，磁場を波の形で伝わっていく電場，磁場の振動，すなわち，電磁波であると結論できる強い理由をわれわれはもっているように思われる．…」

このようにして，光は電磁波の一種であることがわかった．音は空気中の分子の振動の伝搬なので，音波は空気の存在しない真空中は伝わらない．これに対して，電磁場は真空中にも存在するので，電磁波は真空中も伝わる．光は分子，原子中の電子の運動による電流によって放射される電磁波である．

電磁波は波長によっていろいろな名前でよばれている．表 22.1 に示

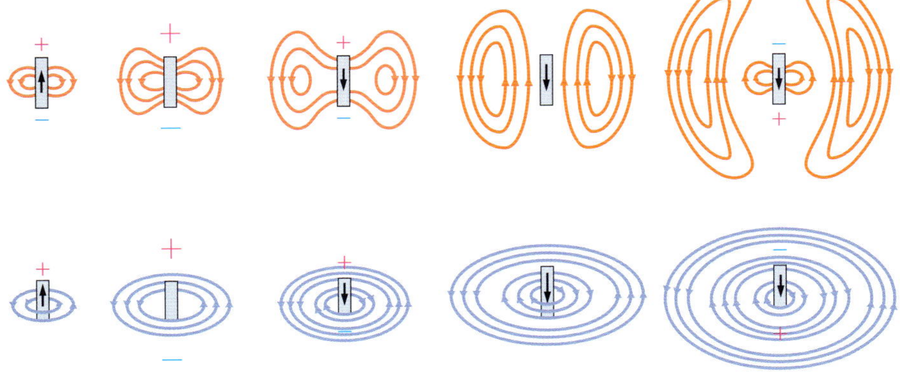

図 22.5　電磁波の放射（概念図）．見やすくするために，電気力線と磁力線を分けて示した．

表 22.1　いろいろな電磁波

波長 [m]	振動数 [Hz]	名称と振動数		
10^5	3×10^3	超長波 (VLF)	3〜30 kHz	電波
10^4	3×10^4	長波 (LF)	30〜300 kHz	電波
10^3	3×10^5	中波 (MF)	300〜3000 kHz	電波
10^2	3×10^6	短波 (HF)	3〜30 MHz	電波
10	3×10^7	超短波 (VHF)	30〜300 MHz	電波
1	3×10^8	極超短波 (UHF)	300〜3000 MHz	電波・マイクロ波
10^{-1}	3×10^9	センチ波 (SHF)	3〜30 GHz	電波・マイクロ波
10^{-2}	3×10^{10}	ミリ波 (EHF)	30〜300 GHz	電波・マイクロ波
10^{-3}	3×10^{11}	サブミリ波	300〜3000 GHz	電波・マイクロ波
10^{-4}	3×10^{12}			赤外線
10^{-5}	3×10^{13}	7.7×10^{-7} m		赤外線
10^{-6}	3×10^{14}			可視光線
10^{-7}	3×10^{15}	3.8×10^{-7} m		紫外線
10^{-8}	3×10^{16}			紫外線
10^{-9}	3×10^{17}			紫外線・X 線
10^{-10}	3×10^{18}			X 線
10^{-11}	3×10^{19}			X 線・γ 線
10^{-12}	3×10^{20}			γ 線
10^{-13}	3×10^{21}			γ 線

図 22.6　平塚テレビ中継局

すように，電磁波には光（可視光線）以外にガンマ線（γ 線），X 線，紫外線，赤外線，電波などがある．通信用に使われる波長 0.1 mm 以上の電磁波は**電波**と呼ばれている．AM ラジオ放送の波長は 190〜560 m，FM ラジオ放送の波長は 3.3〜3.9 m である．

電磁波を検出するには，図 21.27 に示した同調回路の共振周波数を電磁波の周波数に共振するように調節して，回路に生じる振動電流を検出すればよい．

電磁波の速さ　アンテナの近傍での電磁波の電場と磁場の振動のようすは複雑であるが，アンテナから放射された電磁波は，アンテナから十分に遠く離れた狭い領域に限れば，平面波として伝わると考えてよいので，簡単になる．

平面波では，ある瞬間の電磁場のようすは，波の進行方向に垂直な平面内では一定であり，進行方向には周期的に変化している．電磁波の電場や磁場の振動方向が波の進行方向に平行な縦波だと，電気力線や磁力線が電荷の存在しない真空中で生成したり消滅することになる（図 22.7）．したがって，電磁波の電場と磁場は波の進行方向に垂直でなければならないので，電磁波は横波である．

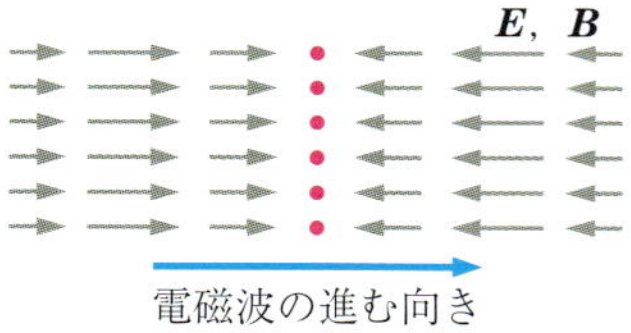

図 22.7　電磁波が縦波だとする．密度が図に示されている場の強さに比例するように電場と磁場の力線を描くと，いたるところで力線の生成と消滅が起こらなければならない．

電磁波の速さが約 3×10^8 m/s であることは，次のようにして導くことができる．

(1)　図 21.18 (b) に示したように，ある点を速度 $\boldsymbol{v}$ で通過する磁場 $\boldsymbol{B}$ は $\boldsymbol{v}$ と $\boldsymbol{B}$ のどちらにも垂直で，大きさが

$$E = vB \tag{22.5}$$

の誘導電場 $\boldsymbol{E}$ をつくる［図 22.8(a)］.

(2)　(22.1c) 式と $I=0$ とおいた (22.1d) 式を比較すると，$\boldsymbol{E}$ は $\boldsymbol{B}$ に対応し，$\boldsymbol{B}$ は $-\varepsilon_0\mu_0\boldsymbol{E}$ に対応することがわかる（負符号に注意）．この電場 $\boldsymbol{E}$ は，$\boldsymbol{B}$ と同じ速度 $\boldsymbol{v}$ で動くので (1) に対応して，$\boldsymbol{v}$ と $\boldsymbol{E}$ のどちらにも垂直で，大きさが

$$B = v\varepsilon_0\mu_0 E \tag{22.4}$$

の大きさの誘導磁場 $\boldsymbol{B}$ をつくる［図 22.8(b)，前節末の参考も参照］.

(3)　(22.4) 式と (22.5) 式が両立するという条件，つまり，(2) の $\boldsymbol{B}$ とはじめの $\boldsymbol{B}$ が同じになるという条件 $B = v\varepsilon_0\mu_0 E = v^2\varepsilon_0\mu_0 B$，つまり，$v^2 = \dfrac{1}{\varepsilon_0\mu_0}$ から真空中の電磁波の速さ c が次のように求められる.

$$c = \frac{1}{\sqrt{\varepsilon_0\mu_0}} \approx 3\times10^8\ \mathrm{m/s} \tag{22.6}$$

ただし，$\dfrac{1}{4\pi\varepsilon_0} \approx 9\times10^9\ \mathrm{N\cdot m^2/(A^2\cdot s^2)}$，$\mu_0 = 4\pi\times10^{-7}\ \mathrm{N/A^2}$ を使った.

上で導いた結果をまとめると，次のようになる.

真空中を電場，磁場の振動が波として伝わる場合，

(1)　その速さは一定で，真空中での光の速さ c に等しい.

(2)　電場の振動方向と磁場の振動方向は垂直である.

$$\boldsymbol{E}\perp\boldsymbol{B} \tag{22.7}$$

(3)　電磁波の進行方向 $\boldsymbol{k}$ は，電場の振動方向と磁場の振動方向の両方に垂直で，

$$\boldsymbol{k}\perp\boldsymbol{E},\qquad \boldsymbol{k}\perp\boldsymbol{B}, \tag{22.8}$$

$\boldsymbol{k}$ は右ねじを $\boldsymbol{E}$ から $\boldsymbol{B}$ の方向へ回すときにねじの進む方向（ベクトル積を使うと $\boldsymbol{E}\times\boldsymbol{B}$ の方向）を向いている（電磁波は横波である）（図 22.9）.

(4)

$$E = cB \tag{22.9}$$

比誘電率 ε_r，比透磁率 μ_r の一様な **物質の中での光の速さ** c_r は

$$c_r = \frac{1}{\sqrt{\varepsilon_r\mu_r\varepsilon_0\mu_0}} = \frac{c}{\sqrt{\varepsilon_r\mu_r}} \tag{22.10}$$

である*．常磁性体，反磁性体では $\mu_r \approx 1$ なので，$c_r \approx (\varepsilon_r)^{-1/2}c$ である.

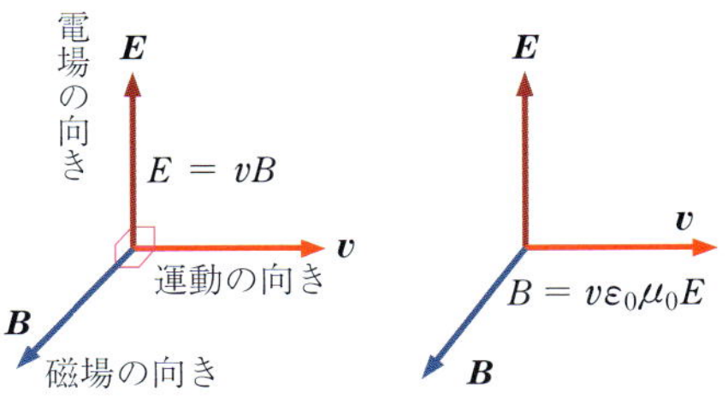

(a)　$E = vB$　　(b)　$B = v\varepsilon_0\mu_0 E$

図 22.8

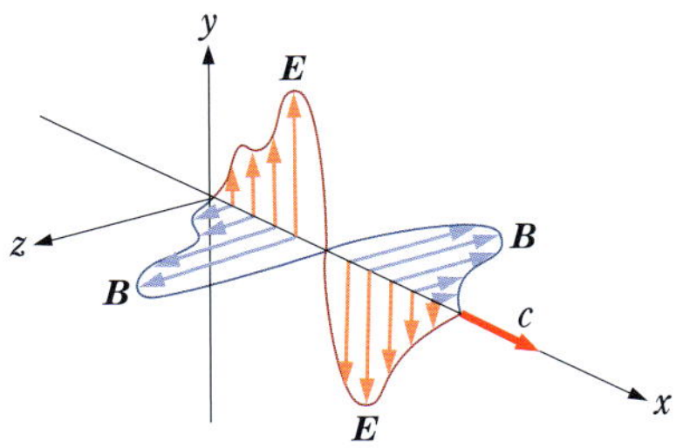

図 22.9　$+x$ 軸方向へ伝わる電磁波

*　(22.1d) 式の代わりに (22.1d′) 式を使え.

偏光　光が横波であることは，ポラロイドとよばれる偏光板を 2 枚使えばわかる．自然光とよばれる太陽光や白熱電灯の光は，磁場の振動方向が進行方向に垂直な面内のいろいろな向きの光である（図 22.11．矢印は磁場の向き）.

ポラロイドは，ある有機化合物の針状結晶の向きを揃えて，プラスチック板に埋めこんだものである．電場の振動方向が偏光板の軸方向（針

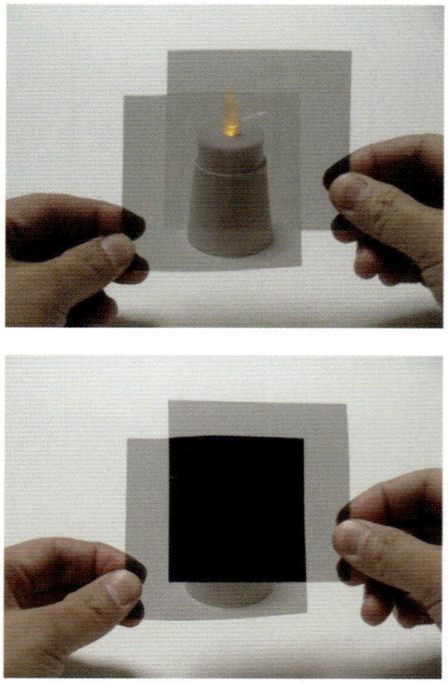

図 22.10　偏光

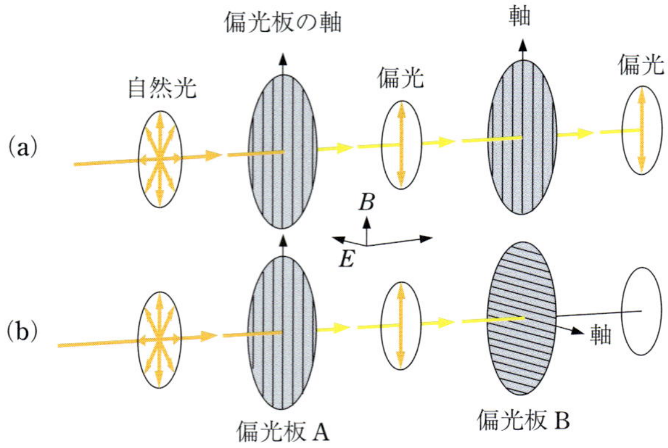

図 22.11　偏光板による偏光

状結晶の方向）を向いていると，電場の振動のエネルギーは結晶に吸収される．そこで，偏光板は磁場が軸方向に振動している光（電場が軸に垂直に振動している光）だけを通す．このような振動方向が偏っている光を偏光という．図 22.11 のように 2 枚の偏光板を重ねて，一方を回してみる．両方の向きが同じときにもっとも明るく，回していくうちに暗くなり，90 度回したときにもっとも暗くなる．この実験結果は，光が横波だと容易に理解できるが，縦波だと理解できない．

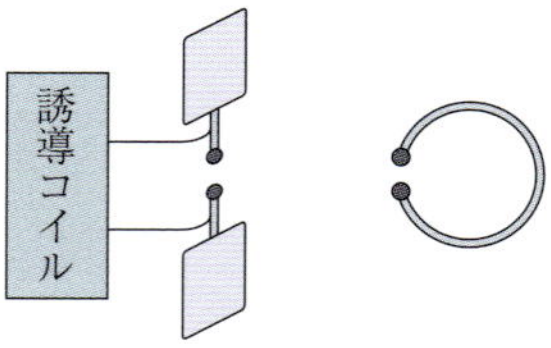

図 22.12　ヘルツの実験の概念図．左側が電磁波の発生装置，右側が検出装置（小さな火花間隙をもつ導線のループ）である．

ヘルツの実験　マクスウェル理論の重要な結論は，「いろいろな波長の電磁波が存在し，真空中ではすべての電磁波は秒速 30 万 km で伝わる」ということである．光の波長は数百万分の 1 メートルという限られた範囲内にあるので，マクスウェル理論の確立には，光以外の電磁波を発生させてこれを検出する必要がある．電磁波は振動する電流によって発生させられる．

マクスウェルの予言した電磁波が実験的に証明されたのは，予言後 20 年以上が経過し，彼が死去した後の 1888 年のことであった．ヘルツは，同じ周波数で共振する 2 つの装置（電磁波の発生装置と検出装置）をつくった（図 22.12）．

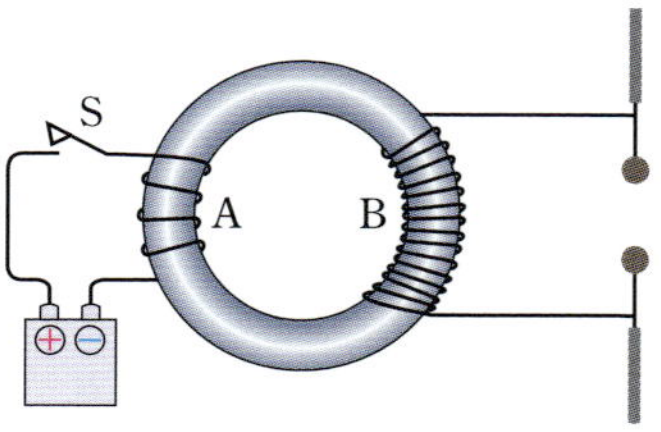

図 22.13　電磁波の発生装置の概念図

誘導コイルのある装置が電磁波の発生装置である（図 22.13）．コイル A の電流を，振動するスイッチ S で切ったり入れたりすると，鉄心の中に激しく変化する磁場が生じ，多数回巻いてあるコイル B に電磁誘導によって高電圧の交流電圧が生じ，空気中の分子が電離して，端子の間に火花が飛ぶ．火花は端子の間をすばやく往復する振動電流の存在を示す．振動数は端子の大きさや形などによって調節できる．

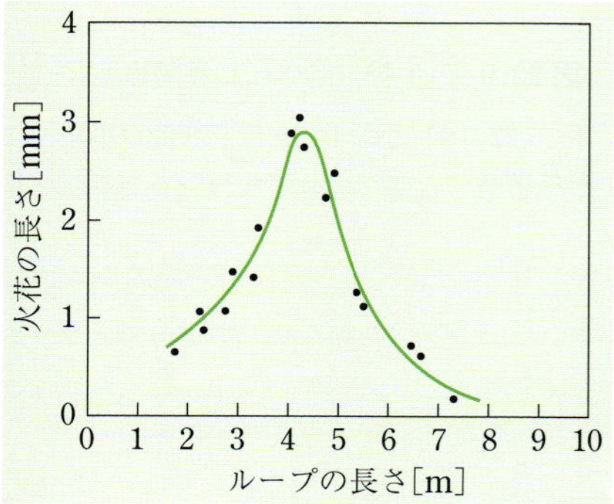

図 22.14　ヘルツが観測した共振曲線

ヘルツは電磁波の検出装置として，小さな間隙をもつ導線のループを使い，誘導コイルの端子の間に火花が飛ぶのと同時に，ループの間隙にも火花が飛ぶことを発見した（図 22.14）．この実験結果は，誘導コイルの端子間の振動電流が振動する電場と磁場をつくり，電場と磁場の振動が空間を電磁波として伝わっていき，ループを通過するときに，そこに振動する電場と磁場をつくり，この強い振動電場のためにループの間隙に火花が飛ぶと理解される．

発生装置を回転させたり大きさを変えたりすると，検出装置での放電のようすが変わる．これは，発生した電磁波が偏っている事実と特定の波長をもつという事実を示す．

また，ヘルツはこの電磁波の速さを1888年に測定して，マクスウェルが予言したように，光の速さと同じであることを確かめた．さらに，ヘルツは，この電磁波は固体の表面で反射，屈折し，干渉現象，回折現象を示すことも発見した．

22.3 電　磁　場

学習目標　真空中を電場と磁場の振動が電磁波として伝わり，電磁波はエネルギーと運動量を運ぶので，電場と磁場は物理的に実在することを理解する．

電磁波のエネルギー　電場があれば電場のエネルギーが存在し，磁場があれば磁場のエネルギーが存在するので，電場と磁場の振動が空間を伝わっていく電磁波は電磁場のエネルギーを運ぶ．(17.16)式と(21.32)式から，電磁波が伝わる真空中には単位体積あたり

$$u = \frac{1}{2}\varepsilon_0 E^2 + \frac{1}{2\mu_0}B^2 = \varepsilon_0 E^2 \quad \text{（真空中）} \tag{22.11}$$

のエネルギーがある $\left(E = cB = \dfrac{B}{\sqrt{\varepsilon_0\mu_0}}\right.$ を使った)．したがって，電磁波の進行方向に垂直な単位面積を単位時間あたりに通過する電磁場のエネルギー S は

$$S = c\varepsilon_0 E^2 \quad \text{（真空中）} \tag{22.12}$$

である．S を大きさとし電磁波の進行方向（エネルギーの進行方向）を向いた，電磁波によるエネルギーの伝搬状態を表すベクトル $\boldsymbol{S}$

$$\boldsymbol{S} = \frac{1}{\mu_0}\boldsymbol{E}\times\boldsymbol{B} \quad \text{（真空中）} \tag{22.13}$$

を定義し，**ポインティングのベクトル**という．

電磁波の運動量　電磁波は，エネルギーを運ぶが，運動量も運ぶ．ポインティングのベクトル $\boldsymbol{S}$ と電磁波のエネルギー密度 u を使って，真空中を伝わる電磁波のもつ運動量密度 $\boldsymbol{P}$ は

$$\boldsymbol{P} = \frac{\boldsymbol{S}}{c^2}, \qquad P = \frac{u}{c} \quad \text{（真空中）} \tag{22.14}$$

と表される．こう定義すると，荷電粒子の運動量と電磁場の運動量の和が保存することを示すことができるからである（証明略）．

ニュートンの運動の第2法則によれば，物体の運動量の時間変化率は

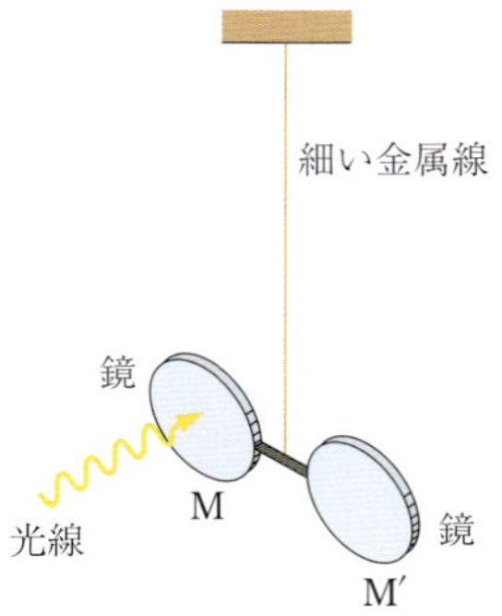

図 22.15　鏡 M に入射する光の放射圧によって細い金属線がねじれる．このねじれの角の測定によって光の放射圧が求められる．

図 22.16　超巨大ブラックホールの周辺の想像図．ブラックホールの周辺は高温であり，強烈な電磁波が飛び交っている．その電磁波の放射圧によって物質が押し出され，周囲の物質とぶつかって活発な星形成活動が起こっていると考えられる．

物体に作用する力に等しい．光が運動量をもてば，物体に光があたって光が吸収されたり光が反射されると，光の運動量の変化に対応して，物体の運動量が変化する．したがって，物体は光から圧力を受けることになる．これを光の放射圧という．光の放射圧は 1901〜1903 年に米国のニコルスとハル，ロシアのレベデフによって独立に検証された（図 22.15）．

電場と磁場の実体　第 16 章では，電荷 q の帯電物体に電気力 $\boldsymbol{F} = q\boldsymbol{E}$ を作用する電場 $\boldsymbol{E}$ が，電荷のまわりにどのように生じるかを学んだ．第 20 章では，電流や磁石のまわりにどのような磁場が生じるか，そして磁場は電流や帯電物体にどのような磁気力を作用するのかを学んだ．これらの章では，電荷，電流，磁石などが主役で，電場や磁場は脇役あるいは計算の便宜のために導入されたという印象であった．

しかし，**21.1** 節で学んだ電磁誘導現象の本質は，コイルのそばで磁石を動かしたり電流を変化させるとコイルに電流が流れるということにあるのではなく，コイルの周辺の磁場が変化すると，コイルのところに電場が生じるということであった．すなわち，電磁誘導は電場と磁場がからみ合う現象である．磁場が変化すると，そこにコイルが存在しなくても，電場が生じる．また電場が変化すると磁場が生じる．このことは電磁波が存在するという事実によって確かめられている．

また，電磁波はエネルギーと運動量を運ぶ．このような事実は，電場と磁場は仮想的なものではなくて，物理的に実際に存在するものであることを示す．

それでは，電場や磁場の実体は何なのだろうか．光や電波は真空中も伝わるので，光や電波の振動を伝える電磁場はいわゆる物質と結びついたものではない．電磁場はわれわれの存在する空間の性質であるといえよう．この問題は次の章でも考える．

演習問題 22

A

1．周波数 1200 kHz のラジオ放送の電波，および 500 MHz のテレビ放送の電波の波長を求めよ．光の速さを $c = 3\times10^8$ m/s とせよ．

B

1．ラジオ放送の送信所の高さ 40 m のアンテナから 50 km の地点での電場の最大値が 10^{-3} V/m であった．このとき，そこでのエネルギーの流れ（1 m^2 あたり）は何 W か．そこでの磁場の強さの最大値はいくらか．

2．**フィゾーの実験**　図 1 の装置で歯車（歯数 N = 720）の回転数を調節すると，歯の間を通りぬけて鏡

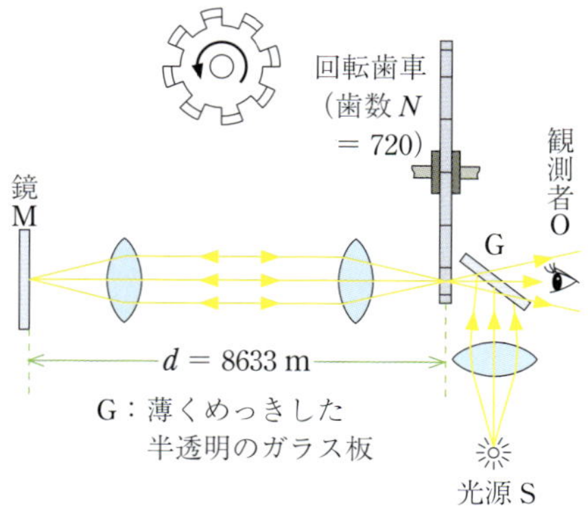

図 1

Mで反射された光が，回転してきた次の歯ですべて妨げられる．フィゾーは歯車の回転数 n を0から徐々に増していったところ，$n=12.6$ 回/s のときに，観測者Oの視野が最初にいちばん暗くなった．この実験結果から光の速さ c を求めよ．

3. 図2のように，高速で点Oを中心に回転する鏡Aと固定した鏡Bを置く．光源Sから出た光がA, BにあたってふたたびAに戻るとき，AはMからM′へ回転しているので，反射光はOSから角 β だけずれたOS′ の方向に進む．このずれの角 β を測って，フーコーは，1850年に光の速さを測定した．$\overline{\mathrm{PO}}=20$ m，回転鏡の回転数が800回/s，$\beta=1.34\times10^{-3}$ rad であった．光の速さはいくらか．$\beta=2\theta$ に注意せよ．

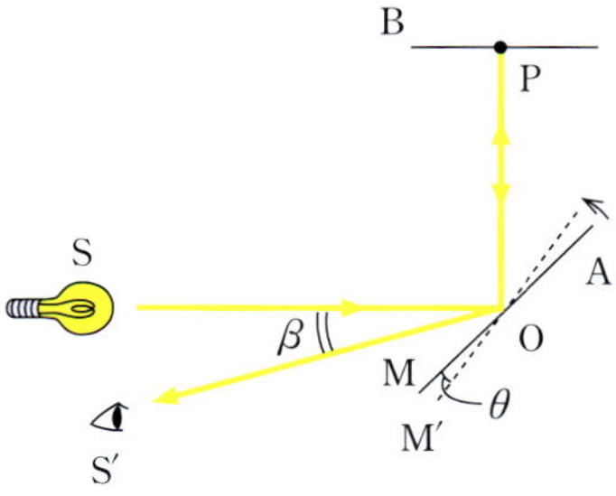

図2

電池から豆電球（抵抗器）へのエネルギー輸送路 ―ポインティングのベクトル―

電流回路は電源から回路素子へ電気エネルギーを伝える．このとき電気エネルギーはどこを伝わるのだろうか．図22.Aのように電池と豆電球（抵抗器）とスイッチを導線で直列に接続しても，スイッチを入れて，回路に電流が流れないと豆電球は灯らないので，エネルギーは導線を伝わると想像される．それでは，エネルギーは導線の中を正極 → 豆電球と電流の向きに運ばれるのだろうか？　それとも，導線の中を負極 → 豆電球と電子の流れの向きに運ばれるのだろうか．

電磁気学によれば，電磁気的エネルギーの流れはポインティングのベクトル

$$\boldsymbol{S}=\frac{1}{\mu_0}\boldsymbol{E}\times\boldsymbol{B}$$

で表される．そこでポインティングのベクトルのようすを調べよう．図22.Aの回路の上の部分は下の部分より電位が1.5V高い．したがって，上から下の方向を向いた電場が存在する．電気力線の始点は正電荷で，終点は負電荷なので，導線も抵抗器の両端も電池の電極も図22.Aのように帯電している．

図22.Aの電流のまわりには，磁力線が電流を右巻きに巡るように磁場が生じる．そこで右ねじを電場 $\boldsymbol{E}$ の向きから磁場 $\boldsymbol{B}$ の向きにねじったときにねじの進む方向を向いているポインティングのベクトルのようすは図22.Aの緑色の線のようになる．

電池の化学的な起電力で生じた負極 → 正極の流れによって電池の中から外へと送り出された電磁気的なエネルギーのほとんどは導線の外の空間を伝わって，抵抗器の側面から抵抗器に入り，そこでジュール熱になる．エネルギーという側面に注目すると，電流と水流は全く異なるタイプの流れである．

なお，導線を超伝導状態にすると，導線の中に電場は存在しないので，電磁気的エネルギーのすべてが導線の外を伝わることを付言しておこう．

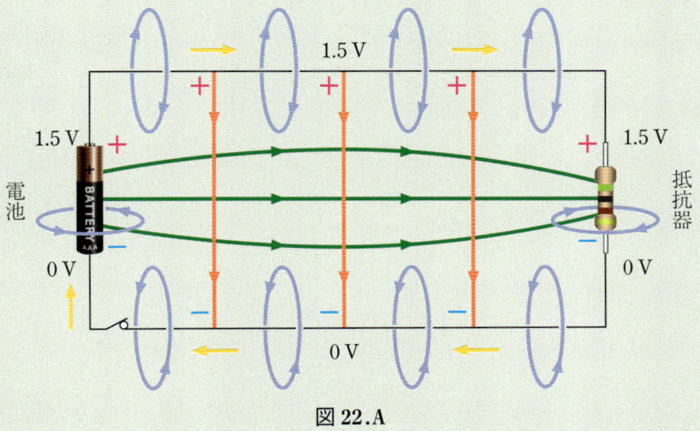

図22.A

相対性理論

空気中を振動が伝わる現象が音波の伝搬で，地殻を振動が伝わる現象が地震である．このように波動は媒質を振動が伝わる現象である．電磁波は電場，磁場の振動の伝搬であるが，電場，磁場の振動とは電磁波の媒質である未知の物質の振動なのだろうか．19 世紀の物理学者は物質の存在しない真空中を光波が伝わるのは不合理だと考え，宇宙のいたるところに「エーテル」という物質が充満していて，これを媒質として光が伝わると考えた．

LIGO（レーザー干渉計重力波望遠鏡）．地球から 13 億光年離れた 2 個のブラックホールが衝突合体したときに放出された重力波（空間・時間のゆがみの変動が光速で伝搬する波動）を 2016 年にはじめて観測した．2008 年撮影．

恒星の光が地球に届くのであるから，エーテルは全宇宙を一様に満たしているはずである．光（電磁波）は横波だが，横波を伝えられるのはねじることのできる固体だけで，しかも光の速さが非常に大きいことから，エーテルは非常に硬く（ずれ弾性率が大きく），また密度は小さい必要がある．しかし，通常の物体の運動に対して，エーテルが抵抗しているとは思われない．エーテルが存在すれば，このように不思議な性質をもっていなければならない．

さて，波は媒質に対して一定の速さで伝わるので，媒質に対して速度 $\boldsymbol{u}$ で運動している観測者は，媒質に対して速度 $\boldsymbol{c}$ で進んでいる波面の速度 $\boldsymbol{c}'$ を $\boldsymbol{c}' = \boldsymbol{c} - \boldsymbol{u}$ と観測するはずである．そこで，エーテルに固定した座標系で光（光波）の速さを測定したときに限って，光の速さは進行方向によらず一定であり，エーテルに対して相対的に運動している座標系で測定すると，光の速さは進行方向によって異なるはずである．このように予想して，エーテルに対する地球の相対運動の効果を検出しようとした，マイケルソン-モーリーの実験の話から始めよう．

23.1 マイケルソン-モーリーの実験

学習目標　空間を波として伝わる光には，媒質としての物質は存在しない．この事実を示したマイケルソン-モーリーの実験の原理と結果を理解する．

マイケルソン-モーリーの実験の原理　エーテルを伝わる光の運動を川を進む船の運動にたとえてみよう．静水の上を速さ c で動く船が，流速 u の川をくだるときには岸に対する船の速さは $c+u$ で，川をさかのぼるときには $c-u$ なので，船がある所から距離 L だけ下流の所まで 1 往復する時間 t_1 は，

$$t_1 = \frac{L}{c+u} + \frac{L}{c-u} = \frac{2cL}{c^2-u^2} \tag{23.1}$$

である［図 23.1 (a)］．この船が，幅 L の川を 1 往復する時間を t_2 とする．川が流速 u で流れているために，船は対岸の $\dfrac{ut_2}{2}$ だけ上流の地点

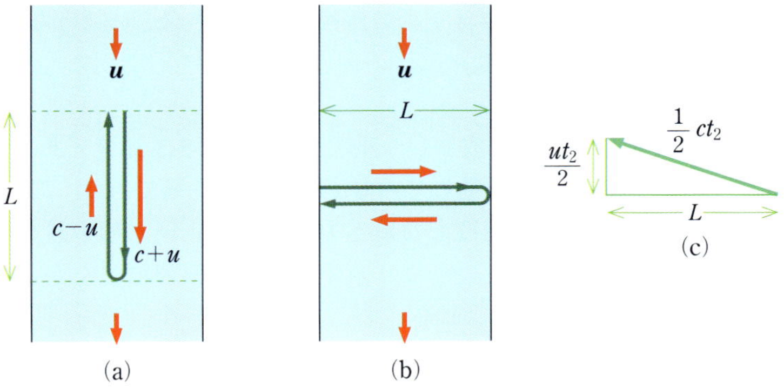

図 23.1　マイケルソン-モーリーの実験の原理．$\boldsymbol{u}$ は川の流れる速度，c は静水に対する船の速さ．

に向かうつもりで進むと，川岸に垂直に進むことになる．したがって，$2\sqrt{L^2+\left(\frac{ut_2}{2}\right)^2} = ct_2$ から

$$t_2 = \frac{2L}{\sqrt{c^2-u^2}} \neq t_1 \tag{23.2}$$

となる［図 23.1 (b), (c)］．このように川が流れていると，船が同じ距離を進む時間は進行方向によって異なる．

地球は自転と公転をしている．エーテルが地球と一緒に運動しているとは考えられないので，光が往復する時間が方向によって差があるかどうかを調べると，光の媒質があるかどうかがわかるはずである．

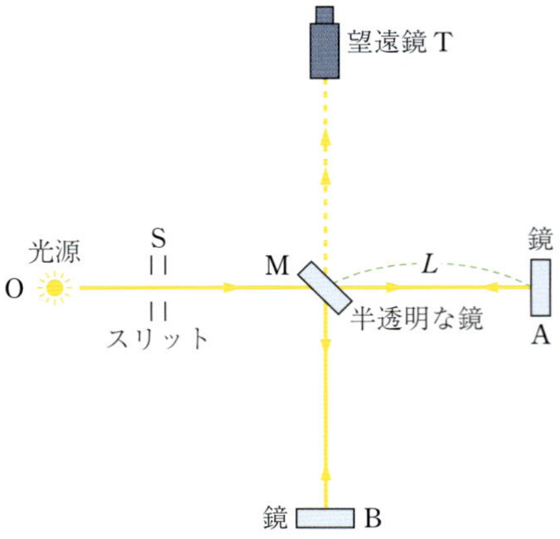

図 23.2　マイケルソン-モーリーの実験の概念図

マイケルソン-モーリーの実験　1887 年にマイケルソンとモーリーは図 23.2 に示すような装置で実験を行った．光源 O からの光をスリットで細い光線にし，半透明の鏡 M でたがいに垂直な 2 本の光線 MA と MB に分け，鏡 A と B で反射させる．2 つの反射光は鏡 M で反射あるいは透過して望遠鏡 T に入り，ここで干渉を起こし干渉縞をつくる．この装置は水銀の上に浮いているので，装置全体を水平面内で回転できる．装置を 90° 回転しても干渉縞はずれなかった．

地球は自転と公転を行っているので，慣性系に対して運動していると考えられる．したがって，エーテルに対する地球の運動の効果が，(23.1) 式の t_1 と (23.2) 式の t_2 の差に対応する光線の位相差になるはずである．装置を 90° 回転すると t_1 と t_2 が入れ替わるので，位相差の変化が干渉縞のずれを引き起こし，このずれが観測されるはずである．実験の結果，1 年のどの季節に観測しても干渉縞のずれは検出されなかった．エーテルが地球に付着して太陽のまわりを回転するとは考えられない．したがって，マイケルソン-モーリーの実験結果から，エーテルの存在は否定された（演習問題 23 の B1 参照）．

光（一般に電磁波）を真空中で伝える電場と磁場は，エーテルのような物質に付随している性質ではなく，空間の性質，あるいは真空の性質であることになった．

図 23.3　サーフィンをしている人には，同じ速さで移動している波は静止しているように見える．もし光波を同じ速さで追いかけられたら，光波は静止して見えるだろうか．アインシュタインのこのような疑問から発展したのが相対性理論である．

23.2 特殊相対性理論

学習目標　アインシュタインの特殊相対性理論とはどのような原理に基づく理論かを理解する．

慣性系は慣性の法則が成り立つ座標系である．**9.1** 節で「ある慣性系に対して一定の速度で運動している座標系は慣性系であり，力学では，すべての慣性系で，加速度も質量も力も同じで，同じ形の運動の法則 $m\boldsymbol{a} = \boldsymbol{F}$ が成り立つ」というガリレオの相対性原理にしたがっていると考えることを紹介した．

それでは，電磁気学の法則はどうなのだろうか．**21.1** 節で，一定の

相対速度で運動している2つの慣性系で，同じ形の電磁誘導の法則が成り立つと考えられることを学んだ．つまり，両方の座標系で同じ形の電磁気学の基本法則が成り立ちそうである．そして，**22.2** 節では，マクスウェル方程式から光の速さが計算できることを学んだ．一定の相対速度で運動している2つの慣性系の両方で同じ形のマクスウェル方程式が成り立てば，光の速さは両方の座標系で同じ値になるはずである．これはマイケルソン-モーリーの実験結果と一致している．

1905 年にアインシュタインは

(1)　ある慣性系に対して一定の速度で運動する座標系は慣性系であり，すべての慣性系で同じ形の物理学の基本法則が成り立つ（**アインシュタインの相対性原理**）．
(2)　すべての慣性系で光の速さはその進行方向によらず一定である（**光速一定の原理**）．

という2条件を基本原理とする**特殊相対性理論**を提唱した*.

*　すべての座標系で同じ形の物理学の基本法則が成り立つという一般相対性原理を基本原理とする理論が，1916 年にアインシュタインが提唱した一般相対性理論である．一般相対性理論では，慣性力は重力と同等の効果を及ぼすという等価原理が基礎におかれている．

しかし，光速が一定だとすると，ニュートン力学の速度の変換則と矛盾する（次の参考を参照）．アインシュタインは，すべての慣性系で共通の時計を使って時刻が測定できるというニュートン力学の仮定がこの矛盾の原因であり，異なる慣性系での時計の進み方は異なると考えると矛盾が解決すると考えた．異なる慣性系での位置座標と時刻の変換則が節末の参考で説明するローレンツ変換である．

参考　ニュートン力学の速度の変換則

図 23.4 のように，x 軸方向に一定の速度 $\boldsymbol{u}$ の相対運動をしている2つの座標系，S 系と S′ 系での座標の間には，ニュートン力学では，

$$x' = x - ut, \qquad y' = y, \qquad z' = z, \qquad t' = t \tag{23.3}$$

という関係がある．2つの座標系での時間の測定に共通の時計を使えると考えるので，$t' = t$ とおいた．(23.3) 式から，2つの座標系での物体の速度 $\boldsymbol{v} = (v_x, v_y, v_z)$ と $\boldsymbol{v}' = (v_x', v_y', v_z')$ の関係，

$$v_x' = \frac{\mathrm{d}x'}{\mathrm{d}t'} = \frac{\mathrm{d}}{\mathrm{d}t}(x - ut) = v_x - u, \qquad v_y' = v_y, \qquad v_z' = v_z \tag{23.4}$$

つまり，$\boldsymbol{v}' = \boldsymbol{v} - \boldsymbol{u}$ が導かれる（図 23.4）．

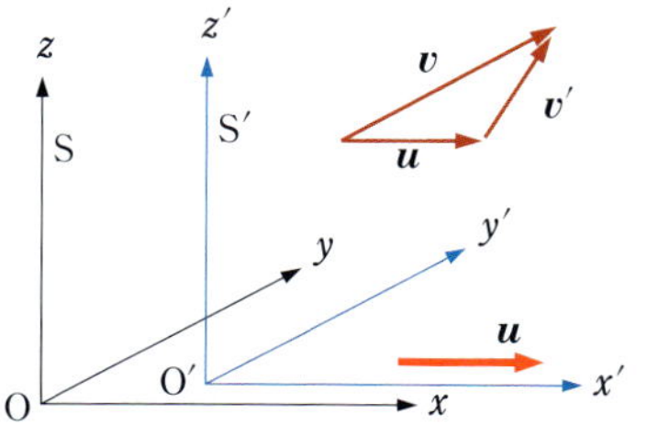

図 23.4　2つの座標系 S 系（O-xyz 系）と S′ 系（O′-$x'y'z'$ 系）．S′ 系は S 系に対して x 方向に一定の速度 $\boldsymbol{u}$ で等速直線運動している．ニュートン力学では $\boldsymbol{v}' = \boldsymbol{v} - \boldsymbol{u}$.

参考　ローレンツ変換

しかし，速度の関係 (23.4) を光の速度に適用すると，光速一定の原理に反する．(23.3)，(23.4) 式は，日常生活で体験する現象では成り立つが，光や光のように速く動く物体の場合には成り立たない．時間は空間に無関係に経過するのではなく，時間と空間はたがいに関係し合っている．そこで，このような場合の関係は，ローレンツ変換

とよばれる，4 次元時空間での変換，

$$x' = \frac{x-ut}{\sqrt{1-\dfrac{u^2}{c^2}}}, \qquad y' = y, \qquad z' = z, \qquad t' = \frac{t-\dfrac{ux}{c^2}}{\sqrt{1-\dfrac{u^2}{c^2}}} \tag{23.5}$$

および，(23.5) 式から導かれる S 系での速度 $\boldsymbol{v}$ と S′ 系での速度 $\boldsymbol{v}'$ の関係，

$$v_x' = \frac{v_x-u}{1-\dfrac{uv_x}{c^2}}, \qquad v_y' = \frac{\sqrt{1-\dfrac{u^2}{c^2}}}{1-\dfrac{uv_x}{c^2}}v_y, \qquad v_z' = \frac{\sqrt{1-\dfrac{u^2}{c^2}}}{1-\dfrac{uv_x}{c^2}}v_z \tag{23.6}$$

である [(23.6) 式の導出法は演習問題 23 の B4 を参照].

相対性理論での変換則 (23.5)，(23.6) は，ニュートン力学での変換則 (23.3)，(23.4) とは異なる．しかし，$u \ll c$ のときには，近似的に一致する．したがって，速さ u が小さな場合にはニュートン力学を適用できる．

$\boldsymbol{v} = (c, 0, 0)$ の場合には $\boldsymbol{v}' = (c, 0, 0)$ になるので，光の速さは 2 つの座標系で同じになることがわかる．また，光速以下の速度をいくら合成しても光速は超えられないことが，相対論的な速度の合成則 (23.6) を使えば証明できる．

23.3　動いている時計の遅れと動いている棒の収縮

学習目標　特殊相対性理論では高速で動いている時計はゆっくり進むように見え，高速で動いている棒は短く見えるという，日常生活の経験とは異なる事実が予言される．これらの事実を光速一定の原理から説明できるようになる．

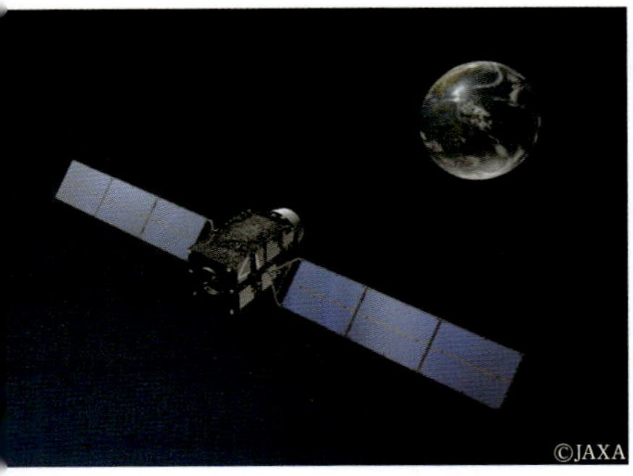

図 23.5　準天頂衛星初号機「みちびき」．全地球測位システム GPS は，地球の上空 2 万 km のところを周期半日で周回するいくつもの人工衛星を用いたシステムである．4 つ以上の衛星からの信号を受信することで，位置を測定することができる．高速で周回する人工衛星の時計は，相対性理論を考えて補正されている．

動いている時計の遅れ　ある座標系 (S 系) の x 軸上，たとえばまっすぐな線路に沿って多くの時計を並べる (図 23.6)．S 系の観測者にはこれらの時計はすべて同じ時刻 t を示しているように調整しておく．S 系に対して，$+x$ 方向に一定の速度 $\boldsymbol{u}$ で等速直線運動している座標系 (S′ 系) の原点 O′，たとえば高速運転中の電車の窓際にも時計が固定してあり，時刻 t' を示している．2 つの座標系の原点 O と O′ が一致したとき，S 系のすべての時計は $t = 0$ を示し，S′ 系の原点 O′ にある時計は $t' = 0$ を示すように時計を合わせておく [図 23.6 (a)]．S 系での t 秒後に S′ 系の原点 O′ は距離 ut だけ動くので，$x = ut$ にある [図 23.6 (b)]．このとき S′ 系の原点 O′ にある時計は

$$t' = t\sqrt{1-\frac{u^2}{c^2}} \tag{23.7}$$

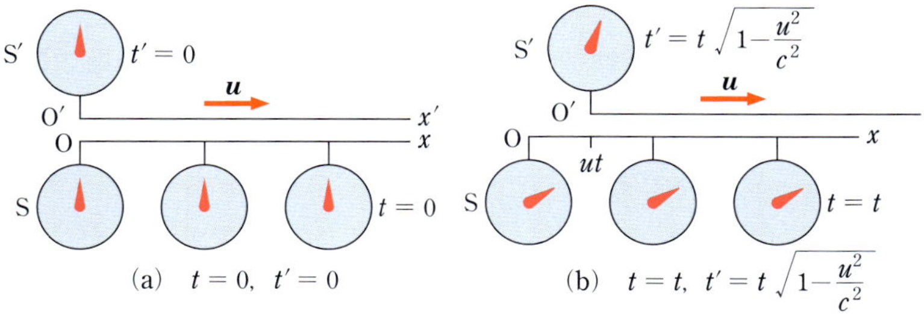

図 23.6　動いている時計の遅れ

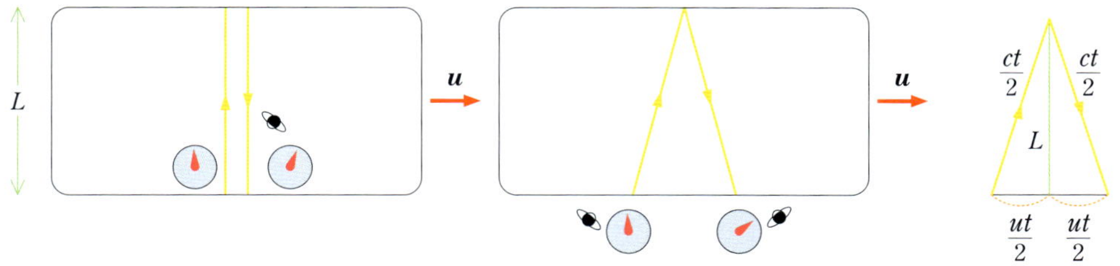

(a)　車内で見る場合は，1 人の観測者が 1 つの時計で 2 つの時刻 $t'=0$ と $t'=\dfrac{2L}{c}$ を測定する．

(b)　地上で見る場合は，1 人の観測者が時刻 $t=0$，もう 1 人の観測者が別の時計で時刻 $t=\dfrac{2L}{\sqrt{c^2-u^2}}$ を測定する．

(c)　$\left(\dfrac{ct}{2}\right)^2=\left(\dfrac{ut}{2}\right)^2+L^2$ から $t=\dfrac{2L}{\sqrt{c^2-u^2}}$

図 23.7　高速で進む電車の中を横に往復する光

を示すことが次のように示される．

時間を測る手段として光の通過した距離を使うことにし，高速で進む電車の中を横切って往復する光を考える．電車の幅を L とすると，電車の中で観測する場合，光の走った距離は $2L$ なので往復時間は $t'=\dfrac{2L}{c}$ である［図 23.7 (a)］．地上で観測する場合，電車は速さ u で動いているので，光の走った距離は $2L$ より長く［図 23.7 (b)］，図 23.7 (c) の 3 角形に三平方の定理を適用すると，光の往復時間は $t=\dfrac{2L}{c\sqrt{1-\dfrac{u^2}{c^2}}}$ であることがわかる．光速 c は両方の観測者に共通なので，動いている 1 つの時計を地上の 2 か所にある 2 つの静止している時計と比べると，動いている時計の進み方 (t') は静止している時計の進み方 (t) より遅く，その $\sqrt{1-\dfrac{u^2}{c^2}}$ 倍だという，(23.7) 式が導かれる．

固有時　運動している物体に固定されている時計の刻む時刻をその物体の**固有時**という．ある慣性系に対して速さ u で動いている物体の固有時の進み方は，上で示したように，その慣性系に静止している時計の進み方の $\sqrt{1-\dfrac{u^2}{c^2}}$ 倍である．

運動している時計はゆっくり進むという相対性理論の結論は実験で検証されている．不安定な原子核や素粒子は，自分自身に固定された時計

（固有時）で測ったとき，一定の平均寿命で崩壊する．たとえば，ミュー粒子とよばれている素粒子の平均寿命は，静止している場合は 2.2×10^{-6} 秒である．これに対して，速さ u で運動している場合の平均寿命は，静止している場合の $\dfrac{1}{\sqrt{1-\dfrac{u^2}{c^2}}}$ 倍に延びることが実験で確かめられている．

動いている棒の縮み（ローレンツ収縮）　速さ u で高速運転している電車の運転手の時計は，地表の距離 L_0 の 2 点間を通過する間に時間 $\dfrac{L_0}{u}$ ではなく，$L_0\dfrac{\sqrt{1-\dfrac{u^2}{c^2}}}{u}$ の時を刻むように地上から見える［図 23.6(b)］．したがって，電車の運転手には，地表上の 2 点間の距離（= 速さ× 通過時間）は L_0 ではなく，$L_0\sqrt{1-\dfrac{u^2}{c^2}}$ に縮んで見える．つまり，静止している場合に長さが L_0 の棒の長さを，棒の方向に速さ u で等速直線運動している観測者が測定した場合の測定値 L は

$$L=\sqrt{1-\frac{u^2}{c^2}}\,L_0 \tag{23.8}$$

で，静止している場合の長さ L_0 に比べ，運動方向に縮んで見える．これを**ローレンツ収縮**という．なお，運動している物体の運動方向に垂直な方向の長さは，静止している場合と同じ長さに見える．

23.4 相対性理論と力学

学習目標　$E=mc^2$ という式の意味を理解する．

図 23.8　超伝導リングサイクロトロン．超伝導リングサイクロトロンでは，磁場を発生させる超伝導電磁石を一体ではなく，円周に分割配置することで磁場の変化を大きくし，強力な収束力を生みだしている．これによって軽いイオンで核子あたり 440 MeV，重いイオンで核子あたり 350 MeV まで加速する．ウランでは光速のほぼ 70 % まで加速できる．

運動量保存則と運動量　2 つの物体に内力だけが作用するときには，「質量」×「速度」として定義された「運動量」の和は一定であることがニュートン力学では導かれる（**7.2** 節）．この運動量保存則が相対性理論でも成り立つためには，静止しているときの質量が m_0 の物体が速度 $\boldsymbol{v}$ で運動しているときの運動量 $\boldsymbol{p}$ を

$$\boldsymbol{p}=\frac{m_0\boldsymbol{v}}{\sqrt{1-\dfrac{v^2}{c^2}}} \tag{23.9}$$

と定義すればよいことがわかる（証明略）．

(23.9) 式は，速さ v で動いている物体の質量 m は静止している場合の質量（**静止質量**）m_0 より大きくなり，

$$m=\frac{m_0}{\sqrt{1-\dfrac{v^2}{c^2}}} \tag{23.10}$$

になると解釈できる．そうすると，相対性理論での運動量 $\boldsymbol{p}$ は $m\boldsymbol{v}$ と表される．質点の速さは時間とともに変化するので，質量 m も時間とともに変化する．相対性理論での運動の法則は，「質量」×「加速度」＝「力」ではなく，「運動量の時間変化率」＝「力」，つまり，

$$\frac{\mathrm{d}\boldsymbol{p}}{\mathrm{d}t} = \boldsymbol{F} \tag{23.11}$$

である．

質量とエネルギー　物体に外力 $\boldsymbol{F}$ が作用すると，物体は加速される．ニュートン力学では，物体に作用する外力が行う仕事だけ，物体の運動エネルギーが増加する．ところが，相対性理論では，物体に作用する外力が行う仕事だけ，物体の「質量」×(真空中の光速)^2，つまり mc^2 が増加する (演習問題 23 の B5 参照)．そこで，アインシュタインは，mc^2 を，静止しているときに質量 m_0 の物体が，速さ u のときにもつエネルギー E だと考えた．これが「質量はエネルギーの一形態である」という有名なエネルギーの式

$$E = mc^2 = \frac{m_0c^2}{\sqrt{1-\dfrac{u^2}{c^2}}} \tag{23.12}$$

である．物体の速さ u が光速 c に比べて遅く，ニュートン力学が成り立つ場合には，物体のエネルギーを表す式 (23.12) は

$$E \approx m_0c^2+\frac{1}{2}m_0u^2 \tag{23.13}$$

となる．右辺の第 2 項の $\frac{1}{2}m_0u^2$ はニュートン力学での運動エネルギーである．静止している物体のエネルギーと解釈される右辺第 1 項の m_0c^2 を**静止エネルギー**という．

質量がエネルギーの一形態だということは，ある原子核反応で質量が Δm だけ減少すれば，大きさが $\Delta m \cdot c^2$ の核エネルギーが他の形態のエネルギーに変わることを意味する．真空中の光速は $c = 3\times10^8$ m/s なので，質量が 1 kg の物体は

$$(1\ \mathrm{kg})\times(3\times10^8\ \mathrm{m/s})^2 = 9\times10^{16}\ \mathrm{J}$$

という莫大な量の潜在的な核エネルギーをもつ．

核分裂反応によって質量が減少するのに伴って放出されるエネルギーは，原子力発電として実用化されている．また，太陽から放射されるエネルギーは，太陽の中心部で起こっている核融合反応による質量の減少に伴うものである．太陽の中で起こっている核融合反応では，1 kg の水素原子核が融合すると，約 7 g の質量が消滅して他の形のエネルギーになっている．

23.5 電磁場と座標系

学習目標　ローレンツ変換では，電場と磁場が混じり合うことを理解する．

相対運動している2つの慣性系では，速度は異なる．それと同じように，2つの慣性系では電流は異なるし，電場や磁場も異なる．たとえば，図23.9の場合，電車（S′系）の中に静止している観測者S′は帯電物体の電荷による電場 $\boldsymbol{E}'$ だけを観測する．これに対して地面（S系）に立っている観測者Sは速度 $\boldsymbol{u}$ で動いている帯電体の電荷による電場 $\boldsymbol{E}$ と磁場 $\boldsymbol{B}$ を観測する．

一般に，ローレンツ変換(23.5)で結ばれているS系での電場 $\boldsymbol{E}$ と磁場（磁束密度）$\boldsymbol{B}$ とS′系での電場 $\boldsymbol{E}'$ と磁場（磁束密度）$\boldsymbol{B}'$ は

$$
\begin{aligned}
&E_x' = E_x \qquad E_y' = \gamma(\boldsymbol{E}+\boldsymbol{u}\times\boldsymbol{B})_y \qquad E_z' = \gamma(\boldsymbol{E}+\boldsymbol{u}\times\boldsymbol{B})_z \\
&B_x' = B_x \qquad B_y' = \gamma\left(\boldsymbol{B}-\frac{\boldsymbol{u}\times\boldsymbol{E}}{c^2}\right)_y \qquad B_z' = \gamma\left(\boldsymbol{B}-\frac{\boldsymbol{u}\times\boldsymbol{E}}{c^2}\right)_z
\end{aligned}
\tag{23.14}
$$

という関係で結ばれている*．ここで，$\gamma = \dfrac{1}{\sqrt{1-\dfrac{u^2}{c^2}}}$ である（証明略）．

* S系とS′系の相対速度 $\boldsymbol{u}$ が小さい場合（$u \ll c$），(23.14)式は
$$\boldsymbol{E}' \approx \boldsymbol{E}+\boldsymbol{u}\times\boldsymbol{B}, \quad \boldsymbol{B}' = \boldsymbol{B}$$
となる．$\boldsymbol{u}\times\boldsymbol{B}$ という項は，静止しているコイルのそばで磁石を速度 $\boldsymbol{u}$ で動かすと，電磁誘導で電場 $\boldsymbol{u}\times\boldsymbol{B}$ が生じることを意味する．

荷電粒子の電荷はどの慣性系で見ても同じ大きさの量で，荷電粒子の速度や加速度によって変化しない．S系もS′系も慣性系なので，電場 $\boldsymbol{E}$ と磁場 $\boldsymbol{B}$ の中での，電荷 q の荷電粒子の運動方程式は同じ形で

$$
\begin{aligned}
&\frac{\mathrm{d}\boldsymbol{p}}{\mathrm{d}t} = q(\boldsymbol{E}+\boldsymbol{v}\times\boldsymbol{B}) \qquad \text{(S系)} \\
&\frac{\mathrm{d}\boldsymbol{p}'}{\mathrm{d}t'} = q(\boldsymbol{E}'+\boldsymbol{v}'\times\boldsymbol{B}') \quad \text{(S′系)}
\end{aligned}
\tag{23.15}
$$

である．

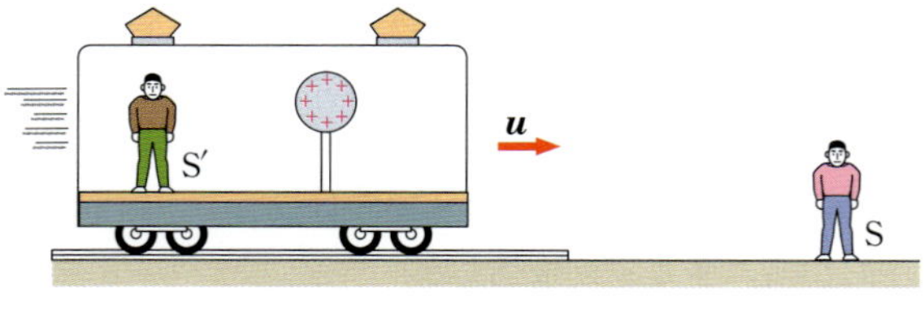

図23.9　車内の観測者S′は電場 $\boldsymbol{E}'$ のみを観測する．地上の観測者Sは電場 $\boldsymbol{E}$ と磁場 $\boldsymbol{B}$ を観測する．

演習問題23

A

1. 全長500 m の列車が $0.6c$ の速さで走っている．地上の観測者はこの列車の長さ L を何 m と測定するか．
2. 自分の質量を1％増すには，どのくらい速く運動したらよいか．
3. 質量1 g はエネルギーにして何 J か．

B

1. マイケルソン–モーリーの実験（図23.2）では波長 $\lambda = 6\times10^{-7}$ m の Na の D 線を使用し，半透明な鏡 M と鏡 A, B の距離 L は約1 m であった．しかし，光を M と A および M と B の間に10回往復させたので，実質的には $L = 10$ m であった．エーテルが存在する場合に，装置を90° 回転させたときに予想される位相の変化は $\dfrac{4\pi L\left(\dfrac{u}{c}\right)^2}{\lambda}$ であることを示し，その値を推定せよ（u は地球の公転の速さ30 km/s 程度だとせよ）．
2. 速さが $0.6c$ で走っている2本の列車が反対方向から近づいている．1つの列車の中の観測者に対する他の列車の相対速度を求めよ．
3. 双子の兄弟 A, B が20歳になったとき，A が地球にもっとも近い恒星のケンタウルス座の α 星（地球からの距離4.4光年）への往復旅行に速さが $v = 0.99c$ の宇宙船で出発した．戻ってきたときの2人の年齢はそれぞれいくつか．
4. 相対論的な速度の変換則（23.6）をローレンツ変換（23.5）から導け．
5. （23.12）式で物体のエネルギー E を定義すると，仕事とエネルギーの関係

$$\int_{P_1}^{P_2} \boldsymbol{F}\cdot d\boldsymbol{r} = \int_{P_1}^{P_2} \frac{d}{dt}(m\boldsymbol{v})\cdot d\boldsymbol{r}$$
$$= m_0 \int_{v_1}^{v_2} d\left(\frac{\boldsymbol{v}}{\sqrt{1-\dfrac{v^2}{c^2}}}\right)\cdot \boldsymbol{v}$$
$$= m_0 \int_{v_1}^{v_2} d\left(\frac{c^2}{\sqrt{1-\dfrac{v^2}{c^2}}}\right)$$
$$= \frac{m_0 c^2}{\sqrt{1-\dfrac{{v_2}^2}{c^2}}} - \frac{m_0 c^2}{\sqrt{1-\dfrac{{v_1}^2}{c^2}}}$$

が成り立つことを示せ．

6. 相対性理論でのエネルギー $E = m_0 \dfrac{c^2}{\sqrt{1-\dfrac{u^2}{c^2}}}$ と運動量 $\boldsymbol{p} = m_0 \dfrac{\boldsymbol{u}}{\sqrt{1-\dfrac{u^2}{c^2}}}$ は $E^2 = (pc)^2+(m_0c^2)^2$ という関係を満たすことを示せ．
7. 点 $\boldsymbol{r}'$ に静止している電荷 q のつくる電磁場を，この電荷に対して速度 $-\boldsymbol{v}$ で運動している観測者が観測すると，速さが光速に比べて十分に小さければ，荷電粒子が位置ベクトル $\boldsymbol{r}$ の点につくる磁場 $\boldsymbol{B}(\boldsymbol{r})$ は

$$\boldsymbol{B}(\boldsymbol{r}) = \frac{\mu_0 q}{4\pi}\frac{\boldsymbol{v}\times(\boldsymbol{r}-\boldsymbol{r}')}{|\boldsymbol{r}-\boldsymbol{r}'|^3}$$

であることを示せ．

24 原子物理学

英語には，「マクロ」と「ミクロ」という2つの接頭語がある．マクロは「長い」とか「大きい」とか「巨大な」を意味する．これに対して，ミクロはギリシャ語で小さいを意味するミクロスが語源で，「微小な」とか「顕微鏡の」とか「百万分の一」を意味する．百万分の1メートルは細胞の大きさなので，原子の世界の接頭語として，「極小な」とか「十億分の一」を意味する「ナノ」が使われる．水素原子の直径は0.1ナノメートル（$0.1\ \mathrm{nm} = 10^{-10}\ \mathrm{m}$）である．

さて，光や電子は波の性質と粒子の性質の両方を示す．本章ではミクロな世界の特徴である，波と粒子の二重性を中心に原子物理学を学ぶ．

森田浩介博士（p.vi 参照）と GARIS-II．理研ではすでに 119 番元素以降の合成に供する GARIS-II も開発済みで，119 番以降の新元素探索に挑戦していく．

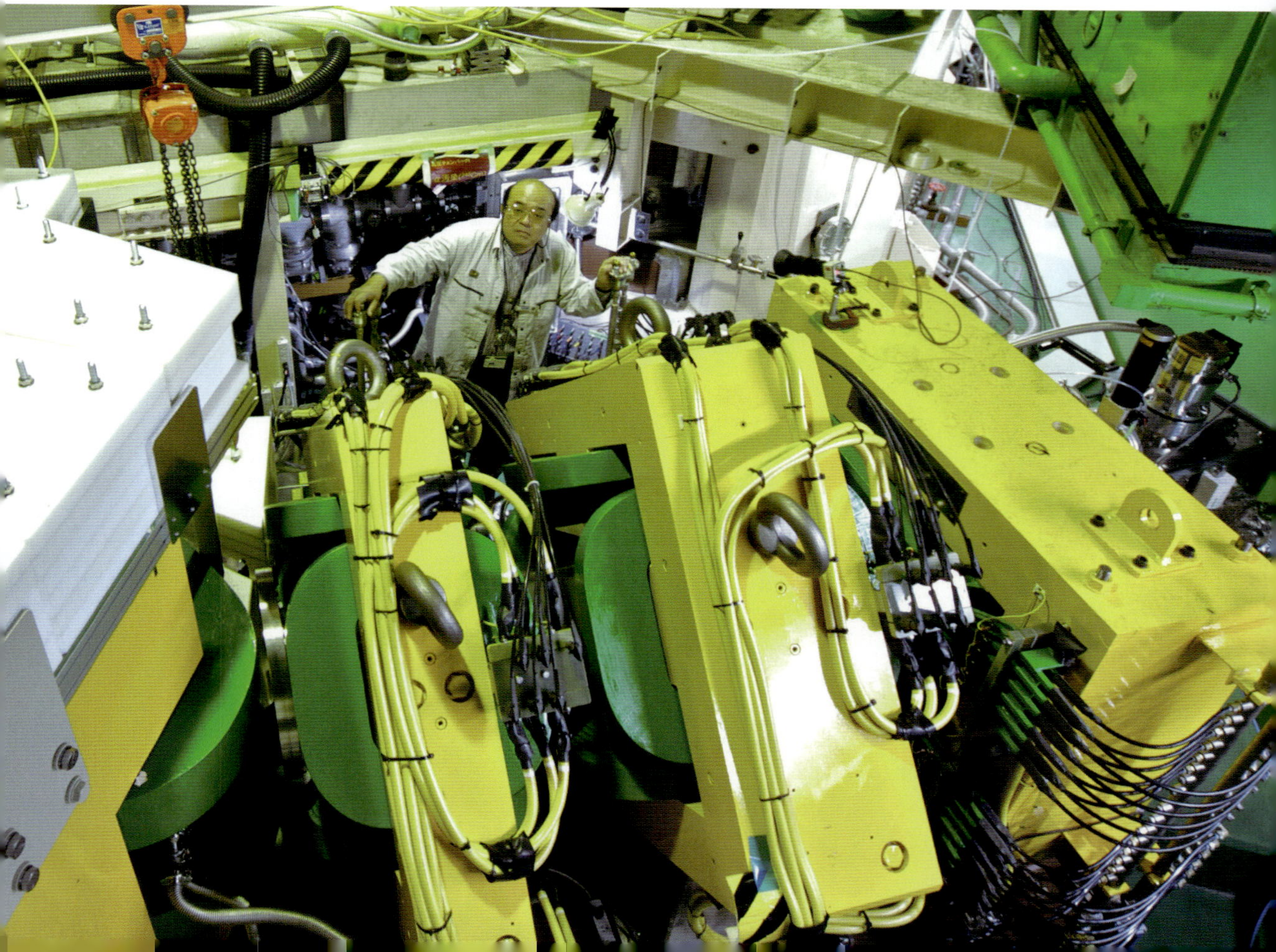

多くの人々が関心をもつのは主として身のまわりの現象である．いわば，マクロな現象である．それなのになぜ原子のような目にも見えないミクロな世界の物理を知る必要があるのだろうか．その答は物理学の歴史を振り返ってみるとよくわかる．

もともと物理学は目に見えたり，手で触ったりできる現象の法則を探求することから始まった．目で見ることのできる石の放物運動，天体の運行，手に感じる熱，目に見える光，耳に聞こえる音，そうした現象が物理学者の興味の対象だった．

しかし，物理学の研究の進展によって，目に見える光の本質を理解するには，電場，磁場という直接は目に見えないものの存在を受け入れなければならなくなった．その結果，いろいろな波長の電磁波の利用が可能になり，人類の情報交換手段の革新は大いに進んだ．

また，日常生活で経験する熱現象や物質の性質などの，目に見え，手で触れられる世界の法則を本当に理解するには，電子が活躍する分子の世界，原子の世界といった，直接は目にも見えず手にも触れられない小さな世界のことを知らなければならないことが明らかになった．

その結果，原子の中がどのようになっているか，そして，そこでどのような法則が支配しているのかがだんだん明らかになってきた．たとえば，物質にはなぜ電気を伝える導体と伝えない絶縁体があるのか？　という質問に答えるには原子の世界の構造と原子の世界を支配する量子力学の理解が必要である．

原子の世界を支配する量子力学を理解する第 1 歩は物質の二重性の理解である．

24.1 原子の構造

学習目標　原子は原子核と電子が結合したものであること，原子の半径は約 10^{-10} m であり，重い原子核の半径は約 10^{-14} m なので，原子核の半径は原子の半径の約 1/10000 以下であるという原子の構造を理解する．

電子の発見　純物質には化学元素と化合物があることは古くから知られていた．化学反応の研究で発見された定比例の法則，倍数比例の法則，気体反応の法則などの定量的な法則を説明するために，19 世紀の初頭に原子，分子という考えが生まれた．原子（atom）は「分割不可能なもの」という意味である．しかし，原子には構成要素が存在することを，図 24.1 に示す装置（放電管）を使った実験でトムソンが 1897 年に発見した．

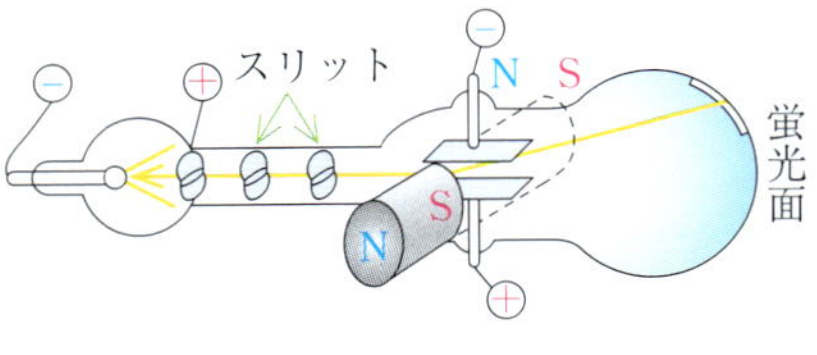

図 24.1　トムソンの実験
電子が蛍光面に衝突する点は，決まった質量と負電荷の粒子が電場と磁場の中でニュートンの運動方程式にしたがって運動していった点である．

この実験では，負電荷を帯びた粒子が，加熱された金属の負極から正極に向かって飛び出し，電場と磁場の中を電気力と磁気力の作用を受けて運動し，正極の後側の蛍光面に衝突して輝点を発生させる．この粒子は，決まった質量と決まった電荷をもち，ニュートンの運動方程式にしたがって運動する粒子と同じ軌道を通ること，そしてこの粒子は水素原子の約 1/2000 という小さな質量をもつことをトムソンは発見した．負極の金属を他の金属に替えても，同じ粒子が出てくるので，この粒子はいろいろな物質に共通な構成粒子であることがわかり，**電子**と名づけられた．電子は物質のいちばん軽い構成粒子で，物質の中を動きやすいので，物質が示す物理現象や化学変化での主役である．

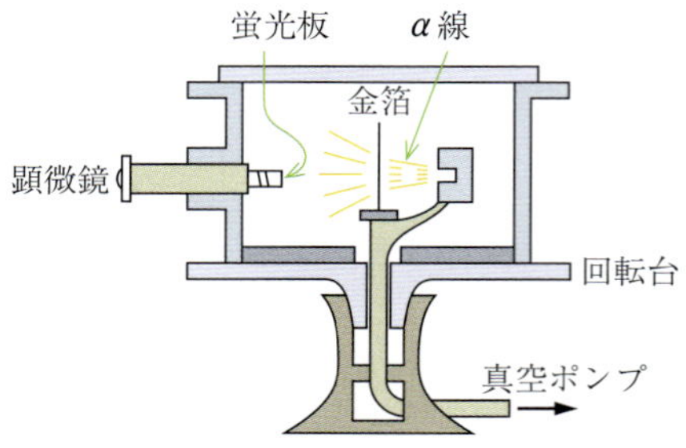

(a)　装置の概念図

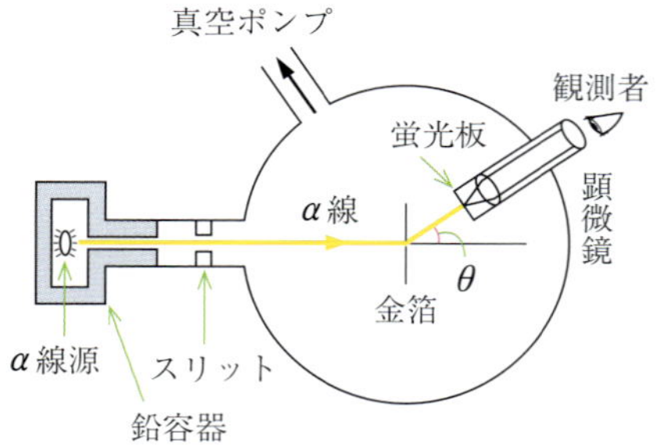

(b)　実験の概念図

図 24.2　ガイガーとマースデンの実験の概念図

原子模型　原子の中には，水素原子の質量の 1/1840 くらいの質量と負電荷をもつ電子が存在することがわかった．原子の質量のほとんどをもつ正電荷の物質はどのような形で原子の中に存在しているのだろうか．

1909 年にガイガーとマースデンは，ラザフォードの指導の下で，α（アルファ）粒子とよばれているヘリウム原子核のビームを薄い金箔に衝突させる実験を行ったところ，多くの α 粒子は金箔を素通りしたが，中には逆方向にはね返されてくるものがあることを発見した（図 24.2）．α 粒子は，約 1/7000 の質量しかない軽い電子に衝突しても，逆方向にはね返されることはない．金原子の正電荷が半径約 10^{-10} m の原子の内部に一様に分布している場合には，正電荷の電荷密度が小さいので α 粒子と正電荷の間の反発力は弱く，電気ポテンシャルエネルギーの大きさは α 粒子の運動エネルギーの数千分の 1 である．したがって，α 粒子が金原子の正電荷との間の反発力によって後方にはね返されることはない．

同符号の電荷を帯びた荷電粒子の間に働く反発力は距離の 2 乗に反比例するので，短距離では著しく大きくなる．α 粒子が金原子との衝突で電気力によって進行方向を 90° 以上も曲げられたとすると，金原子の正電気を帯びた部分は原子の内部の非常に小さな部分に集まっていなければならない（図 24.3）．ラザフォードはこれを**原子核**とよんだ．α 粒子が金原子核に正面衝突して逆戻りするには，金原子核の表面での電気ポテンシャルエネルギーが，α 粒子の最初の運動エネルギーよりも大きくなければならないので，金の原子核の大きさは約 10^{-14} m 以下でなければならない（演習問題 24 の B1 参照）．

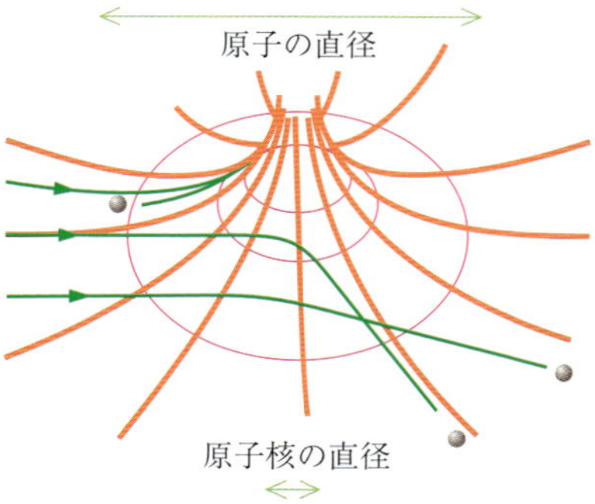

図 24.3　原子核の正電荷のつくる電場の電位分布と α 粒子の進行方向の変化

こうして，1911 年にラザフォードは，半径が 10^{-10} m くらいの原子は，その質量のほとんどと電気素量 e の原子番号倍の正電荷 Ze をもつ半径が約 10^{-14} m の原子核とそのまわりを囲んでいる負電荷 $-e$ を帯びた Z 個の電子から構成されている，という原子模型を発見した．

原子核と電子を結びつけて原子をつくる力は，原子核の正電荷と電子の負電荷の間に作用するクーロン引力であるが，ミクロな世界の運動法則はニュートン力学ではなく，量子力学である．

24.2 光の二重性

学習目標 光は電磁波として空間を伝わるが，振動数 ν，波長 λ の光は，エネルギー $E=h\nu$，運動量 $p=\dfrac{h}{\lambda}$ をもつ粒子（光子）として物質によって放出，吸収されることを理解する．光の干渉縞は光子がスクリーンに衝突する確率の大小を表すことを理解する．

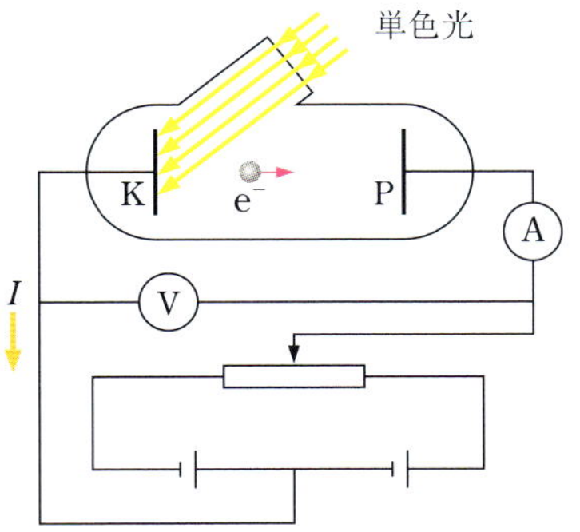

図 24.4 光電効果の実験の概念図
負極 K に対する正極 P の電位 V を低くしていくと電流 I は減少していく．$V=V_0<0$ のとき $I=0$ になると，$K_{\max}=eV_0$ である．

光は電磁場の振動が空間を波として伝わっていく電磁波の一種であることが電磁気学の研究でわかった．光の波動性は回折や干渉によって確かめられ，回折と干渉を利用して波長を決めることができる．しかし，光を波と考えたのでは説明のつかない現象が存在する．光電効果と X 線のコンプトン散乱である．

波長の短い可視光や紫外線を金属にあてると電子が飛び出す現象が**光電効果**である（図 24.4）．この現象には次の特徴がある*．

＊ 本章では光の振動数の記号に ν（ニュー）を使う．

(1) 光の振動数 ν が照射する金属に特有なある値（限界振動数）ν_0 より小さいと，どんなに強い光をあてても電子は飛び出さない．

しかし，

(2) 限界振動数 ν_0 より大きな振動数の光を金属にあてると，電子が飛び出す．飛び出した電子はいろいろな大きさの運動エネルギーをもつが，いちばん速い電子の運動エネルギー $K_{\max}$ は，光の強さに無関係で，光の振動数 ν だけで決まり（図 24.5），

$$K_{\max}=h\nu-h\nu_0 \tag{24.1}$$

と表される．h はプランクの法則 (14.7) 式に現れるプランク定数 $h=6.626\times10^{-34}\ \mathrm{J\cdot s}$ である．

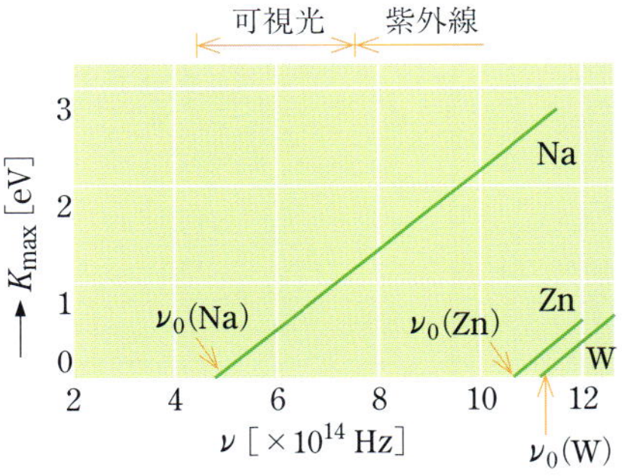

図 24.5 単色光の振動数 ν と電子の最高エネルギー $K_{\max}$ の関係．縦軸の単位は $1\ \mathrm{eV}=1.6\times10^{-19}\ \mathrm{J}$．

1900 年にプランクは，光（一般に電磁波）の放射に関するプランクの法則を理論的に導くには「振動数 ν の電磁波のエネルギー E は $h\nu$ の整数倍

$$E=nh\nu \qquad (n=0,1,2,\cdots) \tag{24.2}$$

に限られる」という仮説の導入が必要であることを示した．

1905 年にアインシュタインは，「振動数 ν の光（一般に電磁波）は

$$E=h\nu \tag{24.3}$$

という大きさのエネルギーをもつ粒子の流れで，光電効果では，この光の粒子が金属中の電子に衝突すると，エネルギー $h\nu$ は全部が一度に電子に吸収される」と考えて，光電効果の実験結果を見事に説明した．光の粒子は**光子**（フォトン）と命名された．

電磁場も運動量をもち，電磁波のエネルギー密度が u のときには，電磁波の運動量密度の大きさ P は $\dfrac{u}{c}$ であることを **22.3** 節で学んだ．したがって，$E=h\nu$ という大きさのエネルギーをもつ光子は，光の進行方向を向いた大きさが

$$p = \frac{E}{c} = \frac{h\nu}{c} = \frac{h}{\lambda} \tag{24.4}$$

の運動量をもつ（$c = \lambda\nu$）.

池の中の杭による水面波の散乱では，入射波と散乱波の波長は同じである．ところが，1923 年にコンプトンは，電磁波である X 線で物質を照射すると，物質によって散乱された X 線には，入射波と同じ波長 λ のもののほかに，λ より長い波長 λ' をもつ成分があることを発見した（図 24.6）．この波長が変化する X 線の散乱を**コンプトン散乱**という．かれは，振動数 ν，波長 λ の X 線をエネルギー $E = h\nu$，運動量 $p = \dfrac{h}{\lambda}$ の光子の流れと考え，この現象を X 線光子と電子の弾性衝突として説明した（図 24.7）．なお，波長が変化しない散乱は，原子核による X 線光子の散乱として説明される．

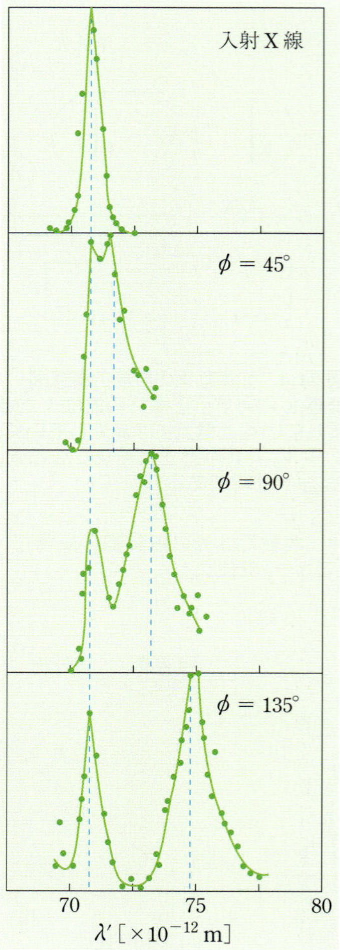

図 24.6　散乱 X 線の散乱角 ϕ と波長 λ' の分布．波長 $\lambda = 7.1 \times 10^{-11}$ m の入射 X 線のグラファイトによる散乱．縦軸は散乱 X 線強度．

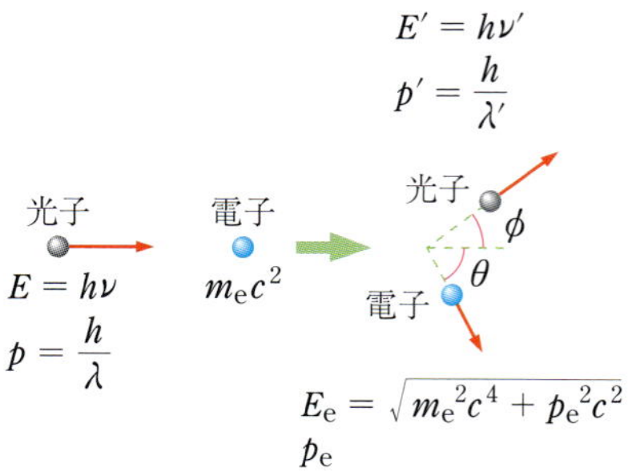

図 24.7　原子の中の電子によるコンプトン散乱

問 1　コンプトン散乱での散乱 X 線の波長 λ' に対する公式，

$$\Delta\lambda = \lambda' - \lambda = \frac{h}{m_e c}(1 - \cos\phi) = 2.43 \times 10^{-12}(1 - \cos\phi)\ \mathrm{m} \tag{24.5}$$

を導け．ϕ は光子の散乱角で，m_e は電子の静止質量である．

このように光は波動性と粒子性の両方の性質を示す．つまり，光は空間を振動数 ν，波長 λ の波として伝わり，物質によって放出，吸収されるときにはエネルギー E と運動量 p が

$$E = h\nu, \qquad p = \frac{h}{\lambda} \tag{24.6}$$

の光子（光の粒子）の集まりとして振る舞う．これを**光の二重性**という．光は波動性と粒子性をもつが，その間には密接な関係（24.6）がある．

光の二重性の実態は，光の波動性を表す干渉縞を光の高感度の検出面の上につくることによって明らかになる．図 24.8 に示す写真は，きわめて微弱な光源からの光が 2 つの隙間（スリット）を通過したときの干渉現象の写真である．光が検出面に衝突したときに発生する輝点は光子が衝突したことを示す．つまり，光は検出面（蛍光物質）に衝突するときは光子（粒子）として衝突することがわかる．

実験開始から 10 秒間に到達した光子数は少ないので，光子の到達位置には規則性がないように見える［図 24.8（a）］．しかし，開始後 10 分間には多数の光子が到達し，光波の干渉で生じる明暗の縞の明るい部分には多くの光子が到達し，暗い部分に光子はほとんど到達しないことがわかる［図 24.8（b）］．このように，多数の光子の集団としての振る舞いには，波としての性質を表す干渉縞が現れる．これが光の二重性の実態である．光子のしたがう運動法則は量子電磁気学である．

参考　電子ボルト

原子物理学ではエネルギーの実用単位として，電気素量 e の電荷をもつ荷電粒子が 1 V の電位差を通過するときに電場がする仕事，

$$1\,\mathrm{eV} \approx 1.602\times10^{-19}\,\mathrm{J} \tag{24.7}$$

を使い，電子ボルトとよび 1 eV と記す．1 keV = 10^3 eV，1 MeV = 10^6 eV なども使われる．

参考 X 線

X 線は，1895 年にレントゲンが放電管の実験をしていたとき，放電管のそばの未使用の写真乾板が感光したことに気づいたのがきっかけで発見された．X 線は，光より波長が短く，波長がおよそ 10^{-9}〜10^{-12} m の電磁波で，金属や骨を透過しないが，紙やガラスを透過し，電離作用をもち，結晶に入射すると回折し，干渉する．光と同じように二重性をもち，(24.6) 式の 2 つの関係を満たす．

図 24.9 に X 線発生装置の概念図を示す．加熱されたフィラメントから飛び出した電子（電荷 $-e$）を高電圧 V で加速すると，電子は正極の金属板と衝突し，運動エネルギー eV の全部または一部が X 線になる．このようにして発生した X 線の波長と強さの関係を図 24.10 に示す．X 線のスペクトルはなめらかな曲線の部分（連続 X 線）と鋭い山の部分（固有 X 線または特性 X 線）からなる．固有 X 線は正極の金属原子に特有な波長の X 線で，原子の放射する光の線スペクトルに対応する（**24.5** 節参照）．

連続 X 線には電子の加速電圧 V で決まる最短波長 λ_0 がある．これは，正極に衝突した電子の運動エネルギー eV が，すべて発生する X 線光子のエネルギーになった場合で，(24.6) 式と $\nu\lambda = c$ を使うと，

$$eV = \frac{ch}{\lambda_0} \tag{24.8}$$

$$\lambda_0 = \frac{ch}{eV} = 1.240\times10^{-10}\times\frac{10^4}{V\,[\mathrm{V}]}\,\mathrm{m} \tag{24.9}$$

ここで，$V\,[\mathrm{V}]$ は V を単位にして測った加速電圧 V の数値部分である．加速電圧が 4.0×10^4 V の X 線発生装置で発生する X 線の場合，最短波長 λ_0 は 3.1×10^{-11} m である．

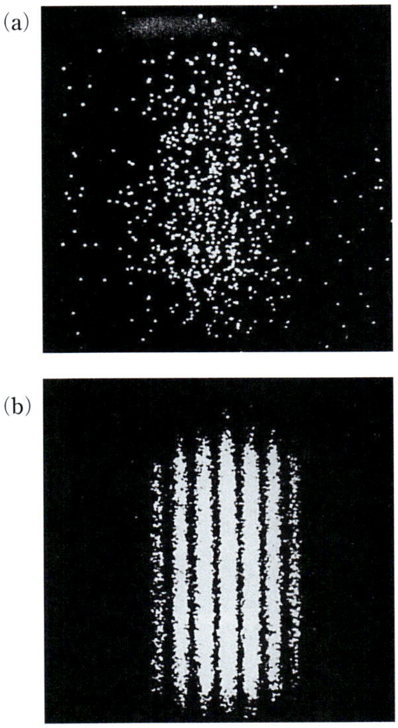

図 24.8 近接した 2 本のスリットを通過した極微弱光の干渉．(a) 実験を開始してから 10 秒後．(b) 実験を開始してから 10 分後．

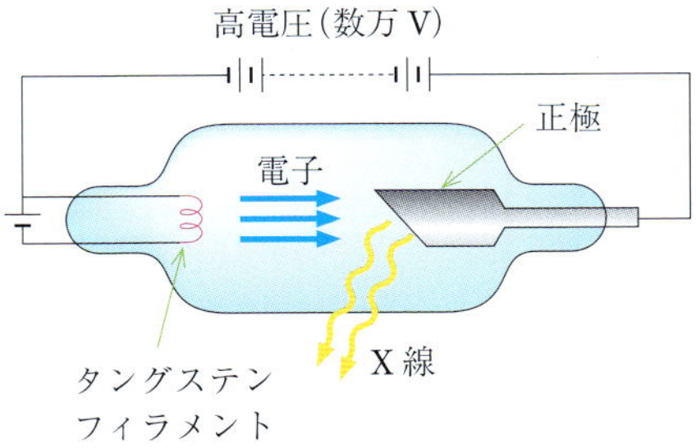

図 24.9 X 線発生装置の概念図

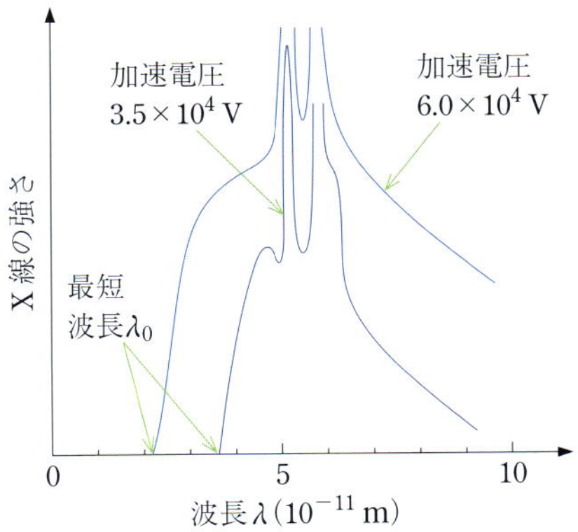

図 24.10 X 線のスペクトル（正極は Pd）

24.3 電子の二重性

学習目標 電子は粒子の性質と波の性質の両方をもつことを具体例に基づいて説明できるようになり，電子は空間を波として伝わり，物質によって放出，吸収されるときは粒子として振る舞うことを理解する．

波だと思われていた光は粒子のようにも振る舞うことを前節で紹介した．それでは，粒子のように振る舞う電子は波の性質も示すのだろうか．それとも粒子の性質だけを示すのだろうか．

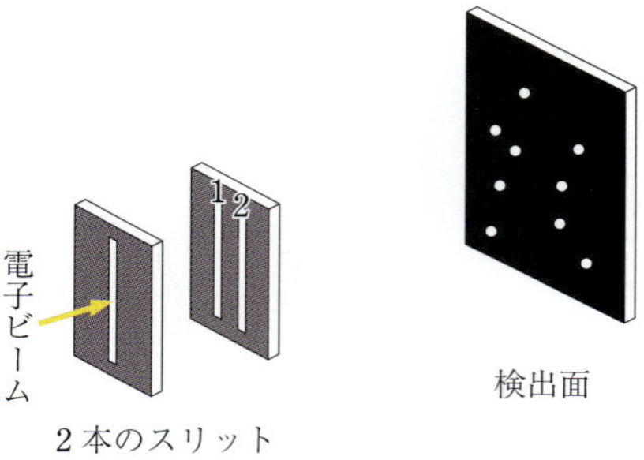

図 24.11　電子ビームと2本のスリット1, 2（概念図）

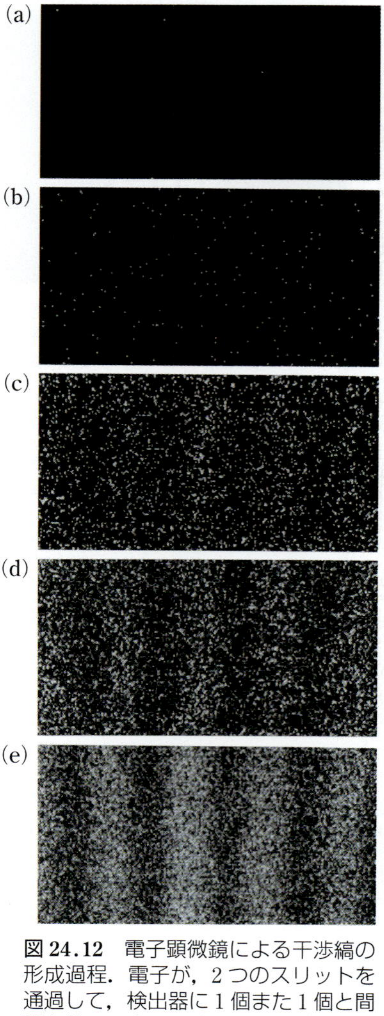

図 24.12　電子顕微鏡による干渉縞の形成過程．電子が，2つのスリットを通過して，検出器に1個また1個と間隔をおいてやってくる．電子が検出器の表面の蛍光フィルムに達すると，そこで検出され，記録装置に記録されて，モニターに写しだされる．この図には，電子が検出面に1個ずつ到着し，その結果，干渉縞が形成されるようすを写真 a〜e で時間の順に示す．

電子の流れの中に2本のスリットを置き（図 24.11），2本のスリットを通過した2つの流れが合流する場所に置いてある検出面に到達した電子を記録したものが，図 24.12 に示した写真である．図 24.12（e）を見ると，波の特徴である干渉現象を示す明暗の縞が読み取れる．つまり，この写真は，2本のスリットを通過した2つの電子波 ψ_1 と ψ_2 が重なり合って $\psi_1+\psi_2$ になり，検出面の上で2つの波 ψ_1 と ψ_2 が（同符号の場合）強め合ったり（異符号の場合）弱め合ったりするので，検出面の上での電子波の強度 $|\psi_1+\psi_2|^2$ の分布が明暗の縞をつくることを示している．この実験では，実験装置の内部に2個以上の電子が同時に存在することはまれであるような状況で実験したので，この明暗の縞は2個以上の電子の相互作用によって生じたものではない．つまり，この写真は，1個の輝点を生じさせる「1個の」電子が2本のスリットの両方を同時に通過したことを示している．

さて，明暗の縞が形成されていく過程を記録した図 24.12（a）〜（e）を順に見ると，明暗の縞の輝度が連続的に増加していくのではなく，「粒子」としての電子が1個ずつ検出面（蛍光フィルム）に衝突して，輝点を発生させていることがわかる．そして，場所によって衝突する確率に大小の差があるので，明暗の縞が形成されていくようすがわかる．

光子の場合の図 24.8 と電子の場合の図 24.12 はよく似ている．電子の場合にも，干渉縞という波動現象は，粒子（電子）を発見する確率の大小の空間的な分布として現れるのである．

これで，光と同じように，電子にも粒子と波の二重性があることがわかった．電子がしたがう力学は**量子力学**である．電子が空間を波動として伝わるようすを表す波動関数 $\psi(x,y,z,t)$ を決める方程式がシュレーディンガー方程式

$$-\frac{\hbar^2}{2m}\left(\frac{\partial^2\psi}{\partial x^2}+\frac{\partial^2\psi}{\partial y^2}+\frac{\partial^2\psi}{\partial z^2}\right)+V\psi=i\hbar\frac{\partial\psi}{\partial t} \tag{24.10}$$

であり，$|\psi(x,y,z,t)|^2$ は質量 m の電子が時刻 t に点 (x,y,z) で検出される確率を表す．$\hbar$ は $\dfrac{h}{2\pi}$ で，エイチバーと読む．

光の場合には，波長 λ の光線の光子の運動量 p は $p=\dfrac{h}{\lambda}$ であった．質量 m，速度 $\boldsymbol{v}$ の電子ビームが波動性を示すときの波長 λ は，光の場合と同じように，

$$\lambda=\frac{h}{p}=\frac{h}{mv} \tag{24.11}$$

である．関係（24.11）を提唱したド・ブロイにちなんで，この波長を**ド・ブロイ波長**という．

陽子や中性子も，電子や光子と同じように，粒子的性質と波動的性質の両方を示すことが確かめられている．

例1 デビソン-ガーマーの実験 1927年にデビソンとガーマーはニッケルの単結晶の表面に垂直に電子ビームをあてたところ［図24.13(a)］，表面で散乱された電子の強度はある特定の方向で強くなること［図24.13(b)］，そしてその方向（散乱角θ）は電子ビームの加速電圧Vとともに変わることを発見した．

電子（質量m）を電位差Vの電極の間で加速すると，電場のする仕事eVが電子の運動エネルギーになるので，運動エネルギーが

$$\frac{1}{2}mv^2 = \frac{p^2}{2m} = \frac{h^2}{2m\lambda^2} = eV \tag{24.12}$$

になった電子波のド・ブロイ波長は次のようになる

$$\lambda = \frac{h}{\sqrt{2meV}} = \sqrt{\frac{150.41}{V[\mathrm{V}]}} \times 10^{-10}\ \mathrm{m} \tag{24.13}$$

（電子の質量は$m = 9.109 \times 10^{-31}$ kg，電荷は$-e = -1.602 \times 10^{-19}$ C）．$V[\mathrm{V}]$はVを単位にして測った電位差Vの数値部分である．

波長λの電子波が原子間隔dの結晶表面によって強く散乱される角度θを決める条件は

$$d \sin\theta = n\lambda \qquad (n = 1, 2, 3, \cdots) \tag{24.14}$$

である［図24.13(c)］．デビソンとガーマーは反射電子ビーム強度が極大になる角度θの測定結果［図24.13(b)］と原子間隔dから電子波の波長λを決めることができたが，この実験値と理論値(24.13)はよく一致した（演習問題24のB4参照）．

問2 運動エネルギーが0の電子を100 Vの電圧で加速して得られる電子ビームの波長λを求めよ．

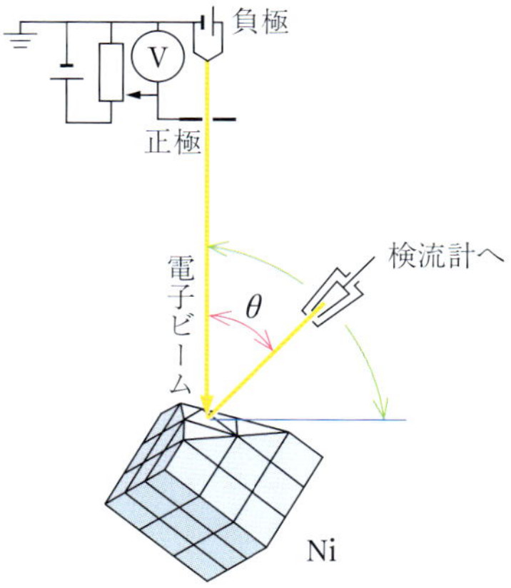

(a) デビソン-ガーマーの実験の概念図

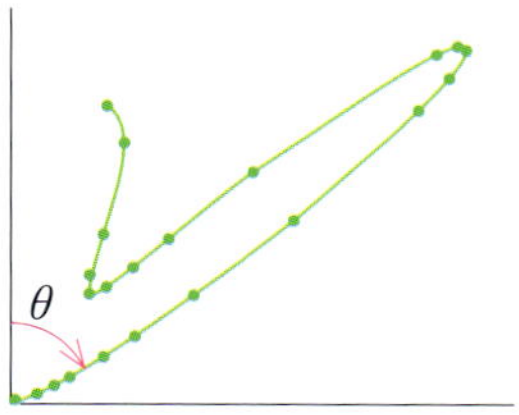

(b) 反射電子ビーム強度の角度分布（加速電圧は54 V）

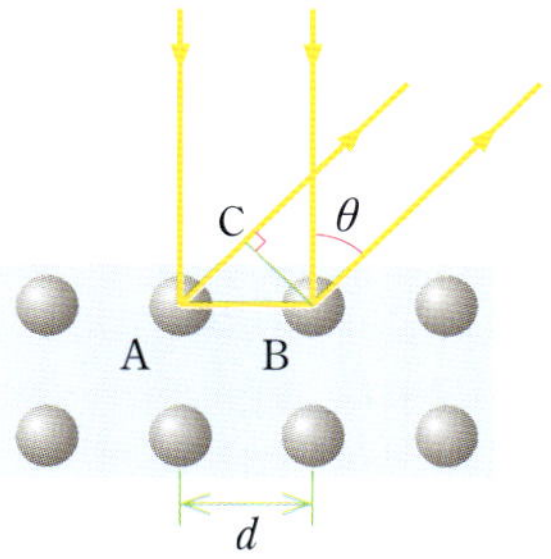

(c) 強く散乱されるための条件 $\overline{\mathrm{AC}} = d\sin\theta = n\lambda$

図24.13

電子の波動性を利用した装置に**電子顕微鏡**がある．顕微鏡で微小な物体を観察するのを妨げるのは，波の回折現象である．波長が短いほど波は回折しにくい．電子波の波長は，電子の加速電圧を上げるときわめて短くなるので，電子顕微鏡では分子や原子の配列も見ることができる．

24.4 不確定性関係

学習目標 電子のような微小な粒子の位置と運動量の両方を同時に正確に測定できないことを意味する不確定性関係を理解する．

波は2つに分かれ，その後で合流すると重なり合って干渉する．粒子にはこのような性質はない．波の性質と粒子の性質は日常生活の経験では両立できない．なぜ電子は二重性をもてるのだろうか．その理由を考えよう．電子が空間を波あるいは粒子として運動するようすを観測するには，光で電子の通り道を照射して，光を電子で散乱させる必要がある．

物体の位置を精密に測定しようとすると，細く絞った光線を物体にあ

てる必要があるが，波長 λ の光線の幅は $\dfrac{\lambda}{2\pi}$ 程度までにしか絞れないことが光学の研究でわかっている．つまり，波長 λ の光を使って得られる物体の位置の測定値には $\dfrac{\lambda}{2\pi}$ 程度の不確定さ Δx が存在する．一方，光の粒子性のために電子にあてる光の強さを光子 1 個以下にはできない．光子 1 個のもつ運動量は $\dfrac{h}{\lambda}$ なので，波長 λ の光をあてると物体の運動量が変化し，運動量の測定値には $\dfrac{h}{\lambda}$ 程度の不確定さ Δp が存在する．

短波長の光を使って電子の位置 x を正確に決めようとすると，運動量の測定値の不確定さ Δp が大きくなり，長波長の光を使って電子の運動量 p を正確に決めようとすると位置の測定値の不確定さ Δx が大きくなる．その結果，電子のような微小なものの「位置」と「運動量」の両方を同時に正確に測定することはできないことを意味する，

$$\text{「位置の測定値の不確定さ } \Delta x\text{」} \times \text{「運動量の測定値の不確定さ } \Delta p\text{」} \geqq \frac{h}{4\pi} \tag{24.15}$$

というハイゼンベルクの**不確定性関係**が導かれる．不確定性関係は，電子ばかりでなく，陽子，中性子などに対しても成り立つが，「運動量」＝「質量」×「速度」なので，光をあてると質量の軽い電子の運動がもっとも大きく乱される．

たとえば，図 24.12 の場合に，電子が 2 つのスリットのどちらを通過したのかを識別しようとして，スリットの間隔より短い波長の光で電子を照射すると，電子の運動が大きく乱されて，縞の暗い部分にも電子が行くようになって，明暗の縞が消えてしまう．粒子的な振る舞いを調べようとすると波動的な振る舞いが消えるので，電子の波動性と粒子性を同時に検出することはできないのである．

したがって，原子の中のようなきわめて狭い空間の中にいる電子の位置と速度の両方を精度よく測定することは原理的に不可能なので，原子の中で電子が円軌道を描いて運動しているという状況を精密に考えることは理論的にはできない（演習問題 24 の B2 参照）．

24.5 原子の定常状態と光の線スペクトル

学習目標 原子のとることのできるエネルギーの値はとびとびの値であり，このために原子の放射する光を分光すると線スペクトルになることを理解する．

原子中の電子の運動状態をどのように考えればよいのだろうか．原子の世界の力学である量子力学によれば，原子の中で電子は波として運動

している．波には2種類ある．1つは，水面を広がる波のような進行波である．もう1つは，ギターやピアノの弦を弾くとき，弦に生じる定在波である．定在波の振動数 ν はとびとびの値しかとれない（**12.5** 節参照）．たとえば，ピアノの1つの鍵盤を叩くと，基本振動数の音とその倍音以外の音はでない．

原子の中での電子の波は，弦に生じる波と同じように，とびとびの値の振動数で振動する定在波である．量子力学の世界では，エネルギーは波の振動数 ν の h 倍なので，原子のエネルギー（$E = h\nu$）はとびとびの値，$E_1, E_2, E_3, \cdots$，しかとれない．このとびとびのエネルギーの状態を原子の**定常状態**という．エネルギーが最小の定常状態を基底状態，そのほかの定常状態を励起状態という．

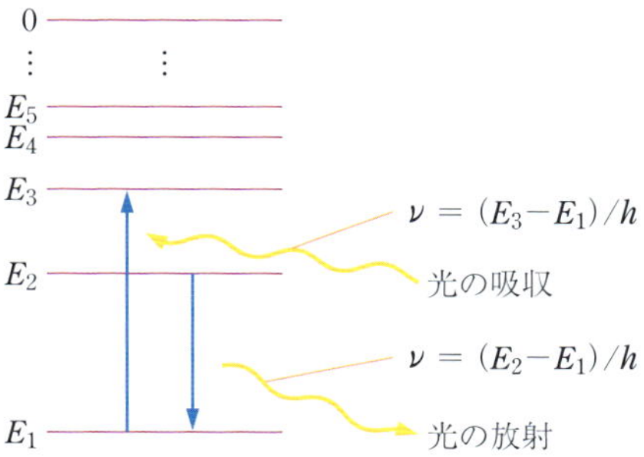

図 24.14　原子のエネルギー準位と光の放射，吸収

エネルギーの高い定常状態 E_n の原子は不安定で，光子を放出して，エネルギーの低い定常状態 E_m へ移る（遷移する）．このとき，余分のエネルギーの $E_n - E_m$ は光子のエネルギーになる（図 24.14）．光子のエネルギーは $h\nu$ なので，このとき原子が放射する光の振動数 ν は

$$\nu = \frac{E_n - E_m}{h} \tag{24.16}$$

というとびとびの値に限られる．

気体の原子が放射する光の振動数がとびとびの値に限られることは，ネオンサインで経験している．放電管の中の気体は特有の色の光を放射する．たとえば，ネオンは赤，アルゴンは紫である．原子を高温に加熱したり，電気火花，原子衝突などで刺激すると，原子は光を放射するが，この光を回折格子で分光すると多くの線に分かれる（図 24.15）．この線スペクトルとよばれる線はとびとびの振動数に対応する光である．

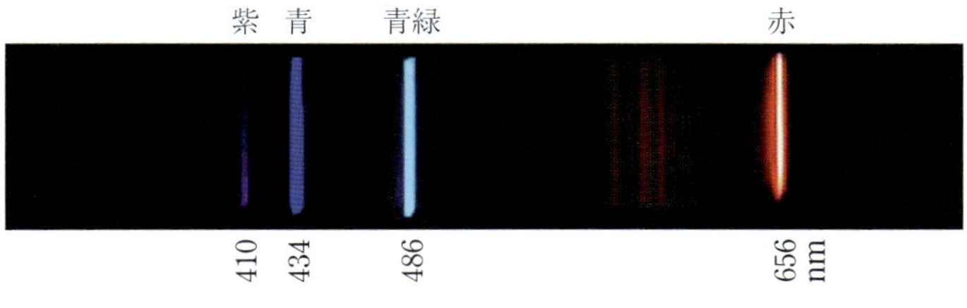

図 24.15　水素原子の線スペクトルの一部．図の下の数字は波長．水素原子の放射する光の振動数 ν は，条件

$$\nu = (3.29 \times 10^{15}\ \mathrm{s^{-1}})\left(\frac{1}{m^2} - \frac{1}{n^2}\right)$$

を満たすとびとびの値だけである．m, n は正の整数で，$n > m$．図のスペクトルは $m = 2$ の場合で，バルマー系列とよばれる．

逆に，エネルギーの低い定常状態 E_m にいる原子は，振動数 $\nu = \dfrac{E_n - E_m}{h}$ の光の光子を1個吸収すると，エネルギーの高い定常状態 E_n に移る（遷移する）．

密封した管の中の気体分子のように，絶対温度 T の壁の中で莫大な数の構成粒子がたがいに衝突し合ったり，壁に衝突したりしながら乱雑に運動している場合，**14.3** 節で学んだボルツマン分布によって，構成粒子がエネルギー E をもつ確率は

$$\mathrm{e}^{-E/kT} \tag{24.17}$$

に比例する．したがって，室温ではほとんどの原子，分子はエネルギーが最低の基底状態にいる．

24.6 元素の周期律

学習目標　元素の周期律は原子物理学でどのようにして説明されるのかを理解する．原子軌道と量子数を理解する．

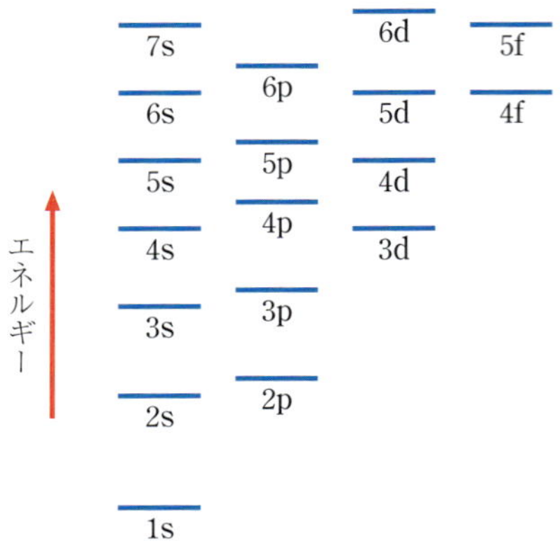

図 24.16　重い原子の中の電子エネルギー準位

原子の中心には，正電荷を帯びた陽子と電気を帯びていない中性子から構成された原子核がある．原子核に含まれている陽子の数を**原子番号**という．原子番号は原子に含まれている電子の数でもあり，これから説明するように，原子の化学的性質を決める．

量子力学を使うと原子の定常状態のエネルギーを計算できる．原子の定在波は，原子に含まれる個々の電子に対応する定在波の集まりだと考えてよい．つまり，1つひとつの電子は他の電子とは独立な定在波として振る舞い，個々の電子のエネルギーもとびとびの特定の値しかとれないと考えてよい．電子のエネルギー準位は原子によって変わるが，定性的には図 24.16 に示すようなものである．原子番号 Z の原子の中の Z 個の電子のおのおのは，これらのエネルギーをもつ状態（定在波で表される定常状態）のどれかを占めている．これらの状態を原子の中の電子の軌道にたとえて，**原子軌道**とよぶ．

1s，2s，2p，… などの記号は状態の名前である．状態を指定する数を**量子数**という．1, 2, 3, 4, … の数字は定在波の節面（振幅が 0 の面）の数 −1 で，**主量子数**という．s, p, d, f, … の記号は，電子が原子核のまわりを公転する角運動量の大きさを表す方位量子数（**軌道角運動量量子数**）l が 0, 1, 2, 3, … のどれであるかを表す．軌道角運動量量子数が l の状態として，公転的運動の回転軸の向きの違いに対応する $2l+1$ の状態がある．電子はスピンとよばれる自転的運動を行っており（**20.6** 節参照），1つの公転的運動の状態をスピンの向きの異なる 2 つの電子が占めることができる．

したがって，スピンを考慮すると，1s，2s，3s，… にはそれぞれ 2 つの状態，2p，3p，… にはそれぞれ 6 つの状態，3d，4d，… にはそれぞれ 10 の状態，4f，5f，… にはそれぞれ 14 の状態がある．電子は 1

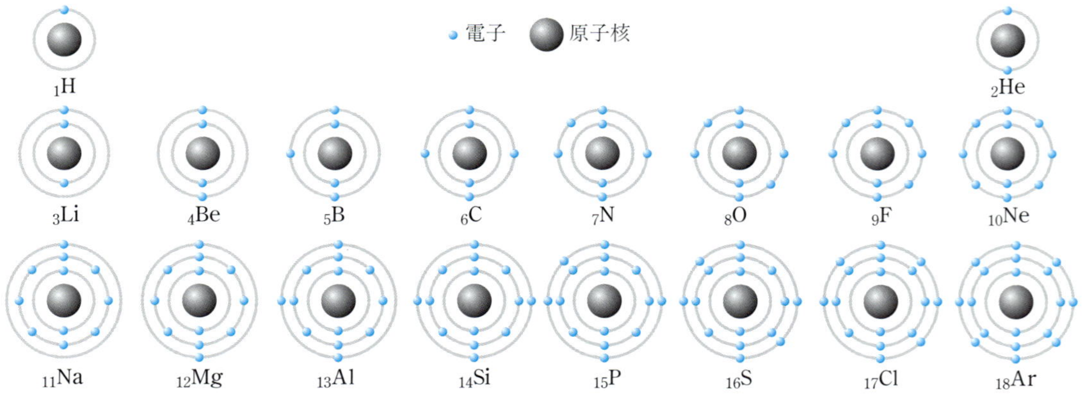

図 24.17　原子の基底状態での電子の配置．実際には，電子は殻の付近に波として存在する．

つの状態には1個しか入れないというパウリ原理のために，原子番号 Z の原子の基底状態では，Z 個の電子が図 24.16 の準位をエネルギーのいちばん低い 1s 状態から Z 番目の状態までを占領している．

元素を原子番号の順に並べると，化学的性質の似た元素が規則的な間隔で現れるという**元素の周期律**がある．周期律を使って元素を配列した表を**周期表**という．図 24.17 の電子配置を見ると，元素の周期表に対応していることがわかる．つまり，元素の化学的性質を決めるのは，最後に詰まる状態のグループを占めている電子数である．エネルギーが大きいほど，電子は原子核から遠くにいるので，状態のグループを殻とよび，最後に詰まる状態を最外殻という．最外殻の電子数が原子の化学的性質を決める原子価に対応するので，最外殻の電子を価電子ともいう．

最外殻が満員の原子はヘリウム He，ネオン Ne，アルゴン Ar などの不活性ガスの原子である．水素 H，リチウム Li，ナトリウム Na などの原子は最外殻のただ1個の電子を放出して1価の正イオンになりやすく，フッ素 F，塩素 Cl などの原子は最外殻のただ1個の空席に電子を入れて1価の負イオンになりやすい．

エネルギーの低い方から Z 番目までの状態が電子によって占領されているのは，原子の基底状態である．エネルギーの小さい状態に空席があり，その代わりエネルギーの大きい状態に電子がいるのが励起状態である．室温では，物質中のほとんどの原子は基底状態にあるが，熱運動のために一部の原子は励起状態にある．気体原子を励起するには，加熱したり，放電管の電極間に電圧をかけて電子を加速して原子に衝突させたりすればよい．

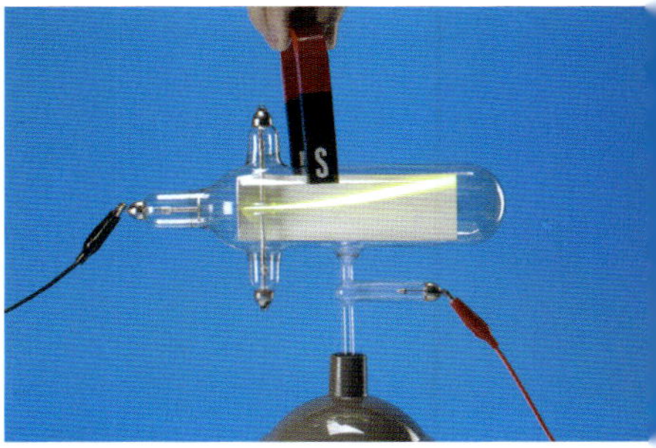

図 24.18　放電管

24.7　金属，絶縁体，半導体

学習目標　金属，絶縁体，半導体の電気伝導率の差はどのようにして生じるのかを理解する．p 型半導体と n 型半導体での電気伝導の機構を理解する．

バンド　原子がぎっしり詰まっている固体内部の電子について考えよう．1個の原子が単独に存在する場合には，電子のエネルギーは図 24.19 の左端に示すとびとびの値しかとれない．

しかし，2個の原子を近づけると，一方の原子の電子がもう一方の原

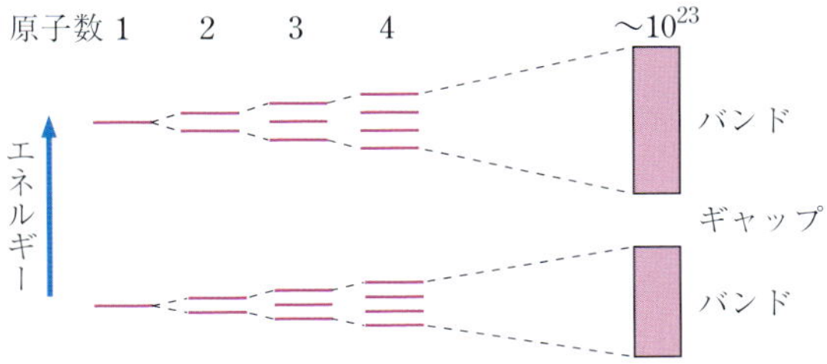

図 24.19　エネルギーバンド（帯）の形成

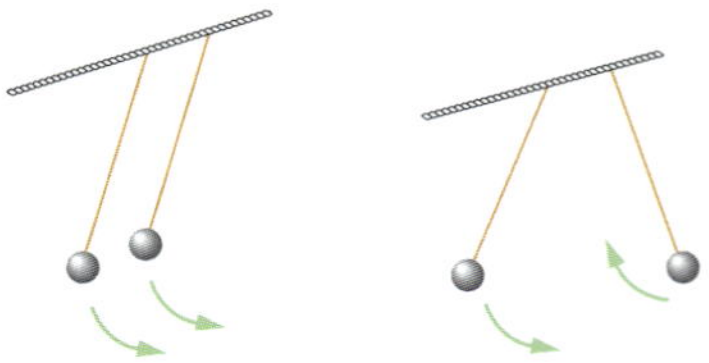

図 24.20　2つの同じ振り子を1本のひもに吊り下げる．2つのタイプの振動の振動数は少し異なる．

子の電子と作用するので，電子の定常波の振動数が変化する．そこで，近接して原子が2個ある場合，電子のエネルギー準位は図 24.19 の左から2番目のようになる．この現象は，図 24.20 の2つの振り子を同時に振動させると，振り子の間でエネルギーの交換が起こり，振動数がわずかに異なる2つのタイプの振動を行うのに似ている．

近接している原子の数が 3, 4, … と増えると，エネルギー準位は図 24.19 の左から 3, 4, … 番目のようになる．そこで，多数の原子が集まって結晶をつくると，電子がとれるエネルギーの値は，図 24.19 の右端のように原子のエネルギー準位のまわりに幅をもつ．この幅をもったエネルギーの範囲を**エネルギーバンド**（帯）または**バンド**という．これに対して，電子がとることのできないエネルギーの範囲を**エネルギーギャップ**または**ギャップ**という．

単独の原子の場合には n 個の電子が入れるエネルギー準位のグループに対応するバンドには，結晶を構成する原子数を N とすると，nN 個の電子が入れる．電子はエネルギーの低いバンドから順番に占領していく．物質中を自由に運動する自由電子（伝導電子ともいう）が入るバンドを**伝導帯**という．

金属　金属の場合には，自由電子の入っているバンドの伝導帯は，電子によって一部分だけが占領されているので[図 24.22 (a)]，小さな電圧をかけても電子はエネルギーの高い状態に連続的に加速され，電流が流れる．

図 24.21　イレブンナイン（99.999999999 %）の純度と均一な結晶構造をもつシリコン単結晶．

絶縁体　電圧をかけても電流の流れない絶縁体の場合には，価電子帯とよばれるバンドまで電子によって完全に満たされていて，ギャップを隔てて，電子が入っていない伝導帯がある[図 24.22 (b)]．そこで，電圧をかけて，価電子帯の電子を加速して伝導帯に移そうとすると，そこはギャップになっているので，それを飛び越してその上にあるバンドの伝導帯に移さなければならない．伝導帯と価電子帯のエネルギーの差は，電子が電場から得るエネルギーより大きいので，電子は伝導帯に移れない．したがって，絶縁体に電圧をかけても電子は加速されず，電流は流れない．

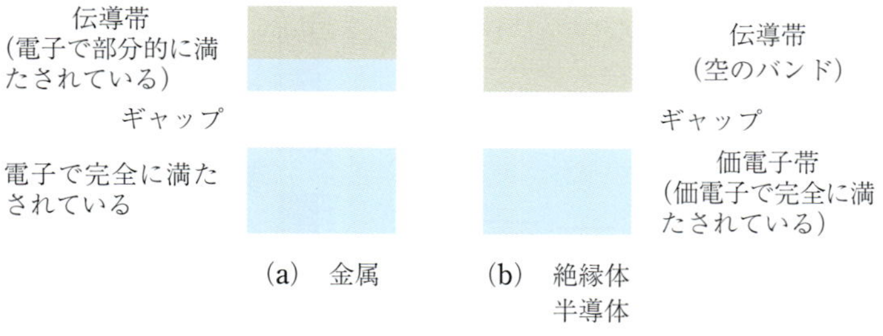

図 24.22　金属，絶縁体，半導体

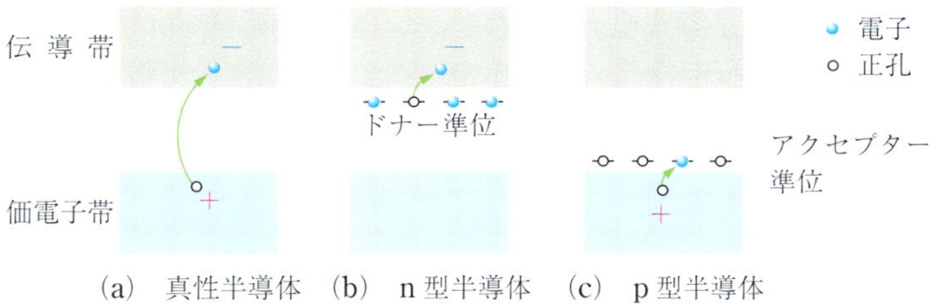

図 24.23 半導体のエネルギーバンド

半導体 電気抵抗率が金属と絶縁体の中間の半導体では，絶縁体と同じように，価電子帯まで電子によって完全に満たされていて，ギャップを隔てて，電子が入っていない伝導帯がある[図 24.22 (b)]．絶縁体との違いは，ギャップが狭いので，温度が高いと電子の熱運動によって，価電子帯から伝導帯に電子がわずかではあるが励起されることである．したがって，半導体の電気抵抗率は金属に比べるとはるかに大きいが，温度の上昇とともに急激に減少する．

半導体の典型物質は 14 族元素のゲルマニウム Ge，シリコン（ケイ素）Si，それに 13 族元素と 15 族元素の 1 : 1 の化合物の InSb，InAs，GaAs などや 12 族元素と 16 族元素の 1 : 1 の化合物の CdSe などの化合物半導体である．

シリコンは炭素と同じように 4 個の価電子をもつ元素で，各シリコン原子は 4 個の価電子を出し合って，周囲のシリコン原子と 8 個の電子を共有して，共有結合とよばれる仕組みで結合し合っている．

シリコンの場合，満員の価電子帯と空っぽの伝導帯の間のギャップが狭いので（1.17 eV），共有結合をしている価電子が熱運動のエネルギーをもらって，ギャップを飛び越えて，伝導帯に移って自由電子になれる[図 24.23 (a)]．この場合に，電子が共有結合から抜け出した後には孔があくので，この孔には近くの電子が入り込み，そのためにあいた孔には他の原子の電子が入り込む．このように電子の抜けた孔は，水中を泡が動くように，結晶の中を移動していく．そこで，電圧をかけると，電場の逆方向への電子の運動とは逆向きに，あたかも正電荷を帯びた孔が電場の方向に運動するような状況が起こる（図 24.24）．この孔を**正孔**あるいは**ホール**という．したがって，この場合には，自由電子と正孔の両方で電気伝導が起こる．このような物質を**真性半導体**という．自由電子が少ないので，真性半導体の電気抵抗率は金属よりはるかに大きいが，絶縁体よりはるかに小さい．

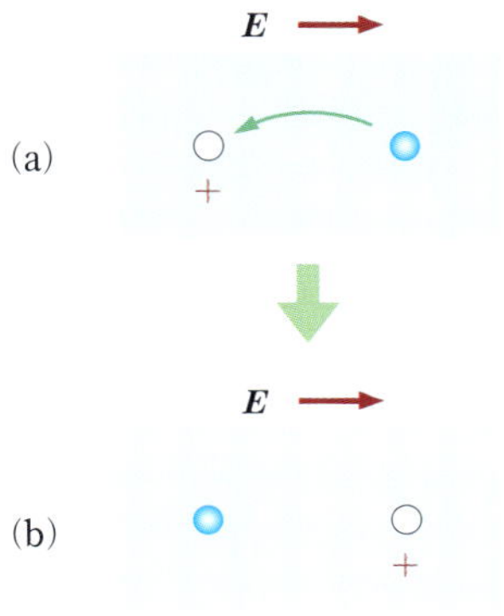

図 24.24 電場 $\boldsymbol{E}$ の逆方向への電子の移動は，電場 $\boldsymbol{E}$ の向きへの正孔の移動と見なせる．

半導体とよばれる物質のなかで，応用上重要なのはシリコン Si に不純物を注入した物質である．シリコンの結晶に，5 個の価電子をもつ元素のリン P，ヒ素 As，アンチモン Sb，ビスマス Bi などを不純物として混ぜると，不純物の原子は結晶の格子点に入り 4 個の電子を出して周囲の 4 個のシリコン原子と共有結合する．その結果，不純物原子の価電子が 1 個ずつあまる．この電子は価電子帯の上の伝導帯に入るはずだが，この電子は正イオンになった不純物原子から電気力で引かれるので，伝導帯の少し下の不純物準位にいる．しかし，わずかなエネルギー

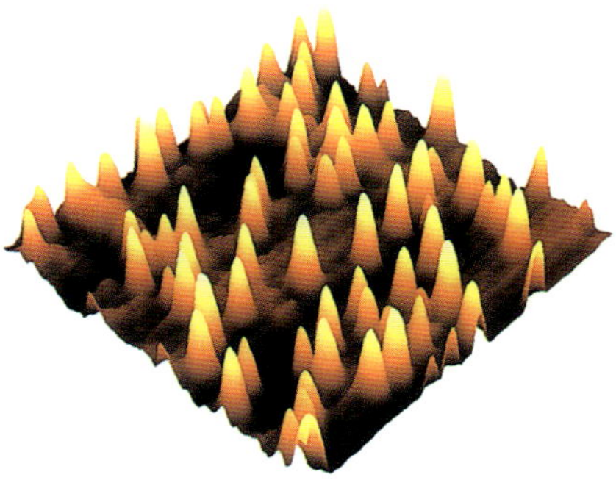

図 24.25 原子間力顕微鏡による InP (001) 面上の InAs 量子ドットの像．InP の結晶面の上に，13 族元素の In と 15 族の元素の As を 1 原子層の精度で制御しながら供給すると，InAs の極微細な立体構造をつくることができる．13-15 族化合物の結晶は半導体の性質を示す．

をもらうと，不純物原子を離れて，伝導帯に飛び移り，結晶の中を動き回れる自由電子になる．電圧をかけると，自由電子が動くので電流が流れる．このような物質を **n 型半導体**とよぶ．不純物準位をドナー準位とよぶ［図 24.23 (b)］．

シリコンの結晶に，3 個の価電子しかない元素のホウ素 B，アルミニウム Al，ガリウム Ga，インジウム In などを不純物として混ぜると，周囲の原子と共有結合するには価電子だけでは電子が 1 個ずつ不足する．したがって，価電子帯に不純物原子の数だけ孔があいているように考えられるが，この孔に電子を入れると，不純物原子は負電荷をもつので，孔に入った電子のエネルギーは価電子帯にいる電子のエネルギーよりも少し大きくなる．そこで，この不純物が入った半導体の結晶のエネルギー準位には，価電子帯のすぐ上に低温ではあいている不純物準位が存在する．これをアクセプター準位という［図 24.23 (c)］．

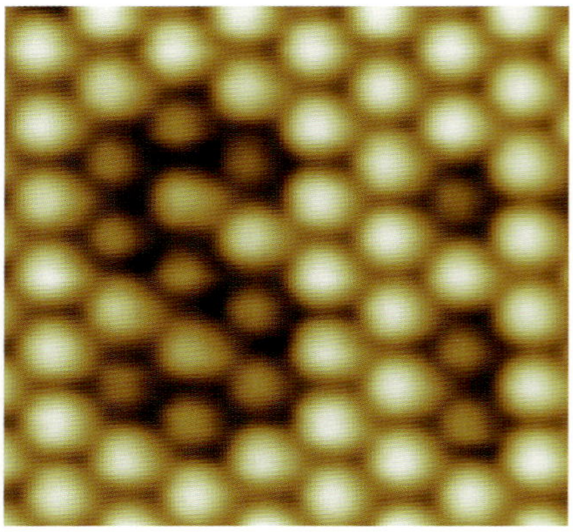

図 24.26　最近の研究では，原子間力顕微鏡（AFM）の非常に細い探針で，表面の 1 つの原子に触れて力を加え，探針の先端の原子と位置を交換できる．この技術を使えば精密に不純物を入れ込むことができる．図はスズ (Sn) 原子が規則的に並んだ表面に，探針先端のシリコン (Si) 原子を交換して埋め込み，「Si」という文字を作製したもの．

価電子帯にいる電子がエネルギーをもらうと，あいているアクセプター準位に飛び移って，価電子帯に孔ができる．この孔は前に説明した正孔（ホール）である．そこで，電圧をかけると，正孔の移動によって電流が流れる．このような物質を **p 型半導体**という．なお n 型，p 型の名は，電荷の担い手（キャリヤ）のもつ電荷が負 (negative) か正 (positive) かによっている．

このように固体の電気伝導はエネルギーバンドという概念を導入すると理解できる．

半導体の性質は含まれる不純物に敏感に影響される．このことを利用して，高純度のシリコンをつくり，そこに決まった種類の不純物を一定量溶かし込む（ドーピングするという）ことによって，望みどおりの性質をもつ p 型および n 型半導体を望みどおりの場所につくれる．

24.8　半導体の応用

学習目標　半導体がどのように応用されているのかを知る．

pn 接合ダイオード　　シリコン結晶の一部を p 型にし，他の部分を n 型にして，p 型半導体と n 型半導体が接している構造にしたものを **pn 接合**といい，pn 接合に 2 個の電極をつけたものを pn 接合ダイオードという［図 24.28 (a)］．pn 接合ダイオードには，特定の条件の下で電流を 1 方向にしか流さないという整流作用がある（図 24.29）．

図 24.27　一般整流ダイオード

まず，p 型半導体と n 型半導体を接合させるとどうなるかを考えよう．接合させると，接合部付近の n 型部分から自由電子が p 型部分に拡散し，接合部付近の p 型部分から正孔が n 型部分に拡散し，たがいに結合して消滅するので，接合部付近はキャリヤ（自由電子と正孔）のない状態になる．これを空乏層という．この結果，空乏層内で，接合部付近の n 型部分には正の電荷が現れ，p 型部分には負の電荷が現れる［図 24.28 (a)］．これらの電荷は p 型部分と n 型部分のキャリヤがこれ

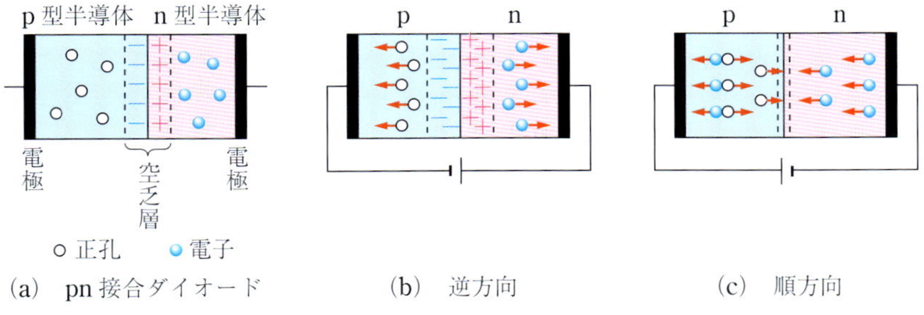

図 24.28 pn 接合ダイオード

以上拡散するのを妨げる．

n 型につけた電極を電池の正極につなぎ，p 型につけた電極を負極につなぐと，n 型の中の電子も p 型の中の正孔もそれぞれにつけた電極の方に引かれ，その結果，空乏層が広がり，キャリヤが接合面を移動できないので，電流はほとんど流れない［図 24.28 (b)］．

逆に，p 型につけた電極を電池の正極につなぎ，n 型につけた電極を負極につなぐと，p 型部分の正孔は n 型部分へ向かい，n 型部分の電子は p 型部分へ向かう．その結果，空乏層は狭くなり，ある程度以上（約 0.6 V 以上）の電圧を加えると，空乏層を越えてキャリヤがたがいに流れ込み，電流が流れる．このとき n 型につけた電極から自由電子が n 型部分に向かって流れ，電子を補給する．また，p 型部分の内部からは電子がこれにつけた電極の方へ向かうが，これは電極から正孔が p 型部分に補給されるとみることができる．そこで，この場合には電流が流れつづける［図 24.28 (c)］．

このように pn 接合ダイオードでは，p 型が n 型に対して正の電位になったときだけ電流が流れ，反対のときに電流は流れない（図 24.29）．これをダイオードの**整流作用**といい，前者を順方向，後者を逆方向という．逆方向電圧をある程度以上に上げると，電流が急激に流れ始める．この電圧を降伏電圧という．

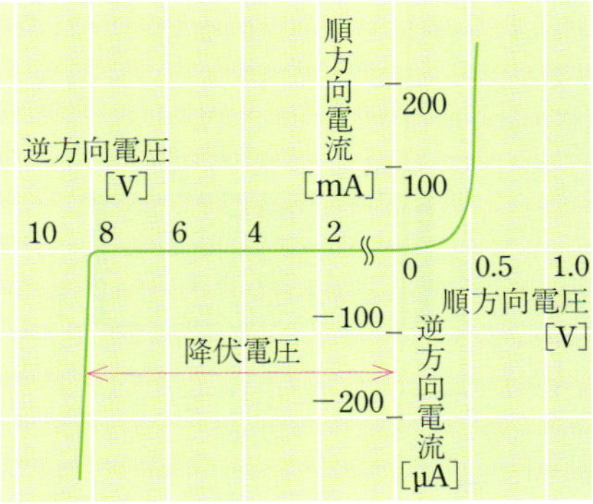

図 24.29 pn 接合ダイオードの特性

トランジスター 半導体の応用で代表的なものは電子回路で使われるトランジスターである．トランジスターは 3 個の端子をもつ半導体の回路素子で，増幅作用やスイッチング作用がある．トランジスターの発明によって電子装置の小型化と低電力化が可能になった．バイポーラートランジスターと MOS 型電界効果トランジスターを紹介する．

図 24.30 にシリコン結晶の一部を p 型，n 型，p 型にしてそれぞれに電極をつけたバイポーラートランジスターを示す．中央の n 型部分はベースとよばれ，きわめて薄くつくられている．p 型のエミッターとコレクターの間に電圧を加えても，ベースとの 2 つの pn 接合部の一方は逆方向の接合になるので電流は流れない．しかし，たとえば，エミッター E とベース B の間に順方向電圧を加えると，E-B 間に電流が流れ，ベースに大量の正孔が注入される．その結果，ベースはあたかも p 型のようになり，拡散した正孔はコレクターに流れ込み，大きなコレクタ

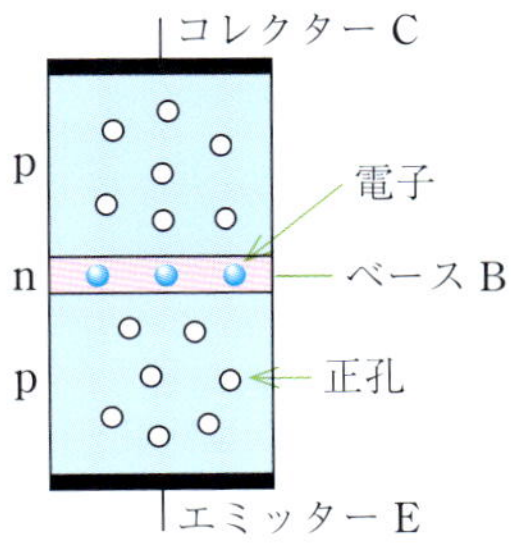

図 24.30 バイポーラートランジスター

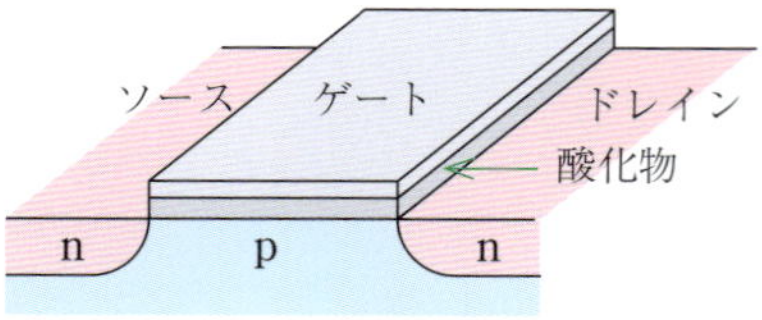

図 24.31　MOS 型電界効果トランジスター

ー電流が流れる．ベース電圧の小さな変化でコレクター電流は，きわめて大きく変化するので，この性質は電圧の増幅に利用されている．この型のトランジスターは電子と正孔の両方で動作するのでバイポーラートランジスターとよばれる．

図 24.31 は MOS 型電界効果トランジスターといわれるものの例である．p 型のシリコン基板の表面を酸化して薄い SiO_2 膜をつくり，その上に金属膜（ゲート電極）をつけ，その両側の酸化膜に孔をあけて高濃度の n 型にドープした電極 2 個（ソースとドレイン）をつくったものである．このままではソースとドレインの間に電圧をかけても 2 つの pn 接合部のどちらかが逆方向の接合になるので電流は流れない．しかし，ゲート電極に正電圧を加えるとチャネルとよばれるゲート電極下の部分から正孔が排除されて n 型化し，ソースとドレインの間は n 型のチャネルでつながり，ドレイン電流とよばれる電流が流れる．ゲート電圧のわずかな変化でドレイン電流は大きく変化するので，電圧の増幅に使われる．また，ドレイン電流を流したり切ったりできる．電界効果トランジスターは，電子または正孔のどちらか一方のみで動作するのでユニポーラートランジスターとよばれる．電界効果トランジスターはきわめて小さく製作できるので，半導体メモリーや CPU などの超 LSI の製作で用いられる．

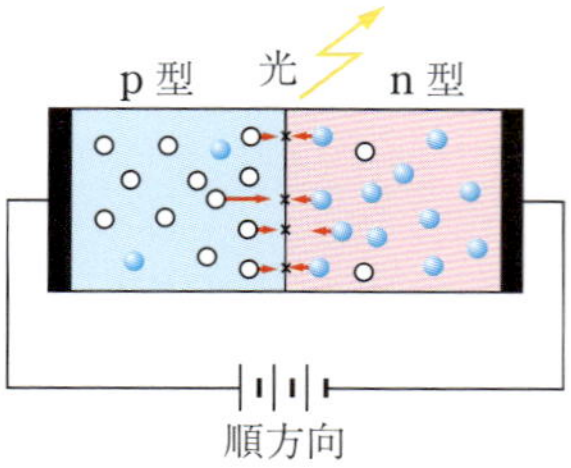

図 24.32　発光ダイオードの発光

発光ダイオード　シリコンの代わりにガリウムヒ素（GaAs）やガリウムリン（GaP）などの発光しやすい半導体を使って，図 24.32 のように pn 接合したものを発光ダイオード（LED）という．この pn 接合ダイオードに順方向の電圧をかけると，接合面の付近で電子と正孔は結合して中和する．この過程はエネルギーの高い（E_n）伝導帯にいる電子が，エネルギーの低い（E_m）価電子帯の空席に入る過程である．そこで，この際に電子のエネルギーの差 $E_n - E_m$ が放出される．このエネルギーが，結晶の熱としてではなく，光子として接合部付近から放出されるのが発光ダイオードである．半導体の物質によって発光色が変わる．

図 24.33　従来の信号機（上）と発光ダイオードを使った信号機（下）

太陽電池　半導体を使って太陽光のエネルギーを直接に電気エネルギーに変換する素子が太陽電池である（図 24.34）．pn 接合の接合面付近にエネルギーギャップより大きいエネルギーの光子を照射して，電子と正孔のペアができると，空乏層の電場によって電子は n 型の部分に，正孔は p 型の部分に移動する．このために，p 型を正に，n 型を負に帯

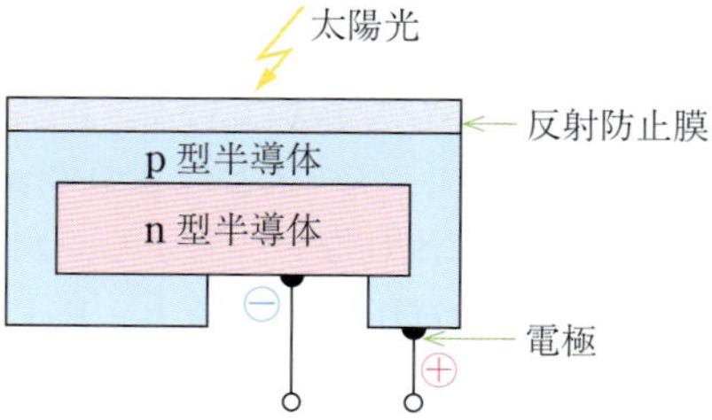

図 24.34　太陽電池

電させる光起電力が生じる.

24.9 レーザー

学習目標 レーザーが細くて強力な単色光のビームをつくり出す原理のあらましを理解する.

白熱電灯の光は高温に加熱されたタングステン・フィラメントの黒体放射を利用し，蛍光灯の光は加速された電子との衝突の衝撃で励起された原子イオンによる光の放射を利用している．どちらの場合にも個々の原子は他の原子とは無関係に光を放射するので（**自発放射**という），光は全方向に放射され，異なる原子の自発放射によって生じた電磁波の位相はたがいに無関係である．したがって，1つの光源から出る単色光（特定の振動数をもつ光）でも，一様に位相が変化しつづける正弦波ではなく，ほんの短時間（約 10^{-9} 秒）だけ正弦波が持続するが，すぐに位相がずれてしまう．自然光ではこの正弦波の長さは数十 cm 程度であり，これを可干渉（コヒーレンス）の長さという．このため光路差が数十 cm 以上の場合には干渉しない．また，2つの光源からの光は，振動数が同じであっても，干渉しない．

レーザーは，誘導放射による光の増幅という意味の英語の頭文字からつくった略語で，初期の段階では可視光とその周辺の周波数領域のものだけを意味したが，その後あらゆる波長のものの総称になった．レーザーは，各原子から放射される光波の振動の位相が揃い，遠くへ伝わっても広がらない，細くて，強力な単色光のビームを作り出す装置である．

図 24.35 のような準位構造の原子は，励起状態 b にあるときには振動数 $\nu_{ab} = \dfrac{E_b - E_a}{h}$ の光を放射して基底状態 a に遷移する．この遷移は原子の周囲に光が存在しなくても起こるが（自発放射），原子に振動数 ν_{ab} の光を入射すると，この光に誘発されて，原子は入射光と同じ向きに同じ振動数 ν_{ab} で同じ位相の光を放射する．この現象を**誘導放射**という．誘導放射された光と入射光は強め合う干渉をして，強い光になる．励起状態 b の原子が数多く存在すれば，さらに強い誘導放射が起こり，光のエネルギーは増加する（1つの状態に1個しか存在できない電子とは異なり，光子は1つの状態に何個でも存在できる）．つまり，光の増幅が起こる．

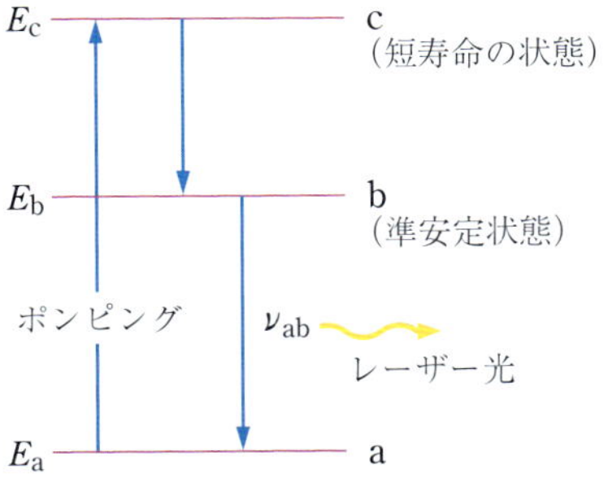

図 24.35 ポンピング

ところが，自然の状態では基底状態 a の原子数は励起状態 b の原子数よりはるかに多い．そこで，振動数 ν_{ab} の光は基底状態の原子に吸収されてしまい，光の増幅は起こらない．

強い誘導放射光を放出させるには，励起状態 b の原子数が基底状態 a の原子数より多いという逆転分布状態を実現する必要がある．そのために，電子ビームをあてたり，特定の振動数の強い光をあてることによっ

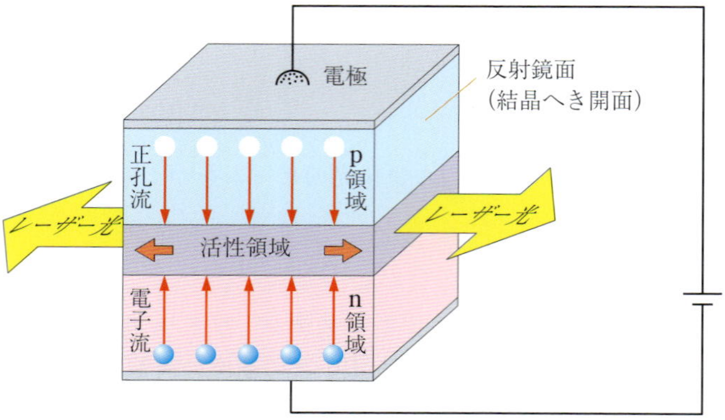

図 24.36　半導体レーザーの基本構造（模式図）

て，基底状態 a の原子をまず励起状態 c に励起する．これはポンプで水を高い所にくみ上げるのに似ているので，ポンピングという．寿命の短い励起状態 c の原子はすぐに寿命が長い準安定な状態 b に遷移するので，励起状態 b の原子数はいちじるしく増加し，b と a の間に逆転分布状態が実現する．この状態の物質は特定の波長の光を増幅するので，光増幅器になる．

光増幅状態（逆転分布状態）になった物質が，向かい合わせの 2 枚の反射鏡の間に置かれていると，2 枚の鏡の間で定在波になる共振周波数の光が誘導放射で増幅され，発振状態になり，その一部が細い単色の光線になって外部に放射される．これがレーザー発振器の原理である．

レーザー作用を示す物質は多く，発振用の光の媒質として，気体，液体，固体，半導体などが使われている．1960 年に誕生したレーザー光は光ファイバーを通して光通信に使われたり，CD の読み出し，レーザープリンターをはじめ多くの機器や装置に使われている．

現在製造されているレーザーの圧倒的多数は半導体レーザーである．半導体レーザーは，光を増幅する領域である薄い活性領域を p 型と n 型の半導体でサンドイッチのようにはさんだ構造をしている（図 24.36）．これに図の方向の電圧を加えると，活性領域には n 型領域から電子が流れ込み，p 型領域から正孔が流れ込む．その結果，活性領域には，エネルギーの高い電子とエネルギーの低い正孔が増加する．これが半導体レーザーでのポンピングによる逆転分布状態の実現である．電子が正孔に入ると，余分のエネルギーは光として放出される．半導体レーザーでは，結晶を割れやすい方向に割ってつくったへき開面が反射鏡面になる．

図 24.37　すばる望遠鏡（写真右）などから照射された 4 本のレーザー光．大気揺らぎによる星像のボケを補正するために，レーザーで人工の星を作る．

レーザー光は細いビームになって進み，焦点距離の短いレンズを使うと，波長程度の小さなスポットに集光することが可能である．このとき焦点での光のエネルギー密度は非常に高くなる．レーザー光の電場の強度を強くすると，すべての物質をイオン化することもできる．失明のおそれがあるので，レーザー光が目に直接あたらないよう万全の注意を払わなければならない．

演習問題24

A

1. 波長が0.6 μmの橙色光の光子1個のエネルギーはいくらか.
2. レーザーが5×10^{-11} sの1パルスで10 Jのエネルギーを放出した.
   (1) このパルスの真空中での長さはいくらか.
   (2) このビームの断面積が$2\times10^{-6}\,\mathrm{m}^2$のとき，ビームの単位体積あたりのエネルギーはいくらか.
   (3) ビーム内の電場の強さはいくらか.
   (4) このレーザー光の波長が6.9×10^{-7} mのとき，1パルスに何個の光子が含まれているか.
3. ド・ブロイ波長が原子の大きさ（約10^{-10} m）くらいの，電子ビーム中の電子の速さvを計算せよ．この速さを真空中の光の速さ$c=3\times10^8$ m/sと比較せよ．この電子の運動エネルギーEは約何eVか．電子の質量$m=9.11\times10^{-31}$ kgとせよ.
4. 速さが1.0×10^4 m/sの中性子線のド・ブロイ波長はいくらか．中性子の質量$m=1.67\times10^{-27}$ kgとせよ.
5. 同じ運動エネルギーをもつ場合，次のどの粒子のド・ブロイ波長がいちばん長いか．電子，陽子，α粒子（ヘリウム原子核）.

B

1. 金原子核（$Z=79$）とヘリウム原子核（$Z'=2$）の電気ポテンシャルエネルギー$U=\dfrac{ZZ'e^2}{4\pi\varepsilon_0 r}$を$r=10^{-10}$ mと10^{-14} mの2つの場合について計算し，結果をeVで表せ．金原子核を点電荷で近似する場合，4.79 MeVの運動エネルギーをもつα粒子は，金原子核にどのくらいの距離まで近づけるか．この結果を使って，α粒子が金原子核に近づいて進路が大きく曲げられる実験から，金原子核の半径を推定できる.
2. 電子の位置を水素原子の大きさ程度の精度（$\Delta x=0.5\times10^{-10}$ m）で決めたとする．そのときの電子の運動量の不確定さΔpと速さの不確定さ$\Delta v=\dfrac{\Delta p}{m}$を計算せよ．電子を長さが約$10^{-10}$ mの領域に閉じ込めた場合に，この電子の運動エネルギーは近似的に$\dfrac{(\Delta p)^2}{2m}$だと考えられる．これは約何eVか．これを水素原子の基底状態の結合エネルギー13.6 eVと比較せよ.
3. 原子炉の内部（絶対温度T）で発生する中性子は，炉の中での原子との衝突によって，その運動エネルギーは原子の熱エネルギー$\dfrac{3}{2}kT$と同程度になる．このような中性子を熱中性子という．$T=600$ Kのとき，この熱中性子のド・ブロイ波長λと速さvはそれぞれいくらになるか．ボルツマン定数を$k=1.38\times10^{-23}$ J/Kとせよ.
4. 図24.13のデビソン-ガーマーの実験で，Niによる電子ビームの反射波の強度が極大になる角度θ（$n=1$の場合）は，加速電圧が54 Vのとき何度になるか．181 Vのとき何度になるか．格子間隔$d=2.17\times10^{-10}$ mとせよ.
5. ある大出力レーザーは2000 Jの光パルスを発する．このパルスの運動量はいくらか.

トンネル効果とエサキダイオード

江崎玲於奈博士（1925-　）は1958年にp型半導体とn型半導体の間にごく薄い絶縁体（実際には半導体）をはさんだサンドウィッチ型の素子（エサキダイオード）がトンネル効果を示すことを発見した．この発見によって江崎博士は1973年のノーベル物理学賞を受賞した.

ガラス窓を閉めると室外と室内の空気の流通は遮断されるが，ガラス板が薄ければガラスを通して音が伝わる．これは粒子性と波動性の違いを表す．エサキダイオードの薄い絶縁体の中に粒子としての自由電子は入り込めないが，電子波としては入り込める．絶縁体の中に入り込むのにつれて電子波の振幅はどんどん減衰していくが，絶縁体を通過すると，また自由電子として進んでいく．自由電子が障害物（絶縁体）にトンネルを開けて通過していくように見えるので，この現象をトンネル効果という.

トンネル効果は粒子と波動の二重性に基づく量子力学に特有の現象である.

原子核と素粒子

古代から金属の精錬が行われ，鉱石から青銅や鉄がつくられた．しかし，鉛をどのように処理しても金は得られなかった．錬金術とよばれるこのような試みから化学が生まれた．化学反応は分子間での原子の組み換え反応であり，元素を他の元素に変えることはできない．化学反応では原子の中心にある原子核は変化しないからである．しかし，原子核は陽子と中性子から構成された複合体であり，原子核に大きなエネルギーをもった原子核を衝突させると，原子核の間での陽子と中性子の組み換えが起こり，原子核が変化する．

本章では原子核と原子核の構成要素である素粒子について学ぶ．

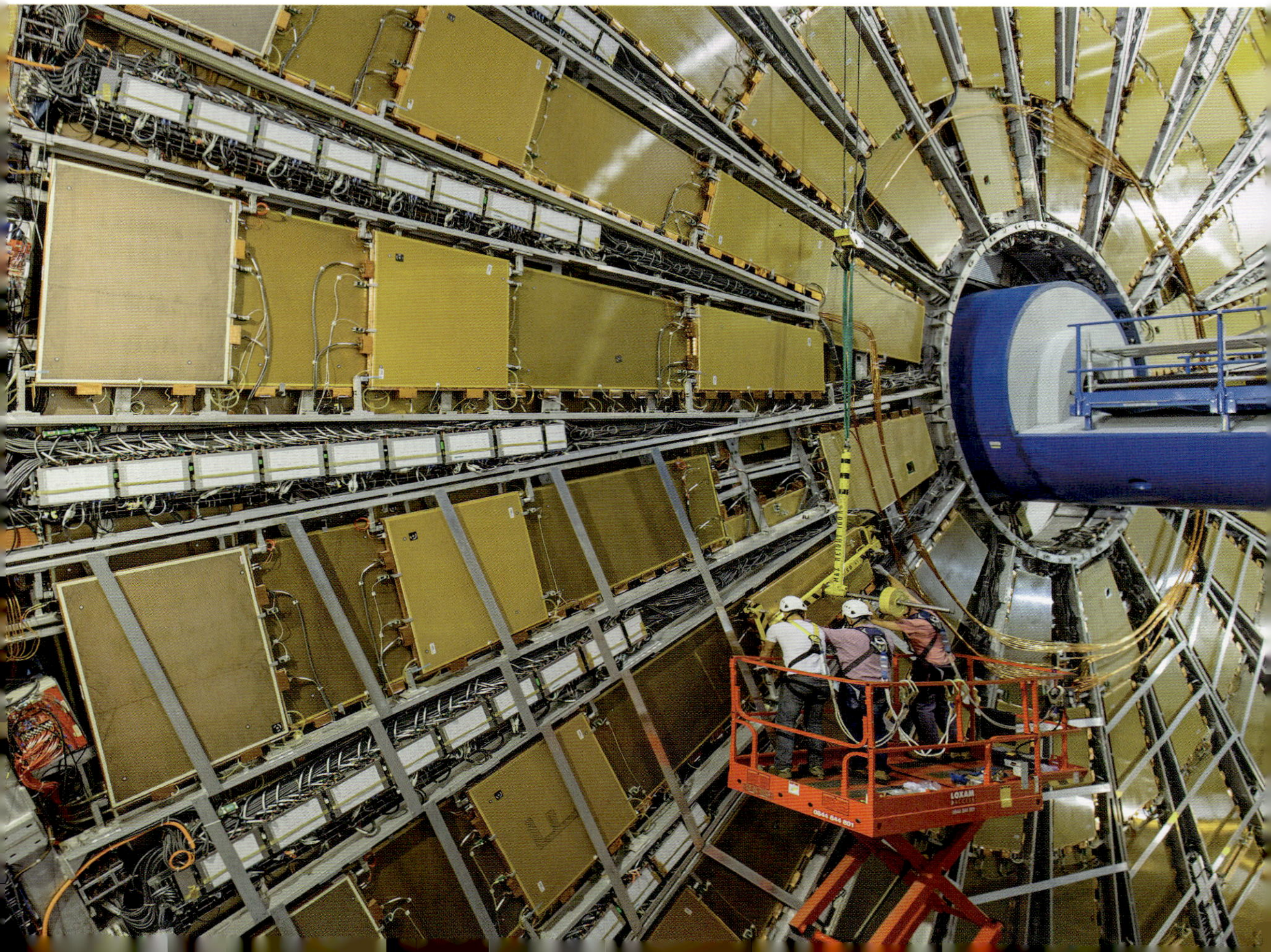

ジュネーブの CERN にあるアトラス検出器．未知の素粒子の発見が期待されている．（p.257, 277 参照）

25.1 原子核の構成

学習目標 原子核は，核力によって結合した陽子と中性子から構成されていることを理解する．

原子が分割不可能な物質構造の最小単位ではなく，原子核と電子から構成されているように，原子の中心にある原子核も分割不可能な物質構造の最小単位ではない．原子核に構造があることを示唆する事実として，原子の質量に比例する原子量が，多くの元素の場合，いちばん軽い水素の原子量のほぼ整数倍であることが挙げられる．たとえば，水素，炭素，窒素，酸素の原子量はそれぞれ 1, 12, 14, 16 である．原子量が整数値から大きくずれている場合があるが，これは後で説明する同位体の影響である．たとえば，塩素の原子量は 35.5 であるが，これは原子量が 35 と 37 の同位体が約 3：1 の割合で混合しているためである．原子の質量のほとんどは原子核の質量なので，原子核の質量は水素原子核の質量のほぼ整数倍である．この整数値を原子核の**質量数**という．原子番号 Z の元素 X の質量数が A の原子核を ${}^{A}_{Z}\mathrm{X}$ と記す．${}^{A}_{Z}\mathrm{X}$ を原子核とする原子も ${}^{A}_{Z}\mathrm{X}$ と記す (図 25.1)．

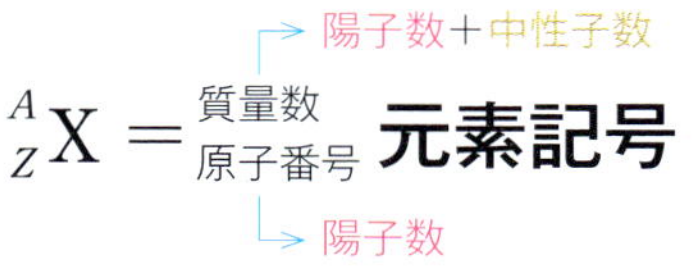
陽子数＋中性子数
${}^{A}_{Z}\mathrm{X}$ ＝ 質量数 / 原子番号 元素記号
陽子数

図 25.1 ${}^{9}_{4}\mathrm{Be}$ は原子番号 4，質量数 9 のベリリウム原子核を表す．

19 世紀の終わり頃に放射能が発見され，放射性元素が崩壊して別の元素に変換する事実から原子核が分割不可能な物質構造の最小単位ではないことが確かめられた．

原子核は人工的に変換できる．1919 年にラザフォードが α 粒子とよばれているヘリウム原子核 ${}^{4}_{2}\mathrm{He}$ を窒素原子核に衝突させて

$$ {}^{14}_{7}\mathrm{N} + {}^{4}_{2}\mathrm{He} \longrightarrow {}^{1}_{1}\mathrm{H} + {}^{17}_{8}\mathrm{O} \tag{25.1} $$

という反応が起こることを示し，原子核は人工的に変換できることを証明した．水素原子核 ${}^{1}_{1}\mathrm{H}$ は，いろいろな原子核の衝突でたたき出され，また質量数が 1 でいちばん軽い原子核なので，原子核の構成粒子だと考えられ，**陽子**とよばれる (記号は p)．

1932 年に英国のチャドウイックは，${}^{9}_{4}\mathrm{Be}$ に α 粒子を衝突させるときに出てくる放射線は，陽子とほぼ同じ質量をもつ中性の粒子であることを確かめ，この粒子を**中性子**と名づけた (記号は n)．この反応は

$$ {}^{4}_{2}\mathrm{He} + {}^{9}_{4}\mathrm{Be} \longrightarrow {}^{1}_{0}\mathrm{n} + {}^{12}_{6}\mathrm{C} \tag{25.2} $$

と表される．

中性子が発見されて，原子核は陽子と中性子からできていることになった．陽子と中性子を総称して**核子**という．陽子と中性子の質量はほぼ等しく，

$$ m_{\mathrm{p}} = 1.6726 \times 10^{-27}\ \mathrm{kg}, $$
$$ m_{\mathrm{n}} = 1.6749 \times 10^{-27}\ \mathrm{kg} $$

である*．原子番号 Z は原子の原子核に含まれる陽子数であり，中性の原子の中に存在する電子数でもある．原子核に含まれる陽子数 Z と中性子数 N の和 $A = Z + N$ が原子核の質量数である．なお，原子番号が同じで質量数が異なる原子あるいは原子核を，たがいに**同位体**であるとい

* 質量数 12 の炭素原子 ${}^{12}_{6}\mathrm{C}$ 1 個の質量の $\frac{1}{12}$ を原子質量単位 (記号 u) とよび，原子や原子核の質量の実用単位として使うことがある．

$$ 1\ \mathrm{u} = 1.660\,538\,78 \times 10^{-27}\ \mathrm{kg} $$

う．同位体の化学的性質は同じである．参考のために電子（記号 e^-）の質量を示す．

$$m_e = 9.109\times10^{-31}\,\text{kg}$$

原子核の間で陽子と中性子の組み換えが起こる原子核反応では，陽子数の和も中性子数の和も変化しない．この保存則は反応(25.1)と(25.2)ではもちろん成り立っている．

原子核研究の初期には，標的の原子核に衝突させる大きなエネルギーをもつ原子核として，α粒子を放出して崩壊する放射性元素からのα粒子を使用した．その後，コッククロフトとウォルトン，ローレンス，バン・デ・グラーフなどがいろいろなタイプの原子核加速器を発明し，陽子から重い原子核にいたるいろいろな原子核を電場で加速して大きなエネルギーをもたせることができるようになった．

原子核はほぼ球形で，体積は質量数にほぼ比例し，半径 r は 10^{-15}～10^{-14} m である．

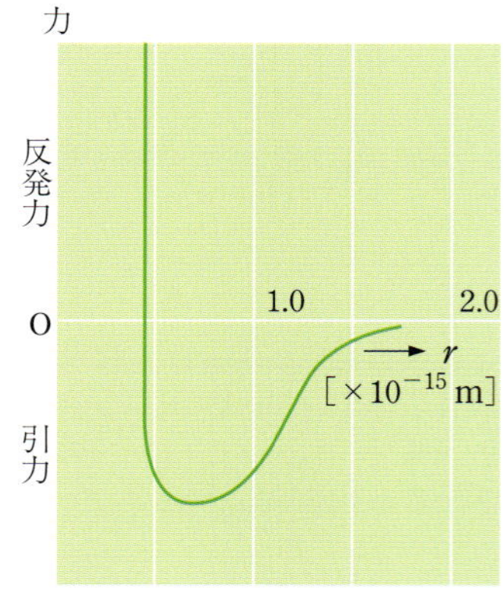

図 25.2　核力．核子間距離 r と核力の強さ

核力　核子の間に作用して，核子を結びつけて原子核を構成する原因となる力を核力という．核力は電気力ではない．電荷を帯びていない中性子にはクーロン力は作用しないし，陽子の間の電気力は反発力である．核力は万有引力でもない．陽子間の万有引力の強さは電気力の強さの約 $1/10^{36}$ にすぎない．

原子核の内部での核子間のような短距離では，核力は陽子間のクーロン反発力よりもはるかに強い引力でなければならない．陽子と陽子の衝突は，陽子間距離が約 2×10^{-15} m 以上ではクーロン反発力による散乱として説明されるので，核力は到達距離が約 2×10^{-15} m というきわめて短距離の力である．核子間距離が 5×10^{-16} m 以下では核力は強い反発力である（図 25.2）．陽子と陽子，中性子と中性子，陽子と中性子の間で作用する核力はほぼ等しい．

核力は短距離力なので，核子は隣接している核子とだけ核力で作用し合う．同じ状態に 2 つの陽子や 2 つの中性子は存在できないというパウリ原理のために，陽子はそばに中性子を，中性子はそばに陽子を引き寄せる傾向がある．そこで，原子核の中にはほぼ同数の陽子と中性子が存在する．2 個の陽子間には核力のほかにクーロン反発力も作用する．この反発力は長距離力なので，原子核内のどの陽子の間にも作用する．したがって，原子核の陽子数が増加すると，陽子間距離は中性子間距離よりも大きくなる傾向があり，原子番号が増加すると原子核の中の中性子数 N と陽子数 Z の比 $\dfrac{N}{Z}$ は増加する傾向がある．

湯川秀樹は，1935 年に**パイ中間子**とよばれる素粒子が核子の間でキャッチボールのようにやりとりされることが核力の原因だとする，核力の中間子論を提唱した．湯川理論によれば，核力の到達距離 d はパイ中間子の質量 m_π に反比例し，$d = \dfrac{h}{2\pi m_\pi c}$ である．湯川はこの関係と

核力の到達距離 $d \sim 2\times10^{-15}$ m を結びつけ，m_π は電子の質量 m_e の約 250 倍だと予言した．1947 年にパイ中間子が発見された．測定された $m_\pi \approx 270m_e$ という事実は理論物理学の大きな成果である．

25.2 原子核の結合エネルギー

学習目標　陽子と中性子が結合して原子核になる際の結合エネルギーは原子核の質量欠損になることを理解する．1 核子あたりの結合エネルギーに違いがあるので，原子核のなかには核分裂反応や核融合反応を起こすものがあることを理解する．

原子核の質量は質量数 A にほぼ比例し，構成する核子の質量の和にほぼ等しい．しかし，原子核の質量を精密に測定すると，原子核の質量は構成する核子の質量の和よりも小さい．つまり，質量数 A，原子番号 Z の原子の原子核 ${}^{A}_{Z}\mathrm{X}$ の質量 $m({}^{A}_{Z}\mathrm{X})$ は，陽子の質量 m_p の Z 倍と中性子の質量 m_n の $(A-Z)$ 倍の和より小さい．この質量差

$$\Delta m = Zm_p + (A-Z)m_n - m({}^{A}_{Z}\mathrm{X}) \qquad (25.3)$$

を原子核の**質量欠損**という．

核子が集まって原子核をつくると，ばらばらなときに比べて，核力のポテンシャルエネルギー（マイナスの量）の分だけエネルギーの小さい状態になっている．相対性理論によると，質量 m は $E = mc^2$ のエネルギーと等価なので，このエネルギーの減少分 ΔE は $\Delta m = \dfrac{\Delta E}{c^2}$ だけの質量の減少，つまり質量欠損になったと考えられる*．原子核をばらばらにするには，原子核の外から $\Delta E = \Delta m \cdot c^2$ という大きさのエネルギーを原子核の中の核子に加えてやらなければならないので，ΔE をこの原子核の**結合エネルギー**という．「原子核の結合エネルギー」÷「質量数」=「核子 1 個あたりの結合エネルギー」$\dfrac{\Delta E}{A}$ を図 25.3 に示す．この値

* ここでは核子の結合によって，$m \to m-\Delta m$，$E \to E-\Delta E$ としている．

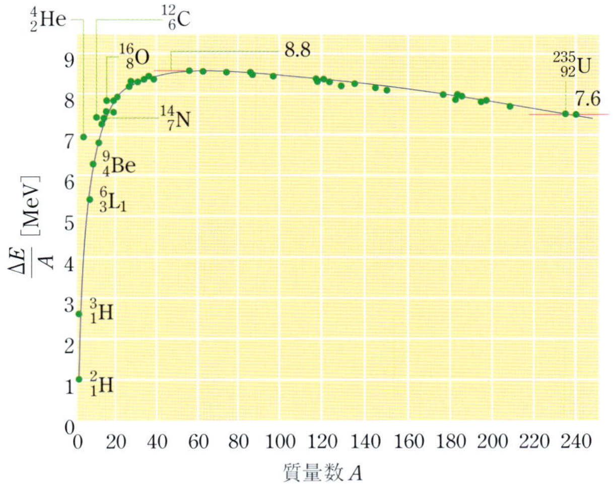

図 25.3　核子 1 個あたりの平均結合エネルギー $\dfrac{\Delta E}{A}$ と質量数 A

＊ $\dfrac{\Delta E}{A}$ が最大の原子核はニッケル原子核 $^{62}_{28}\mathrm{Ni}$ で，すべての原子核のなかで，1 核子あたりの質量が最小なのは鉄原子核 $^{56}_{26}\mathrm{Fe}$ である．

が大きな原子核は，この値の小さな原子核に比べると安定である．

図 25.3 を見ると，質量数 A が 60 前後の原子核は $\dfrac{\Delta E}{A}$ が最大なので（約 8.8 MeV），いちばん安定である＊．質量数が約 60 より増加すると陽子数も増えるので，陽子間のクーロン反発力のために原子核が不安定になり，$\dfrac{\Delta E}{A}$ は減少していく．質量数が約 60 より減少すると，核力を作用する相手の核子数が減少するので，やはり $\dfrac{\Delta E}{A}$ は減少する．

このような事実から，軽い原子核 2 個が融合して 1 つの原子核になる可能性がある．これを**核融合**という．また，非常に重い原子核は質量数が約半分の原子核 2 個に分裂する可能性がある．これを**核分裂**という．

また，次節で学ぶ α 崩壊，β 崩壊などが起こるために安定な原子核の数はそれほど多くはなく，約 270 種類である．原子番号と質量数が最大の安定な原子核は $^{208}_{82}\mathrm{Pb}$ で，原子番号や質量数がこれより大きな原子核はすべて不安定である．

原子核の反応や崩壊では反応前と反応後で原子核の質量の和が変化する．原子核の反応や崩壊で質量の変化に伴って吸収，放出されるエネルギーを核エネルギーという．核エネルギーを考慮すれば，エネルギー保存則は原子核の反応や崩壊でも成り立つ．

25.3　原子核の崩壊と放射線

学習目標　質量欠損のある原子核のなかには，α 崩壊，β 崩壊を行う不安定な原子核があることを理解する．不安定な原子核の崩壊の法則と半減期を理解する．放射線の性質を理解し，放射能，吸収線量，実効線量の区別を理解する．

質量欠損のある原子核 $^{A}_{Z}\mathrm{X}$ は，A 個の核子にばらばらに分解することはないが，質量欠損のある原子核のすべてが安定というわけではない．α 崩壊，β 崩壊を行う原子核があるからである．

1895 年のレントゲンによる X 線の発見に刺激されて，蛍光物質の研究を行ったベクレルは，蛍光物質であるウラン化合物から物質をよく透過し，X 線と同じように写真乾板を感光させ，空気をイオン化して導電性にし箔検電器を放電させる何ものかが放出されることを 1896 年に見つけた．この現象で放出されるものは放射線とよばれ，放射線を出す働きを**放射能**という．

キュリー夫妻は，ウラン U 以外の物質も同じような性質を示すかどうかを確かめるために，ウランの原鉱のピッチブレンドを化学分析で成分に分けていき，その結果 1898 年にラジウム Ra やポロニウム Po などのウランよりもはるかに強く放射線を放射する元素を発見した．

天然の放射性物質によって放射される放射線には α（アルファ）線，β（ベータ）線，γ（ガンマ）線の 3 種類があることが明らかにされた．正電荷をもち，紙1枚で遮蔽される**α線**，磁場によってかなり曲げられる，負電荷をもち，薄いアルミニウムの板で遮蔽される**β線**，磁場では曲がらず，遮蔽するには10 cm程度の鉛板が必要な**γ線**である．α線の実体はヘリウム原子核 $^4_2$He，β線の実体は高速の電子で，γ線は波長の短い電磁波である．

原子核が放射線を放射して崩壊する現象を放射性崩壊といい，α線，β線，γ線を出す崩壊をそれぞれα崩壊，β崩壊，γ崩壊という．ヘリウム原子核 $^4_2$He を放出するα崩壊では原子番号が2，質量数が4だけ小さい原子核に変化し，電子 e^- とニュートリノ ν^0 を放出するβ崩壊では質量数は変わらず，原子番号が1だけ大きい原子核に変化する．γ崩壊ではどちらも変わらず，原子核がエネルギーの低い状態に遷移する．これらの崩壊は，崩壊生成物の質量の和が崩壊する原子核の質量より小さい場合に起こる．原子核の崩壊は不安定な原子核が核エネルギーを放出して安定な原子核になる過程である．

放射能をもつ原子核を**放射性同位体**（ラジオアイソトープ）という．

図 25.4 ガイガーカウンターで放射能を測定しているところ．

参考 中性子のβ崩壊

中性子は陽子よりも質量が大きい．中性子と陽子の質量の差は電子の質量よりも大きいので $(m_n - m_p > m_e)$，中性子は不安定で，平均寿命約15分で電子 e^- およびニュートリノ ν^0 を放出してβ崩壊し，陽子になる．

$$n^0 \longrightarrow p^+ + e^- + \nu^0 \tag{25.4}$$

始状態と終状態の静止エネルギーの差 $(m_n - m_p - m_e)c^2$（約0.78 MeV）は崩壊生成物の運動エネルギーになる．中性子は単独では不安定でβ崩壊するが，原子核の中では結合エネルギーのために（実質的に質量が小さくなるので）安定に存在する．

ニュートリノは，電気的に中性で，質量がきわめて小さい粒子である（電子の質量の25万分の1以下）．β崩壊を引き起こす原因となる力を弱い力という．

表 25.1 放射性同位体の半減期

原子核	崩壊の型	半減期
$^{14}_{6}$C	β	5.70×10^3 年
$^{32}_{15}$P	β	14.268 日
$^{45}_{20}$Ca	β	162.61 日
$^{60}_{27}$Co	β	5.2713 年
$^{90}_{38}$Sr	β	28.79 年
$^{131}_{53}$I	β	8.0252 日
$^{137}_{55}$Cs	β	30.08 年
$^{226}_{88}$Ra	α	1.600×10^3 年
$^{238}_{92}$U	α	4.468×10^9 年

崩壊の法則と半減期 ある放射性同位体がいつ崩壊するかを正確に予言することはできない．1秒後に壊れるかもしれないし，1万年後に壊れるかもしれない．このように崩壊現象は不規則に起こるが，確率の法則にしたがう．

ある放射性同位体が単位時間内に崩壊する確率は，同位体の種類だけによって決まっている．放射性同位体を多量に含む物質の中に含まれている放射性同位体の量がちょうど半分になる時間 $T_{1/2}$ は，各放射性同位体に固有のもので，その同位体が生成されてから現在にいたるまでの時間，温度，圧力，化学的結合状態などとは無関係である．この時間 $T_{1/2}$ をその放射性同位体の**半減期**という．放射性同位体の量 N は時間 t とともに図25.5のように減少していく．半減期の例を表25.1に示す．

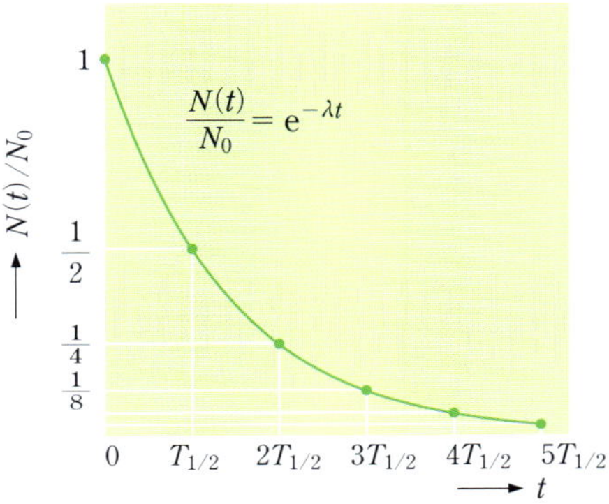

図 25.5 時間 t と崩壊せずに残っている放射性同位体の数 $N(t)$

時刻 $t=0$ に N_0 個の放射性同位体があったとする．時刻 t に残っている放射性同位体の個数 $N(t)$ は

$$N(t) = N_0\left(\frac{1}{2}\right)^{t/T_{1/2}} = N_0\,\mathrm{e}^{-\lambda t} \tag{25.5}$$

である．これを**崩壊の法則**といい，λ を崩壊定数という．

$$\lambda T_{1/2} = \log_e 2 \approx 0.693 \tag{25.6}$$

という関係がある．λ が大きい（$T_{1/2}$ が小さい）ほど崩壊速度が速く，λ が小さい（$T_{1/2}$ が大きい）ほど崩壊速度は遅い．単位時間に起こる崩壊の数はそのときまで崩壊せずに残っている放射性同位体の数に比例する［正確には $\lambda N(t)$ である］．

放射線　現在，放射性崩壊で生じる α 線，β 線，γ 線のほか，X 線，中性子，高速のイオン，電子や素粒子の流れなども放射線とよばれている．放射線は物質を通過するとき，物質中の原子から電子をたたき出してイオンをつくる．この作用を**電離作用**という．電離作用の強さは，放射線の種類，エネルギーで異なる．電荷をもつ放射線粒子は遅いほど周囲のひとつひとつの原子に電気力を作用する時間が長くなるので，電離作用が強い．α 線は低速で電荷が $2e$ なので，電離作用がもっとも強い．高速で電荷が $-e$ の β 線がこれにつづき，電荷が 0 で光電効果やコンプトン散乱で原子をイオン化する γ 線は電離作用がもっとも弱い．電離作用によって放射線はエネルギーを失い，厚い物質ではその内部で，やがて止まる．物質を透過する能力は電離作用の小さい方が大きく，γ 線，β 線，α 線の順に小さくなる．

放射能と放射線量の単位　ある物質の放射能の強さは，その物質が毎秒何個の放射線を出す能力があるか，つまりその物質の中で不安定な原子核が毎秒何個ずつ崩壊しているかで表す．国際単位系での放射能の単位はベクレル（記号 Bq）で，1 秒間に 1 個の割合で原子核が崩壊する場合の放射能の強さを表す．

放射能の単位　Bq = 1/s
吸収線量の単位　Gy = J/kg
実効線量の単位　Sv = J/kg

同じ強さの放射能の源でも放射する放射線の種類，エネルギーによって，物質に与える影響は大きく異なる．そこで，放射線の「強さ」は，それが物質に及ぼす影響で表す．照射した放射線のエネルギーが 1 kg の物質に 1 J の割合で吸収されるとき，1 グレイ（記号 Gy）の**吸収線量**という．

放射線の生物への影響は，吸収された放射線量だけでは決まらない．同じ吸収線量でも，放射線の種類や被曝した組織・臓器によって，放射線の人体への影響の度合いは異なる．放射線の種類による違いを表す放射線荷重係数と組織・臓器による違いを表す組織荷重係数を吸収線量に掛けた，人体への影響を表す放射線量が**実効線量**で単位をシーベルトという（記号 Sv）．人体が β 線，γ 線，X 線を一様に浴びた場合は，実効線量 = 吸収線量である*．

人体が β 線，γ 線，X 線以外の放射線を一様に被曝した場合は，実効

＊　この等式は，数値部分が等しいという意味で，左辺の単位は Sv，右辺の単位は Gy である．

線量 ＝ 放射線荷重係数 × 吸収線量である．陽子の放射線荷重係数は2，アルファ粒子およびそれより重いイオンは20，中性子はエネルギーによって2.5〜20である．

人間は，銀河系を起源とする陽子などの宇宙線，大地や大気に含まれているラドン Rn などの天然の放射性同位体および食品や身体に含まれているカリウム ^{40}K などの天然の放射性同位体が出す放射線を被曝している．これらの自然放射線とよばれる放射線の1年間の被曝量は，世界平均で2.4 mSv と推定されている．地質の違い，高度の違い，地磁気の強さの違いなどによって，自然放射線の強さは場所によって大きく異なる．

環境の放射線の強さを表す量として**空間線量率**がある．空間のある点を通りぬけている放射線の強さを，そこに人間がいたときの，人体への影響で表す量で，単位としては μSv/h（マイクロシーベルト毎時）が使われる．空間線量率が1 μSv/h の場所に1年間いて被曝し続けた場合の実効線量は約9 mSv である．

25.4 核エネルギー

学習目標　核エネルギーとは何かが説明できるようになり，核エネルギーが太陽エネルギーの源であり，原子力発電のエネルギー源であることを理解する．

太陽エネルギー　地球の大気圏外で太陽に正対する1 m^2 の面積が1秒間に受ける太陽の放射エネルギーは1.37 kJ である．これを太陽定数という．この事実から太陽は1秒間に 3.85×10^{26} J のエネルギーを放射していることがわかる．

太陽の放射するエネルギーの源は，温度 1.57×10^{7} K の太陽の中心部で，水素原子核が核融合してヘリウム原子核になるときに解放される核エネルギーである．この核融合はいくつかの過程で起こるが，最終的に

$$p^{+}+p^{+}+p^{+}+p^{+}+e^{-}+e^{-} \longrightarrow {}^{4}_{2}He^{++}+\nu^{0}+\nu^{0}+26.7\ \mathrm{MeV}$$

とまとめられる．この過程で水素が核融合するとき，水素1 kg あたり 6.4×10^{14} J が解放される．したがって，太陽では1秒間に約 6.0×10^{11} kg の水素が核融合し，莫大な数のニュートリノが発生する．この太陽ニュートリノは岐阜県神岡の地下に設置されたスーパーカミオカンデ検出器で検出されている．

核融合が起こるためには，2つの原子核がクーロン反発力に逆らって近づき，接触しなければならない．太陽の中心部のような高温のところでは，原子核の中にはきわめて大きな熱運動のエネルギーをもつものがあるので，その衝突で核融合反応が起こる．このような反応を熱核融合反応という．

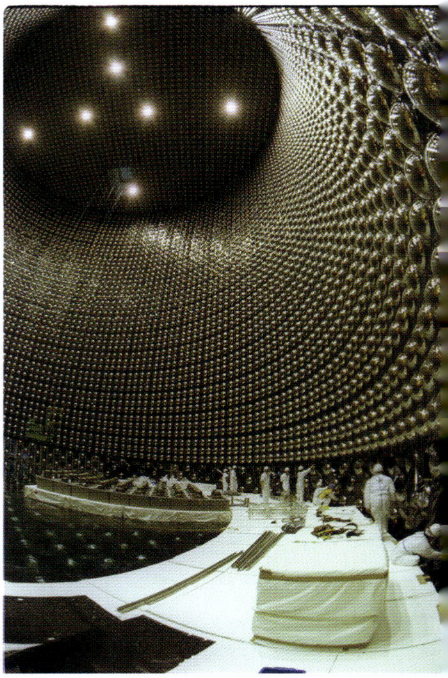

図25.6　スーパーカミオカンデ検出器．直径39.2 m，高さ41.4 m の巨大な円筒形の水タンクは，5万トンもの超純水を蓄え，その壁の全面には直径50 cm の光電子増倍管11146本が設置されている．

核分裂　原子番号 92 のウラン原子核 $^{238}_{92}\mathrm{U}$, $^{235}_{92}\mathrm{U}$ は不安定で，長い半減期で α 崩壊する．これらのウラン原子核は核分裂して質量が約半分の 2 つの原子核と何個かの中性子に崩壊することがエネルギー的に可能である．しかし，山頂の湖水の重力ポテンシャルエネルギーは山の麓でのポテンシャルエネルギーより大きいといっても，山の斜面にトンネルを掘らないと，水は麓まで流れてこない．ウラン原子核はきわめてゆっくりと自然に α 崩壊するが，自然に核分裂はしない．さて，中性子は電気を帯びていないので，原子核の正電荷によって反発されずにウラン原子核に近づくことができる．そこで，ウラン原子核に中性子をぶつけて刺激を与え，ほぼ球形の原子核を卵形に変形させて分裂のきっかけをつくると，ウラン原子核は核分裂を起こす．

中性子によるウラン原子核の分裂は 1938 年にハーンとシュトラスマンによって発見された．彼らは崩壊生成物のなかに $_{56}\mathrm{Ba}$ の同位体を検出し，核分裂を確認したのである．熱中性子（遅い中性子）を $^{235}_{92}\mathrm{U}$ にあてて核分裂させると $A \sim 95$ および $A \sim 140$ の原子核と 2〜3 個の中性子が生成され，この際に約 200 MeV の核エネルギーが分裂生成物の運動エネルギーになる．このエネルギーの大きさは，化学反応の際に得られるエネルギーとは比べものにならないほど大きい．たとえば，炭素の燃焼 $\mathrm{C+O_2} \longrightarrow \mathrm{CO_2}$ で発生するエネルギーは炭素原子 1 個について約 4 eV である．

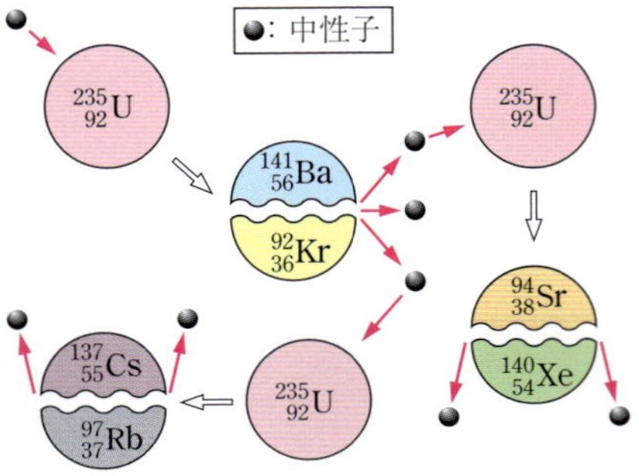

図 25.7　$^{235}_{92}\mathrm{U}$ の核分裂の連鎖反応．核分裂生成物については代表的な 3 例を示す．

核分裂で放出された中性子が他のウラン原子核に吸収されると新たな核分裂を引き起こす．1 回の核分裂で複数の中性子が出るので，核分裂が次々に起こることが可能である（図 25.7）．これを**連鎖反応**という．連鎖反応が起こるには放出された中性子が外部に逃げずに利用されなければならない．そのためには核分裂する原子核が一定量以上まとまって存在する必要がある．連鎖反応を起こすのに必要な，最小限のウランの量を**臨界量**という．ウランの塊が臨界量以下なら，中性子は次の核分裂を起こす前に塊の外へ飛び出してしまい，連鎖反応は起こらない．

天然のウランには主な同位体が 3 つある．$^{238}_{92}\mathrm{U}$（存在比 99.274 %），$^{235}_{92}\mathrm{U}$（存在比 0.720 %），$^{234}_{92}\mathrm{U}$（存在比 0.005 %）である．熱中性子で核分裂するのは，存在比が 0.72 % の $^{235}_{92}\mathrm{U}$ だけである．$^{235}_{92}\mathrm{U}$ は熱中性子を吸収して核分裂し，平均 2.5 個の速い（熱中性子よりエネルギーの大きい）中性子を放出する．天然ウランでは，その大部分を占める $^{238}_{92}\mathrm{U}$ がこれを吸収してしまい，連鎖反応はつづかない．速い中性子を軽水（ふつうの水，$\mathrm{H_2O}$），重水（$\mathrm{D_2O}$），黒鉛（C）などにあてると，速い中性子はこれらの軽い原子核に衝突して運動エネルギーを与え，熱中性子になる[*1,*2]．これらの物質は減速材とよばれる．熱中性子は $^{238}_{92}\mathrm{U}$ には吸収されないので，連鎖反応を維持できる．

連鎖反応を制御して一定の勢いで引きつづいて起こすとき，これを**臨界状態**という．臨界状態を実現する装置が**原子炉**である．核エネルギーが熱運動のエネルギーになる原子炉の内部を高温熱源，海水あるいは河の水を低温熱源とする熱機関による発電が原子力発電である．図 25.8

＊1　D は重水素原子核 $^2_1\mathrm{H}$ である．
＊2　まわりの原子との衝突で熱平衡状態になり，運動エネルギーが $\frac{3}{2}kT$ 程度になった中性子を熱中性子という（演習問題 24 の B3 参照）．

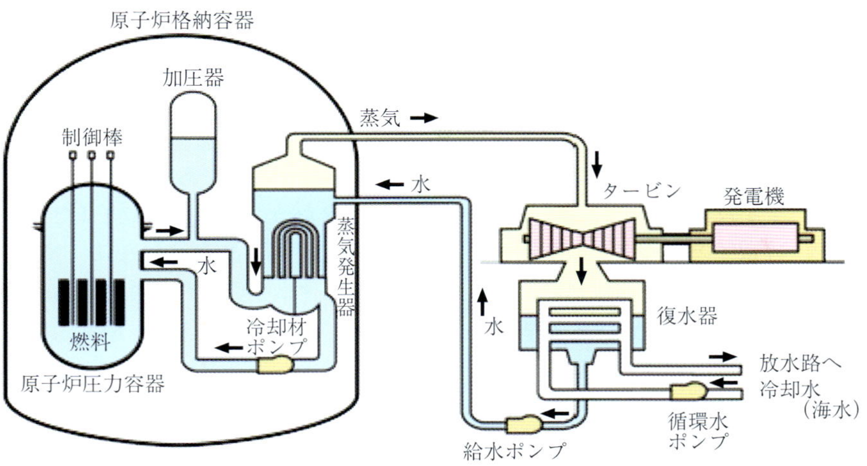

図 25.8　発電用加圧水型軽水炉（PWR）の概念図
日本で主に使われている原子炉はここに示す加圧水型軽水炉と圧力容器の中で核燃料で沸騰させた水蒸気を直接タービンに送る沸騰水型軽水炉（BWR）である．軽水炉とは，熱機関の作業物質としてふつうの水（軽水）を利用する原子炉である．東日本大震災で事故を起こした福島第 1 原子力発電所の原子炉は沸騰水型軽水炉である．加圧水型軽水炉では，圧力容器を満たす水は約 160 気圧の圧力が加えられているので約 320 °C の水は沸騰しない．

に原子力発電の概念図を示す．燃料となるウラン化合物は金属の管につめられており，燃料棒とよばれる．反応を制御するため，中性子をよく吸収するカドミウム Cd，ホウ素 B などでできた制御棒を燃料棒の間に出し入れする．軽水を減速材に用いる原子炉では，軽水による中性子の吸収が大きいので，${}^{235}_{92}\mathrm{U}$ を 0.72 % しか含まない天然ウランを燃料としたのでは連鎖反応が起こらない．そこで，${}^{235}_{92}\mathrm{U}$ を数 % に濃縮した濃縮ウランを燃料に用いる．天然ウランと黒鉛を使った原子炉で連鎖反応が起こることは 1942 年にフェルミと協力者たちによって示された．

なお，${}^{238}_{92}\mathrm{U}$ が中性子を吸収すると ${}^{239}_{92}\mathrm{U}$ になるが，これが 2 度 β 崩壊してできる ${}^{239}_{94}\mathrm{Pu}$ は熱中性子によって核分裂する．${}^{239}_{94}\mathrm{Pu}$ の臨界量は ${}^{235}_{92}\mathrm{U}$ の臨界量よりかなり少ない．

25.5 素　粒　子

学習目標　素粒子の世界の概略を学ぶ．

1932 年に中性子が発見されて，物質は電子と陽子と中性子から構成されていることがわかったので，1930 年代からこれらの粒子と光の粒子の光子（フォトン）をまとめて物質構造の基本的粒子という意味で**素粒子**とよぶようになった．ほかにも素粒子の仲間がいる．たとえば，存在が予言された後で発見された素粒子として代表的なものに，ディラックが予言した陽電子，パウリが予言したニュートリノ，湯川秀樹が予言したパイ中間子などがある．このほかに，予言されることなく，発見された素粒子も多い．

素粒子にはいくつかの特徴がある．第 1 の特徴は，素粒子ごとに決まった質量と電荷をもつ事実である．そのため，同じ種類の 2 つの素粒子は完全に同一で，たがいに区別できない．そして，同一種類の素粒子は，同一の状態に 1 個しか存在できないというパウリ原理にしたがう**フェルミ粒子**（フェルミオン）と，同一の状態に何個でも存在できる**ボー**

ス粒子（ボソン）に分類される．電子，陽子，中性子はフェルミ粒子で，光子はボース粒子である．原子核，原子，分子もこれらの性質をもつ．

第 2 の特徴は，素粒子には質量が同じで逆符号の電荷をもつ**反粒子**が存在する事実である．負電荷 $-e$ と質量 m_e をもつ電子（記号 e^-）の反粒子は正電荷 e と質量 m_e をもつ陽電子（記号 e^+）である．陽子の反粒子を反陽子，中性子の反粒子を反中性子という．粒子と反粒子（たとえば電子と陽電子）を衝突させると消滅して，エネルギーになる．また，エネルギーが転化して，粒子と反粒子のペアが生成されることもある．

第 3 の特徴は，素粒子は変化することである．たとえば，中性子は単独では不安定で，崩壊して陽子と電子とニュートリノになるが，中性子は陽子と電子とニュートリノから構成されているわけではない．中性子が崩壊すると，中性子が消滅し，同時に陽子と電子とニュートリノが発生するのである．このように素粒子は変化するという性質をもつ．

図 25.9　高エネルギー加速器研究機構（KEK）の KEKB 加速器．高いエネルギーの電子（80 億電子ボルト）と陽電子（35 億電子ボルト）を 2 つのリングにそれぞれ蓄積し，その交差点（IR）で衝突させて素粒子物理の実験を行う衝突型加速器．

1950 年頃から，巨大な加速器を使って陽子や電子を高エネルギーに加速できるようになった．高エネルギーの陽子を静止している陽子に衝突させると，いろいろな新しい素粒子が発生する．衝突する陽子の運動エネルギーが発生した素粒子の質量に変わるのである．発生する素粒子のなかには，1935 年に湯川秀樹が予言したパイ中間子がある．このようにして，巨大な加速器によって極微の世界から飛び出してきた新しい素粒子の数は，やがて 100 種類以上になり，これらの素粒子のすべてが，物質構造の基本的な粒子だとは考えられなくなった．現在では，陽子，中性子，パイ中間子などの核力のような強い力を作用する粒子は，**クォーク**とよばれるもっと基本的な粒子から構成されていると考えられている．クォークは 1964 年にゲルマンとツバイクによって提唱された．

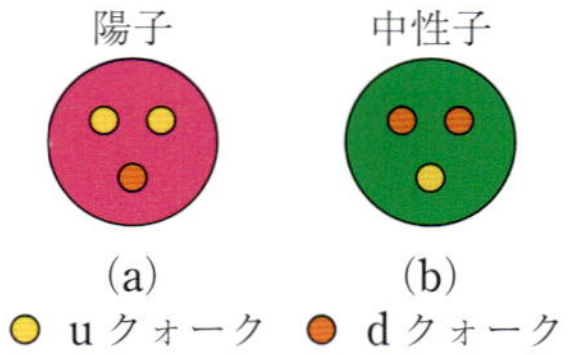

図 25.10　クォーク模型での核子．(a) 陽子 p の構成は uud，(b) 中性子 n の構成は udd.

加速器で加速されたド・ブロイ波長の短い高エネルギーの電子を陽子や中性子に衝突させて，核子の内部を探ってみると，核子は半径が約 8×10^{-16} m の広がりをもち，その中に 3 個のもっと小さな粒子を含んでいることがわかった．これがクォークである．核子に含まれているクォークは u クォーク $\left(\text{アップクォーク，電荷 } \frac{2}{3}e\right)$ と d クォーク $\left(\text{ダウンクォーク，電荷 } -\frac{1}{3}e\right)$ で，陽子は u クォーク 2 個と d クォーク 1 個から，中性子は u クォーク 1 個と d クォーク 2 個から構成された複合体である（図 25.10）．

陽子の中からクォークをたたき出す目的で，2 つの高エネルギーの陽子を正面衝突させても，クォークは飛び出してこない．クォーク 1 個だけを分離することはできないと考えられている．

現在，u クォーク，d クォーク，s クォーク $\left(\text{ストレンジクォーク，電荷 } -\frac{1}{3}e\right)$，c クォーク $\left(\text{チャームクォーク，電荷 } \frac{2}{3}e\right)$，b クォーク $\left(\text{ボトムクォーク，電荷 } -\frac{1}{3}e\right)$，t クォーク $\Bigl($トップクォーク，電荷

$\frac{2}{3}e\Big)$ の合計6種類のクォークが発見されている．

素粒子の相互作用と素粒子の分類　自然界にはいろいろな力があるが，そのなかには基本的な力とそうでない力がある．重力（万有引力）と電磁気力は基本的な力であるが，摩擦力は分子間に作用する電気力が原因の複雑な力であって基本的な力ではない．核力は重力とも電磁気力とも異なる力で，**強い力**とよばれる別の種類の力である．原子核の β 崩壊では崩壊前には存在しなかったニュートリノや電子あるいは陽電子が発生するが，この崩壊の原因になる力は**弱い力**とよばれる力である．

現在，重力，電磁気力，強い力，弱い力の4種類の力が自然界の基本的な力だと考えられている．昔は無関係だとされていた電気力と磁気力が実は表裏一体の関係にあることがわかり，統一されて電磁気力となったように，電磁気力と弱い力は密接な関係があって，2つの力をまとめて**電弱力**とよぶ方がふさわしいことが，ワインバーグとサラムの研究で明らかにされた．さらに，強い力も統一する試みが大統一理論である．素粒子の質量はきわめて小さいので，重力は無視できる．

強い力の作用を受ける粒子を**ハドロン**という．ハドロンはクォークから構成されている．ハドロンは強い力，電磁気力，弱い力のすべての作用を受ける．これに対して電子とニュートリノは強い力の作用を受けない．電子は電磁気力と弱い力，ニュートリノは弱い力の作用だけを受ける．電子やニュートリノのように強い力の作用を受けない粒子を**レプトン**という．現在，レプトンとして3種類の荷電粒子（電子 e^-，ミュー粒子 μ^-，タウ粒子 τ^-）と3種類のニュートリノ（電子ニュートリノ ν_e，ミューニュートリノ ν_μ，タウニュートリノ ν_τ）の合計6種類とその反粒子（$e^+, \mu^+, \tau^+, \bar{\nu}_e, \bar{\nu}_\mu, \bar{\nu}_\tau$）が発見されている．クォークもレプトンも6種類ずつ存在することは興味深い．

電子，ミュー粒子，タウ粒子は質量が異なる以外はまったく同じ性質をもつ．また，e と ν_e，μ と ν_μ，τ と ν_τ は

$$\pi^+ \longrightarrow \mu^+ + \nu_\mu, \qquad \mu^+ \longrightarrow e^+ + \nu_e + \bar{\nu}_\mu, \qquad \tau^- \longrightarrow e^- + \bar{\nu}_e + \nu_\tau$$

というふうに，必ずペアになって現れる．そこで，素粒子には

$$(u, d, \nu_e, e^-), \qquad (c, s, \nu_\mu, \mu^-), \qquad (t, b, \nu_\tau, \tau^-)$$

の3世代があるという．

光子 γ は電磁気力を仲立ちする粒子で，**ゲージ粒子**とよばれる基本的な力を仲立ちする粒子のグループに属している．弱い力を仲立ちするゲージ粒子は，1983年に発見された，Wボソン（W^+ と W^-）とZボソン（Z^0）とよばれる粒子である（図25.11）．どちらの質量も陽子の質量の約100倍もあり，それらが仲立ちする力の到達距離は 10^{-17} m 以下という短さなので弱い力なのである．衝突する粒子のエネルギーがきわめて大きくなり，ド・ブロイ波長が 10^{-17} m 程度になれば，弱い力も強くなり，電磁気力と同じくらいの強さになる．

強い力を仲立ちするゲージ粒子は**グルーオン**とよばれ，グルーオンの

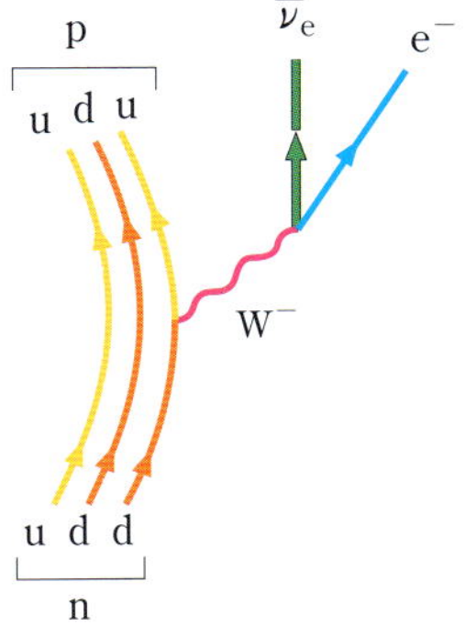

図 25.11　中性子の β 崩壊は W ボソンによって仲立ちされる．

仲立ちする力がクォークを強く結合させて，クォークをハドロンの中に閉じ込めていると考えられている．重力を仲立ちするゲージ粒子は**重力子**とよばれる．

ハドロン（クォーク），レプトン，ゲージ粒子の 3 グループ以外に，ヒッグス粒子が存在する．素粒子の標準模型によれば，宇宙はヒッグス場で満たされ，ヒッグス場はその中の粒子に作用して質量を与える．ヒッグス場の励起状態がヒッグス粒子である*．ヒッグス粒子は，欧州原子核研究機関 CERN が建設した，2 つの陽子ビームを各 3.5〜4 TeV まで加速して正面衝突させる世界最大（周長 27 km）の衝突型円形加速器 LHC（Large Hadron Collider）による実験で 2012 年に発見された．

これで自然界の基本的粒子はすべて発見されたのだろうか．宇宙の観測結果に基づいて宇宙の歴史を理解しようとする観測的宇宙論の最近の結果によれば，強い力も電磁気力も作用せず，重力だけを作用するダークマター（暗黒物質）とよばれる物質が大量に存在し，その総量は既知の物質（原子）の数倍もある．そこでダークマターを構成する素粒子の検出が精力的に行われている．

* 電磁場の励起状態が光子である．真空ではベクトル場である電磁場の平均値は **0** であるが，スカラー場であるヒッグス場の平均値は真空中でも一定の大きさをもち，それが素粒子の質量の起源になると考えられている．

演習問題 25

A

1. $^{208}_{82}$Pb，$^{235}_{92}$U の陽子数と中性子数はそれぞれいくつか．
2. ^{4}He，^{12}C，^{16}O，^{56}Fe，^{238}U の中で 1 核子あたりの結合エネルギーが最大のものはどれか．
   ① ^{4}He　② ^{12}C　③ ^{16}O　④ ^{56}Fe　⑤ ^{238}U
3. 半減期 15 時間で β 崩壊する放射性ナトリウム 1 g は 45 時間後には何 g になるか．
4. α 崩壊や β 崩壊でできた原子核が不安定ならば，安定な原子核になるまで崩壊をつづける．この一連の原子核の系列を**崩壊系列**という．ウラン $^{238}_{92}$U が崩壊して，ラジウム $^{226}_{88}$Ra を経て，安定な鉛の同位体 $^{206}_{82}$Pb になるウラン・ラジウム系列では，α 崩壊と β 崩壊を何回ずつ行うか．
5. 古代の遺物の年代を知るには，試料に含まれる ^{14}C の放射能を測定して，現在の有機物に含まれる ^{14}C の放射能と比較する方法がある．太陽や宇宙空間から地球にやってくる宇宙線が大気分子と衝突して作る中性子が大気中の窒素に衝突して，$n+{}^{14}N \longrightarrow {}^{14}C+{}^{1}H$ 反応で作られる ^{14}C は空気中の酸素と結びついて放射性の二酸化炭素 $^{14}CO_2$ になり，生体に取り入れられる．その結果，すべての生物の炭素は 1 g あたり毎分約 15.3 カウント（約 1/4 Bq）である．生体が死ぬと，生体に ^{14}C は新たに取り入れられないので，遺物の放射能は減少していく．^{14}C の半減期は 5700 年である．
   ある古代の遺物の木炭の放射能は新しい木炭の 4 分の 1 であった．この木炭はどのくらい古いか．
6. 放射線の照射による水の吸収線量が 10 Gy の場合，水温の温度上昇は何 °C か．水の比熱容量は 4.2×10^3 J/(kg·K) である．
   ① 0.0024　② 0.024　③ 0.24
   ④ 0.42　⑤ 4.2

B

1. 質量数 A の原子核の半径を $r=1.2\times10^{-15}A^{1/3}$ m とすると，原子核の密度は何 g/cm^3 か．核子の質量を 1.67×10^{-27} kg とせよ．太陽は質量が 2.0×10^{30} kg，半径が 7.0×10^{8} m である．太陽の密度が原子核の密度と等しくなると，太陽の半径 R は何 m になるか．
2. 静止している原子核 X（質量 M）が原子核 Y（質量 m）と α 粒子（質量 m_α）に分解するとき，α 粒子の運動エネルギーはいくらか．

小柴昌俊博士とニュートリノ天体物理学

「天体物理学とくに宇宙ニュートリノの検証にパイオニア的貢献をした」との理由で，超新星からのニュートリノを史上初めて観測することに成功した小柴昌俊博士（1926 年～　）が 2002 年度のノーベル物理学賞を受賞した．

素粒子物理学の大統一理論という仮説によれば，物質構造の基本粒子の陽子は安定ではなく，不安定であり，きわめて小さい確率ではあるが崩壊することが予想される．そこで，小柴博士は陽子崩壊を検出するために，3000 トンの水を岐阜県神岡鉱山の地下 1000 m に蓄え，それを 1000 本の直径 50 cm の光電子増倍管で囲んだカミオカンデ検出器の建設を 1978 年に提案し，1983 年に実験を開始した．Kamiokande の NDE は Nucleon Decay Experiment（核子崩壊実験）の頭文字である．この実験では目指す陽子の崩壊は見つからなかったが，われわれの天の川銀河の伴星雲である大マゼラン雲で 16 万年前に起きた超新星の爆発で発生したニュートリノを 1987 年 2 月 23 日午前 7 時 35 分（グリニッジ標準時）に 11 個観測し，ニュートリノ天体物理学という新しい学問分野を切り開いたのであった．超新星爆発とは，星の進化の最終段階で星が重力で収縮して中性子星になる際に起こる衝撃波の発生であり，そのとき 99 % のエネルギーはニュートリノとして宇宙空間に放出されるのである．

カミオカンデ検出器の性能を 10～100 倍に強化した装置が，カミオカンデ検出器から 900 m 離れた神岡鉱山の地下 1000 m に建設された，スーパーカミオカンデ検出器である．

カミオカンデ検出器を建設した第 1 の目的は，大統一理論によって予言された，陽子の崩壊の検出であった．現在に至るまで，陽子の崩壊は観測されていないが，カミオカンデ検出器とスーパーカミオカンデ検出器は **25.4** 節で紹介した太陽ニュートリノの観測で大きな成果を挙げた．

ニュートリノが微小な質量をもつことを示した梶田隆章博士

スーパーカミオカンデ検出器を使用したすばらしい研究成果である「ニュートリノが質量をもつことを示すニュートリノ振動の発見」に対して 2015 年のノーベル物理学賞が梶田隆章博士（1959 年～）に授与された．

宇宙から飛来する宇宙線（主成分は陽子）が大気と衝突するときに生成されるパイ中間子は不安定で，パイ中間子 → ミュー粒子＋ミューニュートリノ，ミュー粒子 → 電子＋ミューニュートリノ＋電子ニュートリノという 2 段階で崩壊する（337 頁参照）．したがって，宇宙線が大気と衝突したときに生成されるミューニュートリノ ν_μ と電子ニュートリノ ν_e の数の比は 2 : 1 ($\nu_\mu/\nu_e = 2$) になるはずである．

ところが観測すると，上空で生成され，検出器に上空から降ってくるニュートリノは予想通り $\nu_\mu/\nu_e = 2$ で，それぞれの絶対値も予想通りだったが，地球の裏側の大気で生成されて地球を貫いてやってくるニュートリノの ν_μ/ν_e 比はほぼ 1 で，ν_μ の量が予想より異常に少なかった．この現象はミューニュートリノが地球を通過中に（検出器では検出されない）タウニュートリノに変わったことを意味している．

原子核のベータ崩壊の研究によって，電子ニュートリノの質量は電子の質量の 25 万分の 1 以下であることがわかっていたので，素粒子の標準模型では 3 種類のニュートリノの質量は，すべて 0 だとみなされてきた．そして，ニュートリノに質量があり，しかも異なる質量をもてば，ニュートリノは飛行中に別の種類のニュートリノに姿を変えることが予想されるので，この現象はニュートリノ振動と名付けられていた．

スーパーカミオカンデ検出器によるニュートリノ振動の発見は，1998 年に岐阜県高山で開かれた国際会議で梶田博士によって発表された．ニュートリノ振動の発見はニュートリノが質量をもつことの発見を意味しており，素粒子の標準模型を超える現象の存在を意味している．

朝永振一郎博士と湯川秀樹博士

日本の理論物理学とくに素粒子理論研究の基礎をつくり大きく発展させたのは朝永振一郎博士(1906-1979)と湯川秀樹博士(1907-1981)，それに2人を暖かく見守った仁科芳雄博士である．朝永博士は電磁気学の相対性理論的な量子論である量子電磁気学を定式化し，その理論的困難を解決するくりこみ理論を提唱した．湯川博士は陽子と中性子が集まって原子核をつくる力の核力を新しい素粒子であるパイ中間子を導入することによって説明した．湯川博士は1949年度のノーベル物理学賞を受賞し，朝永博士はシュウィンガー博士，ファインマン博士とともに1965年度のノーベル物理学賞を受賞した．

お二人の考えや人柄を知るには，朝永振一郎著作集（みすず書房）や湯川秀樹著作集（岩波書店）などに収録されている文章を読むのが良い方法である．お二人の文章の特徴を簡単に紹介しよう．

朝永博士の文章は，「第1次世界大戦も終わった頃，手のつけやすかった惑星電子（原子の中の電子）に関する研究はおおかたやることもなくなって，そろそろ原子核の中がどうなっているかを学者が気にしだした．しかし，なにしろ原子核にはちょっとのことで外から影響を与えることができないので，その研究には実験技術の大きな進歩が必要である．お寺の内陣を拝観するには特別な資格やお賽銭がいるように，原子の内陣に入り込むにも特別な技術がいるし，またそのために費用もかかる」というように論理的にしかも比喩を交えて的確に理解させよう，という気配りが感じられる．

これに対して，湯川博士は幼少の頃から家庭で四書五経を学び，中国古典への造詣が深かったためか，文章表現は「日本では科学というものがあまりに狭く考えられている．私たちの日常の生活態度が合理的になるということが，広い意味における科学の進歩である」とか「若い人にとっては，昔のことは勉強せずに，さっと飛び込んで行ける方がいいかも知れません．私も昔はそうだったのです」というように，簡潔にして明快で核心をついている．さらに，文章の中に，自作の和歌を挿入して，簡潔さの中にふくらみをもたせている．

雪ちかき　比叡さゆる日々寂寥の
　きわみにありて　わが道つきず
天地の　わかれし時に　成りしとふ
　原子ふたたび　砕けちる今

最初の和歌は若い頃，研究が進まずに比叡山を見ながら帰宅する心境をよんだのだと思う．2番目の和歌は欧州原子核研究機関の原子核衝突実験用の巨大加速器を見学したときによんだものである．

図25.A　朝永振一郎博士

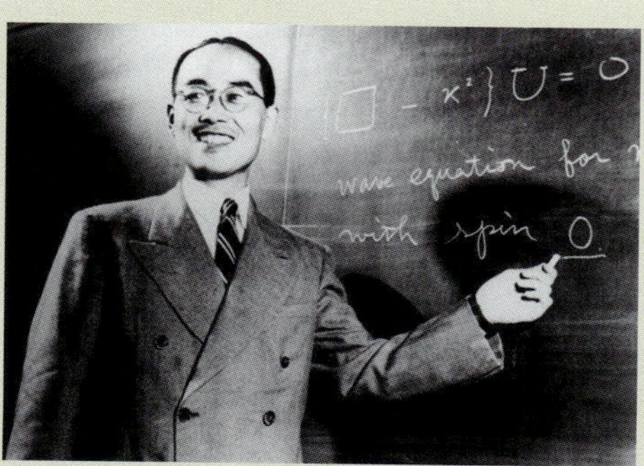

図25.B　湯川秀樹博士

付録　数学公式集

A.1　三角関数の性質

$\sin\theta = \dfrac{y}{r}$　　$\cos\theta = \dfrac{x}{r}$　　$\tan\theta = \dfrac{y}{x}$　　$\cot\theta = \dfrac{x}{y}$

$\sin^2\theta + \cos^2\theta = 1$

$\tan\theta = \dfrac{\sin\theta}{\cos\theta}$　　$\cot\theta = \dfrac{\cos\theta}{\sin\theta}$

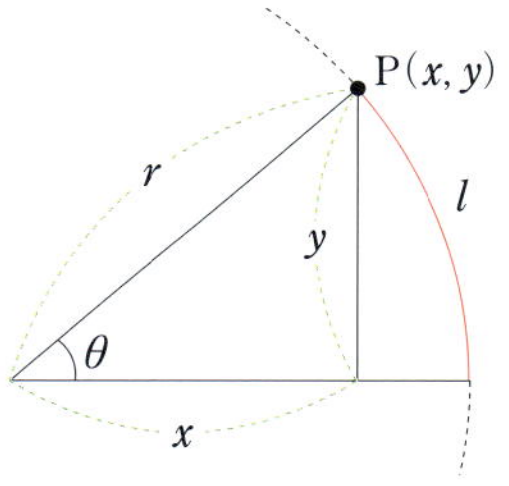

図 A.1　$\theta = \dfrac{l}{r}$ [rad]

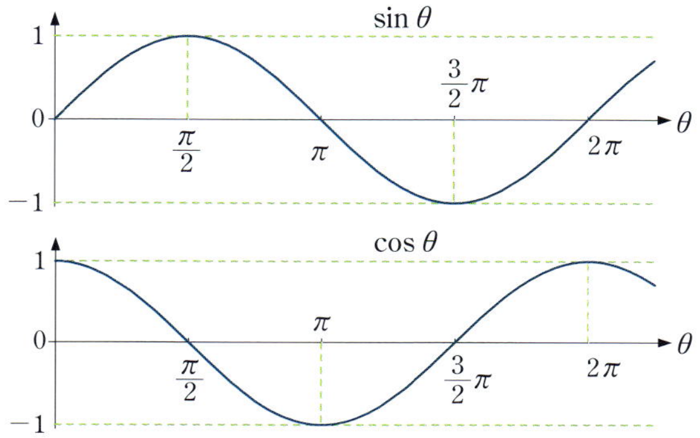

図 A.2

$\sin 2\theta = 2\sin\theta\cos\theta$

$\cos 2\theta = \cos^2\theta - \sin^2\theta = 1 - 2\sin^2\theta = 2\cos^2\theta - 1$

$\sin^2\theta = \dfrac{1}{2}(1-\cos 2\theta)$　　$\cos^2\theta = \dfrac{1}{2}(1+\cos 2\theta)$

$\sin(\alpha\pm\beta) = \sin\alpha\cos\beta \pm \cos\alpha\sin\beta$　　（複号同順）

$\cos(\alpha\pm\beta) = \cos\alpha\cos\beta \mp \sin\alpha\sin\beta$　　（複号同順）

$a\sin\theta + b\cos\theta = \sqrt{a^2+b^2}\,\sin(\theta+\alpha)$

　ただし　$\sin\alpha = \dfrac{b}{\sqrt{a^2+b^2}}$　　$\cos\alpha = \dfrac{a}{\sqrt{a^2+b^2}}$

以下の公式で θ の単位はラジアン（rad）とする．

$\sin\left(\dfrac{\pi}{2}-\theta\right) = \cos\theta$　　$\cos\left(\dfrac{\pi}{2}-\theta\right) = \sin\theta$

$\sin n\pi = 0$　　（n は整数）

$\lim_{\theta\to 0}\dfrac{\sin\theta}{\theta} = 1$,　　$|\theta| \ll 1$　なら　$\sin\theta \approx \theta$

表 A.1

度（°）	0	30	45	約 57	60	90	180	270	360
弧度（rad）	0	$\frac{\pi}{6}$	$\frac{\pi}{4}$	1	$\frac{\pi}{3}$	$\frac{\pi}{2}$	π	$\frac{3\pi}{2}$	2π

表 A.2

θ [rad]	0	$\frac{\pi}{6}$	$\frac{\pi}{4}$	$\frac{\pi}{3}$	$\frac{\pi}{2}$	$\frac{2}{3}\pi$	$\frac{3}{4}\pi$	$\frac{5}{6}\pi$	π
$\sin\theta$	0	$\frac{1}{2}$	$\frac{1}{\sqrt{2}}$	$\frac{\sqrt{3}}{2}$	1	$\frac{\sqrt{3}}{2}$	$\frac{1}{\sqrt{2}}$	$\frac{1}{2}$	0
$\cos\theta$	1	$\frac{\sqrt{3}}{2}$	$\frac{1}{\sqrt{2}}$	$\frac{1}{2}$	0	$-\frac{1}{2}$	$-\frac{1}{\sqrt{2}}$	$-\frac{\sqrt{3}}{2}$	-1
$\tan\theta$	0	$\frac{1}{\sqrt{3}}$	1	$\sqrt{3}$	—	$-\sqrt{3}$	-1	$-\frac{1}{\sqrt{3}}$	0

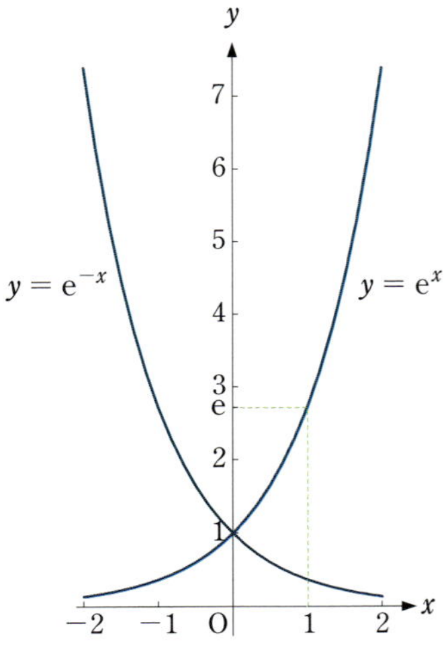

図 A.3　$y=\mathrm{e}^x,\ y=\mathrm{e}^{-x}$

A.2 指数関数

条件

$$\lim_{x\to 0}(1+x)^{1/x}=\mathrm{e}$$

によって定義された e は無理数で，その値は 2.718281… である．

e を底とする指数関数 e^x の性質

$$\mathrm{e}^x\mathrm{e}^y=\mathrm{e}^{x+y} \qquad \frac{\mathrm{e}^x}{\mathrm{e}^y}=\mathrm{e}^{x-y}$$

$$\mathrm{e}^0=1 \qquad \mathrm{e}^1=\mathrm{e}$$

$$\lim_{x\to-\infty}\mathrm{e}^x=0 \qquad \lim_{x\to\infty}\mathrm{e}^x=\infty$$

A.3 自然対数（e を底とする対数 $\log_{\mathrm{e}} x$）$\log x$ の性質

$$\log(xy)=\log x+\log y \qquad \log\frac{x}{y}=\log x-\log y$$

$$\log x^n=n\log x \qquad \log\frac{1}{x^n}=-n\log x$$

$$\log\mathrm{e}=1 \qquad \log 1=0$$

$y=\log x$ の定義域は正の実数全体の集合で

$$\lim_{x\to+0}\log x=-\infty \qquad \lim_{x\to\infty}\log x=\infty$$

$y=\log x$ は $y=\mathrm{e}^x$ の逆関数なので

　$y=\log x$　と　$x=\mathrm{e}^y$　は同等である．

ポケット・コンピューターでは $\ln x$ という記号が使われている．

A.4 原始関数と導関数（C は任意定数；a, b, d, n は定数）

$f(t)+C=\int \frac{\mathrm{d}f}{\mathrm{d}t}\,\mathrm{d}t$	$\frac{\mathrm{d}f}{\mathrm{d}t}$
at^n+C	ant^{n-1}
$a\sin t+C$	$a\cos t$
$a\sin(bt+d)+C$	$ab\cos(bt+d)$
$a\cos t+C$	$-a\sin t$
$a\cos(bt+d)+C$	$-ab\sin(bt+d)$
$a\,\mathrm{e}^t+C$	$a\,\mathrm{e}^t$
$a\,\mathrm{e}^{bt}+C$	$ab\,\mathrm{e}^{bt}$
$\frac{1}{a}\log\lvert at+b\rvert+C$	$\frac{1}{at+b}$

A.5 ベクトルの公式

スカラー積

2つのベクトル $\boldsymbol{A}$ と $\boldsymbol{B}$ のスカラー積 $\boldsymbol{A}\cdot\boldsymbol{B}$ は，大きさだけをもつスカラーで，その大きさは $\boldsymbol{A}$ の大きさ A と $\boldsymbol{A}$ の方向の $\boldsymbol{B}$ の成分 $B\cos\theta$ の積に等しく，$\boldsymbol{B}$ の大きさ B と $\boldsymbol{B}$ の方向の $\boldsymbol{A}$ の成分 $A\cos\theta$ の積にも等しい．

$$\boldsymbol{A}\cdot\boldsymbol{B}=\boldsymbol{B}\cdot\boldsymbol{A}=AB\cos\theta=A_xB_x+A_yB_y+A_zB_z$$

$$\boldsymbol{A}\cdot\boldsymbol{A}=|\boldsymbol{A}|^2=A^2=A_x{}^2+A_y{}^2+A_z{}^2$$

$$\boldsymbol{A}\cdot(\boldsymbol{B}+\boldsymbol{C})=\boldsymbol{A}\cdot\boldsymbol{B}+\boldsymbol{A}\cdot\boldsymbol{C} \qquad \text{（分配則）}$$

ベクトル積

2つのベクトル $\boldsymbol{A}, \boldsymbol{B}$ のベクトル積 $\boldsymbol{A}\times\boldsymbol{B}$ は大きさと方向と向きをもつベクトルで，大きさは $\boldsymbol{A}, \boldsymbol{B}$ を相隣る2辺とする平行四辺形の面積 $AB\sin\theta$ に等しく，方向は $\boldsymbol{A}, \boldsymbol{B}$ の両方に垂直で，向きは図 A.4 に示されている．

$$\boldsymbol{A}\times\boldsymbol{B}=AB\sin\theta\cdot\boldsymbol{n}$$
$$=(A_yB_z-A_zB_y)\boldsymbol{i}+(A_zB_x-A_xB_z)\boldsymbol{j}+(A_xB_y-A_yB_x)\boldsymbol{k}$$

$\boldsymbol{n}$ は $\boldsymbol{A}, \boldsymbol{B}$ の両方に垂直で，右手の親指を $\boldsymbol{A}$ の方向，人差し指を $\boldsymbol{B}$ の方向に向けるときに，中指の方向を向いている単位ベクトル，$\boldsymbol{i}, \boldsymbol{j}, \boldsymbol{k}$ は x, y, z 軸方向の単位ベクトル．θ は $\boldsymbol{A}, \boldsymbol{B}$ のなす角．

$$\boldsymbol{A}\times\boldsymbol{B}=-\boldsymbol{B}\times\boldsymbol{A}$$

$$\boldsymbol{A}\times\boldsymbol{A}=\boldsymbol{0}$$

$$\boldsymbol{A}\cdot(\boldsymbol{B}\times\boldsymbol{C})=\boldsymbol{B}\cdot(\boldsymbol{C}\times\boldsymbol{A})=\boldsymbol{C}\cdot(\boldsymbol{A}\times\boldsymbol{B})$$

$$(\boldsymbol{A}\times\boldsymbol{B})\times\boldsymbol{C}=(\boldsymbol{A}\cdot\boldsymbol{C})\boldsymbol{B}-(\boldsymbol{B}\cdot\boldsymbol{C})\boldsymbol{A}$$

$$[\boldsymbol{A}\cdot\{\boldsymbol{B}\times(\boldsymbol{C}\times\boldsymbol{D})\}]=(\boldsymbol{A}\times\boldsymbol{B})\cdot(\boldsymbol{C}\times\boldsymbol{D})$$
$$=(\boldsymbol{A}\cdot\boldsymbol{C})(\boldsymbol{B}\cdot\boldsymbol{D})-(\boldsymbol{A}\cdot\boldsymbol{D})(\boldsymbol{B}\cdot\boldsymbol{C})$$

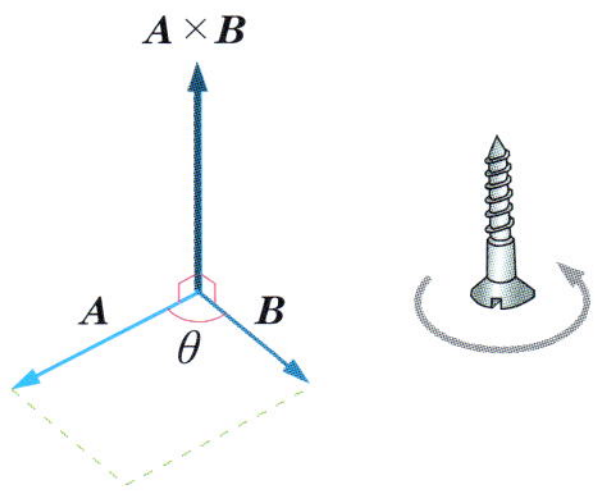

図 A.4 ベクトル積 $\boldsymbol{A}\times\boldsymbol{B}$

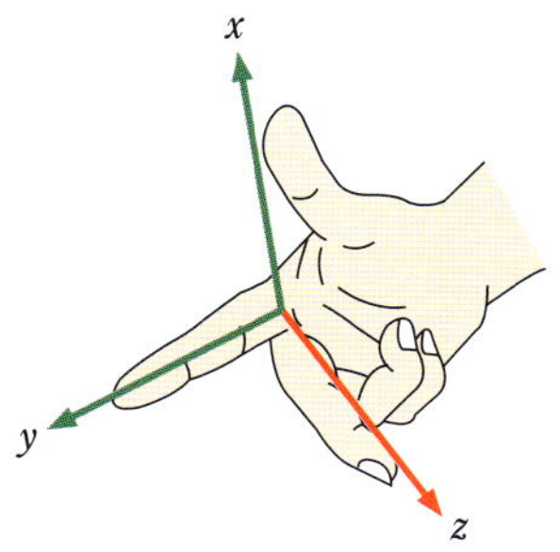

図 A.5 右手系とは，右手の親指を $+x$ 軸の方向，人差し指を $+y$ 軸の方向に向けるときに，$+z$ 軸が中指の方向を向いている直交座標系である．

問，演習問題の解答

第1章

問1　①-⑤，②-④，③-①，④-⑥，⑤-②，⑥-③

問2　10 m/s，20 m/s，30 m/s．5 m，20 m，45 m．

問3　$t=\sqrt{\dfrac{2x}{g}}=\sqrt{\dfrac{2\times 4.9\,\text{cm}}{9.8\,\text{m/s}^2}}=\sqrt{\dfrac{1}{100}}\,\text{s}=0.1\,\text{s}$

問4　$1^\circ=\dfrac{\pi}{180}$ rad を使え．

問5　円の面積 πr^2 の $\dfrac{\theta}{2\pi}$ 倍．

問6　(1)　曲率半径が最小の 3→4 の部分

(2)　直線の 2→3，4→1 の部分

演習問題1

問題A

1．(1)　km/h = 1000 m/3600 s = $\dfrac{1}{3.6}$ m/s，(2)　略

2．$\dfrac{552.6\,\text{km}}{4.2\,\text{h}}=132\,\text{km/h}=37\,\text{m/s}$

3．

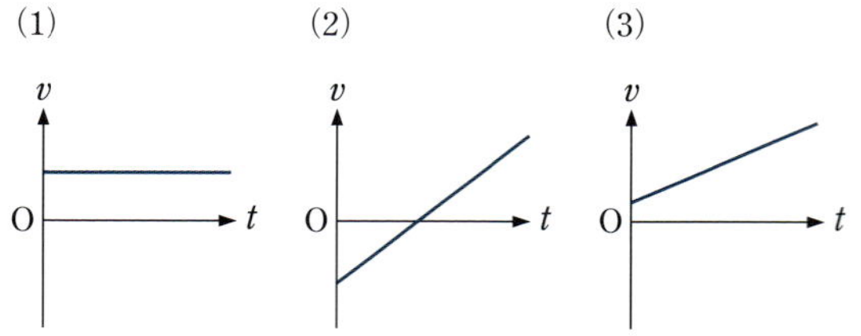

図 S.1

4．略

5．$x=\dfrac{ad-bc}{a-b}$，$t=\dfrac{d-c}{a-b}$

6．$t=\dfrac{v}{a}=\dfrac{55\,\text{m/s}}{0.25\,\text{m/s}^2}=220\,\text{s}$

7．いちばん下は $t=\dfrac{11}{30}$ s で $x=0.65$ m，その上は $t=\dfrac{10}{30}$ s で $x=0.54$ m．$g=\dfrac{2x}{t^2}$ を使って計算すると，どちらの場合も $g=9.7\,\text{m/s}^2$ となる．

8．$-bV_0$，$2bV_0(bt-1)$

9．(1)　$2at+b$，$2a$

(2)　$ab\cos(bt+c)$，$-ab^2\sin(bt+c)$

(3)　$-ab\sin(bt+c)$，$-ab^2\cos(bt+c)$

(4)　$\dfrac{ab}{bt+c}$，$-\dfrac{ab^2}{(bt+c)^2}$

(5)　$am\,\mathrm{e}^{mt}-bn\,\mathrm{e}^{-nt}$，$am^2\,\mathrm{e}^{mt}+bn^2\,\mathrm{e}^{-nt}$

10．$10\sqrt{3}$ m/s，10 m/s

11．$\omega=\dfrac{2\pi\,\text{rad}}{24\times 60\times(60\,\text{s})}=7.3\times 10^{-5}\,\text{rad/s}$

12．$\dfrac{v^2}{r}\approx g$　∴　$v\approx\sqrt{rg}=\sqrt{(0.5\,\text{m})\times(9.8\,\text{m/s}^2)}$

$=\sqrt{4.9}\,\text{m/s}=2.2\,\text{m/s}$

13．(1)　$f=\dfrac{1}{T}=0.1\,\text{s}^{-1}$，$\omega=2\pi f=0.63\,\text{s}^{-1}$

(2)　$v=r\omega=(4\,\text{m})\times(0.2\pi\,\text{s}^{-1})=2.5\,\text{m/s}$

(3)　$a=r\omega^2=(4\,\text{m})\times(0.2\pi\,\text{s}^{-1})^2$

$=1.58\,\text{m/s}^2$，0.16 倍

問題B

1．$\omega=\dfrac{\mathrm{d}\theta}{\mathrm{d}t}=0.01\,\text{s}^{-1}$（rad は省略してよい）

$a=v\omega=(20\,\text{m/s})\times(0.01\,\text{s}^{-1})=0.2\,\text{m/s}^2$

2．$a_0>0$ の場合は下に凸な放物線で，$a_0<0$ の場合は上に凸な放物線である．原点での接線の勾配は v_0 なので，$v_0>0$ の場合は正，$v_0=0$ の場合は 0，$v_0<0$ の場合は負である．

3．$v>0$ は $+x$ 方向への運動，$v<0$ は $-x$ 方向への運動．$a>0$ は速さを増している $+x$ 方向への運動 (1)，あるいは速さを減らしている $-x$ 方向への運動 (3)．$a<0$ は速さを減らしている $+x$ 方向への運動 (2)，あるいは速さを増している $-x$ 方向への運動 (4)．

第2章

問1　図 S.2 参照．

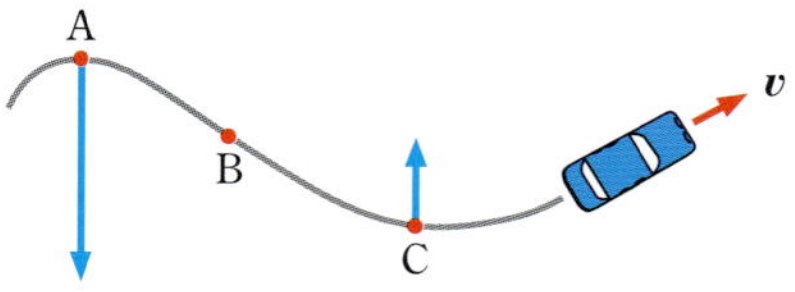

図 S.2

問2　大人が前に進むのは，地面が大人を押す摩擦力の方が地面が幼児を押す摩擦力より強いため．

問3　動かない

問4　$F_{m\leftarrow 2m}=\dfrac{F}{3}$

問5　$\boldsymbol{F}_{\text{ひも}\leftarrow\text{A}}+\boldsymbol{F}_{\text{ひも}\leftarrow\text{B}}=m_{\text{ひも}}\boldsymbol{a}_{\text{ひも}}\approx\boldsymbol{0}$

∴　$\boldsymbol{F}_{\text{A}\leftarrow\text{ひも}}=-\boldsymbol{F}_{\text{ひも}\leftarrow\text{A}}\approx\boldsymbol{F}_{\text{ひも}\leftarrow\text{B}}=-\boldsymbol{F}_{\text{B}\leftarrow\text{ひも}}$

問6　20 N

演習問題 2

問題 A

1．$F = ma = (30\ \mathrm{kg})\times(4\ \mathrm{m/s^2}) = 120\ \mathrm{N}$

2．$a = \dfrac{(0\ \mathrm{m/s})-(30\ \mathrm{m/s})}{6\ \mathrm{s}} = -5\ \mathrm{m/s^2}$，

$F = (20\ \mathrm{kg})\times(-5\ \mathrm{m/s^2}) = -100\ \mathrm{N}$

3．$a = \dfrac{F}{m} = \dfrac{12\ \mathrm{N}}{2\ \mathrm{kg}} = 6\ \mathrm{m/s^2}$

4．$a = \dfrac{F}{m} = \dfrac{20\ \mathrm{N}}{2\ \mathrm{kg}} = 10\ \mathrm{m/s^2}$，

$v = at = (10\ \mathrm{m/s^2})\times(3\ \mathrm{s}) = 30\ \mathrm{m/s}$

5．(1)　$a = \dfrac{(30\ \mathrm{m/s})-(20\ \mathrm{m/s})}{5\ \mathrm{s}} = 2\ \mathrm{m/s^2}$

(2)　$F = (1000\ \mathrm{kg})\times(2\ \mathrm{m/s^2}) = 2000\ \mathrm{N}$

6．ポイントのところで車輪の運動方向が短時間 t に有限な角 θ だけ変化するので，速さ v が小さくても，車輪の加速度 $\dfrac{v\theta}{t}$ は大きい．

7．(a) の方．

(a) では $a = \dfrac{F}{m} = \dfrac{0.98\ \mathrm{N}}{0.4\ \mathrm{kg}} = 2.5\ \mathrm{m/s^2}$.

(b) では $a = \dfrac{0.98\ \mathrm{N}}{(0.4+0.1)\ \mathrm{kg}} = 2.0\ \mathrm{m/s^2}$

8．エレベーターと人を 1 つの物体と考える．

$(M+m)a = T-(M+m)g$．$a = \dfrac{T}{M+m}-g$

問題 B

1．机と B の摩擦を無視する．A と B の運動方程式 $m_A a = m_A g - S$，$m_B a = S$ から張力 S を消去した式 $(m_A+m_B)a = m_A g$ から，加速度 $a = \dfrac{m_A}{m_A+m_B}g$.

張力 $S = m_B a = \dfrac{m_A m_B}{m_A+m_B}g < m_A g$．$m_B$ が大きくなると，$\dfrac{m_A m_B}{m_A+m_B}g$ は大きくなり，$m_A g$ に近づく．

2．$F = G\dfrac{m^2}{r^2} = (6.7\times10^{-11}\ \mathrm{m^3/(kg\cdot s^2)})$

$$\times\frac{(1\ \mathrm{kg})^2}{(0.05\ \mathrm{m})^2} = 2.7\times10^{-8}\ \mathrm{N}$$

3．そりと乗客に作用する力は，引き手の力 $\boldsymbol{F}$，重力 $\boldsymbol{W}$，垂直抗力 $\boldsymbol{N}$，最大摩擦力 $\boldsymbol{F}_{最大}$ である．力がつり合う条件から (図 S.3)

鉛直方向：$W = N+F(\sin 30°) = N+\dfrac{F}{2}$

$$\therefore\quad N = W-\frac{F}{2}$$

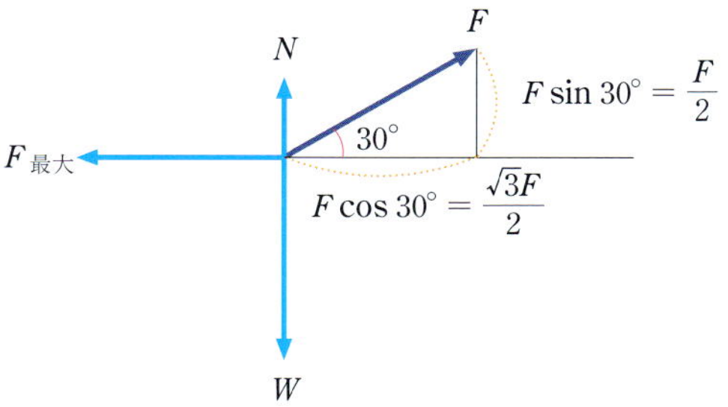

図 S.3

水平方向：$F(\cos 30°) = \dfrac{\sqrt{3}}{2}F = \mu N$

$$= 0.25\left(W-\frac{F}{2}\right)$$

$$\therefore\quad F = \frac{0.5W}{\sqrt{3}+0.25} = 0.25\times(60\ \mathrm{kgf}) = 15\ \mathrm{kgf}$$

4．$F > 0.30\times(25\ \mathrm{kg})\times(9.8\ \mathrm{m/s^2})+0.15\times(5\ \mathrm{kg})\times(9.8\ \mathrm{m/s^2}) = 81\ \mathrm{N}$

第 3 章

問 1　略

問 2　どのように着地しても運動量の変化量は同じである．したがって，地面が身体に作用する力の大きさは力の作用時間に反比例する．

問 3　$\dfrac{1}{2}\times(24\ \mathrm{m/s})\times(20\ \mathrm{s})+(24\ \mathrm{m/s})\times(100\ \mathrm{s})+\dfrac{1}{2}\times(24\ \mathrm{m/s})\times(30\ \mathrm{s}) = 3000\ \mathrm{m}$

問 4　台形の面積を求めよ．

問 5　$0 = v_0 - bt_1$，$x = \dfrac{1}{2}v_0 t_1$ を使え．

問 6　①　区間 A-B では加速度 $g\sin\theta$ の等加速度運動，区間 B-C では加速度が 0 の等速運動，点 C を過ぎると加速度 $-\mu' g$ の等加速度運動．

問 7　(3.31) 式の第 3 式の右辺を 0 とおいて，$t = 0$ でない方の解を求めよ．

問 8　$\sin 2(90°-\theta_0) = \sin(180°-2\theta_0) = \sin 2\theta_0$ を使え．$\sin(90°-\theta_0) \neq \sin\theta_0$ なので，滞空時間は異なる．

問 9　$R = \dfrac{v_0^2}{g} > 100\ \mathrm{m}$

$\therefore\quad v_0 > \sqrt{g\times(100\ \mathrm{m})} = 31\ \mathrm{m/s}$

問 10　$R < \dfrac{v_0^2}{g} = \dfrac{(10\ \mathrm{m/s})^2}{10\ \mathrm{m/s^2}} = 10\ \mathrm{m}$

問 11　$v_t = \dfrac{mg}{b} = \dfrac{mg}{6\pi\eta R} \propto m$

問 12　$m\dfrac{\mathrm{d}^2x}{\mathrm{d}t^2} = mg - \dfrac{1}{2}C\rho Av^2$．落下開始直後の加速度は g なので，落下速度は増加していくが，やがて，終端速度 $v_\mathrm{t} = \sqrt{\dfrac{2mg}{C\rho A}}$ に達すると等速運動になる．

問 13　$v(t) = \dfrac{mg}{b}(1-\mathrm{e}^{-\frac{bt}{m}}) \approx \dfrac{mg}{b}\left\{1-\left(1-\dfrac{bt}{m}\right)\right\} = gt$

問 14　$x = \int_0^t \dfrac{\mathrm{d}x}{\mathrm{d}t}\mathrm{d}t = \dfrac{mg}{b}\int_0^t (1-\mathrm{e}^{-\frac{bt}{m}})\,\mathrm{d}t$

$$= \frac{mg}{b}\left[t+\frac{m}{b}\mathrm{e}^{-\frac{bt}{m}}\right]_0^t$$

$$= \frac{mg}{b}\left(t+\frac{m}{b}\mathrm{e}^{-\frac{bt}{m}}-\frac{m}{b}\right)$$

演習問題 3

問題 A

1. (1)　$\dfrac{1}{3}at^3+\dfrac{1}{2}bt^2+ct+d\log|t|-\dfrac{e}{t}+C$

(2)　$-\dfrac{a}{\omega}\cos(\omega t+b)+C$

(3)　$\dfrac{a}{\omega}\sin(\omega t+b)+C$

2. $122.5\,\mathrm{m} = \dfrac{1}{2}\times(9.8\,\mathrm{m/s^2})t^2$

$\therefore$　$t = 5\,\mathrm{s}$，$v = gt = (9.8\,\mathrm{m/s^2})\times(5\,\mathrm{s}) = 49\,\mathrm{m/s}$

3. 略

4. (1)　$50\,\mathrm{km/h} = \dfrac{50\times(1000\,\mathrm{m})}{3600\,\mathrm{s}} = 13.9\,\mathrm{m/s}$，

$(13.9\,\mathrm{m/s})\times(0.5\,\mathrm{s}) = 6.9\,\mathrm{m}$

(2)　$100\,\mathrm{km/h} = \dfrac{100000\,\mathrm{m}}{3600\,\mathrm{s}} = 27.8\,\mathrm{m/s}$．(3.26) 式の第 3 式から $x = \dfrac{{v_0}^2}{2b} = \dfrac{(27.8\,\mathrm{m/s})^2}{2\times(7\,\mathrm{m/s^2})} = 55\,\mathrm{m}$

5. (1)　$v = (20\,\mathrm{m/s})-(10\,\mathrm{m/s^2})t$

(2)　$x-x_0 = (20\,\mathrm{m/s})t-(5\,\mathrm{m/s^2})t^2$

$= -(5\,\mathrm{m/s^2})(t-2\,\mathrm{s})^2+20\,\mathrm{m}$．

$t = 2\,\mathrm{s}$ で $x-x_0$ は最大値 $20\,\mathrm{m}$，$t = 5\,\mathrm{s}$ で $x-x_0 = -25\,\mathrm{m}$．移動距離は $(20\,\mathrm{m})+(45\,\mathrm{m}) = 65\,\mathrm{m}$，変位は $-25\,\mathrm{m}$．

6. (1)　$v = (9.8\,\mathrm{m/s^2})\times(3.0\,\mathrm{s}) = 29.4\,\mathrm{m/s}$

(2)　$h = \dfrac{1}{2}\times(9.8\,\mathrm{m/s^2})\times(3.0\,\mathrm{s})^2 = 44.1\,\mathrm{m}$

(3)　$\dfrac{44.1\,\mathrm{m}}{3.0\,\mathrm{s}} = 14.7\,\mathrm{m/s}$

7. (1)　最高点の高さが同じなので，同じ．

(2)　最高点の高さが同じなので，同じ．

(3)　同じ飛行時間に遠くまで届くので a → b → c の順に大きい．

(4)　a → b → c の順に大きい．

8. $x = v_0t$，$z = -\dfrac{1}{2}gt^2+z_0 = -\dfrac{1}{2}\dfrac{gx^2}{{v_0}^2}+z_0$．

$x = 12\,\mathrm{m}$ では $z = (2.5\,\mathrm{m})-(0.54\,\mathrm{m}) = 2.0\,\mathrm{m}$

$\therefore$　越える．$t = \sqrt{\dfrac{2z_0}{g}}$ を $x = v_0t$ に代入すると，

$x = v_0\sqrt{\dfrac{2z_0}{g}} = 26\,\mathrm{m}$

問題 B

1. (1)　$a_1 = \dfrac{v}{t_1}$，$-a_2 = -\dfrac{v}{t_3-t_2}$

(2)　$x_1 = \dfrac{1}{2}vt_1$，$x_2 = v(t_2-t_1)+x_1$

$x_3 = \dfrac{1}{2}v(t_3-t_2)+x_2$

(3)　略

2. (1)　$a = \dfrac{F}{m} = \dfrac{20\,\mathrm{N}}{10\,\mathrm{kg}} = 2\,\mathrm{m/s^2}$

(2)　$a = \dfrac{10\,\mathrm{N}}{10\,\mathrm{kg}} = 1\,\mathrm{m/s^2}$，

$x = \dfrac{1}{2}at^2 = \dfrac{1}{2}\times(1\,\mathrm{m/s^2})\times(10\,\mathrm{s})^2 = 50\,\mathrm{m}$，

$v = at = (1\,\mathrm{m/s^2})\times(10\,\mathrm{s}) = 10\,\mathrm{m/s}$

(3)　$a = -\dfrac{20\,\mathrm{N}}{10\,\mathrm{kg}} = -2\,\mathrm{m/s^2}$，$t = -\dfrac{v_0}{a} = \dfrac{20\,\mathrm{m/s}}{2\,\mathrm{m/s^2}} = 10\,\mathrm{s}$，$x = \dfrac{1}{2}v_0t = \dfrac{1}{2}\times(20\,\mathrm{m/s})\times(10\,\mathrm{s}) = 100\,\mathrm{m}$

(4)　$a = \dfrac{(40\,\mathrm{m/s})-(20\,\mathrm{m/s})}{5\,\mathrm{s}} = 4\,\mathrm{m/s^2}$，　$F = ma = (10\,\mathrm{kg})\times(4\,\mathrm{m/s^2}) = 40\,\mathrm{N}$

3. (3.26) 式の第 3 式から $b = \dfrac{{v_0}^2}{2d} = \dfrac{(200\,\mathrm{m/s})^2}{2d} = \dfrac{20000\,\mathrm{m^2/s^2}}{d} \leqq 6\times(9.8\,\mathrm{m/s^2})$

$\therefore$　$d = \dfrac{20000\,\mathrm{m^2/s^2}}{6\times(9.8\,\mathrm{m/s^2})} = 340\,\mathrm{m}$

4. (1)　$v_0 = \sqrt{2gh} = \sqrt{2\times(9.8\,\mathrm{m/s^2})\times(3.0\,\mathrm{m})} \approx 7.7\,\mathrm{m/s}$

(2)　減速時間 t と加速度 $-a$ は $0.6\,\mathrm{m} = \dfrac{1}{2}at^2$，$at = 7.7\,\mathrm{m/s}$ を満たすので，

$\therefore$　$a = \dfrac{(7.7\,\mathrm{m/s})^2}{1.2\,\mathrm{m}} = 49\,\mathrm{m/s^2} = 5.0g$

$\therefore$　$F = ma+mg = 6\,mg = 6\times(40\,\mathrm{kg})\times(9.8$

$\mathrm{m/s^2}) = 2.4\times 10^3\ \mathrm{N}$

5. $m\dfrac{\mathrm{d}v}{\mathrm{d}t} = mg - bv^2 \quad \therefore \quad \dfrac{\mathrm{d}v}{v^2 - v_t{}^2} = -\dfrac{b}{m}\mathrm{d}t.$

両辺を積分すると，

$$\int\frac{\mathrm{d}v}{v^2-v_t{}^2} = \frac{1}{2v_t}\log\left|\frac{v-v_t}{v+v_t}\right| = -\frac{b}{m}\int\mathrm{d}t$$
$$= -\frac{bt}{m}+c$$

$v_t = \sqrt{\dfrac{mg}{b}}$．$t=0$ で $v=0$ なので，任意定数 $c=0$.

$$\therefore\quad \log\left|\frac{v-v_t}{v+v_t}\right| = -\frac{2bv_t t}{m} = -\frac{2gt}{v_t}$$
$$\to v = v_t\frac{1-\mathrm{e}^{-2gt/v_t}}{1+\mathrm{e}^{-2gt/v_t}}$$

6. $m\dfrac{\mathrm{d}^2x}{\mathrm{d}t^2} = -mg\sin\theta$，$m\dfrac{\mathrm{d}^2y}{\mathrm{d}t^2} = -mg\cos\theta$ を使え．$y=0$ の式から T が求められ，T を x の式に代入すると，

$$X = \frac{2v_0{}^2\sin\alpha\cos(\alpha+\theta)}{g\cos^2\theta} = \frac{v_0{}^2}{g\cos^2\theta}\{\sin(2\alpha+\theta)$$

$-\sin\theta\}$，X が最大になるのは，$2\alpha+\theta = \dfrac{\pi}{2}$

$\therefore\quad \alpha = \dfrac{\pi}{4}-\dfrac{\theta}{2} < \dfrac{\pi}{4}$．ただし，$\alpha+\theta = \dfrac{\pi}{4}+\dfrac{\theta}{2} > \dfrac{\pi}{4}$

7. $\dfrac{\mathrm{d}v_x}{\dfrac{g}{\beta}-v_x} = \beta\,\mathrm{d}t \quad \therefore \quad \log\left|\dfrac{g}{\beta}-v_x\right| = -\beta t + C,$

$C = \log\left|\dfrac{g}{\beta}-v_{x0}\right| \quad \therefore \quad \dfrac{\dfrac{g}{\beta}-v_x}{\dfrac{g}{\beta}-v_{x0}} = \mathrm{e}^{-\beta t}$ から v_x

が求まる．$\dfrac{\mathrm{d}v_y}{v_y} = -\beta\,\mathrm{d}t \quad \therefore \quad \log v_y = -\beta t$

$+C$，$C = \log v_{y0} \quad \therefore \quad \dfrac{v_y}{v_{y0}} = \mathrm{e}^{-\beta t}$

(3.18) 式を使うと，v_x と v_y から，問 14 の場合と同じようにして，x と y が求められる．

第 4 章

問 1　おもりに作用する 2 本のばねの復元力は $-k_1x$，$-k_2x$ なので，おもりの運動方程式は

$$m\frac{\mathrm{d}^2x}{\mathrm{d}t^2} = -k_1x-k_2x = -(k_1+k_2)x$$

この式はばね振り子の運動方程式の k が k_1+k_2 の場合なので，振動数 f は

$$f = \frac{1}{2\pi}\sqrt{\frac{k_1+k_2}{m}}$$

問 2　$T = 2\pi\sqrt{\dfrac{2\ \mathrm{m}}{9.8\ \mathrm{m/s^2}}} = 2.8\ \mathrm{s}$

問 3　略

問 4　③　［加速度の軌道の接線方向の成分は $-g\sin\theta$，向心加速度の大きさは $\dfrac{v^2}{L}$ であることに注目せよ］

演習問題 4

問題 A

1. (1)　0　　(2)　0　　(3)　振動数 $f = \dfrac{1}{2\pi}\sqrt{\dfrac{k}{m}}$ の単振動

2. $T = 2\pi\sqrt{\dfrac{m}{k}}$．$k = \dfrac{4\pi^2m}{T^2} = \dfrac{4\pi^2\times(2\ \mathrm{kg})}{(2\ \mathrm{s})^2} = 20\ \mathrm{kg/s^2}$

3. (1)　$k = \dfrac{mg}{x_0} = \dfrac{(1\ \mathrm{kg})\times(9.8\ \mathrm{m/s^2})}{0.1\ \mathrm{m}} = 98\ \mathrm{kg/s^2}$

(2)　$T = 2\pi\sqrt{\dfrac{m}{k}} = 2\pi\sqrt{\dfrac{1.0\ \mathrm{kg}}{98\ \mathrm{kg/s^2}}} = 0.63\ \mathrm{s}$

(3)　$a_{\max} = A\omega^2 = \dfrac{Ak}{m} = \dfrac{(0.05\ \mathrm{m})\times(98\ \mathrm{kg/s^2})}{1\ \mathrm{kg}}$

$= 5\ \mathrm{m/s^2}$．$\dfrac{a_{\max}}{g} = \dfrac{5}{9.8} = 0.5$

4. $\sqrt{\dfrac{1}{0.17}} = 2.4$［倍］

5. 変わらない．

問題 B

1. 角振動数 $\omega = \sqrt{\dfrac{k}{m}} = \sqrt{\dfrac{5.0\times10^4\ \mathrm{N/m}}{500\ \mathrm{kg}}} = 10\ \mathrm{s^{-1}}$

(1)　$f = \dfrac{\omega}{2\pi} = \dfrac{10}{2\pi}\mathrm{s^{-1}} = 1.6\ \mathrm{s^{-1}}$，

$T = \dfrac{1}{f} = \dfrac{1}{1.6\ \mathrm{s^{-1}}} = 0.63\ \mathrm{s}$

(2)　$v_{\max} = A\omega = (1.0\ \mathrm{cm})\times(10\ \mathrm{s^{-1}}) = 10\ \mathrm{cm/s} = 0.1\ \mathrm{m/s}$

(3)　$a_{\max} = A\omega^2 = (1\ \mathrm{cm})\times(10\ \mathrm{s^{-1}})^2 = 1.0\ \mathrm{m/s^2}$

2. 振り子の運動方程式 $mL\dfrac{\mathrm{d}^2\theta}{\mathrm{d}t^2} = -mg\sin\theta$ の左辺の質量 m は物体の慣性に比例するので，**慣性質量**という．右辺の質量 m は物体の受ける重力に比例するので，**重力質量**という．ニュートンの実験は「慣性質量」＝「重力質量」を示す．

3. (1)　図 (a) の場合，各ばねの伸びは $\dfrac{x}{2}$ で，おも

りに作用する復元力は $k\dfrac{x}{2}$．図 (b) の場合，各ばねの伸びは x で，おもりに作用する復元力は $2kx$．

(2)　図 (a) の場合の周期は $2\pi\sqrt{\dfrac{2M}{k}}$．図 (b) の場合の周期は $2\pi\sqrt{\dfrac{M}{2k}}$ なので，図 (a) の振り子の周期は図 (b) の振り子の周期の 2 倍．

4．解は $x = \dfrac{mg}{k} + A\cos(\omega t + \theta_0)$

A と θ_0 は任意定数．この解は運動方程式を満たし，2 つの任意定数があるので一般解．

第 5 章

問 1　A → B と B → A で同じ道筋を逆にたどると，同じ微小区間では，$\boldsymbol{F}_i$ は同じで $\Delta\boldsymbol{s}_i$ の向きが逆なので，$W_{\mathrm{A}\to\mathrm{B}} = -W_{\mathrm{B}\to\mathrm{A}}$．

問 2　$F = -\dfrac{\Delta U}{\Delta x}$ なので，U-x グラフが右下がりなら力は右向き ($F > 0$)，右上がりなら力は左向き ($F < 0$)，水平なら $F = 0$．$0\,\mathrm{m} < x < 5\,\mathrm{m}$ では $F = 0\,\mathrm{N}$，$5\,\mathrm{m} < x < 10\,\mathrm{m}$ では $F = 6\,\mathrm{N}$，$10\,\mathrm{m} < x < 15\,\mathrm{m}$ では $F = 0\,\mathrm{N}$，$15\,\mathrm{m} < x < 20\,\mathrm{m}$ では $F = -3\,\mathrm{N}$，$20\,\mathrm{m} < x < 25\,\mathrm{m}$ では $F = 1\,\mathrm{N}$．

問 3　略

演習問題 5

問題 A

1．(1)　$mgh = 1.6\times10^3\,\mathrm{J}$　　(2)　力学的には 0 J

(3)　$-mgh = -1.6\times10^3\,\mathrm{J}$

2．$144\,\mathrm{km/h} = 40\,\mathrm{m/s}$．$\dfrac{1}{2}\times(0.15\,\mathrm{kg})\times(40\,\mathrm{m/s})^2 = 120\,\mathrm{J}$．仕事も 120 J．

3．0

4．同じ

5．b．空中の最高点での力学的エネルギーは，水平方向の速度のための運動エネルギーと重力ポテンシャルエネルギーの和である．したがって，空中での最高点は点 A より低い．

6．ひもが鉛直な場合，$mgL = \dfrac{1}{2}mv^2$．

$S = mg + \dfrac{mv^2}{L} = 3mg$

7．2 点 A, B の高さは等しいので，$0.5 + 0.5\cos\theta = \dfrac{\sqrt{3}}{2}$．$\cos\theta = \sqrt{3} - 1 = 0.73$．$\theta = 43°$

8．$P = Fv = mgv = (50\,\mathrm{kg})\times(9.8\,\mathrm{m/s^2})\times(2\,\mathrm{m/s}) = 980\,\mathrm{W}$

9．$P \geqq mgv = (1000\,\mathrm{kg})\times(9.8\,\mathrm{m/s^2})\times\dfrac{10\,\mathrm{m}}{60\,\mathrm{s}} = 1633\,\mathrm{W}$

10．$\dfrac{4.6\times10^7\,\mathrm{W}}{(65\,\mathrm{m^3/s})\times(10^3\,\mathrm{kg/m^3})\times(9.8\,\mathrm{m/s^2})\times(77\,\mathrm{m})} = 0.94$　　∴　94 %

11．(1)　$(40\,\mathrm{kg})\times(9.8\,\mathrm{m/s^2})\times(3000\,\mathrm{m}) = 1.2\times10^6\,\mathrm{J}$

(2)　$\dfrac{1.2\times10^6\,\mathrm{J}}{(3.8\times10^7\,\mathrm{J/kg})\times0.20} = 0.16\,\mathrm{kg}$

12．重力のする仕事は，$10mgh = 10\times(3.0\,\mathrm{kg})\times(9.8\,\mathrm{m/s^2})\times(3.0\,\mathrm{m}) = 882\,\mathrm{J}$．水の温度を T 上昇させるのに必要な熱は，$(500\,\mathrm{g})\times(4.2\,\mathrm{J/(g\cdot°C)})T = 2100T\,(\mathrm{J/°C})$　　∴　$T = \dfrac{882\,\mathrm{J}}{2100\,\mathrm{J/°C}} = 0.42\,°\mathrm{C}$

13．球のエネルギーは 4 倍になるので，球の初速は 2 倍になり，上昇距離は 4 倍になる．水平方向に飛ばすと落下する間に水平方向に 2 倍の距離を移動する．

問題 B

1．$10.8\,\mathrm{km/h} = 3\,\mathrm{m/s}$，$h = (3\,\mathrm{m/s})\times(120\,\mathrm{s})\times0.087 = 31.3\,\mathrm{m}$，

$P = \dfrac{(75\,\mathrm{kg})\times(9.8\,\mathrm{m/s^2})\times(31.3\,\mathrm{m})}{120\,\mathrm{s}} = 192\,\mathrm{W}$

2．0

3．半径 r の円周の最高点での速さを v とすると，$\dfrac{1}{2}mv^2 = mg(d-r)$．最高点で糸がたるまない条件は，糸の張力 $S \geqq 0$，$S = \dfrac{mv^2}{r} - mg = \dfrac{2mg(d-r)}{r} - mg \geqq 0$．$2d \geqq 3r = 3(L-d)$．$5d \geqq 3L$ から $d \geqq \dfrac{3}{5}L$．

4．(1)　$\dfrac{(8.0\times10^3\,\mathrm{W})\times(1\,\mathrm{m})}{22.4\,\mathrm{m/s}} = 3.6\times10^2\,\mathrm{J}$

(2)　摩擦力は，$3.6\times10^2\,\mathrm{N}$，重力は $1.0\times10^4\,\mathrm{N}$．比は 0.036．8.1 節の例 2 参照．

(3)　$\dfrac{(3.6\times10^2\,\mathrm{J/m})\times(1.7\times10^4\,\mathrm{m})}{3.3\times10^7\,\mathrm{J}} = 0.19$

∴　19 %

第 6 章

問 1　点 O と物体を結ぶ線分が時間 Δt に通過する面積 $\Delta S = \dfrac{dv\,\Delta t}{2}$ なので，面積速度 $\dfrac{\mathrm{d}S}{\mathrm{d}t} = \dfrac{vd}{2}$．

角運動量 $L = mvd = 2m\dfrac{dS}{dt}$

演習問題 6

問題 A

1. $\dfrac{a^3}{T^2}$ = 一定なので，T が 70 倍なら，a は $70^{2/3}$ = 17 倍.
2. 1 段ロケットは，地球の中心を焦点の 1 つとする楕円軌道上を運動するので，必ず地球に衝突する.
3. 春分 → 秋分は 186 日，秋分 → 春分は 179 日．近日点は秋分 → 春分の期間にある.

問題 B

1. 糸の長さを l とする．$L = mlv = ml\dfrac{d(l\theta)}{dt}$．$N = -mgl\sin\theta$．$\dfrac{dL}{dt} = N$．　∴　$l\dfrac{d^2\theta}{dt^2} = -g\sin\theta$.
2. 中心力による運動なので，平面運動を行う．この平面を xy 平面とする.

(1)　運動方程式は $m\dfrac{d^2x}{dt^2} = -kx$，$m\dfrac{d^2y}{dt^2} = -ky$ なので，運動は x 方向と y 方向の単振動の合成．r が最大の点が x 軸上にあるように座標軸を選ぶと，$|x|$ が最大なときに $y = 0$.

∴　$x = A\cos(\omega t+\alpha)$，$y = B\sin(\omega t+\alpha)$.

$\left(\dfrac{x}{A}\right)^2+\left(\dfrac{y}{B}\right)^2 = 1$.

(2)　中心力だから.

(3)　$T = \dfrac{2\pi}{\omega} = 2\pi\sqrt{\dfrac{m}{k}}$ は振幅 A, B に無関係.

第 7 章

問 1　丸太に作用する重力 W は $W_A = 80$ kgf と $W_B = 70$ kgf の和なので，$W = 150$ kgf．丸太の質量は 150 kg．端 A から重心までの距離を x とすれば，$xW_A = (6\text{ m}-x)W_B$，$80x = 70(6\text{ m}-x)$，$x = 2.8$ m.

問 2　重力がない場合に，重心を中心として生じる破片の球が，全体として自由落下していく.

問 3　(a) 右の玉が静止し，左の玉が左に動く.
(b) 右の玉が静止し，いちばん左の玉が左に動く．(a) の場合が連続して起こった.

問 4　略

問 5　略

問 6　$\dfrac{d\boldsymbol{L}_G}{dt} = \boldsymbol{R}\times M\boldsymbol{A} = \boldsymbol{R}\times\boldsymbol{F} = \boldsymbol{N}_G$

演習問題 7

問題 A

1. A, B は $-\dfrac{mv}{M_A}$，$\dfrac{mv}{M_B+m}$ の速さで等速運動を始める.
2. 重心まで動くので 3 m.
3. 可能である (長い列車が丘を越すとき列車の重心は丘の頂上よりつねに低い).
4. $m_A\boldsymbol{v}_A+m_B\boldsymbol{v}_B = (m_A+m_B)\boldsymbol{v}'$

∴　$\boldsymbol{v}' = \dfrac{m_A\boldsymbol{v}_A+m_B\boldsymbol{v}_B}{m_A+m_B}$

5. (1)　$mV = (m+M)v$

∴　$v = \dfrac{mV}{m+M} = 0.87$ m/s

(2)　$h = \dfrac{v^2}{2g} = \dfrac{(0.87\text{ m/s})^2}{2\times(9.8\text{ m/s}^2)} = 0.039\text{ m} = 3.9$ cm

問題 B

1. 人間の質量が重心 G の付近に集中していると近似する．最低点付近で立ち上がるとき，ブランコが人間に作用する力の作用線と重力の作用線は回転の中心 O を通るので，立ち上がる際に角運動量 mvr は変化しない．したがって，立ち上がって回転半径 r が減少すると，速さ v が増加する．最高点付近でしゃがむときには速さはほぼ 0 で変化しない．この動作を繰り返すと速さが増加していく．なお，人間の角運動量は最低点以外では保存しない.
2. 人間と回転椅子の全角運動量はどの段階でも保存している (0 である).
3. 銀河系の構成要素はエネルギーを失えば，万有引力によって近づく傾向がある．回転軸に平行な方向には近づけるが，角運動量保存則のために回転軸の方には近づけない．その結果，円盤状になる.
4. 重心を原点に選び，(1) 式で $\boldsymbol{R} = \boldsymbol{0}$ とおくと，$\boldsymbol{N} = \boldsymbol{0}$ なので，重力の重心のまわりのモーメントは $\boldsymbol{0}$ である.
5. $\boldsymbol{r}_i\times\boldsymbol{F}_{i\leftarrow j}+\boldsymbol{r}_j\times\boldsymbol{F}_{j\leftarrow i} = (\boldsymbol{r}_i-\boldsymbol{r}_j)\times\boldsymbol{F}_{i\leftarrow j} = \boldsymbol{0}$

第 8 章

問 1　(b)　$\sqrt{6}R \ll L$ なので，$\dfrac{1}{2}MR^2 < \dfrac{1}{12}ML^2$

問 2　$\dfrac{1}{3}ML^2 = \dfrac{1}{12}ML^2+M\left(\dfrac{L}{2}\right)^2$

問 3　$V = R\omega$ なので，$\dfrac{1}{2}MV^2 : \dfrac{1}{2}I_G\omega^2 = MR^2 : I_G$

問 4　重心運動のエネルギー $\frac{1}{2}MV^2$ が $\dfrac{1}{1+\dfrac{I_G}{MR^2}}$ 倍になる．

演習問題 8

問題 A

1. $F\times(15\,\mathrm{cm}) = (3\,\mathrm{kgf})\times(2.5\,\mathrm{cm})$
$\therefore\ F = 0.5\,\mathrm{kgf}$

2. (1)　綱の長さ $L = \sqrt{h^2+l^2} = \sqrt{(4.0\,\mathrm{m})^2+(3.0\,\mathrm{m})^2} = 5.0\,\mathrm{m}$．ちょうつがいと張力 S の距離 $d = l\times\frac{h}{L} = (3.0\,\mathrm{m})\times\frac{4}{5} = 2.4\,\mathrm{m}$．ちょうつがいのまわりの力のモーメントの和 $=0$ という条件から
$$(2.4\,\mathrm{m})S = (1.8\,\mathrm{m})W = (1.8\,\mathrm{m})\times(40\,\mathrm{kgf})$$
$$\therefore\ S = 30\,\mathrm{kgf}$$
(2)　棒に作用する力のつり合い条件から，
$N = \frac{3}{5}S = 18\,\mathrm{kgf}$，$F = W-\frac{4}{5}S = 16\,\mathrm{kgf}$

3. 脊柱の下端のまわりの力のモーメントの和 $=0$ から，$T(\sin 12^\circ)\left(\frac{2L}{3}\right)-0.4W(\cos\theta)\left(\frac{L}{2}\right)-(0.2W+Mg)(\cos\theta)L = 0$，
$T\sin 12^\circ = \left(0.6W+\frac{3}{2}Mg\right)\cos\theta$
$\therefore\ T = 2.5W+6.2Mg = 2.7\times10^2\,\mathrm{kgf}$

4. $M = \rho\pi R^2h = (8\,\mathrm{g/cm^3})\times\pi\times(1\,\mathrm{m})^2\times(1\,\mathrm{m}) = 8\pi\times10^3\,\mathrm{kg}$．$I = \frac{1}{2}MR^2 = \frac{1}{2}\times(8\pi\times10^3\,\mathrm{kg})\times(1\,\mathrm{m})^2 = 4\pi\times10^3\,\mathrm{kg\cdot m^2}$．$\omega = \frac{2\pi\times600}{60\,\mathrm{s}} = 20\pi/\mathrm{s}$．
$K = \frac{1}{2}I\omega^2 = 8\pi^3\times10^5\,\mathrm{J} = 2.5\times10^7\,\mathrm{J}$

5. $I = \frac{3ML^2}{3} = (200\,\mathrm{kg})\times(5.0\,\mathrm{m})^2 = 5\times10^3\,\mathrm{kg\cdot m^2}$．$\omega = \frac{2\pi\times300}{60\,\mathrm{s}} = 10\pi\,\mathrm{s^{-1}}$．$K = \frac{1}{2}I\omega^2 = \frac{5}{2}\pi^2\times10^5\,\mathrm{J} = 2.5\times10^6\,\mathrm{J}$

6. I が小さい (a) の場合．

7. 慣性モーメントを大きくするため．バランスがくずれても角速度が小さいので，バランスを回復する時間的余裕ができる．

8. (1)　右
(2)　慣性モーメントを大きくするため．

9. 加速度 A で距離 d だけ動くと，速さ $V = \sqrt{2Ad}$．加速度の比は $1:\frac{5}{7} = 7:5$ なので，速さ V の比は $\sqrt{7}:\sqrt{5}$．

10. $\frac{I_G}{MR^2}$ が最小の液体のビールの入った缶．次が中の凍ったビール缶．

問題 B

1. 床の抗力は半球の球面の中心を通るので，おもりと半球の重心が半球の外に出ると不安定になる．
$\therefore\ mh > M\left(\frac{3R}{8}\right)$　　$\therefore\ h > \frac{3MR}{8m}$ だと不安定．

2. 鉛直方向の力のつり合い条件 $N_1+N_2-Mg = 0$，重心のまわりの力のモーメントのつり合い条件 $N_2l_2-N_1l_1-Fh = 0$，水平方向の運動方程式 $MA = F$ と $F \leqq \mu N_2$ の 4 つの式がある（後輪駆動）．A が最大なのは $F = \mu N_2$ のときで，($N_1 \geqq 0$ なので) $N_2 = Mg$ のときである．　$\therefore\ MA_{\max} = \mu Mg$，$A_{\max} = \mu g$．
$N_2l_2-N_1l_1-Fh = N_2l_2-\mu N_2h = 0$　　$\therefore\ l_2 = \mu h$．
この解では，車輪の回転の影響は無視した．

3. $d = \frac{1}{2}\sqrt{a^2+b^2}$，$\frac{I}{Md} = \frac{2}{3}\sqrt{a^2+b^2}$，
$T = 2\pi\left(\frac{2}{3g}\sqrt{a^2+b^2}\right)^{1/2}$

4. 突く力を F とすると，重心運動の方程式は $MA = F$，重心のまわりの回転運動の方程式 $I_G\alpha = \frac{2}{5}MR^2\alpha = \frac{2}{5}RF$．床との接触点の加速度は $A-R\alpha = 0$．

5. 床と接している糸巻きの部分の速さは 0 なので，接触点 P のまわりでの回転運動の法則は $I_P\alpha = N$ である．$\boldsymbol{F}_1$ の場合は $N<0$ なので糸巻きは右に動き，$\boldsymbol{F}_2$ の場合は $N=0$ なので糸巻きは動かず，$\boldsymbol{F}_3$ の場合は $N>0$ なので糸巻きは左に動く．

第 9 章

問 1　(1)　地上で見ると $m\boldsymbol{a}_0 = \boldsymbol{S}+m\boldsymbol{g}$．車中で見ると $\boldsymbol{S}+m\boldsymbol{g}-m\boldsymbol{a}_0 = \boldsymbol{0}$　　(2)　$\tan\theta = \frac{a_0}{g}$
(3)　見かけの重力の逆方向である，おもりを吊したひもの方向を向く．

問 2　$ma = mg-N$．$N = mg-ma = 50\times\{(9.8\,\mathrm{m/s^2})-(1\,\mathrm{m/s^2})\} = 440\,\mathrm{N} = 45\,\mathrm{kgf}$．支える力が作用しないから．

演習問題 9

問題 A

1．20 gf = 0.20 N，$\dfrac{0.20\ \mathrm{N}}{0.10\ \mathrm{kg}} = 2.0\ \mathrm{m/s^2}$　上向き．

2．(1)　成立　　(2)　不成立　　(3)　不成立

3．$\dfrac{v^2}{r} = g\tan\theta$．$\tan\theta = \dfrac{(30\ \mathrm{m/s})^2}{(800\ \mathrm{m})\times(9.8\ \mathrm{m/s^2})} =$ 0.11．$\theta = 6.5°$

4．マストに固定した非慣性系と鉛の球が落下し始めた瞬間に（根本では相対速度がなく）一致している慣性系では，高さ h のマストの先端は東方へ速さ ωh で運動しているので，球がマストの根本より東方に落下する（$h = 50$ m なら 0.8 cm 東）．

問題 B

1．地面の上の人は，ひもが切れた瞬間から球には力が作用しないので等速直線運動すると解釈する．メリーゴーランドの上の人は，遠心力とコリオリの力が作用すると考える．ひもが切れた直後は $v' = 0$ なので遠心力だけが効くが，やがて v' が大きくなるとコリオリの力も重要になる．

2．発射した瞬間に発射点に対して静止していた慣性系を考え，ヒントを使え．

3．北極点での慣性系の座標軸は恒星の方向で決まり，北極点で地表は慣性系に対して周期 24 時間で回転している．振り子の振動面は慣性系に対して静止しているので，振り子の振動面は周期 24 時間で回転する．図 9.9 参照．

第 10 章

問 1　力 F の法線方向成分と接線方向成分は $F\cos\theta$ と $F\sin\theta$．これらを断面積 $\dfrac{A}{\cos\theta}$ で割る．

演習問題 10

問題 A

1．1 人

2．$\Delta L = \dfrac{1}{E}\dfrac{FL}{A} = \dfrac{(9.8\ \mathrm{N})\times(1\ \mathrm{m})}{\pi\times(10^{-4}\ \mathrm{m})^2\times(2\times10^{11}\ \mathrm{N/m^2})}$
$= 1.6\times10^{-3}\ \mathrm{m} = 1.6\ \mathrm{mm}$

3．(1)　$\theta \approx \dfrac{1\ \mathrm{cm}}{30\ \mathrm{cm}} = 0.033\ \mathrm{rad}$

(2)　$\tau = \dfrac{0.98\ \mathrm{N}}{(0.3\ \mathrm{m})^2} = 11\ \mathrm{N/m^2}$

(3)　$G = \dfrac{\tau}{\theta} = \dfrac{11\ \mathrm{N/m^2}}{0.033} = 3.3\times10^2\ \mathrm{N/m^2}$

4．(1)　$(1.2\times10^8\ \mathrm{N/m^2})\times(6\times10^{-4}\ \mathrm{m^2}) = 7\times10^4\ \mathrm{N}$
$= 7\times10^3\ \mathrm{kgf}$

(2)　$\dfrac{\Delta L}{L} = \dfrac{1}{E}\dfrac{F}{A} = \dfrac{1.2\times10^8\ \mathrm{Pa}}{1.7\times10^{10}\ \mathrm{Pa}} = 7\times10^{-3}$．0.7 % 伸びる．

5．$\Delta p = \rho gh = (10^3\ \mathrm{kg/m^3})\times(9.8\ \mathrm{m/s^2})\times(10^4\ \mathrm{m})$
$= 1\times10^8\ \mathrm{Pa}$，$\dfrac{\Delta V}{V} \approx 3\dfrac{\Delta D}{D} = -\dfrac{\Delta p}{k} = \dfrac{-1\times10^8\ \mathrm{Pa}}{1.7\times10^{11}\ \mathrm{Pa}}$
$= -6\times10^{-4}$，$\Delta D = \dfrac{1}{3}\times(20\ \mathrm{cm})\times(-6\times10^{-4}) =$
$-4\times10^{-3}\ \mathrm{cm} = -0.04\ \mathrm{mm}$

問題 B

1．棒が x だけ伸びたときの力は $F = \dfrac{AEx}{L}$ なので，
$W = \dfrac{AE}{2L}(\Delta L)^2$

2．1 辺の長さが L の立方体の弾性体の相対する 2 面に張力 F を加え，残りの 2 組の相対する面に張力 F' を加えて，この 2 方向の変形はないようにする．張力 F を加えた方向の伸びは $\Delta L = \dfrac{F}{EL} - 2\sigma\dfrac{F'}{EL}$．他の 2 方向が伸びない条件は $(1-\sigma)\dfrac{F'}{EL} - \sigma\dfrac{F}{EL} = 0$

$\therefore\ F' = \dfrac{\sigma}{1-\sigma}F$．$EL\,\Delta L = \left(1 - \dfrac{2\sigma^2}{1-\sigma}\right)F =$
$\dfrac{1-\sigma-2\sigma^2}{1-\sigma}F = \dfrac{(1-2\sigma)(1+\sigma)}{1-\sigma}F$

$\therefore\ \dfrac{F}{L\,\Delta L} = \dfrac{1-\sigma}{(1+\sigma)(1-2\sigma)}E = k + \dfrac{4}{3}G$

3．立方体の辺の長さは縦方向の圧力のために $\dfrac{Lp}{E}$ だけ縮むが，横の 2 方向の圧力のためにポアッソン比を通じて $\dfrac{2\sigma Lp}{E}$ だけ伸びるので，体積の変化

$\Delta V = \left\{L - (1-2\sigma)\dfrac{pL}{E}\right\}^3 - L^3 \approx -3(1-2\sigma)\dfrac{pV}{E}$

$\therefore\ k = -\dfrac{pV}{\Delta V} = \dfrac{E}{3(1-2\sigma)}$　$(V = L^3)$

4．図 2 (a) のように応力を加えると，図 (b) からわかるように，図 (c) のような接線応力が生じる．

$\tan\left(\dfrac{\pi}{4} - \dfrac{\theta}{2}\right) \approx 1-\theta = \dfrac{\overline{\mathrm{A'H'}}}{\overline{\mathrm{A'E'}}} = \dfrac{1-(1+\sigma)\dfrac{\tau}{E}}{1+(1+\sigma)\dfrac{\tau}{E}}$

$\approx 1 - 2(1+\sigma)\dfrac{\tau}{E}$　　$\therefore\ G = \dfrac{\tau}{\theta} = \dfrac{E}{2(1+\sigma)}$

第 11 章

問 1　力のつり合いのため，鼻腔，気管，肺の中の空気の圧力は皮膚をおす海水の圧力に等しくなる．

問 2　(11.14) 式の揚力が重力 Mg につり合うので，$\dfrac{「翼の面積 A」}{「質量 M」}$ は (速度 v)^2 に反比例する．

演習問題 11

問題 A

1. $\dfrac{10^3 \times 9.8\ \mathrm{N}}{4 \times 3 \times 1.01 \times 10^5\ \mathrm{Pa}} = 0.008\ \mathrm{m^2} = 80\ \mathrm{cm^2}$.

2. 浮力は 1.29 kgf，重力は (0.178 kgf)+(0.200 kgf) = 0.378 kgf.　(1.29 kgf)−(0.38 kgf) = 0.91 kgf　∴　0.91 kg

3. ベルヌーイの法則は $p_0 + \rho g h = p_0 + \dfrac{1}{2}\rho v^2$

   $\therefore\ \ v = \sqrt{2 \times (9.8\ \mathrm{m/s^2}) \times (0.5\ \mathrm{m})} = 3.1\ \mathrm{m/s}$

4. (1)　$v = (0.2\ \mathrm{m/s}) \times \dfrac{(3\ \mathrm{cm})^2}{(1\ \mathrm{cm})^2} = 1.8\ \mathrm{m/s}$

   (2)　$$p_\mathrm{A} - p_\mathrm{B} = \frac{1}{2}\rho v_\mathrm{B}{}^2 - \frac{1}{2}\rho v_\mathrm{A}{}^2 = \frac{1}{2} \times (10^3\ \mathrm{kg/m^3}) \times \{(1.8\ \mathrm{m/s})^2 - (0.2\ \mathrm{m/s})^2\} = 1.6 \times 10^3\ \mathrm{Pa} = 1.6 \times 10^{-2}\ \mathrm{atm}$$

5. 半径 20 cm の円に作用する空気の圧力 $\pi(20\ \mathrm{cm})^2 \times (1.033\ \mathrm{kgf/cm^2}) = 1298\ \mathrm{kgf}$ 以上の力で両方から引かなければならない．

6. 空気との相対速度が小さいので，圧力（慣性抵抗）が小さくなる．

7. 滑りなしの条件によって，回転するボールはまわりの空気を回転させる．ベルヌーイの法則によって，図 1 の観測者には，流れが速いボールの下側の気圧は流れの遅いボールの上側の気圧より低くなる．その結果，上下の気圧の差によって，空気はボールに下向きの力を作用する．

問題 B

1. 艦底が海底に密着すると，海底は艦底に浮上するのに十分な圧力を加えない．

2. $p_\mathrm{A} = \dfrac{1}{2}\rho_\mathrm{air} u^2 + p_\mathrm{B}$，$\dfrac{1}{2}\rho_\mathrm{air} u^2 = p_\mathrm{A} - p_\mathrm{B} = \rho_0 g h$

   $\therefore\ \ u = \sqrt{\dfrac{2\rho_0 g h}{\rho_\mathrm{air}}}$

3. 時刻 t での水深を h とする ($t = 0$ で $h = H$).

   $A\,\mathrm{d}h = -vS\,\mathrm{d}t = -\sqrt{2gh}\,S\,\mathrm{d}t$，$\dfrac{A}{S}\dfrac{\mathrm{d}h}{\sqrt{h}} = -\sqrt{2g}\,\mathrm{d}t$，$\dfrac{2A\sqrt{h}}{S} = -\sqrt{2g}\,t + c$ (定数)，$t = T$ で $h = 0$ なので，$c = \sqrt{2g}\,T$.

   $\dfrac{2A\sqrt{h}}{S} = \sqrt{2g}(T - t)$　　$\therefore\ \ T = \sqrt{\dfrac{2H}{g}}\left(\dfrac{A}{S}\right)$

4. 単位時間あたりの排水量は $S\sqrt{2gh}$ なので，タンクの水が少なくなると給水量の方が大きくなる．満水時の深さを H とすると，排水による水面の降下速度 $\dfrac{\mathrm{d}h}{\mathrm{d}t} = -\sqrt{2gh}\,\dfrac{S}{A}$ と給水による上昇速度 $\dfrac{H}{2T} = \dfrac{\frac{S}{A}\sqrt{gH}}{2\sqrt{2}}$ が等しくなる $\dfrac{h}{H} = \dfrac{1}{16}$ 以下にはならない．

5. 海水中では慣性抵抗が大きいので，すぐに終端速度 $v_t = \sqrt{\dfrac{2mg}{C\rho A}}$ で落下するようになる（第 3 章問 12）．質量 $m \propto$ (半径)^3，断面積 $A \propto$ (半径)^2，なので，大きい鉄球の方が終端速度が大きく，先に海底に落下する．

6. 抵抗は速さとともに増加する．

第 12 章

問 1　$\mu = \dfrac{0.3\ \mathrm{kg}}{4\ \mathrm{m}} = 0.075\ \mathrm{kg/m}$,

$v = \sqrt{\dfrac{9.8\ \mathrm{kg\cdot m/s^2}}{0.075\ \mathrm{kg/m}}} = 11\ \mathrm{m/s}$

問 2　$\dfrac{\sin 45^\circ}{\sin \theta_\mathrm{t}} = 1.41$　　$\therefore\ \ \sin\theta_\mathrm{t} = \dfrac{1}{2}$，$\theta_\mathrm{t} = 30^\circ$

問 3　図 12.20 の $n = 1$ の場合を参考にして，$n > 1$ の場合の図を描いてみよ．

問 4　$0.1\ \mathrm{N/m^2} \approx 10^{-6}$ 気圧

演習問題 12

問題 A

1. (1)　3 cm　　(2)　5 Hz　　(3)　20 cm　　(4)　100 cm/s = 1 m/s

2. (1)　$\sin\theta = \dfrac{V}{v}$

   (2)　$v = \dfrac{V}{\sin\theta} = \dfrac{340\ \mathrm{m/s}}{0.5} = 680\ \mathrm{m/s}$

3. 媒質の速度は 0 ではない．媒質の運動エネルギーになっている．

4. $|f - 440\ \mathrm{Hz}| = 6\ \mathrm{Hz}$　　$\therefore\ \ f = 446\ \mathrm{Hz}$ か 434 Hz，張力を減少させると振動数は減少するので，うなりの振動数の減少から $f = 446\ \mathrm{Hz}$.

5. (340 m/s)×(3.0 s) = 1020 m

6. $v = 72\ \mathrm{km/h} = 20\ \mathrm{m/s}$. すれ違う前：$f' = f\,\dfrac{V + v}{V - v}$

$= (500\ \mathrm{Hz}) \times \dfrac{360\ \mathrm{m/s}}{320\ \mathrm{m/s}} = 563\ \mathrm{Hz}$．すれ違った後：$f'$

$= f\dfrac{V-v}{V+v} = (500\ \mathrm{Hz}) \times \dfrac{320\ \mathrm{m/s}}{360\ \mathrm{m/s}} = 444\ \mathrm{Hz}$

問 題 B

1．略

2．(12.5) 式で，x を一定として，t で微分せよ．

3．横波の速さ $v = \sqrt{\dfrac{G}{\rho}}$ で伝わる．

4．(1)　$20 \log_{10}\left(\dfrac{28\ \mathrm{Pa}}{2\times10^{-5}\ \mathrm{Pa}}\right) = 123\ [\mathrm{dB}]$

(2)　$1\ \mathrm{atm} = 1.01\times10^5\ \mathrm{Pa}$

$\therefore\ P = \dfrac{28\ \mathrm{Pa}}{1.01\times10^5\ \mathrm{Pa}} = 2.8\times10^{-4}\ \mathrm{atm}$

第 13 章

問 1　$R = \dfrac{(1.5-1)^2}{(1.5+1)^2} = 0.04$

演 習 問 題 13

問 題 A

1．ガラスの表面で屈折の法則を満たすように，A (目) と B を結ぶ光線を描くと，目に入る光線の向きに B があるように見える．実際より上の方にあるように見える．

2．$\sin\theta_c = \dfrac{V_1}{V_2} = \dfrac{340\ \mathrm{m/s}}{1500\ \mathrm{m/s}} = 0.23 \qquad \therefore\ \theta_c = 13°$

3．$\sin\theta_c = \dfrac{1}{n} = \dfrac{1}{2.42} \qquad \therefore\ \theta_c = 24.4°$

4．$\sin\theta = \dfrac{\lambda}{D} = \dfrac{5\times10^{-7}\ \mathrm{m}}{10^{-5}\ \mathrm{m}} = 5\times10^{-2}$．

幅 $\approx 2l\theta = 2\times(1\ \mathrm{m})\times(5\times10^{-2}) = 0.1\ \mathrm{m} = 10\ \mathrm{cm}$

5．$d = \dfrac{\lambda}{\sin\theta} = \dfrac{0.5\times10^{-6}\ \mathrm{m}}{0.5} = 10^{-6}\ \mathrm{m}$．$\dfrac{1}{10^{-6}\ \mathrm{m}} =$ $10^6/\mathrm{m} = 10^4/\mathrm{cm}$．$\quad\therefore$ 1 cm に 10^4 本．

問 題 B

1．臨界角の方向から日が出て，臨界角の方向に沈む．

2．$\theta \approx \dfrac{0.61\lambda}{R} = \dfrac{0.61\times5.00\times10^{-7}\ \mathrm{m}}{10^{-4}\ \mathrm{m}} = 3.1\times10^{-3}$．

直径 $D \approx 2l\theta = 6\times10^{-3}\ \mathrm{m} = 6\ \mathrm{mm}$

3．いろいろな振動数の音が混ざっているので，弱め合う干渉と強め合う干渉の位置が混在しているうえ，左右のスピーカーから出る同一振動数の音波の振幅が等しくないので干渉が著しくない．また反射音がじゃまをする．

第 14 章

問 1　(1)　酸素分子を 1 辺の長さが d の立方体と見なすと密度は $\dfrac{32\ \mathrm{g}}{6.02\times10^{23}\,d^3} = 1.12\ \mathrm{g/cm^3}$ なので，

$d = \left(\dfrac{32\ \mathrm{g}}{(1.12\ \mathrm{g/cm^3})\times(6.02\times10^{23})}\right)^{1/3}$

$= 3.6\times10^{-8}\ \mathrm{cm} \approx 4\times10^{-10}\ \mathrm{m}$

(2)　$\rho = \dfrac{32\ \mathrm{g}}{22.4\times10^3\ \mathrm{cm^3}} = 1.43\times10^{-3}\ \mathrm{g/cm^3}$．

$\left(\dfrac{1.12}{1.43\times10^{-3}}\right)^{1/3} = 9.2$

演 習 問 題 14

問 題 A

1．気温の低下がゆっくり起こる場合を考える．気温が下がると湖面付近の水の温度が下がる．湖面付近の水温が 3.98 °C 以上だと冷えた水は底の方の温度の高い水より密度が大きいので，底の方へ沈んでいく．やがて湖水全体の温度が密度最大の約 3.98 °C になる．さらに冷えると表面付近の水の密度は底の方の水より小さくなるので，底の方への水の移動は起こらず，表面付近の水はどんどん冷えていき，0 °C になれば湖面は凍り始める．

2．赤い星は青い星よりも表面の温度が低い．

3．$(0.8\ \mathrm{J/(g\cdot K)})\times(3\ \mathrm{g/cm^3})\times(4.5\times10^5\ \mathrm{cm})^3\times(100\ \mathrm{K}) = 2.2\times10^{19}\ \mathrm{J} = 6\times10^{12}\ \mathrm{kWh} = 6$ 兆 kWh

4．$\Delta V = [(9.5-0.4)\times10^{-4}\ \mathrm{K^{-1}}]\times(60\ \mathrm{L})\times(30\ \mathrm{K})$ $= 1.6\ \mathrm{L}$

5．$H = \dfrac{kA\,\Delta T}{L}$

$= \dfrac{[0.15\ \mathrm{J/(m\cdot s\cdot K)}]\times(20\ \mathrm{m^2})\times(25\ \mathrm{K})}{0.05\ \mathrm{m}} = 1500\ \mathrm{J/s}$

6．$L = \dfrac{1}{\sqrt{2}\pi N d^2} = \dfrac{1}{\sqrt{2}\pi(p/kT)d^2} = \dfrac{kT}{\sqrt{2}\pi p d^2}$

問 題 B

1．$p = 1\ \mathrm{atm}$ を表す直線は固相と気相だけを通るので，固体のドライアイスは昇華して気体の二酸化炭素になる．

2．一辺の長さ L の立方体を考える．$\Delta V = (L+\Delta L)^3 - L^3 \approx 3L^2\,\Delta L = 3L^3\alpha\,\Delta T = 3V\alpha\,\Delta T = \beta V\,\Delta T$

$\therefore\ \beta = 3\alpha$

3．$a\sigma A({T_1}^4 - {T_2}^4)\,t = 0.7\times[5.67\times10^{-8}\ \mathrm{W/(m^2\cdot K^4)}]\times(1.2\ \mathrm{m^2})\times[(309\ \mathrm{K})^4-(293\ \mathrm{K})^4]\times(1\ \mathrm{s}) = 83\ \mathrm{J}$

4．臨界点では等温曲線は停留値 (1 次と 2 次の微分が 0) なので，(14.36) 式から

$$\left(\frac{\partial p}{\partial V}\right)_{T=一定} = -\frac{nRT}{(V-nb)^2} + \frac{2an^2}{V^3} = 0$$

$$\left(\frac{\partial^2 p}{\partial V^2}\right)_{T=一定} = \frac{2nRT}{(V-nb)^3} - \frac{6an^2}{V^4} = 0$$

2つの式から，$V_c = 3nb$，$T_c = \dfrac{8a}{27bR}$．これらを(14.36)式に代入すると，$p_c = \dfrac{a}{27b^2}$

第15章

問1　$TV^{0.4} = 一定$．　∴　$TV^{0.4} = T_0 V_0^{0.4}$．

$\dfrac{V}{V_0} = \left(\dfrac{T_0}{T}\right)^{2.5} = \left(\dfrac{283\ \mathrm{K}}{373\ \mathrm{K}}\right)^{2.5} = 0.50$　∴　50 %

問2　定圧変化では気体の温度上昇に伴い体積が膨張し，気体が外部に仕事をするため．

問3　$\dfrac{W}{Q_H} > \dfrac{T_H - T_L}{T_H} = \dfrac{30\ \mathrm{K}}{298\ \mathrm{K}} = 0.10$ なので，

$W > (1\ \mathrm{J}) \times 0.10 = 0.10\ \mathrm{J}$

演習問題15

問題A

1. (1)　$mgh = mC\,\Delta T$，$C = 1.0\ \mathrm{cal/(g\cdot{}^\circ C)} = 4.2\ \mathrm{J/(g\cdot{}^\circ C)} = 4.2\times10^3\ \mathrm{J/(kg\cdot{}^\circ C)}$，$\Delta T = \dfrac{gh}{C} = \dfrac{(9.8\ \mathrm{m/s^2})\times(50\ \mathrm{m})}{4.2\times10^3\ \mathrm{J/(kg\cdot{}^\circ C)}} = 0.12\ {}^\circ\mathrm{C}$

(2)　$P = 0.20\times\dfrac{mgh}{t}$

$= \dfrac{0.20\times(4\times10^5\times10^3\ \mathrm{kg})\times(9.8\ \mathrm{m/s^2})\times(50\ \mathrm{m})}{60\ \mathrm{s}}$

$= 6.5\times10^8\ \mathrm{W}$

2. (1)　B→C，D→A　　(2)　A→B，C→D

(3)　C→D，D→A　　(4)　A→B，C→D

(5)　$p_2(V_B - V_A)$，$C_p(T_2 - T_1)$

3. $TV^{0.4} = T_0 V_0^{0.4}$．$T = T_0\left(\dfrac{V_0}{V}\right)^{0.4} = (300\ \mathrm{K})\times 20^{0.4} = 994\ \mathrm{K} = 721\ {}^\circ\mathrm{C}$

4. $T = T_0\left(\dfrac{V_0}{V}\right)^{0.4} = (293\ \mathrm{K})\times\left(\dfrac{1}{2}\right)^{0.4} = 222\ \mathrm{K} = -51\ {}^\circ\mathrm{C}$

5. $\eta = \dfrac{(673\ \mathrm{K})-(323\ \mathrm{K})}{673\ \mathrm{K}} = 0.52$．52 %

問題B

1. 氷の融解の際の温度は一定で $T = 273\ \mathrm{K}$，吸収した熱量（融解熱）は $Q = (80\ \mathrm{cal/g})\times(10^3\ \mathrm{g})\times(4.2\ \mathrm{J/cal}) = 3.4\times10^5\ \mathrm{J}$ なので，

$S_B - S_A = \displaystyle\int_A^B \frac{dQ}{T} = \frac{1}{T}\int_A^B dQ = \frac{Q}{T} = \frac{3.4\times10^5\ \mathrm{J}}{273\ \mathrm{K}}$

$= 1.2\times10^3\ \mathrm{J/K}$

2. 始状態から終状態へ可逆変化で移すためには，温度 T の熱源から可逆的に熱量 Q を与えればよいので，エントロピーは $\dfrac{Q}{T}$ だけ増加する．

3. (1)　$dQ = nC_V\,dT$

∴　$S_B - S_A = \displaystyle\int_A^B \frac{dQ}{T} = nC_V\int_{T_A}^{T_B}\frac{dT}{T} = nC_V \log\frac{T_B}{T_A}$

(2)　基準の状態 A(p_A, V_A, T_A) から状態 (p_B, V_A, T) への定積変化では $\Delta S = nC_V \log\dfrac{T}{T_A}$．状態 (p, V, T) への等温変化では，(15.48)式から

$\Delta S = nR\log\dfrac{V}{V_A}$

∴　$S = nC_V \log T + nR\log V + 定数$

$= nC_p \log T - nR\log p + 定数$．

4. $\Delta H = \Delta U + p\,\Delta V + V\,\Delta p = \Delta Q + V\,\Delta p$ を使え．

5. $p = (定数)\times V^{-\gamma}$ から $\dfrac{dp}{dV} = -\dfrac{\gamma p}{V}$．

$c = \sqrt{\dfrac{\gamma p}{nM/V}} = \sqrt{\dfrac{\gamma pV}{nM}} = \sqrt{\dfrac{\gamma RT}{M}}$．

等温変化なら $\dfrac{dp}{dV} = -\dfrac{p}{V}$

6. (a)　トムソンの表現が成り立たず，高温熱源からの熱をすべて仕事にかえられれば，この仕事で冷凍機を運転すれば，他のところでの変化を伴わずに熱が低温熱源から高温熱源に移るので，クラウジウスの表現も成り立たない，

(b)　クラウジウスの表現が成り立たず，他のところでの変化を伴わずに熱が低温熱源から高温熱源に移せれば，熱機関が低温熱源に放出した熱を高温熱源に戻せるので，高温熱源の熱をすべて仕事に変えられることになり，トムソンの表現も成り立たない．

したがって，トムソンの表現が成り立てばクラウジウスの表現も成り立ち，クラウジウスの表現が成り立てばトムソンの表現も成り立つ（対偶も真）．

7. $\Delta Q = T\,\Delta S$．$\eta = 1 - \dfrac{Q_L}{Q_H}$

$= 1 - \dfrac{(300\ \mathrm{K})\times(150\ \mathrm{J/K})}{(700\ \mathrm{K})\times(100\ \mathrm{J/K}) + (400\ \mathrm{K})\times(50\ \mathrm{J/K})} = 0.5$．　∴　50 %．

8. もし，外部に行う仕事が0でないと，可逆過程の一方の向きの等温循環過程は，ひとつの熱源から熱を受け取って外部に正の仕事をする循環過程になるが，こ

れは熱力学の第2法則（トムソンの表現）に反する．

物質に A → B → C → D → E → C → A と温度 T の等温可逆循環過程を行わせると，系が等温可逆循環過程を行う場合に系が外部に行う仕事は0なので，

$$\int_{V_l}^{V_c} p\,dV + \int_{V_c}^{V_g} p\,dV + \int_{V_g}^{V_c} p_0\,dV + \int_{V_c}^{V_l} p_0\,dV = 0$$

$$\therefore\quad \int_{V_c}^{V_g} (p-p_0)\,dV = \int_{V_l}^{V_c} (p_0-p)\,dV$$

第16章

問1 右上の電荷 $-q$ からの力を $\boldsymbol{F}_1$，左下の電荷 $-q$ からの力を $\boldsymbol{F}_2$，右下の電荷 q からの力を $\boldsymbol{F}_3$ とすると（図 S.4），対角線の長さは $\sqrt{2}L$ なので，3つの力の大きさは

$$F_1 = F_2 = \frac{q^2}{4\pi\varepsilon_0 L^2}$$

$$F_3 = \frac{q^2}{4\pi\varepsilon_0(\sqrt{2}L)^2} = \frac{q^2}{8\pi\varepsilon_0 L^2}$$

である．3つの力の合力 $\boldsymbol{F}$ の向きは正方形の中心に向かう．合力の方向への力 $\boldsymbol{F}_1$ と $\boldsymbol{F}_2$ の成分は，それぞれ，$F_1\cos 45° = F_2 \cos 45° = \dfrac{F_1}{\sqrt{2}} = \dfrac{q^2}{4\pi\varepsilon_0\sqrt{2}L^2}$

なので，合力 $\boldsymbol{F}$ の大きさは，

$$F = F_1\cos 45° + F_2\cos 45° - F_3 = \frac{(2\sqrt{2}-1)q^2}{8\pi\varepsilon_0 L^2}$$

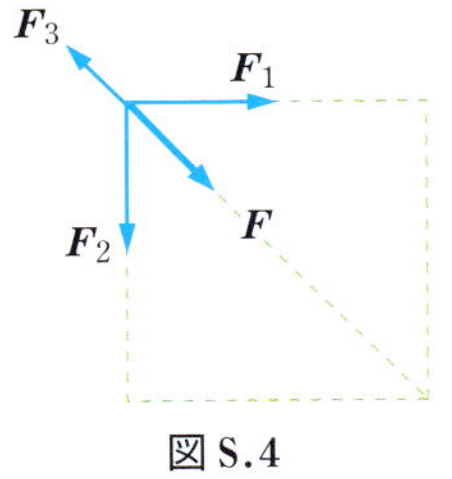

図 S.4

問2 略

問3 略

問4 電場は左向き，点 a の電場が強い．

問5 等電位線の間隔の狭い点 P の電場の方が強い．

演習問題16

問題 A

1．類似点：強さが r^2 に反比例する．2物体のもつ力の源の強さを表す量（質量，電荷）の積に強さが比例する．

相違点：質量はつねに正で，正の質量の間に引力が作用するのに，電荷には正と負のものがあり，同符号の電荷の間には反発力が作用する．

質量の間には引力が作用するので大きな質量をもつ物体が存在できる．同符号の電荷の間には反発力が作用し，異符号の電荷の間には引力が作用するので大きな電荷をもつ物体は存在しない．

2．$\dfrac{4}{x^2} = \dfrac{10}{(2\,\mathrm{m}-x)^2}$　　$\sqrt{10}\,x = 2(2\,\mathrm{m}-x)$

$\therefore\quad x = \dfrac{4\,\mathrm{m}}{\sqrt{10}+2} = 0.77\,\mathrm{m}$

3．(1)　$E = \dfrac{F}{Q} = \dfrac{6.0\times10^{-4}\,\mathrm{N}}{3.0\times10^{-6}\,\mathrm{C}} = 2.0\times10^2\,\mathrm{N/C}$

(2)　$F = QE = (-6.0\times10^{-6}\,\mathrm{C})\times(2.0\times10^2\,\mathrm{N/C}) = -1.2\times10^{-3}\,\mathrm{N}$．力の向きは最初の力と逆向きである．

4．(1)　$E=0$ になるのは x 軸上の $0 < x < 9.0\,\mathrm{cm}$ の範囲にある．$\dfrac{4.0}{x^2} = \dfrac{1.0}{(9.0\,\mathrm{cm}-x)^2}$．

$\therefore\quad 2.0\times(9.0\,\mathrm{cm}-x) = 1.0x$．$18\,\mathrm{cm} = 3.0x$ から $x = 6.0\,\mathrm{cm}$．

(2)　$x = 15\,\mathrm{cm}$ の場合

$$E_x = (9.0\times10^9\,\mathrm{N\cdot m^2/C^2})\times\left(\frac{4.0\times10^{-6}\,\mathrm{C}}{(0.15\,\mathrm{m})^2} + \frac{1.0\times10^{-6}\,\mathrm{C}}{[(0.15\,\mathrm{m})-(0.09\,\mathrm{m})]^2}\right)$$
$$= 9.0\times10^9\times4.6\times10^{-4}\,\mathrm{N/C} = 4.1\times10^6\,\mathrm{N/C}$$
$$\boldsymbol{E} = (4.1\times10^6\,\mathrm{N/C},\ 0,\ 0)$$

5．$eE = mg$，$E = \dfrac{(9.1\times10^{-31}\,\mathrm{kg})\times(9.8\,\mathrm{m/s^2})}{1.6\times10^{-19}\,\mathrm{C}} = 5.6\times10^{-11}\,\mathrm{N/C}$

$ma = eE$，$a = \dfrac{(1.6\times10^{-19}\,\mathrm{C})\times(10000\,\mathrm{N/C})}{9.1\times10^{-31}\,\mathrm{kg}} = 1.8\times10^{15}\,\mathrm{m/s^2}$

6．万有引力もガウスの法則にしたがうので，球殻の内部では万有引力は0である［例4の(1)参照］．したがって，宇宙船の中のような無重力状態になる．

7．(16.27)式で $\lambda = 0$ の場合である．

8．平行板の外では $\dfrac{\sigma}{\varepsilon_0}$，平行板の間では0（図 S.5）．

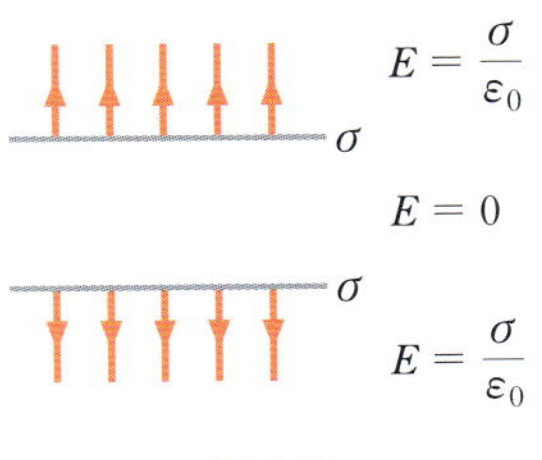

図 S.5

上の面の単位面積上の電荷 σ に下の面の電荷のつくる上向きの電場 $E=\dfrac{\sigma}{2\varepsilon_0}$ が上向きの反発力 $\dfrac{\sigma^2}{2\varepsilon_0}$ を作用する．

9．ガウスの法則を使うと，$E_{1n}A_1+E_{2n}A_2=0$.

10．(1)　電場の向きはすべて左向き，電気力の向きはすべて右向き．

(2)　電場の強さは等電位線の密度に比例するので，(b)，(a)，(c) の順に弱くなる．

11．(a)　$V_A=\dfrac{Q}{2\pi\varepsilon_0 d}-\dfrac{Q}{8\pi\varepsilon_0 d}=\dfrac{3Q}{8\pi\varepsilon_0 d}$,

$V_B=\dfrac{Q}{4\pi\varepsilon_0 d}-\dfrac{Q}{4\pi\varepsilon_0 d}=0$,　∴　$V_A-V_B=\dfrac{3Q}{8\pi\varepsilon_0 d}$

(b)　$V_A=\dfrac{Q}{8\pi\varepsilon_0 d}$, $V_B=\dfrac{Q}{4\pi\varepsilon_0 d}$,

∴　$V_A-V_B=-\dfrac{Q}{8\pi\varepsilon_0 d}$

12．(1)　$E=\dfrac{V}{d}=\dfrac{24\text{ V}}{0.08\text{ m}}=300\text{ V/m}=300\text{ N/C}$

(2)　$F=QE=(3\times10^{-6}\text{ C})\times(300\text{ N/C})$
$=9\times10^{-4}\text{ N}$　下向き

(3)　$W=FL=(9\times10^{-4}\text{ N})\times(0.04\text{ m})$
$=3.6\times10^{-5}\text{ N·m}=3.6\times10^{-5}\text{ J}$

(4)　$V_B-V_A=EL=(300\text{ V/m})\times(0.04\text{ m})$
$=12\text{ V}$

問 題 B

1．半円の中心角は π (rad) なので，図 7 の中心角 $\Delta\theta$ (rad) の部分の電荷 $\Delta Q=(10\,\mu\text{C})\times\dfrac{\Delta\theta}{\pi}$. この電荷による中心 O での電場の強さ $\Delta E=\dfrac{\Delta Q}{4\pi\varepsilon_0 r^2}$. 点 O の電場 $\boldsymbol{E}$ の方向は対称性から右向きの矢印の方向なので，強さは

$$E=\sum\Delta E\cos\theta=\sum\frac{\cos\theta}{4\pi\varepsilon_0 r^2}\Delta Q$$
$$=\frac{1}{4\pi\varepsilon_0}\frac{10\,\mu\text{C}}{\pi r^2}\int_{-\pi/2}^{\pi/2}\mathrm{d}\theta\cos\theta$$
$$=\frac{1}{4\pi\varepsilon_0}\times\frac{2\times10\,\mu\text{C}}{\pi r^2}$$
$$=\frac{(9.0\times10^9\text{ N·m}^2/\text{C}^2)\times2\times(10\times10^{-6}\text{ C})}{\pi(0.1\text{ m})^2}$$
$$=5.7\times10^6\text{ N/C}$$

2．(1)　半径 r の球面内の電荷 $q(r)$ は

$q(r)=\dfrac{4\pi}{3}\rho r^3$ なので，$E(r)=\dfrac{q(r)}{4\pi\varepsilon_0 r^2}=\dfrac{\rho r}{3\varepsilon_0}$.

$$\boldsymbol{E}(\boldsymbol{r})=E(r)\frac{\boldsymbol{r}}{r}=\frac{\rho\boldsymbol{r}}{3\varepsilon_0}$$

(2)　負電荷 $-q$ に作用する電気力は球の中心を向く力 $\boldsymbol{F}=-q\boldsymbol{E}=-\dfrac{q\rho\boldsymbol{r}}{3\varepsilon_0}$ なので，球の中心が安定なつり合い点．

(3)　つり合いの位置からずらすと変位 $\boldsymbol{r}$ に比例する復元力 $-\dfrac{q\rho\boldsymbol{r}}{3\varepsilon_0}$ が作用するので，角振動数 $\omega=\left(\dfrac{q\rho}{3\varepsilon_0 m}\right)^{1/2}$ の単振動．

3．(1)　電荷密度 ρ で一様に帯電した半径 R の球内の電場は，中心からの位置ベクトルを $\boldsymbol{r}$ とすると，前問の (1) によって $\boldsymbol{E}=\dfrac{\rho\boldsymbol{r}}{3\varepsilon_0}$ である．したがって，正，負の電荷の中心からの位置ベクトルを $\boldsymbol{r}', \boldsymbol{r}$ とすると，球内の電場は $\dfrac{\rho}{3\varepsilon_0}(\boldsymbol{r}'-\boldsymbol{r})=-\dfrac{\rho}{3\varepsilon_0}\boldsymbol{\delta}$ で一様になる ($\boldsymbol{\delta}=\boldsymbol{r}-\boldsymbol{r}'$ はずれのベクトル)．

(2)　表面電荷の厚さは $\delta\cos\theta$ なので表面電荷密度の大きさは $\rho\delta\cos\theta$.

4．2 枚の板の電荷のつくる電場を $\boldsymbol{E}_1, \boldsymbol{E}_2$ とすると，$\boldsymbol{E}=\boldsymbol{E}_1+\boldsymbol{E}_2$. $\boldsymbol{E}_1, \boldsymbol{E}_2$ は板に垂直で $E_1=\dfrac{\sigma}{\varepsilon_0}$, $E_2=\dfrac{\sigma}{2\varepsilon_0}$ 向きは図 S.6 を参照．

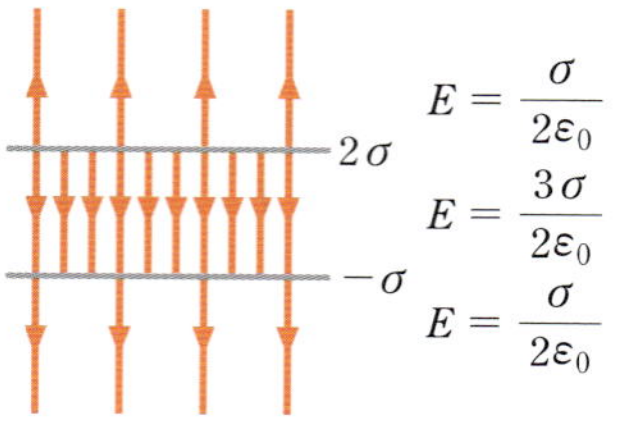

図 S.6

5．万有引力はクーロン力と同じように距離 r の 2 乗に反比例するので，ガウスの法則が成り立ち，例 4 の (2) の結果が使える．すなわち，物体 A の及ぼす万有引力は質量 m_A が A の中心に集まっている場合と同じである．作用反作用の法則によって，物体 A の受ける物体 B の万有引力の大きさは物体 B が物体 A の中心にある質量 m_A に及ぼす万有引力の大きさに等しい．これはガウスの法則によって，質量 m_B が B の中心にある場合に A の中心にある質量 m_A に及ぼす万有引力に等しい．　∴　$F=\dfrac{Gm_Am_B}{r^2}$

6．$E_x=-\dfrac{\partial V(r)}{\partial x}=-\dfrac{\partial r}{\partial x}\dfrac{\mathrm{d}V(r)}{\mathrm{d}r}$

$=-\dfrac{x}{r}\left(-\dfrac{q}{4\pi\varepsilon_0 r^2}\right)=\dfrac{q}{4\pi\varepsilon_0 r^2}\dfrac{x}{r}$　　以下略

7．点 (x, y, z) における電位は (16.44) 式から

$V(x, y, z)$

$$= \frac{1}{4\pi\varepsilon_0}\left(\frac{q}{\sqrt{(x-a)^2+y^2+z^2}} - \frac{q}{\sqrt{(x+a)^2+y^2+z^2}}\right)$$

$$\frac{1}{\sqrt{(x\mp a)^2+y^2+z^2}} \approx \frac{1}{\sqrt{x^2+y^2+z^2\mp 2ax}}$$

$$= \frac{1}{\sqrt{x^2+y^2+z^2}}\left(1\mp\frac{2ax}{x^2+y^2+z^2}\right)^{-1/2}$$

$$\approx \frac{1}{\sqrt{x^2+y^2+z^2}}\left(1\pm\frac{ax}{x^2+y^2+z^2}\right)$$

と近似すると，

$$V(x, y, z) = \frac{px}{4\pi\varepsilon_0(x^2+y^2+z^2)^{3/2}} = \frac{p\cos\theta}{4\pi\varepsilon_0 r^2} \quad (p = 2aq)$$

$$E_x(x, y, 0) = \frac{p}{4\pi\varepsilon_0}\left\{\frac{3x^2}{(x^2+y^2)^{5/2}} - \frac{1}{(x^2+y^2)^{3/2}}\right\}$$

$$= \frac{p}{4\pi\varepsilon_0 r^3}(3\cos^2\theta-1)$$

$$E_y(x, y, 0) = \frac{3pxy}{4\pi\varepsilon_0(x^2+y^2)^{5/2}}$$

$$= \frac{3p}{4\pi\varepsilon_0 r^3}\sin\theta\cos\theta$$

$$E_z(x, y, 0) = 0$$

第 17 章

問 1　略

演習問題 17

問題 A

1. 導体の内部では $\boldsymbol{E} = \boldsymbol{0}$ なので，導体の内部に空洞を囲む閉曲面 S を考え，電場のガウスの法則を使うと，S の内部の全電気量は 0（図 S.7）．この事実と電荷の保存則を使え．

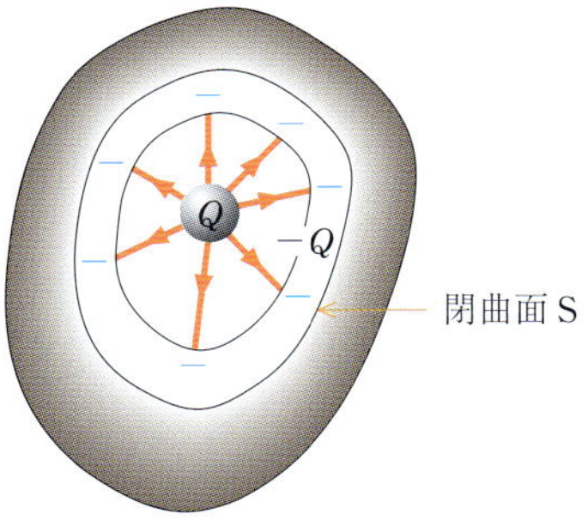

図 S.7

2. 空き缶の内側では電場が 0．外側ではコルクの球に静電誘導された異符号の電荷との間に引力が作用する．
3. (1)　金属球殻の外面上の電荷の電気ポテンシャルエネルギー．
(2)　電荷は金属球殻の内側にある場合より金属球殻の外側にある場合の方が電気ポテンシャルエネルギーが低いから．なお，金属球殻の内側には電場はない．
(3)　髪の毛が帯電して，電気反発力が作用するため．
4. 図 3 (a)の 2 つの電荷 Q と $-Q$ から等距離の面を導体面で置き換えたときの電場［図 3 (b)］は図 3 (a)の右半分と同じなので，図 3 (b)の電荷 Q に作用する電気力は，図 3 (a)の右側の電荷 Q に作用する電気力と同じ大きさだから．
5. $C = \dfrac{\varepsilon_0 A}{d} = \dfrac{(8.85\times10^{-12}\ \mathrm{F/m})\times(0.05\ \mathrm{m})^2}{10^{-3}\ \mathrm{m}} = 2.2\times10^{-11}\ \mathrm{F}$
6. 電気容量が $\dfrac{\varepsilon_0 A}{d}$ の 3 つの平行板キャパシターの並列接続なので，$\dfrac{3\varepsilon_0 A}{d}$．
7. 合成容量 $C = 15\ \mu\mathrm{F}$．
$V_\mathrm{c} = \dfrac{Q_\mathrm{c}}{C_\mathrm{c}} = \dfrac{CV}{C_\mathrm{c}} = \dfrac{(15\times10^{-6}\ \mathrm{F})\times(10\ \mathrm{V})}{20\times10^{-6}\ \mathrm{F}} = 7.5\ \mathrm{V}$
8. $\dfrac{1}{2}CV^2 = 0.5\times(20\times10^{-6}\ \mathrm{F})\times(200\ \mathrm{V})^2 = 0.4\ \mathrm{J}$

問題 B

1. 2 個直列に接続して，これに 5 個並列に接続する．
2. $1\ \mu\mathrm{F}$（右端の 3 つのキャパシターの合成容量は $2\ \mu\mathrm{F}$ である）．
3. 球形キャパシターと半径 b の孤立導体球との並列接続になるので，
$$C = 4\pi\varepsilon_0 b + \frac{4\pi\varepsilon_0 ab}{b-a} = \frac{4\pi\varepsilon_0 b^2}{b-a}$$
4. $U = \dfrac{1}{2}\varepsilon_0 E^2\times$ 体積 $= \dfrac{1}{2}\times(8.85\times10^{-12}\ \mathrm{F/m})\times(10^6\ \mathrm{V/m})^2\times(1\ \mathrm{m}^3) = 4.4\ \mathrm{J}$
5. (1)　50 V　　(2)　$2\times\dfrac{1}{2}CV^2 = (100\times10^{-6}\ \mathrm{F})\times(50\ \mathrm{V})^2 = 0.25\ \mathrm{J}$
(3)　はじめのエネルギーは 0.5 J．差の 0.25 J は導線に発生する熱になる．
6. 導体内部での電場 $\boldsymbol{E}_1+\boldsymbol{E}_2 = \boldsymbol{0}$ なので，$E_2 = \dfrac{\sigma}{2\varepsilon_0}$ である．

第 18 章

問 1　誘電分極で生じた近くの電荷との間の引力が遠くの電荷との間の反発力より強いので，紙片は帯電物体に引き寄せられる．

演習問題 18

問題 A

1. $Q = CV = (10^{-6}\ \mathrm{F})\times(100\ \mathrm{V}) = 10^{-4}\ \mathrm{C}$
2. 極板上の電荷は $C_1V_1 = (C_1+C_2)V_2$，$C_1 = \varepsilon_r C_2$

$\therefore\ \varepsilon_r = \dfrac{V_2}{V_1-V_2}$

3. $C = \dfrac{\varepsilon_r\varepsilon_0 A}{d} = \dfrac{3.5\times(8.85\times10^{-12}\ \mathrm{F/m})\times(1\ \mathrm{m^2})}{0.0001\ \mathrm{m}}$

$= 3.1\times10^{-7}\ \mathrm{F} = 0.31\ \mu\mathrm{F}$

4. (1)　$C = \dfrac{\varepsilon_r\varepsilon_0 A}{d}$

$= \dfrac{8\times(9\times10^{-12}\ \mathrm{F/m})\times(10^{-4}\ \mathrm{m^2})}{10^{-8}\ \mathrm{m}} = 7\times10^{-7}\ \mathrm{F} =$ $0.7\ \mu\mathrm{F}$

(2)　$U = \dfrac{1}{2}CV^2 = 0.5\times(7\times10^{-7}\ \mathrm{F})\times(0.1\ \mathrm{V})^2$

$= 4\times10^{-9}\ \mathrm{J}$

(3)　$E = \dfrac{V}{d} = \dfrac{0.1\ \mathrm{V}}{10^{-8}\ \mathrm{m}} = 10^7\ \mathrm{V/m}$．$\sigma = \varepsilon_0 E =$ $(10^{-11}\ \mathrm{F/m})\times(10^7\ \mathrm{V/m}) = 10^{-4}\ \mathrm{C/m^2}$．

$Q = \sigma A = (10^{-4}\ \mathrm{C/m^2})\times(10^{-4}\ \mathrm{m^2}) = 10^{-8}\ \mathrm{C}$

問題 B

1. 電気容量 $\dfrac{\varepsilon_1\varepsilon_0 A}{d_1}$ と $\dfrac{\varepsilon_2\varepsilon_0 A}{d_2}$ のキャパシターの直列接続なので，

$$C = \frac{\varepsilon_0 A}{\dfrac{d_1}{\varepsilon_1}+\dfrac{d_2}{\varepsilon_2}}$$

2. $D = \varepsilon_r\varepsilon_0 E = \sigma_{自由}$ なので，$E = \dfrac{\sigma_{自由}}{\varepsilon_r\varepsilon_0}$．

第 19 章

問 1　略

問 2　2 つの抵抗の接続の場合と同じようにすれば導ける．

問 3　抵抗値 $2R$ の抵抗器が 3 本並列に接続されている，合成抵抗が $\dfrac{2R}{3}$ の抵抗器が電池に接続されている場合と同じ電流が流れるので，$I = \dfrac{3V}{2R}$．

問 4　$I_1 = \dfrac{(R_2+R_3)V_1-R_3V_2}{R_1R_2+R_2R_3+R_3R_1}$，

$I_2 = \dfrac{(R_1+R_3)V_2-R_3V_1}{R_1R_2+R_2R_3+R_3R_1}$，

$I_3 = \dfrac{R_2V_1+R_1V_2}{R_1R_2+R_2R_3+R_3R_1}$

問 5　$P = RI^2$ なので抵抗値 R が同じとき，消費電力は電流の 2 乗に比例する．抵抗 A, B, C を流れる電流の大きさの比は 1：1：2 なので，A で消費される電力は $\dfrac{1}{6}$．

問 6　$P = \dfrac{V^2}{R}$ なので，4 倍．$\therefore$ 4 W

問 7　$CR = 100\ \mathrm{pF}\times10\ \mathrm{k\Omega} = 10^{-10}\ \mathrm{F}\times10^4\ \Omega = 10^{-6}\ \mathrm{s}$

演習問題 19

問題 A

1. $R = \dfrac{\rho L}{A} = \dfrac{(1.68\times10^{-8}\ \Omega\cdot\mathrm{m})\times(10\ \mathrm{m})}{2.0\times10^{-6}\ \mathrm{m^2}} = 8.4\times$ $10^{-2}\ \Omega$
2. $R = \dfrac{(3\times10^{-5}\ \Omega\cdot\mathrm{m})\times(0.25\ \mathrm{m})}{(0.01\ \mathrm{m})^2} = 8\times10^{-2}\ \Omega$
3. 自由電子が電気と熱の両方を伝える．
4. A と C の間の電気抵抗は導線の長さ $\overline{\mathrm{AC}}$ に比例するので，A と C の電位差も長さ $\overline{\mathrm{AC}}$ に比例する．
5. AB 間：100 Ω と 300 Ω の並列接続なので，75 Ω．AC 間：200 Ω と 200 Ω の並列接続なので，100 Ω．
6. 回路の抵抗は 2 kΩ＋10 kΩ＋8 kΩ ＝ 20 kΩ なので，電池を流れる電流は 10 V÷20 kΩ ＝ 0.5 mA　$\therefore I =$ 0.25 mA
7. 右の 4 つの抵抗の合成抵抗は 10 Ω，右の 7 つの抵抗の合成抵抗も 10 Ω なので，合成抵抗は 28 Ω．
8. 電球のタングステン・フィラメントの抵抗は温度が上昇すると大きくなる．
9. 電球と電熱器の電気抵抗は 100 Ω と 20 Ω，その合成抵抗は 16.67 Ω，電流は $\dfrac{100\ \mathrm{V}}{(16.67\ \Omega)+(0.10\ \Omega)} =$ 6.0 A，電圧降下は $RI = (0.1\ \Omega)\times(6.0\ \mathrm{A}) = 0.6\ \mathrm{V}$．
10. $P = \dfrac{V^2}{R}$ なので，R が大きいのは P が小さい 60 W の方．太いのは抵抗が小さいので 100 W の方．
11. a)
12. 検流計を電流は流れないので，R_1 と R を電流 I_1 が流れ，R_2, R_3 を電流 I_2 が流れる．また点 A と B は同じ電位．$\therefore\ R_1I_1 = R_2I_2$，$RI_1 = R_3I_2$

$\therefore\ \dfrac{R_1}{R_2} = \dfrac{R}{R_3}$

13. (1)　$P = VI = (100\ \mathrm{V})\times(8\ \mathrm{A}) = 800\ \mathrm{W}$

(2)　$\dfrac{(500\ \mathrm{g})\times(2600\ \mathrm{J/g})}{800\ \mathrm{W}} = 1.6\times10^3\ \mathrm{s} = 27\ \mathrm{min}$

問 題 B

1. $C = \dfrac{\varepsilon_r \varepsilon_0 A}{d} = \dfrac{6\times(8.9\times10^{-12}\,\mathrm{F/m})\times(10^{-2}\,\mathrm{m^2})}{10^{-4}\,\mathrm{m}}$
$= 5.3\times10^{-9}\,\mathrm{F}$.
$R = \dfrac{d}{\sigma A} = \dfrac{10^{-4}\,\mathrm{m}}{(6\times10^{-15}\,\Omega^{-1}\cdot\mathrm{m}^{-1})\times(10^{-2}\,\mathrm{m^2})} = 1.7$
$\times10^{12}\,\Omega$. $CR = 9\times10^3\,\mathrm{s}$. $Q(t) = Q_0\,\mathrm{e}^{-t/CR}$.

2. 加速度の大きさは $\dfrac{eE}{m}$ なので，平均変位の大きさ d は $\dfrac{eEt^2}{2m}$ の期待値

$$d = \int_0^\infty \frac{eE}{2m} t^2 \mathrm{e}^{-t/\tau} \frac{1}{\tau}\,\mathrm{d}t = \frac{eE\tau^2}{m}$$

またドリフト速度 $\boldsymbol{v}$ は，「平均変位」÷「平均時間」なので

$$\boldsymbol{v} = -\frac{e\boldsymbol{E}\tau^2}{m\tau} = -\frac{e\boldsymbol{E}\tau}{m}$$

3. (1)　$i = \dfrac{E}{\rho} = \dfrac{100\,\mathrm{V/m}}{3\times10^{13}\,\Omega\cdot\mathrm{m}} = 3\times10^{-12}\,\mathrm{A/m^2}$
$I = 4\pi(6.4\times10^6\,\mathrm{m})^2\times(3\times10^{-12}\,\mathrm{A/m^2}) = 1500\,\mathrm{A}$
(2)　$\sigma = \varepsilon_0 E = -(9\times10^{-12}\,\mathrm{F/m})\times(100\,\mathrm{V/m}) \approx -10^{-9}\,\mathrm{C/m^2}$. $Q = 4\pi(6.4\times10^6\,\mathrm{m})^2\times(-10^{-9}\,\mathrm{C/m^2}) = -5\times10^5\,\mathrm{C}$

第 20 章

問 1　A, B, C, D での磁場の強さの比は 1 : 2 : 0 : 1.

問 2　$B = \dfrac{\mu_0 I}{4\pi R^2}\sum\Delta s = \dfrac{\mu_0 I}{4\pi R^2}\times(R\theta) = \dfrac{\mu_0 I\theta}{4\pi R}$. 向きは紙面の手前から裏の向き．直線部を流れる電流は点 P での磁場に寄与しない．

問 3　⑤

問 4　電気力　eE = 磁気力 evB. ∴　$v = \dfrac{E}{B}$

問 5　(20.24) 式の第 1 式から $d = \dfrac{2mv}{qB}$. q が 2 倍になると $\dfrac{d}{2}$ の点に衝突する．

問 6　常磁性体の S 極側に N 極，N 極側に S 極が誘起されるが，尖った S 極からの引力の方が強いので右にふれる．反磁性体の場合は尖った S 極側に誘起される S 極との反発力の方が強いので左にふれる．

演 習 問 題 20

問 題 A

1. 磁力線の密度の大きい点 A の方が B より磁場は大，磁針は S 極の方（上方）へ引かれる．

2. 南極，地球の赤道を含む平面を東から西の向き．

3. $B = \dfrac{\mu_0 I}{2\pi d} = \dfrac{(2\times10^{-7}\,\mathrm{T\cdot m/A})\times(10\,\mathrm{A})}{10^{-2}\,\mathrm{m}} = 2\times10^{-4}\,\mathrm{T}$

4. $B = \dfrac{\mu_0 I_1}{2\pi d} + \dfrac{\mu_0 I_2}{2\pi d}$
$= \dfrac{(4\pi\times10^{-7}\,\mathrm{T\cdot m/A})\times[(4+6)\mathrm{A}]}{2\pi\times(0.05\,\mathrm{m})} = 4\times10^{-5}\,\mathrm{T}$

5. 地球磁場と電子の速度のなす角を θ とすると，
$F = qvB\sin\theta = (1.6\times10^{-19}\,\mathrm{C})\times(3\times10^7\,\mathrm{m/s})\times(4.5\times10^{-5}\,\mathrm{T})\sin\theta = 2\times10^{-16}\sin\theta\,\mathrm{N}$,
重力は $mg = (9.1\times10^{-31}\,\mathrm{kg})\times(9.8\,\mathrm{m/s^2}) = 10^{-29}\,\mathrm{N}$ なので，$\theta \neq 0$ なら磁気力に比べて無視できる．
運動方程式 $\dfrac{m(v\sin\theta)^2}{r} = q(v\sin\theta)B$ から，
$r = \dfrac{mv\sin\theta}{eB} = \dfrac{(9.1\times10^{-31}\,\mathrm{kg})(3\times10^7\,\mathrm{m/s})\sin\theta}{(1.6\times10^{-19}\,\mathrm{C})\times(4.5\times10^{-5}\,\mathrm{T})}$
$= (3.8\sin\theta)\,\mathrm{m}$

6. (1)　A → B（減速するので曲率半径は減少する）
(2)　裏 → 表

7. 図 S.8 参照（磁極には他の磁極と電流からの力が作用する）．

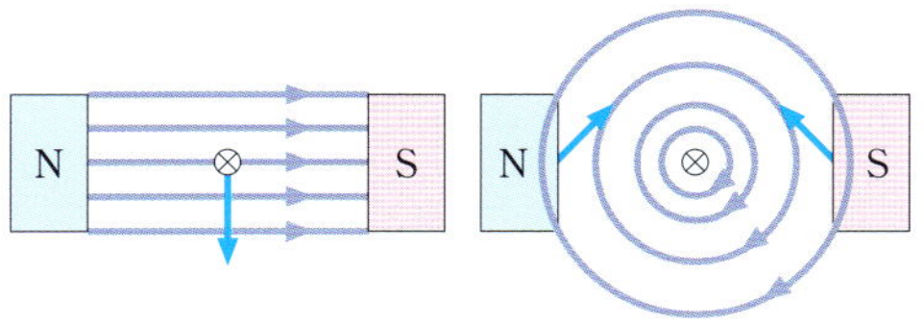

図 S.8

8. $F = ILB = (20\,\mathrm{A})\times(1\,\mathrm{m})\times(3\times10^{-5}\,\mathrm{T}) = 6\times10^{-4}\,\mathrm{N}$

9. $F = ILB\sin\theta = (10\,\mathrm{A})\times(2\,\mathrm{m})\times(4.61\times10^{-5}\,\mathrm{T})\times\sin 49.5^\circ = 7.0\times10^{-4}\,\mathrm{N}$

10. 2 つの電流は作用し合わない．

11. $I = \dfrac{V}{R} = \dfrac{6\,\mathrm{V}}{100\,\Omega} = 0.06\,\mathrm{A}$. $B = \dfrac{\mu_0 I}{2r} = \dfrac{(2\pi\times10^{-7}\,\mathrm{T\cdot m/A})\times(0.06\,\mathrm{A})}{0.1\,\mathrm{m}} = 3.8\times10^{-7}\,\mathrm{T}$

12. $B = \mu_0 nI = (4\pi\times10^{-7}\,\mathrm{T\cdot m/A})\times\dfrac{1200}{0.3\,\mathrm{m}}\times(1\,\mathrm{A})$
$= 5.0\times10^{-3}\,\mathrm{T}$

13. $n = \dfrac{10^3\,\mathrm{m}}{(0.2\,\mathrm{m})\times(1\,\mathrm{m})} = 5\times10^3\,\mathrm{m^{-1}}$　　$B = \mu_0 nI$
$= (4\pi\times10^{-7}\,\mathrm{T\cdot m/A})\times(5\times10^3\,\mathrm{m^{-1}})I = 0.1\,\mathrm{T}$,
∴　$I = 16\,\mathrm{A}$

14. $H = nI = (4000\ \mathrm{m}^{-1}) \times (1\ \mathrm{A}) = 4000\ \mathrm{A/m}$
$B = \mu_0\mu_r H = (4\pi\times 10^{-7}\ \mathrm{T\cdot m/A})\times 1000\times(4000\ \mathrm{A/m}) = 5.0\ \mathrm{T}$

問 題 B

1. (1) 2 MeV の陽子の速さ v は $v = \sqrt{\dfrac{2E}{m}} = \sqrt{\dfrac{2\times 2\times 10^6\times 1.6\times 10^{-19}\ \mathrm{J}}{1.67\times 10^{-27}\ \mathrm{kg}}} = 2.0\times 10^7\ \mathrm{m/s}$.

$$r = \frac{mv}{eB} = \frac{(1.67\times 10^{-27}\ \mathrm{kg})\times(2.0\times 10^7\ \mathrm{m/s})}{(1.6\times 10^{-19}\ \mathrm{C})\times(0.3\ \mathrm{T})} = 0.70\ \mathrm{m}$$

(2) $f = \dfrac{eB}{2\pi m} = \dfrac{(1.6\times 10^{-19}\ \mathrm{C})\times(0.3\ \mathrm{T})}{2\pi\times(1.67\times 10^{-27}\ \mathrm{kg})} = 4.6\times 10^6\ \mathrm{Hz}$

2. (a) 0　　(b) $\dfrac{\mu_0 I}{4R}$，紙面の表 → 裏の向き．
直線部分からの寄与はない．

3. 図 S.9 の電流要素 $I\Delta x$ が点 P につくる磁場 $\Delta\boldsymbol{B}$ は紙面の表→裏の向きで，大きさは，

$$\Delta B = \frac{\mu_0 I\,\Delta x \sin\theta}{4\pi r^2},$$

$x = -d\cot\theta$ なので，

$$\mathrm{d}x = \frac{d}{\sin^2\theta}\mathrm{d}\theta.$$

$$B = \int_{-\infty}^{\infty}\frac{\mu_0 I\sin\theta\,\mathrm{d}x}{4\pi r^2} = \int_0^{\pi}\frac{\mathrm{d}\theta\,\mu_0 I d}{4\pi r^2\sin\theta} = \frac{\mu_0 I}{4\pi d}\int_0^{\pi}\sin\theta\,\mathrm{d}\theta = -\frac{\mu_0 I\cos\theta}{4\pi d}\Big|_0^{\pi} = \frac{\mu_0 I}{2\pi d}$$

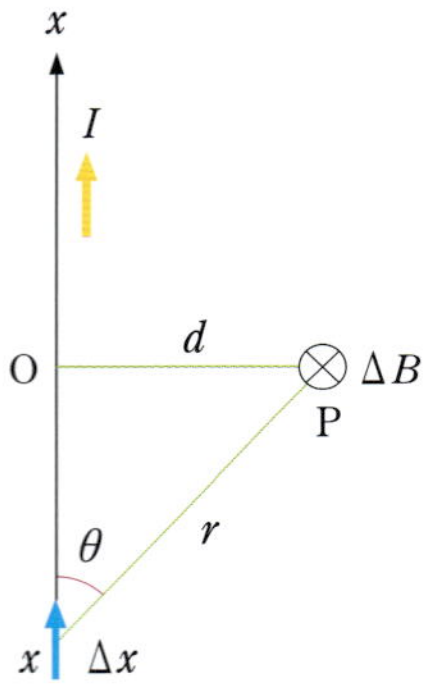

図 S.9

4. 対称性から $\boldsymbol{B}$ の磁力線は中心軸を中心とする同心円で，向きは右ねじの規則にしたがう．軸から距離 r の円周上の $\boldsymbol{B}$ の大きさ $B(r)$ は，円を貫く電流を $I(r)$ とすると，アンペールの法則から，

$$B(r) = \frac{\mu_0 I(r)}{2\pi r}.$$

$$B(r) = \begin{cases} \dfrac{\mu_0 I r}{2\pi c^2} & (r \leqq c) \\ \dfrac{\mu_0 I}{2\pi r} & (c \leqq r \leqq b) \\ \dfrac{\mu_0 I(a^2-r^2)}{2\pi r(a^2-b^2)} & (b \leqq r \leqq a) \\ 0 & (a \leqq r) \end{cases}$$

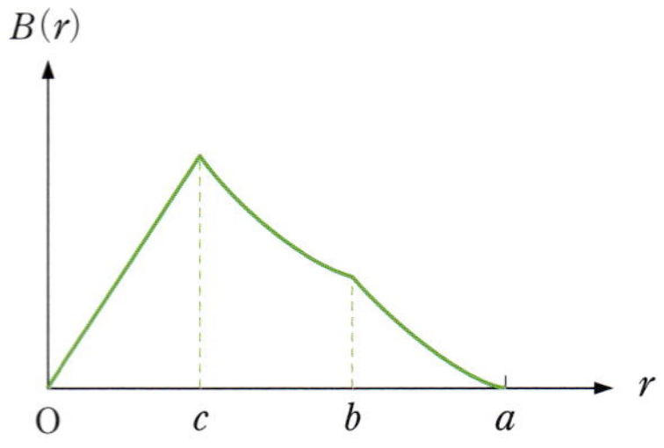

図 S.10

5. AB を流れる電流 I と A′B′ を流れる電流 I が点 P につくる磁場は等しい．

6. (1) 電流 $I = evnA$ なので，(1) 式はビオ-サバールの法則の $I\,\mathrm{d}\boldsymbol{s} = (evnA)\,\mathrm{d}\boldsymbol{s} = (en)(A\,\mathrm{d}s)\boldsymbol{v} =$「長さ $\mathrm{d}s$ の導線内部の電荷」$\boldsymbol{v}$ を $q\boldsymbol{v}$ で置き換えた式である．

(2)
$$\boldsymbol{v}_1\times\{\boldsymbol{v}_2\times(\boldsymbol{r}_1-\boldsymbol{r}_2)\} = \boldsymbol{v}_2\{\boldsymbol{v}_1\cdot(\boldsymbol{r}_1-\boldsymbol{r}_2)\}-(\boldsymbol{v}_1\cdot\boldsymbol{v}_2)(\boldsymbol{r}_1-\boldsymbol{r}_2)$$
$$\boldsymbol{v}_2\times\{\boldsymbol{v}_1\times(\boldsymbol{r}_2-\boldsymbol{r}_1)\} = \boldsymbol{v}_1\{\boldsymbol{v}_2\cdot(\boldsymbol{r}_2-\boldsymbol{r}_1)\}-(\boldsymbol{v}_1\cdot\boldsymbol{v}_2)(\boldsymbol{r}_2-\boldsymbol{r}_1)$$
なので，各第 1 項のため $\boldsymbol{F}_{1\leftarrow 2} \neq -\boldsymbol{F}_{2\leftarrow 1}$．

第 21 章

問 1 (1) 時間の経過とともに磁石の落下速度が増加するので，磁束の変化率が増加する．

(2) $\int_{-\infty}^{\infty} V_i\,\mathrm{d}t =$「山の面積」−「谷の面積」$= -\Phi_B(\infty) + \Phi_B(-\infty) = 0$　　図 20.38 の $\boldsymbol{B}$ の図を参照．

問 2 輪 A には真ん中の輪と逆向き，輪 B には同じ向きの電流が流れる．

問 3 図 S.11 参照

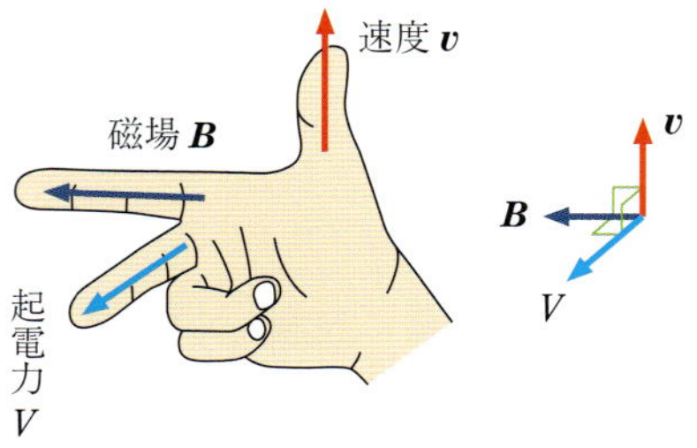

図 S.11

演習問題 21

問 題 A

1. (1) $\Phi_B = BA\cos\theta = (0.30\ \mathrm{T})\times(0.25\ \mathrm{m}^2)\times 1 = 7.5\times 10^{-2}\ \mathrm{Wb}$

(2)　$V_i = \dfrac{\Delta\Phi_B}{\Delta t} = \dfrac{7.5\times10^{-2}\ \text{Wb}}{0.01\ \text{s}} = 7.5\ \text{V}$

$\langle I\rangle = \dfrac{V_i}{R} = \dfrac{7.5\ \text{V}}{20\ \Omega} = 0.38\ \text{A}$

2. $\omega BA = (2\pi\times100\ \text{s}^{-1})\times(0.01\ \text{T})\times(25\times10^{-4}\ \text{m}^2)$
$= 1.6\times10^{-2}\ \text{V}$

3. $V_0 \sin\omega t = -NA\dfrac{\text{d}B}{\text{d}t}$，　∴　$B = \dfrac{V_0}{NA\omega}\cos\omega t$

4. $V_i = L\dfrac{\Delta I}{\Delta t} = \dfrac{(0.1\ \text{H})\times(100\times10^{-3}\ \text{A})}{0.01\ \text{s}} = 1\ \text{V}$

5. 巻き数が多いほど，相互誘導の電流によってコイルに生じる，電磁石を押し戻そうとする磁場が強くなるから．

6. (1)　$\mu_r\mu_0 n^2 Ad = 1000\times(4\pi\times10^{-7}\ \text{T·m/A})\times(10^4\ \text{m}^{-1})^2\times(10\times10^{-4}\ \text{m}^2)\times(0.10\ \text{m}) = 4\pi\ \text{H} = 13\ \text{H}$

(2)　$L\dfrac{\Delta I}{\Delta t} = \dfrac{(13\ \text{H})\times(10\times10^{-3}\ \text{A})}{0.01\ \text{s}} = 13\ \text{V}$

7. $Z = \sqrt{R^2+\omega^2L^2} = \sqrt{R^2+(2\pi fL)^2}$
$= \sqrt{(100\ \Omega^2)+(50\pi\ \Omega)^2} = 186\ \Omega$

$I_e = \dfrac{V_e}{Z} = \dfrac{100\ \text{V}}{186\ \Omega} = 0.54\ \text{A}$

$\tan\phi = \dfrac{2\pi fL}{R} = \dfrac{50\pi\ \Omega}{100\ \Omega} = 1.57$　　∴　$\phi = 57.5°$

8. $C = \dfrac{1}{(2\pi f)^2L}$，$C = (5.0\times10^{-10} \sim 3.1\times10^{-11})\ \text{F}$

問 題 B

1. $V_i = vBL = (10\ \text{m/s})\times(4.6\times10^{-5}\ \text{T})\times(1\ \text{m}) = 4.6\times10^{-4}\ \text{V}$

2. (1)　直流電源の起電力 V と自己誘導の起電力 $L\dfrac{\text{d}I}{\text{d}t}$ はつり合っているので，$V = L\dfrac{\text{d}I}{\text{d}t}$．この方程式の解は $I = \dfrac{V}{L}t$ ($t=0$ で $I=0$)．$I = 1500\ \text{A}$ になるまでの時間 $t = \dfrac{(1500\ \text{A})\times(40\ \text{H})}{7.5\ \text{V}} = 8000\ \text{s}$.

(2)　$U = \dfrac{B^2}{2\mu_0}\times$「体積」$= \dfrac{1}{8\pi}(10^7\ \text{A/T·m})\times(1.8\ \text{T})^2\times(27\ \text{m}^3) = 3.5\times10^7\ \text{J}$

3. L_1 を流れる電流 I_1 は円の中心に $B = \dfrac{\mu_0 I_1}{2r_1}$ をつくる．∴　$\Phi_{2\leftarrow1} = \dfrac{\pi r_2{}^2\mu_0 I_1}{2r_1}$，

∴　$M_{12} = M_{21} = \dfrac{\mu_0\pi r_2{}^2}{2r_1}$.

4. (1)　$u_E = \dfrac{1}{2}\varepsilon_0 E^2 = \dfrac{1}{2}(8.85\times10^{-12}\ \text{F/m})\times(10^6\ \text{V/m})^2 = 4.4\ \text{J/m}^3$

(2)　$u_B = \dfrac{1}{2\mu_0}B^2 = \dfrac{1}{8\pi}(10^7\ \text{A/T·m})\times(10\ \text{T})^2 = 4.0\times10^7\ \text{J/m}^3$

第22章

演 習 問 題 22

問 題 A

1. $\lambda = \dfrac{c}{f} = \dfrac{3\times10^8\ \text{m/s}}{1200\times10^3/\text{s}} = 250\ \text{m}$，$\dfrac{3\times10^8\ \text{m/s}}{500\times10^6/\text{s}} = 0.60\ \text{m}$.

問 題 B

1. 電場の強さは $E(t) = (10^{-3}\ \text{V/m})\cos\omega t$ と変化するので，エネルギーの流れ $S = c\varepsilon_0 E^2(t)$ の時間平均

$\langle S\rangle = \dfrac{1}{2}c\varepsilon_0\times(10^{-3}\ \text{V/m})^2 = \dfrac{1}{2}\times(3\times10^8\ \text{m/s})\times(8.9\times10^{-12}\ \text{C}^2/(\text{N·m}^2))\times(10^{-6}\ \text{V}^2/\text{m}^2) = 1.3\times10^{-9}\ \text{J/m}^2\text{·s} = 1.3\times10^{-9}\ \text{W/m}^2$.

$B = \dfrac{E}{c} = \dfrac{10^{-3}\ \text{V/m}}{3\times10^8\ \text{m/s}} = 3\times10^{-12}\ \text{T}$

2. 光が距離 $2d$ 伝わる時間が $\dfrac{1}{2nN}$ なので，

$c = \dfrac{2d}{\frac{1}{2nN}} = 4dnN = 3.13\times10^8\ \text{m/s}$

3. 往復時間 $t = \dfrac{\theta}{2\pi\times(800\ \text{s}^{-1})} = \dfrac{1.34\times10^{-3}}{3200\pi\ \text{s}^{-1}} = 1.33\times10^{-7}\ \text{s}$. $c = \dfrac{2\times(20\ \text{m})}{1.33\times10^{-7}\ \text{s}} = 3.00\times10^8\ \text{m/s}$

第23章

演 習 問 題 23

問 題 A

1. $(500\ \text{m})\times\sqrt{1-0.6^2} = 400\ \text{m}$

2. $\dfrac{m}{m_0} = \left(1-\dfrac{u^2}{c^2}\right)^{-1/2} = 1.01$，　∴　$u \approx 0.14c$

3. $(10^{-3}\ \text{kg})\times(3.0\times10^8\ \text{m/s})^2 = 9\times10^{13}\ \text{J}$

問 題 B

1. エーテルに対する地球の運動の効果が，t_1 と t_2 の差に対応する波長 λ，振動数 f の光波の位相の差

$2\pi f(t_1-t_2) \approx \dfrac{2\pi L\left(\frac{u}{c}\right)^2}{\lambda}$ になる．装置を 90° 回転すると t_1 と t_2 とが入れ替わるので，

位相差の変化 $\approx \dfrac{4\pi L\left(\frac{u}{c}\right)^2}{\lambda}$ が干渉縞のずれとして観測されるはずである．

$$\frac{4\pi L\left(\frac{u}{c}\right)^2}{\lambda} = \frac{4\pi\times(10\,\mathrm{m})\times\left(\frac{30}{300000}\right)^2}{6\times10^{-7}\,\mathrm{m}} = 2\,\mathrm{rad}$$

2. (23.6) 式の第 1 式で $v_x = -u = 0.6c$ とおくと

$$v = \frac{0.6c+0.6c}{1+0.6^2} = \frac{15}{17}c$$

3. 地球上に止まっていた B から見ると，A が α 星を往復する時間は $\dfrac{4.4\times2}{0.99} = 8.9$ 年．　∴　B は 28.9 歳．B から見ると A の時計は $\sqrt{1-0.99^2} = 0.141$ 倍の速さで進む．したがって，A は宇宙船に 8.9×0.141 年 $= 1.25$ 年暮らす．　∴　A は 21.25 歳．宇宙旅行をする A から見ると，逆に B の方が若いように思われる (双子のパラドックス)．しかし，A は地球での発着と α 星のところでの折り返しで加速運動するので非慣性系で，このような議論はできない．

4. (23.5) 式で $\gamma = \dfrac{1}{\sqrt{1-\frac{u^2}{c^2}}}$ とおくと，

$\mathrm{d}x' = \gamma(\mathrm{d}x-u\,\mathrm{d}t)$，$\mathrm{d}y' = \mathrm{d}y$，$\mathrm{d}z' = \mathrm{d}z$，

$\mathrm{d}t' = \gamma\left(\mathrm{d}t-\dfrac{u}{c^2}\mathrm{d}x\right)$ となるので，$v_x' = \dfrac{\mathrm{d}x'}{\mathrm{d}t'}$，

$\dfrac{\mathrm{d}x}{\mathrm{d}t} = v_x$ を使うと，(23.6) 式が導かれる．

5. $$\boldsymbol{v}\cdot\mathrm{d}\left(\frac{\boldsymbol{v}}{\sqrt{1-\frac{v^2}{c^2}}}\right) = \frac{\boldsymbol{v}\cdot\mathrm{d}\boldsymbol{v}}{\sqrt{1-\frac{v^2}{c^2}}} + \frac{v^2(\boldsymbol{v}\cdot\mathrm{d}\boldsymbol{v})}{c^2\left(1-\frac{v^2}{c^2}\right)^{3/2}}$$
$$= \frac{\boldsymbol{v}\cdot\mathrm{d}\boldsymbol{v}}{\left(1-\frac{v^2}{c^2}\right)^{3/2}} = \mathrm{d}\left(\frac{c^2}{\sqrt{1-\frac{v^2}{c^2}}}\right)$$

を使え．

6. 略

7. $\boldsymbol{u}$ を $-\boldsymbol{v}$ とおいた (23.14) 式の右辺の $\boldsymbol{E}$ にクーロン電場

$\boldsymbol{E}(\boldsymbol{r}) = \dfrac{q}{4\pi\varepsilon_0}\dfrac{(\boldsymbol{r}-\boldsymbol{r}')}{|\boldsymbol{r}-\boldsymbol{r}'|^3}$ を代入すると

$$\boldsymbol{B}'(\boldsymbol{r}) \approx \boldsymbol{v}\times\boldsymbol{E}(\boldsymbol{r})/c^2 = \frac{q\mu_0}{4\pi}\frac{\boldsymbol{v}\times(\boldsymbol{r}-\boldsymbol{r}')}{|\boldsymbol{r}-\boldsymbol{r}'|^3}$$

第 24 章

問 1　エネルギー保存則から

$$\frac{ch}{\lambda}+m_\mathrm{e}c^2 = \frac{ch}{\lambda'}+\sqrt{m_\mathrm{e}{}^2c^4+p_\mathrm{e}{}^2c^2},$$

運動量保存則から

$$\frac{h}{\lambda} = \frac{h}{\lambda'}\cos\phi+p_\mathrm{e}\cos\theta,\quad \frac{h}{\lambda'}\sin\phi = p_\mathrm{e}\sin\theta$$

が導かれる．$\sin^2\theta+\cos^2\theta = 1$ を使って電子の散乱角 θ を消去すると，

$$p_\mathrm{e}{}^2 = \left(\frac{h}{\lambda}-\frac{h}{\lambda'}\right)^2+\frac{2h^2}{\lambda\lambda'}(1-\cos\phi).$$

この式と最初の式からはね跳ばされた電子の運動量 p_e を消去すると，(24.5) 式が導かれる．

問 2　$1.23\times10^{-10}\,\mathrm{m}$

演習問題 24

問題 A

1. $\nu = \dfrac{c}{\lambda} = \dfrac{3\times10^8\,\mathrm{m/s}}{0.6\times10^{-6}\,\mathrm{m}} = 5\times10^{14}\,\mathrm{Hz}.$

$E = h\nu = (6.6\times10^{-34}\,\mathrm{J\cdot s})\times(5\times10^{14}\,\mathrm{s^{-1}}) = 3.3\times10^{-19}\,\mathrm{J}.$

2. (1)　$(5\times10^{-11}\,\mathrm{s})\times(3.0\times10^8\,\mathrm{m/s}) = 1.5\times10^{-2}\,\mathrm{m} = 1.5\,\mathrm{cm}.$

(2)　$\dfrac{10\,\mathrm{J}}{(1.5\times10^{-2}\,\mathrm{m})\times(2\times10^{-6}\,\mathrm{m^2})} = 3.3\times10^8\,\mathrm{J/m^3}$

(3)　$w = \varepsilon_0E^2$

$$\therefore\quad E = \sqrt{\frac{w}{\varepsilon_0}} = \left(\frac{3.3\times10^8\,\mathrm{J/m^3}}{8.85\times10^{-12}\,\mathrm{F/m}}\right)^{1/2} = 6\times10^9\,\mathrm{V/m}.$$

(4)　$h\nu = \dfrac{hc}{\lambda} = \dfrac{(3\times10^8\,\mathrm{m/s})\times(6.6\times10^{-34}\,\mathrm{J\cdot s})}{6.9\times10^{-7}\,\mathrm{m}} = 2.9\times10^{-19}\,\mathrm{J}.$

光子の個数 $n = \dfrac{10\,\mathrm{J}}{2.9\times10^{-19}\,\mathrm{J}} = 3.4\times10^{19}$

3. 運動量 $p = mv = \dfrac{h}{\lambda}$ なので，$v = \dfrac{h}{m\lambda} = \dfrac{6.6\times10^{-34}\,\mathrm{J\cdot s}}{(9.11\times10^{-31}\,\mathrm{kg})\times(10^{-10}\,\mathrm{m})} = 7\times10^6\,\mathrm{m/s}.$

$\dfrac{v}{c} = \dfrac{7\times10^6\,\mathrm{m/s}}{3\times10^8\,\mathrm{m/s}} = \dfrac{1}{40}$　　$E = \dfrac{1}{2}mv^2 = \dfrac{1}{2}\times(9.11\times10^{-31}\,\mathrm{kg})\times(7\times10^6\,\mathrm{m/s})^2 = 2.2\times10^{-17}\,\mathrm{J} = 1.4\times10^2\,\mathrm{eV}$

4. $\lambda = \dfrac{h}{mv} = \dfrac{6.63\times10^{-34}\,\mathrm{J\cdot s}}{(1.67\times10^{-27}\,\mathrm{kg})\times(1.0\times10^4\,\mathrm{m/s})} = 4.0\times10^{-11}\,\mathrm{m}$

5. $K = \dfrac{1}{2}mv^2 = \dfrac{p^2}{2m} = \dfrac{h^2}{2m\lambda^2}$ なので，運動エネル

ギー K が同じなら質量 m が小さいほどド・ブロイ波長 λ は長い．質量がいちばん小さい電子のド・ブロイ波長がいちばん長い．

問 題 B

1. $\dfrac{ZZ'e^2}{4\pi\varepsilon_0} = 79\times2\times(9\times10^9\ \mathrm{N{\cdot}m^2/C^2})\times(1.6\times10^{-19}\ \mathrm{C})^2 = 3.64\times10^{-26}\ \mathrm{J{\cdot}m} = 2.27\times10^{-7}\ \mathrm{eV{\cdot}m}$．$r = 10^{-10}$ m のとき $U = 2.27\times10^3$ eV，$r = 10^{-14}$ m のとき $U = 2.27\times10^7$ eV $= 22.7$ MeV．$\dfrac{1}{2}mv^2 = \dfrac{ZZ'}{4\pi\varepsilon_0 r}$ から $r = \dfrac{2.27\times10^{-7}\ \mathrm{eV{\cdot}m}}{4.79\times10^6\ \mathrm{eV}} = 4.7\times10^{-14}$ m．

2. $\Delta p \gtrsim \dfrac{h}{2\pi(\Delta x)} = \dfrac{6.63\times10^{-34}\ \mathrm{J{\cdot}s}}{2\pi(0.5\times10^{-10}\ \mathrm{m})} = 2\times10^{-24}$ kg·m/s．

$\Delta v = \dfrac{\Delta p}{m} \gtrsim \dfrac{2\times10^{-24}\ \mathrm{kg{\cdot}m/s}}{9.1\times10^{-31}\ \mathrm{kg}} = 2\times10^6\ \mathrm{m/s}$．

$\dfrac{(\Delta p)^2}{2m} \gtrsim 2\times10^{-18}$ J．13.6 eV $= 2.2\times10^{-18}$ J なので同程度の大きさである．したがって，13.6 eV のエネルギーをもつ電子の Δx を水素原子の半径よりかなり小さくすることはできない．

3. $p = \sqrt{3mkT} = \dfrac{h}{\lambda}$

$$\lambda = \frac{h}{\sqrt{3mkT}} = \frac{6.63\times10^{-34}\ \mathrm{J{\cdot}s}}{\sqrt{3\times(1.67\times10^{-27}\ \mathrm{kg})\times(1.38\times10^{-23}\ \mathrm{J/K})\times(600\ \mathrm{K})}} = 1.0\times10^{-10}\ \mathrm{m},$$

$$v = \frac{p}{m} = \sqrt{\frac{3kT}{m}} = \sqrt{\frac{3(1.38\times10^{-23}\ \mathrm{J/K})\times(600\ \mathrm{K})}{1.67\times10^{-27}\ \mathrm{kg}}} = 3.9\times10^3\ \mathrm{m/s}$$

4. $\lambda = \sqrt{\dfrac{150.4}{54}}\times(10^{-10}\ \mathrm{m}) = 1.67\times10^{-10}$ m．$\sin\theta = \dfrac{\lambda}{d} = \dfrac{1.67\times10^{-10}\ \mathrm{m}}{2.17\times10^{-10}\ \mathrm{m}} = 0.77$．　$\therefore\ \theta = 50°$．

$V = 181$ V のときは $\lambda = 0.91\times10^{-10}$ m なので，$\theta = 25°$．

5. $P = \dfrac{E}{c} = \dfrac{2000\ \mathrm{J}}{3\times10^8\ \mathrm{m/s}} = 6.7\times10^{-6}$ kg·m/s

第 25 章

演 習 問 題 25

問 題 A

1. 82，126 と 92，143
2. ④　^{56}Fe
3. $\left(\dfrac{1}{2}\right)^{45/15} = \left(\dfrac{1}{2}\right)^3 = \dfrac{1}{8}$ [g]
4. 質量数は β 崩壊では変化せず，α 崩壊では 4 ずつ減る．したがって，α 崩壊の回数は，$\dfrac{238-206}{4} = 8$ 回．原子番号は β 崩壊では 1 ずつ増加し，α 崩壊では 2 ずつ減少する．したがって，β 崩壊の回数は $-(92-82-2\times8) = 6$ 回．
5. $\dfrac{1}{4} = \left(\dfrac{1}{2}\right)^2 = \left(\dfrac{1}{2}\right)^{t/T_{1/2}}$ から $2 = \dfrac{t}{T_{1/2}}$

$\therefore\ t = 2T_{1/2} = 2\times5700\ \mathrm{y} = 11\,400\ \mathrm{y}$

6. ①　$(10\ \mathrm{J/kg})\div[4.2\times10^3\ \mathrm{J/(kg{\cdot}K)}] = 0.0024$ K

問 題 B

1. $\rho \approx \dfrac{m_\mathrm{p}A}{\dfrac{4\pi(1.2\times10^{-15}A^{1/3}\ \mathrm{m})^3}{3}} = \dfrac{3\times(1.67\times10^{-27}\ \mathrm{kg})}{4\pi(1.2\times10^{-15}\ \mathrm{m})^3} = 2.3\times10^{17}\ \mathrm{kg/m^3} = 2.3\times10^{14}\ \mathrm{g/cm^3}$．$r = \left(\dfrac{3M_\mathrm{S}}{4\pi\rho}\right)^{1/3} = \left(\dfrac{M_\mathrm{S}}{m_\mathrm{p}}\right)^{1/3}\times(1.2\times10^{-15}\ \mathrm{m}) = \left(\dfrac{2.0\times10^{30}}{1.67\times10^{-27}}\right)^{1/3}\times(1.2\times10^{-15}\ \mathrm{m}) = 1.3\times10^4\ \mathrm{m} = 13$ km

2. 静止している X が崩壊して，Y（速度 $\boldsymbol{v}$）と α（速度 $\boldsymbol{v}'$）になるとする．運動量保存則から $m\boldsymbol{v}+m_\alpha\boldsymbol{v}' = \boldsymbol{0}$．エネルギー保存則から

$$Mc^2 = mc^2+\frac{1}{2}mv^2+m_\alpha c^2+\frac{1}{2}m_\alpha v'^2.$$

$\therefore\ E \equiv (M-m-m_\alpha)c^2$ とすると

$$E = \frac{1}{2}mv^2+\frac{1}{2}m_\alpha v'^2 = \frac{{m_\alpha}^2v'^2}{2m}+\frac{1}{2}m_\alpha v'^2.$$

$$\therefore\ \frac{1}{2}m_\alpha v'^2 = \frac{Em}{m+m_\alpha}$$

Photo Credits

表紙・カバー表：Erich Lessing/PPS
表紙・カバー裏：Alamy/PPS

各章中扉左上の地球の写真：NASA

p.1 中扉：理化学研究所

第 0 章
p.2 中扉：国立天文台
図 0.1：国立天文台
図 0.2：NASA
図 0.3：gezzeg/123RF
図 0.6：産業技術総合研究所
図 0.8：理化学研究所 香取量子計測研究室
図 0.9：産業技術総合研究所
図 0.10：産業技術総合研究所
図 0.11：大野栄三（北海道大学）

第 1 章
p.8 中扉：Alamy/PPS
図 1.8：photolibrary
図 1.18：Beautifulblossom-Fotolia.com
図 1.21：Arrows-Fotolia.com
図 1.28：lamax-Fotolia.com
図 1.A（左）：sudowoodo/123RF
図 1.A（右）：oni-Fotolia.com

第 2 章
p.24 中扉：Alamy/PPS
図 2.1：williammanning/123RF
図 2.3：eintracht/123RF
図 2.14：NASA
図 2.26：rafaelbenari/123RF

第 3 章
p.36 中扉：Rex/PPS
図 3.4：swimwitdafishes/123RF
図 3.14：Joggie Botma-Fotolia.com
図 3.17：右近修治

第 4 章
p.52 中扉：Alamy/PPS
図 4.1：addricky/123RF
図 4.3：笹川民雄
http://www.mars.dti.ne.jp/~stamio
図 4.7：flynt/123RF
図 4.8：ヨーロッパ写真紀行
図 4.12：smuay/123RF
図 4.13：本州四国連絡高速道路（株）

第 5 章
p.62 中扉：Rex/PPS
図 5.5：stephanscherhag/123RF
図 5.8：michaklootwijk/123RF
図 5.13：島根県企業局
図 5.19：photolibrary
図 5.20：toliknik/123RF

第 6 章
p.76 中扉：Alamy/PPS
図 6.7：seventysix/123RF

第 7 章
p.82 中扉：Alamy/PPS
図 7.9：JAXA/NASA
図 7.11：thierry burot-Fotolia.com
図 7.16：olga_besnard/123RF

第 8 章
p.92 中扉：後藤昌美/PPS
図 8.1：kaowenhua/123RF
図 8.3：actionsports/123RF
図 8.9：photolibrary

第 9 章
p.108 中扉：Science Source/PPS
図 9.4：nd3000-Fotolia.com
図 9.5：Robert Ford-Fotolia.com

第 10 章
p.114 中扉：Rex/PPS
図 10.4：serezniy/123RF
図 10.9：macor/123RF

第 11 章
p.120 中扉：Alamy/PPS
図 11.1：photolibrary

図 11.5：vanbeets/123RF
図 11.6：cylonphoto/123RF
図 11.14：lello4d/123RF
図 11.19：トーニック（株）
http://www.tohnic.co.jp/hoentzsch.html

第 12 章
p.130 中扉：HIP/PPS
図 12.7：katyphotography-Fotolia.com
図 12.10：NNP
図 12.12：Greg Brave-Fotolia.com
図 12.21：whitestone/123RF
図 12.22：bradengunem/123RF

第 13 章
p.150 中扉：Alamy/PPS
図 13.1：NNP
図 13.3：ziggy-Fotolia.com
図 13.6（上）：Olivier Le Moal-Fotolia.com
図 13.6（下）：nobasuke-Fotolia.com
図 13.8：whitetag/123RF
図 13.9：anaken2012/123RF

第 14 章
p.156 中扉：Alamy/PPS
図 14.1：zhengzaishanchu-Fotolia.com
図 14.2：川口液化ケミカル株式会社
http://www.klchem.co.jp/
図 14.4：hanapon1002-Fotolia.com
図 14.6：Hoda Bogdan-Fotolia.com
図 14.8：missisya-Fotolia.com
図 14.9：JAXA
図 14.10：電気興業株式会社

第 15 章
p.172 中扉：Alamy/PPS
図 15.4：photolibrary
図 15.9：tsubakiya_k-Fotolia.com
図 15.10：photolibrary
図 15.15：株式会社 東芝
図 15.23：JAXA/NASA

第 16 章
p.194 中扉：SPL/PPS
図 16.1：pacoayala/123RF

第 17 章
p.216 中扉：Science Source/PPS
図 17.9：Lennard-Fotolia.com
図 17.13：パナソニック株式会社
図 17.16：TH

第 18 章
p.224 中扉：SPL/PPS
図 18.1：TDK 株式会社
図 18.7：株式会社 高純度化学研究所

第 19 章
p.230 中扉：Alamy/PPS
図 19.2：四国電力
図 19.11：BillionPhotos.com-Fotolia.com
図 19.12：株式会社村田製作所
http://www.murata.com
図 19.14：YPC 別館・天神のページ
http://www2.hamajima.co.jp/~tenjin/tenjin.htm
図 19.20：unaikatsuhiro-Fotolia.com

第 20 章
p.242 中扉：Science Source/PPS
図 20.1：photolibrary
図 20.35：株式会社 東芝
図 20.37：JAXA/NASA
図 20.43：claudiodivizia/123RF
図 20.B：理化学研究所

第 21 章
p.266 中扉：SPL/PPS
図 21.1：株式会社ワコム
図 21.16：島根県企業局
図 21.22：アトラス日本グループ
図 21.29：三菱電機株式会社

第 22 章
p.284 中扉：NAOJ
図 22.6：photolibrary
図 22.10：ひまじん研究所 柴田泰
図 22.16：JAXA

第 23 章
p.296 中扉：SPL/PPS
図 23.3：Mike Thomas-Fotolia.com
図 23.5：JAXA
図 23.8：理化学研究所

第 24 章

p.306 中扉：理化学研究所
図 24.12：外村彰（株式会社日立製作所）
図 24.15：伊東敏雄（元電気通信大学）
図 24.18：NNP
図 24.21：信越化学工業（株）
図 24.25：中村新男（名古屋大学）/竹田美和（名古屋大学）
図 24.26：杉本宜昭
図 24.27：株式会社村田製作所
http://www.murata.com
図 24.33：paylessimages/123RF
図 24.37：国立天文台/Dan Birchall

第 25 章

p.326 中扉：SPL/PPS
図 25.4：sergeyussr/123RF
図 25.6：東京大学宇宙線研究所 神岡宇宙素粒子研究施設
図 25.9：高エネルギー加速器研究機構
図 25.A：SPL/PPS
図 25.B：SPL/PPS

索　引

あ　行

アインシュタイン (Einstein, A.)　299, 309
アインシュタインの相対性原理 (Einstein's principle of relativity)　299
アクセプター準位 (acceptor level)　320
圧縮率 (compressibility)　117
圧力 (pressure)　115
アボガドロ定数 (Avogadro number)　164
アボガドロの法則 (Avogadro law)　164
RLC 回路 (*RLC* circuit)　280
アルキメデスの原理 (Archimedes' principle)　123
α 線 (α-rays)　331
α 崩壊 (α-decay)　331
アンペア (A)　7, 231, 256
アンペールの法則 (Ampeère's law)　249
アンペール-マクスウェルの法則 (Ampere-Maxwell law)　287
位相 (phase)　54, 133, 279
位相速度 (phase velocity)　148
位相のずれ (phase shift)　280
位置 (position)　11
位置エネルギー (potential energy)　66
1 次相転移 (first order phase transition)　157
位置ベクトル (position vector)　16
一様な電場 (uniform electric field)　201
一般解 (general solution)　43
因果律 (causality)　43
インダクタンス (inductance)　275
インピーダンス (impedance)　280
ウィーンの変位則 (Wien's displacement law)　161
ウェーバ (Wb)　244
ウォルトン (Walton, E. T. S.)　328
動いている時計の遅れ (time dilation of moving clock)　300
うなり (beat)　148
運動エネルギー (kinetic energy)　65
運動の第 1 法則 (first law of motion)　25
運動の第 2 法則 (second law of motion)　26
運動の第 3 法則 (third law of motion)　28
運動の法則 (law of motion)　26
運動量 (momentum)　38
運動量保存則 (momentum conservation law)　86
永久機関 (perpetuum mobile)　176
江崎玲於奈 (Esaki, L.)　325
x-*t* グラフ (*x*-*t* graph)　11
エーテル (ether)　296
n 型半導体 (n-type semiconductor)　320
エネルギー (energy)　62, 303
エネルギーギャップ (energy gap)　318
エネルギー準位 (energy level)　316
エネルギー等分配法則 (law of equipartition of energy)　167
エネルギーバンド (energy band)　318
エネルギー保存則 (enegy conservation law)　73
MKSA 単位系 (MKSA system of units)　7, 256
MKS 単位系 (MKS system of units)　7
LR 回路 (*LR* circuit)　276
エルステッド (Øersted, H. C.)　245
遠心力 (centrifugal force)　111
エントロピー (entropy)　186, 187
エントロピー増大の原理 (principle of increase of entropy)　188
応力 (stress)　115
オットー・サイクル (Otto cycle)　184
オーム (Ω)　233
オームの法則 (Ohm's law)　233
音圧 (sound pressure)　144
音圧レベル (sound pressure level)　145
温度 (temperature)　157
音波 (sound wave)　143
音波の速さ (velocity of sound wave)　143

か　行

ガイガー (Geiger, H. W.)　308
開管 (open tube)　144
開口端補正 (open end correction)　144
回折 (diffraction)　139, 154
回折格子 (diffraction grating)　154
回転運動の法則 (law of rotational motion)　78, 80, 94
回転座標系 (rotating frame)　111
外力 (external force)　28, 85
外力のモーメント (moment of external force)　89
回路 (circuit)　236
回路素子 (circuit element)　236
ガウスの法則 (Gauss' law)　203, 228, 244, 285
化学エネルギー (chemical energy)　72
可逆機関 (reversible engine)　183
可逆変化 (reversible process)　179
角運動量 (angular momentum)　78
角運動量保存則 (angular momentum conservation law)　79, 89
核エネルギー (nuclear energy)　303, 333
核子 (nucleon)　327
角周波数 (angular frequency)　279
角振動数 (angular frequency)　54
角速度 (angular velocity)　20
核分裂 (nuclear fission)　330, 334
核融合 (nuclear fusion)　330
核力 (nuclear force)　328
過減衰 (overdamping)　58
梶田隆章 (Kajita, T.)　340
加速度 (acceleration)　13, 18
価電子 (valence electron)　317
ガーマー (Germer, L. H.)　313
カマリング・オネス (Kamerling-Onnes, H.)　235
ガリレオ (Galileo Galilei)　51, 57
ガリレオの相対性原理 (Galilean principle of relativity)　110
カルノー (Carnot, N. L. S.)　181
カルノー・サイクル (Carnot's cycle)　182
カルノーの原理 (Carnot's principle)　183
カロリー (cal)　72, 158
換算質量 (reduced mass)　88
干渉 (interference)　137
慣性 (inertia)　25
慣性系 (inertial frame)　108
慣性抵抗 (inertial resistance)　45, 128
慣性の法則 (law of inertia)　25
慣性モーメント (moment of inertia)　96, 97
慣性力 (force of inertia)　108, 109, 111
完全非弾性衝突 (perfectly inelastic collision)　91
完全流体 (perfect fluid)　121
γ 線 (γ-rays)　331
γ 崩壊 (γ-decay)　331
気体定数 (gas constant)　164
気体の内部エネルギー (internal energy of gas)　168
気体の分子運動論 (kinetic theory of gases)　164

起電力 (electromotive force)　232
軌道角運動量量子数 (quantum number of orbital angular momentum)　316
ギブズの自由エネルギー (Gibbs free energy)　192
基本振動 (fundamental vibration)　142
基本単位 (fundamental units)　256
逆起電力 (counter electromotive force)　275
ギャップ (gap)　318
キャパシター (capacitor)　218
キャベンディッシュ (Cavendish, H.)　30
球形キャパタシー (spherical capacitor)　219
吸収線量 (absorbed dose)　332
球面波 (spherical wave)　138
キュリー温度 (Curie temperature)　261
キュリー夫妻 (Mr. and Mrs. Curie)　330
境界条件 (boundary condition)　43
境界層 (boundary layer)　127
強磁性体 (ferromagnet)　261
共振 (resonance)　60, 281
共振周波数 (resonance frequency)　281
強制振動 (forced vibration)　59
共鳴 (resonance)　60
強誘電体 (ferroelectrics)　227
極座標 (polar coordinates)　19
巨視的な電場 (macroscopic electric field)　215
巨視的に見た力 (macroscopic force)　32
キルヒホッフの法則 (Kirchhoff's laws)　237
キログラム (kg)　7
キログラム重 (kgw)　30
キロワット時 (kWh)　239
金属 (metal)　318
空間線量率 (air dose rate)　333
偶力 (couple of forces)　81
クォーク (quark)　336
屈折 (refraction)　138
屈折角 (refracted angle)　138
屈折の法則 (law of refraction)　138
屈折率 (index of refraction)　138
組立単位 (derived units)　7
クラウジウス (Clausius, R. J. E.)　169
クラウジウスの不等式 (Clausius' inequality)　188
グルーオン (gluon)　337
グレイ (Gy)　332
クーロン (Coulomb, C. A.)　196
クーロン (C)　196
クーロン・エネルギー (Coulomb energy)　206
クーロンの法則 (Coulomb's law)　196, 197
クーロン・ポテンシャル (Coulomb potential)　206
クーロン力 (Coulomb's force)　196
群速度 (group velocity)　148
ゲージ粒子 (gauge particles)　337
結合エネルギー (binding energy)　329
ケプラー (Kepler, J.)　81
ケプラーの法則 (Kepler's laws)　81
ケルビン (K)　163
ゲルマン (Gell-Mann, M.)　336
原子 (atom)　307
原子核 (atomic nucleus)　308
原子核の崩壊 (nuclear decay)　330
原始関数 (primitive function)　37
原子軌道 (atomic orbital)　316
原子質量単位 (atomic mass unit)　327
原子番号 (atomic number)　316
現象論的な力 (phenomenological force)　32
原子量 (atomic weight)　327
原子炉 (nuclear reactor)　334
減衰振動 (damped oscillation)　58
元素の周期表 (periodic table of elements)　317
元素の周期律 (periodic law of elements)　317
高温熱源 (high temperature heat source)　181
光子 (フォトン) (photon)　309, 335
向心加速度 (centripetal acceleration)　21, 27
向心力 (centripetal force)　27
剛性率 (rigidity)　117
光速一定の原理 (principle of the constancy of the velocity of light)　299
剛体 (rigid body)　83
剛体の回転運動の法則 (law of rotational motion of rigid body)　94
剛体の重心運動の法則 (law of motion of center-of-mass of rigid body)　93
剛体のつり合い (equilibrium of rigid body)　94
剛体の平面運動 (planar motion of rigid body)　100
剛体振り子 (rigid body pendulum)　98
光電効果 (photoelectric effect)　309
交流 (alternating current)　279
交流起電力 (AC electromotive force)　279
交流電圧 (alternating voltage)　279
交流電流 (交流, alternating current)　279
交流発電機 (alternator, dynamo)　273
合力 (resultant force)　27
国際単位系 (SI) (International System of Units)　7
黒体放射の法則 (law of black-body radiation)　161
小柴昌俊 (Koshiba, M.)　339
コッククロフト (Cockcroft, S. J. D.)　328
固定端 (fixed end)　139
固有時 (proper time)　301
固有周波数 (characteristic frequency)　281
固有振動 (characteristic vibration)　142
固有振動数 (characteristic frequency)　142
コリオリの力 (Coliolis' force)　111
孤立導体球 (solitary spherical conductor)　219
コンデンサー (capacitor)　218
コンプトン (Compton, A. H.)　310
コンプトン散乱 (Compton scattering)　310

さ　行

サイクル (cycle)　181
サイクロトロン運動 (cyclotron motion)　250
サイクロトロン周波数 (cyclotron frequency)　251
歳差運動 (precession)　104
最大摩擦力 (maximum frictional force)　33
作業物質 (working substance)　181
さぐりコイル (search coil)　283
作用反作用の法則 (law of action and reaction)　28
サラム (Salam, A.)　337
三重点 (triple point)　158
残留磁化 (residual magnetization)　261
CR 回路 (*CR* circuit)　239
磁化 (magnetization)　257
磁荷 (magnetic charge)　243
磁化曲線 (magnetization curve)　261
磁化電流 (magnetization current)　258
磁化率 (magnetic susceptibility)　260
時間 (time)　5
磁気感受率 (magnetic susceptibility)　260
磁気双極子 (magnetic dipole)　254

磁気定数（magnetic constant）　245
磁気ヒステリシス
（magnetic hysteresis）　261
磁気モーメント（magnetic moment）　254
磁気力（magnetic force）　243
磁気力のクーロンの法則
（Coulomb's law of magnetic force）　259
磁区（magnetic domain）　261
次元（ディメンション）（dimension）　9
自己インダクタンス
（self-inductance）　275
仕事（work）　63
仕事と運動エネルギーの関係
（work-kinetic energy relation）　65
仕事率（power）　64, 238
自己誘導（self-induction）　275
磁石（magnet）　257
指数（exponent）　8
磁性体（magnetic body）　257
磁束（magnetic flux）　244
実効線量（effective dose）　332
実効値（effective value）　279
質点（mass point）　11, 82
質点系（system of particles）　82
質点系の角運動量
（angular momentum of system of particles）　89
質点系の全運動量（total momentum of system of particles）　86
質量（mass）　7, 30, 303
質量欠損（mass defect）　329
質量数（mass number）　327
質量中心（center of mass）　83
時定数（time constant）　240, 276
自動車の運動方程式
（equation of motion of automobile）　107
磁場（磁界，magnetic field）　195, 243
自発放射（spontaneous emission）　323
磁場 ***H*** のアンペールの法則
（Ampeère's law of magnetic field）　259
磁場のエネルギー
（energy of magnetic field）　277
磁場 ***B*** のガウスの法則（Gauss' law of magnetic field ***B***）　244, 285
シーベルト（Sv）　332
シャルルの法則（Charles' law）　163
周期（period）　21, 132
周期表（periodic table）　317
重心（center of gravity）　83
重心の運動方程式（equation of motion of center of mass）　85, 93
自由端（free end）　139
終端速度（terminal velocity）　45
自由電荷（free electric charge）　214
自由電子（free electron）　215
周波数（frequency）　132, 279
重力（gravity）　30
重力加速度
（gravitational acceleration）　14
重力キログラム（kgf）　30
重力子（gravition）　338
重力定数（gravitational constant）　30
重力のモーメント
（gravitational moment）　83
重力ポテンシャルエネルギー
（potential energy of gravity）　67
シュテファン-ボルツマンの法則
（Stefan-Boltzmann's law）　162
主量子数
（principal quantum number）　316
ジュール（Joule, J. P.）　72, 173
ジュール（J）　63, 72, 158
ジュール熱（Joule's heat）　239
ジュールの実験（Joule's experiment）　74
シュレーディンガー方程式
（Schrödinger equation）　312
瞬間加速度
（instantaneous acceleration）　18
循環過程（cyclic process）　181
瞬間速度（instantaneous velocity）　12, 17
衝撃波（shock wave）　149
常磁性体（paramagnetic body）　260
状態変数（variable of state）　173
状態方程式（equation of state）　173
状態量（state function）　173
初期条件（initial condition）　43
磁力線（lines of magnetic force）　244
真空の透磁率
（permeability of vacuum）　245
真空の誘電率
（permittivity of vacuum）　197
進行波（travelling wave）　141
真性半導体
（intrinsic semiconductor）　319
振動数（frequency）　55, 132
振幅（amplitude）　54, 132
垂直抗力
（normal component of reaction）　32
スカラー積（scalar product）　63, 344
ストークスの法則（Stokes' law）　45, 127
スーパーカミオカンデ検出器
（Super-Kamiokande detector）　333
スピン（spin）　257
スペクトル（spectrum）　153
滑りなしの条件（nonslip condition）　126
ずれ弾性率（shear modulus）　117
ずれ変形（ずり変形）（shear strain）　117
正規分布（normal distribution）　9
正弦波（sinusoidal wave）　132
正孔（positive hole）　319
静止エネルギー（rest energy）　303
静止質量（rest mass）　302
静止摩擦係数
（coefficient of static friction）　32
静止摩擦力（static friction）　32
静水圧（hydrostatic pressure）　121
静電遮蔽（electric shielding）　216
静電張力（electrostatic tension）　223
静電場（electrostatic field）　199, 224
静電誘導（electrostatic induction）　215
整流作用（rectification）　321
絶縁体（insulator）　224, 318
接線応力（tangential stress）　115
絶対温度（absolute temperature）　163
接頭語（prefix）　8
セルシウス温度目盛
（degree Celsius）　157
零ベクトル（zero vector）　15
線スペクトル（line spectrum）　315
全反射（total reflection）　153
線膨張率
（coefficient of linear expansion）　159
相（phase）　157
相互インダクタンス
（mutual inductance）　278
相互インダクタンスの相反定理
（reciprocity theorem of mutual inductance）　278
相互誘導（mutual induction）　278
相図（phase diagram）　157
相対位置ベクトル
（relative position vector）　88
相対屈折率
（relative index of refraction）　138
相対速度（relative velocity）　19, 89
相転移（phase transition）　157
層流（laminar flow）　128
速度（velocity）　12, 16, 17
塑性（plasticity）　115
疎密波（compression wave）　131
素粒子（elementary particle）　335
ソレノイド（solenoid）　247

た　行

第 1 種の永久機関（perpetuum mobile of the first kind）　176
体積弾性率（bulk modulus）　117
第 2 種の永久機関（perpetuum mobile of the second kind）　176
体膨張率
（coefficient of cubical expansion）　159

太陽エネルギー（solar energy） 333
太陽定数（solar constant） 162, 333
太陽電池（solar battery） 322
対流（convection） 160
ダークマター（dark matter） 32
脱出速度（escape velocity） 70
縦波（longitudinal wave） 131
谷（trough） 132
単位（unit） 7
単振動（simple harmonic oscillation） 53
弾性（elasticity） 114
弾性限界（elastic limit） 115
弾性衝突（elastic collision） 87
弾性体（elastic body） 114
弾性定数（elastic constant） 53, 116
弾性波（elastic wave） 136
弾性変形（elastic strain） 114
断熱自由膨張
（adiabatic free expansion） 175
断熱変化（adiabatic change） 175
単振り子（simple pendulum） 56
弾力（elastic force） 53
弾力ポテンシャルエネルギー
（potential energy of elastic force） 68
力（force） 29
力の法則（law of force） 29
力のモーメント（moment of force） 77
チャドウイック（Chadwick, J.） 327
中心力（central force） 78
中性子（neutron） 327
超音波（ultrasonic wave） 143
超伝導（superconductivity） 235
張力（tention） 115
直流回路（direct current circuit） 236
直流モーター（direct-current motor） 255
ツバイク（Zweig, G.） 336
強い力（strong interaction） 337
定圧変化（isobaric change） 174
定圧モル熱容量
（molar heat at constant pressure） 177
低温熱源
（low temperature heat source） 181
抵抗（resistance, drag） 233
抵抗器（resistor） 232
ティコ・ブラーエ（Tycho Brahe） 81
定在波（定常波，standing wave） 141
定常状態（stationary state） 315
定常電流
（stationary electric current） 232
定常流（steady flow） 123
定積分（definite integral） 38
定積変化（isochoric change） 174
定積モル熱容量
（molar heat at constant volume） 176
ディラック（Dirac, P. A. M） 335
デシベル（dB） 145
テスラ（T） 244
デビソン（Davisson, C. J.） 313
デビソン-ガーマーの実験
（Davisson-Germer's experiment） 313
デュロン（Dulong, P. L.） 178
デュロン-プティの法則
（Dulong-Petit's law） 178
電圧（voltage） 232
電圧降下（voltage drop） 233
電位（electric potential） 207
電位差（potential difference） 207
転移熱（heat of transition） 157
電荷（electric charge） 195
電荷保存則
（charge conservation law） 195
電気感受率（electric susceptibility） 227
電気双極子（electric dipole） 210
電気双極子モーメント
（electric dipole moment） 210
電気素量（素電荷）
（elementary electric charge） 196
電気抵抗（electric resistance） 233
電気抵抗率（electric resistivity） 233
電気抵抗率の温度係数（temperature coefficient of electric resistivity） 233
電気定数（electrical constant） 197
電気伝導率（electric conductivity） 233
電気容量（electric capacity） 218
電気力管（tube of electric force） 211
電気力線（lines of electric force） 200
電気力線束
（flux of electric line of force） 201
電気力（electric force） 195
電気力の重ね合わせの原理（principle of superposition of electric force） 198
電子（electron） 308
電子顕微鏡（electron microscope） 313
電子の二重性（duality of electron） 311
電磁波（electromagnetic wave） 289
電磁場（electromagnetic field） 288
電磁波の運動量（momentum of electromagnetic wave） 293
電磁波のエネルギー
（energy of electromagnetic wave） 293
電磁波の速さ
（speed of electromagnetic wave） 291
電子ボルト（eV） 208, 311
電弱力（electroweak interaction） 337
電磁誘導
（electromagnetic induction） 268
電磁誘導の法則
（law of electromagnetic induction） 269, 286
電束線（lines of electric flux） 228
電束密度（electric flux density） 228
電束密度のガウスの法則
（Gauss' law of electric flux density） 228
点電荷（point charge） 197
伝導帯（conduction band） 318
伝導電子（conduction electron） 215
電波（radio wave） 290
電場（電界，electric field） 195, 199, 208
電場のエネルギー
（energy of electric field） 221, 229
電場のガウスの法則
（Gauss' law of electric field） 203, 285
電場の重ね合わせの原理
（principle of superposition of electric field） 200
電離作用（ionization） 332
電流（electric current） 231
電流の間に作用する力
（force between currents） 255
電流密度（electric current density） 234
電力（electric power） 238
電力量（electric energy） 239
同位体（isotope） 327
等温曲線（isotherm） 169
等温変化（isothermal change） 175
等価磁石（equivalent magnet） 257
等加速度直線運動（uniformly accelerated linear motion） 41
統計力学（statistical mechanics） 167
等時性（isochronism） 55, 57
透磁率（magnetic permeability） 260
等速円運動
（uniform circular motion） 20
導体（conductor） 214
同調回路（tuning circuit） 281
等電位線（equipotential line） 209
等電位面（equipotential surface） 209
動摩擦係数
（coefficient of kinetic friction） 33
動摩擦力（kinetic friction） 33
特殊解（particular solution） 43
特殊相対性理論
（special theory of relativity） 299
ドップラー効果（Doppler effect） 145
ドナー準位（donor level） 320
ド・ブロイ（de Broglie, L.） 312

ド・ブロイ波長
(de Broglie wavelength) 312
トムソン (Thomson, J. J.) 307
朝永振一郎 (Tomonaga, S.) 341
トランジスター (transistor) 321
トリチェリの法則 (Torrichelli's law) 124
ドリフト速度 (drift velocity) 232
トルク (torque) 77
トンネル効果 (tunnel effect) 325

な　行

内積 (inner product) 63
内部エネルギー (internal energy) 158, 168
内力 (internal force) 28, 85
ナノ (nano) 306
長さ (length) 5
波 (wave) 130
波の重ね合わせの原理 (principle of superposition of waves) 137
波の強さ (power in wave) 134
波の速さ (velocity of wave) 132
2 質点系 (system of two particles) 88
二重性 (duality) 310, 312
2 体問題 (two-body problem) 88
入射角 (angle of incidence) 138
ニュートリノ (neutrino) 331
ニュートン (Newton, I.) 24
ニュートン (N) 26
ニュートンの運動方程式
(Newtonian equation of motion) 26
熱 (heat) 158
熱機関 (heat engine) 180
熱機関の効率
(efficiency of heat engine) 180
熱伝導 (conduction of heat) 160
熱平衡 (thermal equilibrium) 157
熱平衡状態
(state of thermal equilibrium) 157
熱放射 (thermal radiation) 160
熱膨張 (thermal expansion) 159
熱容量 (heat capacity) 159
熱力学 (thermodynamics) 172
熱力学温度
(thermodynamic temperature) 185
熱力学の第 0 法則
(zeroth law of thermodynamics) 157
熱力学の第 1 法則
(first law of thermodynamics) 173
熱力学の第 2 法則
(second law of thermodynamics) 179
熱量 (heat quantity) 158
粘性 (viscostiy) 121
粘性係数 (coefficient of viscosity) 126
粘性抵抗 (viscous drag) 45, 127
粘性力 (viscous force) 126
粘度 (viscosity) 126
伸び弾性率 (modulus of elasticity) 116

は　行

場 (field) 198
媒質 (medium) 130
ハイゼンベルク (Heisenberg, W. K.) 314
パイ中間子 (pion) 328
パウリ (Pauli, W.) 335
パウリ原理 (Pauli's principle) 316
波形 (wave form) 132
波源 (source of wave) 130
ハーゲン-ポアズイユの法則
(Hagen-Poiseuille's law) 127
波数 (wave number) 147
パスカル (Pa) 115
パスカルの原理 (Pascal's principle) 122
波束 (wave packet) 147
波長 (wavelength) 132
発光ダイオード
(light-emitting diode) 322
波動 (wave) 130
波動関数 (wave function) 312
波動方程式 (wave equation) 135
ハドロン (hadron) 337
ばね定数 (spring constant) 53
波面 (wave front) 138
腹 (loop) 141
パルス (pulse) 132
パワー (power) 64, 238
半減期 (half-life) 331
反磁性体 (diamagnetic body) 260
反射角 (angle of reflection) 138
反射の法則 (law of reflection) 138
反射波の位相
(phase of reflected wave) 139
反射率 (reflectivity) 152
バン・デ・グラーフ
(Van de Graaff, R. J.) 222, 328
バンド (band) 318
半導体 (semiconductor) 319
半導体レーザー
(semiconductor laser) 324
万有引力 (universal gravitation) 29
万有引力の法則
(law of universal gravitation) 29
万有引力ポテンシャルエネルギー
(potential energy of universal grvitation) 68
反粒子 (antiparticle) 336
非圧縮性流体 (incompressible fluid) 123
pn 接合 (pn junction) 320
pn 接合ダイオード
(pn junction diode) 320
ビオ-サバールの法則
(Biot-Savart's law) 246
p 型半導体 (p-type semiconductor) 320
光 (light) 150
光の二重性 (duality of light) 310
光の速さ (light velocity) 151
光ファイバー (optical fiber) 153
非慣性系 (non-inertial frame) 108
微視的な電流
(microscopic electric current) 257
ヒステリシス損失 (hysteresis loss) 261
ヒステリシスループ
(hysteresis loop) 261
ひずみ (strain) 116
非弾性衝突 (inelastic collision) 88
比透磁率 (relative permeability) 247, 260
比熱容量 (specific heat) 159
微分積分学の基本定理
(fundamental theorem of calculus) 38
微分方程式 (differential equation) 37
比誘電率
(relative dielectric constant) 225
秒 (s) 7
標準不確かさ (standard uncertainty) 9
標準偏差 (standard deviation) 9
ファラデー (Faraday, M.) 213, 267
ファラデー定数 (Faraday constant) 197
ファラド (F) 218
ファン・デル・ワールス
(van der Waals, J. D.) 169
ファン・デル・ワールスの状態方程式
(van der Waals' equation of state) 169
フィゾー (Fizeau, A. H. L.) 294
フィゾーの実験
(Fizeau's experiment) 294
v-t グラフ (v-t graph) 12
フェルミ粒子 (fermion) 335
フォトン (photon) 309, 335
不可逆変化 (irreversible process) 172, 179
不確定性関係 (uncertainty principle) 314
フーコー (Foucault, J. B. L.) 113
節 (node) 141
不確かさ (uncertainty) 9
フックの法則 (Hooke's law) 53, 115
物質の中での光の速さ
(light velocity in matter) 291
物理量 (physical quantity) 7
不定積分 (indefinite integral) 37

不導体 (insulator) 224
フラウンホーファーの回折
(Fraunhofer diffraction) 154
プランク (Planck, M. K. E. L.) 171, 309
プランク定数 (Planck constant) 161
プランクの法則 (Planck's law) 161
フランクリン (Franklin, B.) 213, 217
振り子の等時性
(isochronism of pendulum) 57
浮力 (buoyancy) 122
フレネルの回折 (Fresnel diffraction) 154
フレミングの左手の法則
(Fleming's left hand rule) 253
フレミングの右手の法則
(Fleming's right hand rule) 275
分極 (polarization) 227
分極電荷 (polarized charge) 226
分散 (dispersion) 153
分力 (component of force) 27
閉管 (closed tube) 144
平均加速度 (mean acceleration) 13, 17
平均自由行程 (mean free path) 167
平均速度 (mean velocity) 11, 16
平行軸の定理
(parallel-axis theorem) 100
平行板キャパシター
(parallel-plate capacitor) 219
平面波 (plane wave) 138
ベクトル (vector) 15
ベクトル積 (vector product) 80, 344
ベクレル (Bq) 332
ベクレル (Becquerel, A. H.) 330
β 線 (β-rays) 331
β 崩壊 (β-decay) 331
ヘルツ (Hertz, G. L.) 292
ヘルツ (Hz) 55, 132, 279
ヘルツの実験 (Hertz's experiment) 292
ベルヌーイの法則 (Bernoulli's law) 124, 125
ヘルムホルツ (Helmholtz, H. L. F.) 173
ヘルムホルツの自由エネルギー
(Helmholtz free energy) 191
変圧器 (transformer) 281
変位 (displacement) 11, 16
偏光 (polarized light) 291
変数分離形の微分方程式
(separable differential equation) 47
ベンチュリ管 (Venturi tube) 124
ヘンリー (Henry, J.) 268
ヘンリー (H) 275, 278
ポアッソン比 (Poisson ratio) 117
ホイートストーン・ブリッジ
(Wheatstone bridge) 241
ボイル-シャルルの法則
(Boyle-Charles' law) 164
ボイルの法則 (Boyle's law) 163
ポインティングのベクトル
(Poynting's vector) 293, 295
崩壊系列 (decay series) 338
崩壊定数 (decay constant) 332
崩壊の法則 (law of decay) 332
放射光 (photon radiation) 265
放射性同位体 (radioactive isotope) 331
放射線 (radiation) 330
放射能 (radioactivity) 330
法線応力 (normal stress) 115
放物運動 (parabolic motion) 43
保磁力 (coercive force) 261
ボース粒子 (boson) 335
保存力 (conservative force) 66
ポテンシャルエネルギー
(potential energy) 66
ホール (hole) 319
ホール効果 (Hall effect) 252
ボルダの振り子 (Borda's pendulum) 100
ボルツマン定数
(Boltzmann constant) 166
ボルツマン分布
(Boltzmann distribution) 167
ボルト (V) 207, 232

ま　行

マイケルソン (Michelson, A. A.) 298
マイケルソン-モーリーの実験
(Michelson-Morley experiment) 298
マイヤー (Mayer, J. R.) 173
マイヤーの関係式 (Mayer's relation) 177
マクスウェル (Maxwell, J. C.) 164, 286
マクスウェルの規則
(Maxwell's rule) 170
マクスウェルの方程式
(Maxwell's equations) 195, 287
マクスウェル分布
(Maxwell distribution) 166
マグヌス効果 (Magnus effect) 129
マクロ (macro) 306
摩擦力 (frictional force) 32
マースデン (Marsden, E.) 308
マッハ数 (Mach number) 149
見かけの力 (apparent force) 109
ミクロ (micro) 306
右ねじの規則
(right-handed screw rule) 245
メートル (m) 7
面積速度 (areal velocity) 79
面積速度一定の法則
(law of constant areal velocity) 81
モーメント (moment) 77
モーリー (Morley, E. W.) 298
モル熱容量 (molar heat) 159

や　行

山 (crest) 132
ヤング率 (Young's modulus) 116
有効数字 (significant figures) 9
誘電体 (dielectric substance) 224
誘電分極 (dielectric polarization) 224
誘導放射 (induced emission) 323
湯川秀樹 (Yukawa, H.) 328, 335, 341
陽子 (proton) 327
陽電子 (positron) 335
揚力 (lift) 125
揚力定数 (lift constant) 126
横波 (transverse wave) 131
弱い力 (weak interaction) 337

ら　行

ラザフォード (Rutherford, E.) 308
ラジアン (rad) 19
ラジオアイソトープ (radioisotope) 331
乱流 (turbulent flow) 128
力学的エネルギー
(mechanical energy) 70
力学的エネルギー保存則
(conservation law of mechanical energy) 70, 71
力学的相似性
(mechanical scaling law) 128
力積 (impulse) 39
力積と運動量変化の関係
(impulse-momentum relation) 39
力率 (power factor) 281
理想気体 (ideal gas) 164
理想気体の状態方程式
(equation of state of ideal gas) 164
理想気体のモル熱容量
(molar heat of ideal gas) 176
流管 (stream-tube) 123
流線 (streamline) 123
流線形 (streamline shape) 128
流体 (fluid) 120
量子数 (quantum number) 316
量子力学 (quantum mechanics) 312
臨界圧 (critical pressure) 169
臨界温度 (critical temperature) 169
臨界角 (critical angle) 153
臨界減衰 (critical atenuation) 58
臨界状態 (critical state) 334
臨界点 (critical point) 158
臨界量 (critical volume) 334
レイノルズ数 (Reynolds number) 129
レーザー (laser) 323

レプトン（lepton）　337
連鎖反応（chain reaction）　334
連続方程式（equation of continuity）　123
レンツ（Lenz, E. K.）　269
レンツの法則（Lenz's law）　269
レントゲン（Roentgen, W. C.）　330
ローレンス（Lawrence, E. O.）　328
ローレンツ収縮（Lorentz contraction）　302
ローレンツ変換（Lorentz transformation）　299
ローレンツ力（Lorentz force）　195, 250

わ　行

ワインバーグ（Weinberg, S.）　337
ワット（W）　64, 238

【著者略歴】
原　康夫
1934年　神奈川県鎌倉にて出生
1957年　東京大学理学部物理学科卒業
1962年　東京大学大学院修了（理学博士）
1962年　東京教育大学理学部助手
1966年　東京教育大学理学部助教授
1975年　筑波大学物理学系教授
1997年　帝京平成大学教授
2004年　工学院大学エクステンションセンター客員教授
この間，カリフォルニア工科大学研究員，
シカゴ大学研究員，プリンストン高級研究所員．
1977年　仁科記念賞受賞
現在　筑波大学名誉教授

第5版　物理学基礎（ぶつりがくきそ）

1986年12月15日　第1版　第1刷　発行
1992年 3月25日　第1版　第7刷　発行
1993年12月15日　改訂版　第1刷　発行
2004年 3月20日　改訂版　第15刷　発行
2004年10月30日　第3版　第1刷　発行
2010年 3月10日　第3版　第7刷　発行
2010年10月30日　第4版　第1刷　発行
2016年 2月25日　第4版　第7刷　発行
2016年10月31日　第5版　第1刷　発行
2020年 3月10日　第5版　第5刷　発行

著　者　原（はら）　康夫（やすお）
発行者　発田和子
発行所　株式会社　学術図書出版社
〒113-0033　東京都文京区本郷5-4-6
TEL 03-3811-0889　振替 00110-4-28454
印刷　三美印刷（株）

定価はカバーに表示してあります．

ISBN978-4-7806-0525-9

単位の 10^n 倍の接頭記号

倍数	記号	名称		倍数	記号	名称	
10	da	deca	デカ	10^{-1}	d	deci	デシ
10^2	h	hecto	ヘクト	10^{-2}	c	centi	センチ
10^3	k	kilo	キロ	10^{-3}	m	milli	ミリ
10^6	M	mega	メガ	10^{-6}	μ	micro	マイクロ
10^9	G	giga	ギガ	10^{-9}	n	nano	ナノ
10^{12}	T	tera	テラ	10^{-12}	p	pico	ピコ
10^{15}	P	peta	ペタ	10^{-15}	f	femto	フェムト
10^{18}	E	exa	エクサ	10^{-18}	a	atto	アト
10^{21}	Z	zetta	ゼタ	10^{-21}	z	zepto	ゼプト
10^{24}	Y	yotta	ヨタ	10^{-24}	y	yocto	ヨクト

ギリシャ文字

大文字	小文字	相当するローマ字		読み方
A	α	a, ā	alpha	アルファ
B	β	b	beta	ビータ(ベータ)
Γ	γ	g	gamma	ギャンマ(ガンマ)
Δ	δ	d	delta	デルタ
E	ε, ϵ	e	epsilon	イプシロン
Z	ζ	z	zeta	ゼイタ(ツェータ)
H	η	ē	eta	エイタ
Θ	θ, ϑ	th	theta	シータ(テータ)
I	ι	i, ī	iota	イオタ
K	κ	k	kappa	カッパ
Λ	λ	l	lambda	ラムダ
M	μ	m	mu	ミュー
N	ν	n	nu	ニュー
Ξ	ξ	x	xi	ザイ(グザイ)
O	o	o	omicron	オミクロン
Π	π	p	pi	パイ(ピー)
P	ρ	r	rho	ロー
Σ	σ, ς	s	sigma	シグマ
T	τ	t	tau	タウ
Υ	υ	u, y	upsilon	ユープシロン
Φ	ϕ, φ	ph (f)	phi	ファイ
X	χ	ch	chi, khi	カイ(クヒー)
Ψ	ψ	ps	psi	プサイ(プシー)
Ω	ω	ō	omega	オミーガ(オメガ)

物理定数表

重力の加速度（標準値）	$g = 9.806\,65\ \mathrm{m/s^2}$
重力定数	$G = 6.674\,08(31) \times 10^{-11}\ \mathrm{N \cdot m^2/kg^2}$
地球の質量	$M_{\mathrm{E}} = 5.974 \times 10^{24}\ \mathrm{kg}$
地球の半径（平均）	$R_{\mathrm{E}} = 6.37 \times 10^{6}\ \mathrm{m}$
地球・太陽間の平均距離	$r_{\mathrm{E}} = 1.50 \times 10^{11}\ \mathrm{m}$
太陽の質量	$M_{\mathrm{S}} = 1.989 \times 10^{30}\ \mathrm{kg}$
太陽の半径	$R_{\mathrm{S}} = 6.96 \times 10^{8}\ \mathrm{m}$
月の軌道の長半径	$r_{\mathrm{M}} = 3.844 \times 10^{8}\ \mathrm{m}$
月の公転周期	27.32 日
1 気圧（定義値）	$p_0 = 1.013\,25 \times 10^{5}\ \mathrm{N/m^2} = 760\ \mathrm{mmHg}$
熱の仕事当量（定義値）	$J = 4.186\,05\ \mathrm{J/cal}$
理想気体 1 mol の体積（0 °C，1 気圧）	$V_0 = 2.241\,399\,6 \times 10^{-2}\ \mathrm{m^3/mol}$
気体定数	$R = 8.314\,459\,8(48)\ \mathrm{J/(K \cdot mol)}$
アボガドロ定数（定義値）	$N_{\mathrm{A}} = 6.022\,140\,76 \times 10^{23}/\mathrm{mol}$
ボルツマン定数（定義値）	$k = 1.380\,649 \times 10^{-23}\ \mathrm{J/K}$
真空中の光速（定義値）	$c = 2.997\,924\,58 \times 10^{8}\ \mathrm{m/s}$
電気定数（真空の誘電率）	$\varepsilon_0 = 8.854\,187\,817 \cdots \times 10^{-12}\ \mathrm{F/m}\ (\approx 10^7/4\pi c^2)$
磁気定数（真空の透磁率）	$\mu_0 = 1.256\,637\,061\,4 \cdots \times 10^{-6}\ \mathrm{N/A^2}\ (\approx 4\pi/10^7)$
静電気力の定数（真空中）	$1/4\pi\varepsilon_0 = 8.987\,55 \cdots \times 10^{9}\ \mathrm{N \cdot m^2/C^2}\ (\approx c^2/10^7)$
プランク定数（定義値）	$h = 6.626\,070\,15 \times 10^{-34}\ \mathrm{J \cdot s}$
電気素量（定義値）	$e = 1.602\,176\,634 \times 10^{-19}\ \mathrm{C}$
ファラデー定数	$F = 9.648\,533\,289(59) \times 10^{4}\ \mathrm{C/mol}$
電子の比電荷	$e/m_{\mathrm{e}} = 1.758\,820\,024(11) \times 10^{11}\ \mathrm{C/kg}$
ボーア半径	$a_{\mathrm{B}} = 5.291\,772\,106\,7(12) \times 10^{-11}\ \mathrm{m}$
リュドベルグ定数	$R_{\infty} = 1.097\,373\,156\,850\,8(65) \times 10^{7}/\mathrm{m}$
ボーア磁子	$\mu_{\mathrm{B}} = 9.274\,000\,999\,4(57) \times 10^{-24}\ \mathrm{J/T}$
電子の静止質量	$m_{\mathrm{e}} = 0.510\,998\,946\ \mathrm{MeV}/c^2 = 9.109\,383\,56(11) \times 10^{-31}\ \mathrm{kg}$
陽子の静止質量	$m_{\mathrm{p}} = 938.272\,081\ \mathrm{MeV}/c^2 = 1.672\,621\,898(21) \times 10^{-27}\ \mathrm{kg}$
中性子の静止質量	$m_{\mathrm{n}} = 939.565\,413\ \mathrm{MeV}/c^2 = 1.674\,927\,471(21) \times 10^{-27}\ \mathrm{kg}$
質量とエネルギー	$1\ \mathrm{eV} = 1.602\,176\,620\,8(98) \times 10^{-19}\ \mathrm{J}$
	$1\ \mathrm{kg} = 5.609\,588\,65 \times 10^{35}\ \mathrm{eV}/c^2$
	$1\ \mathrm{u} = 1.660\,539\,040(20) \times 10^{-27}\ \mathrm{kg} = 931.494\,095\,4\ \mathrm{MeV}/c^2$